中文版AutoCAD 2016 建筑设计从入门到精通

游 燕 胡 勇 编 著

内容简介

本书全面系统地介绍了如何使用 AutoCAD 2016 绘制建筑设计图纸。书中通过大量的实例，引领读者快速入门并掌握 AutoCAD 在建筑设计中的综合运用。主要包括 AutoCAD 2016 基础知识，AutoCAD 2016 基础设置，绘制二维图形，编辑二维图形，文字、表格与多重引线，图层，图块、外部参照及设计中心的应用，尺寸标注及设置，输出打印文件，建筑设计基础知识，绘制建筑图例，绘制建筑总平面图，绘制建筑平面图，绘制建筑立面图，绘制建筑剖面图，绘制建筑详图等内容。本书最后通过多个综合实例，让读者真正达到学以致用。

随书附赠光盘中提供了书中实例的 DWG 文件和演示实例设计过程的语音视频教学文件。

本书由易到难、内容翔实、条理清晰，适合 AutoCAD 初学者阅读，也可作为工程技术人员的参考资料，还可作为大中专院校相关专业的教材。

图书在版编目（CIP）数据

中文版 AutoCAD 2016 建筑设计从入门到精通/游燕，胡勇编著. —天津：天津大学出版社，2016.5（2019.1重印）

ISBN 978-7-5618-5559-1

Ⅰ. ①中… Ⅱ. ①游… ②胡… Ⅲ. ①建筑设计－计算机辅助设计－AutoCAD 软件 Ⅳ. ①TU201.4

中国版本图书馆 CIP 数据核字（2016）第 093178 号

出版发行 天津大学出版社
地　　址 天津市卫津路 92 号天津大学内（邮编：300072）
电　　话 发行部：022-27403647
网　　址 publish.tju.edu.cn
印　　刷 天津泰宇印务有限公司
经　　销 全国各地新华书店
开　　本 185mm×260mm
印　　张 31
字　　数 774 千
版　　次 2016 年 5 月第 1 版
印　　次 2019 年 1 月第 2 次
定　　价 69.00 元（含光盘）

前　言

AutoCAD是美国Autodesk公司于20世纪80年代初为计算机应用CAD技术而开发的绘图程序软件包，经过不断完善，现已成为国际上广为流行的绘图软件。AutoCAD具有良好的用户界面，通过交互菜单或命令行方式便可以进行各种操作。它的多文档设计环境，让非计算机专业人员也能很快地学会使用，并在不断实践的过程中更好地掌握它的各种应用和开发技巧，从而提高工作效率。

AutoCAD具有广泛的适应性，它可以在各种操作系统支持的微型计算机和工作站上运行，并支持分辨率由320×200到2 048×1 024的各种图形显示设备40多种、数字仪和鼠标器30多种、绘图仪和打印机数十种，这就为AutoCAD的普及创造了条件。

全书共分16章，循序渐进地介绍了AutoCAD 2016在建筑设计中的基本操作和功能。

第1章主要讲解了AutoCAD2016软件的启动与退出，以及AutoCAD工作界面的基础知识。了解如何进行图形文件的新建、打开、保存、关闭、输出等基本操作。

第2章主要讲解了AutoCAD命令的基本操作，绘图辅助功能的设置、绘图环境的设置、坐标系的表示和创建方法、视图的缩放控制等基础知识。

第3章主要讲解了AutoCAD 2016二维绘图命令的使用方法和技巧以及创建填充边界、使用与编辑填充图案以及渐变色的填充等知识。二维图形在实际应用中最为广泛，使用二维图形可以更准确、快速地绘制图形。

第4章主要讲解了二维图形的编辑操作，AutoCAD 2016提供了丰富的图形编辑命令，如复制对象、调整对象位置以及编辑对象形状和线段等。配合绘图命令的使用可以进一步完成复杂图形对象的绘制工作，并可使用户合理安排和组织图形，从而保证绘图准确，减少重复。在绘制图形对象时，不仅可以使用二维绘图命令绘制图形对象，还可以结合编辑命令来完成图形对象的绘制。

第5章主要讲解了AutoCAD 2016图形中很重要的图形元素文字对象的输入以及表格的绘制。在图纸中添加文字标注可直观地表现图形对象的信息。图表在AutoCAD图形中也有大量的应用，如明细表、参数表和标题栏等。

第6章主要讲解了图层的基本概念，包含图层的新建、重命名和删除等基本操作，图层颜色、线型和线宽等属性的设置方法。图形显示控制功能是设计人员必须要掌握的技术。在绘图过程中，使用不同的图层和图形显示控制功能可以方便地控制对象的显示和编辑，从而提高绘图效率。

第7章主要讲解了图块、外部参照和设计中心，在现有的文档中可以把已有的图形文件以参照的形式插入到当前图形中（即外部参照），或是通过AutoCAD设计中心浏览、查找、预览、使用和管理AutoCAD图形、块、外部参照等不同的资源文件。通过对本章内容的学习，读者应掌握创建与编辑块、编辑和管理属性块的方法，并能够在图形中附着外部参照图形。

第 8 章主要讲解尺寸标注的基础知识，尺寸标注对表达有关设计元素的尺寸、材料等信息有着非常重要的作用。

第 9 章主要讲解输出打印文件的内容。图纸空间用于创建最终的打印布局。完成图形设计之后，就可以通过打印机或绘图仪将图形输出到图纸上。

第 10 章主要讲解建筑设计相关知识，所谓建筑设计就是将“虚拟现实”技术应用在城市规划、建筑设计等领域。

第 11 章主要讲解建筑图例的绘制，建筑物需要按比例绘制在图样上，对于一些建筑物的细部节点，无法按照真实形状表达，只能用示意性的符号画出。本章重点讲解了门、浴缸、栏杆、微波炉等的绘制方法和步骤。

第 12 章主要通过绘制建筑总平面图对前面的知识进行综合运用。通过讲解建筑总平面图的绘制，引领读者掌握建筑总平面图的绘制方法，包括设置绘图环境和填充图例；并对图形进行文字、尺寸、图名等的标注，以及对指北针的绘制，最后完成建筑总平面图的效果图。

第 13 章主要讲解建筑物在水平方向上房屋部分的组合关系，对于单独的建筑设计而言，建筑平面图一般由墙体、门、窗、阳台、室内布置以及尺寸标注、文字说明等组成。

第 14 章主要讲解建筑立面图的基本知识与绘制。建筑立面图是建筑设计中的一个重要组成部分，建筑立面图是平行于建筑物各方向外墙面的正投影图，它主要用来表示建筑物的体型、外貌、外墙装修、门窗的位置与形式等。

第 15 章主要讲解剖面图的基本知识与绘制。建筑剖面图一般是指建筑物的垂直剖面图。建筑剖面图主要用来表示房屋内部的分层、结构形式、构造方式、材料、做法、各部位间的联系及其高度等情况。

第 16 章主要讲解建筑详图的基本知识与绘制。建筑详图是建筑细部的施工图。本章结合多个实例讲解利用 AutoCAD 分别绘制各种建筑详图的主要方法和步骤。建筑详图是建筑施工图中不可缺少的图样，用户应能够独立绘制各类建筑详图。

为便于阅读理解，本书的写作风格遵从如下约定。

- 本书中出现的中文菜单和命令将用（【】）括起来，以示区分。此外，为了使语句更简洁易懂，本书中所有的菜单和命令之间以竖线（|）分隔，例如，单击【修改】菜单，再选择【移动】命令，就用【修改】|【移动】来表示。
- 用加号（+）连接的两个或三个键表示组合键，在操作时表示同时按下这两个或三个键。例如，Ctrl+V 是指在按下 Ctrl 键的同时，按下 V 字母键；Ctrl+Alt+F10 是指在按下 Ctrl 和 Alt 键的同时，按下功能键 F10。
- 在没有特殊指定时，单击、双击和拖动是指用鼠标左键单击、双击和拖动，右击是指用鼠标右键单击。

为了方便读者学习，本书附赠光盘中提供了书中实例的 DWG 文件，以及演示实例设计过程的语音视频教学文件。通过观看视频教学文件，读者可快速掌握书中所介绍的知识，并运用到实际工作中，可有效提高工作效率。

本书内容充实，结构清晰，功能讲解详细，实例分析透彻，适合 AutoCAD 初级用户全面了解与学习，同样可作为各类高等院校相关专业及社会培训班的教材使用。

本书主要由成都纺织高等专科学校建筑学院的游燕、胡勇编写，其中游燕负责编写第1～8章，胡勇负责编写第9～16章。其他参与编写的人员还有李梓萌、王珏、王永忠、安静、于舒春、王劲、张慧萍、陈可义、吴艳臣、纪宏志、宁秋丽、张博、于秀青、田羽、李永华、蔡野、李日强、刘宁、刘书彤、赵平、周艳山、熊斌、江俊浩、武可元等。在本书编写过程中得到了同事、家人和朋友的大力支持和帮助，在此对他们一并表示感谢。书中存在的错误和不足之处，敬请广大读者批评指正。

编　者

2016年5月

目　　录

第 1 章　AutoCAD 2016 基础知识

第 2 章　AutoCAD 2016 基础设置

第 3 章　绘制二维图形

第 4 章 编辑二维图形

第 5 章 文字、表格与多重引线

第 6 章 图层

第 7 章 图块、外部参照及设计中心的应用

第 8 章 尺寸标注及设置

第 9 章 输出打印文件

第 10 章 建筑设计基础知识

第 11 章 绘制建筑图例

第 12 章 绘制建筑总平面图

第 13 章 绘制建筑平面图

第 14 章 绘制建筑立面图

第 15 章 绘制建筑剖面图

第16章　绘制建筑详图

附录　AutoCAD常用快捷键

01

Chapter

AutoCAD 2016 基础知识

本章导读：

基础知识
◈ 掌握软件的启动与退出
◈ 熟悉工作界面

重点知识
◈ 文件的新建、打开及保存
◈ 文件的关闭及输出

随着计算机辅助绘图技术的不断普及和发展，计算机绘图全面代替手工绘图已成为必然趋势，只有熟练地掌握计算机图形的生成技术，才能够灵活自如地在计算机上表现自己的设计才能。

本章主要讲解了 AutoCAD 2016 软件的启动与退出，以及 AutoCAD 的工作界面的基础知识。了解如何设置图形文件的新建、打开、保存、关闭、输出等基本知识的操作。

1.1 认识 AutoCAD 2016

AutoCAD 作为最广泛使用的计算机辅助设计软件之一，自诞生以来，已从一个简单的二维绘图软件发展成为一个庞大的计算机辅助设计系统。

AutoCAD 2016 中包含了多项可加速 2D 与 3D 设计、创建文件和协同工作流程的新特性，并能为任何形状创作提供丰富的屏幕体验。此外，用户还能方便地使用 TrustedDWG 技术与他人分享作品，存储和交换设计资料。

欧特克公司 AutoCAD 产品副总裁 Amy Bunszel 表示，AutoCAD 2016 能加速细节设计与文件创建工作，视觉增强功能可将设计每个层面的深度与清晰度提升到新的境界。增强的 PDF 输出以及与建筑信息模型化（BIM）可以更加紧密协作，有效提高效率。Santi Maggio Savasta 建筑师事务所资深建筑师 Santi Maggio Savasta 博士表示："这些增强功能已将此产品提升到另一个层次。尺寸标注与文字编辑的提升，以及整体绘图辅助功能的加强，都能让用户更快速高效地完成设计，并且能在设计时实时检查设计作品。"

AutoCAD 2016 绘图环境的改善能大幅提升屏幕显示的视觉准确度。增强的可读性与细节能以更平滑的曲线和圆弧来取代锯齿状线条。现在，AutoCAD 能充分发挥最新的绘图硬件性能，提供更丰富、更快速的视觉体验。用户能预测更多的结果，并将执行"复原"指令的需求降至最低。

通过 Autodesk 2016 版套件所提供的互联桌面和云端体验，用户可以超前掌控“设计到制造”全过程。欧特克设计与创作套件为客户提供了更丰富的工具集、强大的兼容性以及统一的用户体验。各款套件均包含 AutoCAD 2016、ReCap 和 3ds Max 产品。

除了 AutoCAD 2016 之外，欧特克的 ReCap 技术通过增添更多的本地化激光扫描格式、智能测量工具、高级注释和同步功能等，将“现实计算”在整个套件中的可用性和经济性都提升到了新的高度。而大家熟悉的 3ds Max 为各行各业的客户提供了必要的 3D 设计工具以满足其行业需求的优越体验。

欧特克公司大中华区销售总经理李邵建表示：“欧特克一直致力于通过技术和产品创新来帮助企业提高创新速度、提升管理水平、抢占市场高地。在产品设计与制造、建筑工程与基础设施建设、内容制作及可视化创意、传媒娱乐产业等方面，我们的客户一直在挑战极限、突破新高。欧特克 2016 版设计套件将全面覆盖用户的整个工作流：从现实捕捉、设计迭代，到利用 3D 打印或其他制作方式来进行实体制造。”

欧特克将继续对其套件和桌面合约产品进行创新和改进，以便与 Autodesk 360 云服务紧密集成。合约用户可使用额外的云服务，如更为快捷的渲染和可视化功能、仿真、分析和协作工具。

用户还将在个性化、操作便捷的网站上体验到新的 Autodesk 账户服务。在这里，用户可以集中追踪并管理所有的欧特克产品、服务和福利。此外，用户将获得更为简便的安装、管理和升级体验，并享受灵活的支付方案，同时可获得在多个设备上进行访问的广泛权限。

1.2 启动与退出 AutoCAD 2016

安装完 AutoCAD 2016 之后，即可启动 AutoCAD 2016 进行相关操作，并在完成操作后退出 AutoCAD 2016。下面将对 AutoCAD 2016 的启动与退出进行简单的介绍。

1.2.1 启动 AutoCAD 2016

AutoCAD 2016 启动与大多数应用软件一样，下面进行简单介绍。

- 安装 AutoCAD 2016 后，系统会自动在计算机桌面上添加快捷图标。双击该图标即可启动 AutoCAD 2016。这是最直接也是最常用的启动该软件的方法，如图 1-1 所示。
- 在安装 AutoCAD 2016 软件的过程中，软件会提示用户是否创建快速启动方式，如果创建了快速启动方式，那么在任务栏的快速启动区中会显示 AutoCAD 2016 的图标，如图 1-2 所示。此时单击该图标即可启动 AutoCAD 2016。
- 与其他多数应用软件一样，安装 AutoCAD 后，可以通过【开始】|【所有程序】|【Autodesk】|【AutoCAD 2016-中文简体（Simplified Chinese）】|【AutoCAD 2016-中文简体（Simplified Chinese）】命令启动 AutoCAD 2016，如图 1-3 所示。

图 1-1　快捷图标

图 1-2　快速启动方式

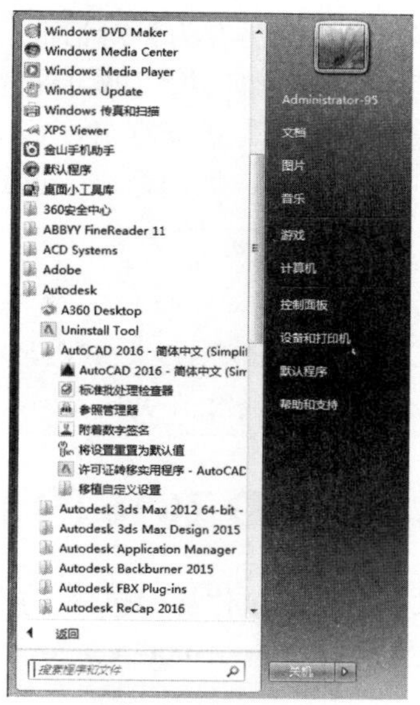

图 1-3　程序菜单

1.2.2 退出 AutoCAD 2016

用户可通过以下方式退出 AutoCAD 2016。

- 在命令行中输入 QUIT 并按【Enter】键。
- 单击菜单浏览器按钮，单击【退出 Autodesk AutoCAD 2016】按钮，如图 1-4 所示。
- 直接单击 AutoCAD 主窗口右上角的【关闭】按钮。

在退出 AutoCAD 2016 应用程序之前，系统首先退出各文件，如果有未保存的文件，AutoCAD 将弹出如图 1-5 所示的警示对话框。

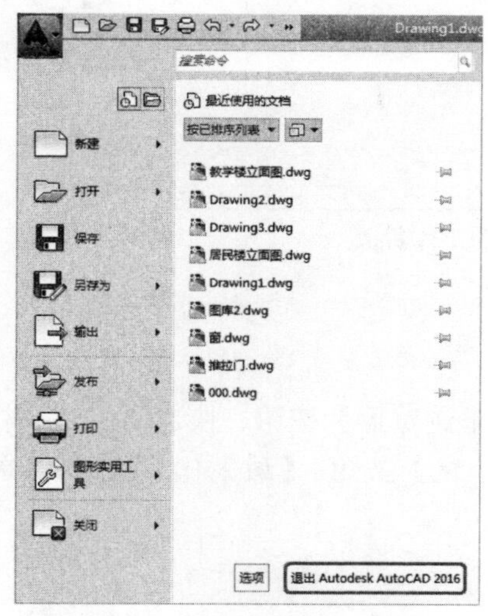

图 1-4　通过菜单浏览器退出

图 1-5　提示对话框

图 1-5 所示的对话框提供了 3 个按钮，下面分别介绍其作用。

- 是(Y) 按钮：在关闭 AutoCAD 2016 之前，保存对图形进行的修改。单击该按钮，弹出【图形另存为】对话框，可以为所绘制的图形文件起一个名称，选择合适的保存路径后，单击按钮即可保存文件。

- 否(N) 按钮：放弃存盘，退出 AutoCAD 2016。
- 取消 按钮：取消命令，返回到原 AutoCAD 2016 绘图界面。

提示

如果在退出 AutoCAD 之前已经将当前图形文件存盘，就不会出现图 1-5 所示的警示信息框，AutoCAD 将立即关闭。

1.3 AutoCAD 2016 的工作界面

AutoCAD 2016 工作界面包含了所有命令和工具，用户在 AutoCAD 工作界面里可以完成绘制所需的全部操作。AutoCAD 2016 工作界面有 3 种：【草图与注释】、【三维基础】、【三维建模】工作界面。

系统默认的 AutoCAD 2016 工作界面是【草图与注释】工作界面，如图 1-6 所示，主要包括：标题栏、菜单栏、选项卡、绘图窗口、十字光标、坐标、命令行、状态栏。

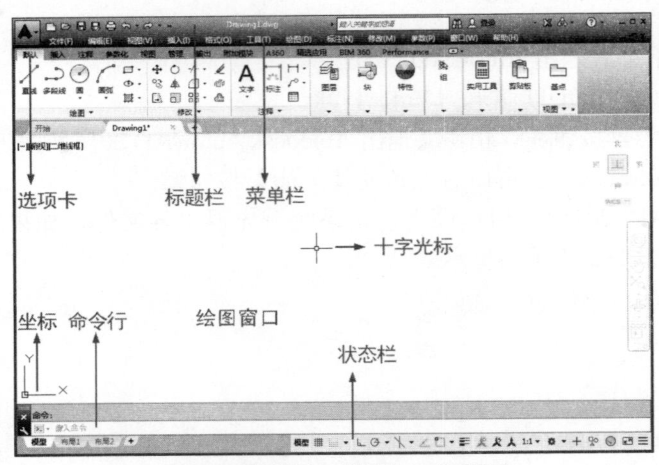

图 1-6 【草图与注释】工作界面

1.3.1 标题栏

标题栏位于应用程序窗口的最上面，包括【菜单浏览器】按钮、快速访问工具栏、文件名称、搜索、【登录】按钮、窗口控制区（即【最小化】按钮、【最大化】按钮、【关闭】按钮）等，如图 1-7 所示。

图 1-7 标题栏

窗口左上角的【A】按钮为【菜单浏览器】按钮，单击该按钮会出现下拉菜单，如【新建】、【打开】、【保存】、【另存为】、【输出】、【发布】、【打印】等，另外还新增了很多项目，如【最近使用的文档】、【打开文档】、【选项】和【退出 Autodesk AutoCAD】按钮，如图 1-8 所示。

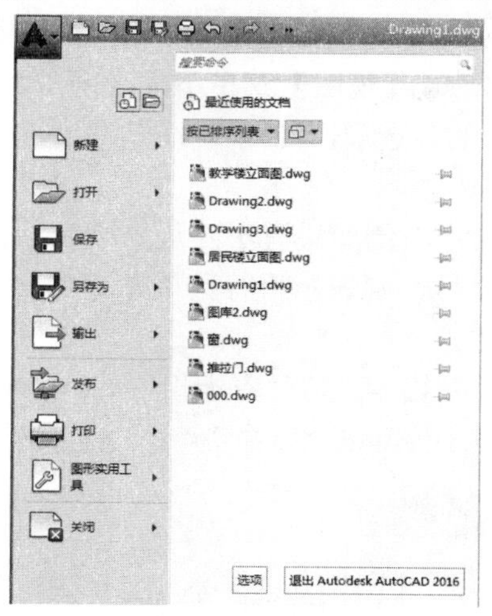

图 1-8　菜单浏览器

提示

启动 AutoCAD 2016 应用程序，单击快速访问工具栏右侧的按钮，在弹出的菜单中选择其中的命令，即可将相应的工具按钮添加到快速访问工具栏中。在弹出的菜单中选择【更多命令】命令，将打开【自定义用户界面】窗口，然后在该窗口中选择需要添加到快速访问工具栏中的命令，如图 1-9 所示。

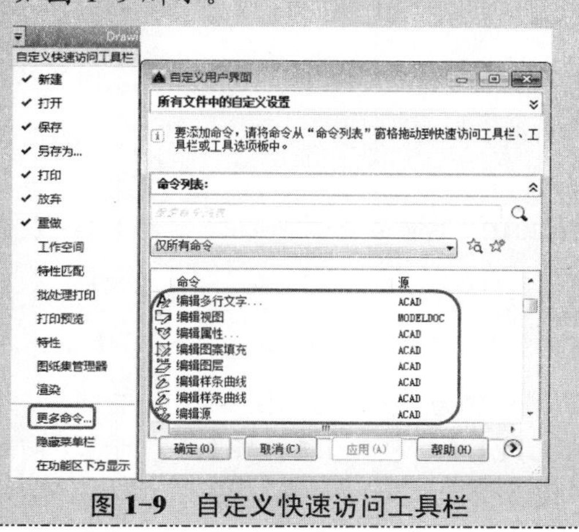

图 1-9　自定义快速访问工具栏

1.3.2　菜单栏

AutoCAD 2016 的菜单栏与大部分 Windows 应用软件的菜单栏一样，使用方法也相同。其总共包括 12 个主菜单项，分别对应 12 个下拉菜单，分别是【文件】、【编辑】、【视图】、【插入】、【格式】、【工具】、【绘图】、【标注】、【修改】、【参数】、【窗口】和【帮助】。这些下拉菜单中包含了 AutoCAD 常用功能和命令。单击菜单栏中某一个菜单项即可打开相应的下拉菜单，如图 1-10 所示。

通常情况下，下拉菜单中的命令对应于相应的 AutoCAD 命令。例如，【视图】菜单下的【重画】命令就相当于 Redraw 命令。但是有的菜单命令含有子菜单，这时子菜单命令就对应了 AutoCAD 命令的选项。例如，【视图】菜单下的【缩放】命令相当于 ZOOM 命令，而其子菜单则对应了 ZOOM 命令的各选项，如图 1-11 所示。

AutoCAD 菜单有如下特点。

- 在下拉菜单中，菜单命令右侧如果有小三角，则表示含有下一级子菜单。
- 菜单命令后面若有省略号，则表示执行菜单命令后会弹出一个对话框，以便于进一步选择和设置。
- 菜单命令后面若没有任何内容，则对应于相应的 AutoCAD 命令。执行该菜单命令等效于在命令行窗口中执行 AutoCAD 命令。

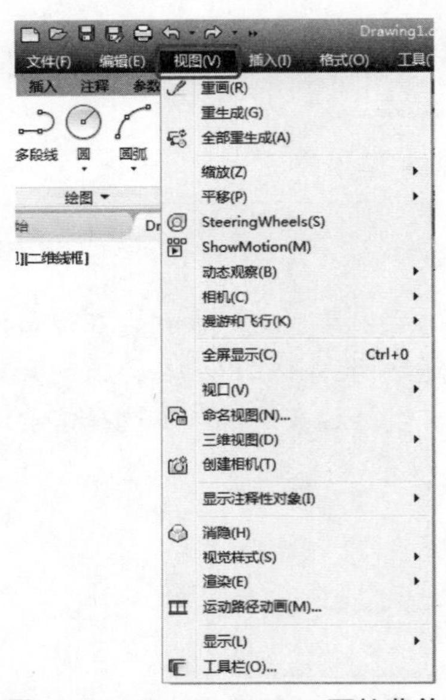

图 1-10　AutoCAD 2016 下拉菜单

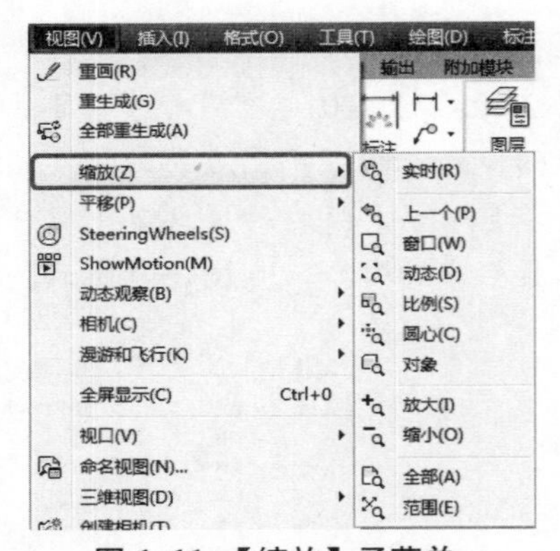

图 1-11　【缩放】子菜单

1.3.3 选项卡

使用 AutoCAD 命令的另一种方式就是应用选项卡上的面板，选项卡有【默认】、【插入】、【注释】、【参数化】、【三维工具】、【可视化】、【视图】、【管理】、【输出】、【附加模块】、【A360】、【精选应用】等，如图 1-12 所示。

默认　插入　注释　参数化　三维工具　可视化　视图　管理　输出　附加模块　A360　精选应用　BIM 360　Performance

图 1-12　选项卡

提示

单击选项卡右侧的【最小化为面板按钮】按钮，可收缩选项卡中的编辑按钮，只显示各组名称，如图 1-13 所示；此时单击选项卡右侧的【最小化为面板标题】按钮，可将其收缩为如图 1-14 所示的样式，再次单击按钮将收缩为图 1-12 所示的选项卡，再次单击按钮将显示如图 1-15 所示的展开选项卡。

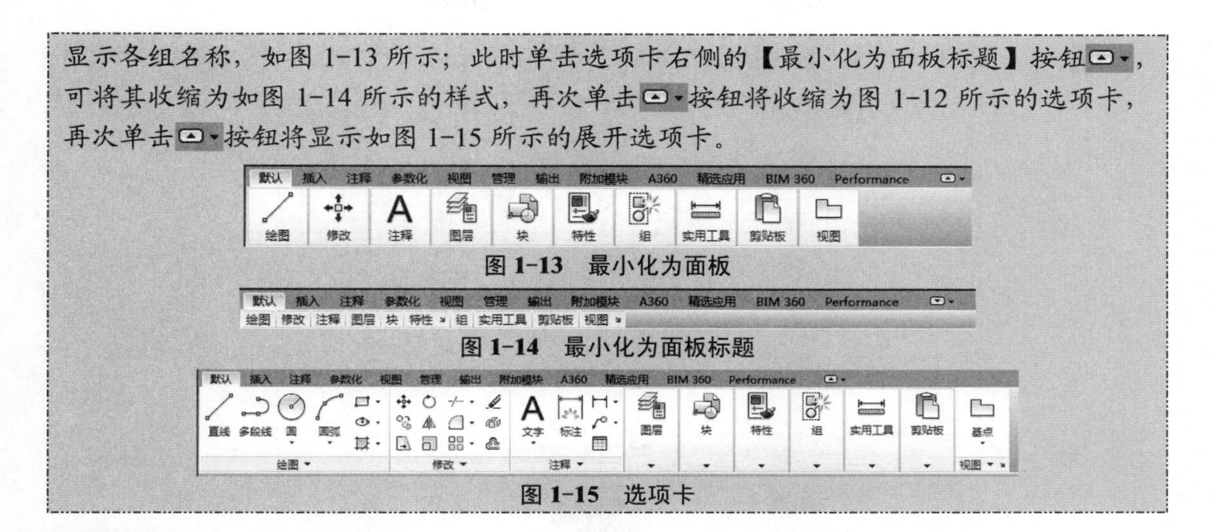

图 1-13　最小化为面板

图 1-14　最小化为面板标题

图 1-15　选项卡

1.3.4 绘图窗口

在 AutoCAD 中，绘图窗口是用户绘图的工作区域，所有的绘图结果都反映在这个窗口中。可以根据需要关闭其周围和其中的各个工具栏，以增大绘图空间。如果图纸比较大，需要查看未显示部分时，可以单击窗口右边与下边滚动条上的箭头，或拖动滚动条上的滑块来移动图纸。

在绘图窗口中除了显示当前的绘图结果外，还显示了当前使用的坐标系类型及坐标原点、X 轴、Y 轴、Z 轴的方向等。默认情况下，坐标系为世界坐标系（WCS）。

绘图窗口的下方有【模型】和【布局】选项卡，单击相应选项卡可以在模型空间或图纸空间之间进行切换。

在绘图窗口中，系统默认显示的颜色为黑色，用户可以根据自己的需要将其更改为其他颜色，具体操作步骤如下。

01 在命令行中输入 OPTIONS 命令，弹出【选项】对话框，切换至【显示】选项卡，如图 1-16 所示。

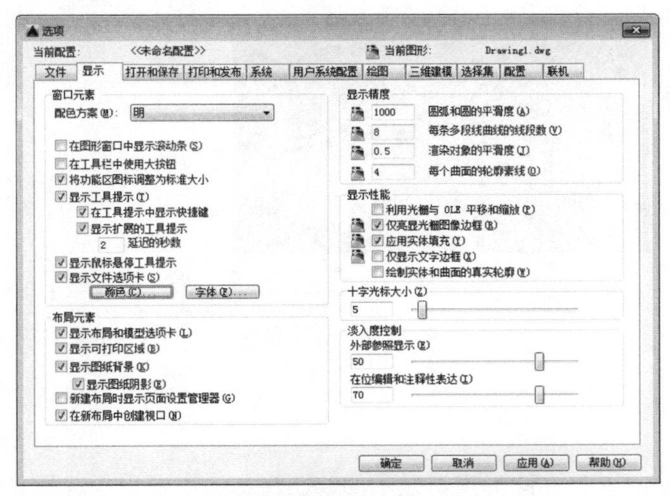

图 1-16 【显示】选项卡

02 单击【窗口元素】下的【颜色】按钮，弹出【图形窗口颜色】对话框，如图 1-17 所示。

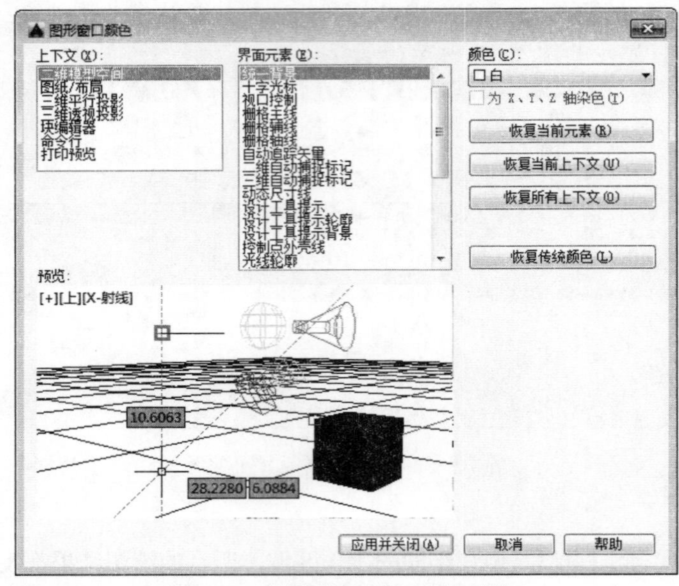

图 1-17 【图形窗口颜色】对话框

03 在【图形窗口颜色】对话框中，单击【颜色】下的按钮，选择【黑】，单击【应用并关闭】按钮，如图 1-18 所示。这样，AutoCAD 工作区的颜色就被修改了。

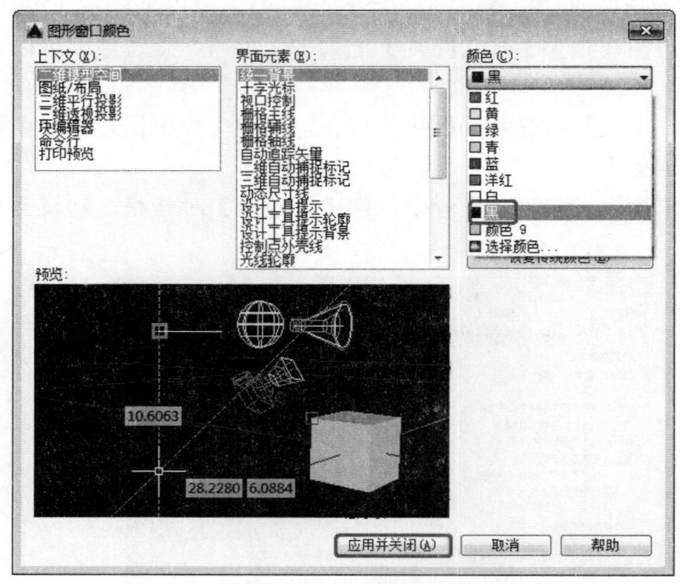

图 1-18 选择黑色

1.3.5 十字光标

十字光标是 AutoCAD 在图形窗口显示的绘图光标，主要用于选择和绘制对象，功能同定点设备（如鼠标和光笔等）控制。移动鼠标时，光标会因为位于界面的不同位置而改变形状，以反映出不同的操作。用户可以根据自己的习惯对十字光标的大小进行设置。操作方法如下：按照上述方法打开【选项】对话框，【显示】选项卡中的【十字光标大小】选项控制十字光标的十字线长度，如图 1-19 所示；【选择集】选项卡中的【拾取框大小】控制拾取框的大小，如图 1-20 所示。

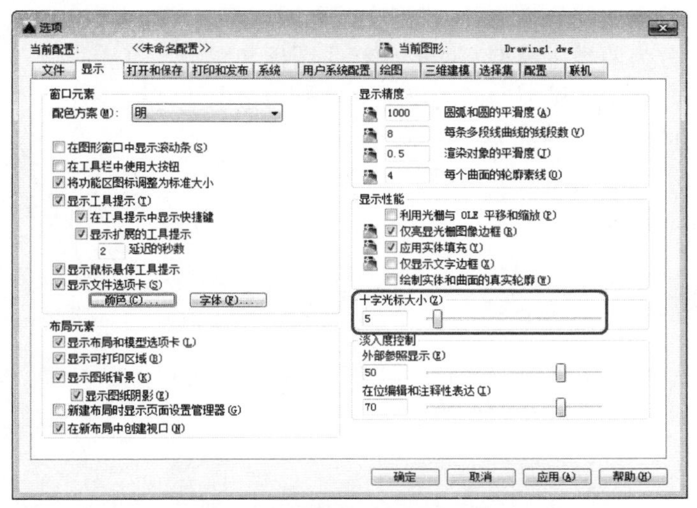

图 1-19　设置十字光标大小

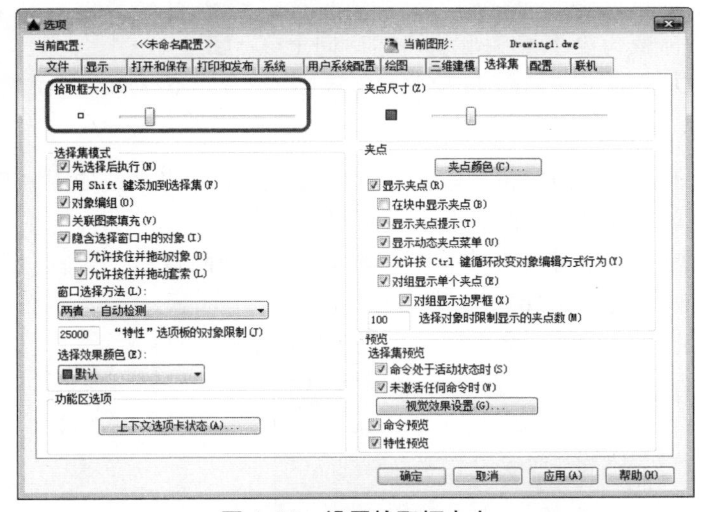

图 1-20　设置拾取框大小

提 示

【选项】对话框也可以通过在绘图区右击，从弹出的快捷菜单中选择【选项】命令将其打开。

1.3.6 坐标系图标

在 AutoCAD 中，通过使用坐标的概念精确定位点，并通过精确定位点来绘制各种图形，因此，AutoCAD 的坐标系是进行计算机绘图的重要基础。在 AutoCAD 2016 的绘图区可以看到，在其左下角显示的是坐标系图标。通常在 AutoCAD 绘图区的每一点是用这个点在 *X*、*Y*、*Z* 轴上的投影坐标值（*X*, *Y*, *Z*）来定义的。当在窗口中移动光标时，可以看到在状态栏的坐标显示中只有 *X* 和 *Y* 的坐标在不断变化，而 *Z* 轴的坐标值一直为零。因此在默认状态下，可以把它假想成一个平面直角坐标系。

我们所工作的绘图空间分为两种：模型空间和图纸空间。那么坐标系图标也分为两类：模型空间的坐标系图标和图纸空间的坐标系图标，默认的模型空间的坐标系图标为带箭头的 L 形，图纸空间的坐标系图标为三角形。因此，通过观察坐标系图标可以知道当前处在什么绘图空间，如图 1-21 所示为两种坐标系图标的样式。

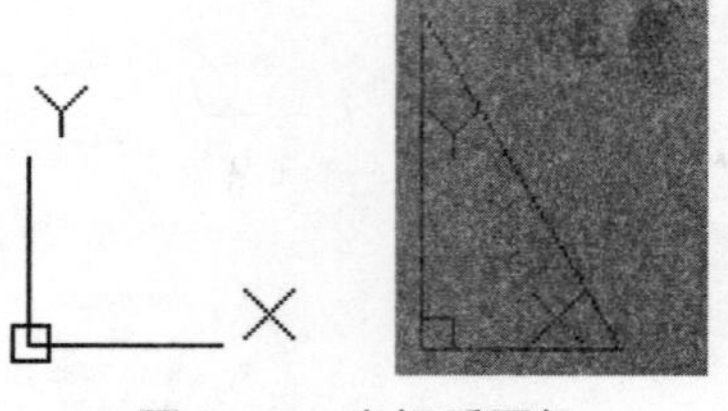

图 1-21　坐标系图标

1.3.7 命令窗口

命令窗口在 AutoCAD 软件中有着非常关键的作用，用户可以对命令窗口进行控制，包括浮动、固定、锚定、隐藏以及大小的调整。

1. 调整命令行的大小

如果嫌命令窗口太小，看的信息不够多，那么可以通过拖到拆分条垂直调整命令行的大小。将鼠标移动到拆分条上，鼠标变为上下箭头形状，然后向上或向下拖到至需要的大小即可，如图 1-22 所示。

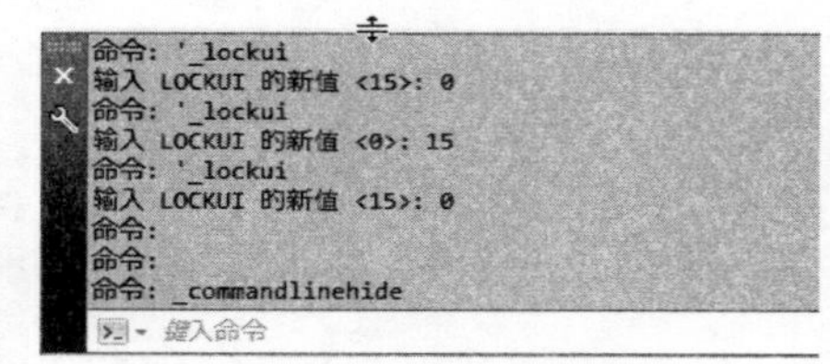

图 1-22　调整命令窗口的大小

2. 隐藏和显示命令窗口

按快捷键【F2】可以把命令窗口以文本窗口的形式显示出来，如图 1-23 所示，不过这种方式并不实用，文本窗口显示在界面上会妨碍绘图操作。

用户可以自由控制命令窗口的显示与隐藏，要显示或隐藏命令窗口，选择【窗口】|【命令行】菜单命令或按快捷键【Ctrl+9】即可。

当第一次隐藏命令窗口时，会出现一个提示框，如图 1-24 所示。

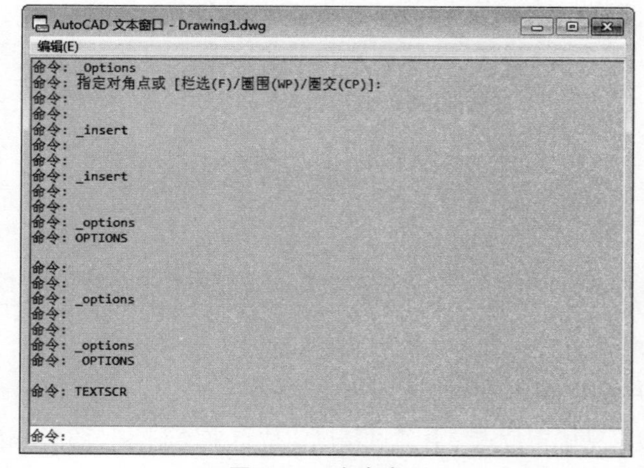

图 1-23　文本窗口

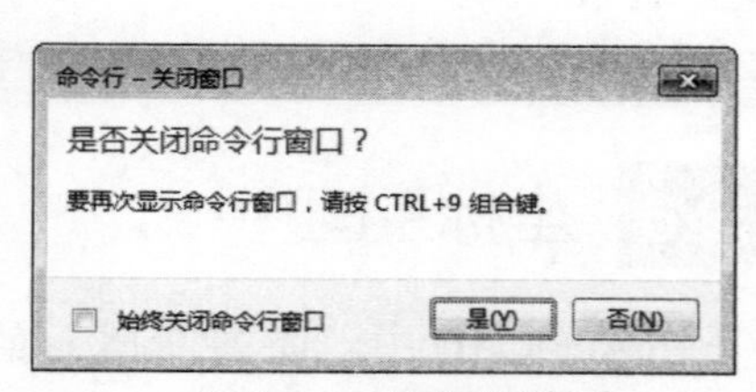

图 1-24　信息提示框

1.3.8 文本窗口

AutoCAD 文本窗口是记录 AutoCAD 命令的窗口，是放大的命令行窗口，它记录了已执行的命令，也可以用来输入新命令。

在 AutoCAD 2016 中，打开文本窗口的常用方法有以下几种。

- 在命令行输入：【TEXTSCR】命令。
- 选择【视图】选项卡，在【窗口】面板中选择【用户界面】|【文本窗口】命令。
- 按【F2】键。

1.3.9 状态栏

状态栏位于 AutoCAD 操作界面的最下方，主要用于显示当前光标所处位置的坐标值、辅助绘图工具、快速查看工具以及切换工作空间等，如图 1-25 所示。

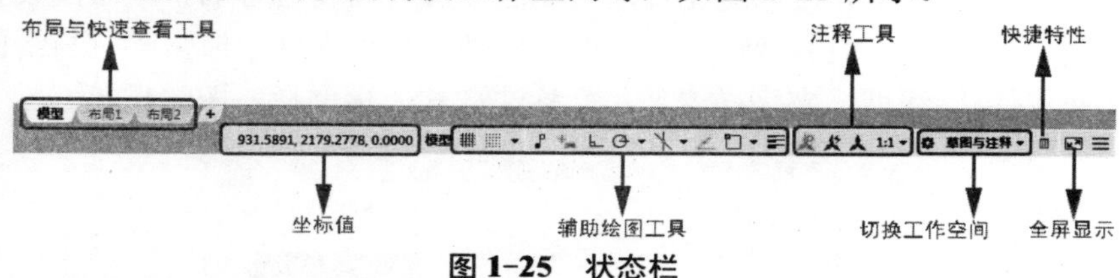

图 1-25 状态栏

- 布局与快速查看工具：通过这组工具可以在模型空间与图纸空间之间进行切换，并且可以预览打开的图形和图形中的布局。
- 坐标值：在绘图窗口中移动光标时，状态栏中的该区域将动态显示当前光标所处位置的坐标值。坐标值的显示取决于所选择的模式和程序中运行的命令，有【相对】、【绝对】和【无】3 种模式。
- 辅助绘图工具：这组工具主要是一些辅助绘图功能的开关，有【捕捉】、【栅格】、【正交】、【极轴】、【动态输入】等。通过这些开关可以打开或关闭各项辅助功能。
- 注释工具：提供了若干控制注释的工具，如注释比例、注释可见性等。
- 切换工作空间：单击该按钮可以弹出一个菜单，用于快速切换 AutoCAD 2016 提供的 3 种不同的工作空间。
- 快捷特性：这也是一种辅助绘图工具。当开启这项功能以后，在绘图时可以显示【快捷特性】面板，以帮助用户快捷地编辑对象的一般特性。
- 全屏显示：单击该按钮可以隐藏工具栏、【功能区】选项板、浮动窗口等界面元素，使 AutoCAD 的绘图窗口最大化显示，即充满全屏。

1.4 图形文件的基本操作

在 AutoCAD 2016 中，图形文件的基本操作包括创建新文件、打开文件、关闭文件和保存文件等。这些操作与其他 Windows 应用程序相似，可以通过菜单栏、工具栏或在命令窗口中输入相应的命令来完成。

1.4.1 新建图形文件

当用户启动 AutoCAD 2016 软件之后，系统将以默认的样板文件为基础创建 Drawing1.dwg 文件（AutoCAD 文件的扩展名为 dwg），并进入之前设置好的工作环境。如果在 AutoCAD 2016 环境中要创建新的图形文件，用户可以按照以下方式来操作。

- 选择【文件】|【新建】命令。
- 按【Ctrl+N】组合键。
- 单击【标准】工具栏上的【新建】按钮。
- 在命令行中输入【NEW】命令。

以上任意一种方法都可以创建新的图形文件，此时将打开【选择样板】对话框，从中选择相应的样板文件来创建新图形，此时在右侧的【预览】框将显示出该样板的预览图像，如图 1-26 所示。

利用样板来创建新图形，可以避免每次绘制新图形时需要进行的有关绘图设置的重复操作，不仅提高了绘图效率，而且保证了图形的一致性。样板文件中通常含有与绘图相关的一些通用设置，如图层、线型、文字样式、尺寸标注样式、标题栏、图幅框等。

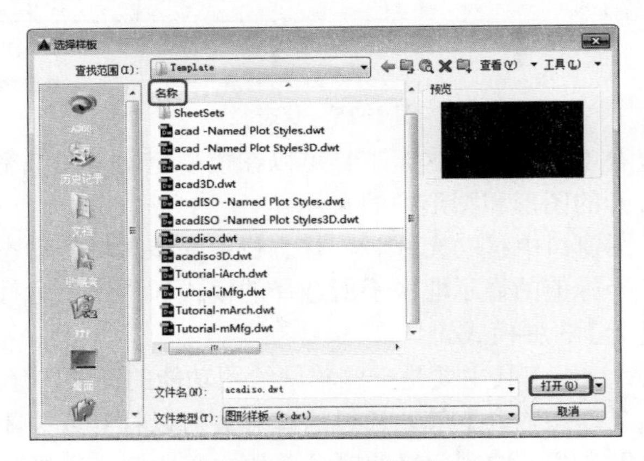

图 1-26 选择样板

1.4.2 打开图形文件

要将已存在的图形文件打开，可使用以下方法。

- 选择【文件】|【打开】命令。
- 单击【标准】工具栏上的【打开】按钮。
- 在命令行中输入【OPEN】命令。

执行以上任意一种方法都将弹出【选择文件】对话框，选择指定路径下的指定文件，则在右侧的【预览】框中显示出该文件的预览图像，单击【打开】按钮即可将所选择的图形文件打开，如图 1-27 所示。

在【选择文件】对话框的【打开】按钮右侧有一个倒三角按钮，单击它将显示出 4 种打开文件的方式。

- 【打开】：直接打开所选的图形文件。
- 【以只读方式打开】：所选的 AutoCAD 文件将以只读方式打开，打开后的 AutoCAD 文件不能直接以原文件名存盘。
- 【局部打开】：选择该选项后，将打开【局部打开】对话框，如图 1-28 所示。如果 AutoCAD 图形中含有不同的内容，并分别属于不同的图层，可以选择其中某些图层打开文件。这种方式通常在 AutoCAD 文件较大的情况下来用，可以提高工作效率。

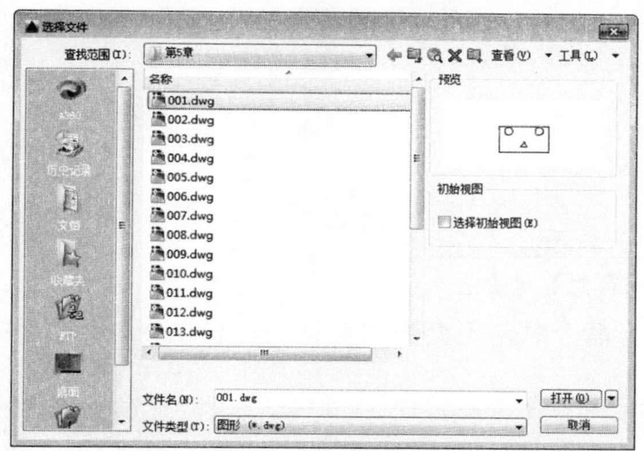

图 1-27　打开图形文件

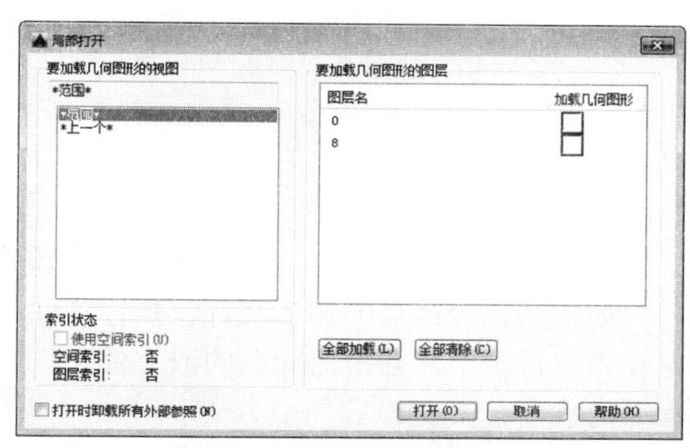

图 1-28　局部打开图形文件

- 【以只读方式局部打开】：以只读方式打开 AutoCAD 文件的部分图层图形。

提示

若用户选择了【局部打开】选项，此时将弹出【局部打开】对话框，在右侧列表框中勾选需要打开的图层对象，然后单击【打开】按钮。勾选需要显示的图层对象，可以加快文件加载的速度，特别是在大型工程项目中，可以减少屏幕显示的实体数量，从而大大提高工作效率。

1.4.3 保存图形文件

对文件操作的时候，应养成随时保存文件的好习惯，以便出现电源故障或发生其他意外情况时防止图形文件及其数据丢失。

要将当前视图中的文件进行保存，可使用以下方法。

- 选择【文件】|【保存】命令。
- 单击【标准】工具栏上的【保存】按钮。
- 按下【Ctrl+S】组合键。
- 在命令行中输入【SAVE】命令，按【Enter】确认。

执行快速存盘命令后，AutoCAD 将把当前编辑的已命名的图形直接以原文件名存入磁盘，不再提示输入文件名。如果当前所绘制的图形没有命名，则 AutoCAD 会弹出【图形另存为】对话框，如图 1-29 所示。在该对话框中用户可以指定图形文件的存储位置、文件名和存储类型等。

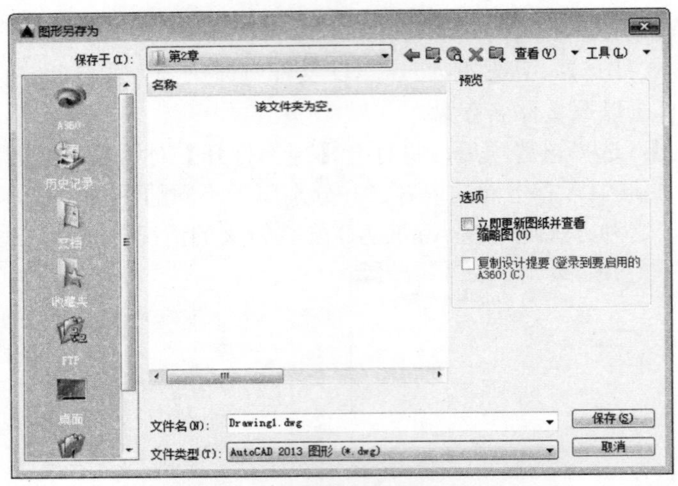

图 1-29 【图形另存为】对话框

如果是已经命名的图形文件，执行【保存】命令时，不会弹出对话框，自动将图形文件保存到原目录中，并覆盖同名的旧文件。

知识链接：

AutoCAD 2016 可以将图形文件保存为其他版本低的 AutoCAD 格式文件，如保存为 AutoCAD R12/LT2 DXF（*.dxf）文件等。这样，在 AutoCAD 2016 中绘制的图形就可以在低版本的 AutoCAD 中打开进行操作，为我们提供了很大的便利。通常，AutoCAD 2016 可以保存成以下几种文件类型：

AutoCAD 2013 图形（*.dwg）

AutoCAD 2010/LT2010 图形（*.dwg）

AutoCAD 2007/LT2007 图形（*.dwg）

AutoCAD 2004/LT2004 图形（*.dwg）

AutoCAD 2000/LT2000 图形（*.dwg）

AutoCAD R14/LT98/LT97 图形（*.dwg）

AutoCAD 图形标准（*.dws）

AutoCAD 图形样板（*.dwt）

AutoCAD 2013 DXF（*.dxf）

AutoCAD 2010/LT2010 DXF（*.dxf）

AutoCAD 2007/LT2007 DXF（*.dxf）

AutoCAD 2004/LT2004 DXF（*.dxf）

AutoCAD 2000/LT2000 DXF（*.dxf）

AutoCAD R12/LT2 DXF（*.dxf）

1.4.4 关闭图形文件

编辑完当前图形文件后，应将其关闭，主要有以下几种方法。

- 单击标题栏中的【关闭】按钮x。
- 按【Ctrl+F4】组合键。
- 在标题栏上右击，在弹出的快捷菜单中选择【关闭】命令。
- 在命令行中执行【CLOSE】命令。

执行以上操作可以关闭当前图形文件。如果当前图形没有存盘，系统将弹出 AutoCAD 警告对话框，询问是否保存文件。此时，单击【是】按钮或直接按【Enter】键，可以保存当前图形文件并将其关闭；单击【否】按钮，可以关闭当前图形文件但不存盘；单击【取消】按钮，取消关闭当前图形文件的操作，既不保存也不关闭。

如果当前所编辑的图形文件没有命名，那么单击【是】按钮后，AutoCAD 会弹出【图形另存为】对话框，要求用户确定图形文件存放的位置和名称。

1.4.5 输出图形文件

通常，当我们要将在 AutoCAD 中绘制的图形转到其他应用软件中去处理时，必须将 AutoCAD 图形格式的文件变为其他文件格式类型。AutoCAD 2016 提供了这样的功能。

选择【文件】|【输出】命令，弹出【输出数据】对话框，如图 1-30 所示。

图 1-30 【输出数据】对话框

在该对话框中，首先选择适当的图形输出格式，如.bmp（位图格式文件），为输出的图形文件起一个名字，确定其输出的路径位置，单击【保存】按钮就可以将 DWG 图形文件输出为其他图形格式，并保存在所选定的路径下，这样就可以在相应的计算机应用软件中打开并进行编辑处理。

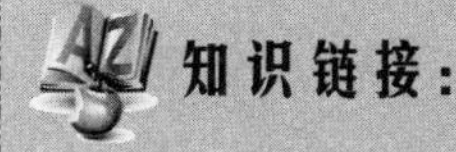

知识链接：

AutoCAD 2016 输出的文件类型有：

三维 DWF（*.dwf）

三维 DWFx（*.dwfx）

FBX（*.fbx）
图元文件（*.wmf）
ACIS（*.sat）
平板印刷（*.stl）
封装 PS（*.eps）
DXX 提取（*.dxx）
位图（*.bmp）
块（*.bmp）
V8 DGN（*.dgn）
V7 DGN（*.dgn）
IGES（*.iges）
IGES（*.igs）

1.4.6 【上机操作】——图形文件的基本操作

下面讲解如何新建图形文件，并将其保存为 001.dwg，关闭 AutoCAD 2016。具体操作步骤如下。

01 启动 AutoCAD 2016，单击【新建】按钮，弹出【选择样板】对话框，选择【acadiso.dwt】样板，单击【打开】按钮，如图 1-31 所示。

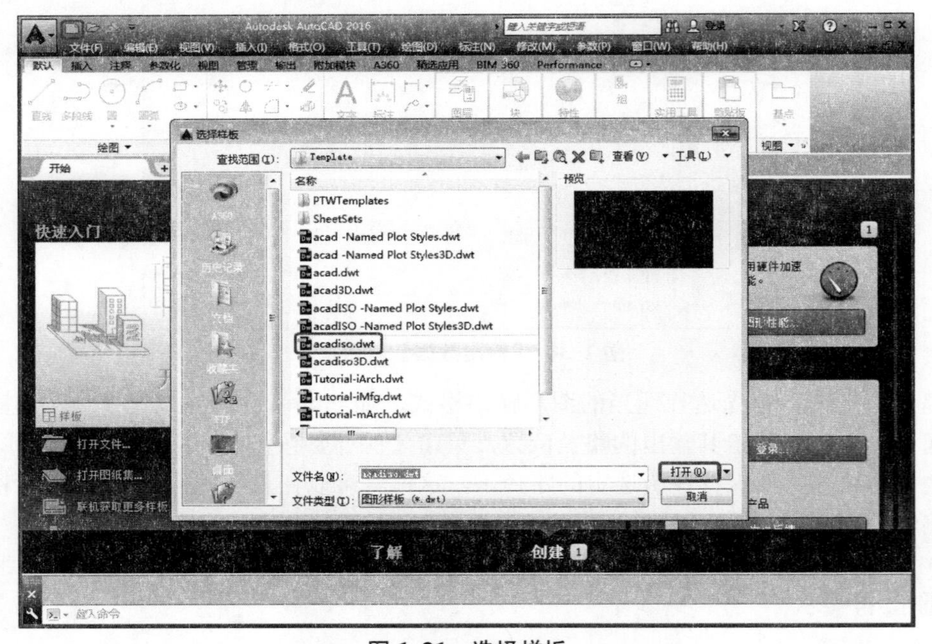

图 1-31 选择样板

02 系统自动新建名为 Drawing1.dwg 的文件，单击快速访问工具栏中的【保存】按钮，弹出【图形另存为】对话框，在【文件名】文本框中输入文本【001】，将其保存到桌面，然

后单击 保存(S) 按钮，如图 1-32 所示。

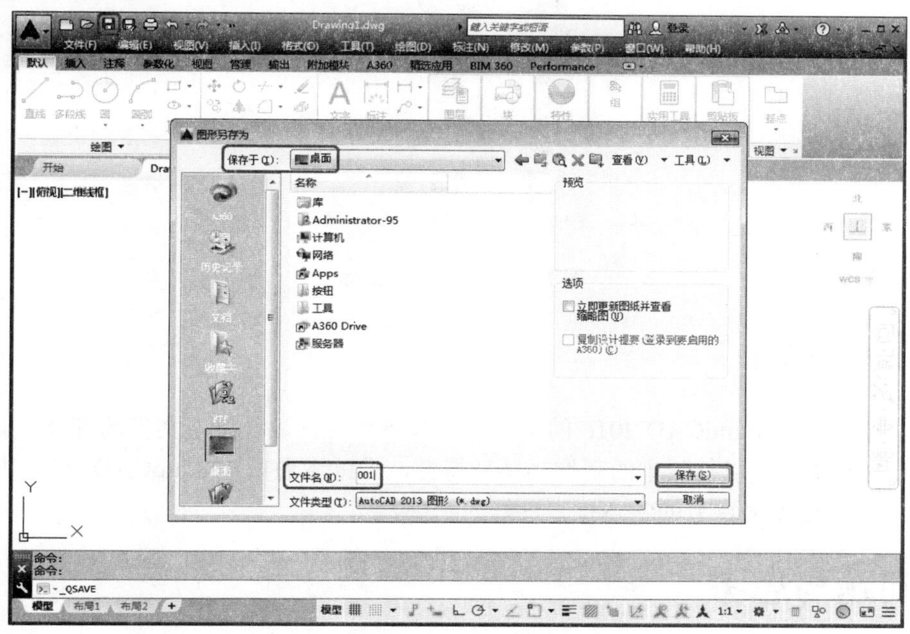

图 1-32 保存文件

03 保存完毕后即可看到标题栏上的名称由原来的 Drawing1.dwg 变成了 001.dwg，如图 1-33 所示。

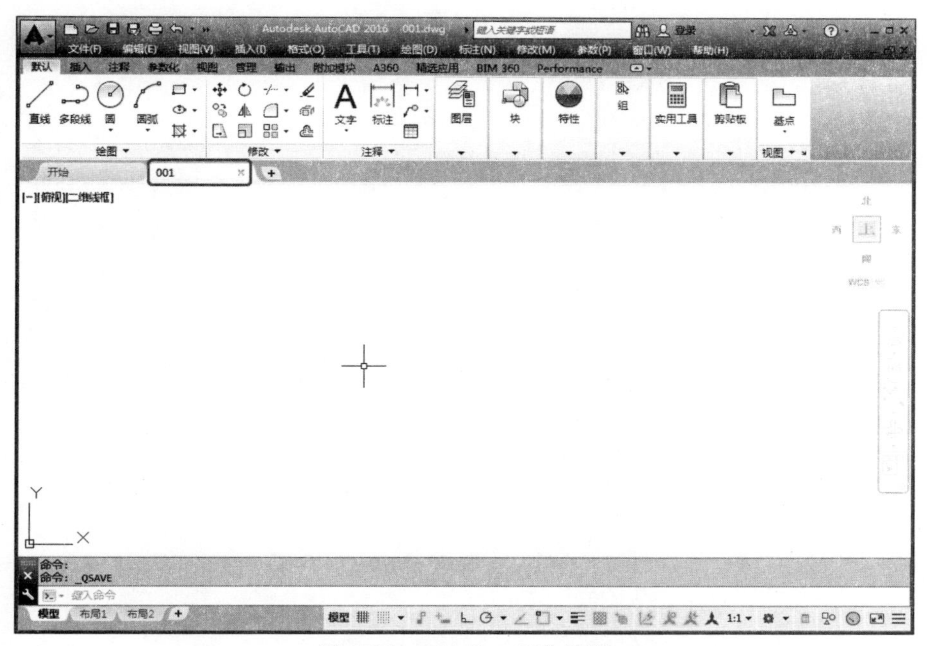

图 1-33 001.dwg 工作界面

04 单击标题栏上的【关闭】按钮 ✕，关闭 AutoCAD 2016，返回桌面即可看到刚保存的 001.dwg 图形文件的快捷方式图标，如图 1-34 所示。

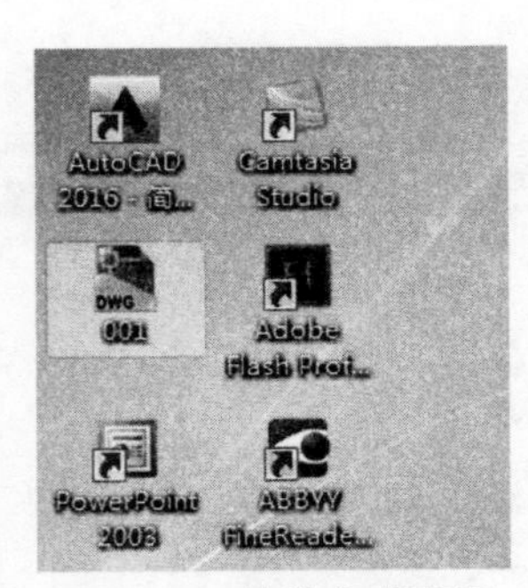

图 1-34　快捷方式图标

1.5　本章小结

本章主要讲解了 AutoCAD 2016 的基础知识和操作界面以及图形文件的管理。此外，还介绍了 AutoCAD 较之以往版本的新增功能和特性，使读者通过对 AutoCAD 2016 基础知识的学习，能够为接下来章节的学习打下良好的基础。

1.6　问题与思考

1．启动和退出 AutoCAD 2016 软件，并观察操作界面。
2．进行新建、打开、保存图形文件的操作。

AutoCAD 2016 基础设置

02

Chapter

本章导读：

基础知识

◈ 掌握 AutoCAD 中的各种命令

◈ 设置坐标系

重点知识

◈ 设置辅助绘图功能

◈ 极轴追踪

提高知识

◈ 设置绘图环境

◈ 图形文件的查看

本章主要讲解 AutoCAD 命令的基本操作、绘图辅助功能的设置、绘图环境的设置、坐标系的表示和创建方法、视图的缩放控制等基础知识。本章所介绍内容是为后面做基础铺垫。

AutoCAD 具有良好的用户界面，通过交互菜单或命令行方式便可以进行各种操作。它的多文档设计环境，让非计算机专业人员也能很快地学会使用。在不断实践的过程中更好地掌握它的各种应用和开发技巧，从而不断提高工作效率。

2.1 使用命令操作

在 AutoCAD 2016 中，菜单命令、工具按钮、命令和系统变量大多是相互对应的。用户可以通过选择某一菜单命令，或单击某个工具按钮，或在命令行中输入命令和系统变量来选择某一命令，命令是 AutoCAD 绘制与编辑图形的核心。

2.1.1 使用鼠标操作执行命令

在绘图区中，鼠标指针通常显示为【+】字形状。当鼠标指针移到菜单选项、工具栏或对话框内时，会自动变成箭头形状。无论鼠标指针是【+】字形状还是箭头形状，当单击鼠标时，都会执行相应的命令或动作。在 AutoCAD 2016 中，鼠标键有 4 种规则定义，分别是拾取键、回车键、弹出键和平移键。

1. 拾取键

拾取键指的是鼠标左键，用于指定屏幕上的点，也被用于选择 Windows 对象、AutoCAD 对象、工具栏按钮和菜单命令等。

2. 回车键

回车键指的是鼠标右键，相当于【Enter】键，用于结束当前使用的命令，此时系统会根据当前绘图状态而弹出不同的快捷菜单。

3. 弹出键

按【Shift】键的同时右击，系统将会弹出一个快捷菜单，用于设置捕捉点的方法。

4. 平移键

对于三键鼠标，鼠标的中间键相当于实时平移键，将光标放在起始位置，然后按住鼠标中键，将光标拖动到新的位置即可实现平移操作。

2.1.2 利用命令行执行命令

在 AutoCAD 2016 中，默认情况下命令行是一个可固定的窗口，用户可以在当前命令提示下输入命令、对象参数等内容。对大多数命令而言，命令行可以显示执行完的两条命令提示（也叫历史命令），而对于一些输入命令，如【TIME】和【LIST】命令，则需要放大命令行或用 AutoCAD 文本窗口才可以显示。

在【命令行】窗口中右击，将弹出如图 2-1 所示的快捷菜单，通过该快捷菜单，用户可以选择最近使用过的 6 个命令、复制选择的文字或全部历史命令、粘贴文字，以及弹出【选项】对话框等。在命令行中还可以通过按【Backspace】或【Delete】键，删除命令行中的文字；也可以选择历史命令，然后执行【粘贴到命令行】命令，将其粘贴到命令行中。

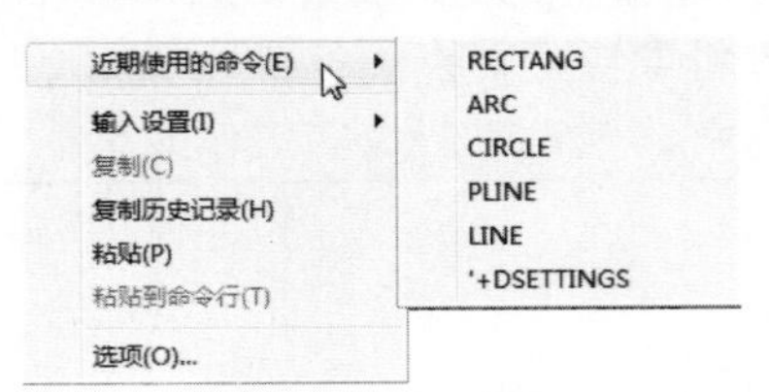

图 2-1 快捷菜单

提示

如果启用了【动态输入】并设定为显示动态提示，用户可以在光标附近的工具提示中输入命令。

默认情况下，系统会在用户输入时自动完成命令或系统变量。此外，还会显示一个有效选择列表，用户可以从中进行选择。使用 AUTOCOMPLETE 命令控制想要使用哪些自动功能。如果禁用自动完成功能，则可以在命令行中输入一个字母并按【Tab】键以循环显示以该字母开头的所有命令和系统变量。可以按【Enter】键或空格键来启动命令或系统变量。某些命令还有缩写名称。例如，除了通过输入【LINE】命令来启动【直线】命令之外，还可以输入【L】。

提示

缩写的命令名称为命令别名，并在 acad.pgp 文件中定义。

在命令行中输入命令时，将显示一组选项或一个对话框。例如，在命令行提示下输入【CIRCLE】时，将显示以下提示：

指定圆的圆心或 [三点(3P)/两点(2P)/切点、切点、半径(T)]：

可以通过输入（*X, Y*）坐标值或通过使用定点设备在屏幕上单击点来指定圆心。要选择不同的选项，可输入括号内的一个选项中的字母（可以是大写或小写字母）。例如，要选择三点选项（3P），输入【3p】即可。

如果要重复刚刚使用过的命令，可以按【Enter】键或空格键；也可以在命令行提示下在定点设备上右击；也可以通过输入 MULTIPLE、空格和命令名来重复命令。要取消进行中的命令，应按【Esc】键。

2.1.3 使用透明命令

在 AutoCAD 2016 中，透明命令指的是在执行其他命令过程中可以执行的命令。常用的透明命令有：【视图缩放】命令、【视图平移】命令、【帮助】命令、【捕捉】命令、【栅格】命令、【正交】命令、【图层】命令、【对象捕捉】命令、【极轴】命令、【对象捕捉追踪】命令、【设置图形界限】命令等。

在某个命令运行期间，调用透明命令可采用以下方法之一。

- 单击透明命令按钮。
- 从右键快捷菜单中选择。
- 在命令行输入一个撇号（'），接着输入要使用的透明命令。

透明命令执行完成后，将恢复执行原命令。下面，在绘制直线时打开点栅格并将其设定为一个单位间隔，然后继续绘制直线。

```
命令：LINE
指定第一个点：'grid
>>指定栅格间距(X) 或 [开(ON)/关(OFF)/捕捉(S)/主(M)/自适应(D)/界限(L)/跟随(F)/纵横向间距(A)]
<10.0000>：1
正在恢复执行 LINE 命令。
指定第一个点：
```

不选择对象、创建新对象或结束绘图任务的命令通常可以透明使用。透明打开的对话框中所做的更改，直到被中断的命令已经执行后才能生效。同样，透明重置系统变量时，新值在开始下一命令时才能生效。

2.1.4 使用系统变量

在 AutoCAD 中，系统变量用于控制某些功能和设计环境、命令的工作方式，它可以打开或关闭捕捉、栅格、正交等绘图模式，设置默认的填充图案，或存储当前图形和 AutoCAD 配置的有关信息。

系统变量通常为 6～10 个字符长的缩写名称，大多数系统变量都带有简单的开关设置。例如，【GRIDMODE】系统变量用于显示或关闭栅格，在命令行中输入【GRIDMODE】系统变量并按【Enter】键，此时，AutoCAD 提示如下：

命令：GRIDMODE
输入 GRIDMODE 的新值<1>：

当在命令行的【输入 GRIDMODE 的新值<1>：】提示下输入 0 时，可以关闭栅格显示；输入 1 时，可以打开栅格显示。

有些系统变量则用来存储数值或文字，例如 DATE 系统变量用来存储当前日期。可以在对话框中修改系统变量，也可以直接在命令行中修改系统变量。例如，要使用 ISOLINES 系统变量修改曲面的线框密度，可在命令行提示下输入该系统变量名称并按【Enter】键，然后输入新的系统变量值并按【Enter】键即可，详细操作如下：

命令：ISOLINES
输入 ISOLINES 的新值<4>：32

2.1.5 命令的终止、撤销与重做

在 AutoCAD 2016 中，用户可方便地重复执行同一命令，或撤销前面执行的一个或多个命令。此外，撤销前面执行的命令后，还可以通过【重做】来恢复前面撤销的命令。

1. 命令的终止

命令的终止方式有很多种，通常情况下正常完成一条命令后会自动终止命令；在执行命令过程中按【Esc】键也可终止命令；在执行命令的过程中，从菜单或工具栏中调用另一命令，可终止绝大部分命令。

2. 命令的撤销

在 AutoCAD 中，命令执行的任何时候都可以输入任意次【U】来取消命令的执行，每输入一次【U】，命令后退一步，无法放弃某个操作时，将显示命令的名称但不执行任何操作。不能放弃对当前图形的外部操作（如打印或写入文件）。执行命令期间，修改模式或使用透明命令无效，只有主命令有效。

用户可以通过以下几种方法进行命令的撤销。

- 在快速访问工具栏中单击【放弃】按钮。
- 选择【编辑】|【放弃】菜单命令。
- 在命令行中输入【U】或【UNDO】。
- 直接按【Ctrl+Z】组合键。

3. 命令的重做

已被撤销的命令还可以恢复重做，要恢复撤销的是最后一个命令。在 AutoCAD 中，可以通过以下方法执行命令的重做。

- 在快速访问工具栏中单击【重做】按钮。
- 选择【编辑】|【重做】菜单命令。
- 在命令行中输入【REDO】。
- 直接按【Ctrl+Y】组合键。

提示

【REDO】命令只能恢复刚执行【UNDO】命令的操作。不能使用【REDO】命令重复执行另一命令。

2.1.6 【上机操作】—— 使用命令行执行命令

下面讲解如何绘制立柱，其具体操作步骤如下。

01 启动 AutoCAD 2016 后，打开素材文件 001.dwg，如图 2-2 所示。

02 在命令行中输入 ZOOM，并按【Enter】键确认，如图 2-3 所示。

图 2-2　打开素材文件

命令：ZOOM
指定窗口的角点，输入比例因子 (nX 或 nXP)，或者
ZOOM [全部(A) 中心(C) 动态(D) 范围(E) 上一个(P) 比例(S) 窗口(W) 对象(O)] <实时>:

图 2-3　执行 ZOOM 命令

03 输入 A（全部），按【Enter】键确认，效果如图 2-4 所示。即完成使用命令行执行命令的操作。

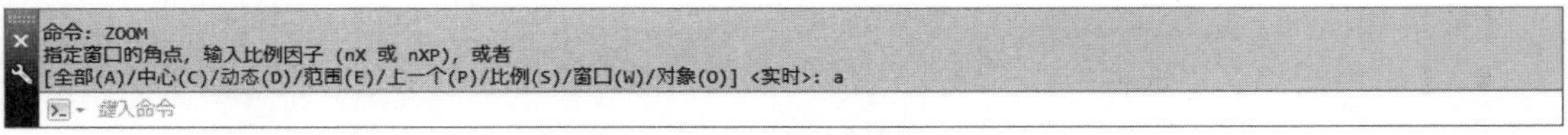

命令：ZOOM
指定窗口的角点，输入比例因子 (nX 或 nXP)，或者
[全部(A)/中心(C)/动态(D)/范围(E)/上一个(P)/比例(S)/窗口(W)/对象(O)] <实时>: a
键入命令

图 2-4　确认执行命令

2.2　设置绘图辅助功能

在 AutoCAD 中，为了方便用户进行各种图形的绘制，状态栏中提供了多种辅助工具以帮助用户能够快速准确地绘图，单击相应的功能按钮，对应的功能便能发挥作用。

2.2.1 设置捕捉与栅格

为了准确地在屏幕上捕捉点，AutoCAD 提供了捕捉和栅格工具。使用捕捉和栅格功能有助于创建和对齐图形中的对象。栅格是按照设置的间距显示在图形区域中的点，可以在屏幕上生成一个隐含的栅格（捕捉栅格），这个栅格能够捕捉光标，约束它只能落在栅格的某一个节点上，使用户能够高精确度地捕捉和选择这个栅格上的点。

捕捉则使光标只能停留在图形中指定的点上，这样就可以很方便地将图形放置在特殊点上，便于以后的编辑工作。栅格和捕捉这两个辅助绘图工具之间有着很多联系，尤其是两者间距的设置。有时为了方便绘图，可将栅格间距设置为与捕捉相同，或者使栅格间距为捕捉间距的倍数。

在 AutoCAD 中，可以通过以下方法设界栅格。

- 选择【工具】|【绘图设置】菜单命令。
- 在状态栏中右击【捕捉】按钮或【栅格】按钮，在弹出的快捷菜单中选择【设置】命令。
- 在命令行中输入【GRID】。

此时，系统将打开如图 2-5 所示的【草图设置】对话框，并打开其中的【捕捉和栅格】选项卡。

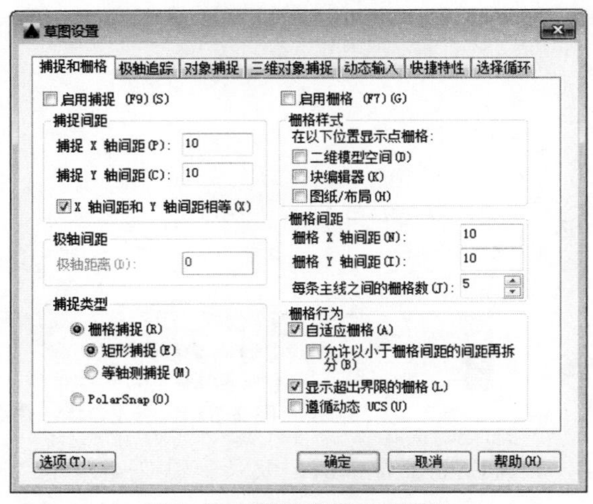

图 2-5 【草图设置】对话框

【捕捉和栅格】选项卡中各选项含义如下所示。

- 【启用捕捉】复选框：打开或关闭捕捉模式。也可以通过单击状态栏上的【捕捉】按钮、按【F9】键，或使用【SNAPMODE】系统变量，来打开或关闭捕捉模式。
- 【捕捉间距】选项组：控制捕捉位置的不可见矩形栅格，以限制光标仅在指定的 *X* 和 *Y* 间隔内移动。
  - 【捕捉 X 轴间距】文本框：指定 *X* 方向的捕捉间距。间距值必须为正实数。
  - 【捕捉 Y 轴间距】文本框：指定 *Y* 方向的捕捉间距。间距值必须为正实数。
  - 【X 轴间距和 Y 轴间距相等】复选框：为捕捉间距和栅格间距强制使用同一 *X* 和 *Y* 间距值。捕捉间距可以与栅格间距不同。
- 【极轴间距】选项组：控制【PolarSnap】增量距离。
- 【极轴距离】文本框：选中【捕捉类型】选项组中的【PolarSnap】单选按钮时，设置捕捉增量距离。如果该值为 0，则 PolarSnap 距离采用【捕捉 X 轴间距】文本框的值。【极轴距离】设置与极坐标追踪和/或对象捕捉追踪结合使用。如果两个追踪功能都未启用，则【极轴距离】设置无效。
- 【捕捉类型】选项组：设置捕捉样式和捕捉类型。
  - 【栅格捕捉】单选按钮：设置栅格捕捉类型。如果指定点，光标将沿垂直或水平栅格点进行捕捉。
  - 【矩形捕捉】单选按钮：将捕捉样式设置为标准【矩形】捕捉模式。当捕捉类型设置为【栅格】并且打开【捕捉】模式时，光标将捕捉矩形捕捉栅格。

- 【等轴测捕捉】单选按钮：将捕捉样式设置为【等轴测】捕捉模式。当捕捉类型设置为【栅格】并且打开【捕捉】模式时，光标将捕捉等轴测捕捉栅格。
- 【PolarSnap】单选按钮：将捕捉类型设置为【PolarSnap】。如果启用了【捕捉】模式并在极轴追踪打开的情况下指定点，光标将沿在【极轴追踪】选项卡上相对于极轴追踪起点设置的极轴对齐角度进行捕捉。

- 【启用栅格】复选框：打开或关闭栅格。也可以通过单击状态栏上的【栅格】按钮、按【F7】键，或使用【GRIDMODE】系统变量，来打开或关闭栅格模式。
- 【栅格样式】选项组：在二维模式中设置栅格样式。也可以使用 GRIDSTYLE 系统变量设置栅格样式。
  - 【二维模型空间】复选框：将二维模型空间的栅格样式设置为点栅格。
  - 【块编辑器】复选框：将块编辑器的栅格样式设置为点栅格。
  - 【图纸/布局】复选框：将图纸和布局的栅格样式设置为点栅格。
- 【栅格间距】选项组：控制栅格的显示，有助于直观显示距离。

提示

LIMITS 命令和 GRIDDISPLAY 系统变量可控制栅格的界限。

- 【栅格 X 间距】文本框：指定 *X* 轴方向上的栅格间距。如果该值为 0，则栅格采用【捕捉 Y 轴间距】的数值集。
- 【栅格 Y 间距】文本框：指定 *Y* 轴方向上的栅格间距。如果该值为 0，则栅格采用【捕捉 Y 轴间距】的数值集。
- 【每条主线之间的栅格数】文本框：指定主栅格线相对于次栅格线的频率。将 GR1DSTYLE 设置为 0 时，将显示栅格线而不显示栅格点。
- 【栅格行为】选项组：控制将【GRIDSTYLE】设置为 0 时，所显示栅格线的外观。
  - 【自适应栅格】复选框：缩小时，限制栅格密度，允许以小于栅格间距的间距再拆分；放大时，生成更多间距更小的栅格线。主栅格线的频率确定这些栅格线的频率。
  - 【显示超出界线的栅格】复选框：显示超出【LIMITS】命令指定区域的栅格。
  - 【遵循动态 UCS】复选框：更改栅格平面以跟随动态 UCS 的 XY 平面。

2.2.2 设置正交模式

正交辅助工具可以将光标限制在水平或垂直方向上移动，以便于精确地创建和修改对象。创建或移动对象时，使用【正交】模式将光标限制在水平或垂直轴上。移动光标时，不管水平轴或垂直轴哪个离光标最近，拖动引线将沿着该轴移动。

当前用户坐标系（UCS）的方向确定水平方向和垂直方向。在三维视图中，【正交】模式额外限制光标只能上下移动。在这种情况下，工具提示不会为该角度显示+Z 或-Z。打开【正交】模式时，使用直接距离输入法以创建指定长度的正交线或将对象移动指定的距离。

在绘图和编辑过程中，可以随时打开或关闭【正交】模式。输入坐标或指定对象捕捉时将忽略【正交】模式。要临时打开或关闭【正交】模式，可按住临时替代键【Shift】。使用临时替代键时，无法使用直接距离输入法。

如果已打开等轴测捕捉设置，则在确定水平方向和垂直方向时该设置较 UCS 具有优先级。

在 AutoCAD 中，可以通过以下方法设置正交模式。

- 在状态栏中单击【正交】按钮。
- 按【F8】键。
- 在命令行输入【ORTHO】命令。

提示

打开【正交】模式将自动关闭【极轴追踪】模式。

2.2.3 对象捕捉

所谓对象捕捉，就是利用已经绘制的图形上的几何特征点定位新的点。在绘图区任意工具栏上右击，在弹出的快捷菜单中选择【对象捕捉】命令，弹出如图 2-6 所示的【对象捕捉】工具栏，用户可以在工具栏中单击相应的按钮，以选择合适的对象捕捉模式。指定对象捕捉时，光标将捕捉到对象上最靠近光标中心的指定点。默认情况下，将光标移到对象上的对象捕捉位置上方时，将显示标记和工具提示信息。

在状态栏右击【对象捕捉】按钮，在弹出的快捷菜单中选择【设置】命令，弹出如图 2-7 所示的【草图设置】对话框，在【对象捕捉】选项卡中，【启用对象捕捉】复选框用于控制对象捕捉功能的开启与关闭。当对象捕捉打开时，在【对象捕捉模式】选项组中选定的对象捕捉处于活动状态。【启用对象捕捉追踪】复选框用于控制对象捕捉追踪的开启与关闭。

图 2-6 【对象捕捉】工具栏

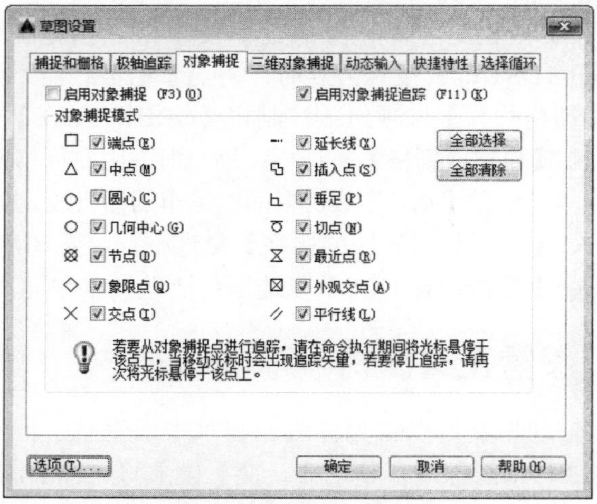

图 2-7 【草图设置】对话框

在【对象捕捉模式】选项组中，提供了 14 种捕捉模式，不同捕捉模式的意义如下所示。

- 【端点】：捕捉到圆弧、椭圆弧、直线、多线、多段线、样条曲线、面域或射线最近的端点，或捕捉宽线、实体或三维面域的最近角点。
- 【中点】：捕捉到圆弧、椭圆、椭圆弧、直线、多线、多段线、面域、实体、样条曲线或参照线的中点。

- 【圆心】：捕捉到圆弧、圆、椭圆或椭圆弧的中心点。
- 【几何中心】：捕捉到多段线、二维多段线和二维样条曲线的几何中心点。只有规则的图形才有几何中心，像正方形、正三角形。而每个几何图形都有几何中心（比如三角形就是三条中线的交点），当为均匀介质的规则几何图形时，几何重心就在几何中心。
- 【节点】：捕捉到点对象、标注定义点或标注文字原点。
- 【象限点】：捕捉到圆弧、圆、椭圆或椭圆弧的象限点。
- 【交点】：捕捉到圆弧、圆、椭圆、椭圆弧、直线、多线、多段线、射线、面域、样条曲线或参照线的交点。【延伸交点】不能用作执行对象捕捉模式。【交点】和【延伸交点】不能和三维实体的边或角点一起使用。

提示

如果同时打开【交点】和【外观交点】执行对象捕捉，可能会得到不同的结果。

- 【延长线】：当光标经过对象的端点时，显示临时延长线或圆弧，以便用户在延长线或圆弧上指定点。

提示

在透视视图中进行操作时，不能沿圆弧或椭圆弧的延伸线进行追踪。

- 【插入点】：捕捉到属性、块、形或文字插入点。
- 【垂足】：捕捉圆弧、圆、椭圆、椭圆弧、直线、多线、多段线、射线、面域、实体、样条曲线或参照线的垂足。当正在绘制的对象需要捕捉多个垂足时，将自动打开【递延垂足】捕捉模式。可以用直线、圆弧、圆、多段线、射线、参照线、多线或三维实体的边作为绘制垂直线的基础对象。可以用【递延垂足】模式在这些对象之间绘制垂直线。当靶框经过【递延垂足】捕捉点时，将显示【AutoSnap】提示和标记。
- 【切点】：捕捉到圆弧、圆、椭圆、椭圆弧或样条曲线的切点。当正在绘制的对象需要捕捉多个垂足时，将自动打开【递延垂足】捕捉模式。可以使用【递延切点】模式来绘制与圆弧、多段线圆弧或圆相切的直线或构造线。当靶框经过【递延切点】捕捉时，将显示标记和【AutoSnap】提示。
- 【最近点】：捕捉到圆弧、圆、椭圆、椭圆弧、直线、多线、点、多段线、射线、样条曲线或参照线的最近点。
- 【外观交点】：捕捉到不在同一平面但是可能看起来在当前视图中相交的两个对象的外观交点。
- 【平行线】：将直线段、多段线线段、射线或构造线限制为其他线性对象平行。指定线性对象的第一点后，指定平行对象捕捉。与在其他对象捕捉模式中不同，用户可以将光标悬停移至其他线性对象，直到获得角度。然后，将光标移回正在创建的对象。如果对象在路径上与上一个线性对象平行，则会显示对齐路径，用户可使用其创建平行对象。

2.2.4 【上机操作】—— 利用对象捕捉功能绘制切线

下面讲解利用对象捕捉功能绘制切线，主要用到端点捕捉和切点捕捉功能。其具体操作步骤如下。

01 在命令行中输入【LINE】命令，按【Enter】键，在绘图区绘制一条长度为 60 的直线。

02 在状态栏中右击【对象捕捉】按钮，在弹出的快捷菜单中选择【设置】命令，弹出【草图设置】对话框，在该对话框中勾选【端点】和【切点】复选框，如图 2-8 所示。

03 单击【绘制】工具栏中的【圆】按钮，以直线左边的端点为圆心，绘制半径为 10 和 20 的同心圆，如图 2-9 所示。

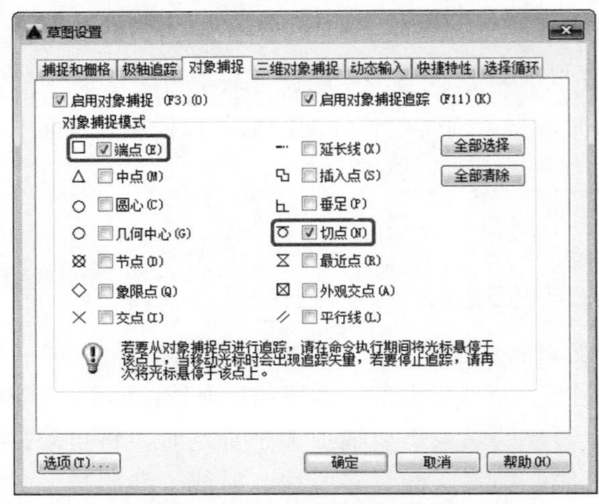

图 2-8 设置【对象捕捉】

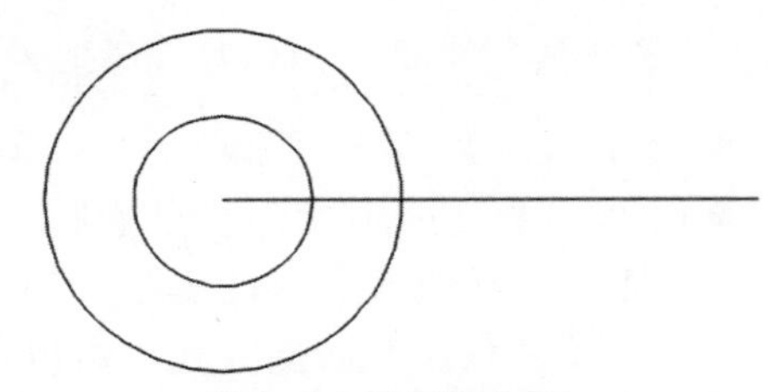

图 2-9 绘制同心圆

04 按【Enter】键继续执行圆命令，以直线段右边的端点为圆心绘制半径为 5 和 10 的同心圆，如图 2-10 所示。

05 在命令行中输入【LINE】命令，按【Enter】键，将光标置于大圆的合适位置，待其出现【递延切点】捕捉提示之后单击，如图 2-11 所示。

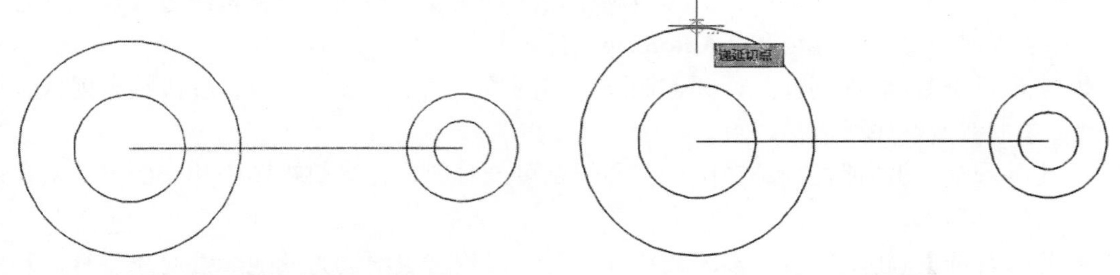

图 2-10 继续绘制同心圆

图 2-11 捕捉切点

06 将光标置于小圆的合适位置，待其出现【递延切点】捕捉提示之后单击，如图 2-12 所示，按【Enter】键完成操作。

07 使用同样的方法绘制另一条切线，如图 2-13 所示。

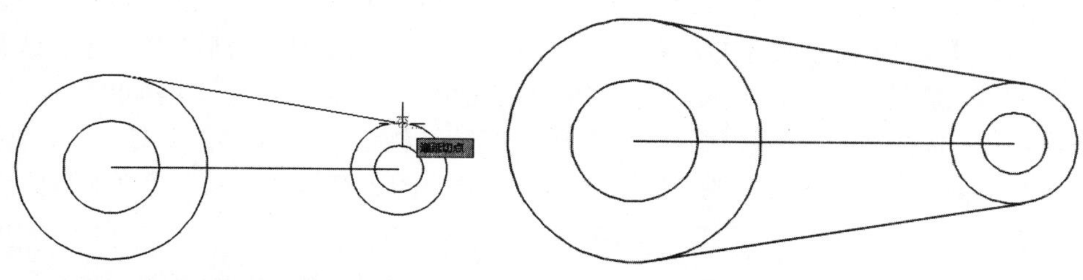

图 2-12　继续捕捉切点　　　　图 2-13　绘制另一条切线

08 在命令行中输入【TRIM】命令修剪图形多余的线段，完成后的效果如图 2-14 所示。

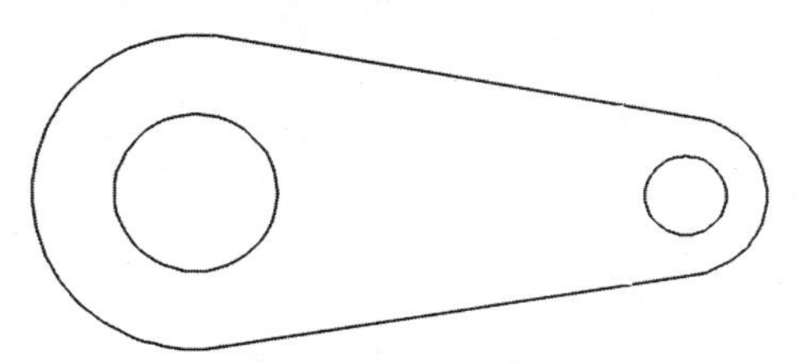

图 2-14　完成后的效果

2.2.5 极轴追踪

极轴追踪是按事先给定的角度增量来追踪点。当 AutoCAD 要求指定一个点时，系统将按预先设置的角度增量来显示一条辅助线，用户可沿辅助线追踪得到光标点，如图 2-15 所示。

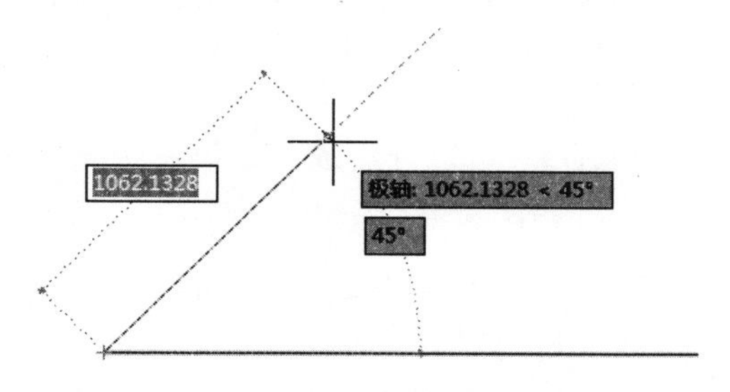

图 2-15　追踪光标点

1. 启动极轴追踪

启动极轴追踪的方法有以下几种。

- 单击状态栏右侧的【极轴】按钮，当按钮被按下时，即启动了极轴追踪，再次单击该按钮将关闭极轴追踪。系统的默认模式是关闭极轴追踪。
- 按【F10】键，可在关闭和启动极轴追踪之间进行切换。
- 在【草图设置】对话框的【极轴追踪】选项卡中选择【启用极轴追踪】复选框，即可启用极轴追踪功能，如图 2-16 所示。

2. 设置极轴追踪

打开【草图设置】对话框中的【极轴追踪】选项卡，设置极轴的增量角，如图 2-17 所示。

- 【增量角】：单击【增量角】的下拉箭头，可以在 5° ～90° 的范围内选择角度。还可以在文本框中输入增量角度。极轴追踪随即应用该角度及其整数倍的角度。

- 【附加角】：如果需要其他的角度，可以在选中【附加角】复选框后，单击【新建】按钮，然后输入新的角度。最多只能添加 10 个附加角。需要注意的是，添加的附加角度不是增量角，例如在其中输入 25°，那么只有 25° 被标记，而 50° 以及 25° 的其他整数倍角则不会被标记。要删除附加角，先选中所需要的角度，然后单击【删除】按钮即可。

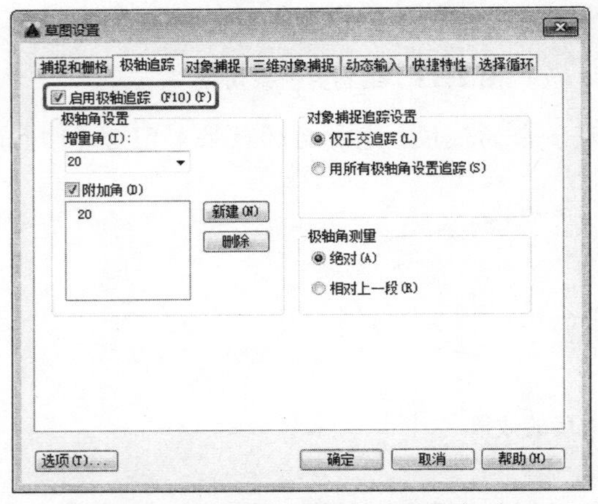

图 2-16　选择【启用极轴追踪】复选框

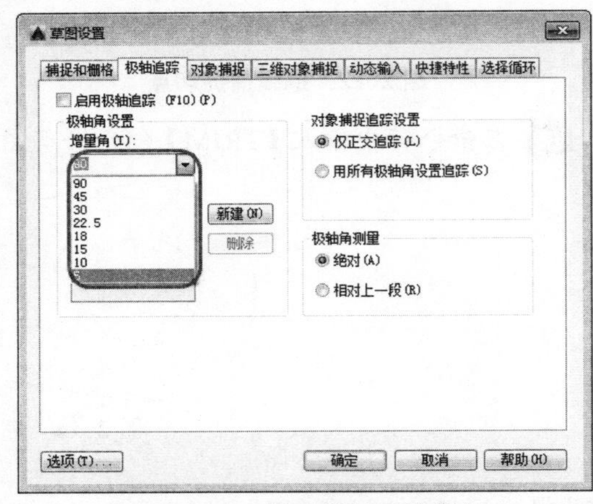

图 2-17　设置极轴的增量角

如果要自定义极轴追踪的工作方式，单击【草图设置】对话框中的【选项】按钮，打开【选项】对话框中的【草图】选项卡，将位于【自动追踪设置】选项组的如下设置应用于极轴追踪。

- 【显示极轴追踪矢量】：可以打开或关闭极轴追踪矢量，将其打开后，进行极轴追踪绘制时会出现一条向屏幕外无限延长的虚线。
- 【显示自动追踪工具栏提示】：可以开启或关闭显示距离和角度的工具栏提示。

3. 使用极轴追踪

使用极轴追踪时，需要将鼠标指针慢慢地移过一定的角度，使计算机有时间对当前角度进行计算并显示出极轴矢量和工具栏提示。

假设此时要绘制一条直线，首先要指定直线的起点，然后在指定第二个点的时候，将鼠标指针移动到一个要绘制的角度上。当看到极轴追踪矢量和工具栏提示之后，让鼠标停在此处并手动输入直线的长度，最后按【Enter】键即可绘制一条指定长度和角度的直线。

2.2.6 动态输入设置

用户可以指定在输入坐标值时动态输入的工作方式，不同的设置会带来不一样的结果，所以要熟悉每个参数选项的功能。

右击【动态输入】按钮，在弹出的快捷菜单中选择【动态输入设置】命令，系统会弹出如图 2-18 所示的【草图设置】对话框。

在默认情况下是勾选了【启用指针输入】复选框的，这意味着在启动某个命令时，动态输入工具栏提示中会包含可以输入坐标值的输入框。如果取消勾选该复选框，那么输入的坐标值就只能显示在命令行中。不过无论是否选中该复选框，只要状态栏上的【动态输入】按钮处于选中状态，那么在执行命令时仍然可以看到用于坐标值的输入框。

- 指针输入：单击【指针输入】选项组中的【设置】按钮，打开如图 2-19 所示的【指针输入设置】对话框，在这里可以设置第二个点或后续的点的默认格式，后面将详细介绍这些格式。

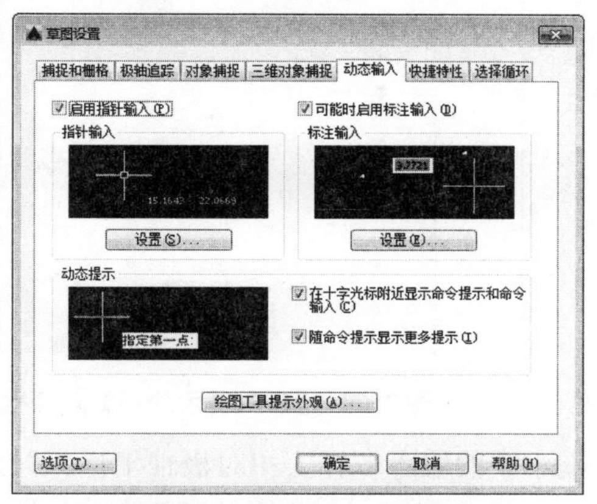

图 2-18 【动态输入】选项卡

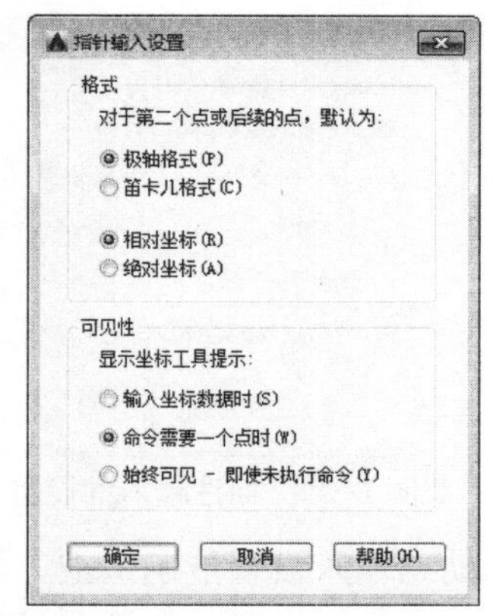

图 2-19 【指针输入设置】对话框

在【显示坐标工具提示】选项组中可以指定在【输入坐标数据时】或【命令需要一个点时】显示工具栏提示，或者让工具栏提示始终可见。

提示

【草图设置】对话框中的设置非常重要，在【动态输入】功能开启时，这些设置可以决定输入坐标值的方法。如果是从以前版本的 AutoCAD 进行升级，则已经习惯于输入 X、Y 形式的绝对坐标，而非相对坐标。但是在开启了动态输入后，默认为输入相对坐标，它能提高输入坐标的速度。

- 标注输入：这里所说的标注是指绘图过程中涉及的距离或长度以及角度等数据，而不是点或者坐标。勾选【可能时启用标注输入】复选框，指定第一个点后，例如直线的起点或圆心，就会出现一个标注工具栏提示，显示直线段的长度或圆形的半径；此时可以通过在工具栏提示中输入来指定直线的长度。如果取消该复选框，则不会出现这些提示。单击【标注输入】选项组中的【设置】按钮，可打开如图 2-20 所示的对话框。

提示

如果同时取消选中【启用指针输入】和【可能时启用标注输入】复选框，则会关闭动态输入功能。

- 动态提示：选中【在十字光标附近显示命令提示和命令输入】复选框后，即可在动态工具栏提示中显示命令提示，并且可以在此进行输入来响应这些提示。这一部分的动态输入应该能代替命令行。但是，此处显示的提示并不是原样重复命令行提示，而且某些提示不会在工具栏提示中显示。

- 绘图工具提示外观：单击该按钮，可以打开如图 2-21 所示的【工具提示外观】对话框，在此设置工具提示栏的颜色、大小和透明度，可将这些设置应用到 AutoCAD 中所有绘图工具栏提示中。

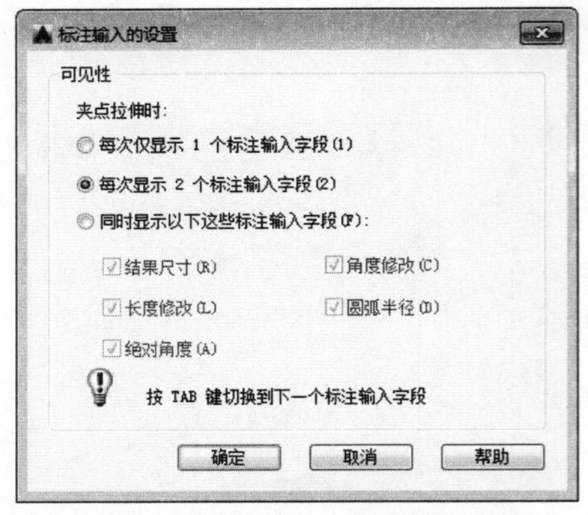

图 2-20　标注输入的设置对话框

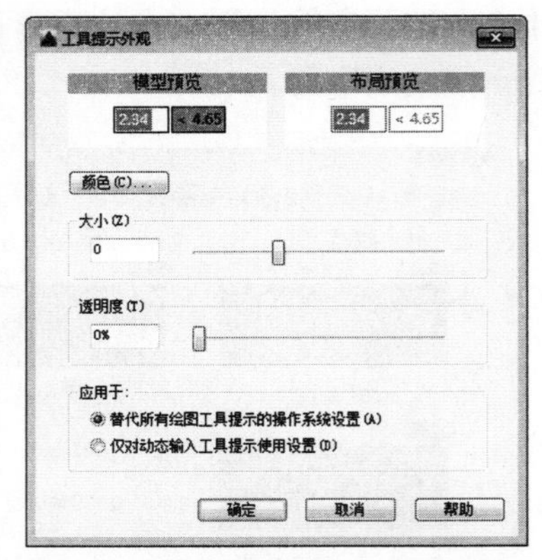

图 2-21　【工具提示外观】对话框

默认的动态输入设置能确保把工具栏提示中的输入解释为相对极轴坐标。但是，有时需要为单个坐标改变此设置。在输入时可以在 *X* 坐标前加上一个符号来改变此设置。

AutoCAD 提供了 3 种方法来改变此设置。

- 绝对坐标：键入#，可以将默认的相对坐标设置为绝对坐标。例如输入（#0, 0），那么所指定的就是绝对坐标点（0, 0）。
- 相对坐标：如果事先就将那个动态输入设置为绝对坐标，可以通过输入@符号来改变默认设置，然后输入相对坐标。例如输入（@1, 10）。
- 世界坐标系：通常，输入的坐标被解释为当前用户坐标系。默认的坐标系称为世界坐标系。如果在创建一个自定义坐标系之后又想输入一个世界坐标系的坐标值时，可以在 *X* 轴坐标值之前加入一个。

2.3　设置绘图环境

通常情况下，安装好 AutoCAD 2016 后就可以在其默认状态下绘制图形，但有时为了使用规范绘图，提高绘图效率，应熟悉命令与系统变量以及绘图方法，掌握绘图环境的设置和坐标系统的使用方法。

2.3.1　设置参数选项

在使用 AutoCAD 绘图前，经常需要对参数选项、绘图单位和绘图界限等进行必要的设置。AutoCAD 通过【选项】对话框来设置系统环境。

调用【选项】对话框有以下几种方式：

- 在菜单栏中选择【工具】|【选项】命令。
- 在菜单栏中选择【工具】|【草图设置】命令，在弹出的【草图设置】对话框中单击【选项】按钮。

- 右击绘图区，在弹出的快捷菜单中选择【选项】命令。
- 在命令行中输入【OPTIONS/OP】命令并按【Enter】键。

执行以上命令后都将弹出如图 2-22 所示的【选项】对话框，其中有【文件】、【显示】、【打开和保存】、【打印和发布】、【系统】、【用户系统配置】、【绘图】、【三维建模】、【选择集】、【配置】和【联机】11 个选项卡。

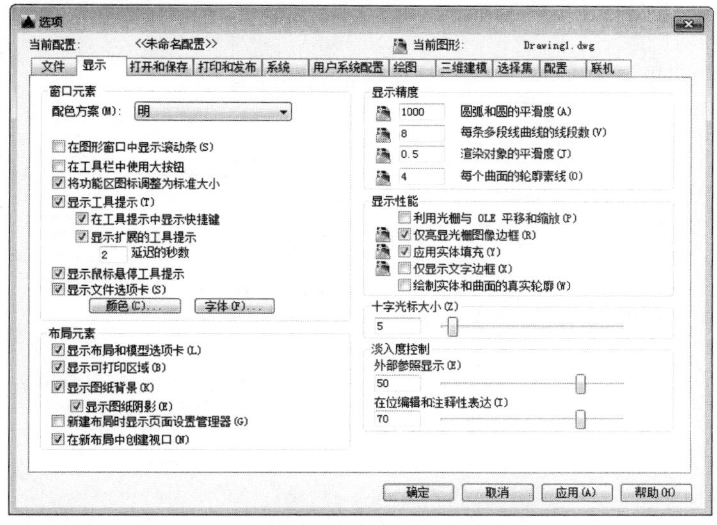

图 2-22 【选项】对话框

切换至【文件】选项卡可指定 AutoCAD 搜索支持、驱动程序、菜单文件和其他文件的文件夹，还可指定一些可选的用户定义设置，如图 2-23 所示。单击【浏览】按钮，打开【浏览文件夹】或【选择文件】对话框，如图 2-24 所示。单击【添加】按钮，可添加选定文件夹的搜索路径；单击【删除】按钮，可删除选定的搜索路径或文件；单击【置为当前】按钮，将选定的文件置为当前。

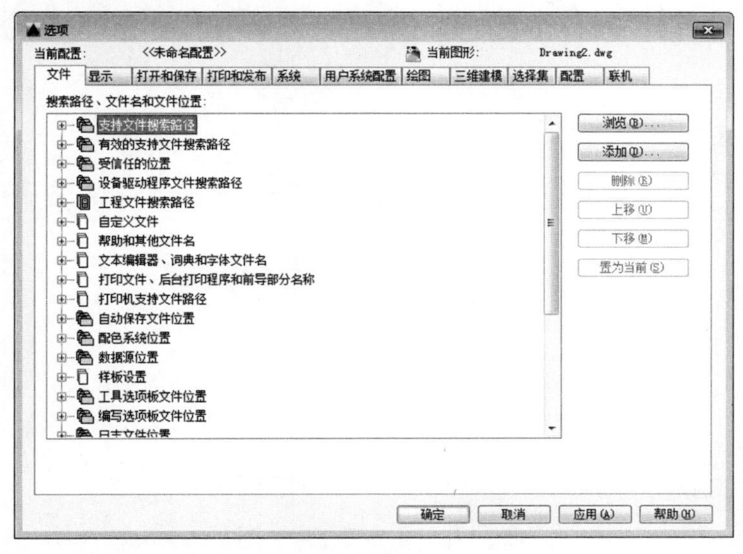

图 2-23 【文件】选项卡

图 2-24 【浏览文件夹】对话框

【显示】选项卡可以设置窗口元素、显示精度、布局元素、显示性能、十字光标大小和淡入度等 AutoCAD 绘图环境特有的显示属性，如图 2-25 所示。

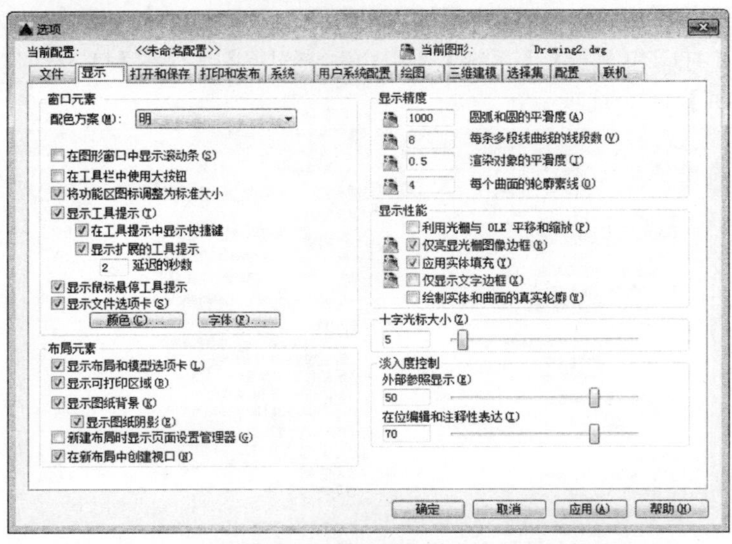

图 2-25 【显示】选项卡

知识链接：

在【显示】选项卡中，各部分特性如下。

【窗口元素】选项组主要控制绘图环境特有的显示设置，用户可以根据需要设置各元素的开启情况。其中，单击【颜色】按钮，弹出【图形窗口颜色】对话框，如图 2-26 所示，可以指定主应用程序窗口中元素的颜色；单击【字体】按钮，弹出【命令行窗口字体】对话框，如图 2-27 所示，可以指定命令窗口文字的字体。

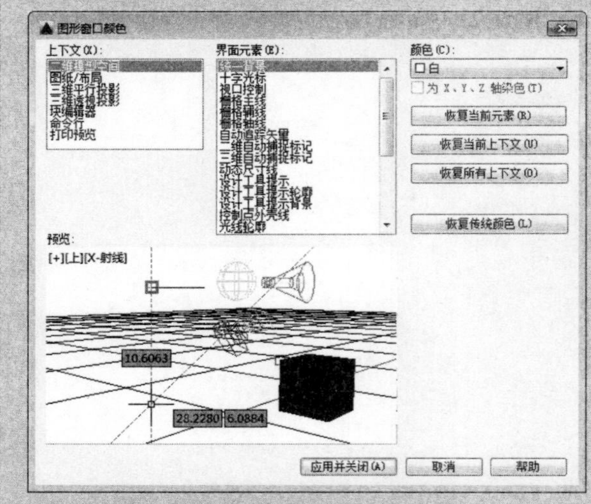

图 2-26 【图形窗口颜色】对话框

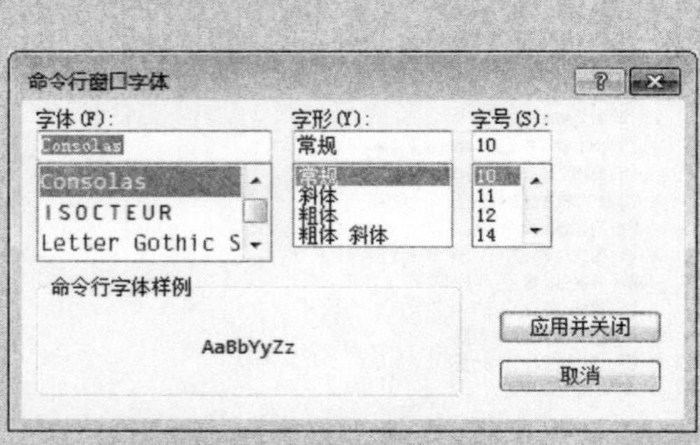

图 2-27 【命令行窗口字体】对话框

【布局元素】选项组主要控制现有布局的选项。布局是一个图纸空间环境，用户可在其中设置图形进行打印。

【显示精度】选项组控制对象的显示质量。如果设置较高的值提高显示质量，则性能将受到显著影响。【圆弧和圆的平滑度】用于设置当前视口中对象的分辨率；【每条多段线曲线的线段数】设置要为每条样条曲线拟合多段线生成的线段数目；【渲染对象的平滑度】调整着色和渲染对象以及删除了隐藏线的对象的平滑度；【每个曲面的轮廓素线】指定对象上每个曲面的轮廓素线数目。

【显示性能】选项组控制影响性能的显示设置。如果打开了拖动显示并勾选【使用光栅与 OLE 平移与缩放】复选框，将有一个对象的副本随着光标移动，就好像是在重定位原始位置；【仅亮显光栅图像边框】控制是亮显整个光栅图像还是仅亮显光栅图像边框；【应用实体填充】指定是否填充图案、二维实体以及宽多段线；【仅显示文字边框】控制文字的显示方式；【绘制实体和曲面的真实轮廓】控制三维实体对象轮廓边在二维线框或三维线框视觉样式中的显示。

【十字光标大小】选项组按屏幕大小的百分比确定十字光标的大小。

【淡入度控制】选项组控制 DWG 外部参照和参照编辑的淡入值。【外部参照显示】控制所有 DWG 外部参照对象的淡入度，此选项仅影响屏幕上的显示，而不影响打印或打印预览；【在位编辑和注释性表示】控制在位参照编辑的过程中指定对象的淡入度值，未被编辑的对象将以较低强度显示，通过在位编辑参照，可以编辑当前图形中的块参照或外部参照，有效值范围从 0%～90%。

通过【绘图】选项卡可进行自动捕捉设置、AutoTrack 设置、自动捕捉标记框颜色和大小以及自动捕捉靶框的显示尺寸等设置，如图 2-28 所示。

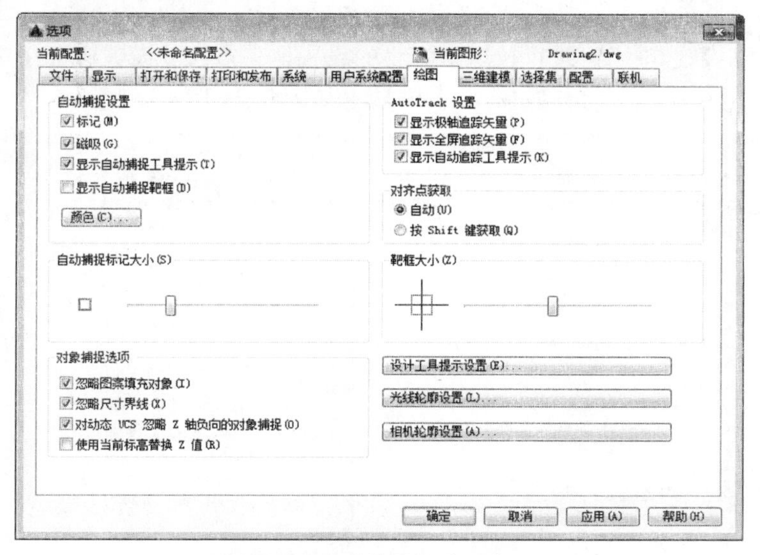

图 2-28 【绘图】选项卡

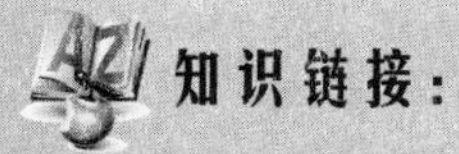

知识链接：

【绘图】选项卡中各部分特性如下：

【自动捕捉设置】选项组用于控制自动捕捉标记、工具提示和磁吸的显示。如果光标或靶框位于对象上，可以按【Tab】键遍历该对象可用的所有捕捉点。【标记】控制自动捕捉标记的显示，该标记是当十字光标移到捕捉点上时显示的几何符号；【磁吸】打开或关闭自动捕捉磁吸（磁吸是指十字光标自动移动并锁定到最近的捕捉点上）；【显示自动捕捉工具提示】控制自动捕捉工具提示的显示；【显示自动捕捉靶框】打开或关闭自动捕捉靶框的显示。

【AutoTrack 设置】选项组在启用极轴追踪或对象捕捉追踪时可用。【显示极轴追踪矢量】表示当极轴追踪打开时，将沿指定角度显示一个矢量。使用极轴追踪，可以沿角度绘制直线。极轴角是 90° 的约数。在三维视图中，也显示平行于 UCS 的 Z 轴的极轴追踪矢量，并且工具提示基于沿 Z 轴的方向显示角度的+Z 或-Z；【显示全屏追踪矢量】控制对齐矢量是否显示为无限长的线。【显示自动追踪工具提示】控制自动捕捉标记、工具提示和磁吸的显示。

【对齐点获取】可通过自动获取和按住【Shift】键获取。自动获取是当靶框移到对象捕捉上时，自动显示追踪矢量；用【Shift】键获取是按【Shift】键并将靶框移到对象捕捉上时，将显示追踪矢量。

【自动捕捉标记大小】用于设定自动捕捉标记的显示尺寸。【靶框大小】是以像素为单位设置对象捕捉靶框的显示尺寸。如果勾选【显示自动捕捉靶框】复选框，则当捕捉到对象时靶框显示在十字光标的中心。靶框的大小确定磁吸将靶框锁定到捕捉点之前，光标应到达与捕捉点多近的位置。

【对象捕捉选项】用于设置执行对象捕捉的模式。【忽略图案填充对象】是指定对象捕捉的选项；【使用当前标高替换 Z 值】是指定对象捕捉忽略对象捕捉位置的 Z 值，并使用当前 UCS 设置的标高 Z 值;【对动态 UCS 忽略 Z 轴负向的对象捕捉】是指定使用动态 UCS 期间对象捕捉忽略具有负 Z 值的几何体。

通过【选择集】选项卡可进行拾取框大小的设置、夹点尺寸设置、选择集模式设置、选择集预览、功能区选项设置等。【选择集】选项卡如图 2-29 所示。

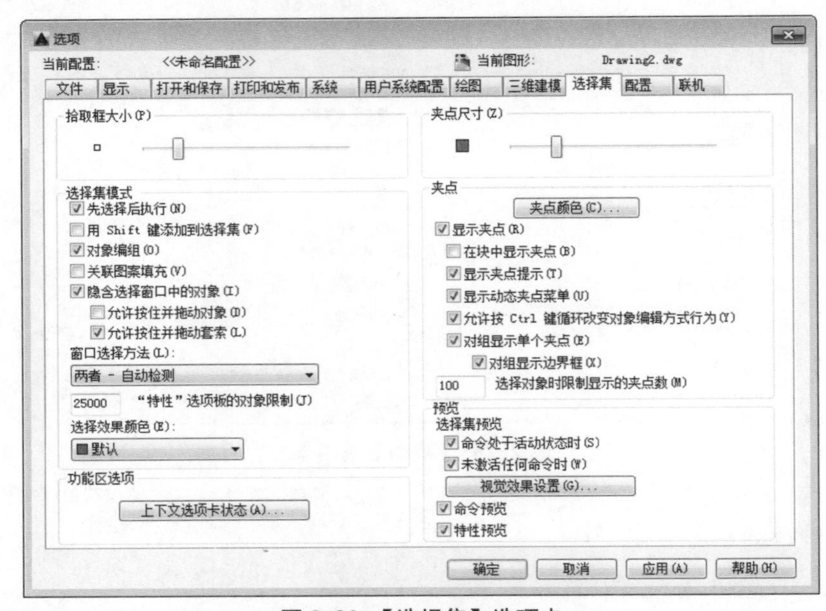

图 2-29 【选择集】选项卡

知识链接：

【选择集】选项卡中各部分特性如下。

【拾取框大小】是以像素为单位设置对象选择目标的高度，它是在编辑命令中出现的对象选择工具；在选择对象过后，其对象将显示特点（即夹点），通过拖到【夹点尺寸】下的滑块，可以改变夹点尺寸的大小。

【选择集模式】用于控制与对象选择方法相关的设置，各选项含义如下。

- 先选择后执行：控制在发出命令之前还是之后选择对象。许多编辑和查询命令支持名词、动词选择。
- 用 Shift 键添加到选择集：设置选择项是替换当前选择集还是添加到其中。要快速清除选择集，应在图形的空白区域绘制一个选择窗口。
- 对象编组：选择编组中的一个对象就选择了编组中的所有对象。使用 GROUP 命令，可以创建和命名一组选择对象。
- 关联图案填充：确定选择关联图案填充时将选定哪些对象。如果选中该复选框，那么选择关联图案填充时也选定边界对象。
- 隐含选择窗口中的对象：在对象外选择了一点时，初始化选择窗口中的图形。从左向右绘制选择窗口将选择完全处于窗口边界内的对象；从右向左绘制选择窗口将选择处于窗口边界内和与边界相交的对象。
- 允许按住并拖动对象：控制窗口选择方法。如果未选择此复选框，则可以通过用定点设备单击两个单独的点来绘制选择窗口。

【窗口选择方法】下拉列表可更改 PICKDRAG 系统变量的设置。

【“特性”选项板的对象限制】：确定可以使用【特性】和【快捷特性】选项板一次更改对象数的限制。

【选择集预览】选项组控制当众拾取框光标滚动过对象时的亮显对象。【命令处于活动状态时】表示仅当某个命令处于活动状态并显示【选择对象】提示时，才会显示选择预览；【未激活任何命令时】表示即使未激活任何命令，也可显示选择预览。

在对象被选择后，其上将显示夹点，即一些小方块。

2.3.2 设置图形单位

在 AutoCAD 中，用户可以采用 1:1 的比例因子绘图，也可以指定单位的显示格式。对绘图单位的设置一般包括长度单位和角度单位的设置。

在 AutoCAD 中，可以通过以下方式设置图形格式：

- 选择【格式】|【单位】命令。
- 在命令行中输入【UNITS】命令并按【Enter】键。

使用上面任何一种方法都可以打开如图 2-30 所示的【图形单位】对话框，在该对话框中可以对图形单位进行设置。

图 2-30 【图形单位】对话框

知识链接：

【图形单位】对话框中各部分的功能介绍如下所示。

【长度】和【角度】选项组：可以通过下拉列表来选择长度和角度的计数类型以及各自的精度。

【顺时针】复选框：确定角度正方向是顺时针还是逆时针，默认的正角度方向是逆时针方向。

【插入时的缩放单位】选项组：用于设置从设计中心将图块插入此图时的长度单位。若创建图块时的单位与此处所选单位不同，系统将自动对图块进行缩放。

【光源】选项组：用于设置当前图形中控制光源强度的测量单位，下拉列表中提供了【国际】、【美国】和【常规】3 种测量单位。

【方向】按钮：单击【方向】按钮，弹出【方向控制】对话框，如图 2-31 所示。在对话框中可以设置起始角度（0B）的方向。在 AutoCAD 的默认设置中，0B 方向是指向右的方向逆时针方向为角度增加的正方向。在对话框中可以通过选中 5 个单选按钮中的任意一个来改变角度测量的起始位置，也可以通过选中【其他】单选按钮，并单击【拾取】按钮，在图形窗口中拾取两个点来确定在 AutoCAD 中 0B 的方向。

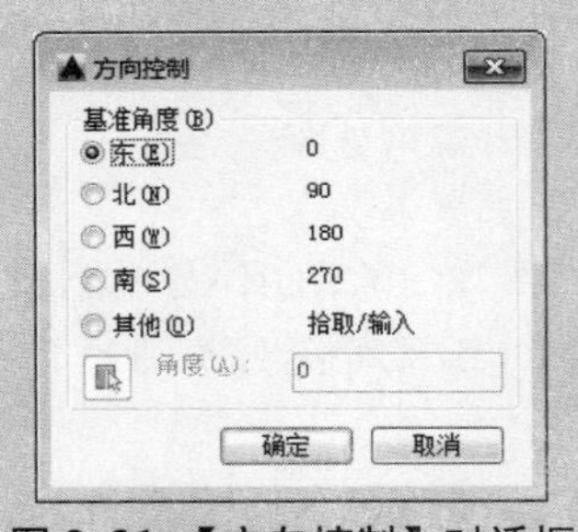

图 2-31 【方向控制】对话框

提示

用于创建和列出对象、测量距离以及显示坐标位置的单位格式与用于创建标注值的单位设置是分开的；角度的测量可以使正值以顺时针测量或逆时针测量，0° 可以设置为任意位置。

2.3.3 设置图形界限

图形界限就是绘图区域，也称为图限。图形界限用于标明用户的工作区域和图纸边界。一般来说，如果用户不作任何设置，AutoCAD 系统对作图范围没有限制。用户可以将绘图区看作是一幅无穷大的图纸，但所绘图形的大小是有限的。因此，为了更好地绘图，需要设定作图的有效区域。

在 AutoCAD 中，可以通过以下方法设置图形界限。

- 选择【格式】|【图形界限】命令。
- 在命令行中输入【LIMITS】命令并按【Enter】键。

执行【图形界限】命令过程中，其命令行中各选项含义如下。

- 开（ON）：打开图形界限检查以防拾取点超出图形界限。
- 关（OFF）：关闭图形界限检查，可以在图形界限之外拾取点。
- 指定左下角点：设置图形界限左下角的坐标。
- 指定右上角点：设置图形界限右上角的坐标。

2.4 坐标系

AutoCAD 最大的特点在于它提供了使用坐标系精确绘制图形的方法，用户可以准确地设计并绘制图形。

2.4.1 笛卡儿坐标系

笛卡儿坐标系又称为直角坐标系，它由一个原点（0, 0）和两个通过原点、相互垂直的坐标轴构成，如图 2-32 所示。其中，水平方向的坐标轴为 X 轴，以向右为其正方向；垂直方向的坐标轴为 Y 轴，以向上为其正方向。平面上任何一点 P 的位置都可以由 X 轴和 Y 轴的坐标所定义，即用一对坐标值（X, Y）来定义一个点。

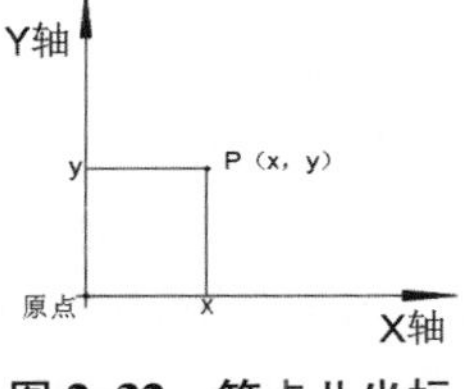

图 2-32　笛卡儿坐标

2.4.2 极坐标系

极坐标系由一个极点和一个极轴构成，如图 2-33 所示。极轴的方向为极点水平向右。平面上任何一点 P 的位置都可以由该点到极点的连线长度 L（L>0）和连线与极轴的夹角α（极角，逆时针方向为正）所定义，即用一对坐标值（L,∠α）来定义一个点，其中【∠】表示角度。

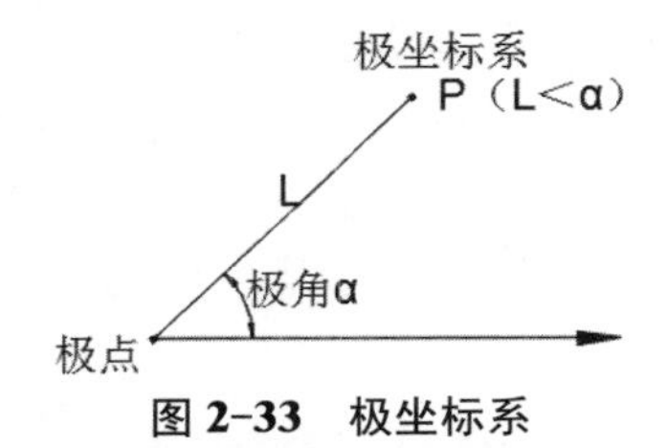

图 2-33　极坐标系

2.4.3 相对坐标

在某些情况下，用户需要直接通过点与点之间的相对位移来绘制图形，而不必指定每个点的绝对坐标。为此，AutoCAD 提供了使用相对坐标的办法。所谓相对坐标，就是某点与相对点的相对位移值。在 AutoCAD 中相对坐标用【@】标识。使用相对坐标时可以使用笛卡儿坐标，也可以使用极坐标，根据具体情况而定。

2.4.4 坐标值的显示

在屏幕底部状态栏中显示了当前光标所处位置的坐标值，该坐标值有 4 种显示状态。

- 绝对：显示光标所在位置的绝对坐标。该值是动态更新的，在默认状态下是打开的。
- 相对：显示光标所在位置的相对极坐标。只有在相对于前一点来指定第二点时才可以使用此状态。
- 地理：显示光标所在位置的 WCS 坐标的纬度或经度。只有通过【工具】|【地理位置】命令定义了地理位置以后才可以显示该项数据。
- 特定：颜色变为灰色，并冻结关闭时所显示的坐标值。

用户可以根据需要在这 4 种状态中双击进行切换。

在状态栏中显示坐标值的区域中右击可弹出快捷菜单，选择相应的命令即可，如图 2-34 所示。

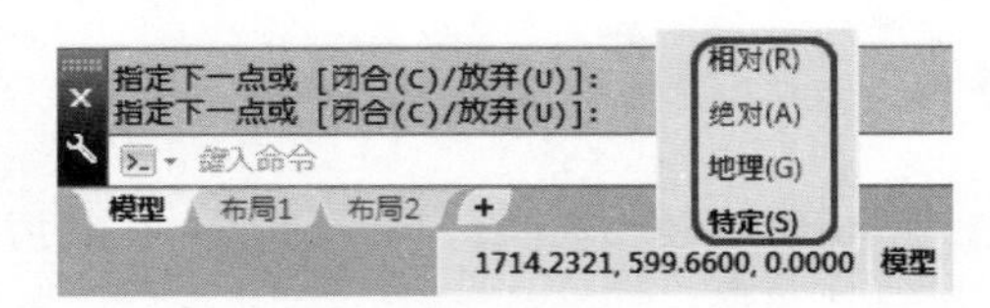

图 2-34　快捷菜单

2.4.5 WCS 和 UCS

世界坐标系是 AutoCAD 默认的基本坐标系统，它由 3 个互相垂直的轴（X、Y、Z）相交组成。在绘图过程中，世界坐标系的坐标原点及坐标轴方向都不会改变。世界坐标系常用于二维图形的绘制。在绘制二维图形时，用户无论是采用键盘输入还是通过选点设备指定的 X 轴和 Y 轴坐标，系统都将自动定义 Z 轴的坐标值为 0。

默认情况下，世界坐标系的 X 轴正方向为水平向右，Y 轴的正方向为垂直向上，Z 轴的正方向为垂直于 XY 平面并指向屏幕外侧，坐标原点位于屏幕的左下角。

为了能够更好地辅助绘图，经常需要修改坐标系的原点和位置，此时世界坐标系就变成了用户坐标系。用户坐标系的 X 轴、Y 轴与 Z 轴仍然互相垂直于原点，但是可以移动与旋转，在方向与位置上更加灵活。

在一个图形中可以同时存在多个用户坐标系，但世界坐标系只有一个。另外，WCS 标记有【口】字形，UCS 标记没有【口】字形，如图 2-35 所示。

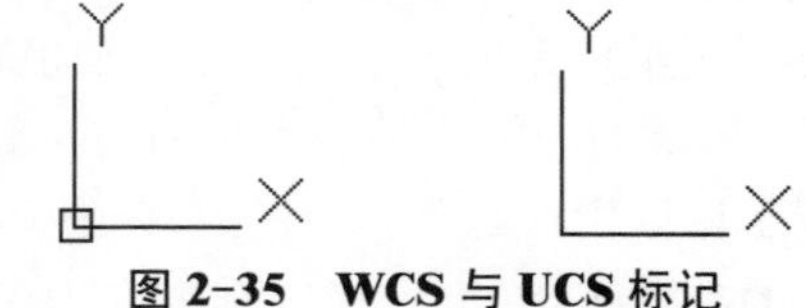

图 2-35　WCS 与 UCS 标记

2.5 视图的控制

AutoCAD 提供了视图控制功能。这些功能只改变图形在绘图窗口中的显示方式，不影响图形的实际尺寸，既不会改变图形的实际尺寸，也不影响图形对象间的相对关系，只是为了便于观察，按照用户期望的位置、比例和范围进行显示。

2.5.1 视图缩放

AutoCAD 提供了视图缩放方案，既可以使用工具按钮或菜单命令进行缩放，也可以使用 ZOOM 命令进行缩放。

下面分别进行介绍。

1. 使用工具按钮缩放视图

单击菜单栏中的【工具】|【工具栏】|【AutoCAD】|【缩放】命令，如图 2-36 所示，可以打开【缩放】工具栏，如图 2-37 所示，这里提供了视图缩放按钮。

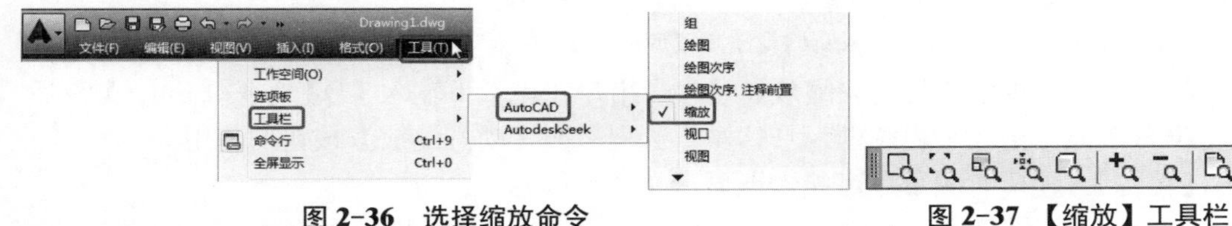

图 2-36　选择缩放命令　　　　图 2-37 【缩放】工具栏

- 【实时缩放】：单击该按钮，以进入实时缩放状态，此时向上拖动鼠标放大，向下拖动鼠标缩小。
- 【窗口缩放】：单击该按钮，在绘图窗口单击鼠标确定一点，然后移动光标，再单击鼠标确定另一点，则将指定的矩形区域放大显示。
- 【动态缩放】：单击该按钮，可以进入动态缩放模式。此时会出现两个虚线框，蓝色虚线代表使用 LIMITS 命令设置的图形界限或图形对象实际占据的区域；绿色虚线框代表当前屏幕上显示的图形区域。除此以外，还有一个黑色的实线框，称为视图框，它好像照相机的收景窗一样，用于确定缩放范围。缩放视图时的操作为：首先单击鼠标，则视图框的右边缘出现一个箭头，移动鼠标可以改变视图框的大小。当视图框大小合适时单击鼠标结束调整，这时将视图框移动到要缩放的视图区域上，按【Enter】键即可放大或缩小指定区域。
- 【比例缩放】：单击该按钮，将按指定的比例系数缩放视图，此时需要在命令行中输入比例数。
- 【中心缩放】：单击该按钮，将按重新指定的中心来缩放视图。操作时需要先指定中心，然后在命令行中输入比例数进行缩放。
- 【缩放对象】：单击该按钮，将对所选图形对象以最大尺寸显示。
- 【放大】：每单击一次该按钮，视图将被放大一倍。
- 【缩小】：每单击一次该按钮，视图将被缩小一倍。
- 【全部缩放】：单击该按钮，将在图形界限内显示整个图形。
- 【缩放范围】：单击该按钮，将使图形以尽可能大的尺寸显示在屏幕上。
- 【缩放上一个】：单击该按钮，可以恢复前一次视图的显示。

2. 使用 ZOOM 命令

在 AutoCAD 中，ZOOM 命令用来实现视图的缩放。该命令提供了准确观察局部视图及浏览整体图形的全部功能。

在命令行中输入 ZOOM，按【Enter】键，则系统提示：

指定窗口的角点，输入比例因子(nX 或 nXP)，或者【全部（A）/中心（C）/动态（D）/范围（E）/上一个（P）/比例（S）/窗口（W）/对象（O）] <实时>:

各选项说明如下所示。

- 【全部】：在图形界限内显示整个图形的内容。当图形全部处于图形界限以内时，系统将按图形界限尺寸显示全部图形：当图形中有实体处于图形界限以外时，系统将以图形范围尺寸显示全部图形。

- 【中心】：重新设置图形的显示中心与放大倍数。当用户在提示下输入【C】并按【Enter】键后，系统继续提示：

指定中心点：//这里通过鼠标指定图形中心
输入比例或高度<当前值>：//输入新的视图高度或放大倍数

- 【动态】：对视图进行动态缩放显示。当用户在提示下输入【D】并按【Enter】键后，屏幕上显示出 3 个视图框，具体操作过程参照【动态缩放】按钮的使用。
- 【范围】：使所有图形尽可能大地显示在整个屏幕上。
- 【上一个】：恢复上一次的视图显示状态。系统允许最多恢复此前的 10 个视图，只要连续使用【上一个】选项即可。
- 【比例】：按指定比例缩放当前视图。当用户在提示下输入【S】并按【Enter】键后，系统继续提示：

输入比例因子（nX 或 nXP）：//输入缩放比例系数

  - 以【n】方式输入，是相对于图形实际尺寸的比例进行缩放。
  - 以【nX】方式输入，是相对于当前视图的比例进行缩放。

- 【窗口】：以矩形的两个对角点来确定屏幕显示区域。当用户在提示下输入【W】并按【Enter】键后，系统继续提示：

指定第一个角点：//输入矩形窗口的一个角点
指定对角点：//输入矩形窗口的另一个对角点

按【Enter】键结束操作后，则两个对角点所确定的矩形区域将放大显示到整个屏幕上。

- 【对象】：使选定的一个或多个对象缩放后尽可能大地显示在绘图区域的中心。当用户在提示下输入 0 并按【Enter】键后，系统继续提示：

选择对象：//选取要缩放的对象
选择对象：//继续选取对象或按【Enter】键

- 【实时】：该选项为默认选项，表示实时缩放视图。当用户在提示下直接按【Enter】键时，表示选择了【实时】选项，此时光标显示为放大镜形状，向上拖动鼠标可放大视图，向下拖动鼠标可缩小视图。

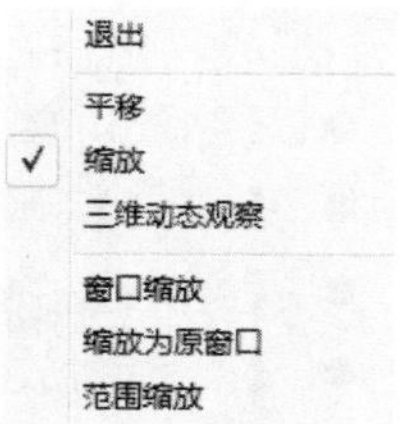

退出
平移
✓ 缩放
三维动态观察
窗口缩放
缩放为原窗口
范围缩放

图 2-38　缩放状态下的快捷菜单

当图形处于实时缩放状态时右击，将弹出如图 2-38 所示的快捷菜单。该快捷菜单中各命令的功能如下所示。

- 【退出】：退出当前缩放命令，返回到命令提示状态下。
- 【平移】：切换到视图平移状态。
- 【缩放】：重新返回到视图实时缩放状态。
- 【三维动态观察】：在三维空间内对图形进行旋转和缩放。
- 【窗口缩放】：进入视图的窗口缩放模式。
- 【缩放为原窗口】：返回上一个缩放视图状态。
- 【范围缩放】：进入视图的范围缩放状态，以最大尺寸显示全部图形对象。

在该快捷菜单中除了【退出】命令外，其他命令均为透明命令（在运行其他命令的过程中可以执行的命令），即执行完成后，又返回到实时缩放视图状态。

使用系统提供的该快捷菜单，可以让用户在实时缩放视图的同时更方便地进行其他视图操作，为用户节省宝贵的时间。

2.5.2 平移视图

平移视图是指上、下、左、右移动视图区域，以便于观察不在当前屏幕内的图形细节。虽然使用窗口的水平和垂直滚动条可以查看视图，但是当图形文件很大时，这种操作很不方便，因此 AutoCAD 为用户提供 PAN（平移）命令用于平移视图。平移视图操作分为 3 种形式，下面分别进行介绍。

1. 实时平移

实时平移和实时缩放类似，都是靠鼠标的拖动来完成操作。

用户可以通过选择【视图】|【平移】|【实时】命令调用实时平移命令。

调用 PAN 命令后，光标将变成十字形状。平移图形时，按住鼠标左键将光标锁定在当前视口，并沿任意方向拖动鼠标，此时绘图窗口内的图形将随光标在同一方向上移动。释放鼠标左键将中断平移操作，最后按【Enter】键或【Esc】键可结束命令。

2. 定点平移

除了实时平移外，AutoCAD 还可以实现定点平移，即通过两个点确定平移视图的位置。

执行定点平移命令以后，系统提示如下：

```
指定基点或位移：//指定平移视图的基准点或移动的距离
指定第二点：//指定第二个点
```

执行上述操作后，系统将以基点与第二个点所确定的距离和方向平移视图。最后的提示中，如果直接按【Enter】键，则将基点坐标（X, Y）中的数值当作位移，即在 X 轴方向移动 X 个单位，在 Y 轴方向移动 Y 个单位。

3. 上、下、左、右移动视图

单击菜单栏中的【视图】|【平移】|【上】命令，如图 2-39 所示，则视图将向上平移一定的距离，其他方向的平移视图操作与向上平移视图操作相同，选择相应的命令即可。需要注意的是，这种平移视图的方式只能由菜单完成。

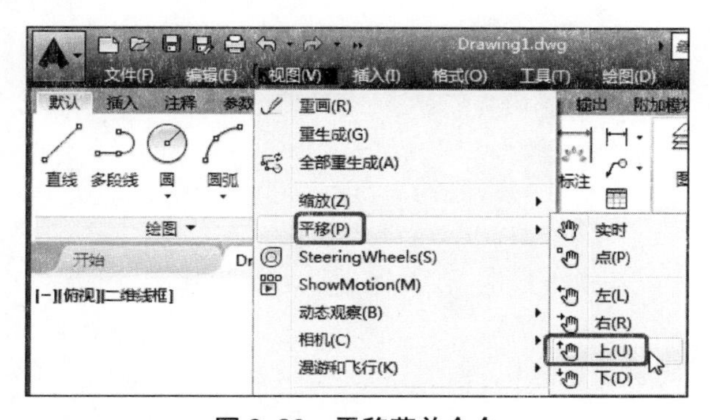

图 2-39　平移菜单命令

2.6 本章小结

本章通过使用命令操作、设置绘图辅助功能、设置绘图环境、坐标系、视图的控制讲解了 CAD 绘制基础设置，详细讲解了命令执行方式，捕捉、栅格、正交模式的设置，参数选项、图形单位、图形界限的设置等。

2.7 问题与思考

1．如何开启不同的捕捉模式？观察效果。
2．简述极轴追踪和自动追踪的功能与操作方法。

03 Chapter

绘制二维图形

本章导读：

基础知识

◈ 点的使用

◈ 多线段的绘制和修改

重点知识

◈ 平面基本图形的绘制

◈ 图案填充

提高知识

◈ 点的定数等分和定距等分

◈ 通过上机操作进行练习

本章主要介绍 AutoCAD 2016 绘图工具及其操作和图案的填充。中文版 AutoCAD 2016 为用户提供了各种基本图元的绘制功能，如点、线、圆、圆弧、矩形等。本章还讲解如何创建填充边界、使用与编辑填充图案，以及渐变色的填充等。

3.1 绘图方法

建筑工程图都是由一些最基本的图形组合而成，如点、直线、圆弧、圆、矩形、多边形等，只有熟练掌握这些基本图形的绘制方法，才能够更加方便、快捷、灵活自如地绘制出复杂的图形。

下面将从两个方面了解绘图方法：

- 绘图命令的执行。
- 对象的捕捉。

3.1.1 绘图命令的执行方法

在 AutoCAD 中提供了多种命令的执行方式来绘制二维图形，具体方式如下：

- 使用【绘图】工具栏执行命令。
- 使用【绘图】菜单执行命令。
- 使用绘图命令行执行命令。

1. 使用【绘图】工具栏执行命令

【绘图】工具栏中的每个命令按钮都与【绘图】菜单中的命令相对应，在【默认】选项卡中显示的【绘图】工具栏中的绘图按钮，如图 3-1 所示。

2. 使用【绘图】菜单执行命令

在 AutoCAD 中最基本、最常用的绘图方法就是菜单栏，在【绘图】菜单栏中包含 AutoCAD 的大部分绘图命令，【绘图】菜单栏下拉菜单中的绘图命令如图 3-2 所示。读者可以选择该菜单中的命令或子命令，绘制相应的二维图形。

3. 使用绘图命令行命令

在命令行中输入将要执行命令的字母代码并按【Enter】键确认，即可根据命令行的提示信息进行操作，这种方法快捷、准确性高，前提是读者需要熟练掌握绘图命令及其选项的具体操作用法。

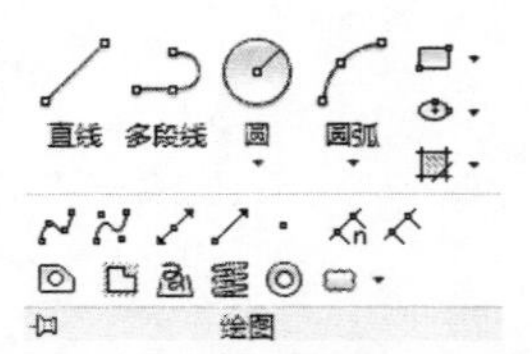

图 3-1 【绘图】工具栏中的绘图按钮

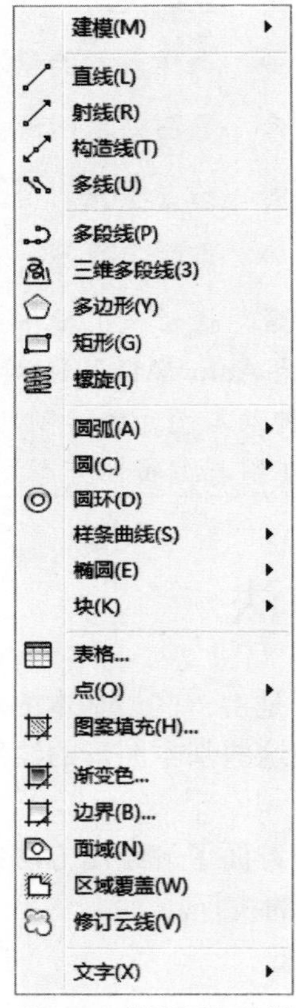

图 3-2 【绘图】菜单

3.1.2 图形的捕捉功能

利用图形的捕捉功能可以帮助用户快速准确地定位某些特殊点（如端点、中点、圆心、几何中心点等）和特殊位置（如水平位置、垂直位置等），从而可以精确绘图。

在 AutoCAD 2016 中，设置捕捉功能有以下 3 种方法：

- 在菜单栏中执行【工具】|【绘图设置】命令。
- 在状态栏中的【对象捕捉】按钮上右击，在弹出的快捷菜单中选择【对象捕捉设置】命令。

- 按住【Shift】键或【Ctrl】键右击图形，在弹出的快捷键菜单中选择【对象捕捉设置】命令。

执行以上任意命令后，都可打开如图 3-3 所示的【草图设置】对话框，选择【对象捕捉】选项卡，用户可以选择相应复选框设置对象捕捉功能。各种捕捉功能的选择要依据绘图需要而定，如绘制与多边形有关的图形可选择【圆心】复选框；在垂直状态下绘图，可选择【中点】复选框等。

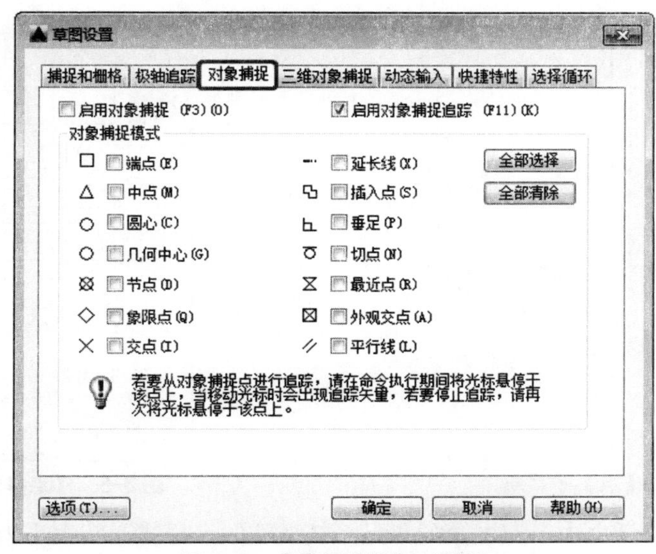

图 3-3 【草图设置】对话框

3.2 绘制点和线

点是 AutoCAD 中组成图形对象最基本的元素，直线是 AutoCAD 中最基本的绘图对象之一。默认情况下点是没有长度和大小的，因此在绘制点之前可以对其样式进行设置，以便更好地显示点。点的绘制包含定数等分点的绘制和定距等分点的绘制两个部分。

线是 AutoCAD 中最常用的图形对象之一，可分为绘制直线、构造线、射线、多段线、样条曲线和多线。

3.2.1 点

绘制点主要有如下几种方法：

- 在命令行中执行【POINT】命令，根据命令行的提示，输入点的坐标或使用鼠标单击，即可完成点的绘制。
- 在菜单栏中执行【绘图】|【点】命令，弹出如图 3-4 所示的【点】子菜单。
- 选择【默认】选项卡，在【绘图】面板中单击【多点】按钮。

点在图形中的表现样式共有 20 种，可通过【DDPTYPE】命令或在菜单栏中执行【格式】|【点样式】命令，在弹出的【点样式】对话框中设置点样式，如图 3-5 所示。

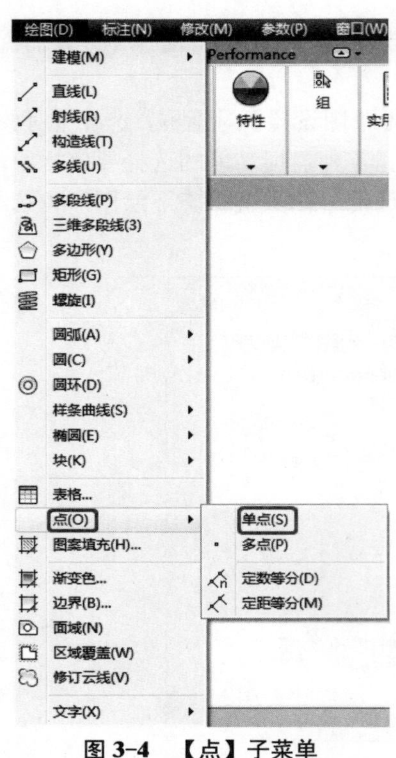

图 3-4 【点】子菜单

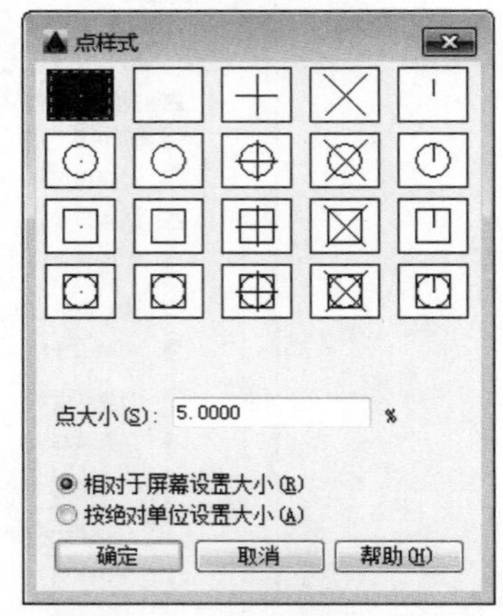

图 3-5 【点样式】对话框

在【点样式】对话框中，左上角的点是系统默认的点样式，其大小为 5%。单击其中任何一个图框，即可选中相应的点样式，并可通过下边的【点大小】文本框调整点的大小。

- 【相对于屏幕设置大小】：系统按画面比例显示点。
- 【用绝对单位设置大小】：系统按绝对单位比例显示点。

3.2.2 定数等分

定数等分就是将点对象或块沿对象的长度或周长等间隔排列，可定数等分的对象包括圆、圆弧、椭圆、椭圆弧、多段线和样条曲线。有时在绘图时需要把某个线段或曲线按一定的等份数进行等分。这一点在手绘图中很难实现，但在 AutoCAD 中，可以通过命令轻松完成，如图 3-6 所示将圆等分为 10 等份，但圆本身没有发生变化。

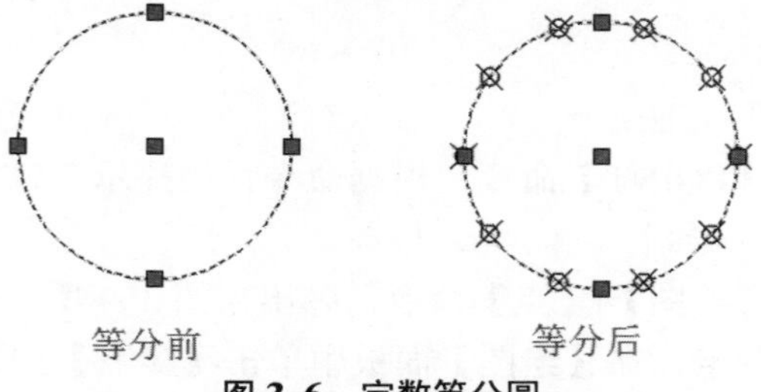

图 3-6 定数等分圆

主要有以下几种方法执行该命令：

- 在命令行中执行【DIVIDE】命令。
- 在菜单栏中执行【绘图】|【点】|【定数等分】命令。
- 选择【默认】选项卡，在【绘图】下拉列表中单击【定数等分】按钮 。

知识链接：

定数等分一般从以下这两个方面设置。

1. 设置点的标记

在某个对象上定数等分时，往往需要确定等分点的位置，此时，应该使用点作为等分标记。通过在命令行输入【DIVIDE】命令，或者选择【绘图】|【点】|【定数等分】命令，可以把一个对象分成几份，并得到一系列等分点。

2. 设置块参照标记

块是通过定义创建的一个或一组对象的命令集合，将其插入到图形中后称为块参照。

用块参照作为等分点标记，主要是因为点标记只能在平面上显示，而不能在图纸上输出，当用户需要将几何图形绘制在等分点处时，即可以将一个或一组对象定义为块，然后在等分点处插入块参照作为等分点标记。

3.2.3 【上机操作】——定数等分对象

下面讲解如何定数等分对象，具体操作步骤如下：

01 打开随书附带光盘中的 CDROM\素材\第 3 章\001.dwg 素材文件，如图 3-7 所示。

02 在命令行中执行【DIVIDE】命令，具体操作步骤如下：

```
命令: DIVIDE                          //执行【DIVIDE】命令
选择要定数等分的对象:                  //选择最下面的线段
输入线段数目或 [块(B)]: 5              //输入等分数 5，按【Enter】键确认
```

03 在菜单栏中执行【格式】|【点样式】命令，弹出【点样式】对话框，在【点样式】对话框中单击按钮，然后单击 确定 按钮，如图 3-8 所示。此时图形对象被选择的点样式定数分开，如图 3-9 所示。

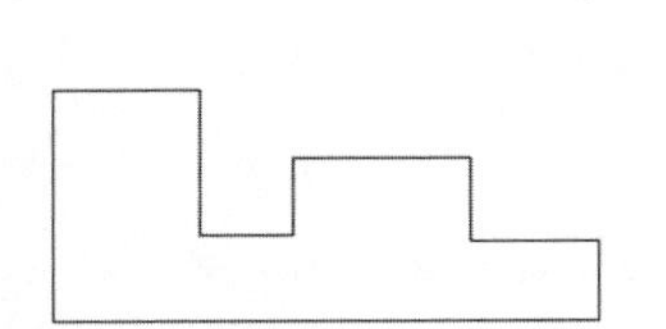
图 3-7 打开素材

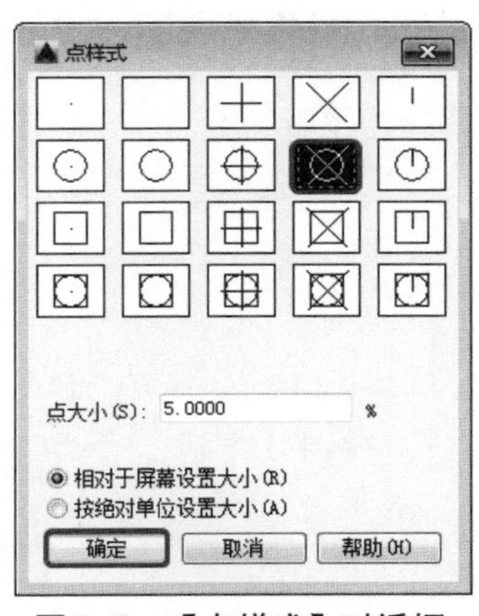

图 3-8 【点样式】对话框

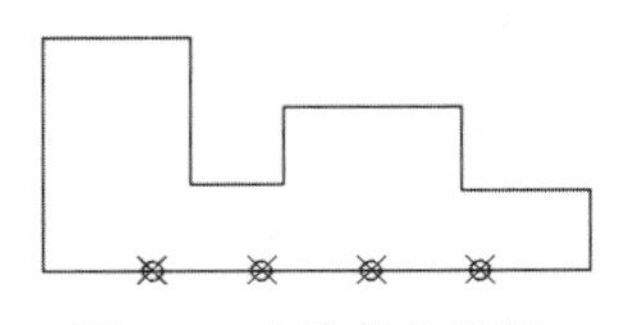
图 3-9 定数等分效果

提示

若以点标记来设置标记，在默认情况下，因为点标记显示为单点，可能会看不到等分后的效果。用户可通过选择【格式】|【点样式】命令，弹出【点样式】对话框，从中改变点样式。

3.2.4 定距等分

和定数等分类似，有时需要把某个线段或曲线按给定的长度为单元进行等分。定距等分功能是对选择的对象从起点开始按指定长度进行度量，并在每个度量点处设置定距的等分标记，从而把对象分成各段。度量的标记可以是点标记也可以是块参照标记。

在 AutoCAD 2016 中，使用定距等分命令的常用方法有以下几种：

- 在命令行中执行【MEASURE】命令。
- 在菜单栏中执行【绘图】|【点】|【定距等分】命令。
- 选择【默认】选项卡，在【绘图】面板中单击【定距等分】按钮。

提示

执行该命令后可以通过指定每份的距离把一个图形对象分成几份，得到一系列等分点，如果所给距离不能把对象等分，则末段的长度即为残留距离，相当于做完除法运算后的余数。

3.2.5 【上机操作】——定距等分对象

下面讲解如何定距等分对象，具体操作步骤如下：

01 按【F8】键开启正交模式，然后使用【直线】工具绘制长度为 1 000 的直线，如图 3-10 所示。

02 在命令行中执行【MEASURE】命令，具体操作步骤如下：

```
命令: _measure                     //执行【MEASURE】命令
选择要定距等分的对象:               //选择直线
指定线段长度或 [块(B)]: 100        //输入线段长度为 100，按【Enter】键确认，如图 3-11 所示
```

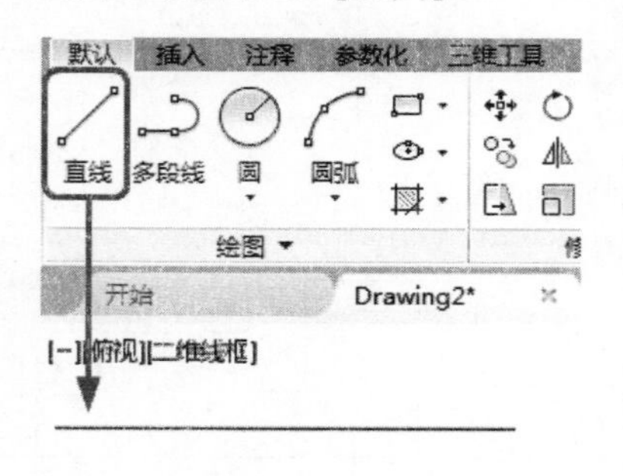

图 3-10 绘制直线

图 3-11 定距等分对象后的效果

知识链接：

定数等分或定距等分的起点随对象类型变化。对于直线或非闭合的多段线，起点是距离选择点最近的端点。对于闭合的多段线，起点是多段线的起点。对于圆，起点以圆的圆心为起点、当前捕捉角度为方向的捕捉路径与圆的交点。例如捕捉角度为 0，那么圆等分从三点（时钟）的位置处开始并沿逆时针方向继续。

3.2.6 直线

直线也是最常用的基本图形元素之一，任何二维线框图都可以用直线段近似构成。它是有起点和端点的线。直线每一段都是分开的，画完以后不是一个整体，在选取时需一根一根选取。一条直线就是一个图元，在 AutoCAD 中，图元不能再被分解。在 AutoCAD 中，可以用二维坐标（X, Y）或三维坐标（X, Y, Z）来指定端点，也可以混合使用二维坐标和三维坐标。如果输入二维坐标，AutoCAD 将会用当前的高度作为 Z 轴坐标值，在不做任何设定的情况下系统默认 Z 轴坐标值为 0。

在 AutoCAD 2016 中，执行【直线】命令的常用方法有以下几种：

- 在命令行中执行【LINE】命令。
- 在菜单栏中选择【绘图】|【直线】命令。
- 选择【默认】选项卡，在【绘图】面板中单击【直线】按钮╱。

知识链接：

激活【LINE】命令后，在【指定下一点或[放弃(U)]:】的提示后，用户可以用光标确定端点的位置，也可以输入端点的坐标值来定位，还可以将光标放在所需方向上，然后输入距离值来定义下一个端点的位置。如果直接按【Enter】键或空格键，则 AutoCAD 把最近完成的图元的最后一点指定为此次绘制线段的起点。

若在【指定下一点或[放弃(U)]:】的提示后输入【U】，则 AutoCAD 将会删去最后面的一条线段。连续输入 U 可以沿线退回到起点。

若在【指定下一点或[放弃(U)]:】的提示后输入【C】，则 AutoCAD 将会自动形成封闭的多边形。

3.2.7 【上机操作】——使用【LINE】命令绘制图形

下面讲解如何使用直线绘制图形，具体操作步骤如下：

01 打开随书附带光盘中的 CDROM\素材\第 3 章\003.dwg 素材文件，如图 3-12 所示。

02 在命令行执行【LINE】命令，按【F8】键打开正交功能，再打开【草图设置】对话框，选择【对象捕捉】选项卡，设置端点捕捉功能，开始绘制图形。具体操作步骤如下：

```
命令: LINE                    //执行【LINE】命令
命令: <正交 开>               //打开正交功能
```

```
指定第一个点:                                  //指定 A 点作为直线的起点如图 3-13 所示
指定下一点或 [放弃(U)]:                        //连接 C 点
指定下一点或 [放弃(U)]:                        //连接 E 点
指定下一点或 [闭合(C)/放弃(U)]:                //连接 B 点
指定下一点或 [闭合(C)/放弃(U)]:                //连接 D 点
指定下一点或 [闭合(C)/放弃(U)]:                //连接 A 点
指定下一点或 [闭合(C)/放弃(U)]:                //按【Enter】键确认
```

03 完成后的效果如图 3-14 所示。

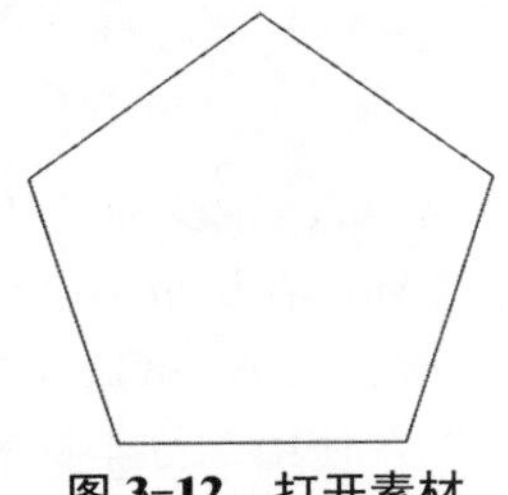

图 3-12　打开素材

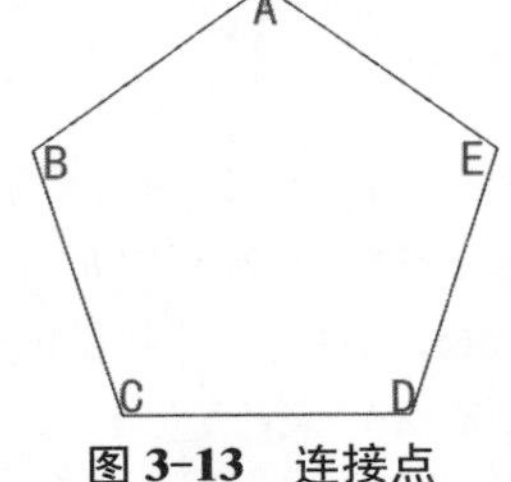

图 3-13　连接点

图 3-14　完成图形

3.2.8 构造线

构造线为两端可以无限延伸的直线，只有方向，没有起点和终点。在 AutoCAD 2016 中，构造线主要被当作辅助线来使用，单独使用【构造线】命令不能绘制图形对象。但构造线可以使用【修剪】命令使其成为线段或射线。构造线一般作为辅助作图线，在绘图时可将其置于单独一层，并赋予一种特殊的颜色。

在 AutoCAD 2016 中，执行【构造线】命令的常用方法有以下几种：

- 在命令行中选择【XLINE】命令。
- 在菜单栏中选择【绘图】|【构造线】命令。
- 选择【默认】选项卡，在【绘图】面板中单击【构造线】按钮⤢。

知识链接：

在命令行中执行【XLINE】命令后，AutoCAD 2016 命令行将依次出现很多选项，主要选项说明如下：

1. 指定点

【指定点】是【XLINE】的默认选项，当输入点 A 的坐标后继续响应提示，可给出一组通过 A 点的构造线。如直接按【Enter】键，则 AutoCAD 2016 自动把最近所绘图元的最后一点作为指定点。继续提示【指定通过点】，用户应给出构造线将通过的另一点，AutoCAD 2016 给出一条通过两指定点的直线。用户可以不断地指定点来绘制相交于所输入的第一点的多条构造线。

2. 水平

如果要绘制水平的构造线，可在命令行提示中输入【H】，或在快捷菜单中选择【水平】命令，来绘制通过指定通过点的平行于当前坐标系 X 轴的垂直构造线。在该提示下，用户可以不断地指定水平构造线的位置来绘制多条水平构造线。

3. 垂直

如果要绘制垂直的构造线，可在命令行提示中输入【V】，或在快捷菜单中选择【垂直】命令，绘制通过指定通过点的平行于当前坐标系 Y 轴的垂直构造线。在该提示下，用户可以不断地指定垂直构造线的位置来绘制多条水平构造线。

4. 角度

如果要绘制带有指定角度的构造线，可在命令行提示中输入【A】，或在快捷菜单中选择【角度】命令，来绘制与指定直线成一定角度的构造线。选定该项后，AutoCAD 2016 命令行提示：

输入构造线的角度(0)或[参照(R)]:

用户可输入一个角度值，然后指定构造线的通过点，绘制与坐标系 X 轴成一定角度的构造线。

如果要绘制与已知直线成指定角度的构造线，则输入【R】，AutoCAD 2016 命令行提示选择直线对象并指定构造线与直线的夹角，然后可以指定通过点来绘制构造线。

5. 二等分

如果要绘制平分角度的构造线，可在提示中输入【B】，或在快捷菜单中选择【二等分】命令，AutoCAD 2016 命令行提示：

指定角的顶点:
指定角的起点:
指定角的端点:

按命令行提示进行操作后，AutoCAD 2016 将绘制出一条通过第一点，并平分以第一点为顶点与第二、第三点组成的夹角的结构线。继续提示指定终点，直至退出命令。

6. 偏移

如果要绘制平行于直线的构造线，可在提示中输入【O】，或在快捷菜单中选择【偏移】命令，AutoCAD 2016 命令行提示：

指定偏移距离或[通过(T)]<当前值>:

输入距离后，AutoCAD 2016 命令行提示：

选择直线对象:
指定向哪侧偏移:

给定偏移方向后，绘制出构造线并继续提示选择直线对象，直至退出命令。

选择通过对象后，AutoCAD 2016 命令行提示：

选择直线对象:
指定通过点:

根据提示进行操作后，绘制出构造线并继续提示选择直线对象，直至退出命令。

3.2.9 【上机操作】——绘制构造线

下面讲解如何绘制构造线，具体操作步骤如下：

01 打开随书附带光盘中的 CDROM\素材\第 3 章\004.dwg 素材文件，如图 3-15 所示。

02 在命令行执行【XLINE】命令，具体操作步骤如下：

```
命令: XLINE                                        //执行【XLINE】命令
指定点或 [水平(H)/垂直(V)/角度(A)/二等分(B)/偏移(O)]: b  //输入B选择【二等分】，并按【Enter】键确认
指定角的顶点:                                      //单击两条线的交点O，如图3-16所示
指定角的起点:                                      //单击如图3-16所示的A点
指定角的端点:                                      //单击如图3-16所示的B点
指定角的端点:                                      //单击如图3-16所示的C点
指定角的端点:                                      //按【Enter】键，结束命令
```

03 完成效果如图3-17所示。

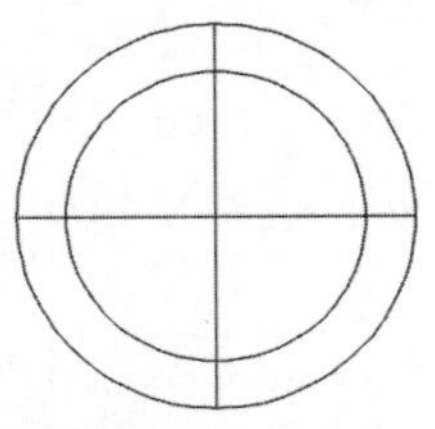

图3-15 打开素材

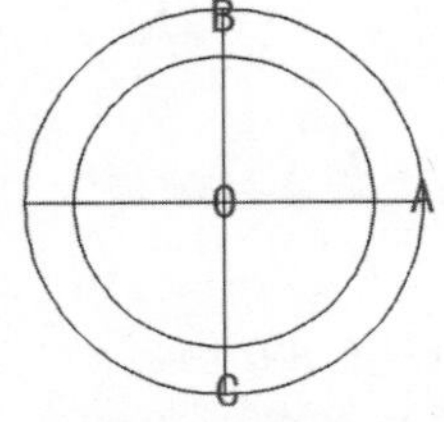

图3-16 图标注点

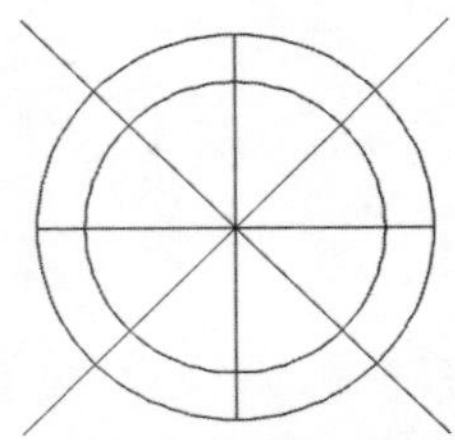

图3-17 完成效果

知识链接：

如果在命令提示【指定点或 [水平(H)/垂直(V)/角度(A)/二等分(B)/偏移(O)]:】下，输入选项【V】表示绘制垂直的构造线，输入选项【A】表示绘制与水平方向呈其他角度的构造线。

3.2.10 多段线

多段线是由多个彼此首尾相连、相同或不同宽度的直线段或弧线段组成。多段线是一条完整的线，折弯的地方也是一体，不像直线，线跟线端点相连，如图3-18所示。另外，多段线可以改变线宽，使端点和尾点的粗线不一，形成梯形，多段线还可绘制圆弧，这是直线不可能做到的。另外，直线和多段线的偏移对象也不相同，直线是偏移单线，多段线是偏移图形。

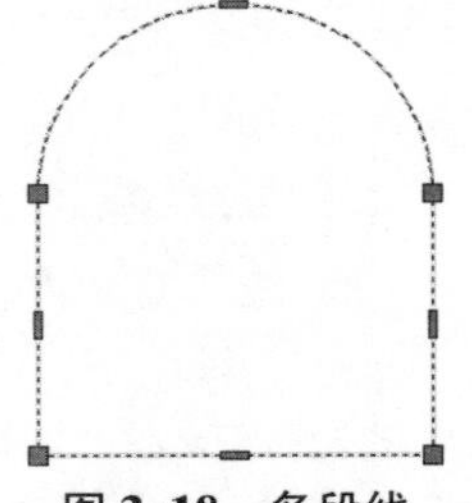

图3-18 多段线

在AutoCAD 2016中，执行【多段线】命令的方式有以下几种：

- 在命令行中执行【PLINE】命令。
- 在菜单栏中执行【绘图】|【多段线】命令。
- 选择【默认】选项卡，在【绘图】面板中单击【多段线】按钮。

在【默认】选项卡中单击【绘图】面板中的【多段线】按钮，命令行中的提示信息如下：

```
命令: PLINE
指定起点:
当前线宽为 0.0000
指定下一个点或 [圆弧(A)/半宽(H)/长度(L)/放弃(U)/宽度(W)]:
指定下一点或 [圆弧(A)/闭合(C)/半宽(H)/长度(L)/放弃(U)/宽度(W)]:
指定下一点或 [圆弧(A)/闭合(C)/半宽(H)/长度(L)/放弃(U)/宽度(W)]:
指定下一点或 [圆弧(A)/闭合(C)/半宽(H)/长度(L)/放弃(U)/宽度(W)]: a
指定圆弧的端点(按住 Ctrl 键以切换方向)或
```

[角度(A)/圆心(CE)/闭合(CL)/方向(D)/半宽(H)/直线(L)/半径(R)/第二个点(S)/放弃(U)/宽度(W)]:
指定圆弧的端点(按住 Ctrl 键以切换方向)或
[角度(A)/圆心(CE)/闭合(CL)/方向(D)/半宽(H)/直线(L)/半径(R)/第二个点(S)/放弃(U)/宽度(W)]:

知识链接：

执行该命令后，AutoCAD 2016 命令行将依次出现很多选项，主要选项说明如下：

1. 指定下一点

选择该默认选项，要求指定一点，系统将从前一点到该点绘制直线，画完之后命令行将显示同样的提示，如下：

指定下一点或 [圆弧(A)/闭合(C)/半宽(H)/长度(L)/放弃(U)/宽度(W)]:

2. 圆弧

选择此选项将把弧线段添加到多段线中，命令行提示如下：

指定下一个点或 [圆弧(A)/半宽(H)/长度(L)/放弃(U)/宽度(W)]: //在绘图区单击指定
指定下一点或 [圆弧(A)/闭合(C)/半宽(H)/长度(L)/放弃(U)/宽度(W)]: A
//选择圆弧选项指定圆弧的端点或
[角度(A)/圆心(CE)/闭合(CL)/方向(D)/半宽(H)/直线(L)/半径(R)/第二个点(S)/放弃(U)/宽度(W)]:

此时系统提供多个选项，下面分别介绍它们的功能。

（1）圆弧的端点

选择【圆弧端点】选项，则开始绘制弧线段，弧线段从多段线上一段的最后一点开始并与多段线相切，完成后将显示前一个提示。

（2）角度

【角度】指定弧线段从起点开始的包含角，输入正数将按逆时针方向创建弧线段，输入负数将按顺时针方向创建弧线段，命令行提示如下：

指定圆弧的端点或
[角度(A)/圆心(CE)/方向(D)/半宽(H)/直线(L)/半径(R)/第二个点(S)/放弃(U)/宽度(W)]: A
//选择角度选项
指定包含角: 30 //输入包含角为 30 度
指定圆弧的端点或 [圆心(CE)/半径(R)]: //指定端点或选择其他选项

此时可以用鼠标指定端点或者输入坐标。选择【圆心】选项可以指定弧线段的圆心，通过圆弧包含角和圆心位置确定圆弧。选择【半径】选项指定弧线段的半径，命令行提示如下：

指定圆弧的端点或 [圆心(CE)/半径(R)]: R //选择半径选项
指定圆弧的半径: 50 //输入半径
指定圆弧的弦方向 <308>: 30 //输入圆弧弦的方向角

（3）圆心

指定弧线段的圆心，命令行提示如下：

指定圆弧的端点或
[角度(A)/圆心(CE)/方向(D)/半宽(H)/直线(L)/半径(R)/第二个点(S)/放弃(U)/宽度(W)]: CE
//选择【圆心】选项
指定圆弧的圆心: //用鼠标指定也可以输入坐标
指定圆弧的端点或 [角度(A)/长度(L)]:

【圆弧的端点】选项指定端点并绘制弧线段；【角度】选项指定弧线段从起点开始的包含角；【长度】选项指定弧线段的弦长。如果前一线段是圆弧，程序将绘制与前一弧线段相切的新弧线段。

（4）闭合

使一条带弧线段的多段线闭合。

（5）方向

指定弧线段的起点方向。

（6）半宽

指定从宽多段线线段的中心到其一边的宽度。起点半宽将成为默认的端点半宽。端点半宽在再次修改半宽之前将作为所有后续线段的统一半宽。宽线线段的起点和端点位于宽线的中心。

（7）直线

退出 ARC 选项并返回上一级提示。

（8）半径

指定弧线段的半径。命令行提示如下：

```
指定圆弧的端点或
[角度(A)/圆心(CE)/闭合(CL)/方向(D)/半宽(H)/直线(L)/半径(R)/第二个点(S)/放弃(U)/
宽度(W)]: R                              //输入 R，进入指定圆弧半径状态
指定圆弧的半径: 5                        //输入半径参数为 5
指定圆弧的端点或 [角度(A)]: A
```

【圆弧的端点】指定端点并绘制弧线段；【角度】指定弧线段的包含角，再通过指定弦的方向确定圆弧。【第二个点】指定三点圆弧的第二点和端点。命令行提示如下：

```
指定圆弧上的第二点:                      //指定点 2
指定圆弧的端点:                          //指定点 3
```

（9）放弃

删除最近一次添加到多段线上的弧线段。

（10）宽度

指定下一弧线段的宽度。起点宽度将成为默认的端点宽度。端点宽度在再次修改宽度之前，将作为所有后续线段的统一宽度。宽线线段的起点和端点位于宽线的中心。

3. 半宽

该选项可分别指定多段线每一段起点的半宽和端点的半宽值。所谓半宽是指多段线的中心到其一边的宽度，即宽度的一半。改变后的取值将成为后续线段的默认宽度。

4. 长度

以前一线段相同的角度并按指定长度绘制直线段。如果前一线段为圆弧，AutoCAD 将绘制一条直线段与弧线段相切。

5. 放弃

删除最近一次添加到多段线上的直线段。

6. 宽度

该选项可分别指定多段线每一段起点的宽度和端点的宽度值。改变后的取值将成为后续线段的默认宽度。

在指定多段线的第二点之后，还将增加一个【闭合】选项，用于在当前位置到多段线起点之间绘制一条直线段以闭合多段线，并结束【多段线】命令。

3.2.11 【上机操作】——绘制多段线

下面讲解如何绘制多段线，具体操作步骤如下：

01 打开随书附带光盘中的CDROM\素材\第3章\005.dwg素材文件，如图3-19所示。

02 在命令行执行【PLINE】命令，具体操作步骤如下：

命令: PLINE //执行【PLINE】命令
命令: <正交 开> //打开正交绘图功能
指定起点: //指定起点A
指定直线的长度：260 //向上引导鼠标输入260
指定下一点或 [圆弧(A)/闭合(C)/半宽(H)/长度(L)/放弃(U)/宽度(W)]: A //输入A
指定圆弧的端点(按住 Ctrl 键以切换方向)或 //指定端点B
[角度(A)/圆心(CE)/闭合(CL)/方向(D)/半宽(H)/直线(L)/半径(R)/第二个点(S)/放弃(U)/宽度(W)]: 390
//输入数值390，按【Enter】键确认
指定圆弧的端点(按住 Ctrl 键以切换方向)或
[角度(A)/圆心(CE)/闭合(CL)/方向(D)/半宽(H)/直线(L)/半径(R)/第二个点(S)/放弃(U)/宽度(W)]: l
//输入L
指定下一点或 [圆弧(A)/闭合(C)/半宽(H)/长度(L)/放弃(U)/宽度(W)]: 260 //输入数值260
指定下一点或 [圆弧(A)/闭合(C)/半宽(H)/长度(L)/放弃(U)/宽度(W)]: //按【Enter】键确认

03 完成后的效果如图3-20所示。

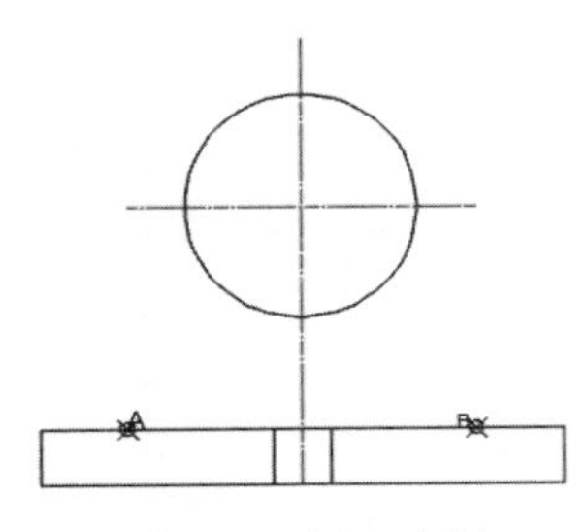

图3-19 打开素材

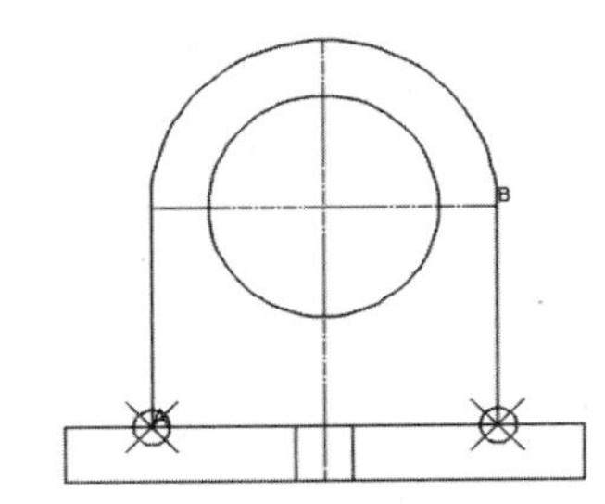

图3-20 完成效果

知识链接：

当用户设置了多段线的宽度时，可通过【FILL】变量来设置是否对多段线进行填充。如果设置为【开】，则表示填充；若设置为【关】，则表示不填充，如图3-21所示。

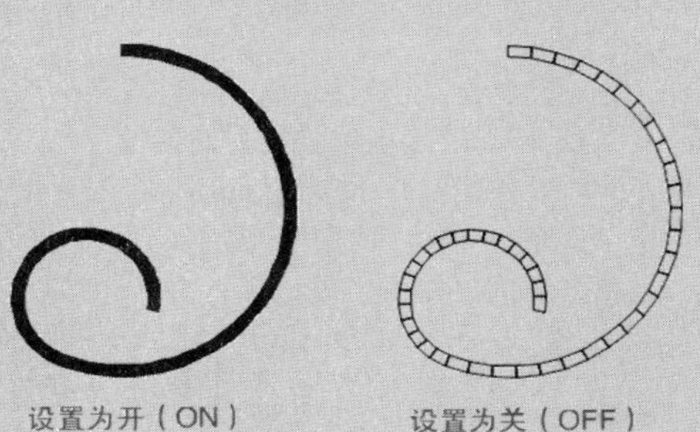

图3-21 是否填充效果

3.2.12 多线

【多线】是一种组合图形，由许多条平行线组合而成，各条平行线之间的距离和数目可以随意调整。多线的用途很广，而且能够极大地提供绘图效率。多线一般用于电子线路图、建筑墙体的绘制等。

开始绘制之前，用户可以创建一个受多线数量限制的样式。所有创建的多线样式都将保存在当前图形中，也可以将多线样式保存在独立的多线样式库文件中，以便在其他图形文件中加载使用。绘制多线同绘制点的方法一样，在绘制多线之前应先设置多线样式。

1. 设置多线样式

设置多线样式包括设置每条单线的偏离距离、颜色、线型及背景填充等特性。

在 AutoCAD 2016 中，设置多线样式的常用方法有以下几种:

- 在命令行中执行【MLSTYL E】命令。
- 在菜单栏选择【格式】|【多线样式】命令。

在中文版 AutoCAD 2016 中，执行【多线样式】命令后，打开【多线样式】对话框，如图 3-22 所示。

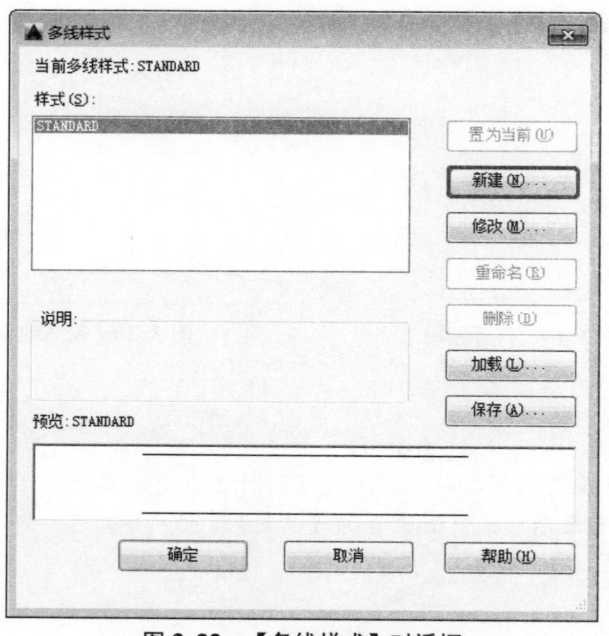

图 3-22 【多线样式】对话框

知识链接:

在【多线样式】对话框中，各主要选项含义如下。

【置为当前】: 可以将【样式】列表框中选中的多线样式置为当前样式。

【新建】: 可以新建多线样式。

【修改】: 可以修改已设置好的多线样式。

【重命名】：可以为当前的多线样式重命名。

【删除】：可以删除当前的多线样式、默认多线样式及在当前文件中已经使用的多线样式之外的其他多线样式。

【加载】：可以在弹出的【加载多线样式】对话框中从多线文件中加载已定义的多线样式。

【保存】：可以将当前的多线样式保存到多线样式文件中。

单击【新建】按钮，弹出【创建新的多线样式:001】对话框，在该对话框中命名新多线样式的名称，例如【001】，如图 3-23 所示。

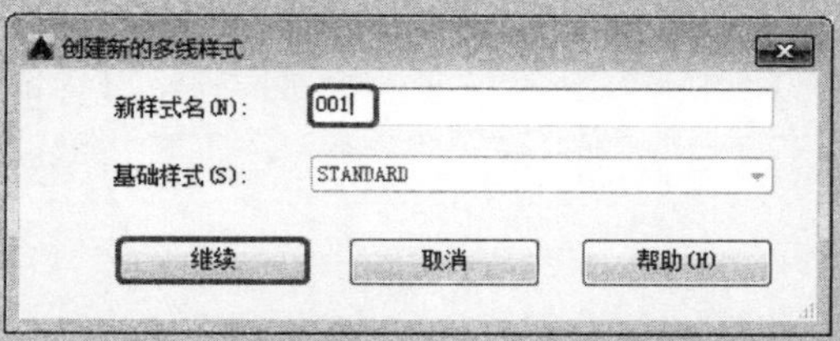

图 3-23　【创建新的多线样式:001】对话框

单击【继续】按钮，弹出【新建多线样式：001】对话框，如图 3-24 所示为以【Standard】为基础样式修改后的对话框。

图 3-24　【新建多线样式：001】对话框

在【新建多线样式】对话框中，各主要选项的含义如下。

【说明】：可以为新创建的多线样式添加说明。

【直线】：用于确定是否在多线的起点和终点位置绘制封口线，如图 3-25 所示。

【外弧】：用于确定是否在多线的起点和终点处，且在位于多线最外侧的两条线同一侧端点之间绘制圆弧，如图 3-26 所示。

【内弧】：用于确定是否在多线的起点和终点处，且在多线内部成偶数的线之间绘制圆弧，如果选择【外弧】复选框，则绘制圆弧，否则不绘制；如果多线由奇数条组成，则位于中心的线不会绘制圆弧，如图 3-27 所示。图 3-28 为选择【内弧】和【外弧】的 4 个复选框后所得结果。图 3-29 所示为【修改多线样式：001】对话框。

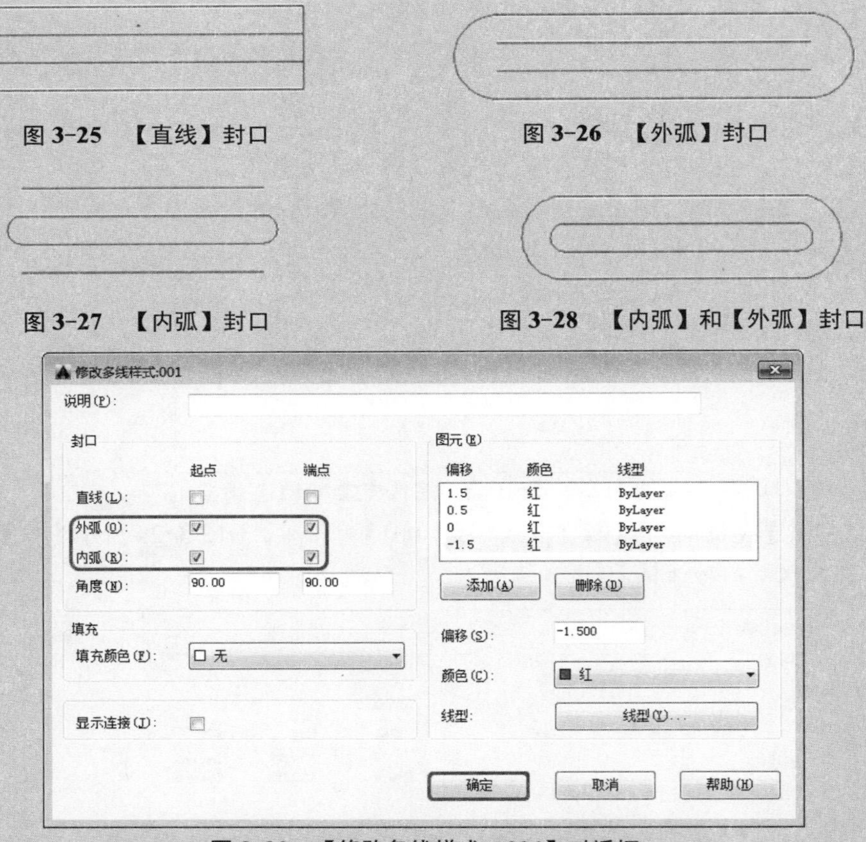

图 3-25 【直线】封口

图 3-26 【外弧】封口

图 3-27 【内弧】封口

图 3-28 【内弧】和【外弧】封口

图 3-29 【修改多线样式：001】对话框

【角度】：用于控制多线两端的角度，图 3-30 所示为设置多线左侧角度为 60°、右侧角度为 60° 的效果。

【图元】：在该选项区中主要确定多线样式的元素特征，包括多线的线条数量、偏移量、颜色及线型等。

【填充】：在该选项区主要设置多线的填充颜色。

【显示连接】：该复选框主要用于确定多线转折处是否显示交叉线，如果选择该复选框，则显示交叉线；反之不显示，效果如图 3-31 所示。

参照上述各项，设置适当参数，然后单击【确定】按钮，返回【多线样式】对话框，单击【置为当前】按钮确定多线样式，单击【确定】按钮关闭对话框，完成多线样式的设置。

图 3-30 设置角度效果

图 3-31 选中【显示连接】复选框

2. 绘制多线

我们经常用到绘图命令中的【多线】命令直接生成墙体和窗体。多线是一种由多条平行线构成的线，它可以是开放的也可以是闭合的，可以被填充为实心线，也可以是空心的轮廓线。

绘制多线时，可以使用包含两个元素的【Standard】样式，也可以指定一个以前创建的样式。在绘制平行线的过程中，对于水平或是垂直的平行线，可以利用【偏移】命令进行绘制。当要进行多条平行线或多组平行线绘制时，依然沿用【偏移】命令则降低效率。

【多线】命令可以绘制任意多条平行线的组合图形，【多线】命令的执行方式如下：

- 在命令行中执行【MLINE】命令。
- 在菜单栏中选择【绘图】|【多线】命令。

在菜单栏中选择【绘图】|【多线】命令，如图 3-32 所示，命令行的提示信息如下：

命令: MLINE
当前设置: 对正 = 上，比例 = 1.00，样式 = 10
指定起点或 [对正(J)/比例(S)/样式(ST)]:
在绘图区域确定起点后命令行提示：
指定下一点:
指定下一点或 [放弃(U)]:

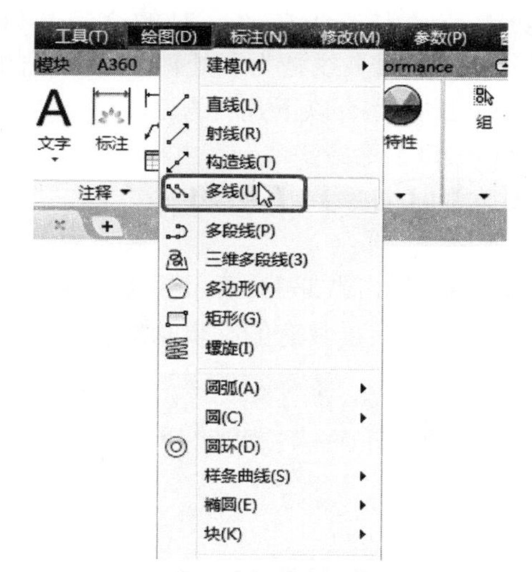

图 3-32 选择【多线】命令

知识链接：

执行该命令后，AutoCAD 2016 命令行将依次出现很多选项，主要选项说明如下。

（1）指定起点

指示多线绘制的起点。

（2）指定下一点

用当前多线样式绘制到指定点的多线线段，然后继续提示输入点。

【放弃】：放弃多线上的上一个顶点，将显示上一个提示。

【闭合】：如果连续绘制两条或两条以上的多线，命令行的提示中将包含【闭合】选项。通过将最后一条线段的终点与第一条线段的起点相结合来完成多线的闭合。

（3）对正

通过【对正】选项确定如何在指定的点之间绘制多线，可以设置多线的对正方式，即多线上的那条平行线将随鼠标指针移动，分别设置对正方式为【上】、【无】、【下】绘制墙体，产生与轴线的对应关系。命令行提示如下：

```
命令: _MLINE
当前设置: 对正 = 无，比例 =2.00，样式 =STANDARD        //当前多线状态信息
指定起点或 [对正(J)/比例(S)/样式(ST)]:  J  //输入【J】然后按【Enter】键，以开始设置多线的对齐方式
输入对正类型 [上(T)/无(Z)/下(B)] <无>:                    //输入对正类型
```

（4）比例

控制多线的全局宽度，该比例不影响多线的线型比例。比例基于在多线样式定义中建立的宽度。如果用比例因子为 2 的多线来绘制多线，则多线宽度是样式定义时宽度的两倍。

（5）样式

指定已加载的样式名或创建的多线文件中已定义的样式名。输入【?】，系统将列出已加载的多线样式。

3. 编辑多线

【多线】命令的主要功能是确定多线在相交时的交点特征。通过在命令行中执行【MLEDIT】命令可以编辑多线。编辑多线是为了处理多种类型的多线交叉点，如十字交叉点和 T 形交叉点等。执行编辑多线命令有以下几种方法：

- 在命令行中执行【MLEDIT】命令。
- 在菜单栏中选择【修改】|【对象】|【多线】命令。
- 双击要编辑的图形。

使用以上任意一种方法都能打开如图 3-33 所示的【多线编辑工具】对话框。该对话框中的各个图像按钮形象地说明了该对话框具有的编辑功能。

图 3-33 【多线编辑工具】对话框

【多线编辑工具】对话框中的第一列用于处理十字相交多线的交点模式；第二列用于处理T字形相交多线的交点模式；第三列用于处理多线的角点和顶点的模式；第四列用于处理要被断开或连接的多线的模式。编辑时，先选择要使用的方式，比如在对话框中单击【十字打开】按钮，然后在绘图区中选择两条相交的多线，右击或按【Enter】键即可完成操作，如图3-34所示。

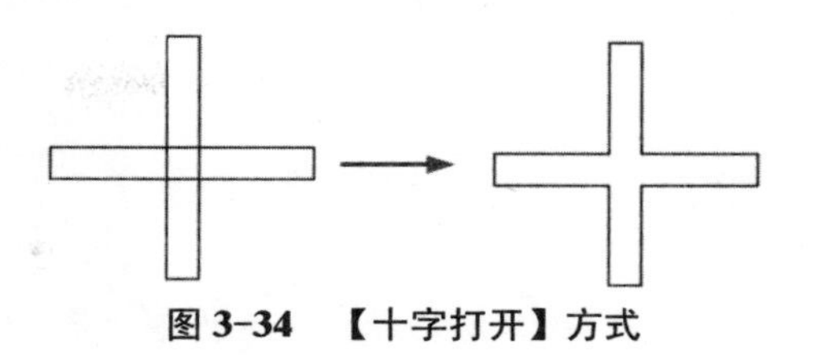

图3-34 【十字打开】方式

在【多线编辑工具】对话框中提供了12种按钮供用户选择，各个按钮的含义解释如下：

- 【十字闭合】：用于两条多线相交为闭合的十字交点。选择的第一条多线被修剪，选择的第二条多线保持原状。
- 【十字打开】：用于两条多线相交为打开的十字交点。选择的第一条多线的内部和外部元素都被打断，选择的第二条多线的外部被打断。
- 【十字合并】：用于两条多线相交为合并的十字交点。选择的第一条多线和选择的第二条多线的外部元素都被修剪，如图3-35所示。

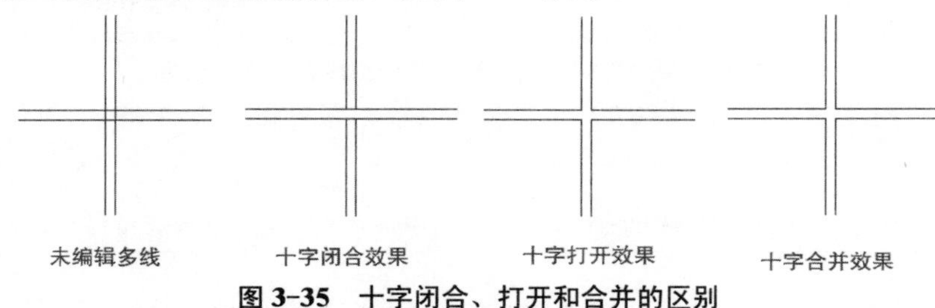

图3-35 十字闭合、打开和合并的区别

- 【T形闭合】：用于两条多线相交为闭合的T形交点。选择的第一条多线被修剪，第二条保持原状。
- 【T形打开】：用于两条多线相交为打开的T形交点。选择的第一条多线被修剪，第二条多线与第一条多线相交的外部元素被打断。
- 【T形合并】：用于两条多线相交为合并的T形交点。选择的第一条多线的内部元素被打断，第二条多线与第一条多线相交的外部元素被打断，如图3-36所示。

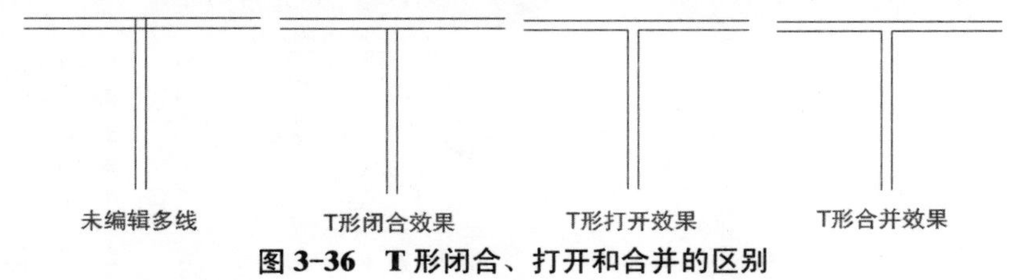

图3-36 T形闭合、打开和合并的区别

- 【角点结合】：用于在两条多线上添加一个顶点，如图3-37所示。
- 【添加顶点】：用于在多线上添加一个顶点，如图3-38所示。
- 【删除顶点】：用于将多线上的一个顶点删除，如图3-39所示。
- 【单个剪切】：通过指定两个点使多线的一条线被打断。
- 【全部剪切】：用于通过指定两个点使多线的所有线被打断。

- 【全部接合】：用于被全部剪切的多线全部连接，如图 3-40 所示。

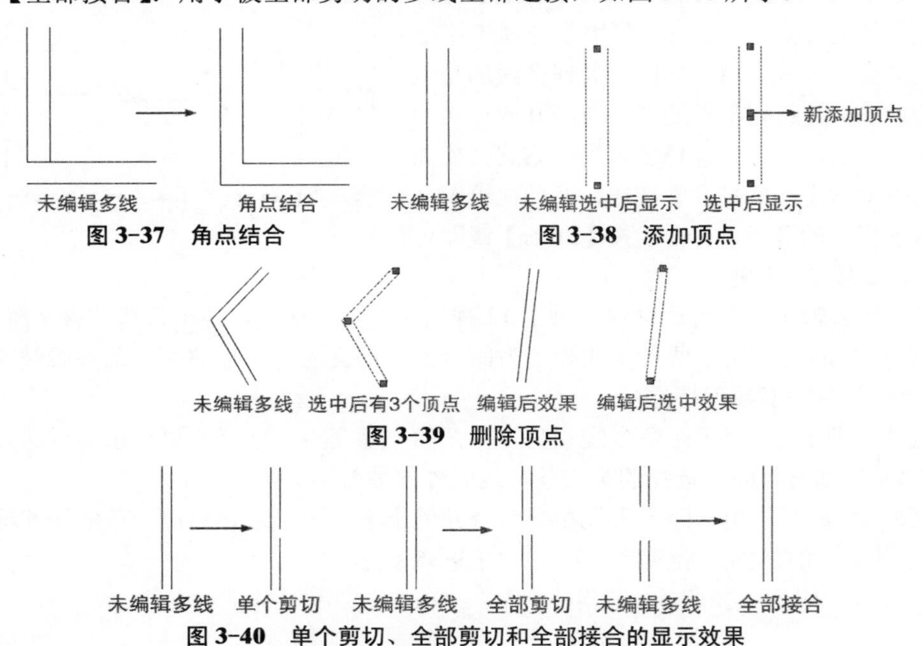

图 3-37　角点结合

图 3-38　添加顶点

图 3-39　删除顶点

图 3-40　单个剪切、全部剪切和全部接合的显示效果

提示

在处理 T 形交叉点时，多线的选择顺序将直接影响交叉点修整后的结果。

3.2.13 【上机操作】——编辑多线完成对平面图中墙体的修改

下面讲解如何编辑多线，具体操作步骤如下：

01 打开随书附带光盘中的 CDROM\素材\第 3 章\006.dwg 素材文件，如图 3-41 所示。

02 在菜单栏中选择【修改】|【对象】|【多线】命令，如图 3-42 所示。

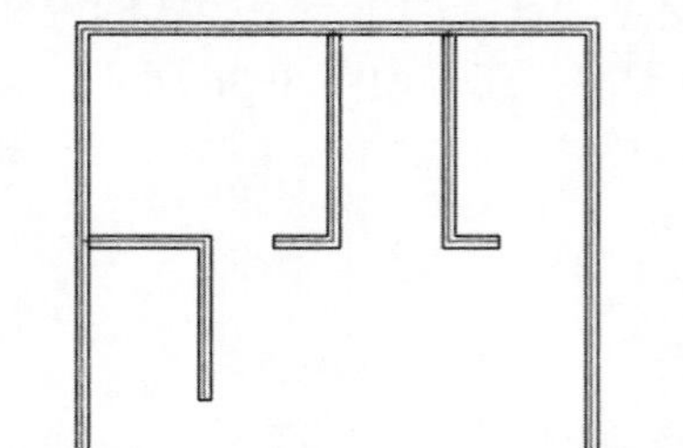

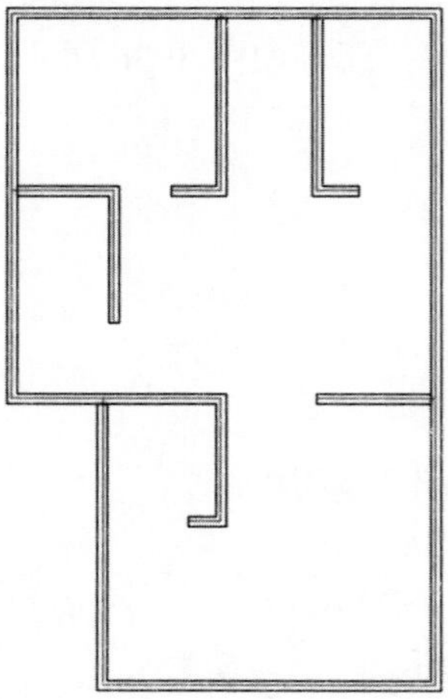

图 3-41　打开素材

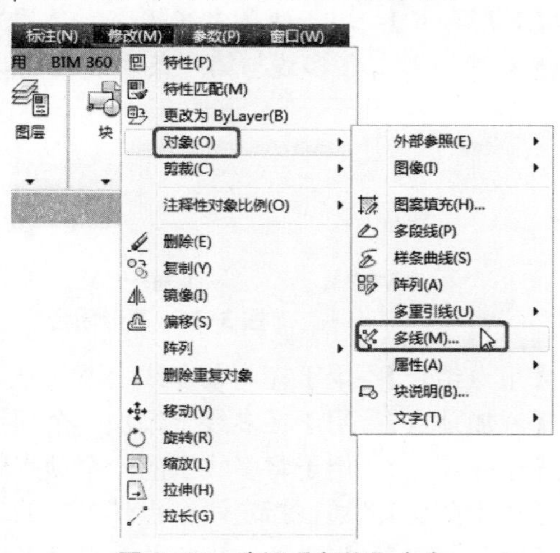

图 3-42　选择【多线】命令

03 弹出【多线编辑工具】对话框，选择其中一种工具，如图 3-43 所示。这里选择【T形打开】。

04 选择水平第一条多线，然后选择垂直的多线，完成对墙体的修改，如图 3-44 所示。

图 3-43 【多线编辑工具】对话框

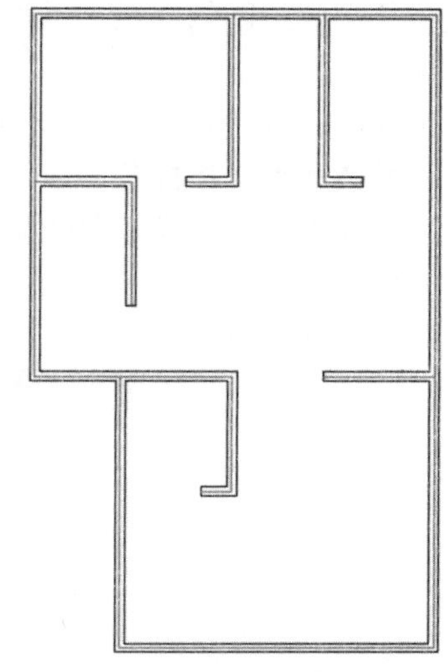

图 3-44 多线编辑效果

知识链接：

用户在绘制施工图的过程中，如果需要多线的方式来绘制墙体对象，这时用户可以通过设置多线的不同比例来设置墙体的厚度。例如选择标准型标注样式【Standard】时，由于上下偏移距离为（0.5,–0.5），则多线的间距为 1；这时如果要绘制墙体厚度为 120 的墙体对象，可以设置墙体的比例为 120；同样，若要绘制厚度为 240 的墙体对象，将多线比例设置为 240 即可。当然，用户也可以重新建立新的多线样式来设置不同的多线。

3.2.14 样条曲线

样条曲线是曲线中较为特殊的造型，相当于手工绘图的软尺和曲线板工具通过定位几个点区拟合一条曲线，如图 3-45 所示。样条曲线是通过拟合数据点绘制而成的光滑曲线，可以是二维曲线也可以是三维曲线。样条曲线最少应该有 3 个顶点，适于创建形状不规则的曲线。

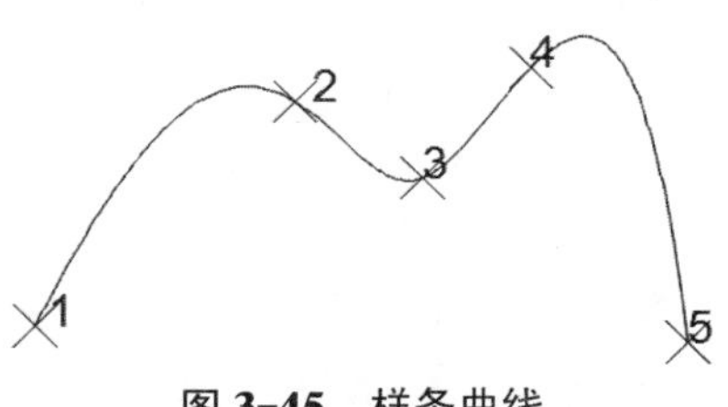

图 3-45 样条曲线

在 AutoCAD 2016 中，执行【样条曲线】命令的常用方法有以下几种：

- 在命令行中执行【SPLINE】命令。
- 在菜单栏中选择【绘图】|【样条曲线】命令。
- 选择【默认】选项卡，在【绘图】面板中单击【样条曲线拟合点】按钮或【样条曲线控制点】按钮。

1. 使用拟合点创建样条曲线

样条曲线的绘制要通过一系列的点来定义的，并需要制定端点的切向或者用【CLOSE】选项将其构成封闭的曲线。另外一个要点是需制定曲线的拟合公差，它决定了所生成的曲线与数据点之间的逼近程度。

AutoCAD 2016 可以在指定的允差（Fit tolerance）范围内把控制点拟合成光滑的【NURBS】曲线。所谓允差是指样条曲线与指定拟合点之间的接近程度。允差越小，样条曲线与拟合点越接近。允差为 0，样条曲线将通过拟合点。这种类型的曲线适合于标识具有规则变化曲率半径的曲线，例如建筑基地的等高线、区域界限等的样线。

在菜单栏中选择【绘图】|【样条曲线】|【拟合点】命令，如图 3-46 所示。

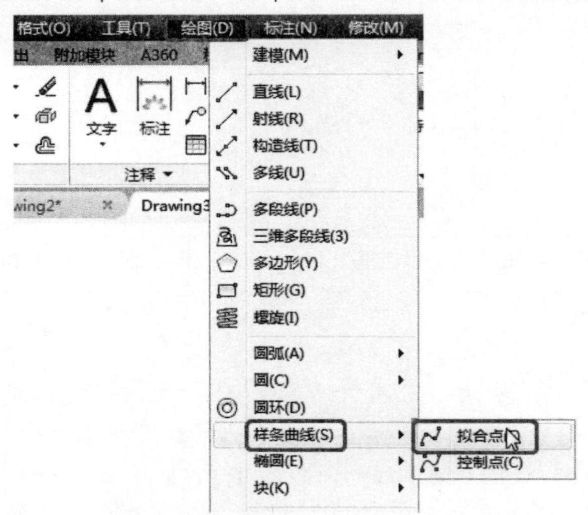

图 3-46 选择【拟合点】命令

使用拟合方式创建样条曲线的命令提示如下：

```
命令: SPLINE
当前设置: 方式=拟合    节点=弦
指定第一个点或 [方式(M)/节点(K)/对象(O)]:
输入下一个点或 [起点切向(T)/公差(L)]:
输入下一个点或 [端点相切(T)/公差(L)/放弃(U)]:
输入下一个点或 [端点相切(T)/公差(L)/放弃(U)/闭合(C)]:
```

执行该命令后，AutoCAD 2016 命令行将依次出现很多选项，主要选项说明如下。

- 【方式】：控制是使用拟合点还是使用控制点来创建样条曲线。
- 【节点】：指定节点参数化，它会影响曲线在通过拟合点时的形状。
- 【对象】：将二维或三维的二次或三次样条曲线拟合多段线转换成等效的样条曲线并删除多段线。
- 【起点切向】：基于切向创建样条曲线。
- 【端点相切】：停止基于切向创建曲线。可以通过指定拟合点继续创建样条曲线。选择【端点相切】后，将提示用户指定最后一个输入拟合点的最后一个切点。
- 【公差】：指定样条曲线必须经过的指定拟合点的距离。公差应用于起点和端点外的所有拟合点，如图 3-47 所示。

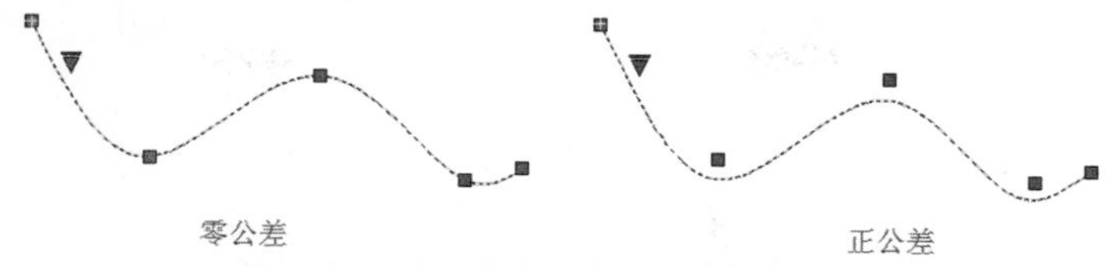

图 3-47　零公差和正公差显示效果对比

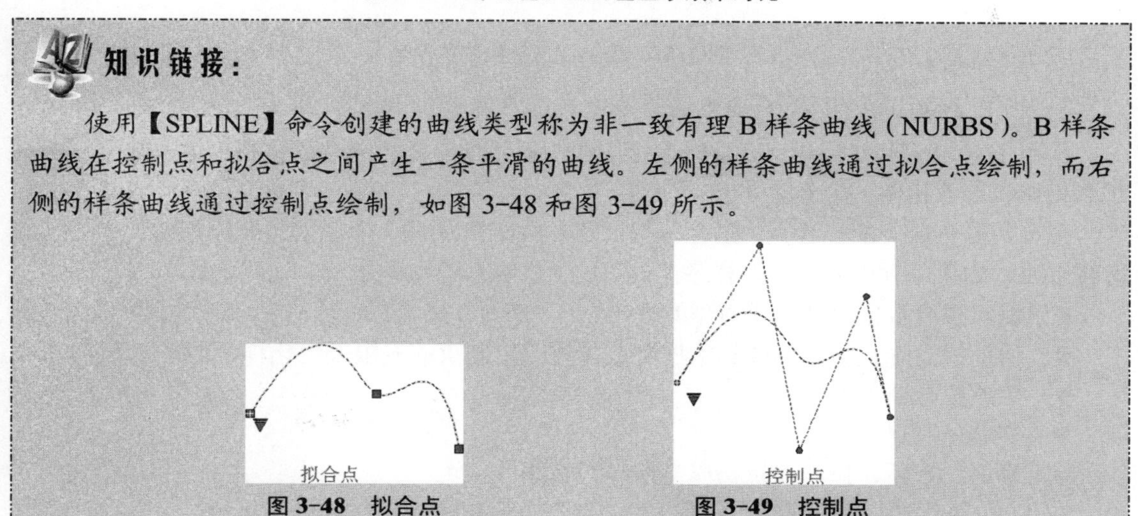

知识链接：

使用【SPLINE】命令创建的曲线类型称为非一致有理 B 样条曲线（NURBS）。B 样条曲线在控制点和拟合点之间产生一条平滑的曲线。左侧的样条曲线通过拟合点绘制，而右侧的样条曲线通过控制点绘制，如图 3-48 和图 3-49 所示。

图 3-48　拟合点　　图 3-49　控制点

2. 使用控制点创建样条曲线

当用户绘制完样条曲线后，感觉平滑度达不到要求，用户可以通过控制点来创建样条曲线。使用控制点创建样条曲线绘制出的样条曲线更加精确。

选择【默认】选项卡，在【绘图】面板中单击【样条曲线控制点】按钮，如图 3-50 所示。

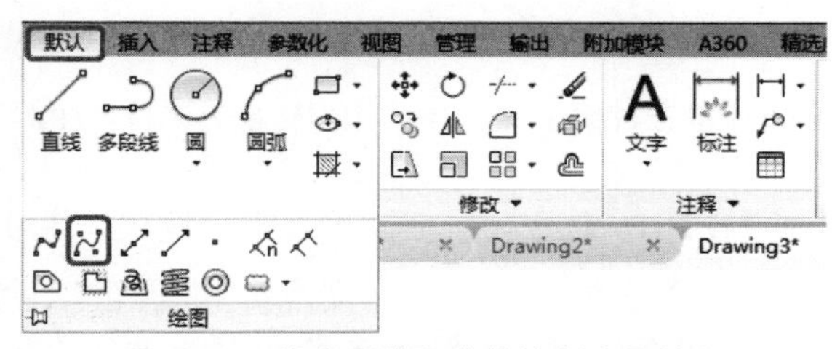

图 3-50　单击【样条曲线控制点】按钮

使用拟合方式创建样条曲线的命令提示如下：

命令: SPLINE
当前设置: 方式=控制点　　阶数=3
指定第一个点或 [方式(M)/阶数(D)/对象(O)]:
输入下一个点:
输入下一个点或 [放弃(U)]:
输入下一个点或 [闭合(C)/放弃(U)]:

执行该命令后，AutoCAD 2016 命令行将依次出现很多选项，前面已介绍的此处就不再介绍，下面主要介绍【阶数】的含义。

【阶数】用来设置可在每个范围中获得最大的【折弯数】，折弯数的数值可以为 1、2 或 3。控制点的数量将比阶数多 1，因此 3 阶样条曲线具有 4 个控制点，如图 3-51 所示。

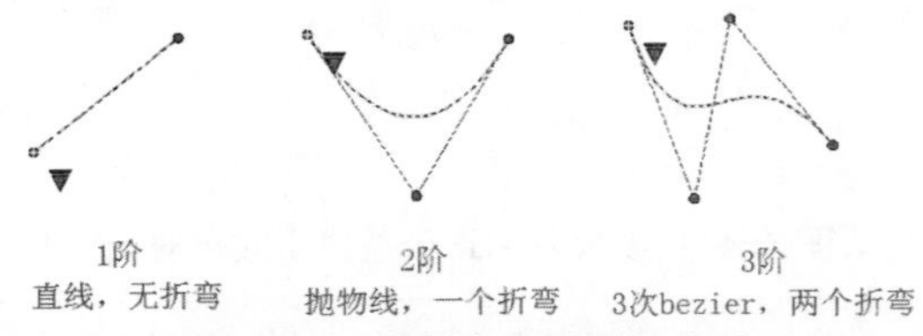

图 3-51　控制点与阶数的关系

3. 使用【SPLINEDIT】命令编辑样条曲线

使用【SPLINEDIT】命令可以修改样条曲线的定义，如控制点数量和权值、拟合公差及起点相切和端点相切。

拟合数据有所有的拟合点、拟合公差以及与由【SPLINE】命令创建的样条曲线相关联的切线组成。如果进行以下操作，样条曲线可能丢失其拟合数据：

- 编辑拟合数据时使用【清理】选项。
- 通过提高阶数、添加或删除控制点或更改控制点的权限来优化样条曲线。
- 更改拟合公差。
- 移动控制点。
- 修剪、打断、拉伸或拉长样条曲线。

在 AutoCAD 2016 中，执行【SPLINEDIT】命令的常用方法有以下几种：

- 在命令行中执行【SPLINEDIT】命令。
- 在菜单栏中选择【编辑】|【对象】|【样条曲线】命令。
- 在绘图区中选中样条曲线图形对象并右击，在快捷菜单中选择相应的命令，如图 3-52 所示。

使用【SPLINEDIT】命令创建样条曲线，命令行提示信息如下：

命令: SPLINEDIT
选择样条曲线:
输入选项 [闭合(C)/合并(J)/拟合数据(F)/编辑顶点(E)/转换为多段线(P)/反转(R)/放弃(U)/退出(X)]
<退出>: C

执行该命令后，AutoCAD 2016 命令行将依次出现很多选项，主要选项说明如下。

- 【闭合】: 闭合开放的样条曲线，使其在端点处相切连续（平滑）。如果样条曲线的起点和端点相同，那么关闭后会使样条曲线在两点处均匀相切连续，如图 3-53 所示。
- 【打开】: 打开闭合的样条曲线。如果在使用【闭合】选项前样条曲线的起点和端点相同，则样条曲线会返回到其原始的状态，起点和端点保持相同，但失去其相切连续性（平滑）。如果在使用【闭合】选项前样条曲线为开放状态（其起点与端点不同），则样条曲线会返回到其原始开放状态，且会删除相切连续性。
- 【合并】: 将选定的样条曲线、直线和圆弧在重合端点处合并到现有样条曲线。选择有效对象后，该对象将合并到当前样条曲线，合并点处将具有一个折点。
- 【拟合数据】: 利用拟合点的参数对样条曲线进行编辑。

- 【编辑顶点】：精密调整样条曲线定义。
- 【转换为多段线】：将样条曲线转换为多段线，精确值决定多段线与源样条曲线拟合的精确程度。有效值介于 0～99 之间的任意整数。注意高精度值可能会引发性能问题。
- 【反转】：反转样条曲线的方向。此选项主要适用于第三方应用程序。
- 【放弃】：取消上一次编辑操作。

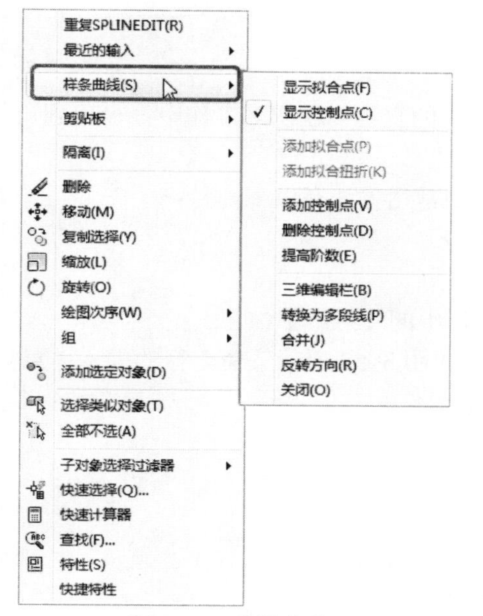

图 3-52　快捷菜单

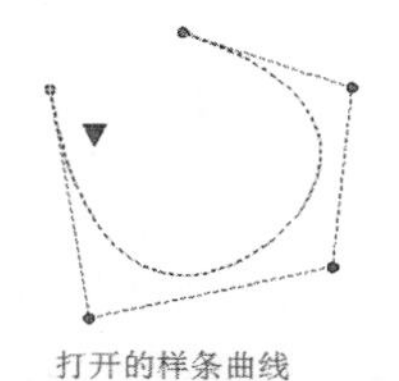

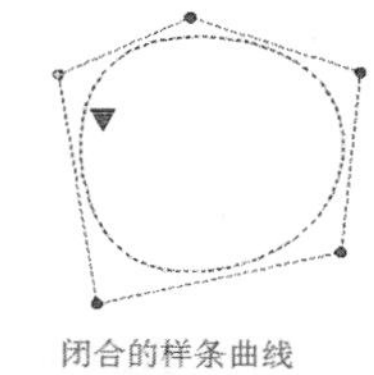

图 3-53　闭合样条曲线

3.2.15 【上机操作】——绘制样条曲线

下面讲解如何绘制样条曲线，具体操作步骤如下：

01 打开随书附带光盘中的 CDROM\素材\第 3 章\007.dwg 素材文件，如图 3-54 所示。

02 在命令行执行【SPLINE】命令，具体操作步骤如下：

```
命令: SPLINE                                              //执行【SPLINE】命令
当前设置: 方式=拟合    节点=弦
指定第一个点或 [方式(M)/节点(K)/对象(O)]:                  //单击第一点 A
输入下一个点或 [起点切向(T)/公差(L)]:                      //单击第二点 B
输入下一个点或 [端点相切(T)/公差(L)/放弃(U)]:               //单击第三点 C
输入下一个点或 [端点相切(T)/公差(L)/放弃(U)/闭合(C)]:        //单击第四点 D
输入下一个点或 [端点相切(T)/公差(L)/放弃(U)/闭合(C)]:        //向下延伸到合适位置按【Enter】键确认
                                                          //绘制完成如图 3-55 所示
命令: MIRROR                                              //执行【MIRROR】命令
选择对象: 找到 1 个                                        //选择绘制的样条曲线
选择对象: 指定镜像线的第一点:                               //指定镜像线的第一点为上面的圆心
指定镜像线的第二点:                                        //指定镜像线的第二点为下面的圆心
要删除源对象吗? [是(Y)/否(N)] <否>:                        //按【Enter】键确认效果，如图 3-56 所示
```

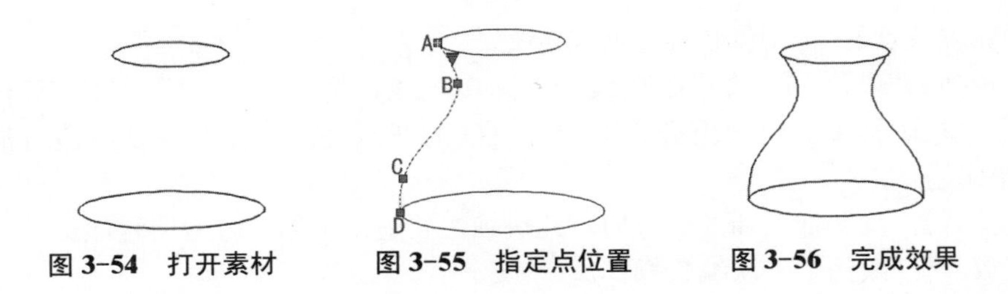

图 3-54 打开素材 图 3-55 指定点位置 图 3-56 完成效果

3.2.16 射线

射线是一种从指定起点向一个方向无限延长的直线，在实际工作中很少用到，一般用作绘图过程中的辅助线。

在 AutoCAD 2016 中，执行【射线】命令的常用方法有以下几种：

- 在菜单栏中选择【绘图】|【射线】命令。
- 在命令行中执行【RAY】命令。
- 在【默认】选项卡中单击【绘图】面板中的【射线】按钮。

在菜单栏中选择【绘图】|【射线】命令，如图 3-57 所示。命令行的提示信息如下：

```
命令: RAY                    //执行【RAY】命令
指定起点:                    //拾取射线的起点 O
指定通过点:                  //指定射线通过的点 A
指定通过点:                  //指定射线通过的点 B
指定通过点:                  //指定射线通过的点 C
指定通过点:                  //按【Enter】确认完成绘制，效果如图 3-58 所示
```

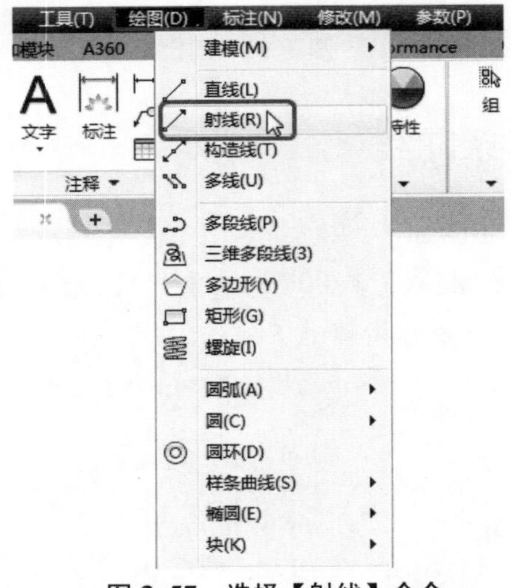

图 3-57 选择【射线】命令

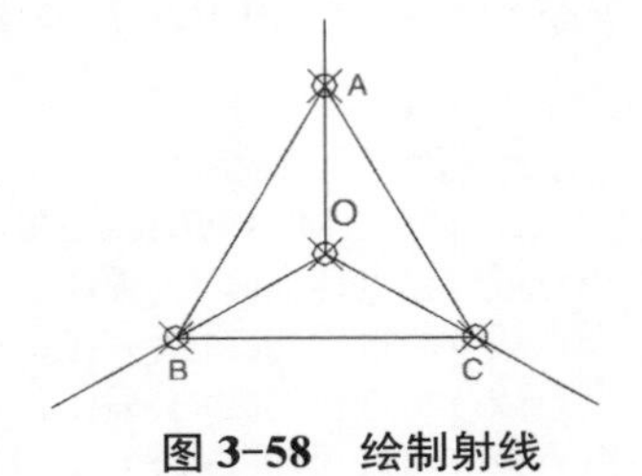

图 3-58 绘制射线

3.3 绘制平面图形

在 AutoCAD 中任何一个平面图形都是由点、线、面组合而成，其中包括圆、矩形、圆弧等对象。

3.3.1 绘制圆

圆是工程制图中一种常见的基本实体，不论是机械制图的绘制、产品设计，还是建筑、园林、施工图的绘制，它的使用都是十分频繁的。【圆】命令相当于手工绘图中的圆规，可以根据不同的已知条件进行绘制。

在 AutoCAD 2016 中，执行【圆】命令的常用方法有以下几种：

- 在命令行中执行【CIRCLE】命令。
- 在菜单栏中选择【绘图】|【圆】命令。
- 选择【默认】选项卡，在【绘图】面板中单击【圆】按钮。

选择【绘图】菜单，当光标移动到【圆】命令上时，将弹出【圆】命令的子菜单，如图 3-59 所示。

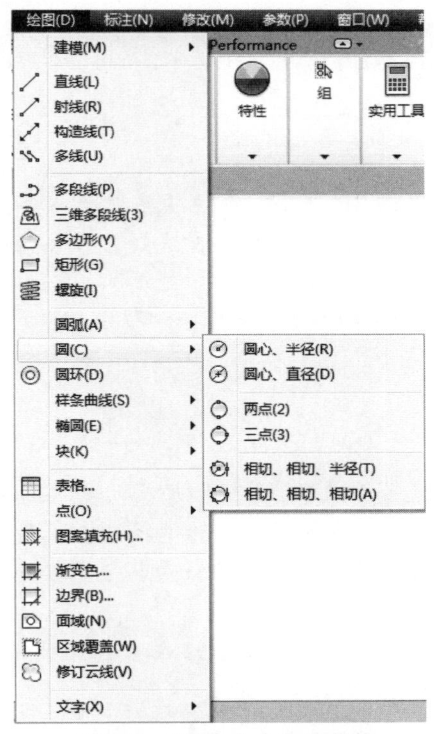

图 3-59 【圆】命令的子菜单

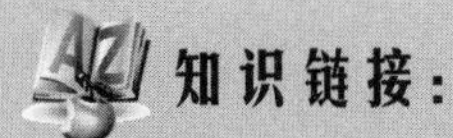

知识链接：

从图 3-59 可以看出 AutoCAD 2016 提供了 6 种定义圆的尺寸及位置参数的方法。下面依次进行介绍。

1. 圆心、半径

执行该命令，命令行提示如下：

命令: C
指定圆的圆心或 [三点(3P)/两点(2P)/相切、相切、半径(T)]:

//输入圆心坐标或者单击拾取一点作为圆心
指定圆的半径或 [直径(D)] <48.8680>: 50　　//输入半径数值

对于半径数值，如果直接输入数值，则此数作为半径值，如果在面板提示里或命令行里输入一个点的相对坐标，则此点与圆心点的距离作为半径值，半径值不能小于或等于零。

2. 圆心、直径

在【指定圆的半径或 [直径(D)]:】提示下输入【D】，选择输入直径数值，输入方法同上。

3. 两点

在系统命令行的提示中选择 2P 选项，系统顺序提示要求输入所定义圆上某一直径的两个端点，所输入两点的距离为圆的直径，两点中点为圆心，两点重合则定义失败。命令行提示如下：

命令行：CIRCLE
指定圆的圆心或 [三点(3P)/两点(2P)/相切、相切、半径(T)]: 2P　//以两点方式绘制圆
指定圆直径的第一个端点:
指定圆直径的第二个端点:

4. 三点

在系统命令行的提示中选择 3P 选项，系统顺序提示要求输入所定义圆上的 3 个点，完成圆的定义，如果所输入的 3 点共线，则定义失败。命令行提示如下：

命令行：CIRCLE
指定圆的圆心或 [三点(3P)/两点(2P)/相切、相切、半径(T)]: 3P　//以 3 点方式绘制圆
指定圆上的第一个点:
指定圆上的第二个点:
指定圆上的第三个点:

5. 相切、相切、半径

在系统的命令行提示中选择 T 选项，系统顺序提示要求选择两个与所定义圆相切的实体上的点，并要求输入圆的半径，如果所输入的半径数值过小（小于两个实体最小距离的一半）则定义失败，所定义圆的位置与所选择的切点位置有关。

6. 相切、相切、相切

这种方法只能在菜单栏中选择，在系统的提示下顺序选择 3 个与所定义的圆相切的实体。

命令: _CIRCLE
指定圆的圆心或 [三点(3P)/两点(2P)/相切、相切、半径(T)]: _3p
指定圆上的第一个点:
指定圆上的第二个点:
指定圆上的第三个点:

3.3.2 【上机操作】——使用【相切、相切、相切】命令绘制图案

下面讲解如何用【相切、相切、相切】命令绘制图案，具体操作步骤如下：

01 打开随书附带光盘中的 CDROM\素材\第 3 章\008.dwg 素材文件，如图 3-60 所示。

02 在工具栏中选择【绘图】|【圆】|【相切、相切、相切】命令，如图 3-61 所示。

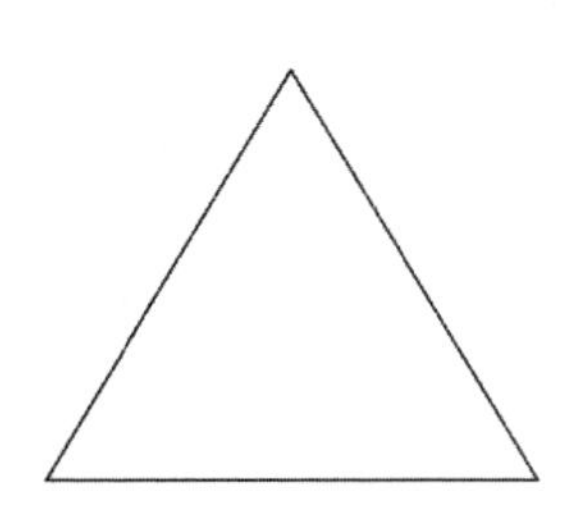

图 3-60　打开素材

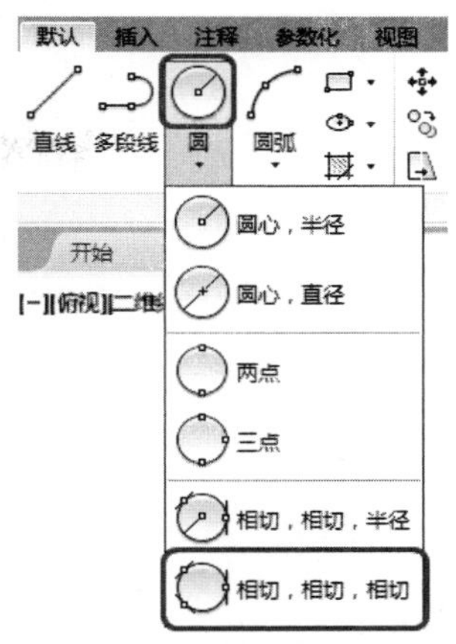

图 3-61　【圆】子菜单

03 用光标分别单击素材中的 3 条边，得到图 3-62 所示的第一个切圆。

04 重复两次【绘图】|【圆】|【相切、相切、相切】命令，以三角形中两条边和中间的切圆定位 3 个点，效果如图 3-63 所示。

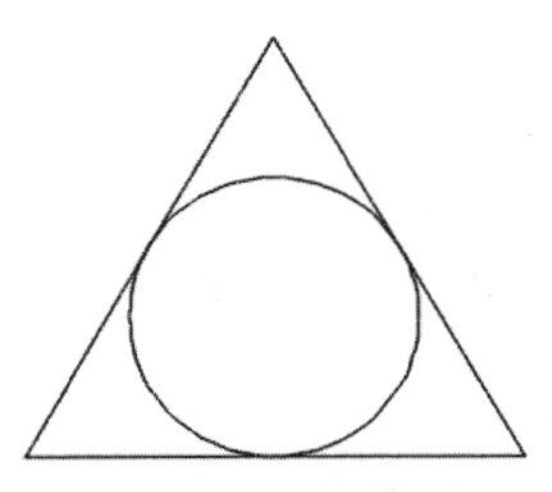

图 3-62　绘制切圆

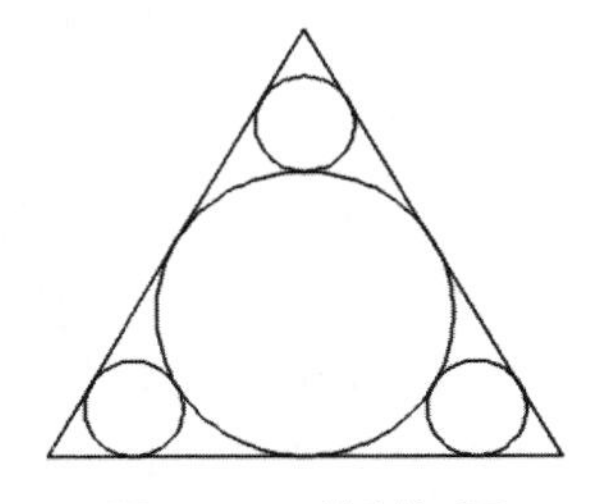

图 3-63　绘制切圆

知识链接：

用【三点】命令绘制圆时，如果打开【切点】模式，可以绘制与 3 个对象相切的圆；在使用【相切、相切、半径】命令绘制圆时，如果有可能生成多个与两个对象相切的圆，将由用户指定的选择点来决定圆的位置。

3.3.3 绘制圆弧

在 AutoCAD 中，提供了多种不同的圆弧绘制方式，可以指定圆心、端点、起点、半径、角度、弦长和方向值的各种组合形式。圆弧可以看成是圆的一部分，它不仅有圆心和半径，而且还有起点和端点。它在实体元素之间起着光滑过度的作用。

在 AutoCAD 2016 中，执行【圆弧】命令的常用方法有以下几种：

- 在命令行中执行【ARC】命令。
- 在菜单栏中选择【绘图】|【圆弧】命令。
- 选择【默认】选项卡，在【绘图】面板中单击【圆弧】按钮。

选择【默认】选项卡，当单击【圆弧】按钮时，将弹出【圆弧】下拉列表，如图 3-64 所示。

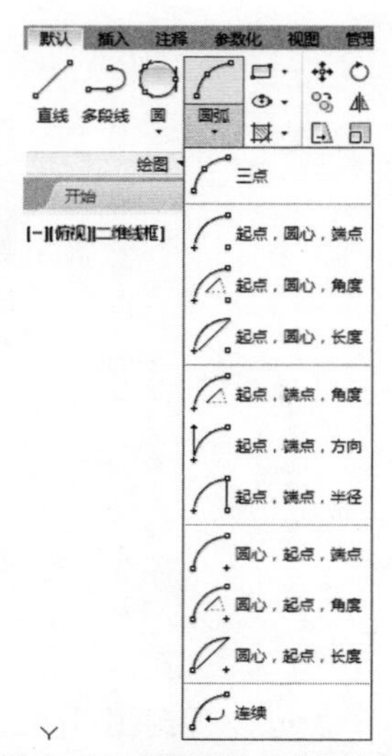

图 3-64 【圆弧】下拉列表

AutoCAD 2016 提供了 11 种定义圆弧的方法，通过选择下拉列表中的相应命令，均可执行画圆弧操作。下面介绍其中常用的画弧方法。

1. 三点

三点绘制圆弧与三点绘制圆相似，只是圆弧上的三点必须包括圆弧的起点和端点，而起点、第二点、端点的顺序决定了是顺时针还是逆时针绘制圆弧，确定三点以后，AutoCAD 自动计算圆弧的圆心位置和半径的大小，如图 3-65 所示。

通过圆弧上的 3 点画弧的具体操作步骤如下：

```
命令: ARC                                    //在命令行中执行【圆弧】命令
指定圆弧的起点或 [圆心(C)]:                  //指定圆弧的起点
指定圆弧的第二个点或 [圆心(C)/端点(E)]:      //指定圆弧的第二点
指定圆弧的端点:                              //指定圆弧的端点
```

2. 起点、圆心、端点

如果已知圆弧的起点、圆心和端点则可以通过这种方式画弧。给定圆弧的起点和圆心后，圆弧的半径就已确定，圆弧的端点只决定圆弧的长度，输入圆弧的起点和圆心后圆心到端点的连线将动态拖动圆弧以达到适当的位置，如图 3-66 所示。

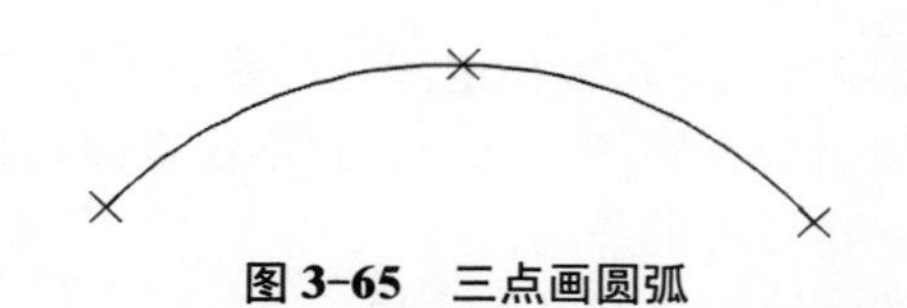

图 3-65 三点画圆弧

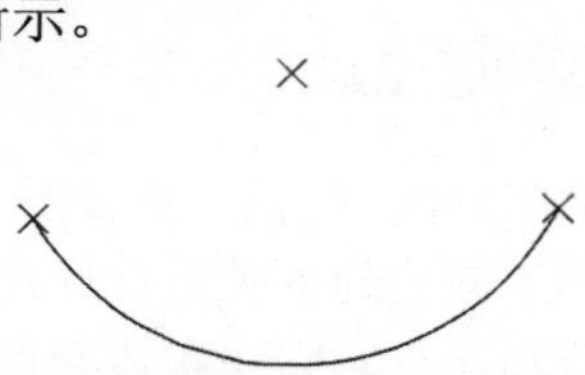

图 3-66 利用起点、圆心和端点画弧

以起点、圆心和端点的方式画弧的具体操作步骤如下：

```
命令: _arc                                   //在命令行中执行【圆弧】命令
指定圆弧的起点或 [圆心(C)]:                  //指定圆的起点
指定圆弧的第二个点或 [圆心(C)/端点(E)]: _c   //输入 c
指定圆弧的圆心:                              //指定圆心
指定圆弧的端点(按住 Ctrl 键以切换方向)或 [角度(A)/弦长(L)]: //指定端点
```

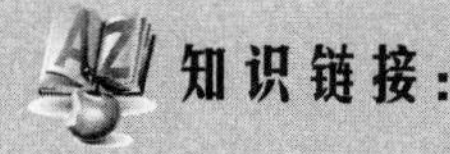

知识链接：

从几何角度来说，以起点、圆心、端点的方式画弧时，可以在图形上形成两端圆弧，即从不同方向上截取圆弧。为了精确绘图，默认情况下系统将按逆时针方向截取所需的圆弧。

3. 起点、圆心、角度

如果已知圆弧的起点、圆心和角度，则可以通过这种方式画弧。起点和圆心决定圆弧的半径，圆心角的角度决定圆弧的长度，确定角度时，用户既可以通过命令行输入精确的角度值，也可以通过单击鼠标确定角度，如图 3-67 所示。

以起点、圆心和角度的方式画弧的具体操作步骤如下：

```
命令: _arc                                                  //在命令行中执行【圆弧】命令
指定圆弧的起点或 [圆心(C)]:                                 //指定圆弧的起点
指定圆弧的第二个点或 [圆心(C)/端点(E)]: _c                  //输入 c
指定圆弧的圆心:                                             //指定圆心
指定圆弧的端点(按住 Ctrl 键以切换方向)或 [角度(A)/弦长(L)]: _a   //输入 a
指定夹角(按住 Ctrl 键以切换方向):140°                        //输入角度 140°
```

知识链接：

使用起点、圆心和角度的方式画弧时，当在命令行中输入的圆心角的角度为负值时，AutoCAD 将按照顺时针方向画弧，当输入角度为负值时，则按照逆时针方向画弧。

4. 起点、圆心、长度

如果已知圆弧的起点、圆心和所绘圆弧的弦长，则可以通过这种方式画弧。弦长是指圆弧的起点与端点之间的距离，如图 3-68 所示。

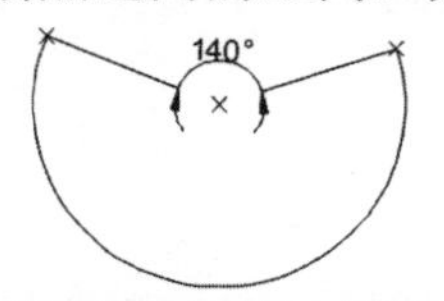

图 3-67　利用起点、圆心和角度画弧

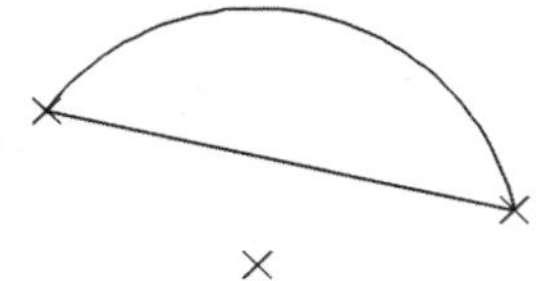

图 3-68　利用起点、圆心和长度画弧

以起点、圆心和长度的方式画弧的具体操作步骤如下：

```
命令: _arc                                                  //在命令行中执行【圆弧】命令
指定圆弧的起点或 [圆心(C)]:                                 //指定圆弧的起点
指定圆弧的第二个点或 [圆心(C)/端点(E)]: _c                  //输入 c
指定圆弧的圆心:                                             //指定圆心
指定圆弧的端点(按住 Ctrl 键以切换方向)或 [角度(A)/弦长(L)]: _L   //输入 L
指定弦长(按住 Ctrl 键以切换方向):                           //指定弦长
```

知识链接：

使用起点、圆心和长度的方式画弧时，弦长应小于圆弧所在的直径，否则系统将给出错误提示。另外，输入的弦长为正值，则取劣值；输入的弦长负值，则取优值。

5. 起点、端点、角度

如果已知圆弧的起点、端点和角度，则可以通过这种方式画弧，如图 3-69 所示。

以起点、端点和角度的方式画弧的具体操作步骤如下：

```
命令: _arc                                          //在命令行中执行【圆弧】命令
指定圆弧的起点或 [圆心(C)]:                          //指定圆弧的起点
指定圆弧的第二个点或 [圆心(C)/端点(E)]: _e            //输入 e
指定圆弧的端点:                                      //指定圆弧的端点
指定圆弧的中心点(按住 Ctrl 键以切换方向)或 [角度(A)/方向(D)/半径(R)]: _a    //输入 a
指定夹角(按住 Ctrl 键以切换方向): 120                //输入角度为 120°
```

如果包角值大于零则圆弧为逆时针，否则为顺时针，如果输入一个点的坐标，起点与该点的连线方向角为包角。

6. 起点、端点、方向

如果已知圆弧的起点、端点和方向，则可以通过这种方式画弧，如图 3-70 所示。

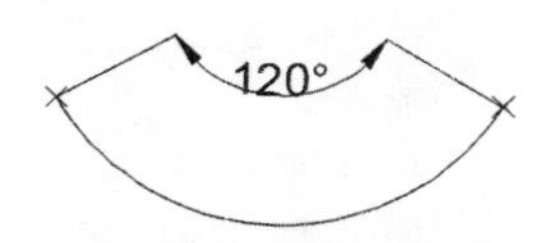

图 3-69　利用起点、端点和角度画弧

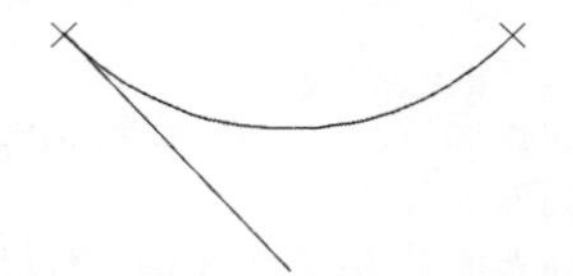

图 3-70　利用起点、端点和方向画弧

以起点、端点和方向的方式画弧的具体操作步骤如下：

```
命令: _arc                                          //在命令行中执行【圆弧】命令
指定圆弧的起点或 [圆心(C)]:                          //指定圆弧的起点
指定圆弧的第二个点或 [圆心(C)/端点(E)]: _e            //输入 e
指定圆弧的端点:                                      //指定圆弧的端点
指定圆弧的中心点(按住 Ctrl 键以切换方向)或 [角度(A)/方向(D)/半径(R)]: _d   //输入 d
指定圆弧起点的相切方向(按住 Ctrl 键以切换方向):        //选择切线方向
```

7. 起点、端点、半径

如果已知圆弧的起点、端点和半径，则可以通过这种方式画弧，如图 3-71 所示。

图 3-71　利用起点、端点和半径画弧

以起点、端点和半径的方式画弧的具体操作步骤如下：

```
命令: _arc                                   //在命令行中执行【圆弧】命令
指定圆弧的起点或 [圆心(C)]:                   //指定圆弧的起点
指定圆弧的第二个点或 [圆心(C)/端点(E)]: _e     //输入 e
指定圆弧的端点:                               //指定圆弧的端点
指定圆弧的中心点(按住 Ctrl 键以切换方向)或 [角度(A)/方向(D)/半径(R)]:
_r    //输入 r
指定圆弧的半径(按住 Ctrl 键以切换方向): 200    //指定圆弧的半径为 200 并按【Enter】键确认
```

8. 连续

如果按空格键或【Enter】键完成第一个提示，则表示所定义圆弧的起始点坐标与前一个实体的终点坐标重合，圆弧在起始点的切线方向等于前一个实体在终点处的切线方向（光滑连接），系统提示输入圆弧终点位置，这种方法即是选择【连续】命令的绘制方法，它是【起点、端点、方向】方法的变形。

以上介绍了 8 种绘制圆弧的方法。除此之外，【圆弧】子菜单中还有 3 种方法。由于操作基本类似，这里不再详细介绍。

【圆心、起点、端点】本方式与【起点、圆心、端点】方法类似。

【圆心、起点、角度】本方式与【起点、圆心、角度】方法类似。

【圆心、起点、长度】本方式与【起点、圆心、长度】方法类似。

3.3.4 【上机操作】——使用【起点、端点、方向】命令绘制拼花

下面讲解如何使用【起点、端点、方向】命令绘制拼花，具体操作步骤如下：

01 打开随书附带光盘中的CDROM\素材\第3章\009.dwg素材文件，如图3-72所示。

02 在菜单栏中选择【绘图】|【圆弧】|【起点、端点、方向】命令，如图3-73所示。

命令行的提示信息如下：

```
命令: ARC                                                //执行【ARC】命令
指定圆弧的起点或 [圆心(C)]:                                //指定圆弧的起点A
指定圆弧的第二个点或 [圆心(C)/端点(E)]: e                   //输入E确定第二点为端点
指定圆弧的端点:                                           //指定圆弧的端点B
指定圆弧的中心点(按住 Ctrl 键以切换方向)或 [角度(A)/方向(D)/半径(R)]: _d
指定圆弧起点的相切方向(按住 Ctrl 键以切换方向):             //指定圆弧起点的相切方向完成一个圆弧的
                                                         //绘制，如图3-74所示
```

03 连续依照上述步骤绘制圆弧，结果如图3-75所示。

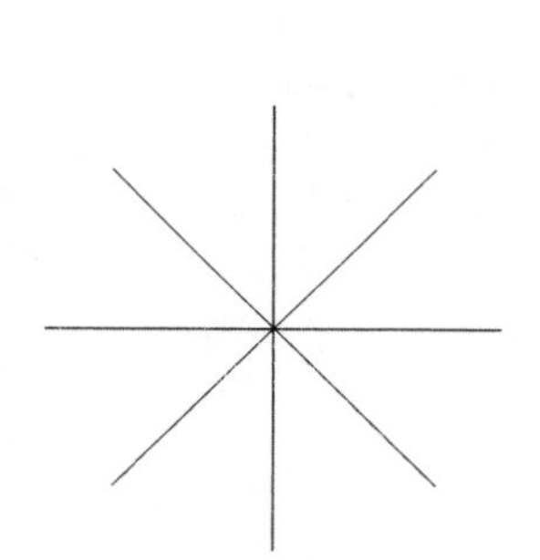

图3-72 打开素材

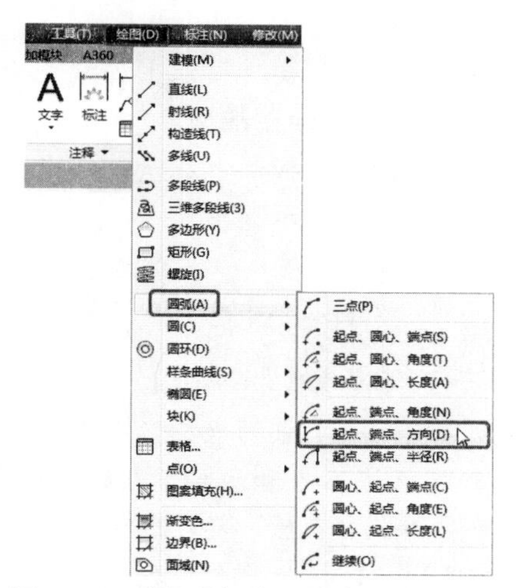

图3-73 选择【起点、端点、方向】命令

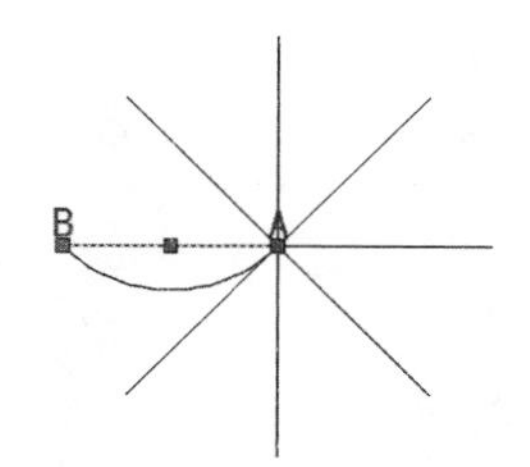

图3-74 指定起点、端点

图3-75 完成效果

提示

圆弧的绘制有方向性。在上述步骤中以点A为起点、点B为端点绘制出了第一条圆弧，若想绘制出和第一条圆弧相对称的圆弧则需要以点B为起点、点A为端点。

3.3.5 绘制椭圆

椭圆是由定义其长度和宽度的两条轴决定的。较长的轴称为长轴，较短的轴称为短轴。椭圆的默认画法是指定一根轴的两个端点和另一根轴的半轴长度。在实际应用中，用户应根据自己所绘椭圆的条件灵活选择这三者的输入，并选择合适的绘制方式。椭圆是一种典型的封闭曲线图形，圆在某种意义上可以看成是椭圆的特例。椭圆与圆的差别在于，其圆周上的点到中心的距离是变化的。在 AutoCAD 绘图中，椭圆的形状主要用中心、长轴和短轴 3 个参数来描述。

在 AutoCAD 2016 中，执行【椭圆】命令的常用方法有以下几种：

- 在命令行中执行【ELLIPSE】命令。
- 在菜单栏中执行【绘图】|【椭圆】命令。
- 选择【默认】选项卡，在【绘图】面板中单击【椭圆】按钮。

知识链接：

在绘制椭圆时，主要通过以下种方式绘制。

1. 通过定义两轴绘制椭圆

通过定义两轴绘制椭圆，在命令行中执行【ELLIPSE】命令，用户可根据命令行的提示进行操作，命令行显示如下：

```
命令: _ELLIPSE                                  //执行【ELLIPSE】命令
指定椭圆的轴端点或 [圆弧(A)/中心点(C)]:          //用鼠标指定椭圆某个轴的一个端点或输入坐标
指定轴的另一个端点:                              //指定椭圆轴的另一个端点
指定另一条半轴长度或 [旋转(R)]:                  //指定另一个半轴的长度
```

如果最后输入一个点的坐标，则该点与椭圆中心的距离为另一半轴长。

2. 通过定义中心点和两轴端点绘制椭圆

确定椭圆的中心点后，椭圆的位置便随之确定。此时，只需再为两轴各定义一个端点，便可确定椭圆形状，执行命令过程的命令行提示如下：

```
命令: _ELLIPSE
指定椭圆的轴端点或 [圆弧(A)/中心点(C)]: C
指定椭圆的中心点:                                //用鼠标指定中心点或输入坐标
指定轴的端点:                                    //用鼠标指定半轴端点或输入坐标
指定另一条半轴长度或 [旋转(R)]:                  //用鼠标指定另一个半轴的长度
```

3. 通过定义中心点和椭圆旋转绘制椭圆

指定第一个轴的端点后，用户还可以通过旋转方式指定第二个轴，即选择【旋转】方式，执行命令过程的命令行提示如下：

```
命令: _ELLIPSE
指定椭圆的轴端点或 [圆弧(A)/中心点(C)]: C
指定椭圆的中心点:                                //用鼠标指定中心点或输入坐标
指定轴的端点:                                    //用鼠标指定是半轴端点或输入坐标
指定另一条半轴长度或 [旋转(R)]: R                //选择旋转选项，按【Enter】键
指定绕长轴旋转的角度: 45                         //定义旋转角度，按【Enter】键
```

3.3.6 【上机操作】——绘制椭圆

下面讲解如何绘制椭圆，具体操作步骤如下：

01 打开随书附带光盘中的CDROM\素材\第3章\010.dwg素材文件，如图3-76所示。

02 在命令行执行【ELLIPSE】命令，具体操作步骤如下：

```
命令: ellipse                                    //执行【ELLIPSE】命令
命令:  <正交 开>                                  //打开正交功能
指定椭圆的轴端点或 [圆弧(A)/中心点(C)]: _c          //输入C
指定椭圆的中心点:                                  //指定中心点A
指定轴的端点: 300                                  //向右引导光标输入轴长300
指定另一条半轴长度或 [旋转(R)]: 210                 //向上引导光标输入另一轴长为210按
                                                  //【Enter】键确认，完成绘制椭圆，如图3-77所示
```

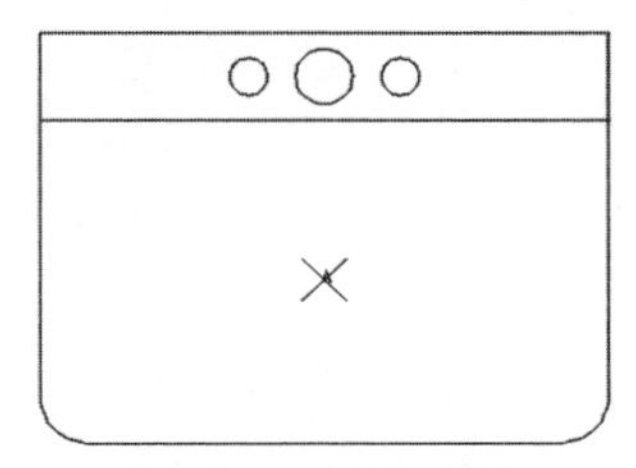

图3-76 打开素材

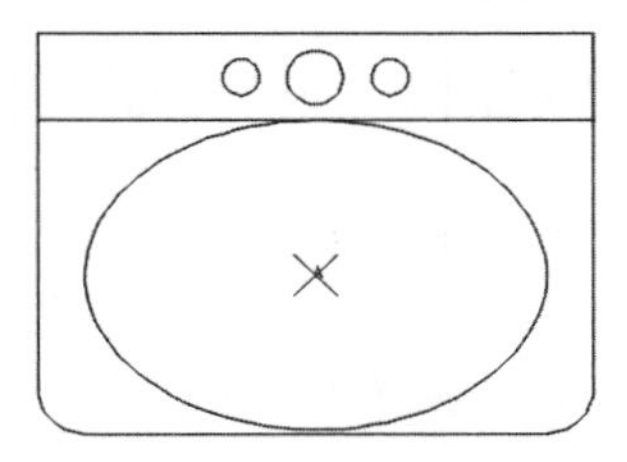

图3-77 完成效果

提示

如果使用60°的转角，用户可以创建一个等轴测椭圆，但AutoCAD以此方式创建的等轴测椭圆并不随等轴测线旋转。

系统变量【PELLIPSE】用来控制【ELLIPSE】命令创建的椭圆类型，如果将该系统变量设置为0，执行该命令创建真正的椭圆对象；如果将该系统变量设置为1，执行命令能够创建以多段线表示的椭圆。

3.3.7 绘制矩形

矩形由4条边组成。使用【矩形】命令可以绘制任意边长的矩形图形，且为闭合的多段线。在AutoCAD 2016中，执行【矩形】命令的方式有以下几种：

- 在命令行中执行【RECTANG】命令。
- 在菜单栏中执行【绘图】|【矩形】命令。
- 选择【默认】选项卡，在【绘图】面板中单击【矩形】按钮。

在命令行中执行【RECTANG】命令，命令行的提示如下：

```
命令:RECTANG                                          //在命令行中执行【RECTANG】命令
指定第一个角点或 [倒角(C)/标高(E)/圆角(F)/厚度(T)/宽度(W)]:  //指定第一角点
指定另一个角点或 [面积(A)/尺寸(D)/旋转(R)]:               //指定第二角点并按【Enter】键确认
```

如果绘制的不是一般的矩形，在绘制矩形之前都需要设置相关的参数。

知识链接：

通过在命令栏的第一行选项，可以定义矩形的其他特征。这些选项的具体含义如下。

倒角：用于定义矩形的倒角尺寸（两个倒角边长度）。

标高：用于定义矩形的标高，即构造平面的 Z 坐标，系统默认值为 0。

圆角：用于定义矩形的圆角半径。

厚度：用于定义矩形厚度（三维厚度）。

宽度：用于定义矩形轮廓线的线宽。

在命令行的第二行提示下选择 A 选项，则先指定矩形的面积，然后确定长度，最终确定矩形；选择 D 选项，则依次确定矩形的长和宽，来确定矩形；选择 R 选项，则指定矩形的倾斜角度。

3.3.8 【上机操作】——绘制矩形

下面讲解如何绘制矩形，具体操作步骤如下：

01 启动 AutoCAD 2016，新建空白图纸。

02 在命令行执行【RECTANG】命令，具体操作步骤如下：

```
命令: RECTANG                                                    //执行【RECTANG】命令
指定第一个角点或 [倒角(C)/标高(E)/圆角(F)/厚度(T)/宽度(W)]: C      //输入 C
指定矩形的第一个倒角距离 <0.0000>: 40                              //指定矩形的第一个倒角距离 40
指定矩形的第二个倒角距离 <40.0000>: 40                             //指定矩形的第二个倒角距离 40
指定第一个角点或 [倒角(C)/标高(E)/圆角(F)/厚度(T)/宽度(W)]: W      //输入 W
指定矩形的线宽 <0.0000>: 15                                        //设置线宽为 15
指定第一个角点或 [倒角(C)/标高(E)/圆角(F)/厚度(T)/宽度(W)]:        //在空白处指定第一点
指定另一个角点或 [面积(A)/尺寸(D)/旋转(R)]: D     //输入 D
指定矩形的长度 <500.0000>:   //指定矩形长度为 500
指定矩形的宽度 <400.0000>:   //指定矩形宽度为 400
指定另一个角点或 [面积(A)/尺寸(D)/旋转(R)]:   //在空白处单击确定
```

03 完成绘制矩形，如图 3-78 所示。

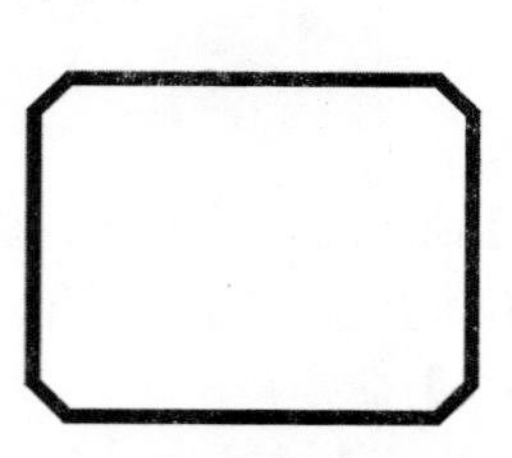

图 3-78 绘制矩形

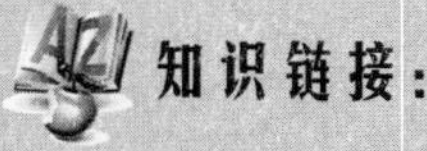

知识链接：

用矩形绘制的多边形是一条多段线，如果要单独编辑某一条边，需要执行【分解】命令将其分解后才能进行操作。另外，由于【矩形】命令所绘制出的矩形是一个整体对象，所以它与使用【直线】命令所绘制的矩形对象不同。

3.3.9 绘制正多边形

创制正多边形是绘制等边三角形、正方形、五边形、六边形等的简单方法。

在 AutoCAD 2016 中，执行【多边形】命令的常用方法有以下几种：

- 在命令行中选择【POLYGON】命令。
- 在菜单栏中选择【绘图】|【正多边形】命令。
- 选择【默认】选项卡，在【绘图】面板中单击【正多边形】按钮⬠。

知识链接：

使用【正多边形】命令绘制的正多边形是一个整体对象，当利用边长来绘制正多边形时，用户确定的两点之间的距离即为正多边形的边长，两个点可通过捕捉栅格或相对坐标方式确定，所绘制的正多边形的位置和方向与用户确定的两个端点的相对位置有关。

3.3.10 【上机操作】——绘制正八边形

下面讲解如何绘制正八边形，具体操作步骤如下：

01 启动 AutoCAD 2016，新建空白图纸。

02 按【F8】键开启正交模式，在【默认】选项卡中单击【正多边形】按钮，如图 3-79 所示，输入侧面数为 8，按【Enter】键，在绘图区任意一点单击，确定正多边形的中心点，选择【内接于圆】，输入 200，指定圆的半径，绘制效果如图 3-80 所示。

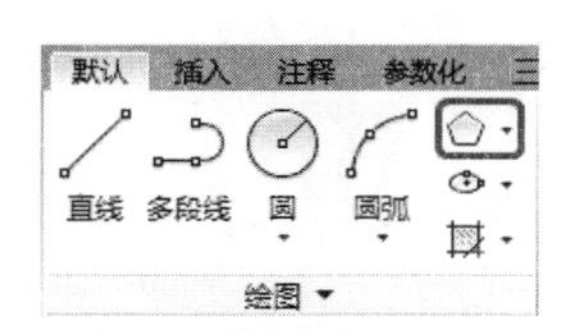

图 3-79 单击【正多边形】按钮

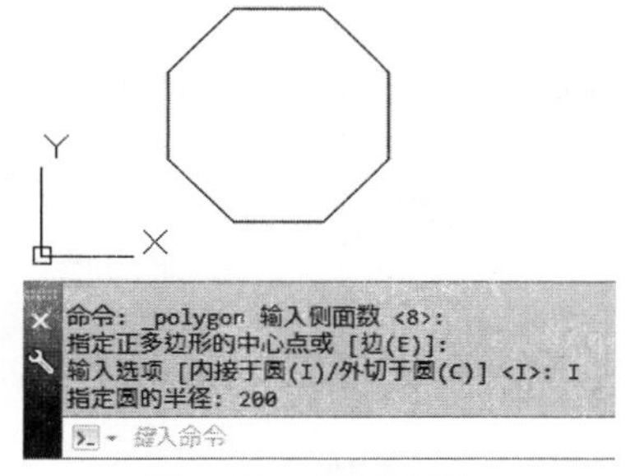

图 3-80 正八边形

3.4 图案填充

用户在绘制建筑图形时，经常需要使用一些图案来对封闭的图形区域进行填充，以达到设计要求。在 AutoCAD 绘图中，【图案填充】和【渐变色】命令是运用率相当高的命令。在总平面的铺地图案填充、剖面图的梁柱剖面填充、大样图的细部图案填充中都经常使用该命令。

3.4.1 图案填充设置

通俗地说，填充图案就是指一些具有特定样式的用来表现特定材质的图形，从工程制图的角度来讲，AutoCAD 的填充图案主要用来表现不同的剖面材料，这在建筑和机械制图领域的运用比较广泛。

在 AutoCAD 2016 中，有以下几种方法执行【图案填充】命令：

- 在命令行中执行【BHATCH】命令。
- 在菜单栏中执行【绘图】|【图案填充】命令。
- 选择【默认】选项卡，在【绘图】面板中单击【图案填充】按钮，然后单击【选项】面板中的【图案填充设置】按钮。

在菜单栏中选择【绘图】|【图案填充】命令，如图 3-81 所示，然后在命令行中输入【T】，会弹出【图案填充和渐变色】对话框，如图 3-82 所示，该对话框中有两个选项卡。单击右下角的箭头按钮，还可以将对话框展开，如图 3-83 所示。

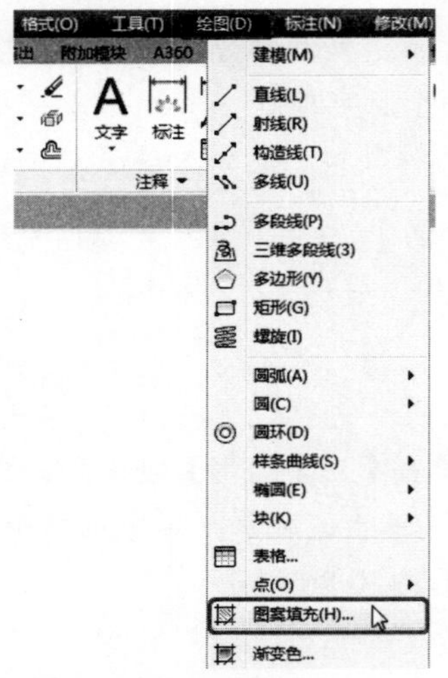

图 3-81 选择【图案填充】命令

图 3-82 【图案填充和渐变色】对话框

图 3-83 展开对话框

该对话框展开后包含若干个选项区域。下面对【图案填充】选项卡中各选项区域分别进行介绍。

1.【类型和图案】选项组

在【类型和图案】选项组中，可以设置图案填充的类型以及图案样式。下面介绍其中部分选项功能。

- 【类型】：用于选择填充图案的类型，一般有【预定义】、【用户定义】和【自定义】3种类型，如图 3-84 所示。选择【预定义】选项，将使用 AutoCAD 系统提供的图案进行填充；选择【用户定义】选项，则基于图形中当前线型创建直线填充图案；选择【自定义】选项，则使用事先定义好的图案。
- 【图案】：用于选择所需要的图案样式。只有将【类型】设置为【预定义】，该选项才可用。在其下拉列表中可以根据图案的名称选择图案，也可以单击其右侧的[...]按钮，在弹出的【填充图案选项板】对话框中进行选择，如图 3-85 所示。

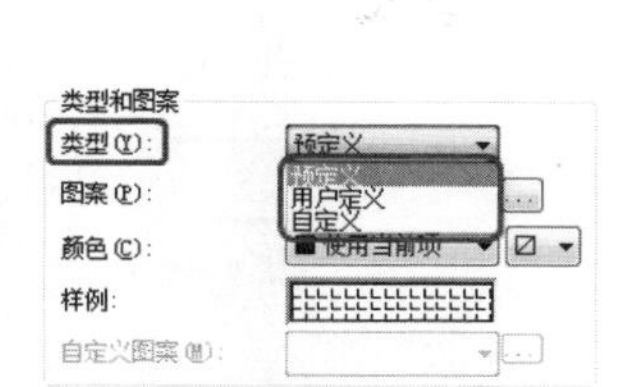

图 3-84　图案填充类型

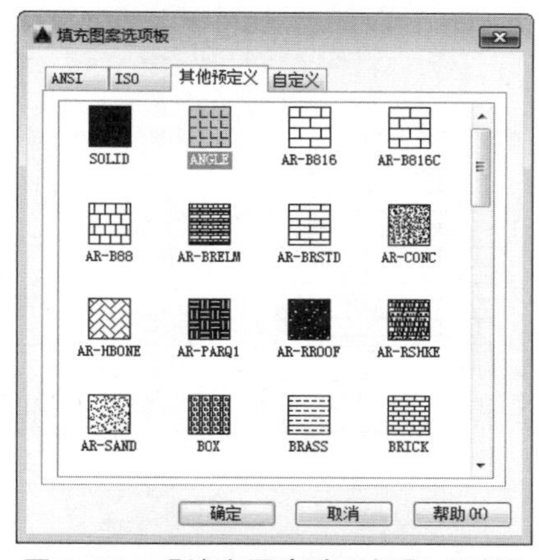

图 3-85　【填充图案选项板】对话框

- 【样例】：显示了用户所选图案的效果。单击所选的样例图案也可打开【填充图案选项板】对话框。如果选择了【SOLID】图案，则在【颜色】下拉列表中选择需要的颜色，选择下拉列表中的【选择颜色】选项，将弹出【选择颜色】对话框。
- 【自定/图案】：用于选择可用的自定义图案。只有在【类型】中选择了【自定义】，该选项才可用。

2.【角度和比例】选项组

在【角度和比例】选项组中，可以设置所选图案的角度和比例，从而控制图案填充的外观。

- 【角度】：用于设置填充图案的旋转角度，如图 3-86 所示。该角度值为填充图案相对于当前坐标系中 X 轴的转角，每种图案在定义时的旋转角度为零。
- 【比例】：用于设置填充图案时的图案比例，图案填充比例值越大，填充效果越疏，，反之则密，如图 3-87 所示。每种图案在定义时的初始比例为 1。
- 【双向】：该复选框只有在将【类型】设置为【用户定义】时才可用，选中后可以使用相互垂直的两条平行线填充图形，否则为一组平行线。
- 【相对图纸空间】：选中后将相对于图纸空间单位缩放填充图案。
- 【间距】：用于设置填充线型之间的距离。只有将【类型】设置为【用户定义】，该选项才可用。

- 【ISO 笔宽】：用于设置 ISO 填充图样的笔宽，只有将【类型】设置为【预定义】并将【图案】设置为可用的 ISO 图案的一种，该选项才可用。

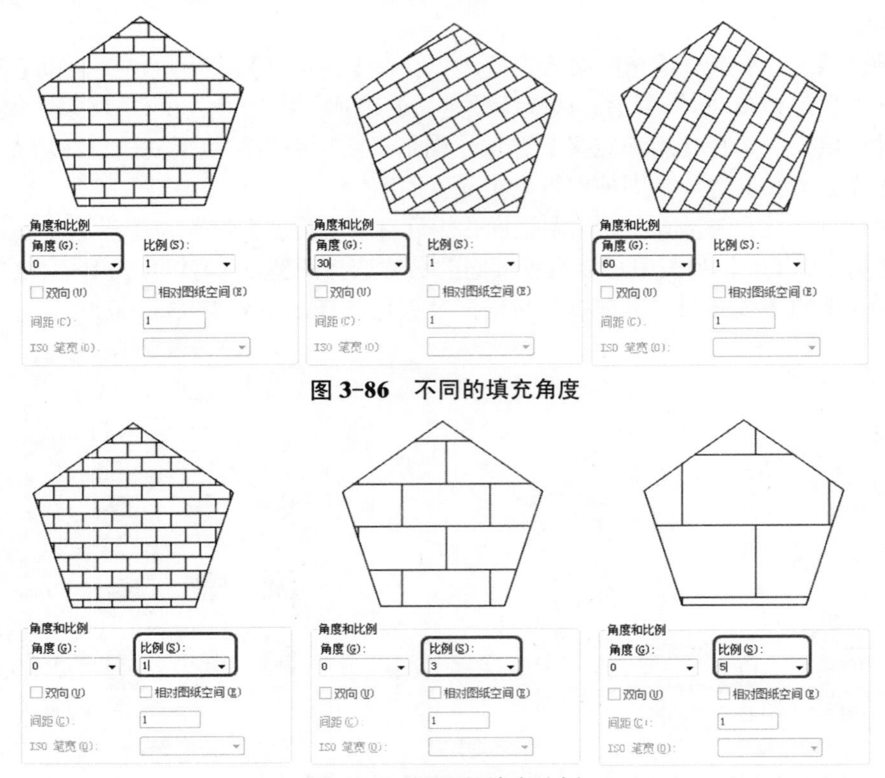

图 3-86　不同的填充角度

图 3-87　不同的填充比例

3.【图案填充原点】选项组

在【图案填充原点】选项组中，可以设置图案填充的原点位置，因为许多图案填充需要对齐边界上的某一点。默认情况下，所有图案填充原点都对应于当前的 UCS 原点。

- 【使用当前原点】：该选项为默认值，及原点设置为（0,0）。
- 【指定的原点】：选择该单选按钮，可以指定新的图案填充原点，且其下方的各个选项才可用。其中，单击【单击以设置新原点】按钮，可以返回绘图窗口，直接指定新的图案填充原点；选择【默认为边界范围】复选框，则基于图案填充的矩形范围计算出原点；选择【存储为默认原点】复选框，则将新指定的图案填充原点存储为默认的图案填充原点。

4.【边界】选项组

填充边界用于确定图案的填充范围，在中文版 AutoCAD 2016 中，提供了两种设置填充边界的方法。

- 【添加：拾取点】：以拾取点的形式来指定填充区域的边界，单击按钮，系统自动切换至绘图区，在需要填充的区域内任意指定一点即可。
- 【添加：选择对象】：单击按钮，系统自动切换至绘图区，在需要填充的对象上单击即可。

5.【选项】选项组

该选项组用于控制几个常用的图案填充或填充选项。

- 【关联】：勾选该复选框，则其创建边界时随之更新图案和填充。
- 【创建独立的图案填充】：勾选该复选框，则创建的填充图案为独立的。
- 【绘图次序】：在其下拉列表中用户可以选择图案填充的绘图顺序，即可放在图案填充边界及所有其他对象之后或之前。
- 【透明度】：用户可设置其填充图案的透明度。
- 【继承特性】：单击该按钮，即可将现有的图案填充或填充对象的特性应用到其他填充图案或填充对象中。

6.【孤岛】选项组

【孤岛】选项组用于指定在最外层边界内填充对象的方法。【孤岛检测】复选框用于控制是否检测内部闭合边界。【孤岛显示样式】包括如图 3-88 所示的 3 种。在进行图案填充时，将位于总填充区域内的封闭区域称之为孤岛，如图 3-89 所示。在使用【图案填充】命令时，AutoCAD 系统允许用户以拾取点的方式确定填充边界，即在填充的区域内任意拾取一点，系统会自动确定出填充边界，同时也确定该边界内的岛。如果用户以选择对象的方式填充边界，则必须确切地选择这些岛。

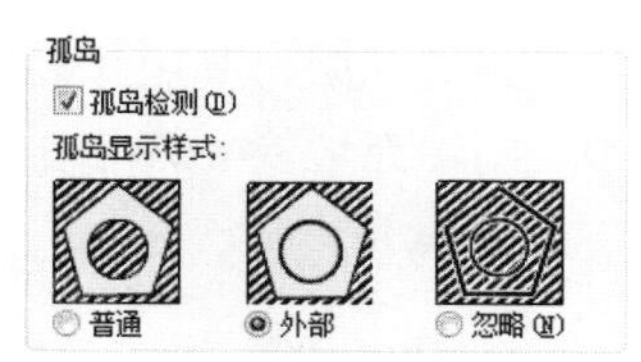

图 3-88 【孤岛】选项组

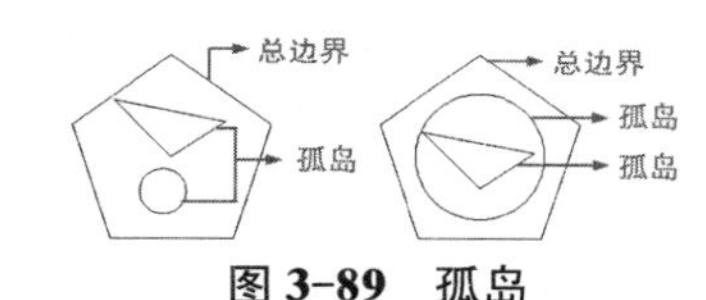

图 3-89 孤岛

- 【普通】：选择该单选按钮，表示从最外边界向里面画填充线，直至遇到与之相交的内部边界时断开填充线，遇到下一个内部边界时再继续绘制填充线，如图 3-90 所示。
- 【外部】：选择该单选按钮，表示从最外边界向里面画填充线，直至遇到与之相交的内部边界时断开填充线，不再继续向里绘制填充线，如图 3-90 所示。
- 【忽略】：如图 3-90 所示，该方式忽略边界内的对象，所有的内部结构都被剖面符号覆盖。

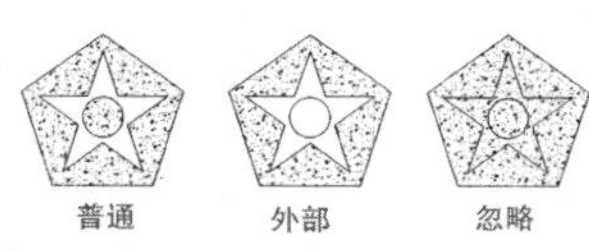

图 3-90 普通、外部和忽略孤岛显示样式的对比

提示

以普通方式填充时，如果填充边界内有文字、属性这样的特殊对象，且在选择填充边界时也选择了它们，填充时填充图案在这些对象处会自动断开，就像用一个比它们略大的看不见的框保护起来一样，使得这些对象更加清晰。

7.【边界保留】选项组

【边界保留】选项组指定是否将边界保留为对象，并确定保留的对象类型。

- 【保留边界】：勾选该复选框，可将填充边界以对象的详实形式保留，并可以从【对象类型】的下拉列表中选择填充边界的保留类型。

- 【对象类型】：该下拉列表用于控制新边界对象的类型。保留的边界对象的类型可以是面域或多段线。仅当选择【保留边界】时，此选项才可用。

8.【边界集】选项组

在该选项组中可以设置填充边界的对象集，即 AutoCAD 将根据对象来确定填充边界。默认情况下，系统根据当前视口中的所有可见对象确定填充边界。用户也可以单击【新建】按钮，切换到绘图窗口，然后通过指定对象来定义边界集，此时【边界集】下拉列表中将显示为【现有集合】选项。

当使用【选择对象】的方式定义边界时，选定的边界集无效。默认情况下，单击【添加：拾取点】按钮，选择定义边界时，系统将分析当前视口范围内的所有对象。通过重定义边界集，可以忽略定义边界时某些没有隐藏或删除的对象。因为定义边界后系统检查的对象数减少了，所以对于一些比较复杂的图形，重定义边界集可以加快生成边界的速度。

默认情况下，系统根据当前视口中的所有可见对象来确定填充边界，而制定对象集以后，将不再分析对象集以外的图形对象，这样可以提高工作效率。

9.【允许间隙】选项组

在【允许间隙】选项组中，可以设置填充边界允许忽略的最大间隙，其中【公差】选项默认值为 0，表示填充边界不能有间隙；如果输入值为非 0，则填充边界允许存在小于该值的间隙，即填充图案时忽略间隙，并将边界视为封闭。

10.【继承选项】选项组

在【继承选项】选项组中可以控制使用【继承特性】创建图案填充时填充原点的位置。

- 【使用当前原点】：选择该单选按钮，表示选用当前的图案填充原点。
- 【用源图案填充原点】：选择该单选按钮，表示使用源图案填充的图案填充原点。

3.4.2 渐变色填充

渐变色填充可以在指定的区域里填充单色渐变或者双色渐变的颜色。通过【渐变色】选项卡可以定义要应用的渐变填充的外观。【渐变色】选项卡包括【颜色】和【方向】两个选项组和中间的一个显示区，如图 3-91 所示。

下面介绍该选项卡中各选项组的功能。

1.【颜色】选项组

在【颜色】选项组中可以设置要使用的渐变色，有以下 2 种选项。

- 【单色】：选择该单选选项，可以产生一种颜色向较浅（白）色或较深（黑）色的平滑过渡。用户可通过单击其后的颜色框，在打开的【选择颜色】对话框中选择所需要的渐变色，以及调整渐变色的渐变程度。
- 【双色】：使用双色填充，即在两种颜色之间平滑过渡。选择【双色】单选按钮时，系统将分别为颜色 1 和颜色 2 显示带有浏览按钮的颜色样本。

2. 渐变图案预览区

渐变图案预览区，显示了当前设置的渐变色效果，这些图案包括线性扫掠状、球状和抛物面状图案。

3.【方向】选项组

在【方向】选项组中，可以设置渐变色的位置和渐变方向。

- 【居中】：选择该复选框，将以中心为基准填充渐变色，否则以左下角为基准。
- 【角度】：在该选项的组合框中可以选择渐变色的填充角度，即渐变方向。

知识链接：

在 AutoCAD 2016 中，尽管可以使用渐变色来填充图形区域，但只能在一种颜色的不同灰度之间或两种颜色之间使用渐变，而且仍然不能使用位图来填充图形。

3.4.3 编辑填充图案

创建了图案填充后，如果对填充的图案不满意，用户可以根据需要修改填充图案或修改图案区域的边界。具体方法如下：

- 在命令行中执行【HATCHEDIT】命令。
- 选择【修改】|【对象】|【图案填充】命令。
- 选择【默认】选项卡，单击【修改】面板中的【编辑图案填充】按钮。
- 选择需要编辑的填充图案并右击，在弹出的快捷菜单中选择【图案填充编辑】命令。

执行【HATCHEDIT】命令后，AutoCAD 将弹出如图 3-92 所示的【图案填充编辑】对话框。利用该对话框，用户可对已填充的图案进行诸如改变填充图案、填充比例和旋转角度等修改。

图 3-92 【图案填充编辑】对话框

【图案填充编辑】对话框与【图案填充和渐变色】对话框中的【图案填充】选项卡的显示内容相同，只是定义填充边界和对孤岛操作的按钮不可用，即图案编辑操作只能修改图案、比例、旋转角度和关联性等，而不能修改它的边界。但是删除边界和重新创建边界后则被激活。

知识链接：

图案填充边界可被复制、移动、拉伸和修剪等。使用夹点可以拉伸、移动、旋转、缩放和镜像填充边界，以及和它们关联的填充图案。

3.4.4 【上机操作】——填充图案

下面讲解如何填充图案，具体操作步骤如下：

01 打开随书附带光盘中的 CDROM\素材\第 3 章\011dwg 素材文件，如图 3-93 所示。

02 选择【绘图】|【图案填充】命令，在命令行中输入【T】，然后打开【图案填充和渐变色】对话框。

03 选择【图案填充】选项卡，在【类型和图案】选项组选择【ANGLE】作为填充图案。将填充比例设为 1，默认角度和其他各项设置，如图 3-94 所示。

04 单击【边界】选项组中的【添加：拾取点】按钮，返回绘图区域，拾取填充区域。

05 选定区域后右击，按【Enter】确认，完成所选区域的填充，效果如图 3-95 所示。

图 3-93　打开素材

图 3-94　【图案填充和渐变色】对话框

图 3-95　填充效果

3.5 本章小结

本章对各种基本图形元素的绘制方法进行了详细介绍，其中第一节重点介绍了绘图的方法，包含绘图命令的执行方法及对象捕捉功能；第二节主要讲解点和直线的绘制，包括定距等分、定数等分、直线、构造线、多线段等的应用方法；第三节主要讲解二维平面基本图形的使用方法，其中包括圆、椭圆、矩形等工具的使用。第四节重点讲解图案填充工具的使用方法，其中着重讲解了如何填充图案和渐变色，希望读者通过对本章的学习能够深入掌握二维图形绘制的基本知识。

3.6 问题与思考

1．如何绘制多线段的宽度？

2．如何修改已经填充的图案参数？

3．尝试利用【矩形】（RECTANG）、【直线】（LINE）和【图案填充】（HATCH）工具绘制地板拼花。

04 Chapter

编辑二维图形

本章导读：

基础知识
- ◈ 选择图形对象
- ◈ 掌握改变位置类工具

重点知识
- ◈ 对图形进行复制
- ◈ 调整对象尺寸

提高知识
- ◈ 利用夹点编辑二维图形
- ◈ 掌握上机操作中的知识

本章将讲解图形对象的编辑，其中包括选择图形对象、删除和改变位置类工具、复制类工具和调整对象尺寸工具等。

本章讲解二维图形的编辑操作配合绘图命令的使用可以进一步完成复杂图形对象的绘制工作，并可使用户合理安排和组织图形，从而保证绘图准确，减少重复。在绘制图形对象时，不仅可以使用二维绘图命令绘制图形对象，还可以结合编辑命令来完成图形对象的绘制。

4.1 选择图形对象

在编辑图形对象之前，首先要选择图形对象，选择图形对象的方法有很多。在 AutoCAD 2016 中，提供了多种选择图形的方法，如框选对象、围选对象、栏选对象和快捷选择对象等。

4.1.1 选择对象

在执行一个编辑命令时，当命令行提示【选择对象】时，可以用以下几种方法来选择对象。

1. 点选对象

点选对象是最直接的选择方法。下面通过实例讲解如何点选对象，具体操作步骤如下：

01 打开随书附带光盘中的 CDROM\素材\第 4 章\001.dwg 素材文件，如图 4-1 所示。

02 在命令行中输入【SELECT】命令，并按【Enter】键确认，根据命令行提示进行操作。在绘图区的矩形上单击，即可点选图形对象，图形呈虚线状显示，如图 4-2 所示。

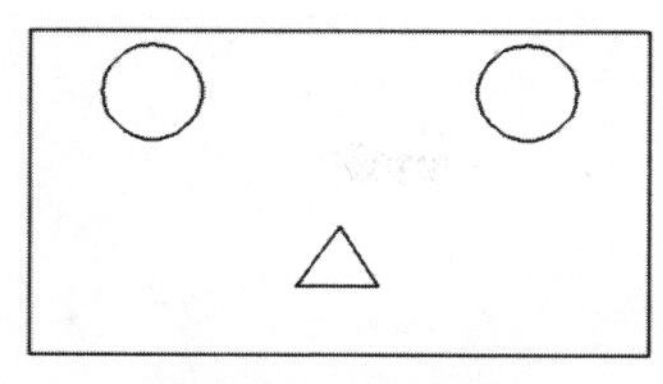
图 4-1　打开素材

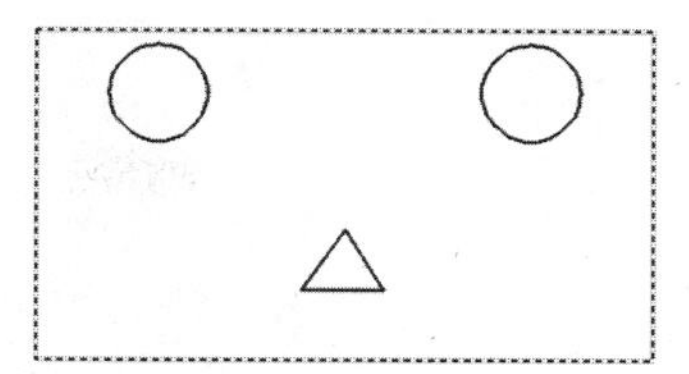
图 4-2　点选矩形

2. 框选对象

当选择图形对象比较多且集中规则的在一起时，使用框选对象是较快的方法。

01 打开随书附带光盘中的 CDROM\素材\第 4 章\002.dwg 素材文件，如图 4-3 所示。在 A 左侧的空白位置处按住鼠标左键向右下方拖动，将其拖动至 B 右侧的空白位置处，选择框显示为蓝色，如图 4-4 所示。

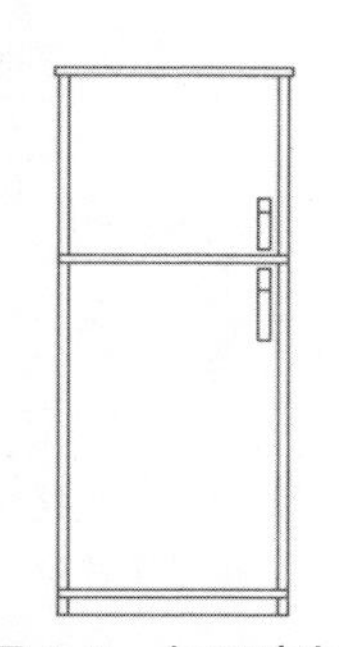
图 4-3　打开素材

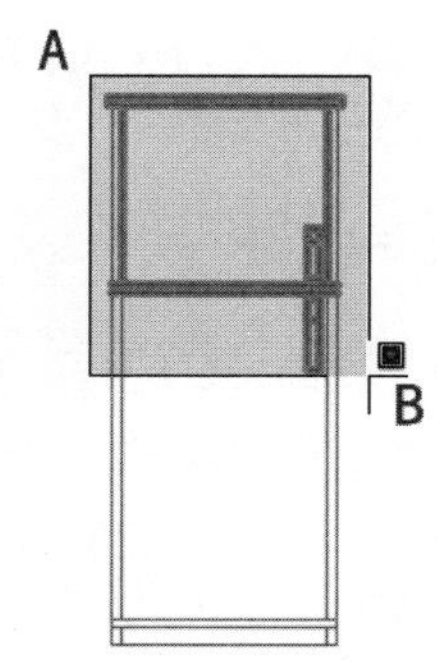

图 4-4　框选显示状态

02 松开鼠标左键，即可选中框选的对象，但是没有完全被框选的对象并没有被选中，效果如图 4-5 所示。

03 按【Esc】键取消选择，在 B 左侧的空白位置处按住鼠标左键向左上方拖动，将其拖动至 A 右侧的空白位置处，选择框为绿色，如图 4-6 所示。

04 松开鼠标左键，即可选中框选的对象，没有完全被框选的对象也被选中了，效果如图 4-7 所示。

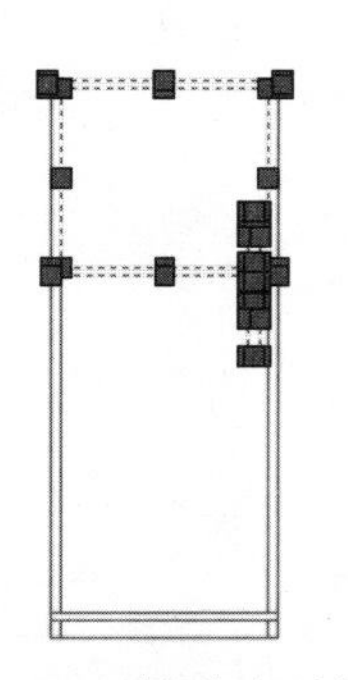
图 4-5　被选中对象

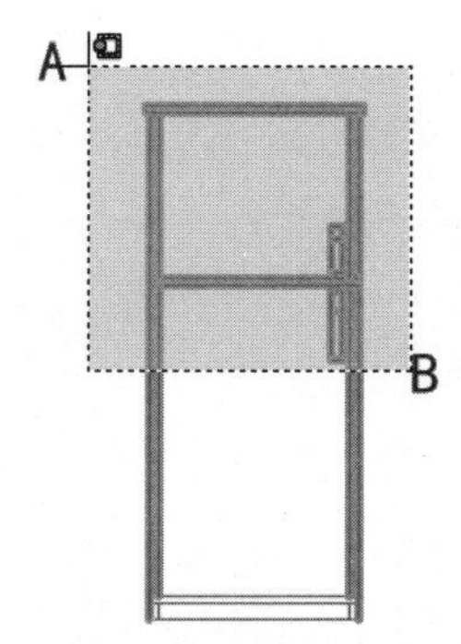

图 4-6　框选显示状态

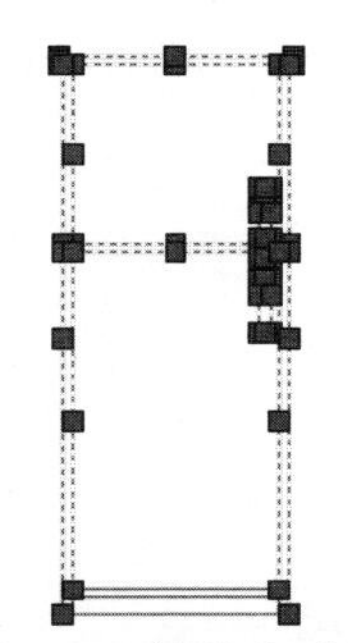
图 4-7　被选中对象

3. 从选择的对象中删除对象

按住【Shift】键并再次选择对象，可以将其从当前选择中删除。

知识链接：

除以上方法外，还有以下几种方式：

1. 在【选择对象】提示下输入 WP，指定多边形各角点，窗口多边形只选择它完全包含的对象。

2. 在【选择对象】提示下输入 CP，指定多边形各角点，交叉多边形选择包含或相交的对象。

3. 在【选择对象】提示下输入 F，使用选择栏可以很容易地从复杂图形中选择非相邻对象。选择栏是一条直线，可以选择它穿过的所有对象。

4. 使用 GROUP 命令（命令别名 G）定义编组。在【选择对象】提示下输入 G，输入编组名，构造选择集。或者使用未命名的编组来直接点选编组内的任一对象来选定整个编组，快捷键【Ctrl+A】用来切换编组选择开关。

4.1.2 设置选择对象模式

在命令行中输入【SELECT】命令，并按【Enter】键确认，根据命令行提示进行操作，输入【?】按【Enter】键确认。命令行显示如下：

需要点或窗口(W)/上一个(L)/窗交(C)/框(BOX)/全部(ALL)/栏选(F)/圈围(WP)/圈交(CP)/编组(G)/添加(A)/删除(R)/多个(M)/前一个(P)/放弃(U)/自动(AU)/单个(SI)/子对象(SU)/对象(O):

下面介绍其中各选项的作用。

1. 需要点或窗口

用由两个对角顶点确定的矩形窗口选取位于其范围内的所有图形，与边界相交的对象不会被选中。该选项表示以点或窗口选择对象模式，下面通过实例讲解，具体操作步骤如下：

01 打开随书附带光盘中的 CDROM\素材\第 4 章\003.dwg 素材文件，如图 4-8 所示。

02 该选项为系统默认选项，表示可以通过逐个单击或使用窗口选取对象。其中，使用窗口选择对象时，只有完全包含在选取窗口内的对象才能被选中，选择该选项后，命令行提示【指定第一个角点】时，指定点 A，命令行提示【指定第二个对角点】时，指定点 B，如图 4-9 所示，选中效果如图 4-10 所示。

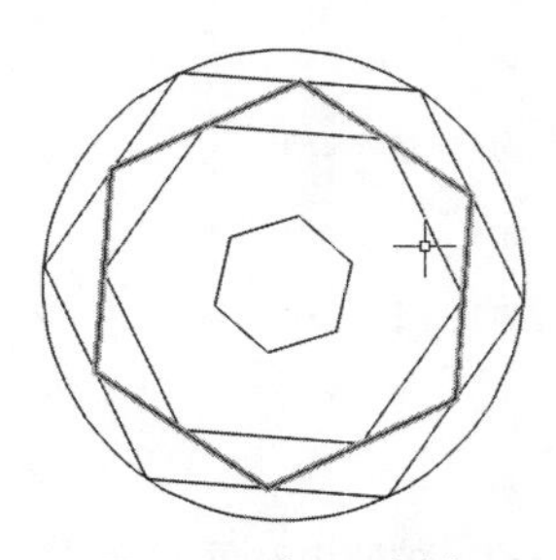

图 4-8 打开素材

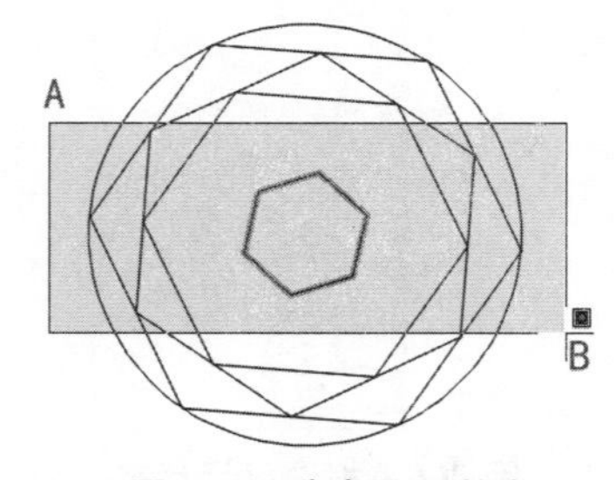

图 4-9 选中显示状态

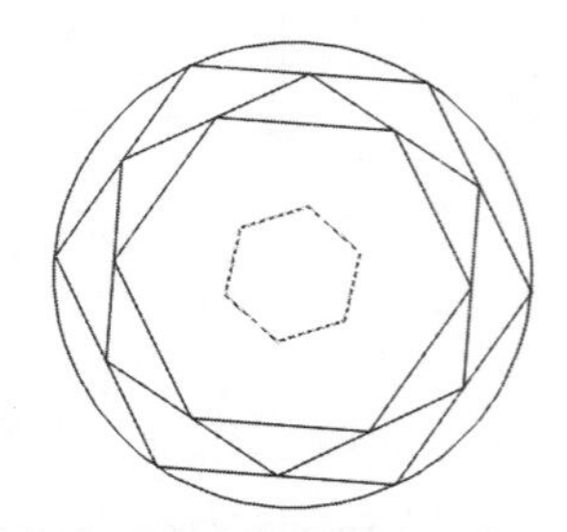

图 4-10 被选中对象

2. 上一个

选择上一次选择的对象。对象必须在当前空间（模型空间或图纸空间）中，并且一定不要将对象的图层设置为冻结或关闭状态。

3. 窗交

【窗交】方式与【窗口】方式类似，区别在于：它不但选中窗口内部的图形对象，也选中与矩形窗口边界相交的对象。窗交就是从左到右指定两个点选择矩形窗口中的所有对象，这时选取窗口又被称为交叉选取窗口。选取窗口显示为绿色。

在命令行中执行【C】命令，命令行提示如下：

指定第一个角点：//指定点 A
指定对角点：　　//指定点 B

选中显示状态如图 4-11 所示，选中效果如图 4-12 所示。

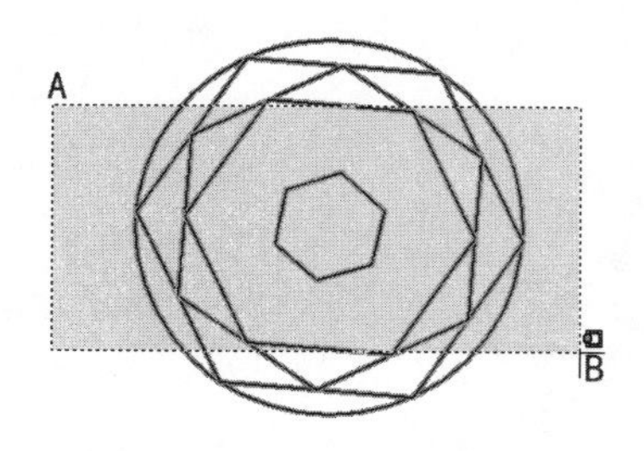

图 4-11　选中显示状态

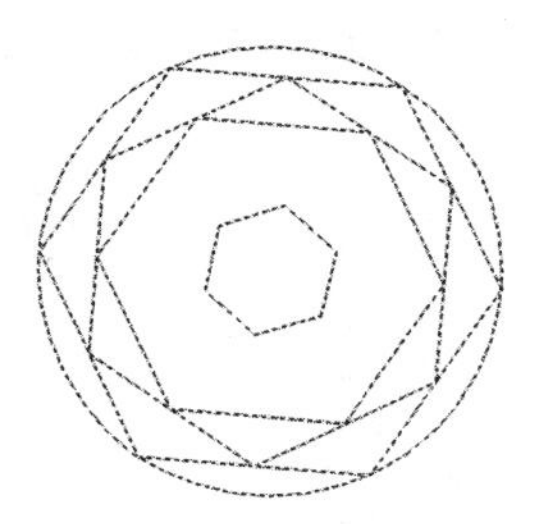

图 4-12　被选中对象

4. 框

使用【框】方式时，系统会根据用户在屏幕上给出的两个对角点的位置而自动引用框选择对象，就是指定方形选择框区域内的所有对象。使用框选取窗口时，如果从左到右选取窗口两角点，为蓝色普通选取窗口，如果从右到左选取窗口的两角点，则为绿色交叉选取窗口。

5. 全部

全部选择对象就是选择图形中的所有对象，下面通过实例讲解，具体操作步骤如下：

01 打开随书附带光盘中的 CDROM\素材\第 4 章\004.dwg 素材文件，如图 4-13 所示。

02 在命令行中执行【ALL】命令，即可选中所有对象，该命令只选取图形中没有位于锁定、关闭或冻结层上的所有对象。选中效果如图 4-14 所示。

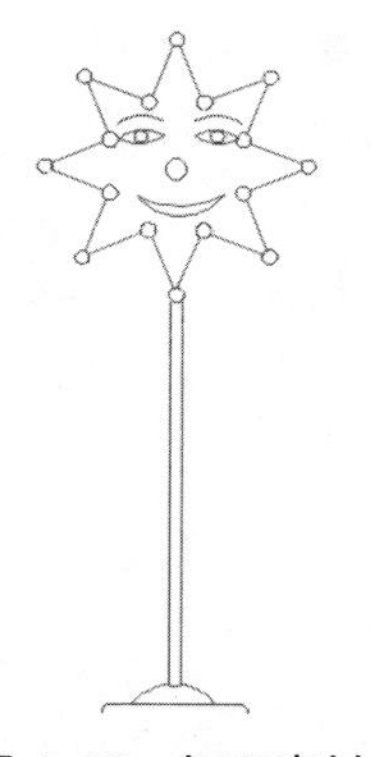

图 4-13　打开素材

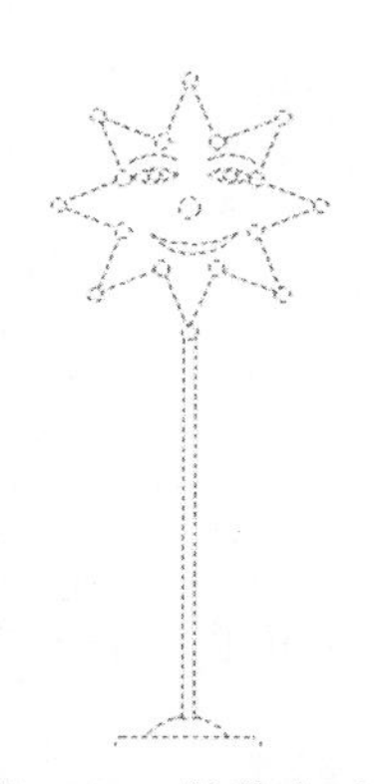

图 4-14　被选中对象

6. 栏选

用户临时绘制一些直线，这些直线不必构成封闭图形，凡是与这条直线相交的对象都被选中。下面通过实例讲解如何使用栏选方式，具体操作步骤如下：

01 打开随书附带光盘中的 CDROM\素材\第 4 章\005.dwg 素材文件，如图 4-15 所示。

02 在命令行中执行【SELECT】命令，并按【Enter】键确认，根据命令行提示进行操作，输入【?】按【Enter】键确认，命令行的提示如下：

需要点或窗口(W)/上一个(L)/窗交(C)/框(BOX)/全部(ALL)/栏选(F)/圈围(WP)/圈交(CP)/编组(G)/添加(A)/删除(R)/多个(M)/前一个(P)/放弃(U)/自动(AU)/单个(SI)/子对象(SU)/对象(O)

03 根据命令行中提示输入字母【F】，绘制一条开放的多点栅栏（多段线），如图 4-16 所示。所有与栅栏线相接触的对象均被选中，选中效果显示为虚线，如图 4-17 所示。

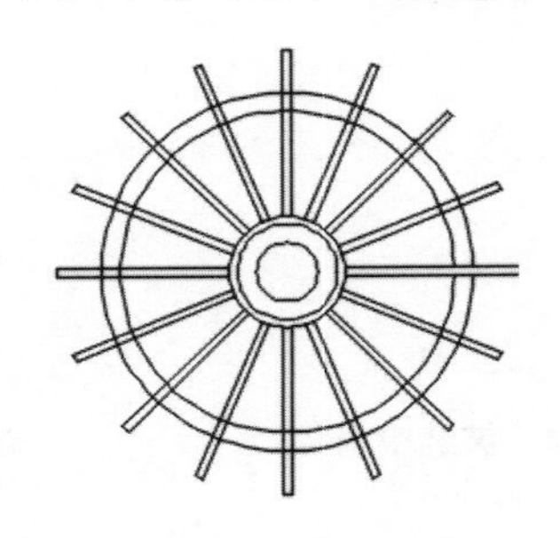

图 4-15 打开素材

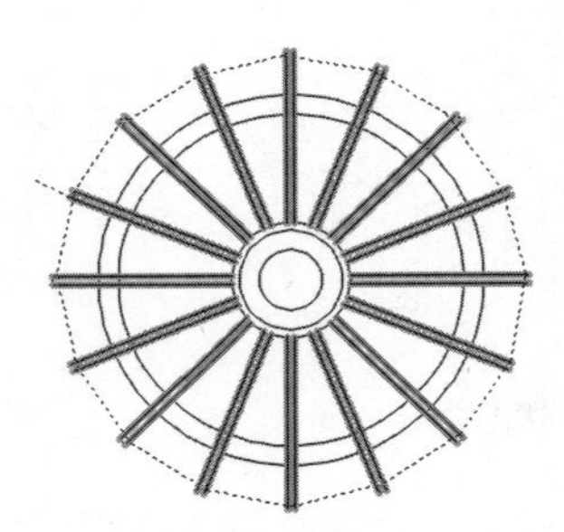

图 4-16 选择对象

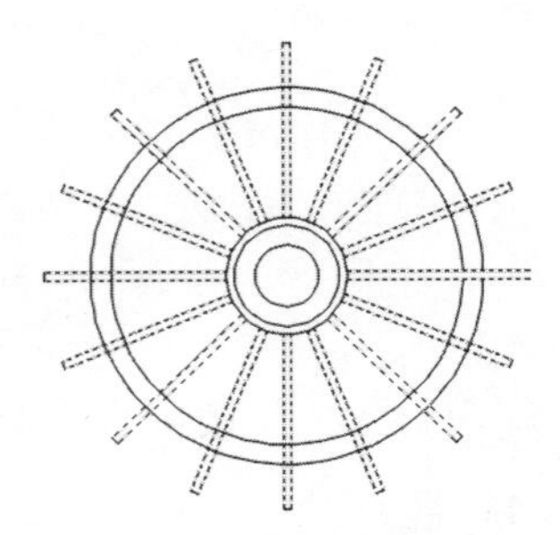

图 4-17 被选中对象

7. 圈围

使用一个不规则的多边形来选择对象。根据提示，用户可顺次输入构成多边形所有定点的坐标，直到最后按【Enter】键结束操作，系统将自动连接第一个顶点与最后一个顶点形成封闭的多边形，定义的多边形可为任意形状，但不能与自身相交或相切。凡是被围住的图形对象均被选中（不包括边界线）。

知识链接：

除了以上几种常用的选择对象模式外还有以下几种：

1. 圈交

进入圈交方式，选择全部位于任意封闭多边形内的及与多边形相交的所有对象。类似圈围，但这时的多边形为绿色交叉选取框，与之相接触的对象均被选中。

2. 编组

使用该图形中已经定义的组名选择该对象组，需要该图形中存在编组才能选中。

3. 添加

将选择对象添加到选择集中。

4. 删除

将选择对象从选择集中删除。

5. 多个

通过单击选择多个对象并亮显选取的对象。

6．**前一个**

选择最近创建的选择集。从图形中删除对象将清除【上一个】选项设置。

7．**放弃**

取消最近添加到选择集中的对象。

8．**自动**

切换到自动选择模式，用户指向一个对象即可选择该对象。若指向对象内部或外部的空白区，将形成框选方法定义的选择框的第一个角点。【自动】和【添加】为默认模式。

9．**单个**

选择【单个】选项后，只能选择一个对象或一组对象，若要继续选择其他对象，需要重新执行【SELECT】命令。

10．**子对象**

使用户可以逐个选择原始形状，这些形状是复合实体的一部分或三维实体上的顶点、边和面。可以选择这些子对象的其中之一，也可以创建多个子对象的选择集。选择集可以包含多种类型的子对象。按住【Ctrl】键与选择【SELECT】命令的【子对象】选项相同。

11．**对象**

结束选择子对象的功能，使用户可以使用对象选择方法。

4.1.3 快速选择

快速选择方式是 AutoCAD 2016 中唯一以窗口作为对象选择界面的选择方式，通过该选择方式，用户可以更直观地选择并编辑对象。

从 AutoCAD 2016 开始，程序提供了快速选择方式。用户可以使用对象特性或对象类型来将对象包含在选择集中或排除对象。其操作方便，提供的选择集构造方法功能强大，尤其在图形复杂时，能快速地构造所需要的选择集，使制图的效率大大提高。在 AutoCAD 2016 中，快速选择的常用方法有以下几种：

- 在命令行中执行【QSELECT】命令，弹出【快速选择】对话框。
- 在绘图区域右击，从弹出的快捷菜单中选择【快速选择】命令，弹出【快速选择】对话框。
- 选择【默认】选项卡，在【实用工具】面板中单击【快速选择】按钮，弹出【快速选择】对话框。

4.1.4 【上机操作】——快速选择

下面讲解如何快速选择对象，具体操作步骤如下：

01 打开随书附带光盘中的 CDROM\素材\第 4 章\006.dwg 素材文件，如图 4-18 所示。

02 在命令行中执行【QSELECT】命令，弹出【快速选择】对话框。在【对象类型】右侧的【所有图元】下拉列表中选择【多段线】，其他的选项使用默认设置，如图 4-19 所示。

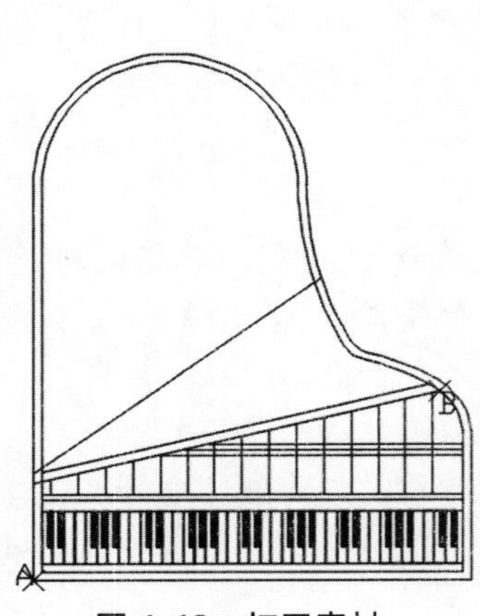

图 4-18　打开素材

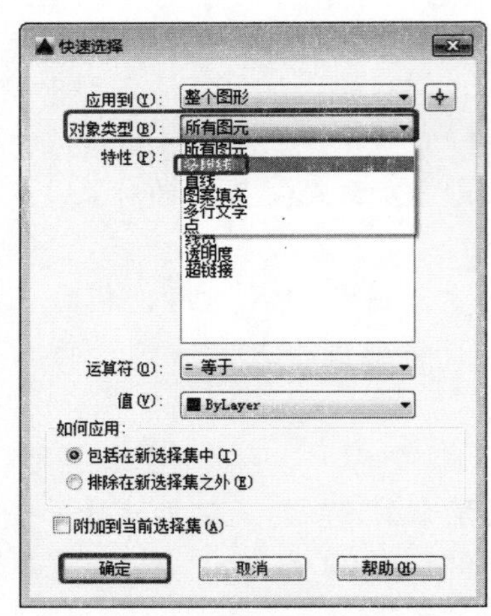

图 4-19　【快速选择】对话框

03 单击【确定】按钮，即可选中绘图区域中的【多段线】对象，显示效果如图 4-20 所示。

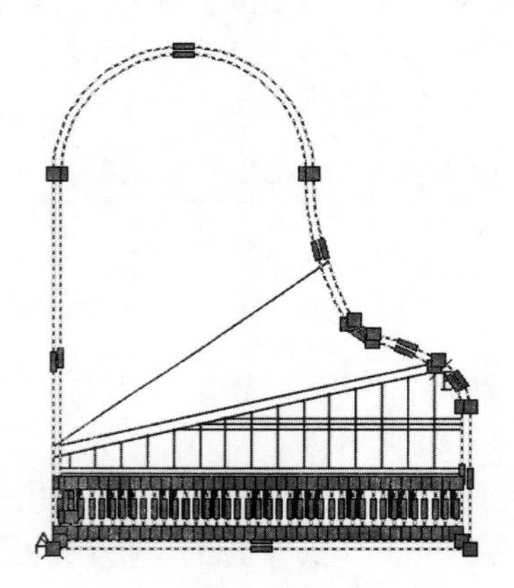

图 4-20　选中对象

提示

【快速选项】对话框中主要选项说明如下：

1．应用到

将过滤条件应用到整个图形或当前选择集。要选择将在其中应用该过滤条件的一组对象，可单击【选择对象】按钮。完成对象的选择后，按【Enter】键重新打开该对话框，在【应用到】下拉列表中选择【当前选择】选项。如果选择【附加到当前选择集】选项，过滤条件将应用于整个图形。

2．对象类型

指定要包含在过滤条件中的对象类型。如果过滤条件正应用于整个图形，则【对象类型】下拉列表中包含全部的对象类型，包括自定义。否则，该下拉列表只包含选定对象的对象类型。

3. **特性**

指定过滤器的对象特性。此列表包括选定对象类型的所有可搜索特性。选定的特性决定【运算符】和【值】下拉列表中的可用选项。

4. **运算符**

控制过滤的范围。根据选定的特性，选项可包括【等于】、【不等于】、【大于】、【小于】和【*通配符匹配】。对于某些特性，【大于】和【小于】选项不可用。【*通配符匹配】只能用于可编辑的文字字段。使用【全部选择】选项将忽略所有特性过滤器。

5. **值**

指定过滤器的特性值。如果选定对象的已知值可用，则【值】成为一个列表，可以从中选择一个值。否则，请输入一个值。

6. **如何应用**

指定是将符合给定过滤条件的对象包括在新选择集内或是排除在新选择集之外。选择【包括在新选择集中】单选按钮，将创建其中只包含符合过滤条件的对象的新选择集。选择【排除在新选择集之外】单选按钮，将创建其中只包含不符合过滤条件的对象的新选择集。

7. **附加到当前选择集**

指定是由【QSELECT】命令创建的选择集替换，还是附加到当前选择集。

4.2 点编辑工具

在 AutoCAD 中，单纯地使用绘图命令或绘图工具只能创建出一些基本的图形对象，要绘制较为复杂的图形，就必须借助于图形编辑命令。在编辑图形之前，选择对象后，图形对象通常会显示夹点。夹点是一种集成的编辑模式，提供了一种简单快捷的编辑操作途径。例如使用夹点可以对图形对象进行拉伸、移动、旋转、缩放及镜像等操作。

4.2.1 夹点介绍

在使用【先选择后编辑】方式选择对象时，可点取将要编辑的对象，或按住鼠标左键拖出一个矩形方框，框住要编辑的对象。松开后，所选择的对象上就出现若干个小正方形，同时对象高亮显示。这些小正方形称为夹点，夹点表示了对象的控制位置。若要移去夹点，可按【Esc】键。要从夹点选项集中移去指定对象，在选择对象时按住【Shift】键。

使用夹点功能编辑对象需要选择一个夹点作为基点，方法是：将十字光标的中心对准夹点，单击鼠标左键，此时夹点即成为基点，并且显示为红色小方块。利用夹点进行编辑的模式有【拉伸】、【移动】、【旋转】、【缩放】和【镜像】，可以用空格键、【Enter】键或快捷菜单（单击鼠标右键弹出的快捷菜单）循环切换这些模式。

下面以图 4-21 所示的图形为例说明使用夹点进行编辑的方法，具体操作步骤如下：

01 利用鼠标选择所有图形，显示夹点，如图 4-21（a）所示。

02 点取图形右下角夹点，命令行提示【指定拉伸点或[基点][复制]|[放弃]|[退出]:】，移动鼠标拉伸图形，如图 4-21（b）所示。

03 右击图形，在打开的快捷菜单中选择【旋转】命令，将编辑模式从【拉伸】切换到

【旋转】，按空格键进行切换，如图 4-21（c）所示。

04 单击鼠标并按【Enter】键，即可确定图形旋转。

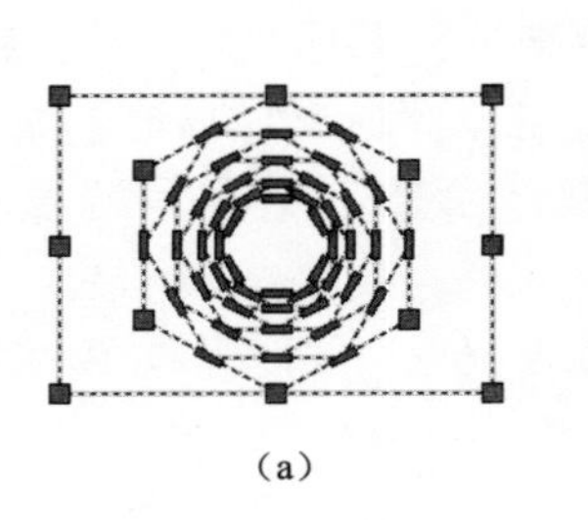

（a）

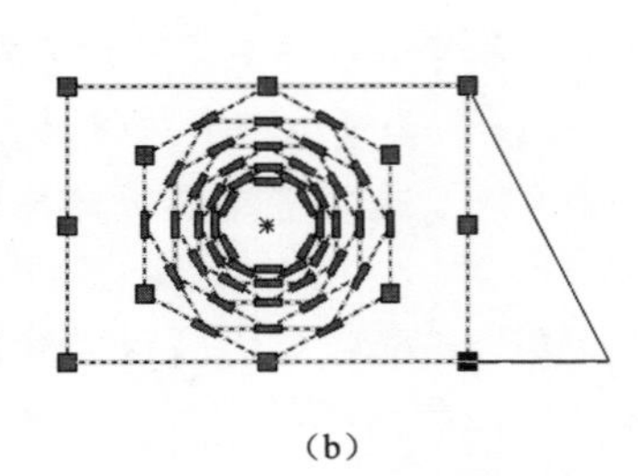

（b）

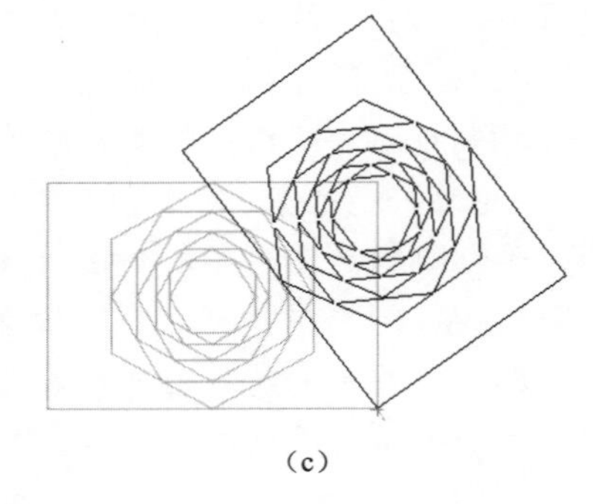

（c）

图 4-21　利用夹点编辑图形

AutoCAD 用户可以根据自己的喜好和要求来设置夹点的显示。选择菜单栏中【工具】|【选项】命令，在弹出的【选项】对话框中切换到【选择集】选项卡，选择其中的【显示夹点】复选框，在该选项卡中还可以设置夹点的大小、颜色等，如图 4-22 所示。

图 4-22　【选项】对话框

知识链接：

对于块，用户还可以指定选定块参照，在其插入点显示单个夹点还是显示块内与编组对象关联的多个夹点。如果要显示多个夹点，选择图 4-22 中的【在块中显示夹点】复选框。其效果如图 4-23 和图 4-24 所示。

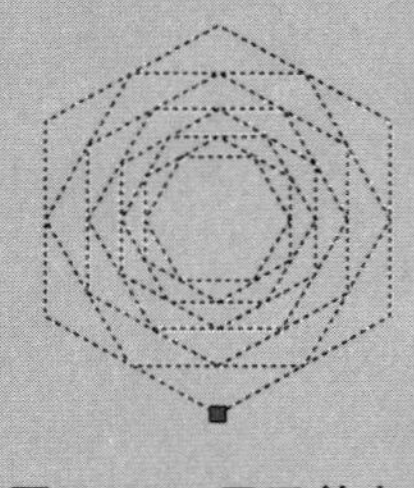

图 4-23　显示单点

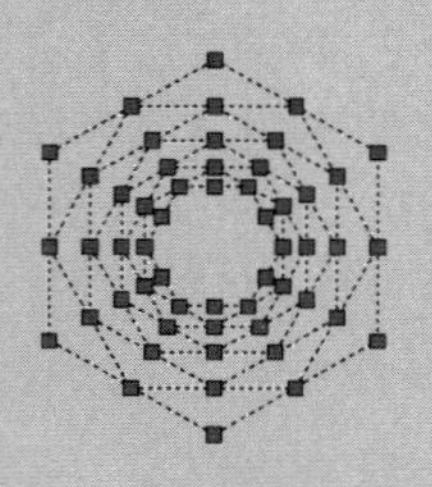

图 4-24　显示多点

4.2.2 使用夹点拉伸对象

用户可在选取对象后，选择对象上的夹点，拉伸夹点到新的位置。单击图 4-25（a）所示的长为 100 的直线，显示夹点，如图 4-25（b）所示，在打开【对象捕捉追踪】的情况下按住右端点水平向右拉出，同时输入 50，直线长度将变为 150，如图 4-25（c）所示。但要注意的是，拖动文字、块、直线中点、圆心和点对象的夹点不会产生拉伸，而是将对象移动到新的位置，对象形状、大小不变。

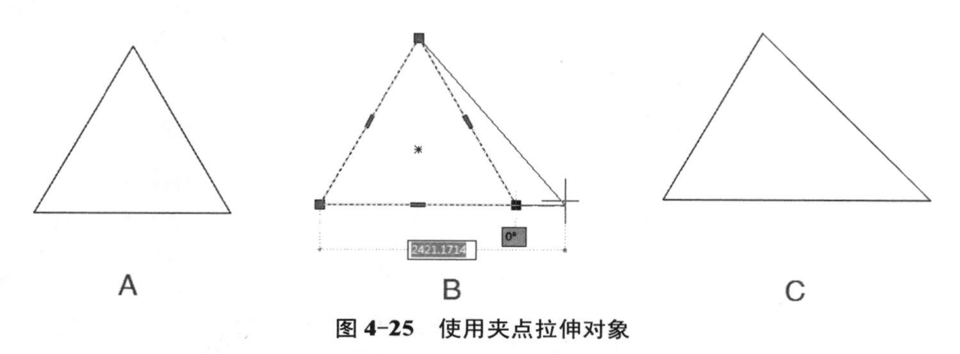

图 4-25　使用夹点拉伸对象

4.2.3 使用夹点旋转对象

在对象的夹点上右击，从弹出的快捷菜单中选择【旋转】命令，并指定基点和旋转角度，就可旋转对象。如图 4-26 所示，选择四边形的下角点夹点，并以它为中心进行旋转，可直接输入旋转角度，如输入 45°，旋转效果如图 4-27 所示。

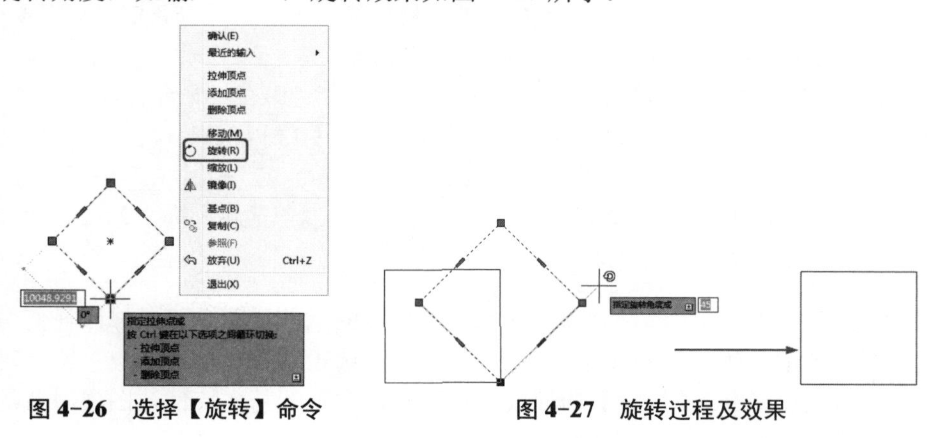

图 4-26　选择【旋转】命令　　　　图 4-27　旋转过程及效果

4.2.4 使用夹点缩放对象

使用夹点可以相对于指定基点按比例因子缩放选定对象。如图 4-28 所示，选取四边形的下角点夹点，以它为缩放基点，直接输入缩放比例因子对其进行缩放，缩放效果如图 4-29 所示。

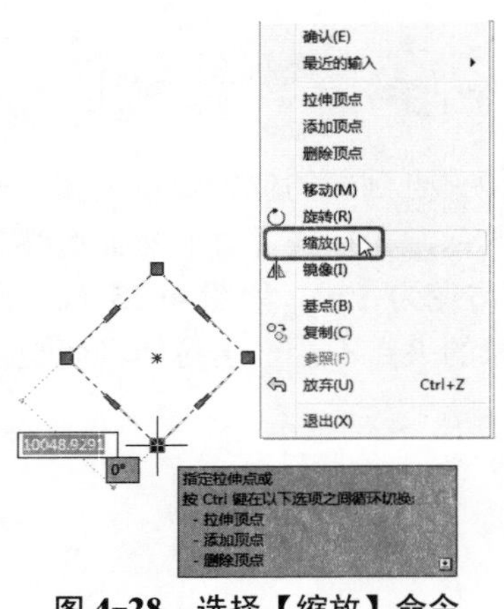

图 4-28　选择【缩放】命令

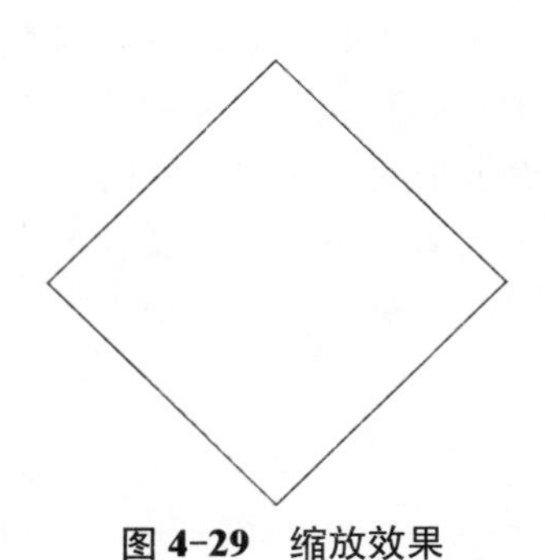

图 4-29　缩放效果

4.3　编辑对象特性

在编辑对象时，还可以对图形对象本身的某些特征进行编辑，从而方便地进行图形绘制。图形中的每个对象都具有特性，例如，图层、颜色、线型和打印样式。某些对象拥有独特的对象特征，例如圆的特性包括半径和面积，直线的特性包括长度和角度。

图层是 AutoCAD 提供的强大功能之一，可以方便地对图层进行管理。而且多数基本特性可以通过图层指定给对象。

知识链接：

有时在设置图形对象颜色时，会遇到不显示的情况，这里为读者讲解【图层】和【特性】选项板对控制图形特性的差别。

如果将特性值设置为【随层】，则将为对象与其所在的图层指定相同的值。例如，将在【0 图层】上绘制的直线的颜色指定为【随层】，并将【0 图层】的颜色指定为【红色】，则该直线的颜色将为【红色】。如果将特性设置为一个特定值，则该值将替代图层中设置的值。例如，将在【0 图层】上绘制的直线的颜色指定为【蓝色】，并将【0 图层】的颜色指定为【红色】，则该直线的颜色将为【蓝色】。

【特性】选项板用于列出选定对象或对象集的特性的当前设置。可以修改任何可以通过指定新值进行修改的特性；选择多个对象时，【特性】选项板只显示选择集中所有对象的公共特性；如果未选择对象，【特性】选项板只显示当前图层的基本特性、图层附着的打印样式表的名称、查看特性，以及有关 UCS 的信息。

一般用户可以通过以下方式打开【特性】选项板：

- 在命令行中执行【PROPERTIES】或【DDMODIFY】命令。
- 在菜单栏中选择【修改】|【特性】命令。
- 选择【默认】选项卡，在【特性】面板的下拉列表中单击右下角的按钮↘。
- 选择对象，在该对象上右击，从弹出的快捷菜单中选择【特性】命令。

执行以上任意命令后，将弹出【特性】选项板。以圆为例，其【特性】选项板如图 4-30 所示。

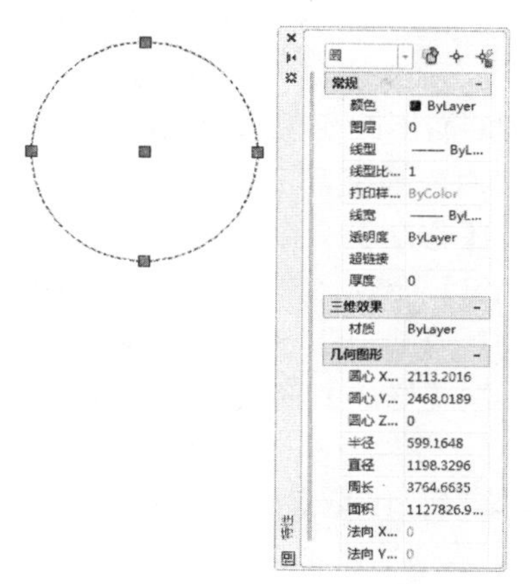

图 4-30 【特性】选项板

提 示

在【特性】选项板中，使用标题栏旁边的滚动条可以在特性列表框中滚动。可以单击每个类别右侧的箭头展开或折叠相应的下拉列表。选择要修改的值，然后使用以下方法之一对值进行修改：

- 输入新值。
- 单击右侧的下拉箭头并从其下拉列表中选择一个值。
- 单击【拾取点】按钮，使用定点设备修改坐标值。
- 单击【快速计算器】按钮可计算新值。
- 单击左或右箭头可增大或减小该值。
- 单击【...】按钮并在对话框中修改特性值。

修改将立即生效。若要放弃更改，则在【特性】选项板的空白区域右击，在弹出的快捷菜单中选择【放弃】命令。

4.4 删除和改变位置类工具

AutoCAD 2016 中，用户在绘图的过程中，有时需要调整绘制的图形对象的位置和角度等操作。AutoCAD 2016 提供了移动、旋转和对齐等操作命令。

4.4.1 删除

如果所绘制的图形不符合要求或不小心绘制错误可使用【删除】命令将其删除。

在 AutoCAD 2016 中，执行【删除】命令的常用方法有以下几种：

- 在命令行中执行【ERASE】命令。
- 在菜单栏中执行【修改】|【删除】命令。

- 选择【默认】选项卡，在【修改】面板中单击【删除】按钮。

4.4.2 移动

移动对象是将对象位置移动，而不改变图形对象的方向和大小。如果要精确地移动对象，需要配合使用坐标、栅格捕捉、对象捕捉等工具。

在 AutoCAD 2016 中，执行【移动】命令的常用方法有以下几种：

- 在命令行中执行【MOVE】命令。
- 在菜单栏中执行【修改】|【移动】命令。
- 选择【默认】选项卡，在【修改】面板中单击【移动】按钮。

4.4.3 【上机操作】—— 移动对象

讲解如何移动对象，具体操作步骤如下：

01 打开随书附带光盘中的 CDROM\素材\第 4 章\007.dwg 素材文件，如图 4-31 所示。

02 在命令行中执行【MOVE】命令，具体操作如下：

```
命令行：MOVE                                    //执行 MOVE 命令
选择对象:                                       //选择要移动的对象
指定基点或 [位移(D)] <位移>:                    //指定 A 点作为基点
指定第二个点或 <使用第一个点作为位移>:          //指定 B 点完成操作
```

03 移动效果如图 4-32 所示。

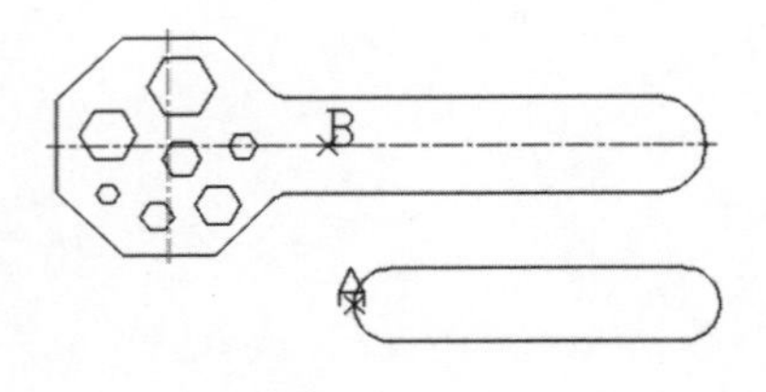

图 4-31 打开素材

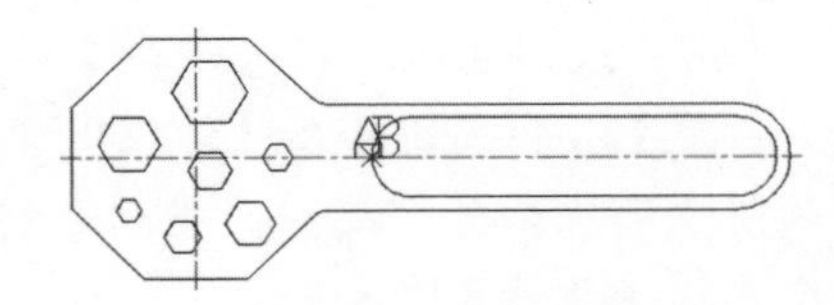

图 4-32 移动效果

执行该命令后，AutoCAD 2016 命令行将依次出现很多选项，主要选项说明如下：

1. 基点

指定移动对象的开始点。移动距离和方向的计算都会以其为基准。

2. 位移（D）

指定移动距离和方向的 X、Y、Z 值。

此时，实际上是使用坐标原点作为位移基点，输入的三维数值是相对于坐标原点的位移值。

4.4.4 旋转

旋转是将所选对象绕指定点（即基点）旋转至指定的角度，以便调整对象的位置。

在 AutoCAD 2016 中，执行【旋转】命令的常用方法有以下几种：

- 在命令行中执行【ROTATE】命令。
- 在菜单栏中执行【修改】|【旋转】命令。
- 选择【默认】选项卡，在【修改】面板中单击【旋转】按钮 。

4.4.5 【上机操作】——旋转对象

下面讲解如何旋转对象，具体操作步骤如下：

01 打开随书附带光盘中的 CDROM\素材\第 4 章\008.dwg 素材文件，如图 4-33 所示。

02 在命令行中执行【ROTATE】命令，选择所有对象，确定基点，将旋转角度设为–30°，按【Enter】键结束操作，具体操作如下：

```
命令行：ROTATE                                  //执行【ROTATE】命令
UCS 当前的正角方向：ANGDIR=逆时针   ANGBASE=0
选择对象：指定对角点：找到 506 个  //选择所有对象
选择对象：        //按【Enter】键确认
指定基点：        //单击如图 4-34 所示的 A 点
指定旋转角度，或 [复制(C)/参照(R)] <0>:  -30
//输入旋转角度-30°，按【Enter】键完成操作，完成效果如图 4-35 所示
```

图 4-33　打开素材

图 4-34　指定基点 A

图 4-35　旋转效果

提示

执行该命令后，AutoCAD 2016 命令行将依次出现很多选项，主要选项说明如下：

1．旋转角度

指定对象绕基点旋转的角度。旋转轴通过指定的基点，并且平行于当前用户坐标系的 Z 轴。在指定旋转角度时，可直接输入角度值，也可直接在绘图区通过指定的一个点，确定旋转角度。输入正角度值后是逆时针或顺时针旋转对象，这取决于【图形单位】对话框中的【方向控制】设置，系统默认为正角度值为逆时针旋转。

2．复制

在旋转对象的同时创建对象的旋转副本。

3．参照

可以围绕基点将选定的对象旋转到新的绝对角度。

（1）新角度

通过输入角度值来指定新的绝对角度。

（2）点

通过指定两点来指定新的绝对角度。

4.4.6 对齐

在绘制图形的过程中，可能会出现混乱的局面，可以使用【对齐】命令调整到用户认为合适的位置。通过移动、旋转或倾斜对象来使该对象与另一个对象对齐，该命令既适用于三维对象，也适用于二维对象。

在 AutoCAD 2016 中，执行【对齐】命令的常用方法有以下几种：

- 在命令行中执行【ALIGN】命令。
- 在菜单栏中选择【修改】|【三维操作】|【对齐】命令。
- 选择【默认】选项卡，在【修改】面板中单击【对齐】按钮。

4.4.7 【上机操作】——对齐对象

下面讲解如何对齐对象，具体操作步骤如下：

01 打开随书附带光盘中的 CDROM\素材\第 4 章\009.dwg 素材文件，如图 4-36 所示。

02 在命令行中执行【ALIGN】命令，选择图形对象，指定源点和目标点，按【Enter】键结束操作，具体操作如下：

```
命令: ALIGN                          //执行【ALIGN】命令
选择对象: 指定对角点: 找到 9 个       //选择左侧的图形对象
选择对象:                             //按【Enter】键确认
指定第一个源点:                       //单击如图 4-37 所示的 A 点
指定第一个目标点:                     //单击如图 4-37 所示的 B 点
指定第二个源点:                       //按【Enter】键完成操作，完成效果如图 4-38 所示
```

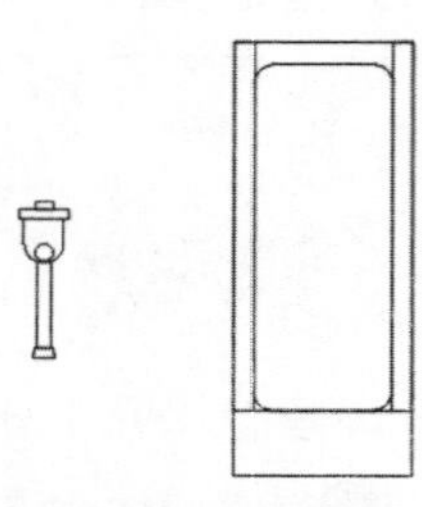

图 4-36 打开素材

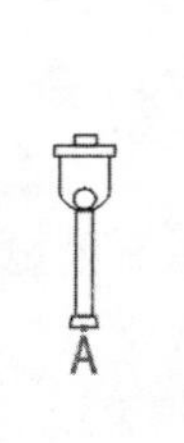

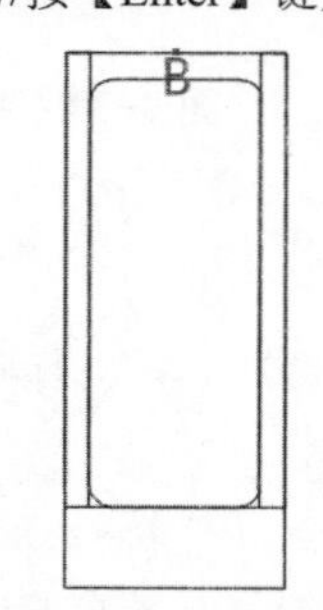

图 4-37 指定源点 A 和目标点 B

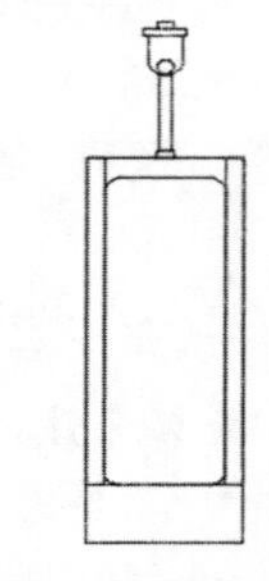

图 4-38 对齐效果

提示

用户可以同时选择多个要对齐的对象。选择完成后，按【Enter】键可结束选择。

4.5 利用一个对象生成多个对象

在绘制图形的过程中，有时需要许多相同的图形，为了避免重复绘制的烦琐，可以利用 AutoCAD 中提供的一些复制类工具，通过简单的复制、镜像、偏移和阵列操作来完成，而不

必重新创建。

4.5.1 复制

根据需要，可以将选择的图形对象复制一次，也可以复制多次。执行【复制】命令，可以从源对象以指定的角度和方向创建对象的副本。使用坐标、栅格捕捉、对象捕捉和其他工具可以精确复制对象。

在 AutoCAD 2016 中，执行【复制】命令的常用方法有以下几种：

- 在命令行中执行【COPY】命令。
- 在菜单栏中执行【修改】|【复制】命令。
- 选择【默认】选项卡，在【修改】面板中单击【复制】按钮。

知识链接：

在命令行中执行【COPY】命令，根据命令行提示进行操作，命令行提示如下：

```
命令: COPY
选择对象: 找到 1 个
选择对象:
当前设置: 复制模式 = 多个
指定基点或 [位移(D)/模式(O)] <位移>:
```

主要选项说明如下：

1．基点

通过基点和放置点来定义一个矢量，指示复制的对象移动的距离和方向。

阵列：指定在线性阵列中排列的副本数量。

2．位移

通过输入一个三维数值或指定一个点来指定对象副本在当前 X、Y、Z 轴的方向和位置。此时，复制对象的方向和距离采用单个模式。

3．模式

控制复制的模式为单个或多个，确定是否自动重复该命令。系统变量【COPYMODE】可用来控制该设置。

（1）单个

当设置复制模式为【单个】时，一次只能创建一个对象副本。

（2）多个

在此模式下，可为选取的对象一次性创建多个对象副本，即在复制完一个对象后，仍处于复制状态，此时再次单击，又可以在单击位置复制对象，要退出该命令，按【Enter】键即可。这是程序默认的模式。但要注意的是，即使在【多个】模式下，若选取的复制方式为【位移】，系统将采用【单个】模式创建对象副本。

4.5.2 阵列

阵列按矩形或环形排列形式复制对象或选择集。对于环形阵列，可以复制对象的数目和是否旋转对象。对于矩形阵列，可以控制行和列的数目以及间距。

1. 矩形阵列

在 AutoCAD 2016 中，使用【矩形阵列】命令的常用方法有以下几种：

- 在命令行中执行【ARRAYRECT】命令。
- 在菜单栏中选择【修改】|【阵列】|【矩形阵列】命令。
- 选择【默认】选项卡，在【修改】面板中单击【矩形阵列】按钮 。

下面通过实例讲解如何矩形阵列对象，具体操作步骤如下：

01 打开随书附带光盘中的 CDROM\素材\第 4 章\010.dwg 素材文件，如图 4-39 所示。

02 在命令行中执行【ARRAYRECT】命令，选择图形对象，具体操作如下：

```
命令: ARRAYRECT                                        //执行【ARRAYRECT】命令
选择对象: 指定对角点: 找到 7 个                         //选择所有对象
选择对象:                                              //按【Enter】键确认
类型 = 矩形  关联 = 是
选择夹点以编辑阵列或 [关联(AS)/基点(B)/计数(COU)/间距(S)/列数(COL)/行数(R)/层数(L)/退出(X)] <
退出>: col
输入列数数或 [表达式(E)] <4>: 5                                  //输入列数为 5
指定 列数 之间的距离或 [总计(T)/表达式(E)] <90.7008>: 100   //输入列数之间的距离为 100
选择夹点以编辑阵列或 [关联(AS)/基点(B)/计数(COU)/间距(S)/列数(COL)/行数(R)/层数(L)/退出(X)] <
退出>: r
输入行数数或 [表达式(E)] <3>: 3                                  //输入行数 3
指定 行数 之间的距离或 [总计(T)/表达式(E)] <226.8672>: 250  //输入行数之间的距离为 250
指定 行数 之间的标高增量或 [表达式(E)] <0>:                   //按【Enter】键确认
选择夹点以编辑阵列或 [关联(AS)/基点(B)/计数(COU)/间距(S)/列数(COL)/行数(R)/层数(L)/退出(X)] <
退出>:                                                          //输入 X 退出
```

03 完成矩形阵列，效果如图 4-40 所示。

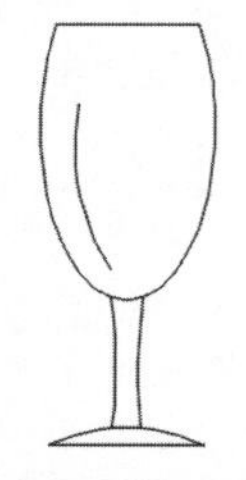

图 4-39 打开素材

图 4-40 阵列效果

知识链接：

在命令行中执行【ARRAYRECT】命令，命令行将依次出现很多选项，下面介绍其主要选项。

关联：指定是否在阵列中创建项目作为关联阵列对象，或作为独立对象。

基点：指定阵列的基点。

行数：重新编辑阵列中的行数和行间距，以及它们之间的增量标高。

列数：重新编辑阵列中的列数和列间距。

层数：指定层数和层间距。

2. 环形阵列

环形阵列是对图形对象进行阵列复制后，图形呈环形分布。

在 AutoCAD 2016 中，使用【环形阵列】命令的常用方法有以下几种：

- 在命令行中执行【ARRAYPOLAR】命令。
- 在菜单栏中选择【修改】|【阵列】|【环形阵列】命令。
- 选择【默认】选项卡，在【修改】面板中单击【阵列】按钮 右侧的下拉按钮 ，在弹出的下拉列表中选择【环形阵列】。

下面通过实例讲解如何环形阵列对象，具体操作步骤如下：

01 打开随书附带光盘中的 CDROM\素材\第 4 章\011.dwg 素材文件，如图 4-41 所示。

02 在命令行中执行【ARRAYPOLAR】命令，选择图形对象，指定阵列的中心点。具体操作如下：

```
命令: ARRAYPOLAR                                  //执行【ARRAYPOLAR】命令
选择对象: 指定对角点: 找到 13 个                   //选择上面的图形对象
选择对象:                                          //按【Enter】键确认
类型 = 极轴  关联 = 是
指定阵列的中心点或 [基点(B)/旋转轴(A)]:             //指定下面的圆心为中心点
选择夹点以编辑阵列或 [关联(AS)/基点(B)/项目(I)/项目间角度(A)/填充角度(F)/行(ROW)/层(L)/旋转项目(ROT)/退出(X)] <退出>: i
输入阵列中的项目数或 [表达式(E)] <6>: 6             //输入阵列中的项目数 6
选择夹点以编辑阵列或 [关联(AS)/基点(B)/项目(I)/项目间角度(A)/填充角度(F)/行(ROW)/层(L)/旋转项目(ROT)/退出(X)] <退出>: f
指定填充角度(+=逆时针、-=顺时针)或 [表达式(EX)] <360>: 360°     //输入填充角度 360°
选择夹点以编辑阵列或 [关联(AS)/基点(B)/项目(I)/项目间角度(A)/填充角度(F)/行(ROW)/层(L)/旋转项目(ROT)/退出(X)] <退出>: x      //输入 X 退出
```

03 完成环形阵列，效果如图 4-42 所示。

图 4-41　打开素材

图 4-42　环形阵列效果

知识链接：

在命令行中执行【ARRAYPOLAR】命令后，命令行将依次出现很多选项。

（1）中心点

指定分布阵列项目所围绕的点。旋转轴是当前 UCS 的 Z 轴。

项目间角度：指定项目之间的角度。

表达式：使用数学公式或方程式获取值。

关联：指定是否在阵列中创建项目作为关联阵列的对象，或作为独立的对象。
基点：编辑阵列的基点。
项目：编辑阵列的项目数。
项目间角度：编辑项目之间的角度。
填充角度：编辑阵列中第一个和最后一个项目之间的角度。
行：编辑阵列中的行数和行间距，以及它们之间的增量标高。
层级：指定层数和层间距。
旋转项目：指定在排列项目时是否旋转项目。
（2）基点
指定阵列的基点。先指定阵列的基点。
（3）旋转轴
指定由两个指定点定义的自定义旋转轴。先定义旋转轴。

4.5.3 偏移

偏移图形对象是指对指定的对象进行偏移复制。执行【偏移】命令，创建其造型与原始对象造型平行的新对象。可以偏移的对象有直线、圆、圆弧、椭圆和椭圆弧、二维多段线、构造线（参照线）和射线、样条曲线，而点、图块、属性和文本则不能被偏移。

在 AutoCAD 2016 中，执行【偏移】命令的常用方法有以下几种：

- 在命令行中执行【OFFSET】命令。
- 在菜单栏中选择【修改】|【偏移】命令。
- 选择【默认】选项卡，在【修改】面板中单击【偏移】按钮。

4.5.4 【上机操作】——偏移对象

下面讲解如何偏移对象，具体操作步骤如下：

01 打开随书附带光盘中的 CDROM\素材\第 4 章\012.dwg 素材文件，如图 4-43 所示。

02 在命令行中执行【OFFSET】命令，选择所有图形对象，将偏移距离设置为 100，按【Enter】键结束选择并确认，具体操作如下：

```
命令: OFFSET                                                //执行【OFFSET】命令
当前设置: 删除源=否  图层=源  OFFSETGAPTYPE=0
指定偏移距离或 [通过(T)/删除(E)/图层(L)] <通过>:  100         //输入偏移距离 100
选择要偏移的对象，或 [退出(E)/放弃(U)] <退出>:                 //选择所有图形对象
指定要偏移的那一侧上的点，或 [退出(E)/多个(M)/放弃(U)] <退出>:   //单击图形内部
选择要偏移的对象，或 [退出(E)/放弃(U)] <退出>:  //按【Enter】键完成偏移，效果如图 4-44 所示
```

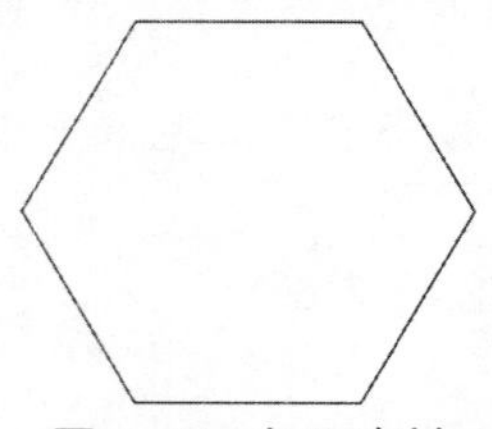

图 4-43 打开素材

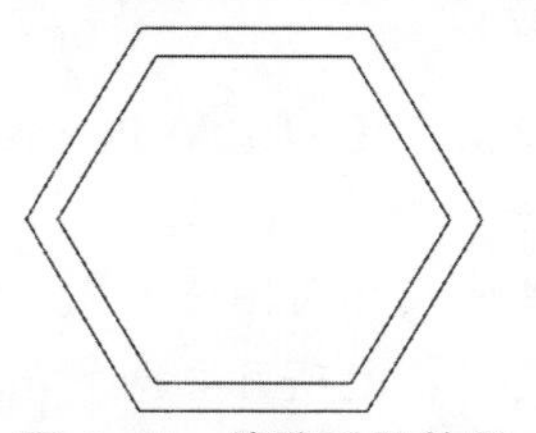

图 4-44 偏移后的效果

知识链接：

在命令行中执行【OFFSET】命令后，AutoCAD 2016 命令行将依次出现很多选项，主要选项说明如下：

1．指定偏移距离

在选取对象的指定距离处创建选取对象的副本。

（1）退出

结束【OFFSET】命令。

（2）放弃

取消上一个偏移操作。

（3）多个

进入【多个】偏移模式，以当前的偏移距离重复多次进行偏移操作。

2．通过

以指定点创建通过该点的偏移副本。

（1）放弃

取消上一个偏移操作。

（2）多个

进入【多个】偏移模式，以新指定的通过点对指定的对象进行多次偏移操作。

3．删除

在创建偏移副本之后，删除源对象。

4．图层

控制偏移副本是创建在当前图层还是源对象所在的图层。

4.5.5 镜像

将指定的对象按给定的镜像线做反向复制，即镜像。镜像对创建对称的对象非常有用，因为可以快速地绘制半个对象，然后将其镜像，而不必绘制整个对象。镜像完成后，可以保留原对象也可以将其删除。

在 AutoCAD 2016 中，执行【镜像】命令的常用方法有以下几种：

- 在命令行中执行【MIRROR】命令。
- 在菜单栏中选择【修改】|【镜像】命令。
- 选择【默认】选项卡，在【修改】面板中单击【偏移】按钮 ⏃ 。

4.5.6 【上机操作】——镜像对象

下面讲解如何镜像对象，具体操作步骤如下：

01 打开随书附带光盘中的 CDROM\素材\第 4 章\013.dwg 素材文件，如图 4-45 所示。

02 在命令行中执行【MIRROR】命令，选择图形对象，指定镜像点，具体操作如下：

```
命令: MIRROR                          //执行【MIRROR】命令
选择对象: 指定对角点: 找到 40 个        //选择左框内图形
```

```
选择对象: 指定镜像线的第一点:            //指定镜像线的第一点 A
指定镜像线的第二点:                      //指定镜像线的第二点 B
要删除源对象吗？[是(Y)/否(N)] <否>:      //按【Enter】键确认完成镜像操作，效果如图 4-46 所示
```

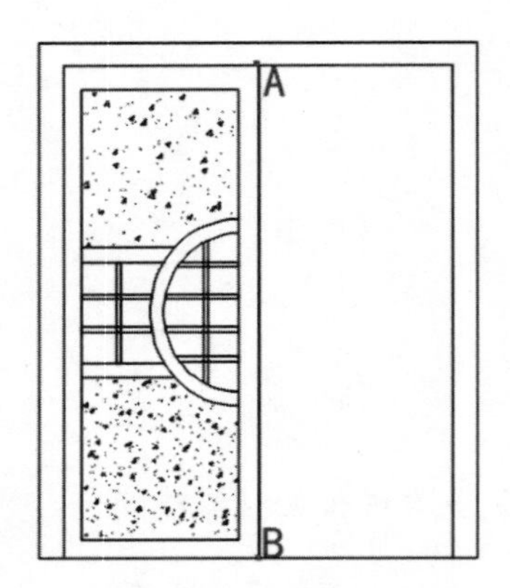

图 4-45　打开素材

图 4-46　镜像效果

4.6　调整对象尺寸

在绘图过程中，如果图形的形状和大小不符合要求，可以使用修剪对象、延伸对象和缩放对象等方式使编辑对象的几何尺寸发生改变。

在工程绘图中，可以修改对象使其以圆角或平角相接，也可以在对象上创建或闭合间距。AutoCAD 2016 提供了【倒角】、【圆角】和【打断】命令来实现。

4.6.1 修剪

修剪是用指定的边界（有一个或多个对象定义的剪切边）剪切指定的对象。剪切边可以是直线、圆弧、多段线、椭圆、样条曲线、构造线、射线和图纸空间中的视口。在 AutoCAD 2016 中，执行【修剪】命令的常用方法有以下几种：

- 在命令行中执行【TRIM】命令。
- 在菜单栏中选择【修改】|【修剪】命令。
- 选择【默认】选项卡，在【修改】面板中单击【修剪】按钮 ⁄-- 。

4.6.2 【上机操作】—— 修剪对象

下面讲解如何修剪对象，具体操作步骤如下：

01 打开随书附带光盘中的 CDROM\素材\第 4 章\014.dwg 素材文件，如图 4-47 所示。

02 在命令行中执行【TRIM】命令。按两次【Enter】键，将鼠标放在绘图区中要修剪的对象位置上，此时被修剪部分会出现如图 4-48 所示的红色叉号，单击便可修剪掉所选对象。具体操作如下：

```
命令: TRIM                               //在命令行中执行【TRIM】命令
当前设置:投影=UCS，边=延伸
```

选择剪切边... //按【Enter】键确认
选择对象或 <全部选择>: //按【Enter】键确认
选择要修剪的对象，或按住 Shift 键选择要延伸的对象，或
[栏选(F)/窗交(C)/投影(P)/边(E)/删除(R)/放弃(U)]: //选择要修剪的线段

03 完成效果如图 4-49 所示。

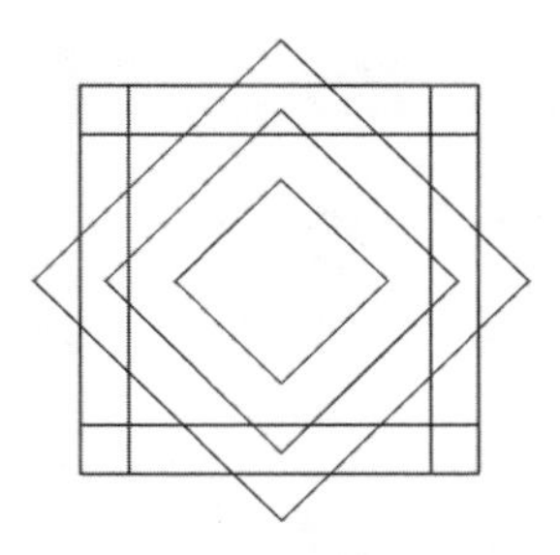

图 4-47 素材文件

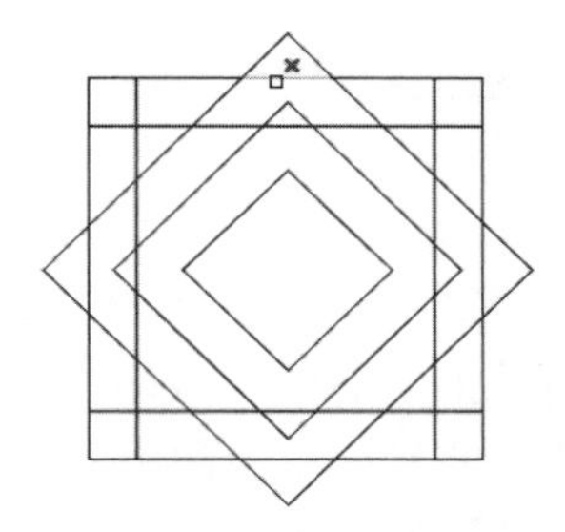

图 4-48 修剪位置

图 4-49 完成后的效果

知识链接：

在命令行中执行【TRIM】命令后，命令行将依次出现很多选项，主要选项说明如下：

1．要修剪的对象

指定要修剪的对象。在用户按【Enter】键结束选择前，系统会不断提示指定要修剪的对象，因此可以指定多个对象进行修剪。在选择对象的同时按【Shift】键可将对象延伸到最近的边界，而不修剪它。

2．栏选

指定围栏点，将多个对象修剪成单一对象。

在用户按【Enter】键结束围栏点的指定前，系统将不断提示用户指定围栏点。

3．窗交

通过指定两个对角点来确定一个矩形窗口，选择该窗口内部或与矩形窗口相交的对象。

4．投影

指定在修剪对象时使用的投影模式。

（1）无

指定无投影。只修剪与三维空间中的边界相交的对象。

（2）UCS

指定到当前用户坐标系（UCS）XY 平面的投影。修剪未与三维空间中的边界对象相交的对象。

（3）视图

指定沿当前视图方向的投影。

5．边

修剪对象的假想边界或与之在三维空间相交的对象。

（1）延伸

修剪对象在另一对象的假想边界。

（2）不延伸

只修剪对象与另一对象的三维空间交点。

6．删除

在执行修剪命令的过程中将选定的对象从图形中删除。

7．放弃

撤消最近的修剪对象操作。

4.6.3 延伸

延伸是将对象延长至另一个对象的边界线（或隐含边界线）。

在 AutoCAD 2016 中，执行【延伸】命令的常用方法有以下几种。

- 在命令行中执行【EXTEND】命令。
- 在菜单栏中选择【修改】|【延伸】命令。
- 选择【默认】选项卡，在【修改】面板中单击【延伸】按钮 右侧的下拉按钮 ，在弹出的下拉列表中选择【延伸】。

4.6.4 【上机操作】——延伸对象

下面讲解如何延伸对象，具体操作步骤如下：

01 打开随书附带光盘中的 CDROM\素材\第 4 章\015.dwg 素材文件，如图 4-50 所示。

02 在命令行中执行【EXTEND】命令。根据命令行的提示选择延伸对象，按【Enter】键进行确认，将鼠标放在将要延伸的直线对象上单击，即完成了一条直线的延伸。具体操作如下：

```
命令: EXTEND                                              //执行【EXTEND】命令
当前设置:投影=UCS，边=延伸
选择边界的边...
选择对象或 <全部选择>:  指定对角点: 找到 8 个            //选择所有图形对象
选择对象:                                                 //按【Enter】键确认
选择要延伸的对象，或按住 Shift 键选择要修剪的对象，或
[栏选(F)/窗交(C)/投影(P)/边(E)/放弃(U)]:                  //选择要延伸的线段
选择要延伸的对象，或按住 Shift 键选择要修剪的对象，或
[栏选(F)/窗交(C)/投影(P)/边(E)/放弃(U)]: //按【Enter】键确认完成延伸操作，效果如图 4-51 所示
```

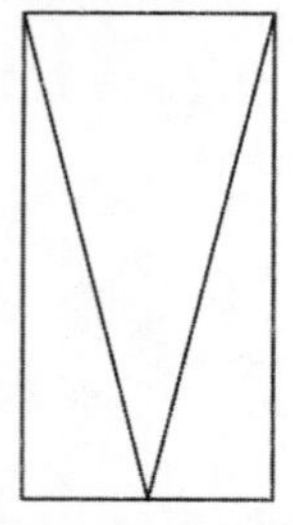

图 4-50 打开素材

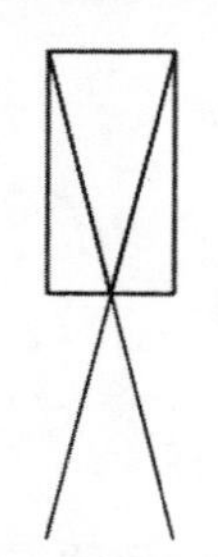

图 4-51 延伸效果

知识链接：

在命令行中执行【EXTEND】命令后，命令行将依次出现很多选项，主要选项说明如下：

1．选择要延伸的对象

指定要延伸的对象，按【Enter】键结束命令。

2．栏选

指定围栏点，将多个对象修剪成单一对象。

在用户按【Enter】键结束围栏点的指定前，系统将不断提示用户指定围栏点。

3．窗交

通过指定两个对角点来确定一个矩形窗口，选择该窗口内部或与矩形窗口相交的对象。

4．投影

指定延伸对象时使用的投影方法。

（1）无

指定无投影。只延伸与三维空间中的边界相交的对象。

（2）UCS

指定到当前用户坐标系（UCS）XY 平面的投影。延伸未与三维空间中的边界对象相交的对象。

（3）视图

指定沿当前视图方向的投影。

5．边

将对象延伸到另一个对象的隐含边或仅延伸到三维空间中与其实际相交的对象。

（1）延伸

沿其自然路径延伸边界对象以和三维空间中另一对象或其隐含边相交。

（2）不延伸

指定对象只延伸到在三维空间中与其实际相交的边界对象。

6．放弃

放弃最近由延伸所做的更改。延伸的具体操作与修剪类似，此处不再细讲。

4.6.5 缩放

缩放是使对象整体放大或缩小，通过指定一个基点和比例因子来缩放对象。

在 AutoCAD 2016 中，执行【缩放】命令的常用方法有以下几种：

- 在命令行中执行【SCALE】命令。
- 在菜单栏中选择【修改】|【缩放】命令。
- 选择【默认】选项卡，在【修改】面板中单击【缩放】按钮。

4.6.6 【上机操作】——缩放对象

下面讲解如何缩放对象，具体操作步骤如下：

01 打开随书附带光盘中的 CDROM\素材\第 4 章\016.dwg 素材文件，如图 4-52 所示。

02 在命令行中执行【SCALE】命令，根据命令行的提示选择缩放对象，按【Enter】键进行确认。具体操作如下：

```
命令: SCALE                                  //执行【SCALE】命令
选择对象: 指定对角点: 找到 1083 个           //选择所有图形对象
选择对象:                                    //按【Enter】键确认
指定基点:                                    //指定圆心为基点
指定比例因子或 [复制(C)/参照(R)]: 2          //输入比例因子为 2，按【Enter】键确认
```

03 完成缩放操作，效果如图 4-53 所示。

图 4-52 打开素材

图 4-53 缩放效果

知识链接：

在命令行中执行【SCALE】命令后，命令行将依次出现很多选项，主要选项说明如下：

1．比例因子

以指定的比例值放大或缩小选取的对象。当输入的比例值大于 1 时，则放大对象，若为 0 和 1 之间的小数，则缩小对象。或指定的距离小于源对象大小时，缩小对象；指定的距离大于源对象大小，则放大对象。

2．复制

在缩放对象时，创建缩放对象的副本。

3．参照

按参照长度和指定的新长度缩放所选对象。若指定的新长度大于参照长度，则放大选取的对象。

使用两点来定义新的长度。

4.6.7 拉伸

拉伸对象是拖拉选择的对象，且对象的形状发生改变。拉伸对象时应指定拉伸的基点和位置点。拉伸对象，首先要用交叉窗口或交叉多边形选择要拉伸的对象，然后指定拉伸的基点和位移量。

在 AutoCAD 2016 中，执行【拉伸】命令的常用方法有以下几种：

- 在命令行中执行【STRETCH】命令。

- 在菜单栏中选择【修改】|【拉伸】命令。
- 选择【默认】选项卡，在【修改】面板中单击【拉伸】按钮。

4.6.8 【上机操作】——拉伸对象

下面讲解如何拉伸对象，具体操作步骤如下：

01 打开随书附带光盘中的 CDROM\素材\第 4 章\017.dwg 素材文件，如图 4-54 所示。

02 在命令行中执行【STRETCH】命令，按【Enter】键确认。具体操作如下：

```
命令: STRETCH                                          //执行【STRETCH】命令
以交叉窗口或交叉多边形选择要拉伸的对象...
选择对象: 指定对角点: 找到 3 个                          //选择图形对象的上面三条线
选择对象:                                              //按【Enter】键确认
指定基点或 [位移(D)] <位移>:                             //指定基点为 A 点，如图 4-55 所示
指定第二个点或 <使用第一个点作为位移>:  400              //在命令行中输入 400，按【Enter】键完成操作
```

03 拉伸效果如图 4-56 所示。

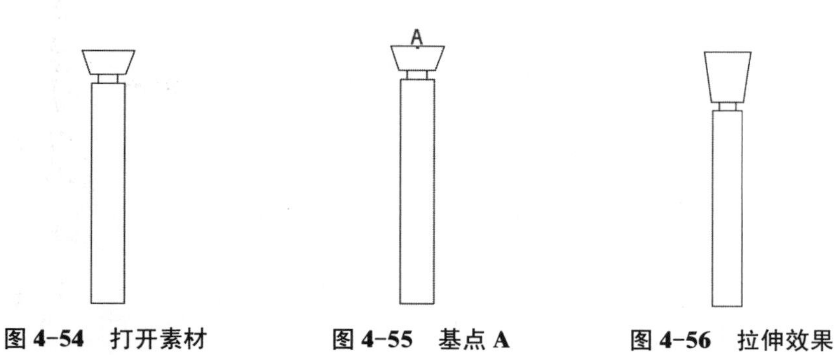

图 4-54 打开素材　　图 4-55 基点 A　　图 4-56 拉伸效果

知识链接：

在命令行中执行【STRETCH】命令后，命令行将依次出现很多选项，主要选项说明如下：

1．指定基点

指定第二个点或默认使用第一个点作为位移。

2．位移

在选取了拉伸对象之后，在命令行提示中输入【D】进行向量拉伸。

4.6.9 拉长

非闭合的直线、圆弧、多段线、椭圆弧和样条曲线的长度可以通过拉长改变，也可以改变圆弧的角度。

在 AutoCAD 2016 中，执行【拉长】命令的常用方法有以下几种：

- 在命令行中执行【LENGTHEN】命令。

- 在菜单栏中选择【修改】|【拉长】命令。
- 选择【默认】选项卡，在【修改】面板中单击【拉长】按钮⤢。

4.6.10 【上机操作】—— 拉长对象

下面讲解如何拉长对象，具体操作步骤如下：

01 打开随书附带光盘中的 CDROM\素材\第 4 章\018.dwg 素材文件，如图 4-57 所示。

02 在命令行中执行【LENGTHEN】命令。根据命令行提示，输入【DE】(增量)，按【Enter】键确认，输入长度 100 并确认，选择杯口直线作为编辑对象，既可拉长图形，如图 4-58 所示。具体操作如下：

```
命令: LENGTHEN                                      //执行【LENGTHEN】命令
选择要测量的对象或 [增量(DE)/百分比(P)/总计(T)/动态(DY)] <增量(DE)>: de   //在命令行中输入【DE】
输入长度增量或 [角度(A)] <100.0000>:               //输入长度增量为 100
选择要修改的对象或 [放弃(U)]:                       //单击选择的线段 A，如图 4-58 所示
无法拉长此对象。
选择要修改的对象或 [放弃(U)]:                       //按【Enter】键确认
选择要修改的对象或 [放弃(U)]:
```

03 完成拉长图形对象，效果如图 4-59 所示。

图 4-57　打开素材

图 4-58　线段 A

图 4-59　拉长效果

知识链接：

在命令行中执行【LENGTHEN】命令后，命令行将依次出现很多选项，主要选项说明如下：

1．选择对象

在命令行提示下选取对象，将在命令行显示选取对象的长度。若选取的对象为圆弧，则显示选取对象的长度和包含角。

2．增量

以指定的增量修改对象的长度，该增量从距离选择点最近的端点处开始测量。差值还以指定的增量修改弧的角度，该增量从距离选择点最近的端点处开始测量。

(1) 长度差值

以指定的增量修改对象的长度。

(2) 角度

以指定的角度修改选定圆弧的包含角。

3. 百分比

通过指定对象总长度的百分比设置对象长度。

4. 总计

通过指定从固定端点测量的总长度的绝对值，来设置选定对象的长度。【总计】选项也按照指定的总角度设置选定圆弧的包含角。

（1）总长度

将对象从离选择点最近的端点拉长到指定值。

（2）角度

设置选定圆弧的包含角。

5. 动态

打开动态拖动模式。通过拖动选定对象的端点之一来改变其长度，其他端点保持不变。

4.6.11 倒角

在绘图时，经常要依据实际生产工艺对实物进行倒角处理，AutoCAD 提供了【倒角】命令，它可以用斜线连接两个不平行的线型对象。

在 AutoCAD 2016 中，执行【倒角】命令的常用方法有以下几种：

- 在命令行中执行【CHAMFER】命令。
- 在菜单栏中选择【修改】|【倒角】命令。
- 选择【默认】选项卡，在【修改】面板中单击【倒角】按钮。

4.6.12 【上机操作】——倒角对象

下面讲解如何倒角对象，具体操作步骤如下：

01 打开随书附带光盘中的 CDROM\素材\第 4 章\019.dwg 素材文件，如图 4-60 所示。

02 在命令行中执行【CHAMFER】命令，根据命令行提示将第一个倒角【距离】设置为 20，将第二个倒角【距离】也设置为 20，按【Enter】键确认。具体操作如下：

```
命令: CHAMFER                                  //执行【CHAMFER】命令
(【修剪】模式) 当前倒角距离 1 = 0.0000，距离 2 = 0.0000
选择第一条直线或 [放弃(U)/多段线(P)/距离(D)/角度(A)/修剪(T)/方式(E)/多个(M)]:   d
指定 第一个 倒角距离 <0.0000>: 20 指定 第二个 倒角距离 <20.0000>:
                                               //输入 D，设置倒角距离为 20
选择第一条直线或 [放弃(U)/多段线(P)/距离(D)/角度(A)/修剪(T)/方式(E)/多个(M)]: m
                                               //输入 M 选择多条直线
选择第一条直线或 [放弃(U)/多段线(P)/距离(D)/角度(A)/修剪(T)/方式(E)/多个(M)]:
                                               //选择如图 4-60 所示的 A 点
选择第二条直线，或按住 Shift 键选择直线以应用角点或 [距离(D)/角度(A)/方法(M)]:
                                               //选择如图 4-60 所示的 B 点，即可完成一个倒角
```

03 同理对其他对象进行倒角，倒角后的效果如图 4-61 所示。

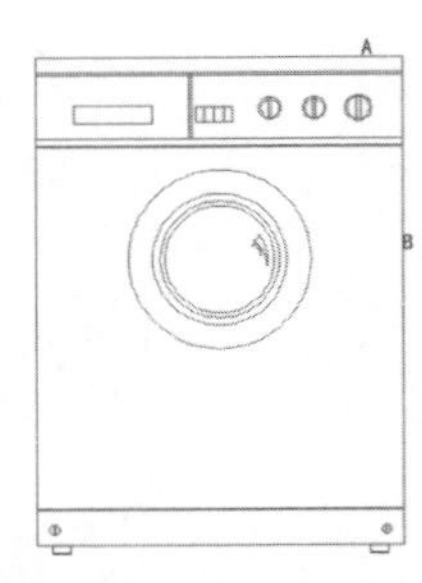

图 4-60　打开素材

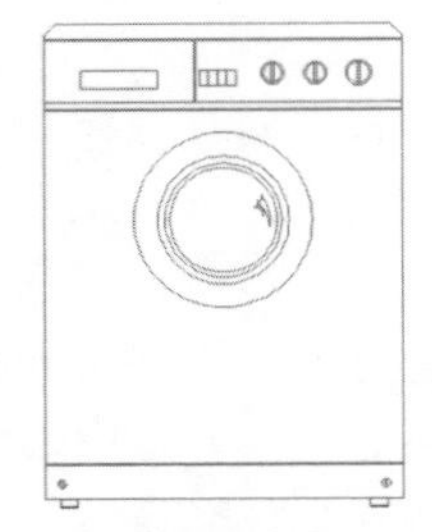

图 4-61　倒角效果

知识链接：

在命令行中执行【CHAMFER】命令后，命令行将依次出现很多选项，主要选项说明如下：

1．选择第一条直线

选择要进行倒角处理的对象的第一条边，或要倒角的三维实体边中的第一条边。

在选择两条多段线的线段来进行倒角处理时，这两条多段线必须相邻或只能被最多一条线段分开。若这两条多段线之间有一条直线或弧线，系统将自动删除此线段并以倒角线来取代。

2．放弃

恢复在命令中执行的上一个操作。

3．多段线

为整个二维多段线进行倒角处理。

系统将二维多段线的各个顶点全部进行了倒角处理，建立的倒角形成多段线的另一新线段。但若倒角的距离在多段线中两个线段之间无法施展，两线段将不进行倒角处理。

4．距离

创建倒角后，设置倒角到两个选定边的端点的距离。用户选择此选项，代表用户选择了【距离-距离】的倒角方式。

在指定第一个对象的倒角距离后，第二个对象的倒角距离的当前值将与指定的第一个对象的倒角距离相同。若为两个倒角距离指定的值均为 0，选择的两个对象将自动延伸至相交。

5．角度

指定第一条线的长度和第一条线与倒角后形成的线段之间的角度值，用户选择此选项，代表用户选择了【距离-角度】的倒角方式。

6．修剪

用户自行选择是否对选定边进行修剪，直到倒角线的端点。

7．方式

选择倒角方式。倒角处理的方式有两种，【距离-距离】和【距离-角度】。

8．多个

可为多个两条线段的选择集进行倒角处理。系统将不断自动重复提示用户选择【第一个对象】和【第二个对象】，要结束选择，按【Enter】键。但是若用户选择【放弃】选项时，使用【倒角】命令为多个选择集进行的倒角处理将全部被取消。

默认情况下，对象在倒角时被修剪，但可以用【修剪】选项指定保持不修剪的状态。

4.6.13 圆角

圆角是通过一个指定半径的圆弧光滑地连接两个对象。可以进行圆角操作的对象包括圆弧、圆、椭圆和椭圆弧、直线、多段线、射线、样条曲线、构造线及三维实体。

在 AutoCAD 2016 中，执行【圆角】命令的常用方法有以下几种：

- 在命令行中执行【FILLET】命令。
- 在菜单栏中选择【修改】|【圆角】命令。
- 选择【默认】选项卡，在【修改】面板中单击【圆角】按钮。

提示

在使用【倒角】命令时，应注意两点：①两条直线的交点在图形界限范围外时不能进行倒角；②【倒角】命令只能对直线、多段线、多边形、构造线等进行倒角，不能对圆弧、椭圆弧等进行倒角。

4.6.14 【上机操作】——圆角对象

下面讲解如何圆角对象，具体操作步骤如下：

01 打开随书附带光盘中的 CDROM\素材\第 4 章\020.dwg 素材文件，如图 4-62 所示。

02 在命令行中执行【FILLET】命令，根据命令行提示，将【半径 R】设置为 20，按【Enter】键确认。具体操作如下：

```
命令: FILLET                                                    //执行【FILLET】命令
当前设置: 模式 = 修剪，半径 = 0.0000
选择第一个对象或 [放弃(U)/多段线(P)/半径(R)/修剪(T)/多个(M)]: r 指定圆角半径 <0.0000>: 20
//输入 R，将圆角半径设置为 20
选择第一个对象或 [放弃(U)/多段线(P)/半径(R)/修剪(T)/多个(M)]: m   //输入 M，进行倒多个圆角
选择第一个对象或 [放弃(U)/多段线(P)/半径(R)/修剪(T)/多个(M)]:     //指定第一条线
选择第二个对象，或按住 Shift 键选择对象以应用角点或 [半径(R)]: //指定第二条线
```

03 同理对其他对象进行倒圆角，倒圆角后的效果如图 4-63 所示。

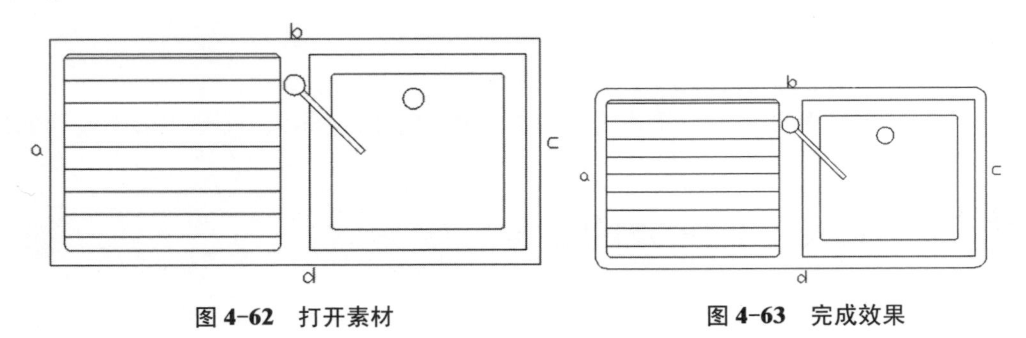

图 4-62　打开素材　　图 4-63　完成效果

知识链接：

在命令行中执行【FILLET】命令后，命令行将依次出现很多选项，主要选项说明如下：

1．选择第一个对象

选取要创建圆角的第一个对象。这个对象可以是二维对象，也可以是三维实体的一个边。

2．放弃

恢复在命令中执行的上一个操作。

3．多段线

在二维多段线中的每两条线段相交的顶点处创建圆角。

若选取的二维多段线中一条弧线段隔开两条相交的直线段，选择创建圆角后将删除该弧线段而替代为一个圆角弧。

4．半径

设置圆角弧的半径。

在此修改圆角弧半径后，此值将成为创建圆角的当前半径值。此设置只对新创建的对象有影响。如果设置圆角半径为 0，则被圆角处理的对象将被修剪或延伸直到它们相交，并不创建圆弧。选择对象时，可以按住【Shift】键，以便使用 0 值替代当前圆角半径。

5．修剪

在选定边后，若两条边不相交，选择此选项确定是否修剪选定的边使其延伸到圆角弧的端点。

（1）修剪

修剪选定的边延伸到圆角弧端点。

（2）不修剪

不修剪选定的边。

6．多个

为多个对象创建圆角。选择此项，系统将在命令行重复显示主提示，按【Enter】键结束命令。在结束后执行【放弃】操作时，凡是用【多个】选项创建的圆角都将被一次性删除。

4.6.15 打断

打断是通过指定点删除对象的一部分或将对象分断。在 AutoCAD 2016 中，执行【打断】命令的常用方法有以下几种：

- 在命令行中执行【BREAK】命令。
- 在菜单栏中选择【修改】|【打断】命令。
- 选择【默认】选项卡，单击【修改】面板的下拉按钮 ▾，在弹出的下拉列表中单击【打断】按钮 。

4.6.16 【上机操作】——打断对象

下面讲解如何打断对象，具体操作步骤如下：

01 打开随书附带光盘中的CDROM\素材\第4章\021.dwg素材文件，如图4-64所示。

02 在命令行中执行【BREAK】命令，根据命令行提示，选择线段AB，在命令行中输入【F】，然后指定第一个打断点A，指定第二个打断点B，线段即被打断，如图4-65所示。具体操作如下：

```
命令: BREAK                                  //执行【BREAK】命令
选择对象:                                     //选择AB线段
指定第二个打断点 或 [第一点(F)]: f              //选择打断起点
指定第一个打断点:                              //指定第一点A
指定第二个打断点:                              //指定第二点B
```

03 同理对其他对象进行打断，完成效果如图4-66所示。

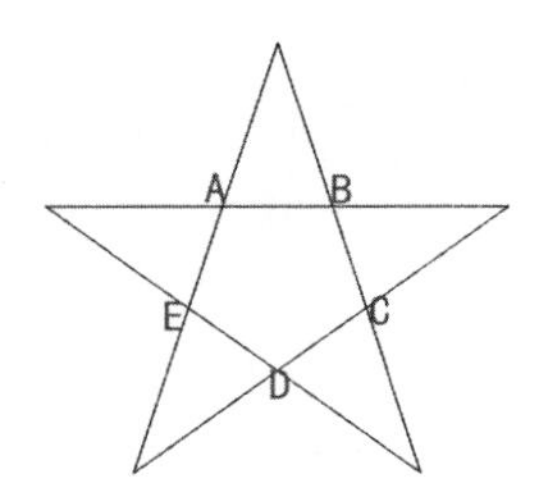

图4-64　打开素材

图4-65　打断AB两点

图4-66　完成效果

知识链接：

可以在对象上的两个指定点之间创建间隔，从而将对象打断为两个对象。如果这些点不在对象上，则会自动投影到该对象上。【打断】命令通常用于为块或文字创建空间。

显示的下一个提示取决于选择对象的方式。如果使用定点设备选择对象，AutoCAD将选择对象并将选择点视为第一个打断点。在下一个提示下，可以继续指定第二个打断点或替换第一个打断点。

执行该命令后，命令行将依次出现很多选项，主要选项说明如下：

1．第二个打断点

该选项指定用于打断对象的第二个点。

2．第一点

该选项用指定的新点替换原来的第一个打断点。

两个指定点之间的对象将部分被删除。如果第二个点不在对象上，将选择对象上与该点最接近的点。因此，要打断直线、圆弧或多段线的一端，可以在要删除的一端附近指定第二个打断点。

要将对象一分为二并且不删除某个部分，则输入的第一个点和第二个点应相同。通过输入@指定第二个点即可实现此过程。

直线、圆弧、圆、多段线、椭圆、样条曲线、圆环，以及其他几种对象类型都可以拆分为两个对象或将其中的一端删除。AutoCAD将按逆时针方向删除圆上第一个打断点到第二个打断点之间的部分，从而将圆转换成圆弧。

4.7 本章小结

本章主要介绍了 AutoCAD 2016 的一些图形编辑工具的使用，如选择、移动、旋转、对齐、复制、镜像、阵列、延伸、缩放、拉伸、拉长、倒角、圆角和打断等。

希望读者能够多动手进行实际操作，从而巩固所学知识。

4.8 问题与思考

1. 对象的选择有几种方法？
2. 【拉伸】命令和【延伸】命令的区别是什么？
3. 【倒角】命令也能实现延伸或剪切，它与【延伸】或【剪切】命令的区别是什么？

05
Chapter

文字、表格与多重引线

本章导读：

基础知识
- ◈ 设置文字样式
- ◈ 创建文字

重点知识
- ◈ 创建表格和表格样式
- ◈ 创建引线

提高知识
- ◈ 缩放注释
- ◈ 编辑表格

文字对象是 AutoCAD 2016 图形中很重要的图形元素，在绘制图形对象时，可以为其添加文字说明，如材料、技术要点、施工要求等，可以直观地表现图形对象的信息。

AutoCAD 提供了多种写入文字的方法，本章将介绍文本的注释和编辑功能。图表在 AutoCAD 图形中也有大量的应用，如明细表、参数表和标题栏等。图表功能使绘制图表变得方便快捷。

5.1 文字在绘图过程中的作用

文字在图纸中是不可缺少的重要组成部分，文字可以对图纸中不便于表达的内容加以说明，使图纸的含义更加清晰，使施工或加工人员对图纸一目了然，例如技术条件、标题栏内容、对某些图形的说明等。

对于工程设计类图纸来说，没有文字说明的图纸简直就是一堆废纸。另外合理使用表格可以让图纸更加美观，也便于识图者阅读。

在图形中添加的文字除了英文和阿拉伯数字外，对于设计人员来说，还需要在图形中添加汉字。在图形中添加汉字时，需要设置文字样式，文字样式是在图形中添加文字的标准，是文字输入都要参照的准则。

5.2 编辑文字样式

在 AutoCAD 中，文字是不可缺少的图形元素，虽然在绘图过程中不会有大篇幅的文字运用，但是文字的应用却是不可忽视的。文字主要用于标注图形、制作图纸的标题、编制使用说明等。从文字的表现形式上可以将其分为单行文字、多行文字与注释性文字。

使用文字首先要设置文字样式，文字样式是一组可随图形保存的文字设置集合，这些设置包括字体、文字高度以及特殊效果等。一般情况下，在 AutoCAD 中新建一个图形文件后，系统将自动建立一个默认的文字样式。但是，在绘图的过程中，一个图形中往往需要使用几种不同的字体，有时同样的字体也需要不同的显示效果。只用一种文字样式是不够的，这就需要用户创建不同的文字样式。下面我们就来学习一下设置文字样式的相关内容。

5.2.1 打开【文字样式】对话框

在 AutoCAD 2016 中，设置文字样式需要在【文字样式】对话框中进行，打开【文字样式】对话框有以下 5 种方法：

- 在命令行中输入【STYLE】命令，按【Enter】键确认。
- 在【注释】选项卡的【文字】面板中，单击右下角的对话框启动器按钮，如图 5-1 所示。
- 在菜单栏中选择【格式】|【文字样式】命令。
- 在【默认】选项卡中单击【注释】下三角按钮，在弹出的下拉菜单中单击【文字样式】按钮，如图 5-2 所示。

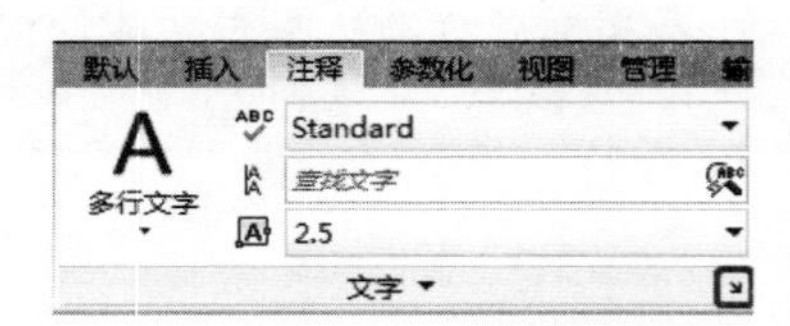

图 5-1 单击对话框启动器按钮

图 5-2 单击【文字样式】按钮

- 在【默认】选项卡中单击【注释】下三角按钮，在弹出的下拉菜单中单击【文字样式】下三角按钮，再在弹出的下拉列表中选择【管理文字样式】命令，如图 5-3 所示。

选择其中的一种方法执行操作后，即可打开【文字样式】对话框，通过【文字样式】对话框可以设置当前的文字样式，也可以修改或创建文字样式，如图 5-4 所示。

图 5-3 选择【管理文字样式】命令

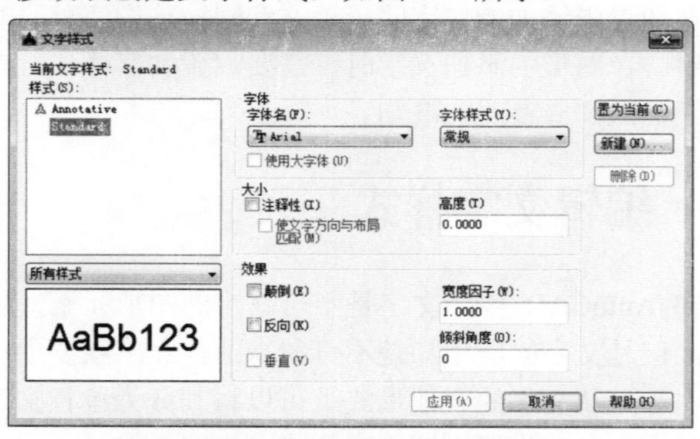

图 5-4 【文字样式】对话框

5.2.2 设置文字样式名

在使用 AutoCAD 绘图过程中，经常用到多种文字样式，为了便于使用和辨认不同的文字样式，需要对文字样式名进行设置。在新建文字样式时，首先需要对文字样式名进行设置，也可以使用默认设置。在使用文字样式的过程中，如果对文字样式名称的设置不满意，也可以进行重命名操作。

打开【文字样式】对话框后，单击【新建】按钮，将打开【新建文字样式】对话框，如图 5-5 所示，在该对话框的【样式名】文本框中输入新建文字样式名称后，单击【确定】按钮，即可完成对新建文字样式名的设置。

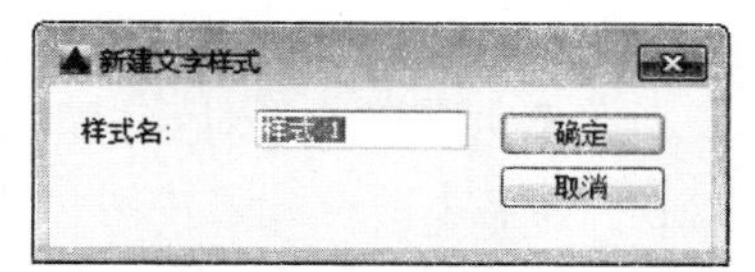

图 5-5　设置新样式名

对文字样式进行重命名有以下两种方式：

- 在命令行中执行【STYLE】命令，弹出【文字样式】对话框，在【样式】列表框中选择需要重命名的文字样式并右击，在弹出的快捷菜单中选择【重命名】命令，此时被选择的文字样式名称呈可编辑状态，输入新的文字样式名称，然后按【Enter】键确认即可完成重命名操作，如图 5-6 所示。
- 在命令行中执行【RENAME】命令，弹出【重命名】对话框，在【命名对象】列表框中选择【文字样式】选项，在【项数】列表框中选择要修改的文字样式名称，然后在下方【重命名为】右侧的空白文本框中输入新的文字样式名称，单击【确定】按钮或【重命名为】按钮即可完成对文字样式的重命名，如图 5-7 所示。

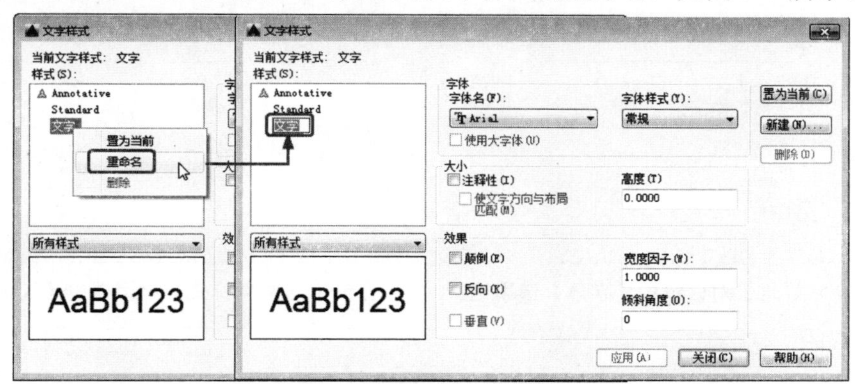

图 5-6　重命名文字样式

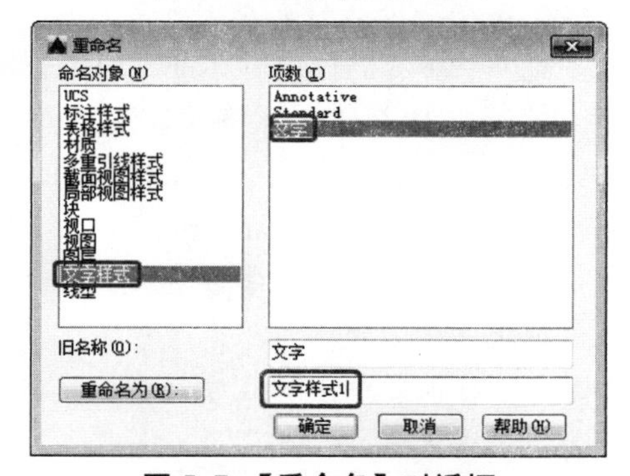

图 5-7　【重命名】对话框

提示

系统默认的 Standard 文字样式不能进行重命名操作。

5.2.3 设置字体与大小

在创建新的文字样式后，需要对文字的字体和大小等属性进行设置。

在【文字样式】对话框的【字体】选项组中可以设置字体名和字体样式，如图 5-8 所示。在【字体名】下拉列表中可以提供软件支持的所有字体。带有图标Ŧ的字体是 Windows 系统所提供的字体。【字体样式】用于选择字体的样式，包括常规、粗体、斜体、粗斜体。当【字体名】下拉列表中选择了 AutoCAD 提供的字体后，【使用大字体】复选框被激活，勾选该复选框后，【字体样式】列表将变为【大字体】列表，在其中可以选择大字体。

在【文字样式】对话框的【大小】选项组中可以设置文字样式使用的高度属性，如图 5-9 所示。【注释性】复选框用于设置文字是否为注释性对象，为图形中的说明和标签使用注释性文字。【高度】文本框用于设置文字的高度。如果将文字的高度设为 0，在使用【TEXT】命令标注文字时，命令行将显示【指定高度:】提示，要求指定文字的高度。如果在【高度】文本框中输入了文字高度，AutoCAD 将按此高度标注文字，而不再提示指定高度。

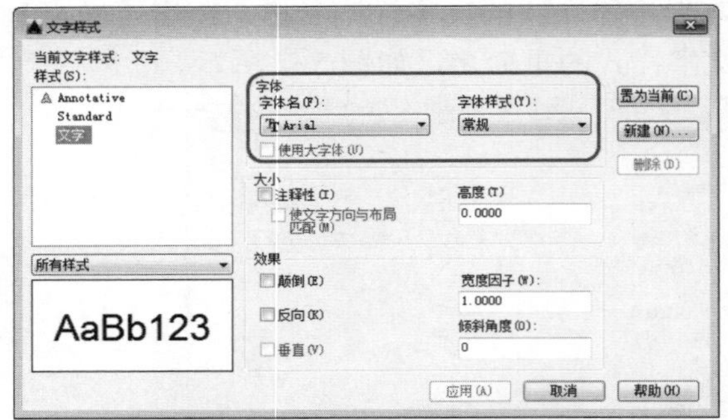

图 5-8 【文字样式】对话框中【字体】选项组

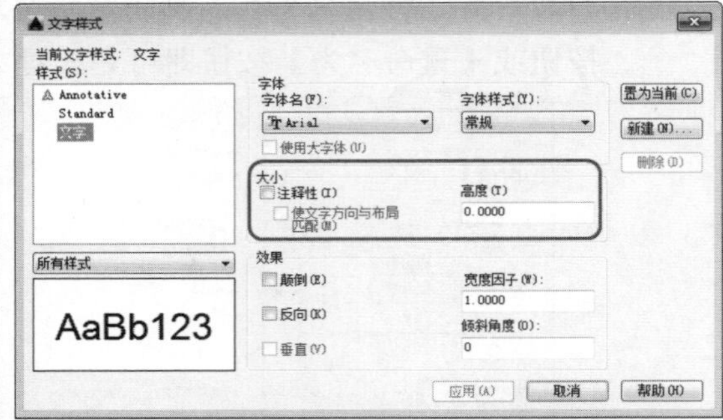

图 5-9 【文字样式】对话框中【大小】选项组

提示

在字体种类够用的情况下，遵循越少越好的原则。

这一点，也适用于 AutoCAD 中所有的设置。不管是什么类型的设置，越多就会造成 CAD 文件越大，在运行软件时，也可能会给运算速度带来影响。更关键的是，设置越多，越容易在图元的归类上发生错误。

比如，在使用 AutoCAD 时，除了默认的 Standard 字体外，可以只定义两种字体。一种是常规定义，字体宽度为 0.75，一般所有的汉字和英文都采用这种字体。另一种字体定义采用与第一种同样的字库，但是字体宽度为 0.5，这种字体可以作为在尺寸标注时的专用字体。因为在大多数施工图中，有很多细小的尺寸挤在一起，这时候，采用较窄的字体标注，就会减少很多相互重叠的情况发生。

5.2.4 设置文字效果

在【文字样式】对话框中，选择【效果】选项组中的某个选项可以设置文字的颠倒、反向、垂直等效果，还可以设置文字的宽度因子和倾斜角度，如图 5-10 所示。

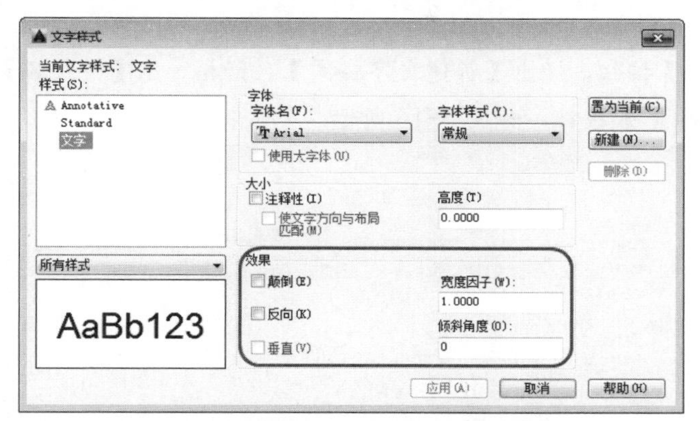

图 5-10 【文字样式】对话框中【效果】选项组

- 【颠倒】：勾选该复选框后，可以将文字颠倒放置，如图 5-11 所示。
- 【反向】：勾选该复选框后，可以将文字反向放置，如图 5-12 所示。

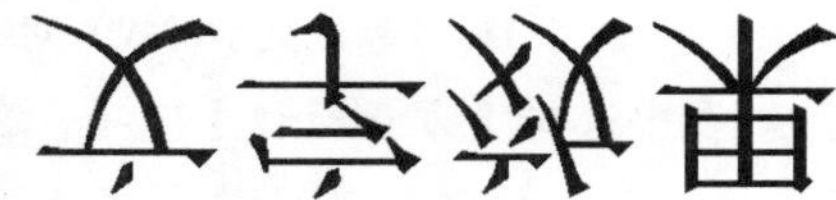

图 5-11 文字【颠倒】效果

图 5-12 文字【反向】效果

- 【垂直】：勾选该复选框后，文字可以垂直放置，只有选定的文字支持双向显示时，【垂直】复选框才可以用。垂直效果对汉字字体无效，并且不能用于设置【TureType】类型的字体。
- 【宽度因子】：该文本框用于设置文字字符的宽度和高度之比。当设置的【宽度因子】值大于 1 时，文字字符变宽；当设置的【宽度因子】值小于 1 时，文字字符变窄；【宽度因子】值等于 1 时，将按系统定义的比例标注文字，如图 5-13 所示。

文字效果　　文字效果　　文字效果

【宽度因子】为 0.5　　【宽度因子】为 1　　【宽度因子】为 1.5

图 5-13 不同【宽度因子】值的效果

- 【倾斜角度】：在该文本框中可以设置文字的倾斜角度，倾斜角度设置为 0 时，文字不倾斜；倾斜角度小于 0 度时，文字向左倾斜，如图 5-14 左图所示为设置【倾斜角度】为-20 时的文字效果；倾斜角度大于 0 时，文字向右倾斜，如图 5-14 右图所示为【倾斜角度】为 20 时的文字效果。

文字效果　　文字效果

图 5-14 不同【倾斜角度】值的效果

5.2.5 【上机操作】——创建【文字样式 1】

下面讲解如何创建文字样式，具体操作步骤如下：

01 在菜单栏中选择【格式】|【文字样式】命令，弹出【文字样式】对话框，如图 5-15 所示。

02 单击【新建】按钮，弹出【新建文字样式】对话框，在【样式名】文本框中输入【文字样式 1】，单击【确定】按钮，如图 5-16 所示。

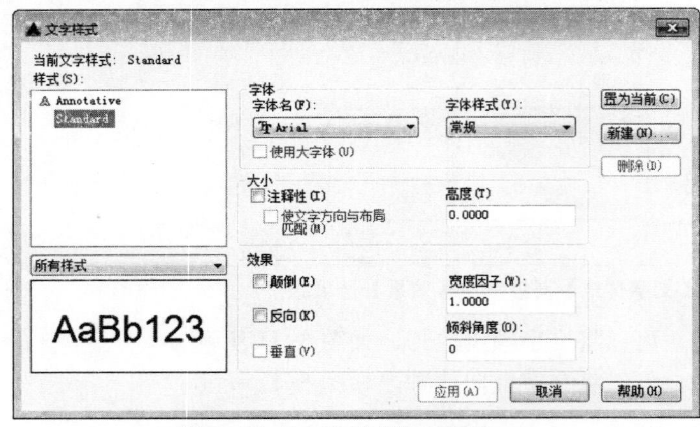

图 5-15 【文字样式】对话框

图 5-16 【新建文字样式】对话框

03 返回【文字样式】对话框，在【字体名】下拉列表中选择【方正舒体】选项，在【高度】文本框中输入 5，单击【应用】按钮，再单击【置为当前】按钮，最后单击【关闭】按钮，如图 5-17 所示。

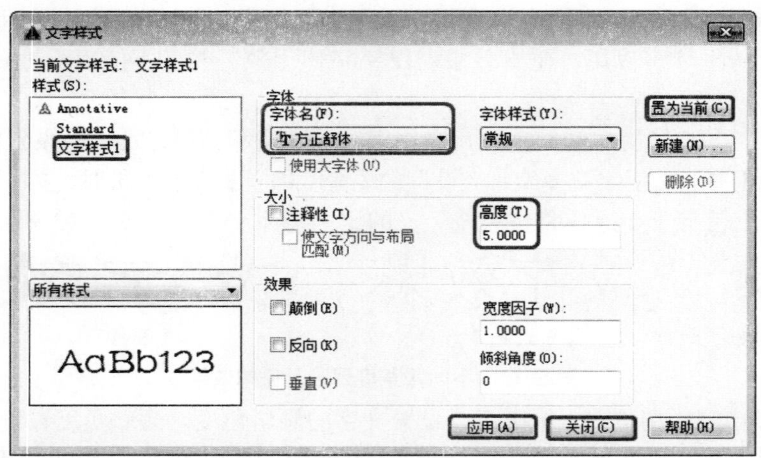

图 5-17 设置完成

5.3 单行文字的创建和编辑

用户可以使用多种方法创建文字，对简单的内容可以使用单行文字，对带有内部格式的较长内容可以使用多行文字，也可以创建带有引线的多行文字。

5.3.1 创建单行文字

在 AutoCAD 2016 中，对于不需要多种字体或多行的简单输入项一般使用单行文字，单行文字对于输入标签非常方便。调用【单行文字】命令有以下几种方式：

- 在命令行执行【DTEXT】命令。
- 选择【绘图】|【文字】|【单行文字】命令，如图 5-18 所示。
- 在【注释】选项卡中单击【单行文字】按钮A̲I，如图 5-19 所示。

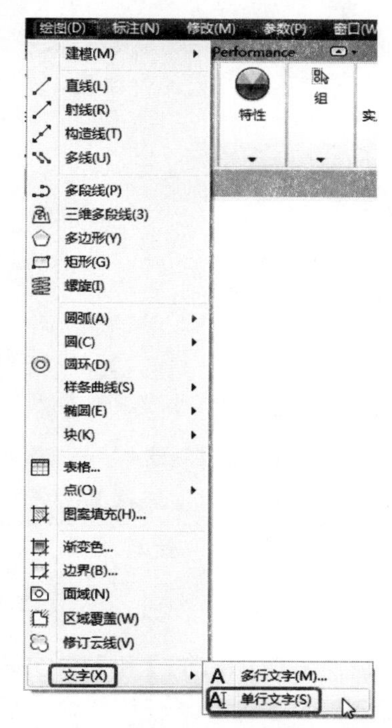

图 5-18 利用菜单栏执行【单行文字】命令

图 5-19 单击【单行文字】按钮A̲I

用户执行上面任何一种命令后，命令行显示如图 5-20 所示。

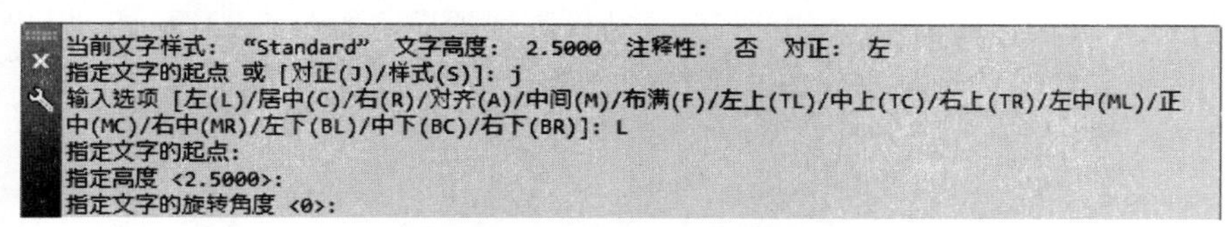

图 5-20 【单行文字】命令行

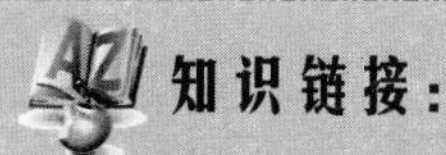
知识链接：

【对正】命令中各选项的功能如下：

左：选择该项后，用户在输入文字时将以拾取的点作为左对齐点来输入文字。

居中：选择该项后，用户输入的整个文本的中点将处于刚输入时所拾取的点上。

右：选择该项后，用户在输入文字时将以拾取的点作为右对齐点来输入文字。

对齐：选择该项后，命令行会提示指定文字基线的第一个端点，指定文字基线的第二个端点，如图 5-21 所示。指定第一个端点和第二个端点后，用户输入文字时文字将自动调整高度，并在指定的两个端点之间对齐。

```
命令: _text
当前文字样式: "Standard" 文字高度: 142.4712 注释性: 否 对正: 对齐
指定文字基线的第一个端点 或 [对正(J)/样式(S)]: j
输入选项 [左(L)/居中(C)/右(R)/对齐(A)/中间(M)/布满(F)/左上(TL)/中上(TC)/右上(TR)/左中(ML)/正中(MC)/右中(MR)/左下(BL)/中下(BC)/右下(BR)]: A
指定文字基线的第一个端点:
指定文字基线的第二个端点:
```

图 5-21　命令行提示

中间：选择该项后，用户在输入文字时，文字将以拾取的点为中间点排列。

布满：选择该项后，命令行同样会提示指定文字基线的第一个端点，指定文字的第二个端点。指定两个端点后，用户在输入文字时，文字的高度不变，宽度会改变，并布满在两个端点之间。

左上：选择该项后，文字将以拾取的点作为左上角点排列。

中上：选择该项后，文字将以拾取的点作为中心点顶端排列。

右上：选择该项后，文字将以拾取的点作为右上角点进行排列。

左中：选择该项后，文字将以拾取点作为最左侧的中点进行排列。

正中：该项用于指定文本的中心点。

右中：该项用于指定文字的右侧中点。

左下：选择该项后，文字将以拾取点作为左下侧的点进行排列。

中下：选择该项后，文字将以拾取点作为中间下侧的点进行排列。

右下：选择该项后，文字将以拾取点作为右下侧的点进行排列。

5.3.2 编辑单行文字

编辑单行文字主要是修改文字内容和特性，可以分别使用【DDEDIT】和【PROPERTIES】命令来编辑。当只需要修改文字内容时，可以使用【DDEDIT】命令，使用该命令后，选中要修改的文字，被选中的文字将处于编辑状态，在任意文字后单击，即可在此文字后再次输入文字，如图 5-22 所示。当要修改内容、文字样式、位置、方向、大小、对正和其他特征时，使用【PROPERTIES】命令，则可打开【特性】选项板，如图 5-23 所示。用户可在【文字】属性栏中选择相应的选项来修改文字特性。

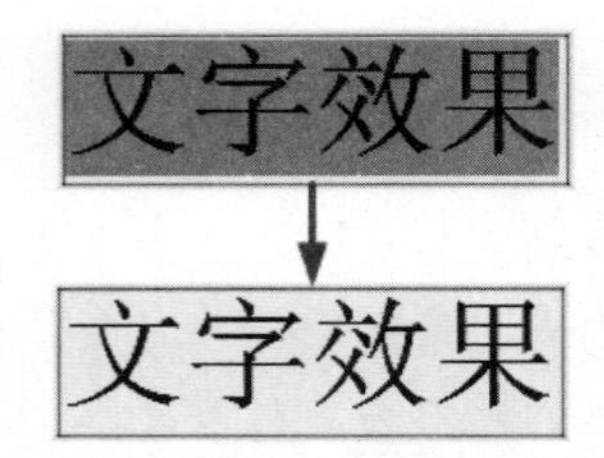

图 5-22　处于编辑状态的文字

图 5-23　【特性】选项板

知识链接：

打开【特性】选项板的方法还有另外几种：

（1）选中要修改的文字，在文字上右击，在弹出的快捷菜单中选择【特性】命令，可打开【特性】选项板，如图 5-24 所示。

（2）单击【默认】选项卡中的【特性】按钮，在弹出的面板中单击【特性】右侧的箭头，如图 5-25 所示，也可以打开【特性】选项板。

（3）选中要修改的文字，选择【修改】|【特性】命令，即可打开【特性】选项板，如图 5-26 所示。

（4）使用【Ctrl+1】快捷键，也可以打开【特性】选项板。

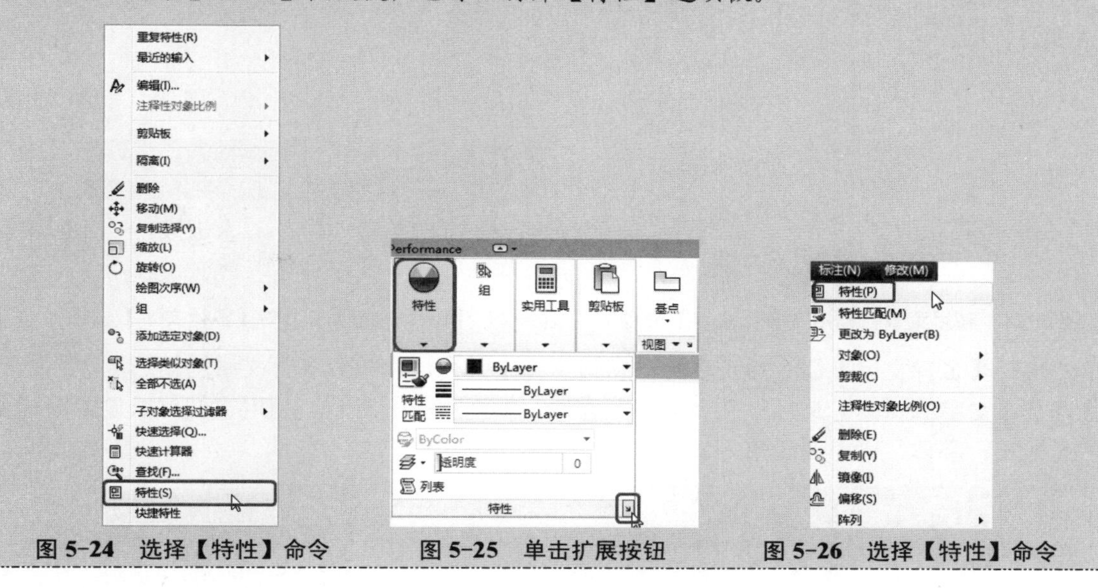

图 5-24　选择【特性】命令　　图 5-25　单击扩展按钮　　图 5-26　选择【特性】命令

5.4　多行文字的创建和编辑

【多行文字】又称为段落文字，是一种更易于管理的文字对象，多行文字由任意数目的文字行或段落组成，可以布满指定的宽度，还可以在竖直方向上无限延伸，但不管书写多少行，多行文字都被认为是一个对象。

5.4.1　创建多行文字

【多行文字】可以由两行以上的文字组成作为一个实体，只能对其进行整体选择、编辑。

【多行文字】命令的调用方法有如下 4 种：

图 5-27　单击【多行文字】按钮

- 单击【注释】选项板上的【多行文字】按钮A，如图 5-27 所示。
- 在菜单栏中选择【绘图】|【文字】|【多行文字】命令，如图 5-28 所示。

- 单击【默认】选项卡上的【多行文字】按钮A，如图 5-29 所示。
- 在命令行中输入【MTEXT】命令。

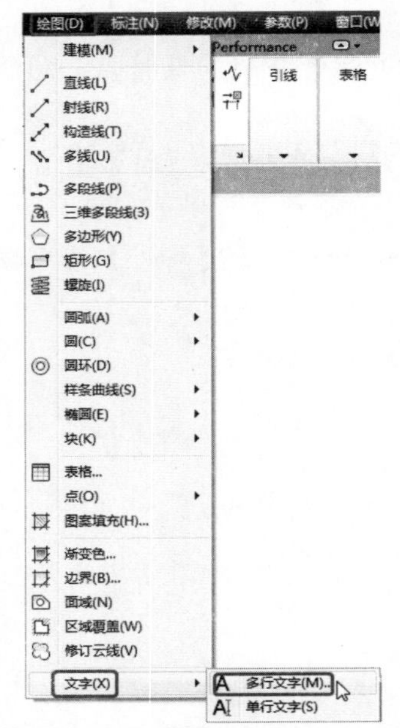

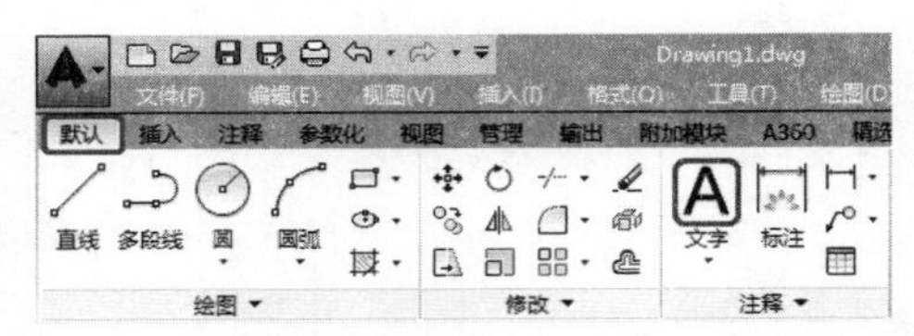

图 5-28　利用菜单栏调用【多行文字】命令　　图 5-29　【默认】选项卡上的【多行文字】按钮

执行【多行文字】命令后，在绘图窗口中指定一个用来放置多行文字的矩形区域，这时将打开【文字编辑器】选项卡和文字输入窗口，如图 5-30 所示，利用它们可以设置多行文字的样式、字体、大小及段落等属性。

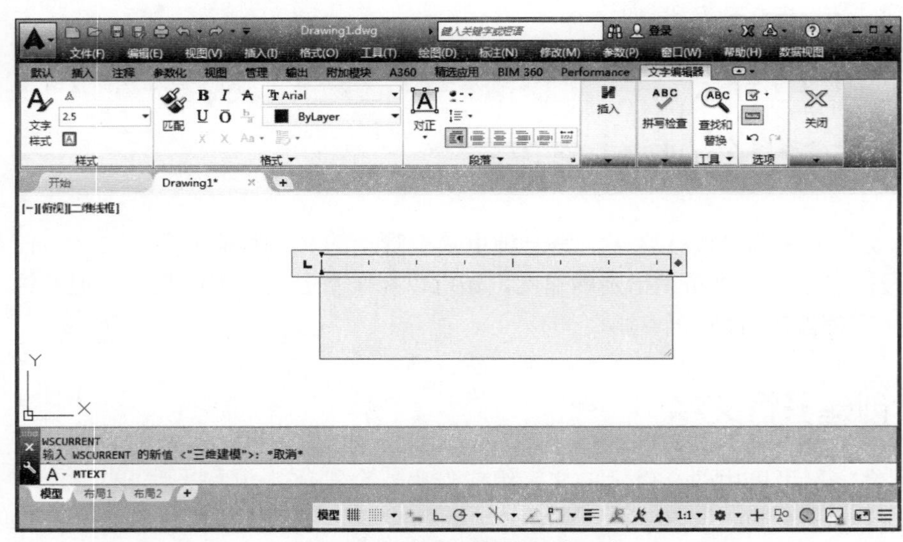

图 5-30　【文字编辑器】选项卡

下面介绍【文字编辑器】选项卡中各主要选项的功能。

- 【样式】面板【文字样式】：选择用户已在【文字样式】中设置的样式。在 AutoCAD 中，具有方向或倒置效果的样式不能使用。

- 【样式】面板【文字高度】：用于按图形单位设置新文字的字符高度或更改选定文字的高度。多行文字对象可以包含不同高度的字符。
- 【格式】面板【加粗】、【倾斜】和【下画线】：单击按钮，可以为新输入的文字或选定的文字设置加粗、倾斜或加下画线效果。
- 【格式】面板背景遮罩[A]：单击该按钮将打开【背景遮罩】对话框，可以设置是否使用背景遮罩、边界偏移因子，以及背景遮罩的填充颜色，如图 5-31 所示。
- 【段落】面板【设置缩进、制表位和多行文字宽度】：单击【段落】面板右下角↘按钮，或在文字输入窗口的标尺上右击，在弹出的快捷菜单中选择【段落】命令，打开【段落】对话框，如图 5-32 所示，用户可以从中设置缩进和制表位位置。

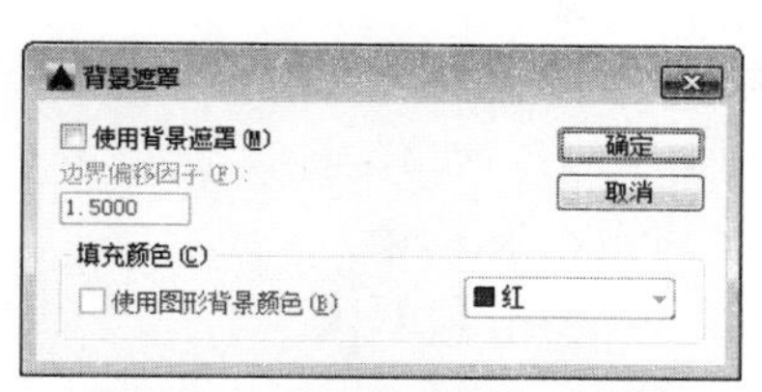

图 5-31 【背景遮罩】对话框

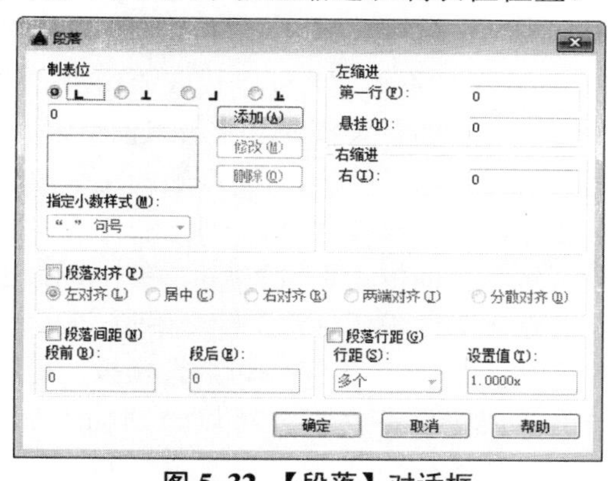

图 5-32 【段落】对话框

- 【段落】面板【项目符号和编号】：该命令可以使用字母、数字作为段落文字的项目编号。
- 【段落】面板【段落对齐】：可以设置段落的对齐方式。
- 【段落】面板【合并段落】：可以将选定的多个段落合并为一个段落，并用空格代替每段的回车符。
- 【插入】面板【插入字段】：单击该按钮将打开【字段】对话框，可以选择需要插入的字段，如图 5-33 所示。
- 【插入】面板【符号】：选择该命令的子命令，可以在实际设计绘图中插入一些特殊的字符，如度数、正/负和直径等符号。选择【其他】命令，将打开【字符映射表】对话框，可以插入其他特殊字符，如图 5-34 所示。

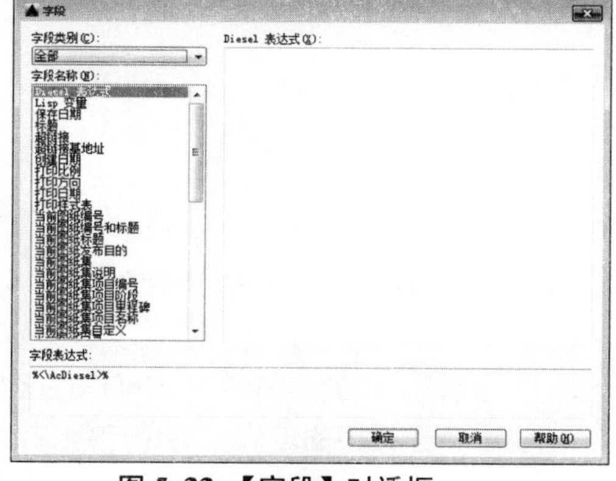

图 5-33 【字段】对话框

图 5-34 【字符映射表】对话框

- 【工具】面板【查找和替换】：选择该命令将打开【查找和替换】对话框，如图 5-35 所示。用户可以搜索或同时替换指定的字符串，也可以设置查找的条件，如是否全字匹配、是否区分大小写等。

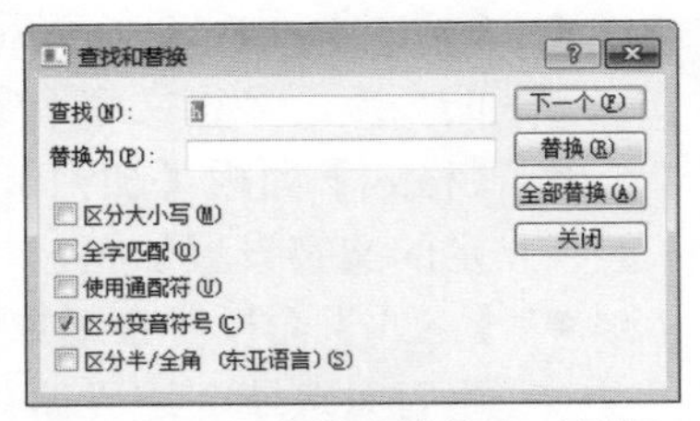

图 5-35 【查找和替换】对话框

- 【拼写检查】：将文字输入图形中时可以检查所有文字的拼写，也可以指定已使用的特定语言的词典并自定义和管理多个自定义拼写词典。可以检查图形中所有文字对象的拼写，包括单行文字和多行文字、标注文字、多重引线文字、块属性中的文字、外部参照中的文字。使用拼写检查，将搜索用户指定的图形或图形的文字区域中拼写错误的词语。如果找到拼写错误的词语，则将亮显该词语，并且绘图区域将缩放为便于读取该词语的比例。
- 【工具】面板【输入文字】：选择该命令将打开【选择文件】对话框，用户可以将已经在其他文字编辑器中创建的文字内容直接导入到当前的文本窗口中。
- 【选项】面板【取消】：单击该按钮可以取消前一次操作。
- 【选项】面板【重做】：单击该按钮可以重复前一次取消的操作。
- 【选项】面板【标尺】：单击该按钮可以控制文字输入窗口的标尺显示。
- 【关闭】：关闭文字编辑器选项板，退出多行文字的输入与编辑。

如果要创建堆叠文字，可以分别输入分子和分母，并使用【|】、【#】或【^】符号分隔，然后按【Enter】键，将打开【自动堆叠特性】对话框，在对话框中可对堆叠的特性进行设置。

选择【不再显示此对话框，始终使用这些设置】复选框，则可以直接创建堆叠文字。

5.4.2 编辑多行文字

在绘制图形过程中，有时会发现使用的文字不符合绘图要求或者对文字样式不满意，这时可以在文字原有的基础上进行修改，重新编辑。和单行文字一样，对多行文字的编辑主要也是对文字内容和特性的编辑。

1. 修改多行文字的内容

如果想改变多行文字的内容，可以使用文字的【编辑】命令来实现，调用文字【编辑】命令的方法主要有 3 个：

- 在菜单栏中选择【修改】|【对象】|【文字】|【编辑】命令，选中要修改的文字。
- 在命令行中执行命令【DDEDIT】，然后选中要修改的文字。

在要修改的文字上双击，即可对文字内容进行修改。

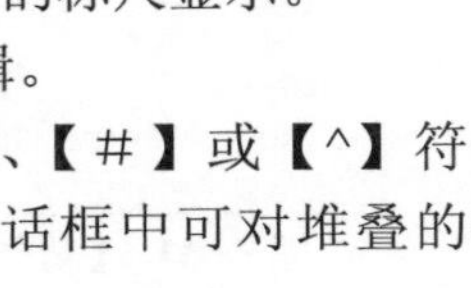

调用【编辑】命令后，多行文字将处于编辑状态，如图 5-36 所示。

图 5-36 多行文字的编辑状态

2. 修改多行文字的特性

如果需要修改文本的文字特性，如高度、宽度因子、旋转、倾斜等特性时，可以在【特性】选项板中进行修改，打开【特性】选项板的方法在前边单行文字的编辑内容中已经讲过，这里不再赘述。

3. 设置多行文字的对正方式

用户可以通过使用【对正】命令来改变所选定文字的对齐点而不改变文字原来的位置，再次输入文字时也会以重新设置的对正方式来排列文字。

调用【对正】命令的方法主要有以下 3 种：

- 在菜单栏中选择【修改】|【对象】|【文字】|【对正】命令，如图 5-37 所示。
- 单击【注释】选项卡下【文字】选项组中的【对正】按钮，如图 5-38 所示。
- 在命令行中输入或动态输入【JUSTIFYTEXT】命令。

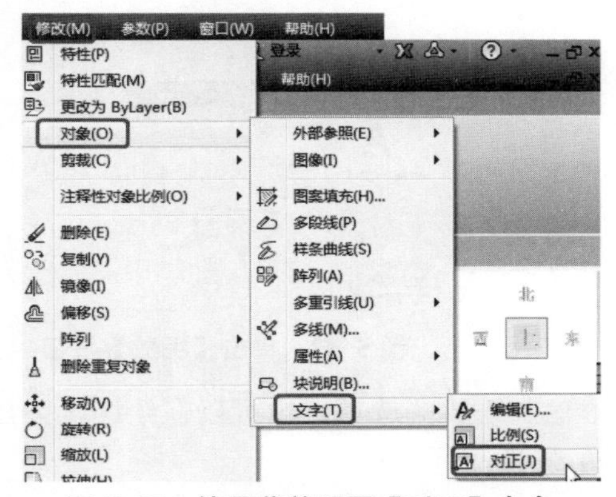

图 5-37　使用菜单调用【对正】命令

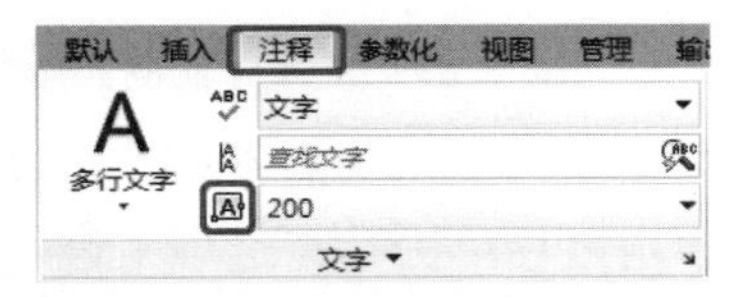

图 5-38　使用【对正】按钮调用【对正】命令

执行【对正】命令后，选中需要对正的文字，按【Enter】键确认，命令行将出现提示，提示中提供了用户可以选择的对正方式，如图 5-39 所示。同时绘图区也会出现快捷菜单，用户可以单击其中的一个选项来设置对正方式，如图 5-40 所示。

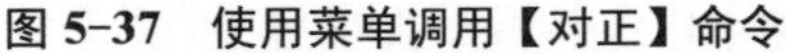

图 5-39　执行【对正】命令后的提示

图 5-40　执行【对正】命令后在绘图区出现的快捷菜单

4. 设置多行文字的缩放比例

在图纸中使用文字时，需要针对文字设置合适的缩放比例，使其与图纸看起来更协调，有利于图纸的美观。使用【比例】命令，可以更改一个或多个文字的缩放比例，并且不会改变文字在图纸中的位置。调用文字缩放比例命令的方法主要有以下 3 种：

- 选择【修改】|【对象】|【文字】|【比例】命令，如图 5-41 所示。
- 单击【注释】选项卡下 文字 ▾ 按钮，在弹出的面板中单击【缩放】按钮 缩放，如图 5-42 所示。
- 在命令行中执行命令或动态输入【SCALETEXT】命令。

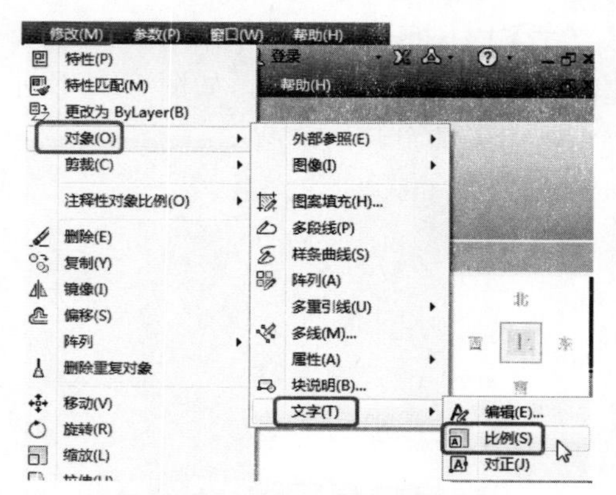

图 5-41 选择【比例】命令

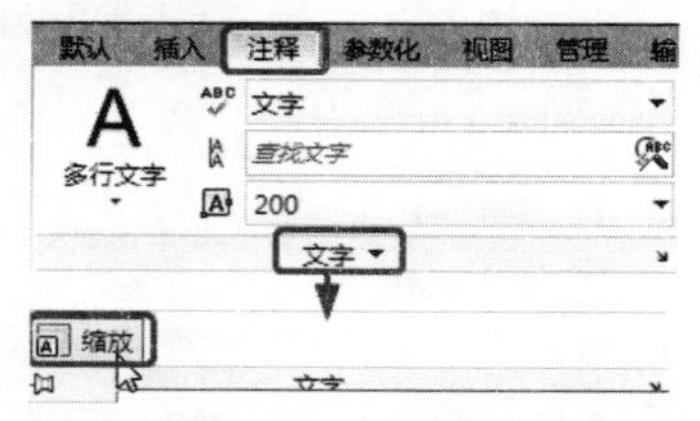

图 5-42 单击【缩放】按钮

调用文字缩放比例命令后，可以在命令行中输入缩放的选项，也可以在绘图区弹出的快捷菜单中用鼠标单击基点选项来进行设置，如图 5-43 所示。

选择文字的缩放基点选项后，命令行中会出现【指定新模型高度或[图纸高度(P)/匹配对象(M)/比例因子(S)]】，如图 5-44 所示。

- 图纸高度：选择该选项后可以设置文字的新高度。
- 匹配对象：选择该选项后可以缩放最初选定的文字对象，以便于选定的文字对象大小匹配。
- 比例因子：按参照长度和指定的新长度比例对所选文字进行缩放。

图 5-43 输入缩放的基点选项

图 5-44 命令行提示

5.4.3 【上机操作】——应用多行文字工具

下面讲解如何应用多行文字工具，具体操作步骤如下：

01 启动 AutoCAD 2016，打开随书附带光盘中的 CDROM\素材\第 5 章\多行文字.dwg，如图 5-45 所示。

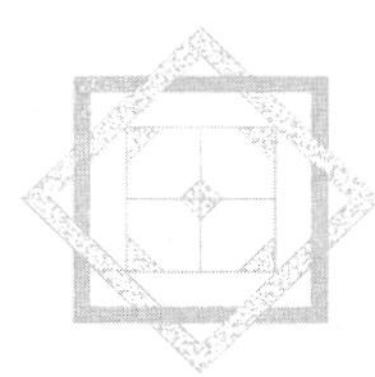

图 5-45　素材文件

02 在命令行输入【MTEXT】文字，按【Enter】键进行确定，在绘图窗口中指定一个用来放置多行文字的矩形区域，以确定多行文字的宽度（也可以输入【W】，然后输入宽度数值，指定多行文字的宽度），在弹出的【文字编辑器】选项卡的【样式】面板中，将文字高度设置为 100，在【格式】面板中，将字体设为【宋体】，在【段落】面板中，单击【对正】按钮，在弹出的下拉列表中选择【正中 MC】选项，如图 5-46 所示。

03 在编辑器中输入文字内容，这里输入【地面拼花】，按【Ctrl+Enter】组合键完成操作，完成后的效果如图 5-47 所示。

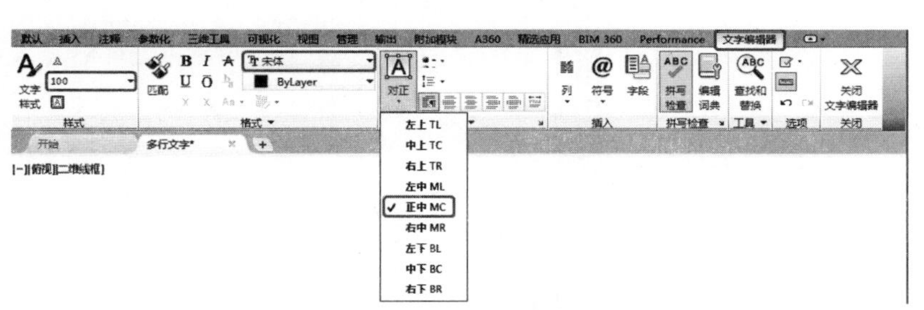

图 5-46　设置【文字编辑器】选项卡

图 5-47　完成后的效果

5.5　使用文字控制符

在工程绘图中，用户还会经常用到一些单位符号和特殊符号，如下画线、温度单位（°）等。AutoCAD 提供了相应的控制符，方便用户输出这些符号。表 5-1 列出了 AutoCAD 中常用的控制符号。

表 5-1　常用控制符号

控制符号	作用
%%O	表示打开或关闭文字上画线
%%U	表示打开或关闭文字下画线
%%D	表示单位【度】的符号【°】
%%P	表示正负符号【±】
%%C	表示直径符号【Φ】
%%%	表示百分号【%】

单行文字输入特殊控制符的具体操作步骤如下：

01 在命令行输入【TEXT】文字，按【Enter】键进行确认。

02 根据命令行提示进行操作，将【文字高度】设为 100，将旋转角度设为 0，按【Enter】键进行确认。输入文字【%%UAutoCAD 2016%%U 建筑设计】，连续按两次【Enter】键进行确认，结束命令，如图 5-48 所示。

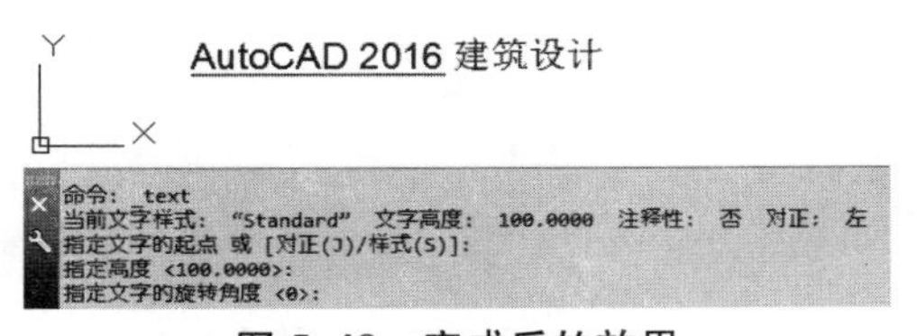

图 5-48　完成后的效果

5.6 表格的创建

表格可以清晰简洁地提供信息，常用在一些组件的图形中，在工程图中也会用到。使用表格之前，首先需要新建表格样式或者选择软件中默认的表格样式。在【表格样式】对话框中可以设置表格的外观，还可以设置表格中的文字样式、文字高度、文字颜色等特性。【表格样式】对话框如图 5-49 所示。

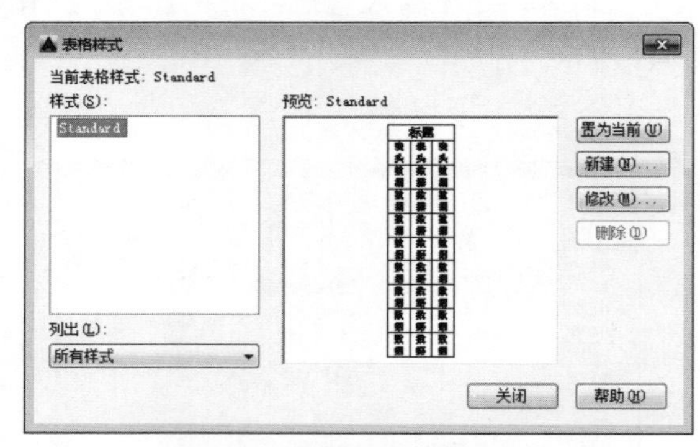

图 5-49 【表格样式】对话框

5.6.1 【表格样式】对话框

与文字样式一样，AutoCAD 图形中的表格都有与其对应的表格样式。

在 AutoCAD 2016 中，打开【表格样式】对话框的方法主要有以下 3 种：

- 选择菜单栏中的【格式】|【表格样式】命令，即可打开【表格样式】对话框，如图 5-50 所示。
- 单击【注释】选项卡的【表格】下拉按钮，在弹出的面板中单击【表格】右侧的对话框启动器按钮，即可打开【表格样式】对话框，如图 5-51 所示。
- 在命令行中执行【TABLESTYLE】命令，即可打开【表格样式】对话框。

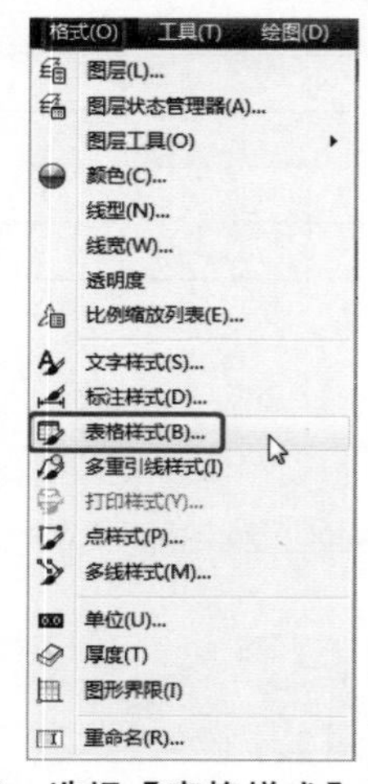

图 5-50 选择【表格样式】命令

图 5-51 单击【表格样式】对话框启动器

打开【表格样式】对话框后，即可对表格样式进行相应的设置。【表格样式】对话框分为三部分，左侧部分为表格样式列表，中间为表格样式预览，右侧和右下侧为各功能按钮。

下面介绍左侧各部分的功能。

- 【当前表格样式】：显示当前使用的表格样式。
- 【样式】：在该列表框中显示了当前图形文件中包含的所有表格样式或正在使用的表格样式。
- 【列出】：在该选项的下拉列表中提供了两个选项，【所有样式】和【正在使用的样式】，选择【所有样式】后，【样式】列表框中将显示图形中包含的所有表格样式；选择【正在使用的样式】后，【样式】列表框中将显示正在使用的样式。

中间的【预览】部分显示【样式】列表框中选中的表格样式效果。

下面介绍右侧各按钮的功能。

- 置为当前(U) 按钮：在【样式】列表框中选中一个表格样式，单击该按钮，可以将选中的表格样式设置为当前的表格样式。
- 新建(N)... 按钮：单击该按钮，可以新建一个表格样式。
- 修改(M)... 按钮：在【样式】列表框中选中一个表格样式，单击该按钮，可以对选中的表格样式进行修改。
- 删除(D) 按钮：在【样式】列表框选中一个表格样式，单击该按钮，可以将选中的表格样式删除，系统默认的表格样式不能被删除。

5.6.2 新建表格样式

通常情况下，AutoCAD 只提供一个默认的 Standard 表格样式。如果需要新的表格样式，可以单击【表格样式】对话框中的【新建】按钮，弹出【创建新的表格样式】对话框，在该对话框中的【新样式名】文本框中可以设置新的表格样式名称，在【基础样式】下拉列表中选择一个已经存在的表格样式，用户可以在选择的表格样式基础上创建新的表格样式，单击【继续】按钮，即可在弹出的【新建表格样式：样式 1】对话框中对表格样式进行设置，如图 5-52 和图 5-53 所示。

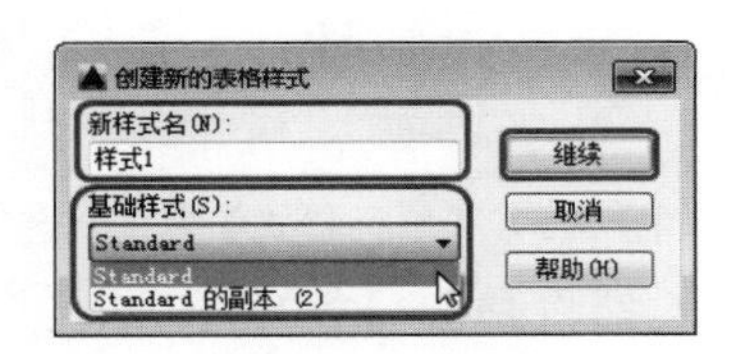

图 5-52 【创建新的表格样式】对话框

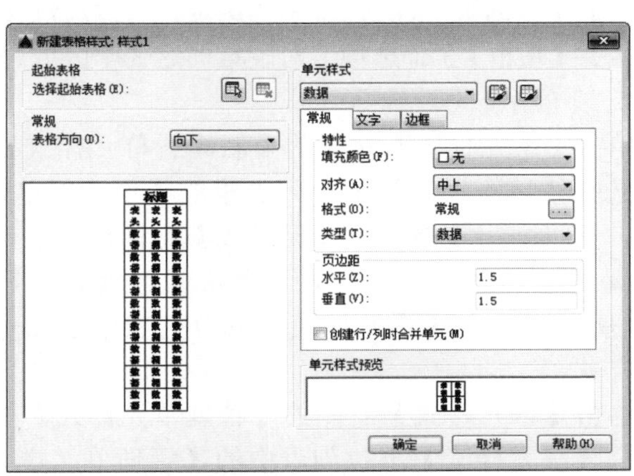

图 5-53 【新建表格样式：样式 1】对话框

在【新建表格样式】对话框中，可以设置新建表格样式的各种属性。下面我们就来学习一下【新建表格样式】对话框中各选项组的选项及功能。

1.【起始表格】选项组

在【起始表格】选项组中单击【选择起始表格】按钮，会返回到绘图区中，引导用户在绘图区选择一个表格，使选择的表格样式作为新建表格的基础样式。选择起始表格后，可以单击右边的【删除起始表格】按钮，此时会弹出【表格样式-删除起始表格】对话框，如图 5-54 所示。单击【是】按钮，即可取消起始表格的选择。

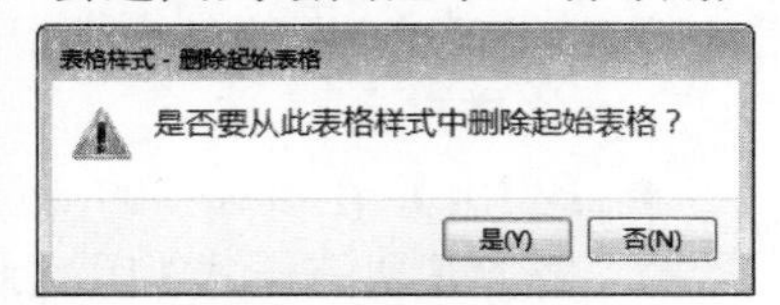

图 5-54　对话框

2.【常规】选项组

在【常规】选项组内【表格方向】下拉列表中提供了两种表格方向，在其下方的白色区域可以预览选择的表格方向，如图 5-55 和图 5-56 所示。

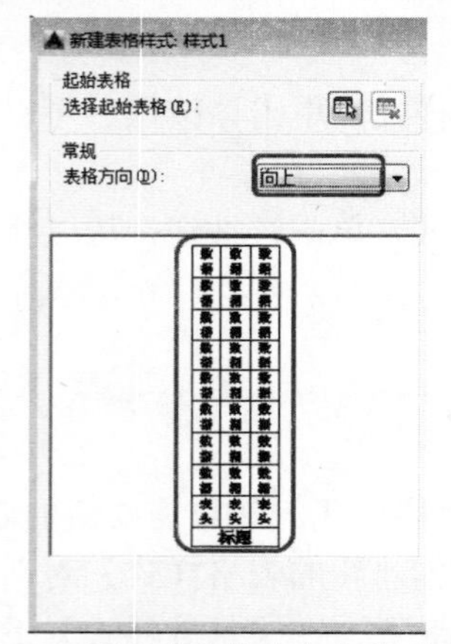

图 5-55　选择【表格方向】为【向上】

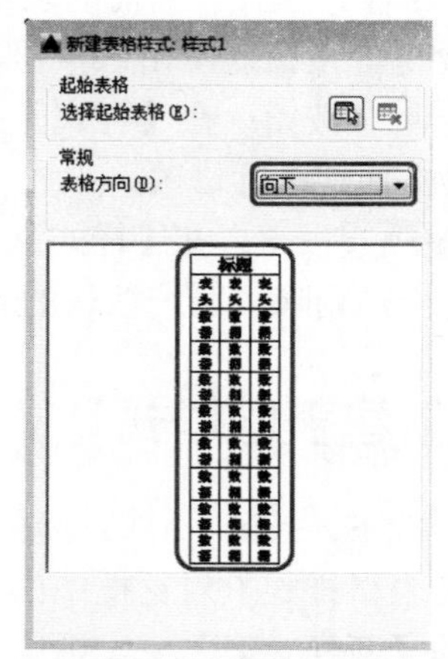

图 5-56　选择【表格方向】为【向下】

3.【单元样式】选项组

在【单元样式】下拉列表中提供了 3 个选项：【标题】、【表头】、【数据】，依次选择 3 个选项，可以通过【常规】、【文字】、【边框】3 个选项卡对表格的这 3 个区域进行设置，如图 5-57 所示。

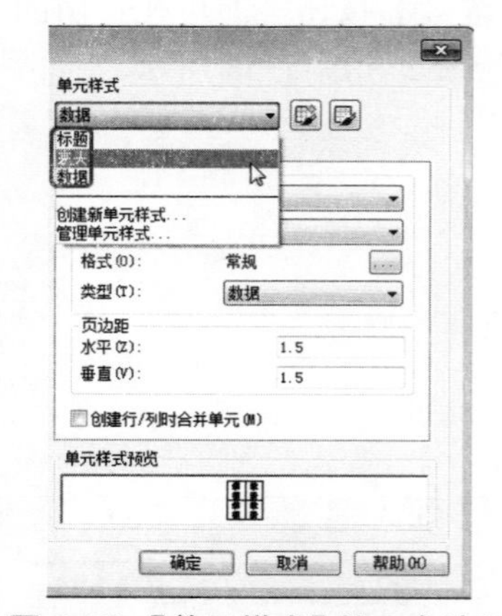

图 5-57【单元样式】的 3 个选项

单击【单元样式】右侧的【创建新单元样式】按钮或者选择【单元样式】下拉列表中的【创建新单元样式】命令，都将弹出【创建新单元样式】对话框，在该对话框中设置新样式名和基础样式，单击【继续】按钮，如图 5-58 所示，将在【单元样式】下拉列表中添加一个新的单元样式。

单击【单元样式】右侧的【管理单元样式】按钮或者选择【单元样式】下拉列表中的【管理单元样式】命令，都将弹出【管理单元样式】对话框，在该对话框中可以新建、重命名和删除单元样式，如图 5-59 所示。默认的单元样式不能删除。

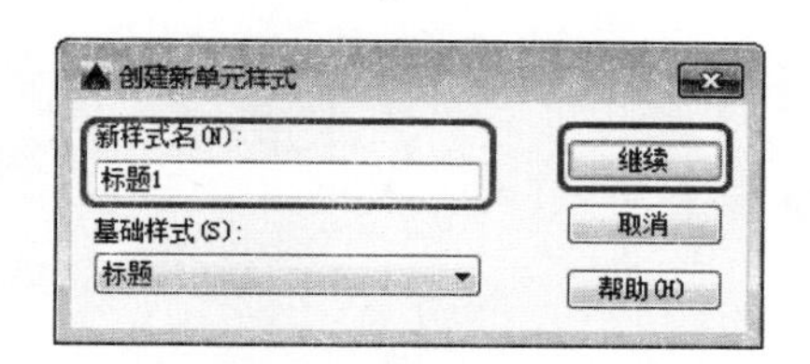

图 5-58 【创建新单元样式】对话框

图 5-59 【管理单元样式】对话框

在【单元样式】下的【常规】选项卡中可以对表格中所选部分的填充颜色、对齐方式、格式、类型和页边距进行设置，如图 5-60 所示。单击【格式】右侧的按钮，弹出【表格单元格式】对话框，如图 5-61 所示。在【表格单元格式】中可以选择数据类型。【类型】主要是将单元样式指定为标签或数据。勾选【创建行/列时合并单元】复选框，系统将会使用当前单元样式创建的所有新行或列合并到一个单元中。

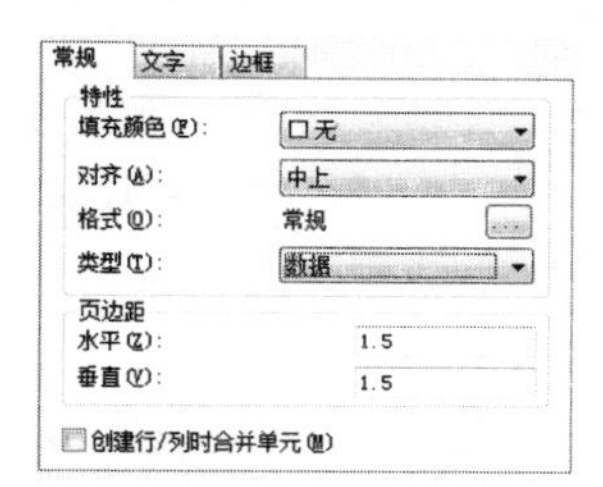

图 5-60 【常规】选项卡

在【单元样式】下的【文字】选项卡中可以对文字样式、文字高度、文字颜色和文字角度进行设置，如图 5-62 所示。单击【文字样式】右侧的按钮[...]，弹出【文字样式】对话框，如图 5-63 所示。在该对话框中可以创建新的文字样式。【文字高度】选项仅在选定文字样式的文字高度为 0 时可用。如果选定的文字样式指定了固定的文字高度，则此项不可用。【文字角】度可以输入-359～359 之间的任何角度。

在【单元样式】下的【边框】选项卡中可以设置表格边框的各种特性，如线型、线宽、颜色等，如图 5-64 所示。各项属性设置完毕后，单击【确定】按钮，即可完成表格样式的创建。

图 5-61 【表格单元格式】对话框

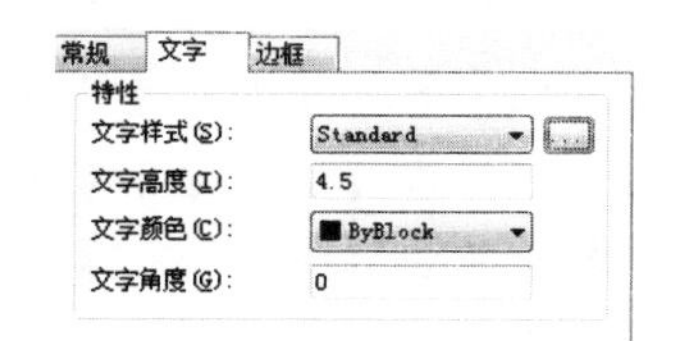

图 5-62 【文字】选项卡

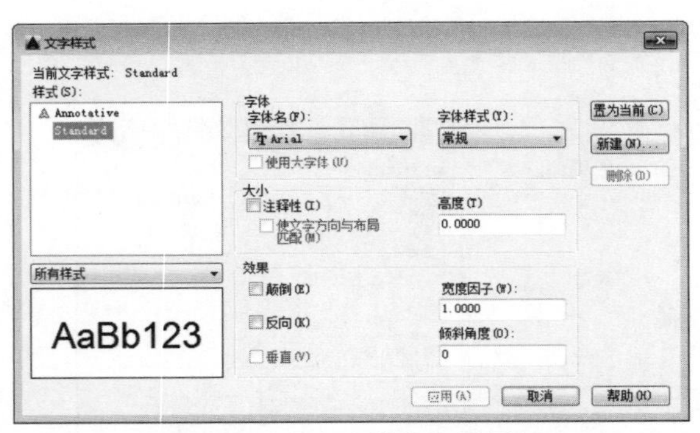
图 5-63 【文字样式】对话框

图 5-64 【边框】选项卡

5.6.3 【上机操作】——创建新表格样式

创建表格样式的目的是为了使创建出的表格更满足需要，从而方便后期对表格进行编辑。在 AutoCAD 中默认创建了一个名为【Standard】的表格样式，用户可直接对该表格样式的参数进行修改，也可以创建新的表格样式，下面通过具体操作步骤来说明怎样创建新的表格样式：

01 启动 AutoCAD 2016，在命令行中执行【TABLESTYLE】命令，弹出【表格样式】对话框，单击【新建】按钮，弹出【创建新的表格样式】对话框，在【新样式名】文本框中输入新的表格样式名为【建筑设计】，在【基础样式】下拉列表中选择作为新表格样式的基础样式，系统默认选择【Standard】样式，单击【继续】按钮，如图 5-65 所示。

02 在【单元样式】下拉列表中选择【标题】选项，在其下方的【常规】、【文字】和【边框】选项卡中可以设置【标题】选项的基本特性、文字特性和边框特性，这里在【常规】选项卡的【特性】选项组中选择【填充颜色】下拉列表中的【绿色】选项，如图 5-66 所示。

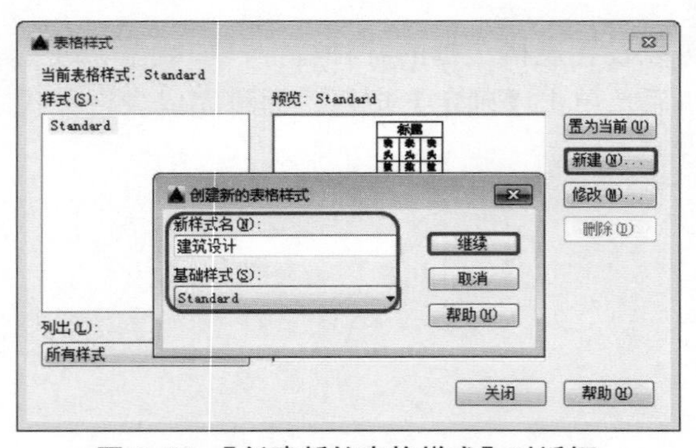
图 5-65 【创建新的表格样式】对话框

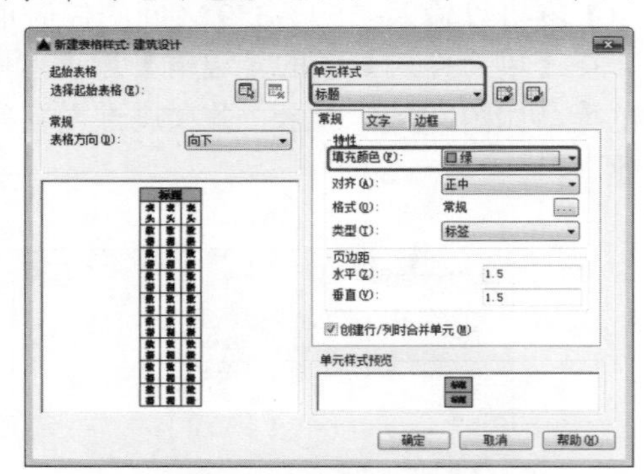
图 5-66 设置填充颜色

03 在【文字】选项卡的【特性】选项组中单击【文字样式】右侧的...按钮，弹出【文字样式】对话框，在【字体名】下拉列表中选择【黑体】选项，如图 5-67 所示，单击【应用】按钮，然后单击【置为当前】按钮和【关闭】按钮，关闭对话框。

04 在【单元样式】选项组中对其他选项进行设置，这里设置【表头】和【数据】的对齐方式均为【正中】，将【数据】的文字高度设为 5，然后单击【确定】按钮。

05 返回【表格样式】对话框，此时在该对话框右侧的预览框中即显示了新创建的表格样式，单击【置为当前】按钮，即可将其设置为当前表格样式，然后单击【关闭】按钮完成操作，如图 5-68 所示。

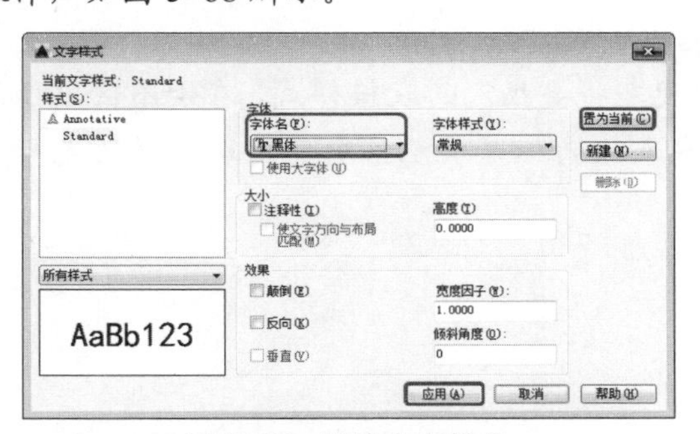

图 5-67　设置文字样式

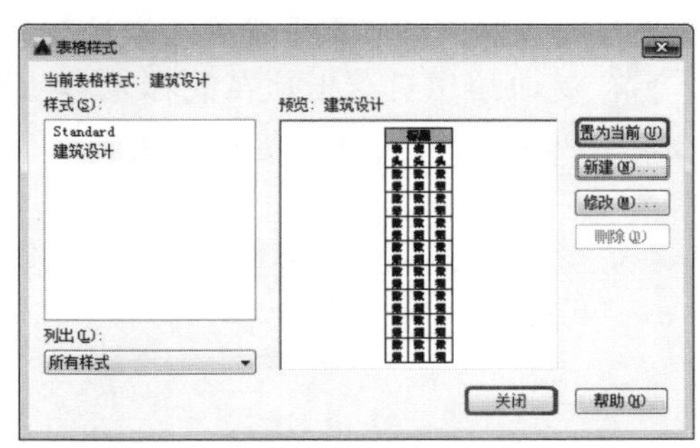

图 5-68　关闭对话框

5.6.4 插入表格

在表格样式设置完成后，就可以根据该表格样式插入表格并输入相应的表格内容了。插入表格有以下 4 种方式：

- 在【默认】选项卡的【注释】面板中单击【表格】按钮，如图 5-69 所示。
- 在【注释】选项卡的【表格】面板中单击【表格】按钮，如图 5-70 所示。
- 在菜单栏中执行【绘图】|【表格】命令，如图 5-71 所示。
- 在命令行中执行【TABLE】命令。

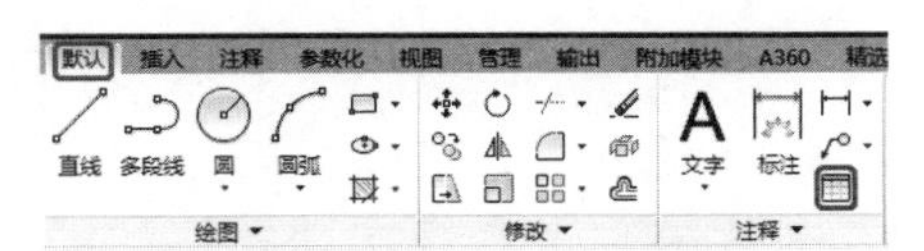

图 5-69 【默认】选项卡中的【表格】按钮

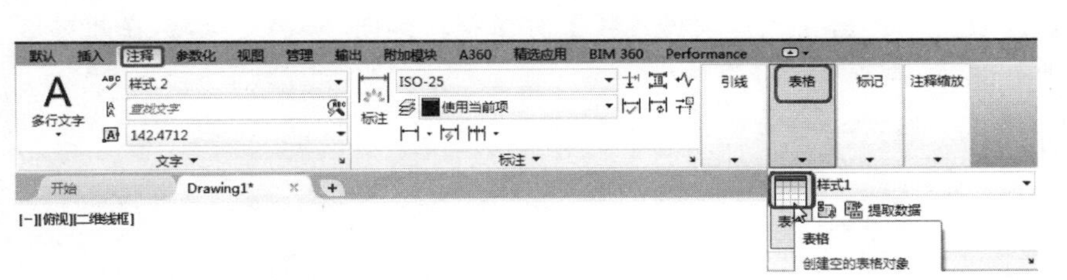

图 5-70 【注释】选项卡中的【表格】按钮

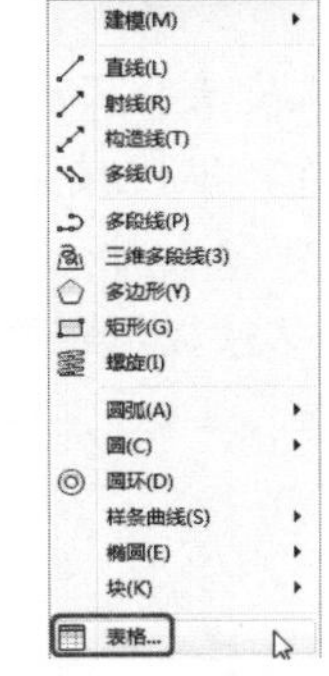

图 5-71　利用菜单栏插入表格

创建表格的具体操作步骤如下：

01 启动 AutoCAD 2016，在【默认】选项卡的【注释】面板中单击【表格】按钮，弹出【插入表格】对话框，在【表格样式】下拉列表中选择需要使用的表格样式，这里以插入刚创建的【Standard 副本】表格样式为例进行操作。

02 在【插入方式】选项组中选择在绘图区中插入表格的方式，这里选择【指定插入点】单选按钮，在【列和行设置】选项组中设置列数、列宽、数据行数及行高等值，这里在【列数】数值框中输入 8，在【列宽】数值框中输入 80，在【数据行数】数值框中输入 5，在【行高】数值框内输入 6，单击【确定】按钮，如图 5-72 所示。

03 返回绘图区，此时在鼠标光标处会出现即将要插入的表格样式，在绘图区中任意拾取一点作为表格的插入点插入表格，同时在表格的标题单元格中会出现闪烁的光标，如图 5-73 所示。

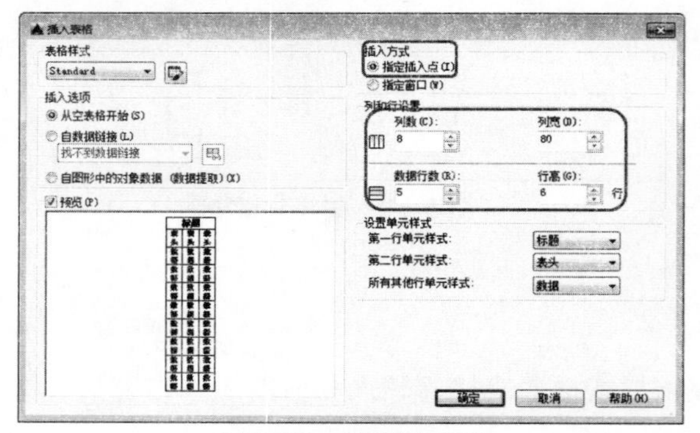

图 5-72　设置列和行

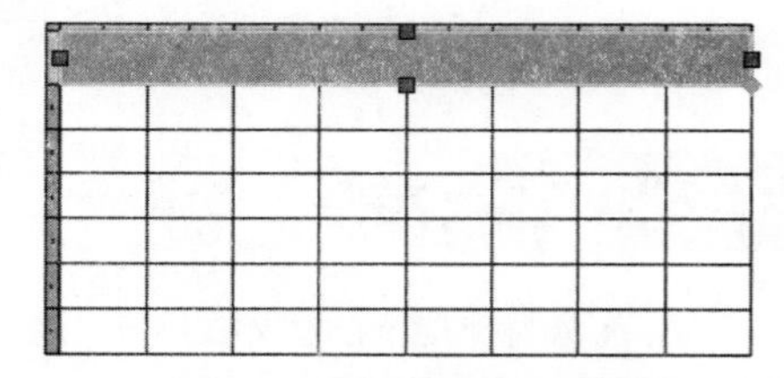

图 5-73　创建标题单元格

04 若要在其他单元格中输入内容，可按键盘上的方向键依次在各个单元格之间进行切换。将鼠标光标选择到哪个单元格，该单元格即会以不同颜色显示并有闪烁的鼠标光标，此时即可输入相应的内容。

知识链接：

下面介绍【插入表格】对话框中各选项的具体含义。

【表格样式】：在此下拉列表中可以选择现有的表格样式。单击右侧的【启动“表格样式”对话框】按钮，弹出【表格样式】对话框，可以在弹出的对话框中创建新的表格样式。

【从空表格开始】：创建一个空表格。

【自数据链接】：可以与外部的电子表格进行数据链接。单击列表框右侧的【启动“数据链接管理器”对话框】按钮，弹出【选择数据链接】对话框，如图 5-74 所示。在此对话框中可以对数据链接进行设置。

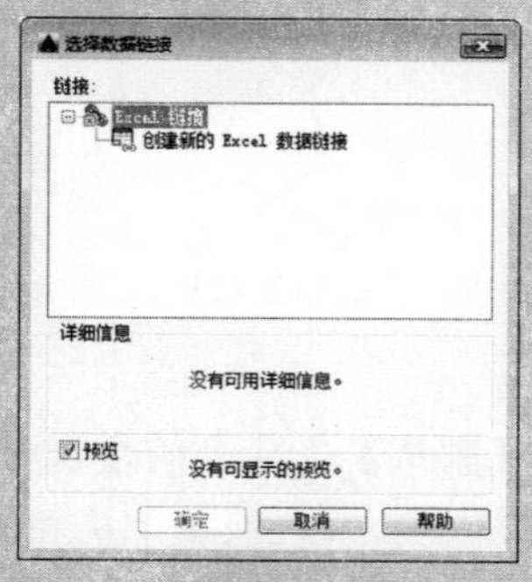

图 5-74　【选择数据链接】对话框

【自图形中的对象数据】：启动“数据提取”向导。

【预览】：勾选该复选框后，可以对设置的表格进行预览。

【指定插入点】：指定插入表格时表格左上角的位置。

【指定窗口】：指定表格的大小和位置。选择该单选按钮后，插入表格时，在绘图区通过点击鼠标左键和拖动鼠标来决定表格的大小和位置，从而自动设置行数和列宽。

【列和行设置】：该选项组用来设置列数、列宽、数据行数和行高。

【设置单元样式】：该选项组用于设置不包含起始表格的表格样式。

【第一行单元样式】：指定表格中第一行的单元样式。

【第二行单元样式】：设置表格中第二行的单元样式。

【所有其他行单元样式】：设置表格中其他所有行的单元样式。

5.7 编辑表格

表格创建完成后，可以对其进行复制、粘贴、移动、删除、旋转和合并等简单操作，还可以均匀调整表格的行列大小。

5.7.1 编辑整个表格

在表格的任意网格线上单击，命令行中会出现提示：指定对角点。在原位置上单击，会选中整个单元格，选中后，表格会出现夹点，用鼠标拖动夹点可以对表格进行调整。

如图 5-75 所示为通过拖动夹点调整表格的宽度和高度。

右击表格，弹出快捷菜单，可以在弹出的快捷菜单中对表格进行相应的编辑和操作，如图 5-76 所示。

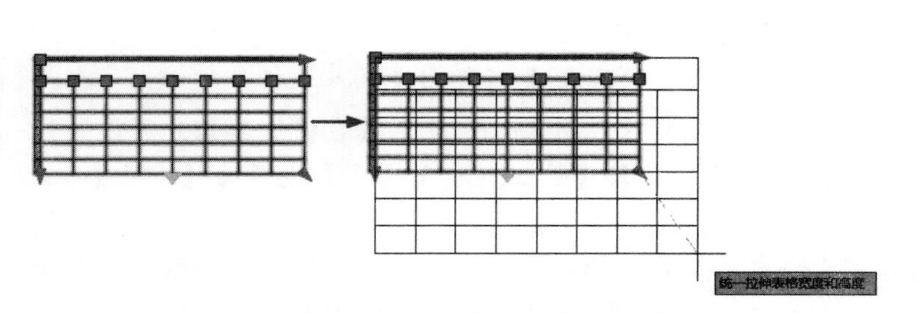

图 5-75　拖动夹点调整表格宽度和高度

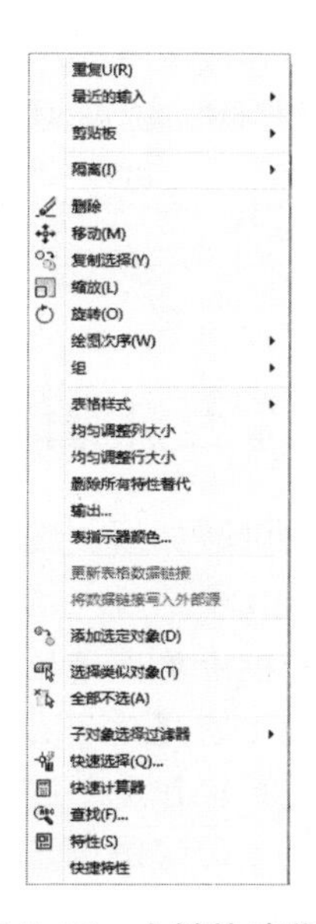

图 5-76　右键快捷菜单

5.7.2 编辑单元格

在某个单元格内单击鼠标左键，命令行会出现提示：指定对角点。再次在原位置上单击，即选中此单元格，如图 5-77 所示。选中单元格后，单元格会出现夹点，单击边框夹点后，拖动鼠标，将调整单元格的行高或列宽，单击右下侧的夹点后，拖动鼠标，将自动添加单元格。右击单元格，将弹出快捷菜单，如图 5-78 所示。在快捷菜单中可以对单元格进行相应的编辑和操作。

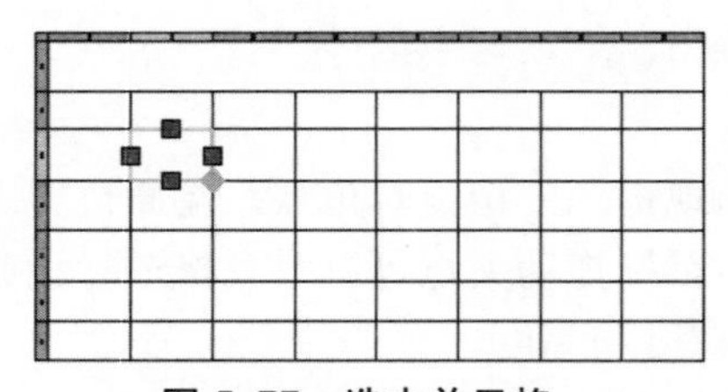

图 5-77　选中单元格

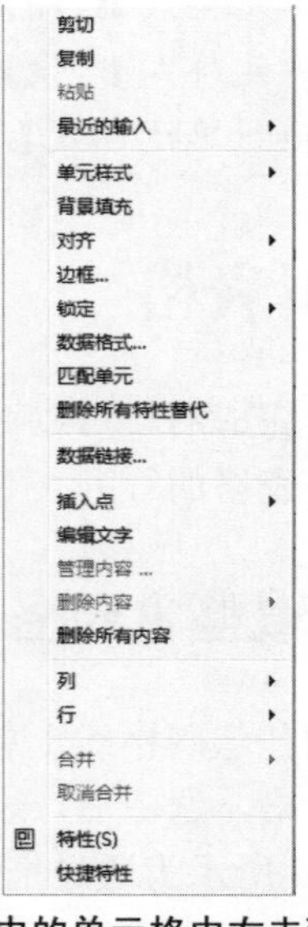

图 5-78　在选中的单元格中右击弹出快捷菜单

选中单元格后，会出现【表格单元】选项卡，如图 5-79 所示。在【表格单元】选项卡中可以对表格进行相应的操作。

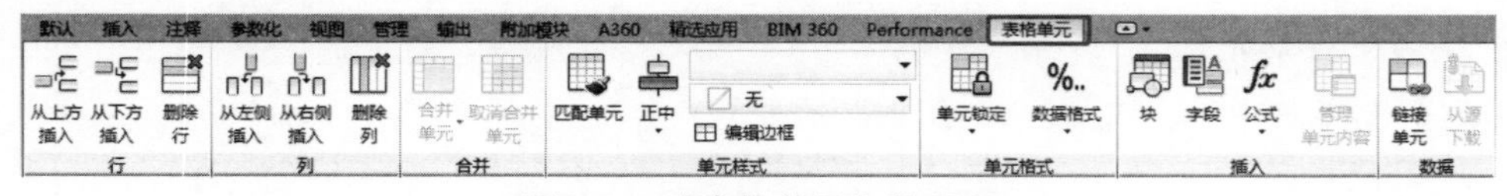

图 5-79　【表格单元】选项卡

5.7.3 【上机操作】——应用表格

下面讲解如何创建表格并设置，具体操作步骤如下：

01 在命令行中执行【TABLE】命令，并按【Enter】键弹出【插入表格】对话框，在弹出的对话框中单击【指定插入点】单选按钮，将【列数】、【列宽】、【数据行数】分别设置为 4、10、2，将【第一行单元样式】设置为【标题】，【第二行单元样式】设置为【表头】，单击【确定】按钮，如图 5-80 所示。

02 返回绘图区，在空白处任意一点单击指定插入点，即可插入表格。在绘图区中选择【A1:D1】单元格，在【表格单元】选项卡中单击【合并】面板中的【合并单元】按钮，在弹出的下拉列表中选择【合并全部】命令，如图 5-81 所示。

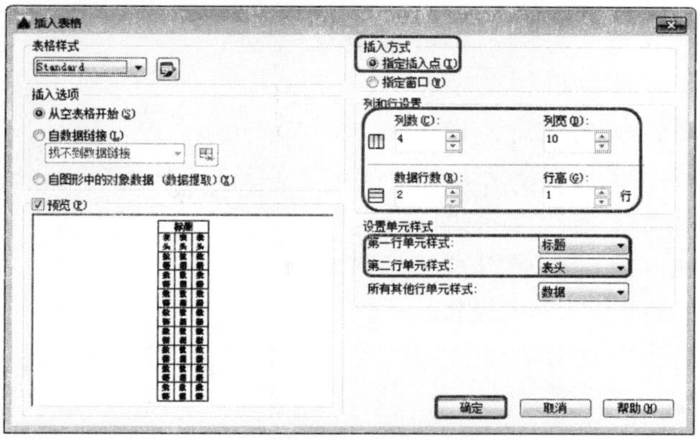

图 5-80 设置表格

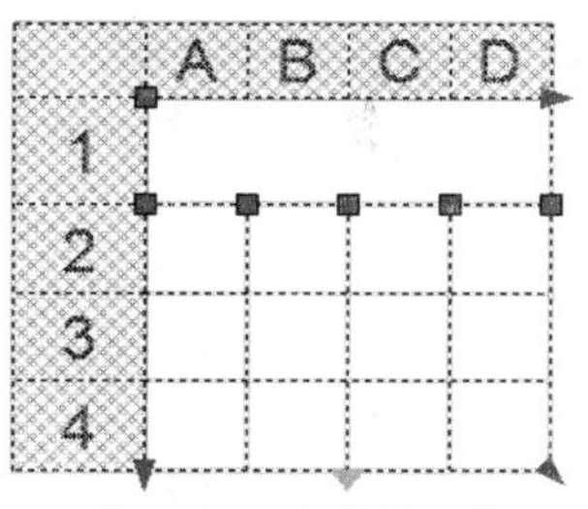

图 5-81 合并单元格

03 合并完成后，在绘图区中分别选择【A2:B4】和【C2:D2】单元格，在【表格单元】选项卡中单击【合并】组中的【合并单元】按钮，在弹出的下拉列表中选择【合并全部】命令，如图 5-82 和图 5-83 所示。

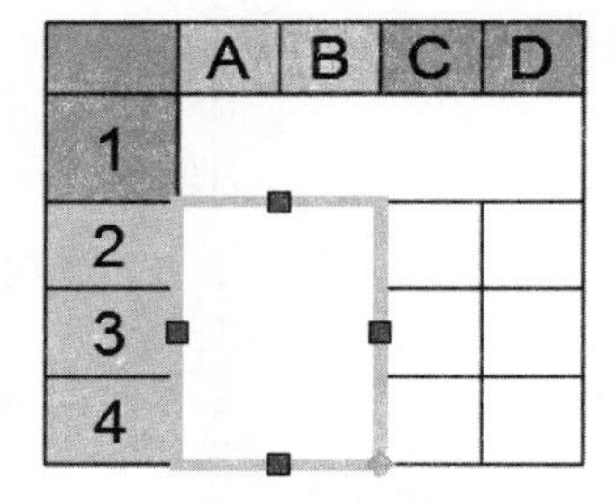

图 5-82 合并单元格

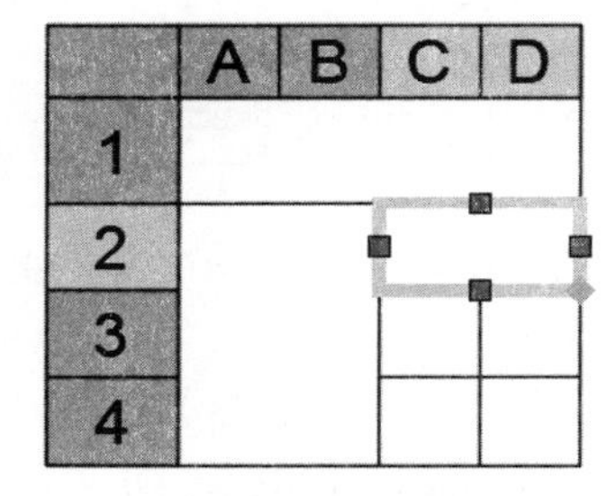

图 5-83 合并单元格

04 使用同样的方法合并其他单元格，如图 5-84 所示。

05 在第一行单元格中输入相应的文字，并将合并单元格中的文字高度设置为 5，并将【对正 MC】设为正中，效果如图 5-85 所示。

06 使用同样的方法在其他单元格中输入文字，如图 5-86 所示。

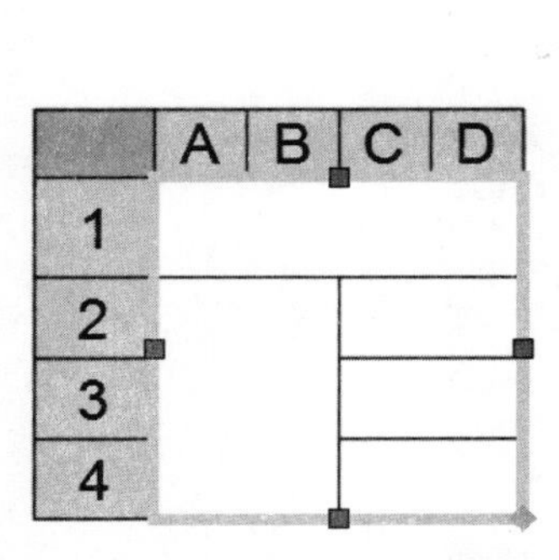

图 5-84 合并其他单元格

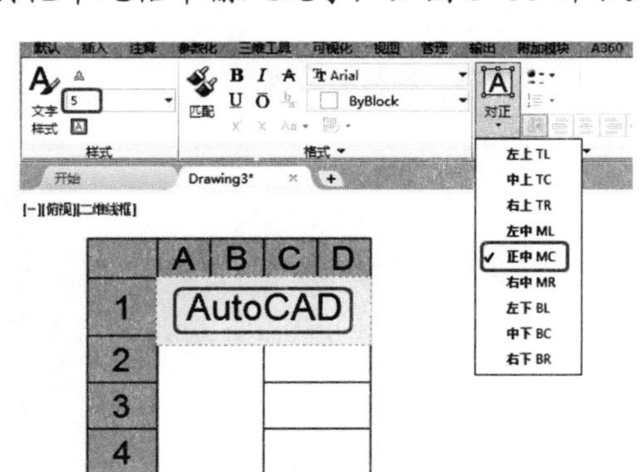

图 5-85 输入文字

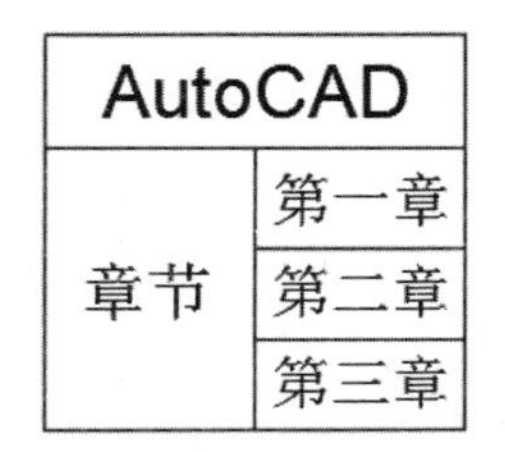

图 5-86 设置完成后的效果

5.8 引线

绘图完成后，有时需要对图形的某个部位进行文字说明或者用详图进行说明，这时就会用到引线从需要说明的部位引出。引线用水平方向的直线，或与水平方向成 30°、45°、60°或 90°的直线，或经上述角度再折为水平的折线。文字说明一般写在横线上方，也可以写在横线的端部，索引详图的引线应对准索引符合的圆心。引线一般包含基线、块内容、引线、箭头四部分，如图 5-87 所示。

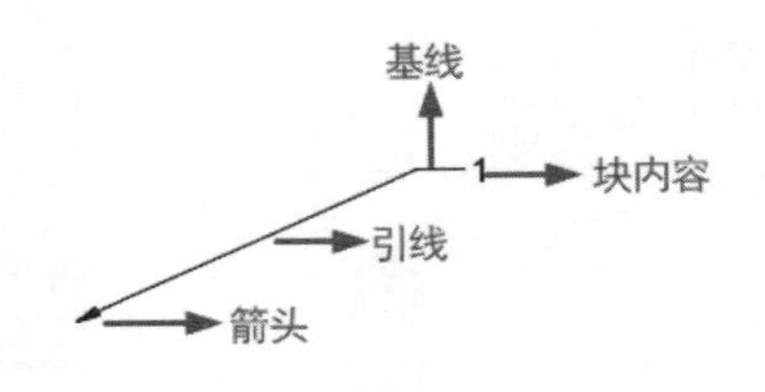

图 5-87 引线

知识链接：

基线和引线与多行文字对象或块关联，因此当重定位基线时，内容和引线将随其移动。

当打开关联标注，并使用对象捕捉确定引线箭头的位置时，引线则与附着箭头的对象相关联。如果重定位该对象，箭头也随之重定位，并且基线相应拉伸。

5.8.1 新建和修改多重引线样式

在 AutoCAD 2016 中，可以在【多重引线样式管理器】对话框中对引线进行新建、修改等操作，如图 5-88 所示。

打开【多重引线样式管理器】的方法主要有以下 3 种：

- 在命令行中输入【MLEADERSTYLE】命令，按【Enter】键确认，即可打开【多重引线样式管理器】对话框。
- 选择菜单栏中的【格式】|【多重引线样式】命令，即可打开【多重引线管理器】对话框，如图 5-89 所示。

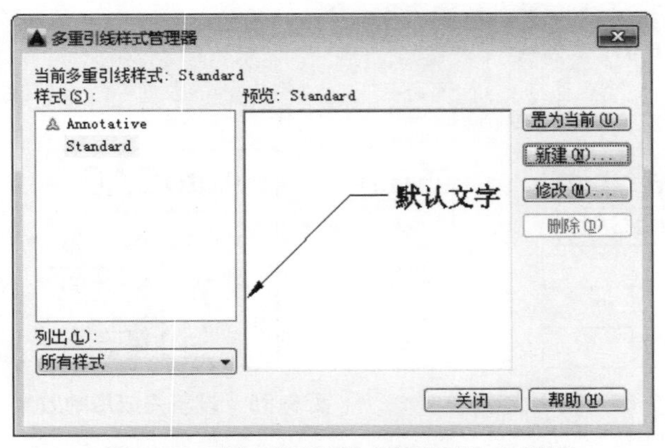

图 5-88 【多重引线样式管理器】对话框

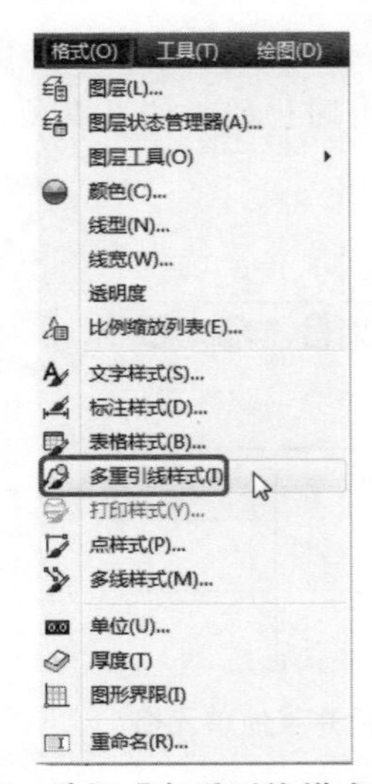

图 5-89 选择【多重引线样式】命令

● 选择【注释】选项卡，在【引线】面板中单击对话框启动器按钮，如图 5-90 所示。

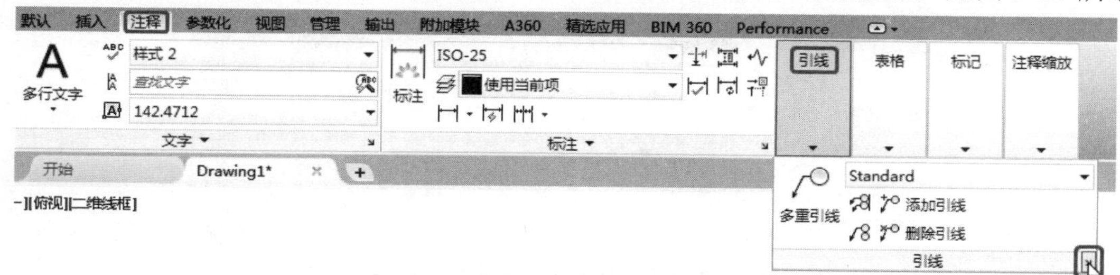

图 5-90 在【注释】选项卡中单击【多重引线管理器】启动器

执行其中的一项操作后，弹出【多重引线样式管理器】对话框，单击【新建】按钮，弹出【创建新多重引线样式】对话框，如图 5-91 所示，在该对话框中可以设置引线的新样式名和选择基础样式。单击【继续】按钮，弹出【修改多重引线样式】对话框，如图 5-92 所示，在该对话框中可以对新建的引线样式进行设置。

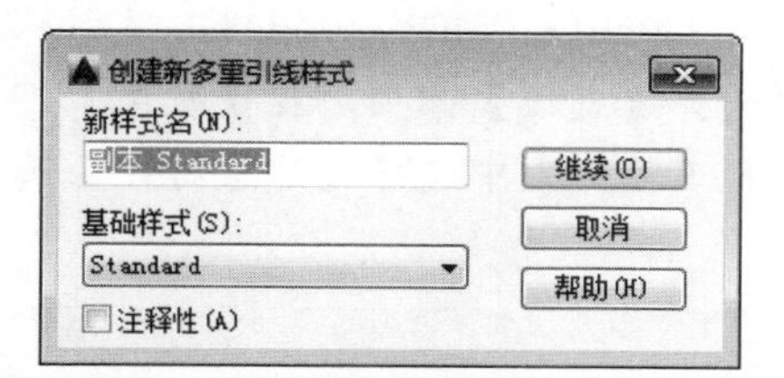

图 5-91 【创建新多重引线样式】对话框

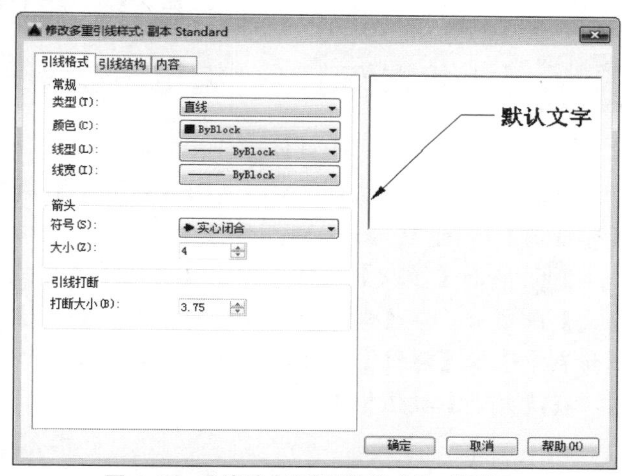

图 5-92 【修改多重引线样式】对话框

5.8.2 创建多重引线

在 AutoCAD 2016 中，执行【多重引线】命令的方法主要有以下 3 种：

● 在命令行中输入【MLEADER】命令。
● 在【注释】选项卡的【多重引线】面板中单击【多重引线】按钮，如图 5-93 所示。

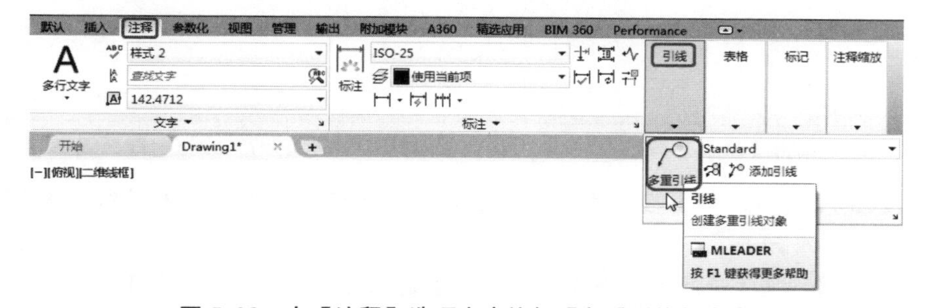

图 5-93 在【注释】选项卡中执行【多重引线】命令

- 单击【默认】选项卡下【注释】面板中的【引线】按钮，如图 5-94 所示。

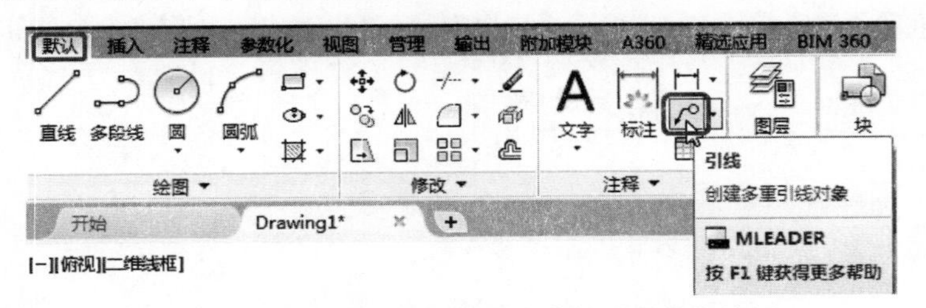

图 5-94　单击【默认】选项卡中的【引线】按钮

执行其中一项命令后，命令行出现提示如图 5-95 所示。用户可以根据命令行的提示进行操作。

MLEADER 指定引线箭头的位置或 [引线基线优先(L) 内容优先(C) 选项(O)] <选项>:

图 5-95　命令行提示

5.8.3 【上机操作】——编辑多重引线样式

设置多重引线样式的具体操作步骤如下：

01 在命令行中执行【MLEADERSTYLE】命令，并按【Enter】键，弹出【多重引线样式管理器】对话框，如图 5-96 所示。

02 单击【修改】按钮，弹出【修改多重引线样式：Standard】对话框，切换至【引线格式】选项卡，在【常规】选项组的【类型】下拉列表中选择【直线】选项，在【颜色】下拉列表中选择【洋红】选项，在【箭头】选项组的【符号】下拉列表中选择【建筑标记】选项，在【大小】数值框中输入 5，如图 5-97 所示。

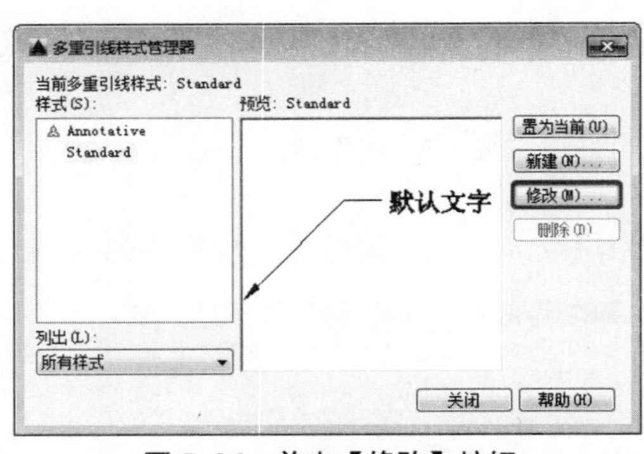

图 5-96　单击【修改】按钮

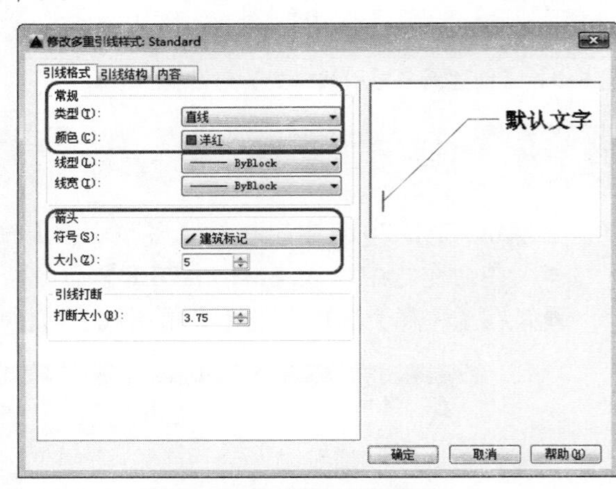

图 5-97　设置引线格式

03 切换至【引线结构】选项卡，在【基线设置】选项组的【设置基线距离】数值框中输入 10，如图 5-98 所示。

04 切换至【内容】选项卡，在【文字选项】选项组的【文字颜色】下拉列表中选择【洋红】选项，在【文字高度】数值框中输入 50，单击【确定】按钮完成设置，如图 5-99 所示。

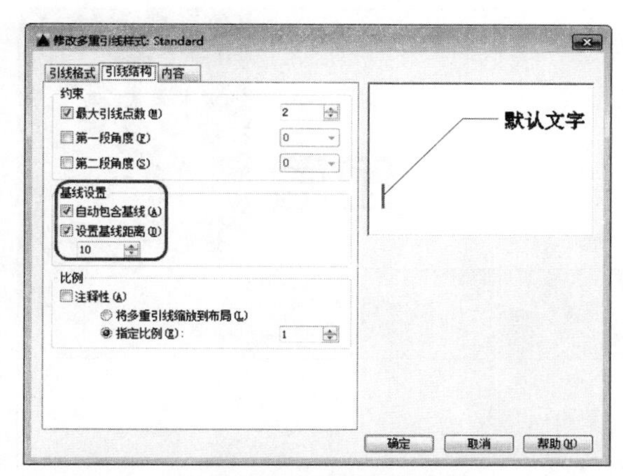

图 5-98　设置引线结构

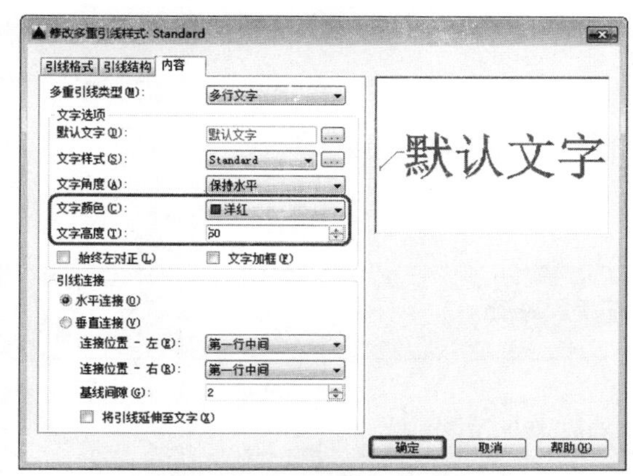

图 5-99　设置文字高度

05 返回【多重引线样式管理器】对话框，单击【置为当前】和【关闭】按钮，如图 5-100 所示。

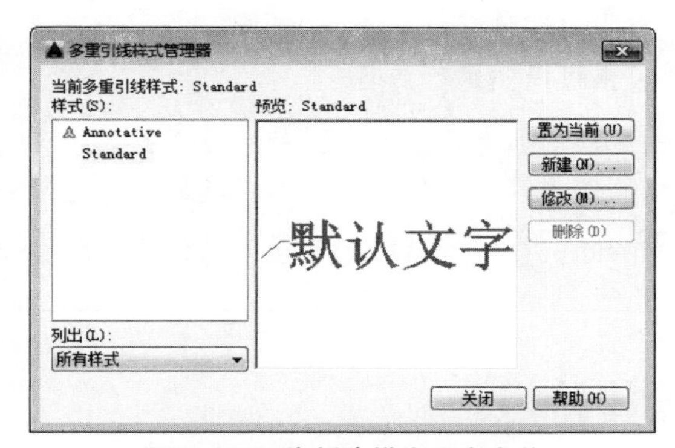

图 5-100　将新建样式置为当前

5.9　本章小结

文字和表格是工程图样中不可缺少的一部分，本章主要讲解文字样式的设置与编辑、文字引线的设置，以及表格的创建与数据输入方法等，其中重点是文字样式的设置，难点是如何解决不同版本的 DWG 文件相互打开时出现的字体混乱情况，还有表格数据的自动更新问题，也需要读者在实践中体会。

本章的文字设置方法都是在绘图工作中常用的基本技能，希望读者以后多加练习。

5.10　问题与思考

1．执行表格样式命令有多种方法，分别是什么？

2．利用【单行文字】命令也可以创建多行文字，其与创建【多行文字】命令创建的多行文字有什么区别？

3．尝试利用表格创建自己的课程表。

06 Chapter 图层

本章导读：

基础知识
- ◈ 认识图层
- ◈ 控制图层状态

重点知识
- ◈ 创建图层
- ◈ 设置图层

提高知识
- ◈ 了解组过滤器
- ◈ 通过上机操作进行练习

在 AutoCAD 中，所绘图形通常包含多个图层，每个图层都表明了一种图形对象的特性，包括颜色、线型和线宽等属性；图形显示控制功能是设计人员必须要掌握的技术。在绘图过程中，使用不同的图层和图形显示控制功能可以方便地控制对象的显示和编辑，从而提高绘图效率。

6.1 图层简介及其特点

在一个复杂的图形中，有许多不同类型的图形对象，为了方便区分和管理，可以创建多个图层，将特性相似的对象绘制在同一个图层上。

6.1.1 图层简介

图层是 AutoCAD 管理图形中的有效工具，它可以将不同种类和用途的图形分别置于不同的图形上。

例如，在 AutoCAD 中绘制一幅图形时，可以将图形对象放置在一层（如轮廓线），辅助线置于一层，尺寸标注置于一层，文字说明置于一层。每个图层都像是一张透明的图纸，通过上层可以看到下层，将所有图层重合在一起时，则如同在一张图纸上看到了整个复杂的图层。

在 AutoCAD 中，系统允许用户根据绘图需要建立无限多个图层，并为每个图层指定相应的名称、颜色、线型、线宽等特性参数。通过使用图层不但可以方便用户绘制、编辑图形，还可以随时从所有图形中提取出需要的实体对象，从而大大加快图形的装载及显示速度，为用户节省宝贵的时间。

6.1.2 图层特点

在 AutoCAD 2016 中，图层具有以下特点：

- 在一幅图形中可指定任意数量的图层。系统对图层数没有限制，对每一图层上的对象数也没有任何限制。
- 每个图层有一个名称，用以区别。当开始绘制新图时，AutoCAD 自动创建名为 0 的图层，这是 AutoCAD 的默认图层，其余图层需要自定义，如图 6-1 所示。

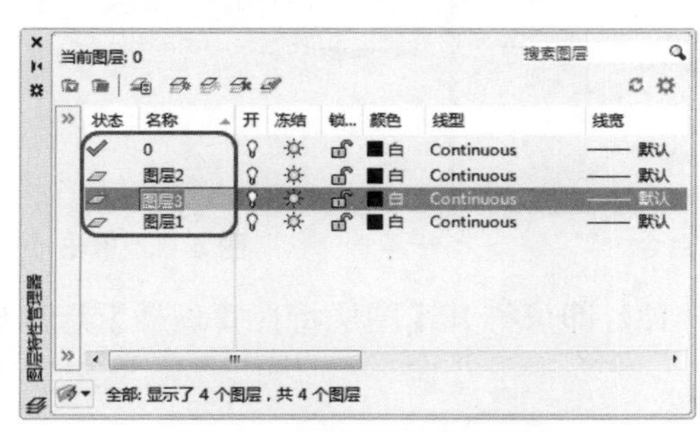

图 6-1　图层特性管理器

- 相同图层上的对象应该具有相同的线型、颜色。可以改变各图层的线型、颜色和状态。
- AutoCAD 允许建立多个图层，但只能在当前图层上绘图。
- 各图层具有相同的坐标系、绘图界限及显示时的缩放倍数。可以对位于不同图层上的对象同时进行编辑操作。
- 可以对各图层进行打开、关闭、冻结、解冻、锁定与解锁等操作，以决定各图层的可见性与可操作性。

6.2 管理图层

在一个复杂的图形中，有许多不同类型的图形对象，为了方便区分和管理，可以通过创建多个图层，将特性相似的对象绘制在同一个图层上。

6.2.1 图层的创建

创建一个新的图形文件后，系统会自动产生一个名称为 0 的特殊图层。如果要使用更多的图层，则需要在【图层特性管理器】中创建新图层并设置相关属性。

默认情况下，图层 0 将被指定使用 7 号颜色（白色或黑色，由背景色决定）、Continuous 线型、【默认】线宽及 NORMAL 打印样式。在绘图过程中，如果要使用更多的图层来组织图形，就需要先创建新图层。

打开【图层特性管理器】的方法如下：

- 执行【格式】|【图层】命令，如图 6-2 所示。
- 单击【图层】工具栏中的【图层特性】按钮，如图 6-3 所示。
- 在命令行执行【LAYER】命令。

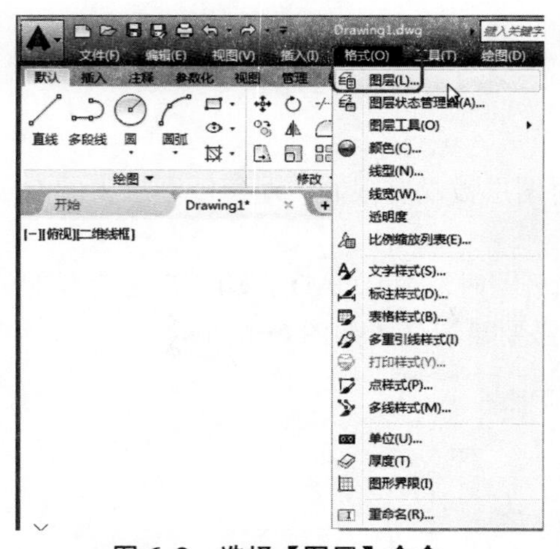
图 6-2 选择【图层】命令

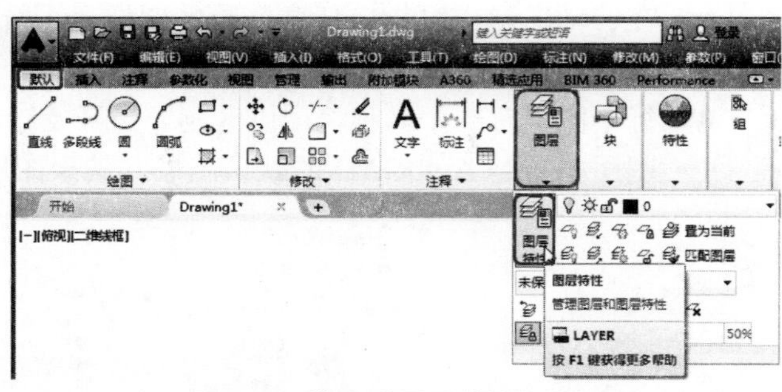
图 6-3 单击【图层特性】按钮

执行上述命令的任意一种，即可打开【图层特性管理器】选项板，如图 6-4 所示。

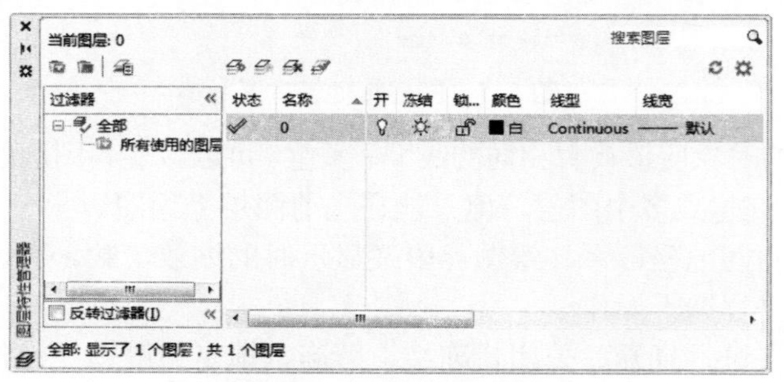
图 6-4 图层特性管理器

整个【图层特性管理器】选项板分为左、右两部分，左侧为过滤器列表，右侧为图层列表。过滤器列表以树状结构显示，在树状图中选择一个过滤器，右侧的图层列表中将显示当前过滤器中的图层。图层列表显示了当前文件中的所有图层及其属性，其中图层以行显示，图层属性以列显示。

下面通过实例讲解如何创建新图层，具体操作步骤如下：

01 在命令行中执行【LAYER】命令，打开【图层特性管理器】选项板，单击【新建图层】按钮，将自动生成名称为【图层 1】的新图层，如图 6-5 所示。此时图层名称处于可编辑状态，表示可以输入新的图层名称。

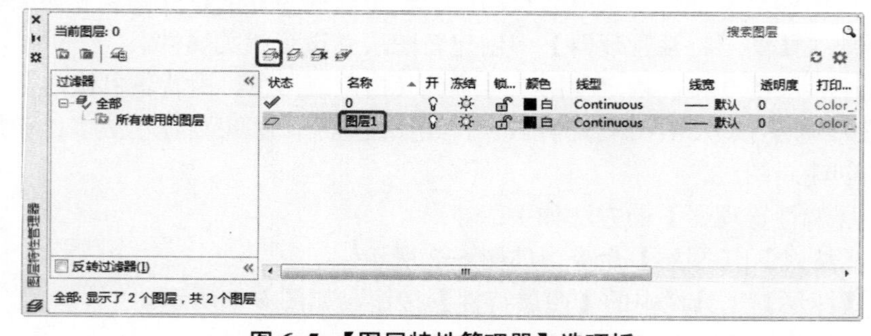
图 6-5 【图层特性管理器】选项板

02 依次创建其他新图层，结果如图 6-6 所示。

当前图层: 0　　搜索图层

过滤器：全部 / 所有使用的图层

状态	名称	开	冻结	锁...	颜色	线型	线宽	透明度	打印...
✓	0				白	Continuous	默认	0	Color_
	道路				白	Continuous	默认	0	Color_
	绿化				白	Continuous	默认	0	Color_
	停车位				白	Continuous	默认	0	Color_
	建筑控制线				白	Continuous	默认	0	Color_
	用地边界				白	Continuous	默认	0	Color_

反转过滤器(I)

全部: 显示了 6 个图层，共 6 个图层

图 6-6　创建其他图层

提示

如果长期使用某一特定的图层方案，可以继续使用指定的图层、线型和颜色创建图形样板。

6.2.2 【0 图层】和【Defpoints 图层】

【0 图层】和【Defpoints 图层】是两个特殊的图层。

1.【0 图层】的作用

在 CAD 中新建图纸时系统会默认存在一个【0 图层】，该图层是不能改名和删除的，但可以对其特性进行修改。

- 确保每个新建图形至少包括一个图层。
- 辅助图块颜色控制的特殊图层。一般情况下，在【0 图层】创建的块文件，具有随层属性，即在哪个图层插入该块，该块就具有插入层的属性。图块在定义时，应调整其所有图元都处于【0 图层】。这样在不同的图层中插入图块时，该图块都将显示其插入图层的特性，显示其插入图层的颜色，同时由其插入的图层控制线宽；而当在非【0 图层】上定义图块后，不管在哪个图层上插入该图块，该图块都将显示其定义层上的颜色和其他特征。

提示

一般应尽量避免在【0 图层】上绘制图形；【0 图层】除了用于定义图块外，也可以绘制一些临时的辅助线。

2.【Defpoints 图层】的作用

在给图形标注尺寸时系统自动生成一个【Defpoints 图层】，该图层是用来存放参数的，是不能打印的图层。用户不能将需要打印的对象绘制在该图层上，因此，一般利用其可见但不被打印的特性来绘制辅助线。

【Defpoints 图层】中放置了各种标注的基准点，在平常是看不出来的，把标注炸开就能发现，关闭其他图层后，然后选择所有对象，就会发现里面是一些点对象。

6.2.3 删除图层

在绘图的过程中，对于一些没有意义的图层，可以将其删除。可以通过【图层特性管理器】选项板来删除图层。在【图层特性管理器】中，使用鼠标选择需要删除的图层，然后单击【删除图层】按钮或者按【Alt+D】组合键即可。如果要同时删除多个图层，可以配合【Ctrl】键或【Shift】键来选择多个不连续或连续图层。

在删除图层的时候，只能删除未参照的图层，参照图层包括【0 图层】及【Defponts 图层】、包含对象（包括块定义中的对象）的图层、当前图层和依赖外部参照的图层，不包含对象（包括块定义中的对象）的图层、非当前图层和不依赖外部参照的图层都可以用【PURGE】命令删除。

删除图层的具体操作步骤如下：

01 在命令行执行【LAYER】命令，打开【图层特性管理器】选项板，如图 6-7 所示。

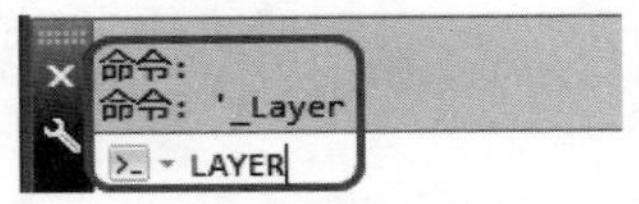

图 6-7 在命令行中输入命令

02 在【图层特性管理器】选项板中，选择要删除的图层，单击【删除图层】按钮，如图 6-8 所示，选定的图层即被删除，删除后的效果如图 6-9 所示。

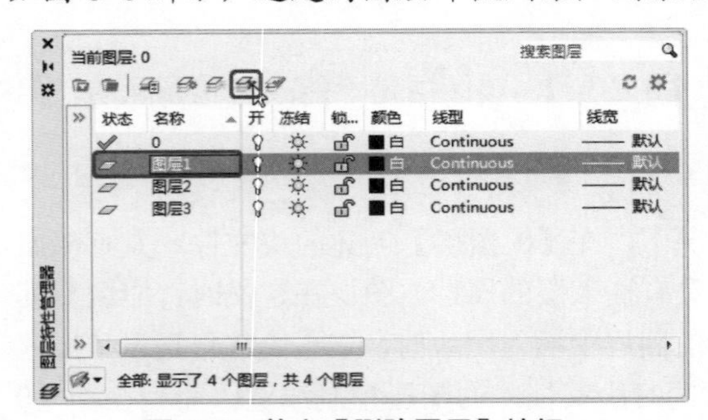

图 6-8 单击【删除图层】按钮

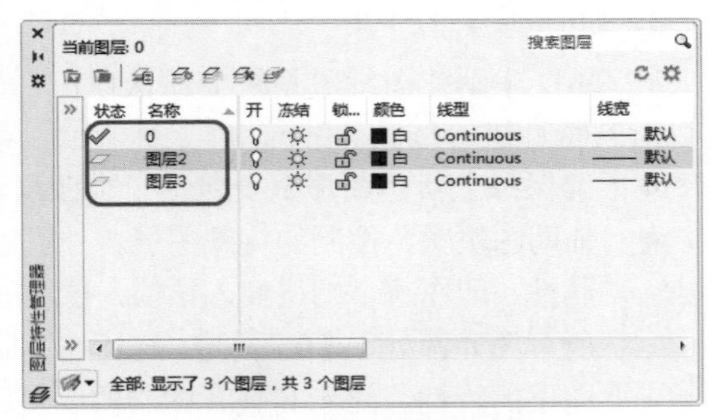

图 6-9 删除图层效果

提示

有时用户在删除图层时，系统提示该图层不能删除等，这时用户可以使用以下几种方法进行删除操作。

（1）将无用的图层关闭，选择全部对象，按【Ctrl+C】组合键执行复制命令，然后新建一个.dwg 文件，按【Ctrl+V】组合键进行粘贴，这时那些无用的图层就会粘贴过来。但是，如果曾经在这个不要的图层中定义过块，又在另一个图层中插入了这个块，那么这个不要的图层是不能用这种方法删除的。

（2）选择要留下的图层，执行【文件】|【输出】菜单命令，确定文件名，在文件类型栏中选择【块.dwg】选项，然后单击【保存】按钮，这样的块文件就是选中部分的图形了，如果这些图形中没有指定的层，这些层也不会被保存在新的块图形中。

（3）打开一个 CAD 文件，先关闭要删除的层，在图面上只留下用户需要的可见图形，选择【文件】|【另存为】命令，确定文件名，在文件类型栏选择【*.dxf】选项，再在选项对象处打勾，然后依次单击【确定】和【保存】按钮，此时就可以选择保存的对象了，将可见或要用的图形选中就可以确定保存了，完成后退出刚保存的文件，再打开该文件查看，会发现不需要的图层已经删除了。

（4）用命令【LAYTRANS】将需要删除的图层映射为【0】图层即可，这个方法可以删除具有实体对象或被其他块嵌套定义的图层。

6.2.4 置为当前图层

当前图层就是当前正在绘图使用的图层。用户只能在当前图层中绘制图形，并且所绘制的实体对象将继承当前图层的属性。当前图层的状态及特性参数分别显示在【图层】工具栏和【特性】工具栏中。

要将某一图层设置为当前图层，可以在【图层特性管理器】中选择该图层，然后单击【置为当前】按钮，但不能将被冻结或依赖外部参照的图层置为当前图层，如图 6-10 所示。

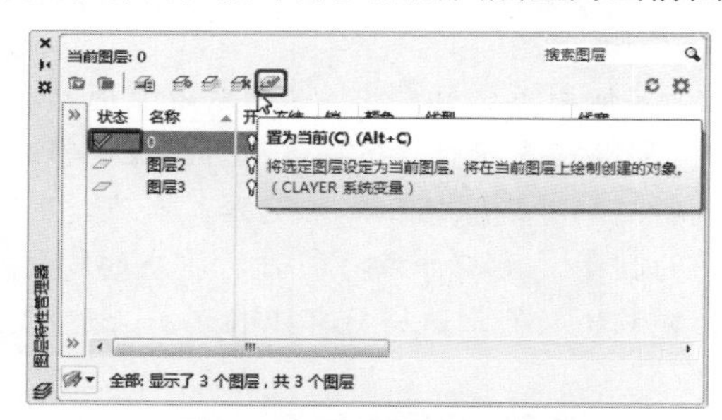

图 6-10　将图层置为当前

6.2.5 设置图层颜色

颜色在图形中具有非常重要的作用，可以用来表示不同的组件、功能和区域。在 AutoCAD 中，可以通过图层指定对象的颜色，也可以不依赖图层指定颜色，使用颜色后可以更加直观地标识对象。每一个图层都拥有自己的颜色。如果要设置图层的颜色，可以按照以下步骤进行操作：

01 在【图层特性管理器】中选择要设置颜色的图层。

02 在所选图层的【颜色】列上单击，将弹出【选择颜色】对话框，如图 6-11 所示，选择一种颜色并单击【确定】按钮即可。

03 在【选择颜色】对话框中，可以使用【索引颜色】、【真彩色】和【配色系统】三个选项卡设置颜色。

- 【索引颜色】：可以使用 AutoCAD 的标准颜色（ACI 颜色）。在 ACI 颜色表中，每一种颜色都用一个 AC1 编号（1～255 之间的整数）标识。

图 6-11 【选择颜色】对话框

- 【真彩色】：允许使用更丰富的颜色，可以使用 RGB 与 HSL 两种颜色模式来指定颜色，如图 6-12 所示。
- 【配色系统】：使用标准 Pantone 配色系统设置颜色，如图 6-13 所示。

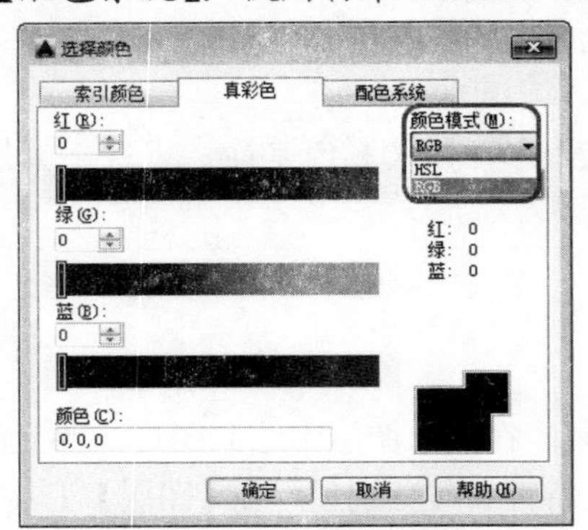

图 6-12 【真彩色】选项卡

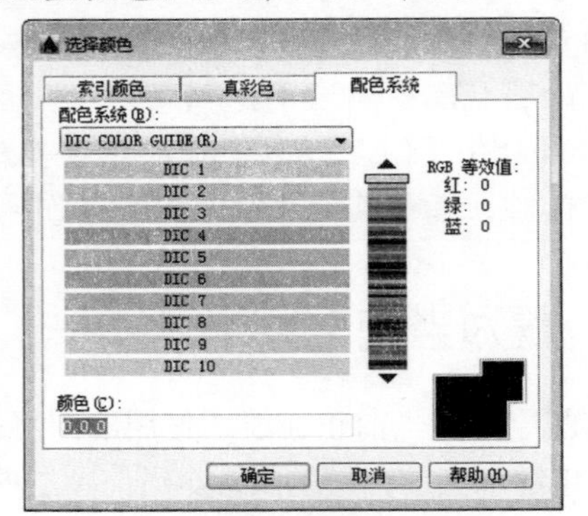

图 6-13 【配色系统】选项卡

提示

图层的颜色定义要注意以下两点：

（1）不同的图层一般来说要使用不同的颜色，这样做便于用户在画图时区分不同的图层。如果两个图层用同一个颜色，那么在显示时，就很难判断正在操作的图元是在哪一个图层上。

（2）颜色的选择应该根据打印时线宽的粗细来选择。一般情况下，打印时线型设置越宽的，该图层就应该选择越亮的颜色；反之如果打印时，该线的宽度仅为 0.13mm，那么该图层的颜色就应该选用 8 号或类似的颜色，这样就可以在屏幕上直观地反映出线型的粗细。

6.2.6 【上机操作】——改变图层颜色

设置图形特性包括设置颜色、线型和线宽等，图层设置完成后，图层上的所有图形对象特性将会随之发生变化。下面通过实例介绍设置图层颜色的方法，具体步骤如下：

01 按【Ctrl+O】组合键，在弹出的对话框中选择随书附带光盘中的 CDROM\素材\第 6 章\绿化.dwg 素材文件，如图 6-14 所示。

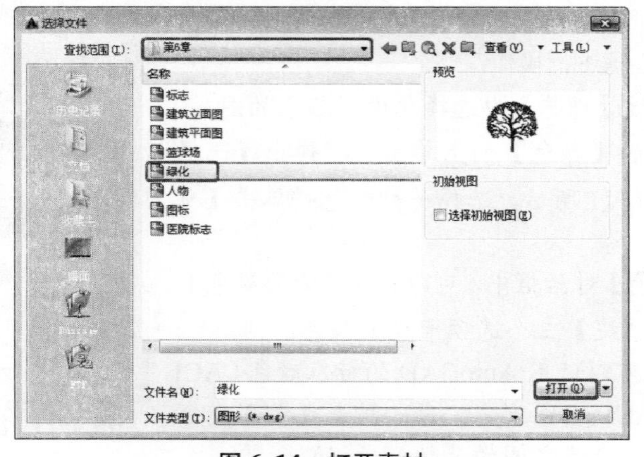

图 6-14 打开素材

02 在命令行中执行【LAYER】命令，打开【图层特性管理器】选项板，并在打开的【图层特性管理器】选项板中选择【绿化】图层，单击【颜色】按钮，弹出【选择颜色】对话框，选择【蓝色】，如图 6-15 所示。

03 设置完颜色后查看效果如图 6-16 所示。

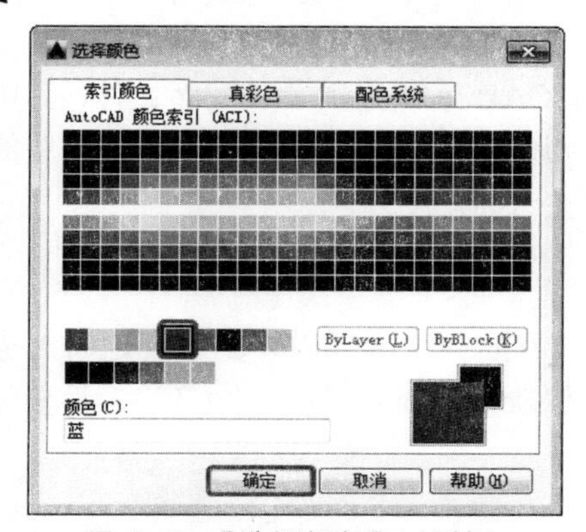

图 6-15 【选择颜色】对话框

图 6-16 设置完颜色后效果

6.2.7 设置线型

线型是指图形基本元素中线条的组成和显示方式，例如点画线、虚线、实线等。AutoCAD 2016 中既有简单线型，也有一些特殊符号组成的复杂线型，以满足不同地区或行业标注的要求。

设置图层线型的方法有以下几种：

- 在菜单栏选择【格式】|【图层】命令，在【图层特性管理器】选项板中设置线型。
- 单击【图层特性】按钮。

为当前层中将要新建的图形设置线型的方法有如下 2 种：

- 在菜单栏选择【格式】|【线型】命令。
- 在命令行执行【LINETYPE】命令。

使用该命令后，即可打开【线型管理器】对话框，如图 6-17 所示。

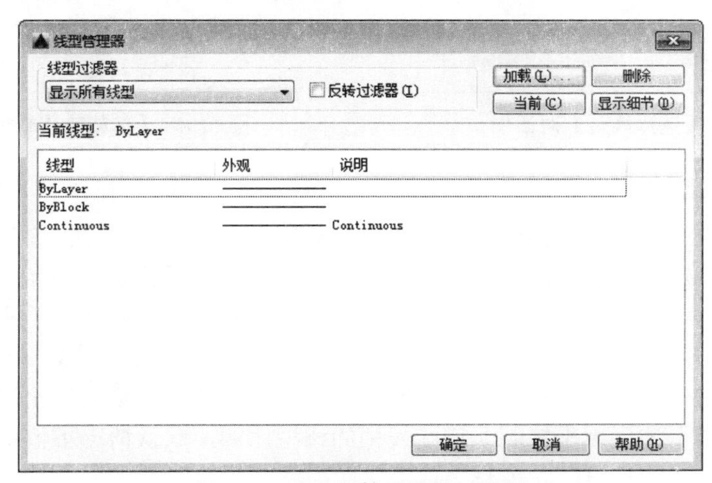

图 6-17 【线型管理器】对话框

1. 线型的种类

当用户创让一个新的图形文件后，图形文件中通常会包括如下 3 种线型。

- ByLayer（随层）：逻辑线型，表示对象与其所在图层的线型保持一致。
- ByBlock（随块）：逻辑线型，表示对象与其所在块的线型保持一致。
- Continuous（连续）：连续的实线。

当然，用户可使用的线型远不止这几种。AutoCAD 系统提供了线型库文件，其中包含了数十种线型的定义。用户可以随时加载该文件，并使用其定义各种线型。如果这些线型仍不能满足用户的需要，则可以自定义某种线型，并在 AutoCAD 中使用。

2. 线型的设置

AutoCAD 允许用户根据需要为每个图层分配不同的线型，以便更直观地将对象区分开来，使图形易于查看。在默认情况下，图层线型为 Continuous（连续的实线）。设置线型的具体操作步骤如下：

01 在【图层特性管理器】中选择要设置线型的图层。

02 在所选图层的【线型】列上单击鼠标，即单击【Continuous】，则弹出【选择线型】对话框，如图 6-18 所示。

03 单击对话框中的【加载】按钮，则弹出【加载或重载线型】对话框，这里列出了线型库中的所有线型，如图 6-19 所示。

04 在该对话框中选择要装载的线型，单击【确定】按钮，则为选择的图层设置了所选线型。

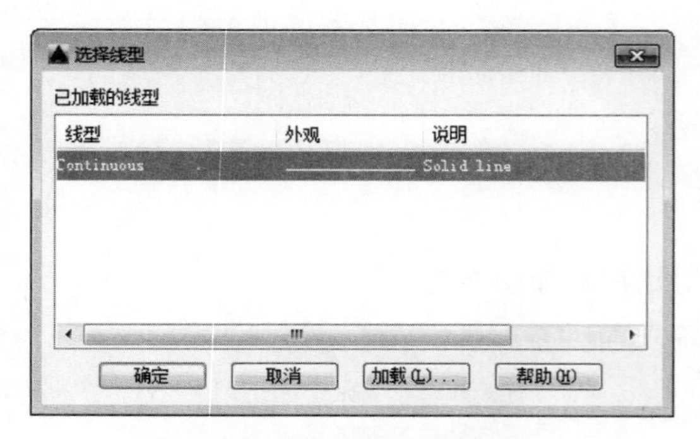

图 6-18 【选择线型】对话框

图 6-19 【加载或重载线型】对话框

3. 调整线型比例

在绘图过程中，用户经常会遇到所选图层或对象的线型明明已经设置为不连续线，可在绘图区内却显示为连续的情况，这是由于线型比例与用户设置的绘图边界不匹配造成的。遇到这种情况时，需要及时调整所选线型的比例，以便在屏幕上能够真实反映出实体对象的线型。选择菜单栏中的【格式】|【线型】命令，即可打开【线型管理器】对话框。

单击【显示细节】按钮，修改【全局比例因子】或【当前对象缩放比例】的值，即可改变线型比例。这两个选项用于控制非连续线型的线型比例，默认情况下值均为 1。值越小，每个绘图单位中生成的重复图案就越多。

下面介绍【线型管理器】对话框中各选项的作用。

- 【线型过滤器】：该下拉列表中有 3 种过滤方式，即【显示所有线型】、【显示所有使用的线型】和【显示所有依赖外部参照的线型】，它们的作用是控制哪些线型可以在线型列表中显示。
- 【反转过滤器】：勾选该复选框后，线型列表中将显示不满足过滤器要求的全部线型。
- 【当前线型】：显示当前线型的名称。
- 【线型】：显示了满足过滤条件的线型及其基本信息，包括线型名称、外观和说明等信息。
- 【加载】：该按钮的作用是加载其他可用的线型。单击该按钮，则弹出【加载或重载线型】对话框。
- 【删除】：单击该按钮，可以删除选择的线型。注意：Bylayer、Byblock、Continuous 与当前线型、被引用的线型以及依赖于外部参照的线型等都不能被删除。
- 【当前】：单击该按钮，可以将在线型列表中选择的线型设置为当前线型。
- 【显示细节】：单击该按钮，将显示选定线型的更多信息，如名称、说明、全局比例因子等，此时该按钮变为【隐藏细节】按钮。

6.2.8 【上机操作】——设置图层线型

下面通过实例讲解设置图层线型的方法，具体操作步骤如下：

图 6-20　打开素材

01 打开随书附带光盘中的 CDROM\素材\第 6 章\医院标志.dwg 素材文件，如图 6-20 所示。

02 在命令行中执行【LAYER】命令，打开【图层特性管理器】选项板。

03 选择【医院标志】图层，设置该层线型为【ACAD_ISO04W100】，即可将标志由实线变为虚线，选择【格式】|【线型】命令，打开【线型管理器】对话框，在打开的【线型管理器】对话框中，设定【全局比例因子】为 3，如图 6-21 所示。单击【确定】按钮，完成的虚线效果如图 6-22 所示。

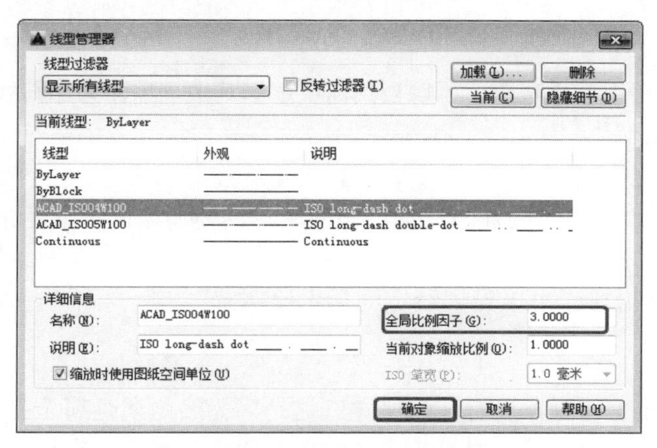

图 6-21　【线型管理器】对话框

图 6-22　虚线效果

04 在【图层特性管理器】选项板中选择【医院标志】图层，单击【线型】按钮，重新设置该图层线型为【Continuous】，此时标志将由虚线再次变为实线。

6.2.9 设置线宽

线宽设置就是改变线条的宽度。在 AutoCAD 中，使用不同宽度的线条表现对象的大小或类型，可以提高图形的表达能力和可读性。

1. 设置线宽

设置线宽的具体操作步骤如下：

01 在【图层特性管理器】中选择要设置线宽的图层。

02 在所选图层的【线宽】列上单击，即单击【——默认】，将弹出【线宽】对话框，其中有 20 多种线宽可供选择，如图 6-23 所示。

03 在该对话框中选择一个需要的线宽，单击【确定】按钮即可。

另外，通过选择菜单栏中的【格式】|【线宽】命令，也可以设置线宽，这时将弹出【线宽设置】对话框，如图 6-24 所示。

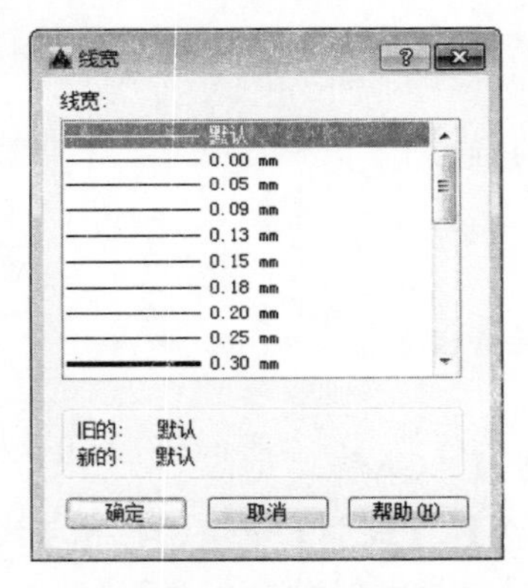

图 6-23 【线宽】对话框

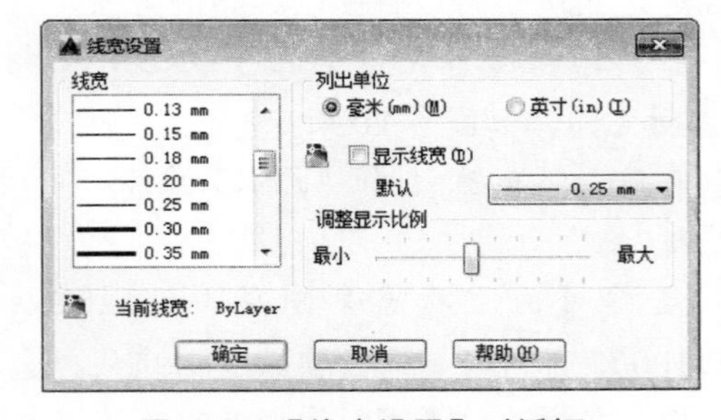

图 6-24 【线宽设置】对话框

在【线宽设置】对话框中不仅可以设置线宽，还可以设置其单位和显示比例等参数。下面介绍其中各选项的功能。

- 【线宽】：该列表框中显示了可用的线宽值，可以根据需要选择其中一项作为当前线宽。
- 【当前线宽】：显示当前线宽值。
- 【列出单位】：用于指定线宽的单位，可以是【毫米】或【英寸】。
- 【显示线宽】：勾选该复选框，可以使设置的线宽在当前图形的模型空间中显示出来。
- 【默认】：用于设置【默认】项的取值。
- 【调整显示比例】：通过拖动滑块，可以设置线宽的显示比例。

2. 线宽的显示

设置线宽返回绘图窗口后，往往发现对象没有任何变化。这是因为线宽属性属于打印设置，默认情况下系统并不显示线宽的设置效果。如果希望在绘图窗口内显示出线宽设置的真实效果，可以在【线宽设置】对话框中勾选【显示线宽】复选框。另外，单击状态栏中的【显示/隐藏线宽】按钮，也可以在显示与隐藏线宽之间进行切换。

6.2.10 转换图层

使用【图层转换器】可以实现图层之间的转换，【图层转换器】可以转换当前图形中的图层，使其与其他图层的图层结构或 CAD 标注文件相互匹配。

在菜单栏中执行【工具】|【CAD 标准】|【图层转换器】命令，即可打开如图 6-25 所示的【图层转换器】对话框。

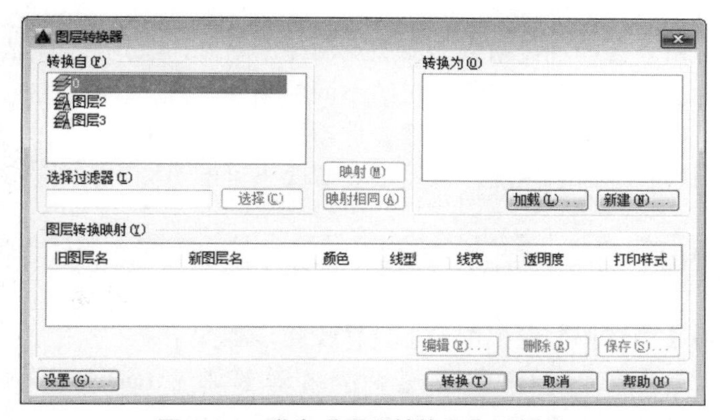

图 6-25　弹出【图层转换器】对话框

下面介绍【图层转换器】对话框中各选项具体功能。

- 【转换自】：此选项组用于显示当前图形中即将被转换的图层结构，用户可以在列表框中选择，也可以通过【选择过滤器】来选择。
- 【转换为】：此选项组用于显示可以将当前图形的图层转换成的图层名称。单击【加载】按钮，打开【选择图形文件】对话框，用户可以从中选择作为图层标注的图层文件，并将该图层结构显示在【转换为】列表框中，单击【新建】按钮，打开【新图层】对话框，如图 6-26 所示。用户可从中创建新的图层作为转换匹配图层，新建的图层也将显示在【转换为】列表框中。
- 【映射】：可以把在【转换自】列表框中名称相同的图层进行转换映射。
- 【映射相同】：用于把【转换自】列表框和【转换为】列表框中名称相同的图层进行转换映射。
- 【图层转换映射】：此选项组用于显示已经映射的图层名称和其相关的特性值，选择一个图层，单击【编辑】按钮，打开【编辑图层】对话框，如图 6-27 所示。用户可以从中修改转换后的图层特性，单击【删除】按钮，可以取消该图层的转换映射。单击【保存】按钮，可打开【保存图层映射】对话框，用来将图层转化关系保存到一个标准配置文件.dwg 中。
- 【设置】：用来打开【设置】对话框，如图 6-28 所示。可在此设置图层的转换规则。
- 【转换】：单击此按钮打开【图层转换】对话框，开始转换图层。

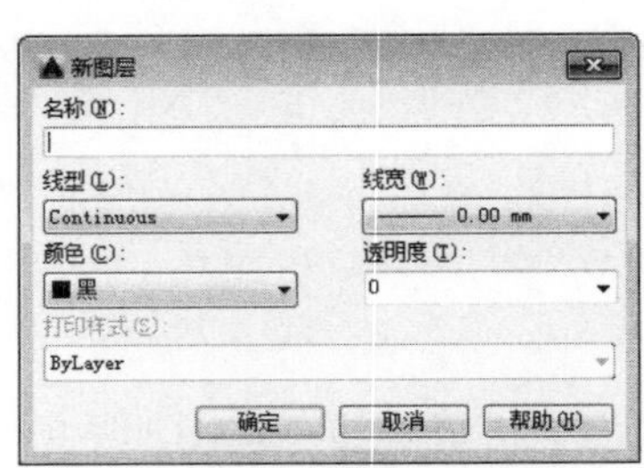

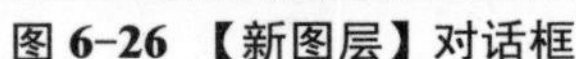
图 6-26 【新图层】对话框

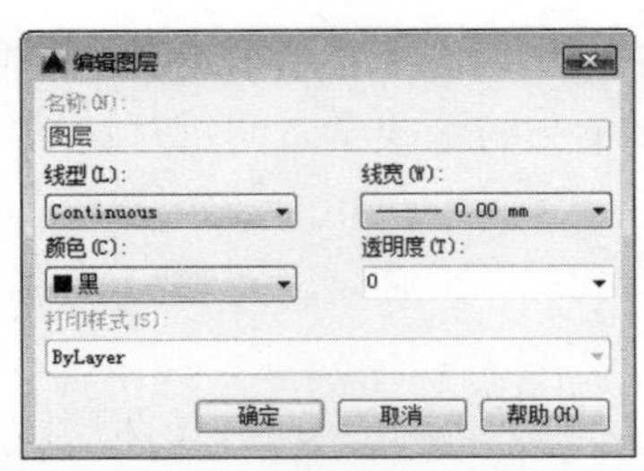

图 6-27 【编辑图层】对话框

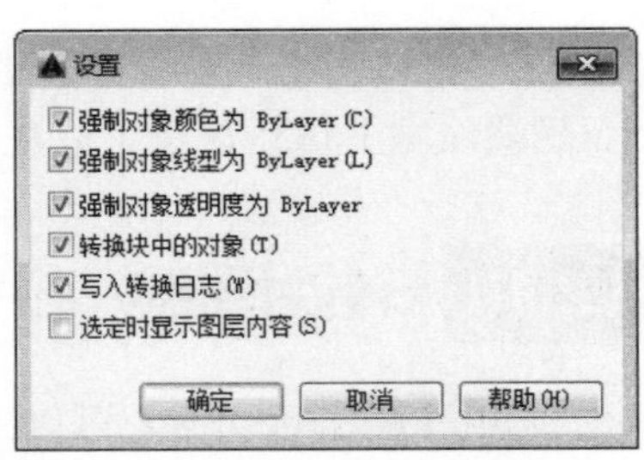

图 6-28 【设置】对话框

6.3 修改图层特性

在创建图层的时候，会出现在错误的图层上创建了对象，决定修改图层的组织方式，这时可以通过图层特性的修改将对象重新指定给不同的图层。

修改图层特性可以在【图层特性管理器】选项板和【图层】工具栏的【图层】控件中进行。下面通过更换图层和重命名图层，以及放弃修改来讲解对图层特性的修改。

6.3.1 【上机操作】——更换图层

下面讲解如何为【篮球场】更换图层，具体操作步骤如下：

01 打开随书附带光盘中的 CDROM\素材\第 6 章\篮球场.dwg 素材文件，在绘图区选择图形，在【图层】面板中打开【图层】下拉列表，如图 6-29 所示。

02 单击【篮球场】图层，则完成了图形从【0 图层】到【篮球场】图层的更换，完成效果如图 6-30 所示。

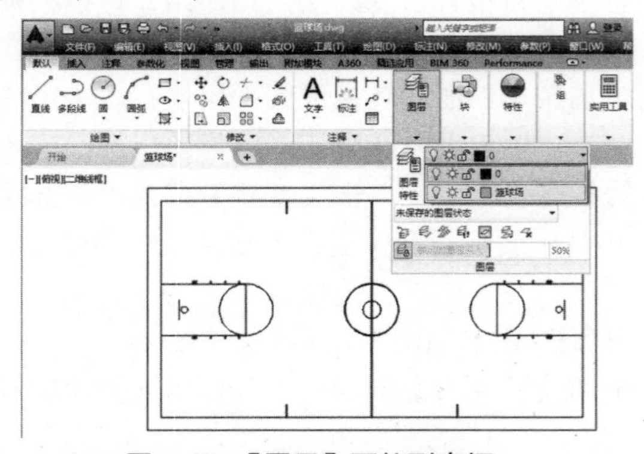

图 6-29 【图层】下拉列表框

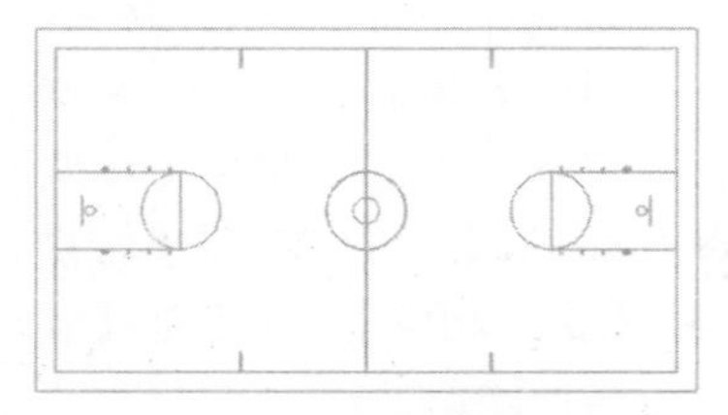

图 6-30 完成效果

03 关闭【0 图层】，则图形没有变化，这说明图层更换成功。

6.3.2 【上机操作】——图层名称的更改

为了便于分辨图层，可以对图层名称进行更改。

下面讲解如何更改图层名称，具体操作步骤如下：

01 打开随书附带光盘中的 CDROM\素材\第 6 章\人物.dwg 素材文件，在命令行中执行

【LAYER】命令，打开【图层特性管理器】选项板，如图 6-31 所示。

02 在【图层特性管理器】选项板中，选择【人物】图层，按【F2】键，此时名称处于可编辑状态，输入新的名称【一家人】，如图 6-32 所示。

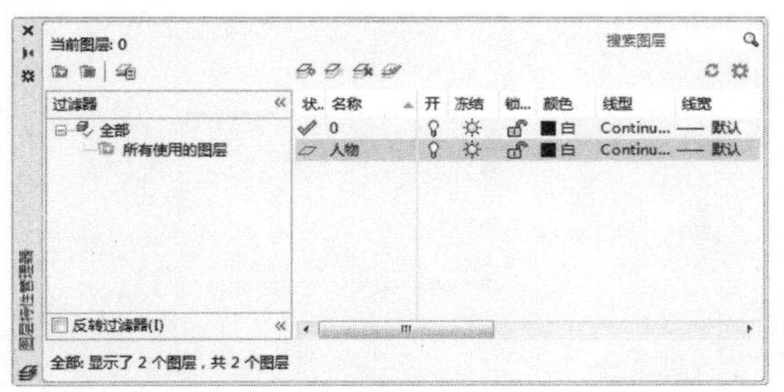

图 6-31 【图层特性管理器】选项板

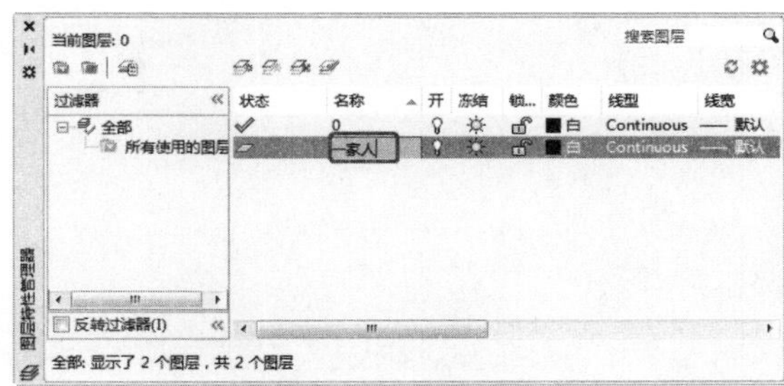

图 6-32 输入新的名称

6.3.3 【上机操作】——放弃对图层设置的修改

可以使用【上一个图层】放弃对图层设置所做的修改，下面通过上机操作来讲解。其具体操作步骤如下：

01 打开随书附带光盘中的 CDROM\素材\第 6 章\标志.dwg 素材文件，在命令行中执行【LAYER】命令，打开【图层特性管理器】选项板。

02 在打开的【图层特性管理器】选项板中，将【图层线型】设置为【ACAD_ISO04W100】。将【图层颜色】设置为【红色】，将【图层线宽】设置为 0.50mm，在状态栏中单击显示/隐藏线宽，完成效果如图 6-33 所示。

03 在菜单栏中选择【格式】|【图层工具】|【上一个图层】命令，或在【图层】工具栏中单击【上一个图层】按钮。每执行一次【上一个图层】命令或单击一次【上一个图层】按钮，几何图形就被撤销一次以前的操作。经三次撤销操作，对【标志】图层所做的修改全部被取消。结果如图 6-34 所示。

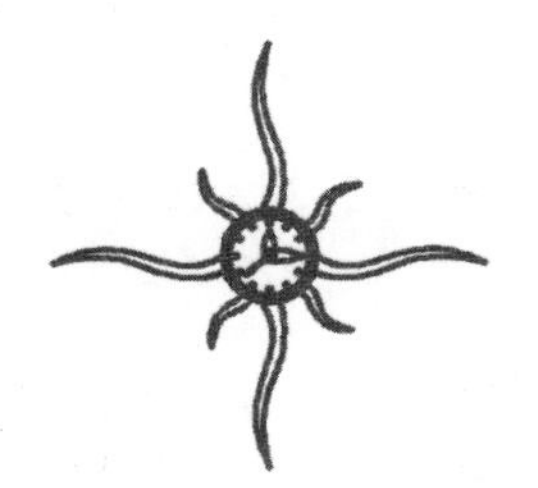

图 6-33 完成效果

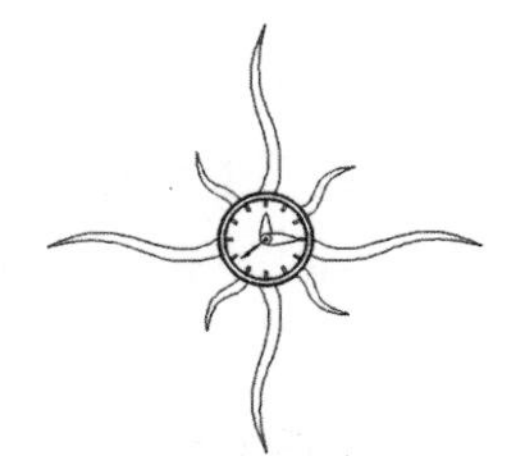

图 6-34 撤销后还原

6.3.4 【上机操作】——管理图层

下面讲解如何进行图层管理，其具体操作步骤如下：

01 按【Ctrl+O】组合键，弹出【选择文件】对话框，打开随书附带光盘中的 CDROM\素材\第 6 章\餐桌.dwg 图形文件，如图 6-35 所示。

02 打开素材文件，如图 6-36 所示。

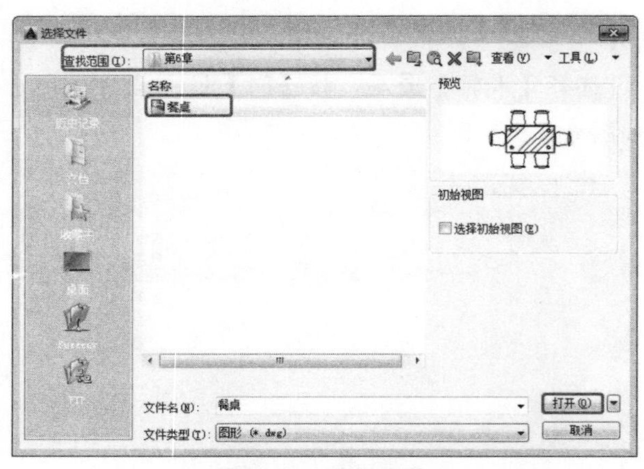

图 6-35　选择文件

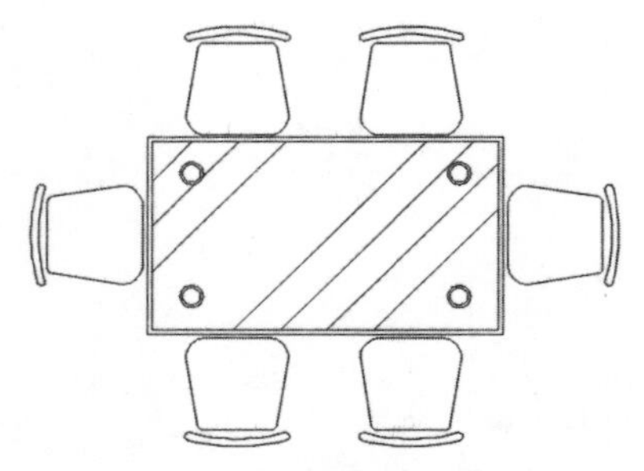

图 6-36　素材文件

03 在命令行中输入【LAYER】命令，打开【图层特性管理器】选项板，单击【新建图层】按钮，新建【图层 1】图层，如图 6-37 所示。

04 单击【图层 1】右侧的【颜色】按钮，弹出【选择颜色】对话框，将【颜色】设置为 34，单击【确定】按钮，如图 6-38 所示。

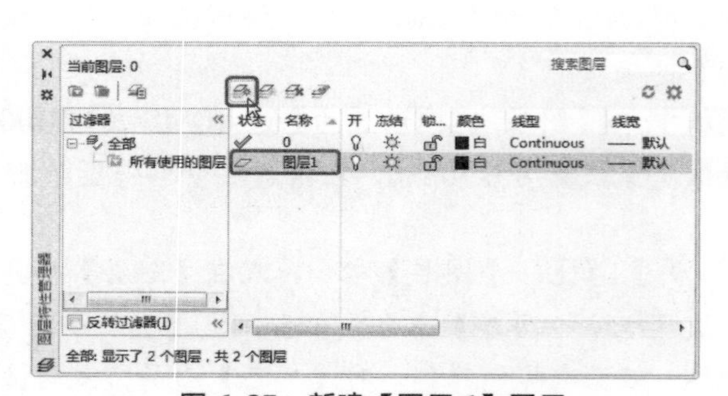

图 6-37　新建【图层 1】图层

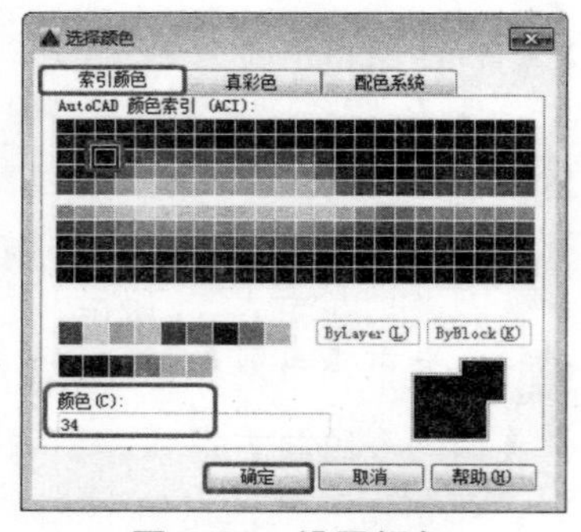

图 6-38　设置颜色

05 单击【图层 1】右侧的【线型】按钮，弹出【选择线型】对话框，在弹出的对话框中，单击【加载】按钮，如图 6-39 所示。

06 弹出【加载或重载线型】对话框，在【可用线宽】下方选择【ACAD_IS002W100】，单击【确定】按钮，如图 6-40 所示。

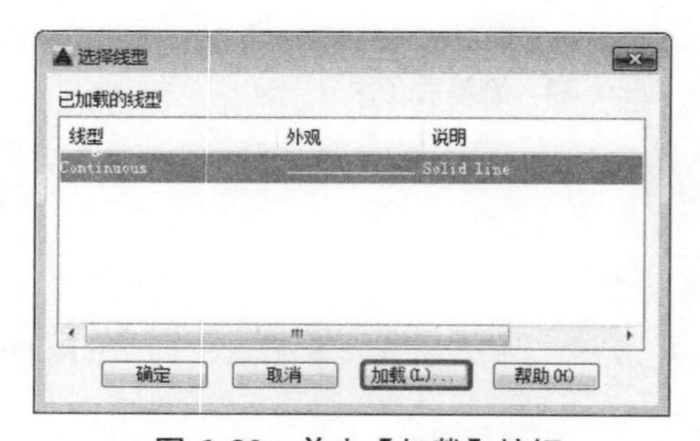

图 6-39　单击【加载】按钮

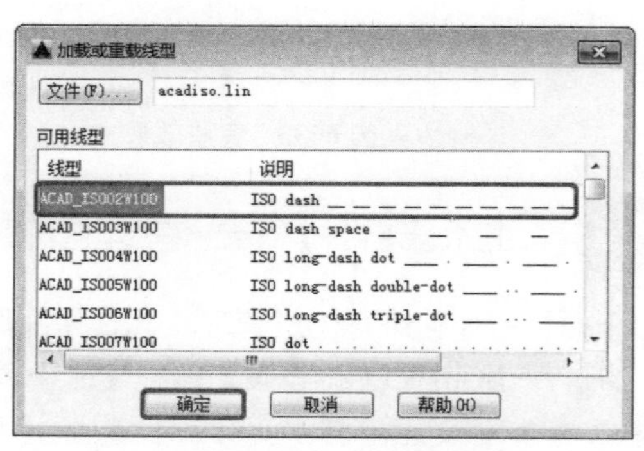

图 6-40　选择线型

07 返回至【选择线型】对话框，选择刚加载的【ACAD_IS002W100】线型，单击【确定】按钮，如图 6-41 所示。

08 单击【图层 1】右侧的【默认】按钮，弹出【线宽】对话框，将【线宽】设置为 0.30mm，单击【确定】按钮，如图 6-42 所示。

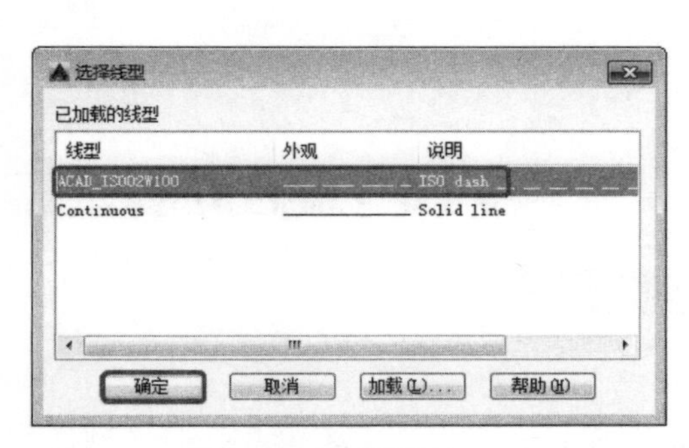

图 6-41 选择线型

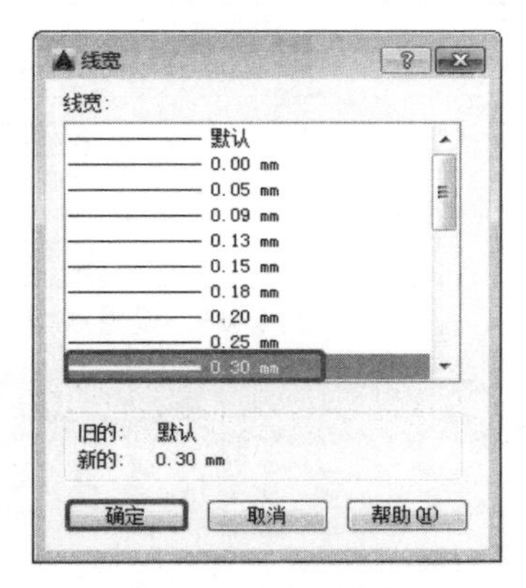

图 6-42 设置线宽

09 选择【图层 1】图层，按【F2】键，将名称更改为【餐桌】，单击【置为当前】按钮，将其置为当前图层，如图 6-43 所示。

10 关闭【图层特性管理器】选项板，单击【线宽】按钮，开启线宽模式，在菜单栏中执行【格式】|【线型】命令，如图 6-44 所示。

11 弹出【线型管理器】对话框，选择【ACAD_IS002W100】线型，将【全局比例因子】设置为 5，单击【当前】按钮，如图 6-45 所示。

12 单击【确定】按钮，系统将会弹出【AutoCAD】提示对话框，单击【确定】按钮，如图 6-46 所示。

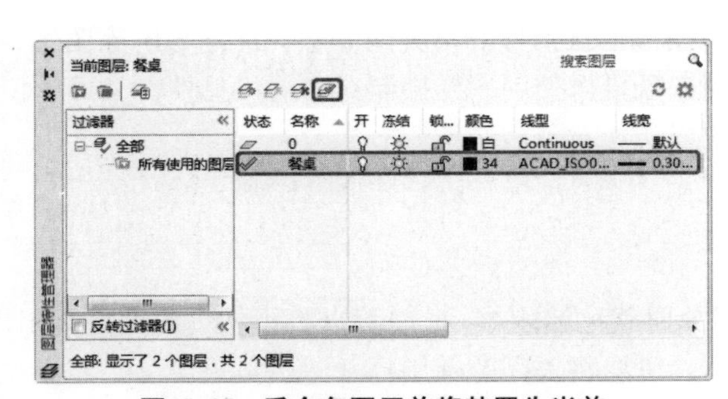

图 6-43 重命名图层并将其置为当前

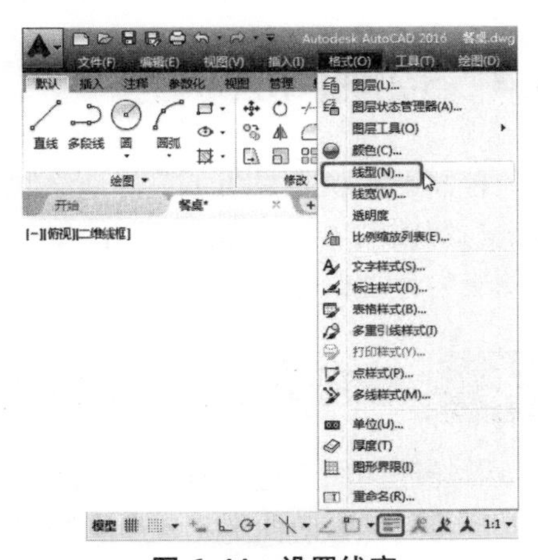

图 6-44 设置线宽

13 选择图纸中的【餐桌】对象，切换至【默认】选项卡，单击【图层】下三角按钮，在弹出的下拉列表中单击【图层】右侧的下三角按钮，将图层更改为【餐桌】图层，如图 6-47 所示。

14 返回到绘图区即可看到如图 6-48 所示的图形。

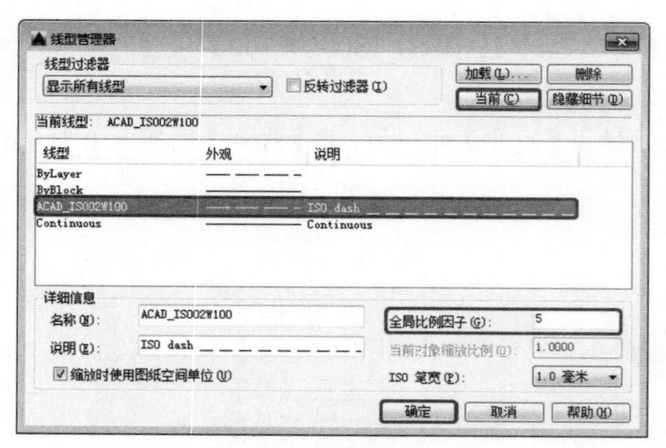

图 6-45 设置线型

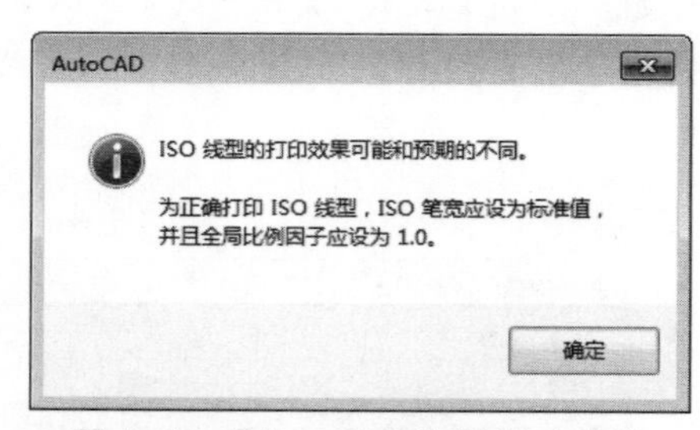

图 6-46 【AutoCAD】提示对话框

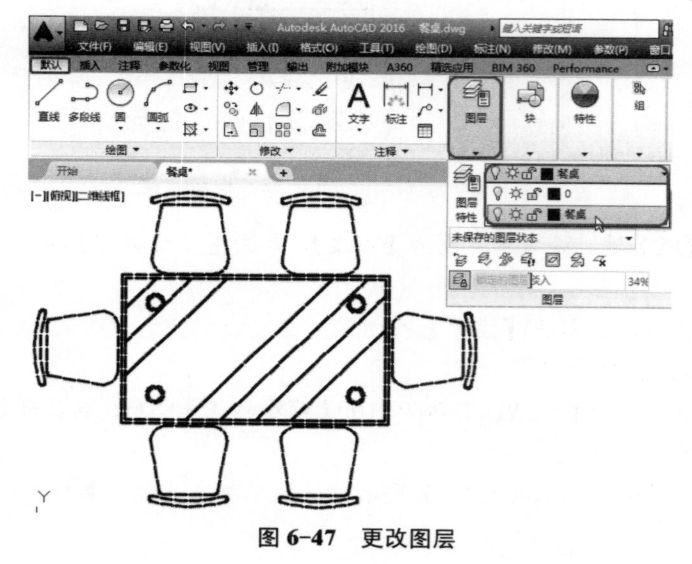

图 6-47 更改图层

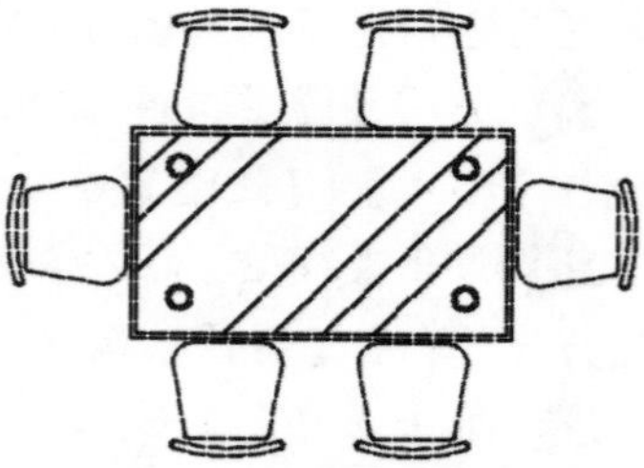

图 6-48 完成后的效果

6.4 控制图层状态

控制图层状态是为了更好地绘制或编辑图形，包括打开与关闭图层、冻结与解冻图层、锁定与解锁图层等。通过控制图层状态，用户既可以使用图层控制对象的可见性，又可以使用图层将特性指定给对象，还可以锁定图层以防止对象被修改。

6.4.1 控制图层上对象的可见性

若绘制的图形过于复杂，在编辑图形对象时就比较困难，此时可以将不相关的图层关闭，只显示需要编辑的图层，在图形编辑完成后，可以将关闭的图层打开。

1. 开/关图层

用户可以通过以下两种方法关闭或打开图层。

- 在【默认】选项卡的【图层】面板中单击【图层】下拉按钮▾，在弹出的下拉列表框中单击需要关闭的图层前的💡图标。使其变成💡图标，图形自动隐藏。

- 在命令行中执行【LAYER】命令，打开【图层特性管理器】选项板，在中间列表框中的【开】栏下单击图标，使其变成图标，图形自动隐藏。

2. 冻结/解冻图层

在已冻结图层上的对象不可见，并且不会遮盖其他对象。在大型图形中，冻结不需要的图层将加快显示和重生成的操作速度。解冻一个或多个图层可能会使图形重新生成。冻结和解冻图层比打开和关闭图层需要更多的时间。在布局中，可以冻结各个布局视口中的图层。

提示

可以通过锁定图层使图层淡入，而无须关闭或冻结图层。

6.4.2 【上机操作】——冻结图层

本例讲解如何冻结图层，其具体操作步骤如下：

01 打开随书附带光盘中的 CDROM\素材\第 6 章\图标.dwg 素材，如图 6-49 所示。

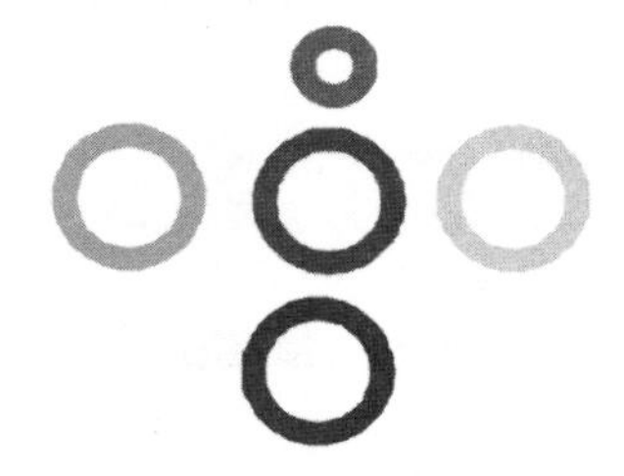

图 6-49 打开素材

02 在命令行中执行【LAYER】命令，打开【图层特性管理器】选项板。单击【图层 1】的冻结图标，使其变成图标，或直接从【图层】工具栏中单击冻结图标，如图 6-50 所示。操作完成后显示效果如图 6-51 所示。

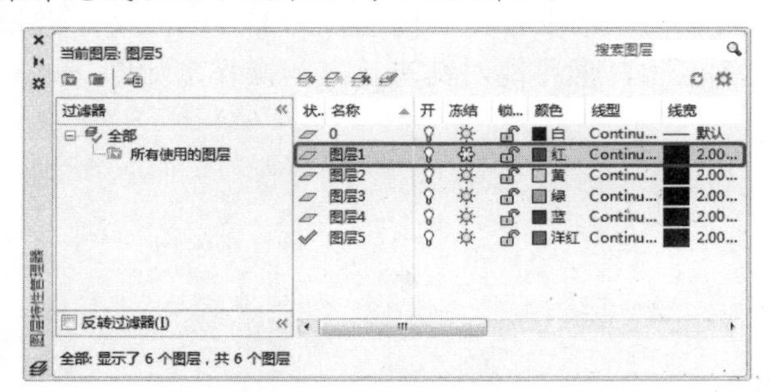

图 6-50 冻结图层

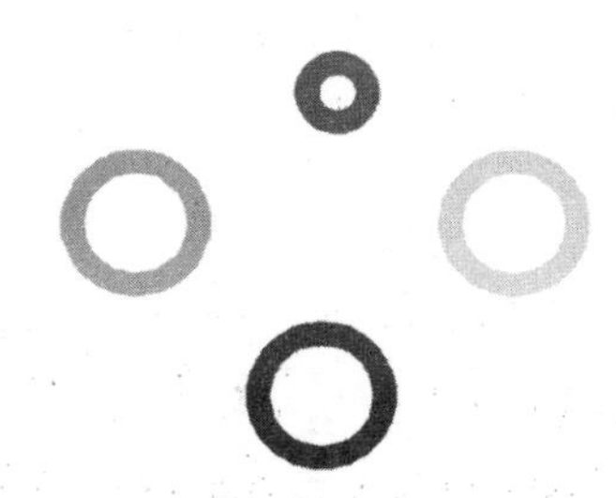

图 6-51 冻结效果

6.4.3 锁定图层上的对象

在绘制复杂的图形对象时，可以将不需要编辑的图层锁定，被锁定图层中的图形对象仍显示在绘图区上，但不能对其进行编辑操作。

提示

在【图层】工具栏的列表框中，单击相应图层的小锁图标，可以锁定或解锁图层。在图层被锁定时，显示为图标，此时不能编辑锁定图层上的对象，但仍然可以在锁定的图层上绘制新的图层对象。

下面通过实例讲解如何锁定或解锁图层，具体操作步骤如下：

01 在命令行执行【LAYER】命令，或在菜单栏中选择【格式】|【图层】命令，都会打开【图层特性管理器】选项板。

02 在【图层特性管理器】选项板中，单击要锁定或解锁的图层名的图标。例如单击【图层 2】和【图层 4】相应的锁定图标，使其变成图标，如图 6-52 所示。或直接从【图层】工具栏中单击锁定图标。

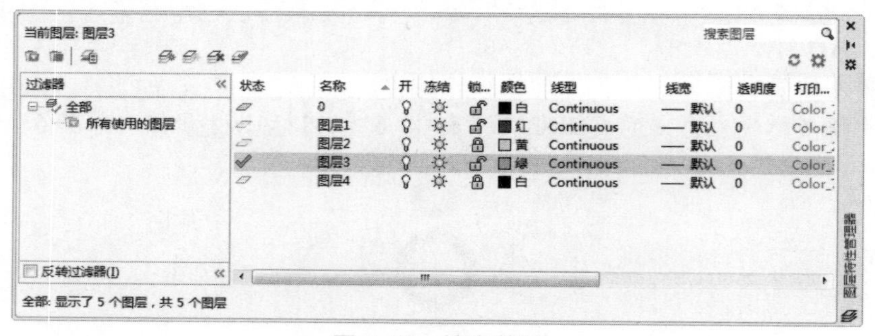

图 6-52　锁定图层

6.4.4 图层打印状态

打印状态图标表示图层的打印或不打印状态，单击该图标即可在打印与不打印之间进行切换。图标上有红圈时表示该层不能被打印，没有红圈则表示该层能被打印。系统默认图层能被打印。在绘制复杂的图形对象时，可以将不需要打印的图层设为非打印状态，被设为非打印状态图层中的图形对象仍显示在绘图区上，但不能对其进行打印操作，如图 6-53 和图 6-54 所示。

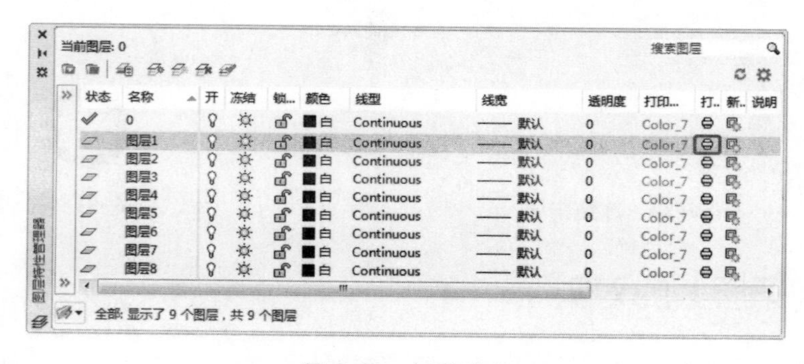

图 6-53　打印状态

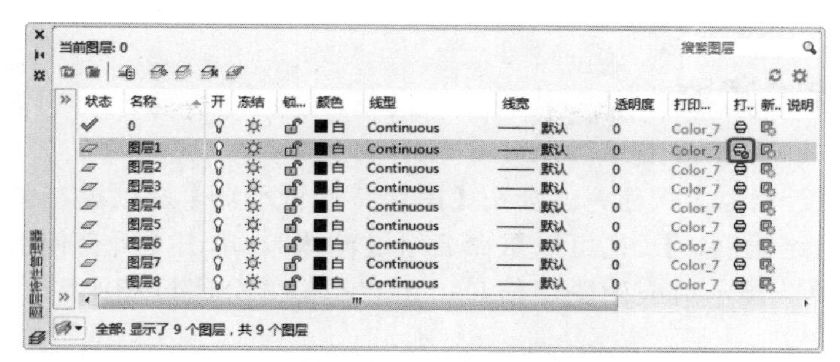

图 6-54 非打印状态

6.5 图层过滤器

当一张图纸中图层比较多时，利用图层过滤器设置过滤条件，可以只在图层管理器中显示满足条件的图层，缩短查找和修改图层设置的时间。

在 AutoCAD 中，当同一个图形中有大量的图层时，用户可以根据图层的特征或特性对图层进行分组，将具有某种共同特点的图层过滤出来。过滤的途径为通过状态过滤、用层名过滤，以及用颜色和线型过滤。图层特性管理器中设置了过滤的功能，包括使用【新建特性过滤器】和【新建组过滤器】两种方法。

在命令行中输入【LAYER】命令，按【Enter】键，即可打开【图层特性管理器】选项板，【图层特性管理器】选项板包括两个窗格，左侧为树状图，右侧为列表图。树状图显示所有定义的图层组和过滤器。列表图显示当前组或者过滤器中的所有图层及其特性和说明。

6.5.1 图层特性过滤器

在【图层特性管理器】选项板的【过滤器】树状列表框中选择一个图层过滤器后，列表图中将显示符合过滤条件的图层。单击【新建特性过滤器】按钮，弹出【图层过滤器特性】对话框，如图 6-55 所示。在【过滤器名称】文本框中输入图层特性过滤器的名称。在【过滤器定义】列表框中可以使用一个或多个图层特性定义过滤器，例如，可以将过滤器定义为显示所有的红色或蓝色且正在使用的图层。要包含多种颜色、线型或线宽，则在下一行复制该过滤器，然后选择一种不同的设置。

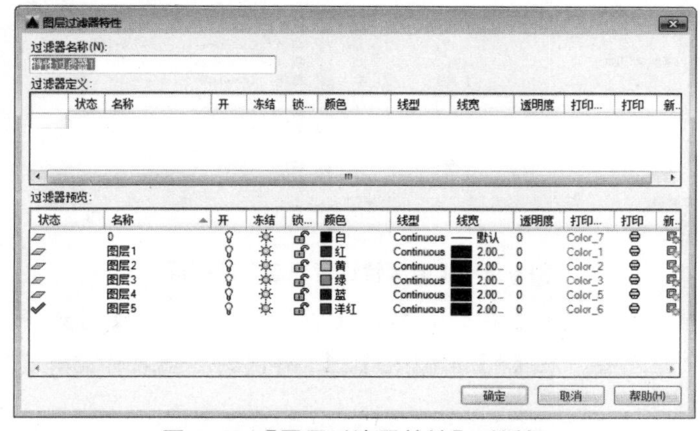

图 6-55 【图层过滤器特性】对话框

6.5.2 图层组过滤器

单击【新建组过滤器】按钮，就会在【图层特性管理器】选项板左侧的过滤器列表中添加一个新的【组过滤器 1】(也可以重命名组过滤器)。单击【所有使用的图层】选项或者其他过滤器选项，显示对应的图层信息，用户把需要分组过滤的图层拖动到【组过滤器 1】中即可。

【图层特性管理器】中的层次结构列表显示了默认的图层过滤器以及当前图形中创建并保存的所有命名过滤器。图层过滤器旁边的图标表示过滤器的类型。

在 AutoCAD 中，一共有 5 种默认过滤器。

- 全部：显示当前图层中的所有图层。
- 所有使用的图层：显示在当前图层中绘制的对象上的所有图层。
- 外部参照：如果图层附着了外部参照，将显示从其他图形参照的所有图层。
- 视口替代：如果存在具有当前视口替代的图层，将显示包括特性替代的所有图层。
- 未协调新图层：如果自上次打开、保存、重载或打印图层后添加了新图层，将显示新的未协调图层列表。

提示

AutoCAD 2016 中包含了一个【透明度】属性，可以设置对象和层次的透明度和图层的透明度。该值默认图层和对象的透明度为 0，最高可以设置为 90。

6.5.3 【上机操作】——图层过滤器

通过下面的操作我们来练习如何使用图层过滤器，具体操作步骤如下：

01 打开随书附带光盘中的 CDROM\素材\第 6 章\建筑平面图.dwg 素材文件，在【图层】面板中单击【图层特性】按钮，打开【图层特性管理器】选项板，如图 6-56 所示。

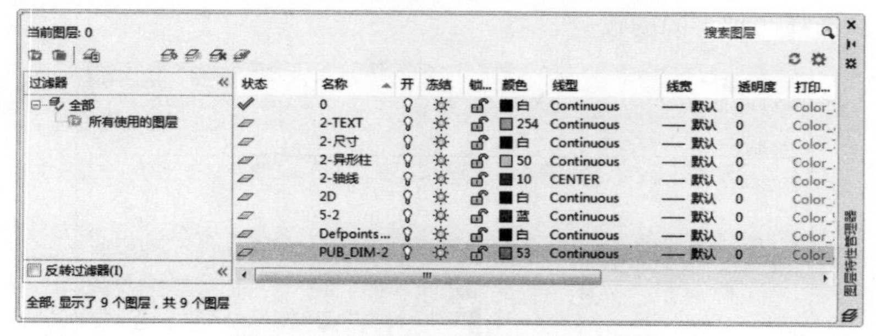

图 6-56 【图层特性管理器】选项板

02 单击【新建特性过滤器】按钮，打开【图层过滤器特性】对话框。在该对话框中单击【名称】列第一个单元格，在【*】前输入【2】，将得到图层名称前有【2】的过滤器列表，结果如图 6-57 所示。

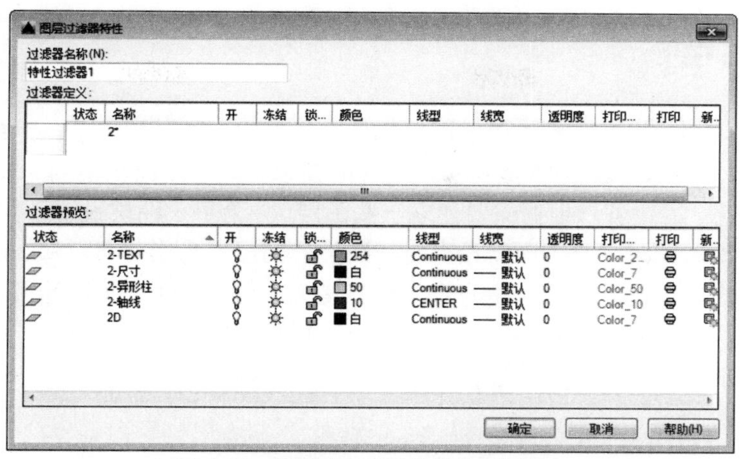

图 6-57 【图层过滤器特性】对话框 1

03 单击该对话框中的【名称】列第一个单元格，在【*】后输入【2】，将得到图层名称后有【2】的过滤器列表，如图 6-58 所示。单击对话框中的【名称】列第一个单元格，在两个【*】中输入【2】，将得到图层名称前或后有【2】的过滤器列表，如图 6-59 所示。

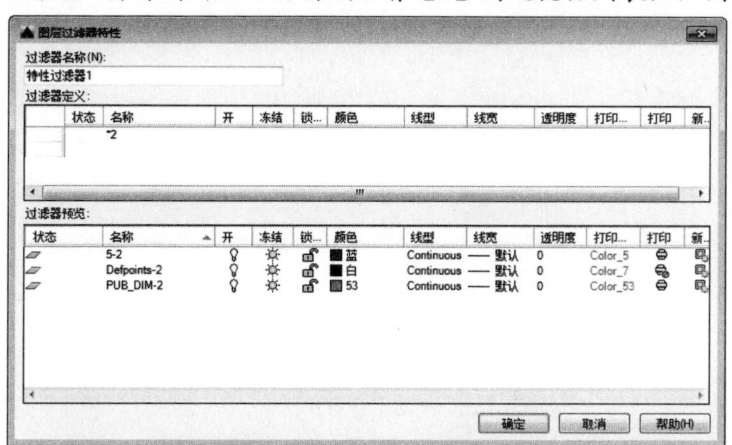

图 6-58 【图层过滤器特性】对话框 2

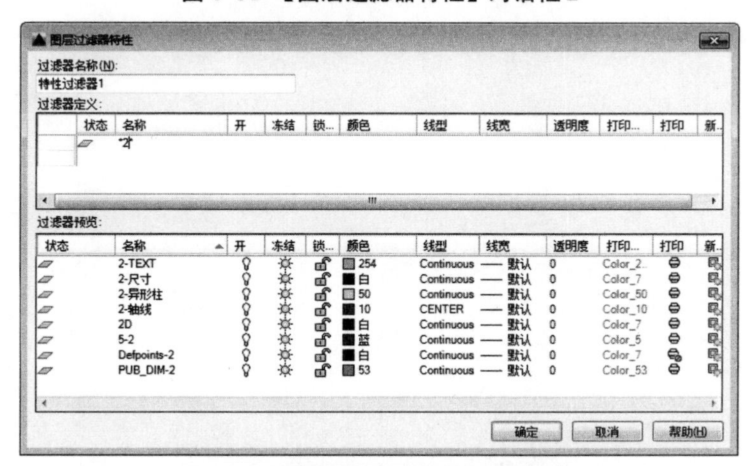

图 6-59 【图层过滤器特性】对话框 3

6.6 本章小结

本章介绍了线型、线宽、颜色以及图层等概念以及它们的使用方法。绘制工程图要用到各种类型的线型，AutoCAD 2016 能够实现这样的要求。与手工绘图不同的是，AutoCAD 还提供了图层的概念，用户可以根据需要建立一些图层，并为每一图层设置不同的线型和颜色，当需要用某一线型绘图时，首先应将设有对应线型的图层设为当前层，那么所绘图形的线型和颜色就会与当前图层的线型和颜色一致，也就是说，用 AutoCAD 所绘图形的线条是彩色的，不同线型采用了不同的颜色（有些线型可以采用相同的颜色），且位于不同图层。

通过对本章的学习读者可以对图层知识有一定的掌握。

6.7 问题与思考

1．图层具有什么特点？
2．如何更改新建完成的图层名称？请列举两种方法。
3．如何设置图层特性？

图块、外部参照及设计中心的应用

07 Chapter

本章导读：

基础知识
- ◈ 图块简介
- ◈ 块的应用

重点知识
- ◈ 创建图块
- ◈ 插入块

提高知识
- ◈ 使用设计中心
- ◈ 通过上机操作进行练习

图块是组图形的总称，是一个独立的整体，用户可以根据作图需要将经常用到的图形定义为块，以便随时插入，用户也可以把已有的图形文件以参照的形式插入到当前图形中（即外部参照），或是通过 AutoCAD 设计中心浏览、查找、预览、使用和管理 AutoCAD 图形、块、外部参照等不同的资源文件。

外部参照、AutoCAD 设计中心和【工具】选项板等都可以将已有的图形文件以图块的形式插入到需要的图形文件中，从而减小图形文件的容量，节省存储空间，提高绘图速度。

7.1 图块简介

块可以是由多个绘制在不同图层上的不同特性对象组成的集合，并具有块名。通过建立块，用户可以将多个对象作为一个整体来操作，可以随时将块作为单个对象插入到当前图形中的指定位置上，而且在插入时可以指定不同的缩放系数和旋转角度。

7.1.1 图块特点

一组对象一旦被定义为图块，就可以根据作图需要将它插入到指定的位置，这种操作称为【块引用】或【块插入】。在 AutoCAD 中，使用图块可以提高绘图速度、节省存储空间，并且便于修改图形。下面介绍图块的特点。

1. 图块的唯一性

图块分为保存块与非保存块，无论哪一种图块都是用名称来表示而与其他图块区分的。因此，在一个图形文件中，不允许出现相同的图块名称。图块的名称组号简单易记，既便于操作，又容易与其他图块区分开来。

2. 可多次重复使用

在设计工作中，经常有一些重复出现的图形，如一些符号、标准件、部件等。可以将它们定义成图块，保存在图像文件或磁盘中，也可以建成一个图块库，需要时把某个图块插入图形中即可。对于重复出现较多的图形，使用图块可以避免大量重复性的工作，这样有助于提高绘图的速度和质量。

3. 节省存储空间

图形文件中虽然保存了【块定义】中各图形元素的所有构造信息，但对于【块引用】来说，它只保留引用图块的名称、插入点坐标以及比例与角度等信息，从而大大节省了存储空间。图块越复杂，插入的次数越多，图块的这种优越性就越显著。

4. 便于修改图形

一张工程图纸往往要经过多次修改。如果使用了图块，只要修改被定义为【图块】的图形或重新选择另一组图形来代替，再用相同的名称重新定义该图块，则图形中插入的关于该图块的【块引用】就自动更新为新图块，这样就省去了逐一修改的麻烦。

5. 可以加入属性

图形中经常需要填写一些文字信息以满足生产和管理上的需要。图块可以带有文字信息，称之为【块的属性】。它与图块存储在一起，可以在每次插入图块时自动显示或输入，也可以控制它在图形中显示或不显示，还可以从图形中提取属性作为文件使用，并传送到外部数据库中进行管理。

7.1.2 创建图块

图块是一个或多个对象的集合，是一个整体，即单一的对象。图块可以由绘制在几个图层上的若干对象组成，图块中保存图层的信息。创建一个新的图块有以下几种方式：

- 在命令行中输入【BLOCK】命令或【BMAKE】命令。
- 在菜单栏中选择【绘图】|【块】|【创建】命令。
- 单击【块定义】工具栏中的【创建块】按钮。

通过以上方式，可以弹出【块定义】对话框，如图 7-1 所示。

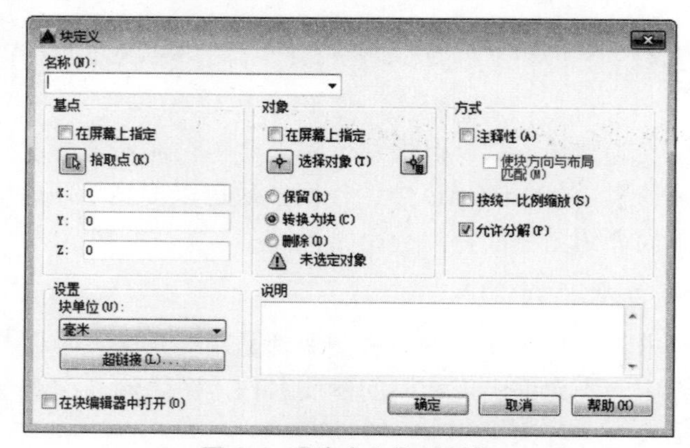

图 7-1 【块定义】对话框

- 【名称】：输入块的名称。块的创建不是目的，目的在于块的引用。块的名称为日后提取该块提供了搜索依据。块的名称可以长达 255 个字符。
- 【基点】：设置块的插入基点位置。为日后将块插入到图形中提供参照点。此点可任意指定，但为了日后使块的插入一步到位，减少【移动】等工作，建议将此基点定义为与组成块的对象集具有特定意义的点，比如端点、中点等。
- 【对象】：设置组成块的对象。其中，单击【选择对象】按钮，可切换到绘图窗口选择组成块的各对象；单击【快速选择】按钮，可以在弹出的【快速选择】对话框中设置所选择对象的过滤条件；选择【保留】单选按钮，创建块后仍在绘图窗口上保留组成块的各对象；选择【转换为块】单选按钮，创建块后将组成块的各对象保留，并把它们转换成块；选择【删除】单选按钮，创建块后删除绘图窗口组成块的源对象。
- 【方式】：设置组成块的对象的显示方式。选择【按统一比例缩放】复选框，设置对象是否按统一的比例进行缩放；选择【允许分解】复选框，设置对象是否允许被分解。
- 【设置】：设置块的基本属性。
- 【说明】：用来输入当前块的说明部分。

在【块定义】对话框中设置完毕后，单击【确定】按钮，即可完成创建块的操作。

7.1.3 【上机操作】——创建树图块

下面讲解如何创建树图块，具体操步骤如下：

01 打开随书附带光盘中的 CDROM\素材\第 7 章\树.dwg 图形文件，如图 7-2 所示。

02 在命令行中输入【BLOCK】命令，打开【块定义】对话框，在【名称】文本框中输入【树】，如图 7-3 所示。

图 7-2　素材文件

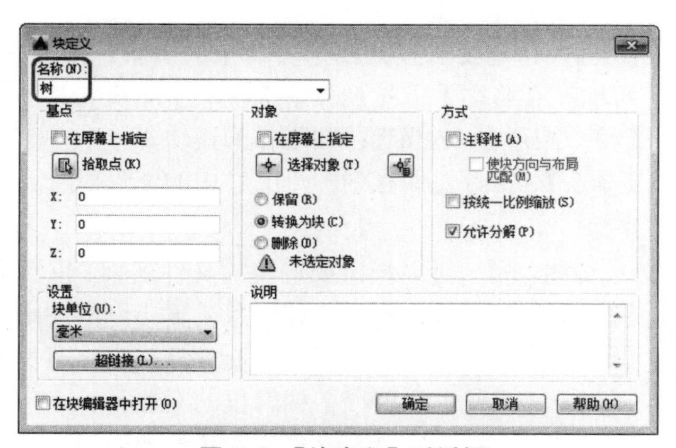

图 7-3　【块定义】对话框

03 在【对象】选项组中单击【选择对象】按钮，切换到绘图窗口，然后框选树，如图 7-4 所示。

04 按【Enter】键，返回【块定义】对话框，在【基点】选项组中单击【拾取点】按钮，然后单击树的一角作为插入基点，会弹出如图 7-5 所示的对话框，最后单击【确定】按钮，完成块定义。

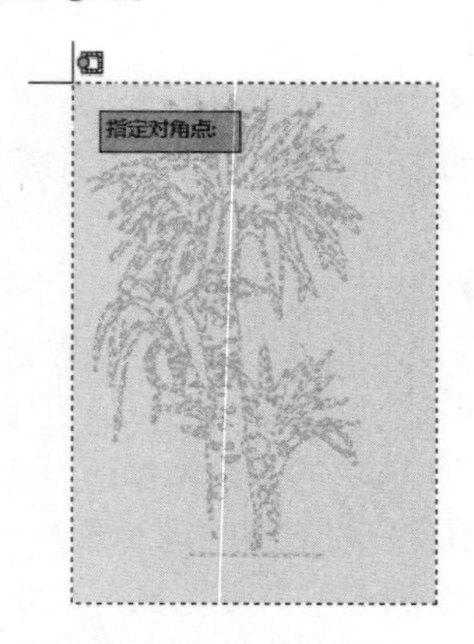

图 7-4　选择对象

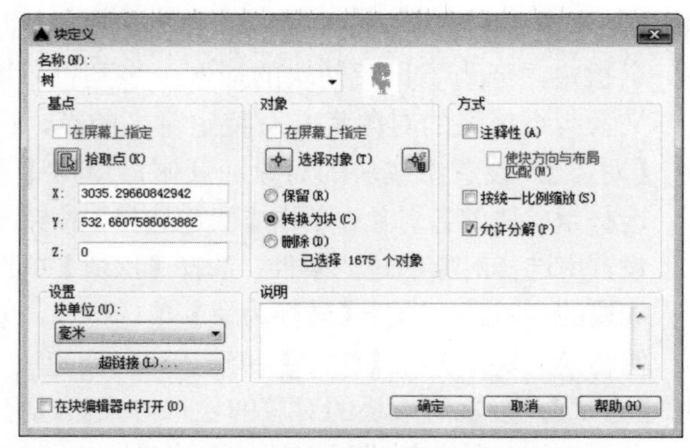

图 7-5　返回【块定义】对话框

7.1.4 存储图块

如果想在其他文件中也使用当前定义的块，则需要将块或图形对象保存到一个独立的图形文件中，新的图形将图层、线型、样式及其他设置应用于当前图形中，该图形文件可以在其他图形中作为块定义使用。

在命令行中输入【WBLOCK】命令并按【Enter】键，系统会弹出一个如图 7-6 所示的【写块】对话框。

下面介绍【写块】对话框中各选项的含义。

1. 源

在该选项组用户可以指定要输出的对象或图块以及插入点，其包含的选项如下所示。

- 【块】：指定要保存到图形文件中的图块。用户可以在【名称】下拉列表中选择一个图块名。
- 【整个图形】：选择当前图形作为图块。
- 【对象】：执行要保存到图形文件中的图形对象。

图 7-6　【写块】对话框

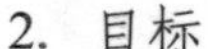

2. 目标

在该选项组，用户可以指定要输出的文件名称、位置以及单位，其包含的选项如下所示。

- 【文件名和路径】：指定块或对象要输出到的图形文件的名称。
- 【预览】：单击该按钮，将显示一个【浏览文件夹】对话框，可用于选择路径，该按钮位于【文件名和路径】编辑框的右侧。
- 【插入单位】：指定当新文件作为块插入时的单位。

根据激活【WBLOCK】命令时的不同情况，【写块】对话框中各选项组将显示三种不同的默认设置。

- 如果在激活【WBLOCK】命令时，没有进行任何选择，那么在【写块】对话框的【源】选项组中，【对象】单选按钮将处于默认选中状态。
- 如果在激活【WBLOCK】命令时，已经选择了一个单个的块，那么【写块】对话框中的默认设置如下：

- 在对话框的【源】选项组中，【块】单选按钮处于默认选中状态。
- 所选图块的名称出现在对话框【源】选项组中的【名称】下拉列表框中。
- 所选图块的名称和路径出现在对话框【目标】选项组中的【文件名和路径】文本框中。

- 如果在激活【WBLOCK】命令时，已经选择了图形中的对象，那么【写块】对话框中的默认设置如下：
  - 在对话框的【源】选项组中，【对象】单选按钮处于默认选中状态。
  - new block.dwg 出现在对话框【目标】选项组的【文件名和路径】文本框中。

7.1.5 插入图块

在用 AutoCAD 绘图的过程中，可根据需要随时把已经定义好的图块或图形文件插入到当前图形任意位置，在插入的同时还可以改变图块的大小、旋转一定角度等。插入图块有以下几种方式：

- 在命令行中输入【INSERT】命令。
- 选择【插入】|【块】命令。

通过以上方式，可以弹出【插入】对话框，如图 7-7 所示。【名称】文本框用于选择块或图形的名称。

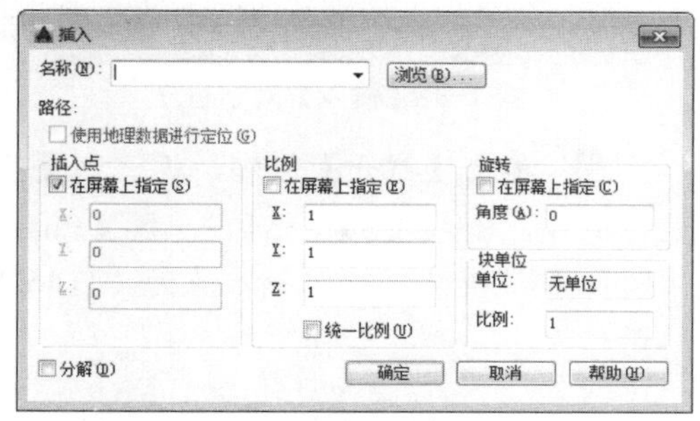

图 7-7 【插入】对话框

提示

【插入】对话框中主要选项的含义如下图所示。

（1）插入点：用于设置块的插入点位置。可直接在 X、Y、Z 文本框中输入点的坐标，也可以通过选择【在屏幕上指定】复选框，在屏幕上指定插入点位置。

（2）比例：用于设置块的插入比例。可直接在 X、Y、Z 文本框中输入块在三个方向的比例，也可以通过选择【在屏幕上指定】复选框，在屏幕上指定。此外，该选项组中的【统一比例】复选框用于确定所插入块在 X、Y、Z 三个方向的插入比例是否相同。选择该复选框，表示比例将相同，用户只需在 X 文本框中输入比例值即可。

（3）旋转：用于设置块插入时的旋转角度。可直接在【角度】文本框中输入角度值，也可以选择【在屏幕上指定】复选框，在屏幕上指定旋转角度。

（4）分解：选择该复选框，可以将插入的块分解成组成块的各基本对象。

在【插入】对话框中设置完毕后，单击【确定】按钮，即可完成插入块的操作。

7.1.6 【上机操作】——插入外部图块

下面讲解如何插入图块，具体操作步骤如下：

01 启动 AutoCAD 2016，在【功能区】选项板中单击【默认】选项卡，在【块】面板上单击【插入】按钮，弹出【插入】对话框，如图 7-8 所示。

02 单击【浏览】按钮，弹出【选择图形文件】对话框，选择【户外躺椅.dwg】文件，如图 7-9 所示。

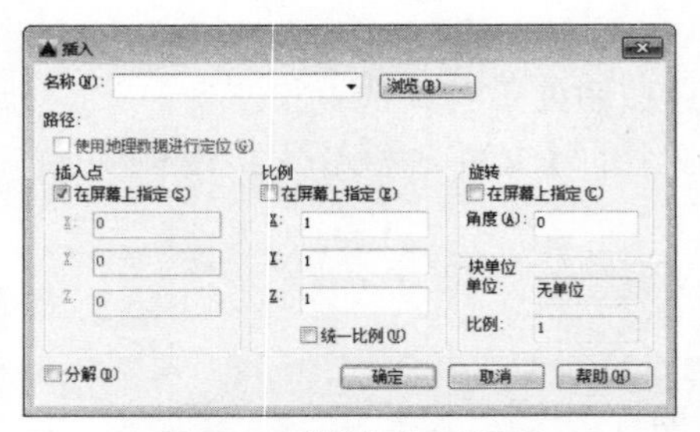

图 7-8 【插入】对话框

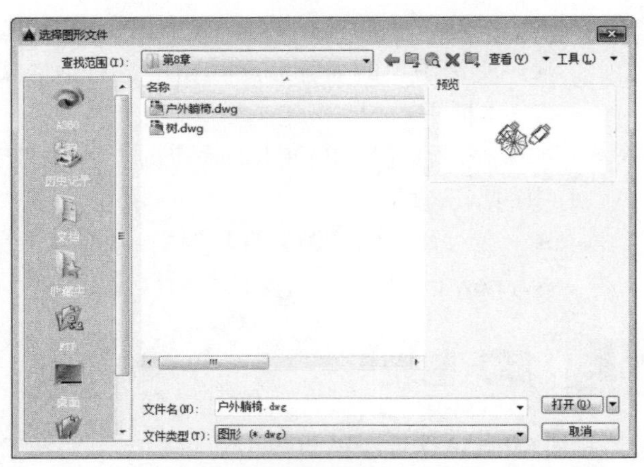

图 7-9 选择图形文件

03 单击【打开】按钮，返回到【插入】对话框，单击【确定】按钮，根据命令行提示进行操作，输入【S】(比例)，按【Enter】键确认，指定 X、Y、Z 轴的比例因子为 0.5，按【Enter】键确认，指定插入点为（1146, 873），按【Enter】键确认，完成后的效果如图 7-10 所示。

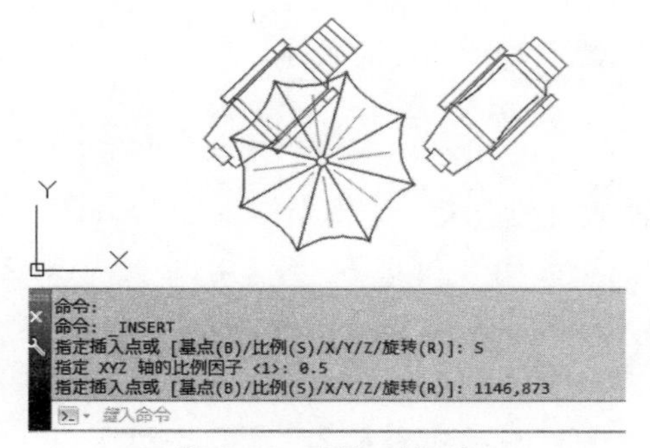

图 7-10 插入的图块

7.1.7 分解图块

在 AutoCAD 绘图过程中，经常会出现相同的内容，如图框、标题栏、符号、标准件等。通常大家都是画好一个后采用复制、粘贴的方式，这样的确是一个省事的方法。如果用户对 AutoCAD 中的块图形操作了解的话，就会发现插入块会比复制、粘贴更加高效。

要对所插入的众多图块之一进行修改，就需要将该块分解。

在 AutoCAD 2016 中可使用分解块的方法有：

- 在菜单栏中选择【插入】|【块】命令，在弹出的【插入块】对话框中单击【分解】按钮。
- 在命令行中执行【EXPLODE】命令。

7.1.8 【上机操作】——分解图块

下面讲解如何分解图块，具体操作步骤如下：

01 启动 AutoCAD 2016，在【功能区】选项板中单击【默认】选项卡，在【块】面板上单击【插入】按钮，弹出【插入】对话框，如图 7-11 所示。

02 单击【浏览】按钮，弹出【选择图形文件】对话框，在列表框中选择素材文件【钢琴.dwg】，如图 7-12 所示。

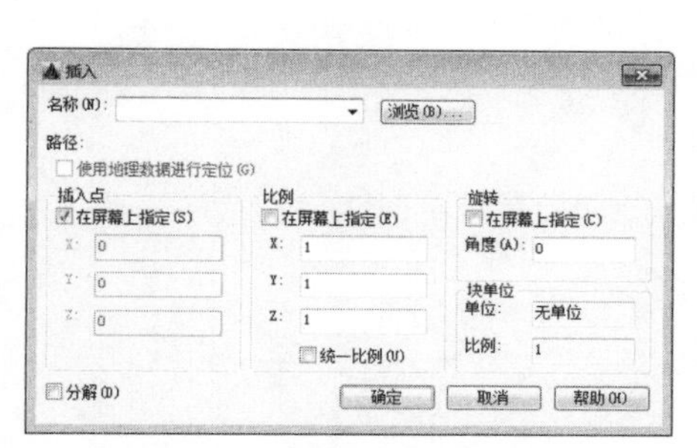

图 7-11 【插入】对话框

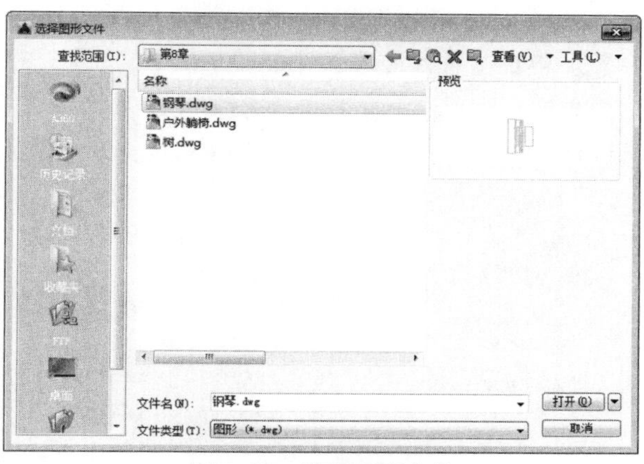

图 7-12 选择钢琴文件

03 单击【打开】按钮，返回到【插入】对话框，勾选【分解】复选框，如图 7-13 所示。

04 单击【确定】按钮，根据命令行提示进行操作，指定块的插入点为（0,0），按【Enter】键确认，即可将图块分解并插入到绘图窗口中，如图 7-14 所示。

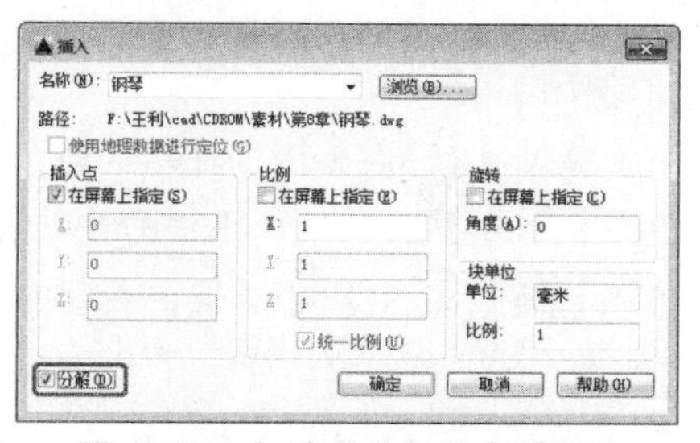

图 7-13 勾选【分解】复选框

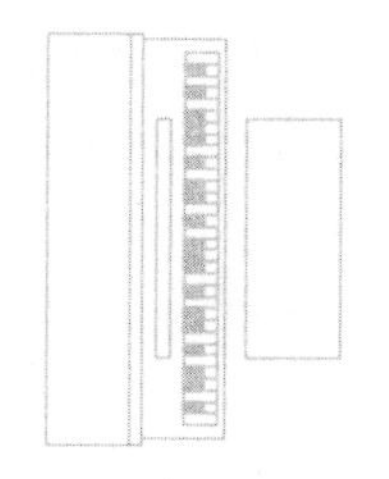

图 7-14 插入的图块

7.1.9 【上机操作】——定义属性

下面讲解如何定义属性，具体操作步骤如下：

01 启动 AutoCAD 2016 后，打开素材文件【飞机.dwg】，如图 7-15 所示。

02 在【功能区】选项板中单击【默认】选项卡，在【块】面板上单击 ▾ 按钮，在弹出的面板上单击【定义属性】按钮，如图 7-16 所示。

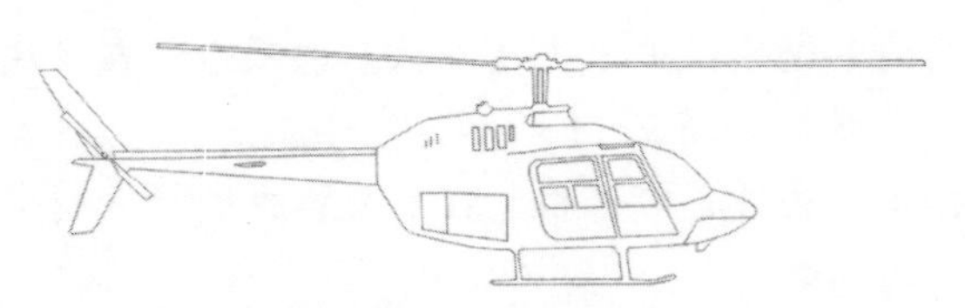

图 7-15　素材文件

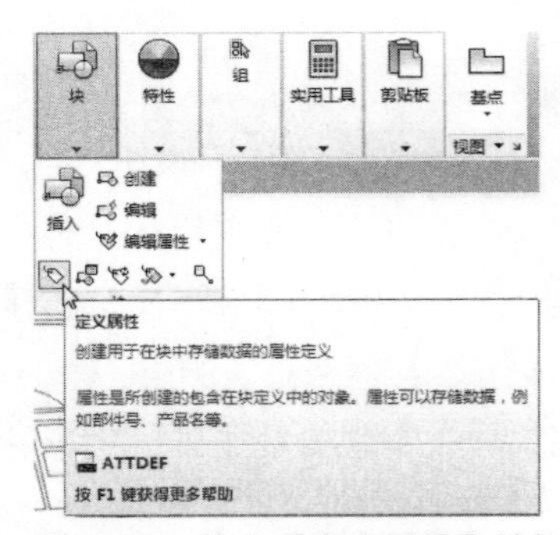

图 7-16　单击【定义属性】按钮

03 弹出【属性定义】对话框，在【属性】选项组中的【标记】文本框中输入【飞机】，在【文字高度】文本框中设置高度为 34，如图 7-17 所示。单击【确定】按钮后，根据命令行提示进行操作，指定起点，按【Enter】键确认，即可完成属性的定义，效果如图 7-18 所示。

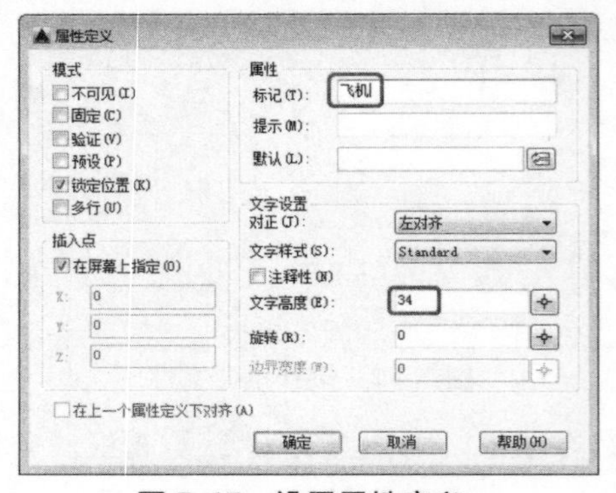

图 7-17　设置属性定义

图 7-18　完成后的效果

7.1.10 【上机操作】——修改属性定义

下面讲解如何修改属性定义，具体操作步骤如下：

01 启动 AutoCAD 2016，打开素材文件【雕像.dwg】，如图 7-19 所示。

02 在命令行中输入【DDEDIT】命令，按【Enter】键确认，根据命令行提示进行操作，在绘图窗口中单击属性文字【雕像】，弹出【编辑属性定义】对话框，在【标记】文本框中输入【马】，如图 7-20 所示。

03 单击【确定】按钮，即可完成属性的修改，效果如图 7-21 所示。

图 7-19　素材文件

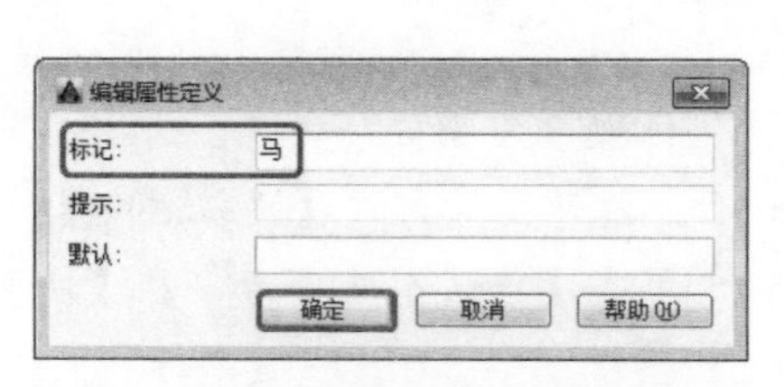

图 7-20　【编辑属性定义】对话框

图 7-21　修改属性后的效果

7.1.11 动态块的编辑与管理

动态块具有灵活性和智能性。用户在操作时可以轻松地更改图形中的动态块参照。可以通过自定义夹点或自定义特性来操作动态块参照中的几何图形。这使得用户可以根据需要调整块，而不用搜索另一个块以插入或重定义现有的块。

例如，在图形中插入一个门块参照，则在编辑图形时可能需要更改门的大小。如果该块是动态的，并且定义为可调整大小，那么只需拖动自定义夹点或在【特性】选项板中指定不同的大小，就可以修改门的大小。用户可能还需要修改门的打开角度。该门块还可能会包含对齐夹点，使用对齐夹点可以轻松地将门块参照与图形中的其他几何图形对齐。

动态块的编辑主要是通过块编辑器来完成的，通过如下办法可以打开块编辑器：

- 在定义块时，在【块定义】对话框中选择【在块编辑器中打开】复选框，单击【确定】按钮，就会打开如图 7-22 所示的【块编写选项】。
- 使用【BEDIT】命令，打开如图 7-23 所示的【编辑块定义】对话框。

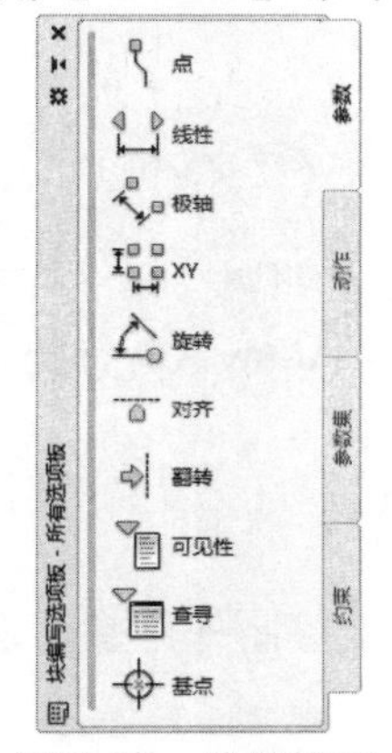

图 7-22　块编辑器

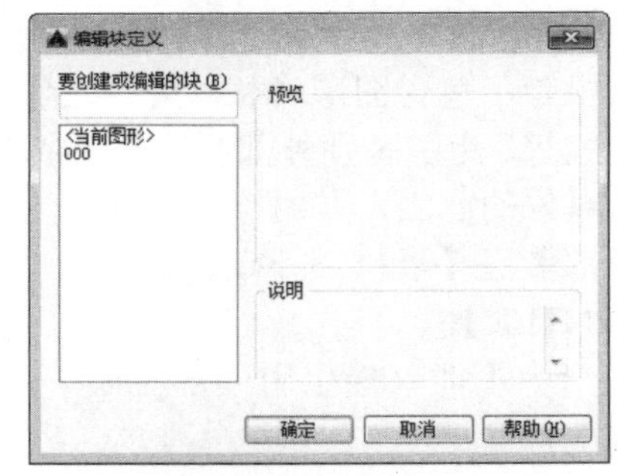

图 7-23　【编辑块定义】对话框

通过在块编辑器中将参数和动作添加到块，可以将动态行为添加到新的或现有的块定义。要使块成为动态块，至少添加一个参数，然后添加一个动作，并将该动作与参数相关联。添加到块定义中的参数和动作类型定义了块参照在图形中的作用方式。

7.2 外部参照图形

外部参照是指一个图形文件对另一个图形文件的引用，即把自己已有的其他图形文件链接到当前图形文件中，但所生成的图形并不会显著增加图形文件的大小。

外部参照与块有相似的地方，但它们的主要区别是：一旦插入了块，该块就永久性地成为当前图形的一部分；而以外部参照方式将图形插入到某一图形（称之为主图形）后，被插入图形文件的信息并不直接加入到主图形中，主图形只是记录参照的关系。

7.2.1 外部参照与外部块

在前面的内容中，我们介绍了如何以图块的形式将一个图形插入到另外一个图形之中，并且把图形作为块插入时，块定义和所有相关联的几何图形都将存储在当前图形的数据库中，修改原图形后，块不会随之更新。与这种方式相比，外部参照提供了一种更为灵活的图形引用方法。使用外部参照可以将多个图形链接到当前图形中，并且作为外部参照的图形会随着原图形的修改而更新。此外，外部参照不会明显地增加当前图形文件的大小，可以节省磁盘空间，也有利于保持系统的性能。

当一个图形文件被作为外部参照插入到当前图形中时，外部参照中每个图形的数据仍然分别保存在各自的源图形文件中，当前图形中所保存的只是外部参照的名称和路径。无论一个外部参照文件多么复杂，AutoCAD 都会把它作为一个单一对象来处理，而不允许进行分解。用户可以对外部参照进行比例缩放、移动、复制、镜像或旋转等操作，还可以控制外部参照的显示状态，但这些操作都不会影响到原图形文件。

AutoCAD 允许在绘制当前图形的同时显示多达 32 000 个外部参照，并且可以对外部参照进行嵌套，嵌套的层次可以为任意多层。当打开或打印附着有外部参照的图形文件时，AutoCAD 将自动对每一个外部参照图形文件进行重新加载，从而确保每个外部参照文件反映的都是它们的最新状态。

7.2.2 外部参照的命名对象

外部参照中除了包含图形对象以外，还包括图形的命名对象，如块、标注样式、图层、线型和文字样式等。为了区别外部参照与当前图形中的命名对象，AutoCAD 将外部参照的名称作为其命名对象的前缀，并用符号【|】来分隔。

例如，外部参照【素材 5.dwg】中名称为【CENTER】的图层，在引用它的图形中名称为【素材 5|CENTER】。

在当前图形中不能直接引用外部参照中的命名对象，但可以控制外部参照图层的可见性、颜色和线型。

7.2.3 【上机操作】——通过功能区选项板插入

下面讲解通过【功能区】选项板插入图块的方法，具体操作步骤如下：

01 启动 AutoCAD 2016，单击【插入】选项卡，在【参照】面板上单击【附着】按钮，弹出【选择参照文件】对话框，选择素材文件【台阶.dwg】，如图 7-24 所示。

02 单击【打开】按钮，弹出【附着外部参照】对话框，如图 7-25 所示。

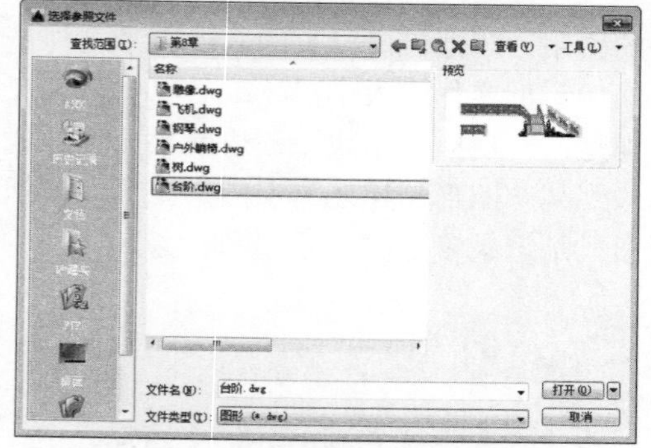

图 7-24 【选择参照文件】对话框

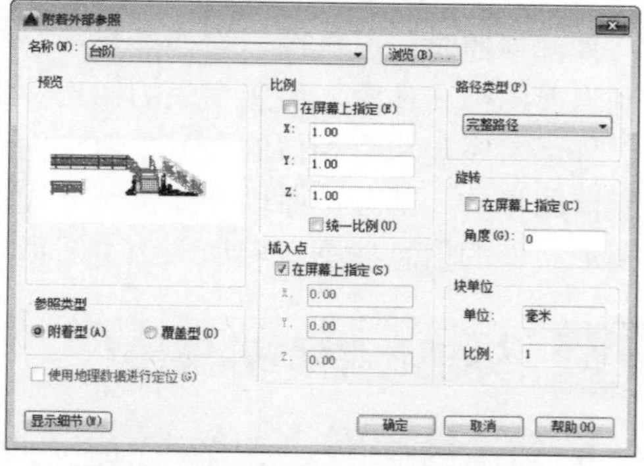

图 7-25 【附着外部参照】对话框

提示

用于定位外部参照的已保存路径可以是完整路径，也可以是相对（部分指定）路径，或者没有路径。

提示

使用【附着外部参照】对话框时，建议打开自动隐藏功能或【锚定】选项板。随后在指定外部参照的插入点时，此对话框将自动隐藏。

03 单击【确定】按钮，参照图形将像图块一样被插入到图形中。外部参照附着到图形时，应用程序窗口的右下角（状态栏）将显示一个外部参照图标，如图 7-26 所示。

图 7-26 【外部参照】图标

04 如果单击【外部参照】图标，将显示【外部参照】选项板，如图 7-27 所示。

图中 Drawing2 是新建的文件，使用上面 3 个步骤把原来定义的【台阶】块附着为 Drawing2 的一个参照图形。由于【台阶】块进行过块编辑操作，所以，外部参照管理器提示它已经进行过编辑，需要重载以更新文件，这时右击【台阶】块，在弹出的快捷菜单中选择【重载】命令，如图 7-28 所示。

图 7-27 【外部参照】选项板

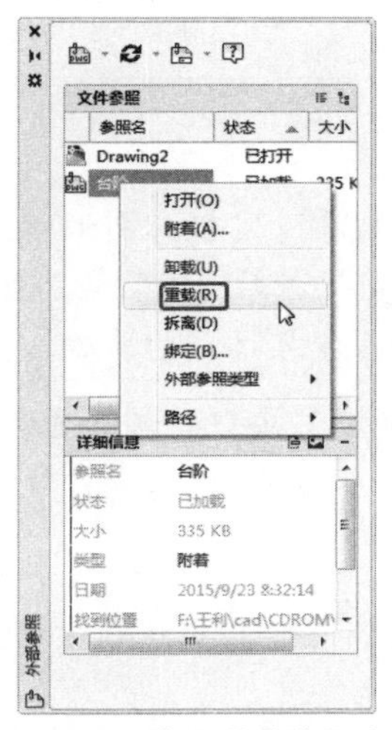

图 7-28 选择【重载】命令

如果选择【附着】命令，表示附着【台阶】块的一个副本参照；如果选择【拆离】命令，表示分离开参照；如果选择【卸载】命令，就会取消显示。

提示

【卸载】与【拆离】不同，【卸载】并不删除外部参照的定义，而仅仅取消外部参照的图形显示（包括其所有副本）。

05 在外部参照列表中选择一个或多个参照并右击，在弹出的快捷菜单中选择【绑定】

命令，如图 7-29 所示，可以将指定的外部参照断开与源图形文件的链接，并转换为块对象，成为当前图形的永久组成部分。选择该命令后将弹出【绑定外部参照/DGN 参考底图】对话框，如图 7-30 所示。

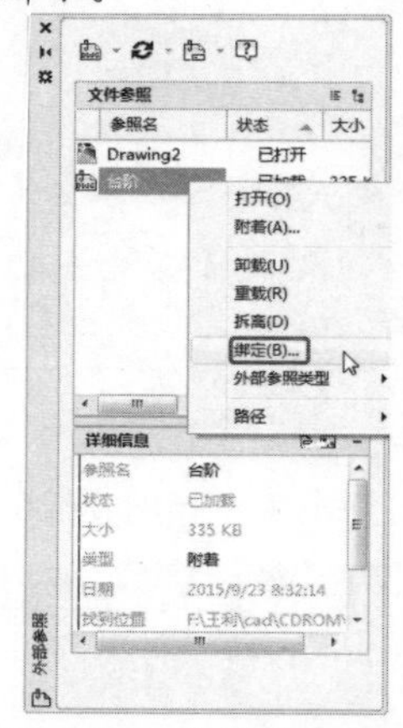

图 7-29　右键快捷菜单

图 7-30　【绑定外部参照/DGN 参考底图】对话框

在该对话框中有两个选项，作用如下所示。

- 【绑定】：将外部参照中的对象转换为块参照。命名对象定义将添加到带有n前缀的当前图形。
- 【插入】：将外部参照中的对象转换为块参照。命名对象定义将合并到当前图形中，但不添加前缀。

提示

外部参照定义中除了包含图形对象以外，还包括图形的命名对象，如块、标注样式、图层、线型和文字样式等。为了区别外部参照与当前图形中的命令对象，AutoCAD 将外部参照的名称作为其命名对象的前缀，并用符号【|】来分隔。

06 单击【确定】按钮，这时【台阶】块从列表框中消失，因为它已经不是一个参照文件了，而是作为一个块参照了，如图 7-31 所示。

图 7-31　【台阶】块消失

7.2.4 管理外部参照

AutoCAD 图形可以参照多种外部文件，包括图形、文字、打印配置等。这些参照文件的路径保存在每个 AutoCAD 图形中。如果要将图形文件或它们参照的文件移动到其他文件夹或磁盘驱动器中，则需要更新保存的参照路径，这时可以使用【参照管理器】窗口进行处理。

在桌面上单击【开始】|【所有程序】|【Autodesk】|【AutoCAD 2016-简体中文（Simplified Chinese）】|【参照管理器】命令，可以打开【参照管理器】窗口，如图 7-32 所示。用户可以在其中查看参照文件的文件名、参照名、保存路径等，也可以对参照文件进行路径更新处理。

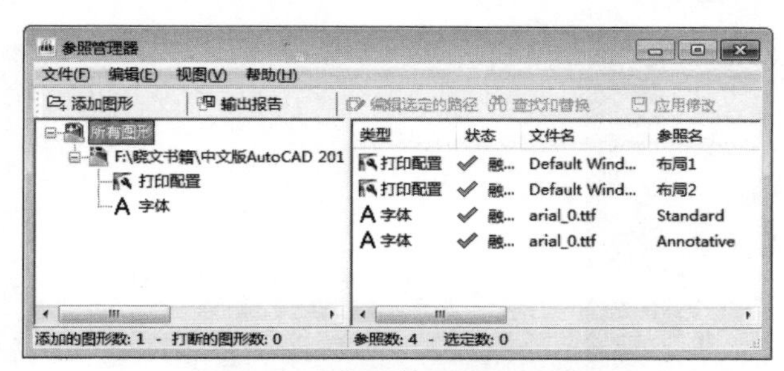

图 7-32 【参照管理器】对话框

AutoCAD 还提供了【外部参照】选项板，利用它也可以对外部参照进行管理操作，如打开、附着、重载等。单击菜单栏中的【插入】|【外部参照】命令，可以打开【外部参照】选项板，如图 7-33 所示。在选项板上方的【文件参照】列表框中显示了当前图形中各个参照文件的名称。选择一个参照文件以后，在下方的【详细信息】列表框中将显示外部参照的名称、加载状态、大小、类型等内容。当用户附着多个外部参照后，在【文件参照】列表框中的某个参照文件上右击，如图 7-34 所示。在弹出的快捷菜单中选择不同的命令，可以对其进行不同的操作。

图 7-33 【外部参照】选项板

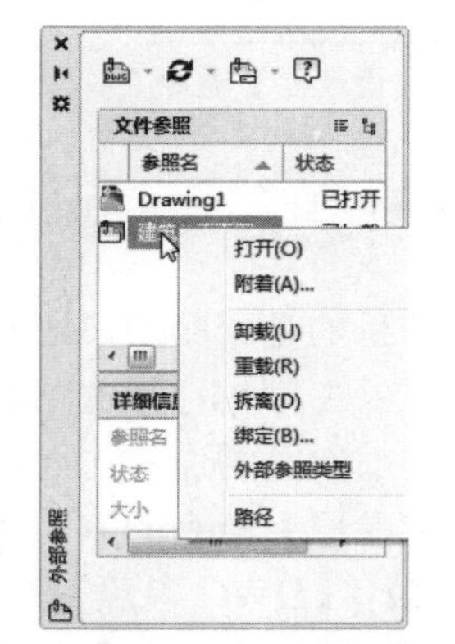

图 7-34 弹出的快捷菜单

7.2.5 外部参照管理器

AutoCAD 参照管理器提供了多种工具，列出了选定图形中的参照文件，可以修改保存的参照路径而不必打开 AutoCAD 中的图形文件。

下面通过实例讲解如何使用参照管理器，其具体操作步骤如下：

01 单击【开始】按钮，选择【所有程序】|AutoDesk |AutoCAD 2016-简体中文版(Simplified Chinese) |【参照管理器】命令，如图 7-35 所示。

02 打开【参照管理器】窗口，在该窗口左窗格空白处右击，在弹出的快捷菜单中选择【添加图形】命令，如图 7-36 所示。选择要进行参照管理的主图形后，单击【打开】按钮，即可进入【参照管理器】进行参照路径修改的设置。

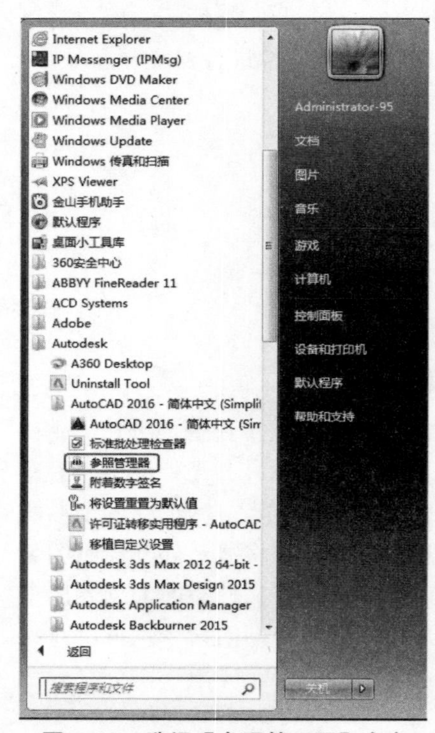

图 7-35 选择【参照管理器】命令

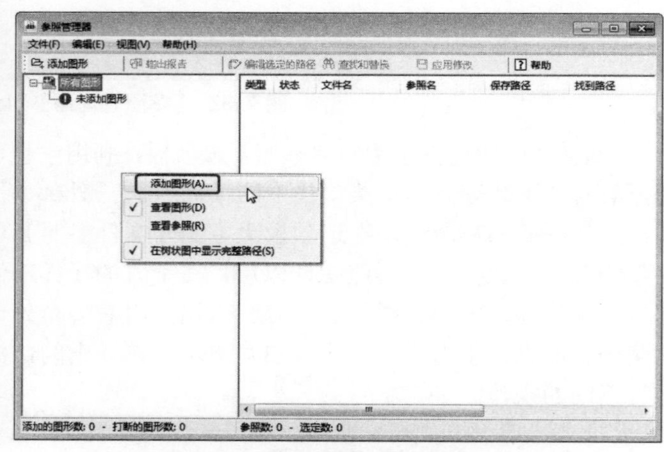

图 7-36 选择【添加图形】命令

7.2.6 附着外部参照

附着外部参照的目的是帮助用户用其他形状来补充当前图形。与插入块不同，将图形附着为外部参照，就可以在每次打开主图形时更新外部参照图形，即主图形时刻反映参照图形的最新变化。附着外部参照的过程与插入块的过程类似。

调用【附着外部参照】命令的方法如下：

- 执行【插入】|【DWG 参照】命令。
- 单击【参照】工具栏中的【附着外部参照】按钮。
- 输入 AX 或者【XATTACH】命令。

执行上述命令之一后，则弹出【选择参照文件】对话框，提示用户指定外部参照文件，如图 7-37 所示。在该对话框中选择作为外部参照的图形文件，单击【打开】按钮，则弹出【附着外部参照】对话框，如图 7-38 所示。

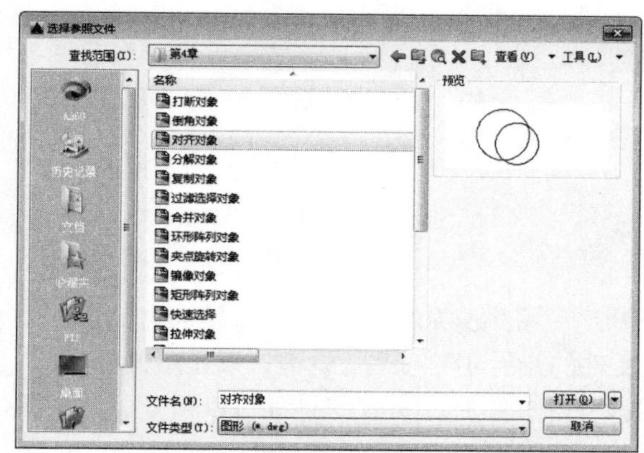

图 7-37 【选择参照文件】对话框

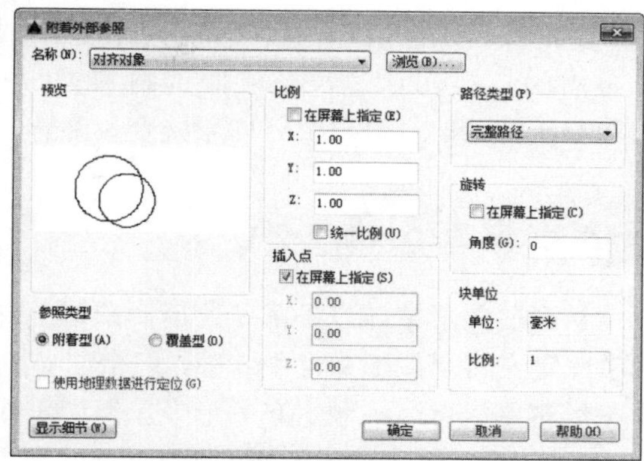

图 7-38 【附着外部参照】对话框

在该对话框中，【插入点】、【比例】和【旋转】等选项与插入块时的【插入】对话框选项相同，其他选项的作用如下。

- 【路径类型】：用于设置是否保存外部参照的完整路径，共包括【完整路径】、【相对路径】和【无路径】3 种类型。
  - 【完整路径】：选择该选项，外部参照的精确位置将保存到主图形中。此选项的精确度最高，但灵活性最小。如果移动了工程文件夹，AutoCAD 将无法融入任何使用完整路径附着的外部参照。
  - 【相对路径】：选择该选项，将保存外部参照相对于主图形的位置。此选项的灵活性最大。如果移动了工程文件夹，AutoCAD 仍可以融入使用相对路径附着的外部参照，只要此外部参照相对值图形的位置未发生变化即可。
  - 【无路径】：选择该选项，则不使用路径附着外部参照。此时，AutoCAD 首先在主图形的文件夹中查找外部参照。当外部参照文件与主图形位于同一个文件夹时，此选项非常有用。
- 【参照类型】：用于指定外部参照是【附着型】还是【覆盖型】。
  - 【附着型】：选择该单选按钮，在图形中附着外部参照时，如果其中嵌套有其他外部参照，则将嵌套的外部参照包含在内。
  - 【覆盖型】：选择该单选按钮，在图形中附着覆盖型外部参照时，任何嵌套在其中的覆盖型外部参照都将被忽略，而且本身也不能显示。

7.3 提高使用大型参照图形时的显示速度

当使用的外部参照图形太大时，会影响显示速度，读者可以用以下几种功能来改善处理大型参照图形时的性能。

7.3.1 按需加载

程序使用【按需加载】和保存包含索引的图形，以改善使用大型参照图形时系统的性能。

这些外部参照在使用程序时的剪裁，或是其冻结层上具有许多对象。

使用按需加载时，程序仅将参照图形的数据加载到内存中，这些数据是重生成当前图形所必需的。换句话说，被参照的材料是根据需要读取的。按需加载需与 INDEXCTL、XLOADCTL 和 XLOADPATH 系统变量配合使用。

7.3.2 卸载外部参照

从当前图形中卸载外部参照后，图形的打开速度将大大加快，内存占用量也会减少。外部参照定义将从图形文件中卸载，但指向参照文件的指针仍然保留。这时，不显示外部参照，非图形对象信息也不显示在图形中。但当重载该外部参照时，所有信息都可以恢复。如果将 XLOADCTL（按需加载）设定为 1，卸载图形会解锁原始文件。

如果当前绘图任务中不需要参照图形，但可能会用于最终打印，应该卸载此参照文件。可以在图形文件中保持已卸载的外部参照的工作列表，在需要时加载。

7.3.3 使用图层索引

图层索引是一个列表，显示哪些对象处在哪些图层上。在程序按需加载参照图形时，将根据这一列表判断需要读取和显示哪些对象。如果参照图形具有图层索引并被按需加载，则不用读取参照图形中位于冻结图层上的对象。

7.3.4 使用空间索引

空间索引根据对象在三维空间中的位置来组织对象。在按需加载图形并将其作为外部参照剪裁时，这种组织方法可以有效地判断需要读取哪些对象。如果打开按需加载，而图形作为外部参照附着并且被剪裁，程序使用外部参照图形中的空间索引确定哪些对象位于剪裁边界内部，程序只将哪些对象读入当前任务。

如果图形将用作其他图形的外部参照，并且启用了按需加载，那么在该图形中使用空间和图层索引最为适宜。如果并不打算把图形用作外部参照或将其部分打开，使用图层和空间索引或者按需加载就不会带来什么好处。

7.3.5 插入 DWF 和 DGN

在 AutoCAD 2016 中插入 DWG、DWF、DGN 参照底图的功能和附着外部参照功能相同，用户可以在【插入】菜单栏中选择相关命令。下面简单讲解一下如何插入 DWF 和 DGN 底图。

插入 DWF 参考底图的方法与插入块或附着外部参照的方法相似，其操作步骤如下：

01 执行【插入】|【DWF 参考底图】菜单命令。

02 在弹出的【选择参考文件】对话框中选择要插入的 DWF 文件，然后单击【打开】按钮。

03 在【附着 DWF 文件】对话框中，从 DWF 文件选择一个表，如果它包含多个页面的话。

04 从【路径类型】下拉列表中选择路径类型。

05 指定插入点、比例和旋转，取消选中对话框中各自的复选框；否则，在屏幕上指定它们。

06 单击【确定】按钮，附着 DWF 参考底图。

7.4 设计中心

AutoCAD 的设计中心为用户提供了一个直观且高效的工具，它与 Windows 资源管理器类似。

设计中心可以管理图块、外部参照、光栅图像以及来自其他源文件或应用程序的内容，还可以将位于本地计算机、局域网或因特网上的图块、图层、外部参照和用户自定义的图形复制并粘贴到当前绘图窗口中。设计中心提供了观察和重用设计内容的强大工具，图形中的任何内容几乎都可以通过设计中心实现共享，通过设计中心还可以浏览系统内部的资源、网络驱动器的内容，还可以下载有关内容。

7.4.1 设计中心的结构

【设计中心】面板分为两部分，左边为树状图，右边为内容区。可以在树状图中浏览内容的源，而在内容区显示内容，可以在内容区中将项目添加到图形或工具选项板中。

打开 AutoCAD 设计中心窗口的方法如下：

- 执行【工具】|【选项板】|【设计中心】命令。
- 单击【视图】选项卡【选项板】工具栏中的【设计中心】按钮。
- 输入【ADCENTER】命令。

执行上述命令之一后，可以打开【设计中心】面板，如图 7-39 所示。

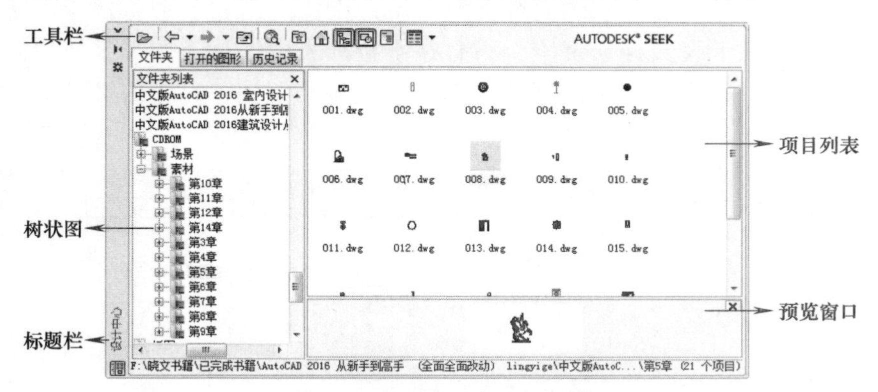

图 7-39 【设计中心】面板

该窗口的左侧包含【文件夹】、【打开的图形】和【历史记录】三个选项卡。

- 【文件夹】：该选项卡用来显示设计中心的资源。它是一个树状图结构，与 Windows 资源管理器类似，显示导航图标的层次结构，包含网络和计算机、Web 地址（URL）、计算机驱动器、文件夹、图形和相关的支持文件、外部参照、布局、填充样式和命名对象。

- 【打开的图形】：该选项卡用来显示当前已打开的所有图形，其中包括最小化的图标。单击某个图形文件图标，就可以在右侧的项目列表中打开该图形的有关设置，如标注样式、布局、块、图层、外部参照等，如图 7-40 所示。
- 【历史记录】：该选项卡用来显示设计中心以前打开过的文件列表，包括这些文件的具体路径，如图 7-41 所示。双击列表中的某个图形文件，可以在【文件夹】选项卡中的树状图中定位此图形文件，并将其内容加载到项目列表中。

图 7-40 【打开的图形】选项卡

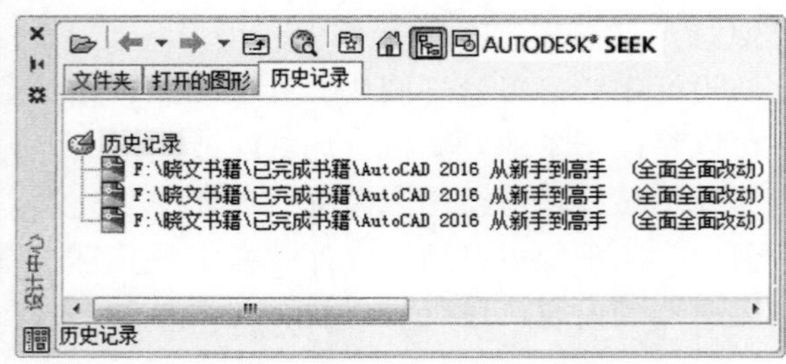

图 7-41 【历史记录】选项卡

7.4.2 在设计中心搜索内容

使用 AutoCAD 2016 设计中心搜索功能在本地磁盘或局域网中的网络驱动器上按指定搜索条件在图形中查找图形、块和非图形对象。

用户可以单击设计中心工具栏中的【搜索】按钮，或者在树状图目录中右击，在弹出的快捷菜单中选择【搜索】命令，弹出【搜索】对话框，如图 7-42 所示。

1. 【搜索】下拉列表

该下拉列表用来指定要搜索的内容类型，用来指定的内容类型将决定在【搜索】对话框中显示哪些选项卡及其搜索字段。只有在下拉列表中选择【图形】选项时，才显示【修改日期】和【高级】选项卡。选择其他选项时只显示该选项对应的选项卡，如图 7-43 所示。

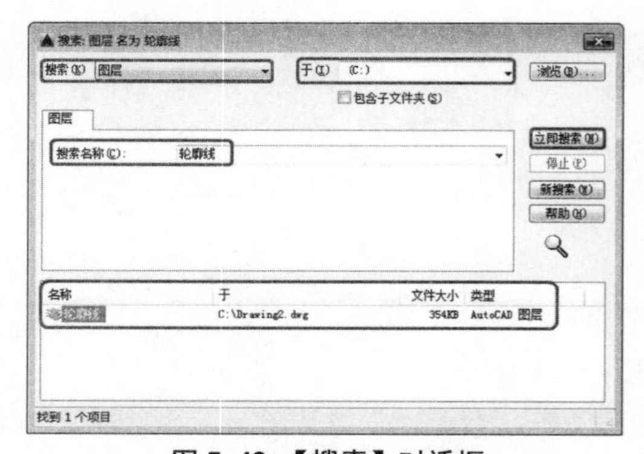

图 7-42 【搜索】对话框

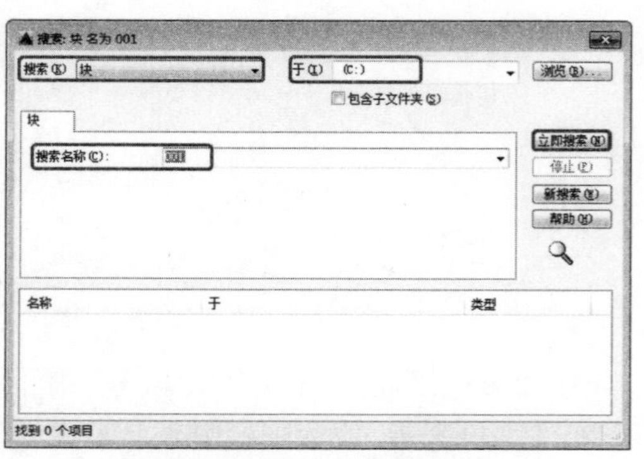

图 7-43 【块】选项卡

提示

给定的搜索条件可以是文件的最后修改日期，包括某一特定名称的图层或图块定义、图块定义的文本说明或者是其他在设计中心的【搜索】对话框中给定的条件。

2.【图形】选项卡

【图形】选项卡用来显示与【搜索】列表中指定的内容类型相对应的搜索字段，【搜索文字】用来指定要在字段中搜索的字符串。使用【*】和【?】通配符可扩大搜索范围，【位于字段】用来指定要搜索的特性字段。

3.【修改日期】选项卡

【修改日期】选项卡用来查找在一段特定时间内创建或修改的内容，如图 7-44 所示。【所有文件】单选按钮用来查找满足其他选项卡上指定条件的所有文件，不考虑创建或修改日期。【找出所有已创建的或已修改的文件】单选按钮用来查找在特定时间范围内创建或修改的文件，查找的文件同时满足该选项卡和其他选项卡上指定的条件。【间距……和……】用来查找在指定的日期范围内创建或修改的文件。【在前……月】用来查找在指定的月数内创建或修改的文件，【在前……日】用来查找在指定的天数内创建或修改的文件。

4.【高级】选项卡

【高级】选项卡用来查找图形中的内容，如图 7-45 所示。【包含】用来指定要在图形中搜索的文字类型，例如，可以搜索包含在块属性中的文；【包含文字】用来指定要搜索的文字；【大小】用来指定文件大小的最小值或最大值。

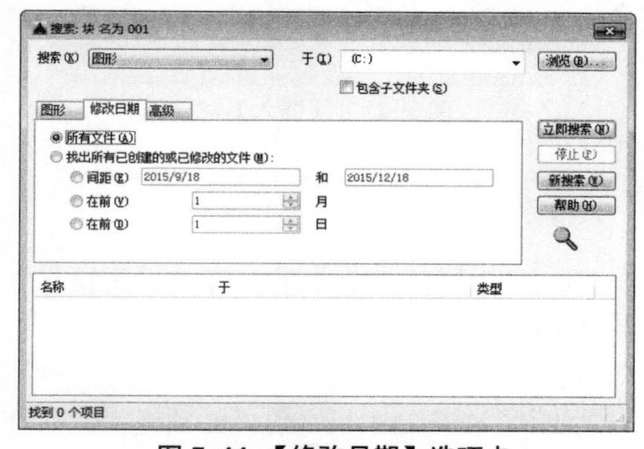

图 7-44 【修改日期】选项卡

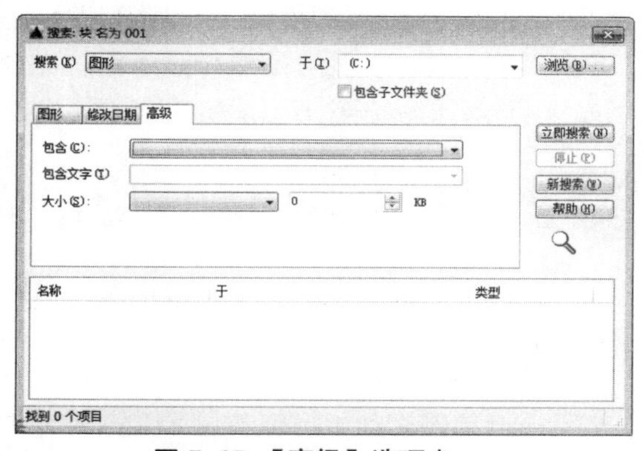

图 7-45 【高级】选项卡

7.4.3 通过设计中心打开图形

如果要在 AutoCAD 的设计中心打开图形文件，可以使用以下两种方法：

- 在项目列表区中选择要打开的图形文件并右击，在弹出的快捷菜单中选择【在应用程序窗口中打开】命令，即可打开该文件，如图 7-46 所示。
- 在【搜索】对话框中找到要打开的图形文件后并右击，在弹出的快捷菜单中选择【在应用程序窗口中打开】命令。

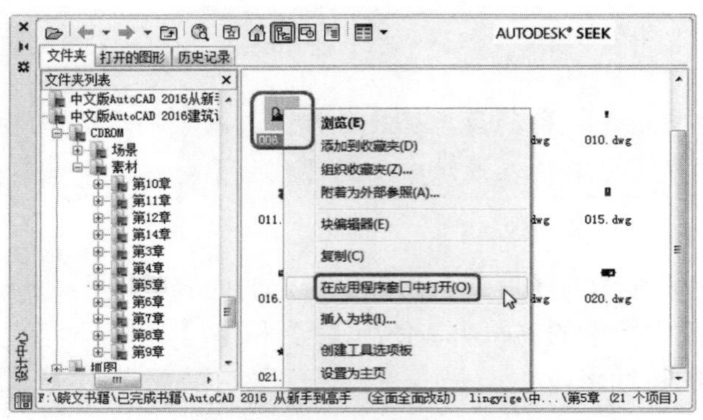

图 7-46 打开图形

7.4.4 通过设计中心插入图块

如果要向当前图形文件中插入图块，可以使用以下两种方法：

- 在项目列表中选择要插入的图块，按住鼠标左键，将其拖动至当前图形文件的绘图窗口中，释放鼠标，则命令行中给出提示，根据系统提示依次设置插入点、比例、方向等选项即可。
- 在项目列表中选择要插入的图块并右击，将其拖动到当前图形文件的绘图窗口中，释放鼠标，在弹出的快捷菜单中选择【插入为块】命令，则弹出【插入】对话框，后面的操作与插入图块完全相同，如图 7-47 所示。这里不再赘述。

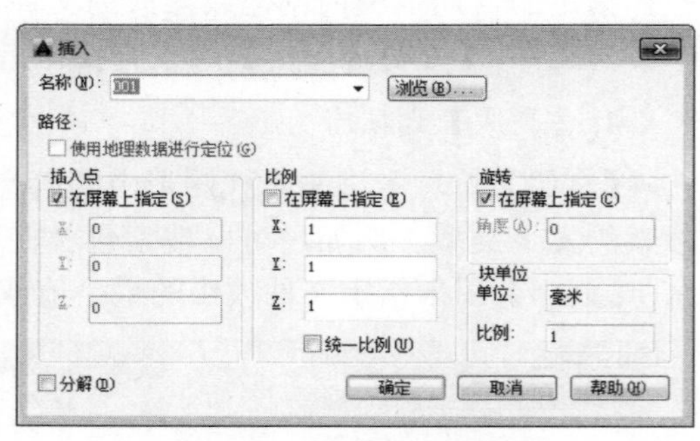

图 7-47 【插入】对话框

7.4.5 复制图层、线型等内容

在 AutoCAD 的设计中心，可以将一个图形文件中的图层、线型、标注样式、表格样式等复制给另一个图形文件。这样既节省了时间，又保持了不同图形文件结构的一致。

在项目列表中选择要复制的图层、线型、标注样式、表格样式等，然后按住鼠标左键拖动至另一个图形文件中，释放鼠标，即可完成复制操作。在复制图层之前，必须确保当前打开的图形文件中没有与被复制图层重名的图层。

7.4.6 【上机操作】——附着为外部参照

下面讲解附如何着外部参照，具体操作步骤如下：

01 启动 AutoCAD 2016，单击【视图】选项卡，在【选项板】面板上单击【设计中心】按钮，打开【设计中心】选项板，如图 7-48 所示。

02 在右侧列表框中，选择需要插入的图像文件【钢琴.dwg】并右击，在弹出的快捷菜单中选择【附着为外部参照】命令，如图 7-49 所示。

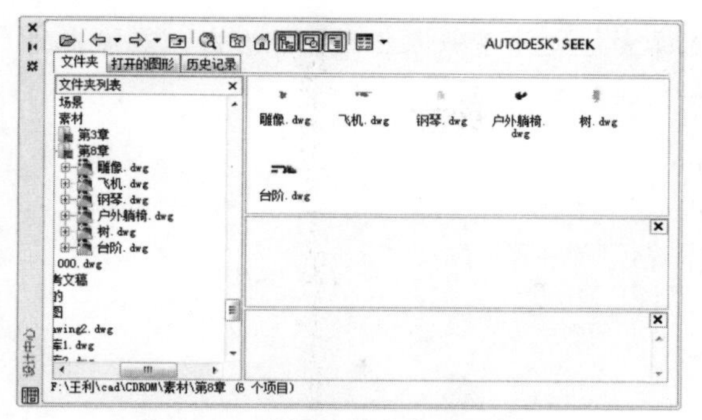

图 7-48 【设计中心】选项板

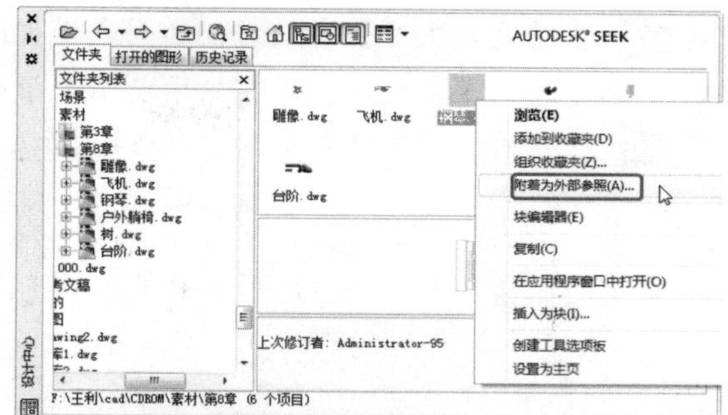

图 7-49 选择【附着为外部参照】命令

03 弹出【附着外部参照】对话框，如图 7-50 所示。

04 使用默认设置，单击【确定】按钮，根据命令行提示进行操作，指定插入点为（0,0），按两次【Enter】键确认，即可插入图像，如图 7-51 所示。

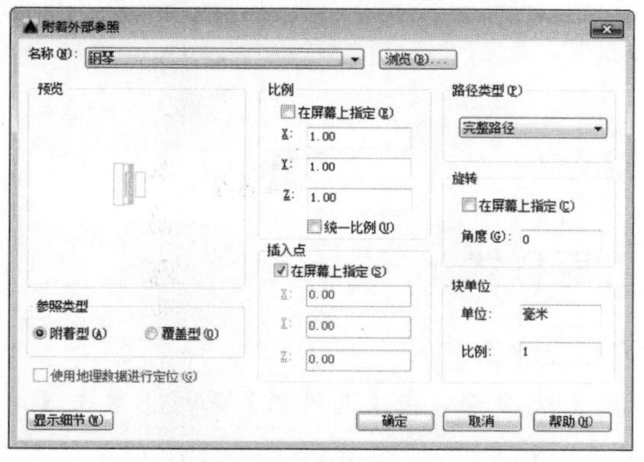

图 7-50 【附着外部参照】对话框

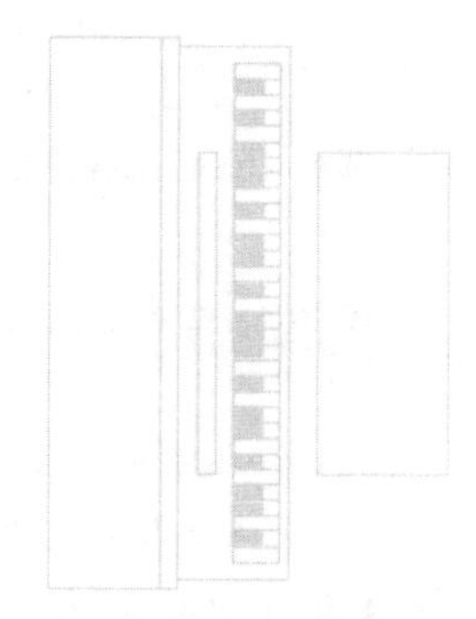

图 7-51 插入的图像

7.4.7 【上机操作】——在树状视图中查找并打开图形文件

下面讲解在树状视图中查找并打开图形文件，具体操作步骤如下：

01 启动 AutoCAD 2016，单击【视图】选项卡，在【选项板】面板上单击【设计中心】按钮，打开【设计中心】选项板，并将【设计中心】选项板移动至绘图窗口的左侧，如图 7-52 所示。

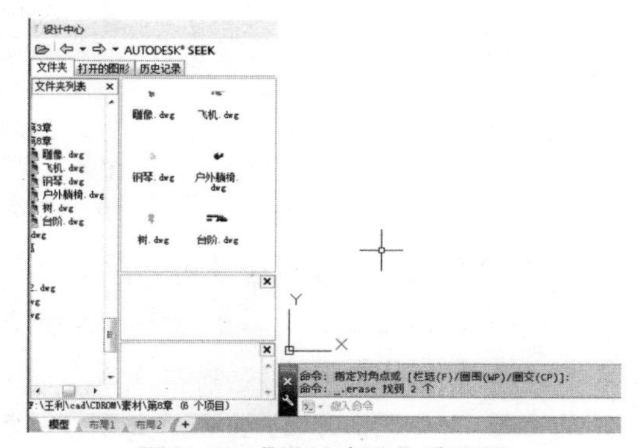

图 7-52 【设计中心】选项板

02 在【设计中心】窗口右侧的列表框中选择素材文件【雕像.dwg】并右击，在弹出的快捷菜单中选择【在应用程序窗口中打开】命令，如图 7-53 所示。

03 打开的图形文件效果如图 7-54 所示。

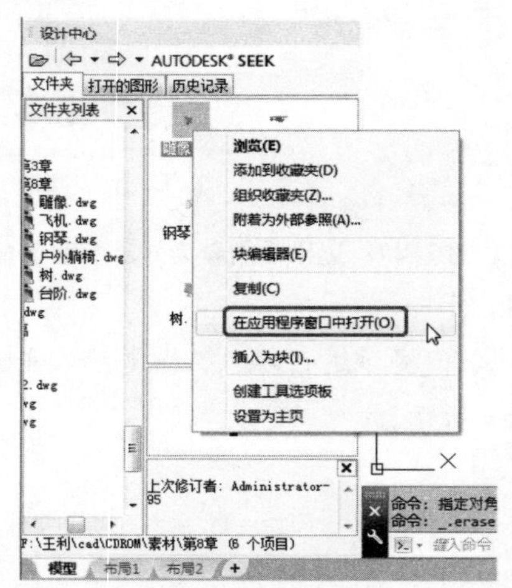

图 7-53 选择【在应用程序窗口中打开】命令

图 7-54 打开的图形文件

7.4.8 【上机操作】——插入图层样式

下面讲解如何插入图层样式，具体操作步骤如下：

01 启动 AutoCAD 2016，单击【视图】选项卡，在【选项板】面板上单击【设计中心】按钮，打开【设计中心】选项板，如图 7-55 所示。

02 在左侧的列表框中选择素材文件【台阶.dwg】，此时在右侧的列表框中将显示与素材文件【台阶.dwg】相关的【图层】、【标注样式】等内容，如图 7-56 所示。

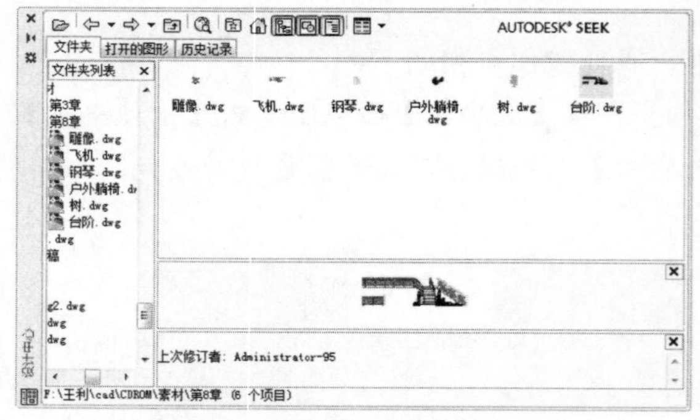

图 7-55 【设计中心】选项板

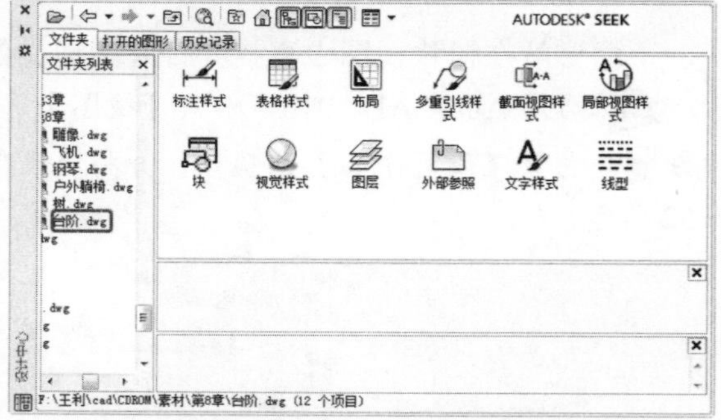

图 7-56 素材文件相关信息

03 在右侧列表框中双击【图层】选项，此时将显示素材图形中的所有图层，选择所有的图层并右击，在弹出的快捷菜单中选择【添加图层】命令，如图 7-57 所示。

04 单击【默认】选项卡，在【图层】面板上单击【图层特性】按钮，弹出【图层特性管理器】选项板，在其中显示了已添加的图层，如图 7-58 所示。

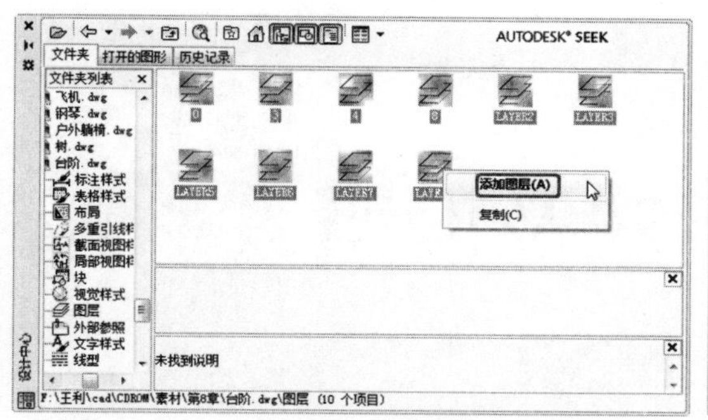

图 7-57　选择【添加图层】命令

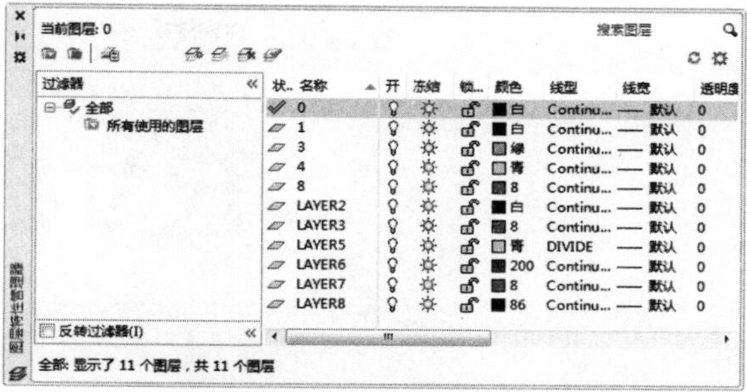

图 7-58　【图层特性管理器】选项板

7.5　本章小结

本章介绍了 AutoCAD 2016 的块与属性功能。块是图形对象的集合，通常用于绘制复杂、重复的图形。一旦将一组对象定义成块，就可以根据绘图需要将其插入到图中的任意指定位置，即将绘图过程变成了拼图，从而能够提高绘图效率。属性是从属于块的文字信息，是块的组成部分。用户可以为块定义多个属性，并且可以控制这些属性的可见性。

7.6　问题与思考

1．什么是块属性？如何创建带属性的块？
2．如何在编辑外部参照？

08 Chapter

尺寸标注及设置

本章导读：

基础知识
- ◈ 尺寸标注基础知识
- ◈ 创建标注样式

重点知识
- ◈ 尺寸标注类型
- ◈ 编辑标注尺寸

提高知识
- ◈ 熟悉尺寸标注的步骤
- ◈ 通过上机操作进行练习

尺寸标注是工程图中的一项重要内容，它描述了对象各组成部分的大小及相对位置，是实际生产中的重要依据。

尺寸标注对表达有关设计元素的尺寸、材料等信息有着非常重要的作用。在对图形进行尺寸标注之前，需要对标注的基础（组成、规则、类型及步骤等知识）有一个初步的了解与认识。

8.1 尺寸标注基础知识

尺寸标注是图形的测量注释，可以测量和显示对象的长度、角度等测量值。标注对象以图形上标注的尺寸为依据反映其真实大小。AutoCAD 提供了多种标注样式和多种设置样式的方法，供用户使用。

8.1.1 尺寸标注的原则

尺寸标注是一项极为重要的工作，必须一丝不苟、认真细致。如果尺寸有遗漏或错误，都会给生产带来困难和损失。使用 AutoCAD 绘图，对图形标注尺寸时必须遵循国家标准【尺寸标注法】中的有关规则。

- 机件的真实大小应以图形上所注尺寸的数值为依据，与图形的大小及绘图的准确度无关。
- 图样中的尺寸（包括技术要求和其他说明）以 mm 为单位时不允许标注计量单位的

代号或名称，如使用其他单位，则必须注明相应的计量单位的代号或名称。

- 图样中所标注的尺寸为该图样所示机件的最后完工尺寸，否则应另加说明。
- 机件的每一尺寸一般只标注一次，并应标注在反映该结构最清晰的图形上。

8.1.2 尺寸标注的组成

一张完整的图纸中，尺寸标注通常由箭头、标注文字、尺寸线、尺寸界线、尺寸线的端点符号及起点等组成，如图 8-1 所示。

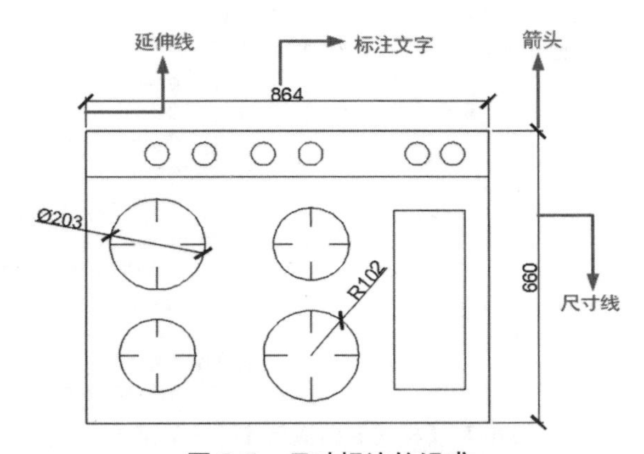

图 8-1 尺寸标注的组成

提示

尺寸线：用来表示尺寸标注的范围。一般是一条带有双箭头的细实线或带单箭头的线段。对于角度标注，尺寸线为弧线。

尺寸界线：为了标注清晰，通常用尺寸界线将标注的尺寸引出被标注对象之外。有时也用对象的轮廓线或中心线代替尺寸界线。

尺寸箭头：尺寸箭头位于尺寸线的两端，用于标记标注的起始、终止位置。【箭头】是一个广义的概念，也可以用短划线、点或其他标记代替。

尺寸数字：尺寸数字是标记尺寸实际大小的字符串，既可以反映基本尺寸，也可以有前缀、后缀和尺寸公差。

8.1.3 尺寸标注的分类

尺寸标注分为线性标注、对齐尺寸标注、角度尺寸标注、弧长尺寸标注、半径尺寸标注、直径尺寸标注、折弯尺寸标注、坐标尺寸标注、折弯标注、连续标注、基线标注等，在 AutoCAD 2016 中，提供了各类尺寸标注的工具按钮与命令，标注面板与【标注】菜单如图 8-2 所示。

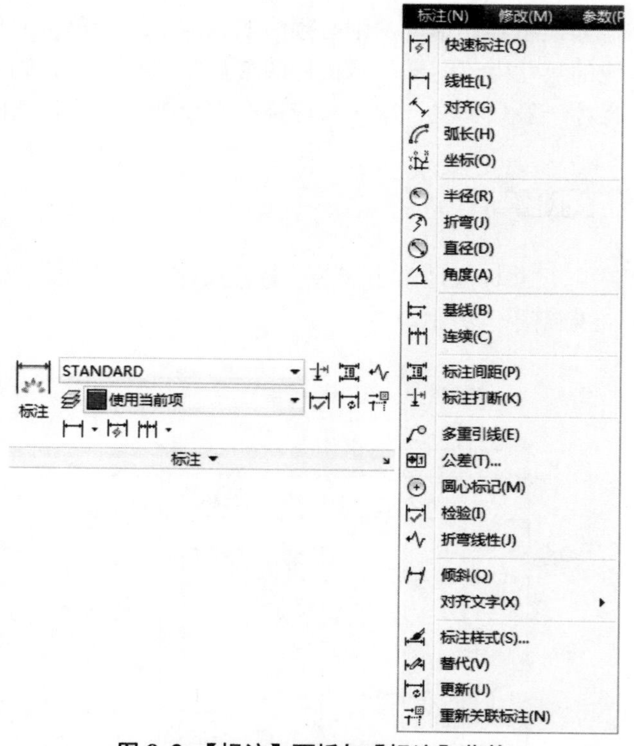

图 8-2 【标注】面板与【标注】菜单

8.1.4 创建尺寸标注的步骤

在 AutoCAD 2016 中，对图形进行尺寸标注时，通常按照以下步骤进行操作：

- 为所有尺寸标注建立单独的图层，以便于管理图形。
- 专门为尺寸文本创建文本样式。
- 创建合适的尺寸标注样式。还可以为尺寸标注样式创建子标注样式或替代标注样式，来标注一些特殊尺寸。
- 设置并打开对象捕捉模式，利用各种尺寸标注命令标注尺寸。

8.2 创建尺寸标注样式

标注样式用于控制标注的格式和外观，不同的国家、地区、行业、公司都有不同的标注标准。使用尺寸标注前必须设置符合所用标准的标注样式。

因此在进行标注之前，用户首先需要选择一种标注的样式，这样做便于对标注格式和用途进行修改。本节将着重介绍使用【标注样式管理器】对话框创建标注样式的方法。

8.2.1 新建标注样式

要在当前图形文件中创建一种新的尺寸标注样式，用户可以通过单击【注释】选项卡中

【标注】面板的启动器按钮（右下角箭头），弹出【标注样式管理器】对话框，如图 8-3 所示。单击【新建】按钮，弹出【创建新标注样式】对话框，如图 8-4 所示，在该对话框中即可创建新标注样式。在【新样式名】文本框中输入新尺寸标注样式名称，例如【建筑设计】在【基础样式】下拉列表中选择新尺寸标注样式的基准样式，在【用于】下拉列表中指定新尺寸标注样式的应用范围。

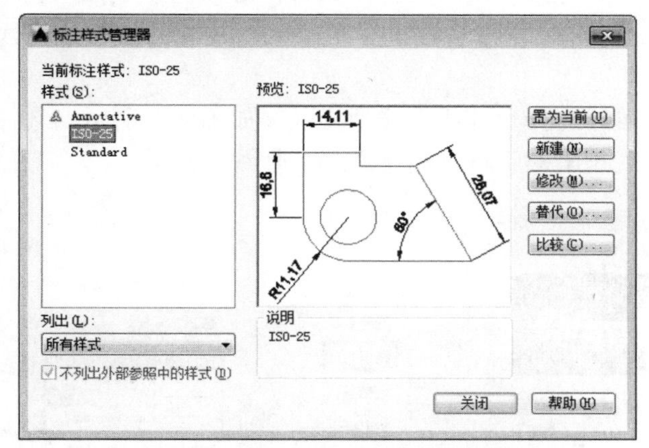

图 8-3 【标注样式管理器】对话框

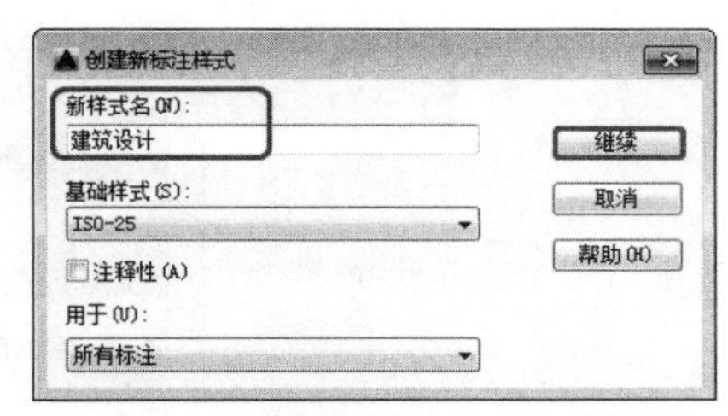

图 8-4 【创建新标注样式】对话框

在【创建新标注样式】对话框中，单击【继续】按钮，弹出如图 8-5 所示的【新建标注样式：建筑设计】对话框，用户可以在各选项卡中设置相应的参数。

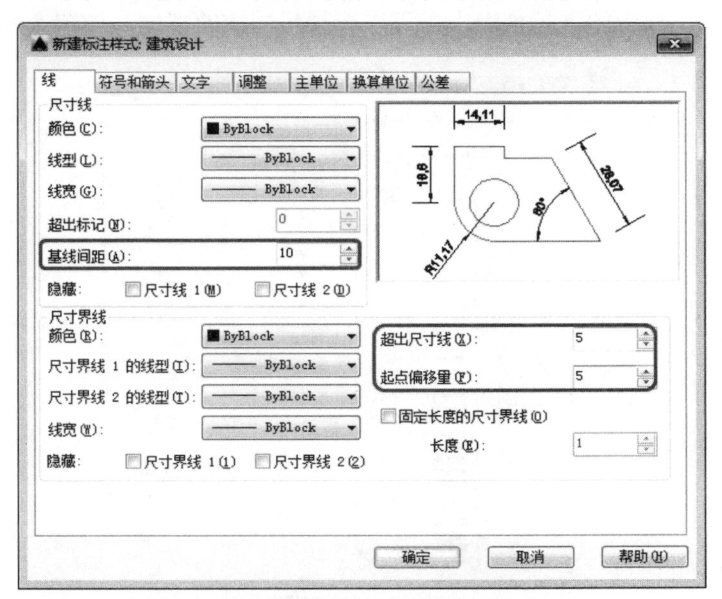

图 8-5 【新建标注样式：建筑设计】对话框

8.2.2 设置【线】选项卡

在图 8-5 所示的【新建标注样式：建筑设计】对话框中，使用【线】选项卡可以设置尺寸界线的颜色、线型、线宽以及超出尺寸线的距离、起点、起点偏移量的距离等内容。下面介绍【线】选项卡中各主要内容。

1. 【尺寸线】选项组

【尺寸线】用于设置尺寸的颜色、线宽、超出标记及基线间距等属性。选项组中各选项含义如下所示。

- 【颜色】：可以在打开的下拉列表中选择尺寸线的颜色，如果在【颜色】下拉列表中选择【选择颜色】选项，将弹出【选择颜色】对话框，在该对话框中可以自定义尺寸线的颜色，如图 8-6 所示。
- 【线型】：在相应的下拉列表中，可以选择尺寸线的线型样式，如图 8-7 所示。选择【其他】选项，可以弹出【选择线型】对话框，用于选择其他线型。

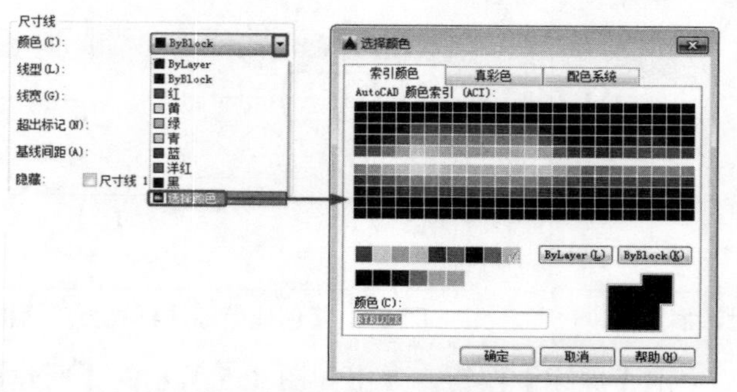

图 8-6 【选择颜色】对话框

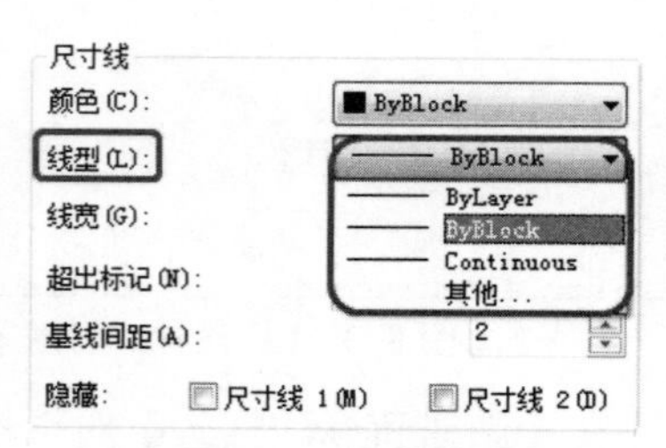

图 8-7 线型样式

- 【线宽】：在相应的下拉列表中，可以选择尺寸线的宽度，如图 8-8 所示。

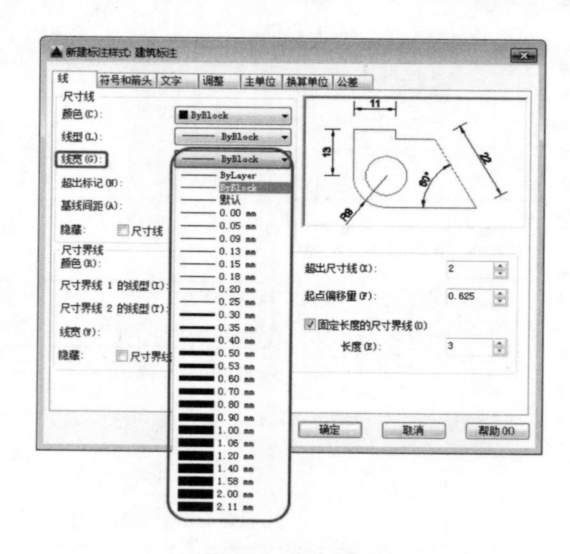

图 8-8 线宽样式

- 【超出标记】：当使用箭头倾斜、建筑标记、积分标记或无箭头标记时，可在该文本框设置尺寸线超出尺寸界线的长度，也可以使用系统变量来设置。
- 【基线间距】：设置使用基线标注时各尺寸线的距离。
- 【隐藏】：用于控制第一条和第二条尺寸线的隐藏状态，其中【尺寸线 1】复选框用于控制第一条尺寸线的显示，【尺寸线 2】复选框用于控制第二条尺寸线的显示，如图 8-9 所示。

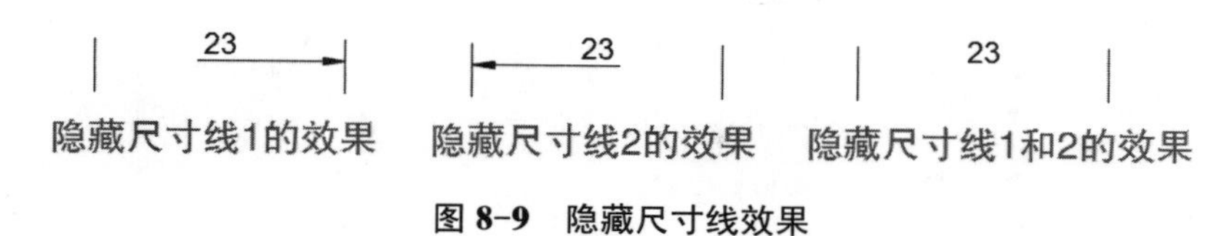

图 8-9　隐藏尺寸线效果

2.【尺寸界线】选项组

【尺寸界线】主要用于确定尺寸界线的形式，其选项组中各选项含义如下所示。

- 【颜色】：用于设置尺寸界线的颜色，也可以使用系统变量【DIMCLRE】来设置。
- 【尺寸界线 1 的线型】和【尺寸界线 2 的线型】：可以在相应的下拉列表中选择尺寸界线的线型。
- 【线宽】：用于设置尺寸界线的宽度，也可以使用系统变量【DIMCLRE】来设置。
- 【超出尺寸线】：用于确定设置尺寸界线超出尺寸线的距离，对应的尺寸变量是【DIMEXE】，如图 8-10 所示为超出尺寸线 5mm 时的效果。
- 【起点偏移量】：用于确定尺寸界线相对于尺寸界线起点的偏移距离，也可以用系统变量【DIMEXO】设置，如图 8-11 所示为起点偏移量是 4mm 的效果。

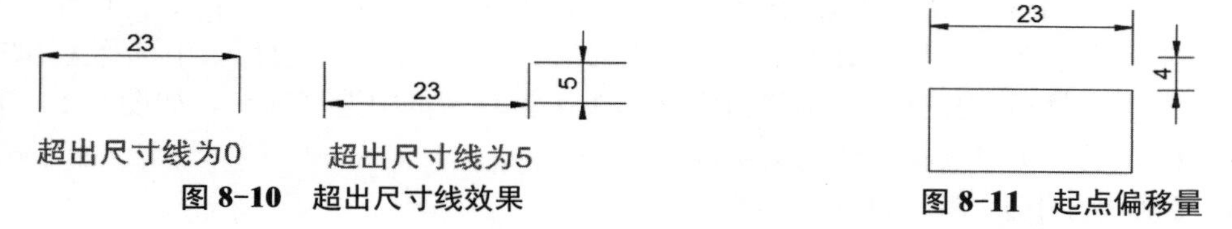

图 8-10　超出尺寸线效果

图 8-11　起点偏移量

- 【隐藏】：用于确定是否隐藏尺寸界线。【尺寸界线 1】用于控制第一条尺寸界线的显示，【尺寸界线 2】用于控制第二条尺寸界线的显示，如图 8-12 所示。

图 8-12　隐藏尺寸界线的效果

- 【固定长度的尺寸界线】：选中该复选框，系统将以固定长度的延伸标注尺寸，用户可以在下面的【长度】微调框中输入长度值。
- 【长度】：用于确定固定长度的尺寸界线的长度。

8.2.3 设置【符号和箭头】选项卡

在【新建标注样式：建筑设计】对话框中，选择【符号和箭头】选项卡，在该选项卡中可以设置符号和箭头的大小，以及圆心标记的大小、弧长符号、半径与线性折弯标注的格式与位置等内容，如图 8-13 所示。下面介绍【符号和箭头】选项卡中主要项目。

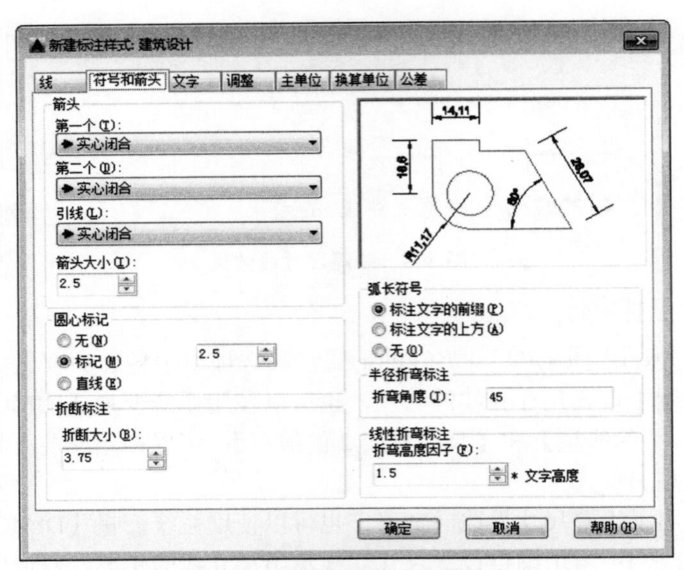

图 8-13 【符号和箭头】选项卡

1.【箭头】选项组

【箭头】选项组用于设置箭头的样式及箭头的大小。

- 【第一个】和【第二个】: 在改变第一个箭头的类型时，第二个箭头将自动改变成与第一个箭头相匹配。要指定用户定义的箭头块，可在该下拉列表中选择【用户箭头】选项，然后在打开的【选择自定义箭头块】对话框中选择箭头，如图 8-14 所示。
- 【引线】: 可以选择引线的箭头样式。
- 【箭头大小】: 用于设置箭头的大小。

图 8-14 选择【用户箭头】选项

2.【圆心标记】选项组

【圆心标记】选项组用于设置半径标注、直线标注、中心标注的圆心标记和中心线的形式。

- 【无】: 不创建圆心标记或中心线。该值在系统变量【DIMCEH】中存储 0。
- 【标记】: 创建圆心标记。设置在圆心处放置一个与【大小】文本框中的值相同的圆心标记。

- 【直线】：创建中心线。设置在圆心处放置一个与【大小】文本框中的值相同的中心线标记。

3. 【折断标注】选项组

【折断标注】选项组主要用于控制折断标注的间距宽度，其中【折断大小】文本框用于显示和设置折断标注的间距大小。

4. 【弧长符号】选项组

【弧长符号】选项组主要控制弧长标注中圆弧符号的显示，其中选项的含义如下所示。

- 【标注文字的前缀】：将弧长符号放在标注文字的前面。
- 【标注文字的上方】：将弧长符号放在标注文字的上方。
- 【无】：不显示弧长符号。

5. 【半径折弯标注】选项组

【半径折弯标注】选项组主要控制折弯（Z 字形）半径标注的显示。折弯半径标注通常在圆或圆弧的中心点位于页面外部时创建。其中【折弯角度】文本框用于确定在折弯半径标注中尺寸线的横向线段的角度。

6. 【线性折弯标注】选项组

【线性折弯标注】选项组用于控制线性折弯标注的显示。通过形成折弯的角度的两个顶点之间的距离确定折弯高度，线性折弯大小由【折弯高度因子】和【文字高度】的乘积确定。

8.2.4 设置【文字】选项卡

在【新建标注样式：建筑设计】对话框中，选择【文字】选项卡，在该选项卡中可以设置文字外观、文字位置和文字对齐方式，如图 8-15 所示。下面介绍【文字】选项卡中各主要内容。

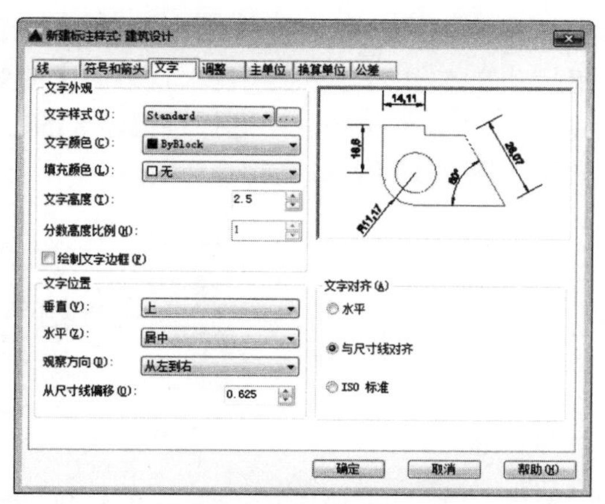

图 8-15 【文字】选项卡

1. 【文字外观】选项组

【文字外观】选项组主要用来控制标注文字的格式和大小。

- 【文字样式】：主要用来设置标注文字所用的样式，可以选择【文字样式】下拉列表中提供的文字样式。也可单击其右侧的按钮，弹出【文字样式】对话框，如图 8-16 所示。在弹出的对话框中可以修改当前文字样式，也可创建新的文字样式，还可以设置文字颜色、文字高度等特性。

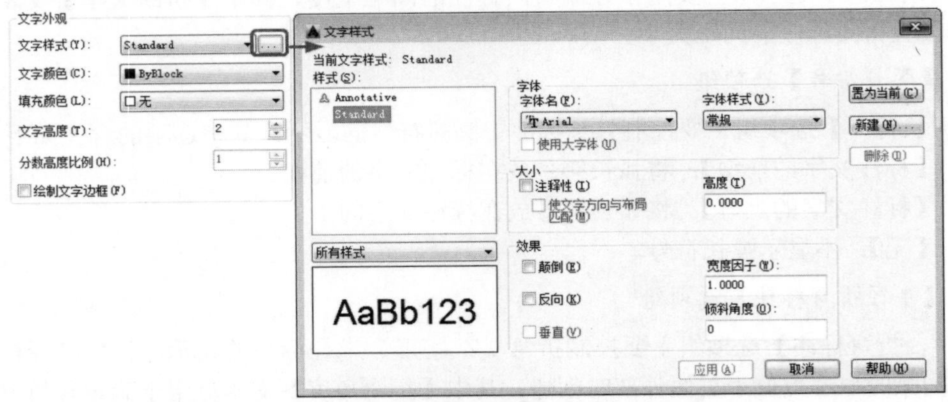

图 8-16 【文字样式】对话框

- 【文字颜色】：主要用来设置标注文字的颜色。
- 【填充颜色】：主要用来设置标注中文字背景的颜色。
- 【文字高度】：主要用来设置当前标注文字样式的高度，对应的系统变量为 DIMTXT，需注意的是，如果选用的文字样式中已经设置了文字高度，则在此的设置无效；如果文字样式中设置的文字高度为 0，则以此处的设置为准。
- 【分数高度比例】：用于确定标注文字中的分数相对于其他标注文字的比例，系统将此比例值与标注文字高度的乘积作为分数高度。
- 【绘制文字边框】：用于给标注文字周围加边框，如图 8-17 所示。

2. 【文字位置】选项组

【文字位置】选项组主要用于设置文字的垂直、水平、位置及距离尺寸线的偏移量。

- 【垂直】：用于确定尺寸文本相对于尺寸线在垂直方向上的对齐方式，对应的尺寸变量为 IMTAD。用户可以在其下拉列表中选择自己需要的方式，如图 8-18 所示。不同垂直样式显示效果如图 8-19 所示。

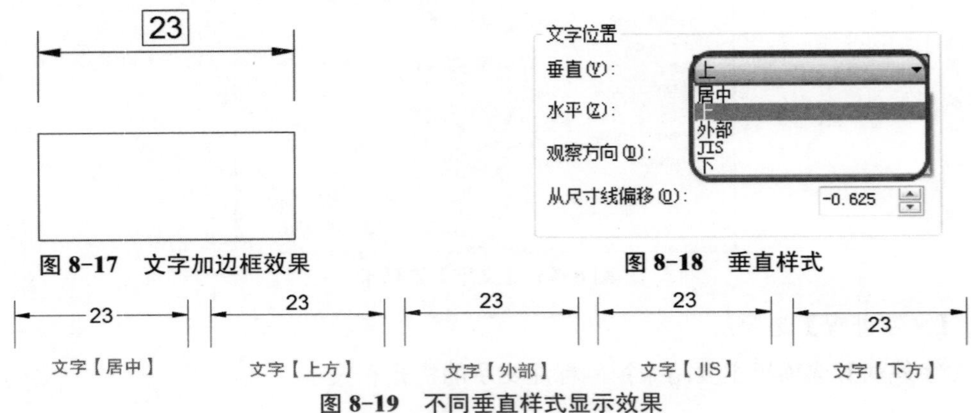

图 8-17 文字加边框效果

图 8-18 垂直样式

图 8-19 不同垂直样式显示效果

- 【水平】：用于设置标注文字相对于尺寸界线和尺寸线在水平方向的位置。
- 【观察方向】：用于观察文字位置的方向的选定。
- 【从尺寸线偏移】：用于设置标注文字与尺寸线之间的距离，若标注文字位于尺寸线的中间，就表示断开处尺寸线端点与尺寸文字的间距，如果尺寸文字带有边框，则可以控制文字边框与其中文字的距离。

3. 【文字对齐】选项组

【文字对齐】选项组主要用于控制标注文字放在尺寸界线外边或里边时的方向是保持水平还是与尺寸界线平行。

- 【水平】：标注文字沿水平线放置。
- 【与尺寸线对齐】：标注文字沿尺寸线方向对齐。
- 【ISO 标准】：当标注文字在尺寸界线之间时，沿尺寸线的方向放置；当标注文字在尺寸界线外侧时，则水平放置标注文字。

8.2.5 设置【调整】选项卡

选择【调整】选项卡，在选项卡中可以设置尺寸的尺寸线与箭头的位置、尺寸线与文字的位置、标注特征比例以及优化等，如图 8-20 所示。下面介绍【调整】选项卡中各主要内容。

- 【调整选项】：用于控制基于尺寸界线之间可用空间的文字和箭头的位置。
- 【文字位置】：用于设置特殊尺寸文本的摆放位置，当标注文字不能按【调整选项】选项组的选项所规定的位置摆放时，可以通过其下面的选项来确定其位置。
- 【标注特征比例】：可以设置标注尺寸的特性比例，以便通过设置全局比例因子来增加或减小标注的大小。
- 【优化】：提供用于设置标注文字的其他选项。

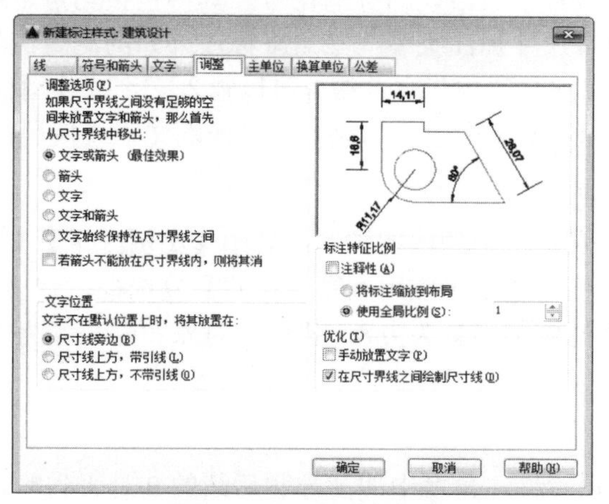

图 8-20 【调整】选项卡

8.2.6 设置【主单位】选项卡

在【新建标注样式：建筑设计】对话框中，选择【主单位】选项卡，在其中可以设置主单位的格式与精度等属性，并设置标注文字的前缀和后缀，如图 8-21 所示。下面介绍【主单位】选项卡中各主要内容。

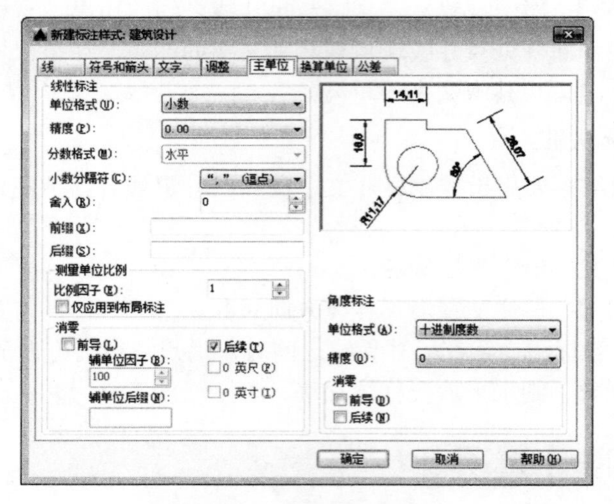

图 8-21 【主单位】选项卡

【主单位】选项卡由【线性标注】、【测量单位比例】和【角度标注】3 个选项组组成。

1. 【线性标注】选项组

【线性标注】选项组用于设置线性标注单位的格式及精度。

- 【单位格式】：设置可用于所有尺寸标注类型（除了角度标注）的当前单位格式。
- 【精度】：显示和设置标注文字中的小数位数。
- 【分数格式】：设置分数的格式，其中包括水平、对角和非重叠 3 种形式。
- 【小数分隔符】：设置小数格式的分隔符号，其中包括句点、逗点和空格 3 种形式。
- 【舍入】：设置所有尺寸标注类型（除角度标注外）的测量值的取整规则。
- 【前缀】：设置在标注文字中包含前缀。可以输入文字或使用控制代码显示特殊符号。
- 【后缀】：设置在标注文字中包含后缀。可以输入文字或使用控制代码显示特殊符号。

2. 【测量单位比例】选项组

用于确定系统自动测量尺寸中的比例因子，其中【比例因子】文本框用来设置除角度外所有测量的比例因子。如果勾选【仅应用到布局标注】复选框，则设置的比例因子只适合用于布局标注。例如设置【比例因子】为 0.8，若标注对象实际尺寸为 100mm，则尺寸标注的显示尺寸为 80mm。

3. 【消零】选项组

【消零】选项组用于设置标注角度中的前导和后续的 0 是否省略。

4. 【角度标注】选项组

【角度标注】选项组设置用于角度标注的角度格式。

- 【单位格式】：设置角度单位格式。
- 【精度】：设置角度标注的小数位数。

8.2.7 设置【换算单位】选项卡

在【新建标注样式：建筑设计】对话框中，选择【换算单位】选项卡，在其中可以设置换算单位的格式，如图 8-22 所示。通过【换算单位】选项卡可以指定标注测量值中换算单位的显示并设置其格式和精度。

选择【显示换算单位】复选框，则【换算单位】选项卡可用。【换算单位】和【消零】选项组与【主单位】选项卡中的相同选项功能类似，【位置】选项组控制标注文字中换算单位的位置。

8.2.8 设置【公差】选项卡

在【新建标注样式：建筑设计】对话框中，选择【公差】选项卡，如图 8-23 所示，可以控制标注文字中公差的格式及显示。

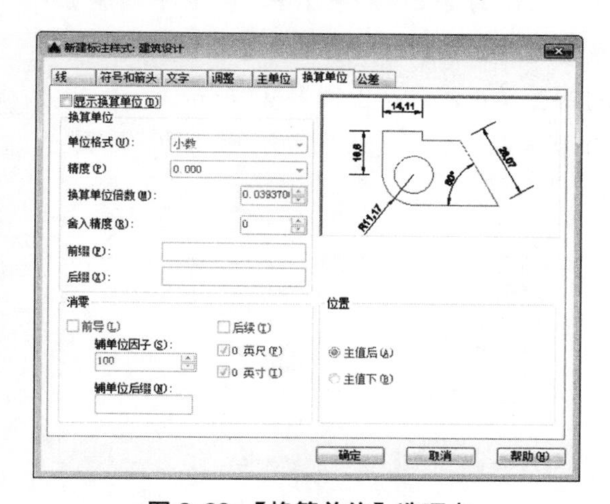

图 8-22 【换算单位】选项卡

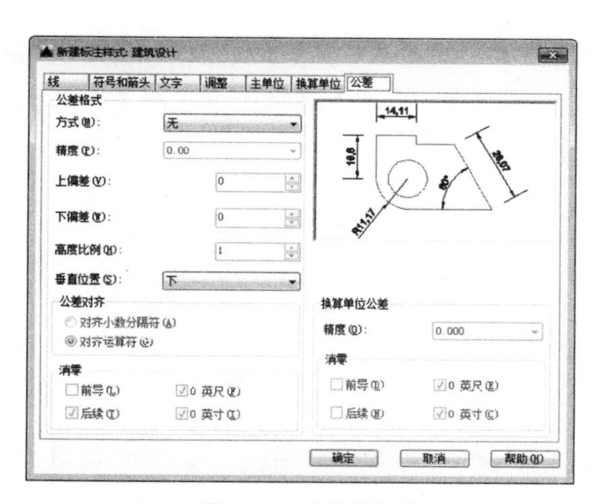

图 8-23 【公差】选项卡

8.2.9 【上机操作】——创建标注样式

创建尺寸标注样式的具体操作步骤如下：

01 启动 AutoCAD 2016，在菜单栏中选择【格式】|【标注样式】命令，弹出【标注样式管理器】对话框。单击【新建】按钮 新建(N)... ，弹出【创建新标注样式】对话框，在【新样式名】文本框中输入标注样式的名称，这里输入文本【标注样式】，如图 8-24 所示，单击【继续】按钮。

02 弹出【新建标注样式：标注样式】对话框，切换至【线】选项卡，在【尺寸线】选项组的【颜色】下拉列表中选择【洋红】选项，将【基线间距】设为 5，在【超出尺寸线】数值框中输入 5，在【起点偏移量】数值框中输入 10，如图 8-25 所示。

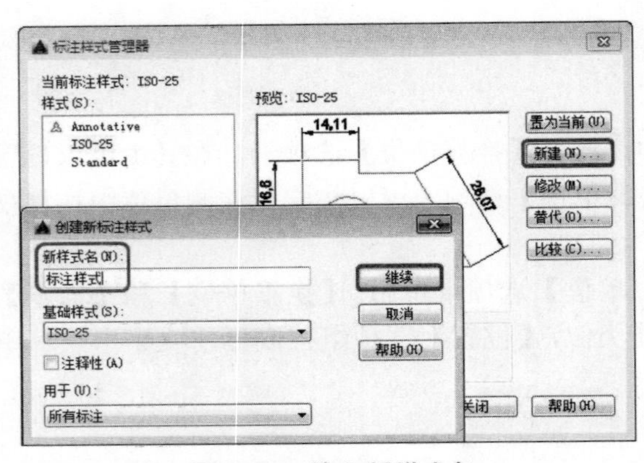

图 8-24　输入新样式名

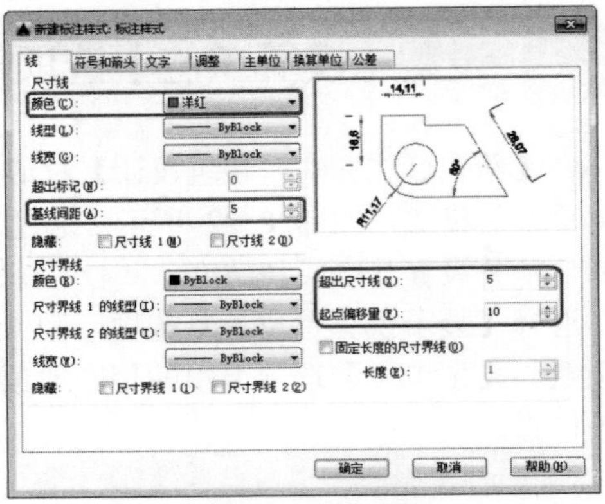

图 8-25　【线】选项卡

03 切换至【符号和箭头】选项卡，在【箭头】选项组的【第一个】和【第二个】下拉列表中选择【建筑标记】选项，在【箭头大小】数值框中输入 10，如图 8-26 所示。

04 切换至【文字】选项卡，在【文字外观】选项组的【文字颜色】下拉列表中选择【洋红】选项，在【文字高度】数值框中输入 100，在【文字位置】选项组中将【垂直】设为【居中】，在【文字对齐】选项组中选择【与尺寸线对齐】单选按钮，如图 8-27 所示。

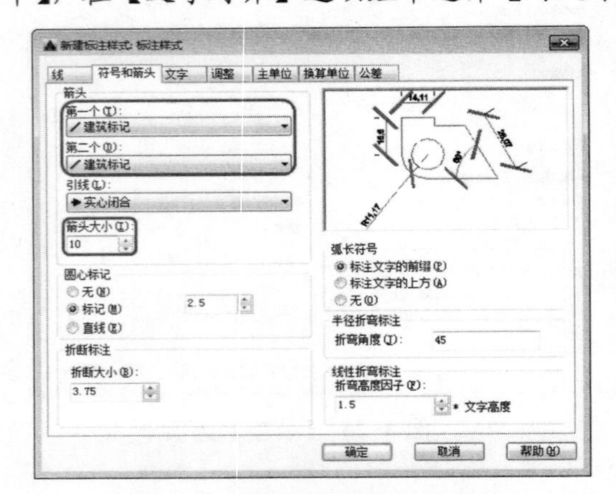

图 8-26　【符号和箭头】选项卡

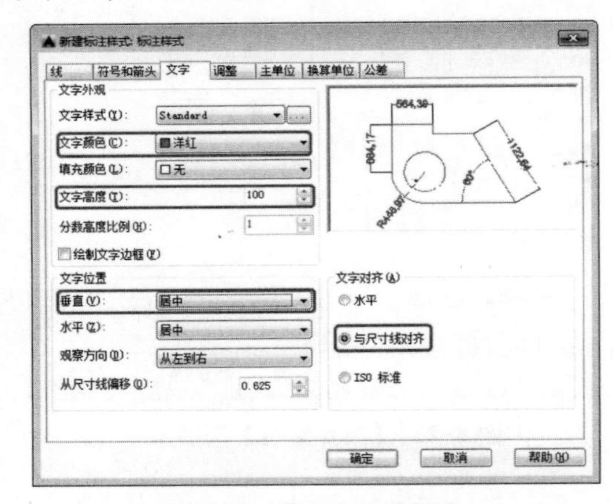

图 8-27　【文字】选项卡

05 切换至【调整】选项卡，在【调整选项】选项组中选择【文字和箭头】单选按钮，在【文字位置】选项组中选择【尺寸线上方，不带引线】单选按钮，如图 8-28 所示。

06 切换至【主单位】选项卡，在【线性标注】选项组的【精度】下拉列表中选择 0 选项，如图 8-29 所示。

07 切换至【换算单位】选项卡，勾选【显示换算单位】复选框，在【换算单位】选项组的【精度】下拉列表中选择 0 选项，如图 8-30 所示。设置完成后单击【确定】按钮。

08 返回【标注样式管理器】对话框，单击【置为当前】按钮，然后单击【关闭】按钮完成操作，如图 8-31 所示。

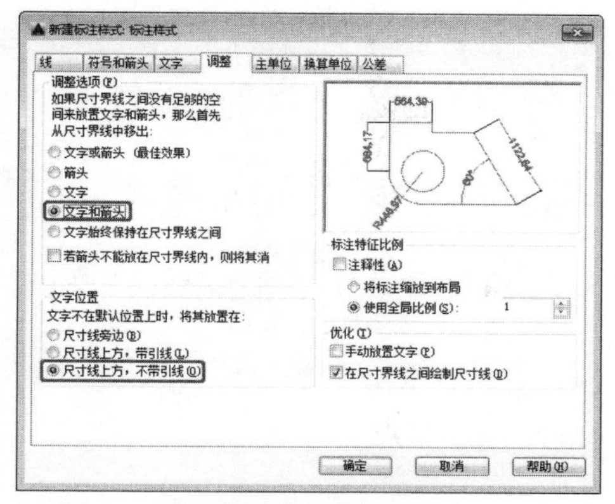

图 8-28 【调整】选项卡

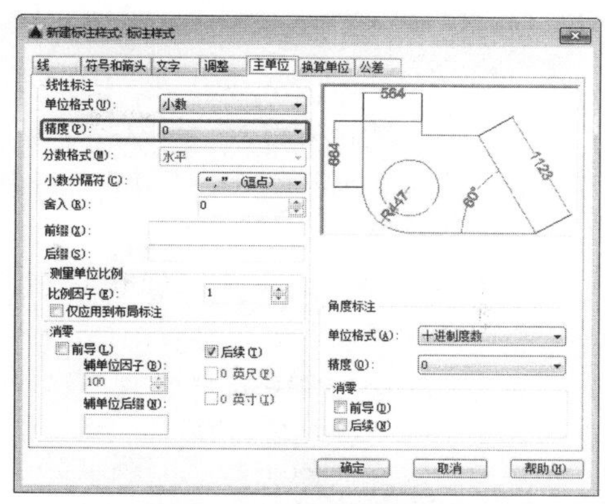

图 8-29 【主单位】选项卡

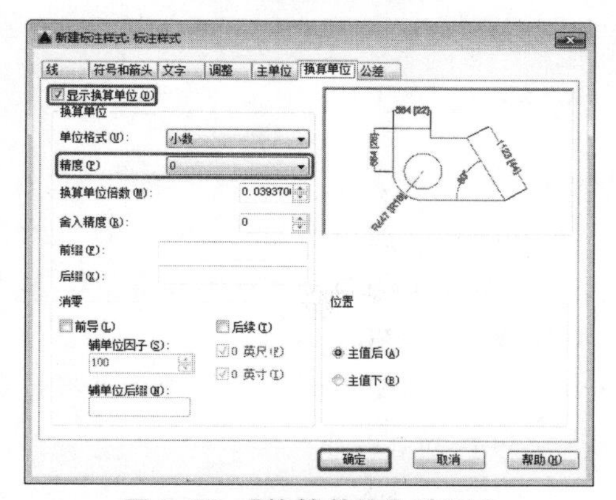

图 8-30 【换算单位】选项卡

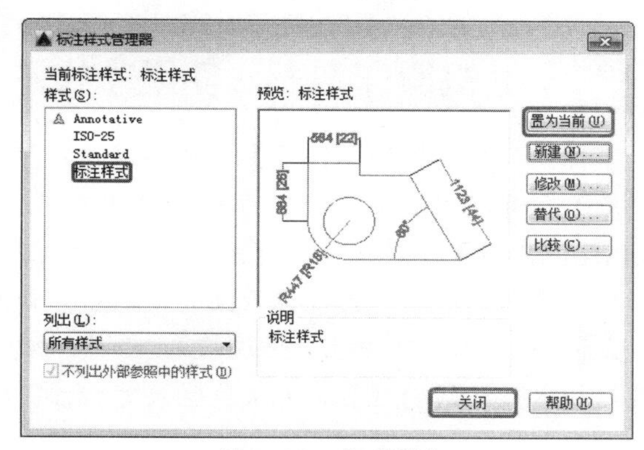

图 8-31 完成操作

8.3 尺寸标注分类

AutoCAD 提供了 3 种基本的尺寸标注类型，分别为长度型、圆弧型和角度型。用户可以通过选择要标注尺寸的对象，并指定尺寸线位置的方法来进行尺寸标注；还可以通过指定尺寸界线原点及尺寸线位置的方法来进行尺寸标注。

对于直线、多段线和圆弧，默认的尺寸界线原点是其端点；对于圆，其尺寸界线是指定角度的直径的端点。

8.3.1 线性标注

线性标注可以是水平、垂直或对齐放置。使用对齐标注时，尺寸线将平行于两尺寸界线之间的直线，在 AutoCAD 2016 中，执行线性标注命令的常用方法有以下几种：

- 在菜单栏中执行【标注】|【线性】命令。
- 在命令行中输入【DIMLINEAR】命令。
- 在功能区选项板中选择【注释】选项卡，在【标注】面板中单击【线性】按钮。

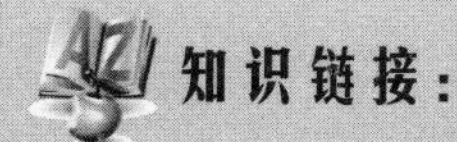

知识链接：

执行线性标注命令后，AutoCAD 2016 命令行将依次出现如下提示:

用户根据命令行提示选取需要标注尺寸的对象。
[多行文字(M)/文字(T)/角度(A)/水平(H)/垂直(V)/旋转(R)]:

各选项的作用如下所示。

尺寸线位置：AutoCAD 使用指定点定位尺寸线并且确定绘制延伸线的方向。指定位置之后，将绘制标注。

多行文字：要编辑或替换生成的测量值，则删除文字，输入新文字，然后单击【确定】按钮。

文字：在命令行自定义标注文字。

角度：修改标注文字的角度。

水平：创建水平线性标注。

垂直：创建垂直线性标注。

旋转：创建旋转线性标注。

8.3.2 【上机操作】——使用【线性】标注

下面练习如何使用【线性】标注图形尺寸，具体操作步骤如下：

01 打开随书附带光盘中的 CDROM\素材\第 8 章\001.dwg 图形文件，在命令行中输入【DIMLINEAR】命令，并按【Enter】键，根据命令行提示指定第一条尺寸界线原点，单击矩形的左上角点 A，作为线性标注的第一点，如图 8-32 所示。

02 单击 B 点作为线型标注的第二点，如图 8-33 所示。向上拖到鼠标任意一点单击鼠标左键指定尺寸线的位置，完成线性尺寸标注，如图 8-34 所示。

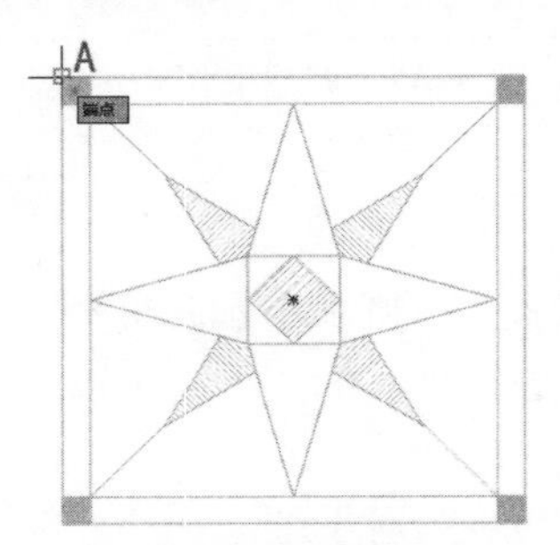

图 8-32 指定第一点

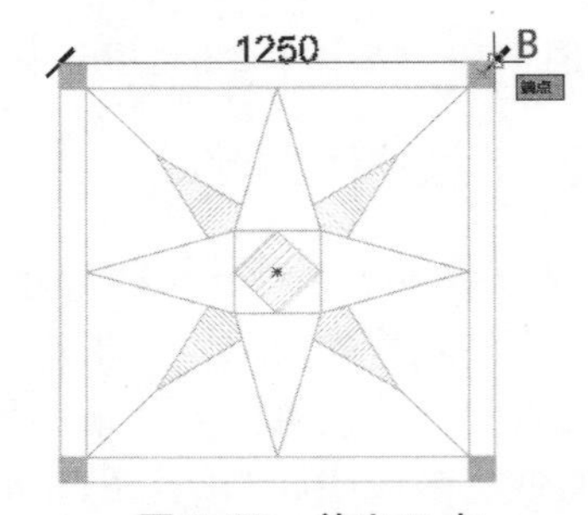

图 8-33 单击 B 点

03 继续在命令行中输入【DIMLINEAR】命令，并按【Enter】键，使用同样的方法对 C、D 点进行尺寸标注，如图 8-35 所示。

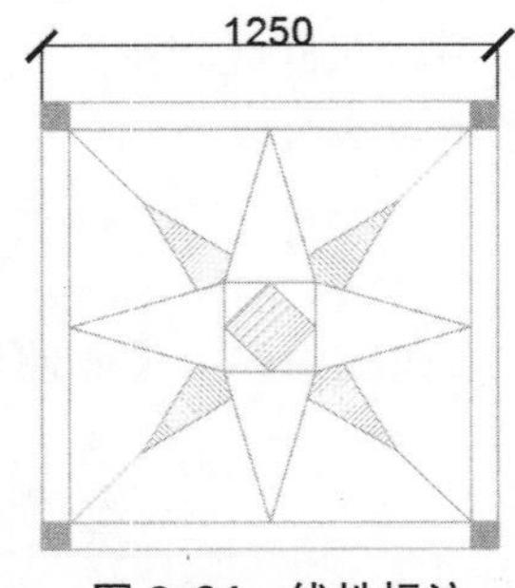

图 8-34 线性标注

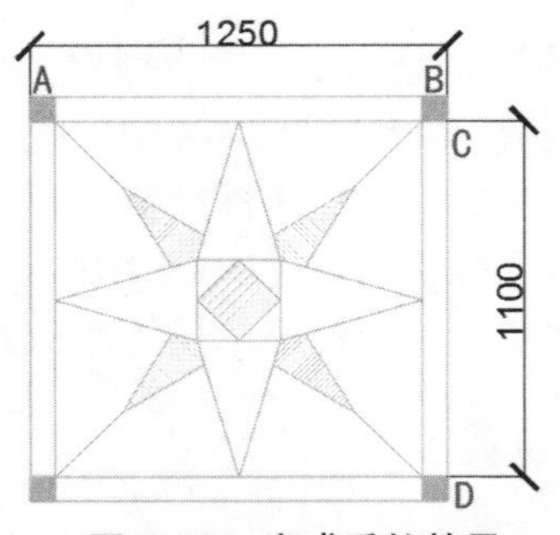

图 8-35 完成后的效果

8.3.3 对齐标注

对齐尺寸标注的尺寸线平行于两尺寸界线原点之间的连接，常用于标注具有倾斜角度的标注对象。在 AutoCAD 2016 中对齐标注命令的调用方法有如下 3 种：

- 在菜单栏中执行【标注】|【对齐】命令。
- 在功能区选项板中选择【注释】选项卡，单击【线性标注】右侧的下三角按钮，在下拉列表中执行【对齐标注】命令。
- 在命令行中执行【DIMALIGNED】命令。

8.3.4 【上机操作】——使用【对齐】标注

下面练习如何使用【对齐】标注图形尺寸，具体操作步骤如下：

01 打开随书附带光盘中的 CDROM\素材\第 8 章\002.dwg，在命令行中执行【DIMALIGNED】命令并按【Enter】键。

02 单击如图 8-36 所示的点作为对齐标注的第一点，如图 8-36 所示。

03 单击 B 点，作为对齐标注的第二点，如图 8-37 所示。

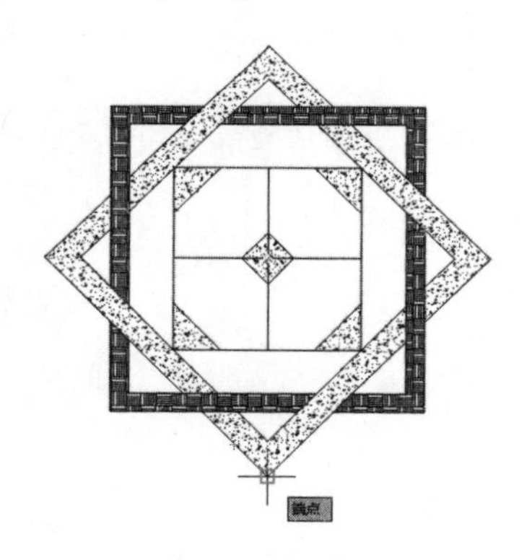

图 8-36 指定第一点

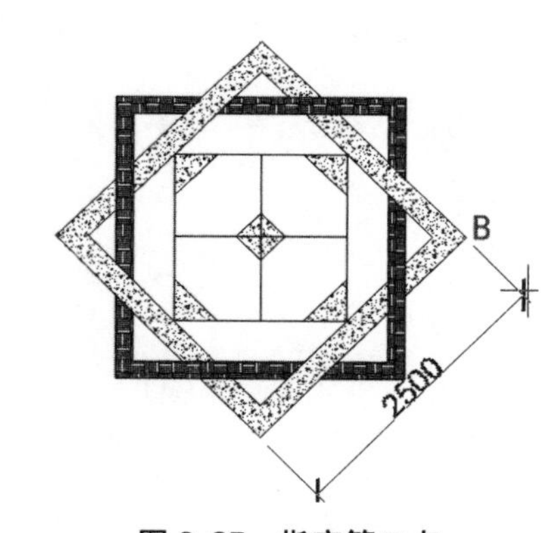

图 8-37 指定第二点

04 拖动鼠标到任意一点处，单击鼠标左键完成对图形的尺寸标注，如图 8-38 所示。

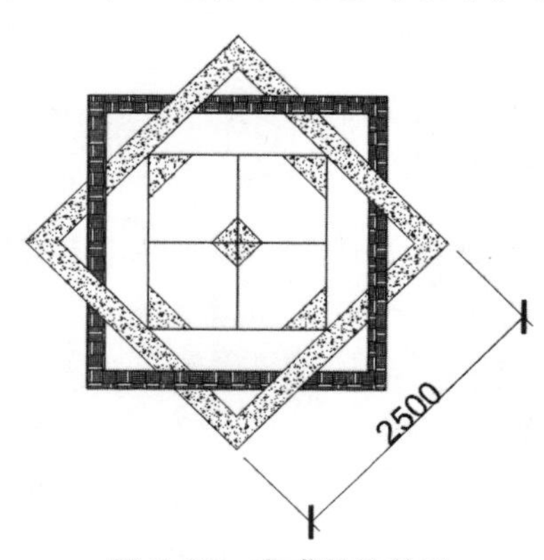

图 8-38 完成后的效果

8.3.5 弧长标注

弧长标注用于测量圆弧或多段弧线段上的距离。弧长标注的尺寸界线可以正交或径向。在标注文字的上方或前面将显示圆弧符号。

在 AutoCAD 2016 中，执行【弧长】标注命令的常用方法有以下几种：

- 在命令行中输入【DIMARC】命令。
- 在功能区选项板中选择【注释】选项卡，在【标注】面板中单击【弧长】按钮。

知识链接：

执行【弧长】标注命令后，AutoCAD 2016 命令行将依次出现如下提示：

选择弧线段或多段线弧线段://使用对象选择方法
用户选取需要标注尺寸的弧线。
指定弧长标注位置或 [多行文字(M)/文字(T)/角度(A)/部分(P)/引线(L)]:
//指定点或输入选项

各选项的作用如下所示。

指定弧长标注位置：指定尺寸线的位置并确定延伸线的方向。

多行文字：要编辑或替换生成的测量值，则删除文字，输入新文字，然后单击【确定】按钮。

文字：在命令行提示下，自定义标注文字。生成的标注测量值显示在尖括号中。

输入标注文字<当前>://输入标注文字，或按【Enter】键接受生成的测量值

角度：修改标注文字的角度。

指定标注文字的角度://输入角度

部分：缩短弧长标注的长度。

指定弧长标注的第一个点://指定圆弧上弧长标注的起点
指定弧长标注的第二个点://指定圆弧上弧长标注的终点

引线：添加引线对象。

指定弧长标注位置或[多行文字(M)/文字(T)/角度(A)/部分(P)/无引线(N)]:
//指定点或输入选项

8.3.6 【上机操作】——使用【弧长】标注

下面练习如何使用【弧长】标注图形尺寸，具体操作步骤如下：

01 首先打开随书附带光盘中的 CDROM\素材\第 8 章\003.dwg，在命令行中执行【DIMARC】命令，并按【Enter】键。

02 单击圆弧上的 A 点作为标注对象，如图 8-39 所示。

03 拖动鼠标到任意一点处，单击鼠标左键完成对图形的尺寸标注，如图 8-40 所示。

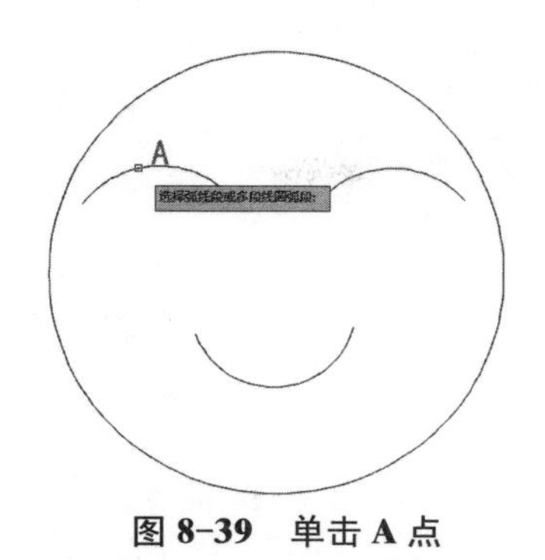

图 8-39 单击 A 点

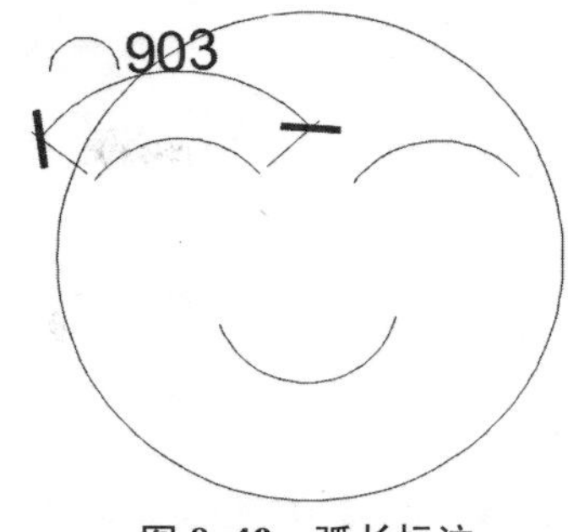

图 8-40 弧长标注

8.3.7 基线标注

【基线】标注命令可以创建一系列由相同的标注原点测量出来的标注，与连续标注一样，在进行基线标注之前也必须先创建（或选择）一个线性、坐标或角度标注作为基准标注。

在 AutoCAD 2016 中，执行【基线】标注命令的常用方法有以下几种：

- 在命令行中输入【DIMBASELINE】命令。
- 在功能区选项板中选择【注释】选项卡，在【标注】面板中单击【基线】按钮。
- 选择【标注】|【基线】命令。

知识链接：

执行该命令后，AutoCAD 2016 命令行将依次出现如下提示：

指定第二条延伸线原点或[放弃(U)/选择(S)] <选择>:
//指定点、输入选项或按【Enter】键选择基准标注

各选项的作用如下。

放弃：放弃在命令执行期间上一次输入的基线标注。

选择：AutoCAD 提示选择一个线性标注、坐标标注或角度标注作为基线标注的基准。

选择基准标注://选择线性标注、坐标标注或角度标注

8.3.8 【上机操作】——使用【基线】标注

下面练习如何使用【基线】标注图形尺寸，具体操作步骤如下：

01 首先打开随书附带光盘中的 CDROM\素材\第 8 章\004.dwg，在命令行中执行【DIMBASELINE】命令，并按【Enter】键。选择已有的基准标注，选择如图 8-41 所示的中点单击鼠标左键。

02 选择如图 8-42 所示的端点，然后单击鼠标左键。

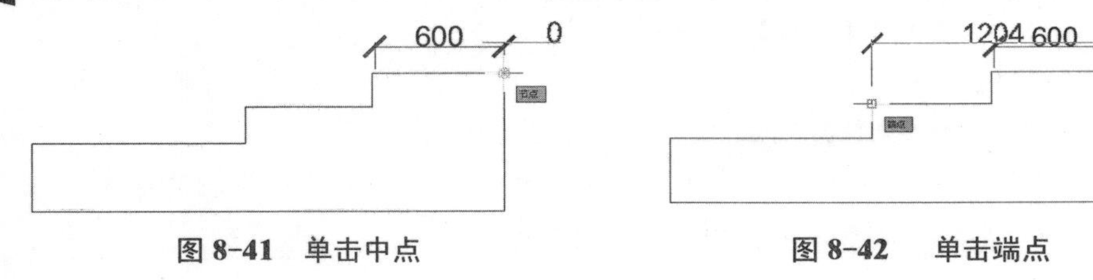

图 8-41 单击中点　　图 8-42 单击端点

03 继续选择如图 8-43 所示的端点，单击鼠标左键。

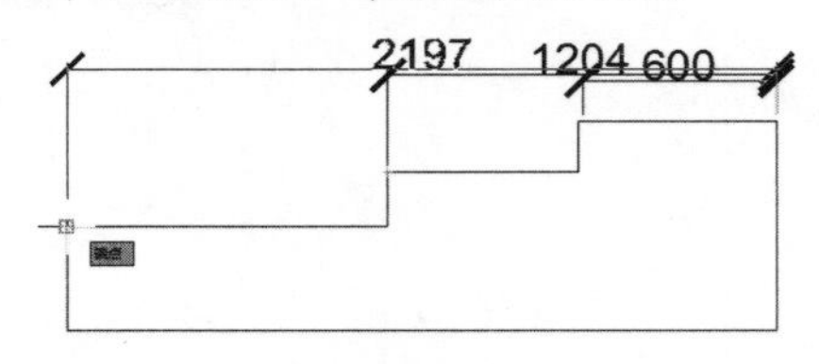

图 8-43 单击端点

04 按两次【Enter】键可结束命令，得到基线标注，如图 8-44 所示。

05 利用夹点移动模式，向上移动基线标注尺寸，使每个尺寸都清晰可辨，如图 8-45 所示。

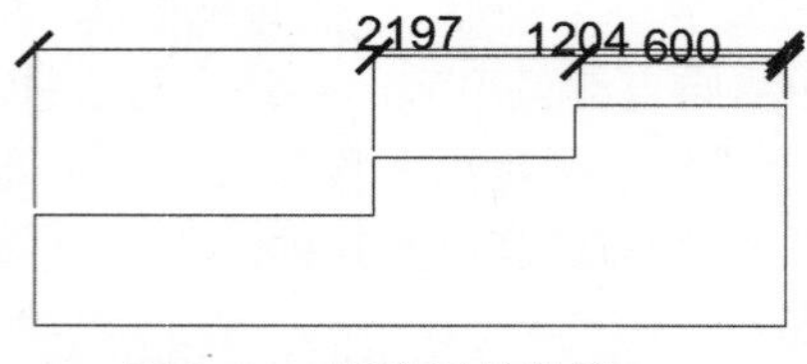

图 8-44 标注后的效果

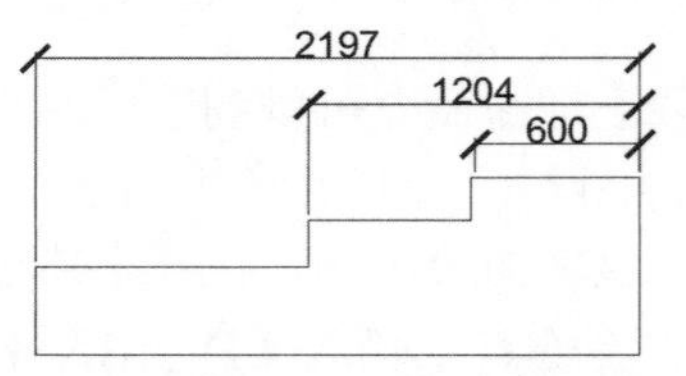

图 8-45 移动后的效果

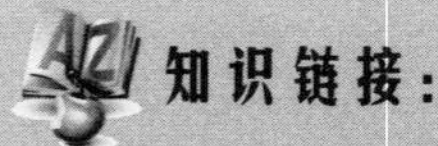

知识链接：

在创建基线标注之前，必须先创建线性、对齐或角度标注，也就是说使用基线标注的前提是已经存在尺寸标注。

8.3.9 连续标注

连续尺寸标注是尺寸线端与端相连的多个尺寸标注，其中前一个尺寸标注的第二条尺寸界线与后一个尺寸标注的第一条尺寸界线重合。

在 AutoCAD 2016 中，执行连续标注命令的常用方法有以下几种：

- 在菜单栏中选择【标注】|【连续】命令。
- 在功能区选项板中选择【注释】选项卡，在【标注】面板中单击【连续】按钮。
- 在命令行中输入【DIMCONTINUE】命令。

知识链接：

执行该命令后，AutoCAD 2016 命令行将依次出现如下提示：

选择连续标注://选择连续标注的基点
指定第二条延伸线原点或 [放弃(U)/选择(S)] <选择>:
//指定点、输入选项或按【Enter】键选择基准标注

各选项的作用如下所示。

放弃：放弃在命令执行期间上一次输入的连续标注。

选择：AutoCAD 提示选择线性标注、坐标标注或角度标注作为连续标注。

选择连续标注://选择线性标注、坐标标注或角度标注

8.3.10 【上机操作】——使用【连续】标注

下面练习如何使用【连续】标注图形尺寸，具体操作步骤如下：

01 首先打开随书附带光盘中的 CDROM\素材\第 8 章\004.dwg，在命令行中执行【DIMCONTINUE】命令，并按【Enter】键。选择连续标注，单击如图 8-46 所示的中点。

02 向左拖动鼠标单击如图 8-47 所示的端点。

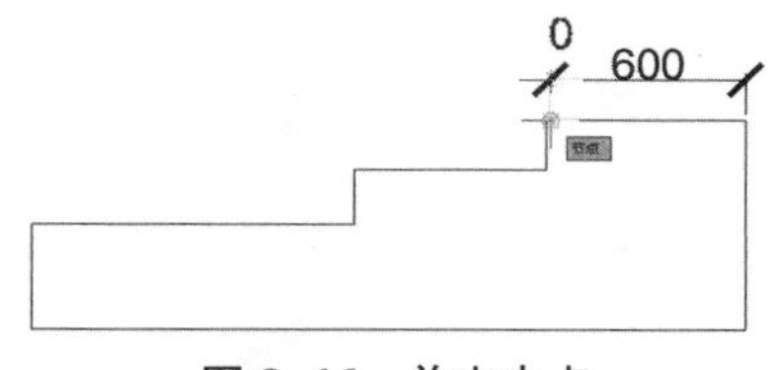

图 8-46　单击中点

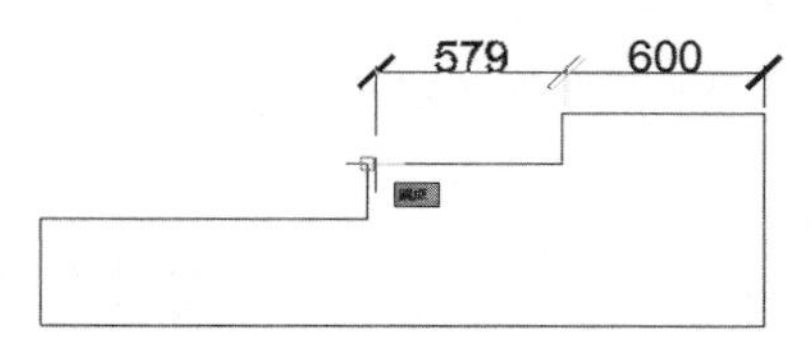

图 8-47　单击端点

03 使用同样的方法单击如图 8-48 所示的端点。

04 按两次【Enter】键可结束命令，效果如图 8-49 所示。

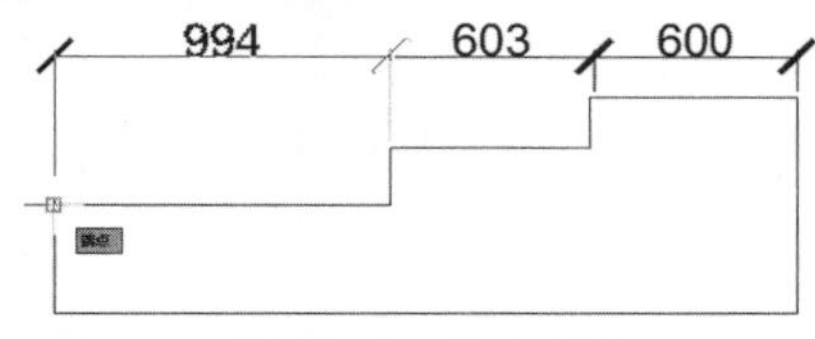

图 8-48　单击端点

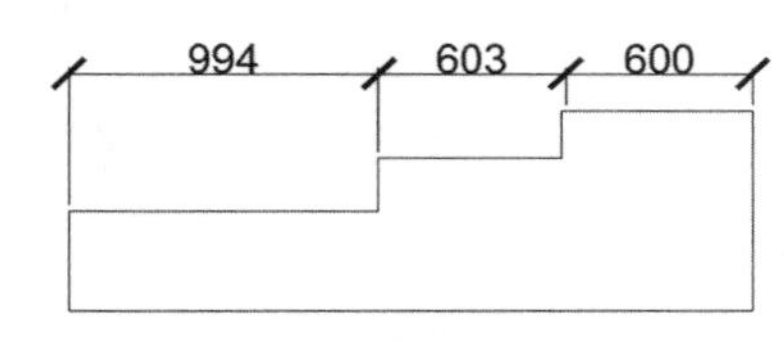

图 8-49　完成后的效果

提示

基线标注与连续标注的不同之处在于：基线标注是基于同一条尺寸界线上的起点，而连续标注的每个标注都是从前一个或最后一个选定标注的第二个尺寸界线处开始创建，共享公共的尺寸线。创建基线标注时，必须选择一个线性标注、坐标标注或角度标注作为基线标注的基准。

8.3.11 半径标注

半径标注用于标注圆或圆弧的半径，它是由一条具有指向圆或圆弧的箭头的半径尺寸线。在 AutoCAD 2016 中，执行【半径】标注命令的常用方法有以下几种：

- 在菜单栏中选择【标注】|【半径】命令。
- 在命令行中输入【DIMRADIUS】命令。
- 在功能区选项板中选择【注释】选项卡，在【标注】面板中单击【半径】按钮。

知识链接：

执行该命令后，AutoCAD 2016 命令行将依次出现如下提示：

选择圆弧或圆://测量选定圆或圆弧的半径，并显示前面带有半径符号的标注文字
指定尺寸线位置或[多行文字(M)/文字(T)/角度(A)]://指定点或输入选项

各选项的作用如下。

指定尺寸线位置：确定尺寸线的角度和标注文字的位置。

多行文字：要编辑或替换生成的测量值，则删除文字，输入新文字，然后单击【确定】按钮。

文字：在命令行提示下，自定义标注文字。生成的标注测量值显示在尖括号中。

输入标注文字<当前>: //输入标注文字，或按【Enter】键接受生成的测量值

角度：修改标注文字的角度。

指定标注文字的角度://输入角度

8.3.12 【上机操作】——使用【半径】标注

下面练习如何使用【半径】标注图形尺寸，具体操作步骤如下：

01 首先打开随书附带光盘中的 CDROM\素材\第 8 章\005.dwg，在命令行中执行【DIMRADIUS】命令，并按【Enter】键。选择圆作为标注对象，鼠标任意单击一点，如图 8-50 所示。

02 此时系统会自动标出圆的半径，拖动鼠标任意单击一点完成对图形的尺寸标注，如图 8-51 所示。

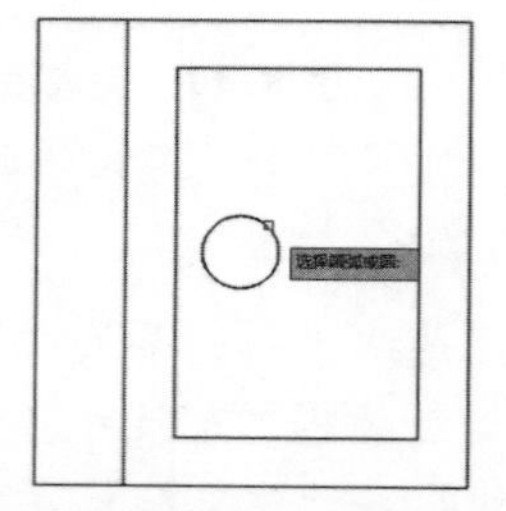

图 8-50 选择圆作为标注对象

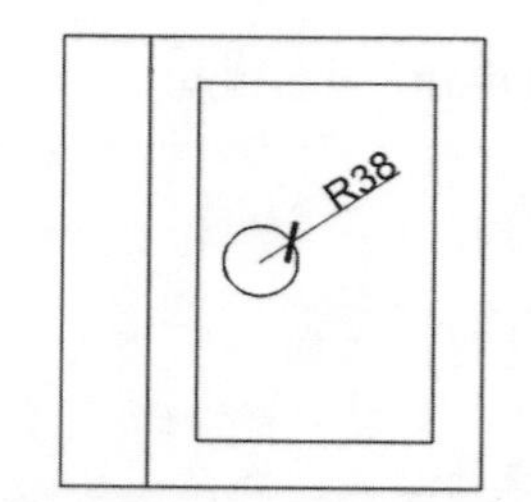

图 8-51 完成后的效果

8.3.13 折弯标注

折弯标注也就是折弯半径标注，也可称其为缩放的半径标注，可在任何位置指定中心位置为标注的原点，以此来代替半径标注中的圆或圆弧的中心点。在某些图纸中，需要对较大的圆弧进行标注，大圆弧的圆心有时在图纸之外，这时就要用到折弯标注。折弯标注可以另外指定一个点来代替圆心。

在 AutoCAD 2016 中，执行【折弯】标注命令的常用方法有以下几种：

- 在命令行中输入【DIMJOGGED】命令。
- 单击【注释】选项卡，在【标注】面板上单击【线型】下方的下三角按钮，在弹出的下拉列表中选择【折弯】选项。
- 选择【标注】|【折弯】命令。

知识链接：

执行折弯标注命令后，AutoCAD 2016 命令行将依次出现如下提示：

选择圆弧或圆://选择一个圆弧、圆或多段线弧线段
用户选择需要标注的对象。
指定图示中心位置://指定点
接受折弯半径标注的新圆心，以用于替代圆弧或圆的实际圆心。
指定尺寸线位置或 [多行文字(M)/文字(T)/角度(A)]://指定点或输入选项

各选项的作用如下。

指定尺寸线位置：确定尺寸线的角度和标注文字的位置。

多行文字：要编辑或替换生成的测量值，则删除文字，输入新文字，然后单击【确定】按钮。

文字：在命令行提示下，自定义标注文字。生成的标注测量值显示在尖括号中。

输入标注文字<当前>: //输入标注文字，或按【Enter】键接受生成的测量值

角度：修改标注文字的角度。

指定标注文字的角度://输入角度
指定折弯位置://指定点
指定折弯的中点

8.3.14 【上机操作】——使用【折弯】标注

下面练习如何使用【折弯】标注图形尺寸，具体操作步骤如下：

01 首先打开随书附带光盘中的 CDROM\素材\第 8 章\006.dwg，在命令行中执行【DIMJOGGED】命令，并按【Enter】键。选择大圆作为标注对象，如图 8-52 所示。

02 捕捉圆心单击鼠标左键作为标注的中心位置，如图 8-53 所示。

03 拖动鼠标至任意一点单击指定标注折弯位置，完成后的效果如图 8-54 所示。

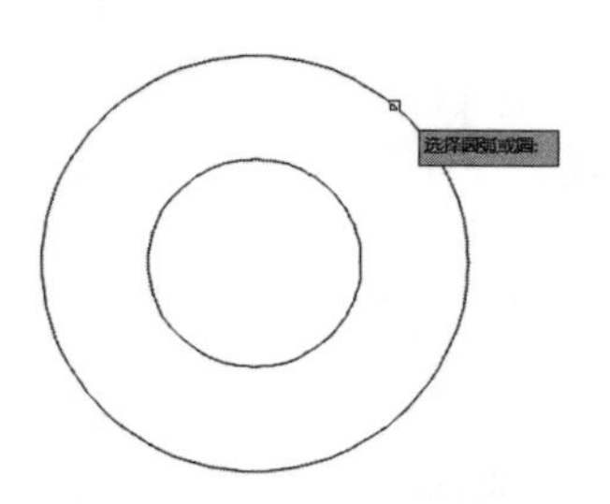

图 8-52 选择对象

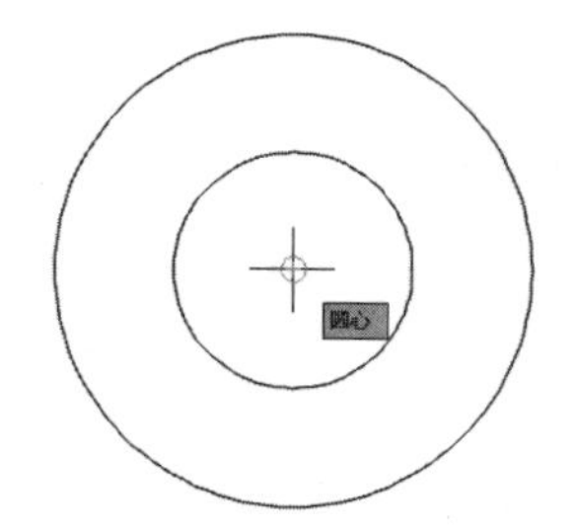

图 8-53 指定中心位置

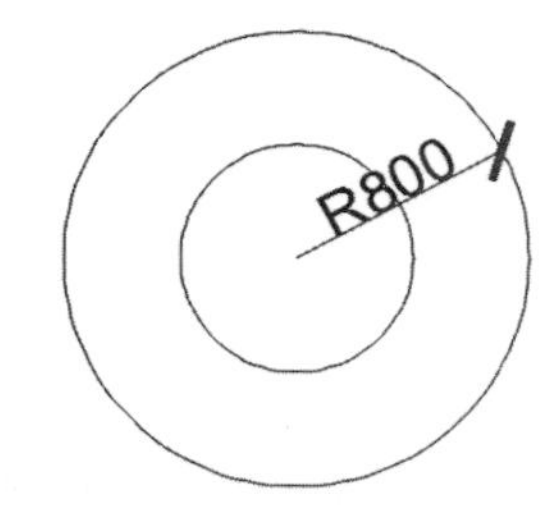

图 8-54 完成后的效果

8.3.15 直径标注

直径标注用于标注圆或圆弧直径，直径标注是一条具有指向圆或圆弧的箭头的直径尺寸线。在 AutoCAD 2016 中，执行直径标注命令的常用方法有以下几种：

- 在菜单栏中选择【标注】|【直径】命令。
- 在功能区选项板中选择【注释】选项卡，在【标注】面板中单击【直径】按钮⃠。
- 在命令行中输入【DIMDIAMETER】命令。

知识链接：

执行直径标注命令后，AutoCAD 2016 命令行将依次出现如下提示：

```
选择圆弧或圆: //测量选定圆或圆弧的直径，并显示前面带有直径符号的标注文字
用户选择要标注的对象。
指定尺寸线位置或 [多行文字(M)/文字(T)/角度(A)]: //指定点或输入选项
```

各选项的作用如下。

指定尺寸线位置：确定尺寸线的角度和标注文字的位置。

多行文字：要编辑或替换生成的测量值，则删除文字，输入新文字，然后单击【确定】按钮。

文字：在命令行提示下，自定义标注文字。生成的标注测量值显示在尖括号中。

```
输入标注文字 <当前>://输入标注文字，或按【Enter】键接受生成的测量值
```

角度：修改标注文字的角度。

```
指定标注文字的角度://输入角度
```

8.3.16 【上机操作】——使用【直径】标注

下面练习如何使用【直径】标注图形尺寸，具体操作步骤如下：

01 首先打开随书附带光盘中的 CDROM\素材\第 8 章\006.dwg，在命令行中执行【DIMDIAMETER】命令，并按【Enter】键。选择小圆作为要标注的对象，如图 8-55 所示。

02 拖动鼠标至任意一点单击，完成直径标注，效果如图 8-56 所示。

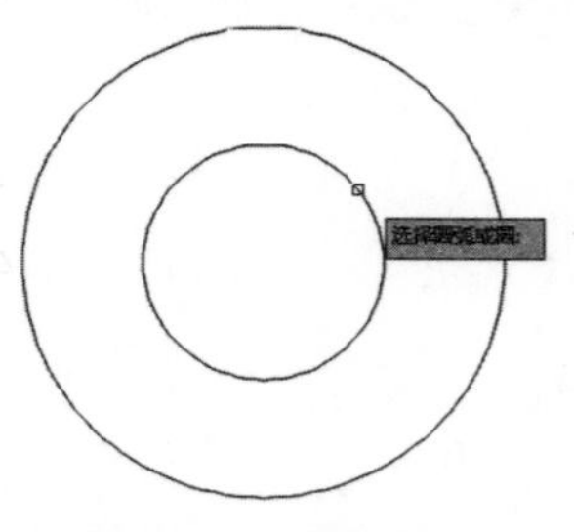

图 8-55 选择对象

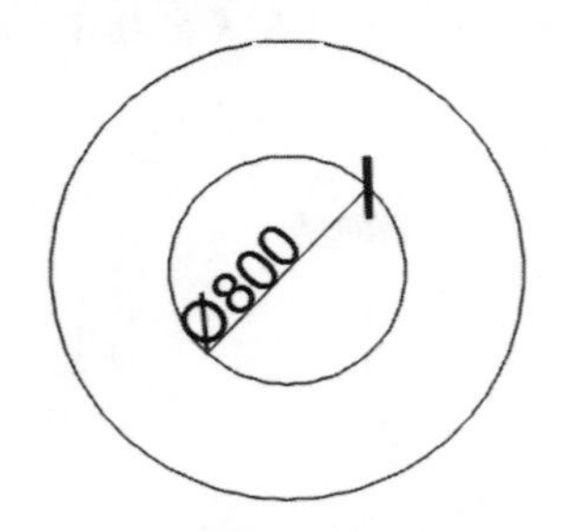

图 8-56 直径标注

8.3.17 圆心标记

圆心标记用于给指定的圆或圆弧画出圆心符号，标记圆心，其标记可以为短十字线，也可以是中心线。

在 AutoCAD 2016 中，执行圆心标记命令的常用方法有以下几种：

- 在【注释】选项卡中单击【标注】下三角按钮 标注 ▾ ，在弹出的下拉列表中单击【圆心标记】按钮⊙。
- 在命令行中输入【DIMCENTER】命令。
- 选择【标注】|【圆心标记】命令。

8.3.18 角度标注

角度标注用于标注两条不平行直线之间的角度、圆和圆弧的角度或三点之间的角度。在 AutoCAD 2016 中，执行角度标注命令的常用方法有以下几种：

- 单击【注释】选项卡，在【标注】面板上单击【线性】下方的下三角形按钮，在弹出的下拉列表中选择【角度】选项。
- 在命令行中输入【DIMANGULAR】命令。
- 选择【标注】|【角度】命令。

知识链接：

执行角度标注命令后，AutoCAD 2016 命令行将依次出现如下提示：

选择圆弧、圆、直线或<指定顶点>:
//选择圆弧、圆、直线，或按【Enter】键通过指定 3 个点来创建角度标注
指定标注弧线位置或[多行文字(M)/文字(T)/角度(A)/象限点(Q)]:
//测量选定的对象或 3 个点之间的角度

各选项的作用如下。

指定标注弧线位置：指定尺寸线的位置并确定绘制延伸线的方向。

多行文字：要编辑或替换生成的测量值，则删除文字，输入新文字。

文字：在命令行提示下，自定义标注文字。生成的标注测量值显示在尖括号中。

输入标注文字<当前>://输入标注文字，或按【Enter】键接受生成的测量值

角度：修改标注文字的角度。

指定标注文字的角度://输入角度

象限点：指定标注应锁定到的象限。

指定象限://指定象限

8.3.19 【上机操作】——使用【角度】标注

下面练习如何使用【角度】标注图形尺寸，具体操作步骤如下：

01 首先打开随书附带光盘中的 CDROM\素材\第 8 章\007.dwg，在命令行中执行【DIMDIAMETER】命令，并按【Enter】键。单击第一条直线 A，如图 8-57 所示。

02 单击下方的水平直线，如图 8-58 所示。

03 拖动鼠标在任意一点单击鼠标左键指定尺寸线圆弧位置，完成角度标注，效果如图 8-59 所示。

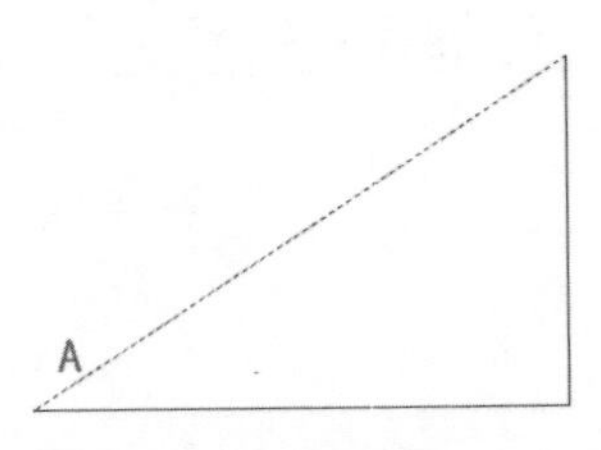

图 8-57 选择第一条直线

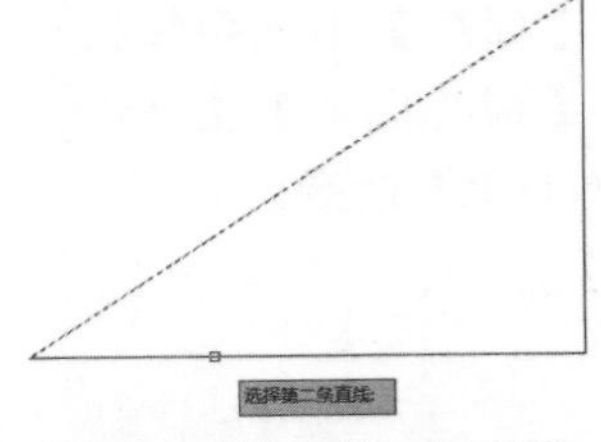

图 8-58 选择第二条直线

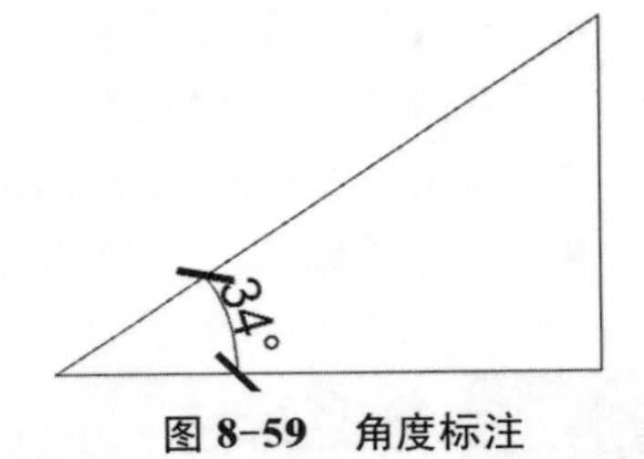

图 8-59 角度标注

8.3.20 折弯线性标注

折弯线性标注是在线性或对齐标注上添加或删除折弯线。标注中的折弯线表示所在标注的对象中的折断，标注值表示实际距离，而不是图形中测量的距离。

在 AutoCAD 2016 中，执行折弯线性标注命令的常用方法有以下几种：

- 在命令行中执行【DIMJOGLINE】命令。
- 在菜单栏中选择【标注】|【折弯线性】命令。
- 在【注释】选项卡中，单击【标注】下拉菜单中的【折弯标注】按钮。

知识链接：

执行折弯线性标注命令后，AutoCAD 2016 命令行将依次出现如下提示：

选择要添加折弯的标注或[删除(R)]://选择线性标注或对齐标注

各选项的作用如下。

选择要添加折弯的标注：指定要向其添加折弯的线性标注或对齐标注。

指定折弯位置(或按 ENTER 键)://指定一点作为折弯位置，或按【Enter】键以将折弯
//放在标注文字和第一条延伸线之间的中点处，或基于标注文字位置的尺寸线的中点处

删除：指定要从中删除折弯的线性标注或对齐标注。

选择要删除的折弯://选择线性标注或对齐标注

8.3.21 【上机操作】——使用【折弯线性】标注

下面练习如何使用【折弯线性】标注图形尺寸，具体操作步骤如下：

01 首先打开随书附带光盘中的 CDROM\素材\第 8 章\008.dwg，在命令行中执行【DIMJOGLINE】命令，并按【Enter】键。单击如图 8-60 所示的图形标注作为要添加折弯的标注。

02 单击 B 点指定折弯位置，如图 8-61 所示。

03 在绘图区单击，完成折弯线性标注，如图 8-62 所示。

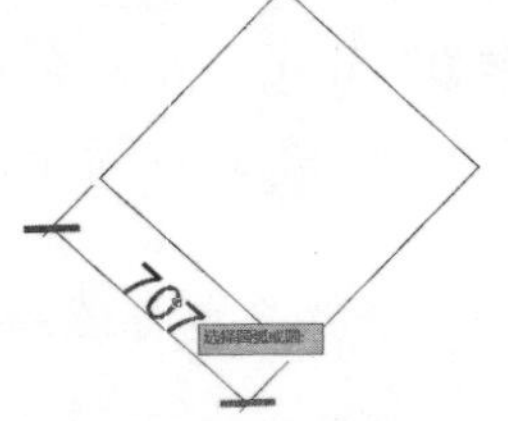

图 8-60 选择要添加折弯的标注

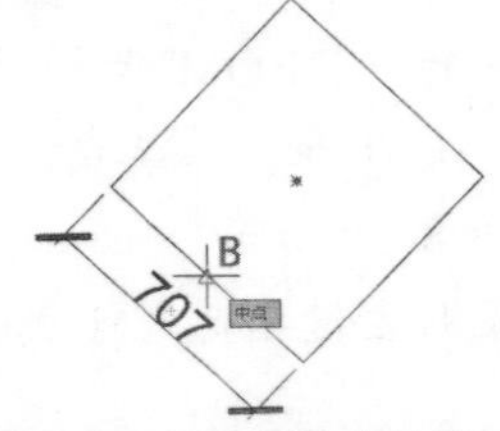

图 8-61 指定折弯的位置

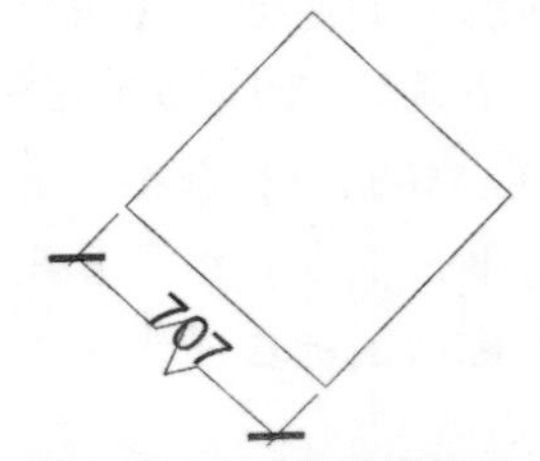

图 8-62 完成后的效果

8.3.22 坐标标注

坐标标注是针对点而言的，它可以沿一条简单的引线显示点的 X 或 Y 坐标，也称为基准标注。AutoCAD 使用当前用户坐标系（UCS）来确定测量的 X 或 Y 坐标，并且沿与当前用户坐标轴正交的方向绘制引线。

在 AutoCAD 2016 中，执行坐标标注命令的常用方法有以下几种：

- 单击【注释】选项卡【线性标注】下拉列表的【坐标标注】按钮。
- 在命令行中输入【DIMORDINATE】命令。
- 选择【标注】|【坐标】命令。

知识链接：

执行该命令后，AutoCAD 2016 命令行将依次出现如下提示：

指定点坐标://指定点或捕捉对象
捕捉要进行标注的点。
指定引线端点或[X 基准(X)/Y 基准(Y)/多行文字(M)/文字(T)/角度(A)]:
//指定点或输入选项

各选项的作用如下。

指定引线端点：使用点坐标和引线端点的坐标差可确定它是 X 坐标标注还是 Y 坐标标注。如果 Y 坐标的坐标差较大，标注就测量 X 坐标；否则就测量 Y 坐标。

X 基准：测量 X 坐标并确定引线和标注文字的方向。

Y 基准：测量 Y 坐标并确定引线和标注文字的方向。

多行文字：要编辑或替换生成的测量值，则删除文字，输入新文字。

文字：在命令行提示下，自定义标注文字。生成的标注测量值显示在尖括号中。

输入标注文字<当前>://输入标注文字，或按【Enter】键接受生成的测量值

角度：修改标注文字的角度。

指定标注文字的角度://输入角度

8.3.23 快速标注

快速标注命令可使用户交互地、动态地、自动地进行尺寸标注。在快速尺寸标注命令中可以同时选择多个圆或圆弧标注直径或半径，也可以同时选择多个对象进行基线标注和连续标注，选择一次即可完成多个标注，因此可节省时间，提高工作效率。

在 AutoCAD 2016 中，执行快速标注命令的常用方法有以下几种：

- 选择【标注】|【快速标注】命令。
- 在命令行中输入【QDIM】命令。
- 选择【注释】选项卡，在【标注】面板中单击【快速标注】按钮。

知识链接：

使用系统提供的【快速标注】功能，可以一次快速地对多个对象进行基线标注、连续

标注、直径标注、半径标注和坐标标注。激活该命令后，命令行提示如下：

选择要标注的几何图形：

用户在提示下选择需要标注尺寸的各图形对象，按【Enter】键后，通过选择相应选项，可以进行【连续】、【基线】及【半径】等一系列标注。

各选项的作用如下。

连续：创建一系列连续标注。

并列：创建一系列并列标注。

基线：创建一系列基线标注。

坐标：创建一系列坐标标注。

半径：创建一系列半径标注。

直径：创建一系列直径标注。

基准点：为基线和坐标标注设置新的基准点。

选择新的基准点：//指定点

编辑：编辑一系列标注。将提示用户在现有标注中添加或删除点。

指定要删除的标注点或[添加(A)/退出(X)] <退出>:
//指定点、输入 A 或按【Enter】键返回到上一个提示

设置：为指定延伸线原点设置默认对象捕捉。

关联标注优先级[端点(E)/交点(I)]

8.3.24 【上机操作】——使用【快速】标注

下面练习如何使用【快速标注】标注图形尺寸，具体操作步骤如下：

01 首先打开随书附带光盘中的 CDROM\素材\第 8 章\009.dwg，在命令行中输入【QDIM】命令，并按【Enter】键。

02 选择如图 8-63 所示的图形，指定尺寸线位置 A，如图 8-64 所示。

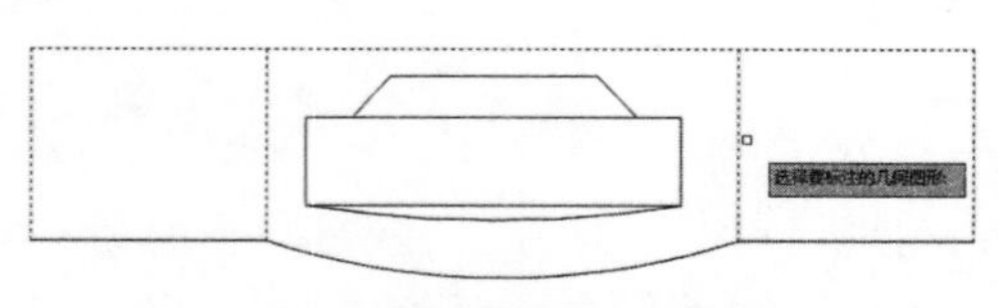

图 8-63 选择几何图形

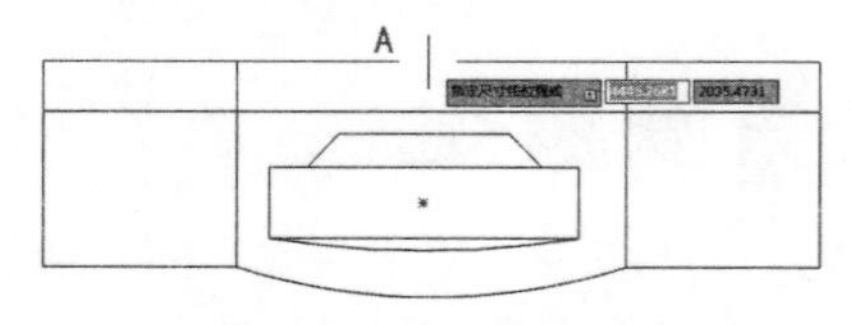

图 8-64 尺寸线标注

03 拖动鼠标至任意一点单击，完成快速标注，效果如图 8-65 所示。

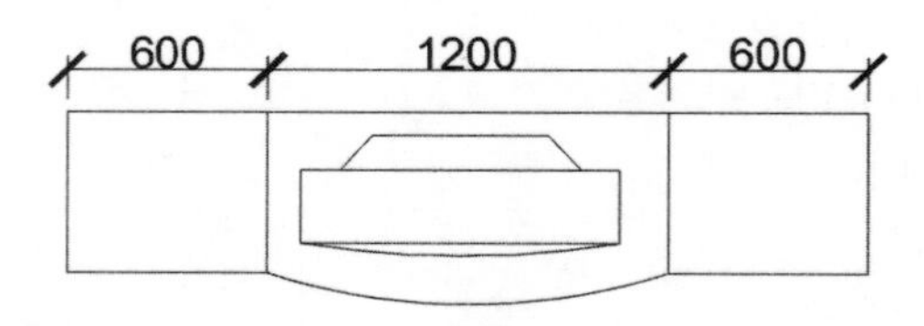

图 8-65 快速标注

8.3.25 标注间距

单击【标注间距】按钮，可以修改已经标注的图形中的标注线的位置间距大小。

在 AutoCAD 2016 中，执行【标注间距】命令的常用方法有以下几种：

- 在命令行中输入【DIMSPACE】命令。
- 选择【注释】选项卡，在【标注】面板中单击【标注间距】按钮。

执行该命令后，AutoCAD 2016 命令行将依次出现如下提示：

选择基准标注: //选择平行线性标注或角度标注，选择已有的基准标注
选择要产生间距的标注: //选择平行线性标注或角度标注以从基准标注均匀隔开，并按【Enter】键
输入值或 [自动(A)] <自动>://指定间距或按【Enter】键

各选项的作用如下。

- 输入值：指定从基准标注均匀隔开选定标注的间距值。
- 自动：基于在选定基准标注的标注样式中指定的文字高度自动计算间距，所得的间距值是标注文字高度的两倍。

8.3.26 【上机操作】——使用【标注间距】修改标注尺寸

下面练习如何使用【标注间距】修改图形标注尺寸，具体操作步骤如下：

01 首先打开随书附带光盘中的 CDROM\素材\第 8 章\010.dwg，在命令行中输入【DIMSPACE】命令，并按【Enter】键。选择最左侧的尺寸标注，如图 8-66 所示。

02 选择中间的尺寸标注作为要产生间距的标注，如图 8-67 所示。

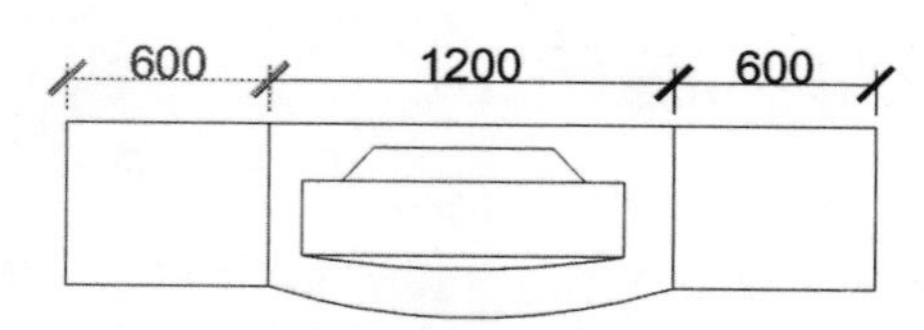

图 8-66　选择左侧的尺寸标注

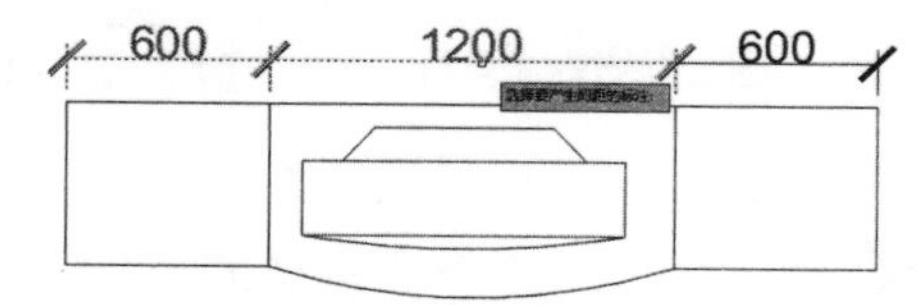

图 8-67　选择中间的尺寸标注

03 按【Enter】键进行确认，输入间距值 150，如图 8-68 所示。

04 继续按【Enter】键结束命令，完成对图形尺寸标注间距的调整，效果如图 8-69 所示。

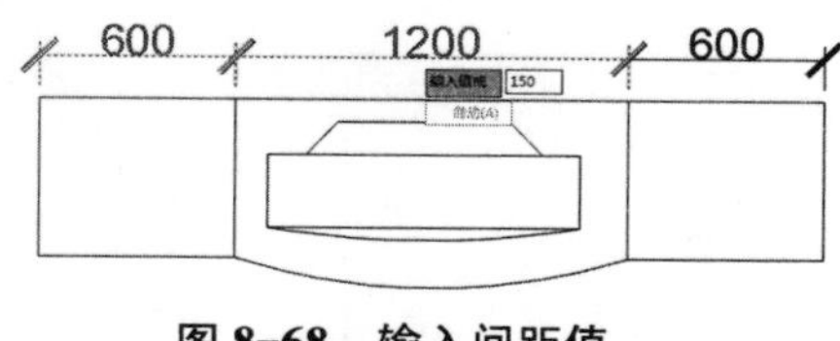

图 8-68　输入间距值

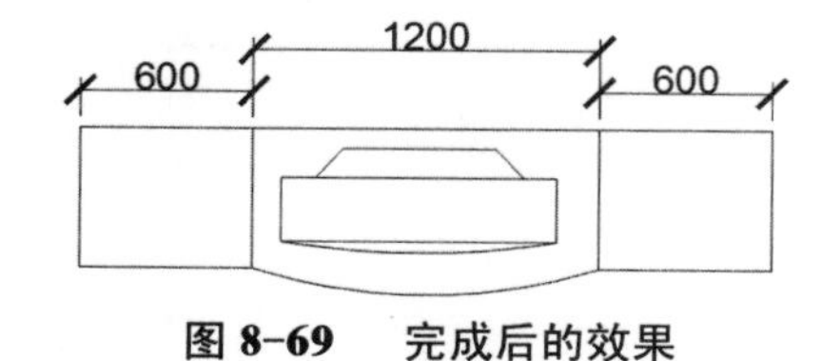

图 8-69　完成后的效果

8.4 编辑标注尺寸

标注也是一种图形对象，用户可以使用相应的编辑命令来编辑它。例如移动标注、打断

标注和复制标注等。同样还可以编辑标注本身，比如标注文字的位置、内容、尺寸线、尺寸界线以及箭头等。AutoCAD 提供了很多编辑尺寸标注的方式，如编辑命令、夹点编辑、通过快捷菜单编辑、通过【标注】快捷特性面板或【标注样式管理器】修改标注的格式等。其中，夹点编辑是修改标注最快、最简单的方法。

8.4.1 编辑标注

使用编辑标注命令可以修改标注的文字内容、移动文字到一个新的位置、把文字倾斜一定的角度，还可以对尺寸线进行修改，使其旋转一定的角度。另外，【编辑标注】命令可以同时对多个尺寸标注进行编辑。

在 AutoCAD 2016 中，执行编辑标注命令的常用方法有以下几种：

- 在菜单栏中选择【标注】|【倾斜】命令。
- 在【注释】选项卡的【标注】面板中单击【倾斜】按钮，使线性标注的延伸线倾斜。
- 在命令行中执行【DIMEDIT】命令。

在菜单栏中选择【标注】|【倾斜】命令，命令行提示【输入标注编辑类型[默认(H)/新建(N)/旋转(R)/倾斜(O)]<默认>】。

命令行中各选项含义如下。

- 默认：将尺寸文本按 DDIM 所定义的默认位置和方向重新放置。
- 新建：更新所选择的尺寸标注的尺寸文本。
- 旋转：旋转所选择的尺寸文本。
- 倾斜：实行倾斜标注，即编辑线性尺寸标注，使其尺寸界线倾斜一定的角度，不再与尺寸线相垂直，常用于标注锥形图形。

8.4.2 【上机操作】——使用【倾斜】命令标注尺寸

下面练习如何使用【倾斜】命令标注图形尺寸，具体操作步骤如下：

01 首先打开随书附带光盘中的 CDROM\素材\第 8 章\011.dwg，如图 8-70 所示，在命令行中输入【DIMEDIT】命令，并按【Enter】键。

02 选择已标注完成的尺寸线，在命令行输入 40，按【Enter】键，完成文字标注的倾斜，如图 8-71 所示。

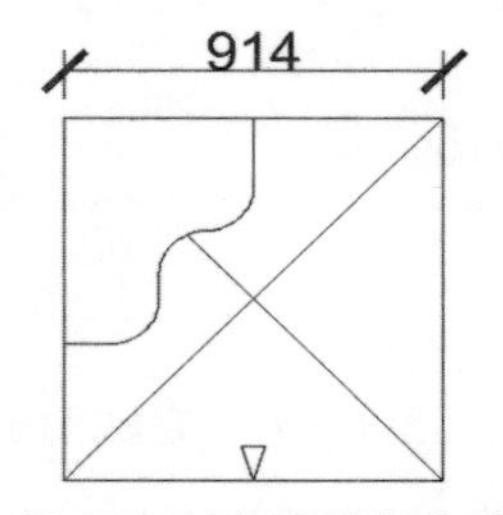

图 8-70 打开素材文件

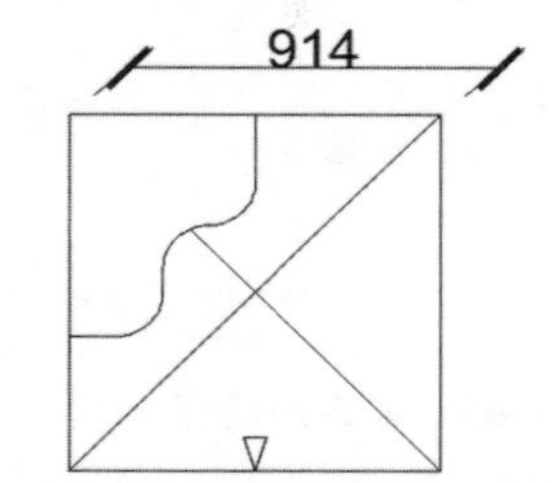

图 8-71 设置完成后的效果

8.4.3 编辑标注文字的位置

在大多数情况下，标注文字都位于尺寸线的中间。如果要改变标注文字在尺寸线上的位置，可以用以下方法进行处理。

- 在菜单栏中选择【标注】|【对齐文字】命令的子菜单。
- 选择【注释】选项卡，在【标注】面板中分别单击【左对正】、【居中对正】、【右对正】按钮，可以修改尺寸的文字位置。
- 在命令行中执行【DIMTEDIT】命令。

知识链接：

在菜单栏中选择【标注】|【对齐文字】|【左对齐】命令，命令行提示如下：

```
命令: DIMTEDIT                                    //执行【DIMTEDIT】命令
选择标注:                                         //选择标注对象
为标注文字指定新位置或 [左对齐(L)/右对齐(R)/居中(C)/默认(H)/角度(A)]://系统提示选项
```

命令行中各选项含义如下。

左对齐：更改尺寸文本沿尺寸线左对齐。

右对齐：更改尺寸文本沿尺寸线右对齐。

居中：更改尺寸文本沿尺寸线中间对齐。

默认：将尺寸文本按 DDIM 所定义的默认位置和方向重新放置。

角度：旋转所选择的尺寸文本。

8.4.4 【上机操作】——使用【居中对齐】更改尺寸标注

下面练习如何使用【居中对正】更改图形标注尺寸，具体操作步骤如下：

01 首先打开随书附带光盘中的 CDROM\素材\第 8 章\012.dwg，如图 8-72 所示，在命令行中输入【DIMTEDIT】命令，并按【Enter】键。

02 选择已标注完成的尺寸线，在命令行输入【C】，按【Enter】键，完成文字标注的居中对齐，如图 8-73 所示。

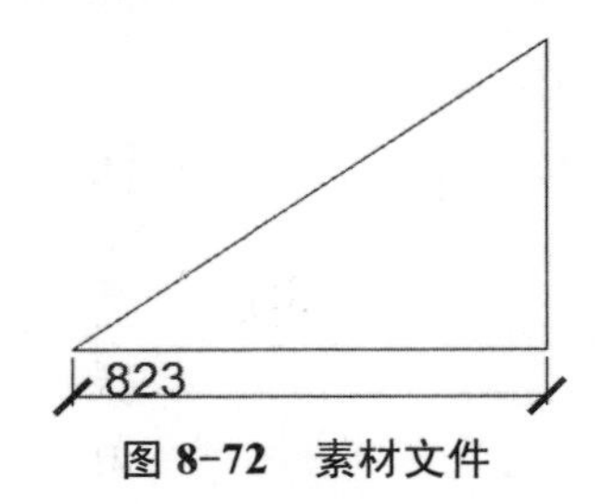

图 8-72　素材文件

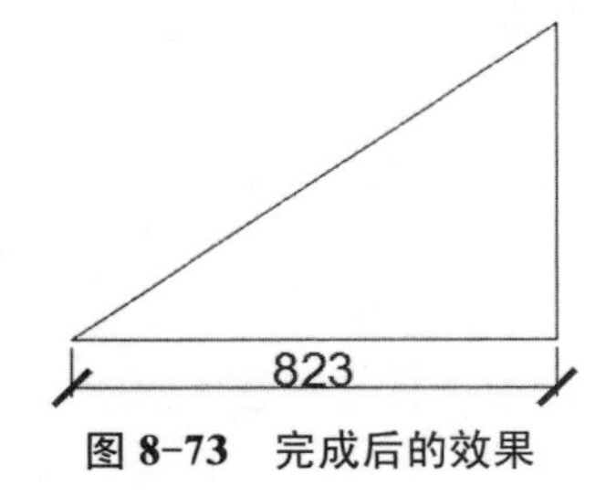

图 8-73　完成后的效果

8.4.5 替代标注

选择菜单栏中的【标注】|【替代】命令，可以临时修改尺寸标注的系统变量设置，并按该设置修改尺寸标注。该操作只对指定的尺寸对象作修改，并且修改后不能影响原系统的变量设置。

在 AutoCAD 中执行【替代】命令的方法有以下几种：

- 在命令行中执行【DIMOVERRIDE】命令。
- 在菜单栏中选择【标注】|【替代】命令。

在 AutoCAD 中执行【替代】命令后，命令行提示信息如下：

```
命令: DIMOVERRIDE                              //执行【替代】命令
输入要替代的标注变量名或 [清除替代(C)]:          //输入替代名
```

默认情况下，输入要修改的系统变量名，并为该变量指定一个新值，然后选择需要修改的对象，这时指定的尺寸标注将按新的变量设置作相应的更改。如果在命令提示下输入【C】，并选择需要修改的对象，这时可以取消用户已作出的修改。

对于个别标注，可能需要在不创建其他标注样式的情况下创建替代样式，以便不显示标注的尺寸延伸线，或者修改文字和箭头的位置，使它们不与图形中的几何图形重叠。也可以为当前标注样式设置替代。以该样式创建的所有标注都将包含替代，直到删除替代、将替代保存到新的样式中或将另一种标注样式置为当前。例如，单击【标注样式管理器】中的【替代】按钮，并在【直线】选项卡上修改了尺寸延伸线的颜色，则当前标注样式会保持不变。但是，颜色的新值存储在 DIMCLRE 系统变量中。创建的下一个标注的尺寸延伸线将以新颜色显示。可以将标注样式替代保存为新标注样式。

某些标注特性对于图形或尺寸标注的样式来说是通用的，因此适合作为永久标注样式设置。其他标注特性一般基于单个基准应用，因此可以作为替代以便更有效地应用。例如，图形通常使用单一箭头类型，因此将箭头类型定义为标注样式的一部分是有意义的。但是，隐藏尺寸延伸线通常只应用于个别情况，更适于标注样式替代。

有几种设置标注样式替代的方式。可以在对话框中更改选项，也可以在命令行提示下更改系统变量设置。可以通过将修改的设置返回其初始值来撤销替代。替代将应用到正在创建的标注，以及所有使用该标注样式所创建的标注，直到撤销替代或将其他标注样式置为当前为止。

8.4.6 更新标注

更新标注是指通过指定其他标注样式修改现有的标注尺寸。修改标注样式以后，可以选择是否更新与此标注样式相关联的尺寸标注。

在 AutoCAD 中执行更新标注命令的方法有以下几种：

- 在菜单栏中选择【标注】|【更新】命令。
- 选择【注释】选项卡，在【标注】面板中单击【更新】按钮，可以更新标注，使其使用当前的标注样式。
- 在命令行中执行【-DIMSTYLE】命令。

在 AutoCAD 中执行【更新】命令后，命令行提示信息如下：

```
命令: -DIMSTYLE                                //执行【-DIMSTYLE】命令
当前标注样式: 建筑设计    注释性: 否            //系统自动提示内容
输入标注样式选项
[注释性(AN)/保存(S)/恢复(R)/状态(ST)/变量(V)/应用(A)/?] <恢复>:        //选择相应的选项
```

在命令行中各选项的作用如下。

- 注释性：选择该选项，可以创建注释性标注样式。
- 保存：可以将当前尺寸系统变量的设置作为一种尺寸标注样式来命名并保存。
- 恢复：可以将用户保存的某一尺寸标注样式恢复为当前样式。
- 状态：可以切换到文本窗口，并显示各尺寸系统变量及当前设置，通过它可以查看当前各尺寸系统变量的状态。
- 变量：选择该选项，则列出某个标注样式或选定标注的标注系统变量设置，但不修改当前设置。
- 应用：可以根据当前尺寸标注系统变量的设置更新选定的尺寸标注对象。
- ?：选择该选项，将显示当前图形中命名的尺寸标注样式。

创建标注时，当前标注样式将与之相关联。标注将保持此标注样式，除非对其应用新标注样式或设置标注样式替代。

可以恢复现有的标注样式或将当前标注样式（包括任何标注样式替代）应用到选定标注。

8.4.7 尺寸关联

尺寸关联是指所标注尺寸与被标注对象有关联。如果标注的尺寸值是按自动测量值进行标注的，且尺寸标注是按尺寸关联模式标注的，那么改变被标注对象的大小后相应的标注尺寸也将发生改变，即延伸线、尺寸线的位置都将改变到相应的新位置，尺寸值也改变成新测量值。反之，改变延伸线起始点的位置，尺寸值也会发生相应的变化。

如果没有标注关联，可以通过拉伸（stretch）来调整图形，长度、坐标标注、角度标注都可以保证与图形一起调整，只是操作稍微麻烦一点。但调整圆的半径使用拉伸是无法实现的，只有通过拖动夹点或在属性框中改变半径值，此时半径标注就无法跟随变化了，只能删除了重新标注。

在标注关联的状态下，这一切就变得简单了，只需根据自己的需要调整图形的形状，选中矩形，向右侧拖动右上角的角点，相关的线形标注、角度标注都会同时发生变化。

在某些情况下可能需要修改关联性，例如：

- 重定义图形中有效编辑的标注的关联性。
- 为局部解除关联的标注添加关联性。
- 在传统图形中为标注添加关联性。
- 对于要在 AutoCAD 2002 之前的版本中使用的图形，如果用户不需要在图形中使用任何代理对象，即可删除标注中的关联性。

8.5 本章小结

AutoCAD 为建筑制图提供了多种标注类型，这些类型在实际应用中应首先熟练掌握【标注样式管理器】的设置，【标注样式管理器】设置的熟悉与否，决定了标注工作能否顺利进行。其次，对各种标注类型多加练习，熟悉在何种情况下选择正确快捷的标注类型。

本章主要介绍了尺寸标注的组成、尺寸样式的设置、尺寸标注的类型，以及标注尺寸的编辑。其中尺寸标注的类型是本章的重点内容，一共介绍了 15 种标注类型，用户一定要掌握这 15 种标注类型的标注方法。

8.6 问题与思考

1. 标注文字的特点是什么？
2. 尺寸标注的类型有哪些？
3. 在标注尺寸中可以通过哪几种方法进行半径标注？

输出打印文件

09
Chapter

本章导读：

基础知识
- ◈ 图形布局
- ◈ 模型空间和布局空间的关系
- ◈ 页面设置

重点知识
- ◈ 图形文件的打印发布
- ◈ 打印输出图形文件
- ◈ 图形文件的输出图样集管理

使用 AutoCAD 2016 可以绘制任意复杂的二维和三维图形，但是一张设计好的图纸是用来加工制造的，完成图形设计之后，就要通过打印机或绘图仪将图形输出到图纸上。

此外，AutoCAD2016 还可以通过布局空间打印输出设计好的图形。

9.1 图形布局

在 AutoCAD 中可以创建多种布局，每一种布局代表一张单独的打印输出的图纸。创建新布局以后还可以在布局中创建浮动视口。视口中的各个视图都可以使用不同的打印比例。

在 AutoCAD 中系统提供了两种工作空间，分别是模型空间和布局空间，如图 9-1 和图 9-2 所示。使用模型空间可以创建和编辑模型，使用布局空间可以构造图纸和定义视图。

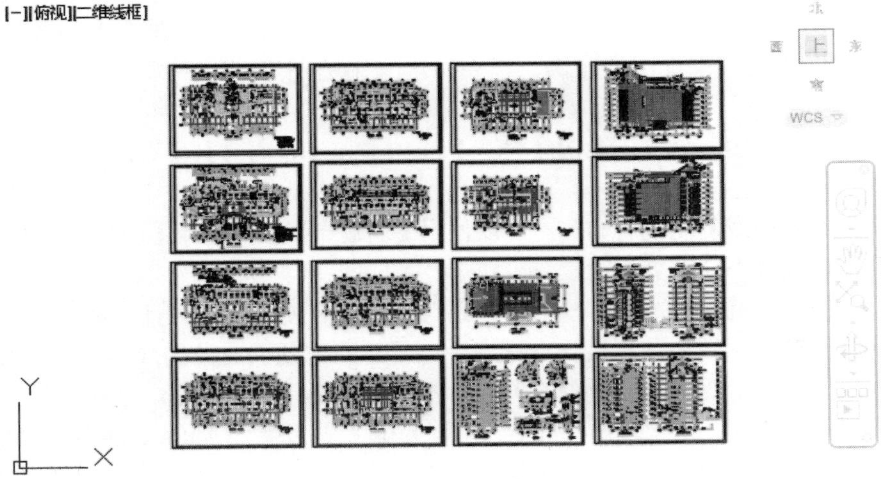

图 9-1 模型空间

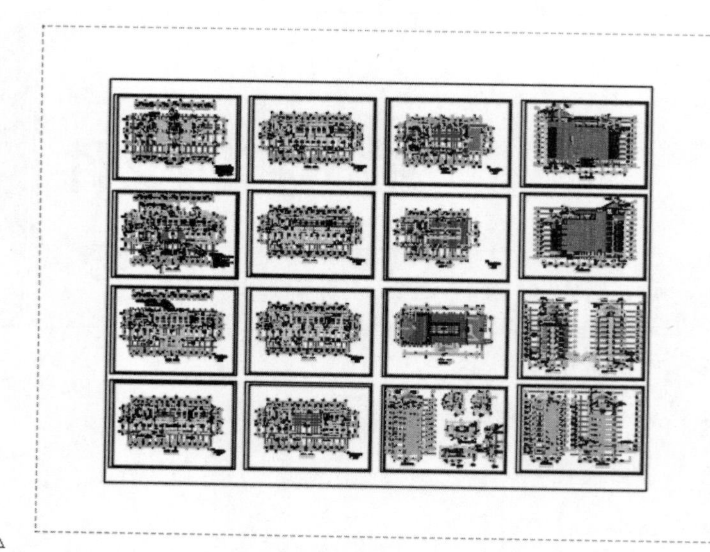

图 9-2 布局空间

当打开 AutoCAD 时，将自动新建一个 DWG 格式的图形文件，在绘图左下边缘可以看到【模型】、【布局 1】、【布局 2】3 个选项卡。默认状态是【模型】选项卡，当处于【模型】选项卡时，绘图区就属于模型空间状态。当处于【布局】选项卡时，绘图区就属于布局空间状态。

9.1.1 布局的概念

布局是二维环境，可以在这里指定图纸大小、添加标题栏、显示模型的多个视图以及创建图形标注和注释。

通常，由几何图形对象组成的模型将在称为【模型空间】的三维空间中创建。此模型的特定视图和注释的布局将在称为【布局空间】的二维空间中创建。

布局空间是图纸布局环境，可以在这里指定图纸大小、添加标题栏、显示模型的多个视图以及创建图形的标注和注释。也可以使用多个布局来显示和提供模型的各种部件的详细信息。还可以更改模型视图的比例，以在标准大小的图形图纸上显示较大三维模型的部分小细节。

可以通过靠近绘图区域左下角的【模型】选项卡和【布局 1】、【布局 2】选项卡访问这两个空间。

可以添加新布局或复制现有布局。可以使用【创建布局】向导或【设计中心】创建布局。每个布局都可以包含不同的页面设置。

布局最大的特点就是解决了多样的出图方案，更为方便地解决设计完成后，应用不同的出图方案将图纸输出。例如，在设计过程中，为了查看方便而且节约成本，设计师们用 A3 纸打印即可，而正式出图时需要使用 A0 纸出图。这在设计过程中是一个往返的过程，如果单纯使用模型空间绘制，每次输出都需要进行一些调整与配置。AutoCAD 2016 的多布局功能可以很好地解决类似的情况，从而提高工作效率。

知识链接：

为了避免在转换和发布图形时出现混淆，通常建议每个图形只创建一个命名布局。

在每个布局中，可以根据需要创建多个布局视口。每个布局视口类似于模型空间中的相框，包含按用户指定的比例和方向显示模型的视图。可以创建布满整个布局的单一布局视口，也可以创建多个布局视口。一旦创建了视口，就可以更改其大小、特性和比例，还可按需要对其进行移动。用户也可以指定在每个布局视口中可见的图层。

9.1.2 创建布局

布局的功能是设置新布局空间中的出图规划，在 AutoCAD 2016 中可以创建多个布局，每个布局都可以包含不同的打印设置和图纸设置。默认情况下，新图纸最开始有两个布局选项卡，分别为【布局 1】和【布局 2】。视口中的各个视图可以使用不同的打印比例，并能控制视图中图层的可见性。创建新布局的方法有两种：直接创建新布局和使用【创建布局】向导。

1. 直接创建新布局

在 AutoCAD 2016 中直接创建新布局的方式有以下几种：

- 在命令行中执行【LAYOUT】命令。
- 在菜单栏中选择【插入】|【布局】|【新建布局】命令。
- 在【布局】选项卡中单击【布局】面板中的【新建】按钮。

在菜单栏中选择【插入】|【布局】|【新建布局】命令，如图 9-3 所示。

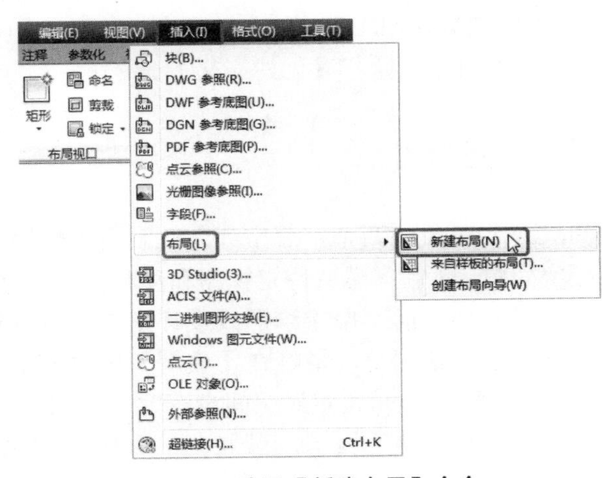

图 9-3　选择【新建布局】命令

命令行中系统提示信息如下：

命令: LAYOUT　　//执行【LAYOUT】命令
输入布局选项 [复制(C)/删除(D)/新建(N)/样板(T)/重命名(R)/另存为(SA)/设置(S)/?] <设置>: _new　　//选择布局选项
输入新布局名 <布局 2>: 布局 3　　//命名新布局名

在命令行中各选项的具体说明如下：

- 【复制】：用来复制布局。如果不提供名称，则新布局以被复制的布局的名称附带一个递增的数字（在括号中）作为布局名。
- 【删除】：删除布局。【布局】可删但【模型】不可删，要删除【模型】上的所有几何图形，必须选择所有的几何图形然后使用【ERASE】命令。
- 【新建】：创建新的布局。在单个图形中可以创建最多 255 个布局，选择【新建】选项后命令行提示输入新的布局名。布局必须唯一，布局名最多包含 255 个字符，不区分大小写。在布局选项卡中只显示最前面的 31 个字符。
- 【样板】：基于样板（DWT）、图形（DWG）或图形交换（DXF）文件中出现的布局创建新布局选项卡。
- 【重命名】：给布局重命名。
- 【另存为】：将布局另存为图形样板（DWT）文件，而不保存任何未参照的符号表和块定义信息，可以使用该样板在图层中创建新的布局，而不必删除不必要的信息。
- 【设置】：设置当前布局。
- 【?】：列出图形中定义的所有布局。

用户还可以右击【布局】选项卡，从弹出的快捷菜单中选择【新建布局】命令，如图 9-4 所示，创建一个名为【布局 3】的新布局。

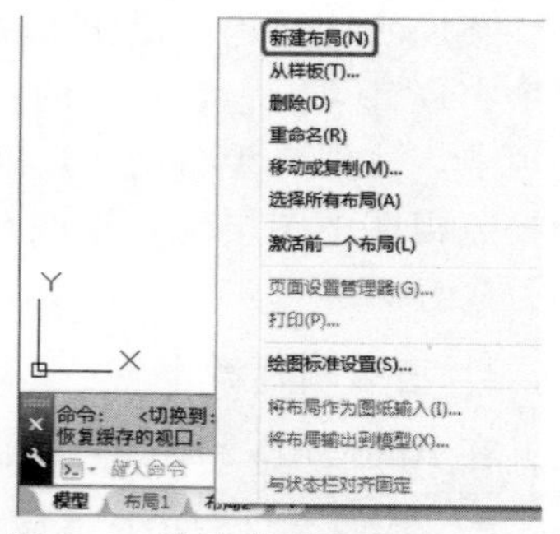

图 9-4　选择【新建布局】命令

2. 使用【创建布局】向导

主要用来创建新的布局选项卡并指定页面和打印样式，使用向导创建布局的方式如下：

- 在命令行执行【LAYOUTWIZARD】命令。
- 在菜单栏中选择【工具】|【向导】|【创建布局】命令。

9.2　模型空间和布局空间

模型空间是放置 AutoCAD 对象的两个主要空间之一。典型情况下，几何模型放置在称为模型空间的三维坐标空间中，而包含模型特定视图和注释的最终布局则位于布局空间。布局空间用于创建最终的打印布局，而不用于绘图或设计工作。可以使用布局选项卡设计布局空间视口。而模型空间用于创建图形，最好在【模型】选项卡中进行设计工作。如果仅仅绘制二维图形文件，那么在模型空间和布局空间没有太大差别，都可以进行设计工作。但如果是三维图形设计，那情况就完全不同了，只能在布局空间进行图形的文字编辑、图形输出等工作。

9.2.1　模型空间

在 AutoCAD 2016 中，有两种截然不同的环境（或空间），从中可以创建图形中的对象。使用模型空间可以创建和编辑模型，使用布局空间可以构造图纸和定义视图。

通常，由几何对象组成的模型是在称为【模型空间】的三维空间中创建的，特定视图的最终布局和此模型的注释是在称为【布局空间】的二维空间中创建的。人们在模型空间中绘制并编辑模型，而且 AutoCAD 在开始运行时就会自动默认为模型空间。

使用【模型】选项卡，可以将绘图区域拆分成一个或多个相邻的矩形视图，称为模型空间视口。在大型或复杂的图形中，显示不同的视图可以缩短在单一视图中缩放或平移的时间，而且在同一个视图中出现的错误可能会在其他视图中表现出来。

可以在绘图区域底部附近的两个或多个选项卡上访问这些空间：【模型】选项卡及一个或多个【布局】选项卡。

用户可以通过以下方法激活【模型】选项卡：

- 选择【模型】选项卡。
- 在任何【布局】选项卡上右击，在弹出的快捷菜单中选择【激活模型选项卡】命令。

知识链接：

下面介绍【模型空间】的特征。

- 在模型空间中，可以绘制全比例的二维图形和三维模型，并带有标注尺寸。
- 在模型空间中，每个视口都包含对象的一个视口。例如，设置不同的视图会得到俯视图、正视图、侧视图和立体图等。
- 用【VPORTS】命令创建视口和视口的设置，并可以保存起来，以备后用。
- 视口是平铺的，它们不能重叠，总是彼此相邻。
- 在某一时刻只有一个视口是处于激活状态，十字光标只能出现在一个视口中，并且也只能编辑该活动的视口（平移、缩放等）。
- 只能打印活动的视口，如果 UCS 图标设置为【ON】，该图标就会出现在每个视口中。
- 系统变量【MAXACTVP】决定了视口的范围是 2～64。
- 如果【模型】选项卡和【布局】选项卡都处于隐藏状态，则单击位于应用程序窗口底部状态栏上的【模型】按钮可调出。

9.2.2 布局空间

布局空间是为图纸打印输出而量身定做的，在布局空间中，可以轻松地完成图形的打印与发布。在使用布局空间时，所有不同比例的图形都可以按 1:1 比例出图，而且布局空间的视窗由用户自己定义，可以使用任意尺寸和形状。相对于模型空间，布局空间环境在打印出图方面更方便，也更准确。在布局空间中，不需要对标题栏图块及文本等进行缩放操作，可以节省许多时间。

布局空间作为模拟图纸的平面空间，可以理解为覆盖在模型空间上的一层不透明的纸，需要从布局空间中看模型空间的内容时，必须进行开【视口】操作，也就是【开窗】。布局空间是一个二维空间，在模型空间中完成的图形是不可再编辑的。布局空间是图纸布局环境，可以在这里指定图纸大小、添加标题栏、显示模型的多个视图，以及创建图形标注和注释等。

单击【布局】选项卡，进入布局空间。布局空间是一个二维空间，类似于绘图时的绘图纸。布局空间主要用于图纸打印前的布图、排版，添加注释、图框，设置比例等工作。因此将其称为【布局】。

布局空间作为模拟的平面空间，其所有坐标都是二维的，其采用的坐标和在模型空间中采用的坐标是一样的，只有 UCS 图标变为三角形显示。

布局空间像一张实际的绘图纸，也有大小，如 A1、A2、A3、A4 等，其大小由页面设置确定，虚线范围内为打印区域，如图 9-5 所示。

图 9-5　布局空间

知识链接：

相对于【模型空间】，【布局空间】不是用于绘图和设计工作的，主要用于创建最终的打印布局，而其亦有以下几种特征：

- 在【布局空间】中，视口的边界是实体，可以删除、移动、缩放、拉伸视口。
- 视口的形状没有限制，如可以创建圆形视口、多边形视口或对象等。
- 视口不是平铺的，可以用各种方法将其重叠、分离。
- 每个视口都在创建它的图层上，视口边界与层的颜色相同，但边界的线型总是实线，在出图时，如不想打印视口，可将其单独置于一图层上，将其冻结即可。
- 可以同时打印多个视口。
- 十字光标可以不断延伸，穿过整个图形屏幕，与每个视口无关。
- 可以通过【MVIEW】命令打开或关闭视口；用【SOLVIEW】命令创建视口或者用【VPORTS】命令恢复在模型空间中保存的视口。

- 在打印图形且需要隐藏三维图形的隐藏线时，可以使用【MVIEW】命令并选择【隐藏】选项，然后拾取要隐藏的视口边界即可。
- 系统变量【MAXACTVP】决定了活动状态下的视口数是64。

9.2.3 模型空间与布局空间的关系

模型空间与布局空间具有一种平行的关系，如果把模型空间与布局空间比喻成两张纸的话，它们相当于两张平行放置的纸，模型空间在底端，布局空间在上部，从布局空间可以看到模型空间（通过视口），但从模型空间看不到布局空间，因此它们又有一种单向关系。

如果处于布局空间中，双击布局视口，随即将处于模型空间。选定的布局视口将成为当前视口，用户可以平移视图以及更改图层特性。如果需要对模型进行较大更改，应切换到模型空间进行更改。

另外，用鼠标单击【模型】和【布局】按钮，也可以在模型空间和布局空间进行转换。

通过设置系统变量【TIENMODE】也可以转换空间，系统变量【TIENMODE】设置为1时，系统在模型空间中工作；当【TIENMODE】设置为0时，系统在布局空间中工作。

因为模型空间和布局空间相当于两张平行放置的纸张，它们之间没有连接关系。也就是说，要么画在模型空间，要么画在图样空间。在图样空间激活视口，然后在视口内绘图，它是通过视口画在模型空间上的，尽管所处位置在布局空间，相当于用户面对着图样空间，把笔伸进视口到达模型空间编辑。

这种无连接关系与图层不同，尽管对象被放置在不同的层内，但图层与图层之间的相对位置始终保持一致，使得对象的相对位置永远正确。模型空间与布局空间的相对位置可以变化，甚至完全可以采用不同的坐标系，所以，至今尚不能做到将部分对象放置在模型空间，部分对象放置在布局空间。

9.3 页面设置管理

页面设置是随布局一起保存的。它可以对打印设备和影响最终输出的外观与格式进行设置，并且能够将这些设置应用到其他的布局当中。

在绘图过程中首次选择【布局】选项卡时，将显示单一视口，并以带有边界的表来标识当前配置的打印机的纸张大小和图纸的可打印区域。

9.3.1 打开页面设置管理器

页面设置中指定的各种参数和布局将随图形文件一起保存，用户可以随时通过图9-6所示的【页面设置管理器】对话框修改其中的参数。

打开【页面设置管理器】对话框的方法有以下两种：

- 在命令行中执行【PAGESETUP】命令。
- 在菜单栏中选择【文件】|【页面设置管理器】命令，如图9-6所示。

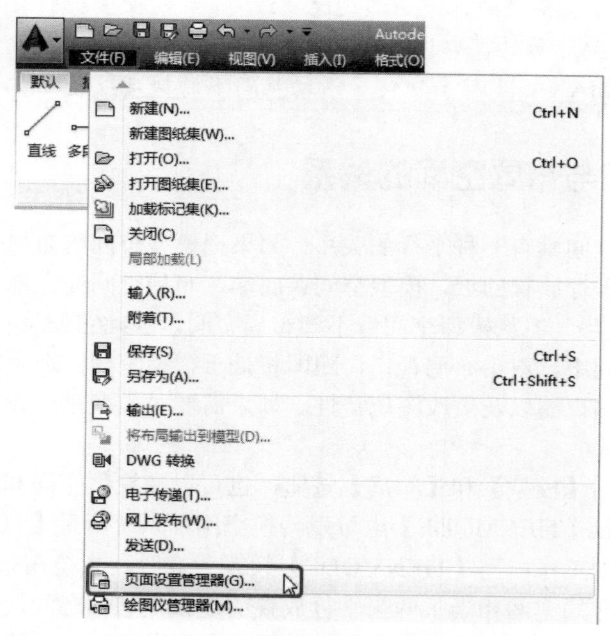

图 9-6 选择【页面设置管理器】命令

当用户执行以上命令后，会弹出如图 9-7 所示的【页面设置管理器】对话框。该对话框中各选项的作用如下所示。

- 【当前布局】：显示了当前布局的名称。
- 【当前页面设置】：显示图形文件中所有命名并保存的页面设置。
- 【置为当前】按钮：可将所选的页面设置为当前布局的当前页面设置。
- 【新建】按钮：单击该按钮，会弹出如图 9-8 所示的【新建页面设置】对话框。

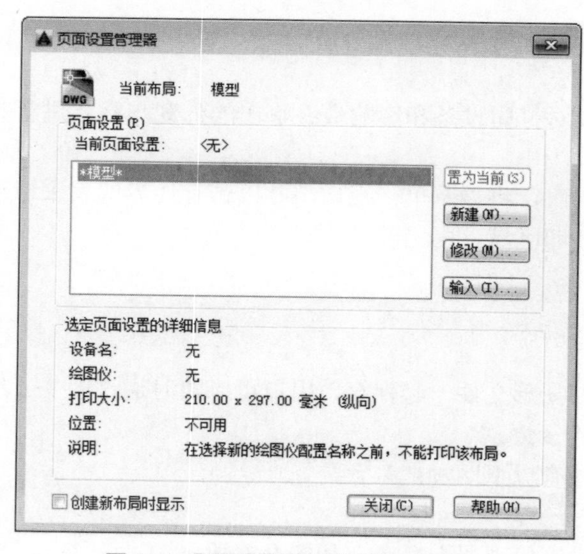

图 9-7 【页面设置管理器】对话框

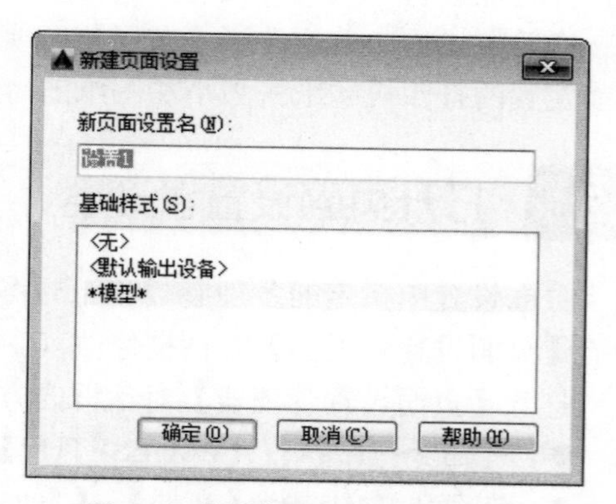

图 9-8 【新建页面设置】对话框

9.3.2 页面设置管理器的设置

在菜单栏中选择【文件】|【页面设置管理器】命令，弹出【页面设置管理器】对话框。在该对话框中单击【新建】按钮，系统会弹出【新建页面设置】对话框（见图 9-8）。在【新建页面设置】对话框中输入自定义的页面设置名称，如【模型】，单击【确定】按钮，弹出【页面设置-模型】对话框，如图 9-9 所示。

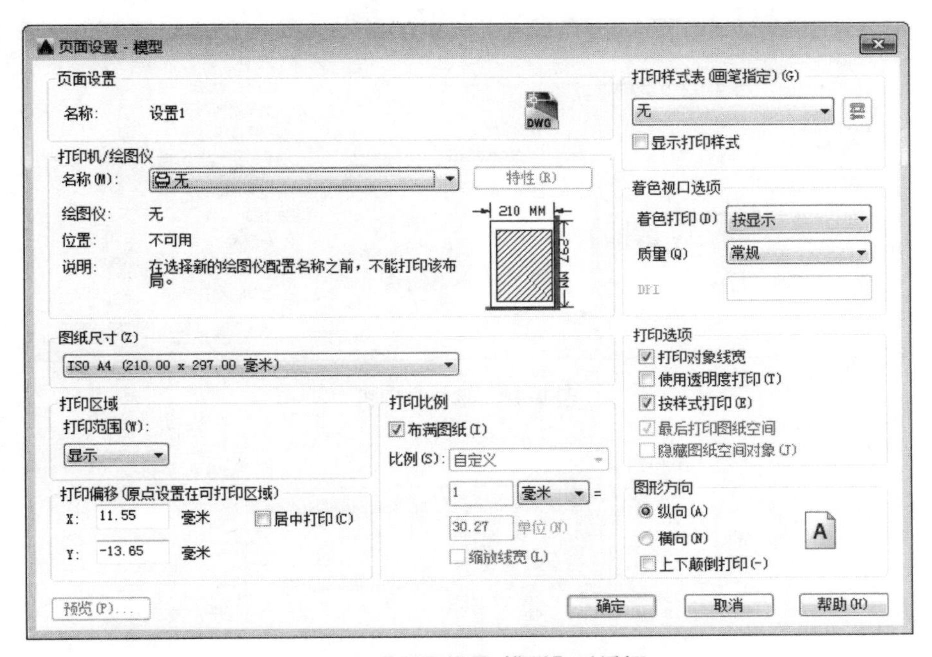

图 9-9 【页面设置-模型】对话框

通过在对话框中进行设置，可以定义和修改布局的所有设置并将其保存，与图形打印的有关设置操作都在此对话框中完成。

9.3.3 设置打印参数

在输出图形文件之前，需要对其参数进行设置。页面设置是包括打印设置、纸张、打印区域、打印样式、打印方向等影响最终打印外观和格式的所有设置的集合。可以将页面设置为命令，也可以将同一个命名页面设置应用到多个布局图中。

- 打印机设置：在输出图形前，需要添加和配置打印设备。最常见的打印设备有打印机和绘图仪。可以在【打印机/绘图仪】选项组的【名称】下拉列表中选择需要的打印机，如图 9-10 所示。
- 设置图纸尺寸：在【图纸尺寸】下拉列表中列出了该打印设备支持的图纸尺寸，用户可以从中选择一个合适的图纸尺寸用于当前图形打印，如图 9-11 所示。

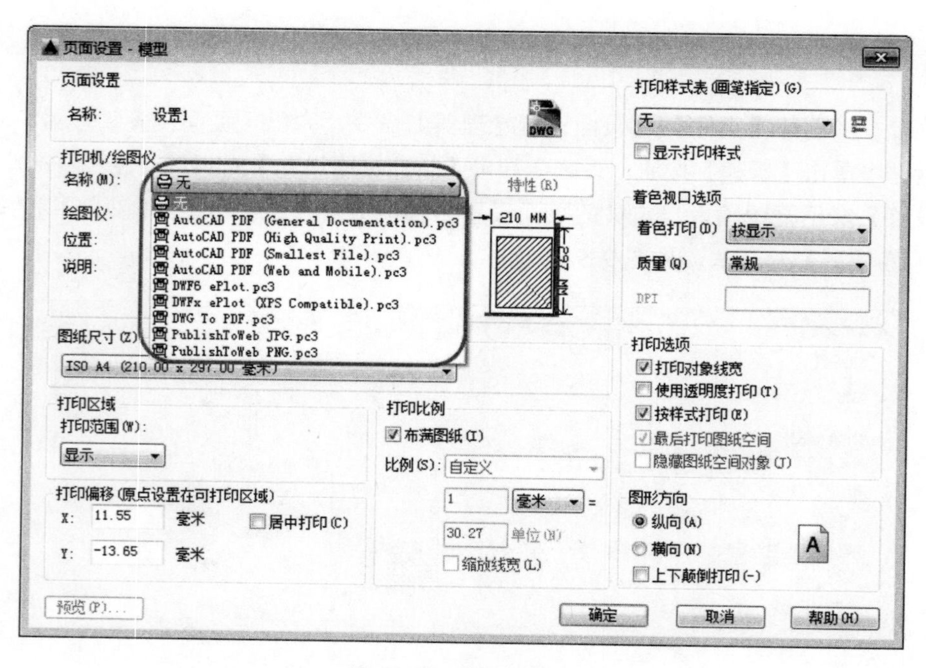

图 9-10　选择打印机

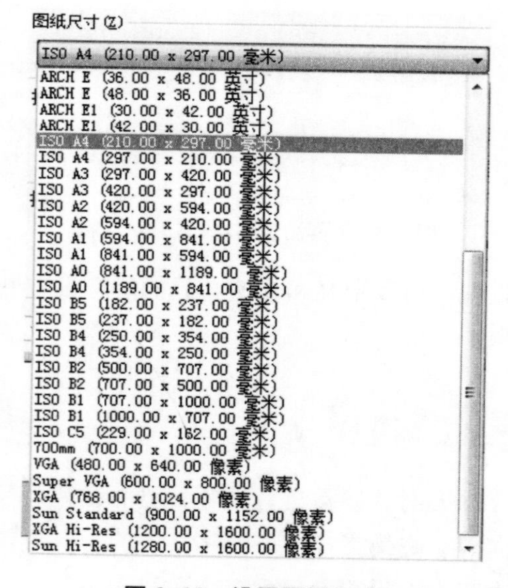

图 9-11　设置图纸尺寸

- 设置打印区域：指定打印区域就是指定要打印的图形部分。用户可以在【打印范围】下拉列表中设置，在该下拉列表中包括【窗口】、【范围】、【图形界限】和【显示】4 个选项，如图 9-12 所示。
- 设置图纸方向：在打印图形时，用户可以在【图形方向】选项组中设置，包括纵向、横向和上下颠倒打印，如图 9-13 所示。

图 9-12 设置打印范围

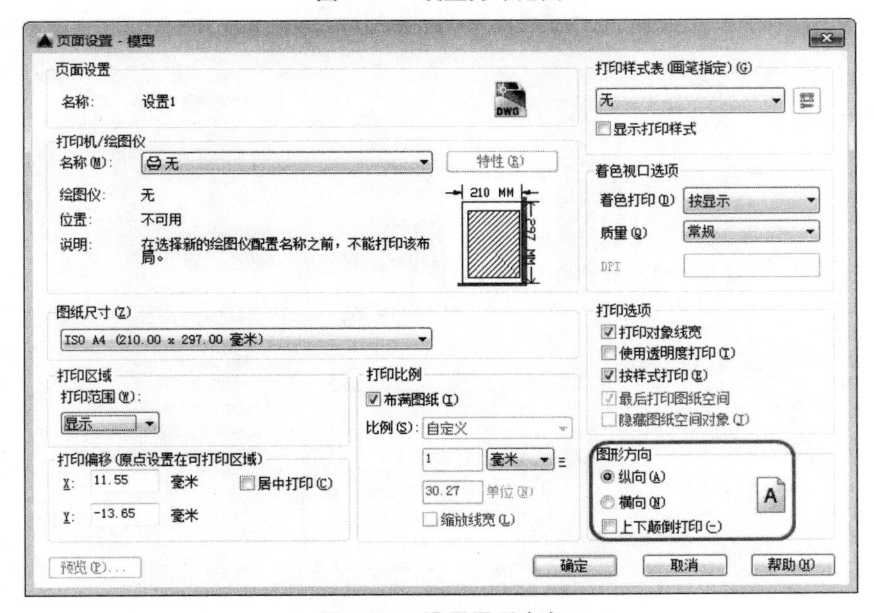

图 9-13 设置图形方向

- 设置打印偏移：在【打印偏移】选项组中可以指定打印区域相对于可打印区域左下角或图纸边界的偏移。打印偏移量为图形区域相对于打印原点的 X 和 Y 轴方向的偏移量，如图 9-14 所示。
- 设置打印比例：在打印图形时，用户可以在【打印比例】选项组中设置，从而控制图形单位与打印单位之间的相对尺寸。系统默认选中【布满图纸】复选框，可以在取消选择【布满图纸】复选项后，在【比例】下拉列表中选择需要的比例，也可以自定义比例，如图 9-15 所示。

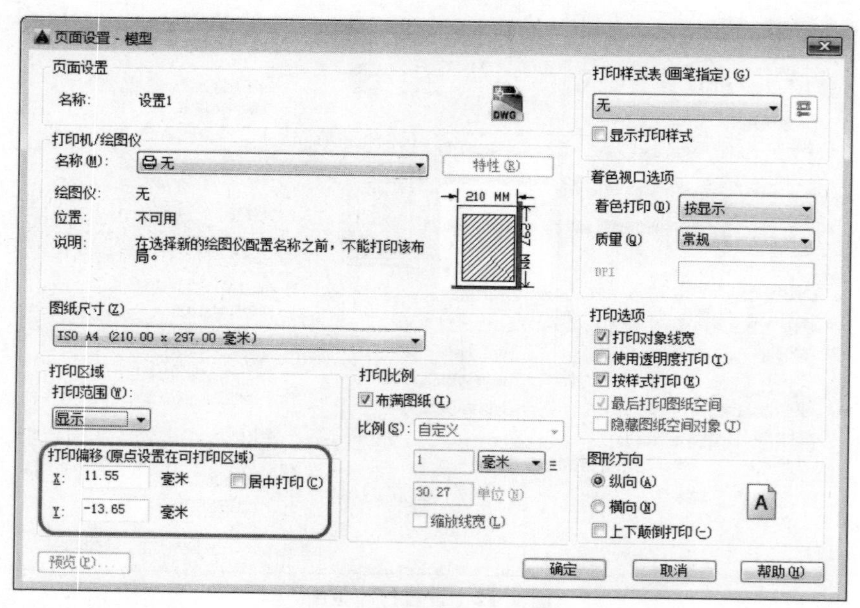

图 9-14　设置打印偏移

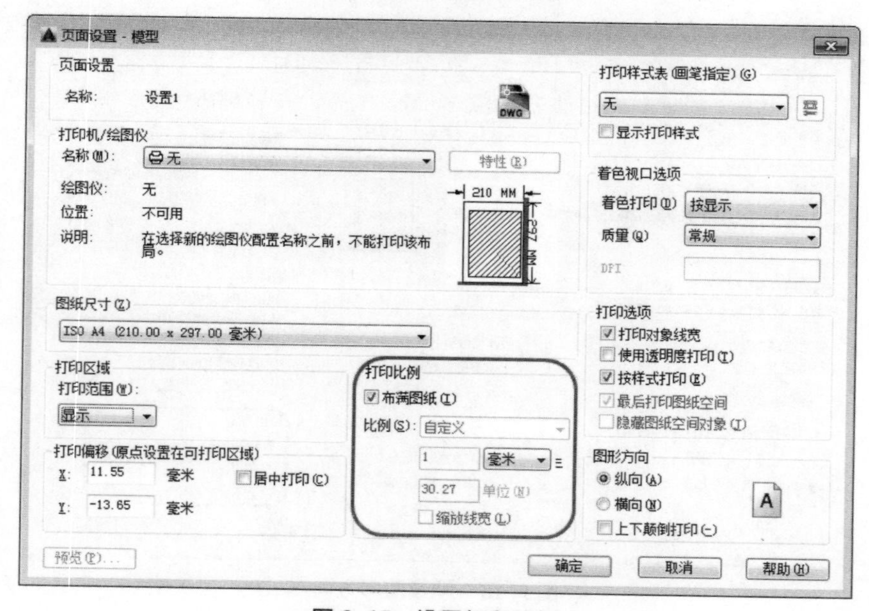

图 9-15　设置打印比例

- 设置打印样式：打印样式用于控制图形打印输出的线型、线宽、颜色等外观。为了在打印输出时避免出现不可预料的结果，影响图纸的美观，在【打印样式表】选项组中可以设置打印的样式，主要是选择线宽，这是非常重要的功能，如图 9-16 所示。在选择打印样式表以后，可以单击右侧的【编辑】按钮，弹出【打印样式表编辑器】对话框，进行线宽编辑等操作，如图 9-17 所示。
- 打印着色窗口选项：在【着色视口选项】选项组可以指定着色和渲染视口的打印方式，并确定它们的分辨率大小和每英寸点数，一般按照系统默认设置即可。

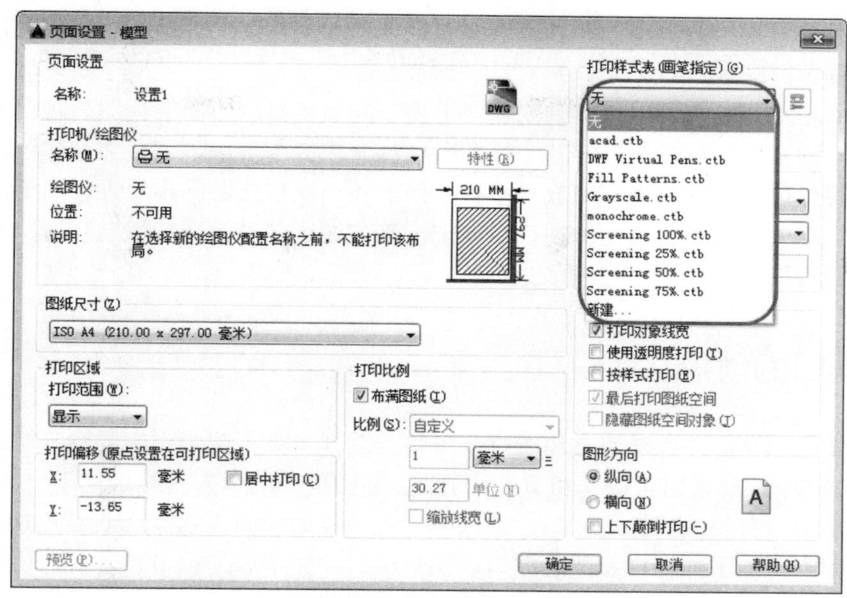

图 9-16　设置打印样式

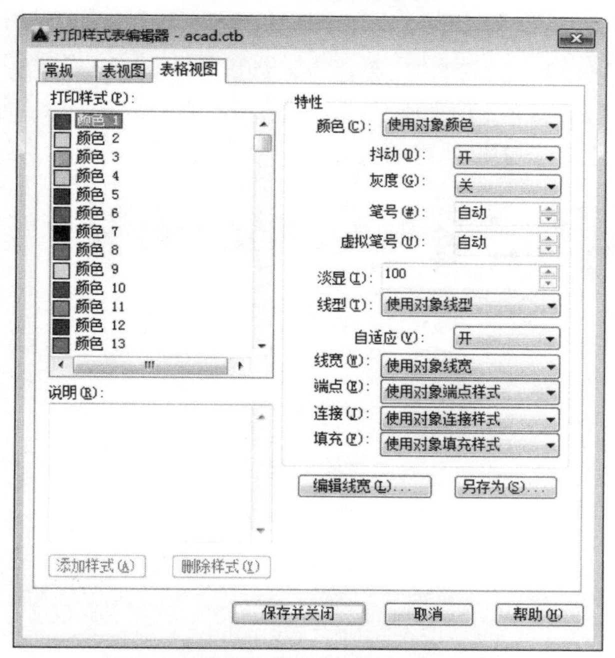

图 9-17　【打印样式表编辑器】对话框

在完成打印参数设置后，可以单击【预览】按钮，预览输出的结果。

9.4　布局视口

当需要观察图形的整体效果时，仅使用单一的绘图视口已无法满足需要。此时可使用 AutoCAD 的平铺视口功能，在模型空间中将绘图窗口划分为若干视口。而在布局空间中创建视口时，可以确定视口的大小，并且可以将其定位于布局空间的任意位置，因此，布局空间的视口通常称为浮动视口。

在 AutoCAD 2016 中，用户可以创建多个视口，以便显示不同的视图。视口就是指显示用户模型的不同视图区域，可以将整个绘图区域划分成多个部分，每个部分作为一个单独的视口。各个视口可以独立地进行缩放和平移，但是各个视口能够同步地进行图形的绘制，对一个视口中图形的修改可以在别的视口中体现出来。通过单击不同的视口区域，可以在不同的视口之间进行切换。

9.4.1 视口的创建

AutoCAD 2016 中，在构造布局图时，可将浮动视口视为图纸空间的图形对象，并对其进行移动和调整。浮动视口可以互相重叠和分离。在图纸空间中无法编辑模型空间中的对象，如果要编辑模型，必须激活浮动视口，进入浮动视口模型空间。在 AutoCAD 2016 中，视口可以分成两种类型：平铺视口和浮动视口。在绘图时，为了方便编辑，常常需要将图形的局部进行放大，以显示细节。

1. 创建平铺视口

选择【视图】|【视口】|【新建视口】命令，如图 9-18 所示。弹出【视口】对话框，如图 9-19 所示。使用【新建视口】选项卡可以显示标准视口配置列表和创建并设置新平铺视口，如图 9-20 所示，选择了 4 个视口的模式。

图 9-18 选择【新建视口】命令

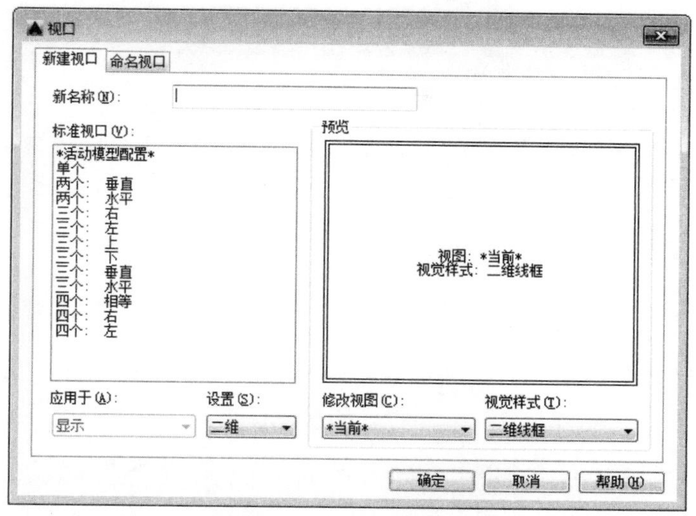

图 9-19 【视口】对话框

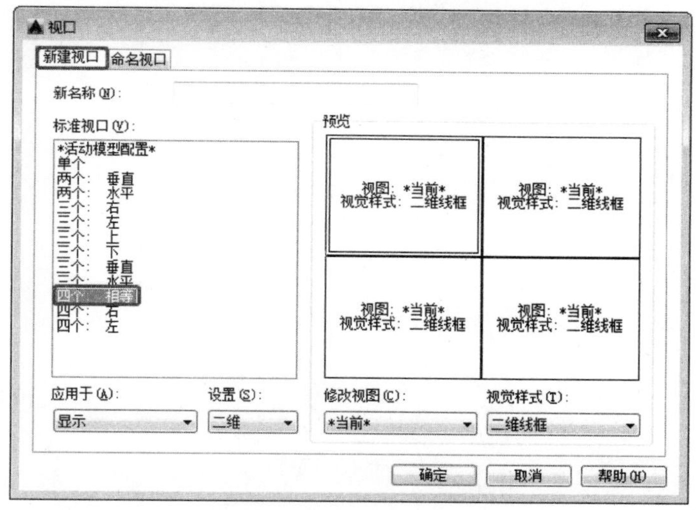

图 9-20 新建视口

2. 创建浮动视口

在布局空间中，用户可调用【视口】对话框来创建一个或多个矩形浮动视口，如同在模型空间中创建平铺视口一样。

3. 创建非标准浮动视口

用户可以通过选择【视图】|【视口】|【多边形视口】命令，如图 9-21 所示，创建新的浮动窗口。此时需要指定创建浮动视口的数量和区域，在 AutoCAD 中，还可以创建非标准浮动视口，如图 9-22 所示。

提 示

在创建非标准视口时，一定要先切换到布局空间，该命令才能使用。

图 9-21　选择【多边形视口】命令

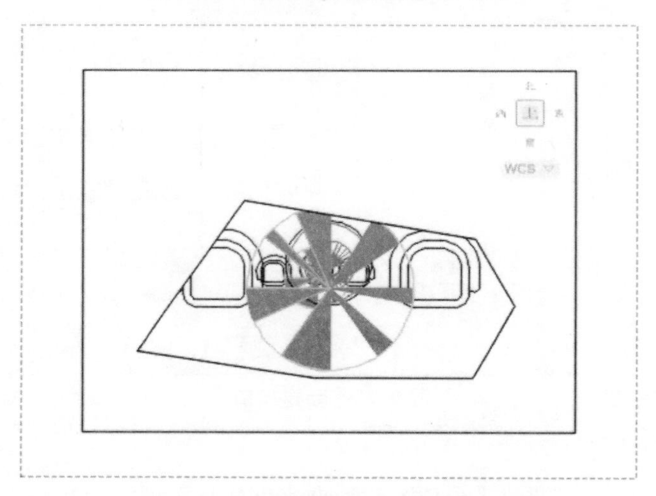

图 9-22　创建非标准浮动视口

9.4.2 编辑视口

在创建好视口后如果用户对其不是很满意，可以在 AutoCAD 中对视口进行编辑，如剪裁视口、独立控制浮动视口的可见性，以及对齐两个浮动视口中的视图和锁定视口等。

1. 剪裁视口

当系统自动形成的视口外形不是用户所要求的，这时可以在命令行中输入【VPCLIP】命令并按【Enter】键，或者先选择视口再右击，在弹出的快捷菜单中选择【视口剪裁】命令，如图 9-23 所示。

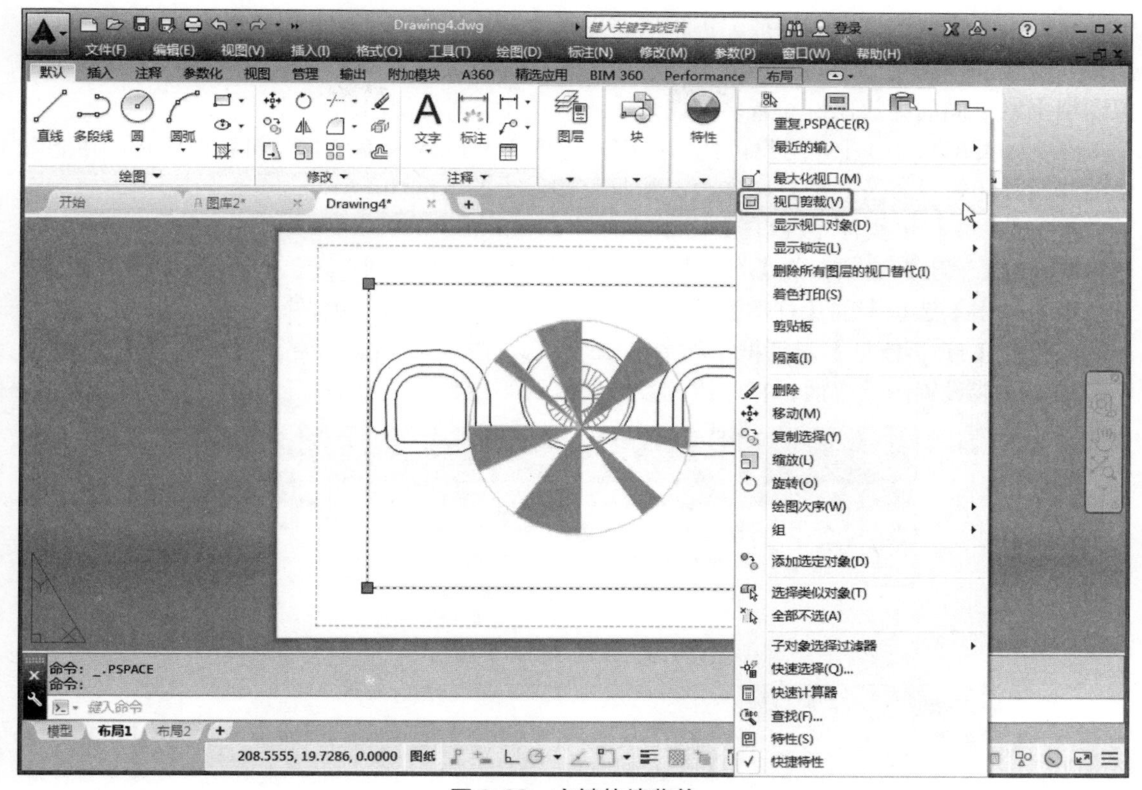

图 9-23　右键快捷菜单

2. 锁定视口视图

在布局空间选择视口并右击，在弹出的快捷菜单中选择【显示锁定】命令，在弹出的子菜单中选择【是】或者【否】命令，可以锁定或者解锁浮动视口。视口锁定的是视图的显示参数，并不影响视口本身的编辑。

3. 对齐两个浮动视口中的视图

在编辑好视口的时候，视口的显示分布可能有些混乱，为了使图形完美地显示，用户可以在命令行中输入【MOVE】命令并按【Enter】键，选择要移动的对象，移动到视图对齐。也可以在命令行中输入 MVSETUP 命令并按【Enter】键，选择相应的视图并且对齐。

9.5　打印输出图形文件

完成了图形的绘制后，剩下的操作便是图形输出和打印了，AutoCAD 强大的打印输出功能可以将图形输出到图纸上，也可以将图形输出为其他格式的文件，并支持多种类型的绘图仪和打印机。

打印图形的关键问题之一是打印比例。图样是按 1:1 的比例绘制的，输出图形时需要考虑选用多大幅面的图纸及图形的缩放比例，有时还要调整图形在图纸上的位置和方向。

AutoCAD 2016 有两种图形环境，即布局空间和模型空间。默认情况下，系统都是在模型空间上绘图，并从该空间出图。采用这种方法输出不同绘图比例的多张图纸时比较麻烦，需要将其中的一些图纸进行缩放，再将所有图纸布置在一起形成更大幅面的图纸输出。而布局空间能轻易地满足用户的这种需求，该绘图环境提供了标准幅面的虚拟图纸，用户可在虚拟图纸上以不同的缩放比例布置多个图形，然后按 1:1 的比例出图。

在 AutoCAD 2016 中，用户可使用内部打印机或 Windows 系统打印机输出图形，并能方便地修改打印机设置及其他打印参数。执行打印命令的方法如下：

- 在命令行中执行【PLOT】命令。
- 在【输出】选项卡的【打印】面板中单击【打印】按钮。

在【输出】选项卡的【打印】面板中单击【打印】按钮，如图 9-24 所示。调用该命令后，打开【打印-模型】对话框，如图 9-25 所示。在该对话框中可配置打印设备及选择打印样式，还能设置图纸幅面、打印比例及打印区域等参数。

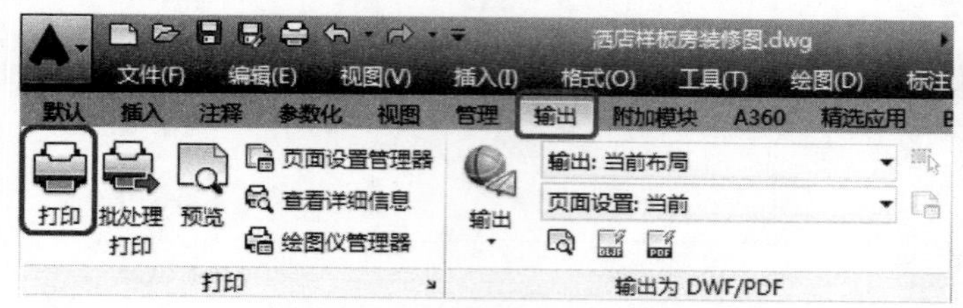

图 9-24　单击【打印】按钮

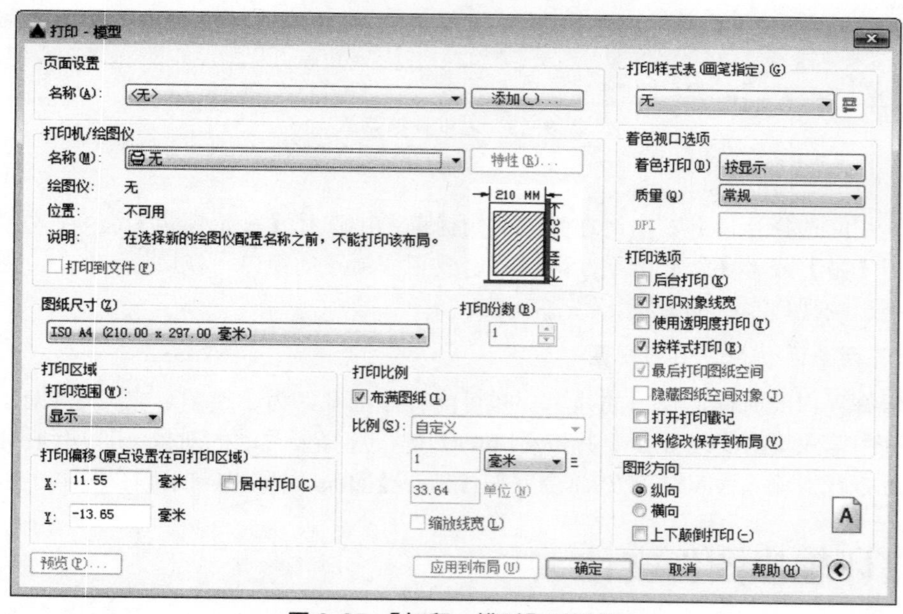

图 9-25 【打印—模型】对话框

下面介绍该对话框中各选项的主要功能。

1. 页面设置

在命令行中执行【PAGESETUP】命令，弹出【页面设置管理器】对话框，如图 9-26 所示。在该对话框中【当前布局】列出要应用到页面设置的当前布局，如果从图纸集管理器打开页面设置管理器，则显示当前图纸集的名称；如果从某个布局打开页面设置管理器，则显示当前布局的名称。

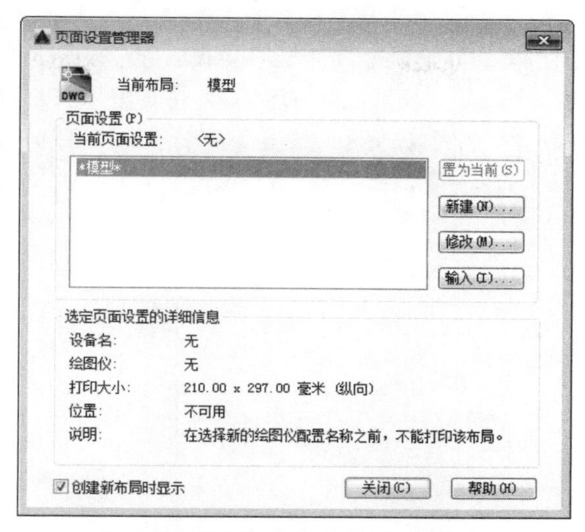

图 9-26 【页面设置管理器】对话框

【页面设置】可以显示当前页面设置、将另一个不同的页面设置为当前页面、创建新的页面设置，修改现有页面设置，以及从其他图纸中输入页面设置。

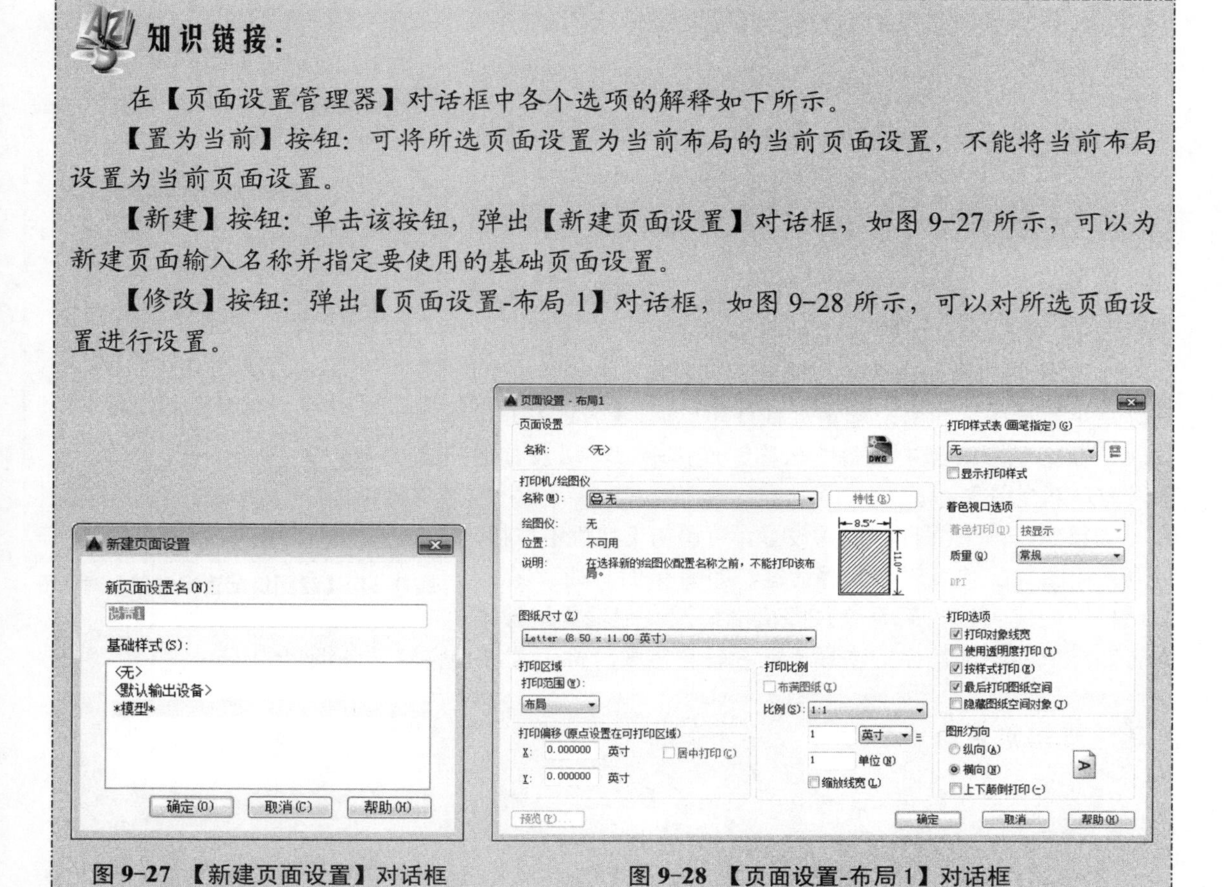

知识链接：

在【页面设置管理器】对话框中各个选项的解释如下所示。

【置为当前】按钮：可将所选页面设置为当前布局的当前页面设置，不能将当前布局设置为当前页面设置。

【新建】按钮：单击该按钮，弹出【新建页面设置】对话框，如图 9-27 所示，可以为新建页面输入名称并指定要使用的基础页面设置。

【修改】按钮：弹出【页面设置-布局 1】对话框，如图 9-28 所示，可以对所选页面设置进行设置。

图 9-27 【新建页面设置】对话框

图 9-28 【页面设置-布局 1】对话框

【输入】按钮：单击该按钮，弹出【从文件选择页面设置】对话框，如图 9-29 所示。从中可以选择图形格式 DWG、DWT 或 Drawng interchange Format（DXF）文件，从这些文件中输入一个或多个页面设置。如果选择 DWG 文件类型，将自动打开【Template】文件夹，单击【打开】按钮，弹出【输入页面设置】对话框，如图 9-30 所示。

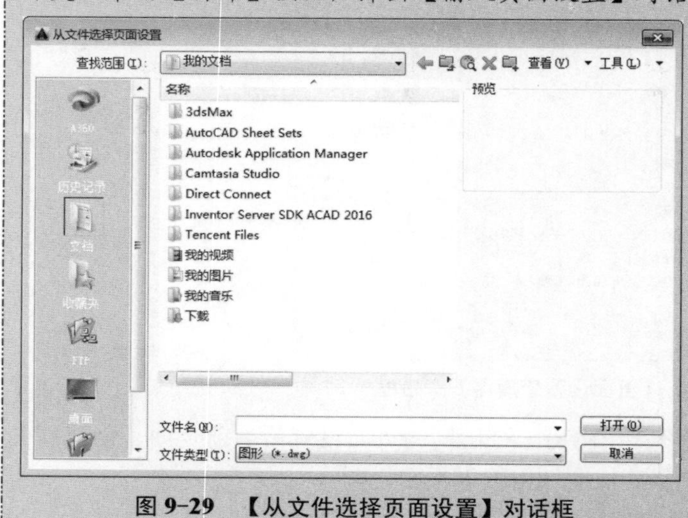

图 9-29 【从文件选择页面设置】对话框

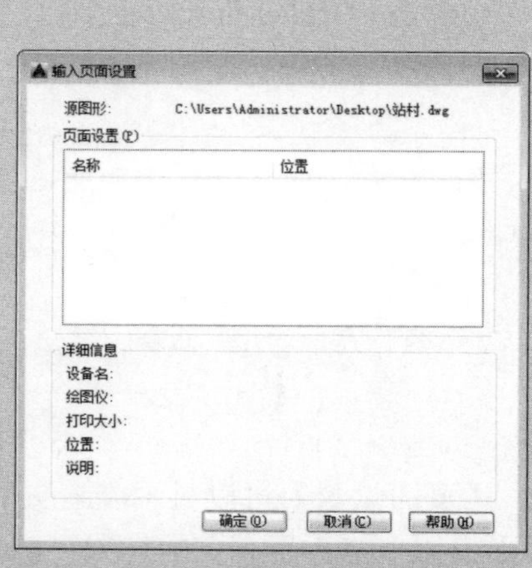

图 9-30 【输入页面设置】对话框

2. 打印机/绘图仪

若要将图形输出到文件中，则应在【打印机/绘图仪】选项组中选择【打印到文件】复选框。此后，当单击【打印】对话框中的【确定】按钮时，系统将自动打开【预览打印文件】对话框，通过此对话框可指定输出文件的名称及地址。

用户可在【打印机/绘图仪】选项组的【名称】下拉列表中选择 Windows 系统打印机或 AutoCAD 内部打印机（.pc3 文件）作为输出设备。注意这两种打印机名称前的图标是不一样的。当用户选定某种打印机后，【名称】下拉列表下面将显示被选中设备的名称、连接端口，以及其他有关打印机的注释信息。

如果想修改当前打印机的设置，可单击【特性】按钮，打开【绘图仪配置编辑器】对话框，如图 9-31 所示。在该对话框中用户可以重新设置打印机端口及其他输出设置，如打印介质、图形特性、物理笔配置、自定义特性、校准及自定义图纸尺寸等。

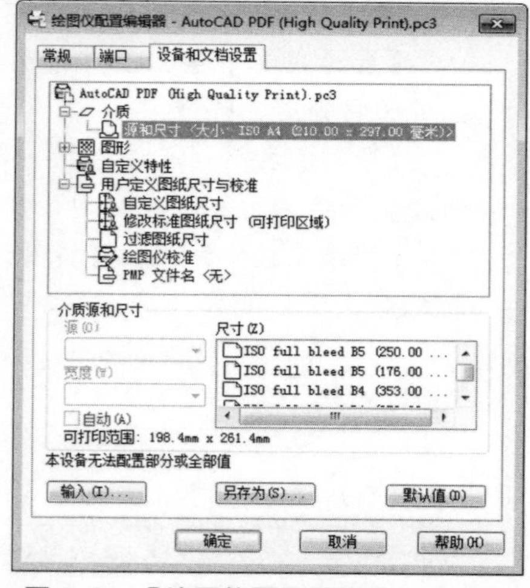

图 9-31 【绘图仪配置编辑器】对话框

知识链接：

【绘图仪配置编辑器】对话框中包含【常规】、【端口】、【设备和文档设置】这 3 个选项卡，各选项卡功能如下。

【常规】：该选项卡包含打印机配置文件（.pc3 文件）的基本信息，如配置文件的名称、驱动程序信息及打印机端口等，用户可在此选项卡的【说明】列表框中加入其他注释信息。

【端口】：通过此选项卡用户可修改打印机与计算机的连接设置，如选定打印端口、指定打印到文件及后台打印等。

【设备和文档设置】：在该选项卡中用户可以指定图纸的来源、尺寸和类型，并能修改颜色深度和打印分辨率等。

3. 打印样式

打印样式是一种对象特性，用于打印图形的外观，包括对象的颜色、线型和线宽等，也可指定端点、连接和填充样式，以及抖动、灰度、笔指定和淡显示等输出效果。

打印样式可分为【颜色相关】和【命名】两种模式。

（1）颜色相关打印样式表

颜色相关打印样式以对象的颜色为基础，共有 255 种颜色相关打印样式。在颜色相关打印样式模式下，通过调整与对象对应的打印样式可以控制所有具有同种颜色的对象的打印方式。颜色相关打印样式表以.ctb 为文件扩展名保存，该表以对象的颜色为基础，每种 ACI 颜色对应一个打印样式，样式名分别为【颜色 1】、【颜色 2】等。选择某种颜色相关打印样式后，单击右侧的【编辑】按钮，打开【打印样式表编辑器-acad.ctb】对话框，如图 9-32 所示，即可对其中各个选项进行设置。

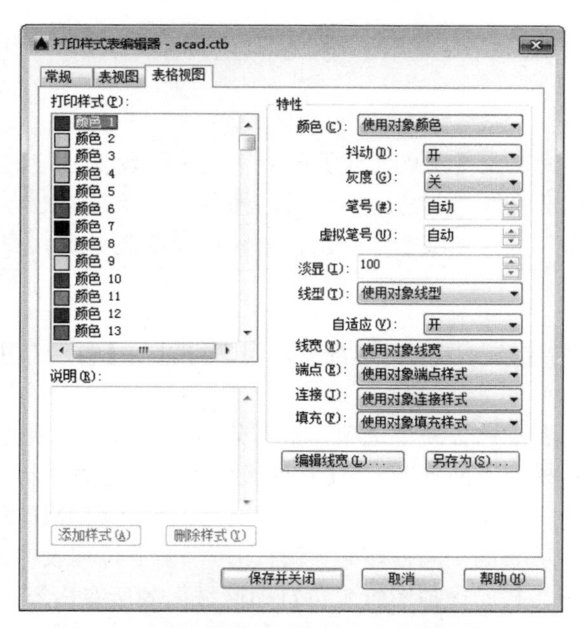

图 9-32 【打印样式表编辑器-acad.ctb】对话框

（2）命名相关打印样式表

命名相关打印样式可以独立于对象的颜色使用，可以给对象指定任意一种打印样式，而不管对象的颜色是什么。该样式表以.stb 为文件扩展名保存，该表包括一系列已命名的打印样式，用户可修改打印样式的设置及其名称，还可添加新的样式。

知识链接：

命名相关打印样式具有以下特点：

在【打印-模型】对话框的【打印样式表】选项组中，【名称】（无标签）下拉列表中包含当前图形中的所有打印样式表，用户可选择其中之一或不做任何选择。若不指定打印样式表，则系统将按对象的原有属性进行打印。

当要修改打印样式时，可单击【名称】下拉列表右边的【编辑】按钮，打开【打印样式表编辑器】对话框，利用该对话框可查看或改变当前打印样式表中的参数。

在菜单栏中选择【文件】|【打印样式管理器】命令，打开 plot styles 文件夹，该文件夹中包含打印样式表文件及添加打印样式表向导快捷方式，双击此快捷方式即可创建新的打印样式表。

4. 图纸尺寸

在【打印-模型】对话框的【图纸尺寸】下拉列表中列出了所选打印设备可用的标准图纸。当选择某种幅面的图纸时，该列表右上角会显示所选图纸及实际打印范围的预览图像打印范围用阴影表示，可在【打印区域：分组框中进行设置】。将鼠标光标移动到图像上后，在光标位置处就会显示出精确的图纸尺寸及图纸上可打印区域的尺寸。除了从【图纸尺寸】下拉列表中选择标准图纸外，用户也可以创建自定义的图纸尺寸。此时，用户需要修改所选打印设备的配置。

知识链接：

选择的打印设备不同，则【图纸尺寸】列表中列出的数据也是不一样的。如果未选择绘图仪，将显示全部标准图纸尺寸的列表以供选择。如果所选绘图仪不支持布局中选定的图纸尺寸，将显示警告，用户可以选择绘图仪的默认图纸尺寸或自定义图纸尺寸。

5. 打印区域

指定打印区域就是指定要打印的图形部分。用户可以在【打印范围】选择要打印的图形区域。

【打印范围】下拉列表中包含 4 个选项，下面分别介绍这些选项的功能。

- 【图形界限】：从模型空间打印时，【打印范围】下拉列表中将显示出【图形界限】选项。选择该选项，系统将把设定的图形界限范围（用【LIMITS】命令设置图形界限）打印在图纸上。从布局空间打印时，【打印范围】下拉列表中显示【布局】选项，选择该选项，系统将打印虚拟图纸上可打印区域内的所有内容。
- 【范围】：打印图样中所有图形对象。
- 【显示】：打印选定的【模型】选项卡当前视口中的视图或布局中的当前图纸空间视图。
- 【窗口】：打印用户自己设置的区域。选择此选项后，系统提示指定打印区域的两个角点，同时在【打印-模型】对话框中显示【窗口】按钮，单击此按钮，可重新设置打印区域。

6. 打印偏移

图纸的打印区域由所选输出设备决定，在布局中以虚线表示。修改为其他输出设备时，可能会修改打印区域。

根据【指定打印偏移时相对于】选项（【选项】对话框的【打印和发布】选项卡中）中的设置，指定打印区域相对于可打印区域左下角或图纸边界的偏移。【打印】对话框的【打印偏移】选项区域显示了包含在括号中的指定打印偏移选项。

通过在【X 偏移】和【Y 偏移】文本框中输入正值或负值，可以偏移图纸上的几何图形。图纸中的绘图仪单位为 inch 或 mm。

【打印偏移】区域下各选项主要功能如下所示。

- X 偏移：相对于【打印偏移定义】选项中的设置指定 X 方向上的打印原点。
- Y 偏移：相对于【打印偏移定义】选项中的设置指定 Y 方向上的打印原点。
- 居中打印：自动计算 X 偏移和 Y 偏移值，在图纸上居中打印。当【打印区域】设置为【布局】时，此选项不可用。

7. 打印份数

指定要打印的份数。用户在打印到文件时，此选项不可用。

8. 打印比例

控制图形单位与打印单位之间的相对尺寸。打印布局时，默认缩放比例设置为 1:1。从【模型】选项卡打印时，默认设置为【布满图纸】。该选项可以缩放打印图形以布满所选图纸尺寸，并在【比例】等框中显示自定义的缩放比例因子。要取消勾选【布满图纸】复选框后，才能选择打印比例。

9. 图纸方向

为支持纵向或横向的绘图仪指定图形在图纸上的打印方向。图纸图标代表所选图纸的介质方向，字母图标代表图形在图纸上的方向，更改打印方向选项时，图纸图标会发生相应变化，同时【打印机/绘图仪】区域中的图标也会发生相应变化。

- 纵向：放置并打印图形，使图纸的短边位于图形页面的顶部。
- 横向：放置并打印图形，使图纸的长边位于图形页面的顶部。
- 反向打印：上下颠倒地放置并打印图形。

用户选择好打印设备并设置完打印参数（如图纸幅面、比例及方向等）后，可以将所有设置保存在页面设置中，以便以后使用。

在【打印-模型】对话框【页面设置】选项组的【名称】下拉列表中列出了所有已命名的页面设置，若要保存当前的页面设置，就要单击该下拉列表框右边的【添加】按钮，打开【添加页面设置】对话框，在该对话框的【新页面设置名】文本框中输入页面名称，然后单击【确定】按钮，即可存储页面设置。

9.5.1 输出为其他类型的文件

AutoCAD 可以将绘制好的图形输出为通用的图像文件。在 AutoCAD 2016 中，执行图形文件输出命令的方法为：在命令行中执行【EXPORT】命令。

调用该命令后，即可打开【输出数据】对话框，如图 9-33 所示。可以在【保存于】下拉列表中设置文件输出的路径，在【文件名】文本框中输入文件名称，在【文件类型】下拉列表中选择文件的输出类型，如【图元文件】、【ACIS】、【平板印刷】、【封装 PS】、【DXX 提取】、【位图】、3D Studio 及块等。

图 9-33 【输出数据】对话框

设置文件的输出路径、名称及文件类型后，单击对话框中的【保存】按钮，将切换到绘图窗口中，可以选择需要以指定格式保存的对象。

9.5.2 打印输出到文件

对于打印输出到文件功能，在设计工作中常用的是输出为光栅图像。在 AutoCAD 2016 中，打印输出时，可以将 DWG 的图形文件输出为 JPG、BMP、TIF、TGA 等格式的光栅图像，以便在其他图像软件中如 Photoshop 中进行处理，还可以根据需要设置图像大小。

9.5.3 网上发布

【网上发布】向导简化了创建 DWG 的图形文件并将其进行格式化的过程，它提供了一个简化的界面，利用提供的网上发布向导，即使用户不熟悉 HTML 编码，也可以方便、迅速地创建格式化的 Web 页，该 Web 页包含 AutoCAD 图形的 DWF、PNG 或 JEPG 图像。一旦创建了 Web 页，就可以将其发布到互联网上。

使用【网上发布】向导创建 Web 页的执行方式如下：

- 在命令行中执行【PUBLISHTOWEB】命令。
- 在菜单栏中选择【文件】|【网上发布】命令，如图 9-34 所示。

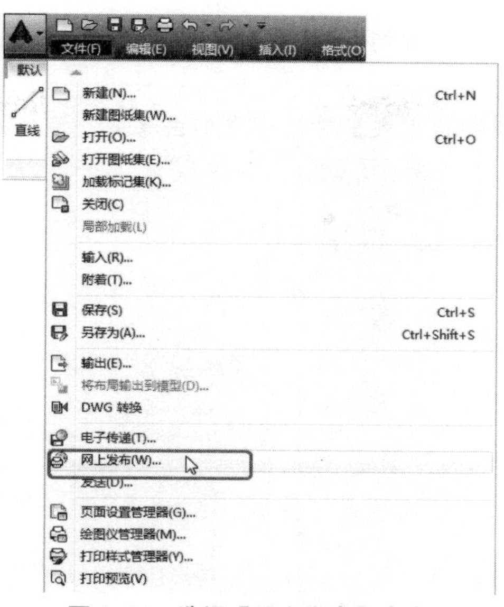

图 9-34　选择【网上发布】命令

9.5.4 【上机操作】——使用打印样式表

下面讲解如何使用打印样式表，具体操作步骤如下：

01 启动 AutoCAD 2016 软件，按【Ctrl+O】组合键，打开随书附带光盘中的 CDROM\素材\第 9 章\回转器.dwg 图形文件，如图 9-35 所示。

02 在菜单栏中选择【文件】|【打印样式管理器】命令，如图 9-36 所示。

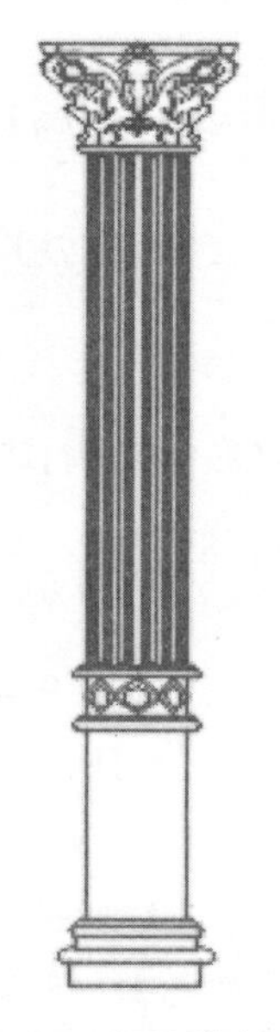

图 9-35　打开素材文件

图 9-36　选择【打印样式管理器】命令

03 在弹出的对话框中可以看到 CAD 预定义的打印样式表文件，如图 9-37 所示。双击【添加打印样式表向导】选项。

04 在弹出的【添加打印样式表】对话框中单击【下一步】按钮。如图 9-38 所示。

图 9-37　双击【添加打印样式表向导】

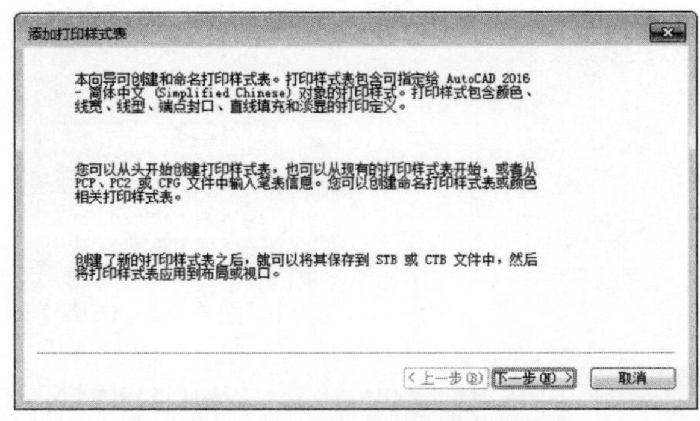

图 9-38　【添加打印样式表】对话框

05 弹出【添加打印样式表-开始】对话框，选择【创建新打印样式表】单选按钮，然后单击【下一步】按钮，如图 9-39 所示。

06 弹出【添加打印样式表-选择打印样式表】对话框，选择【颜色相关打印样式表】单选按钮，然后单击【下一步】按钮，如图 9-40 所示。

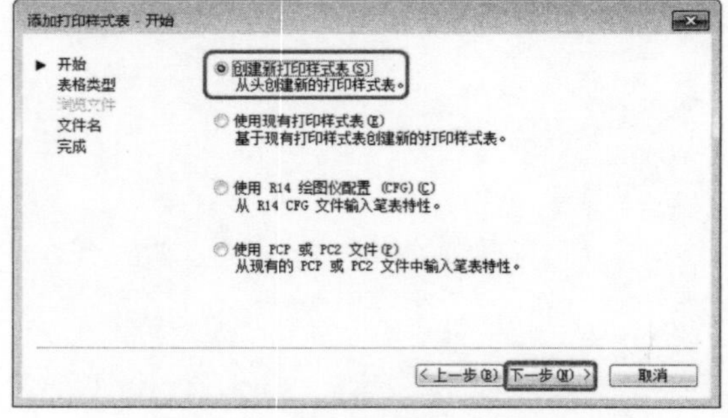

图 9-39　选择【创建新打印样式表】

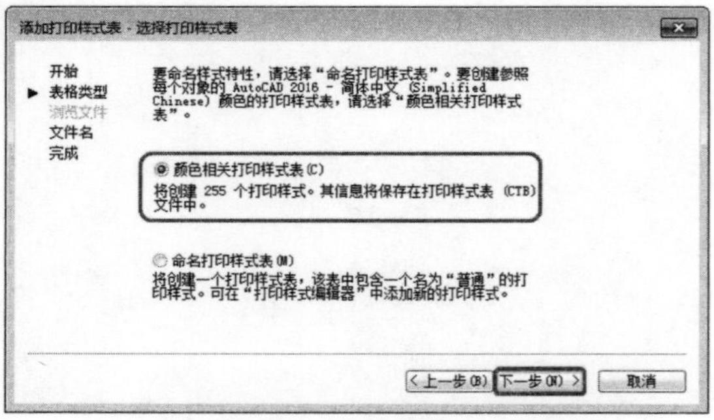

图 9-40　选择【颜色相关打印样式表】

07 弹出【添加打印样式表-文件名】对话框，在【文件名】文本框中输入文件名【柱子】，单击【下一步】按钮，如图 9-41 所示。

08 弹出【添加打印样式表-完成】对话框，单击【完成】按钮，如图 9-42 所示。

09 此时在弹出的对话框中可以看到我们新创建的【柱子】样式表文件，如图 9-43 所示。

10 下面编辑打印样式表，如果要将图纸文件里的黄色图形对象打印成线宽为 0.8mm 的黑色，双击要编辑的颜色相关打印样式表，打开【打印样式表编辑器】对话框，如图 9-44 所示。选择【表格视图】选项卡，在【打印样式】列表框中选中【黄色】，在【特性】的【颜色】下拉列表中选定【黑色】，在【线宽】下拉列表中选定【0.8mm】。

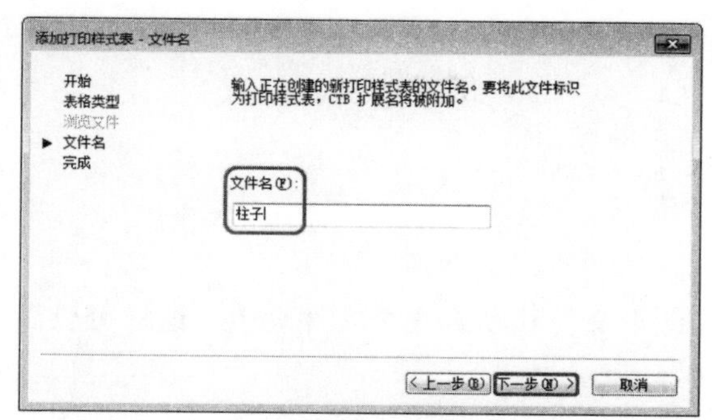

图 9-41　输入文件名

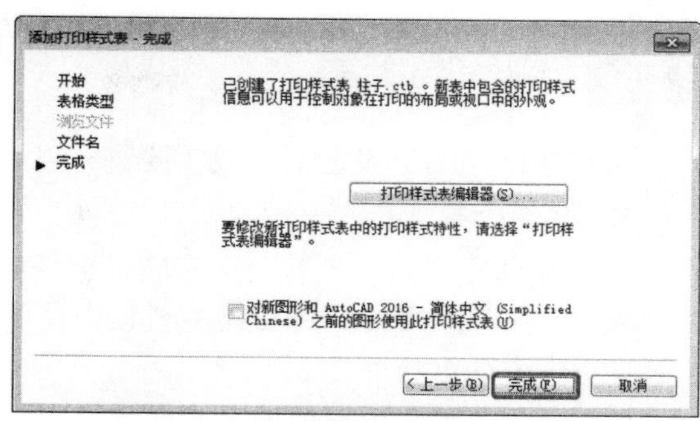

图 9-42　完成添加打印样式表

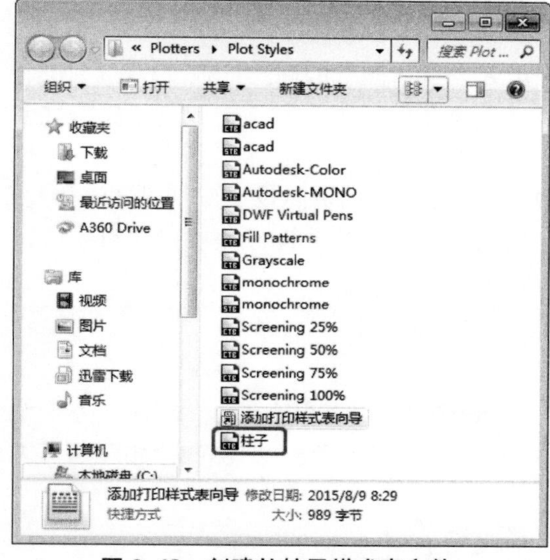

图 9-43　创建的柱子样式表文件

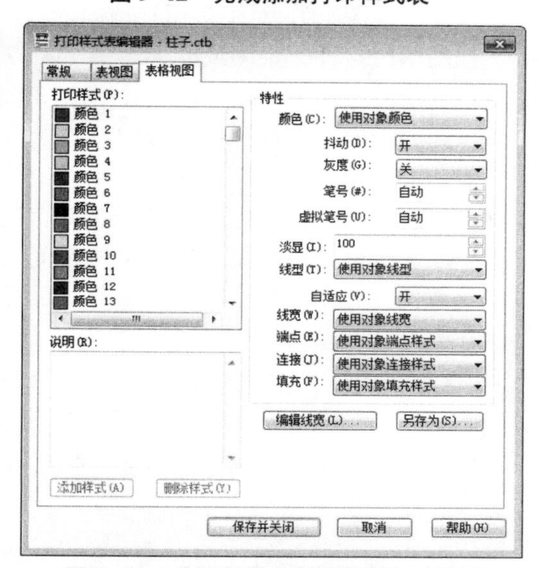

图 9-44　【打印样式表编辑器】对话框

9.6　管理图纸集

使用图纸集时，可以从具有许多或者几个布局的源图形中收集内容，也可以创建新的图纸，且每张图纸是一个图形。因此，图纸集结构可以创建每个图形有一种布局的新图形。

在建筑设计中，一组图形包括封面、楼层平面图、正面图、剖面图，也可能包括其他的图纸比例、文字说明等。在工程设计中，一组图形可能包括俯视图、侧视图和剖面图，以及进度表和其他数据。组织并管理所有这些图形是一项艰巨的任务。由于图纸有编号且相互参照，因此一个变化可能导致整个图纸集重新编号和重新参照。

对于大多数设计组，图纸集是主要的提交对象。图纸集用于传达项目的总体设计意图，并为该项目提供文档和说明。然而，手动管理图纸集的过程较为复杂和费时。

使用图纸集管理器，可以将图形作为图纸集进行管理。图纸集是一个有序命名集合，其中的图纸来自几个图形文件。图纸是从图形文件中选定的布局。可以从任意图形中将布局作为编号图纸输入到图纸集中。

可以将图纸集作为一个单元进行管理、传递、发布和归档。

9.6.1 创建图纸集

用户在创建图纸集之前一般需要进行以下操作。

1. 准备任务

用户在创建图纸集之前，应完成以下任务：

- 合并图形文件。将要在图纸集中使用的图形文件移动到几个文件夹中，这样可以简化图纸集管理。
- 避免多个布局选项卡。要在图纸集中使用的每个图形只应包含一个布局（用作图纸集中的图纸）。对于多用户访问的情况，这样做是非常必要的，因为一次只能在一个图形中打开一张图纸。
- 创建图纸作为样板。创建或指定图纸集用来创建新图纸的图形样板（DWT）文件。此图形样板文件称为图纸创建样板。在【图纸集管理器】对话框或【子集特性】对话框中指定此样板文件。
- 创建页面设置替代文件。创建或指定 DWT 文件来存储页面设置，以便打印和发布。此文件称为页面设置替代文件，可将一种页面设置应用到图纸集中的所有图纸，并替代存储在每个图形中的各个页面设置。

知识链接：

虽然可以使用同一个图形文件中的几个布局作为图纸集中的不同图纸，但不建议这样做。这可能会使多个用户无法同时访问某个布局，还会减少管理选项并使图纸集整理工作变得复杂。

2. 开始创建

用户可以使用多种方式创建图纸集，主要有以下几种方法：

- 在命令行中执行【NEWSHEETSET】命令。
- 在菜单中选择【文件】|【新建图纸集】命令。

在使用【创建图纸集】向导创建新的图纸集时，将创建新的文件夹作为图纸集的默认存储位置。这个新文件夹名为 AutoCAD Sheet Sets，位于【我的文档】文件夹中。可以修改图纸集文件的默认位置，但是建议将 DST 文件和项目文件存储在一起。

在调用上述命令后，弹出【创建图纸集-开始】对话框，如图 9-45 所示。

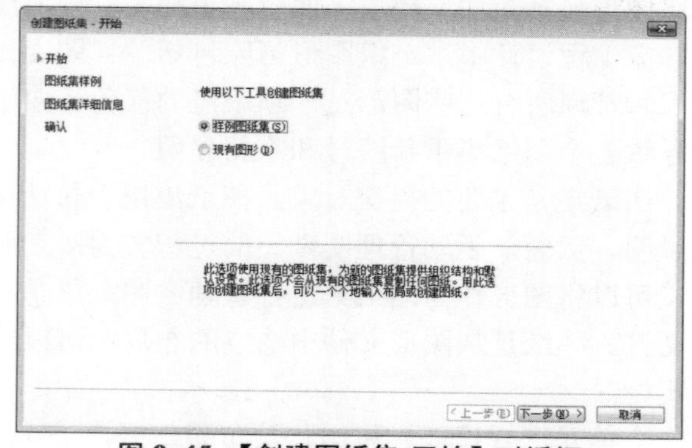

图 9-45 【创建图纸集-开始】对话框

知识链接：

在向导中，创建图纸集可以通过以下两种方式：

（1）从【样例图纸集】创建图纸集

选择从【样例图纸集】创建图纸集时，该样例将提供新图纸集的组织结构和默认设置。用户还可以指定根据图纸集的子集存储路径创建文件夹。

使用此选项创建空图纸集后，可以单独输入布局或创建图纸。

（2）从【现有图形】文件创建图纸集

选择从【现有图形】文件创建图纸集时，需指定一个或多个包含图形文件的文件夹。使用此选项，可以指定让图纸集的子集组织复制图形文件的文件夹结构。这些图形的布局可自动输入到图纸集中。

9.6.2 【上机操作】——创建图纸集

下面讲解如何创建图纸集，具体操作步骤如下：

01 启动 AutoCAD 2016 软件，按【Ctrl+O】组合键，打开随书附带光盘中的 CDROM\素材\第 9 章\002.dwg 图形文件，从菜单栏中选择【工具】|【选项板】|【图纸集管理器】命令，如图 9-46 所示。

02 弹出【图纸集管理器】选项板，在【打开】下拉菜单中选择【新建图纸集】命令，在如图 9-47 所示。

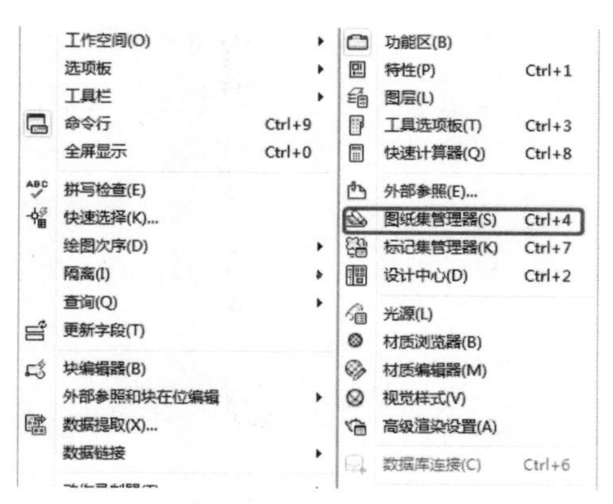

图 9-46 选择【图纸集管理器】命令

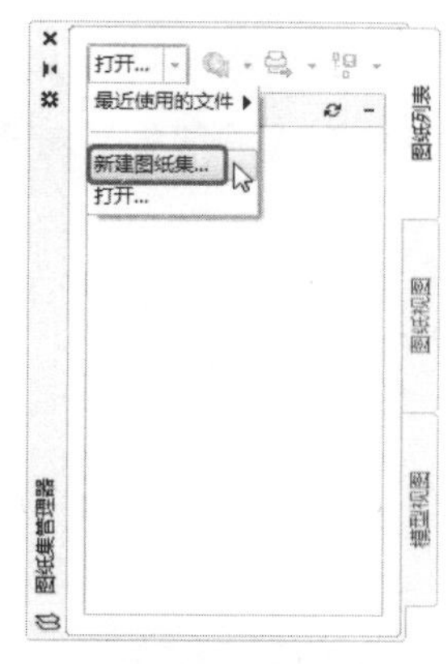

图 9-47 选择【新建图纸集】命令

03 弹出【创建图纸集-开始】对话框，在【使用以下工具创建图纸集】选项组中选择【现有图形】单选按钮，单击【下一步】按钮，如图 9-48 所示。

04 弹出【创建图纸集-图纸集详细信息】对话框，在【新图纸集的名称】文本框中输入【镜子】，在【在此保存图纸集数据文件】文本框中设置保存路径，单击【下一步】按钮，如图 9-49 所示。

05 弹出【创建图纸集-选择布局】对话框，单击【下一步】按钮，如图 9-50 所示。

06 弹出【创建图纸集-确认】对话框，在【图纸集预览】选项组中显示了新建图纸集的基本信息，单击【完成】按钮，如图 9-51 所示。

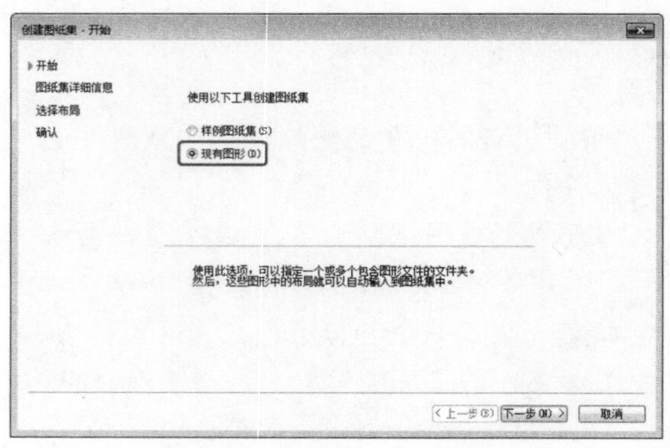

图 9-48　选择【现有图形】

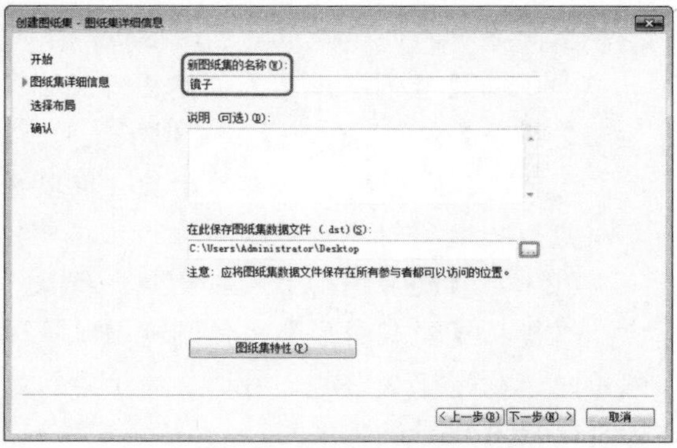

图 9-49　输入新名称

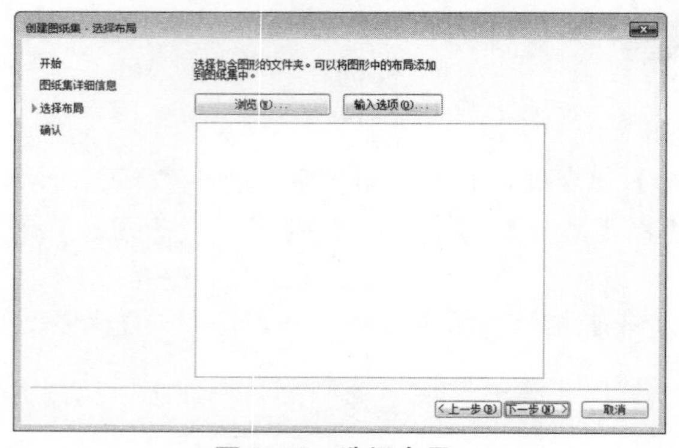

图 9-50　选择布局

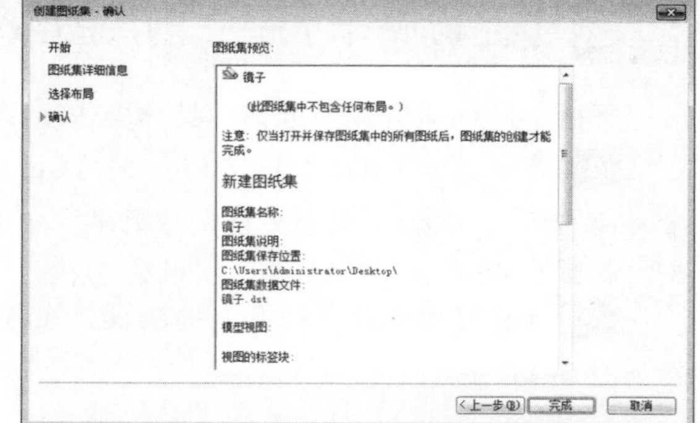

图 9-51　确认创建

07 返回到【图纸集管理器】选项板，在该选项板中显示了新创建的图纸集，如图 9-52 所示。

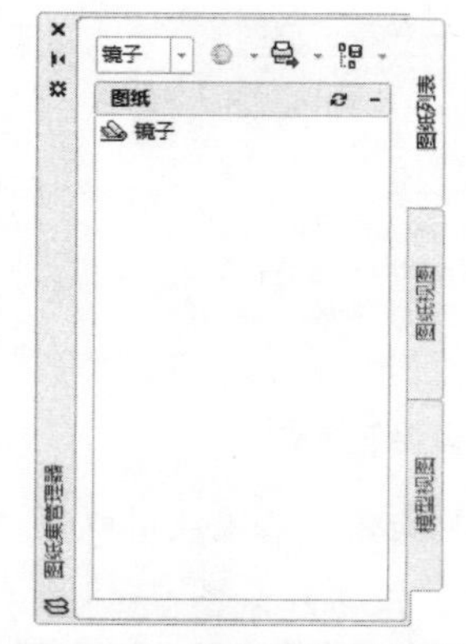

图 9-52　新创建的图纸集

9.6.3 创建与修改图纸

完成图纸集的创建后，就可以使用【图纸集管理器】选项板创建与修改图纸了。

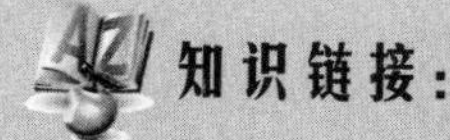
知识链接：

在【图纸集管理器】选项板中，可以使用以下选项卡和控件。

【图纸集】控件：列出了用于创建新图纸集、打开现有图纸集或在打开的图纸集之间切换的菜单选项。

【图纸列表】选项卡：显示了图纸集中所有图纸的有序列表。图纸集中的每张图纸都是在图形文件中指定的布局。

【图纸视图】选项卡：显示了图纸集中所有图纸视图的有序列表。

【模型视图】选项卡：列出了一些图形的路径和文件夹名称，这些图形包含要在图纸集中使用的模型空间视图。

1. 新建图纸

在【图纸】下面的列表中，如在【常规】选项上右击，在弹出的快捷菜单中选择【新建图纸】命令，如图 9-53 所示。

弹出【新建图纸】对话框，输入编号及图纸标题即可新建图纸，如图 9-54 所示。

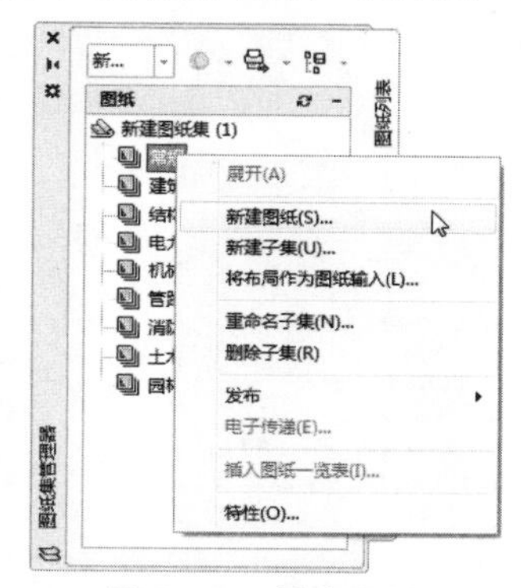

图 9-53 新建图纸

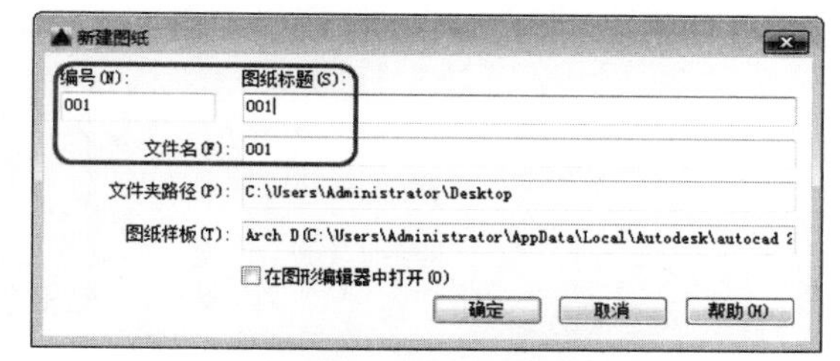

图 9-54 【新建图纸】对话框

单击【确定】按钮，即可创建一个名为【001】的图纸，在该图纸上右击，选择【打开】命令，即可打开新的图形窗口，在其中绘制图形即可，如图 9-55 所示。

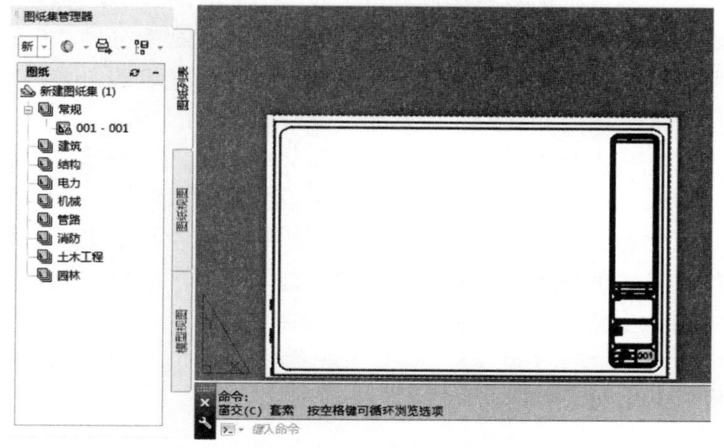

图 9-55 打开新创建的图纸

2. 修改图纸

修改图纸就是重命名并重新编号图纸。也可以指定与图纸关联的其他图形文件。主要从以下几点修改。

- 从图纸集中删除图纸：从图纸集中删除图纸将断开该图纸与图纸集的关联，但并不会删除图形文件或布局。
- 重新关联图纸：如果将某个图纸移动到了另一个文件夹，应使用【图纸特性】对话框更正路径，将该图纸重新关联到图纸集。对于任何已重新定位的图纸图形，将在【图纸特性】对话框中显示【需要的布局】和【找到的布局】路径。要重新关联图纸，请在【需要的布局】中单击路径，然后单击以定位到图纸的新位置，如图 9-56 所示。

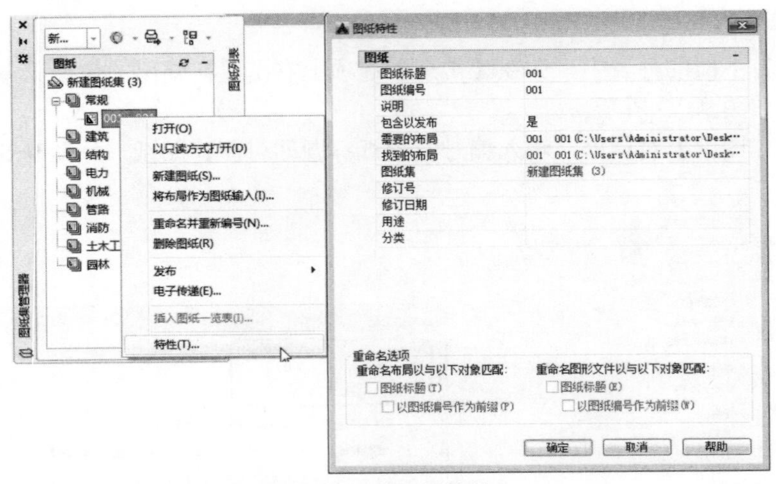

图 9-56 图纸特性

- 向图纸添加视图：选择【模型】选项卡，通过向当前图纸中放入命名模型空间视图或整个图形，即可轻松地向图纸中添加视图。
- 向视图添加标签块：使用【图纸集管理器】选项板，可以在放置视图和局部视图的同时自动添加标签。标签中包含与参照视图相关联的数据。
- 向视图添加标注块：标注块是术语，指参照其他图纸的符号。标注块有许多行业特有的名称，例如参照标签、关键细节、细节标记和建筑截面关键信息等。标注块中包含与所参照的图纸和视图相关联的数据。
- 创建标题图纸和内容表格：通常，将图纸集中的第一张图纸作为标题图纸，其中包括图纸集说明和一个列出了图纸集中的所有图纸的表。可以在打开的图纸中创建此表格，该表格称为图纸列表表格。该表格中自动包含图纸集中的所有图纸。只有在打开图纸时，才能使用图纸集快捷菜单创建图纸列表表格。创建图纸一览表之后，还可以编辑、更新或删除该表中的单元内容。

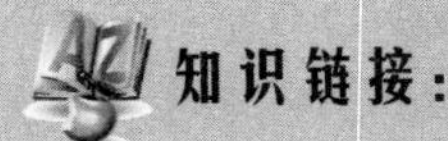

知识链接：

如果更改布局名称，则图纸集中相应的图纸标题也将更新，反之亦然。

通过观察【图纸列表】选项卡底部的详细信息，可以快速确认图纸是否位于默认的文件夹中。如果选定的图纸不在默认位置，详细信息中将同时显示【预设的位置】和【找到的位置】的路径信息。

创建命名模型空间视图后，必须保存图形，以便将该视图添加到【模型】选项卡。单击【模型】选项卡中的【刷新】按钮可更新【图纸集管理器】选项板中的树状图。

9.6.4 整理图纸集

当用户创建的图纸集较大时，为了便于查看和管理，需要对创建的图纸进行整理，即在树状图中整理图纸和视图。用户可以在【图纸列表】选项卡中，将图纸整理为集合，整理的这些集合称之为子集。在【图纸视图】选项卡中，将视图整理为集合，整理的这些集合称之为类别。

1. 使用图纸子集

图纸子集通常与某个主题（例如建筑设计或机械设计）相关联。例如，在建筑设计中，可能使用名为【建筑】的子集；而在机械设计中，可能使用名为【标准紧固件】的子集。在某些情况下，创建与查看状态或完成状态相关联的子集可能会很有用处。

用户可以根据需要将子集嵌套在其他子集中。创建或输入图纸或子集后，可以通过在树状图中拖动它们对其重新排序。

2. 使用视图类别

视图类别通常与功能相关联。例如，在建筑设计中，可能使用名为【立视图】的视图类别；而在机械设计中，可能使用名为【分解】的视图类别。

用户可以按类别或所在的图纸来显示视图。

可以根据需要将类别嵌套在其他类别中。要将视图移动到其他类别中，可以在树状图中拖动它们或者使用【设置类别】快捷菜单。

9.6.5 发布、传递和归档图纸集

将图形整理到图纸集后，可以将图纸集作为包发布、传递和归档处理。用户在进行这些处理时主要有如下操作要点。

- 发布图纸集：用户可以通过图纸集管理器将图纸集作为一个批次发布。使用【发布】功能将图纸集以正常顺序或相反顺序输出到绘图仪。可以从图纸集或图纸集的一部分创建包含单张图纸或多张图纸的 DWF 或 DWFx 文件。
- 设置要包含在已发布的 DWF 或 DWFx 文件中的特性选项，可以确定要在已发布的 DWF 或 DWFx 文件中显示的信息类型。可以包含的元数据类型有图纸和图纸集特性、块特性和属性、动态块特性和属性，以及自定义对象中包含的特性。只有发布为 DWF 或 DWFx 时才包含元数据，打印为 DWF 或 DWFx 时则不包含。
- 传递图纸集：通过互联网将图纸集或部分图纸集打包并发送。
- 归档图纸集：将图纸集或部分图纸集打包以进行存储。这与传递集打包类似，不同的是需要为归档内容指定一个文件夹且并不传递该包。

9.7 本章小结

本章以图纸的管理与输出为出发点，详细介绍了 AutoCAD 2016 的布局空间和布局、打印的设置流程，以及图纸集的管理、AutoCAD 文件的打印和发布等知识，通过简单明了的讲解以及详细的操作，使读者能够掌握 AutoCAD 2016 的图纸管理与输出操作。

9.8 问题与思考

1．打印图形时，一般应设置哪些打印参数？如何设置？
2．有哪两种类型的打印样式？它们的作用是什么？
3．从布局空间打印图形的主要过程是什么？

10

Chapter

建筑设计基础知识

本章导读：

基础知识
- ◈ 建筑设计的定义
- ◈ 建筑设计的基本结构

重点知识
- ◈ 建筑设计基础
- ◈ 建筑设计的过程

提高知识
- ◈ 建筑设计的内容
- ◈ 建筑制图概述

所谓建筑设计就是将“虚拟现实”技术应用在城市规划、建筑设计等领域。近几年，城市漫游动画在国内外已经得到了越来越多的应用，其前所未有的人机交互性、真实建筑空间感、大面积三维地形仿真等特性，都是传统方式所无法比拟的。在城市漫游动画应用中，人们能够在一个虚拟的三维环境中，用动态交互的方式对未来的建筑或城区进行身临其境的全方位的审视：可以从任意角度、距离和精细程度观察场景；可以选择并自由切换多种运动模式，如行走、驾驶、飞翔等，并可以自由控制浏览的路线。而且，在漫游过程中，还可以实现多种设计方案、多种环境效果的实时切换比较。能够给用户带来强烈、逼真的感官冲击，获得身临其境的体验。

10.1 建筑设计的定义及特点

本节将简单介绍有关建筑设计的定义及特点。

10.1.1 建筑设计的定义

建筑设计（Architectural Design）是指建筑物在建造之前，设计者按照建设任务，把施工过程和使用过程中所存在的或可能发生的问题，事先作好通盘的设想，拟定好解决这些问题的办法、方案，用图纸和文件表达出来。作为备料、施工组织工作和各工种在制作、建造工作中互相配合协作的共同依据。便于整个工程得以在预定的投资限额范围内，按照周密考虑的预定方案，统一步调，顺利进行，并使建成的建筑物充分满足用户和社会所期望的各种要求。

10.1.2 建筑设计的特点

建筑设计有如下三个特点。

- 建筑业的主体似乎是房地产，但是房地产不景气并没有为建筑设计行业带来衰退迹象，反而建筑设计行业还有了巨大的发展。这种发展不仅体现在产值、营业额和设计的规模上，还体现在有众多设计项目的涌现。其中，大型公共项目也有变化。主要体现在境外设计单位参与范围越来越广，包括日、英、德、法等国，以及欧洲的西班牙、意大利和葡萄牙等新参与的国家，实践视野越来越广阔。往年，建筑设计主要由房地产住宅项目主导，现今政府投资项目和公益性项目增多，这些项目带来大型民用公共建筑项目的建设高潮，这一高潮使建筑师获得了更大的创作空间。

- 中国建筑师在与国外同行同台竞争的过程中，已经越来越拥有主动权。建筑师已经从原来的被动接受国外建筑师创意、仅出方案，到国内外建筑师共同进行方案探讨和概念表达，发展到现在国内设计机构为主，作为设计总包将某些项目分包给国外擅长的专项建筑师的格局。建筑的原创性有所提高，多个大型建筑都是由国内机构自主完成设计的。
- 我国的设计模式正在从过去的单一承接设计转变为设计总承包、管理总承包、设计管理和项目管理等多元模式，也就是由单一模式向多元模式转变。以前，设计行业不算高新科技企业，但现在很多设计研究院都在申请高新科技企业的认证。同时，一些设计公司已经上市，这是不多见的。

10.2 建筑物的基本结构

建筑物由许多构件、配件和装修构造组成。它们有些起承重作用，如屋面、楼板、梁、墙、基础；有些起防风、沙、雨、雪和阳光的侵蚀干扰作用，如屋面、雨篷和外墙；有些起沟通房屋内外和上下交通作用，如门、走廊、楼梯、台阶等；有些起通风、采光的作用，如窗；有些起排水作用，如天沟、雨水管、散水、明沟；有些起保护墙身的作用，如勒脚、防潮层。建筑物结构图如图 10-1 所示。建筑施工图就是把这些组成的构造、形状及尺寸等表示清楚。

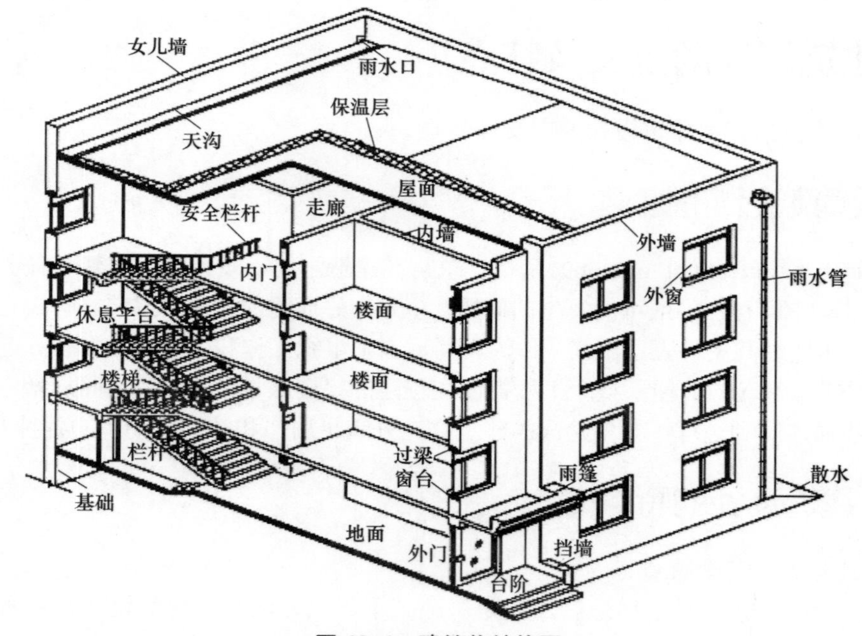

图 10-1　建筑物结构图

10.3 建筑物的组成及其作用

下面简要介绍房屋的各个组成部分及其作用。

- 基础：基础是房屋埋在地面以下的最下方的承重构件。它承受着房屋的全部荷载，并把这些荷载传给地基。
- 墙或柱：墙或柱是房屋的垂直承重构件，它承受屋顶、楼层传来的各种荷载，并传给基础。外墙同时也是房屋的围护构件，抵御风雪及寒暑对室内的影响，内墙同时起分隔房间的作用。
- 楼地面：楼板是水平的承重和分隔构件，它承受着人和家具设备的荷载并将这些荷载传给柱或墙。楼面是楼板上的铺装面层；地面是指首层室内地坪。
- 楼梯：楼梯是楼房中联系上下层的垂直交通构件，也是火灾等灾害发生时的紧急疏散要道。
- 屋顶：屋顶是房屋顶部的围护和承重构件，用以防御自然界的风、雨、雪、日晒和噪声等，同时承受自重及外部荷载。
- 门窗：门具有出入、疏散、采光、通风、防火等多种功能，窗具有采光、通风、观察、眺望的作用。
- 其他：此外房屋还有通风道、烟道、电梯、阳台、壁橱、勒脚、雨篷、台阶、天沟、雨水管等配件和设施，在房屋中根据使用要求分别设置。

10.4 建筑设计基础

随着社会进步以及生产力的发展，房屋早就超出了一般的居住范围，其建筑类型和造型已发生了巨大的变化。建筑已成为根据人们生活、生产或是其他活动的需要而创造的物质和有组织的空间环境。

10.4.1 建筑的构成要素

建筑的构成要素：建筑功能、建筑技术和建筑形象。

- 建筑功能：是指建筑物在物质和精神方面必须满足的使用要求。
- 建筑技术：是建造房屋的手段，包括建筑材料与制品技术、结构技术、施工技术、设备技术等，建筑不可能脱离技术而存在。
- 建筑形象：构成建筑形象的因素有建筑的体形、内外部的空间组合、立体构面、细部与重点装饰处理、材料的质感与色彩、光影变化等。

10.4.2 建筑的分类

建筑物按照其使用性质，通常有如下分类。

生产性建筑：工业建筑、农业建筑。

- 工业建筑：为生产服务的各类建筑，也可以称厂房类建筑，如生产车间、辅助车间、动力用房、仓储建筑等。厂房类建筑又可以分为单层厂房和多层厂房两大类。
- 农业建筑：用于农业、畜牧业生产和加工用的建筑，如温室、畜禽饲养场、粮食与饲料加工站、农机修理站等。

非生产性建筑：民用建筑。

按照民用建筑的使用功能分类：居住建筑、公共建筑。

- 居住建筑：主要是指提供家庭和集体生活起居用的建筑物，如住宅、公寓、别墅、宿舍。
- 公共建筑：主要是指提供人们进行各种社会活动的建筑物。其中包括：

➢ 行政办公建筑：机关、企事业单位的办公楼。
➢ 文教建筑：学校、图书馆、文化宫等。
➢ 托教建筑：托儿所、幼儿园等。
➢ 科研建筑：研究所、科学实验楼等。
➢ 医疗建筑：医院、门诊部、疗养院等。
➢ 商业建筑：商店、商场、购物中心等。
➢ 观览建筑：电影院、剧院、购物中心等。
➢ 体育建筑：体育馆、体育场、健身房、游泳池等。
➢ 旅馆建筑：旅馆、宾馆、招待所等。
➢ 交通建筑：航空港、水路客运站、火车站、汽车站、地铁站等。
➢ 通讯广播建筑：电信楼、广播电视台、邮电局等。
➢ 园林建筑：公园、动物园、植物园、亭台楼榭等。
➢ 纪念性的建筑：纪念堂、纪念碑、陵园等。
➢ 其他建筑类：监狱、派出所、消防站等。

按照民用建筑的规模大小分类：大量性建筑、大型性建筑。

- 大量性建筑：指建筑规模不大，但修建数量多的；与人们生活密切相关的；分布面广的建筑。如住宅、中小学校、医院、中小型影剧院、中小型工厂等。
- 大型性建筑：指规模大、耗资多的建筑。如大型体育馆、大型影剧院、航空港、火车站、博物馆、大型工厂等。

按照民用建筑的层数分类：低层建筑、多层建筑、中高层建筑、高层建筑、超高层建筑。

- 低层建筑：指 1～3 层建筑。
- 多层建筑：指 4～6 层建筑。
- 中高层建筑：指 7～9 层建筑。
- 高层建筑：指 10 层以上住宅。公共建筑及综合性建筑总高度超过 24m 为高层。
- 超高层建筑：建筑物高度超过 100m 时，不论住宅或者公共建筑均为超高层。

按照主要承重结构材料分类：木结构建筑、砖木结构建筑、砖混结构建筑、钢筋混凝结构建筑、土结构建筑、钢结构建筑、其他结构建筑。

10.4.3 建筑设计过程

建筑设计就是建筑师根据业主提出的建筑设计任务和要求进行建筑方案设计，直到将建筑施工图交给施工方单位并完成建设的全过程。一般来讲，建筑设计项目过程可分为三个阶段，即方案设计阶段、初步设计阶段和施工图设计阶段。对于技术要求复杂的建筑项目，可在初步设计阶段与施工图设计阶段之间增加技术阶段。

1. 方案设计

方案设计阶段在建筑设计方案中占有很重要的作用，根据《中华人民共和国招标投标法》规定，建筑方案必须采用方案竞标的方式进行，经过综合评定确定中标单位。也就是说，我们想拿到某项工程的建筑设计工作，必须通过方案设计竞标，只有当我们的方案设计中标了，才能继续完成建设这个项目的初步设计和施工图设计。所以方案设计工作，既是展现设计师才华的场所，也是关系到一个设计单位经济效益的最关键环节，方案设计工作应从以下方面进行：首先解决设计立意，然后是落实方案构思，最后完成方案设计阶段全部文件。因此，一些建筑设计院专门成立了投标组（方案组）。

2. 初步设计阶段

此阶段要求建筑专业的图纸文件一般包括：建筑总平面图、平面图、立面图、剖面图，标明建筑定位轴线和轴线尺寸、总尺寸、建筑标高、总高度以及与技术工种有关的一些定位尺寸。在设计说明中则应标明主要的建筑用料和构造做法；结构专业的图纸需要提供房屋构造的布置方案和初步计算说明以及结构构件的断面基本尺寸；各设备专业也应提供相应的设备图纸、设备估算数量及说明书。根据这些图纸和说明书，工程概算人员应当在规定的期限内完成工程概算以及主要材料用料。

3. 施工图设计阶段

施工图设计阶段的图纸和设计文件，要求建筑专业的图纸应提供所有构配件的详细定位尺寸及必要的型号、数量等资料，还应绘制工程施工图中所涉及的建筑细部详图。其他各专业则应提交相关的详细设计文件及其设计依据。

10.4.4 建筑设计内容

建筑设计内容大体分为三个部分，即建筑设计、结构设计和设备设计。这三个部分既有分工又需要密切配合，形成一个整体，各专业的图纸、计算书、说明书等汇在一起构成完整的文件，作为建筑工程施工的依据。

1. 建筑设计

建筑设计是指在满足总体规划的前提下，根据建设单位提供的任务书，综合考虑基地环境、建筑艺术、使用功能、材料设备、结构施工图及建筑经济等问题，重点解决建筑内部使用功能和使用空间的合理安排，建筑物与各种外部条件、与周围环境的协调配合，内部和外表的艺术效果，各个细部的构造方式等，最终提出建筑设计方案，并将此方案绘制成建筑设计施工图，如图 10-2 所示。

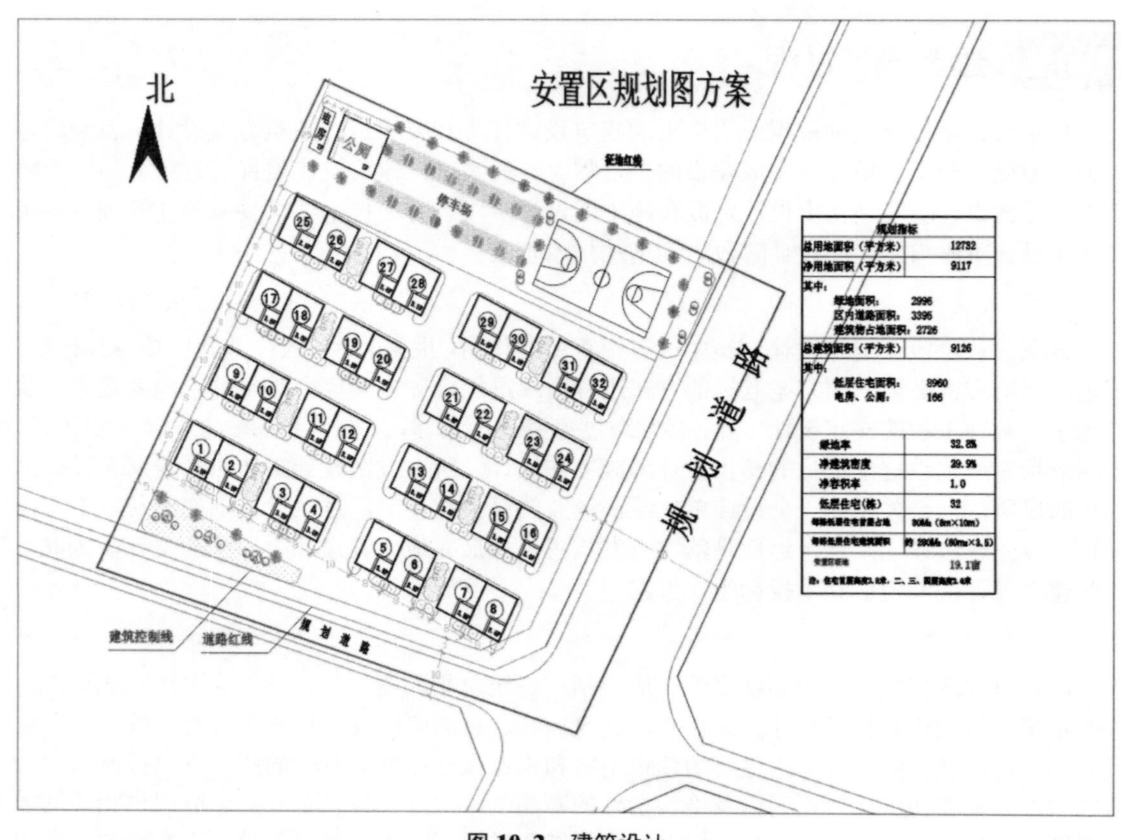

图 10-2　建筑设计

2. 结构设计

结构设计的主要任务是配合建筑设计选择可行的结构方案，进行结构计算及构件设计、结构布置及构造设计等，并用结构设计图表示，一般是由结构工程师来完成，如图 10-3 所示。

图 10-3　结构设计

3. 设备设计

设备设计主要包括建筑物的给水排水、电气照明、采暖通风、动力等方面的设计，由有关工程师配合建筑设计来完成，并分别以水、暖、电等设计图表示，如图 10-4 所示。

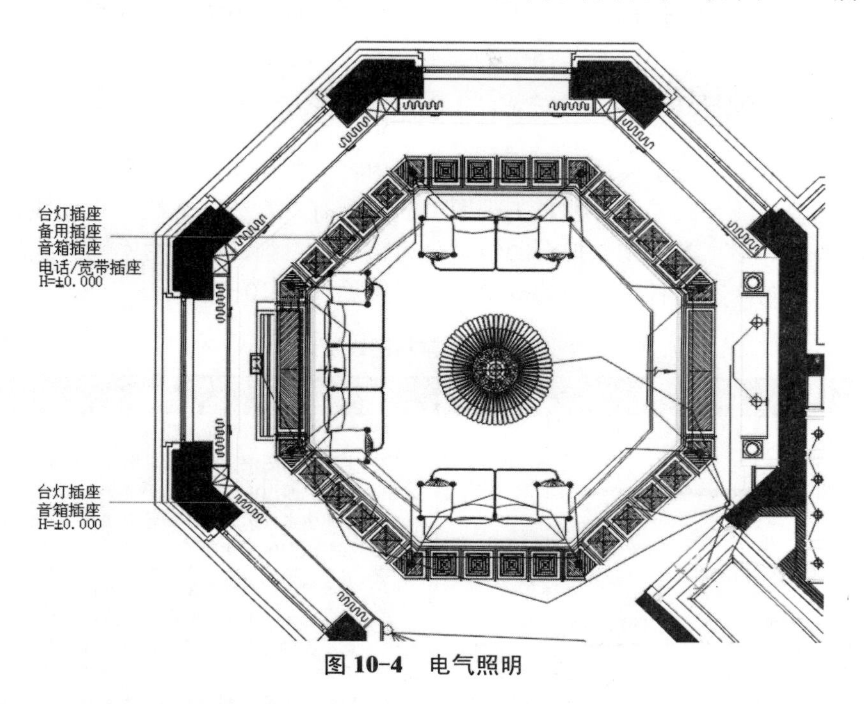

图 10-4　电气照明

10.4.5 建筑设计依据

在进行建筑设计过程中，应遵循以下依据：

- 人体尺度及人体活动的空间尺度是确定民用建筑内部各种空间尺度的主要依据。
- 家具、设备尺寸和使用它们所需要的必要空间是确定房间内部使用面积的重要依据。
- 要适时根据当地的温度、湿度、日照、雨雪、风向、风速等气候条件来进行设计。
- 要遵循综合的地形、地质条件和地震烈度进行设计。
- 要遵循我国的建筑模数和模数制。

10.5 建筑制图概述

为了学习计算机辅助建筑绘图及设计，首先应该了解和掌握土建工程制图的图示方法和特点。下面主要介绍国家标准及对建筑工程制图的线型、尺寸注法、比例和图例等的相关规定。

10.5.1 相关国家标准

（1）《房屋建筑制图统一标准》　　GB/T50001—2010

（2）《总图制图标准》 GB/T50103—2010
（3）《建筑制图标准》 GB/T50104—2010
（4）《建筑结构制图标准》 GB/T50105—2010
（5）《给水排水制图标准》 GB/T50106—2010

10.5.2 图线及用途

在建筑工程图中，为了表达工程图样的不同内容，并使图面主次分明、层次清楚，必须使用不同的线型与线宽来表示。建筑工程图中的线型有：实线、虚线、点划线、双点划线、折断线和波浪线等多种类型，并把有的线型分为粗、中、细三种，用不同的线型与线宽来表示工程图样的不同内容。各种线型的规定及一般用途如表 10-1 所示。

表 10-1 常用图线统计

名称	线型		宽度	用途
实线	粗		b	（1）一般作主要可见轮廓线 （2）平、剖面图中主要构配件断面的轮廓线 （3）建筑立面图中外轮廓线 （4）详图中主要部分的断面轮廓线和外轮廓线 （5）总平面图中新建建筑物的可见轮廓线
	中		0.5b	（1）建筑平、剖面中被剖切的次要构件的轮廓线 （2）平、剖面图中次要断面的轮廓线 （3）总平面图中新建道路、桥涵、围墙等及其他设施的可见轮廓线和区域分界线 （4）尺寸起止符号
	细		0.35b	（1）总平面图中新建人行道、撑水沟、草地、花坛等可见轮廓线，原有建筑物、铁路、道路、桥涵、围墙的可见轮廓线 （2）图例线、索引符号、尺寸线、尺寸界线、引出线、标高符号、较小图形的中心线
虚线	粗		b	（1）新建建筑物的不可见轮廓线 （2）结构图上不可见钢筋及螺栓线
	中		0.5b	（1）一般不可见轮廓线 （2）建筑构造及建筑构配件不可见轮廓线 （3）总平面图计划扩建的建筑物、铁路、道路、桥涵、围墙及其他设施的轮廓线 （4）平面图中吊车轮廓线
	细		0.35b	（1）总平面图上原有建筑物和道路、桥涵、围墙等设施的不可见轮廓线 （2）结构详图中不可见钢筋混凝土构件轮廓线 （3）图例线
点画线	粗		b	（1）吊车轨道线 （2）结构图中的支撑线
	中		0.5b	土方填挖区的零点线
	细		0.35b	分水线、中心线、对称线、定位轴线
折断线	细		0.35b	无须画全的断开界限
波浪线	细		0.35b	无须画全的断开界限；构造层次断开界限

线宽即线条粗细度，国标标准规定了三种线宽：粗线（b）、中线（0.5b）、细线（0.35b）。其中 b 为线宽代号，线宽系列有 0.18、0.25、0.35、0.5、0.7、1.0、1.4、2.0 共 8 级，常用的线宽组合如表 10-2 所示，同一幅图纸内，相同比例的图样应选用相同的线宽组合。

图框线、标题栏线的宽度如表 10-3 所示。

表 10-2　线宽组合

线宽比	线宽组合					
b	2.0	1.4	1.0	0.7	0.5	0.35
0.5b	1.0	0.7	0.5	0.35	0.25	0.18
0.35b	0.7	0.5	0.35	0.25	0.18	

表 10-3　图框线与标题栏线宽

幅面代号	图框线	标题栏外框线	标题栏
A0、A1	1.4	0.7	0.35
A2、A3、A4	1.0	0.7	0.35

10.5.3 图线的画法

绘制工程图时，图线的应用应注意以下几点：

- 在同一图样中，同类图线的宽度应一致。虚线、点画线及双点划线的线段长度和间隔应各自大致相等。
- 相互平行的图线，其间隙不宜小于粗实线的宽度，其最小距离不得小于 0.7 mm。
- 绘制圆的对称中心线时，圆心应为线段交点。点划线和双点划线的起止端应是线段而不是短划。
- 在较小的图形上绘制点划线、双点划线有困难时，可用细实线代替。
- 形体的轴线、对称中心线、折断线和作为中断线的双点划线，应超出轮廓线 2～5 mm。
- 点划线、虚线和其他图线相交时，都应在线段处相交，不应在空隙或短划处相交。
- 当虚线处于粗实线的延长线上时，粗实线应画到分界点，而虚线应留有空隙。当虚线圆弧和虚线直线相切时，虚线圆弧的线段应画到切点，而虚线直线需留有空隙。

10.5.4 字体

工程图样中大量使用汉字、数字、拉丁字母和一些符号，它们是工程图样的重要组成部分，字体不规范或不清晰会影响图面质量也会给工程造成损失，因此国家标准对字体也作了严格规定，不得随意书写。

1. 汉字

工程绘图中规定汉字应使用长仿宋字体。汉字的常用字号（字高）有：3.5、5、7、10、14、20 等 6 种，字宽约为高的 2/3。

长仿宋字体的特点是：笔画刚劲、排列均匀、起落带锋、整齐端庄。其书写要领是横平竖直、注意起落、结构匀称、字形方正。横笔基本要平，可顺运笔方向稍许向上倾斜，竖笔要直，笔画要刚劲有力。横、竖的起笔和收笔，撇、钩的起笔，钩折的转角等，都要顿一下笔，形成小三角和出现字肩。

2. 字母与数字

拉丁字母、阿拉伯数字及罗马字根据需要可以写成直体或斜体。斜体字一般倾斜 75°，当与汉字一起书写时宜写成直体。拉丁字母、阿拉伯数字及罗马字的字高，应不小于 2.5mm。拉丁字母及数字书写字例如图 10-5 所示。

abcde1234567890

图 10-5 字母与数字的书写

10.5.5 比例

在工程图样中往往不可能将图形画成与实物相同的大小，只能按一定比例缩小或放大所要绘制的工程图样。

比例是指图形与实物相对应的线性尺寸之比，即图距:实距＝比例。无论是放大或是缩小，比例关系在标注时都应把图中量度写在前面，实物量度写在后面，比值大于 1 的比例，称为放大比例，如 5:1；比值小于 1 的比例，称为缩小比例，如 1:100，比值为 1 的比例为原值比例，如 1:1。无论采用什么比例绘图，标注尺寸时必须标注形体的实际尺寸。

绘图所用比例应根据所绘图样的用途、图纸幅面的大小与对象的复杂程度来确定，并优先使用表 10-4 所示的常用比例。

表 10-4 常用绘图比例

图名	比例
总平面图	1:500、1:1000、1:2000
平面图、立面图、剖面图	1:50、1:100、1:150、1:200、1:300
局部放大图	1:10、1:20、1:25、1:30、1:50
配件及构造详图	1:1、1:2、1:5、1:10、1:15、1:20、1:25、1:30、1:50

10.5.6 尺寸标注

尺寸是图样的重要组成部分，也是进行施工的依据，因此国家标准对尺寸的标注、画法都做了详细的规定，设计制图时应遵照执行。

图样上的尺寸由尺寸界线、尺寸线、尺寸起止符号、尺寸数字四要素组成。尺寸界线用细实线绘制，一般应与被标注长度垂直，其一端应离开图样轮廓线不小于 2mm，另一端宜超出尺寸线 2～3mm。必要时，图样轮廓线可用作尺寸界线。

尺寸线用细实线绘制，应与被注长度平行，且不宜超出尺寸界线。任何图线均不得用作尺寸线。尺寸起止符号一般应用中粗斜短线绘制，其倾斜方向应与尺寸界线呈顺时针 45° 角，长度为 2～3mm。

尺寸数字一律用阿拉伯数字注写，尺寸单位一般为 mm，在绘图中不用标注。尺寸数字是指工程形体的实际大小而与绘图比例无关。尺寸数字一般标注在尺寸线中部的上方，字头朝上；竖直方向尺寸数字应注写在尺寸线的左侧、字头朝左。

尺寸宜标注在图样轮廓线以外。互相平行的尺寸线，应从被标注的图样轮廓线由近向远整齐排列，小尺寸应离轮廓线较近，大尺寸应离轮廓线较远。图样轮廓线以外的尺寸线，距图样最外轮廓线之间的距离，不宜小于 10mm。平行排列的尺寸线间距为 7～10mm，并应保持一致。总尺寸的尺寸界线应靠近所指部位，中间的分尺寸的尺寸界线可稍短，但其长度应相等。

半径标注的尺寸线，应一端从圆心开始，另一端画箭头指至圆弧。半径数字前应加注半径符号【R】。圆及大于半圆的圆弧应标注直径，在直径数字前，应加符号【ϕ】。在圆内标注的直径尺寸线应通过圆心，两端箭头指向圆弧；较小圆的直径尺寸，可标注在圆外。

10.5.7 剖切符号

剖视的剖切符号应符号下列规定：

- 剖视的剖切符号应由剖切位置及投射方向线组成，均应以粗实线绘制。剖切位置线的长度为 6～10mm；投射方向线应垂直于剖切位置线，长度应短于剖切位置线，为 4～6mm。绘图时，剖视图的剖切符号不应该与其他图线相接触。
- 剖视的剖切符号宜采用阿拉伯数字，按顺序由左至右、由上至下连续编排，并应该写在剖视方向线的端部。
- 需要转折的剖切位置线，应在转角的外侧加注与该符号相同的编号。
- 建筑物剖面图的剖切符号宜注在±0.00 标高的平面图上。
- 断面的剖切符号应符合下列规定。
- 断面的剖切符号应只用剖切位置线表示，并应以粗实线绘制，长度为 6～10mm。
- 断面的剖切符合的编号宜采用阿拉伯数字，按顺序连续编排，并应注写在剖切位置线的一侧；编号所在的一侧应为该断面的剖视方向。

10.5.8 索引符号与详图符号

施工图某一部分或某一构件如另有详图，则可画在同一张图纸内，也可画在其他有关的图纸上。为了便于查找，可通过索引符号和详图符号来反应该部位或构件与详图及有关专业图纸之间的关系。

1. 索引符号

如表 10-1 所示，索引符号是用细实线绘制的，圆的直径为 10mm。如详图与被索引的图在同一张图纸内，在上半圆中用阿拉伯数字注出该详图的编号，在下半圆中间画一段水平细实线；如详图与被索引的图不在同一张图纸上，下半圆中用阿拉伯数字注出该详图所在的图纸编号；如索引出的详图采用标准图，在圆的水平直径延长线上加注该标准图册编号；如索引的详图是剖面详图，索引符号在引出线的一侧加画一剖切位置线，引出线的一侧表示投射方向，如图 10-6 所示。

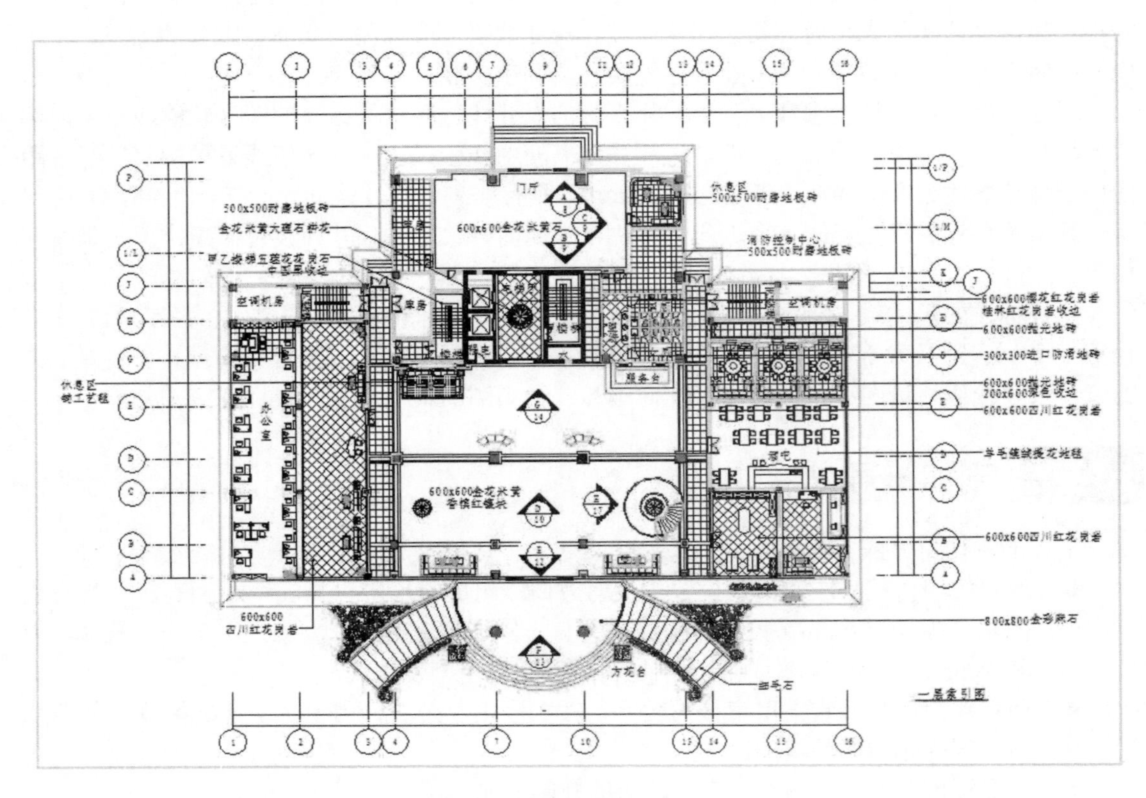

图 10-6　索引符号

2. 详图符号

如果圆内只用阿拉伯数字注明详图的编号，说明该详图与被索引图样在同一张图纸上；如详图与被索引图样不在同一张图纸内，可用细实线在详图符号内画出一水平直径，在上半圆内注明详图编号，在下半圆注明被索引图样的图纸编号，如图 10-7 所示。

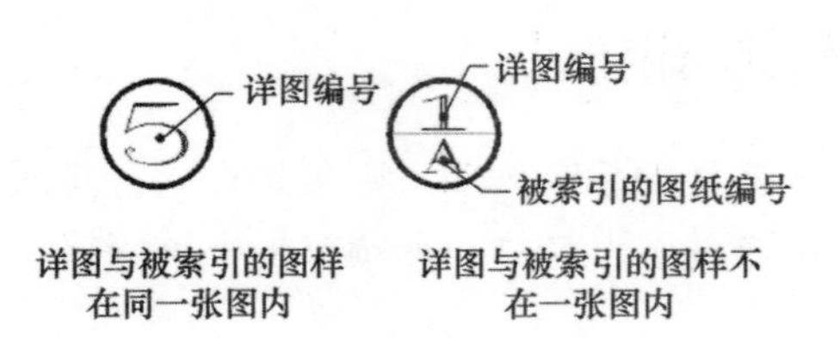

图 10-7　详图符号

10.5.9 引出线

引出线应以细实线绘制，宜采用水平方向的直线、与水平方向呈 30°、45°、60°、90°的直线，或经上述角度再折为水平线。文字说明宜注写在水平线的上方，也可注写在水平线的端部。

同时引出几个相同部分的引出线宜互相平行，也可画成集中于一点的放射线。

多层构造线或多层管道共用引出线，应通过被引出的各层。文字说明宜注写在水平线的上方，或注写在水平线的端部，说明的顺序应由上至下，并应与被说明的层次相互一致；如层次为横向排序，则由上至下的说明顺序应与从左至右的层次相互一致。

10.5.10 其他符号

对称符号由对称线和两端的两对平行线组成。对称线用细点画线绘制；平行线用细实线绘制，其长度为 6～10mm，每对的间距为 2～3mm；对称线垂直平分于两对平行线，两端超出平行线为 2～3mm，如图 10-8 所示。

指北针的形状如图 10-9 所示，其圆的直径为 24mm，用细实线绘制；指针尾部的宽度为 3mm，指针头部应注【北】或【N】字。需用较大直径绘制指北针时，指针尾部宽度为直径的 1/8。

图 10-8　对称符号　　　图 10-9　指北针

连接符号应以折断线表示需连接的部位。两部位相距过远时，折断线两端靠图样一侧应标注大写拉丁字母表示连接编号。两个被连接的图样必须用相同的字母编号，连接符号如图 10-10 所示。

剖视的剖切符号应由剖切位置线及投射方向线组成，均应以粗实线绘制。剖切位置线的长度宜为 6～10mm；投射方向线应垂直于剖切位置线，长度应短于剖切位置线，宜为 4～6mm。绘制时，剖视的剖切符号不应与其他图线相接触。

剖视剖切符号的编号宜采用阿拉伯数字，按顺序由左至右、由下至上连续编排，并应注写在剖视方向线的端部。需要转折的剖切位置线，应在转角的外侧加注与该符号相同编号，如图 10-12 所示。

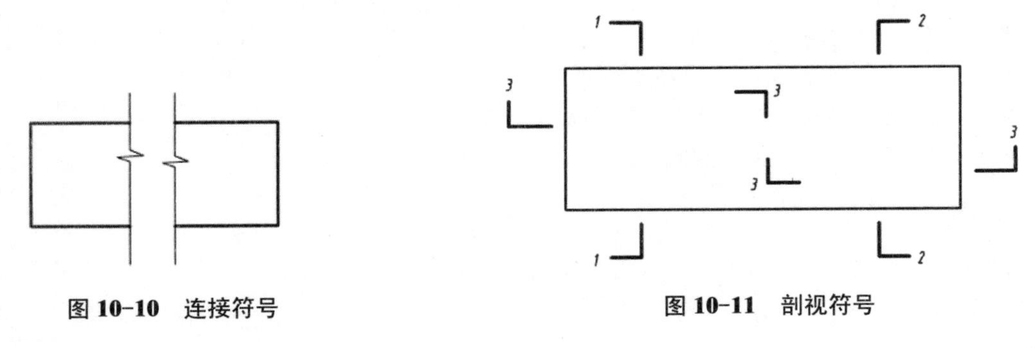

图 10-10　连接符号　　　图 10-11　剖视符号

10.5.11 标高符号

标高是用来表示建筑物各部位高度的一种尺寸形式。标高符号用细实线画出，短横线是需标注高度的界限，长横线之上或之下注出标高数字，如图 10-12 所示。总平面图上的标高符号，用涂黑的三角形表示，标高数字可注明在黑三角形的右上方，也可注写在黑三角形的上方或右面。不论哪种形式的标高符号，均为等腰直角三角形，高 3mm。

标高数字以 m 为单位，注写到小数点以后第三位（在总平面图中可注写到小数点后第二位）。零点标高应注写成【±0.000】，正数标高应注【+】，负数标高应注【-】。

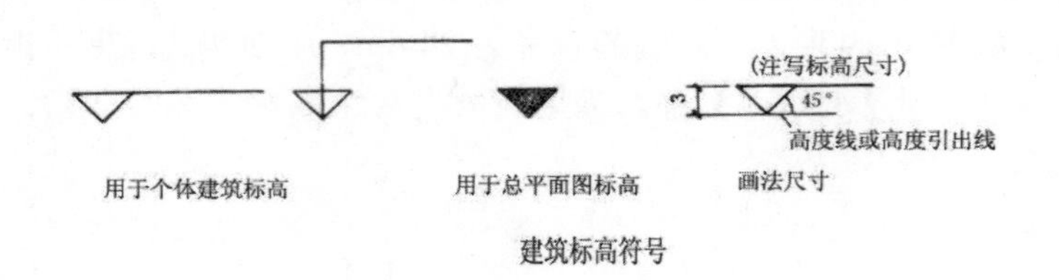

图 10-12 标高符号

10.5.12 常用建筑材料图例

建筑物或构筑物需要按比例绘制在图纸上，对于一些建筑物的细部节点，无法按照真实形状表示，只能用示意性的符号画出。国家标准规定的正规示意性符号，都称为图例。凡是国家批准的图例，均应统一遵守，按照标准画法表示在图形中。如果有个别新型材料还未纳入国家标准，设计人员要在图纸的空白处画出并写明符号代表的意义，方便对照阅读。

1. 一般规定

一般规定只规定常用建筑材料的图例画法，对其尺度比例不作具体规定。使用时，应根据图样大小而定，并应注意下列事项：

- 图例线应间隔均匀，疏密适度，做到图例正确，表示清楚。
- 不同品种的同类材料使用同一图例时，应在图上附加必要的说明。
- 两个相同的图例相接时，图例线错开或使倾斜方向相反。
- 两个相邻的涂黑图例间，应留有空隙，其宽度不得小于 0.7mm。

下列情况可不加图例，但应加文字说明：

- 一张图纸内的图样只用一种图例时。
- 图形较小无法画出建筑材料图例时。

2. 常用建筑材料图例

常用建筑材料应按表 10-5 所示图例画法绘制。

表 10-5　常用建筑材料

序号	名称	图例	备注
1	自然土壤		
2	素土夯实		
3	毛石		
4	普通砖		包括实心砖、多孔砖、砌块等砌体。断面较小不易绘出图例线时，可涂黑
5	混凝土		本图例指能承重的混凝土和钢筋混凝土。包括各种强度等级、材料、外加剂的混凝土
6	钢筋混凝土		在剖面图上画出钢筋时，不画图例线。 断面图形小，不易画出图例线时，可涂黑
7	木材		上图为横断面，上左图为垫木、木砖或木龙骨 下图为纵断面
8	多孔材料		包括水泥珍珠岩、泡沫混凝土、软木等
9	金属		包括各种金属 图形小时，可涂黑
10	防水材料		
11	粉刷		

10.6　本章小结

本章主要介绍了建筑设计的理论知识、建筑设计制图基本知识，以及图形样板的设置。通过对本章的学习，读者应掌握建筑设计的一些基本知识，为以后的绘图打下良好的基础。

10.7　问题与思考

1．如何绘制建筑最常用的符号？

2．图形样板 DWT 文件与图形 DWG 文件的区别？

11 Chapter 绘制建筑图例

本章导读：

基础知识

- ◈ 绘制常见建筑图例
- ◈ 对实例进行操作

本章将结合一些建筑实例，重点讲解门、浴缸、栏杆、微波炉等的绘制方法和步骤。AutoCAD 常用绘图命令：LAYER（图层）、ATTDEF（属性定义）、MLINE（多线）、ARC（弧）、PLINE（多段线）、DTEXT（单行文字）、DIMSTYLE（标注样式）、DIMLINEAR（线性标注）、DIMCONTINUE（连续标注）等。AutoCAD 常用编辑命令：ARRAY（阵列）、OFFSET（偏移）、TRIM（修剪）、MOVE（移动）等。

11.1 绘制常见建筑图例

建筑设施图是 AutoCAD 图形中很重要的图形元素，是建筑制图中不可缺少的组成部分，如门、浴缸、栏杆、电视、空调、饮水机等图形。下面分别讲解这些图形的绘制方法。

11.1.1 绘制门

门在建筑图中非常常见，也是使用频率较高的一种设施，下面详细讲解门的绘制方法，具体操作过程如下：

01 启动 AutoCAD 2016，单击状态栏中的【正文模式】按钮，开启正交模式，并在命令行中执行【LINE】命令，绘制一个 750 的直线，具体操作过程如下：

```
命令: L                        //执行 L 命令
指定第一点:                    //在绘图区中任意指定一点
指定下一点或 [放弃(U)]: 750    //将光标移至第一点的下侧，输入距离参数值 750，按【Enter】键确认输入
指定下一点或 [放弃(U)]:        //按【Enter】键结束命令
```

02 在命令行中执行【ARC】命令绘制圆弧，表示门的开启轨迹，在命令行中输入【FROM】命令，单击直线下方端点，输入相对坐标为（@750, 0），在命令行中输入 C，按【Enter】键进行确认，单击直线下方端点，然后单击直线上方端点，具体操作过程如下：

```
命令: ARC                              //执行 ARC 命令
指定圆弧的起点或 [圆心(C)]: FROM        //输入并执行 FROM 命令
基点:                                  //单击直线下方端点
<偏移>: @750,0                         //输入相对坐标
```

指定圆弧的第二个点或 [圆心(C)/端点(E)]:C　　//选择【圆心】选项并按【Enter】键确认选择
指定圆弧的圆心:　　//单击直线下方端点
指定圆弧的端点或 [角度(A)/弦长(L)]:　　//单击直线上方端点，绘制后的效果如图 11-1 所示

03 绘制完门后即可对其进行尺寸标注，在命令行中输入【DIMSTYLE】命令，弹出【标注样式管理器】对话框，单击 新建(N)... 按钮，如图 11-2 所示。弹出【创建新标注样式】对话框，在【新样式名】文本框中输入文本【门】，其余保持默认设置不变，如图 11-3 所示，然后单击 继续 按钮。

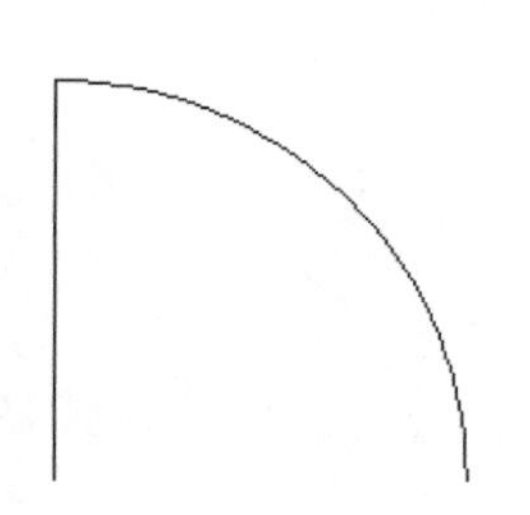

图 11-1　绘制圆弧

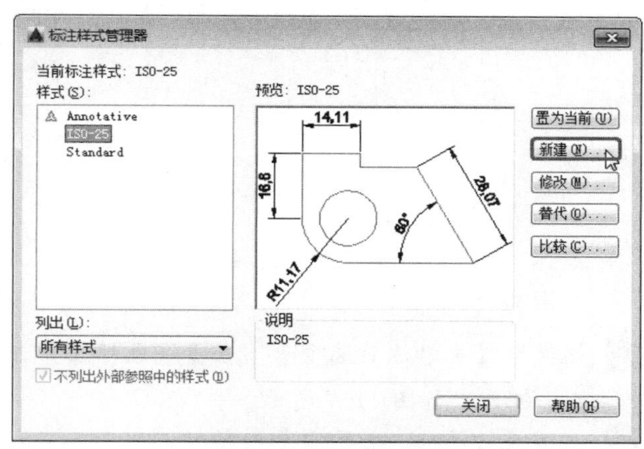

图 11-2　单击【新建】按钮

04 弹出【新建标注样式：门】对话框，切换至【线】选项卡，在【超出尺寸线】数值框中输入 25，在【起点偏移量】数值框中输入 30，如图 11-4 所示。

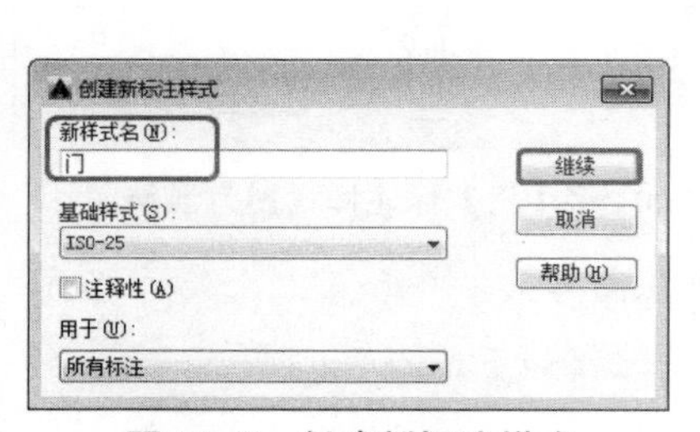

图 11-3　创建新标注样式

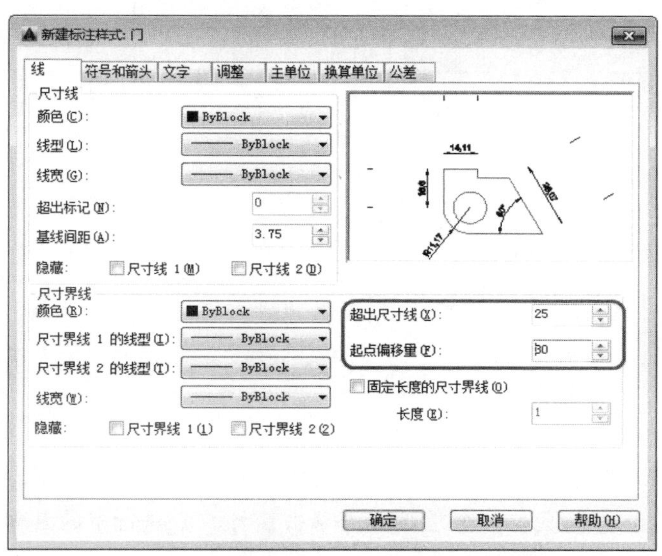

图 11-4　设置超出尺寸线和起点偏移量

05 切换至【符号和箭头】选项卡，在【箭头】选项组的【第一个】和【第二个】下拉列表中选择【建筑标记】选项，在【箭头大小】数值框中输入 35，如图 11-5 所示。

06 切换至【文字】选项卡，在【文字高度】数值框中输入 45，在【文字位置】选项组

的【从尺寸线偏移】数值框中输入 15，如图 11-6 所示。

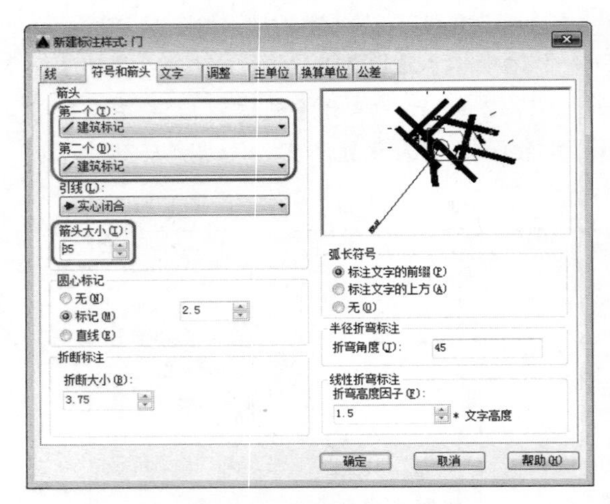

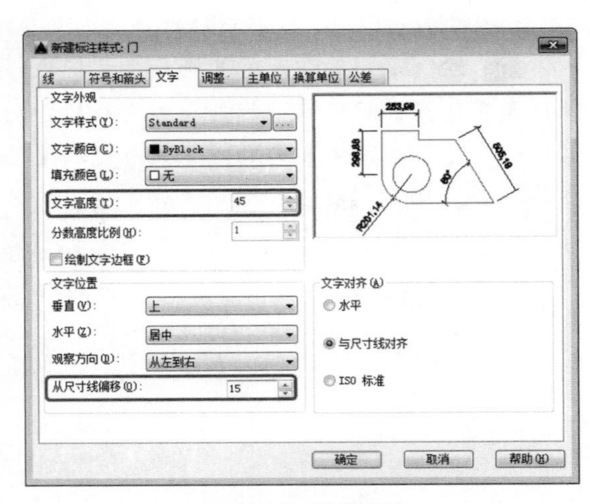

图 11-5 设置符号和箭头

图 11-6 设置文字

07 切换至【主单位】选项卡，在【线性标注】选项组的【精度】下拉列表中选择 0，单击 确定 按钮，如图 11-7 所示。

08 返回【标注样式管理器】对话框，单击 置为当前(U) 按钮，再单击 关闭 按钮，关闭该对话框，如图 11-8 所示，完成标注样式的设置。

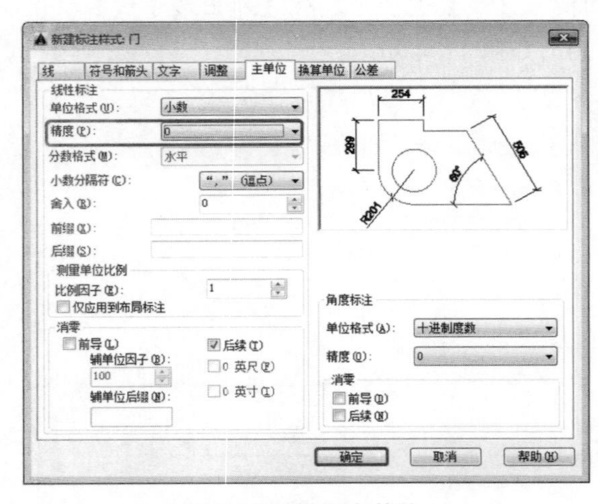

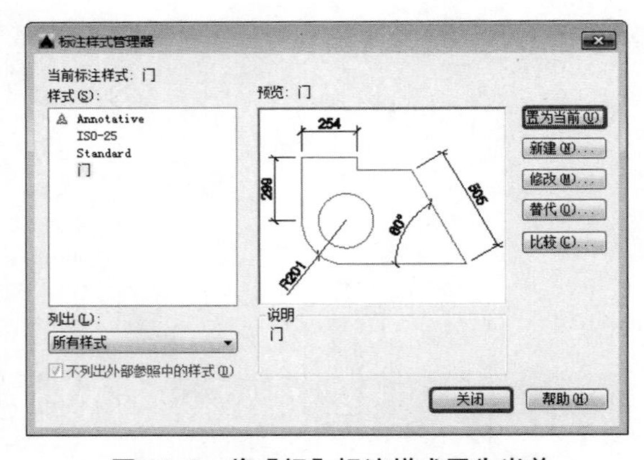

图 11-7 设置主单位

图 11-8 将【门】标注样式置为当前

09 在命令行中输入【DIMLIN】命令，单击 A 点和 B 点作为第一个和第二个尺寸界线，向左移动鼠标到合适位置并单击鼠标，命令行中的具体操作过程如下：

```
命令:DIMLIN                                  //执行 DIMLIN 命令
指定第一个尺寸界线原点或 <选择对象>:          //单击如图 11-9 所示的 A 点
指定第二条尺寸界线原点:                       //单击如图 11-9 所示的 B 点
指定尺寸线位置或[多行文字(M)/文字(T)/角度(A)/水平(H)/垂直(V)/旋转(R)]:
                                             //向左移动鼠标到合适位置并单击鼠标
标注文字 =750                                //系统提示标注尺寸，标注后的效果如图 11-10 所示
```

10 按照相同的方法，对图中的其他位置进行尺寸标注，标注后的效果如图 11-11 所示，并将其保存在计算机中，以方便以后调用。

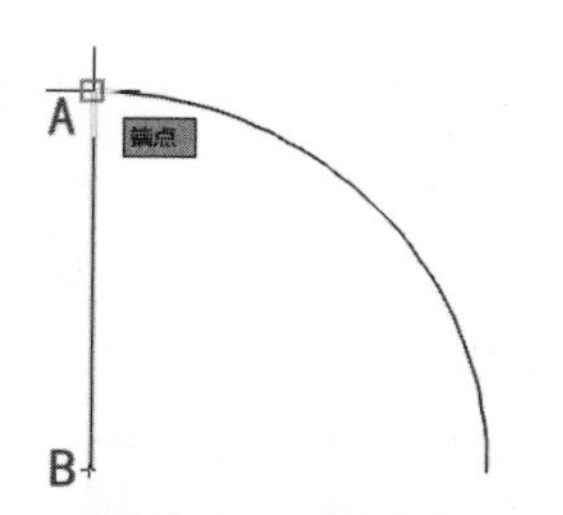

图 11-9 指定第一点和第二点

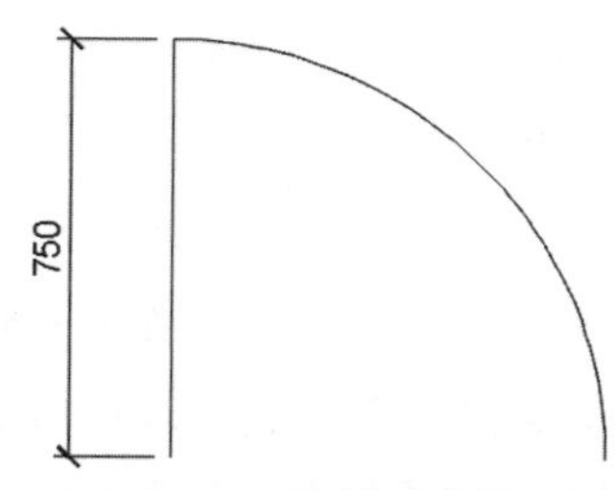

图 11-10 标注后的效果

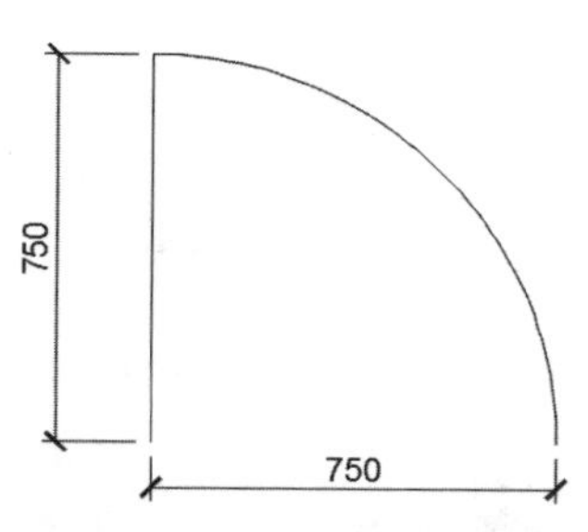

图 11-11 全部标注后的效果

提示

在命令行中执行 MI 命令，镜像 750 门，可以绘制平面双开门，如图 11-12 所示。此类型的门通常在公共建筑中使用。

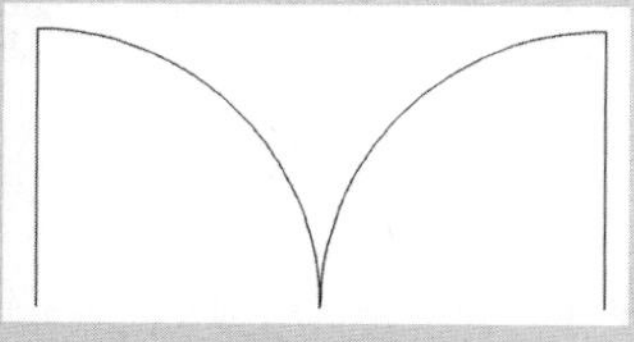
图 11-12 镜像后的效果

11.1.2 绘制浴缸

下面讲解如何绘制浴缸，其具体操作步骤如下：

01 在命令行中输入【RECTANG】命令，在绘图区中绘制一个长度为 1 530、宽度为 750 的矩形，效果如图 11-13 所示。

02 在命令行中输入【LINE】命令，绘制连接矩形两个边的中点的直线，如图 11-14 所示。

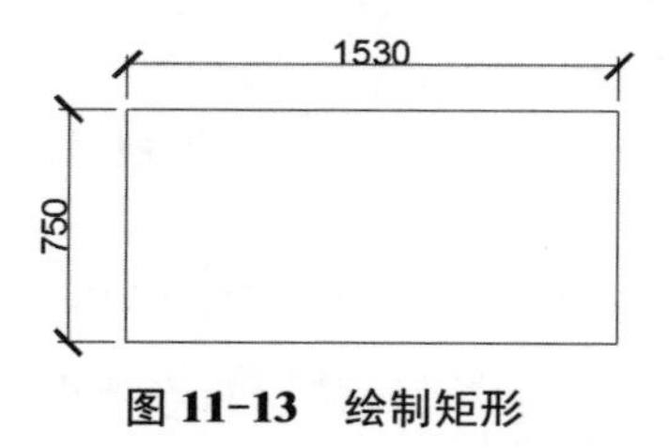

图 11-13 绘制矩形

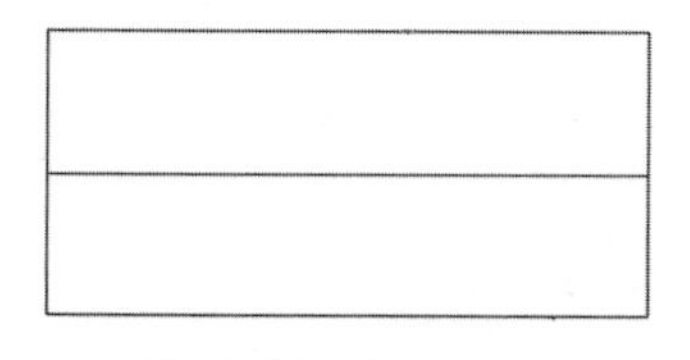
图 11-14 使用直线连接矩形的中点

03 选择上一步创建的直线，在命令行中输入【OFFSET】命令，将直线分别向上向下偏移 50、42、25，效果如图 11-15 所示。

04 在命令行中输入【EXPLODE】命令，将大矩形分解成线，继续在命令行中输入【OFFSET】命令，将矩形左侧的线向右分别偏移 20、225，效果如图 11-16 所示。

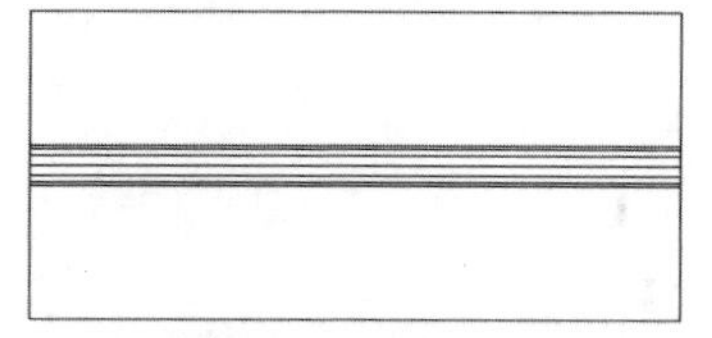
图 11-15 偏移对象

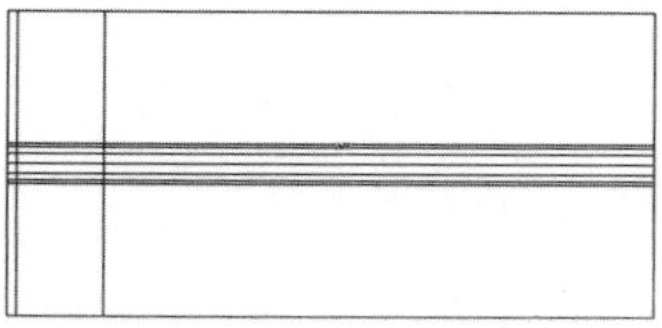

图 11-16 分解后进行偏移

05 在命令行中输入【TRIM】命令，对多余的直线进行修剪，效果如图 11-17 所示。

06 在菜单栏中选择【绘图】|【直线】命令，在已绘制出的图形上绘制两条直线，其位置如图 11-18 所示。

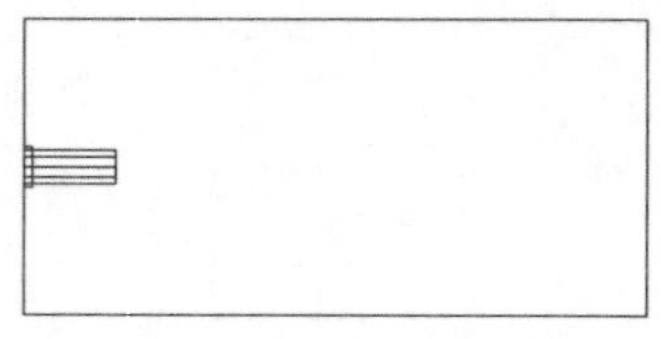

图 11-17　修剪图形

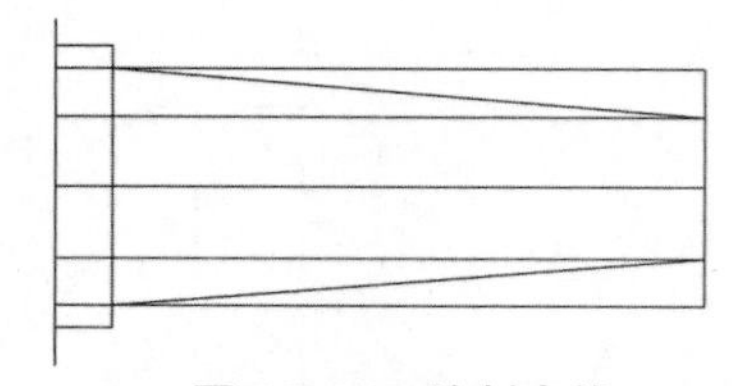

图 11-18　绘制直线

07 绘制完成后，使用【修剪】工具将多余的线段进行修剪，效果如图 11-19 所示。

08 在菜单栏中选择【绘图】|【圆弧】|【起点，端点，方向】命令，在绘制的图形的最末端绘制三个圆弧，效果如图 11-20 所示。

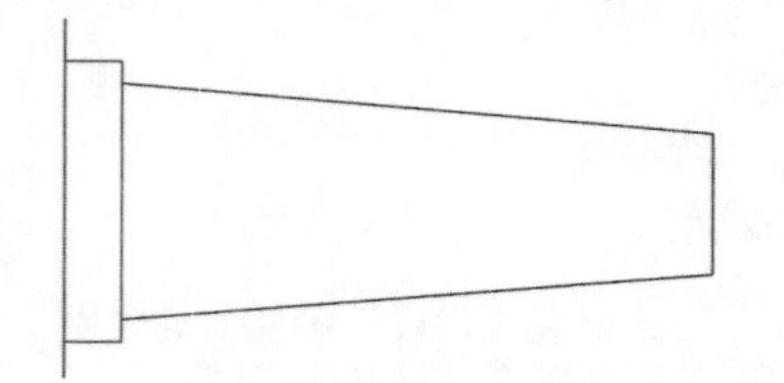

图 11-19　修剪图形

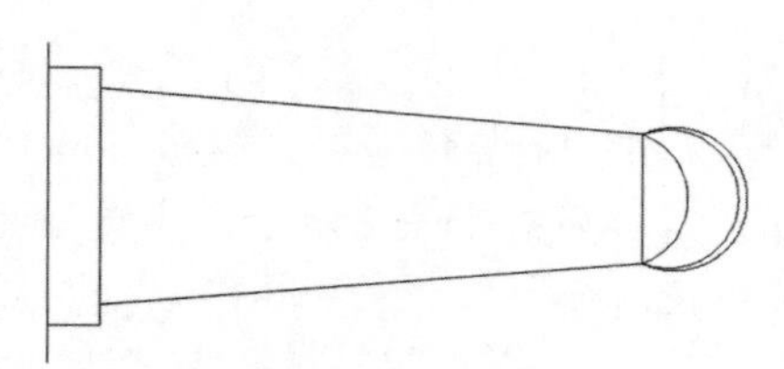

图 11-20　绘制圆弧

09 在命令行中输入【RECTANG】命令，在绘图区中绘制一个长度为 20、宽度为 20 的矩形，绘制一个长度为 30、宽度为 35 的矩形，并将两个矩形连接在一起，如图 11-21 所示。

10 在命令行中输入【MOVE】命令，将绘制的矩形移动到与刚刚绘制的图形最宽边相差 40 的位置，如图 11-22 所示。

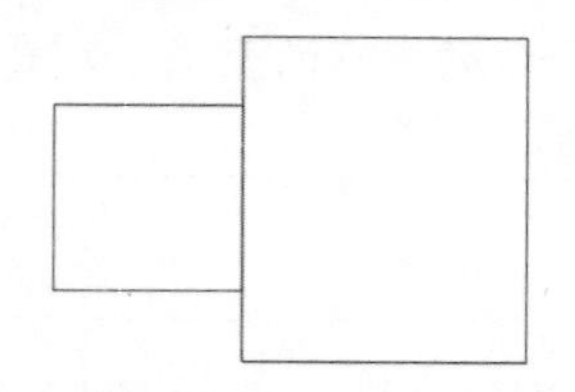

图 11-21　绘制矩形

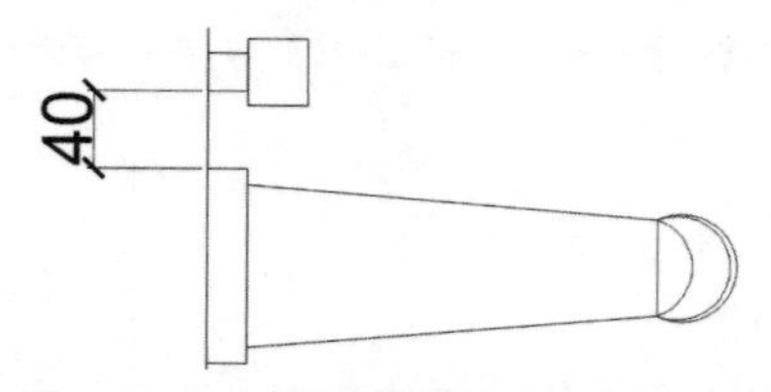

图 11-22　将矩形移动至合适的位置

11 在命令行中输入【MIRROR】命令，将上一步创建的图像以矩形的中点为轴线进行镜像，效果如图 11-23 所示。

12 在命令行中输入【OFFSET】命令，将矩形的上侧边向下偏移 55，左侧边向右偏移 109，下侧边向上偏移 95，右侧边向左偏移 251，如图 11-24 所示。

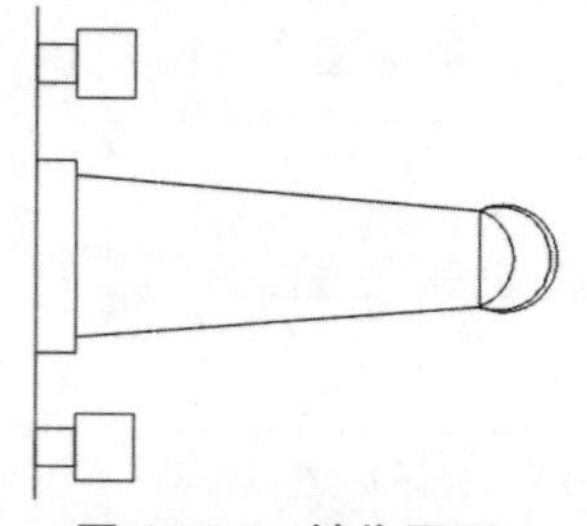

图 11-23　镜像图形

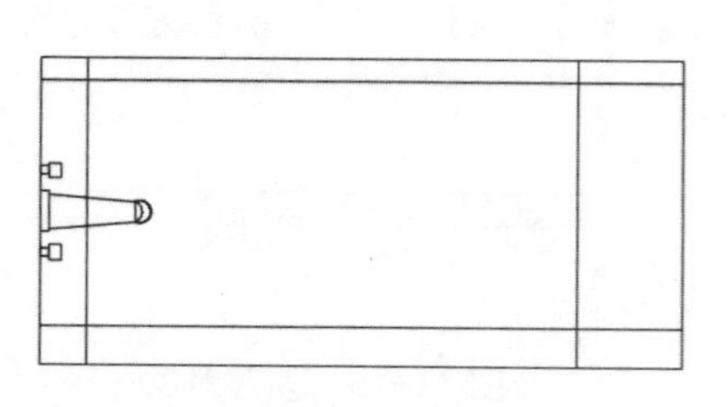

图 11-24　偏移对象

13 在命令行中输入【TRIM】命令，将多余的线条删除，如图 11-25 所示。

14 在命令行中输入【ARC】命令，在绘图区中绘制一个圆弧，如图 11-26 所示。

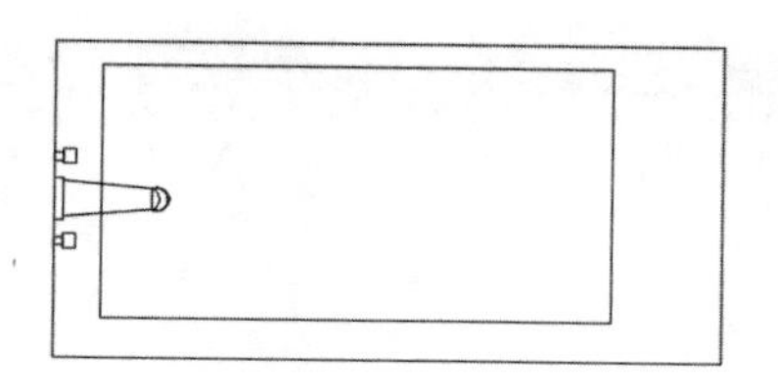

图 11-25 修剪线条

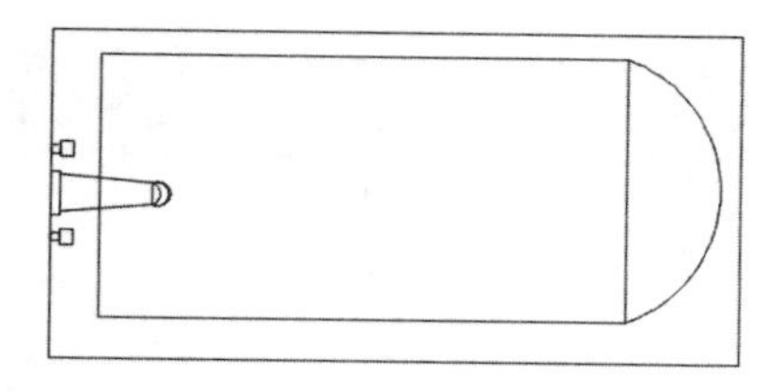

图 11-26 绘制圆弧

15 在命令行中输入【OFFSET】命令，将绘制的图形向内部偏移 50，如图 11-27 所示。

16 在命令行中输入【TRIM】命令，将多余的线条删除，并适当对圆弧的端点进行调整，如图 11-28 所示。

图 11-27 偏移处理

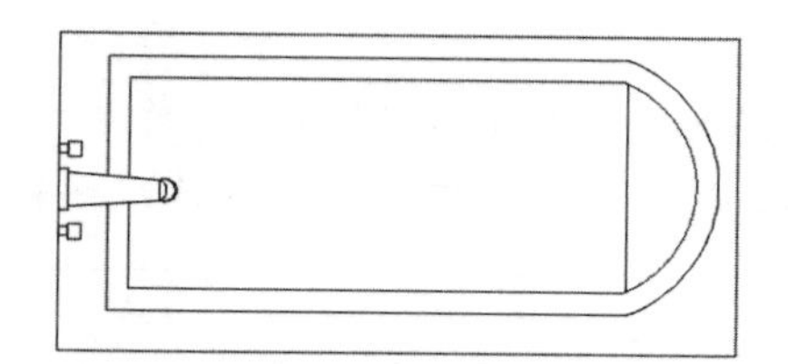

图 11-28 调整圆弧的端点

17 在命令行中输入【OFFSET】命令，将矩形的下侧边向上偏移 30，并使用直线命令将其封闭，使用修剪工具将多余的线段删除，效果如图 11-29 所示。

18 使用前面讲过的方法，对浴缸进行标注，完成后的效果如图 11-30 所示。

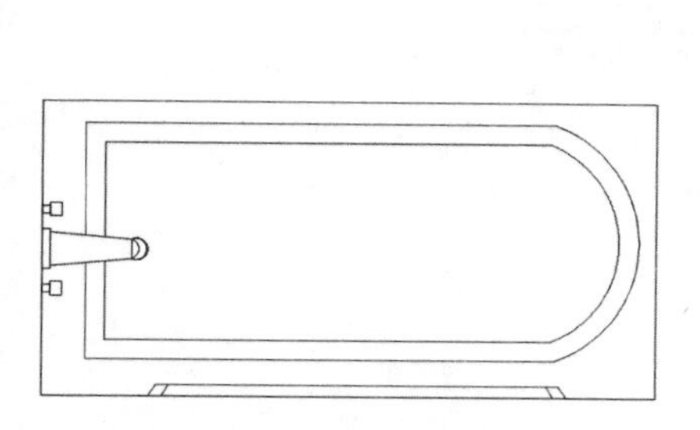

图 11-29 绘制后的效果

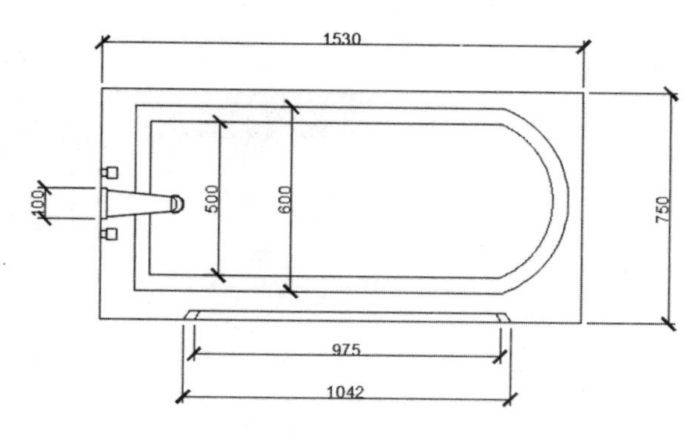

图 11-30 标注后的效果

11.1.3 绘制立柱

本例讲解如何绘制立柱，具体操作步骤如下：

01 使用【矩形】工具，指定第一个角点，在命令行中输入 D，将矩形的长度设置为 600，将宽度设置为 67，如图 11-31 所示。

02 使用【矩形】工具，指定 A 点作为第一个角点，在命令行中输入 D，将矩形的长度设置为 600，将宽度设置为 25，如图 11-32 所示。

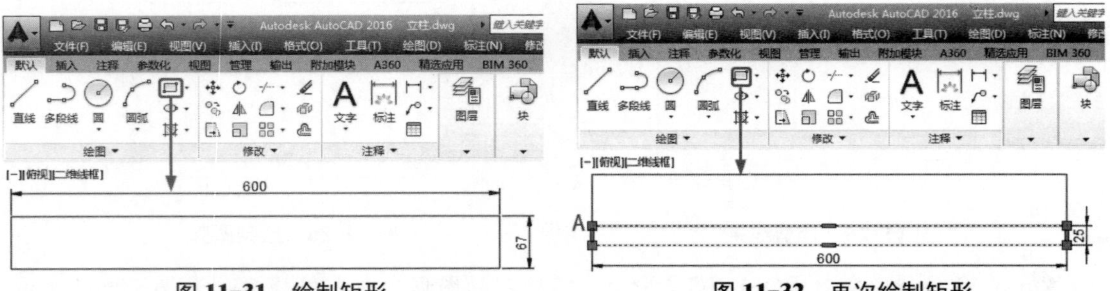

图 11-31 绘制矩形　　图 11-32 再次绘制矩形

03 使用【倒角】工具，在命令行中输入 D，将【第一个倒角距离】设置为 25，将【第二个倒角距离】设置为 25，然后按空格键进行确认，在命令行中输入 M，对其进行圆角处理，如图 11-33 所示。

04 再次使用【矩形】工具，绘制一个长度为 400、宽度为 25 的矩形，使用【移动】工具，将其移动至合适的位置，如图 11-34 所示。

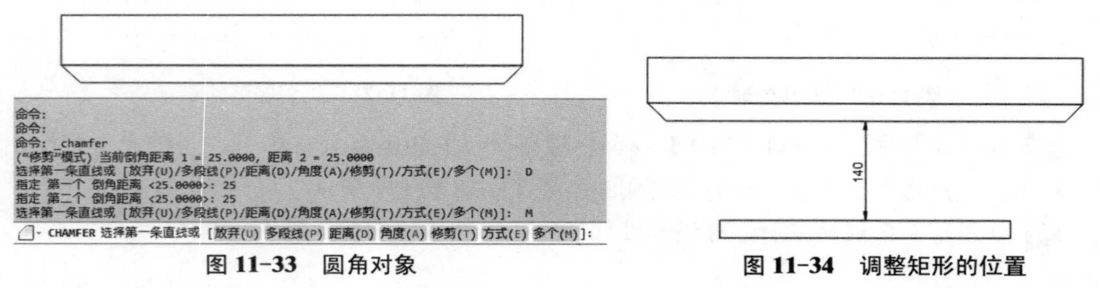

图 11-33 圆角对象　　图 11-34 调整矩形的位置

05 使用【圆弧】工具，绘制圆弧，如图 11-35 所示。

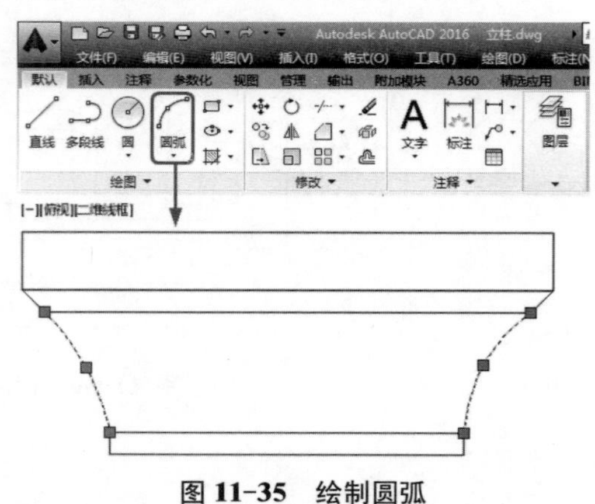

图 11-35 绘制圆弧

06 使用【矩形】工具，绘制一个长度为 360、宽度为 93 的矩形，使用【移动】工具适当调整位置，如图 11-36 所示。

07 再次使用【矩形】工具，绘制一个长度为 360、宽度为 25 的矩形，使用【圆角】工具，在命令行中输入 R，将圆角的半径设置为 25，在命令行中输入 M，对刚绘制的矩形进行圆角处理，如图 11-37 所示。

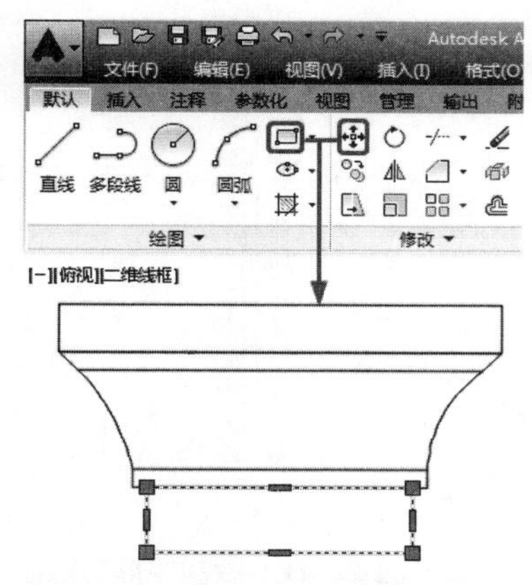

图 11-36　绘制矩形并调整位置

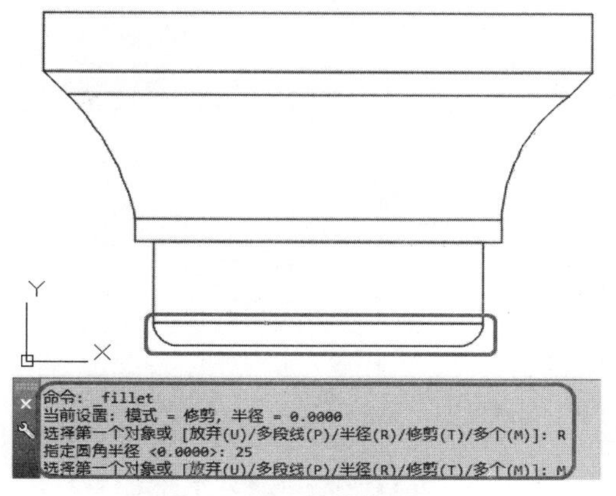

图 11-37　圆角矩形

08 使用【矩形】工具，绘制一个长度为 320、宽度为 2 200 的矩形，使用【移动】工具，调整矩形的位置，如图 11-38 所示。

09 使用【修剪】工具，修剪对象，如图 11-39 所示。

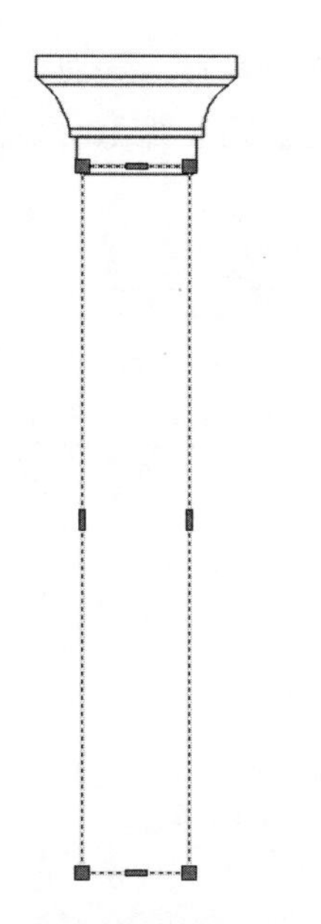

图 11-38　调整矩形的位置

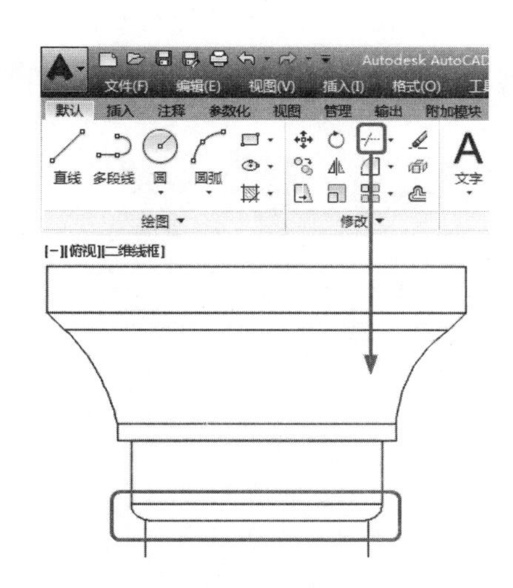

图 11-39　修剪对象

10 使用【镜像】工具，将上面的对象进行镜像，然后使用【修剪】工具，进行适当的修剪，如图 11-40 所示。

11 使用上面讲过的方法，分别绘制 15×1 980、25×1 980、30×1 980、60×1 980、30×1 980、25×1 980、15×1 980 的矩形，并对其位置进行调整，如图 11-41 所示。

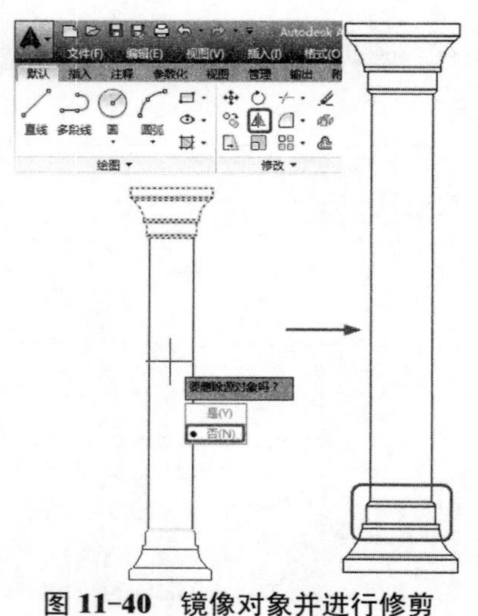

图 11-40　镜像对象并进行修剪

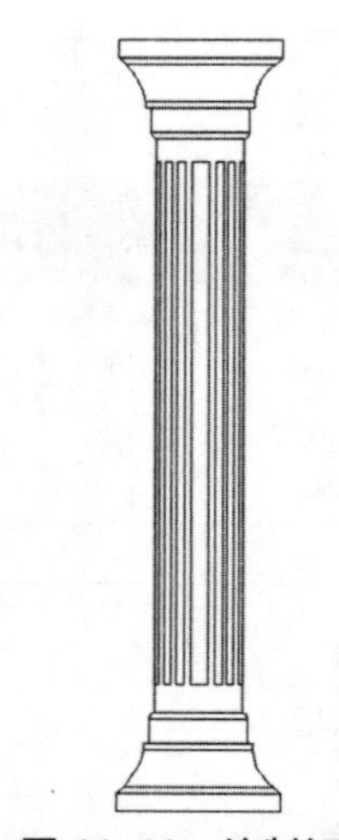

图 11-41　绘制矩形

11.1.4 绘制微波炉

下面介绍如何绘制微波炉，其中主要使用【矩形】、【偏移】、【圆角】和【倒角】命令。其具体操作步骤如下：

01 使用【矩形】工具，绘制一个长度为 426、宽度为 295 的矩形，如图 11-42 所示。

02 使用【圆角】工具，在命令行中输入 R，将【圆角半径】设置为 10，按空格键进行确认，在命令行中输入 M，对其进行圆角，如图 11-43 所示。

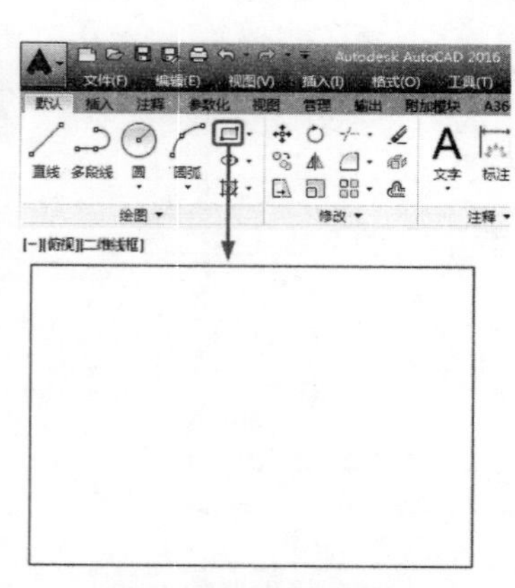

图 11-42　绘制矩形

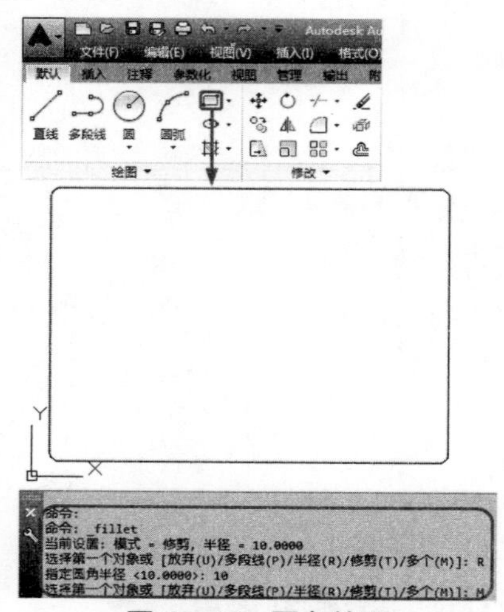

图 11-43　圆角处理

03 使用【偏移】工具，选中被圆角的对象，向外侧偏移 10，如图 11-44 所示。

04 使用【矩形】工具，绘制一个长度为 300、宽度为 200 的矩形，然后使用【移动】工具调整位置，如图 11-45 所示。

05 使用【偏移】工具，将【矩形】向内部偏移 10，如图 11-46 所示。

06 使用【矩形】工具，指定第一角点，在命令行中输入 D，将【矩形】的长度设置为

5，将【宽度】设置为 32，将其放置到合适的位置，如图 11-47 所示。

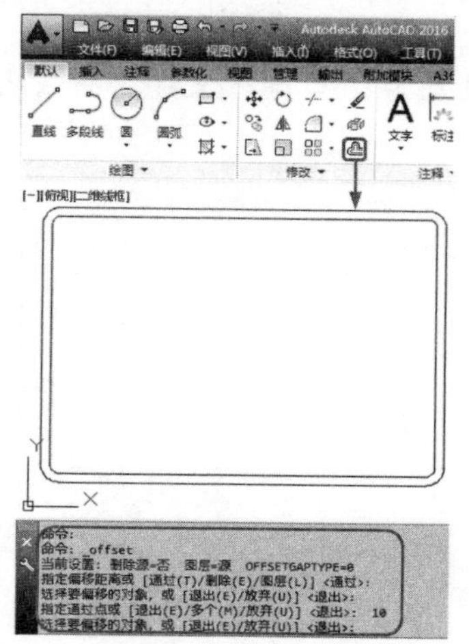

图 11-44 偏移对象

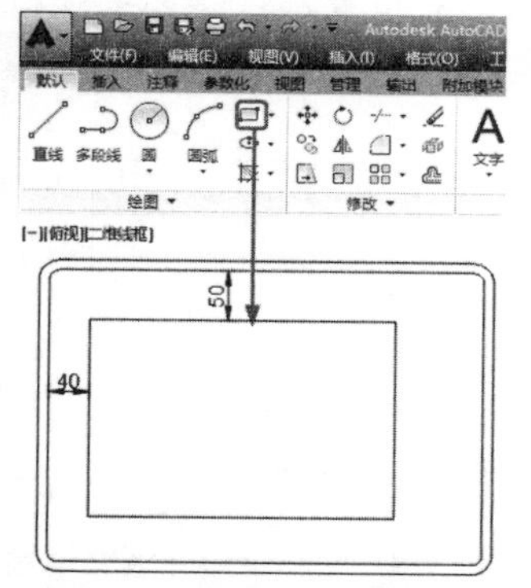

图 11-45 绘制矩形并调整位置

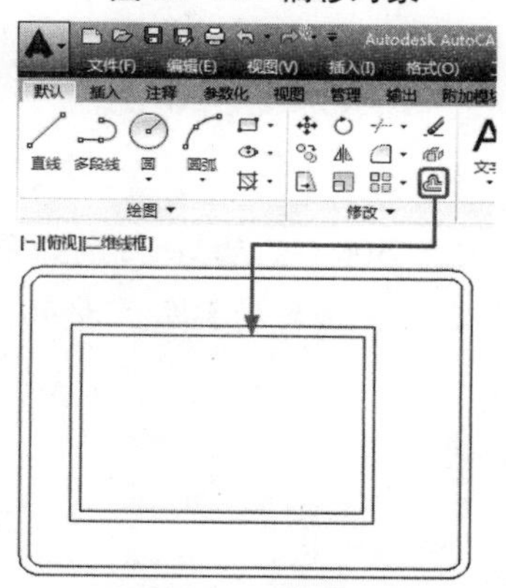

图 11-46 偏移对象

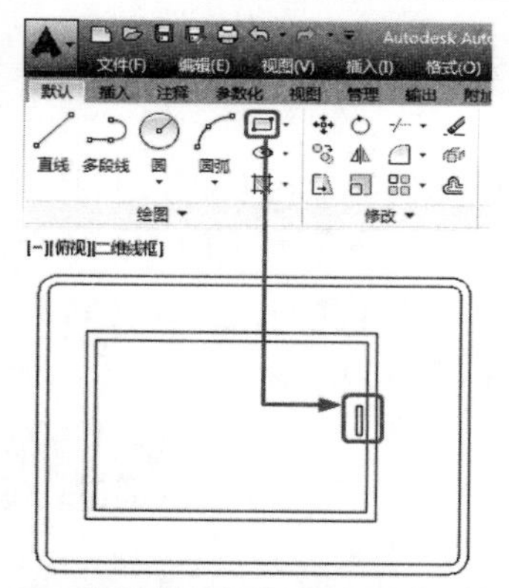

图 11-47 将绘制的矩形放置到合适的位置

07 使用【直线】工具，绘制直线，如图 11-48 所示。

08 再次使用【直线】工具，绘制直线，然后使用【圆】工具，绘制两个半径为 22 的圆，然后调整两个圆的位置，如图 11-49 所示。

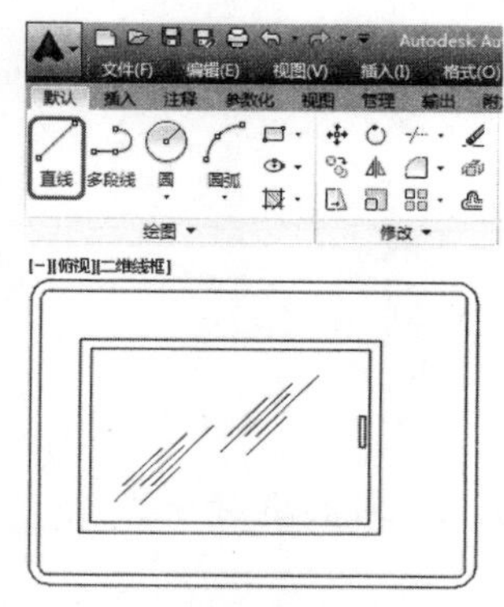

图 11-48 绘制直线

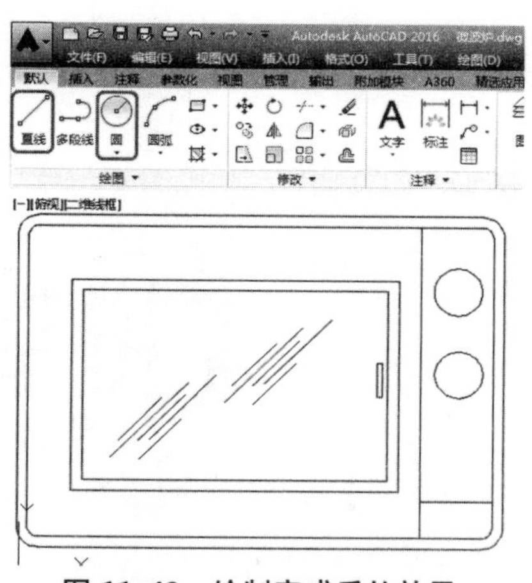

图 11-49 绘制完成后的效果

09 使用【矩形】工具，绘制一个长度为 348、宽度为 14 的矩形，并调整矩形的位置，如图 11-50 所示。

10 使用【单行文字】工具，将【文字高度】设置为 25，输入文字，将【旋转角度】设置为 0，适当调整位置，最终效果如图 11-51 所示。

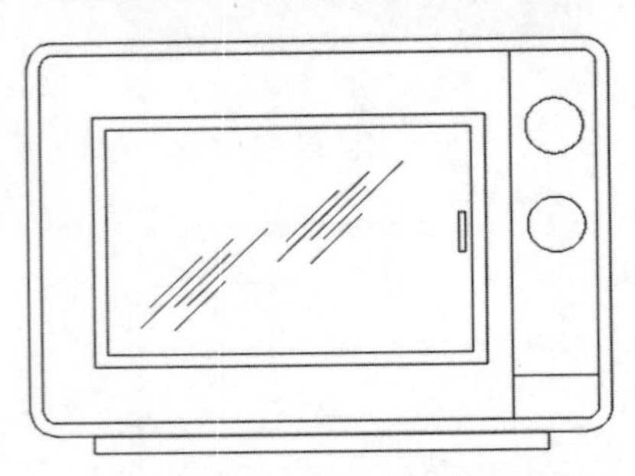

图 11-50 绘制矩形并调整位置

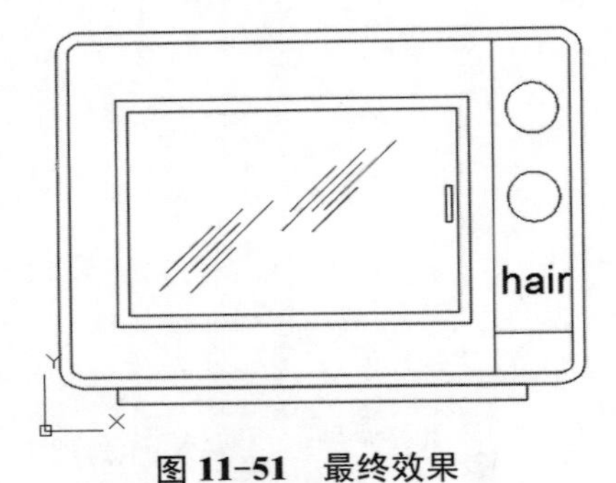

图 11-51 最终效果

11.1.5 绘制电视柜

下面介绍如何绘制电视柜，其具体操作步骤如下：

01 在命令行中输入【REC】命令，绘制一个长度为 500、宽度为 20 的矩形，使用【复制】工具，对其进行复制，然后使用【旋转】工具，将其【旋转角度】设置为 90，并使用【移动】工具，将其移动至合适的位置，如图 11-52 所示。

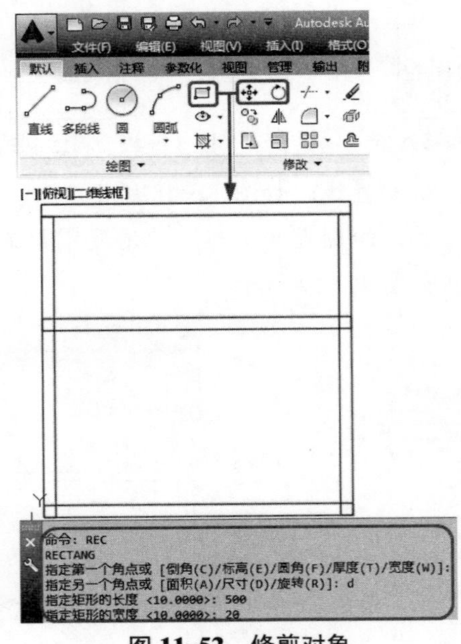

图 11-52 修剪对象

02 使用【直线】工具，绘制直线，再使用【分解】工具，对其进行分解，然后使用【修剪】工具，进行修剪，如图 11-53 所示。

03 使用【矩形】工具，绘制一个长度为200、宽度为460的矩形，如图11-54所示。

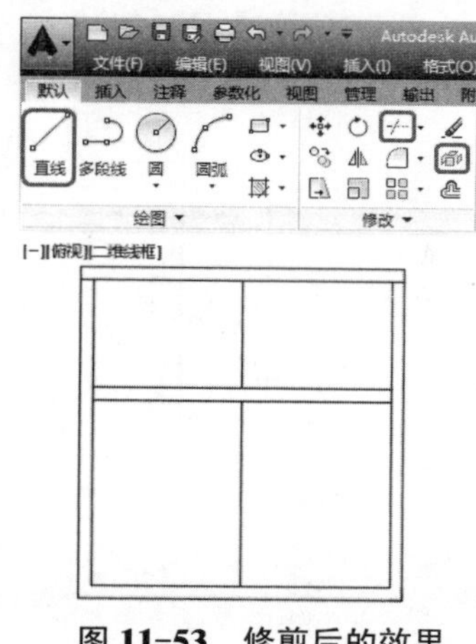

图11-53 修剪后的效果

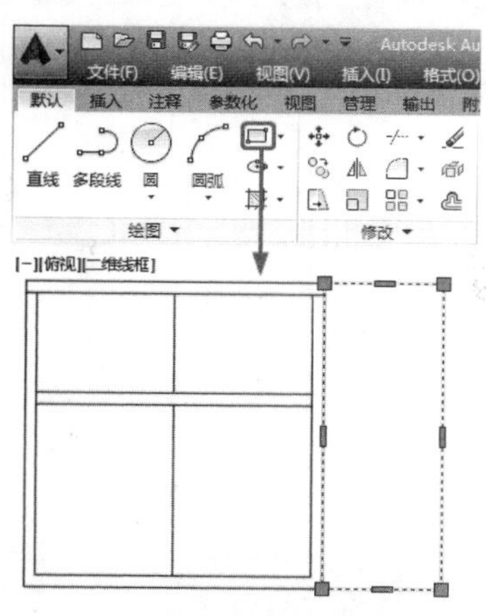

图11-54 绘制矩形

04 使用【偏移】工具，将绘制的矩形向内部依次偏移20、30、5，如图11-55所示。

05 使用【矩形】工具，将矩形的长度设置为500，宽度设置为520，如图11-56所示。

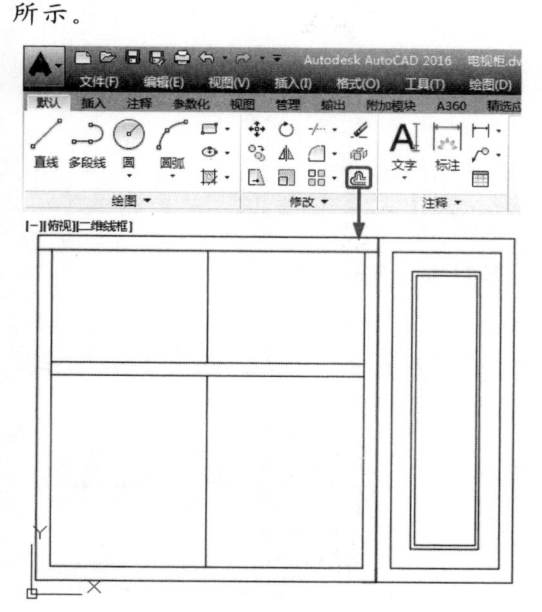

图11-55 偏移矩形

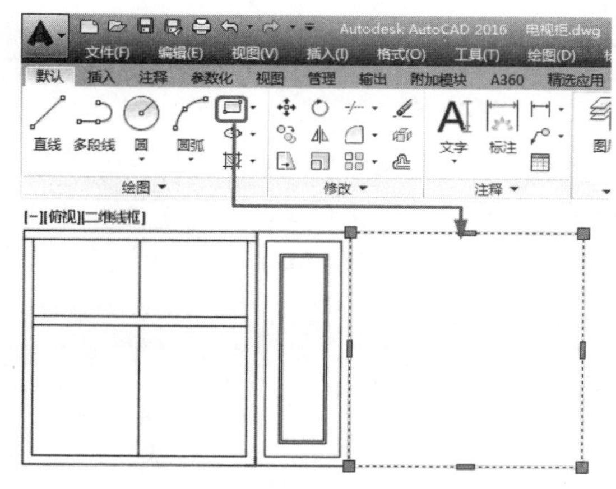

图11-56 绘制矩形

06 使用【偏移】工具，将绘制的矩形向内部偏移50，如图11-57所示。

07 将外部绘制的矩形进行分解，然后使用【偏移】工具，将上侧边向下侧偏移20，如图11-58所示。

08 使用【圆】工具，绘制一个半径为5的圆，使用【偏移】工具，向外部偏移4、2，如图11-59所示。

09 将绘制的对象放置到合适位置，并使用【复制】工具，将其复制，如图11-60所示。

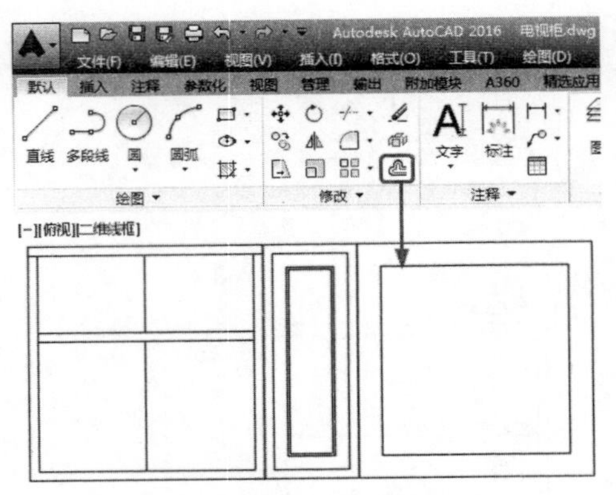

图 11-57　偏移矩形

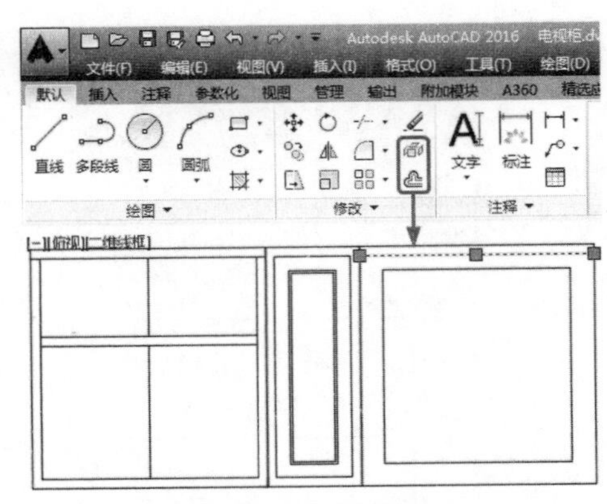

图 11-58　偏移直线

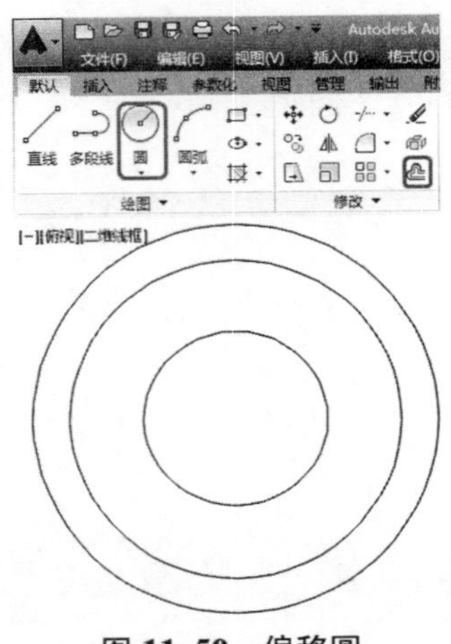

图 11-59　偏移圆

图 11-60　复制对象

10 使用【矩形】工具，绘制一个长度为 1 200、宽度为 40 的矩形，使用【分解】工具，将绘制的所有对象进行分解，然后使用【延长】工具，将对象进行延长，如图 11-61 所示。

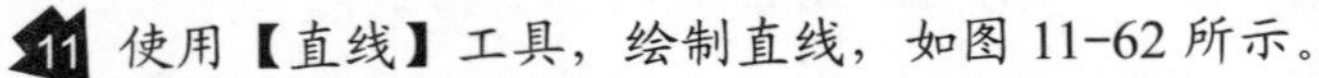

11 使用【直线】工具，绘制直线，如图 11-62 所示。

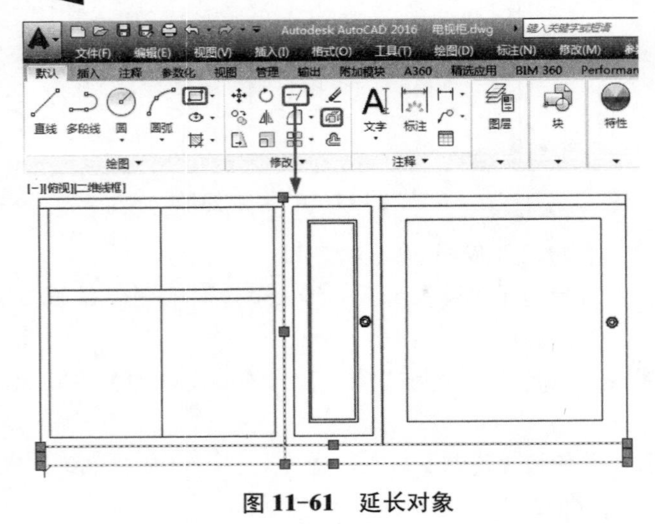

图 11-61　延长对象

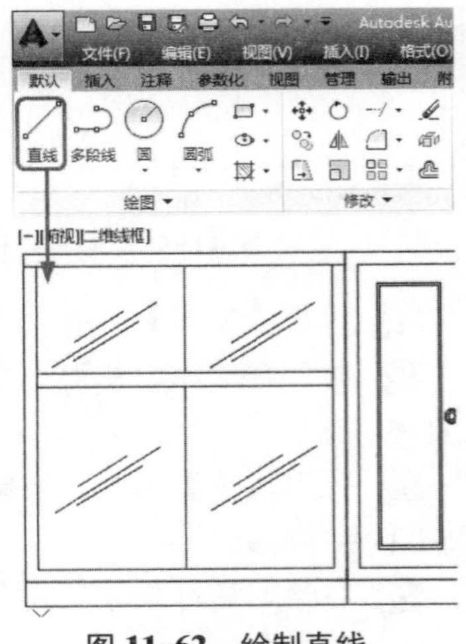

图 11-62　绘制直线

12 使用【图案填充】工具，将【图案填充图案】设置为【AR-CONC】，将【图案填充比例】设置为 0.8，将【角度】设置为 0，然后对其进行填充，如图 11-63 所示。

13 再次使用【图案填充】工具，将【图案填充图案】设置为【AR-SAND】，将【图案填充比例】设置为 0.8，将【角度】设置为 0，然后对其进行填充，如图 11-64 所示。

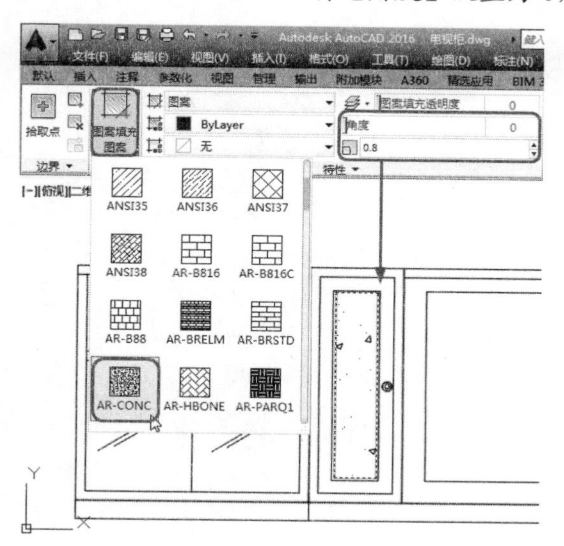

图 11-63 填充图案

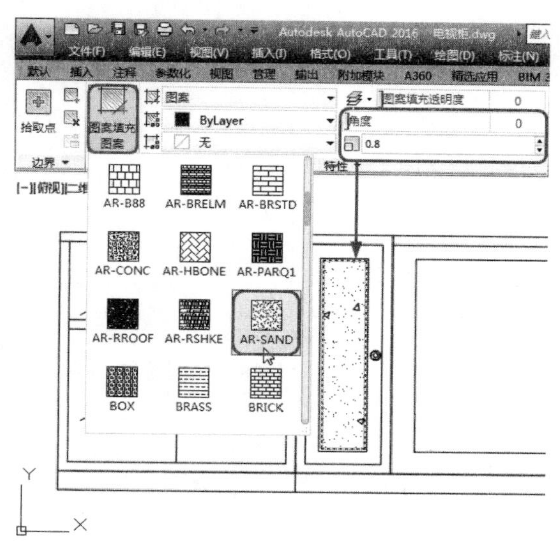

图 11-64 再次填充图案

14 使用【镜像】工具，选中所有的对象，对其进行镜像，然后使用【修剪】工具，进行修剪，如图 11-65 所示。

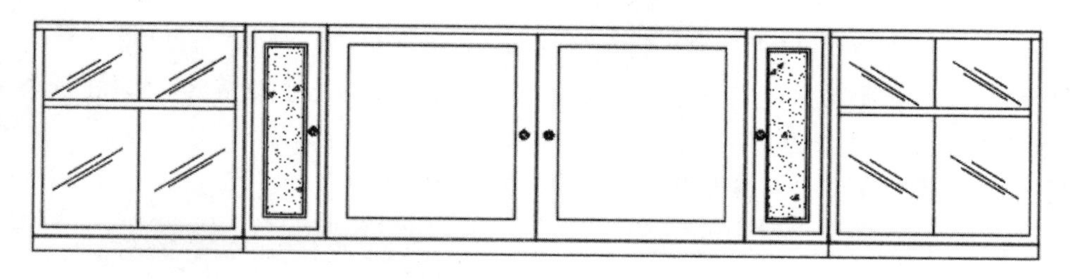

图 11-65 修剪对象

11.1.6 绘制餐桌

下面介绍餐桌的绘制方法，其具体操作步骤如下：

01 使用【矩形】工具，绘制一个长度为 1 000、宽度为 2 000 的矩形，如图 11-66 所示。

02 再次使用【矩形】工具，分别绘制一个长度为 450、宽度为 360 的矩形，如图 11-67 所示。

03 使用【圆角】工具，在命令行中输入 R，将【圆角半径】设置为 50，按空格键进行确认，在命令行中输入 M，然后对其进行圆角处理，如图 11-68 所示。

04 使用【矩形】工具，绘制一个长度为 500、宽度为 24 的矩形，然后使用【移动】工具，将其移动至合适的位置，如图 11-69 所示。

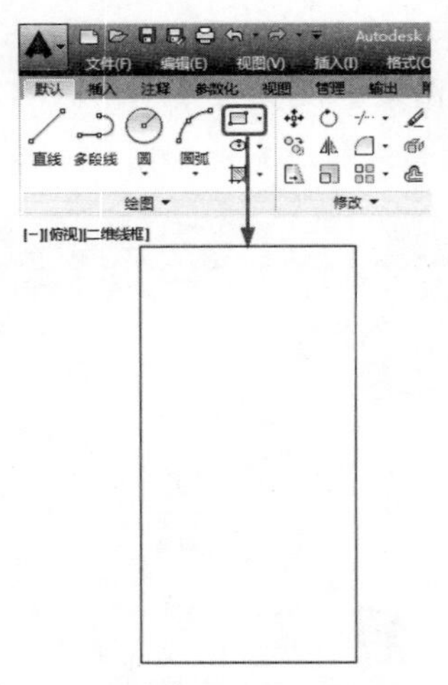

图 11-66　绘制矩形

图 11-67　绘制矩形

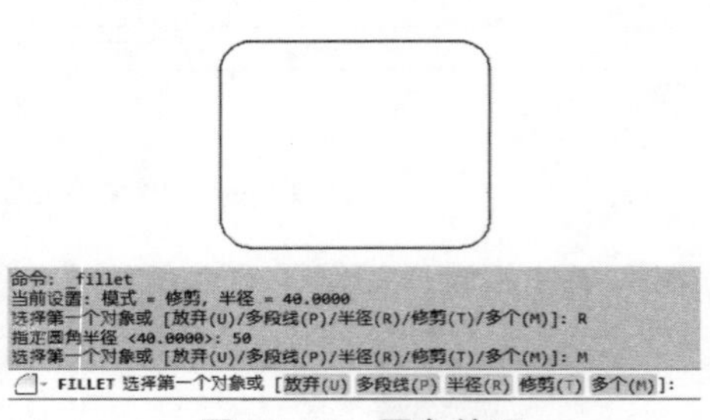

图 11-68　圆角处理

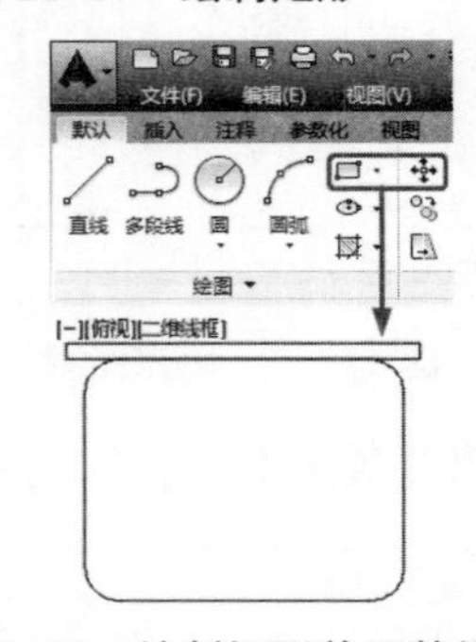

图 11-69　绘制矩形并调整位置

05 使用【圆角】工具，在命令行中输入 R，将【圆角半径】设置为 15，在命令行中输入 M，对绘制的矩形进行圆角，如图 11-70 所示。

06 使用【圆弧】工具，绘制圆弧，如图 11-71 所示。

图 11-70　圆角处理

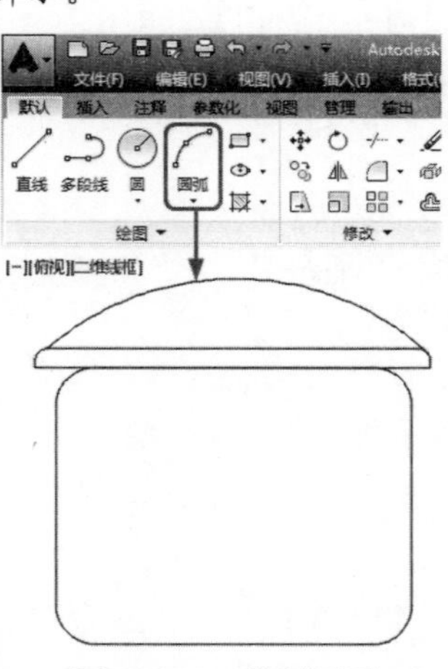

图 11-71　绘制圆弧

07 将绘制的椅子对象移动至如图 11-72 所示的位置处。

08 使用【旋转】和【镜像】工具，旋转并镜像椅子对象，如图 11-73 所示。

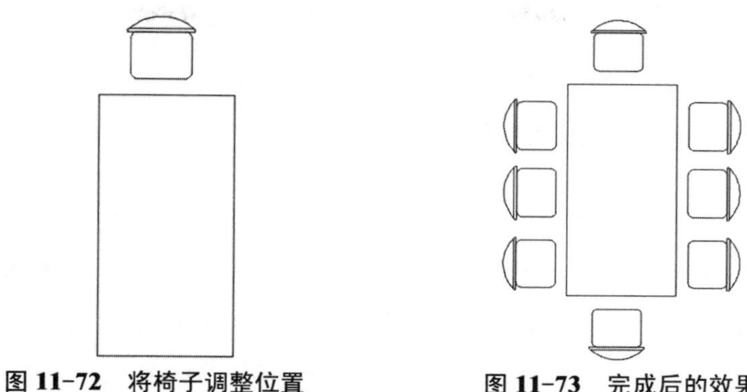

图 11-72　将椅子调整位置　　图 11-73　完成后的效果

11.2　绘制篮球场及篮球架

下面介绍篮球场及篮球架的绘制方法，其具体操作步骤如下：

01 使用【矩形】工具，绘制长度为 5 486.5、宽度为 3 429 的矩形，如图 11-74 所示。

02 再次使用【矩形】工具，绘制两个 823×2 010、275×915 的矩形，并使用【移动】工具，调整矩形的位置，如图 11-75 所示。

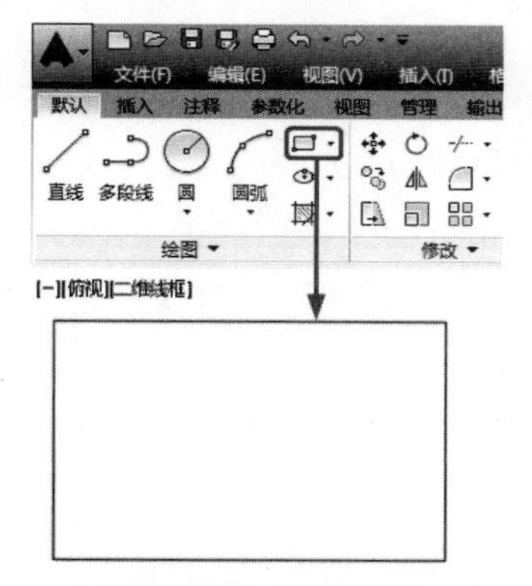

图 11-74　绘制矩形

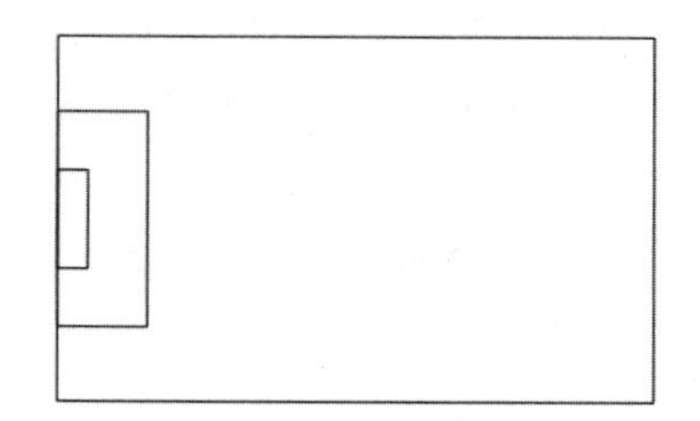

图 11-75　调整后的效果

03 使用【直线】工具，在大矩形的中间绘制一条直线，然后使用【圆】工具，以直线的中点作为圆的圆心，绘制一个长度为 500 的圆，如图 11-76 所示。

04 使用【圆弧】工具，绘制圆弧，如图 11-77 所示。

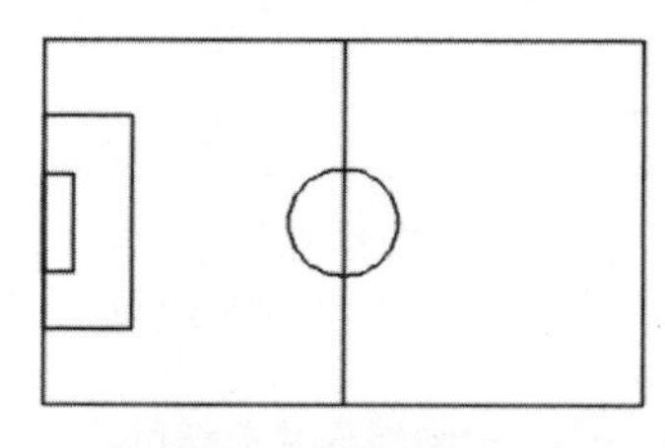

图 11-76　绘制直线和圆

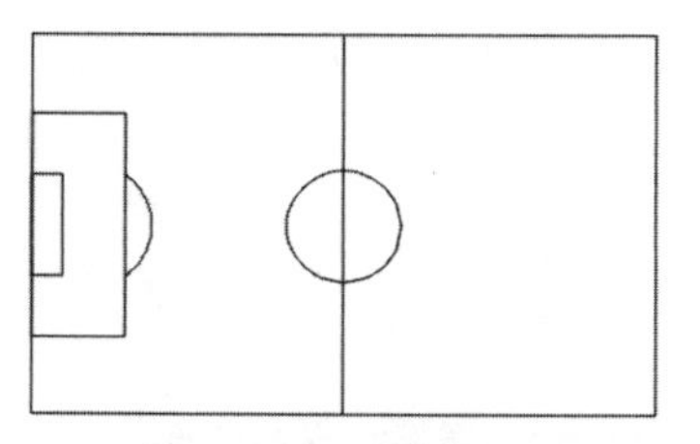

图 11-77　绘制圆弧

05 使用【镜像】工具，选择左侧的对象对其进行镜像，如图 11-78 所示。

06 使用【直线】工具，绘制直线，如图 11-79 所示。

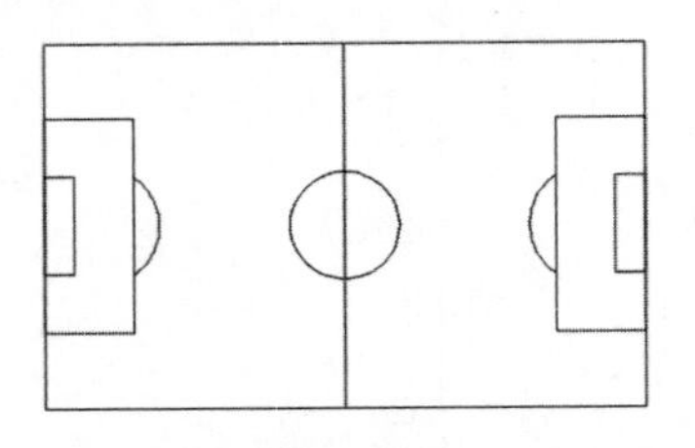

图 11-78 镜像对象

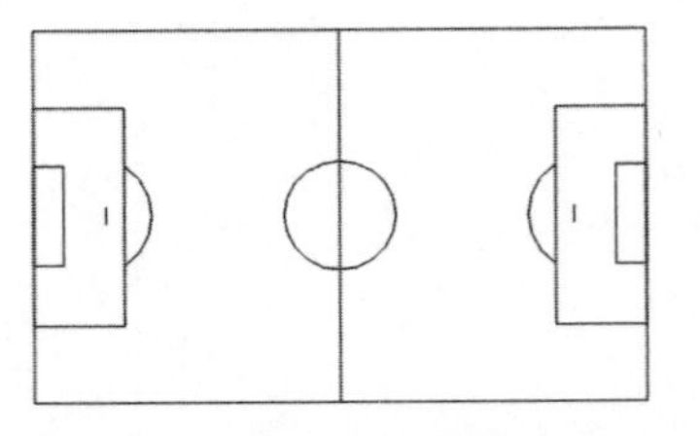

图 11-79 绘制直线

07 使用【矩形】工具，在空白位置处绘制一个长度为 1 100、宽度为 745 的矩形，如图 11-80 所示。

08 使用【偏移】工具，将绘制的对象向内部偏移 45，如图 11-81 所示。

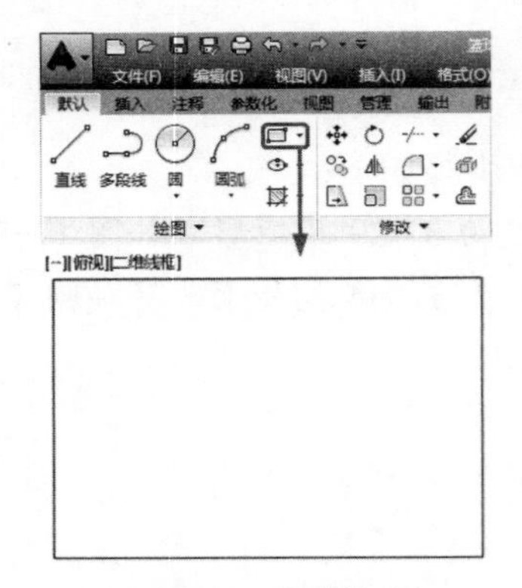

图 11-80 绘制矩形

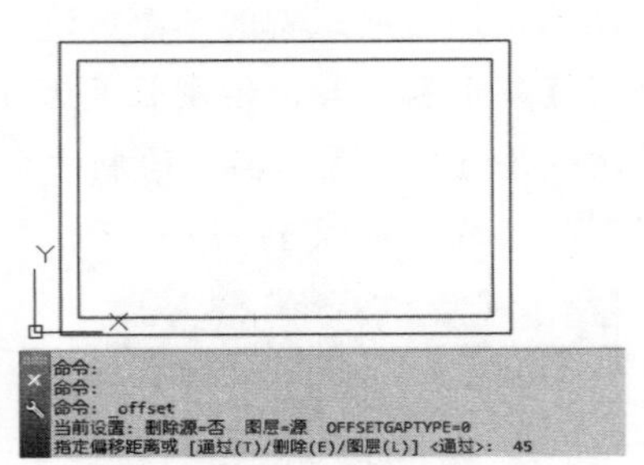

图 11-81 偏移对象

09 使用【矩形】工具，绘制两个 90×2 250 和一个 425×400，使用【移动】工具，对其调整位置，如图 11-82 所示。

10 再次使用【矩形】工具，绘制一个长度为 300、宽度为 240 的矩形，将矩形移动至合适的位置，如图 11-83 所示。

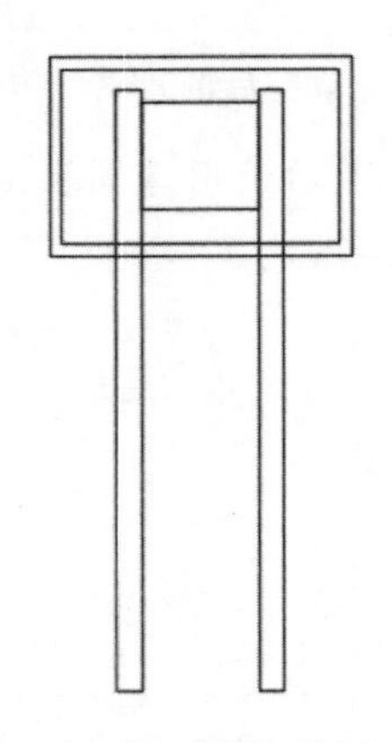

图 11-82 调整矩形的位置

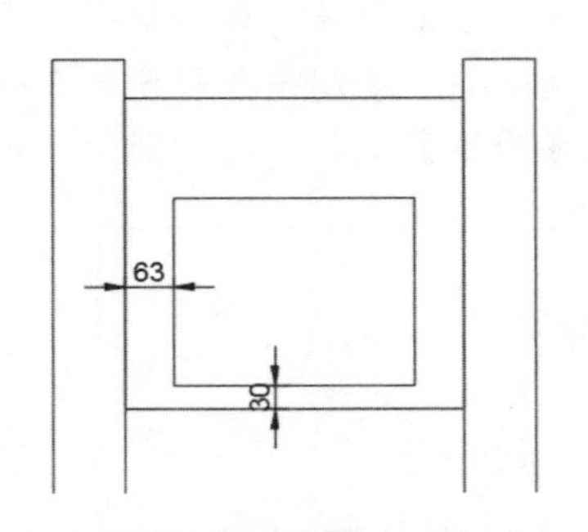

图 11-83 绘制矩形并调整位置

11 使用【偏移】工具，将绘制的矩形向内部偏移30，如图11-84所示。

12 使用【矩形】工具，绘制一个长度为275、宽度为5，如图11-85所示。

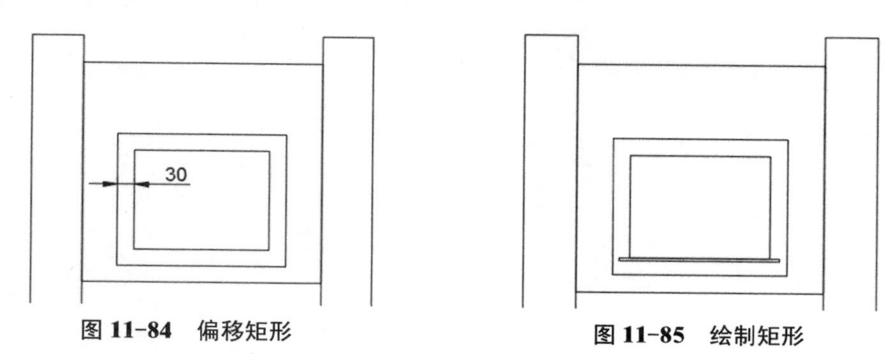

图 11-84　偏移矩形

图 11-85　绘制矩形

13 再次使用【矩形】工具，绘制一个长度为90、宽度为85的矩形，然后使用【直线】工具，绘制直线，如图11-86所示。

14 使用【修剪】工具，修剪对象，如图11-87所示。

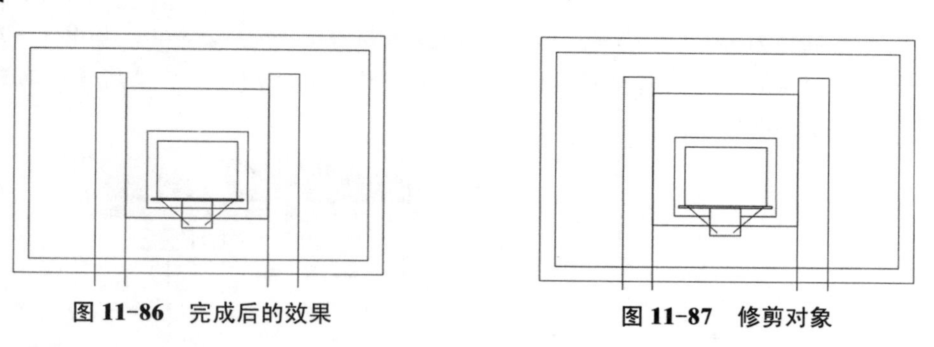

图 11-86　完成后的效果

图 11-87　修剪对象

15 至此，篮球场及篮球架就制作完成了，最终效果如图11-88所示。

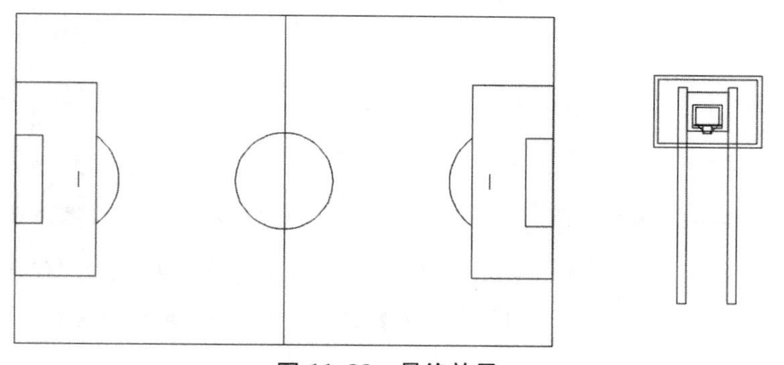

图 11-88　最终效果

11.3　绘制地面拼花

下面讲解地面拼花的绘制，具体操作方法如下。

01 使用【圆】工具，绘制一个半径为700的圆，然后使用【偏移】工具，选择绘制的圆，向外部进行偏移，将偏移距离设置为 60，如图 11-89 所示。

02 绘制一个连接圆的上象限点和圆心的垂直直线，如图 11-90 所示。

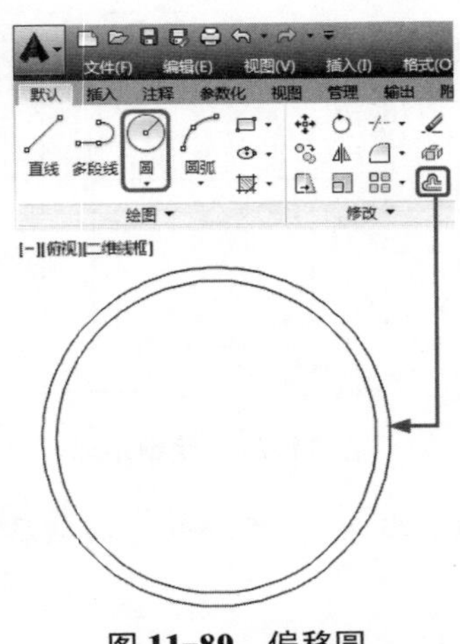

图 11-89 偏移圆

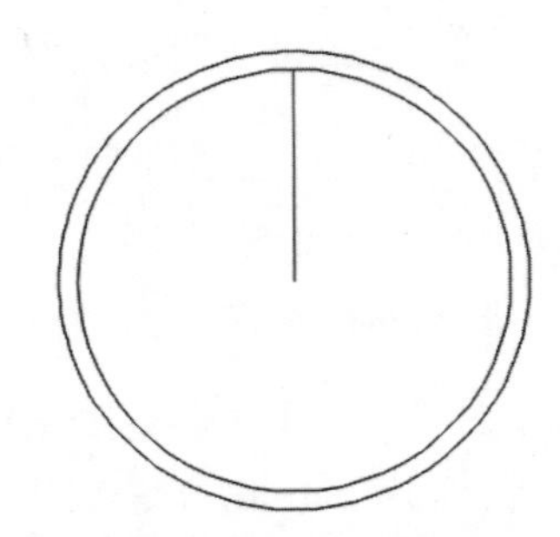

图 11-90 绘制直线

03 使用【偏移】工具，将绘制的直线，向左偏移 60，向右偏移 60，如图 11-91 所示。

04 使用【旋转】工具，将偏移后的直线分别旋转-15 和 15，然后使用【移动】工具，调整位置，如图 11-92 所示。

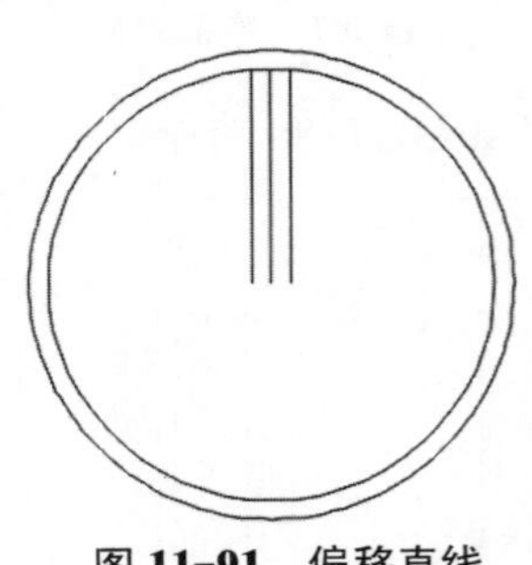

图 11-91 偏移直线

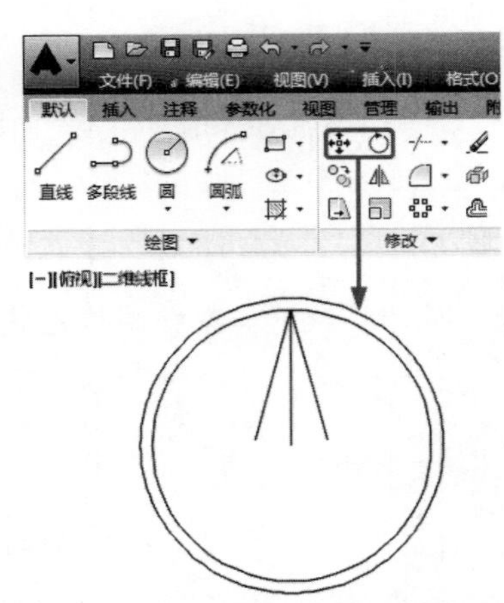

图 11-92 旋转并调整对象

05 再次使用【偏移】工具，将第一步绘制的直线向左偏移 120，使用【旋转】工具，将【旋转角度】设置为 45，然后使用【移动】工具，将其移动至合适的位置，如图 11-93 所示。

06 将第一步绘制的直线向右偏移 120，使用【旋转】工具，将【旋转角度】设置为-60，然后使用【移动】工具，将其移动至合适的位置，如图 11-94 所示。

07 使用【修剪】工具，对绘制的对象进行修剪，如图 11-95 所示。

08 使用【环形阵列】命令，对上一步修剪的对象进行阵列，将【项目数】设置为 8，将【行数】设置为 1，如图 11-96 所示。

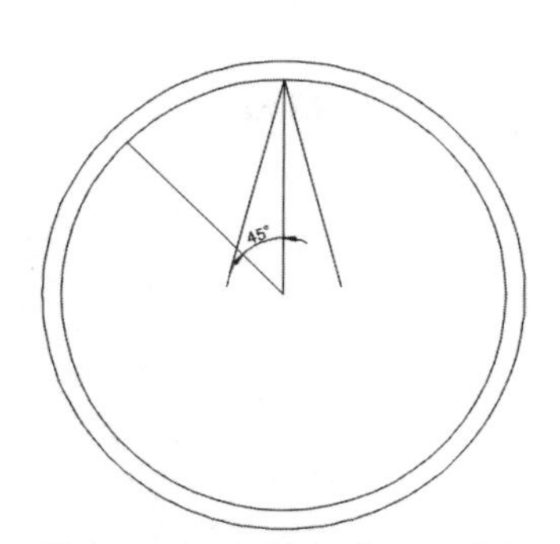

图 11-93　调整完成后的效果

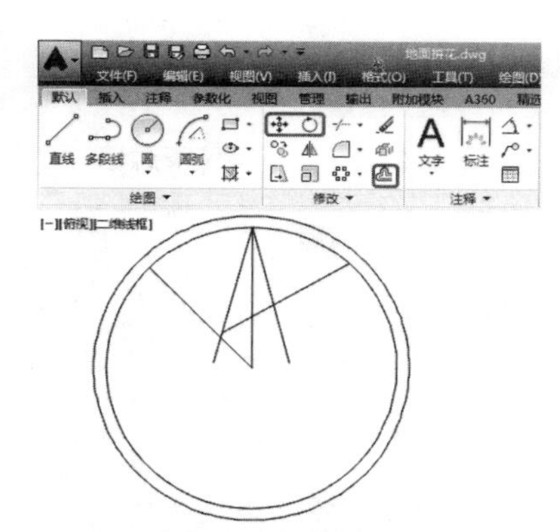

图 11-94　调整完成后的效果

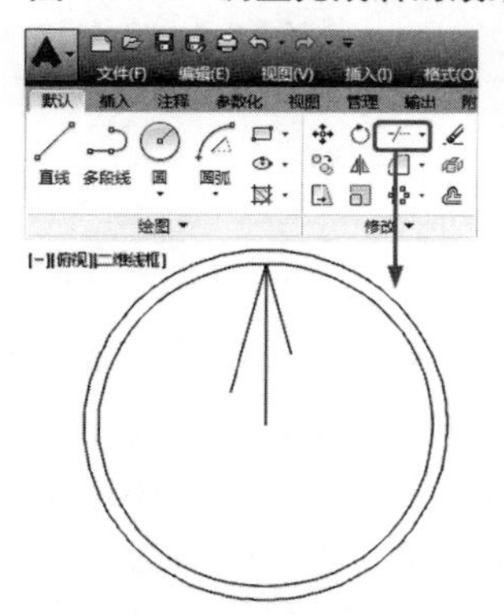

图 11-95　修剪对象

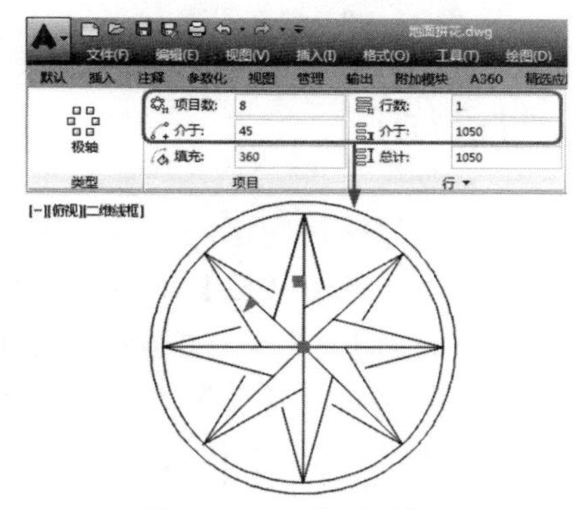

图 11-96　阵列对象

09 使用【分解】工具，对阵列的对象进行修剪，使用【延长】工具，将其适当地延长，如图 11-97 所示。

10 使用【图案填充】工具，将【图案填充图案】设置为【AR-CONC】，将【图案填充比例】设置为 0.2，将【角度】设置为 0，然后进行图案填充，如图 11-98 所示。

图 11-97　延长对象

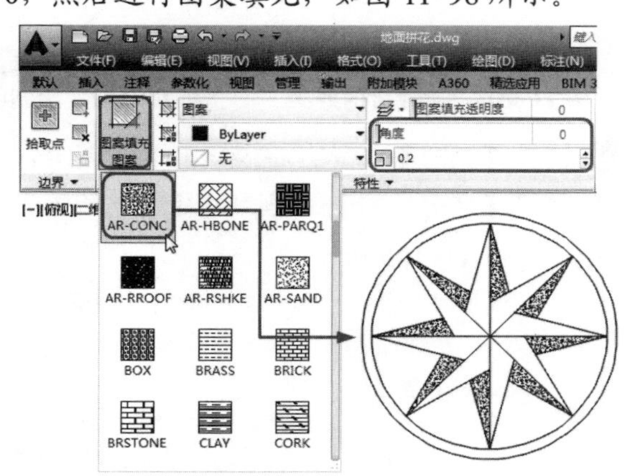

图 11-98　填充图案

11 再次使用【图案填充】工具，将【图案填充图案】设置为【AR-CONC】，将【图案填充比例】设置为 1，将【角度】设置为 0，然后进行图案填充，如图 11-99 所示。

12 最终效果如图 11-100 所示。

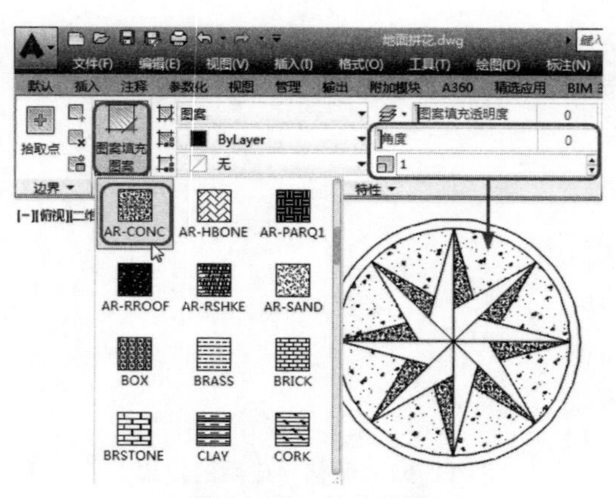

图 11-99 填充图案

图 11-100 最终效果

11.4 绘制绿化树

下面讲解如何绘制绿化树图例，具体操作步骤如下：

01 新建空白图纸，使用【圆】工具，绘制一个半径为 2 000 的圆，然后连续使用【直线】工具在圆内过圆心绘制长度为 4 000 的直线且互相垂直，完成后的效果如图 11-101 所示。

02 使用【起点，端点，角度】工具将角度设为 60，绘制如图 11-102 所示的圆弧。

03 使用【镜像】工具，捕捉直线的端点，将上一步绘制的圆弧进行镜像处理，如图 11-103 所示。

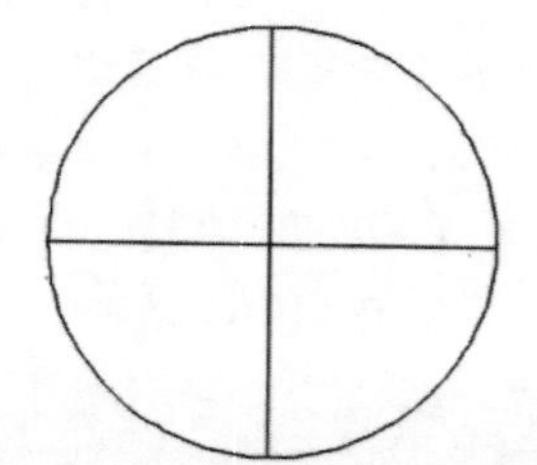

图 11-101 完成后的效果

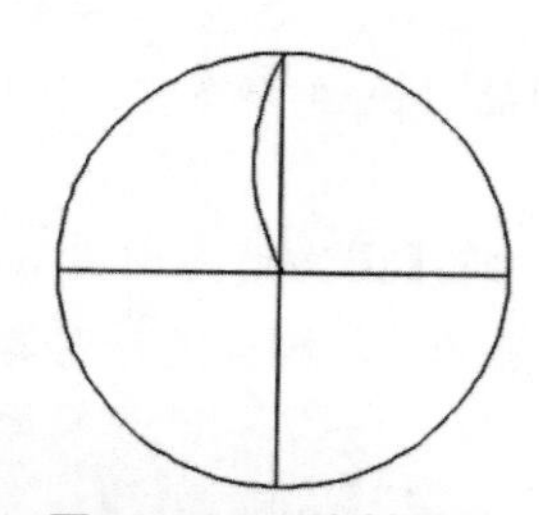

图 11-102 绘制圆弧

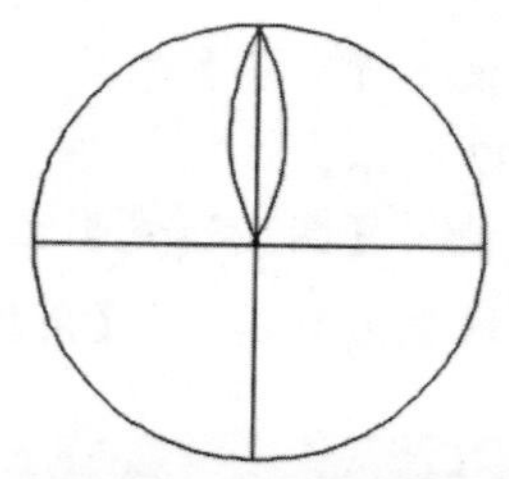

图 11-103 镜像对象

04 使用【删除】工具，将绘制的直线删除，如图 11-104 所示。

05 使用【环形阵列】工具，选择绘制的圆弧，将【项目数】设为 8，对图形进行环形阵列处理，如图 11-105 所示。

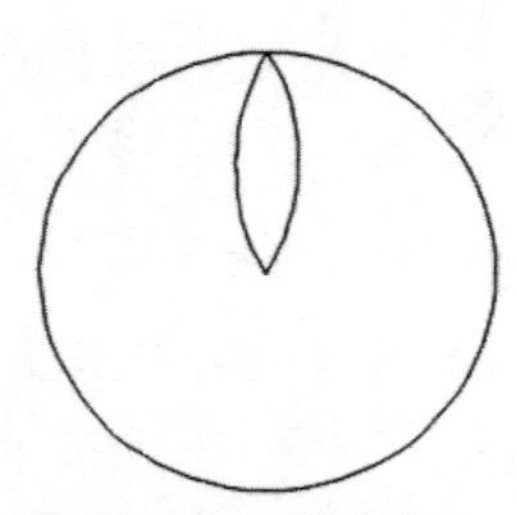

图 11-104 删除直线

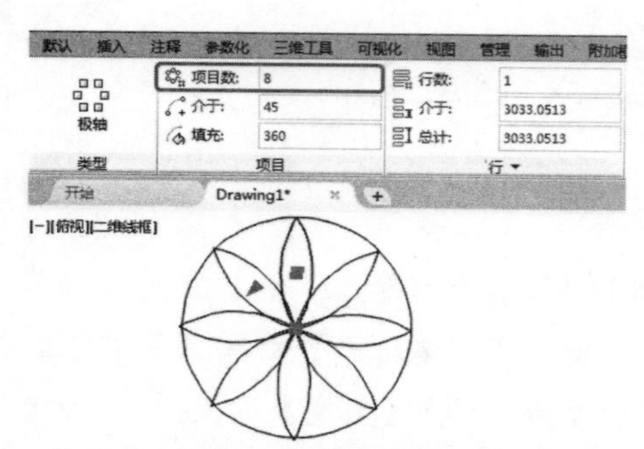

图 11-105 对图形进行阵列处理

06 在命令行中输入【HATCH】命令，并按【Enter】键，在命令行中选择【T】，弹出【图案填充和渐变色】对话框，如图 11-106 所示。

07 单击图案右侧的[...]按钮，弹出【填充图案选项板】对话框，切换至【其他预定义】选项卡，选择【SOLID】图案，单击【确定】按钮，如图 11-107 所示。

图 11-106 【图案填充和渐变色】对话框

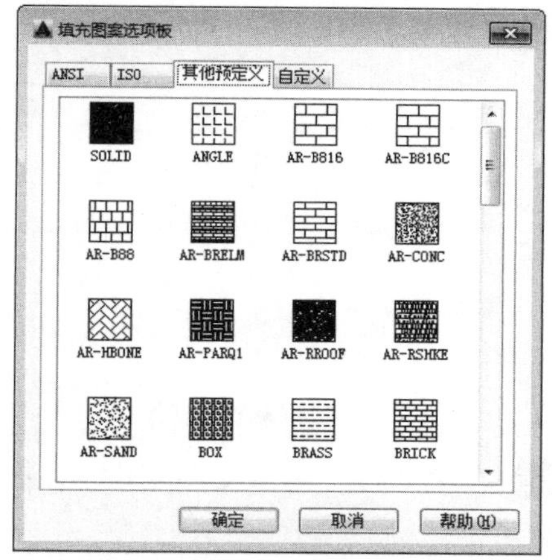

图 11-107 选择【SOLID】图案

08 返回到【图案填充和渐变色】对话框，单击【确定】按钮对图形进行填充，如图 11-108 所示。

图 11-108 填充图案后的效果

11.5 绘制台阶

下面讲解台阶的绘制，具体操作步骤如下：

01 启动软件后，按【Ctrl+N】组合键，弹出【选择样板】对话框，选择【acadiso】样板，单击【打开】按钮，如图 11-109 所示。

02 打开【图层特性管理器】选项板，根据如图 11-110 所示新建图层。

03 将当前图层设为【轮廓】图层，使用【多段线】工具，将线宽设为 5，绘制长度分别为 1 220、1 180、1 180，高度为 200 的楼梯轮廓，如图 11-111 所示。

04 继续使用【多段线】工具，将线宽设为 5，捕捉端点为起点，根据如图 11-112 所示进行绘制。

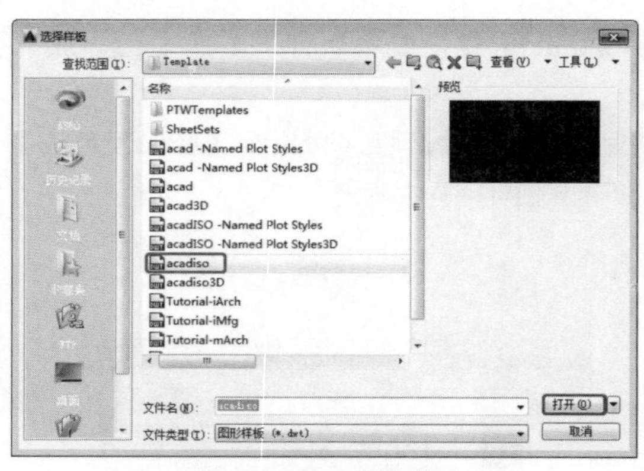

图 11-109 选择样板

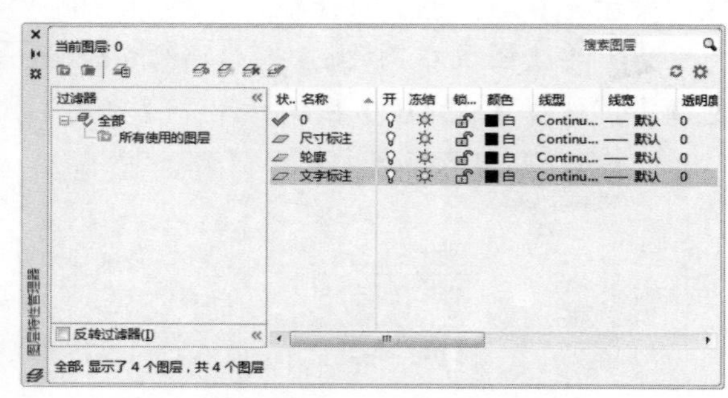

图 11-110 新建图层

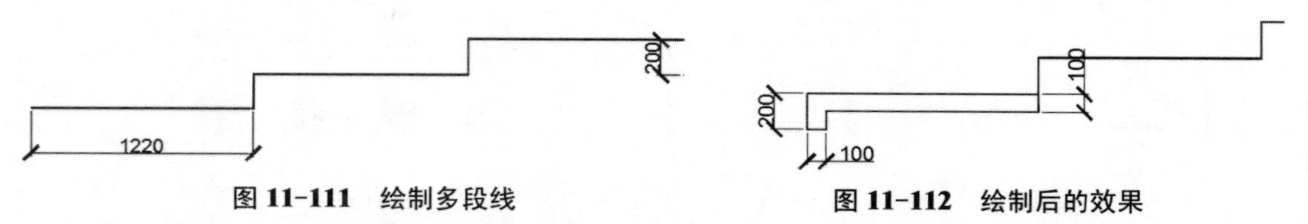

图 11-111 绘制多段线

图 11-112 绘制后的效果

05 在命令行中输入【RECTANG】命令，绘制长度为 1 200、宽度为 40 的矩形，如图 11-113 所示。

06 选择上一步创建的矩形，在命令行中输入【MOVE】命令，捕捉矩形左下角为起点，然后在命令行输入（@-20, 20），如图 11-114 所示。

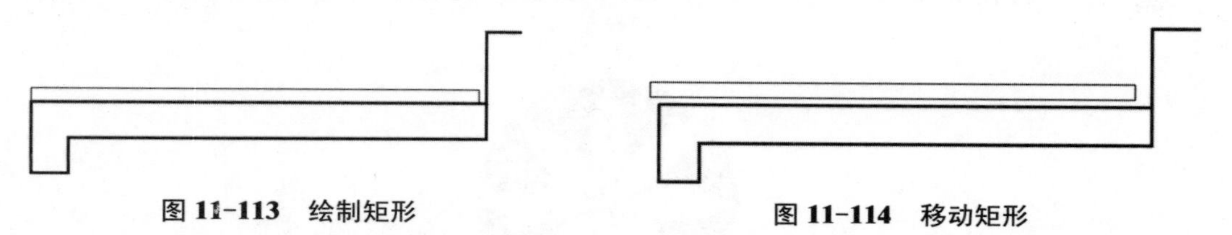

图 11-113 绘制矩形

图 11-114 移动矩形

07 在命令行中输入【LINE】命令，捕捉端点进行绘制，如图 11-115 所示。

08 在命令行中输入【EXPLODE】命令，将创建的矩形进行分解，然后使用【偏移】工具将矩形的左侧边向内偏移 600，如图 11-116 所示。

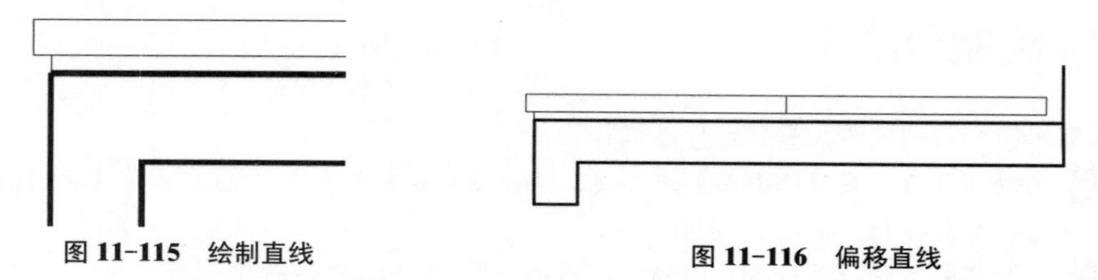

图 11-115 绘制直线

图 11-116 偏移直线

09 在命令行中输入【HATCH】命令，切换到【图案填充创建】选项卡，将【图案】设为【ANSI33】，将【图案填充颜色】设为【Bylayer】，将【填充图案比例】设为 5，填充后的效果如图 11-117 所示。

10 在命令行中输入【RECTANG】命令，绘制长度为 20、宽度为 220 的矩形，如图 11-118

所示。

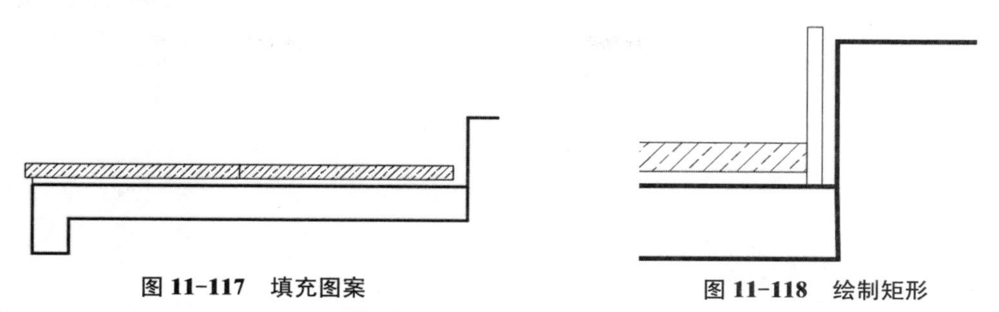

图 11-117　填充图案　　　　图 11-118　绘制矩形

11 继续在命令行中输入【HATCH】命令，切换到【图案填充创建】选项卡，将【图案填充图案】设为【ANSI33】，【图案填充颜色】设为 Bylayer，【填充图案比例】设为 5，如图 11-119 所示。

12 将上一步创建的矩形和填充的图案进行编组，在命令行中输入【COPY】命令，选择大矩形的左下角将其移动到如图 11-120 所示的位置。

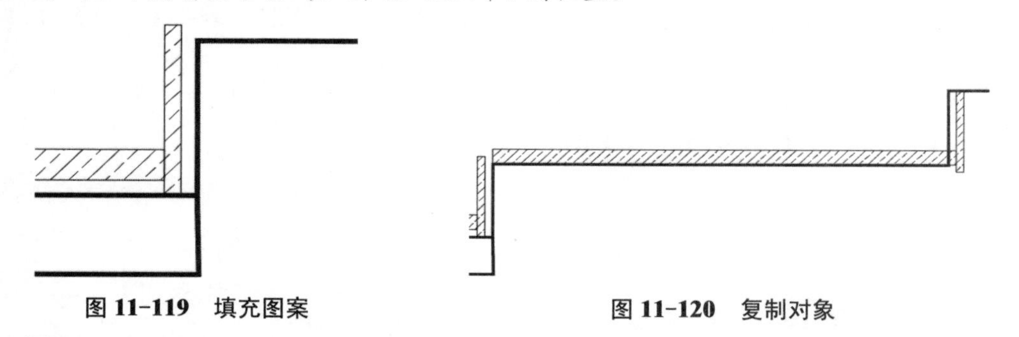

图 11-119　填充图案　　　　图 11-120　复制对象

13 继续在命令行中输入【MOVE】命令，选择上一步创建的矩形，以左下角为基点，然后在命令行输入（@-60, 20），按【Enter】键进行确认，完成后的效果如图 11-121 所示。

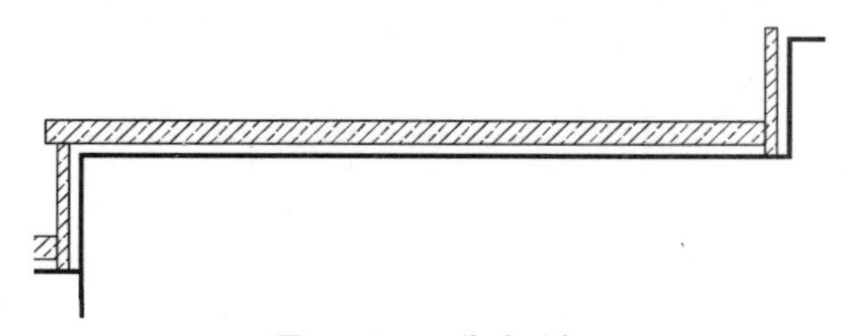

图 11-121　移动对象

14 使用同样的方法制作第三个台阶，如图 11-122 所示。

提示

在绘制第三个台阶时，需要将成组的对象进行解组，然后调整位置，用户可以选择对象并右击，在弹出的快捷菜单中选择【组】|【解除编组】命令。

15 将当前图层设为【尺寸标注】图层，在菜单栏中选择【格式】|【标注样式】命令，如图 11-123 所示。

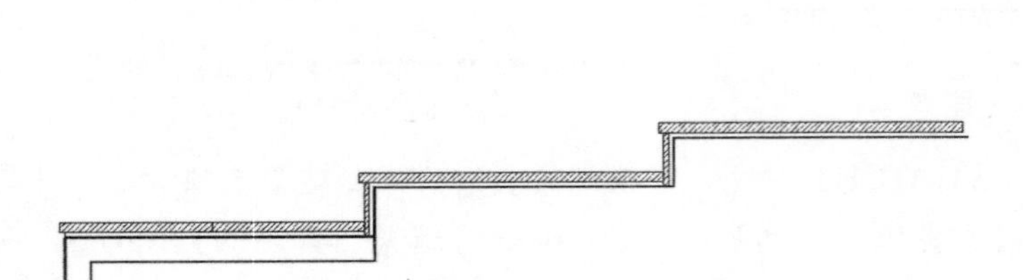

图 11-122 制作完成后的效果

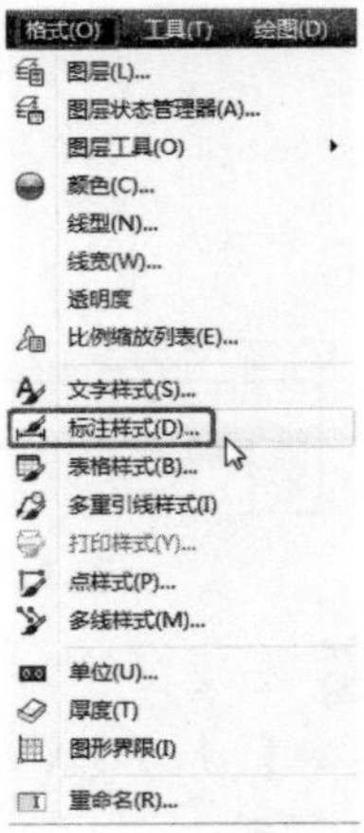

图 11-123 执行【标注样式】命令

16 弹出【标注样式管理器】对话框，单击【新建】按钮，弹出【创建新标注样式】对话框，将【新样式名】设为【尺寸标注】，【基础样式】设为 ISO-25，单击【继续】按钮，如图 11-124 所示。

17 弹出【新建标注样式：尺寸标注】对话框，切换到【线】选项卡，将【超出尺寸线】设为 50，【起点偏移量】设为 20，如图 11-125 所示。

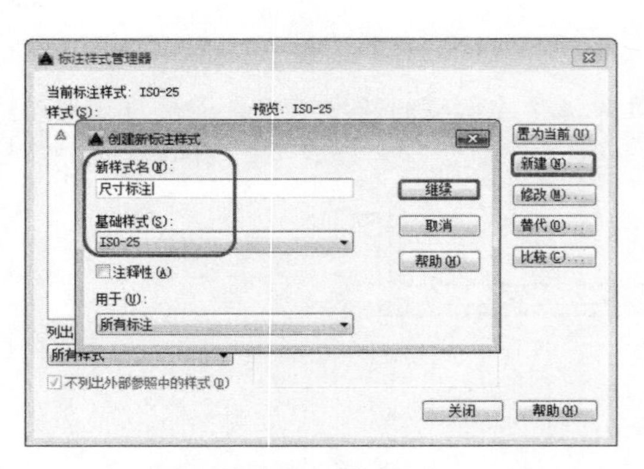

图 11-124 设置新样式

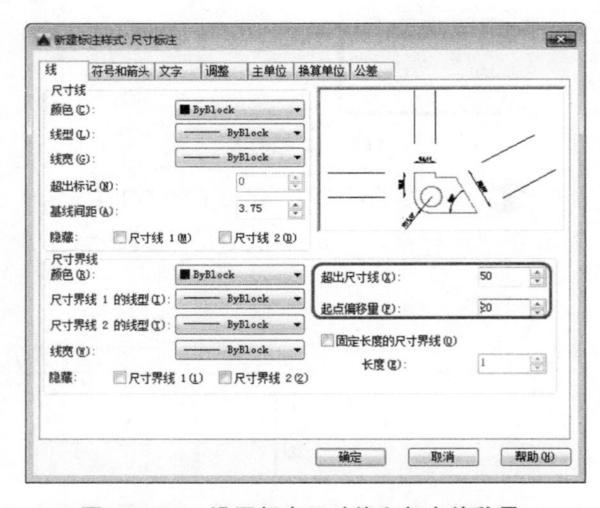

图 11-125 设置超出尺寸线和起点偏移量

18 切换到【符号和箭头】选项卡，将【第一个】和【第二个】设为【建筑标记】，【箭头大小】设为 20，如图 11-126 所示。

19 切换到【文字】选项卡，将【文字高度】设为 80，如图 11-127 所示。

20 切换到【调整】选项卡，在【文字位置】组中选中【尺寸线上方，带引线】单选按钮，如图 11-128 所示。

21 切换到【主单位】选项卡，将【精度】设为 0，然后单击【确定】按钮，返回到【标注样式管理器】对话框，单击【置为当前】和【关闭】按钮，如图 11-129 所示。

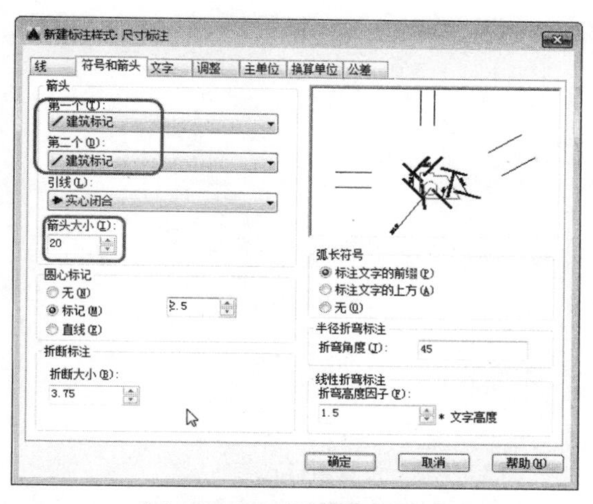

图 11-126　设置箭头和符号

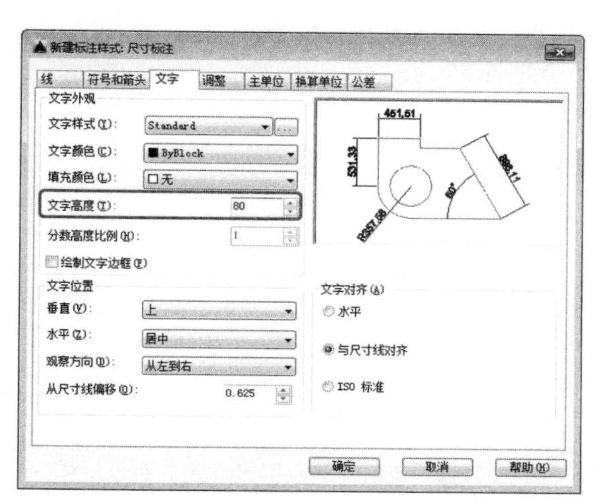

图 11-127　设置文字

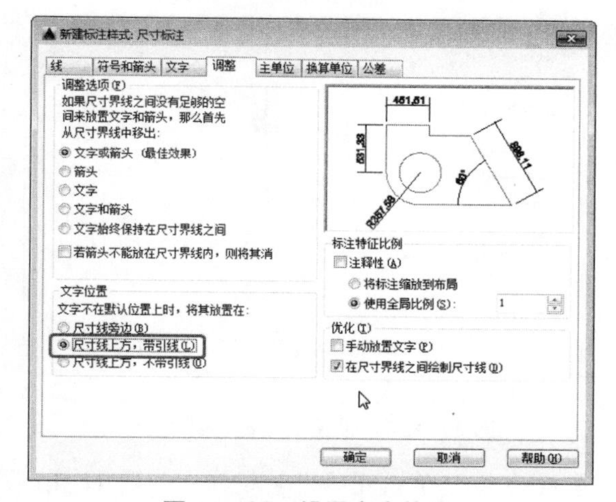

图 11-128　设置文字位置

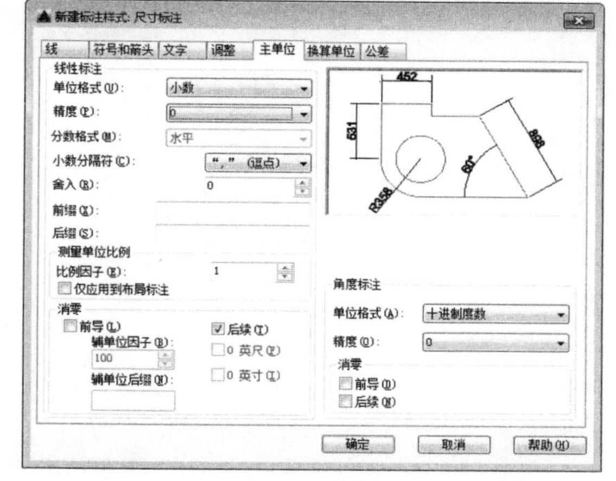

图 11-129　设置精度

22 使用【线性标注】命令对尺寸进行标注，如图 11-130 所示。

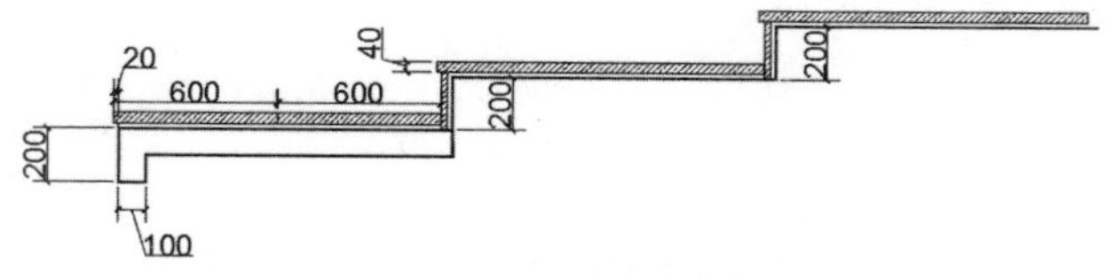

图 11-130　进行标注

23 在菜单栏中选择【格式】|【多重引线样式】命令，如图 11-131 所示。

24 弹出【多重引线样式管理器】对话框，单击【新建】按钮，弹出【创建新多重引线样式】对话框，将【新样式名】设为【文字说明】，【基础样式】设为【Standard】，单击【继续】按钮，如图 11-132 所示。

25 弹出【修改多重引线样式：文字说明】对话框，在【引线格式】选项卡下将【符号】设为【点】，【大小】设为 8，如图 11-133 所示。

26 切换到【引线结构】选项卡，将基线距离设为 50，如图 11-134 所示。

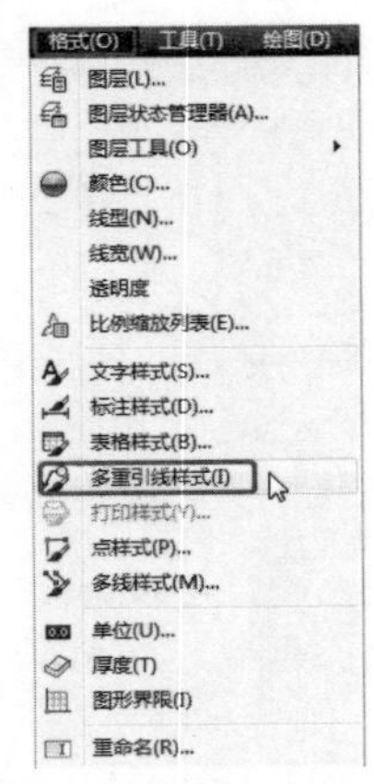

图 11-131　执行【多重引线样式】命令

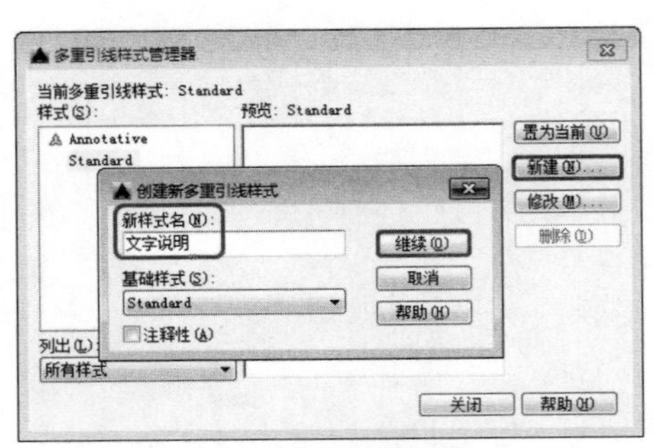

图 11-132　设置新样式

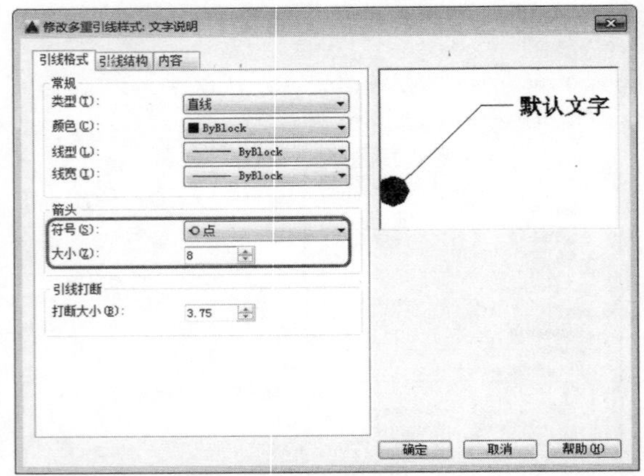

图 11-133　设置引线格式

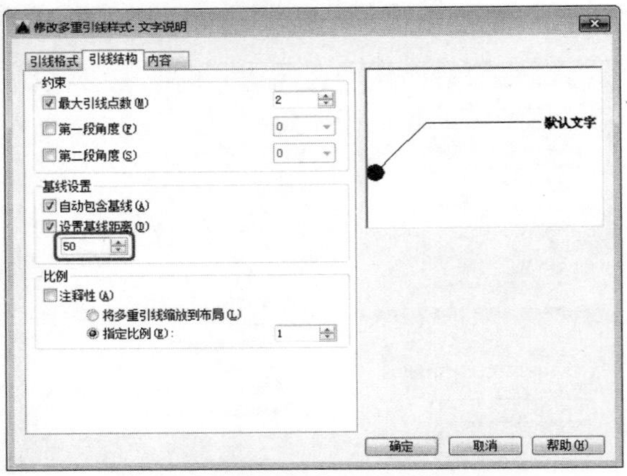

修改多重引线样式: 文字说明
引线格式
引线结构
内容
约束
最大引线点数(M)
2
第一段角度(F)
0
第二段角度(S)
0
基线设置
自动包含基线(A)
设置基线距离(D)
50
比例
注释性(A)
将多重引线缩放到布局(L)
指定比例(E):
1
默认文字
确定
取消
帮助(H)

图 11-134　设置引线的基线距离

27 切换到【内容】选项卡，将【文字高度】设为 50，单击【确定】按钮，如图 11-135 所示。

28 返回到【多重引线样式管理器】对话框，单击【置为当前】和【关闭】按钮，使用【引线】工具进行标注，如图 11-136 所示。

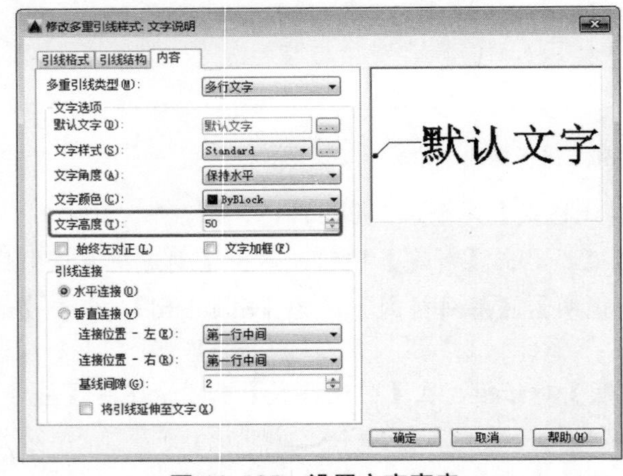

图 11-135　设置文字高度

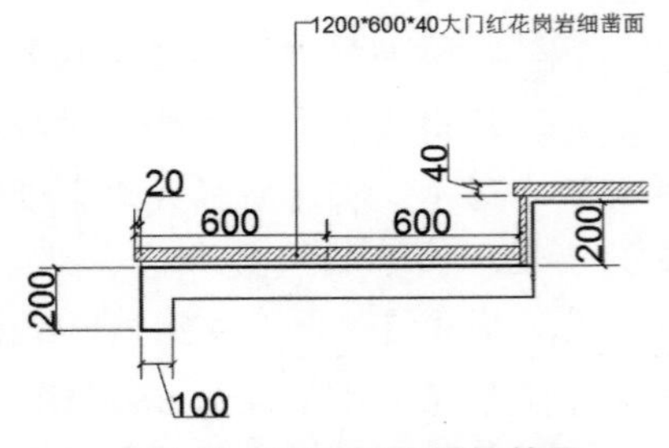

图 11-136　标注后的效果

29 使用同样的方法，添加其他的标注，完成后的效果如图 11-137 所示。

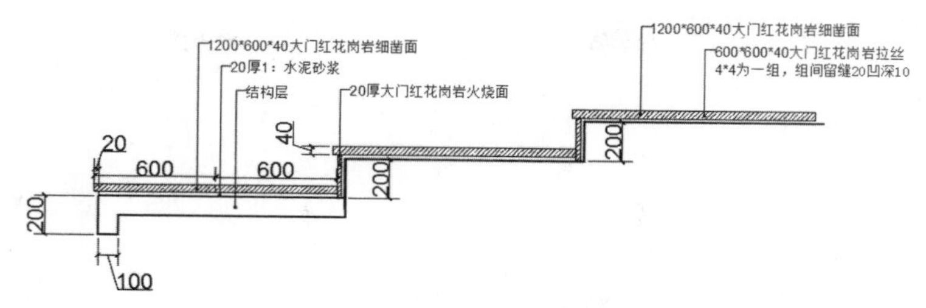

图 11-137　完成后的效果

11.6　绘制坡道

下面讲解坡道详图的绘制，具体操作步骤如下：

01 启动软件后，按【Ctrl+N】组合键，弹出【选择样板】对话框，选择【acadiso】样板，单击【打开】按钮，如图 11-138 所示。

02 在命令行中输入【LAYER】命令，打开【图层特性管理器】选项板，根据如图 11-139 所示新建图层。

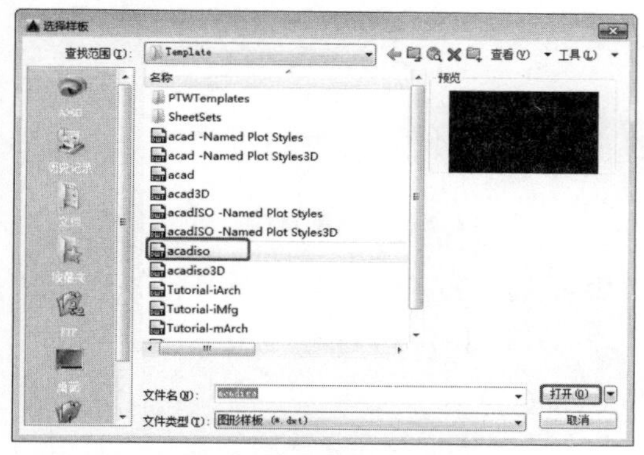

图 11-138　选择样板

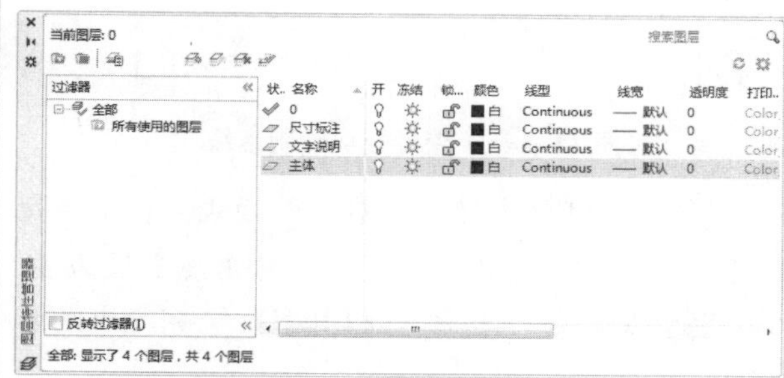

图 11-139　新建图层

03 将当前图层设为【主体】图层，在命令行中输入【RECTANG】命令，绘制长度为 200、宽度为 1 520 的矩形，如图 11-140 所示。

04 在命令行中输入【EXPLODE】命令，将矩形进行分解，然后在命令行中输入【OFFSET】命令，将矩形的下侧边向上依次偏移 100、1 200，如图 11-141 所示。

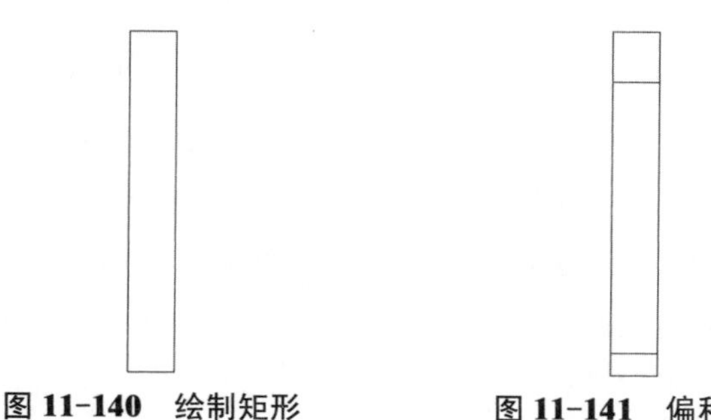

图 11-140　绘制矩形　　　图 11-141　偏移处理

05 将上一步创建的对象进行编组，在命令行中输入【COPY】命令，将其向右复制，复制距离为 2 800，如图 11-142 所示。

图 11-142 复制对象

06 在命令行中输入【LINE】命令，捕捉端点绘制直线，如图 11-143 所示。

07 继续在命令行中输入【LINE】命令，捕捉中点绘制长度为 400 的直线，如图 11-144 所示。

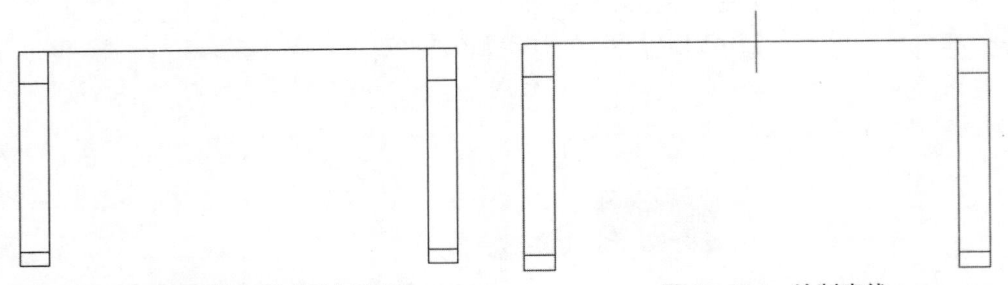

图 11-143 捕捉端点绘制直线　　图 11-144 绘制直线

08 按【F10】键，开启极轴模式，在命令行中输入【ROTATE】命令，选择上一步创建的直线，以交点为基点，将【旋转角度】设为 315°，如图 11-145 所示。

09 在命令行中输入【LINE】命令，捕捉端点进行绘制，如图 11-146 所示。

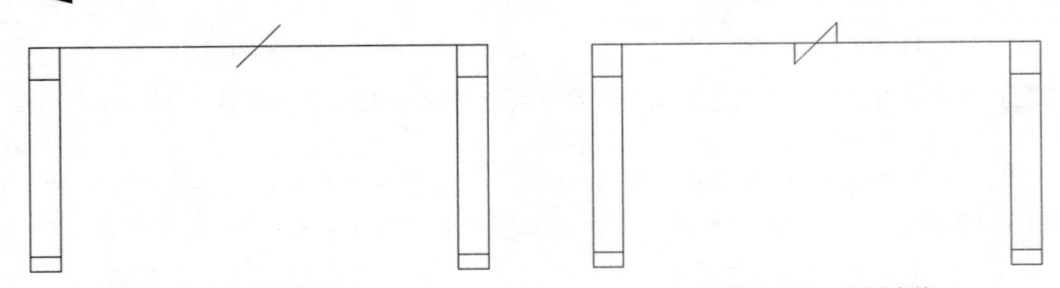

图 11-145 旋转处理　　图 11-146 绘制直线

10 使用【修剪】工具将多余的直线修剪，完成后的效果如图 11-147 所示。

11 选择创建的对象，对其进行复制，放到合适位置，如图 11-148 所示。

12 在命令行中输入【HATCH】命令，切换到【图案填充创建】选项卡，将【图案】设为 AR-B816，将【图案填充颜色】设为 Bylayer，将【图案填充角度】设为 45°，将【填充图案比例】设为 1.5，按【Enter】键进行确认，如图 11-149 所示。

13 在命令行中输入【EXPLODE】命令，将创建的对象进行分解，如图 11-150 所示。

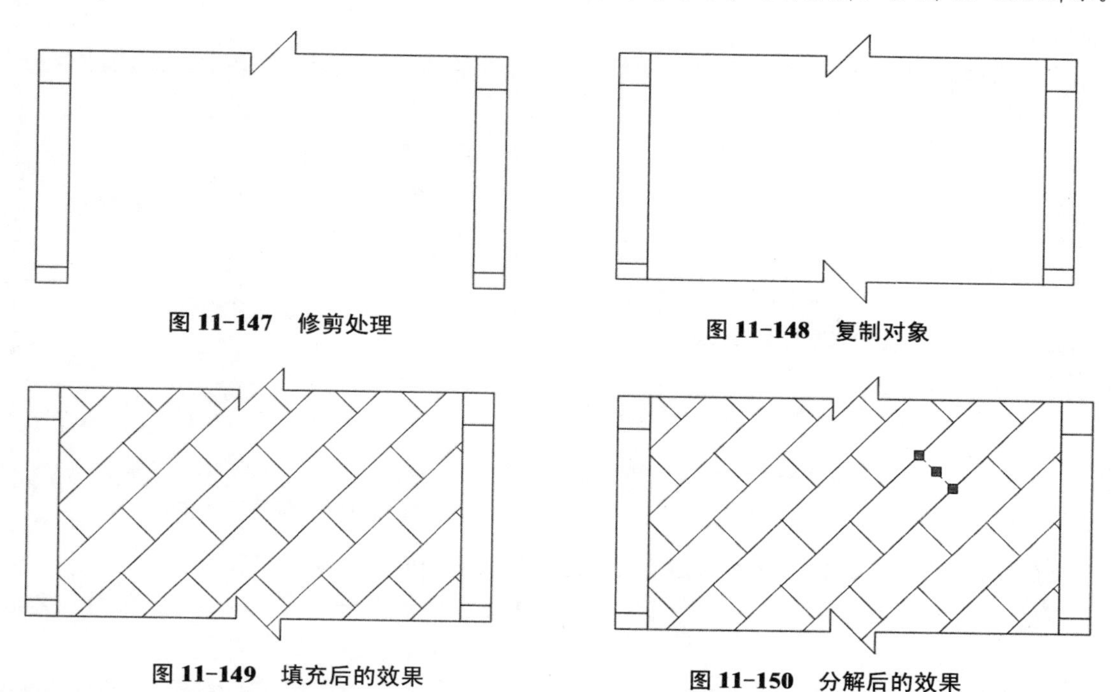

图 11-147　修剪处理

图 11-148　复制对象

图 11-149　填充后的效果

图 11-150　分解后的效果

14 将当前图层设为【尺寸标注】图层，在菜单栏中选择【格式】|【标注样式】命令，如图 11-151 所示。

15 弹出【标注样式管理器】对话框，单击【新建】按钮，弹出【创建新标注样式】对话框，将【新样式名】设为【尺寸标注】，将【基础样式】设为 ISO-25，单击【继续】按钮，如图 11-152 所示。

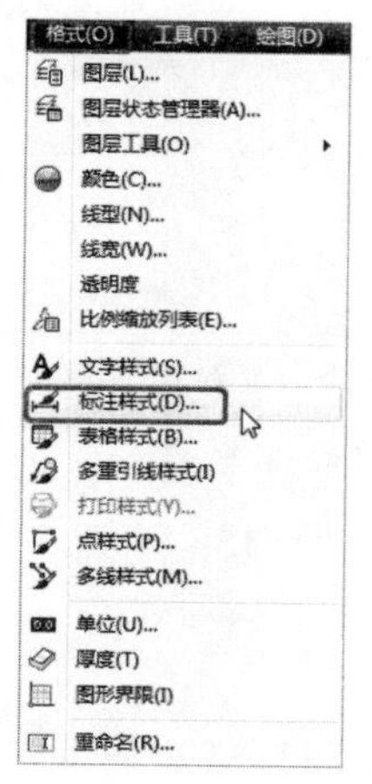

图 11-151　执行【标注样式】命令

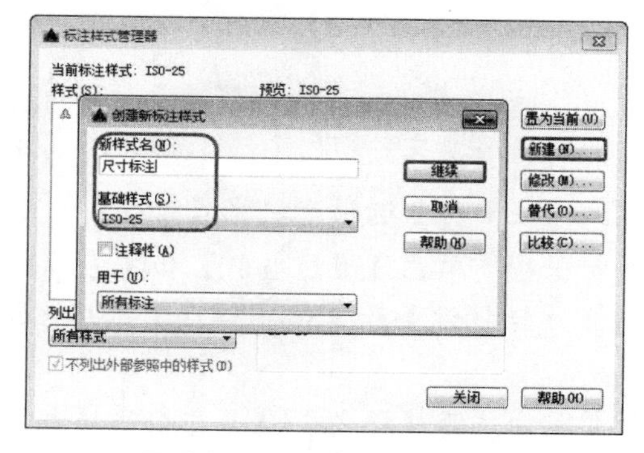

图 11-152　设置新样式名

16 弹出【新建标注样式：尺寸标注】对话框，切换到【线】选项卡，将【超出尺寸线】设为 80，【起点偏移量】设为 50，如图 11-153 所示。

17 切换到【符号和箭头】选项卡，将【第一个】和【第二个】设为【建筑标记】，【箭头大小】设为 20，如图 11-154 所示。

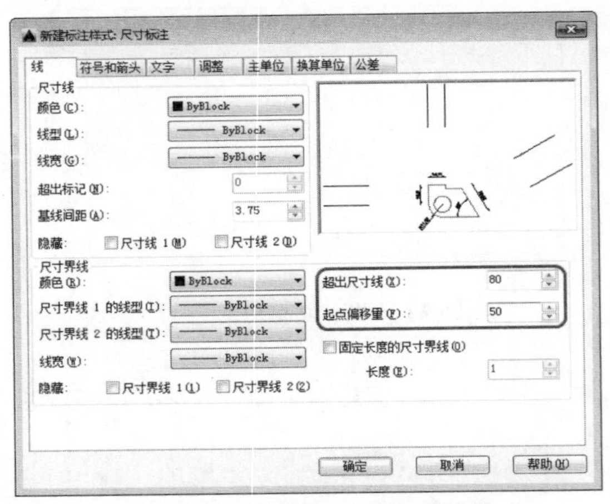

图 11-153　设置尺寸线和偏移量

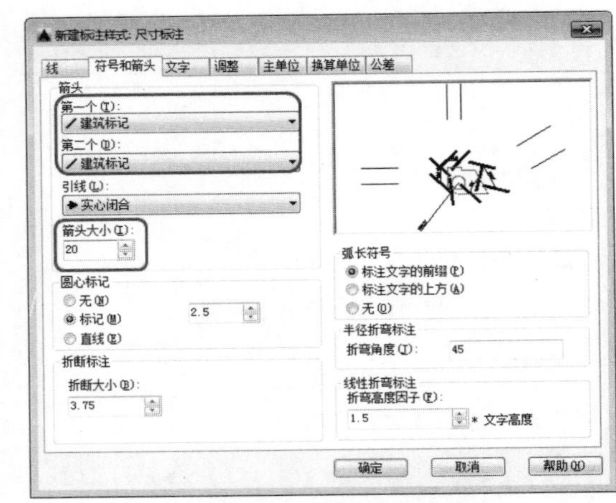

图 11-154　设置符号和箭头

18 切换到【文字】选项卡，将【文字高度】设为 100，如图 11-155 所示。

19 切换到【调整】选项卡，在【文字位置】选项组中选中【尺寸线上方，带引线】单选按钮，如图 11-156 所示。

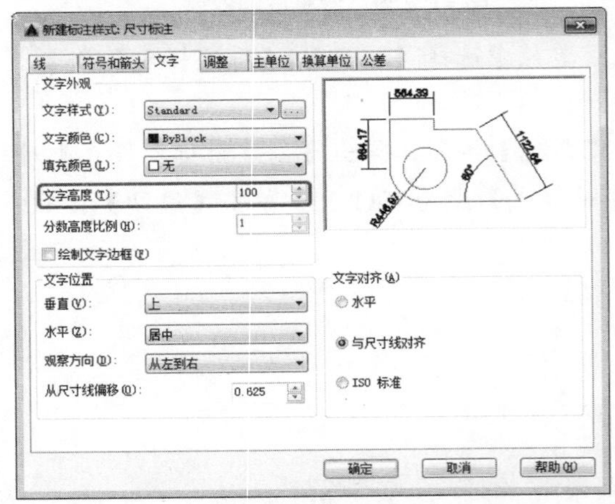

图 11-155　设置文字高度

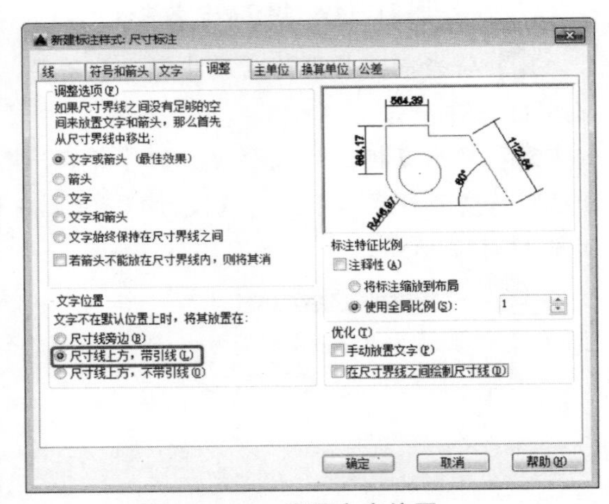

图 11-156　设置文字位置

20 切换到【主单位】选项卡，将【精度】设为 0，单击【确定】按钮，返回到【标注样式管理器】对话框，单击【置为当前】和【关闭】按钮，如图 11-157 所示。

21 使用【线性标注】和【对齐标注】对尺寸进行标注，并对部分文字进行修改，如图 11-158 所示。

22 在菜单栏中选择【格式】|【多重引线样式】命令，如图 11-159 所示。

23 弹出【多重引线样式管理器】对话框，单击【新建】按钮，弹出【创建新多重引线样式】对话框，将【新样式名】设为【文字说明】，【基础样式】设为 Standard，并单击【继续】按钮，如图 11-160 所示。

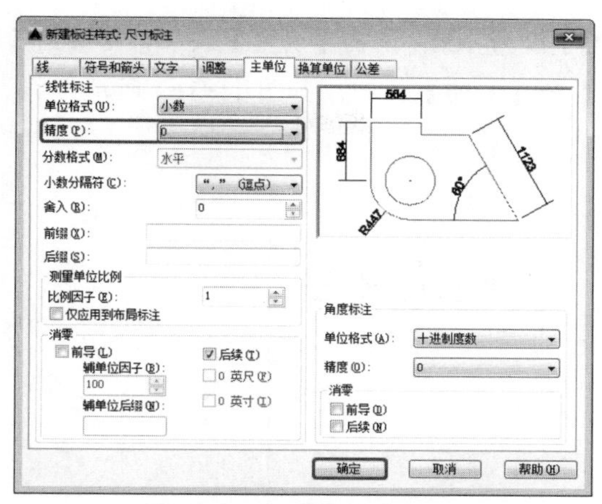

图 11-157　设置主单位

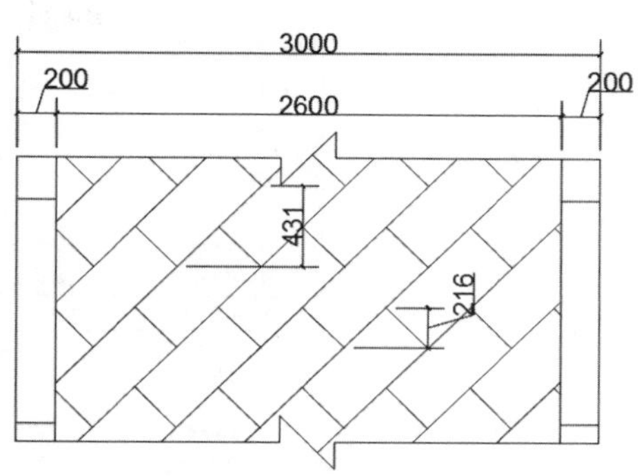

图 11-158　修改后的效果

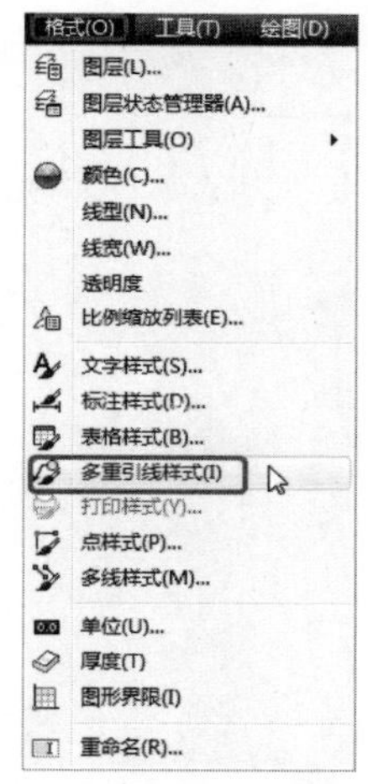

图 11-159　执行【多重引线样式】命令

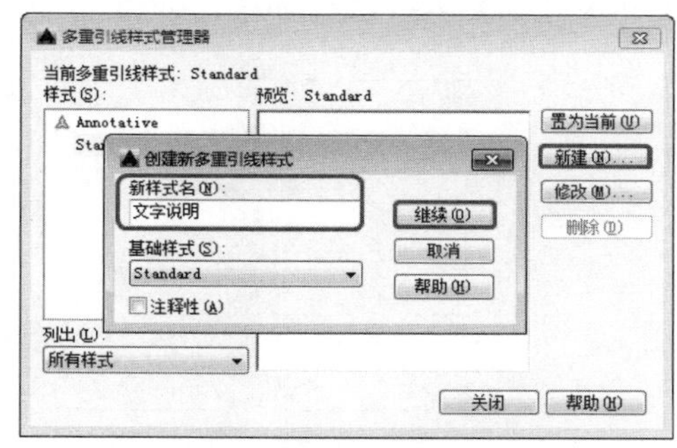

图 11-160　设置新样式

24 弹出【修改多重引线样式：文字说明】对话框，在【引线格式】选项卡下将【符号】设为【点】，【大小】设为 10，如图 11-161 所示。

25 切换到【引线结构】选项卡，将基线距离设为 60，如图 11-162 所示。

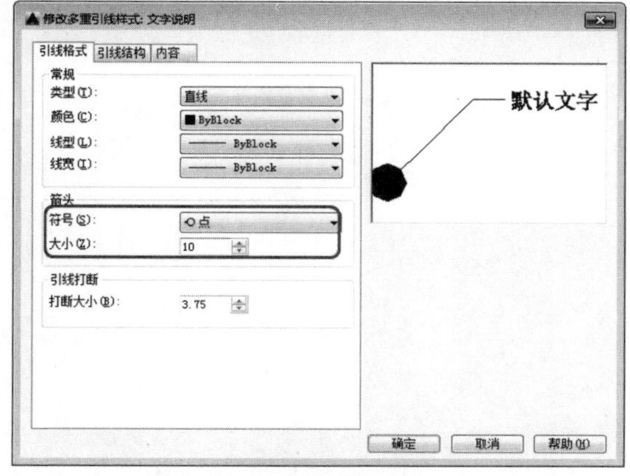

图 11-161　设置引线格式

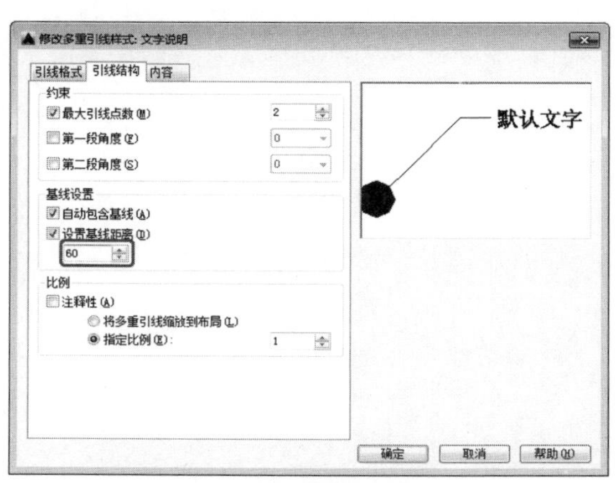

图 11-162　设置基线距离

26 切换到【内容】选项卡，将【文字高度】设为100，单击【确定】按钮，返回到【多重引线样式管理器】对话框，单击【置为当前】和【关闭】按钮，如图11-163所示。

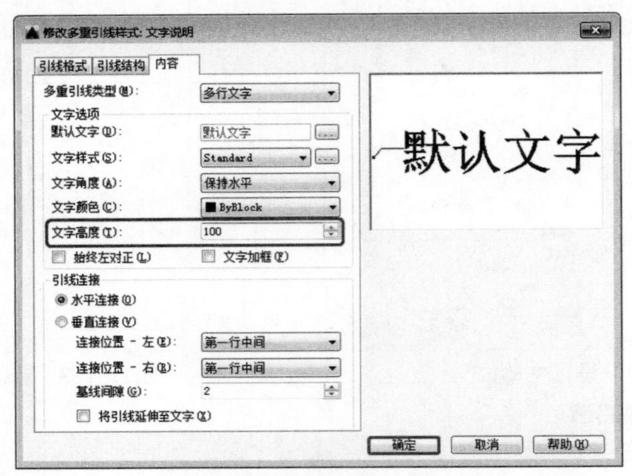

图 11-163　设置文字高度

27 使用【引线】工具进行标注，如图11-164所示。

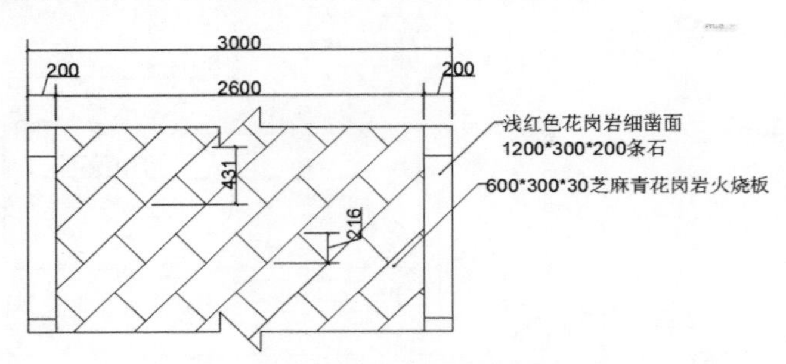

图 11-164　标注后的效果

12 Chapter

绘制建筑总平面图

本章导读：

基础知识
- ◈ 设置总平面图的绘图环境
- ◈ 建筑总平面图的内容

重点知识
- ◈ 绘制建筑物
- ◈ 绘制广场以及景观绿化

提高知识
- ◈ 绘制指北针
- ◈ 对实例进行实际操作

建筑总平面图是建筑表达图的一种，是关于新建房屋在基地范围内的地形、地貌、道路、建筑物和构筑物等的水平投影图。它表明了新建房屋的平面形状、位置、朝向，新建房屋周围的建筑、道路、绿化的布置，以及有关的地形、地貌和绝对标高等。建筑总平面图是新建房屋施工定位和规划布置场地的依据，也是其他专业（如给水排水、供暖、电气及煤气等工程）的管线总平面图规划布置的依据。本章将介绍建筑总平面图的一些相关知识及其绘制方法和绘制流程。

12.1 建筑总平面图概述

总平面图主要表示整个建筑基地的总体布局，是具体表达新建房屋的位置、朝向以及周围环境（原有建筑、交通道路、绿化、地形）基本情况的图样。

12.1.1 建筑总平面图的分类

建筑平面图按工种分类一般可分为建筑施工图、结构施工图和设备施工图。用作施工使用的房屋建筑平面图一般有：底层平面图（表示第一层房间的布置、建筑入口、门厅及楼梯等）、标准层平面图（表示中间各层的布置）、顶层平面图（房屋最高层的平面布置图）以及屋顶平面图（即屋顶平面的水平投影，其比例尺一般比其他平面图小）。

12.1.2 建筑总平面图一般要绘制的内容

从图 12-1 所示的总平面效果图中可以看出，总平面图主要包括以下内容：

- 新建建筑物的名称、层数和新建房屋的朝向等。
- 新建房屋的位置，一般根据原有建筑物和道路确定，并标出定位尺寸。

- 新建道路、绿化等。
- 原有房屋的名称、层数，以及与新建房屋的关系，原有道路绿化及管线情况。
- 拟建建筑物、道路及绿化规划。
- 建筑红线的位置，建筑物、道路与规划红线的关系。
- 风向频率玫瑰图或指北针。
- 周围的地形、地貌等。
- 补充图例。

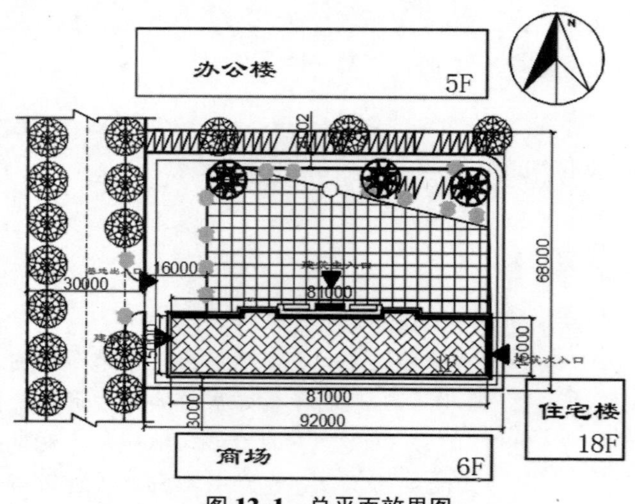

图 12-1　总平面效果图

12.1.3　总平面图的绘制步骤

一般情况下，在 AutoCAD 2016 中绘制总平面图的步骤如下：

01 地形图的处理。包括地形图的插入、描绘、整理和应用等。地形图是总平面图设计和绘制的基础。

02 总平面的布置。包括建筑物、道路、广场、停车场、绿地，以及场地出入口布置等内容，需要着重处理好它们之间的空间关系，及其与四邻、水体、地形之间的关系。本章主要以某办公楼方案设计总平面图为例。

03 各种文字及标注。包括文字、尺寸、标高、坐标、图表和图例等内容。

为便于初学者理解和掌握建筑总平面图的绘制技巧和程序，下面将以一个具体实例分项介绍绘图技巧。

12.2　绘制建筑总平面图实例

12.2.1　设置总平面图绘图环境

在开始绘制总平面图之前需要先设置绘图环境，即设置绘图单位、图层、文字样式和标注样式等。

提示

在绘图过程中仍可对已经设置的各种绘图环境进行调整。

01 在 AutoCAD 2016 中创建新的图形文件，单击【图层】工具栏中的【图层特性】按钮，弹出【图层特性管理器】选项板。

02 单击【新建图层】按钮，创建一个新图层【用地边界】，采取同样的方法依次创建【建筑轮廓】、【道路】、【尺寸标注】、【绿化】和【文字标注】等必要的图层，如图 12-2 所示。

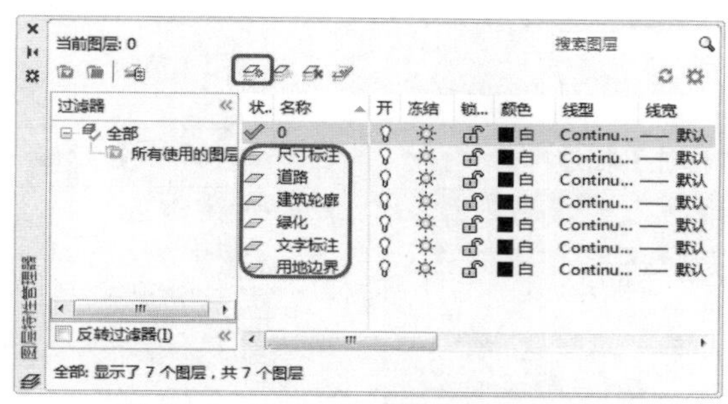

图 12-2 【图层特性管理器】选项板

03 在命令行中执行【STYLE】命令，弹出【文字样式】对话框。单击【新建】按钮，弹出【新建文字样式】对话框，将【样式名】设置为【文字标注】并单击【确定】按钮，如图 12-3 所示。返回到【文字样式】对话框，在【字体】选项组的【字体名】下拉列表中选择【隶书】选项，其余信息均保持默认，单击【置为当前】按钮并关闭对话框，如图 12-4 所示。

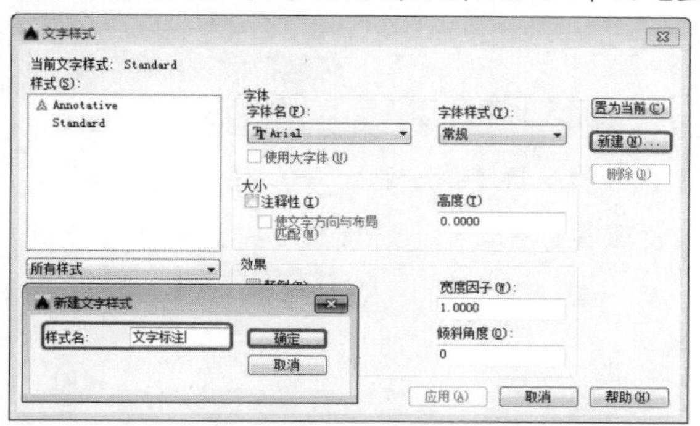

图 12-3 【新建文字样式】对话框

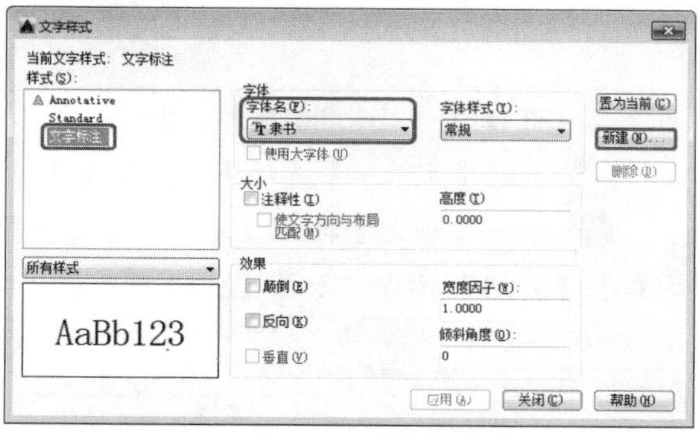

图 12-4 设置文字

04 在命令行中执行【DIMSTYLE】命令，弹出【标注样式管理器】对话框。单击【新建】按钮，弹出【创建新标注样式】对话框，创建【尺寸标注】标注样式，如图 12-5 所示。

05 单击【继续】按钮，弹出【新建标注样式：尺寸标注】对话框。将【线】选项卡中的【起点偏移量】设为 1，如图 12-6 所示。

06 将【符号和箭头】选项卡中的【箭头】设置为【建筑标记】，其他选项采用系统默认值，如图 12-7 所示。

07 在【调整】选项卡中，选择【使用全局比例】单选按钮，并将其设定为 100，如图 12-8 所示。

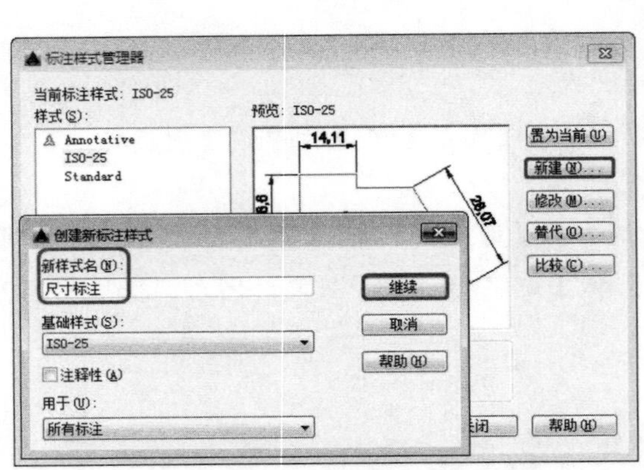

图 12-5 创建【尺寸标注】标注样式

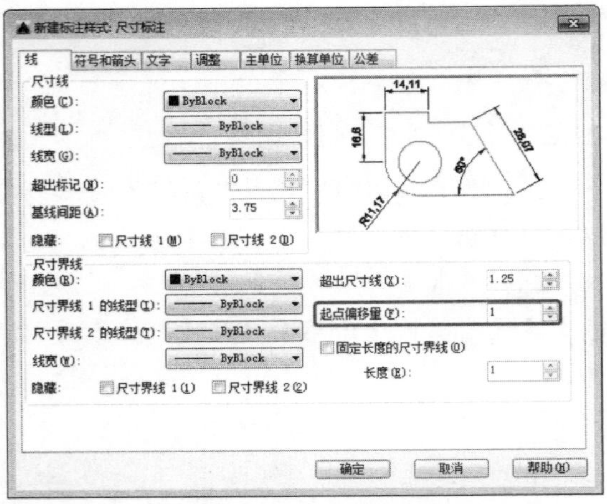

图 12-6 【线】选项卡

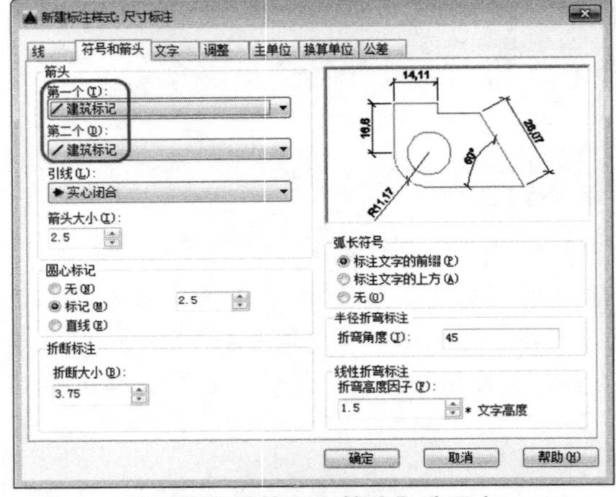

图 12-7 【符号和箭头】选项卡

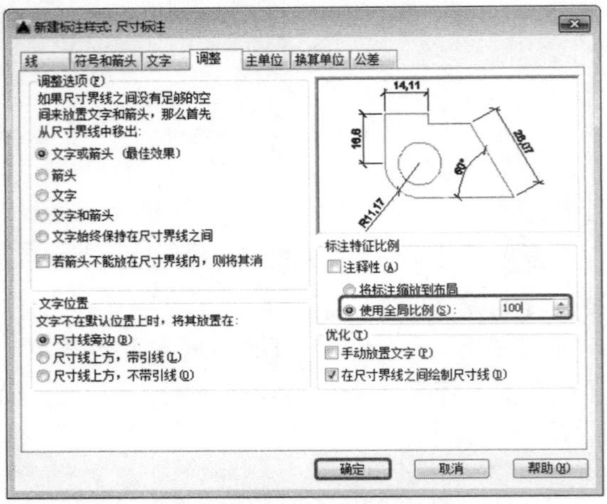

图 12-8 【调整】选项卡

08 选择【主单位】选项卡，在【线性标注】选项组中将【精度】设为 0，如图 12-9 所示。

09 单击【确定】按钮，返回到【标注样式管理器】对话框，将【尺寸标注】置为当前，并单击【关闭】按钮，如图 12-10 所示。

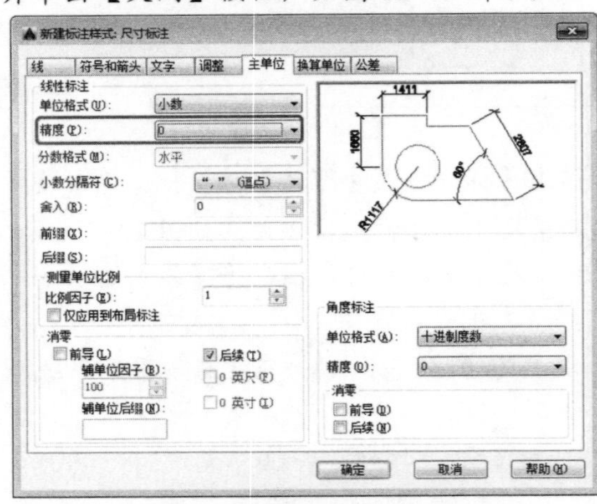

图 12-9 【主单位】选项卡

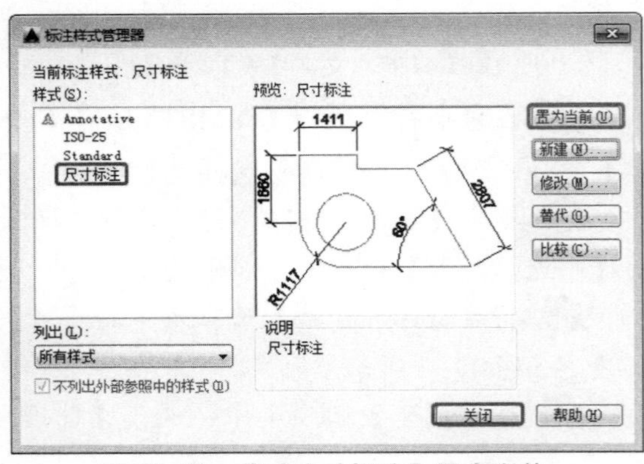

图 12-10 将【尺寸标注】置为当前

12.2.2 绘制用地边界

下面讲解如何绘制用地边界，步骤如下：

01 将【用地边界】图层设置为当前图层。在命令行中执行【RECTANG】命令，在图纸上绘制一个长度为 92 000，宽度为 68 000 的矩形，如图 12-11 所示。

02 在命令行中执行【EXPLODE】命令，将矩形分解成四条线段，如图 12-12 所示。

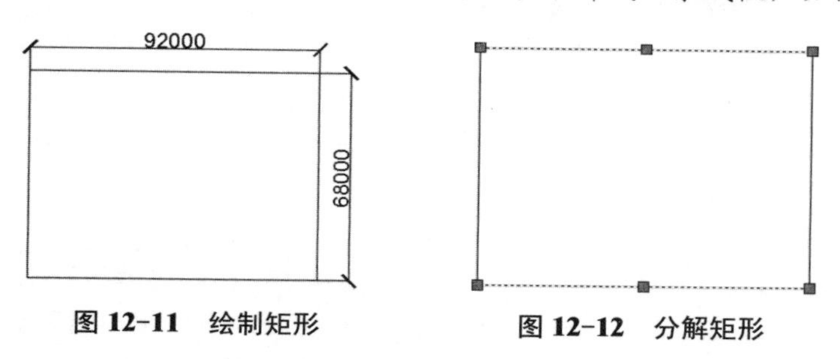

图 12-11 绘制矩形　　图 12-12 分解矩形

12.2.3 绘制建筑物

下面讲解如何绘制建筑物，具体绘制步骤如下：

01 单击【图层】工具栏中的【图层特性】按钮，打开【图层特性管理器】选项板。单击【新建图层】按钮，创建一个新的图层，然后将图层名称改为【辅助线】，即可完成【辅助线】图层的创建。单击【置为当前】按钮，将【辅助线】图层设置为当前图层，如图 12-13 所示。

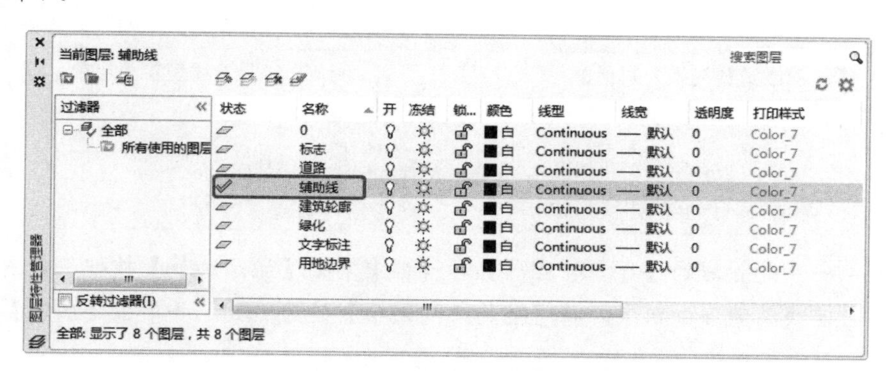

图 12-13 将【辅助线】图层置为当前图层

02 在菜单栏中选择【格式】|【线型】命令，如图 12-14 所示，弹出【线型管理器】对话框中，如图 12-15 所示。

03 在弹出的【线型管理器】对话框中单击【加载】按钮，弹出【加载或重载线型】对话框，在【线型】下拉列表中选择【DASHDOT】线型，单击【确定】按钮进行线型加载，如图 12-16 所示。单击【当前】按钮，将刚加载的【DASHDOT】置为当前线型，如图 12-17 所示。

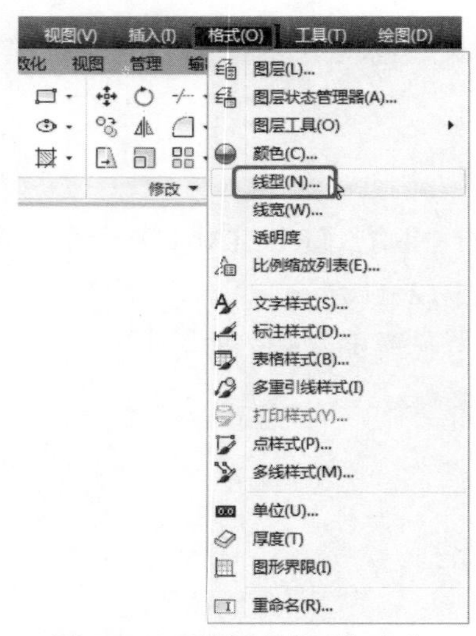

图 12-14 选择【线型】命令

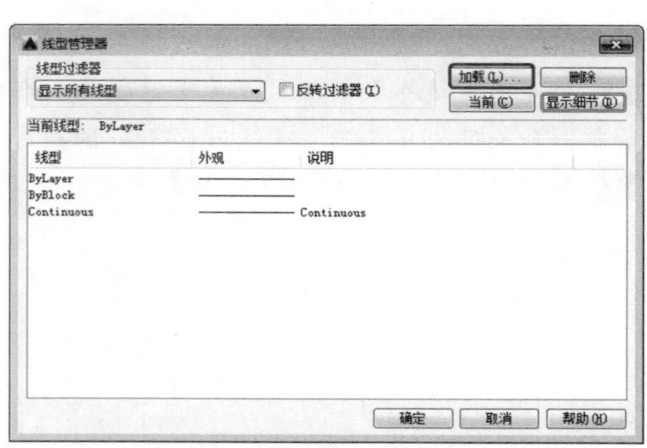

图 12-15 【线型管理器】对话框

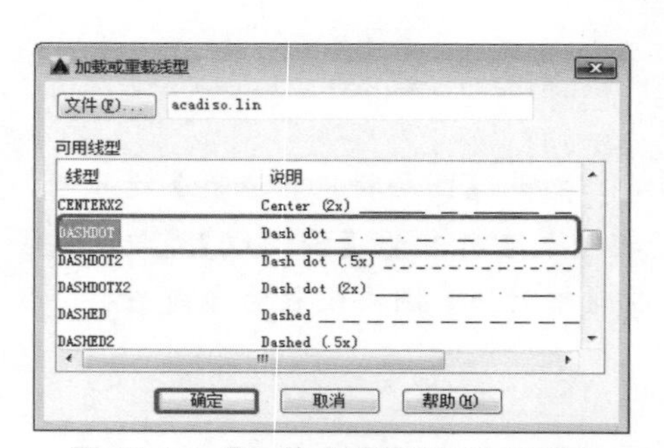

图 12-16 【加载或重载线型】对话框

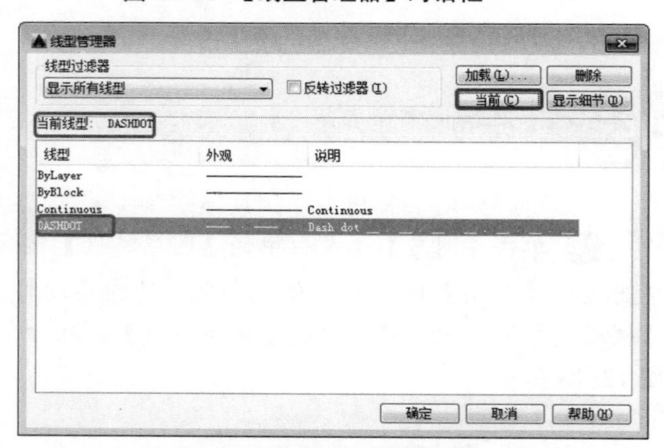

图 12-17 将线型置为当前

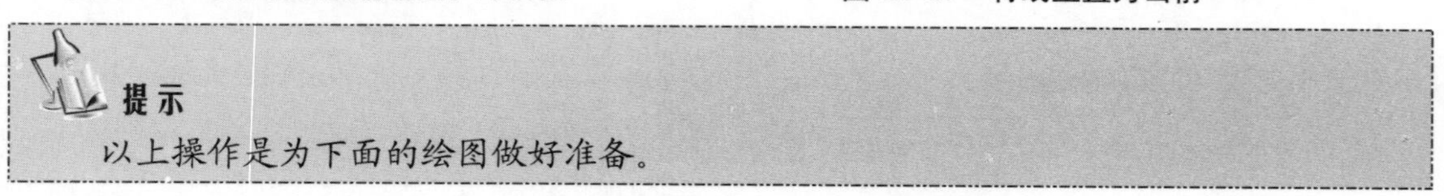
提示

以上操作是为下面的绘图做好准备。

04 在上一步设置好的【线型管理器】对话框中单击【显示细节】按钮，如图 12-18 所示。将弹出当前线型的详细信息，将【全局比例因子】设为 100，并单击【确定】按钮，如图 12-19 所示。

05 在命令行中执行【XLINE】命令，在已绘制好的边界线处绘制 4 条构造线作为辅助线，如图 12-20 所示。

06 在命令行中执行【OFFSET】命令，将光标置于用地边界内部，分别将 AB、BC、CD、DA 四条辅助线向内偏移 4 000、4 000、4 000 和 7 000，以得到建筑的 4 条建筑控制线，如图 12-21 所示。

07 将【建筑轮廓】图层置为当前图层。在命令行中执行【LINETYPE】命令，弹出【线型管理器】对话框，在【线型】下拉列表中选择【Bylayer】并置为当前，单击【确定】按钮，如图 12-22 所示。

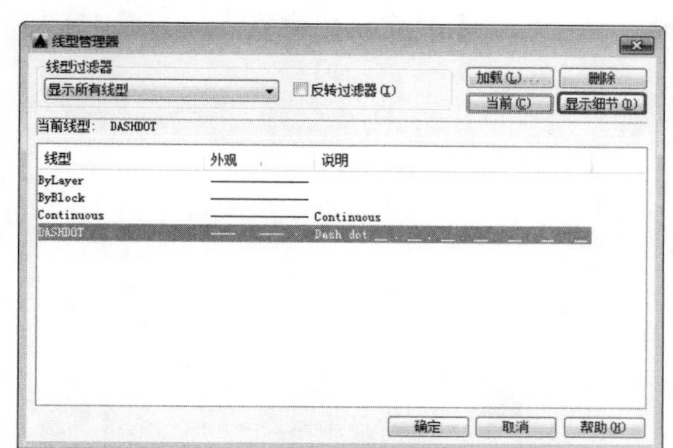

图 12-18 【显示细节】按钮

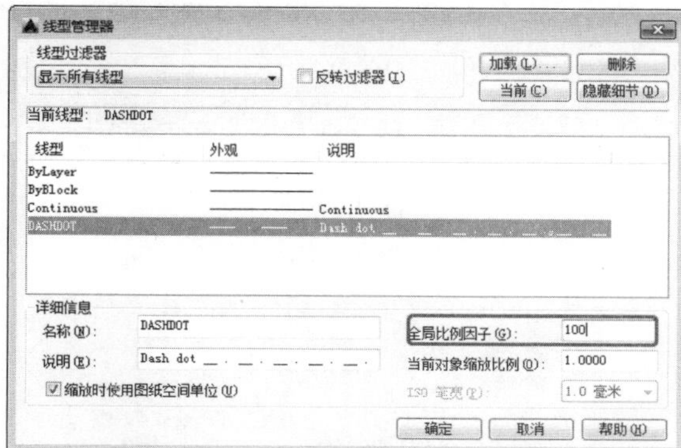

图 12-19 设置【全局比例因子】

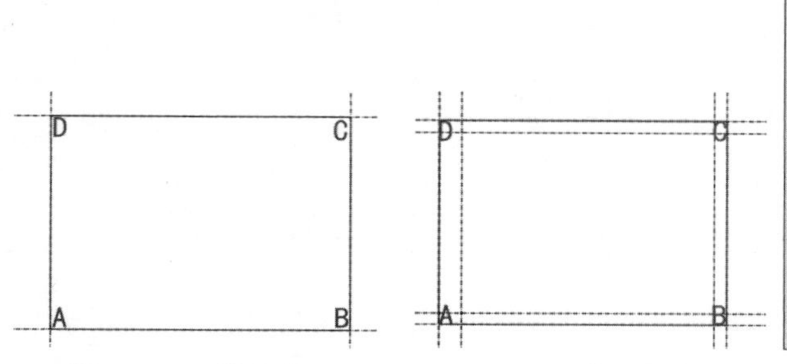

图 12-20 构造线　　图 12-21 建筑可建范围　　图 12-22 选择【Bylayer】并置为当前

08 在命令行中执行【PLINE】命令，将多段线起点和端点的宽度设置为 50。以建筑可建范围的西南交点 A 为起点，逆时针依次水平和垂直交替地绘制长为 81 000、15 000、18 000、1 500、9 000、1 500、27 000、1 500、9 000、1 500、18 000 和 15 000 的多段线，得到建筑物的外轮廓，如图 12-23 所示。

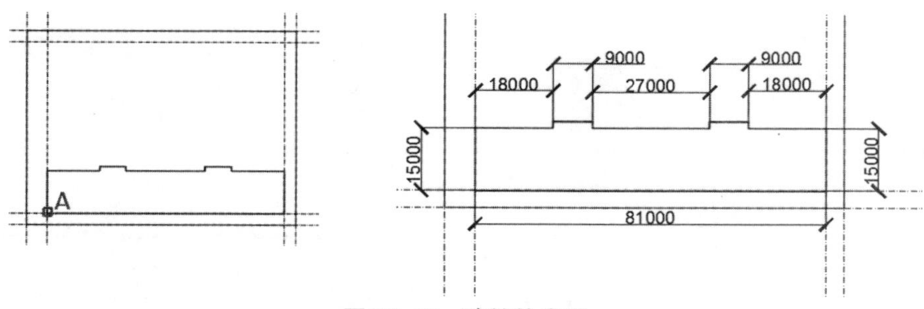

图 12-23 建筑轮廓图

09 在命令行中执行【BHATCH】命令，根据命令行的提示，输入【T】，弹出【图案填充和渐变色】对话框，如图 12-24 所示。在【类型和图案】选项组中单击【图案】右侧的按钮[...]，弹出【填充图案选项板】对话框，选择如图 12-25 所示的【AR-HBONE】图案并单击【确定】按钮。返回到【图案填充和渐变色】对话框，在【角度和比例】选项组中将比例设为 20，单击【添加：拾取点】按钮，如图 12-26 所示。

10 进入绘图区域，单击要填充的区域内部，按【Enter】键完成图案填充，如图 12-27 所示。

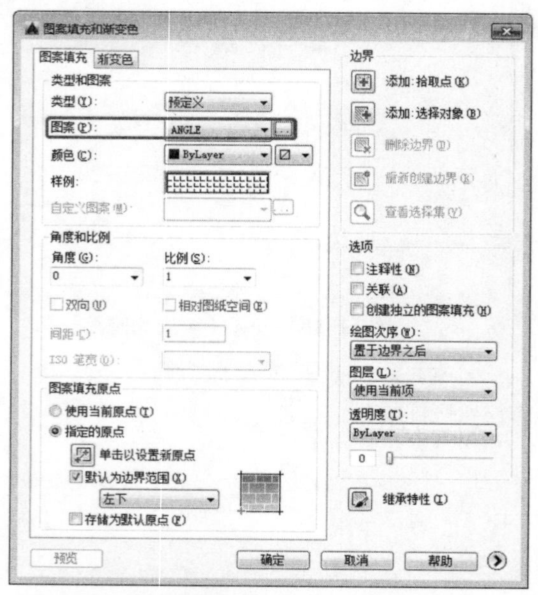

图 12-24 【图案填充和渐变色】对话框

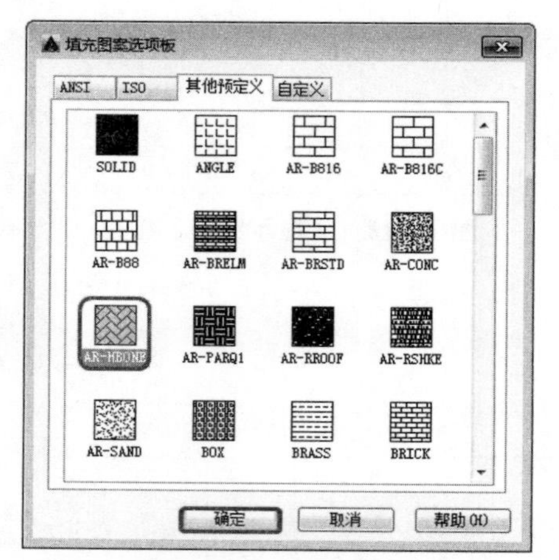

图 12-25 【填充图案选项板】对话框

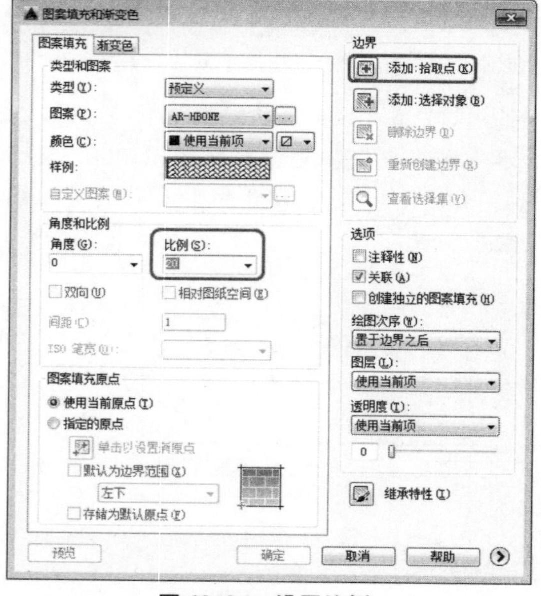

图 12-26 设置比例

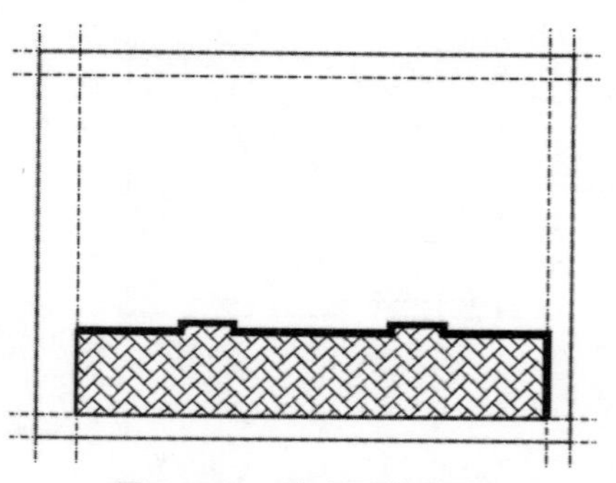

图 12-27 填充图案效果

11 在命令行中执行【PLINE】命令，设置多段线宽度为 1 000。以填充图案的左上角为起点，顺时针依次绘制长度为 18 000、1 500、9 000、1 500、27 000、1 500、9 000、1 500、18 000 和 15 000 的多段线，如图 12-28 所示。

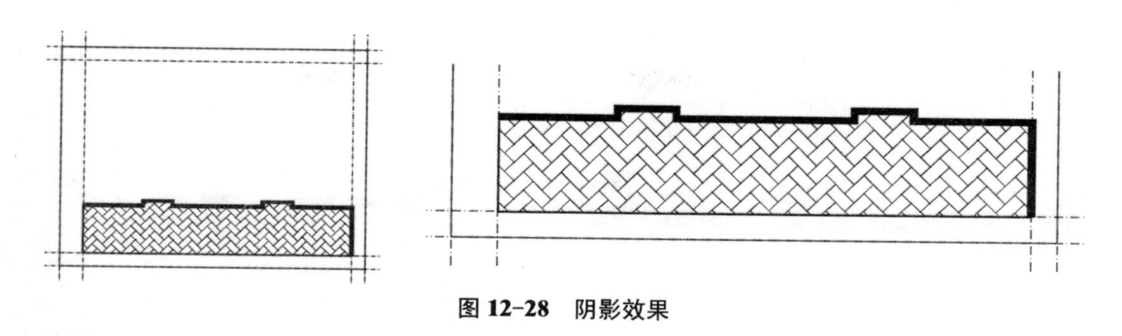

图 12-28　阴影效果

12.2.4 绘制室外踏步及残疾人坡道

踏步及残疾人坡道是由室外到室内的必经之路，也是室内外高差的产物，具体绘制步骤如下：

01 单击【图层】工具栏中的【图层特性】按钮，单击【新建图层】按钮，创建一个新的图层，然后将图层名称改为【踏步】，即可完成【踏步】图层的创建。将【踏步】图层设置为当前图层，如图 12-29 所示。

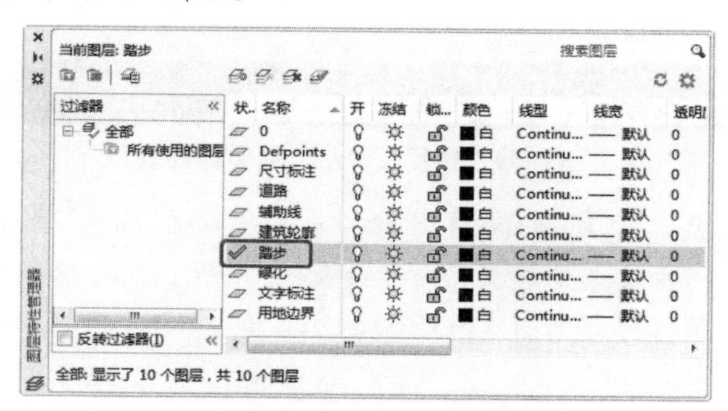

图 12-29　新建【踏步】图层并置为当前

02 在命令行中执行【LINE】命令，按【F8】键开启【正交】功能。以建筑物北面中点为起点，向北绘制一段长度为 3 600 的直线作为绘制踏步的辅助线，如图 12-30 所示。

03 在命令行中执行【OFFSET】命令，将上一步中的辅助线分别向左向右各偏移 3 600，得到踏步两侧的界线，如图 12-31 所示。

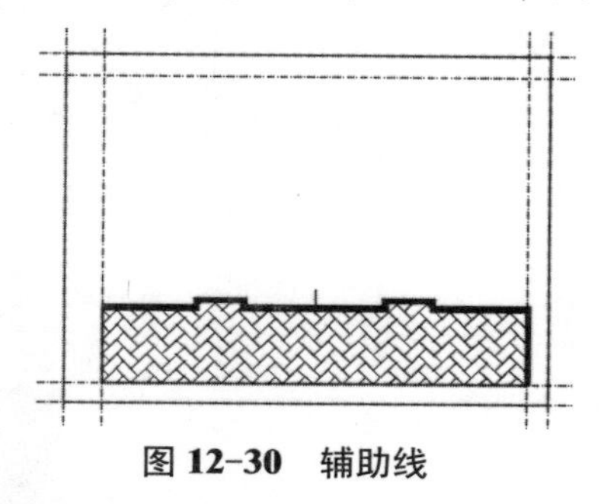

图 12-30　辅助线

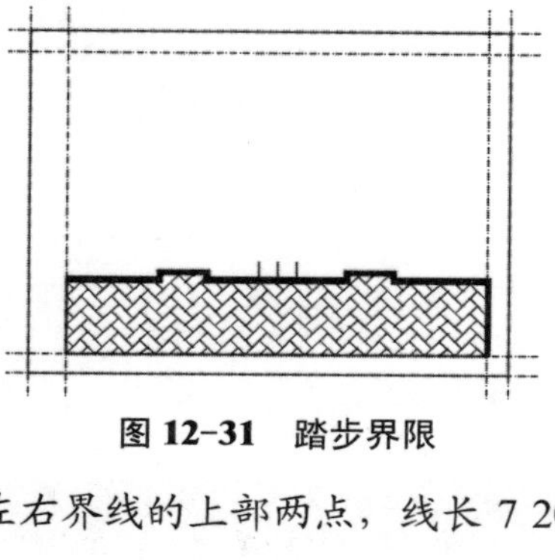

图 12-31　踏步界限

04 在命令行中执行【LINE】命令，连接踏步左右界线的上部两点，线长 7 200，得到上面第一条台阶线，如图 12-32 所示。

05 在命令行中执行【OFFSET】命令，将步骤 4 中所得第一条台阶线向下连续偏移 7 次，且每次偏移距离为 300，得到踏步线，如图 12-33 所示。

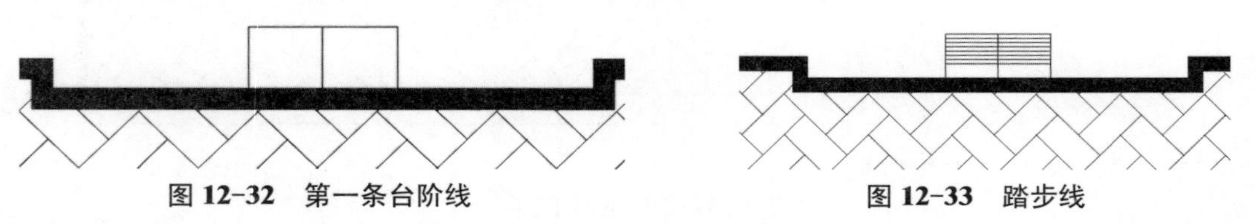

图 12-32 第一条台阶线　　图 12-33 踏步线

06 在命令行中执行【MLINE】命令，设置多线比例为 100，将【对正】设置为【下】，以踏步右侧上端点为起点分别向下绘制长 2 100、向右绘制长 8 400、向上绘制长 400、再向左绘制长 6 800 的多线，这样即绘制出残疾人坡道及踏步的一部分栏杆，结果如图 12-34 所示。

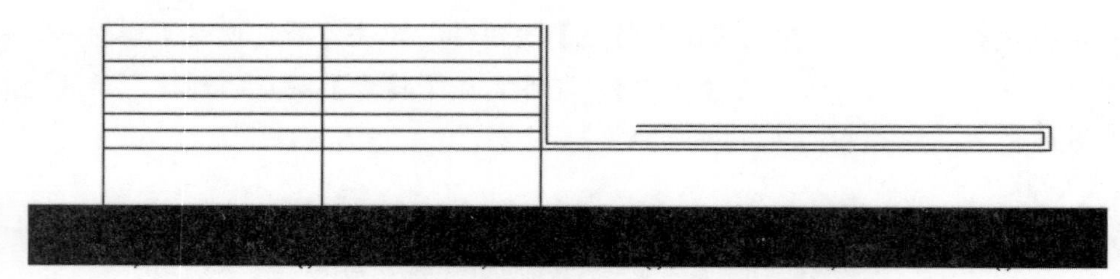

图 12-34 踏步及残疾人坡道栏杆线

07 继续在命令行中执行【MLINE】命令，将比例设为 100，将【对正】设置为【下】，以建筑物右侧突出部分的左端点为起点，向上绘制长 1 700、向左绘制长 8 300 的多线，绘制出残疾人坡道栏的另一面栏杆，如图 12-35 所示。

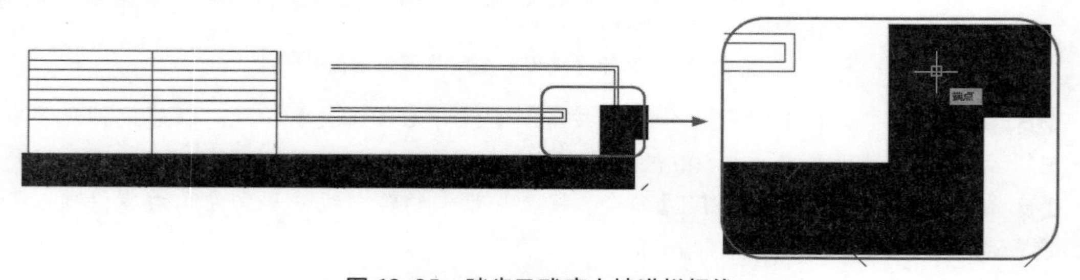

图 12-35 踏步及残疾人坡道栏杆线

08 在命令行中执行【LINE】命令，封闭踏步栏杆线。同时使用【直线】命令绘制残疾人坡道转折线，如图 12-36 所示。

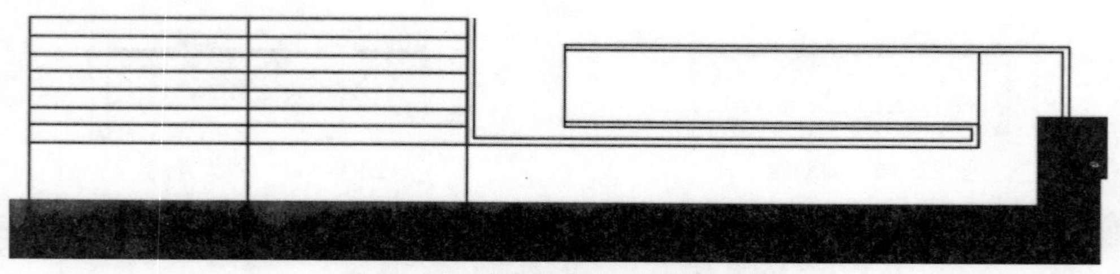

图 12-36 踏步及残疾人坡道转折线

09 在命令行中执行【MIRROR】命令，将踏步右侧的残疾人坡道以踏步绘制辅助线为镜像线进行镜像，效果如图 12-37 所示。

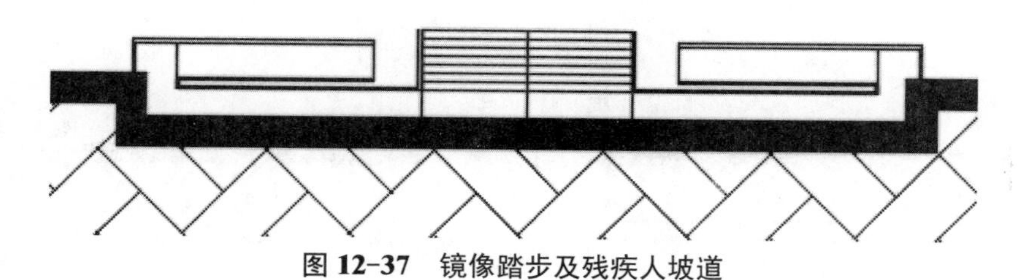

图 12-37　镜像踏步及残疾人坡道

10 在命令行中执行【ERASE】命令，删除中央辅助线，完成对残疾人坡道和室外踏步的绘制，如图 12-38 所示。

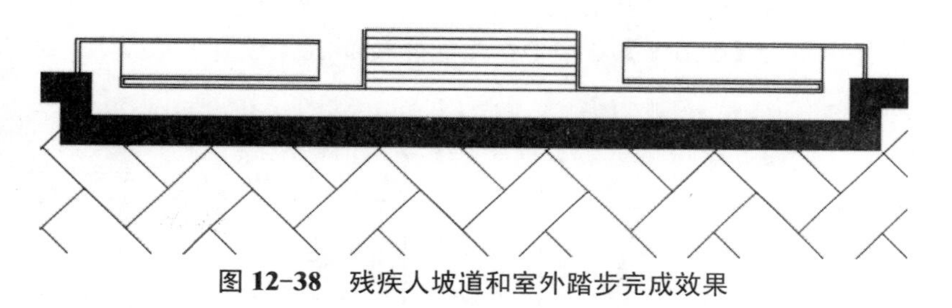

图 12-38　残疾人坡道和室外踏步完成效果

12.2.5 绘制地面停车场

地面停车场具体绘制步骤如下：

01 单击【图层】工具栏中的【图层特性】按钮，单击【新建图层】按钮，创建一个新的图层，然后将图层名称改为【停车位】，即可完成【停车位】图层的设置。并将【停车位】图层置为当前图层，如图 12-39 所示。

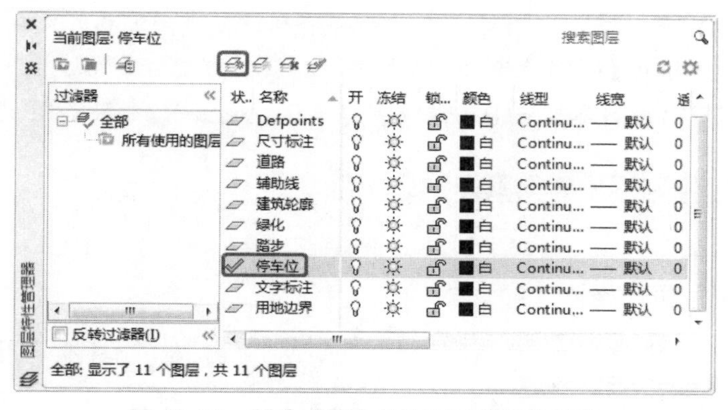

图 12-39　新建【停车位】图层并置为当前

02 在命令行中执行【ERASE】命令，将北面建筑控制线删除，如图 12-40 所示。

03 在命令行中执行【OFFSET】命令，将北面边界辅助线向下偏移 6 000，得到停车位绘制辅助线，偏移效果如图 12-41 所示。

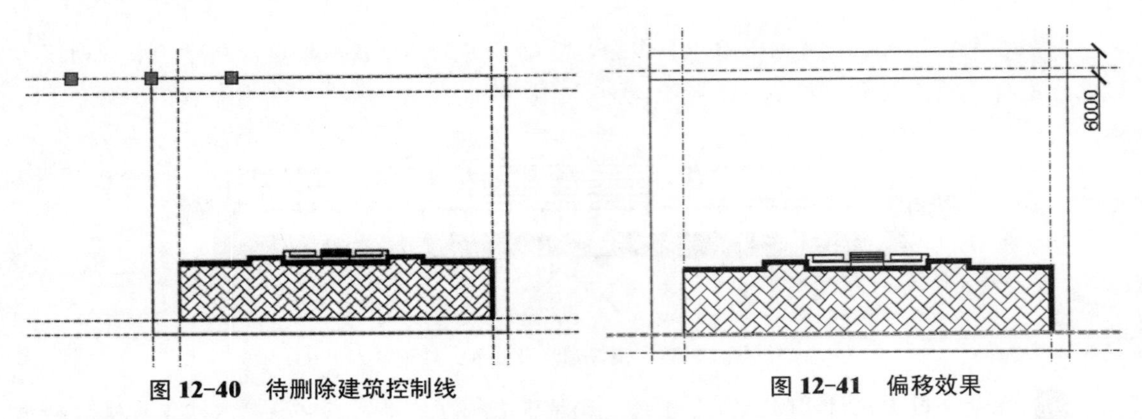

图 12-40　待删除建筑控制线　　　　图 12-41　偏移效果

04 在命令行中执行【LINE】命令，开启【对象捕捉】功能，按【F8】键关闭【正交】模式，在两条间距为 6 000 的平行线之间绘制如图 12-42 所示停车位轮廓线。

05 在命令行中执行【COPY】命令，在北侧的边界线上进行多次复制，效果如图 12-43 所示。

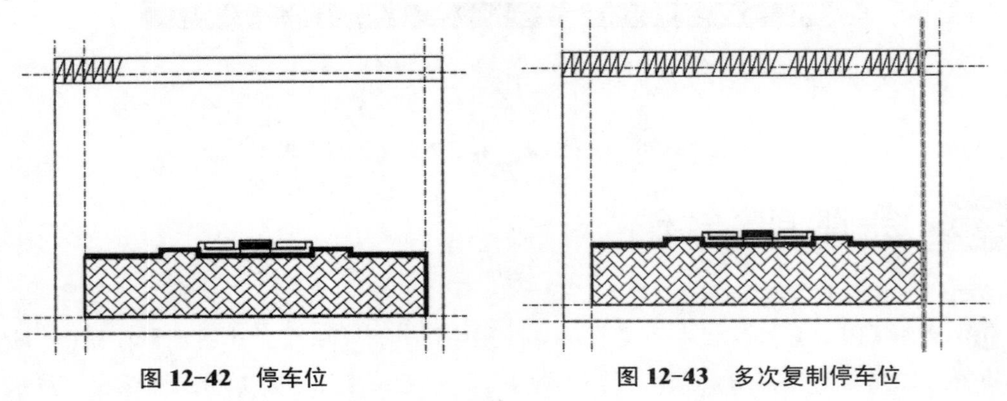

图 12-42　停车位　　　　图 12-43　多次复制停车位

06 在命令行中执行【OFFSET】命令，将北侧的停车位绘制辅助线向下分别偏移 6 000、12 000 和 20 000 的距离，得到下面停车位的两条绘制辅助线，偏移效果如图 12-44 所示。

07 在命令行中执行【LINE】命令，以上面第二条辅助线与左侧边界线的交点为起点 A，向右位绘制辅助线至右侧边界交点 B（该线为停车区控制线），效果如图 12-45 所示。

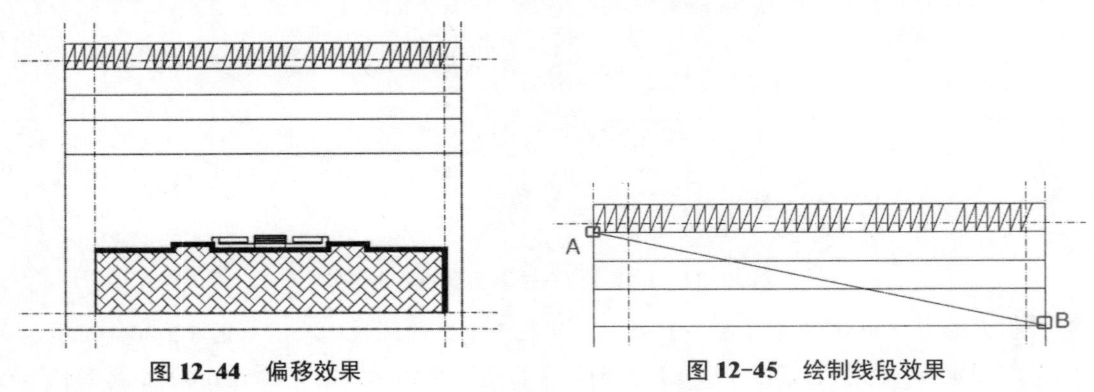

图 12-44　偏移效果　　　　图 12-45　绘制线段效果

08 在命令行中执行【COPY】命令，在停车区控制线和停车位辅助线的围合区内重复复制停车位。这样停车场布置图即完成了，效果如图 12-46 所示。

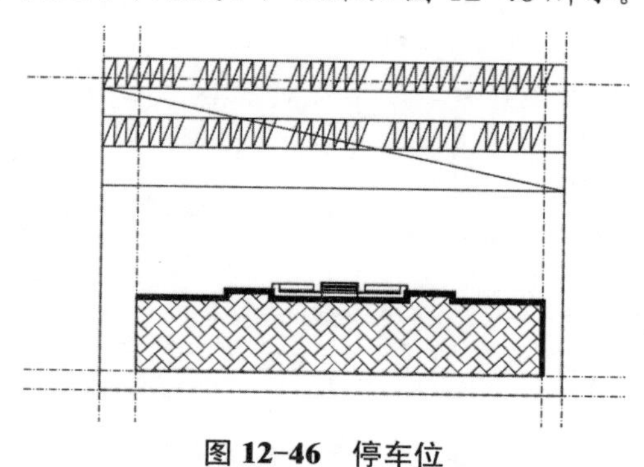

图 12-46　停车位

12.2.6 绘制广场

绘制广场的具体操作步骤如下：

01 单击【图层】工具栏中的【图层特性】按钮，单击【新建图层】按钮，创建一个新的图层，然后将图层名称改为【广场】，完成【广场】图层的设置，将【广场】图层设置为当前图层，如图 12-47 所示。

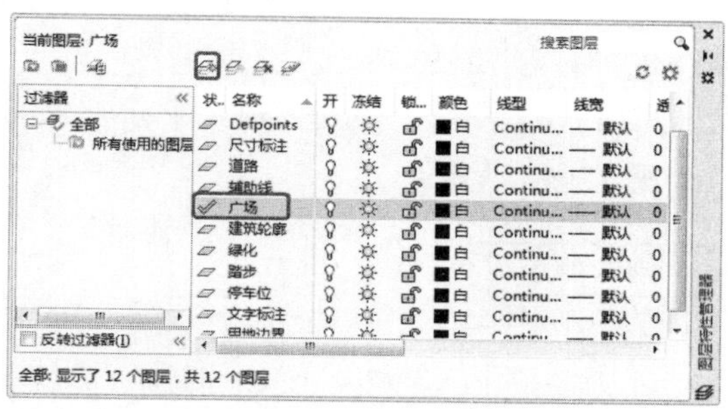

图 12-47　新建【广场】图层并将其置为当前图层

02 在命令行中执行【删除】命令，删除多余线条，如图 12-48 所示。

03 在命令行中执行【CIRCLE】命令，以建筑物的中线与绿地线的交点为圆心，绘制半径为 2 000 的圆。然后在命令行中执行【TRIM】命令，将圆内线条修剪掉，得到升旗台，如图 12-49 所示。

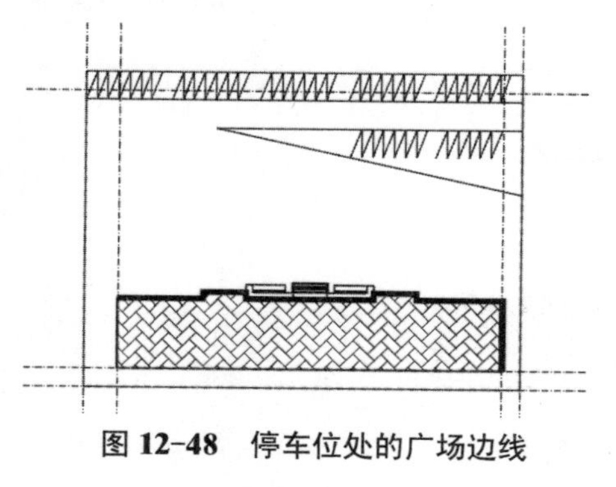

图 12-48　停车位处的广场边线

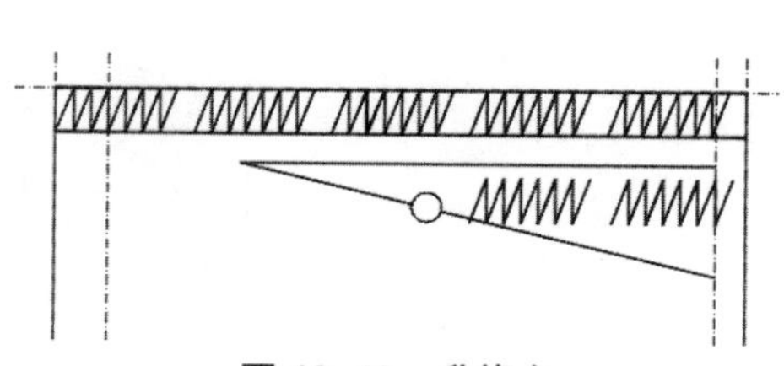

图 12-49　升旗台

04 在命令行中执行【OFFSET】命令，将建筑物的轮廓线向外偏移 1 000，作为建筑物的散水线，偏移效果如图 12-50 所示。

05 在命令行中执行【LINE】命令，连接建筑各角点与相应散水线各点，连接效果如图 12-51 所示。

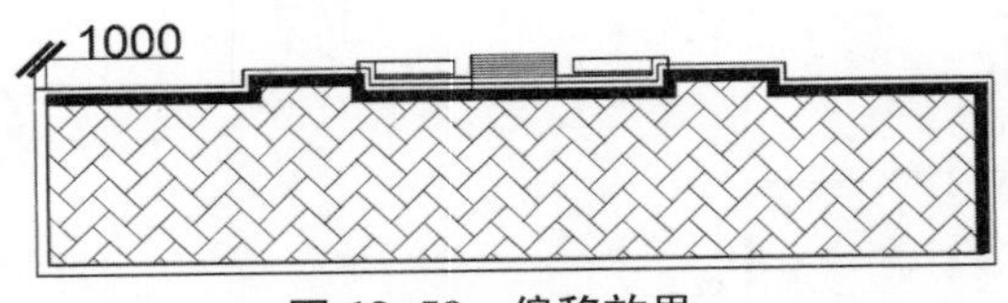

图 12-50 偏移效果

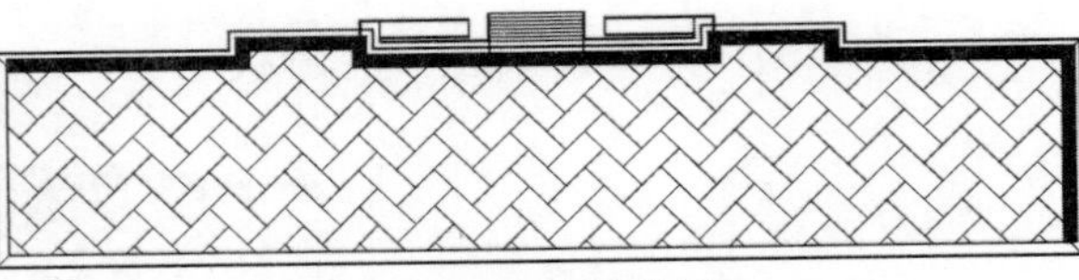

图 12-51 连接效果

06 在命令行中执行【TRIM】命令，将两个残疾人坡道之间的散水线修剪掉，即得到如图 12-52 所示的效果。

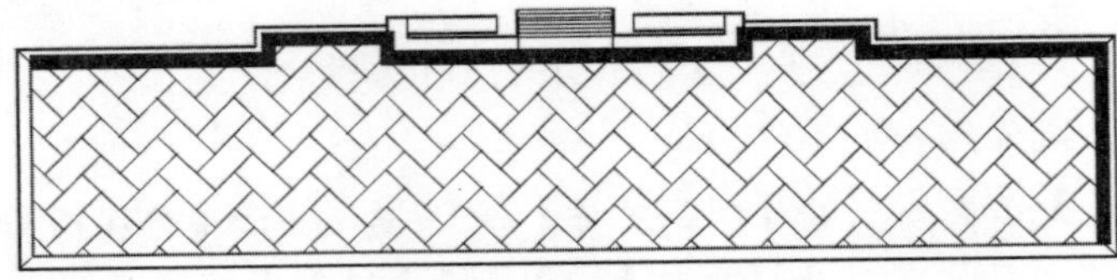

图 12-52 散水线

07 在命令行中执行【PLINE】命令，以建筑北边边线左端一段中点为起点，沿停车位和绿地辅助线绘制广场闭合线，如图 12-53 所示。

08 在命令行中执行【FILLET】命令，设定倒圆角半径为 2 000，对内部道路绿化边线的角点进行倒圆角处理，如图 12-54 所示。

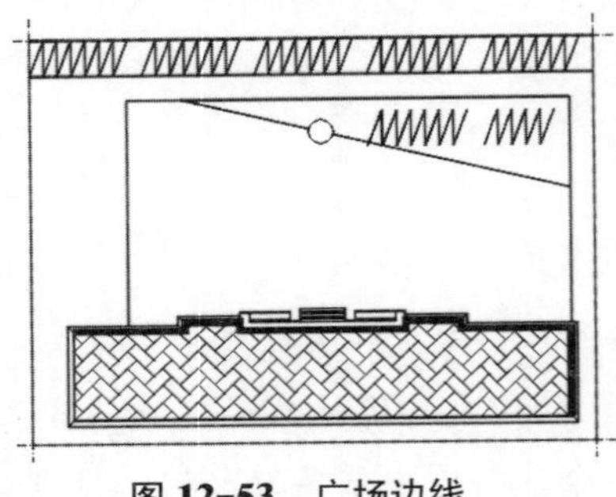

图 12-53 广场边线

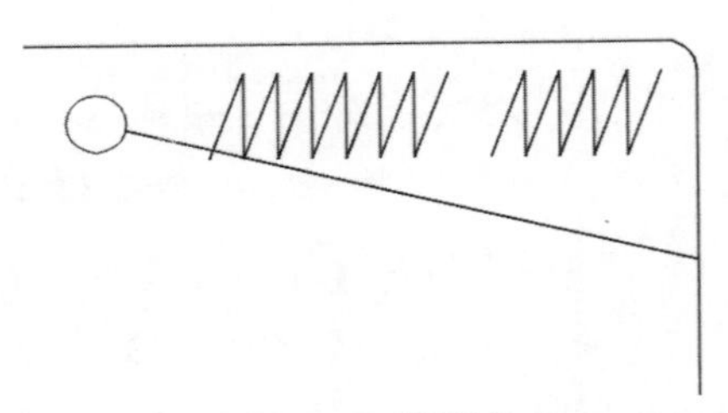

图 12-54 倒圆角

09 连续在命令行中执行【FILLET】命令，形成完整的广场界线，如图 12-55 所示。

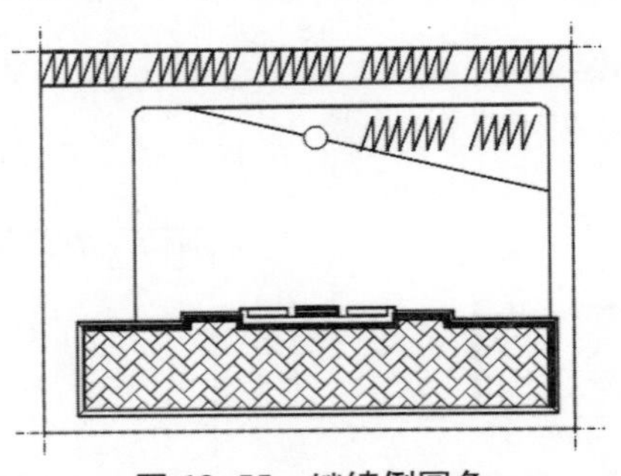

图 12-55 继续倒圆角

10 在命令行中执行【BHATCH】命令，单击【样例】选图框，打开【填充图案选项板】对话框，选择如图 12-56 所示的【NET】图案，修改填充比例为 1 000。单击【添加：拾取点】按钮，将光标置于建筑前的广场界线内，单击以选择广场界线内部作为填充对象，按【Enter】键完成图案填充，如图 12-57 所示。

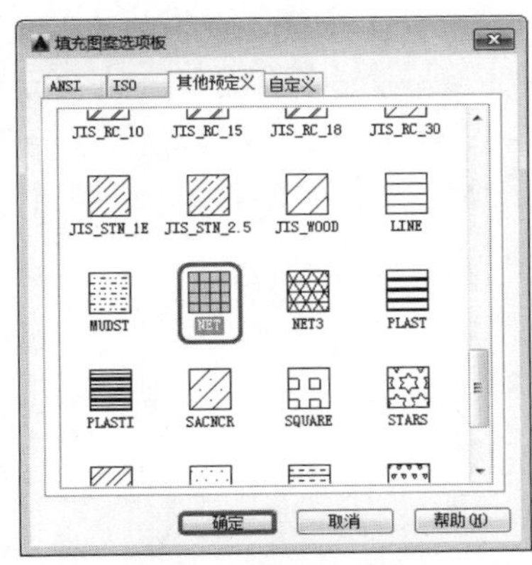

图 12-56　选择图案

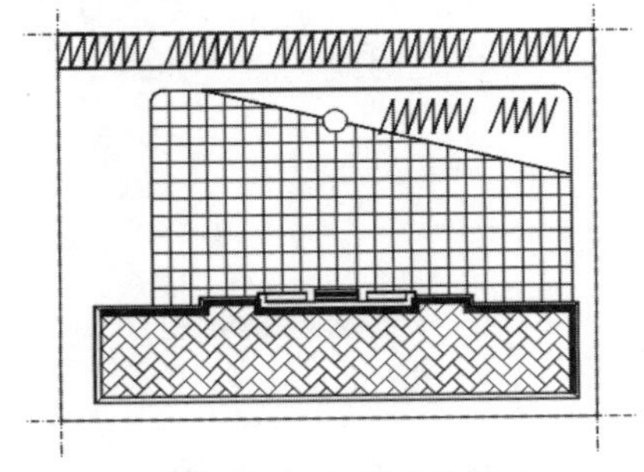

图 12-57　填充效果

12.2.7 绘制道路及出入口

任何建筑物都需要通过基地内道路与城市道路进行联系，平常所说的道路包括基地内道路（内部道路）和基地外道路（城市道路）。

内部道路系统在完成了建筑、停车场、广场的绘制后变得非常清晰。在绘制内部道路系统时只需将内部道路的整理一下即可。

外部道路系统在本项目的绘制中相对简单，因为本项目仅西面临路。

下面首先绘制内部道路，再绘制城市道路，然后将内外道路系统进行对接，即可完成整个道路系统的绘制。具体绘制步骤如下：

01 打开【图层特性管理器】选项板，单击【新建图层】按钮，创建一个新的图层，然后将图层名称改为【道路】，完成【道路】图层的设置，并将【道路】图层设置为当前图层。

02 在命令行中执行【PLINE】命令，设置多段线宽度为 150，以内部道路左上角点为起点，如图 12-58 所示，沿停车位轮廓线和绿化广场轮廓线顺时针将内部道路系统的外侧一边绘出。

03 在命令行中执行【PLINE】命令，以建筑物西北的角点为起点，如图 12-59 所示，顺时针将内部道路系统的内侧一边绘出。

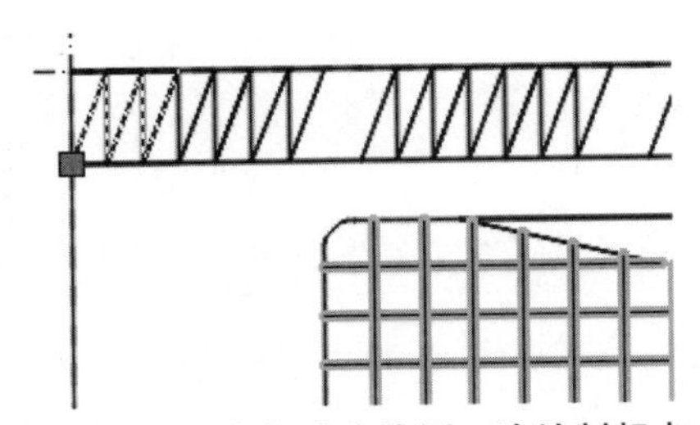

图 12-58　内部道路外侧一边绘制起点

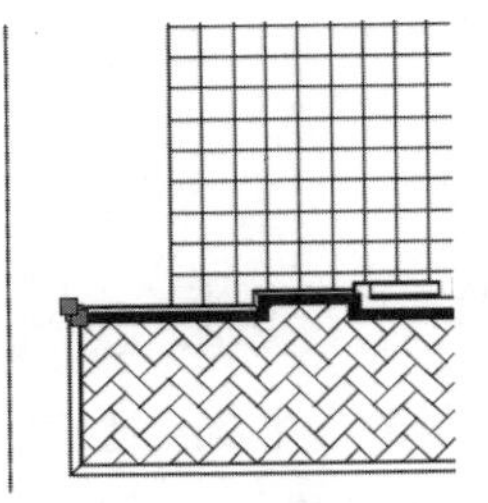

图 12-59　内部道路内侧一边绘制起点

提示

绘制多段线时，将遇到直线和弧线交替进行的现象，故需要特别注意多段线命令执行中的直线与弧线的互换（在绘制直线时若需要弧线，可在命令进行过程中直接输入 A），绘制过程如图 12-60 所示。如图 12-61 所示，选择【绘图】|【直线】命令，在绘制 AB 和 CD 交点时，激活【直线】命令后以 B 为起点，将光标沿 AB 滑动，会出现如图 12-62 所示的图形。无须再激活其他命令，可直接将光标在 B 点和 C 点各停留片刻后沿 DC 线滑动至 AB、CD 交接处附近。此时会出现两线交点，如图 12-63 所示，此时可以立即单击交点，画出两线交点。

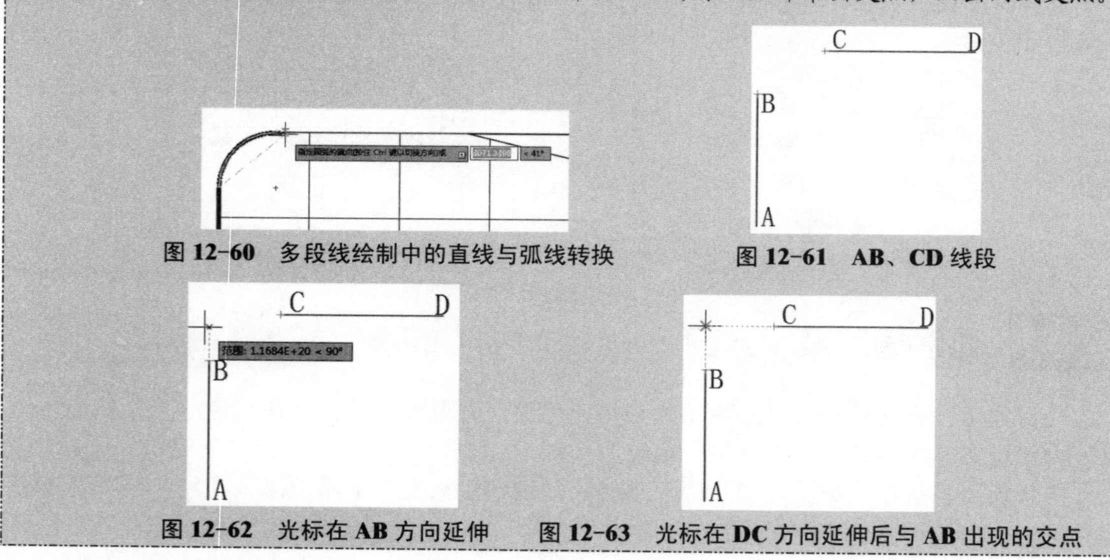

图 12-60 多段线绘制中的直线与弧线转换

图 12-61 AB、CD 线段

图 12-62 光标在 AB 方向延伸

图 12-63 光标在 DC 方向延伸后与 AB 出现的交点

04 单击【图层】工具栏中的【图层特性】按钮，弹出【图层特性管理器】选项板，关闭除【道路】以外的所有图层，如图 12-64 所示。然后 AutoCAD 2016 显示界面中显示内部道路图，如图 12-65 所示。

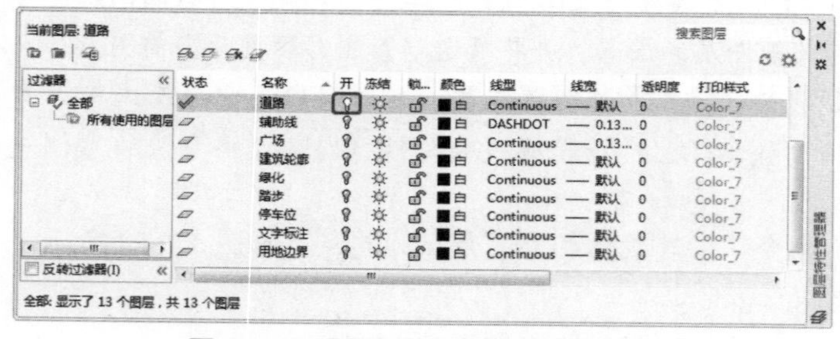

图 12-64 【图层特性管理器】选项板

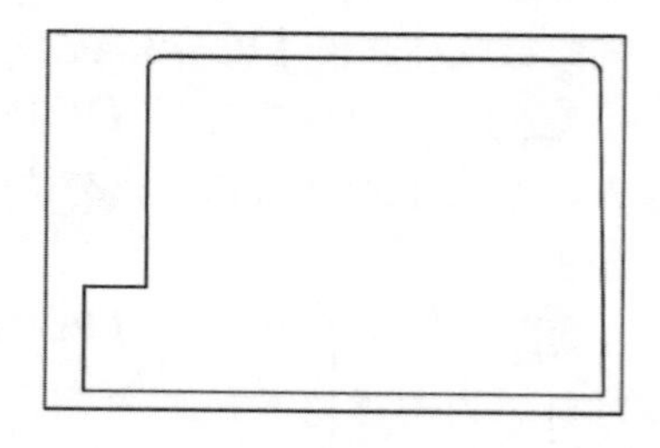

图 12-65 【道路】层显示图

提示

执行此次操作是为了方便下面步骤的实施。以免其他图层中的图形对下面的操作造成不便。

05 在命令行中执行【FILLET】命令，将内部道路外边线的上边线和右边线进行半径为 6 000 的倒圆角操作，效果如图 12-66 所示。

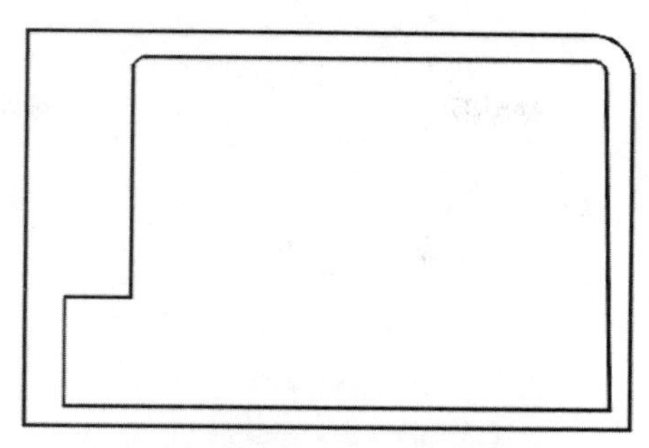

图 12-66　修改道路外边线交点

06 单击【图层】工具栏中的【图层特性】按钮，弹出【图层特性管理器】选项板，打开【辅助线】图层，如图 12-67 所示。所显示的图形如图 12-68 所示。

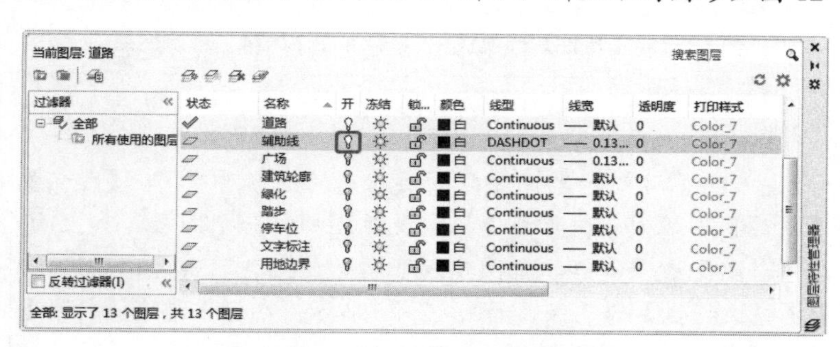

图 12-67　【图层特性管理器】选项板

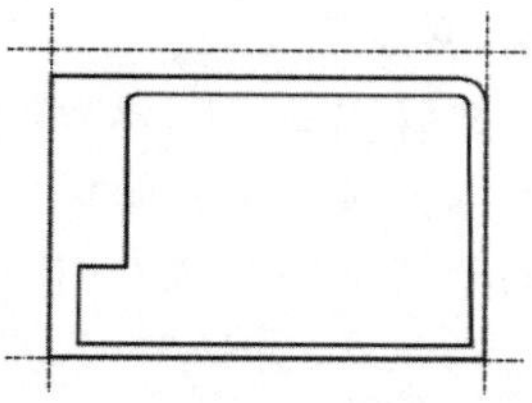

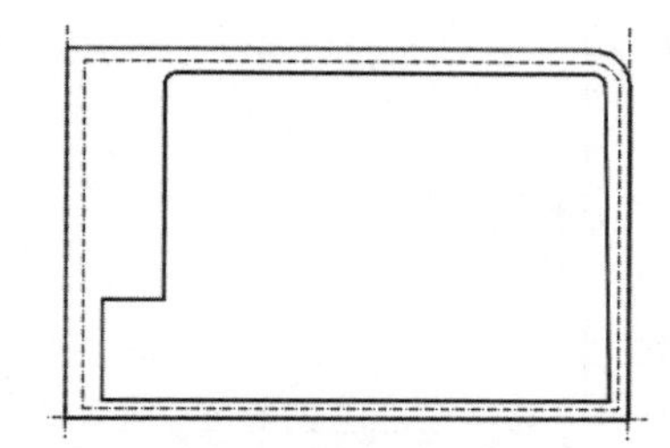

图 12-68　道路轮廓线显示图

07 在命令行中执行【OFFSET】命令，将左、上、右、下 4 条辅助线依次向内部偏移 3 000、8 000、1 500 和 1 500，如图 12-69 所示。

08 在命令行中执行【TRIM】命令，对上一步中得到的 4 条新辅助线进行修剪，结果如图 12-70 所示。

09 在命令行中执行【FILLET】命令，对上边和右边的辅助线进行倒圆角操作，将倒圆角半径设为 5 000。进行倒圆角的辅助线作为道路中心线，如图 12-71 所示。

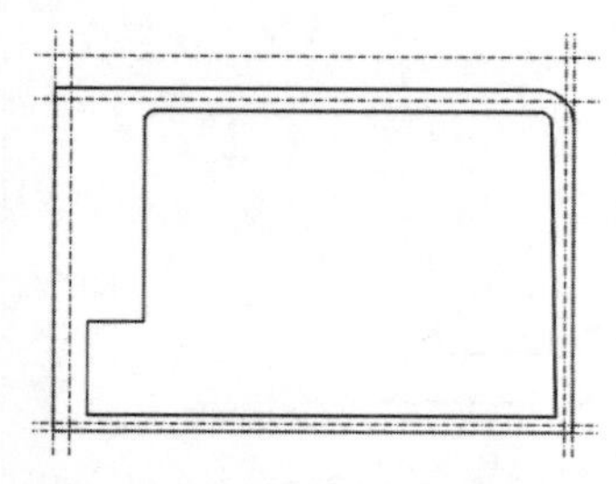

图 12-69　辅助线偏移结果

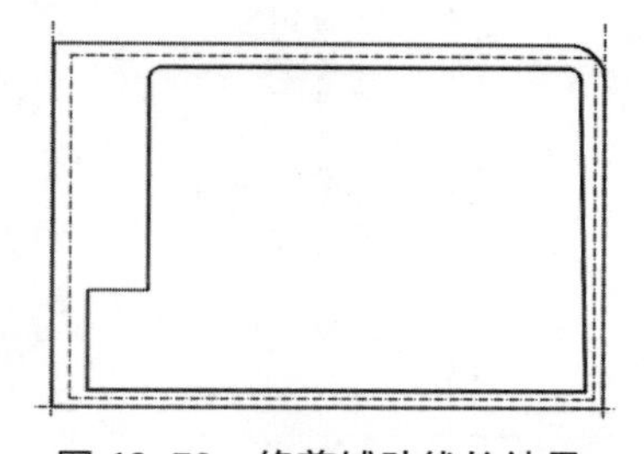

图 12-70　修剪辅助线的结果

图 12-71　倒圆角辅助线

10 选择上一步得到的道路中心线并右击，弹出如图 12-72 所示的快捷菜单，选择【特性】命令，弹出【特性】选项板，在弹出的选项板中，将【辅助线】图层改为【道路】图层，如图 12-73 所示。然后将另外的道路中心线的图层逐一改为【道路】，如图 12-74 所示。

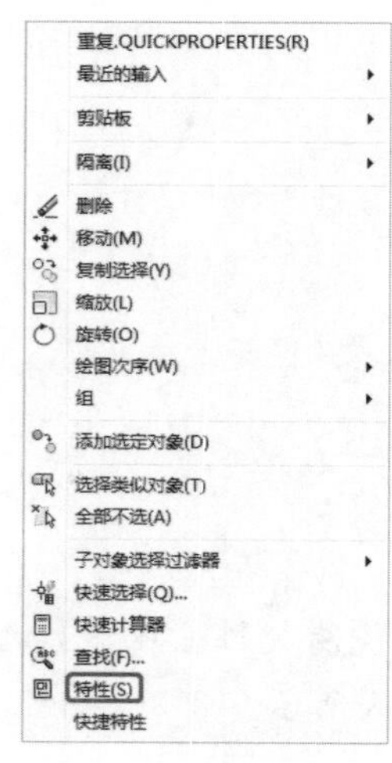

图 12-72　快捷菜单

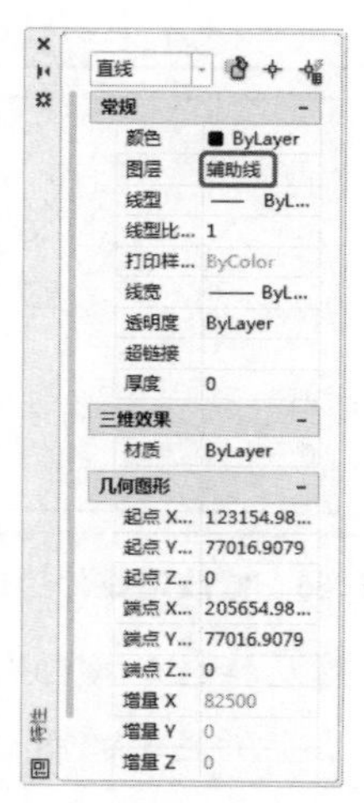

图 12-73　【特性】选项板

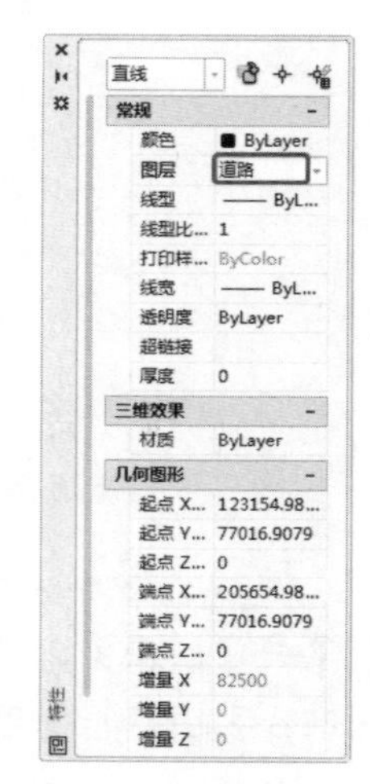

图 12-74　修改图层

提示

更换图层还有以下两种方法：（1）首先选择要修改的图层状态的图形对象，在【默认】选项板中【图层】面板中的【图层】下拉列表中重新选择要更改到的另一个图层。如上面的例子将【辅助线】图层改为【道路】图层即可，如图 12-75 所示。（2）双击选择要修改的图层状态的图形对象，弹出【快捷特性】选项板，如图 12-76 所示。在弹出【快捷特性】选项板中将【辅助线】图层改为【道路】图层即可。

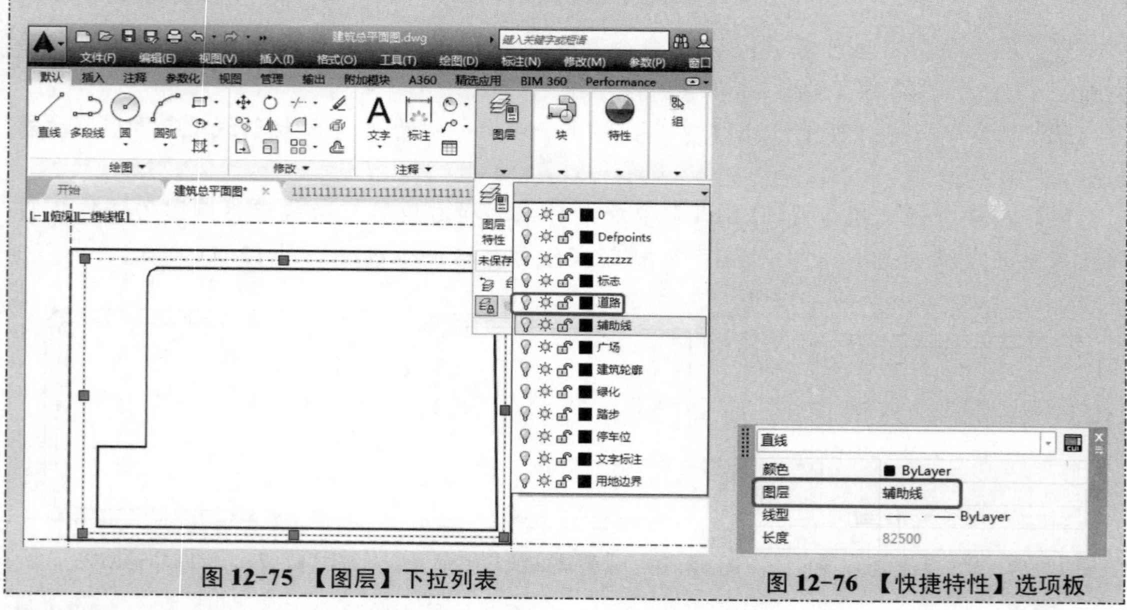

图 12-75　【图层】下拉列表　　图 12-76　【快捷特性】选项板

11 在命令行中执行【OFFSET】命令，将左边辅助线向左依次偏移 30 000、25 000、15 000 和 5 000，得到城市道路边线辅助线及人行道边线辅助线，如图 12-77 所示。

12 在命令行中执行【LINE】命令，以内部道路左侧边线中点为基点，向左绘制一条长度为 40 000 的线段作为辅助线，如图 12-78 所示。

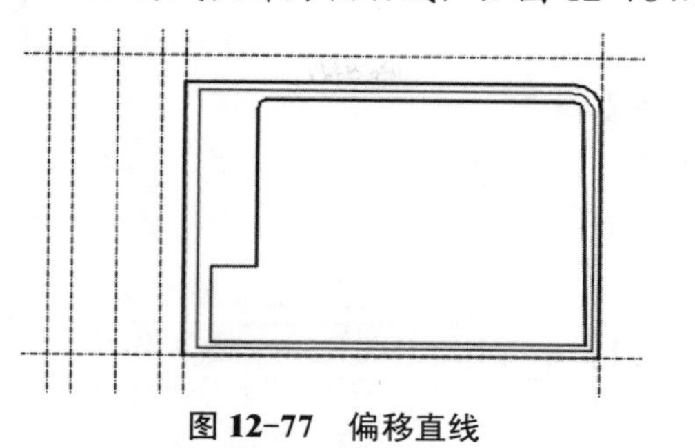

图 12-77　偏移直线

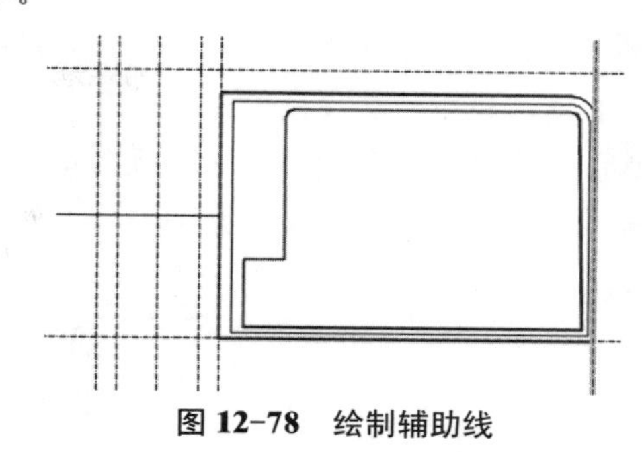

图 12-78　绘制辅助线

13 在命令行中执行【OFFSET】命令，将上一步得到的辅助线分别向上、向下各偏移 40 000，效果如图 12-79 所示。

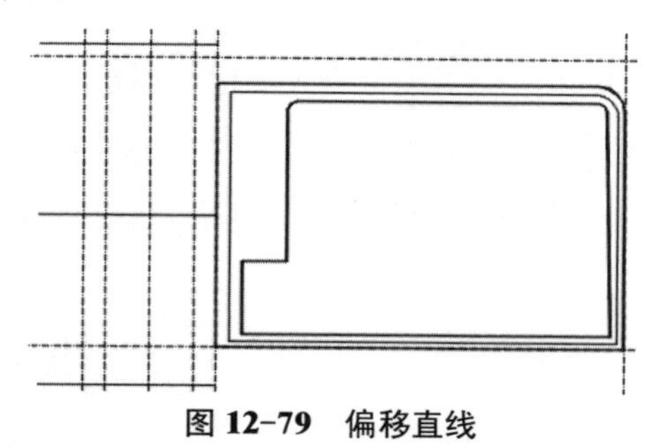

图 12-79　偏移直线

14 在命令行中执行【TRIM】命令，对上述辅助线进行修剪，如图 12-80 所示。

15 修剪完毕后，删除多余辅助线，得到如图 12-81 所示的图形。

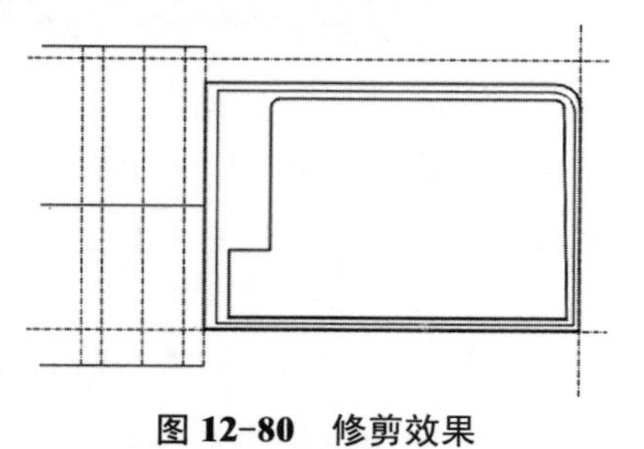

图 12-80　修剪效果

图 12-81　删除多余辅助线

提示

在命令行输入【TRIM】命令，且选择好剪切边后命令行将出现【选择要修剪的对象，或按住 Shift 键选择要延伸的对象，或[栏选（F）/窗交（C）/投影（P）/边（E）/删除（R）/放弃（U）]:】提示，此时输入 F 以选择【栏选】功能。此时在选好的修剪边一侧划线即可对多条线段同时进行修剪。

16 在命令行中执行【PLINE】命令，将宽度设置为 300，沿辅助线绘制出城市道路的边界线。继续在命令行中执行【PLINE】命令，将宽度设置为 100，沿辅助线绘制出人行道边界线，如图 12-82 所示。

17 选择城市道路中心线并右击，在弹出的快捷菜单栏中选择【特性】命令，在弹出的【特性】选项板中，将【辅助线】图层改为【道路】图层。

18 单击【图层】工具栏中的【图层特性】按钮，弹出【图层特性管理器】选项板，单击关闭图标，关闭【辅助线】图层，打开其他所有图层，得到如图 12-83 所示的效果。

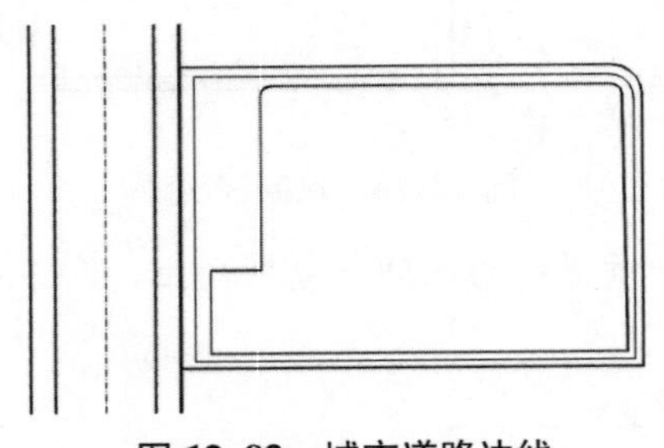

图 12-82　城市道路边线

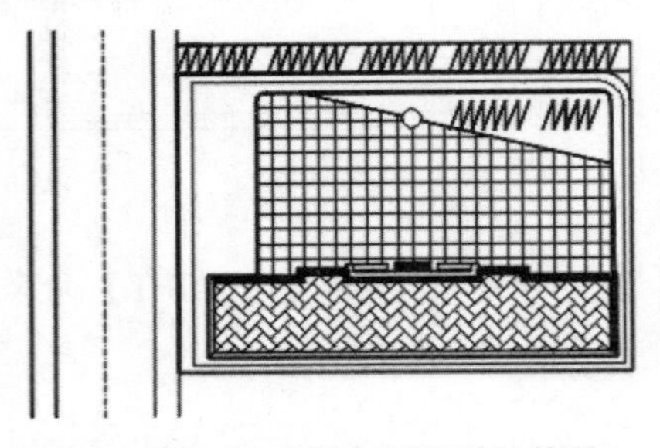

图 12-83　打开所有图层后的效果

19 按【F8】键开启正交功能，在命令行中执行【PLINE】命令。将多段线宽度设为 50，绘制总长度为 36 000 的折断线，如图 12-84 所示。将绘制好的折断线复制到城市道路线的两端，如图 12-85 所示。

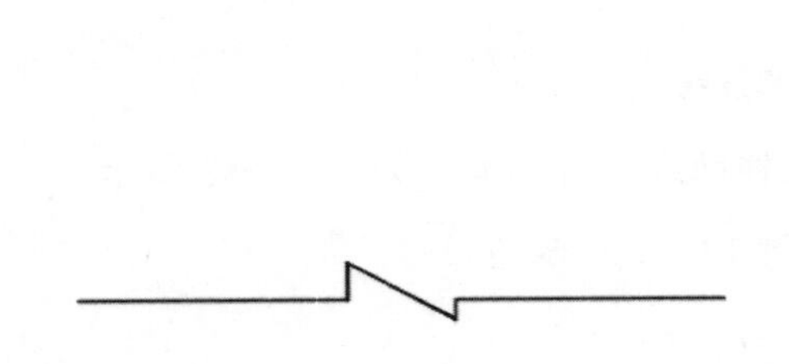

图 12-84　折断线

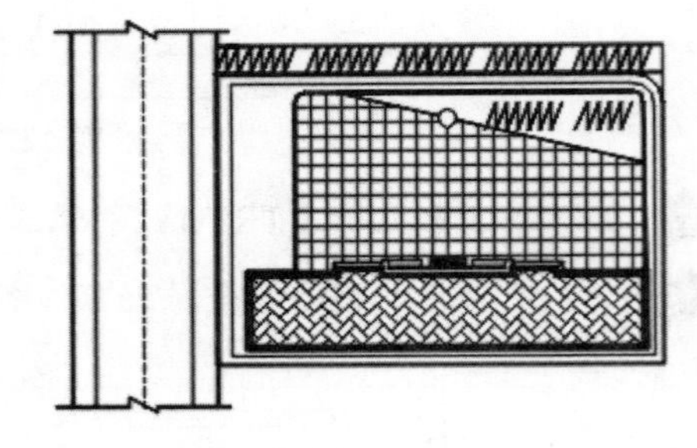

图 12-85　道路绘制完成图

20 在命令行中执行【LINE】命令，以建筑的西北角点为起点，向左垂直于城市人行道边线绘制直线作为辅助线，如图 12-86 所示。

21 在命令行中执行【OFFSET】命令，将上述辅助线向上偏移 8 000，效果如图 12-87 所示。

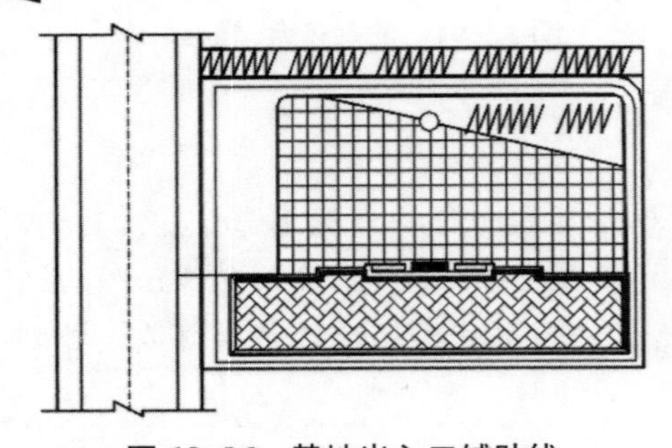

图 12-86　基地出入口辅助线

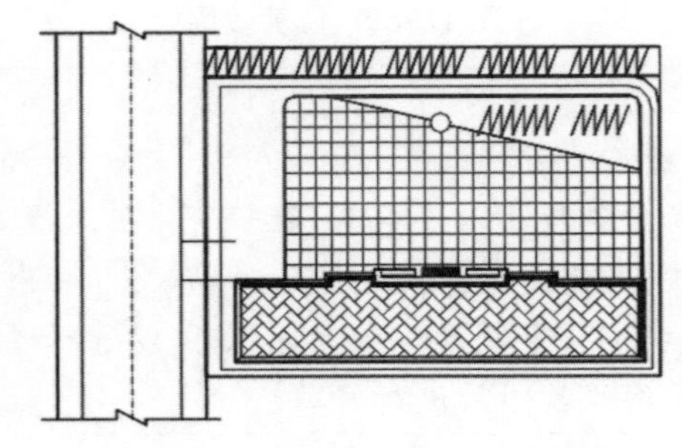

图 12-87　偏移基地出入口辅助线

22 在命令行中执行【TRIM】命令，进行多次修剪，得到基地出入口位置，结果如图 12-88 所示。

23 在命令行中执行【FILLET】命令，设置圆角半径为 5 000，然后对出入口边线和人行道边线进行倒圆角处理，结果如图 12-89 所示。

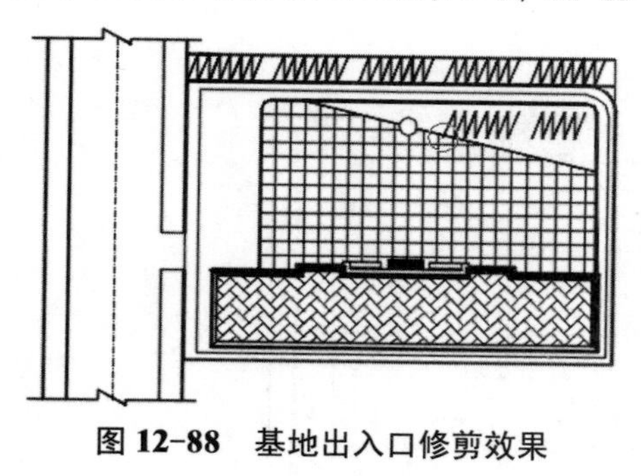

图 12-88　基地出入口修剪效果

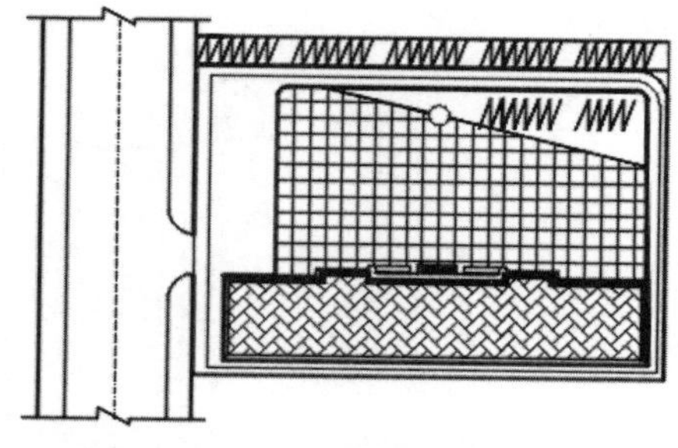

图 12-89　基地出入口倒圆角效果

12.2.8 绘制景观绿化

景观绿化是一个场所的灵魂，是能够使建筑鲜活和呼吸的【肺】，是冰冷的钢筋水泥夹缝中透出的一片生机，是人们亲近自然、回归自然心理需求的一种体现。所以景观绿化是建筑总平面绘制中必不可少的一部分。景观绿化一般包含花草、小品和树木等。下面分别讲解乔木、灌木、建筑小品的绘制和总平面绿化的布置。

01 打开随书附带光盘中的 CDROM\素材\第 12 章\001.dwg 素材，如图 12-90 所示。

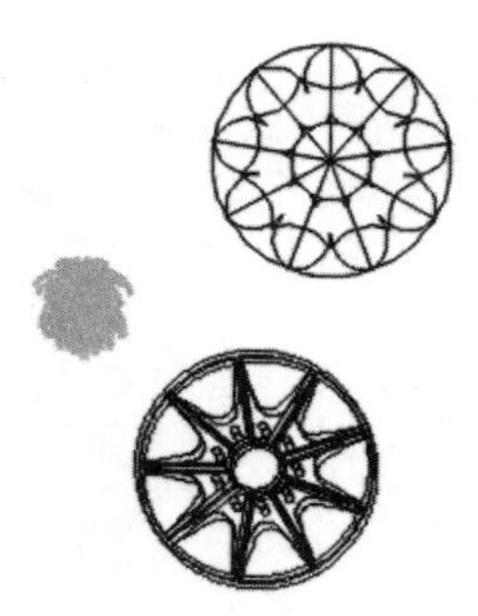

图 12-90　打开素材

02 在命令行中执行【INSERT】命令，弹出【插入】对话框，如图 12-91 所示。在【名称】文本框中输入【乔木】，单击【确定】按钮。在城市道路和停车位之间的空档处插入【乔木】块，效果如图 12-92 所示。

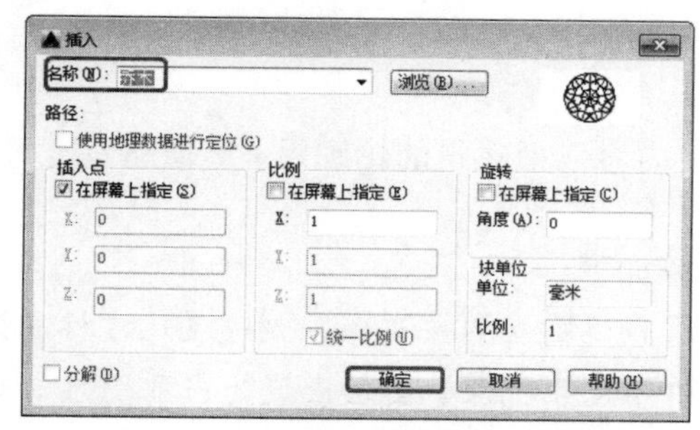

图 12-91　【插入】对话框

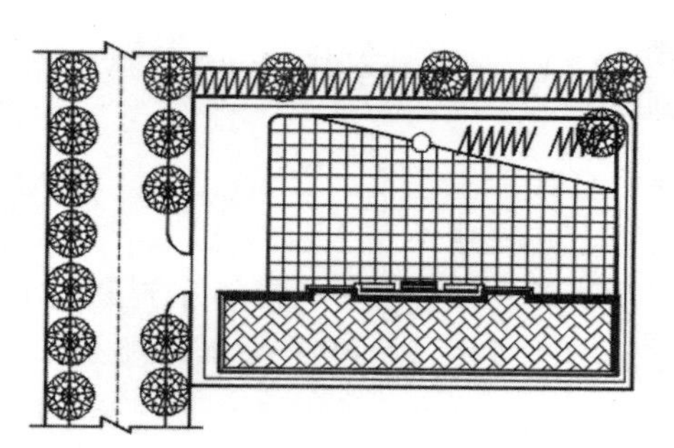

图 12-92　插入【乔木】块

03 在命令行中执行【INSERT】命令，弹出【插入块】对话框，在【名称】文本框中输入【灌木 1】，单击【确定】按钮。在部分基地内部停车位之间的小空档处插入【灌木 1】块，如图 12-93 所示。

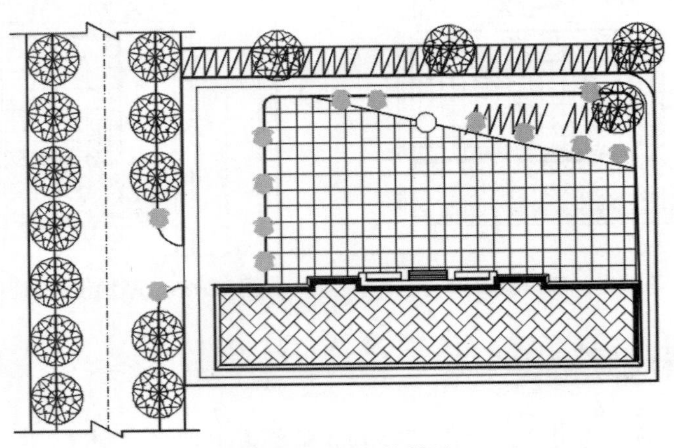

图 12-93 绿化基地

04 在命令行中执行【INSERT】命令，弹出【插入】对话框，在【名称】文本框中输入【灌木 2】，单击【确定】按钮。在部分基地内部停车位之间的小空档处插入【灌木 2】块，如图 12-94 所示。

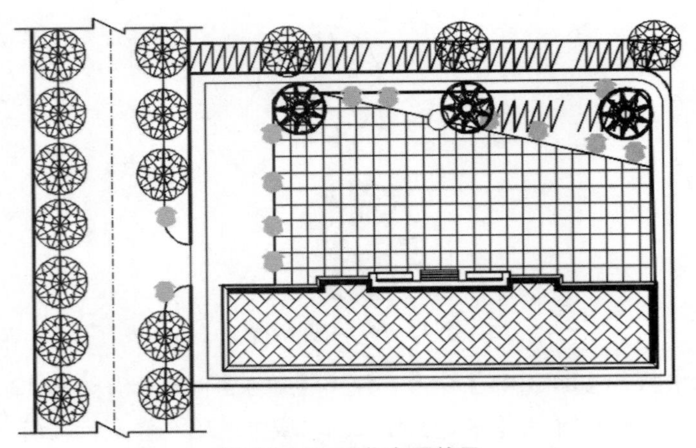

图 12-94 绿化布置效果

12.2.9 标注尺寸和文字

尺寸标注要求完整、准确、合理和清晰。标注内容包括建筑的轮廓尺寸、道路宽度尺寸、场地尺寸、建筑层数和主要出入口。

下面讲解总平面图尺寸标注的过程。具体步骤如下：

01 打开【图层特性管理器】选项板，单击【新建图层】按钮，创建【尺寸标注】图层，将线宽设为 0.2。单击【尺寸标注】图层，将【尺寸标注】图层设置为当前图层，如图 12-95 所示。

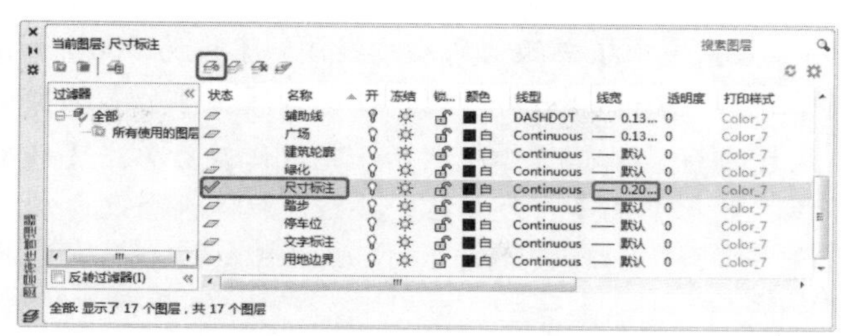

图 12-95　创建【尺寸标注】图层

02 单击【标注】工具栏中的【标注样式】按钮，打开【标注样式管理器】对话框，单击【修改】按钮，如图 12-96 所示。弹出【修改标准样式：ISO-25】对话框，如图 12-97 所示。

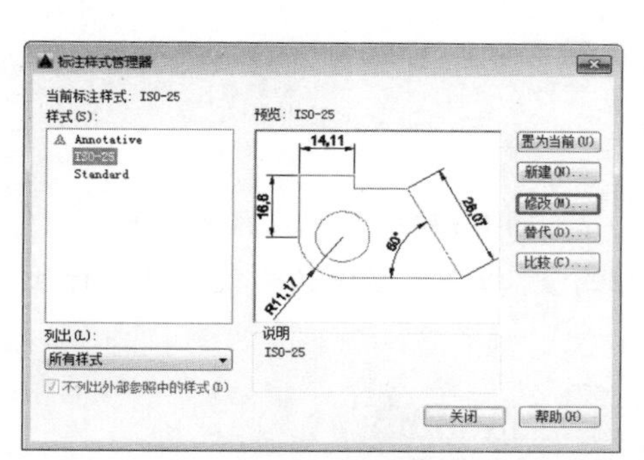

图 12-96　【标注样式管理器】对话框

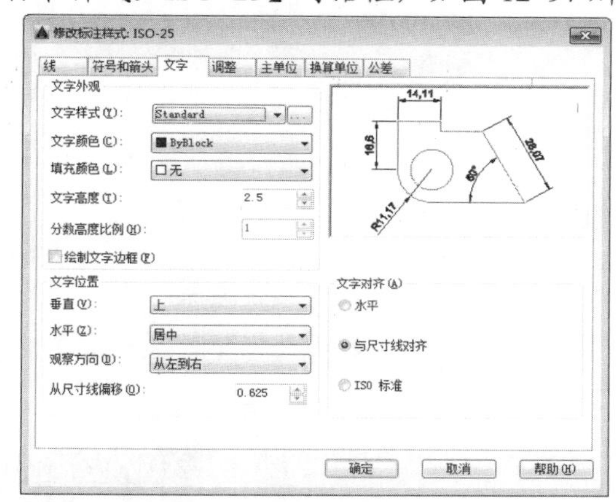

图 12-97　【修改标注样式：ISO-25】对话框

03 在弹出的【修改标注样式：ISO-25】对话框中，选择【线】选项卡。在【尺寸线】选项组中将【基线间距】设置为 1 000；在【尺寸界线】选项组中将【超出尺寸线】和【起点偏移量】均设置为 1 000，如图 12-98 所示。

04 在【修改标注样式：ISO-25】对话框中，选择【符号和箭头】选项卡，在【第一个】、【第二个】下拉列表中均选择【建筑标记】选项，将【箭头大小】设置为 1 000，如图 12-99 所示。

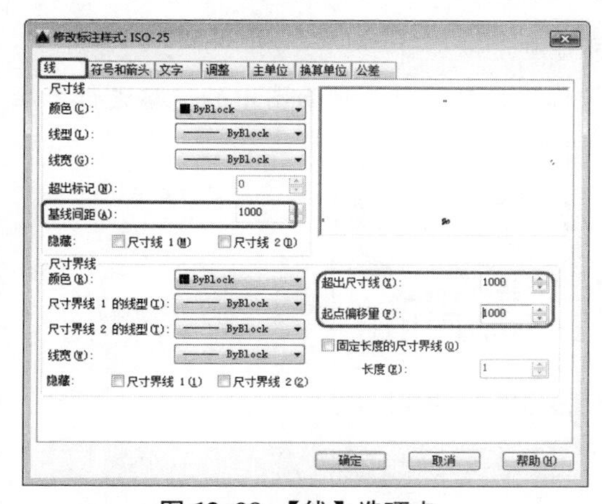

图 12-98　【线】选项卡

图 12-99　【符号和箭头】选项卡

05 在【修改标注样式：ISO-25】对话框中，选择【文字】选项卡，将【文字高度】设置为 3 000，将【文字位置】选项组中的【从尺寸线偏移】设为 500，如图 12-100 所示。

06 在【修改标注样式：ISO-25】对话框中，选择【主单位】选项卡，将【线性标注】选项组中的【精度】设置为 0，如图 12-101 所示。完成修改后单击【确定】按钮，返回【标注样式管理器】对话框，然后单击【置为当前】按钮，以保存修改内容。

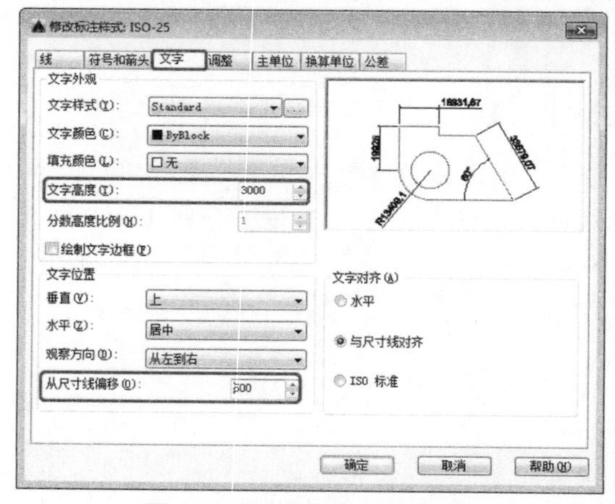

图 12-100 【文字】选项卡

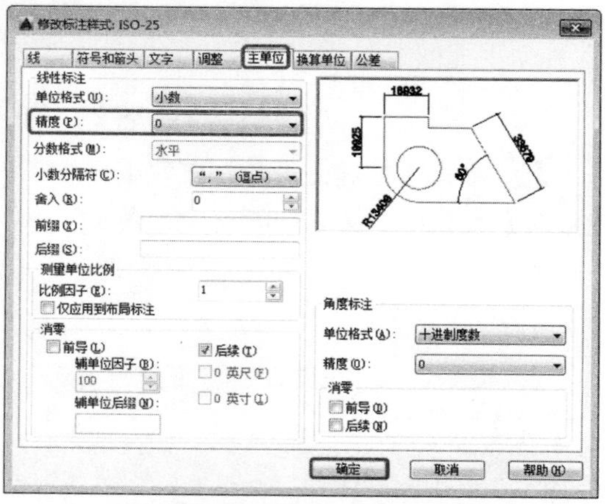

图 12-101 【主单位】选项卡

07 单击【标注】工具栏中的【对齐】标注按钮，对总平面图中的建筑物进行标注，如图 12-102 所示。

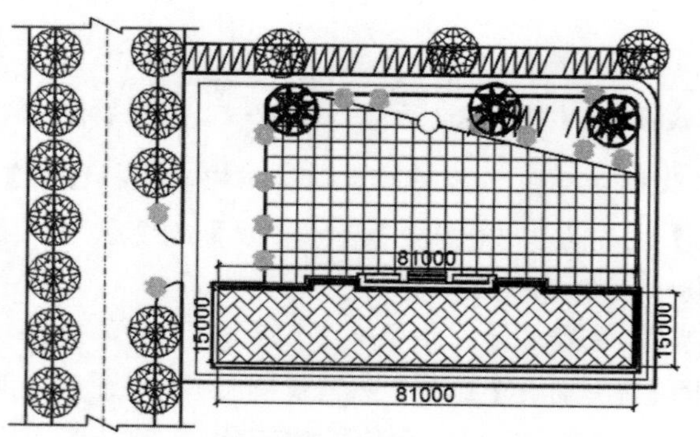

图 12-102 标注建筑物

08 再次单击【标注】工具栏中的【对齐】标注按钮，对总平面图中的道路进行标注，如图 12-103 所示。

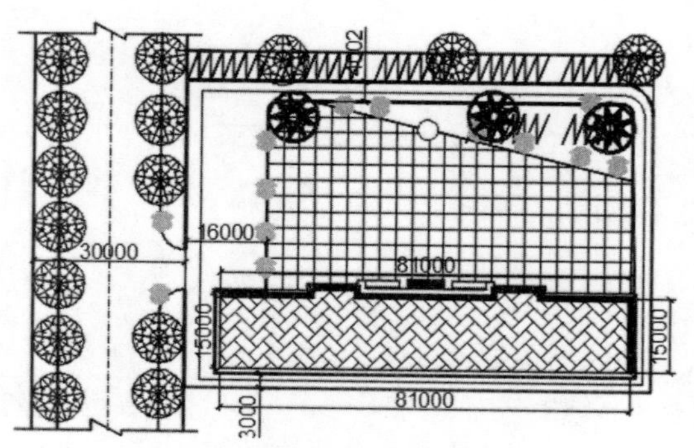

图 12-103 标注道路

09 单击【标注】工具栏中的【对齐】标注按钮，对总平面图中的基地尺寸进行标注，如图 12-104 所示。

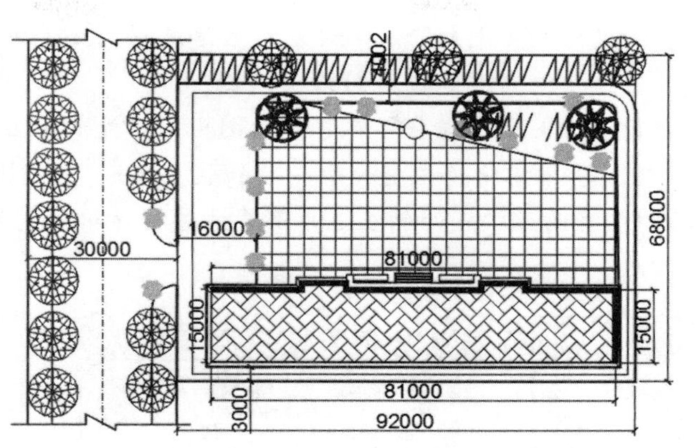

图 12-104　标注基地

10 在命令行中执行【DTEXT】命令，在总平面图中建筑物的右下角标注单行文字 1F，如图 12-105 所示。

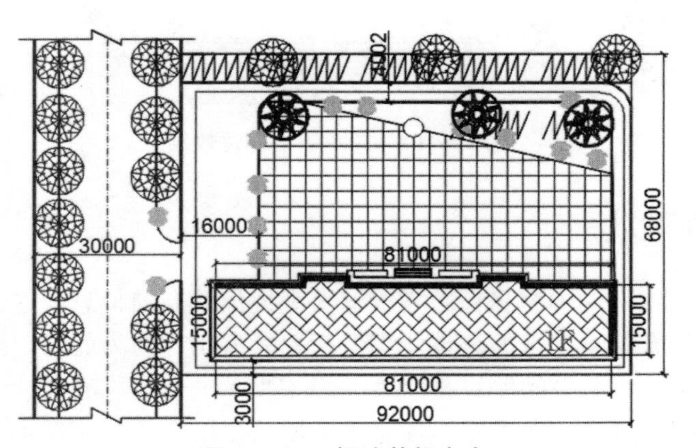

图 12-105　标注单行文字

11 按【F8】键开启正交功能，在命令行中执行【POLYGON】命令，绘制边长为 5 000 的正三角形，如图 12-106 所示。

12 在命令行中执行【BHATCH】命令，根据命令行提示输入【T】，弹出【图层填充和渐变色】对话框，单击图案右侧的按钮，在弹出的【填充图案选项板】中选择【JIS_LC_20】作为填充图案，将填充比例设为 1，对正三角形进行填充，填充效果如图 12-107 所示。

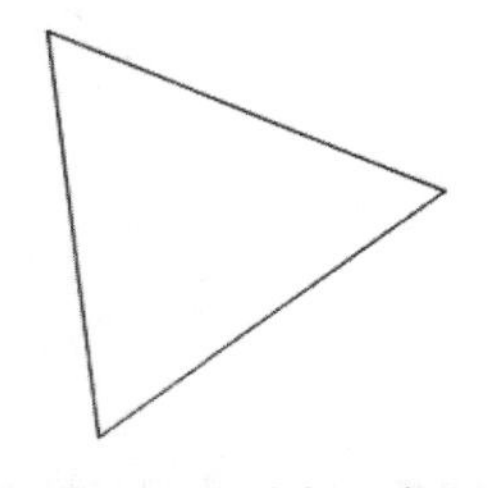
图 12-106　绘制三角形

图 12-107　填充三角形

13 在命令行中执行【COPY】命令，将正三角形复制至基地出入口、建筑物的正上方中点处，以及建筑物的左右两侧中点处。

14 在命令行中执行【ROTATE】命令，对复制至建筑物的正上方中点处、右两侧中点处的正三角形进行旋转，使正三角形的顶点对准出入口。

15 在命令行中执行【DTEXT】命令。在总平面图出入口处的正三角形左边标注单行文字【基地出入口】。同理，在建筑物的正上方中点处的正三角形上边标注单行文字【建筑主入口】；分别在建筑物的左右两侧中点处的正三角形左右边标注单行文字【建筑次入口】，如图 12-108 所示。

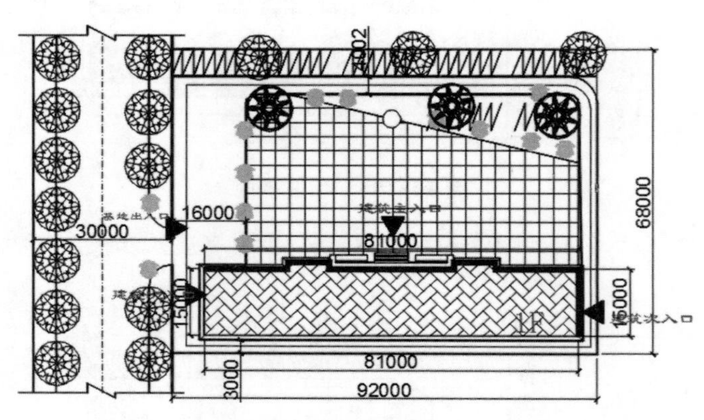

图 12-108 总平面图标注效果

12.2.10 绘制指北针

指北针是各类图纸上的方向坐标，它能够直观地反映方向信息。通常指北针单独出现，也有和当地风玫瑰结合起来出现的。按照惯例指北针所指方向为北向。指北针的画法很多，这里详细讲解一种画法。具体绘制过程如下：

01 选择【绘图】|【圆环】命令，在总平面图的右上角绘制内环半径为 12 000、外环半径为 12 050 的圆环，如图 12-109 所示。

02 开启正交功能，在命令行中执行【LINE】命令，绘制一条垂直方向经过圆心的直线作为辅助线，如图 12-110 所示。

03 在命令行中执行【LINE】命令，以圆心为起点向右绘制一条水平方向的直线作为辅助线，如图 12-111 所示。

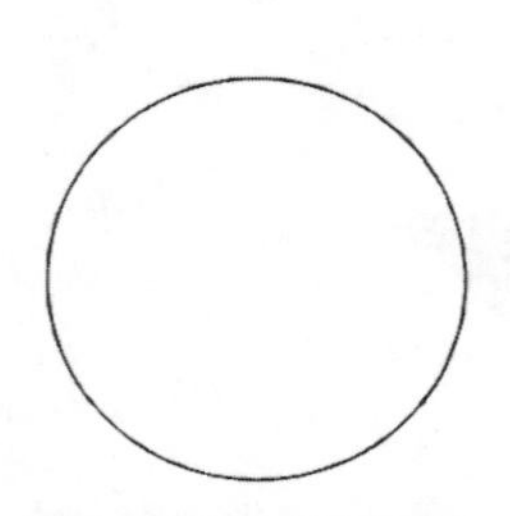
图 12-109 绘制圆环

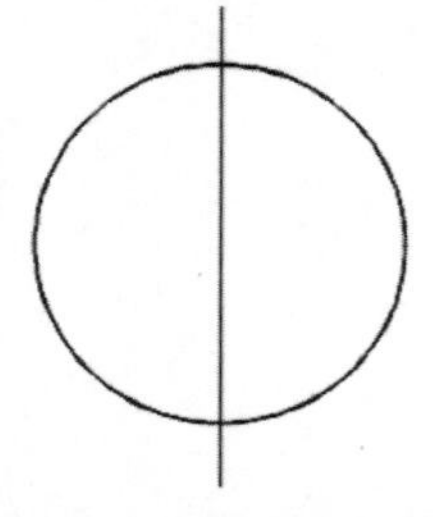
图 12-110 绘制垂直辅助线

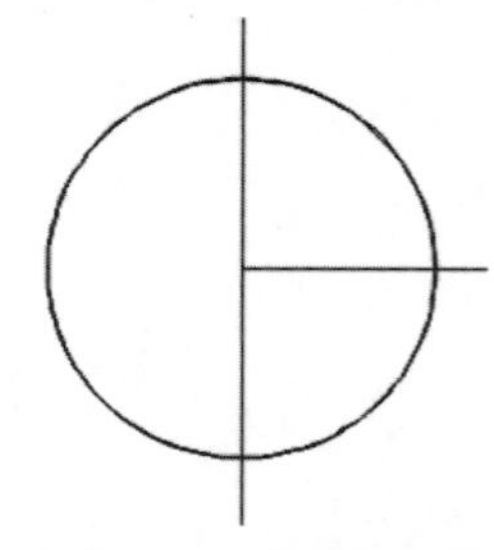
图 12-111 绘制水平辅助线

04 在命令行中执行【ROTATE】命令，将水平向直线以圆心为基点旋转 315°，如图 12-112 所示。

05 在命令行中执行【MIRROR】命令，将上一步所得的直线以垂直直线为镜像线向左镜像，如图 12-113 所示。

06 在命令行中执行【PLINE】命令，将两条斜线与圆环的两个交点、垂直线与圆环的上部交点及圆心连接起来，如图 12-114 所示。

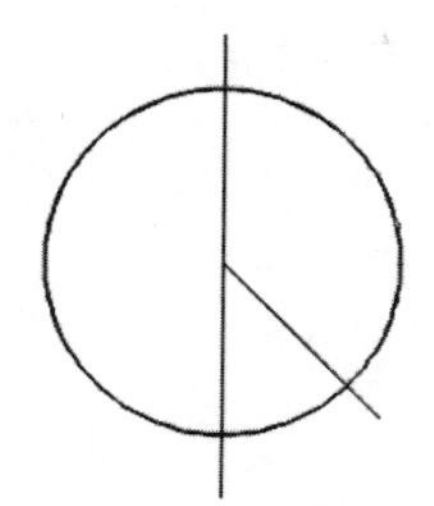
图 12-112 旋转水平辅助线

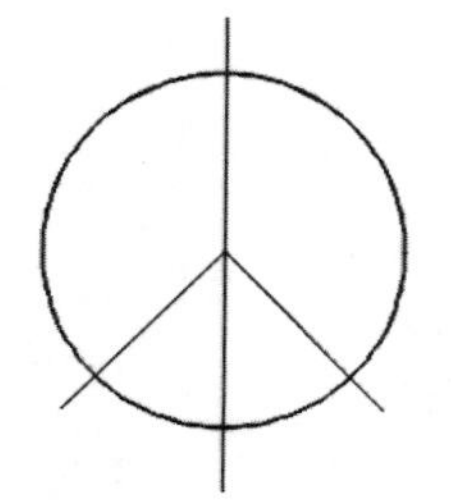
图 12-113 镜像辅助线

图 12-114 绘制指北针轮廓

07 在命令行中执行【BHATCH】命令，弹出【图案填充和渐变色】对话框，选择【SOLID】图案，对上一步中图像最左边的三角形进行图案填充，如图 12-115 所示。

08 在命令行中执行【PLINE】命令，在圆环和圆环内三角形图案之间绘制宽度为 200、长度为 1 800 的多段线，如图 12-116 所示。

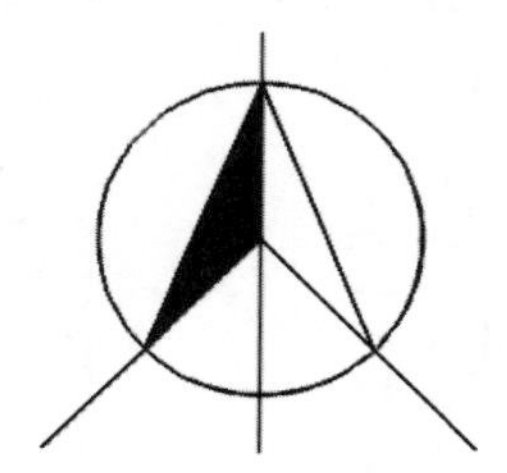
图 12-115 图案填充效果

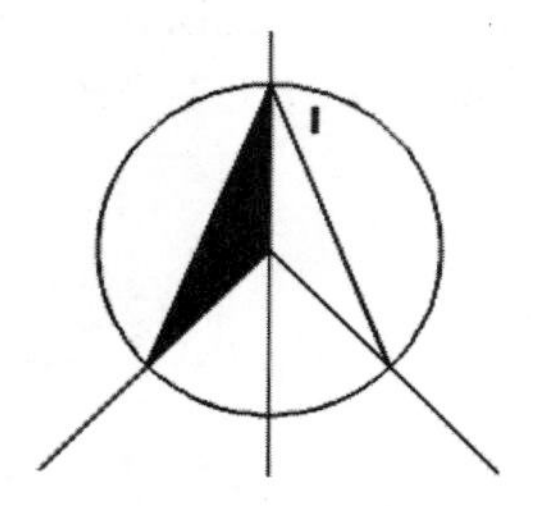

图 12-116 绘制多段线

09 在命令行中执行【COPY】命令，将上步所得的多段线向右复制，距离为 1 300，效果如图 12-117 所示。

10 在命令行中执行【PLINE】命令，用多段线连接步骤 8 和步骤 9 中的两条多段线，如图 12-118 所示。

11 在命令行中执行【ERASE】命令，将辅助线全部删除，效果如图 12-119 所示。

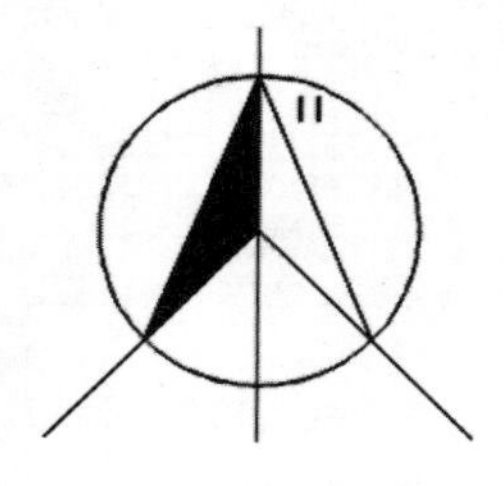

图 12-117 复制多段线

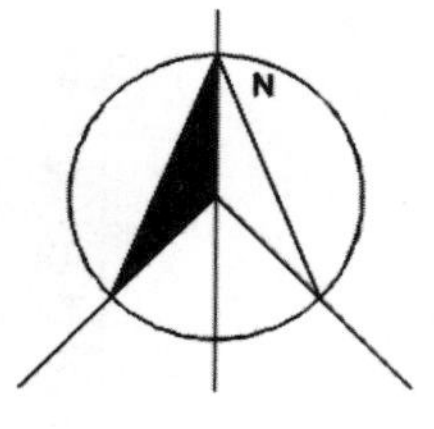

图 12-118 连接多段线

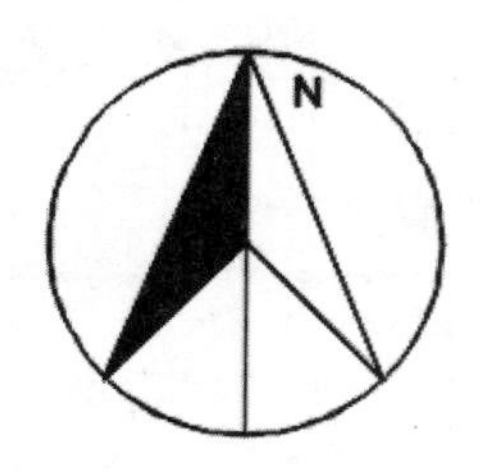

图 12-119 删除辅助线

12.2.11 绘制总平面周边环境

周边环境包括周边已建建筑、周边绿化和周边道路等。本案例只绘制周边建筑方面。具体绘制过程如下：

01 打开【图层特性管理器】选项板，单击【新建图层】按钮，创建【周边建筑】图层，并将【周边建筑】图层设置为当前图层，如图 12-120 所示。

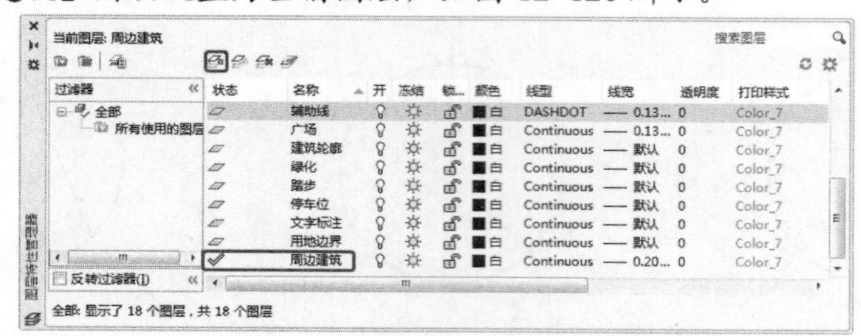

图 12-120 【图层特性管理器】选项板

02 在命令行中执行【PLINE】命令，用多段线分别绘制长度为 81 000、宽度为 12 000，长度为 90 000、宽度为 18 000 和长度为 25 000、宽度为 21 000 的矩形。

03 选择【绘图】|【文字】|【单行文字】命令，在长度为 81 000、宽度为 12 000 矩形内，将矩形命名为【商场】，且标注层数 6F。在长度为 90 000、宽度为 18 000 的矩形中，将矩形命名为【办公楼】，且标注层数 5F。在长度为 25 000、宽度为 21 000 的矩形中，将矩形命名为【住宅楼】，且标注层数 18F，效果如图 12-121 所示。

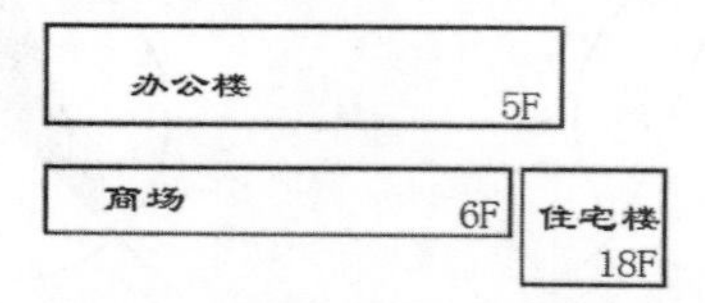

图 12-121 周边建筑外轮廓的绘制

04 将【辅助线】图层置为当前图层。在命令行中执行【XLINE】命令，沿基地的上边线和建筑的右边线及下轮廓线分别绘制构造线，如图 12-122 所示。

05 在命令行中执行【OFFSET】命令，将基地上边线处的构造线向上偏移 9 000，将基地右边线处的构造线向右偏移 9 000，将建筑下边线处的构造线向下偏移 15 000，如图 12-123 所示。

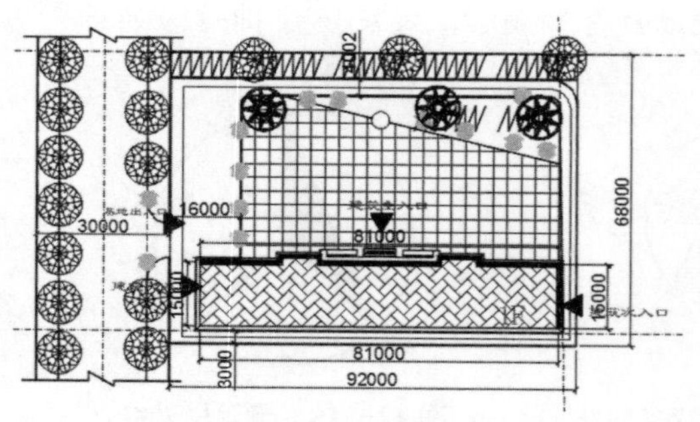

图 12-122 绘制构造线

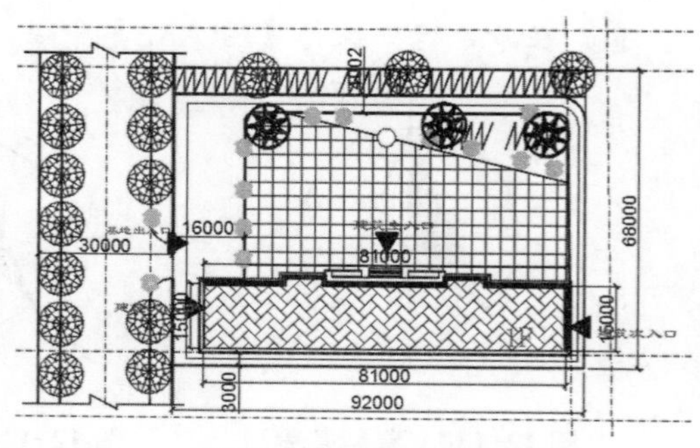

图 12-123 偏移构造线

06 在命令行中执行【MOVE】命令，将矩形【商场】以右上角点为基点，移动至建筑下边线构造线的偏移线与建筑右边线延长线的交点处。将矩形【住宅楼】以左上角点为基点，移动至基地下边构造线和右边构造线偏移线的交点处。将矩形【办公楼】以右下角点为基点，移动至基地上边构造线偏移线和右边构造线的交点处，如图 12-124 所示。

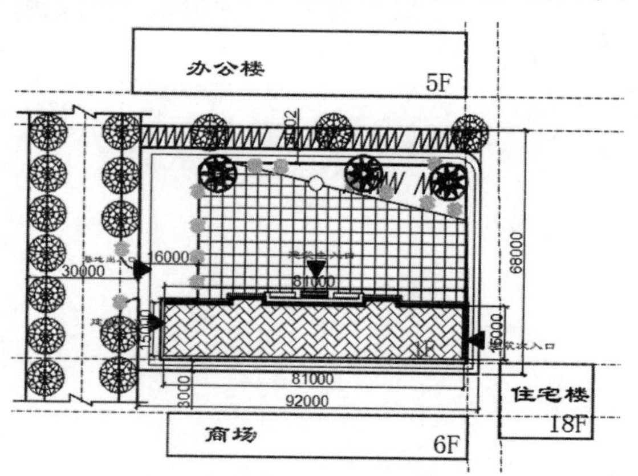

图 12-124 定位图形

07 在命令行中执行【ERASE】命令，将构造线全部删除。

08 将指北针放置在定位图形右上方合适的位置，如图 12-125 所示。

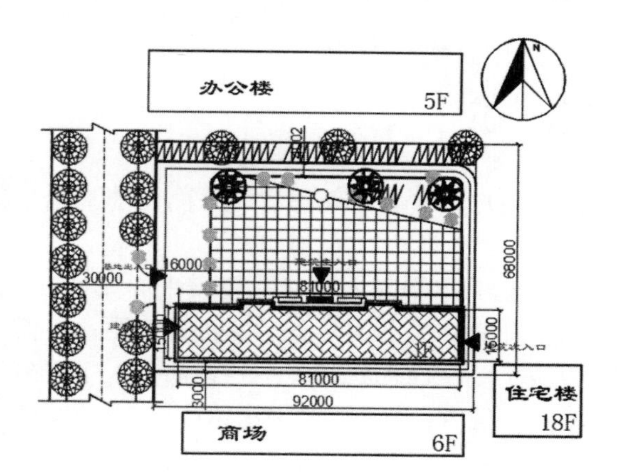

图 12-125 总平面图最终效果

13 Chapter 绘制建筑平面图

本章导读：

基础知识
- ◈ 绘制楼梯和电梯
- ◈ 绘制公共蹲便器

重点知识
- ◈ 绘制专卖店平面图
- ◈ 绘制轴线与墙体

提高知识
- ◈ 通过实例进行学习

建筑平面图是建筑物的水平剖面图，它是建筑施工图的基本图样。本章将结合一些建筑实例详细介绍建筑平面图的绘制方法，给出利用 AutoCAD 2016 绘制建筑平面图的主要方法和步骤，并结合实例进行讲解，通过对本章的学习，用户应该能够独立完成建筑平面图的绘制。

13.1 建筑平面图概述

在绘制建筑平面图之前，用户首先必须熟悉建筑平面图的基础知识，便于准确绘制建筑平面图。

建筑平面图实际上是建筑物的水平剖面图（除屋顶平面图外），是假想用水平的剖切平面在窗台上方把整栋建筑物剖开，移去上面部分后的正投影图，习惯上称它为平面图。

建筑平面图主要表示建筑物的平面形状、大小和各部分水平方向的组合关系，如房屋布置、墙、柱、门、窗和楼梯的位置等，它是施工图中应用较广的图样，是放线、砌墙和安装门窗的重要依据。

建筑总平面图是表明一项建筑工程总体布局情况的图纸。它是在建筑基地的地形图上，把已有的、新建的和拟建的建筑物、构造物以及道路、绿化等按与地形同样比例绘制出来的平面图。主要表明新建平面形状、层数、室内外地面标高，新建道路、绿化、场地排水和管线的布置情况，并标明原有建筑、道路、绿化等和新建筑的相互关系以及环境保护方面的要求等。总平面图主要表示整个建筑基地的总体布局，具体表达新建筑的位置、朝向以及周围环境基本情况的图样。由于建筑工程的性质、规模及所在基地的地形、地貌的不同，建筑总平面图所包括的内容有的较为简单，有的则比较复杂，必要时还可以分项绘出竖向布置图、管线综合布置图、绿化布置图等。

一般情况下，绘制建筑平面图时，需要对不同的楼层绘制不同的平面图，并在图的正下方标注相应的楼层，如【首层平面图】、【二层平面图】等。

如果各楼层的房间、布局完全相同或基本相同（如住宅、宾馆等的标准层），则可以用一张平面图来表示（如命名为【标准层平面图】、【二到十层平面图】等），对于局部不同的地方则需要单独绘制出平面图。

建筑平面图是施工图纸的主要图样之一，主要内容包括：

- 建筑物的内部布局、形状、入口、楼梯、门窗、轴线和轴线编号等。一般来说，平面图需要标注房间的名称和相关编号。
- 平面图中要标明门窗编号、剖切符号、门的开启方向、楼梯的上下行方向等。门、窗除了图例外，还应该通过编号来加以区分，如 M 表示门，C 表示窗，编号一般为 M1、M2 和 C1、C2 等。同一个编号的门窗尺寸、材料和样式都是相同的。
- 要标明室内地坪的高差、各层的地坪高度和室内的装饰做法等。

建筑平面图常采用 1:100、1:200、1:300 的比例来绘制，要根据建筑物的规模来选择相应的比例绘制。

13.2 绘制楼梯和电梯

建筑中的交通空间，起着联系各功能空间的作用。下面讲解如何绘制楼梯和电梯。

13.2.1 绘制楼梯

下面讲解如何绘制楼梯，其具体操作步骤如下：

01 使用【矩形】工具，绘制一个长度为 2 700、宽度为 5 980 的矩形，如图 13-1 所示。

02 再次使用【矩形】工具，绘制一个长度为 2 700、宽度为 3 380 的矩形，并将其调整至如图 13-2 所示的位置处。

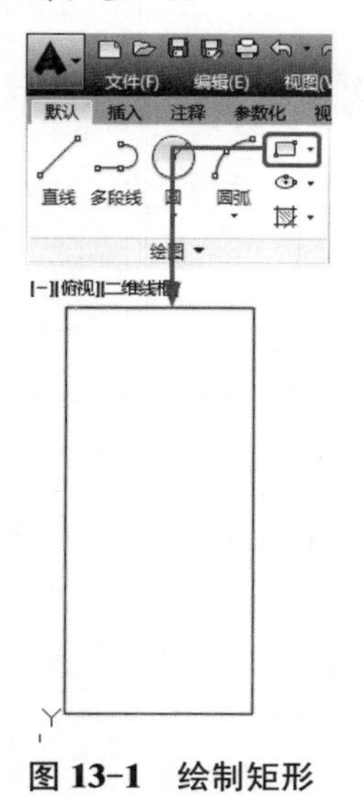

图 13-1 绘制矩形

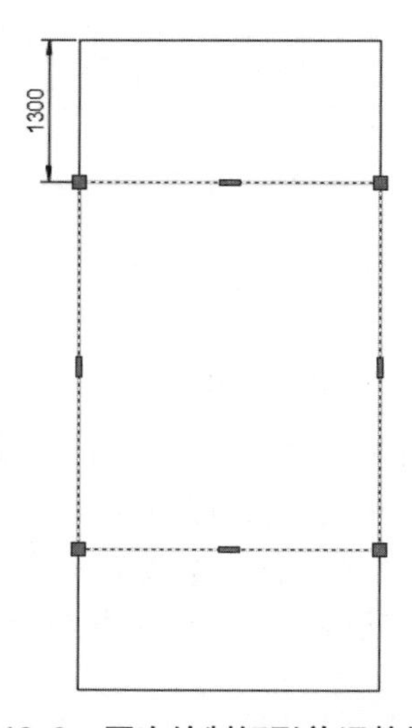

图 13-2 再次绘制矩形并调整位置

03 使用【分解】工具，将上一步绘制的矩形进行分解，然后使用【偏移】工具，选择上侧边，将偏移距离设置为 200，然后向下进行偏移，如图 13-3 所示。

04 使用【矩形】工具，将矩形的长度设置为 100，宽度设置为 3 380，并使用【移动】工具，将其移动至合适的位置，如图 13-4 所示。

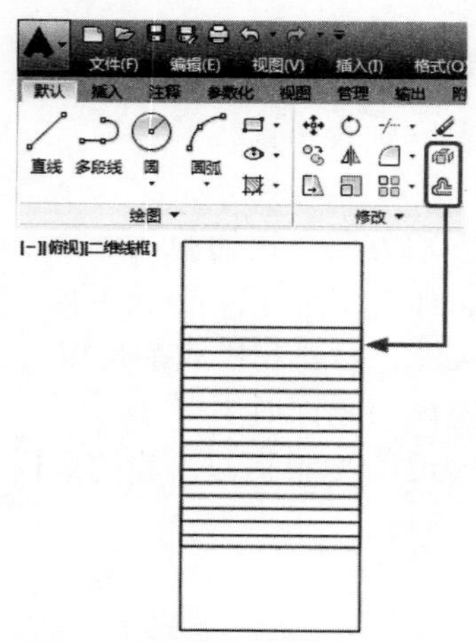
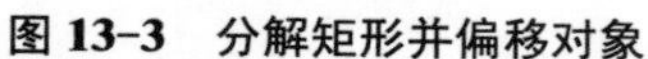

图 13-3　分解矩形并偏移对象

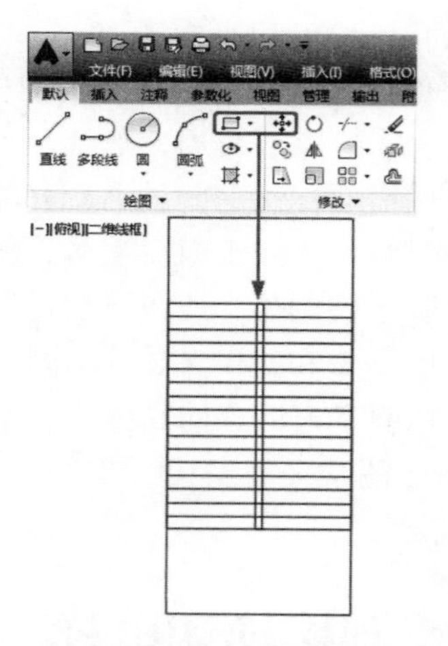

图 13-4　绘制矩形

05 使用【偏移】工具，将上一步绘制的矩形向外偏移 50，如图 13-5 所示。

06 使用【修剪】工具，将对象进行修剪，如图 13-6 所示。

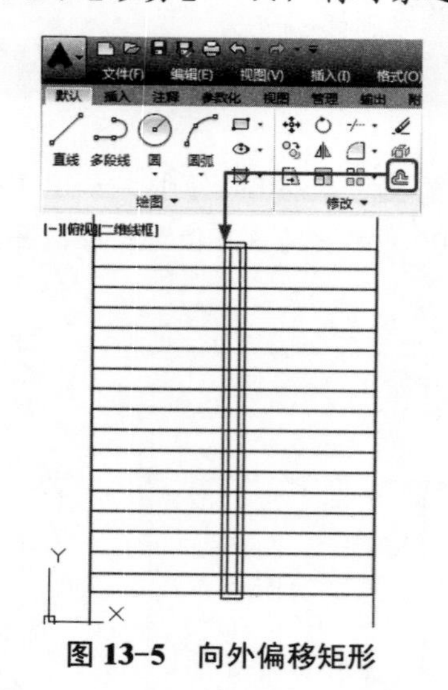

图 13-5　向外偏移矩形

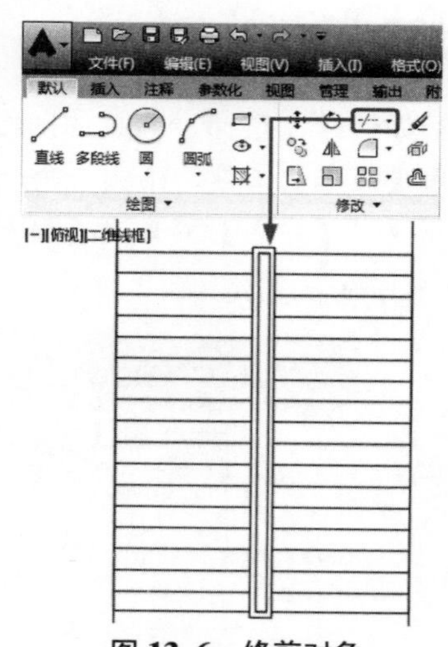

图 13-6　修剪对象

07 选择如图 13-7 所示的对象，按【Delete】键将其删除。

08 在命令行中输入【H】命令，将【图案填充图案】设置为【ANSI31】，将【颜色】设置为 8，将【图案填充比例】设置为 50，将【角度】设置为 0，如图 13-8 所示。

09 使用【多段线】工具，在命令行中输入 W，将【起点宽度】设置为 5，将【端点宽度】设置为 0，指定第一点，向上引导鼠标，输入 4 000，向左引导鼠标，输入 1 460，向下引导鼠标，输入 3 500，在命令行中输入 W，将【起点宽度】设置为 100，将【端点宽度】设置为 0，向下引导鼠标输入 260，如图 13-9 所示。

10 选择绘制的多段线，将其颜色更改为绿色，如图 13-10 所示。

11 使用【单行文字】工具，将【文字高度】设置为 300，将【旋转角度】设置为 0，输入文字【下】，如图 13-11 所示。

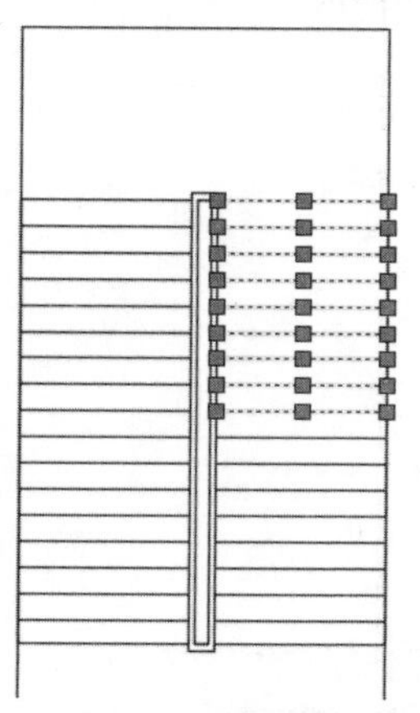

图 13-7　删除对象

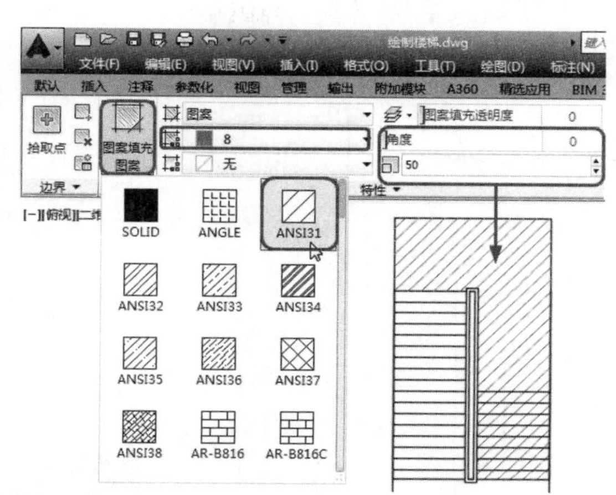

图 13-8　填充图案

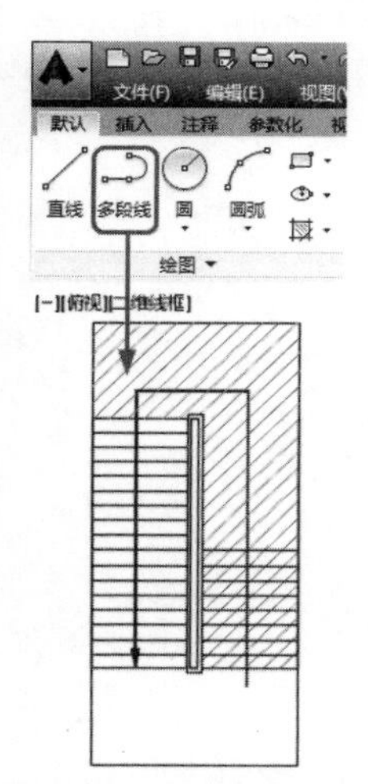

图 13-9　绘制多段线

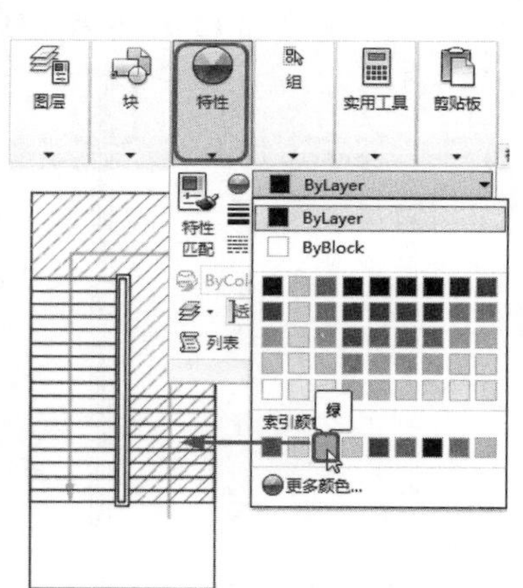

图 13-10　更改多段线的颜色

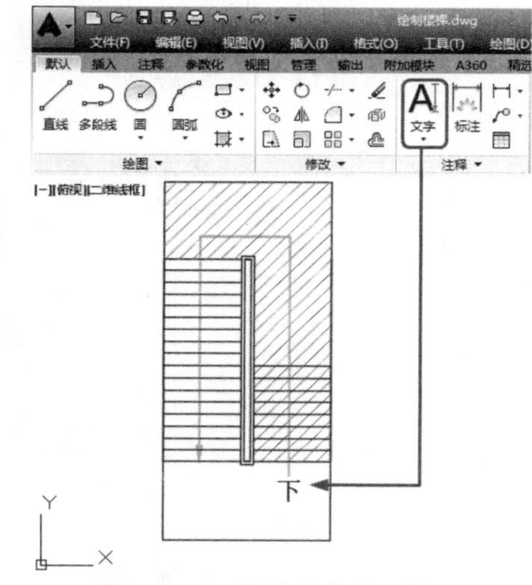

图 13-11　绘制完成后的效果

13.2.2 绘制电梯

电梯是高层建筑中比不可少的，下面详细讲解电梯的绘制。具体操作步骤如下：

01 使用【矩形】工具，绘制长度为 1 650、宽度为 13 800 的矩形，如图 13-12 所示。

02 在命令行中输入【OFFSET】命令，将偏移距离设为 50，将上一步创建的矩形向外偏移，如图 13-13 所示。

03 在命令行中输入【RECTANG】命令，绘制两个 83×10 950 的矩形和一个长度为 60、宽度为 11 852 的矩形，对其进行调整，如图 13-14 所示。

04 使用【倒角】工具，将第一个倒角距离设置为 80，将第二个倒角距离设置为 80，然后对其进行倒角，如图 13-15 所示。

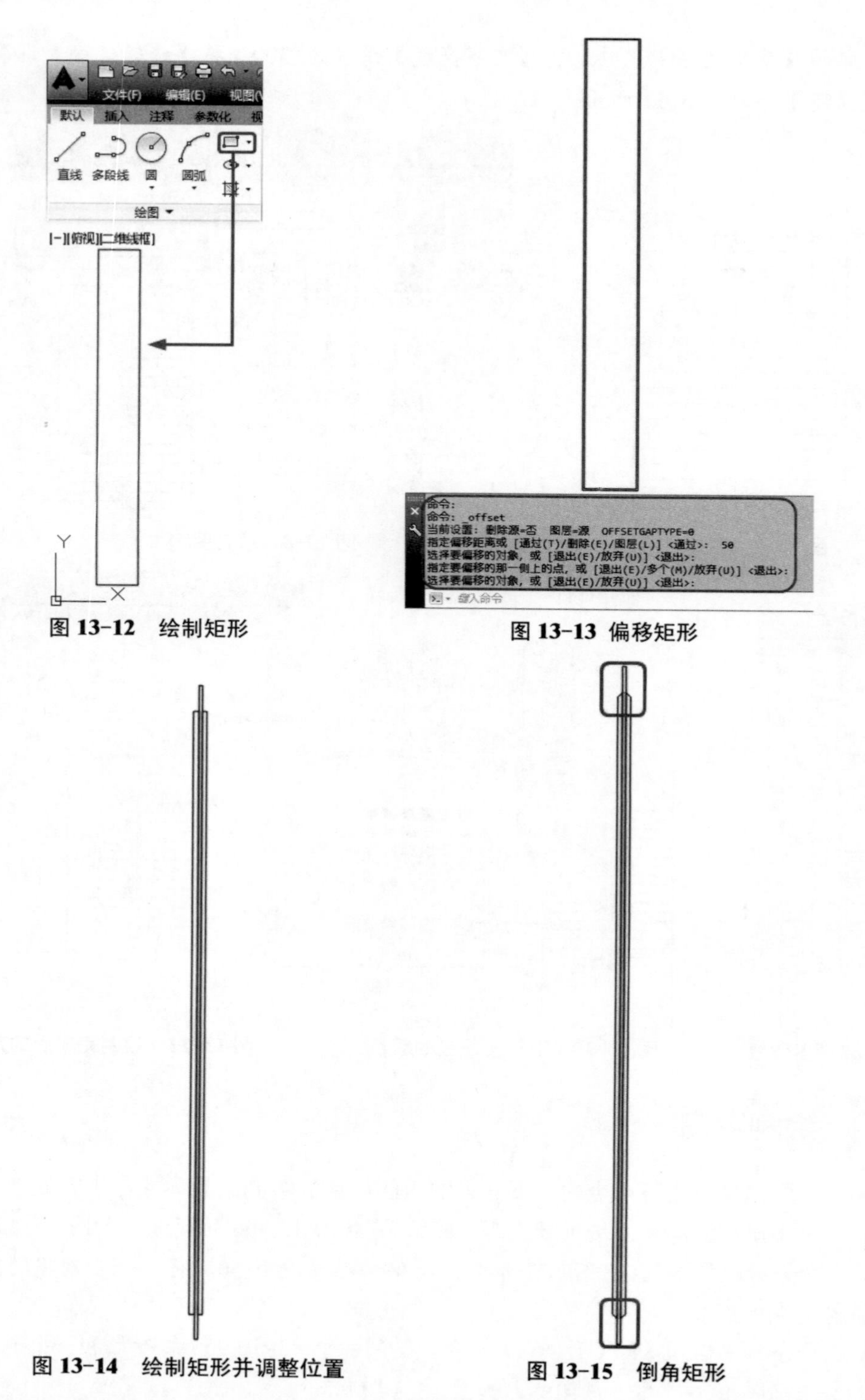

图 13-12 绘制矩形

图 13-13 偏移矩形

图 13-14 绘制矩形并调整位置

图 13-15 倒角矩形

05 将绘制的对象调整至合适的位置，然后使用【镜像】工具，将上一步绘制的对象进行镜像处理，如图 13-16 所示。

06 使用【矩形】工具，绘制一个长度为 1 098、宽度为 9 900 的矩形，如图 13-17 所示。

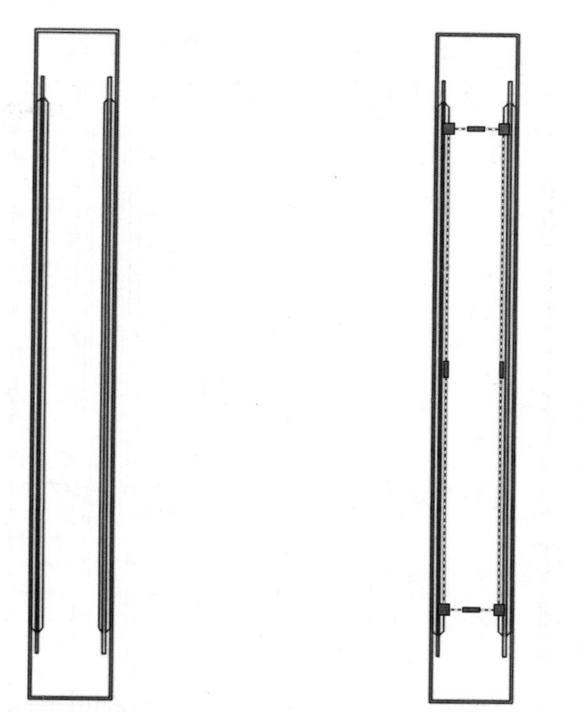

图 13-16　调整位置并对其镜像处理　　　　图 13-17　绘制矩形

07 使用【分解】工具，将绘制的矩形进行分解，然后使用【矩形阵列】工具，选择分解的下侧边，将【列数】设置为 1，将【行数】设置为 40，将【介于】设置为 247，如图 13-18 所示。

08 使用上面介绍过的方法，使用多段线绘制箭头，如图 13-19 所示。

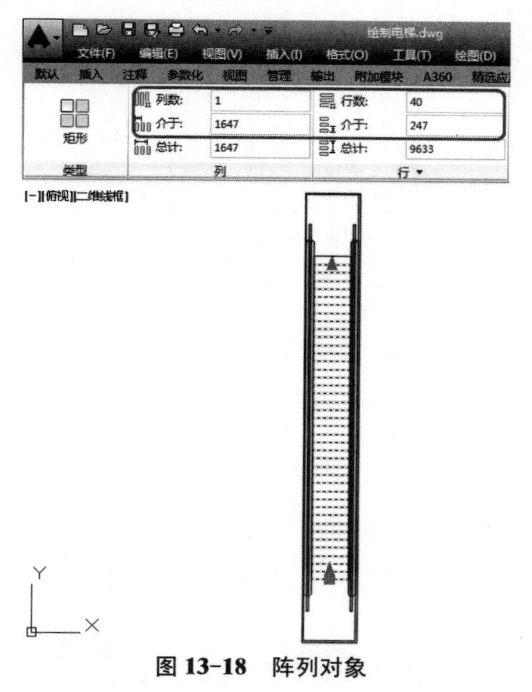

图 13-18　阵列对象

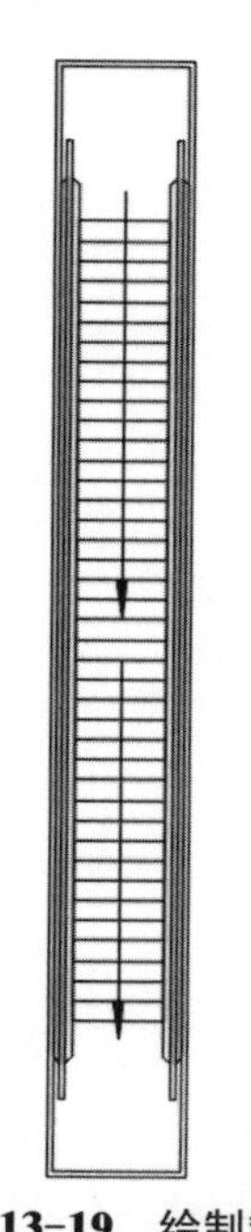

图 13-19　绘制箭头

09 使用【镜像】工具，将绘制完成的对象镜像处理，如图 13-20 所示。

10 使用【直线】和【多段线】工具，绘制如图 13-21 所示的对象。

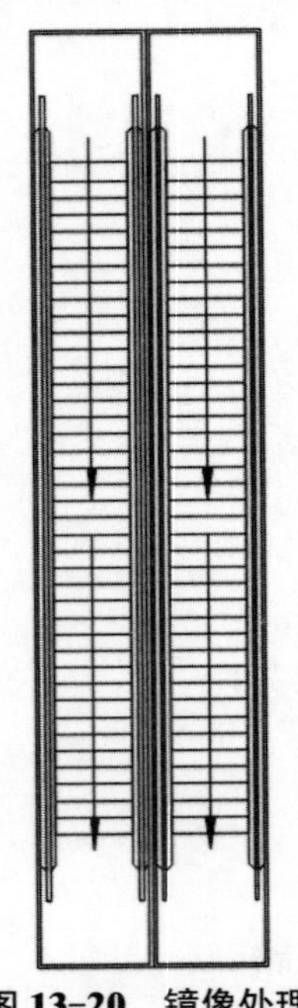

图 13-20 镜像处理

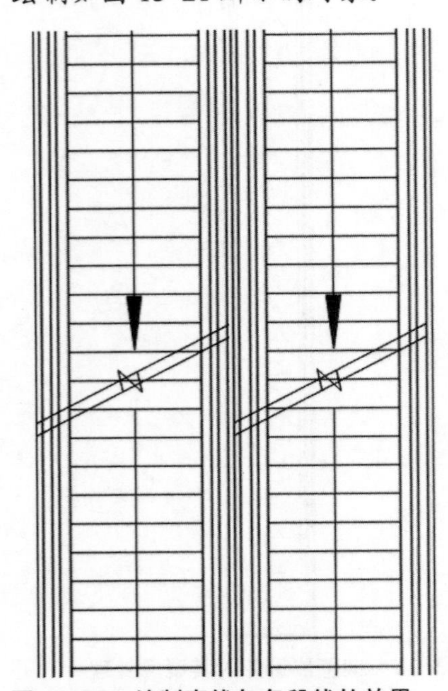

图 13-21 绘制直线与多段线的效果

11 使用【分解】工具，将绘制的楼梯进行分解，使用【修剪】工具，将多余的直线进行修剪，完成后的效果如图 13-22 所示。

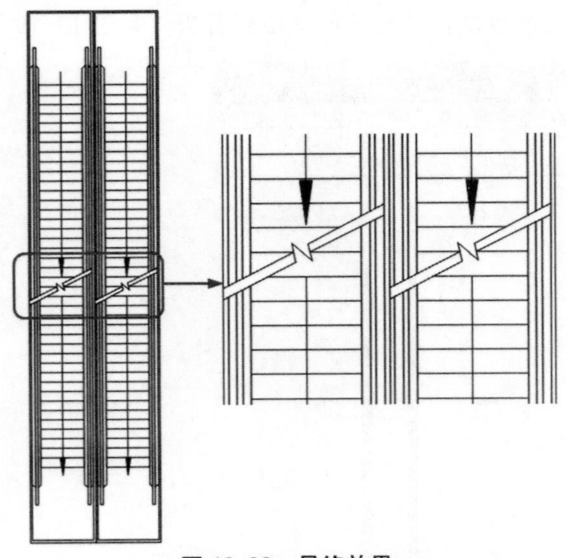

图 13-22 最终效果

提示

平面电梯的绘制内容主要包含轿厢、电梯门及平衡块。

13.2.3 绘制公共蹲便器

下面讲解如何绘制公共蹲便器，其具体操作步骤如下：

01 在命令行中输入【PLINE】命令，执行 FROM 命令，单击绘图区的空白处，将偏移距离设置为（@240,345），在命令行中输入 A，选择【圆弧】选项，然后再次输入 A，选择【角度】选项，将夹角设置为λ–180，在命令行中输入点的坐标为（@240,0）指定圆弧的端点，在命令行中输入 L，选择【直线】选项，按空格键进行确认，在命令行中输入（@0,–400），然后指定下一点，输入坐标为（@–240，0），按空格键进行确认，然后在命令行中输入【闭合】选项，按空格键封闭多段线，并结束命令，如图 13–23 所示。

02 在命令行中输入【FILLET】命令，再次输入 R，将圆角半径设为 50，按空格键进行确认，在命令行中输入 M，对上一步绘制的多段线的左下角和右下角进行圆角操作，按【Enter】键完成操作，如图 13–24 所示。

图 13–23　绘制多段线

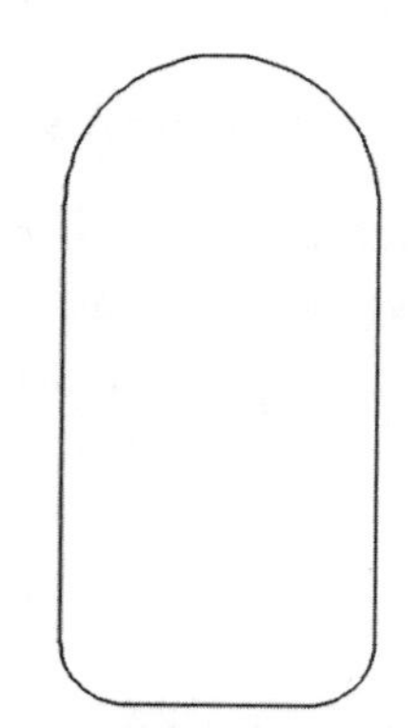

图 13–24　圆角处理

03 在命令行中输入【LINE】命令，通过多段线左边线段绘制一条垂直直线，通过多段线圆弧圆心绘制一条水平直线，绘制后的效果如图 13–25 所示。

04 在命令行中输入【OFFICE】命令，以上一步绘制的垂直直线为源对象，向右偏移 12。然后在命令行中输入【REC】命令，以刚偏移获得的直线与上一步绘制的水平直线的交点为第一个角点，输入坐标（@216, 400）作为另一个角点绘制矩形，绘制完成后的效果如图 13–26 所示。

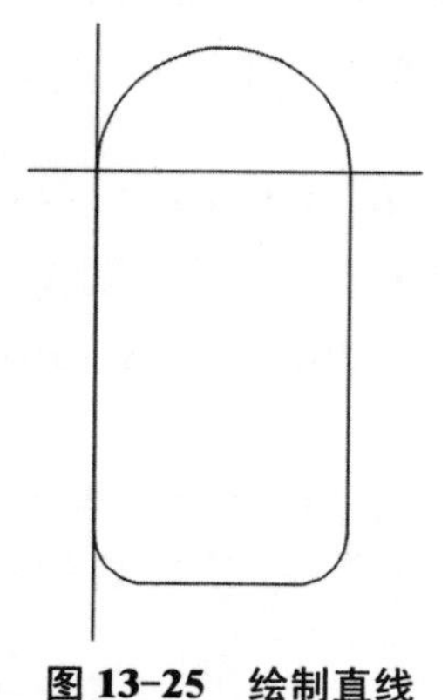

图 13–25　绘制直线

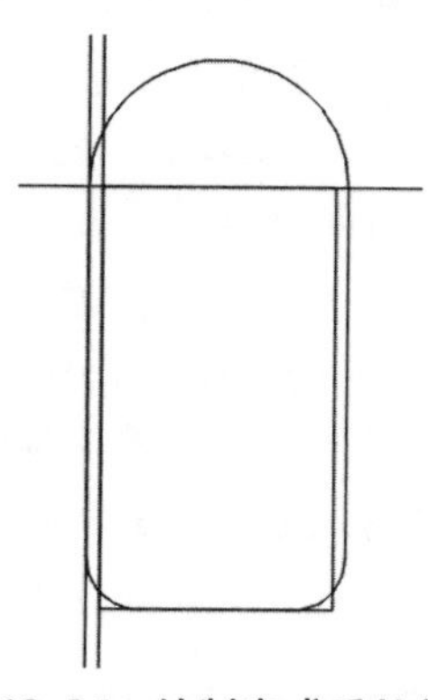

图 13–26　绘制完成后的效果

05 在命令行中输入【FILLET】命令，对上一步绘制的矩形的左下角和右下角进行圆角处理，将圆角半径设为 50，并删除上一步偏移获得的直线，效果如图 13-27 所示。

06 在命令行中输入【OFFSET】命令，以通过多段线左边线段的垂直直线为源对象，向右偏移 120；以通过多段线圆弧圆心的直线为源对象，向下偏移 54，如图 13-28 所示。

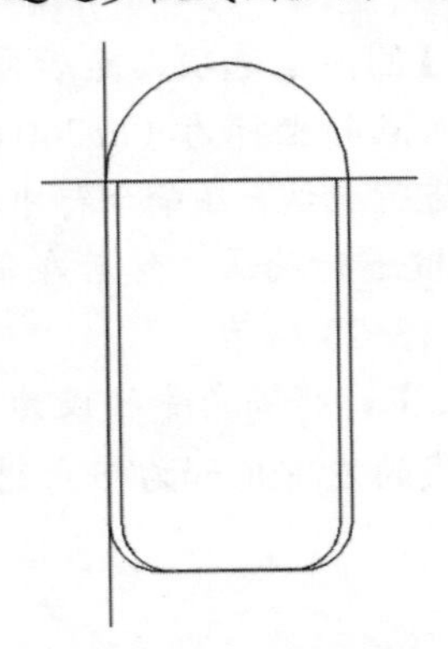

图 13-27 完成后的效果

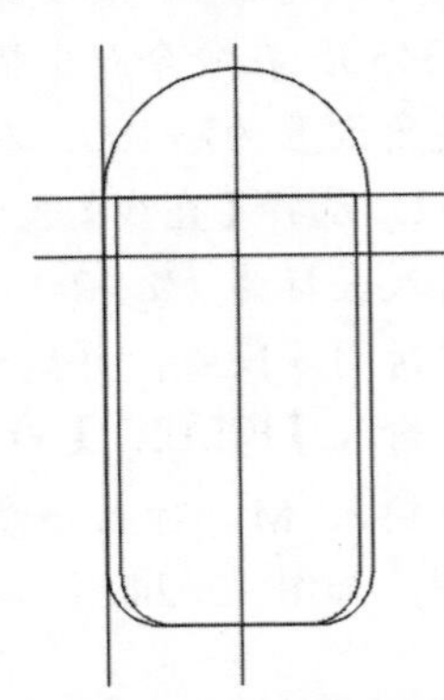

图 13-28 偏移后的效果

07 在命令行中执行【CIRCLE】命令，以上一步偏移获得的两条直线的交点为圆心，绘制半径为 120 的圆，绘制完成后的效果如图 13-29 所示。在命令行中执行【TRIM】命令，修剪刚偏移的直线、圆、多线段，并删除部分多余的线段，效果如图 13-30 所示。

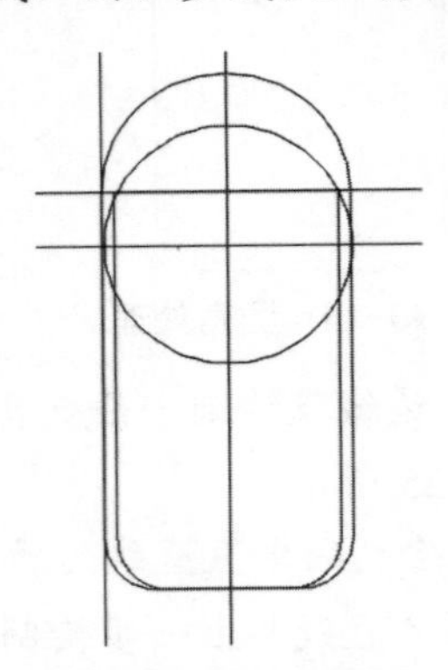

图 13-29 绘制圆

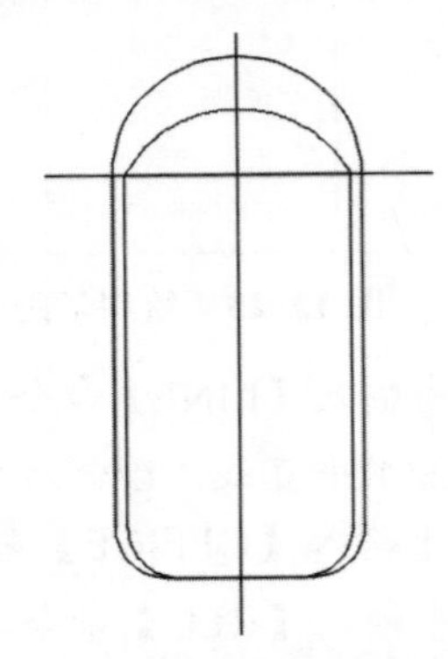

图 13-30 完成后的效果

08 在命令行中输入【OFFSET】命令，以修剪后图形中的垂直中心线为源对象，分别向左、向右各偏移 163、240；以通过圆弧圆心的水平直线为源对象，向上偏移 55，向下偏移 345、444，偏移后的效果如图 13-31 所示。

09 将水平直线向两侧延伸，在命令行中输入【CIRCLE】命令，以如图 13-32 所示的 A 点为圆心，绘制半径为 172 的圆。在命令行中输入【F】命令，设置圆角半径为 60，对如图 13-32 所示 B 角和 C 角进行圆角处理，设置圆角半径为 30，对如图 13-32 所示的 D 角、E 角、F 角和 G 角进行圆角处理，效果如图 13-33 所示。

10 在命令行中输入【ARC】命令，以如图 13-34 所示的 A 点为起点、B 点为第二个点，以如图 13-34 所示的 C 点为起点、D 点为第二个点，绘制圆弧，绘制完成后的效果如图 13-35 所示。

11 在命令行中执行 MI 命令，在垂直中心线上的任意位置单击指定镜像线的第一点，在第一点的正上方单击指定镜像线的第二点，镜像上一步绘制的两条圆弧，镜像后的效果如图 13-36 所示。

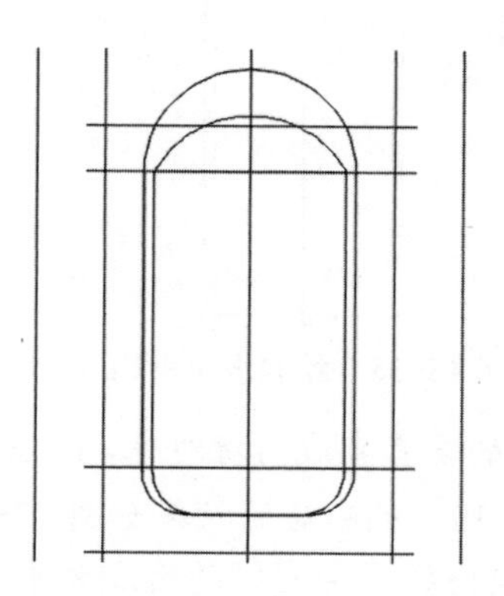

图 13-31　偏移直线

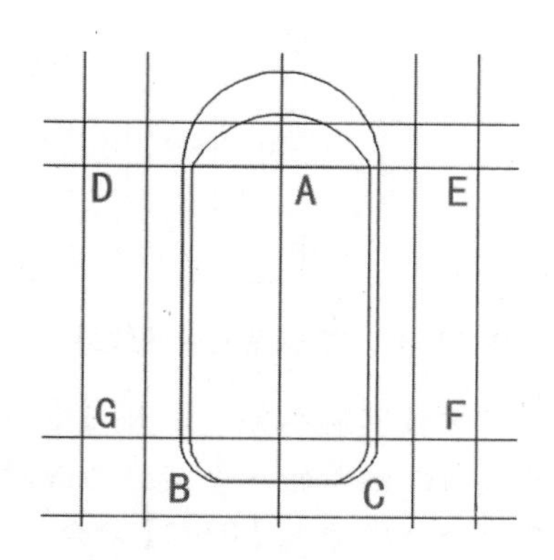

图 13-32　根据标注进行处理

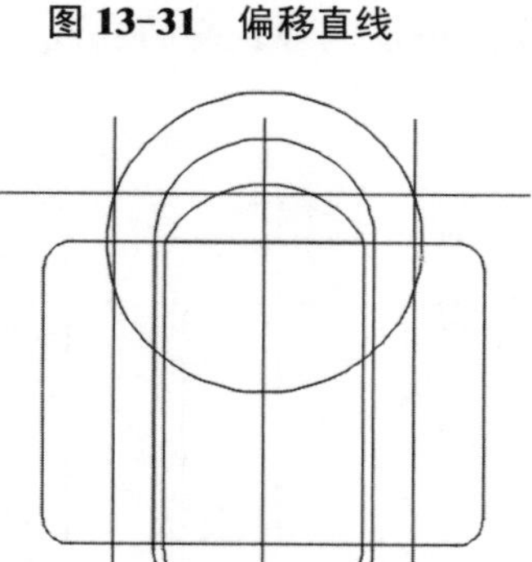

图 13-33　圆角处理

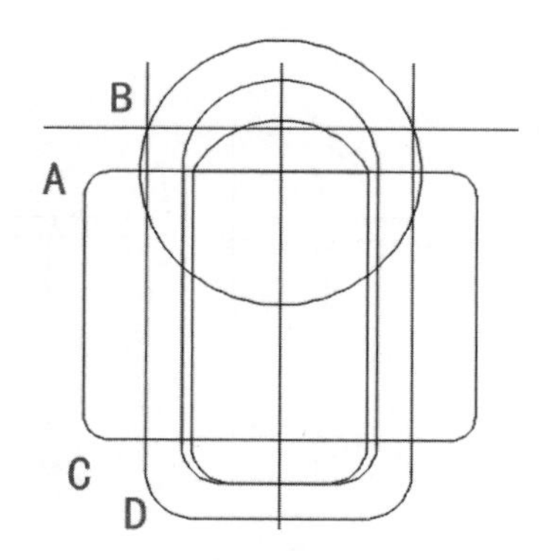

图 13-34　根据标注进行处理

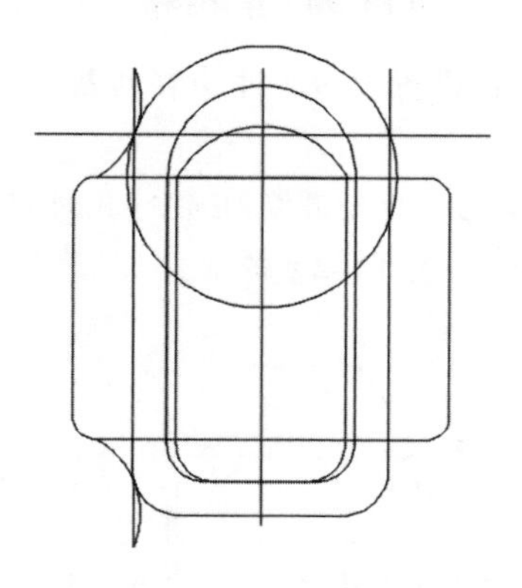

图 13-35　绘制圆弧后的效果

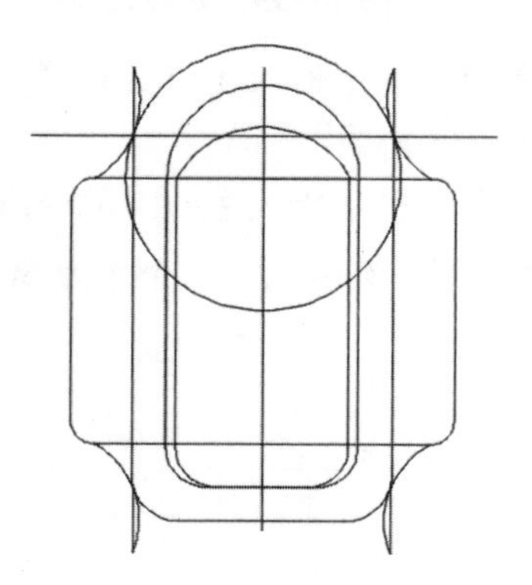

图 13-36　镜像后的效果

12 在命令行中输入【TRIM】命令，修剪圆、圆弧、直线，效果如图 13-37 所示。然后在命令行中输入【LINE】命令，绘制一条通过多段线圆弧圆心的水平直线，绘制完成后的效果如图 13-38 所示。

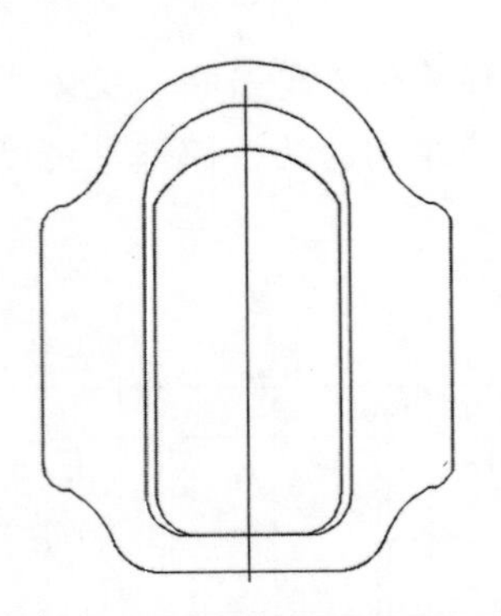

图 13-37 修剪完成后的效果

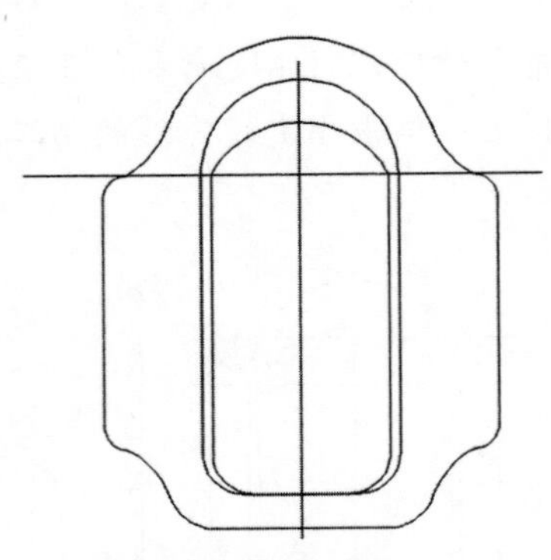

图 13-38 绘制水平直线

13 在命令行中输入【OFFSET】命令，以通过圆心的垂直直线为源对象，向左偏移 215；以通过多段线圆弧圆心的水平直线为源对象，向下偏移 30，偏移后的效果如图 13-39 所示。

14 在命令行中输入【REC】命令，以上一步偏移获得的两条直线的交点为第一个角点，以（@70,-18）坐标作为另一个角点绘制矩形，并删除上一步偏移获得的直线，删除后的效果如图 13-40 所示。

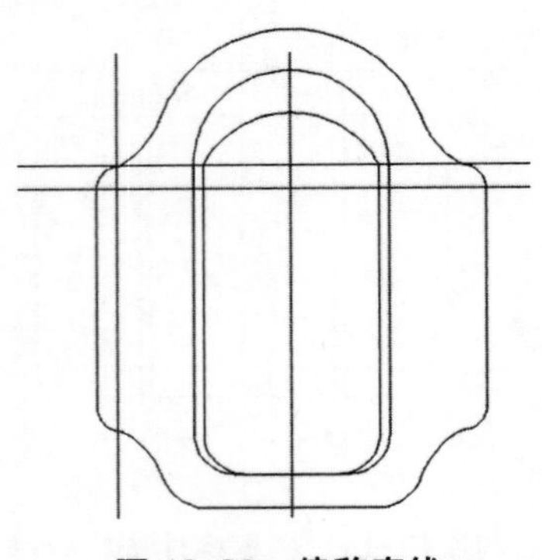

图 13-39 偏移直线

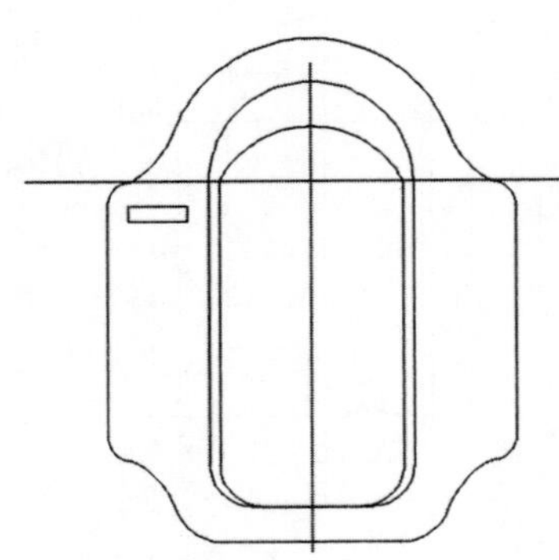

图 13-40 绘制矩形

15 在命令行中输入【FILLET】命令，将圆角半径设置为 9，对绘制的矩形进行圆角处理，如图 13-41 所示。

16 在命令行中输入【ARRAYRECT】命令，选择上一步的圆角矩形对其进行矩形阵列。阵列时行数为 6，列数为 1，介于为 50，完成后的效果如图 13-42 所示。

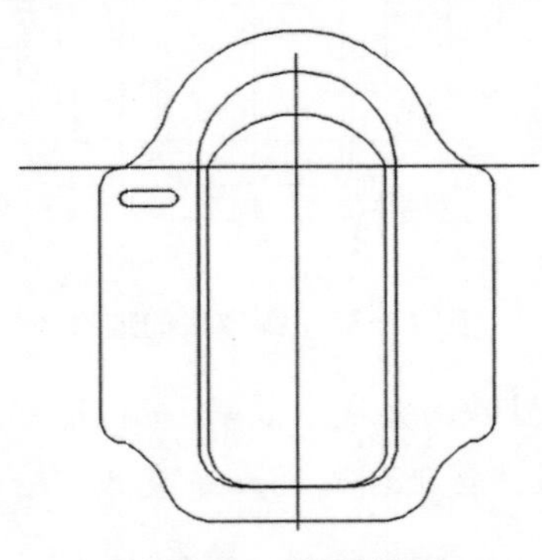

图 13-41 圆角处理

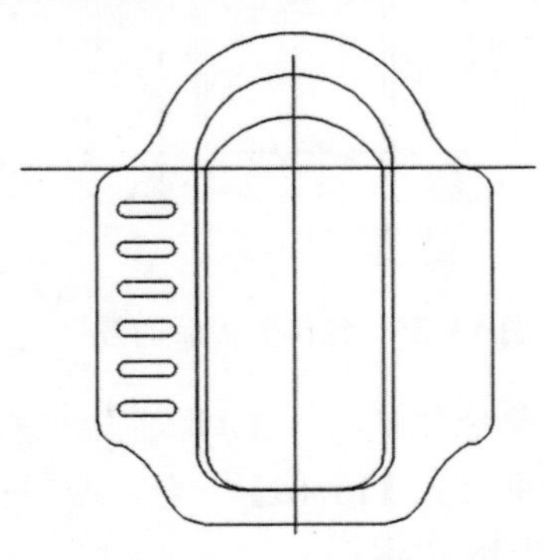

图 13-42 阵列后的效果

17 在命令行中输入【MI】命令进行镜像操作，选择阵列的对象，以中间的竖直线为镜像轴，镜像后的效果如图 13-43 所示。

18 绘制蹲便器的排污口。在命令行中输入【O】命令，将水平直线向下进行偏移 318。在命令行中输入【CIRCLE】命令，以刚偏移获得的直线和通过圆心的垂直直线的交点为圆心，绘制半径为 50 的圆，并删除直线，删除后的效果如图 13-44 所示。

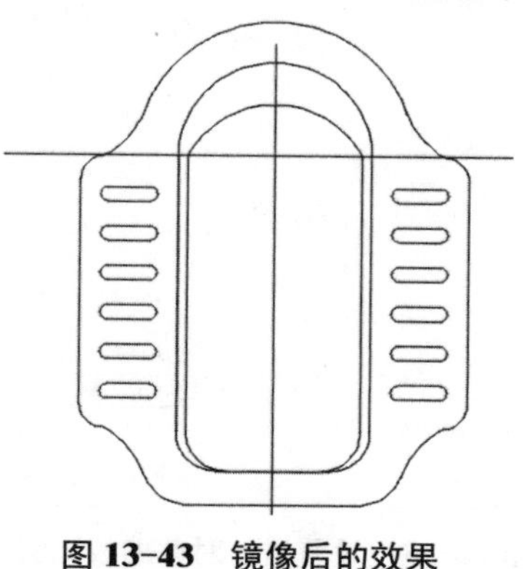

图 13-43　镜像后的效果

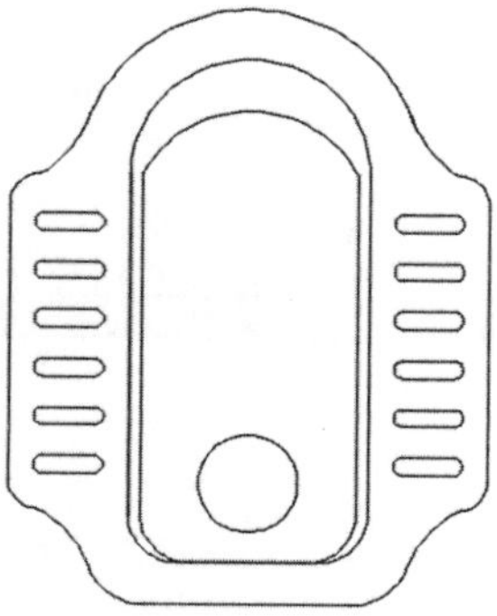

图 13-44　完成后的效果

13.3　绘制专卖店平面图

下面通过具体实例练习在 AutoCAD 2016 中设置绘图环境、管理图层、设置多线样式、绘制图形对象及标注尺寸的方法，引导读者进一步掌握在 AutoCAD 2016 中绘制建筑平面图的方法。

13.3.1　绘制辅助线

下面讲解如何绘制辅助线，其具体操作步骤如下：

01 在命令行中输入【LAYER】命令，打开【图层特性管理器】选项板，单击【新建图层】按钮，输入名称为【辅助线】，将【辅助线】图层置为当前图层，如图 13-45 所示。

02 单击该图层右侧的线型名称，弹出【选择线型】对话框，在该对话框中单击【加载】按钮，弹出【加载或重载线型】对话框，在【可用线型】列表框中选择 DASHDOT 线型，单击【确定】按钮，如图 13-46 所示。

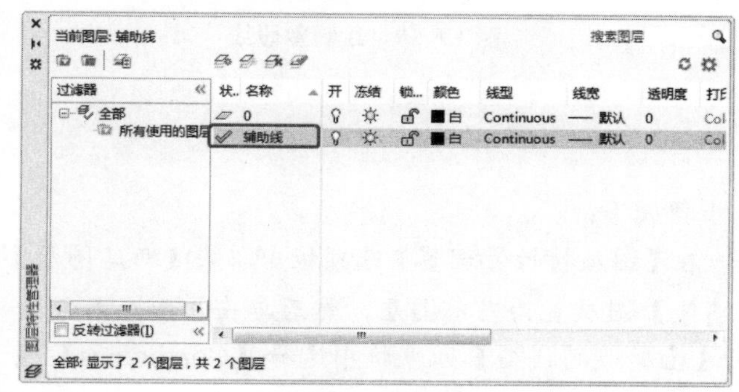

图 13-45　新建图层

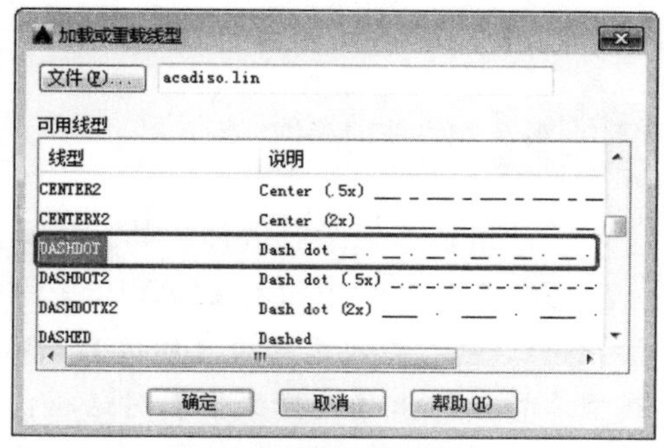

图 13-46　选择线型

03 返回【选择线型】对话框，在列表框中选择【DASHDOT】线型，单击【确定】按钮，如图 13-47 所示。

04 在菜单栏中选择【格式】|【线型】命令，弹出【线型管理器】对话框，将【当前对象缩放比例】设置为 7，单击【确定】按钮，如图 13-48 所示。

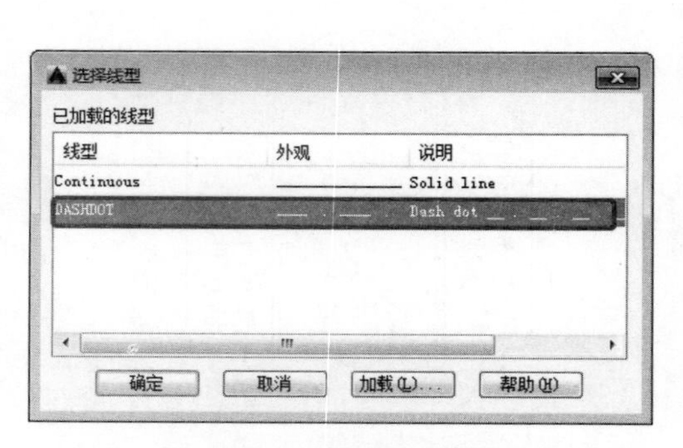

图 13-47　选择已加载线型

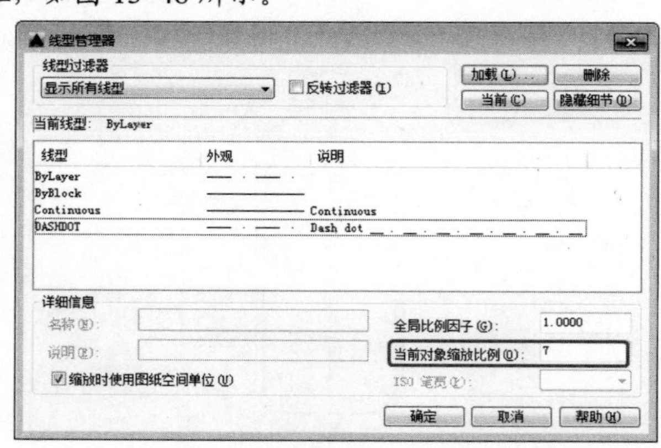

图 13-48　设置当前对象缩放比例

05 在命令行中输入【RECTANG】命令，在绘图区中绘制一个长度为 6 010、宽度为 8 200 的矩形，如图 13-49 所示。

06 在命令行中输入【PLINE】命令，在绘图区中指定矩形左上角的端点为起点，然后向上拖动鼠标，输入距离为 2 080，按空格键进行确认，向右拖动鼠标，输入距离为 4 000，按【Enter】键确认，然后向下拖动鼠标，输入距离为 2 080，按空格键进行确认，完成多段线的绘制，效果如图 13-50 所示。

图 13-49　绘制矩形

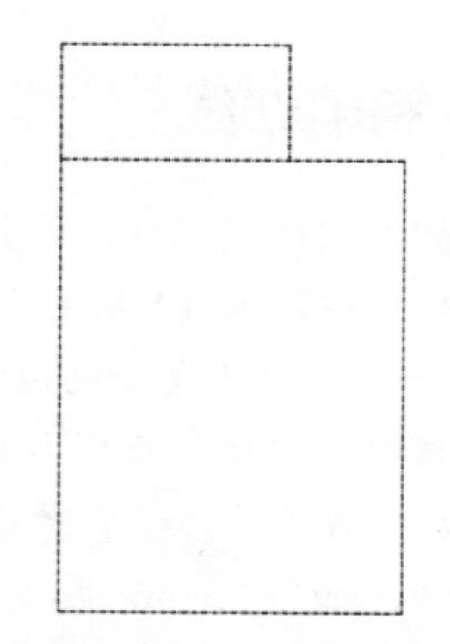

图 13-50　绘制多段线

13.3.2 绘制墙体

下面讲解如何绘制墙体，其具体操作步骤如下：

01 在命令行中输入【LAYER】命令，在【图层特性管理器】选项板中单击【新建图层】按钮，然后输入名称为【墙体】，将【墙体】图层置为当前图层，然后单击该图层右侧的线型名称，弹出【选择线型】对话框，在【已加载的线型】列表框中选择【Continuous】线型，单击【确定】按钮，如图 13-51 所示。

02 在命令行中输入【MLSTYLE】命令，弹出【多线样式】对话框，单击【新建】按钮，弹出【创建新的多线样式】对话框，在【新样式名】文本框中输入【墙线】作为新样式名，单击【继续】按钮，如图 13-52 所示。

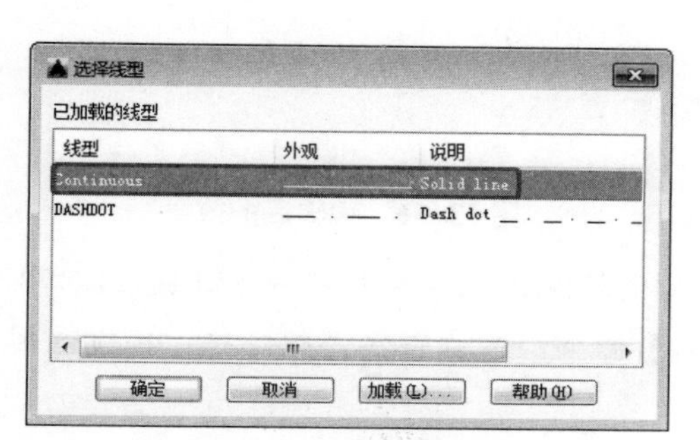

图 13-51　选择线型

图 13-52　创建新样式

03 弹出【新建多线样式: 墙线】对话框，设置图元的偏移距离为 6 和-6，结果如图 13-53 所示。设置完毕后，单击【确定】按钮，完成多线样式的创建。然后在【多线样式】对话框中单击【置为当前】和【确定】按钮。

04 在菜单栏中选择【绘图】|【多线】命令，在绘制的辅助线上绘制墙体，如图 13-54 所示。

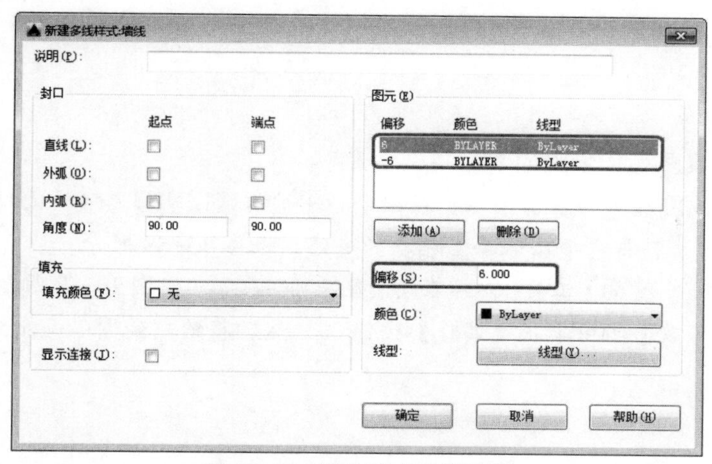

图 13-53　设置完成后的效果

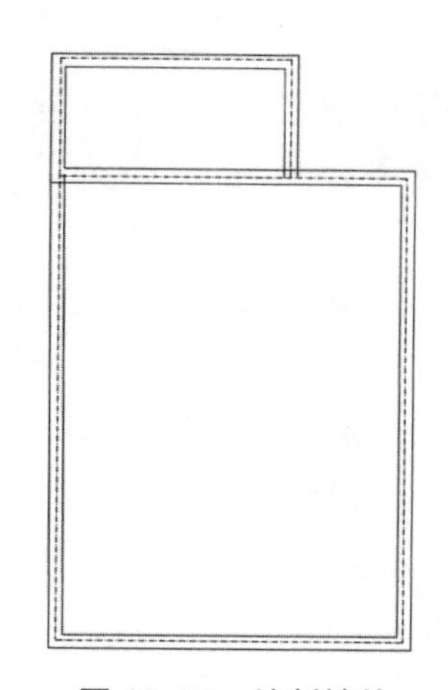

图 13-54　绘制墙体

05 双击要修改的墙线，弹出【多线编辑工具】对话框，如图 13-55 所示。

06 在该对话框中提供了 12 种多线编辑工具，可根据不同的多线交叉方式选择相应的工具进行编辑，编辑后的效果如图 13-56 所示。

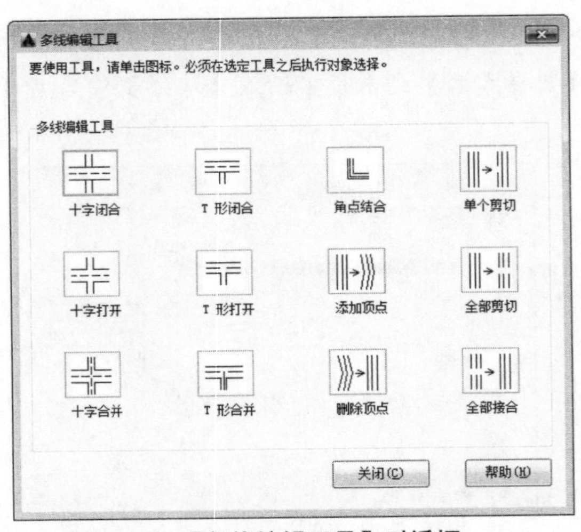

图 13-55 【多线编辑工具】对话框

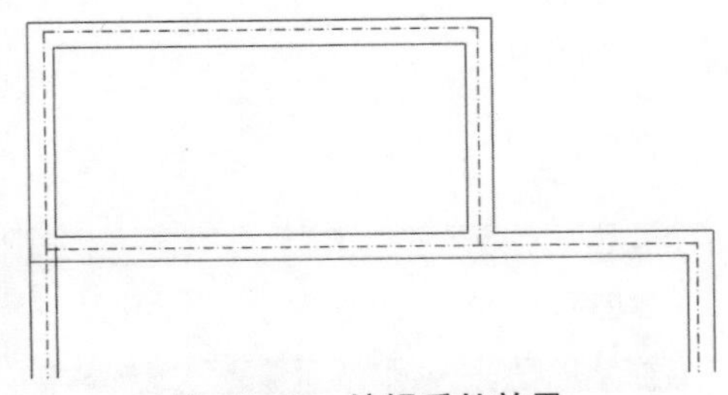

图 13-56 编辑后的效果

07 对于无法利用【多线编辑工具】进行编辑的墙线，在命令行中输入【EXPLODE】命令，将多线进行分解，在命令行中输入【TRIM】命令，对该墙线进行修整。经过编辑和修整后的墙线如图 13-57 所示。

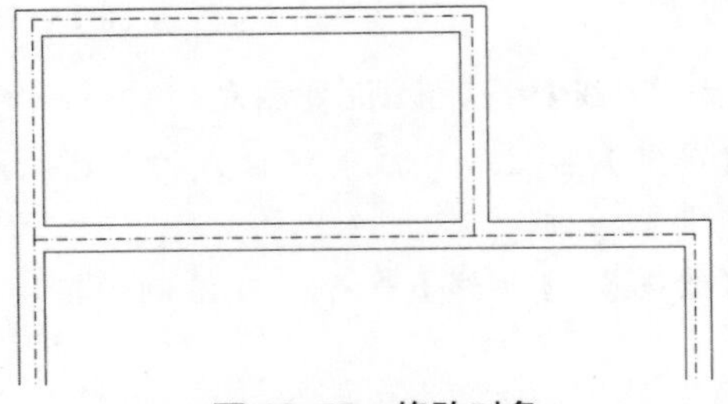

图 13-57 修改对象

13.3.3 绘制门窗

下面讲解如何绘制门窗，其具体操作步骤如下：

01 新建【门窗】图层，将该图层置为当前图层，在命令行中输入【LINE】命令，绘制一条距离竖向墙体左侧墙线 2 222，且与水平墙体垂直相交的直线，如图 13-58 所示。

02 使用【圆弧】|【起点，端点，方向】工具，然后在绘图区中绘制圆弧，如图 13-59 所示。

03 在【默认】选项卡的【修改】组中单击【偏移】按钮，然后将绘制的圆弧向上偏移 240，如图 13-60 所示。

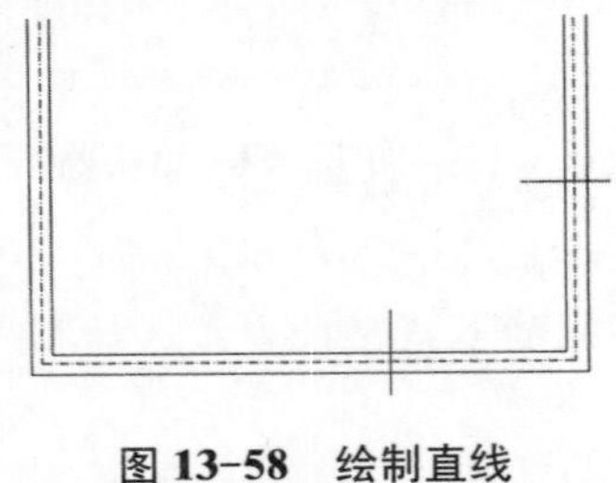

图 13-58 绘制直线

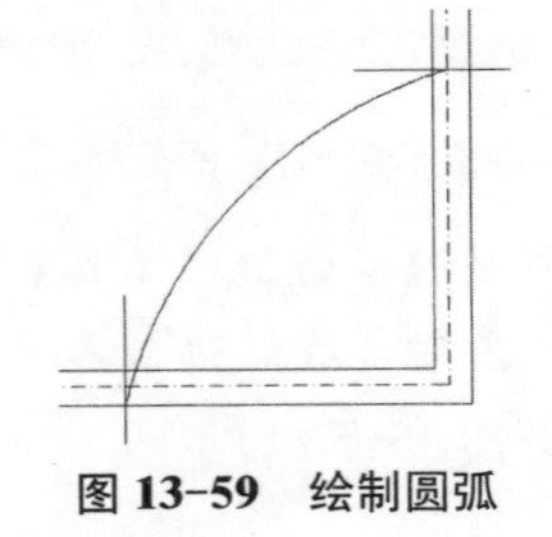

图 13-59 绘制圆弧

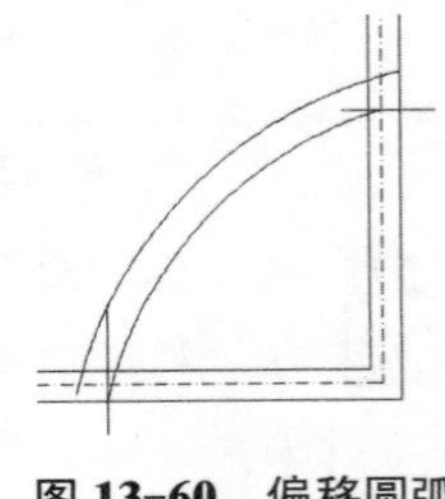

图 13-60 偏移圆弧

04 在命令行中输入【LINE】命令，绘制一条垂直于水平墙体的直线，然后向右偏移795得到另一条直线，如图13-61所示。

05 选择新绘制的两条直线，在命令行中输入【ROTATE】命令，将选择的对象向左旋转40°，并使用【移动】工具调整其位置，如图13-62所示。

06 在命令行中输入【TRIM】命令，然后修剪不需要的线条，如图13-63所示。

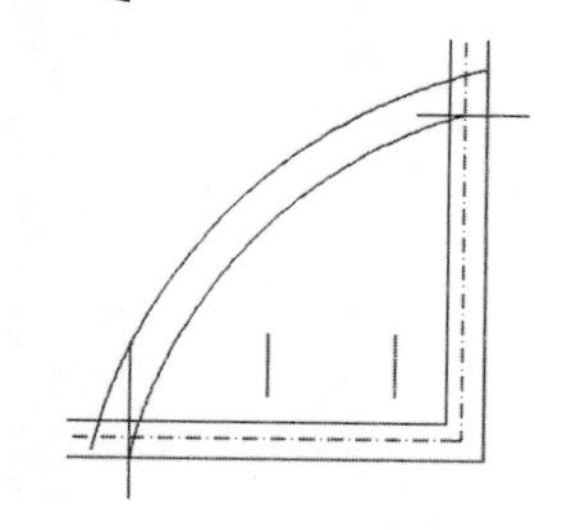
图13-61 绘制并偏移直线

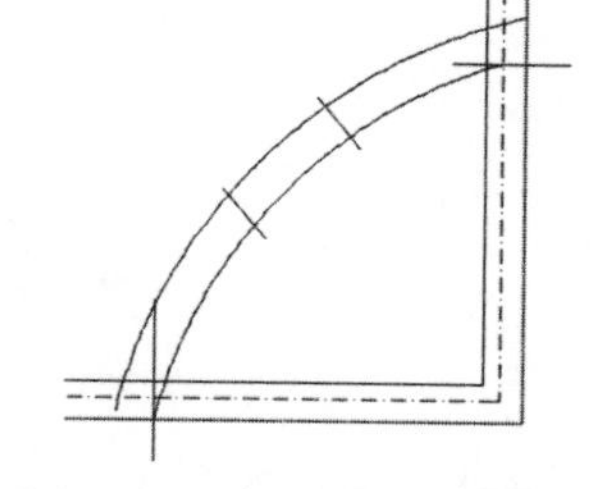
图13-62 调整位置后的效果

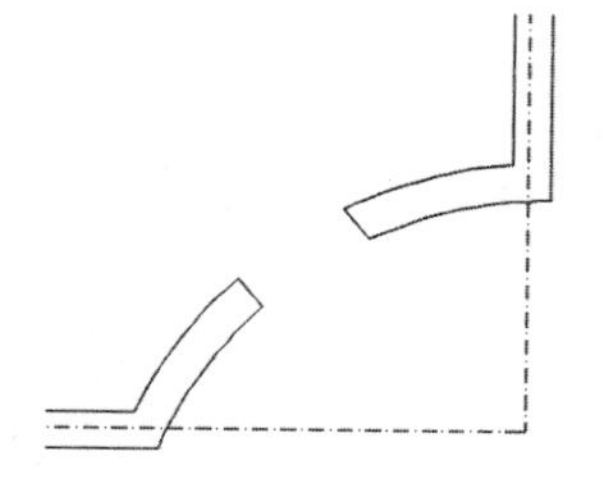
图13-63 修剪线条

07 在【默认】选项卡的【绘图】组中单击【起点，端点，方向】圆弧按钮，然后以旋转后的两条直线的中点为起点和端点，在绘图区中绘制圆弧，如图13-64所示。

08 在命令行中输入【OFFSET】命令，然后将绘制的圆弧向上偏移30，向下偏移30，效果如图13-65所示。

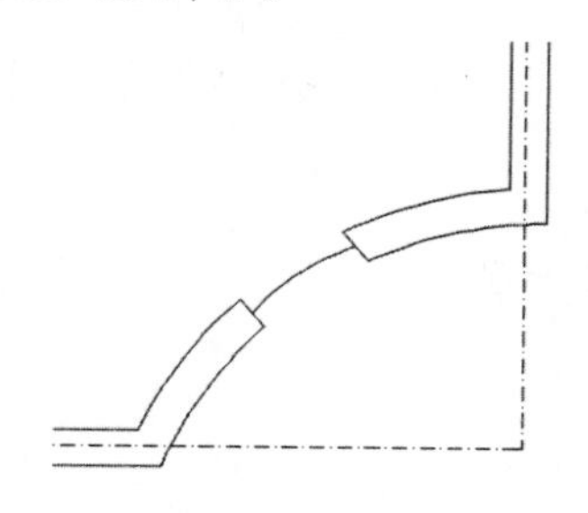
图13-64 绘制圆弧

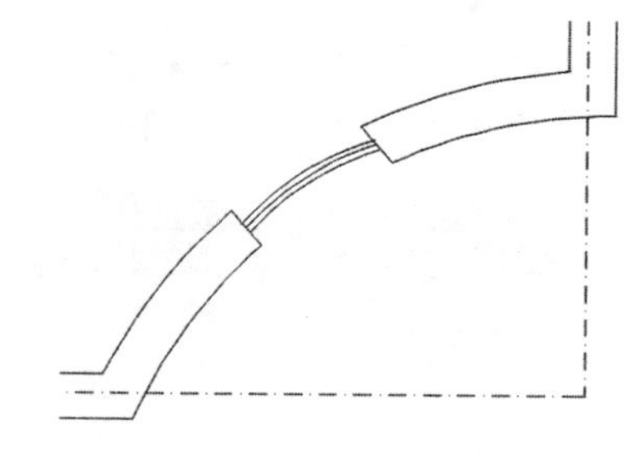
图13-65 偏移对象

09 在命令行中输入【EXTEND】命令，选择全部对象，在绘图区中选择圆弧进行延伸，使用同样的方法，延伸圆弧的另外一个端点，如图13-66所示。

10 在命令行中输入【TRIM】命令，然后修剪圆弧上多余的线条，如图13-67所示。

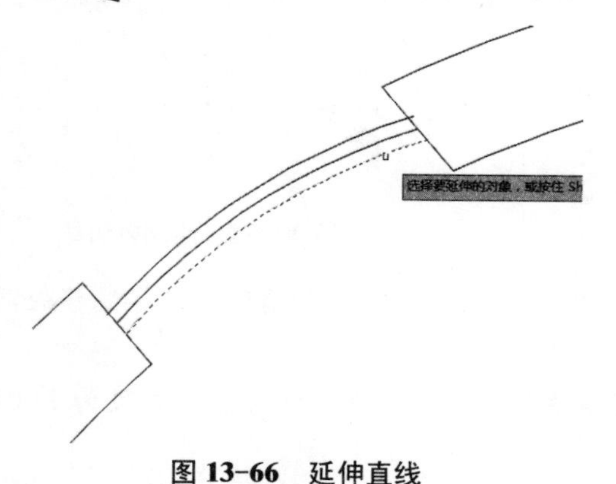

图13-66 延伸直线

图13-67 修剪对象

11 在命令行中输入【RECTANG】命令，在绘图区中绘制两个长度和宽度为 235 的正方形，如图 13-68 所示。

12 在命令行中输入【TRIM】命令，然后将正方形中不需要的线条删除，如图 13-69 所示。

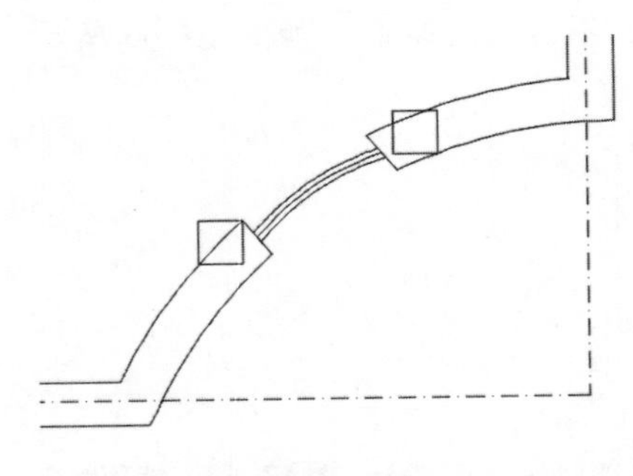

图 13-68　绘制矩形

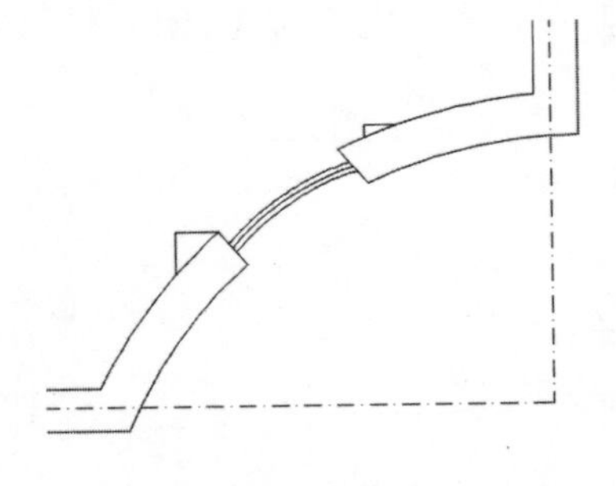

图 13-69　修剪线条

13 在命令行中输入【HATCH】命令，将【图案填充图案】设置为【SOLID】，在【图案填充创建】选项卡的【特性】组中，将【图案填充类型】设置为【实体】，在绘图区中单击修剪线条后的对象，即可为其填充黑色，效果如图 13-70 所示。填充完成后，在【图案填充创建】选项卡的【关闭】组中单击【关闭图案填充创建】按钮即可。

14 在命令行中输入【PLINE】命令，绘制多段线，将竖向直线的长度设置为 730，将横向直线的长度设置为 170，如图 13-71 所示。

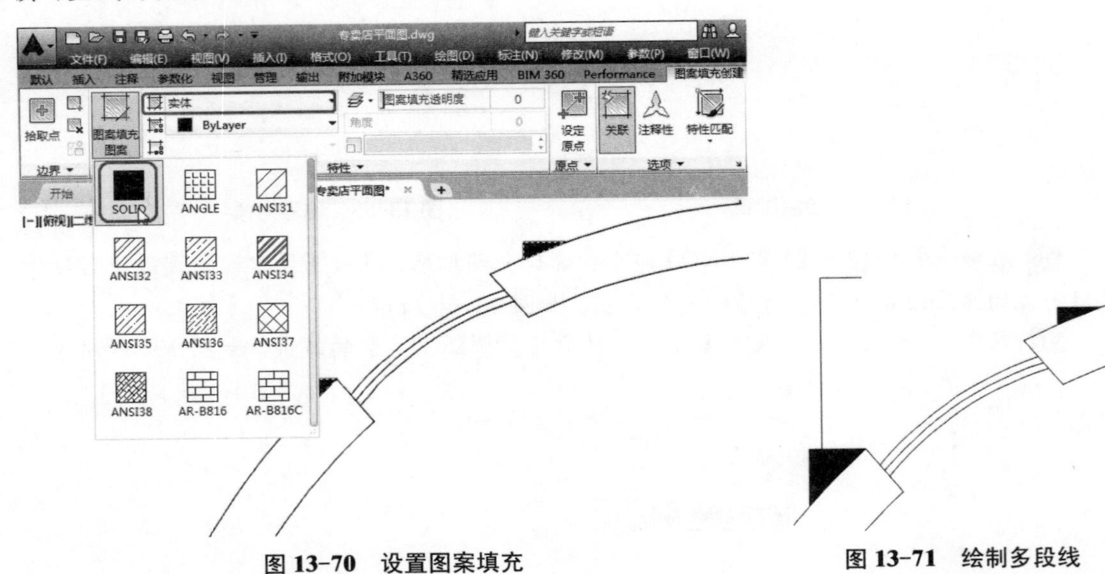

图 13-70　设置图案填充

图 13-71　绘制多段线

15 在命令行中输入【OFFSET】命令，然后将绘制的多段线向上偏移两次，偏移距离为 15，效果如图 13-72 所示。

16 在命令行中输入【RECTANG】命令，在绘图区中绘制一个长度为 40、宽度为 1 005 的矩形，如图 13-73 所示。

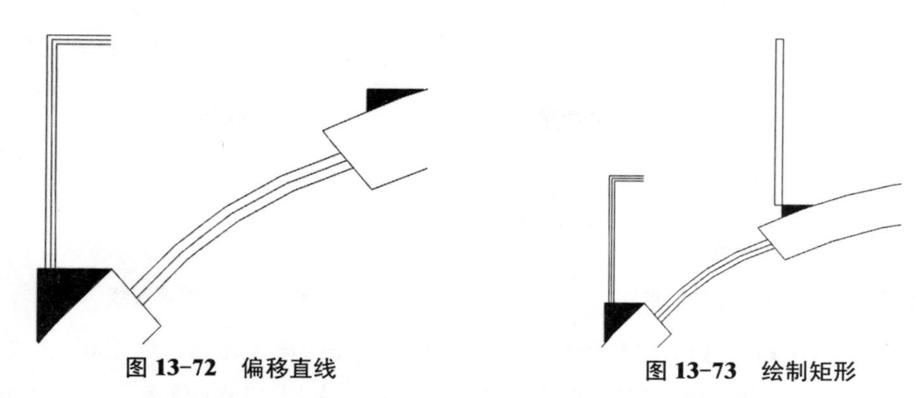

图 13-72　偏移直线　　图 13-73　绘制矩形

17 在命令行中输入【LINE】命令，然后绘制一条直线，如图 13-74 所示。

18 在【默认】选项卡的【绘图】组中单击【起点，端点，方向】圆弧按钮，然后在绘图区中绘制圆弧，如图 13-75 所示。

19 在命令行中输入【LINE】命令，绘制一条距离竖向墙体右侧墙线 380，且与水平墙体垂直相交的直线，然后向右偏移 2 700 得到另一条直线，如图 13-76 所示。

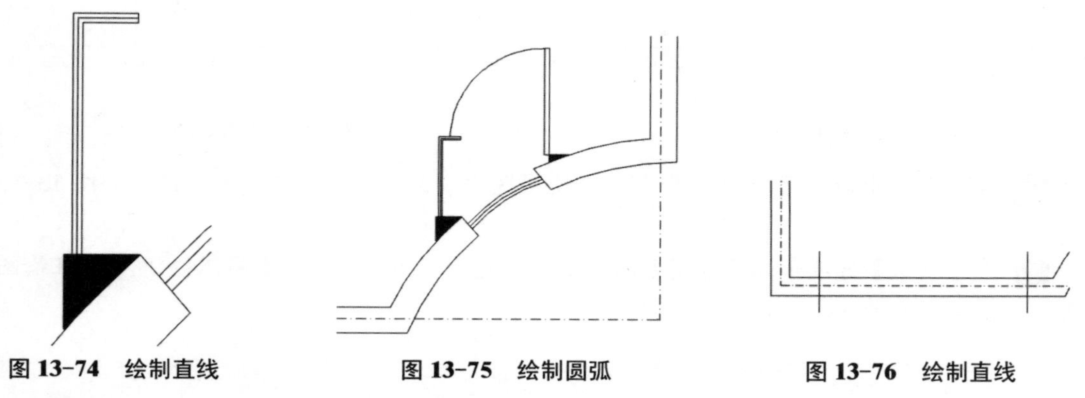

图 13-74　绘制直线　　图 13-75　绘制圆弧　　图 13-76　绘制直线

20 在命令行中输入【TRIM】命令，然后将不需要的线条删除，如图 13-77 所示。

21 在命令行中输入【RECTANG】命令，在绘图区中绘制两个长度和宽度均为 50 的正方形，如图 13-78 所示。

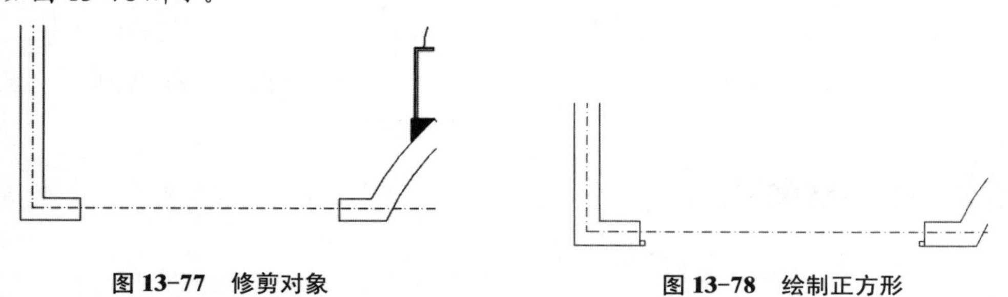

图 13-77　修剪对象　　图 13-78　绘制正方形

22 在命令行中输入【LINE】命令，将两个正方形边的中心点作为起点和端点，然后绘制一条直线，如图 13-79 所示。

23 在命令行中输入【OFFSET】命令，将偏移距离设置为 5，然后分别向上向下偏移两次，如图 13-80 所示。

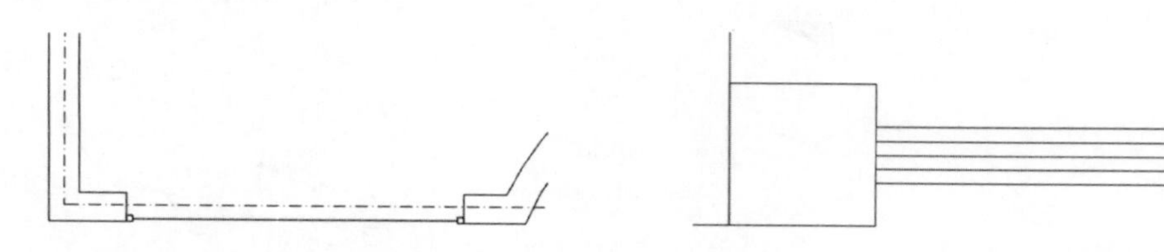

图 13-79　绘制连接矩形的直线

图 13-80　偏移直线

24 在命令行中输入【LINE】命令，绘制一条距离竖向墙体左侧墙线 130，且与水平墙体垂直相交的直线，然后向左偏移 700 得到另一条直线，如图 13-81 所示。

25 在命令行中输入【TRIM】命令，然后将不需要的线条删除，如图 13-82 所示。

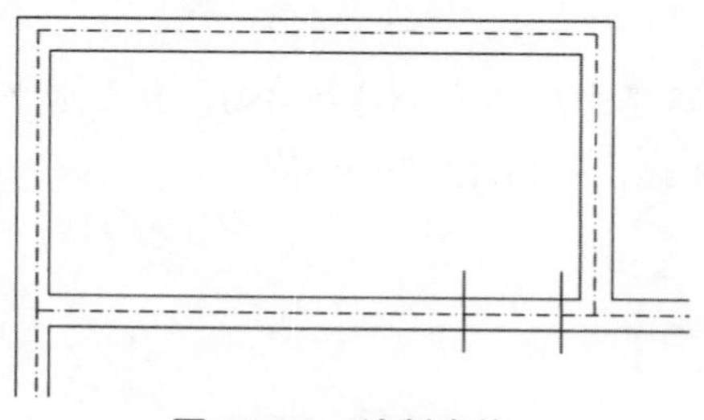

图 13-81　绘制直线

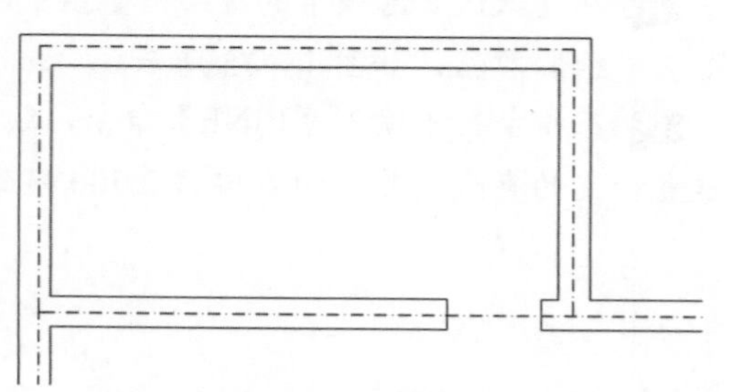

图 13-82　修剪对象

26 在命令行中输入【LINE】命令，在绘图区中绘制两条长为 700 的直线，如图 13-83 所示。

27 在【默认】选项卡的【绘图】组中单击【起点，圆心，端点】圆弧按钮，在绘图区中绘制圆弧，如图 13-84 所示。

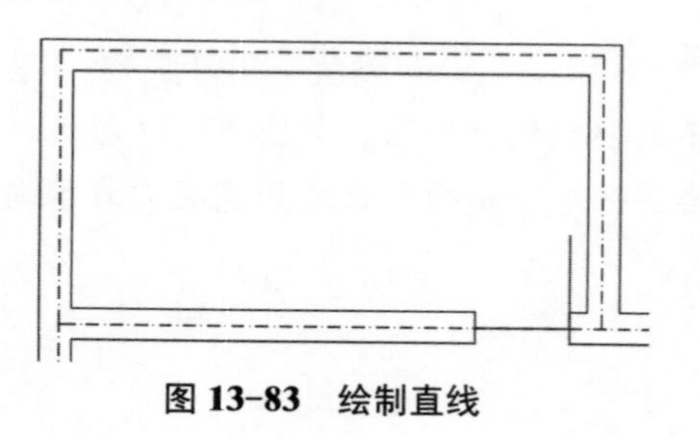

图 13-83　绘制直线

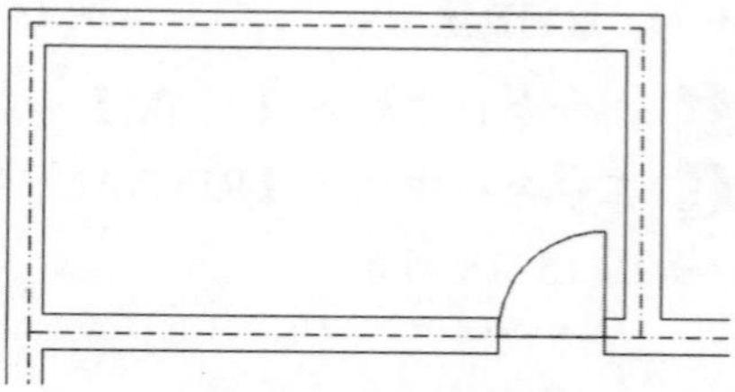

图 13-84　绘制圆弧

13.3.4 绘制橱窗陈列

下面讲解如何绘制橱窗陈列，其具体操作步骤如下：

01 在【图层特性管理器】选项板中新建【橱窗陈列】图层，并将该图层设置为当前图层，将【线宽】设置为 0.30mm，单击【确定】按钮，如图 13-85 所示。

02 在命令行中输入【LINE】命令，绘制一条长度为 700，且与水平墙体垂直的直线，然后向右偏移 2 700 得到另一条直线，如图 13-86 所示。

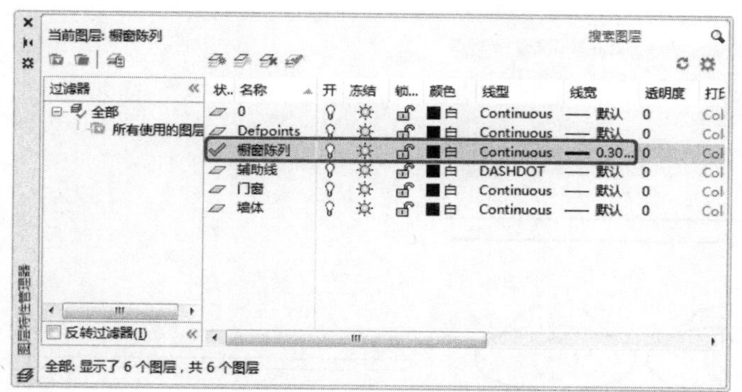

图 13-85　设置完成后的效果

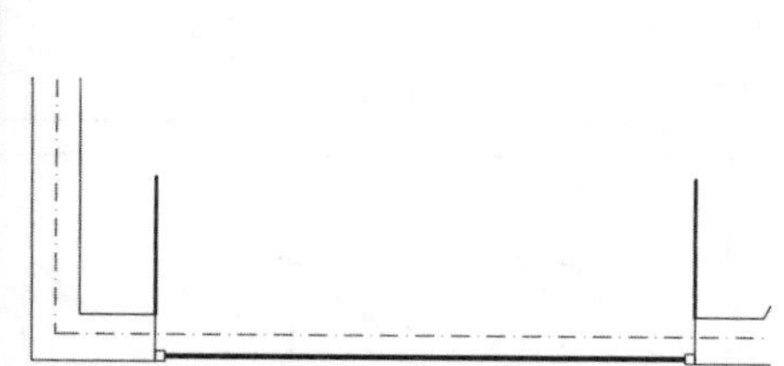

图 13-86　绘制直线

03 在命令行中输入【RECTANG】命令，在绘图区中绘制一个长度为 2 700、宽度为 80 的矩形，如图 13-87 所示。

04 在【默认】选项卡的【绘图】组中单击【圆心，半径】按钮，在绘图区中分别绘制一个半径为 75 和半径为 200 的同心圆，如图 13-88 所示。

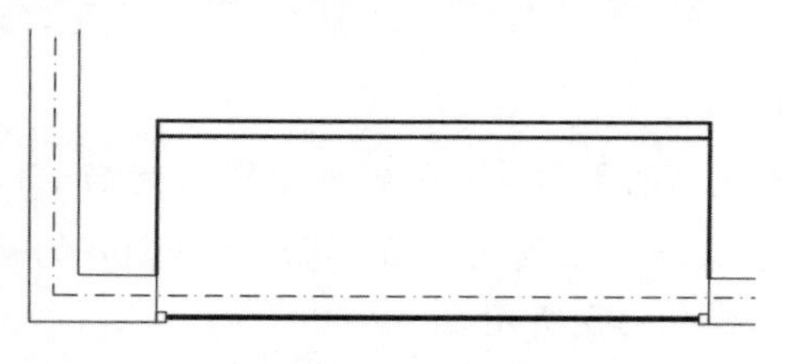

图 13-87　绘制矩形

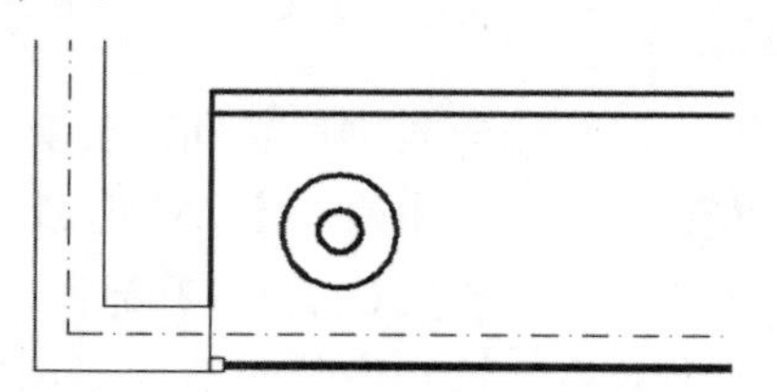

图 13-88　绘制同心圆

05 在【默认】选项卡的【绘图】组中单击【圆心】椭圆按钮，在绘图区中指定圆心为椭圆的中心点，并水平向右拖动鼠标，输入 280 按【Enter】键确认，然后垂直向上拖动鼠标，并输入 120 按空格键确认，即可绘制椭圆，如图 13-89 所示。

06 在命令行中输入【TRIM】命令，将不需要的线条删除，如图 13-90 所示。

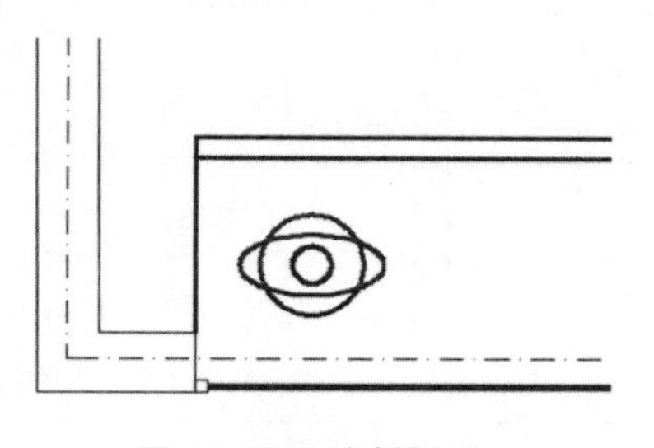

图 13-89　绘制椭圆

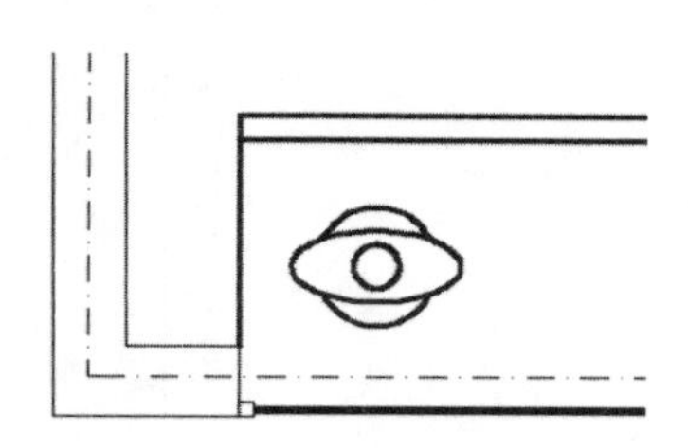

图 13-90　修剪对象

07 在【默认】选项卡的【修改】组中单击【矩形阵列】按钮，在【阵列创建】选项卡的【列】组中将【列数】设置为 4，将【介于】设置为 600，在【行】组中将【行数】设置为 1，即可完成矩形阵列，效果如图 13-91 所示。单击【关闭】选项组中的【关闭阵列】按钮即可。

08 在命令行中输入【MOVE】命令，然后在绘图区中调整对象的位置，如图 13-92 所示。

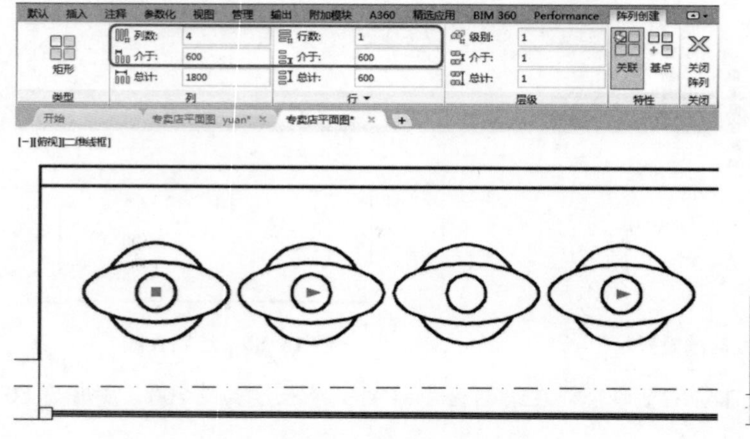

图 13-91 阵列对象

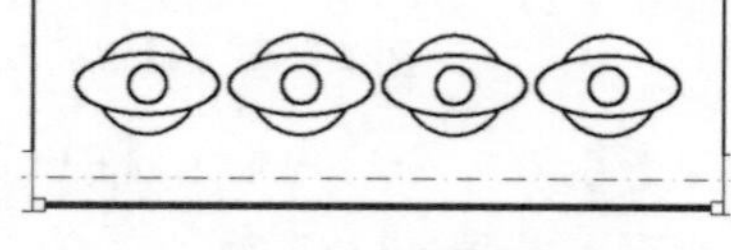

图 13-92 调整位置

13.3.5 绘制试衣间

下面讲解如何绘制试衣间，其具体操作步骤如下：

01 在命令行中输入【LAYER】命令，新建【试衣间】图层，并确认该图层为当前图层，在命令行中输入【RECTANG】命令，在绘图区中绘制一个长度为 120、宽度为 1 200 的矩形，并且矩形的右侧边距离竖向墙体左侧墙线 900，如图 13-93 所示。

02 在【默认】选项卡的【块】组中单击【插入块】按钮，在弹出的下拉列表中选择【更多选项】，弹出【插入】对话框，在该对话框中单击【浏览】按钮，如图 13-94 所示。

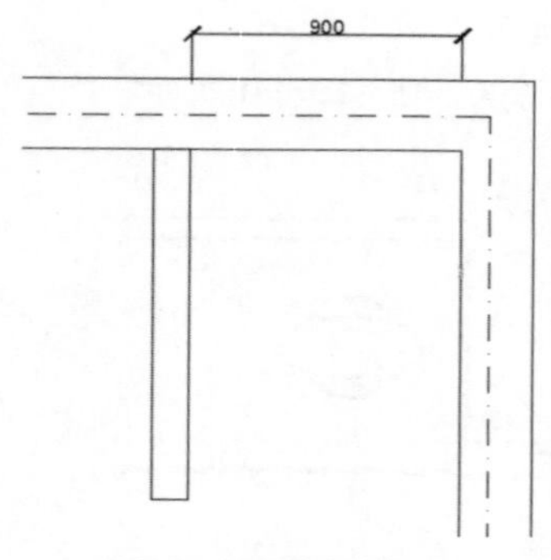

图 13-93 绘制矩形

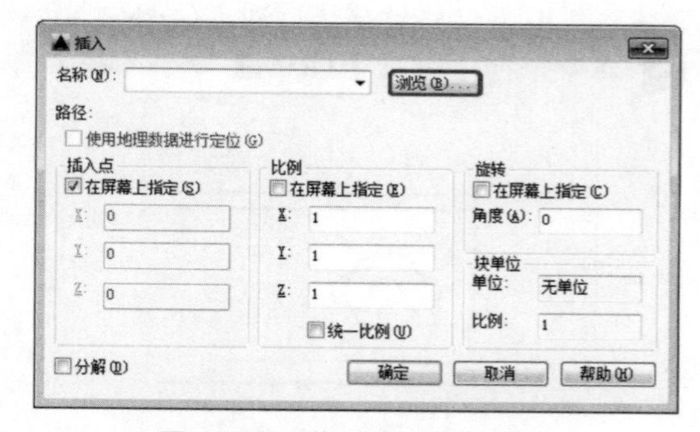

图 13-94 单击【浏览】按钮

03 弹出【选择图形文件】对话框，在该对话框中选择素材文件【素材.dwg】，单击【打开】按钮，如图 13-95 所示。

04 返回到【插入】对话框，单击【确定】按钮即可，然后在绘图区中单击指定插入点，即可将素材文件插入到绘图区中，如图 13-96 所示。

05 在【默认】选项卡的【修改】组中单击【复制】按钮，将组成试衣间的对象水平向左复制，效果如图 13-97 所示。

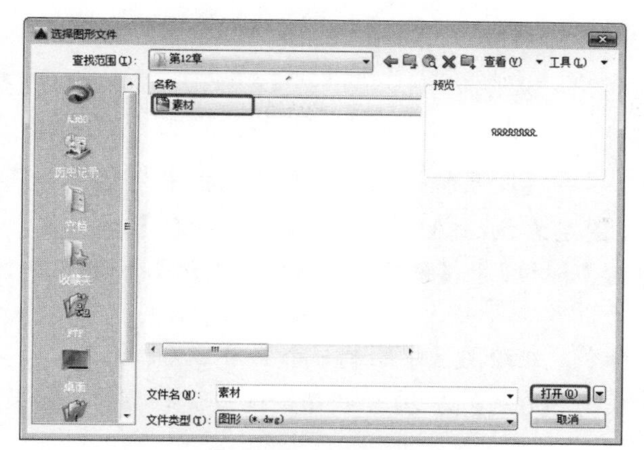

图 13-95　选择素材

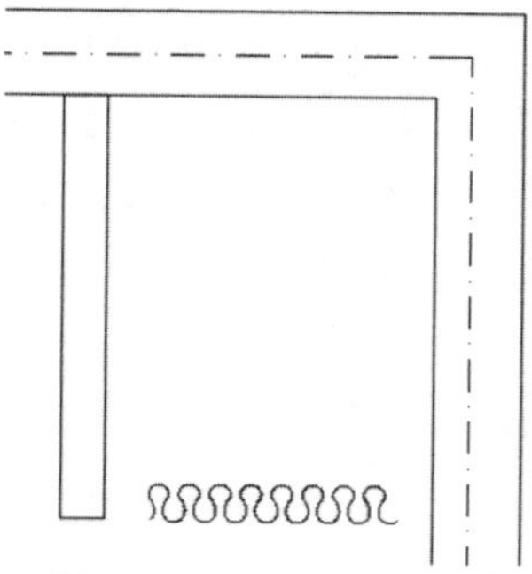

图 13-96　完成后的效果

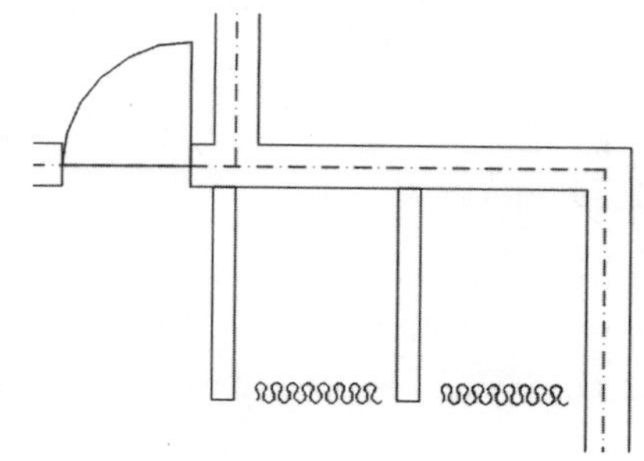

图 13-97　完成后的效果

13.3.6 绘制收银台

下面讲解如何绘制收银台，其具体操作步骤如下：

01 在命令行中输入【LAYER】命令，在【图层特性管理器】选项板中新建【收银台】图层，并将该图层置为当前图层，然后单击该图层右侧的颜色，弹出【选择颜色】对话框，在该对话框中选择如图 13-98 所示的颜色，单击【确定】按钮。将【线宽】设置为 0.50mm。

02 在命令行中输入【RECTANG】命令，在绘图区中绘制一个圆角为 100、长为 2 300、宽为 525 的矩形，在绘制的圆角矩形内绘制一条直线，如图 13-99 所示。

03 在命令行中输入【RECTANG】命令，在绘图区中绘制一个圆角为 50、长度和宽度为 315 的正方形，然后绘制一个圆角为 10、长度为 315、高为 35 的矩形，适当调整位置，效果如图 13-100 所示。

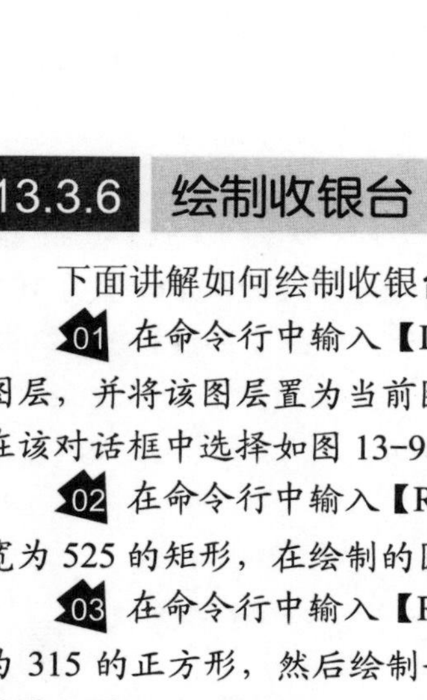

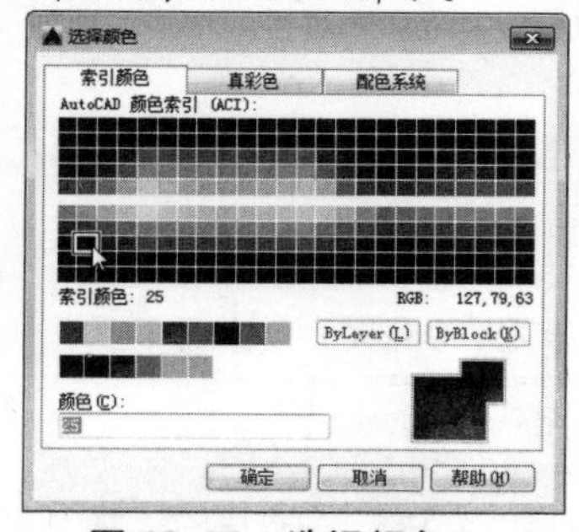

图 13-98　选择颜色

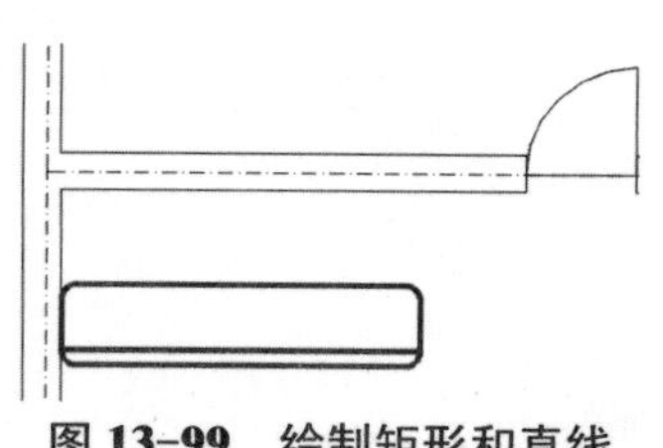

图 13-99　绘制矩形和直线

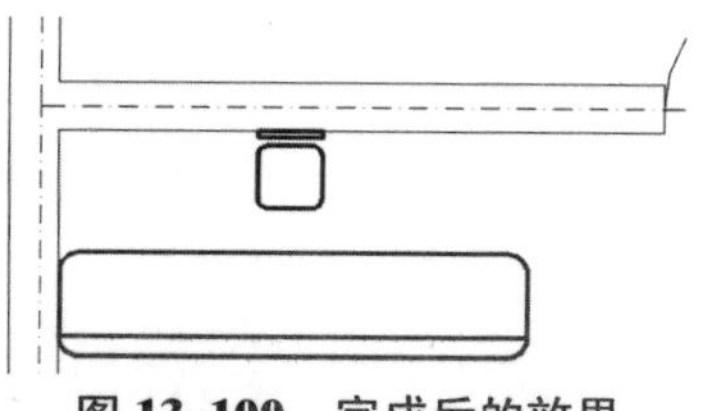

图 13-100　完成后的效果

13.3.7 绘制衣架

下面讲解如何绘制衣架，其具体操作步骤如下：

01 在命令行中输入【LAYER】命令，在【图层特性管理器】选项板中新建【衣架】图层，并将该图层置为当前图层，单击该图层右侧的颜色，弹出【选择颜色】对话框，在该对话框中设置颜色为【250】，单击【确定】按钮，将【线宽】设置为【默认】，如图 13-101 所示。

02 在命令行中输入【RECTANG】命令，在绘图区中绘制一个圆角为 0、长为 25、宽为 905 的矩形，然后绘制一个圆角为 0、长为 500、宽为 20 的矩形，适当调整位置，效果如图 13-102 所示。

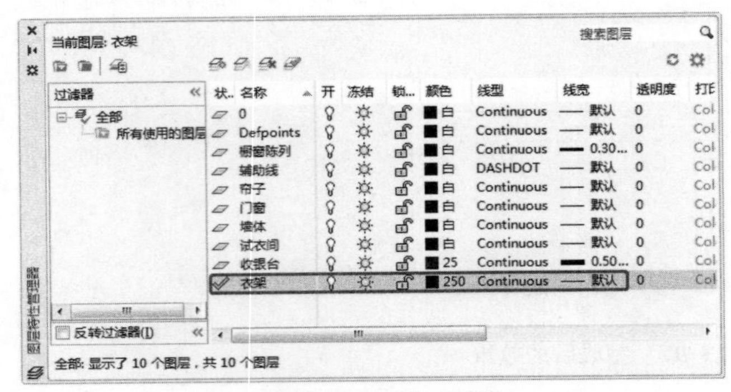

图 13-101　设置图层

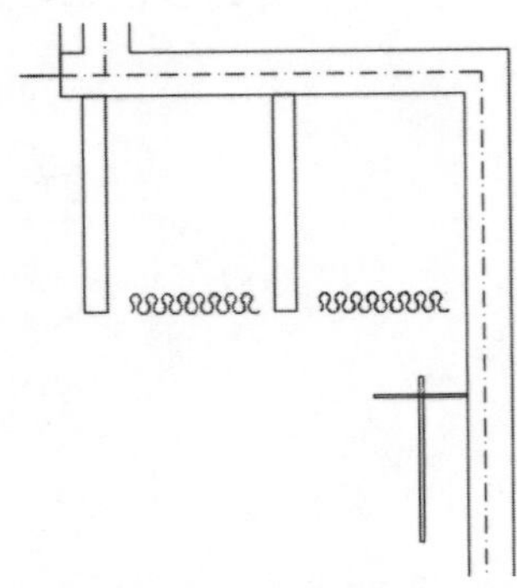

图 13-102　绘制矩形

03 选择水平的矩形，在【默认】选项卡的【修改】组中单击【矩形阵列】按钮，在【阵列创建】选项卡的【列】组中将【列数】设置为 1，在【行】组中将【行数】设置为 10，将【介于】设置为-80，即可完成矩形阵列，效果如图 13-103 所示。单击【关闭】选项组中的【关闭阵列】按钮即可。

04 使用同样的方法绘制其他衣架对象，效果如图 13-104 所示。

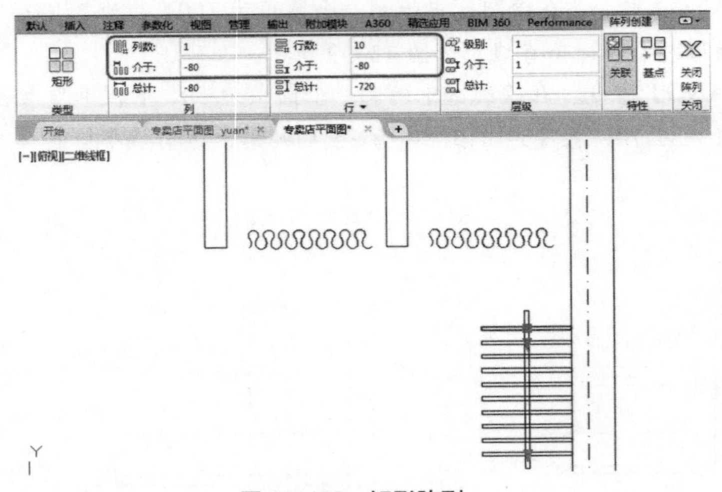

图 13-103　矩形阵列

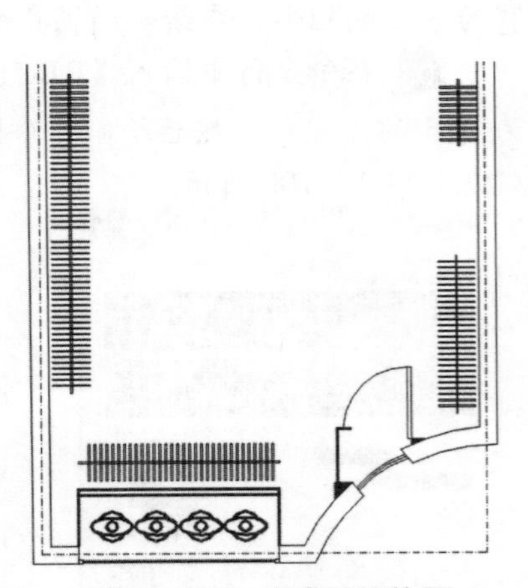

图 13-104　完成后的效果

13.3.8 绘制鞋架

下面讲解如何绘制鞋架，其具体操作步骤如下：

01 在命令行中输入【LAYER】命令，在【图层特性管理器】选项板中新建【鞋架】图层，并将该图层置为当前图层，然后单击该图层右侧的颜色，弹出【选择颜色】对话框，在该对话框中选择如图 13-105 所示的颜色，并单击【确定】按钮。

02 在命令行中输入【RECTANG】命令，在绘图区中绘制一个长为 45、宽为 2225 的矩形，然后绘制一个长度为 315、宽度为 25 的矩形，效果如图 13-106 所示。

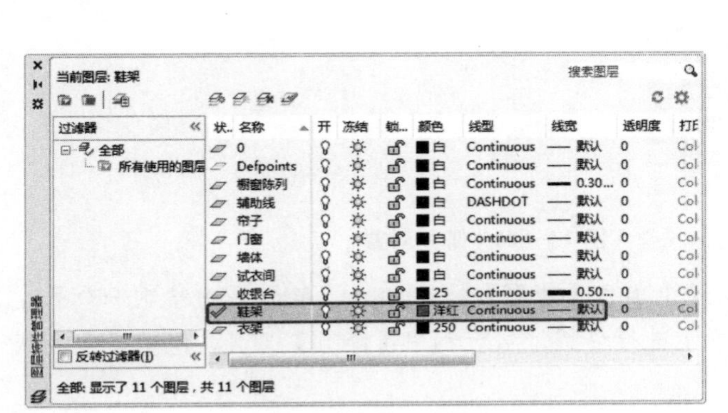

图 13-105 设置图层

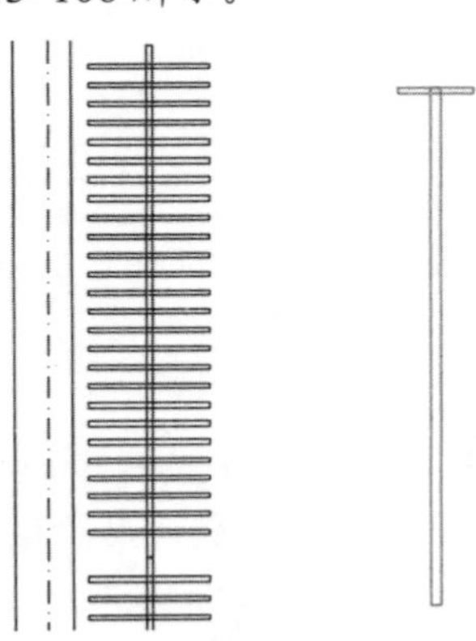

图 13-106 绘制矩形

03 在命令行中输入【RECTANG】命令，在距离小矩形底侧边 15 处绘制一个长为 100、宽为 230 的矩形，如图 13-107 所示。

04 在命令行中输入【MIRROR】命令，然后镜像新绘制的矩形，效果如图 13-108 所示。

05 选择新绘制的两个矩形，在命令行中输入【COPY】命令，然后输入 0，按【Enter】键确认，并垂直向下拖动鼠标，输入 265，按两次【Enter】键确认，复制矩形后的效果如图 13-109 所示。

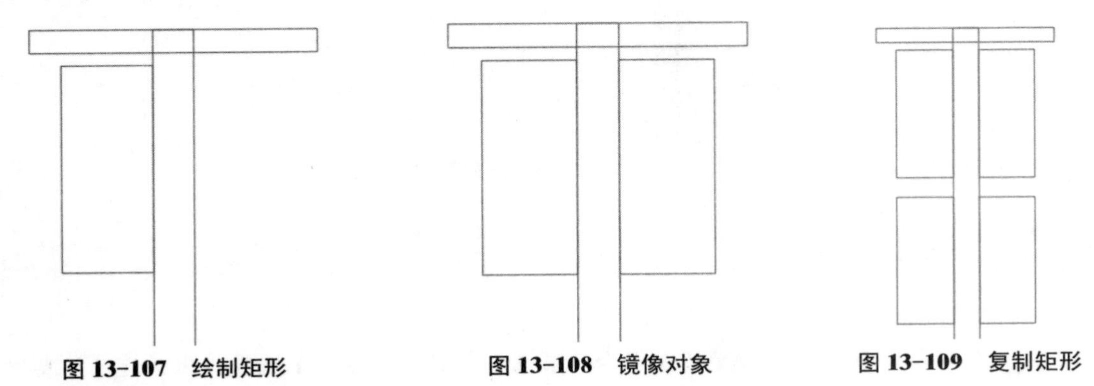

图 13-107 绘制矩形　　图 13-108 镜像对象　　图 13-109 复制矩形

06 在绘图区中选择如图 13-110 所示的对象，在【默认】选项卡的【修改】组中单击【矩形阵列】按钮，在【阵列创建】选项卡的【列】组中将【列数】设置为 1，在【行】

组中将【行数】设置为 4，将【介于】设置为-550，即可完成矩形阵列，效果如图 13-111 所示。单击【关闭】选项组中的【关闭阵列】按钮即可。

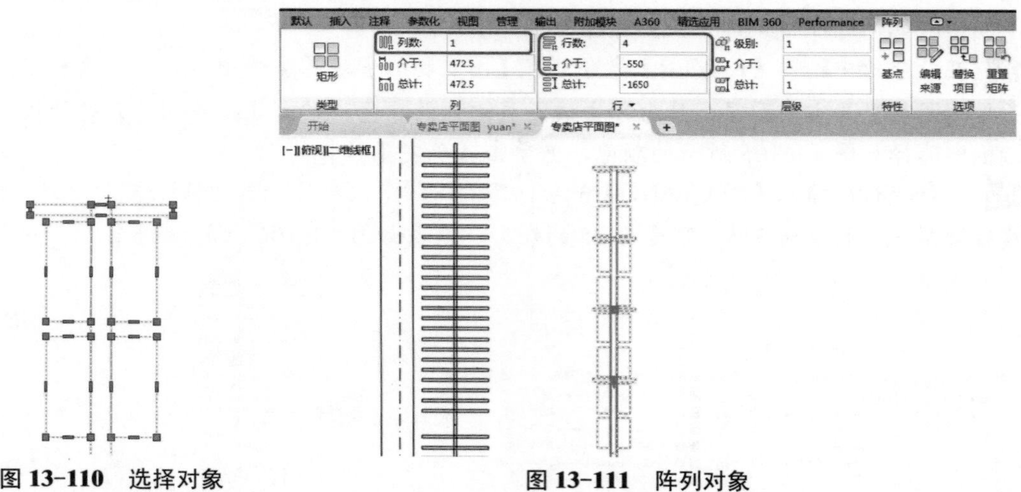

图 13-110　选择对象　　　　图 13-111　阵列对象

07 在【默认】选项卡的【绘图】组中单击【矩形】按钮，在绘图区中绘制一个长度为 315、宽度为 25 的矩形，将阵列的对象进行分解，然后利用【修剪】工具，修剪多余的线段，效果如图 13-112 所示。

08 在绘图区中选择组成鞋架的所有对象，在命令行中输入【COPY】命令，选择右上角作为指定基点，水平向右拖动鼠标，输入 2 010，按两次【Enter】键确认，复制鞋架对象后的效果如图 13-113 所示。

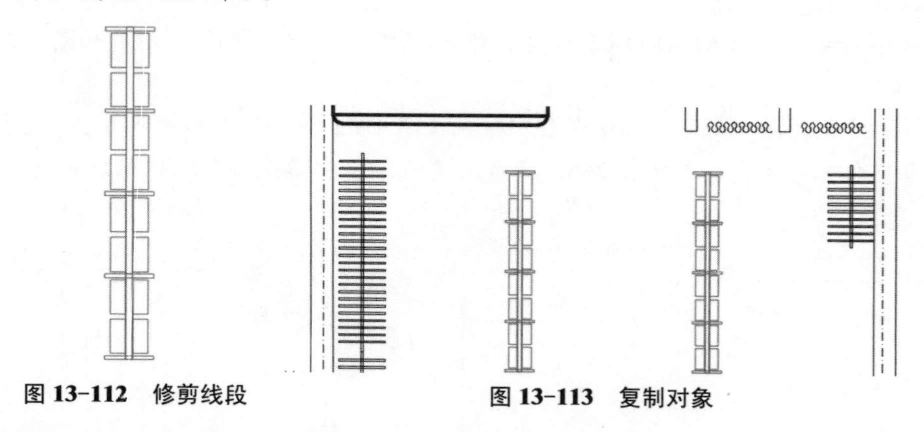

图 13-112　修剪线段　　　　图 13-113　复制对象

13.3.9 绘制沙发凳

下面讲解如何绘制沙发凳，其具体操作步骤如下：

01 在命令行中输入【LAYER】命令，在【图层特性管理器】选项板中新建【沙发凳】图层，并将该图层置为当前图层，然后单击该图层右侧的颜色，弹出【选择颜色】对话框，在该对话框中选择如图 13-114 所示的颜色，单击【确定】按钮。

02 在命令行中输入【RECTANG】命令，在绘图区中绘制一个圆角为 30、长和宽为 390

的矩形，效果如图 13-115 所示。

03 在【默认】选项卡的【修改】组中单击【偏移】按钮，然后将绘制的圆角矩形向外偏移 5，如图 13-116 所示。

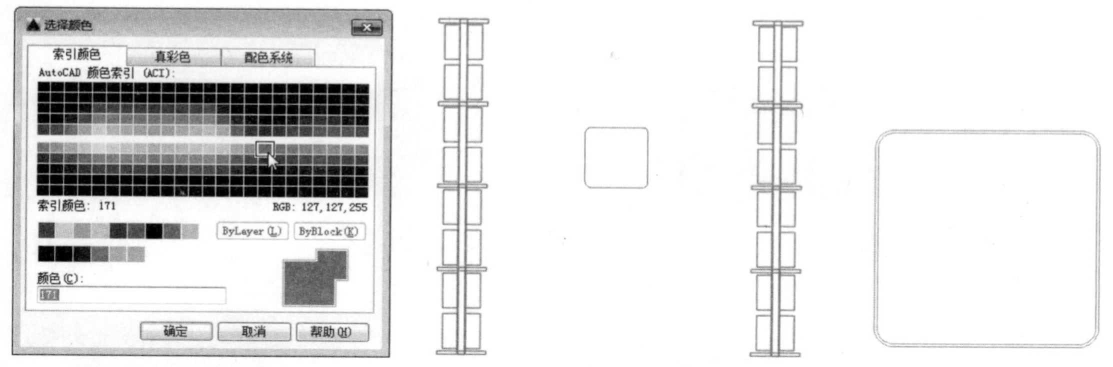

图 13-114 选择颜色　　图 13-115 绘制矩形　　图 13-116 偏移矩形

04 在命令行中执行【HATCH】命令，在【图案填充创建】选项卡的【特性】组中，将【图案填充类型】设置为【图案】，将【图案填充颜色】设置为蓝色，在【图案】组中单击【图案填充图案】按钮，在弹出的下拉列表中选择【AR-CONC】图案，在绘图区中单击绘制的圆角矩形对象，即可为其填充图案，效果如图 13-117 所示。填充完成后，在【图案填充创建】选项卡的【关闭】组中单击【关闭图案填充创建】按钮即可。

05 在绘图区中选择两个圆角矩形和图案填充对象，在命令行中输入【COPY】命令，指定左下角作为基点，并垂直向下拖动鼠标，输入 410，按两次【Enter】键确认，复制对象后的效果如图 13-118 所示。

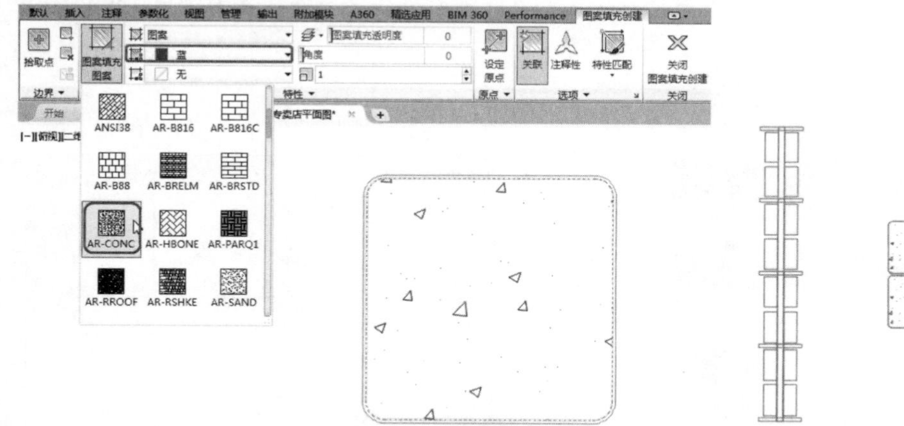

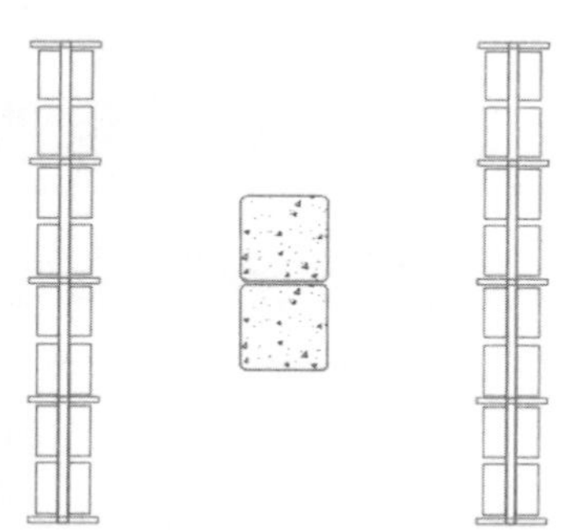

图 13-117 填充图案后的效果　　图 13-118 复制完成后的效果

13.3.10 绘制镜子

下面讲解如何绘制镜子，其具体操作步骤如下：

01 在命令行中输入【LAYER】命令，在【图层特性管理器】选项板中新建【镜子】图层，并将该图层置为当前图层，然后单击该图层右侧的颜色，弹出【选择颜色】对话框，在该对话框中选择如图 13-119 所示的颜色，单击【确定】按钮。

02 在命令行中输入【RECTANG】命令，在绘图区中绘制一个圆角为 0、长度为 30、宽度为 1 295 的矩形，效果如图 13-120 所示。

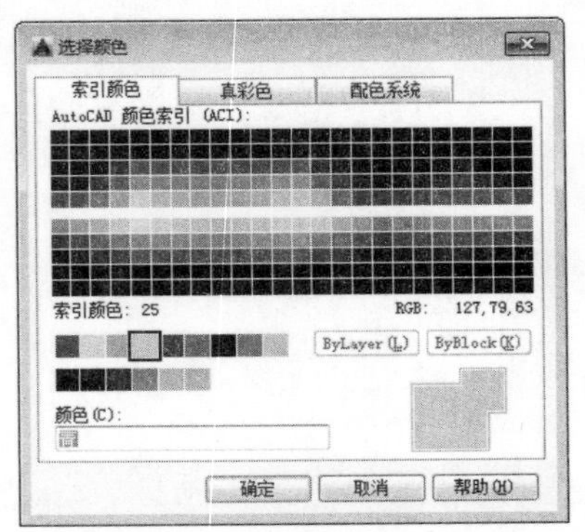

图 13-119 选择颜色

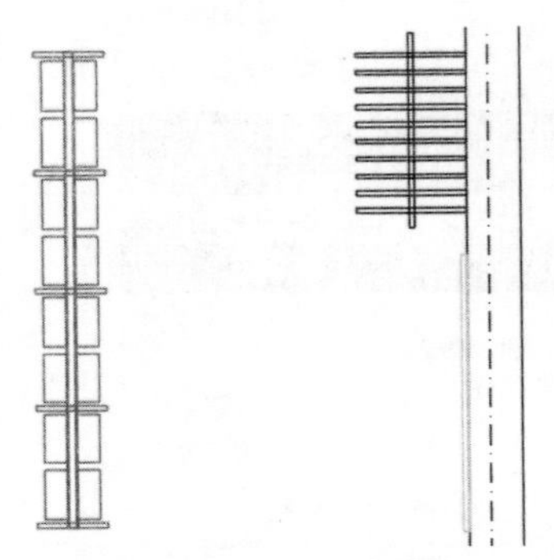

图 13-120 绘制矩形

13.3.11 绘制展示柜

下面讲解如何绘制展示柜，其具体操作步骤如下：

01 在命令行中输入【LAYER】命令，在【图层特性管理器】选项板中新建【展示柜】图层，并将该图层置为当前图层，然后单击该图层右侧的颜色，弹出【选择颜色】对话框，在该对话框中选择如图 13-121 所示的颜色，单击【确定】按钮。

02 单击该图层右侧的线型名称，弹出【选择线型】对话框，在该对话框中单击【加载】按钮，弹出【加载或重载线型】对话框，在【可用线型】列表框中选择【ACAD_IS003W100】线型，单击【确定】按钮，如图 13-122 所示。

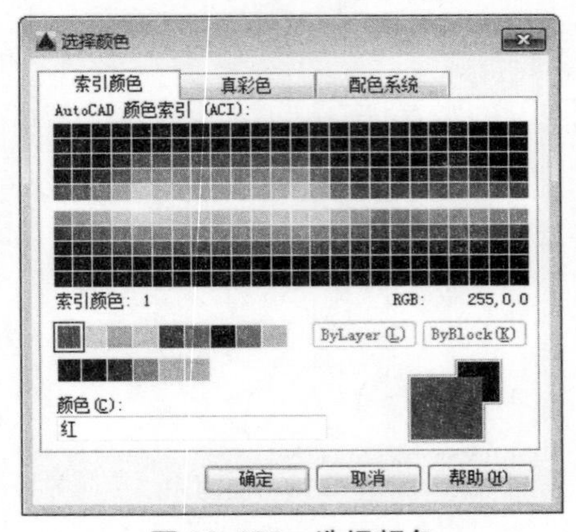

图 13-121 选择颜色

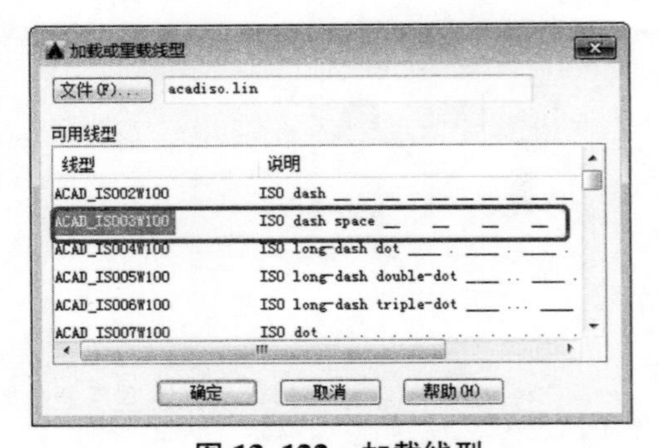

图 13-122 加载线型

03 返回【选择线型】对话框，在列表框中选择【ACAD_IS003W100 线型】，单击【确定】按钮，如图 13-123 所示。

04 在命令行中输入【RECTANG】命令，在绘图区中绘制一个圆角为 0、长度为 1 695、宽度为 450 的矩形，效果如图 13-124 所示。

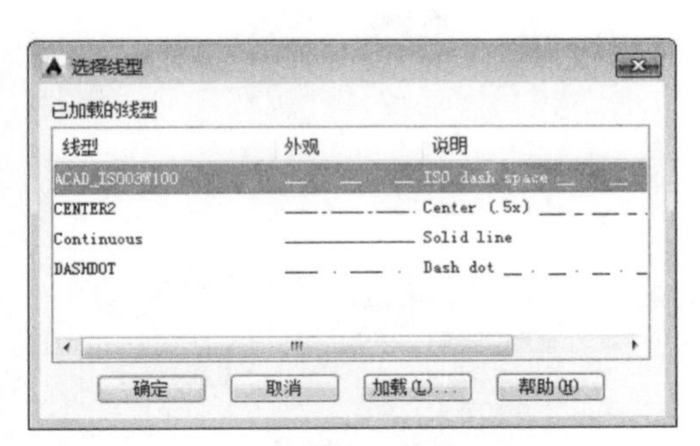

图 13-123　选择线型

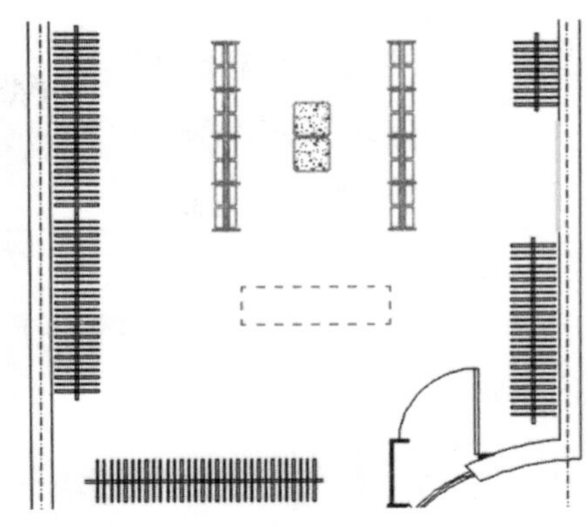
图 13-124　绘制矩形

13.3.12 添加文字标注

下面讲解如何添加文字标注，其具体操作步骤如下：

01 在命令行中输入【LAYER】命令，在【图层特性管理器】选项板中新建【文字标注】图层，并将该图层设置为当前图层，然后单击该图层右侧的颜色，弹出【选择颜色】对话框，在该对话框中选择如图 13-125 所示的颜色，单击【确定】按钮。

02 单击该图层右侧的线型名称，弹出【选择线型】对话框，在【已加载的线型】列表框中选择【Continuous】线型，单击【确定】按钮，如图 13-126 所示。

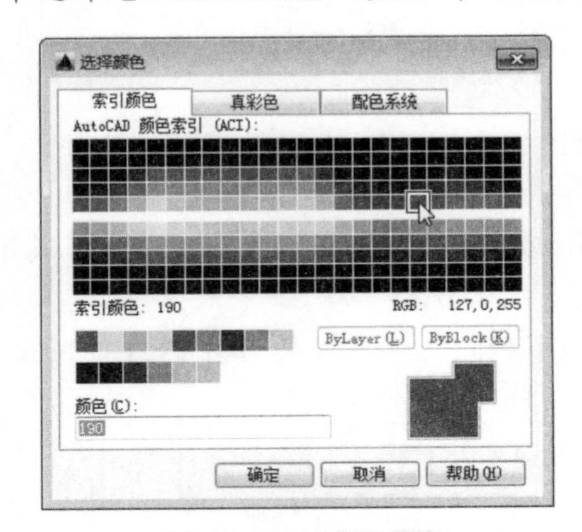

图 13-125　选择颜色

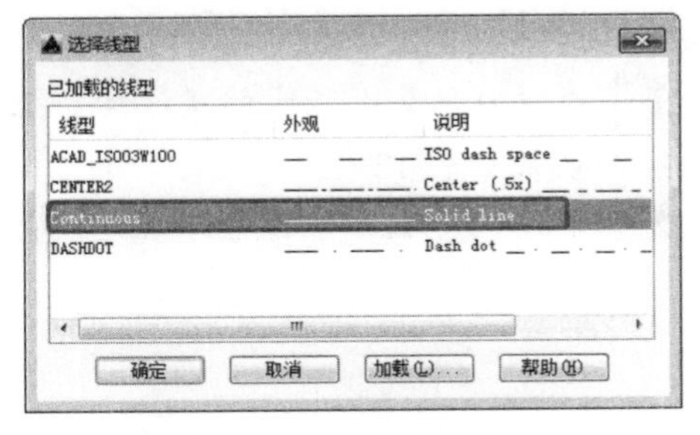

图 13-126　选择线型

03 在菜单栏中选择【格式】|【多重引线样式】命令，弹出【多重引线样式管理器】对话框，单击【新建】按钮，如图 13-127 所示。

04 弹出【创建新多重引线样式】对话框，输入【新样式名】为【文字标注】，单击【继续】按钮，如图 13-128 所示。

05 弹出【修改多重引线样式：文字标注】对话框，在【引线格式】选项卡的【箭头】选项组中将【大小】设置为 150，如图 13-129 所示。

06 选择【内容】选项卡，在【文字选项】选项组中将【文字高度】设置为 150，单击

【确定】按钮，如图 13-130 所示。返回到【多重引线样式管理器】对话框，单击【置为当前】按钮，单击【关闭】按钮即可。

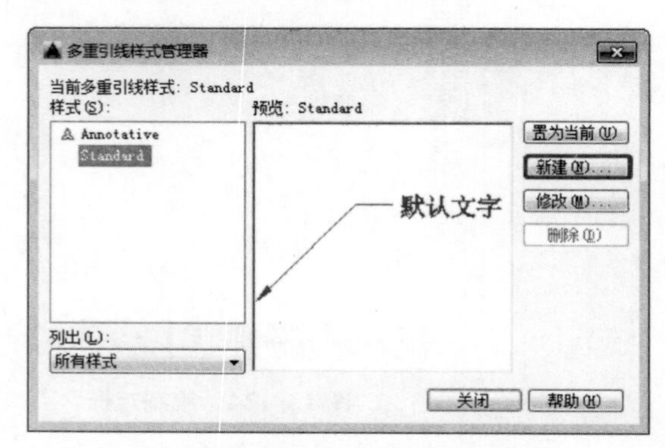

图 13-127 单击【新建】按钮

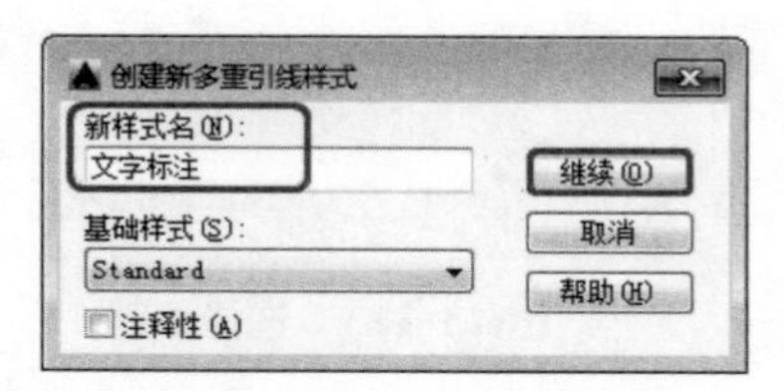

图 13-128 创建多重引线样式

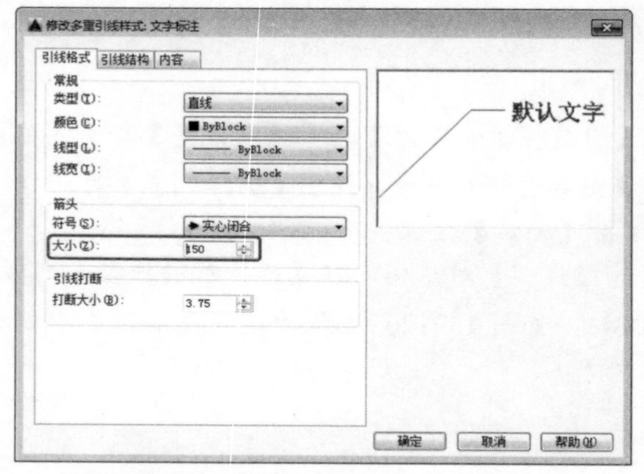

图 13-129 设置引线格式大小

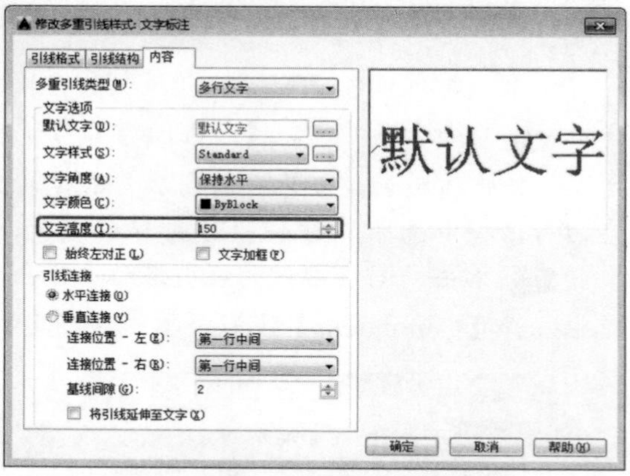

图 13-130 设置文字高度

07 在【默认】选项卡的【注释】组中单击【引线】按钮，在绘图区中绘制引线并输入文字，效果如图 13-131 所示。

08 使用同样的方法，继续在绘图区中绘制引线并输入文字，效果如图 13-132 所示。

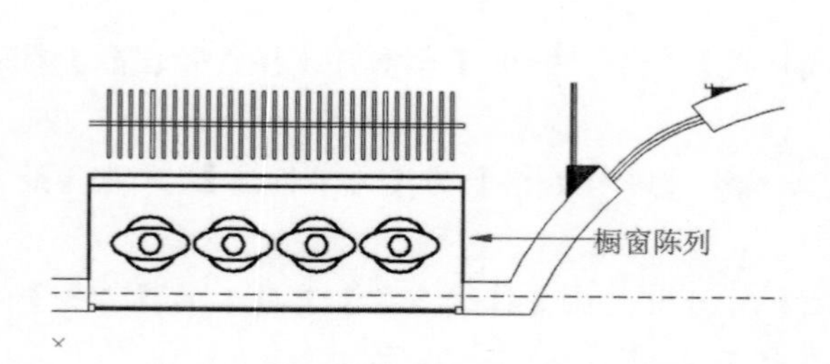

图 13-131 绘制引线并输入文字

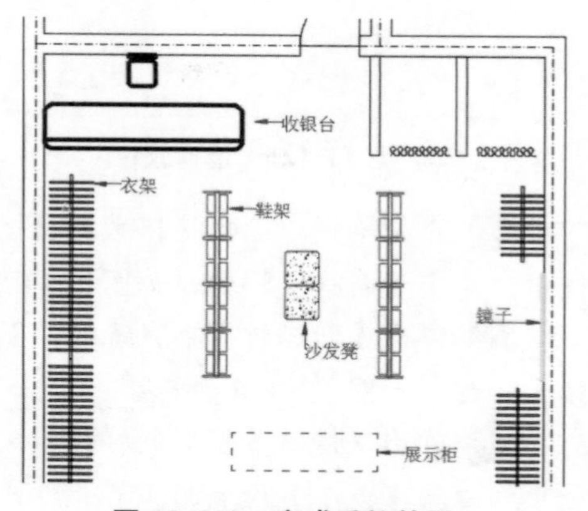

图 13-132 完成后的效果

09 在【默认】选项卡的【注释】组中单击【单行文字】按钮A，然后设置文字高度为150，旋转角度为0°，并在绘图区中输入文字，效果如图13-133所示。

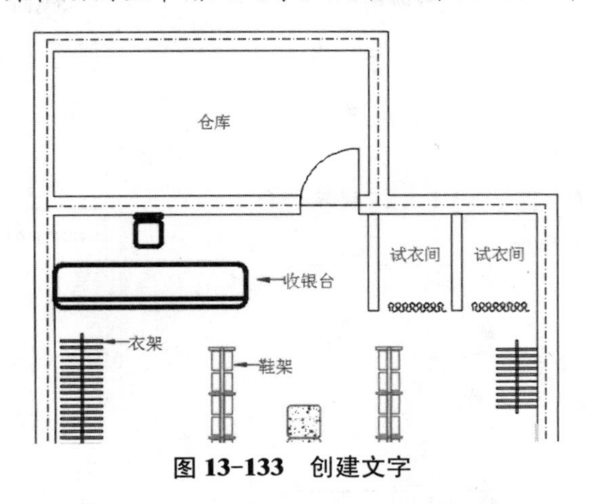

图 13-133　创建文字

13.3.13 添加尺寸标注

下面讲解如何添加尺寸标注，其具体操作步骤如下：

01 在【图层特性管理器】选项板中新建【尺寸标注】图层，并将该图层置为当前图层，在菜单栏中选择【格式】|【标注样式】命令，弹出【标注样式管理器】对话框，单击【新建】按钮，弹出【创建新标注样式】对话框，输入【新样式名】为【尺寸标注】，单击【继续】按钮，如图13-134所示。

02 弹出【新建标注样式：尺寸标注】对话框，选择【符号和箭头】选项卡，在【箭头】选项组中将【第一个】和【第二个】设置为【建筑标记】，如图13-135所示。

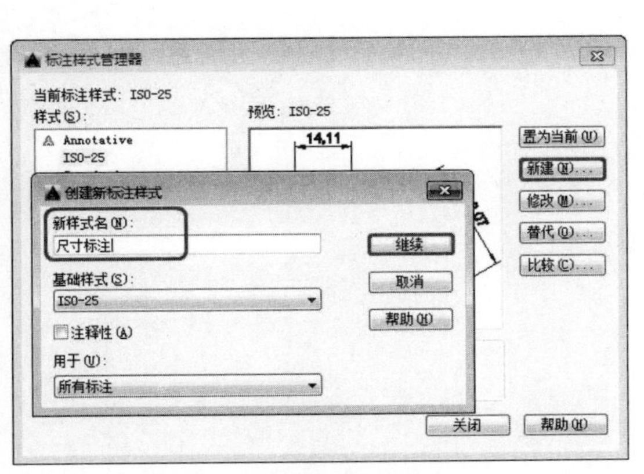

图 13-134　创建标注样式

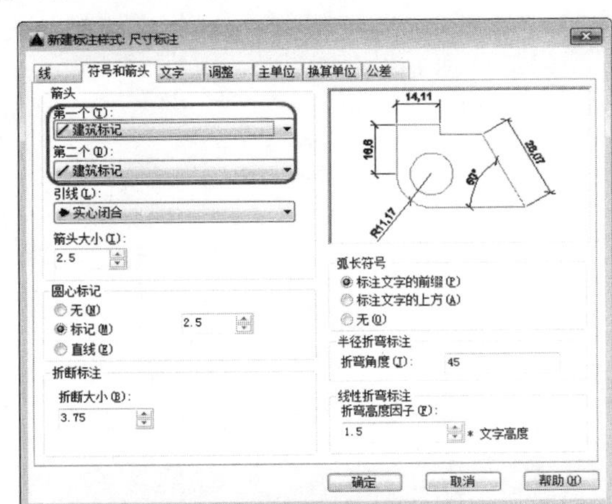

图 13-135　设置符号和箭头

03 选择【调整】选项卡，在【标注特征比例】选项组中将【使用全局比例】设置为100，单击【确定】按钮，如图13-136所示。返回到【标注样式管理器】对话框，单击【关闭】按钮即可。

04 选择【主单位】选项卡，将精度设置为 0。然后在绘图区中对图形对象进行尺寸标注，标注后的效果如图 13-137 所示。

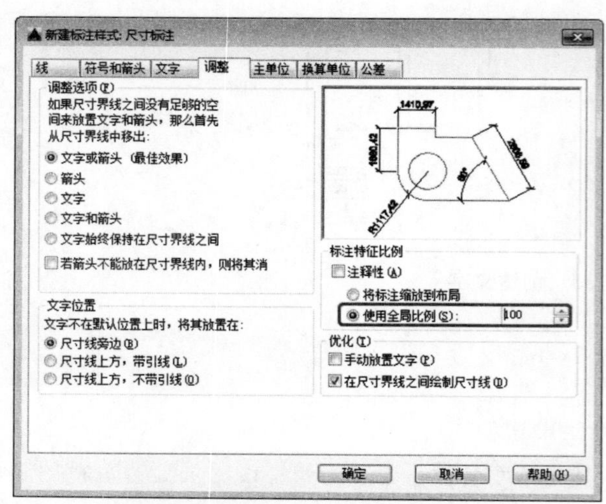

图 13-136 设置标注特征比例

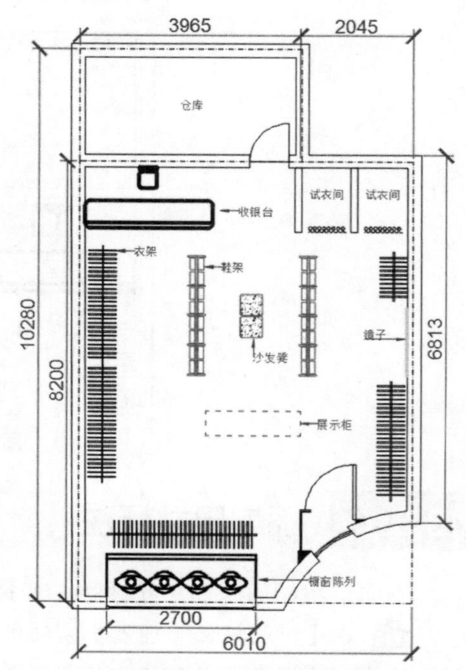

图 13-137 完成后的效果

14

Chapter

绘制建筑立面图

本章导读：

基础知识
- ◈ 建筑立面图概述
- ◈ 绘制推拉门

重点知识
- ◈ 建筑立面图的主要内容及表示方法
- ◈ 教学楼立面图的绘制步骤

提高知识
- ◈ 通过实例进行学习

建筑立面图是平行于建筑物各方向外墙面的正投影图。本章主要介绍建筑立面图的基本知识，结合实例讲解如何利用 AutoCAD 2016 绘制完整的建筑立面图的主要方法和步骤。建筑立面图是建筑设计中的一个重要组成部分，通过对本章的学习，用户应该了解建筑立面图与建筑平面图的区别，能够独立完成建筑立面图的绘制。

14.1 建筑立面图绘制概述

表示房屋外部形状和内容的图纸称为建筑立面图。

建筑立面图为建筑外垂直面正投影可视部分。建筑各方向的立面应绘全，但差异小、不难推定的立面可省略。内部院落的局部立面，可在相关剖面图上表示，如剖面图未能表示完全的，需单独绘出。

建筑立面图包括以下内容：

- 建筑两端轴线编号。
- 女儿墙、檐口、柱、变形缝、室外楼梯和消防梯、阳台、栏杆、台阶、坡道、花台、雨篷、线条、烟囱、勒脚、门窗、洞口、门头、雨水管、其他装饰构件和粉刷分格线示意等。外墙留洞应注尺寸与标高（宽×高×深及关系尺寸）。
- 在平面图上表示不出的窗编号，应在立面图上标注。平、剖面图未能表示出来的屋顶、檐口、女儿墙、窗台等标高或高度，应在立面图上分别注明。
- 各部分构造、装饰节点详图索引，用料名称或符号。

14.2 基本建筑立面图的绘制

14.2.1 绘制推拉门

下面讲解绘制推拉门的方法，具体操作步骤如下：

01 启动 AutoCAD 2016，使用【矩形】工具，按【Enter】键确认，绘制长度为 300、宽度为 250 的矩形，如图 14-1 所示。

02 使用【偏移】工具，选择要进行偏移的对象，向内偏移 10，按【Enter】键完成偏移，效果如图 14-2 所示。

图 14-1 绘制矩形

图 14-2 对矩形进行偏移

03 使用【矩形】工具，在空白处绘制长度为 160、宽度为 230 的矩形，如图 14-3 所示。

04 将绘制的矩形移动至合适的位置，如图 14-4 所示。

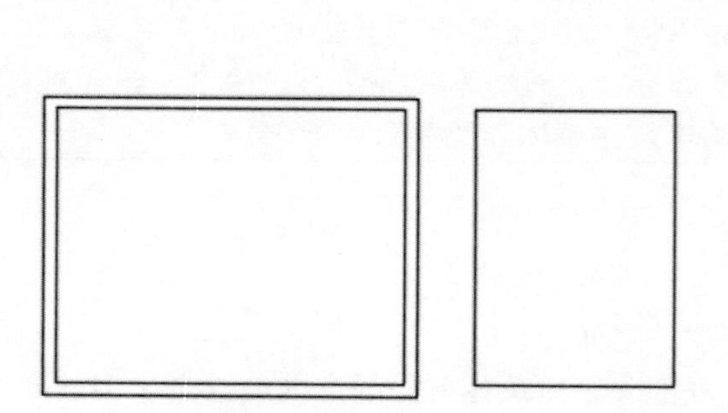

图 14-3 绘制矩形

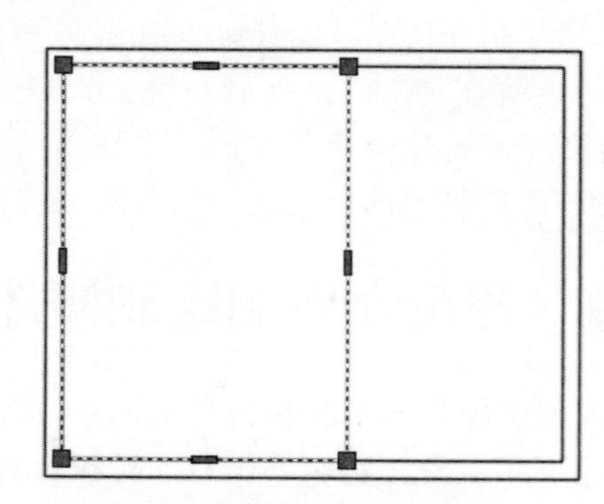

图 14-4 移动矩形的位置

05 使用【偏移】工具，将上一步绘制的矩形向内偏移 5，如图 14-5 所示。

06 使用【镜像】工具，选择上一步绘制的两个矩形，以大矩形的中点作为镜像点进行镜像，如图 14-6 所示。

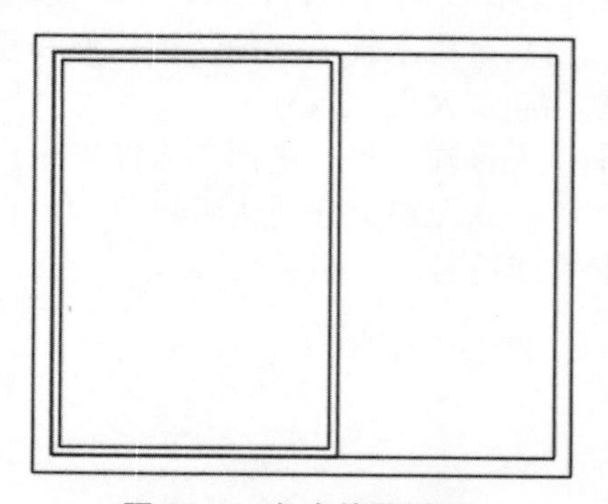

图 14-5 向内偏移矩形

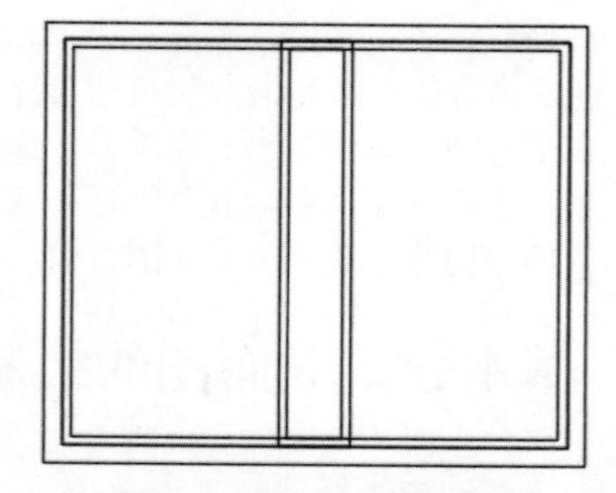

图 14-6 镜像后的效果

07 使用【修剪】工具，对镜像后的效果进行修剪，如图 14-7 所示。

08 使用【矩形】工具在空白处绘制长度为 3、宽度为 10 的矩形，将其移动到合适的位置，如图 14-8 所示。

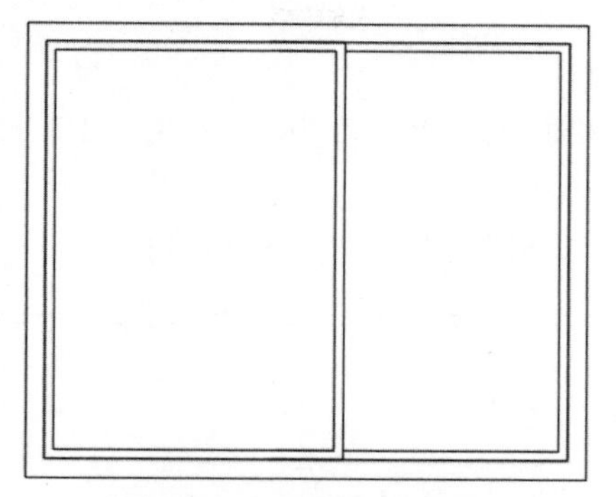
图 14-7　对图形进行修剪

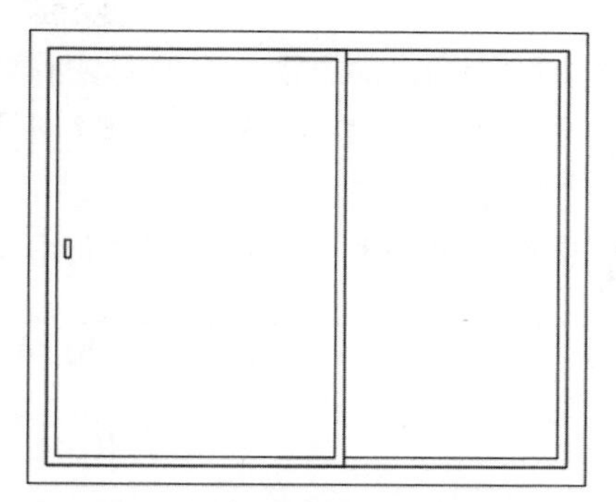
图 14-8　绘制矩形并移动位置

09 使用【圆】工具在矩形的下方绘制一个直径为 3 的圆，如图 14-9 所示。

10 选择绘制的矩形和圆并右击，在弹出的菜单中选择【组】|【组】命令，如图 14-10 所示。

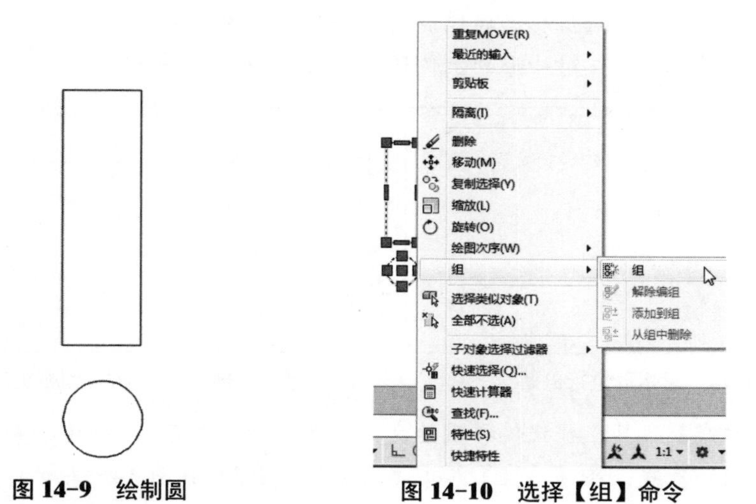

图 14-9　绘制圆　　图 14-10　选择【组】命令

11 使用【复制】工具，选择上一步组合的对象，将其向右复制 260，如图 14-11 所示。

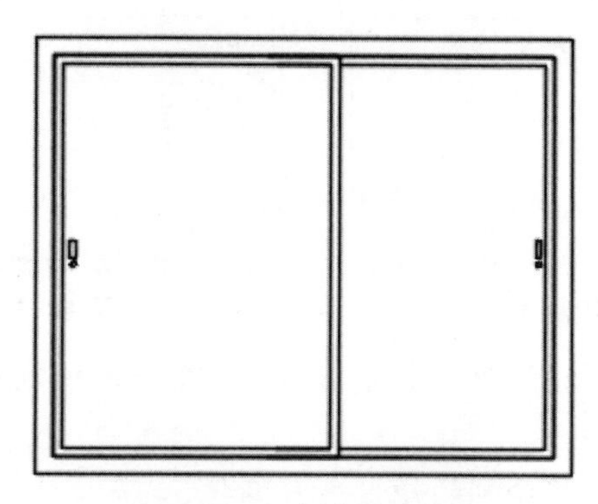
图 14-11　完成后的效果

14.2.2 绘制窗

下面讲解绘制窗的方法，其具体操作步骤如下：

01 启动 AutoCAD 2016，使用【矩形】工具，绘制一个长度为 200、宽度为 100 的矩形，如图 14-12 所示。

02 使用【偏移】工具对矩形进行向内偏移，偏移距离为 3，如图 14-13 所示。

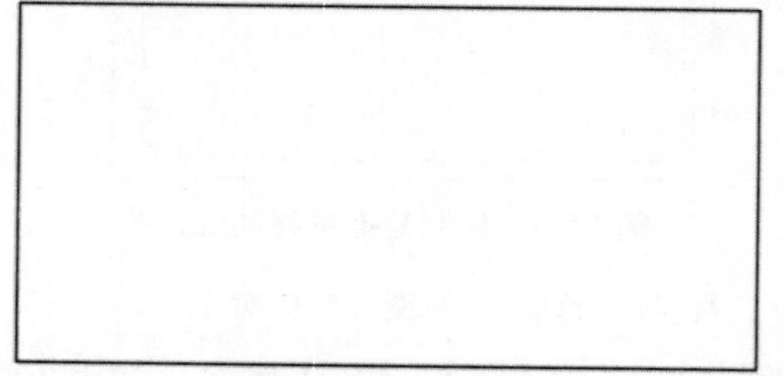

图 14-12　绘制矩形

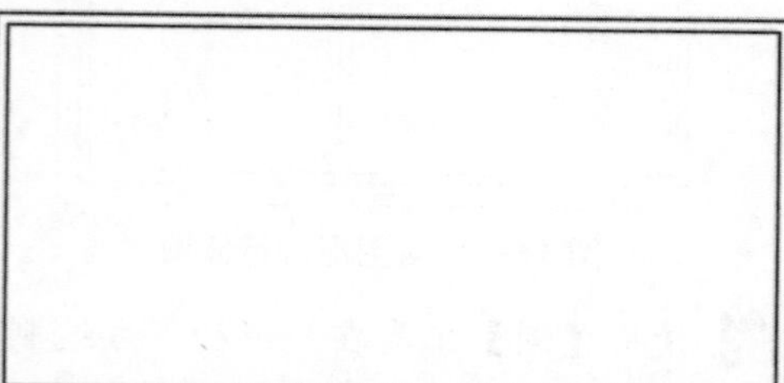

图 14-13　偏移矩形

03 使用【分解】工具对偏移后的矩形进行分解，如图 14-14 所示。

04 使用【偏移】工具，对矩形的上侧边向下偏移 20，如图 14-15 所示。

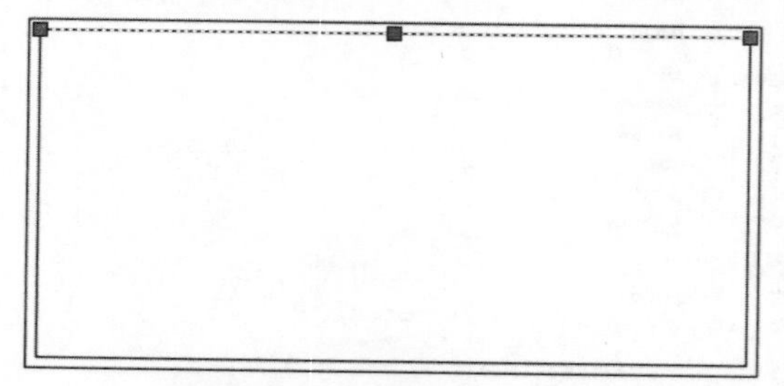

图 14-14　对矩形进行分解

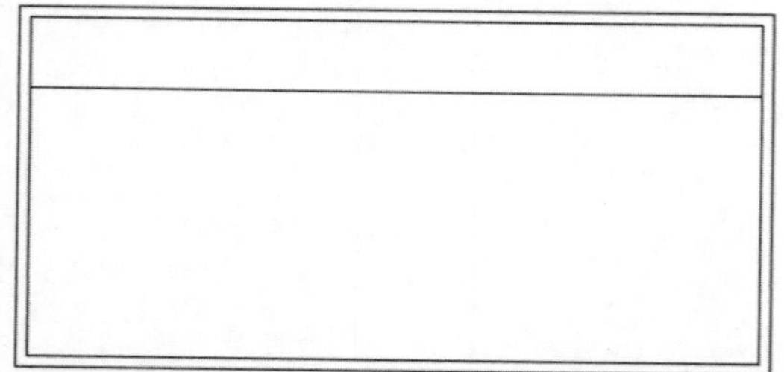

图 14-15　对矩形的上侧边进行偏移

05 使用【直线】工具，捕捉偏移后的直线中点绘制垂直直线，如图 14-16 所示。

06 选择绘制的直线，在【特性】组中把线宽设为 0.3，如图 14-17 所示。

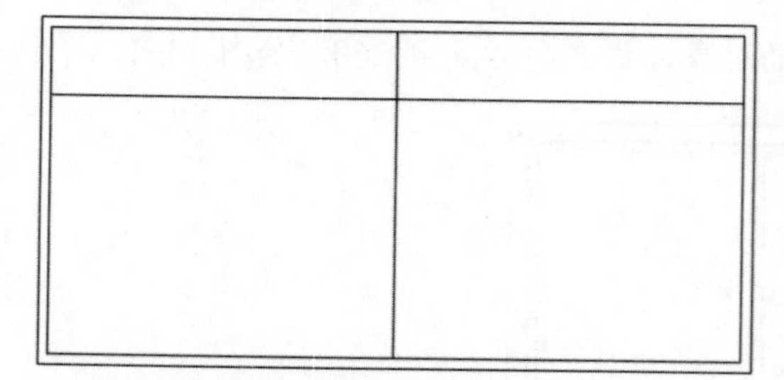

图 14-16　捕捉中点绘制直线

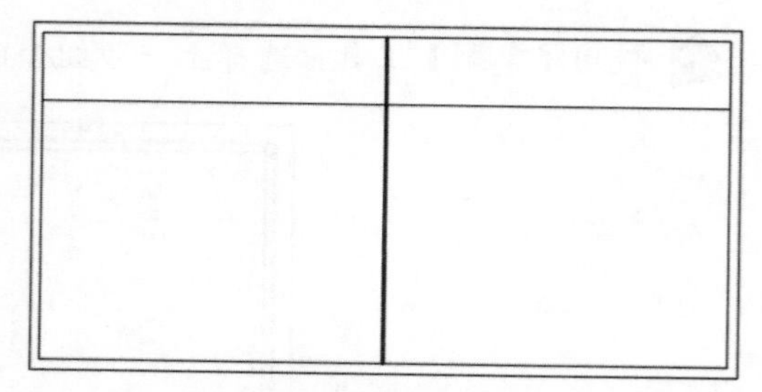

图 14-17　设置线宽

07 使用【矩形】工具，捕捉偏移后矩形的左下角点，绘制长度为 52、宽度为 74 的矩形，如图 14-18 所示。

08 使用【偏移】工具，将绘制的矩形向内偏移 3，如图 14-19 所示。

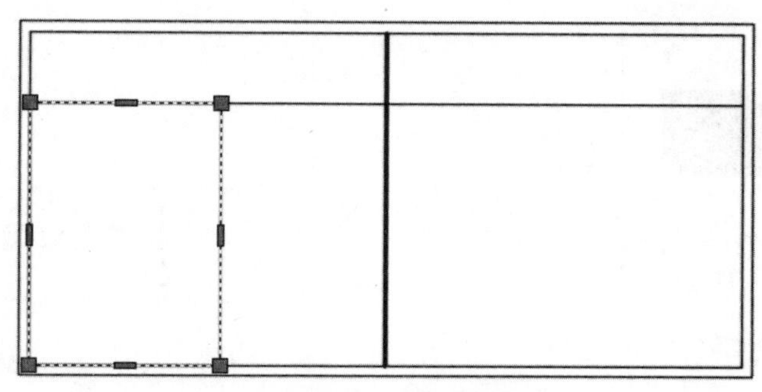

图 14-18 绘制矩形

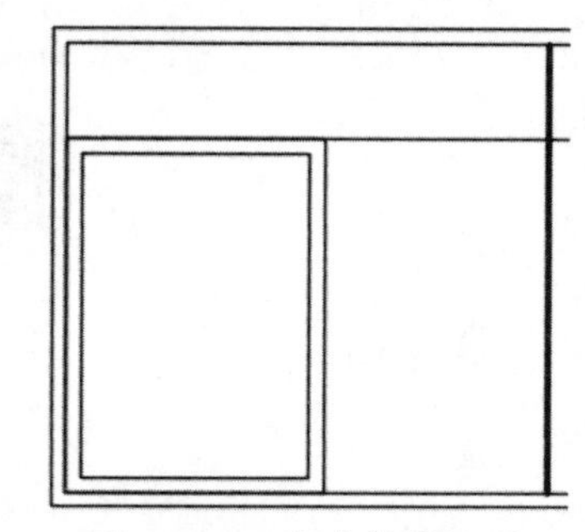

图 14-19 向内偏移矩形

09 选择新绘制的两个矩形，使用【复制】工具，将其向右复制 45，如图 14-20 所示。

10 使用【修剪】工具，对图形进行修剪，如图 14-21 所示。

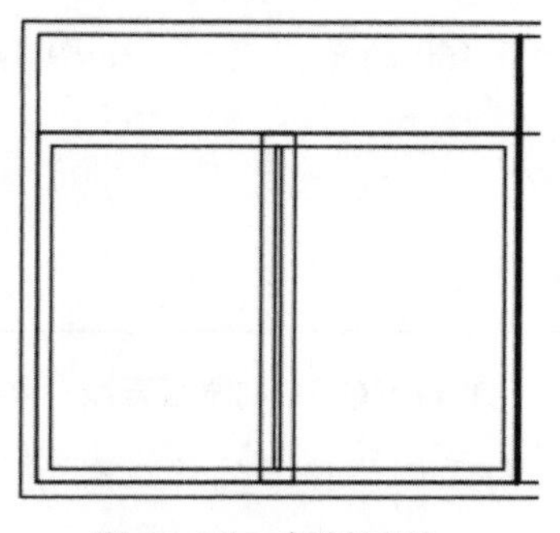

图 14-20 复制矩形

图 14-21 修剪图形

11 选择修剪后的图形，使用【镜像】工具，捕捉直线的端点进行镜像，如图 14-22 所示。

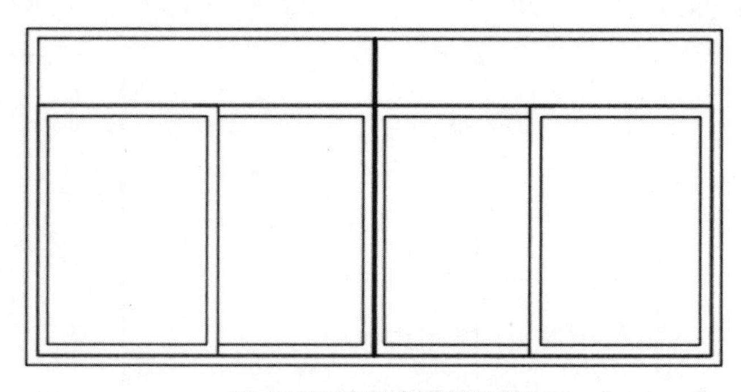

图 14-22 完成后的效果

14.3 绘制小区居民楼立面图

本例介绍居民楼立面图的绘制方法，其具体操作步骤如下：

01 启动软件后按【Ctrl+N】组合键，弹出【选择样板】对话框，选择【acadiso.dwt】并单击【打开】按钮，如图 14-23 所示。

02 打开【图层特性管理器】，新建如图 14-24 所示的图层，并将【地坪线】图层设为当前图层。

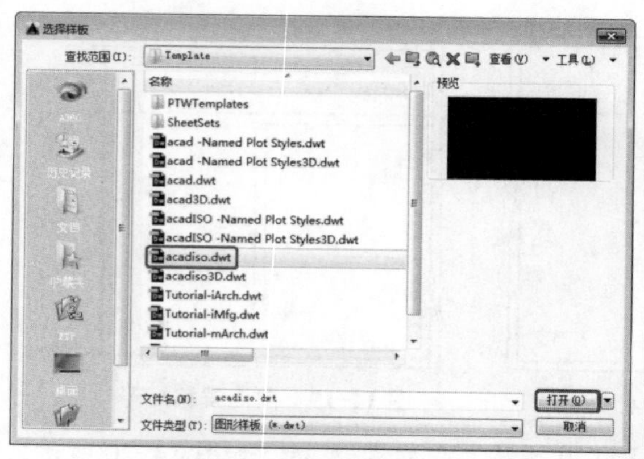

图 14-23　选择样板

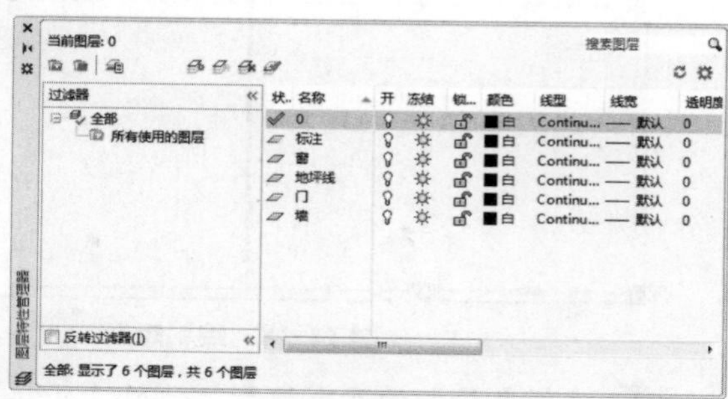

图 14-24　新建图层

03 使用【多段线】工具，绘制长度为 4 650、宽度为 2 的多段线，如图 14-25 所示。

04 使用【直线】工具，捕捉中点绘制长度为 1 460 的垂直直线，如图 14-26 所示。

图 14-25　绘制多段线

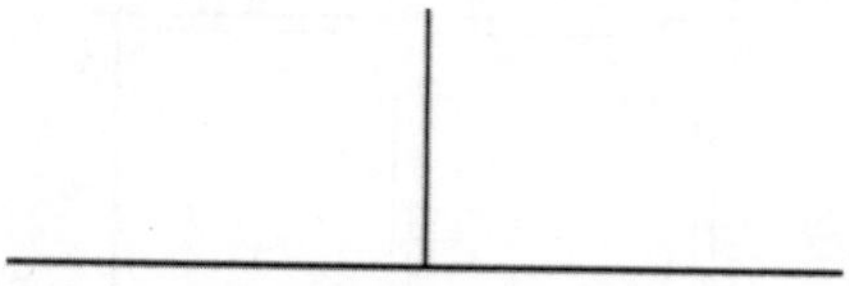

图 14-26　绘制垂直直线

05 使用【偏移】工具，将上一步绘制的直线向两侧偏移，偏移距离为 707，然后将绘制的垂直中心线删除，如图 14-27 所示。

06 将当前图层设为【门】图层，使用【矩形】工具在空白处绘制长度为 150、宽度为 250 的矩形，如图 14-28 所示。

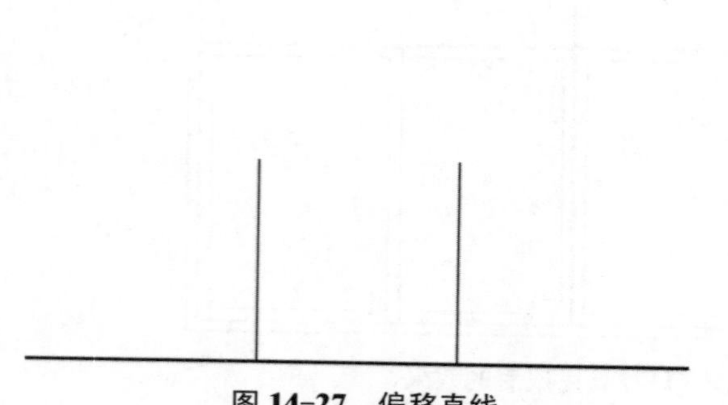

图 14-27　偏移直线

图 14-28　绘制矩形

07 使用【偏移】工具，将上一步绘制的矩形向内偏移 5，如图 14-29 所示。

08 使用【分解】工具，将偏移后的矩形进行分解，如图 14-30 所示。

09 使用【偏移】工具，将分解后的矩形的上侧边向下偏移 30，如图 14-31 所示。

10 使用【矩形】工具，绘制长度为 82、宽度为 210 的矩形，如图 14-32 所示。

11 使用【偏移】工具，将绘制的矩形向内偏移 3，如图 14-33 所示。

12 使用【复制】工具，选择上一步绘制的两个矩形将其向右复制 58，如图 14-34 所示。

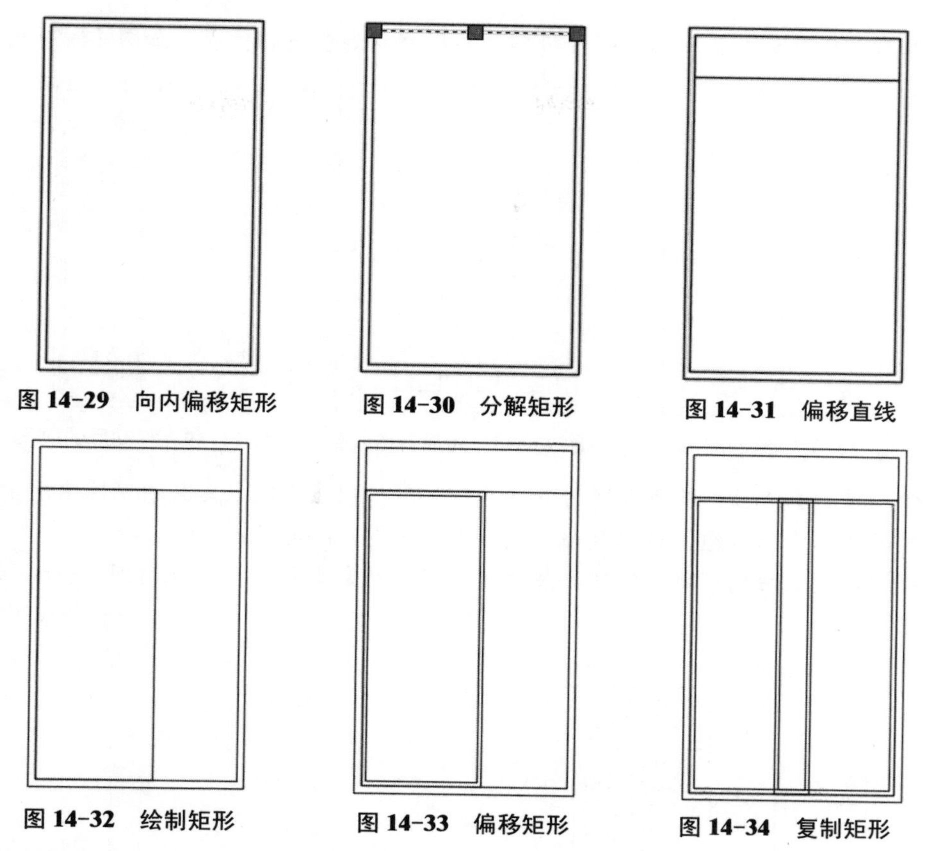

图 14-29 向内偏移矩形　图 14-30 分解矩形　图 14-31 偏移直线

图 14-32 绘制矩形　图 14-33 偏移矩形　图 14-34 复制矩形

13 使用【修剪】工具，对图形进行修剪，如图 14-35 所示。

14 使用【矩形】工具，绘制长度为 5、宽度为 25 的矩形，将其移动到合适的位置，如图 14-36 所示。

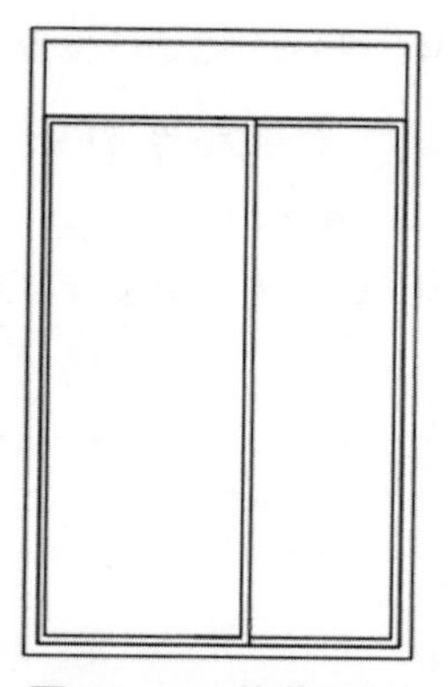

图 14-35 修剪图形

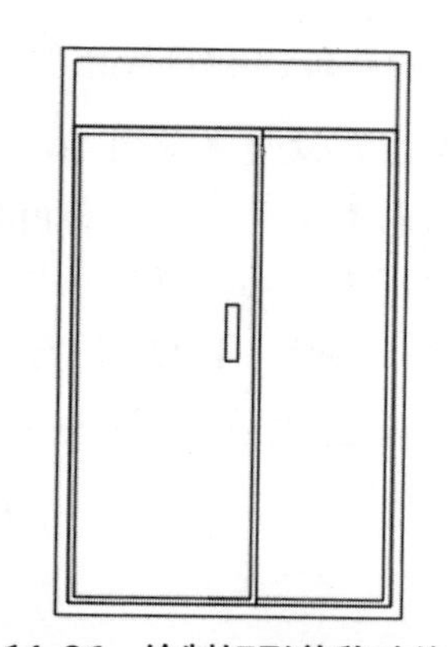

图 14-36 绘制矩形并移动位置

15 使用【矩形】工具绘制长度为 32、宽度为 45 的矩形，并将其进行分解，使用【偏移】工具，将上侧边向下偏移 5，然后使用【直线】工具，捕捉中点绘制垂直直线，如图 14-37 所示。

16 根据前面介绍的内容绘制其他图形，并将其进行编组，如图 14-38 所示。

17 使用【移动】工具，将上一步绘制的图形移动到合适的位置，如图 14-39 所示。

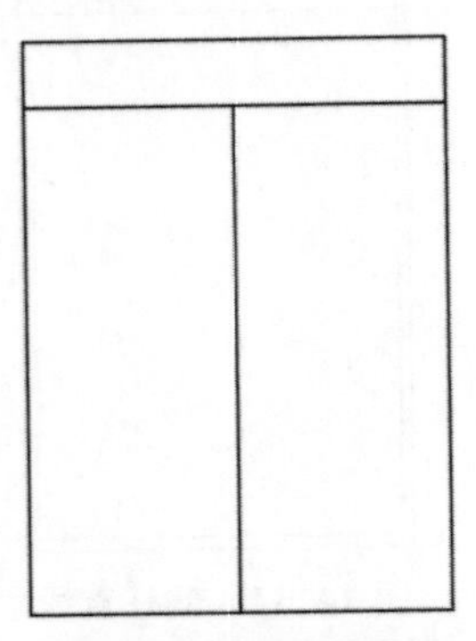
图 14-37　绘制图形

图 14-38　完成后的效果

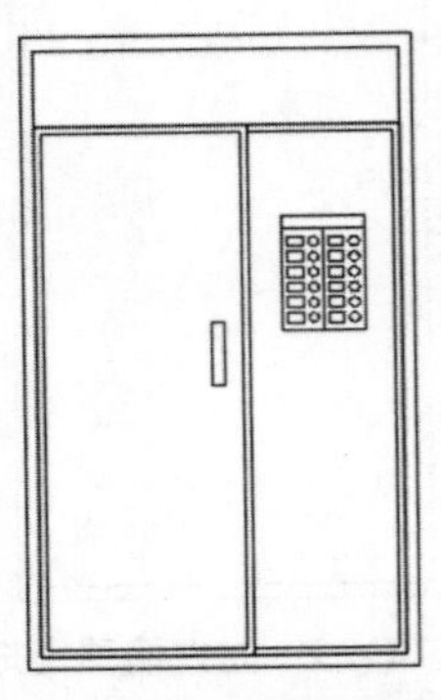
图 14-39　移动后的效果

18 使用【圆】工具，绘制半径为 3 的圆，然后使用【直线】工具绘制圆上的十字交叉线，将绘制的图形进行编组，移动到合适的位置，如图 14-40 所示。

19 将绘制完成后的门进行编组，然后使用【移动】工具，将其移动到合适的位置，如图 14-41 所示。

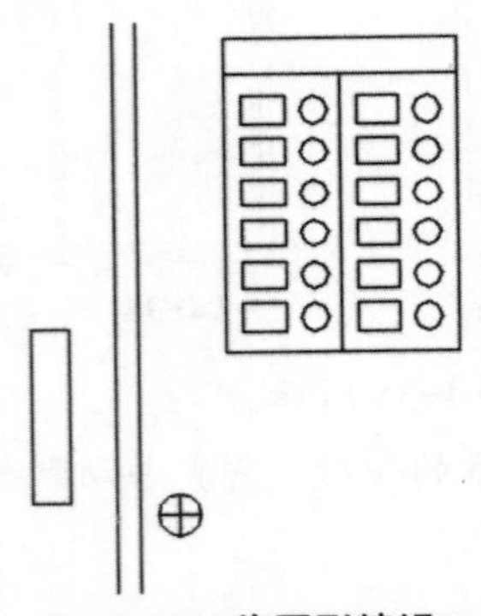
图 14-40　将图形编组

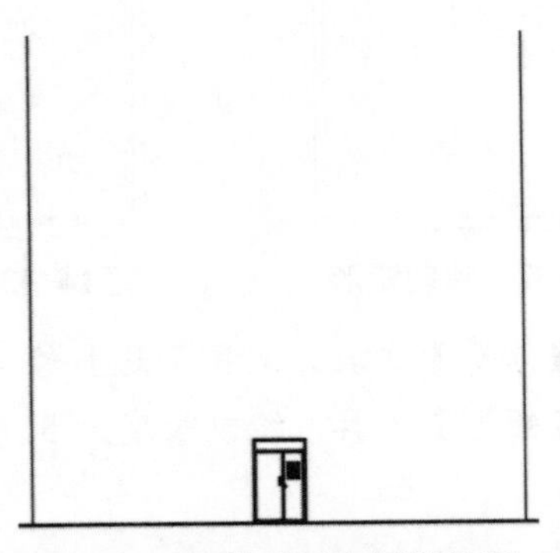
图 14-41　移动到合适的位置

20 将【窗】图层设为当前图层，使用【矩形】工具绘制长度为 113、宽度为 103 的矩形，然后使用【偏移】工具，将其向内偏移 3，如图 14-42 所示。

21 使用【分解】工具，将偏移矩形进行分解，然后使用【偏移】工具，将分解矩形的上侧边向下偏移 20，如图 14-43 所示。

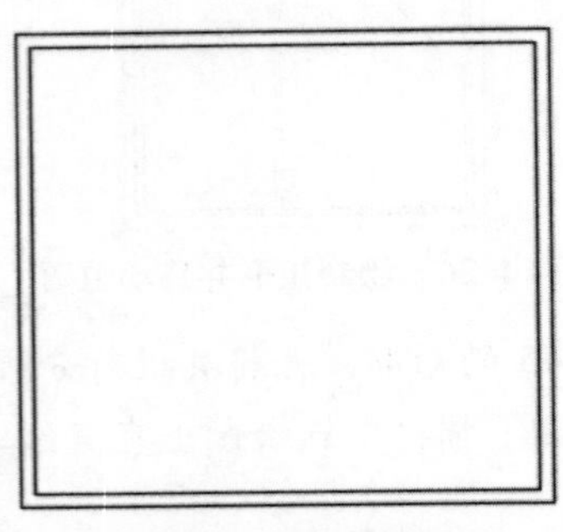
图 14-42　绘制矩形

图 14-43　偏移直线

22 使用【多段线】工具，捕捉偏移后的矩形的中点绘制宽度为 1 的多段线，如图 14-44 所示。

23 使用【矩形】工具，绘制长度为 33、宽度为 77 的矩形，并使用【偏移】工具将其向内偏移 2，如图 14-45 所示。

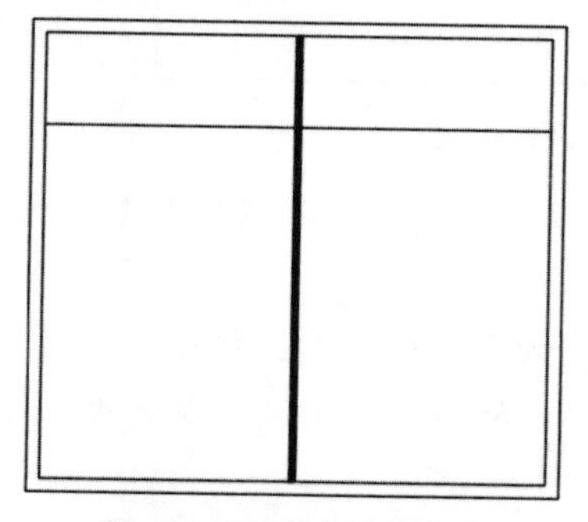

图 14-44　绘制多段线

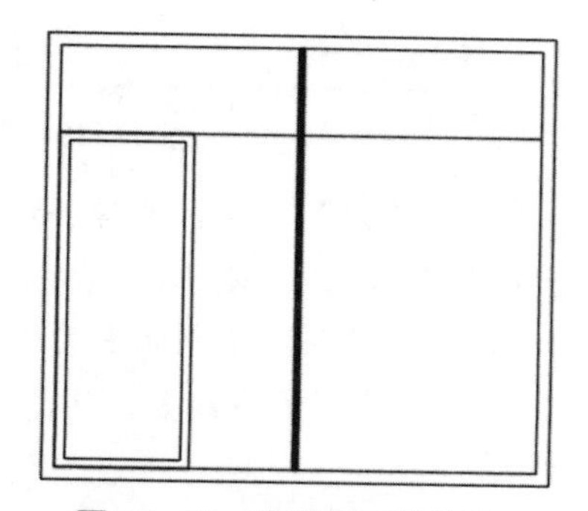

图 14-45　绘制矩形并偏移

24 使用【复制】工具，将上一步绘制的图形向右复制 23，然后使用【修剪】工具，将图形进行修剪，如图 14-46 所示。

25 使用【镜像】工具，将绘制的图形进行镜像，如图 14-47 所示。

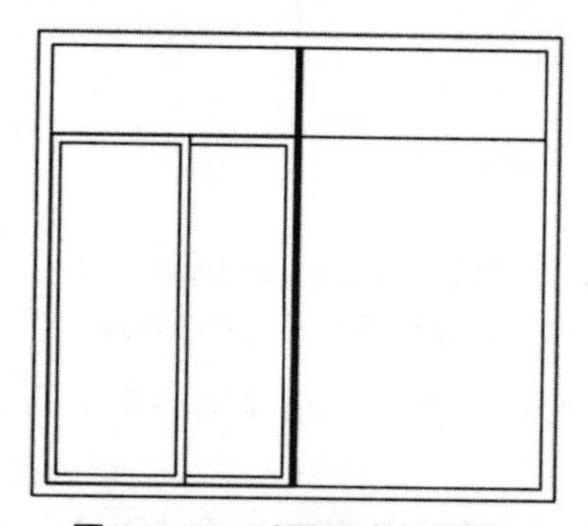

图 14-46　对图形进行修剪

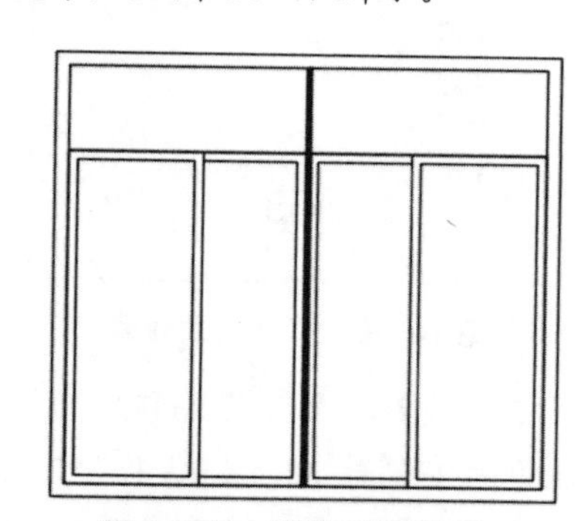

图 14-47　镜像后的效果

26 使用【镜像】工具，选择上一步镜像后的图形进行镜像，对齐进行编组，如图 14-48 所示。

图 14-48　再次对图形进行镜像

27 使用【移动】工具，将完成后的对象移动到合适的位置，如图 14-49 所示。

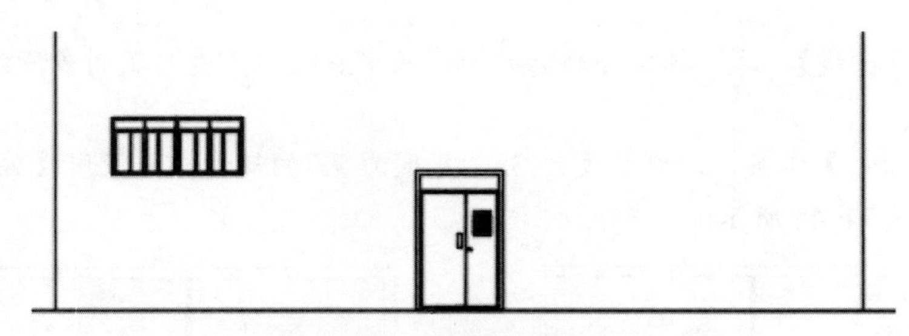

图 14-49　移动到合适的位置

28 使用【矩形阵列】工具，选择移动后的对象进行阵列，将【列数】设为 1，【行数】设为 3，【介于】设为 200，如图 14-50 所示。

29 使用【矩形】工具，绘制长度为 113、宽度为 103 的矩形，然后使用【偏移】工具，将矩形向内偏移 3，使用【多段线】工具，捕捉偏移后的矩形的中点绘制宽度为 1 的多段线，如图 14-51 所示。

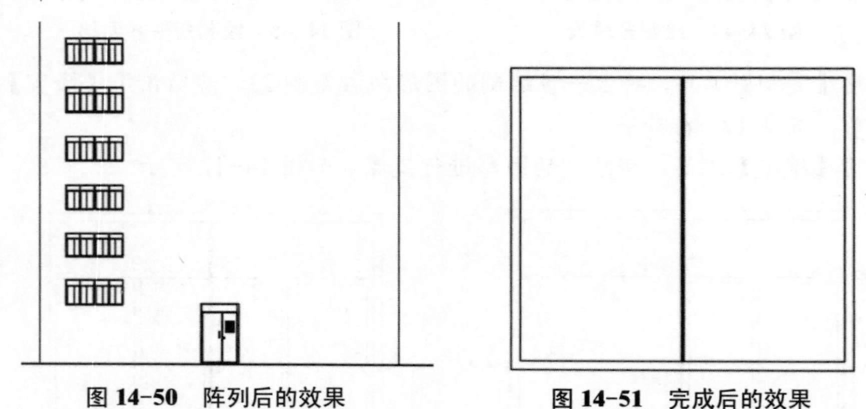

图 14-50　阵列后的效果　　图 14-51　完成后的效果

30 使用【分解】工具，将偏移后的矩形进行分解，然后使用【偏移】工具，将分解后的矩形的上侧边向下偏移 20，如图 14-52 所示。

31 使用【矩形】工具，绘制长度为 30、宽度为 77 的矩形，然后使用【偏移】工具，将绘制的矩形向内偏移 2，如图 14-53 所示。

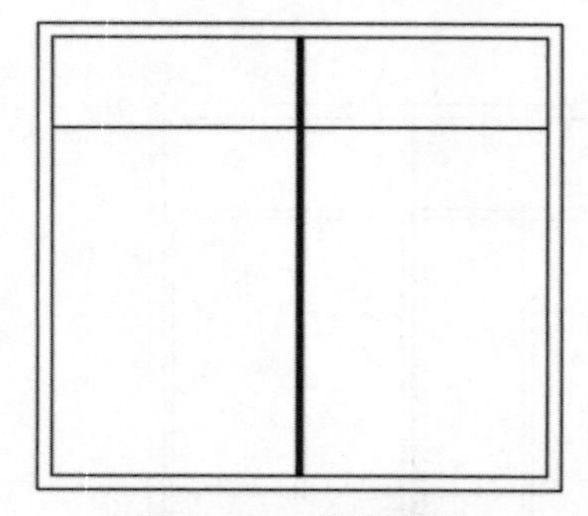

图 14-52　偏移直线

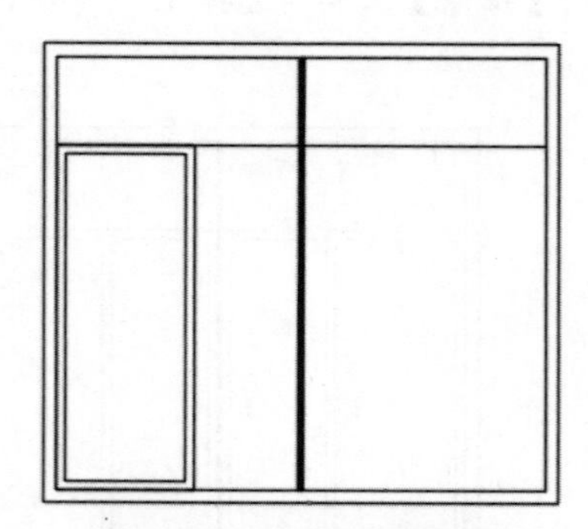

图 14-53　绘制矩形并偏移

32 使用【复制】工具，选择上一步绘制的矩形，将其向右复制 23，如图 14-54 所示。

33 使用【修剪】工具，对图形进行修剪，如图 14-55 所示。

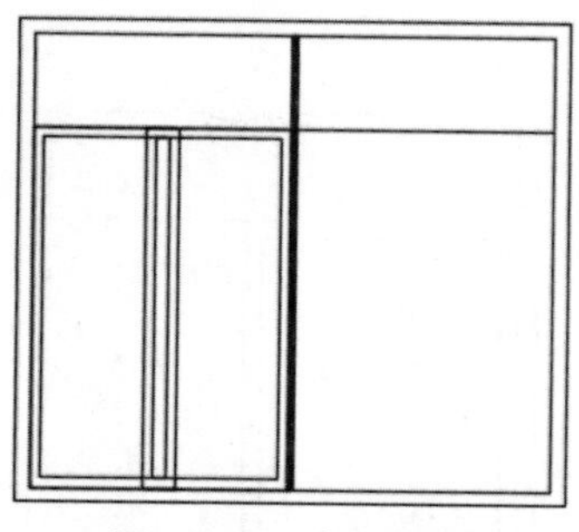

图 14-54　复制矩形

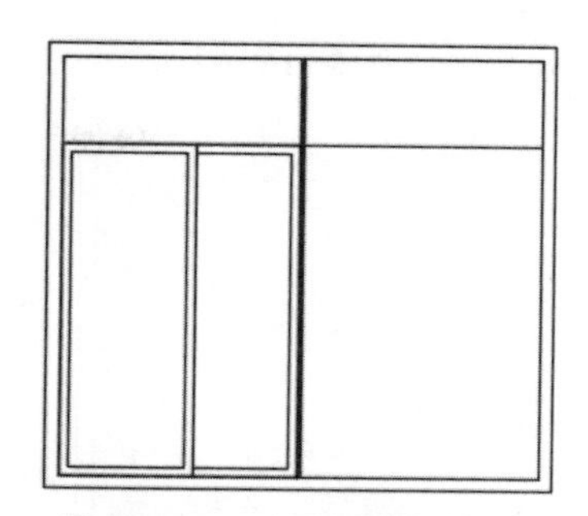
图 14-55　对图形进行修剪

34 使用【镜像】工具，选择上一步绘制的图形进行镜像，然后对齐进行编组，如图 14-56 所示。

35 使用【移动】工具，将其移动到合适的位置，如图 14-57 所示。

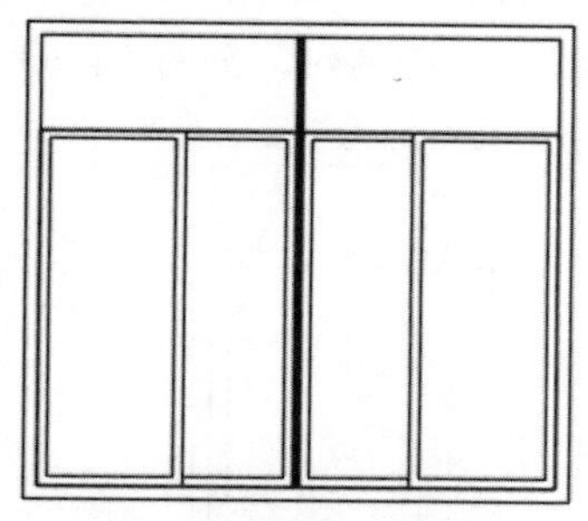
图 14-56　对图形进行镜像

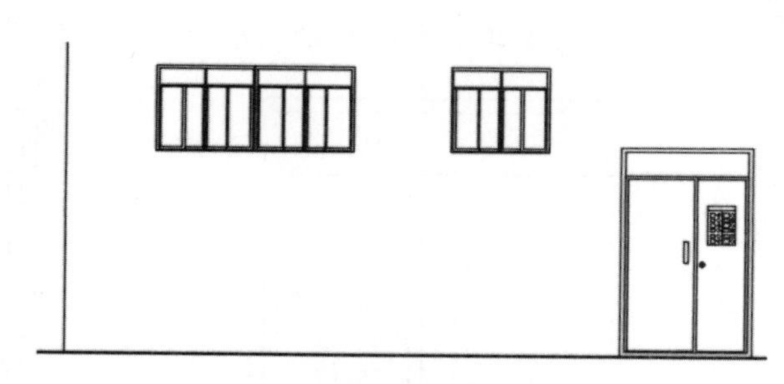
图 14-57　移动到合适位置

36 使用【矩形阵列】工具，选择上一步绘制的图形，将【列数】设为 1，【行数】设为 6，【介于】设为 200，如图 14-58 所示。

37 使用【矩形】工具，绘制长度为 83、宽度为 97 的矩形，然后使用【偏移】工具将绘制的矩形向内偏移 3，如图 14-59 所示。

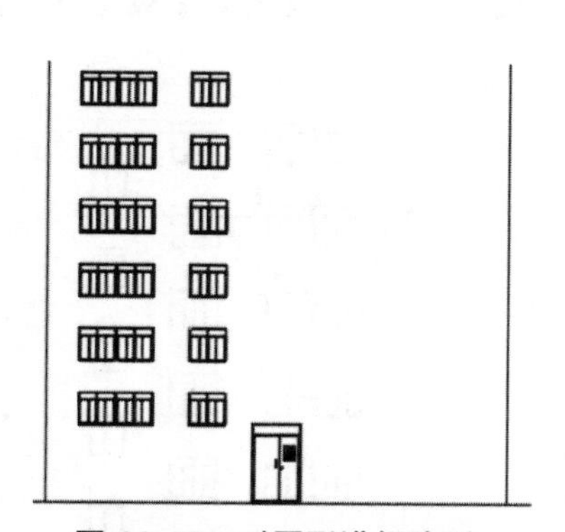
图 14-58　对图形进行阵列

图 14-59　绘制矩形并偏移

38 使用【分解】工具，将偏移后的矩形进行分解，然后使用【偏移】工具，将矩形的上侧边向下偏移 15，如图 14-60 所示。

39 使用【矩形】工具，绘制长度为 45、宽度为 76 的矩形，并使用【偏移】工具将绘制的矩形向内偏移 3，如图 14-61 所示。

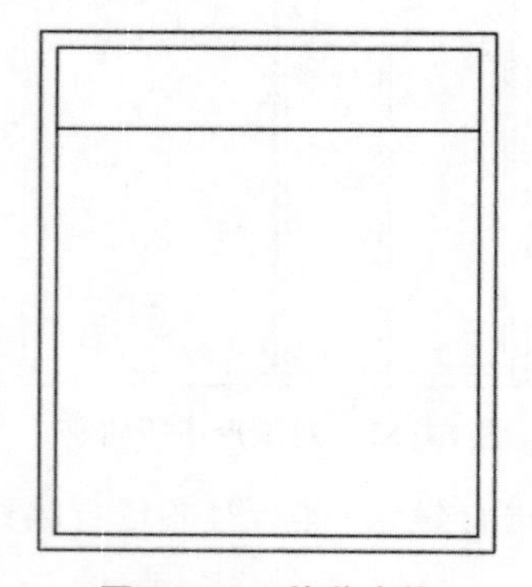
图 14-60　偏移直线

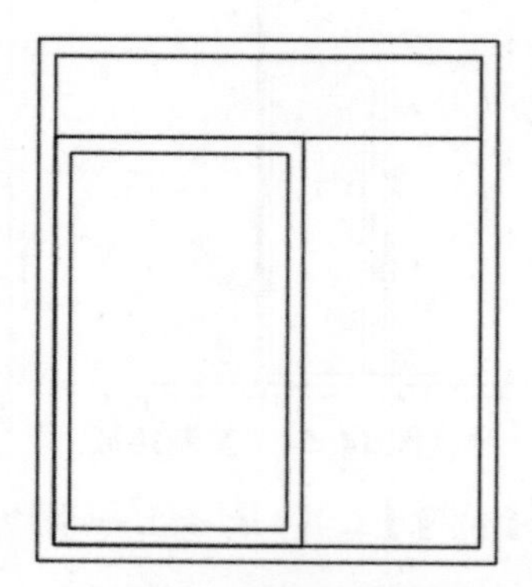
图 14-61　绘制矩形并偏移

40 使用【复制】工具，选择上一步绘制的矩形向右复制 32，如图 14-62 所示。

41 使用【修剪】工具，将多余的线条删除，然后将图形进行编组，如图 14-63 所示。

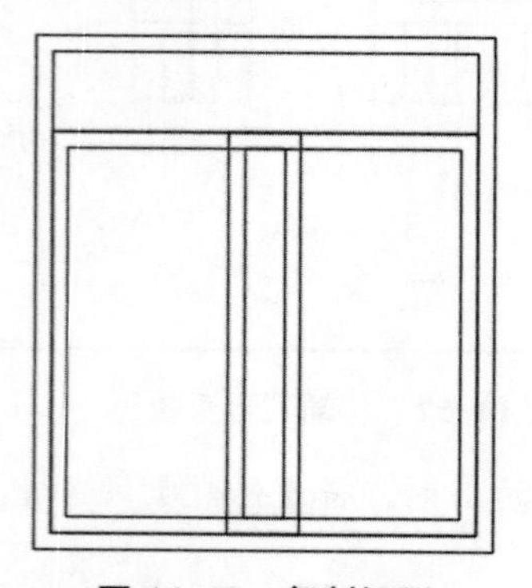
图 14-62　复制矩形

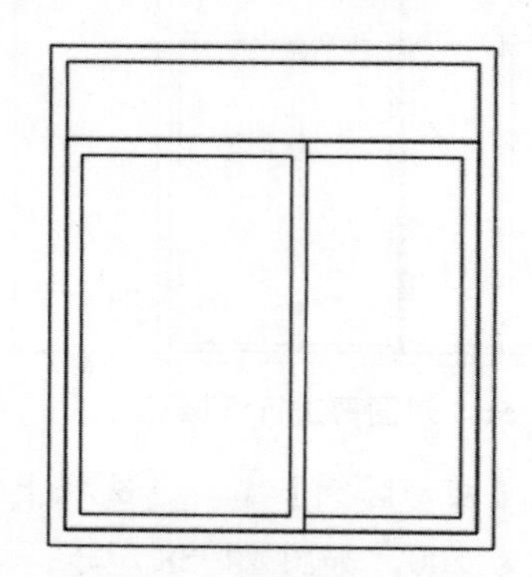
图 14-63　修剪图形并编组

42 使用【移动】工具将上一步创建的图形移动到合适的位置，如图 14-64 所示。

43 选择上一步移动的图形，使用【矩形阵列】工具，将【列数】设为 1，行数设为 5，【介于】设为 200，如图 14-65 所示。

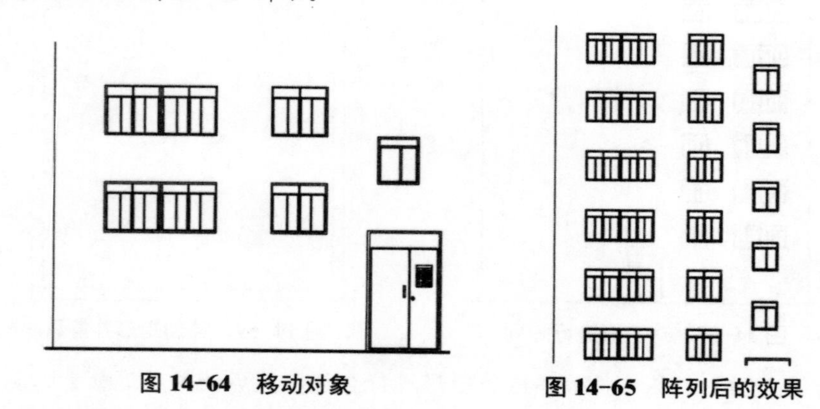
图 14-64　移动对象　　图 14-65　阵列后的效果

44 选择如图 14-66 所示的图形，使用【镜像】工具捕捉直线的中点进行镜像，如图 14-67 所示。

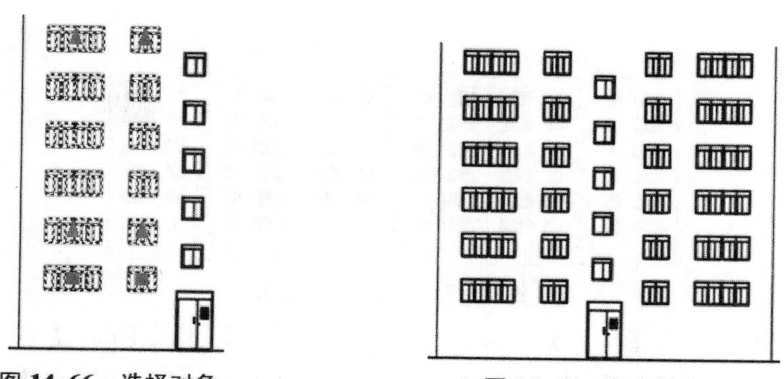

图 14-66 选择对象　　图 14-67 向右镜像

45 选择所有【窗】对象和垂直直线，使用【镜像】工具，捕捉垂直直线的端点向左右两侧分别进行镜像，如图 14-68 所示。

图 14-68 完成后的效果

46 使用【复制】工具，将【门】对象向两侧分别复制 1 414，如图 14-69 所示。

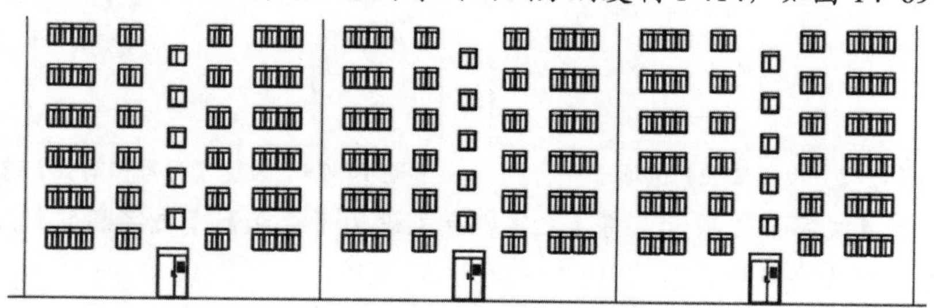

图 14-69 复制门

47 将【墙】图层置为当前图层，使用【矩形】工具绘制长度为 4 242、宽度为 83 的矩形，并将其移动到合适的位置，如图 14-70 所示。

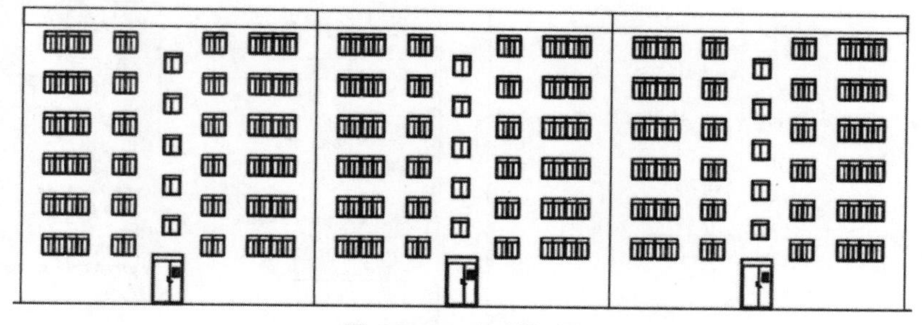

图 14-70 绘制矩形

48 使用同样的方法在其他位置创建对象，如图 14-71 所示。

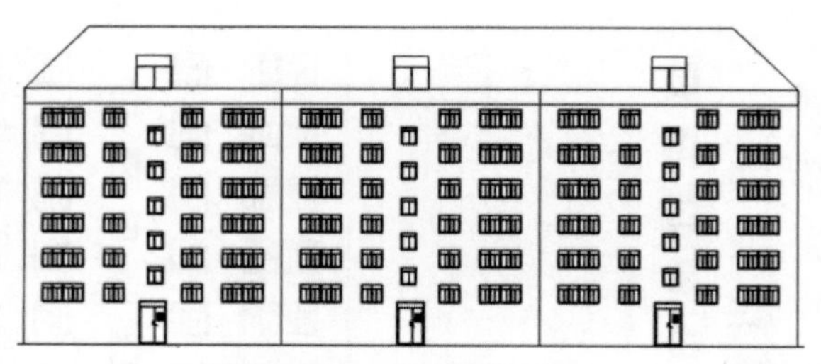

图 14-71　完成后的效果

49 将当前图层设为【标注】图层，在命令行中输入【DIMSTYLE】命令，弹出【标注样式管理器】对话框，选择【ISO-25】样式， 单击【修改】按钮，在【线】选项卡中将【尺寸线】和【尺寸界线】的颜色都设为【红色】，将【超出尺寸线】和【起点偏移量】设为 100，如图 14-72 所示。

50 切换至【符号和箭头】选项卡，将【第一个】和【第二个】设为【建筑标记】，将【箭头大小】设为 100，如图 14-73 所示。

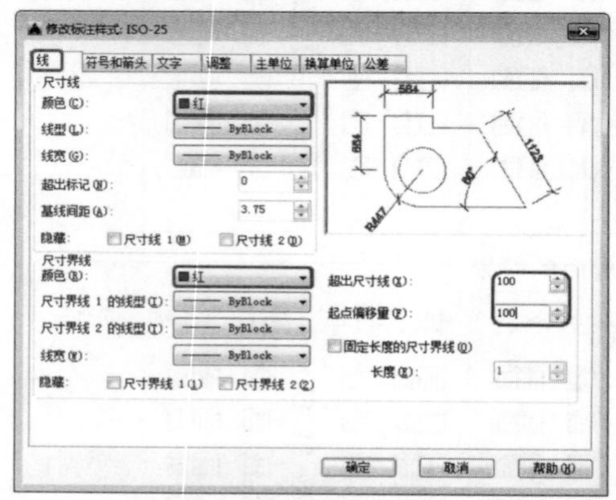

图 14-72　设置【线】选项卡

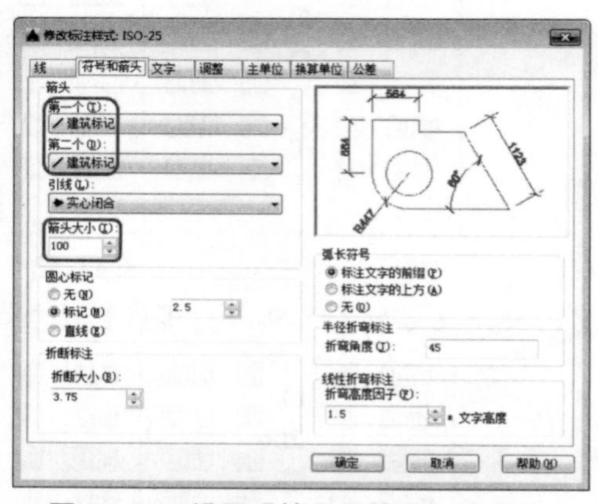

图 14-73　设置【符号和箭头】选项卡

51 切换至【文字】选项卡，将【文字颜色】设为【红色】，【文字高度】设为 100，【文字对齐】设为【与尺寸线对齐】，如图 14-74 所示。

52 切换至【调整】选项卡，将【调整选项】设为【文字或箭头（最佳效果)】，将【文字位置】设为【尺寸线上方，不带引线】，如图 14-75 所示。

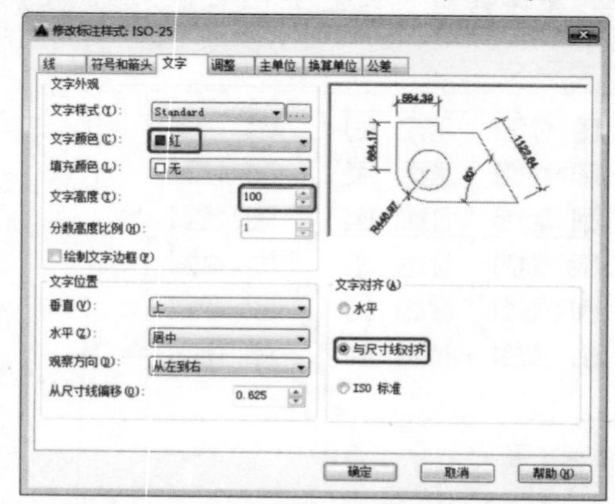

图 14-74　设置【文字】选项卡

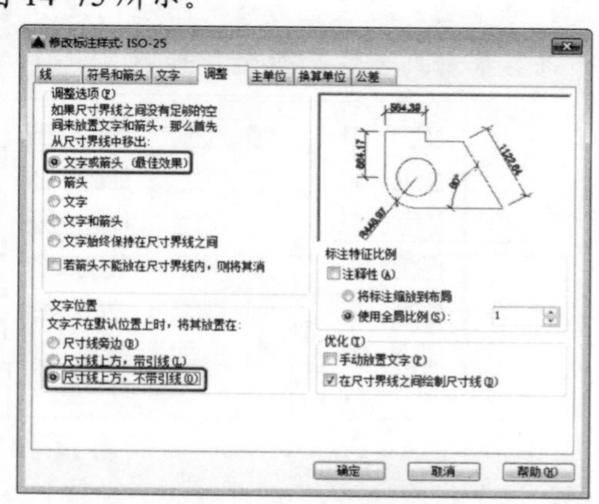

图 14-75　设置【调整】选项卡

53 切换到【主单位】选项卡，将【单位格式】设为【小数】，将【精度】设为【0】，如图 14-76 所示。

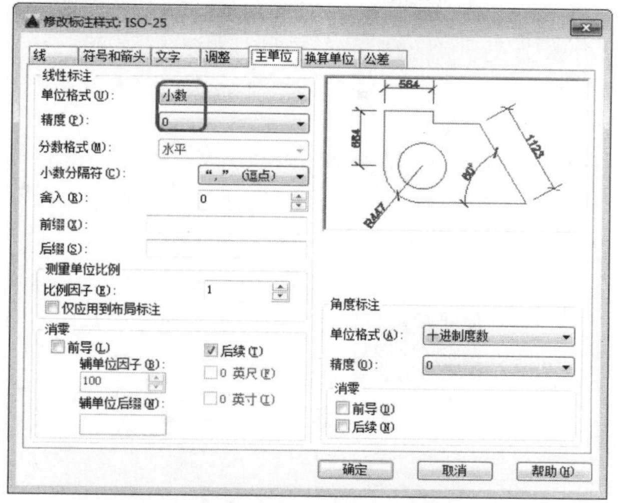

图 14-76 设置【主单位】选项卡

54 对图形进行标注，如图 14-77 所示。

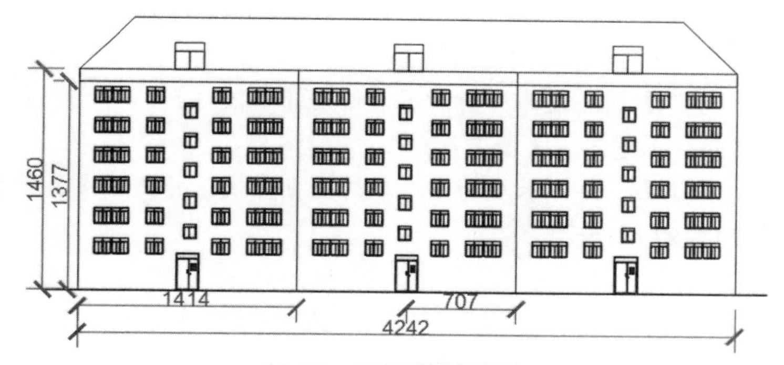

14-77 对图形进行标注

55 使用【单行文字】工具，将【文字高度】设为 100，输入文字，并利用【多段线】工具，将【宽度】设为 1，在文字下方绘制多段线，如图 14-78 所示。

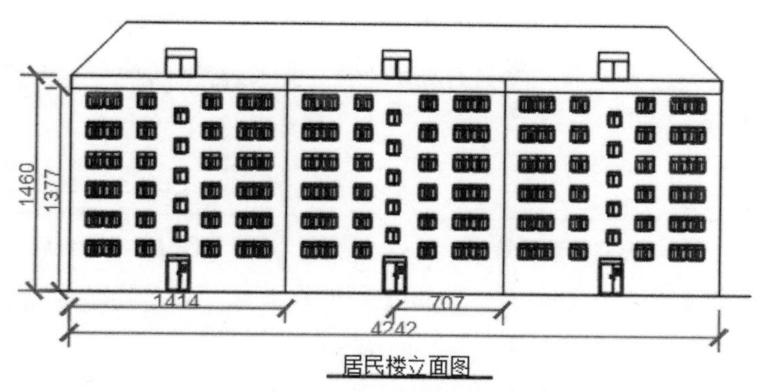

图 14-78 输入文字

14.4 绘制教学楼立面图

本例介绍教学楼立面图的绘制方法，其具体操作如下：

01 启动软件后，按【Ctrl+N】组合键，弹出【选择样板】对话框，选择【acadiso.dwt】，单击【打开】按钮，如图 14-79 所示。

02 打开【图层特性管理器】，根据如图 14-80 所示创建图层，并将【地坪和台阶】设为当前图层。

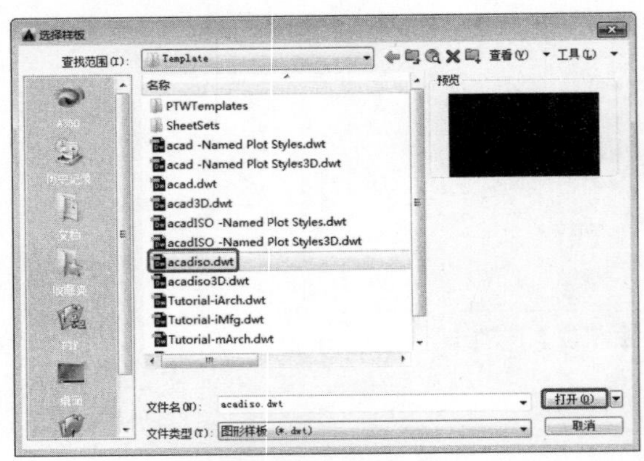

图 14-79 选择样板

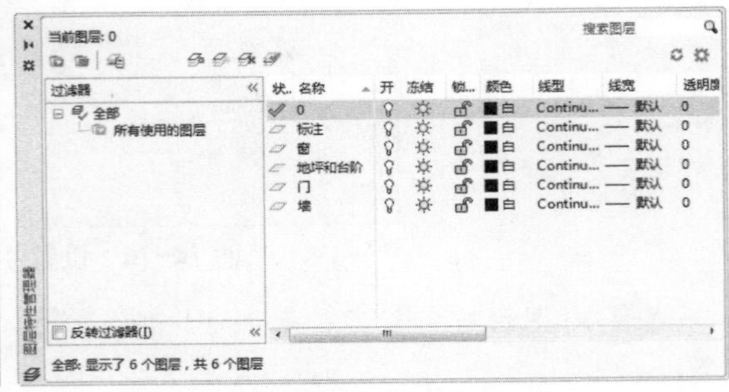

图 14-80 创建图层

03 将【地坪和台阶】图层设为当前图层，使用【多段线】工具，将宽度设为 1，绘制长度为 4 700 的多段线，如图 14-81 所示。

04 使用【直线】工具，绘制长度为 1 510 的垂直直线，并使用【偏移】工具，将其向右偏移 4 500，如图 14-82 所示。

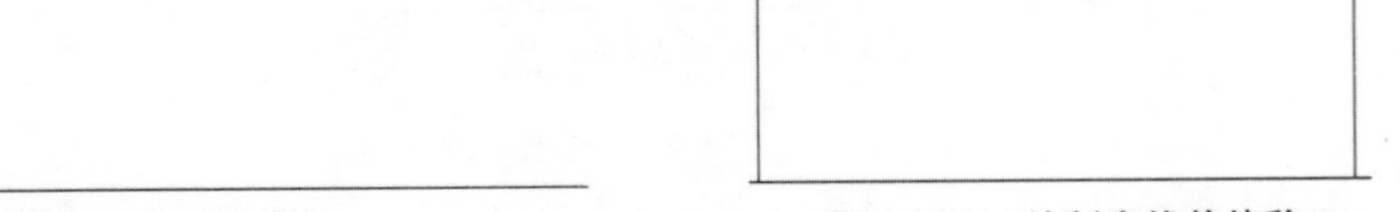

图 14-81 绘制多段线

图 14-82 绘制直线并偏移

05 使用【矩形】工具，绘制长度为 750、宽度为 45 的矩形，并将其移动到合适的位置，如图 14-83 所示。

06 继续使用【矩形】工具，绘制长度为 665、宽度为 45 的矩形，并将其移动到合适的位置，如图 14-84 所示。

图 14-83 绘制矩形并移动位置

图 14-84 继续绘制矩形

07 将【门】图层设为当前图层，使用【矩形】工具，绘制长度为 485、宽度为 144 的矩形，并将其移动到合适的位置，如图 14-85 所示。

08 使用【偏移】工具，将绘制的矩形向内偏移 10，如图 14-86 所示。

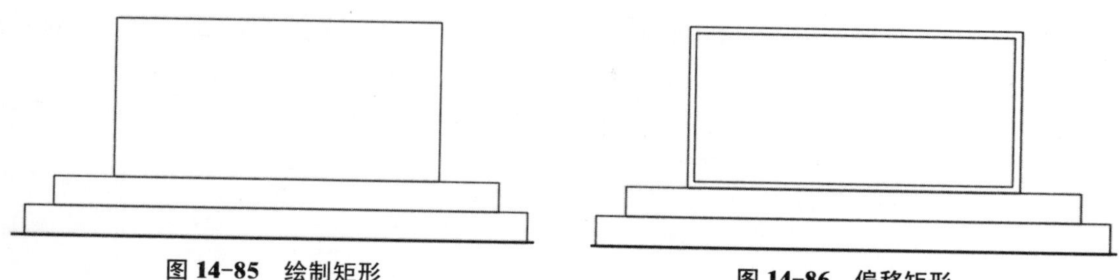

图 14-85 绘制矩形　　图 14-86 偏移矩形

09 使用【分解】工具，将上一步偏移的矩形进行分解，然后使用【偏移】工具，将分解后的矩形的上侧边向下偏移 30，如图 14-87 所示。

10 使用【多段线】工具，捕捉中点绘制宽度为 1 的垂直直线，并使用【偏移】工具将垂直直线向两侧偏移 160，然后将垂直直线删除，如图 14-88 所示。

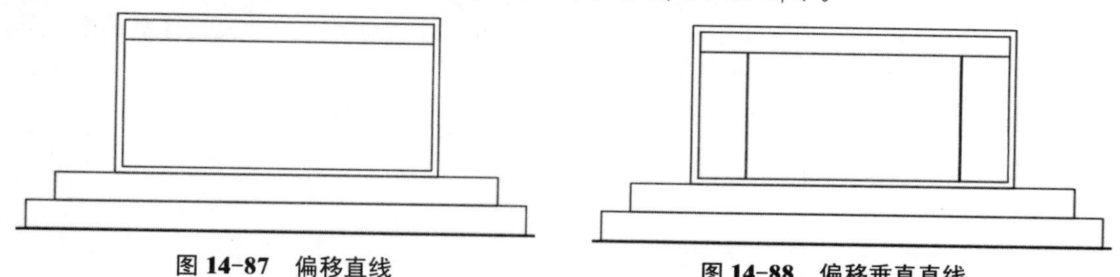

图 14-87 偏移直线　　图 14-88 偏移垂直直线

11 使用【矩形】工具，绘制长度为 160、宽度为 194 的矩形，并使用【偏移】工具将其向内偏移 10，如图 14-89 所示。

12 继续使用【矩形】工具绘制长度为 12、宽度为 40 的矩形，并将其移动到合适的位置，如图 14-90 所示。

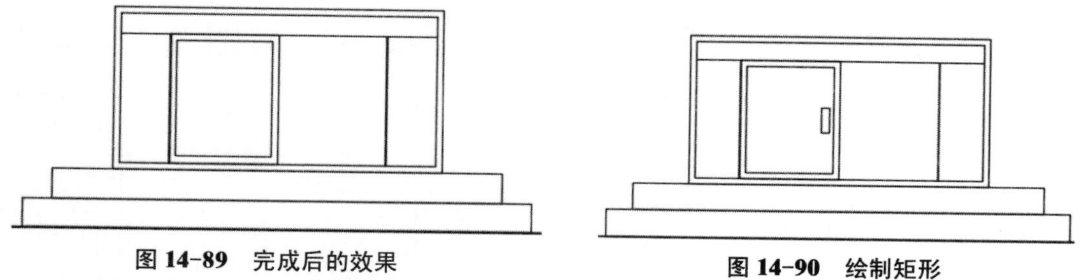

图 14-89 完成后的效果　　图 14-90 绘制矩形

13 使用【镜像】工具，对图形进行镜像，完成后的效果如图 14-91 所示。

14 选择最下方的矩形，使用【复制】工具，将其向上复制 334，如图 14-92 所示。

图 14-91 镜像后的效果

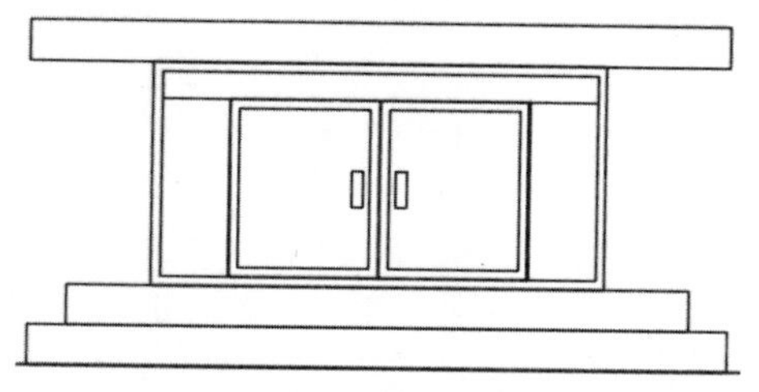

图 14-92 复制矩形

15 将【窗】图层设为当前图层，使用【矩形】工具，绘制长度为 312、宽度为 160 的矩形，然后【使用】偏移工具，将绘制的矩形向内偏移 5，如图 14-93 所示。

16 使用【多段线】工具，捕捉中点绘制宽度为 1 的垂直直线，如图 14-94 所示。

图 14-93　绘制矩形

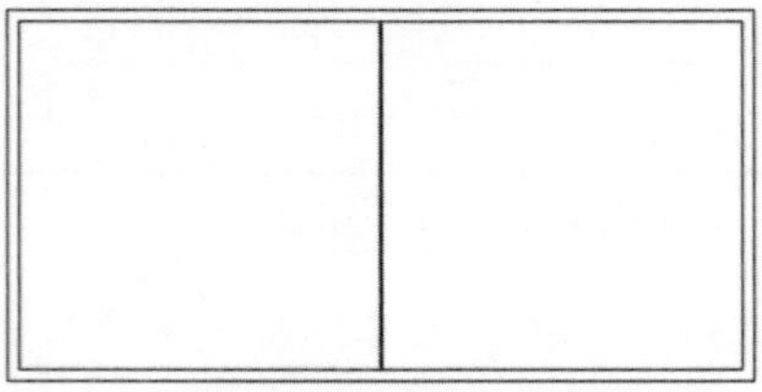

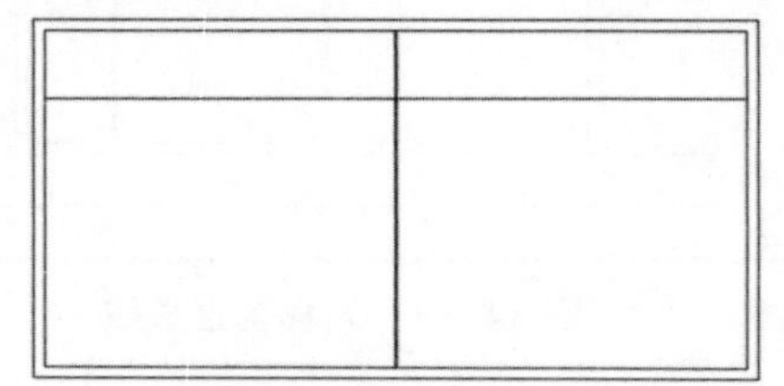

图 14-94　绘制垂直直线

17 使用【分解】工具，将偏移后的矩形进行分解，使用【偏移】工具将分解矩形的上侧边向下偏移 30，如图 14-95 所示。

18 使用【矩形】工具，绘制长度为 82、宽度为 120 的矩形，然后使用【偏移】工具，将绘制的矩形向内偏移 5，如图 14-96 所示。

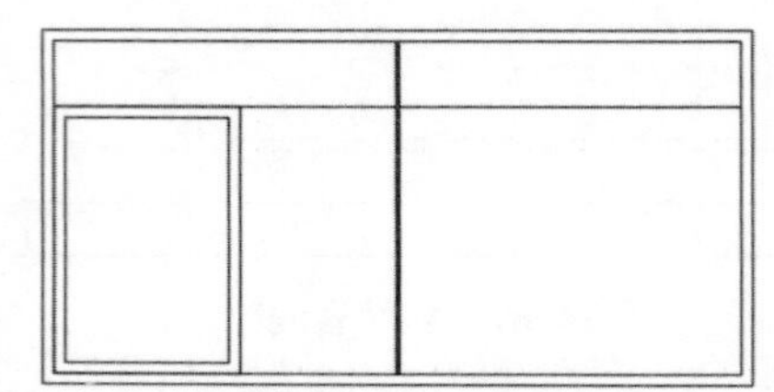

图 14-95　偏移直线

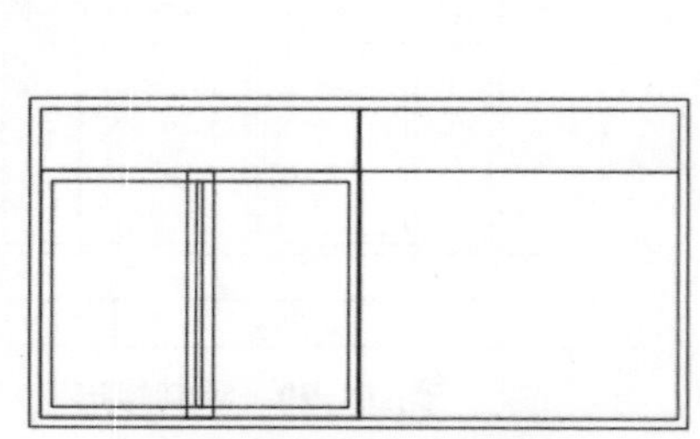

图 14-96　绘制矩形

19 使用【复制】工具，将上一步创建的矩形向右复制 69，如图 14-97 所示。

20 使用【修剪】工具，将图形进行修剪，如图 14-98 所示。

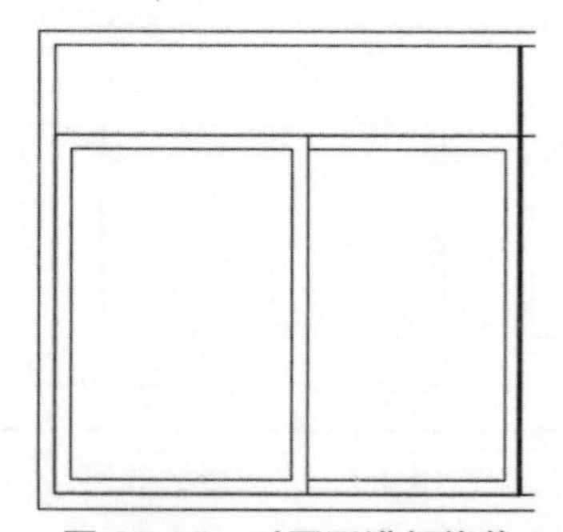

图 14-97　复制矩形

图 14-98　对图形进行修剪

21 使用【镜像】工具，将完成后的图形进行镜像，如图 14-99 所示。

22 使用【移动】工具，将完成后的窗移动到合适的位置，如图 14-100 所示。

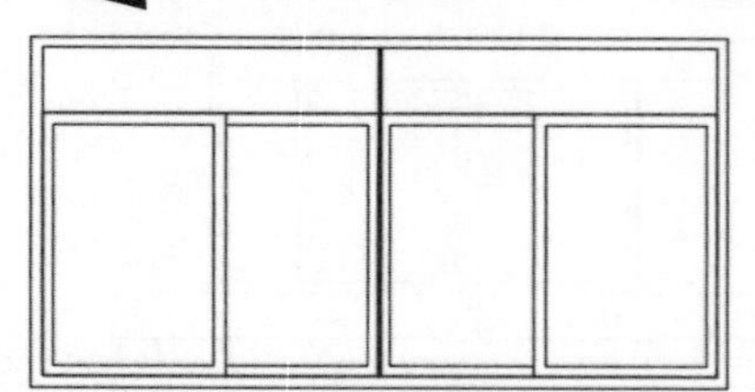

图 14-99　进行镜像

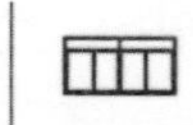

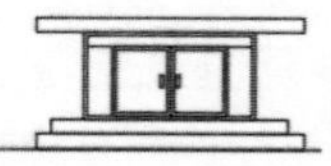

图 14-100　移动到合适位置

23 使用【矩形阵列】工具，将窗进行阵列，将【列数】设为 6，【介于】设为 450，【行数】设为 5，【介于】设为 250，如图 14-101 所示。

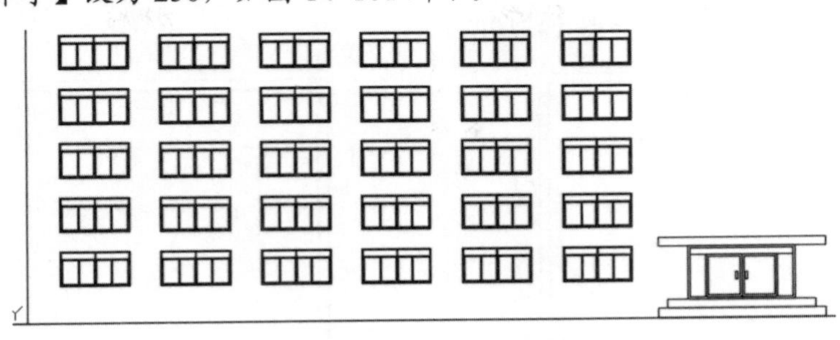

图 14-101　进行阵列

24 使用【分解】工具，将阵列的图形进行分解，选择如图 14-102 所示的图形，使用【复制】工具，将其向右复制 450，如图 14-103 所示。

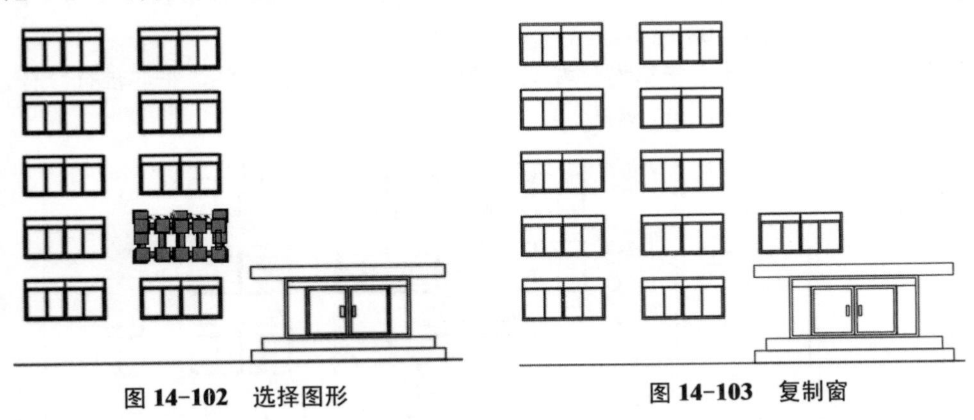

图 14-102　选择图形　　图 14-103　复制窗

25 选择复制后的【窗】，使用【矩形阵列】工具，将【列数】设为 3，【介于】设为 450，【行数】设为 4，【介于】设为 250，如图 14-104 所示。

26 使用【分解】工具，将阵列的图形进行分解，然后使用【复制】工具，将右下方的窗向下复制 250，如图 14-105 所示。

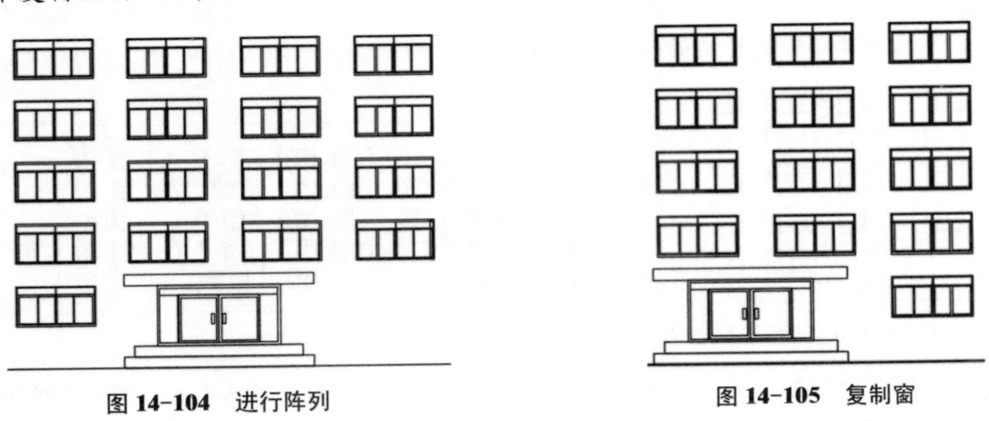

图 14-104　进行阵列　　图 14-105　复制窗

27 使用【矩形】工具，绘制长度为 155、宽度为 160 的矩形，然后使用【偏移】工具，将矩形向内偏移 5，如图 14-106 所示。

28 使用【分解】工具，将偏移后的矩形进行分解，然后使用【偏移】工具，将分解后的矩形的上侧边向下偏移 30，如图 14-107 所示。

图 14-106　绘制矩形

图 14-107　偏移直线

29 使用【偏移】工具，绘制长度为 75、宽度为 120 的矩形，然后使用【偏移】工具，将其向内偏移 5，如图 14-108 所示。

30 使用【复制】工具，将矩形向右复制 70，使用【修剪】工具，将其进行修剪，然后移动到合适的位置，如图 14-109 所示。

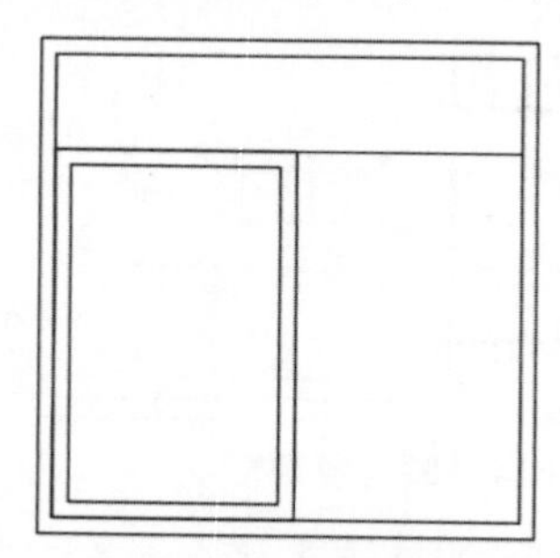
图 14-108　绘制矩形

图 14-109　完成后的效果

31 使用【矩形阵列】工具，将上一步绘制的窗进行阵列，将【列数】设为 1，【行数】设为 5，【介于】设为 250，如图 14-110 所示。

32 将【窗】图层设为当前图层，利用【矩形】工具，绘制长度为 4 806、宽度为 121 的矩形，然后将其移动到合适的位置，如图 14-111 所示。

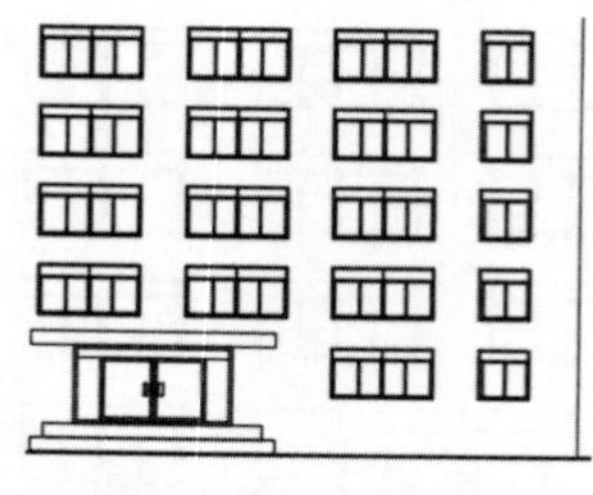
图 14-110　进行阵列

图 14-111　绘制矩形

33 使用【修剪】工具，对图形进行修剪，然后根据前面讲解的方法，绘制其他图形，如图 14-112 所示。

图 14-112　完成后的效果

34 使用【图案填充】工具，在【图案填充和渐变色】对话框中将【图案】设为【LINE】，将【角度】设为 45，【比例】设为 10，然后单击【添加：拾取点】按钮，如图 14-113 所示。选择需要填充的区域，然后按【Enter】键完成操作，如图 14-114 所示。

图 14-113　设置【图案填充】选项卡

图 14-114　对图案进行填充

35 将当前图层设为【标注】图层，在菜单栏中选择【格式】|【标注样式】命令，弹出【标注样式管理器】对话框，如图 14-115 所示。单击【新建】按钮，弹出【创建新标注样式】对话框，将【新样式名】设为【标注】，【基础样式】设为 ISO-25，并单击【继续】按钮，如图 14-116 所示。

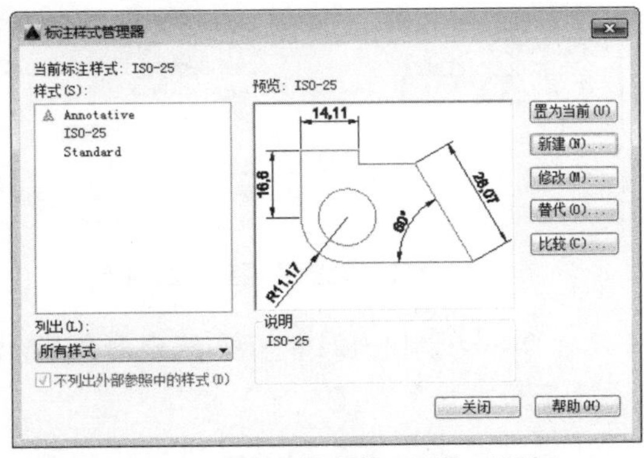

图 14-115　【标注样式管理器】对话框

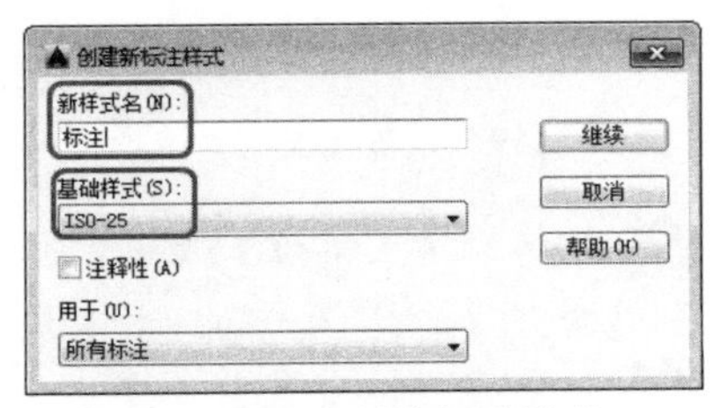

图 14-116　新建标注样式

36 弹出【新建标注样式：标注】对话框，切换到【线】选项卡，将【尺寸线】选项组中【颜色】和【尺寸界线】选项组中【颜色】都设为红色，【超出尺寸线】设为 100，【起点偏移量】设为 100，如图 14-117 所示。

37 切换到【符号和箭头】选项卡，将【第一个】和【第二个】设为【建筑标记】，【箭头大小】设为 100，如图 14-118 所示。

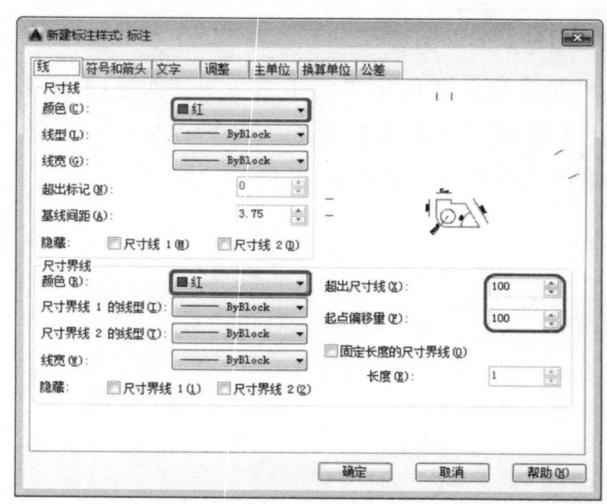

图 14-117 设置【线】选项卡

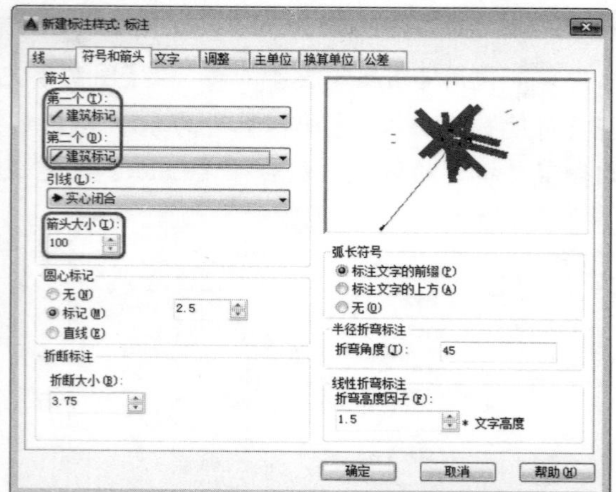

图 14-118 设置【符号和箭头】选项卡

38 切换到【文字】选项卡，将【文字高度】设为 100，如图 14-119 所示。

39 切换到【调整】选项卡，在【文字位置】选项组组中选中【尺寸线上方，不带引线】单选按钮，如图 14-120 所示。

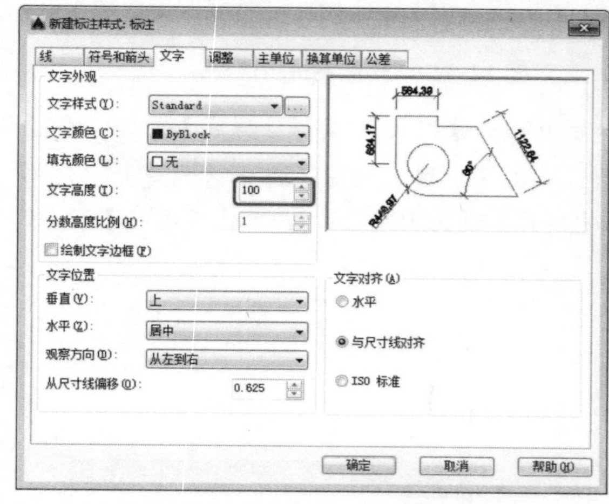

图 14-119 设置【文字】选项卡

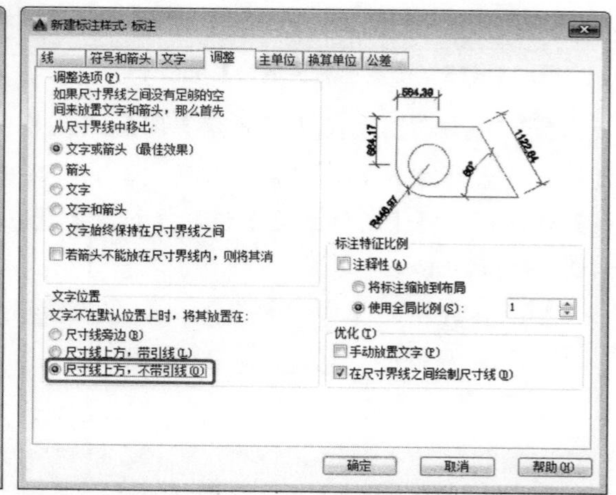

图 14-120 设置【调整】选项卡

40 切换到【主单位】选项卡，将【精度】设为 0，如图 14-121 所示，然后单击【确定】按钮，返回到【标注样式管理器】对话框，单击【置为当前】和【关闭】按钮。

41 使用【线性标注】和【连续标注】对尺寸进行标注，如图 14-122 所示。

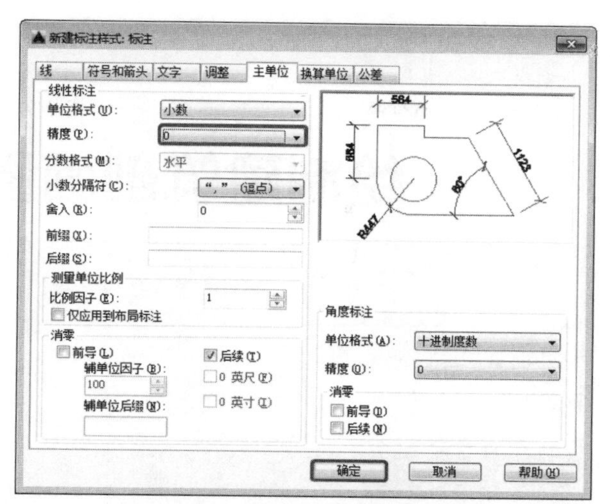

图 14-121　设置【主单位】选项卡

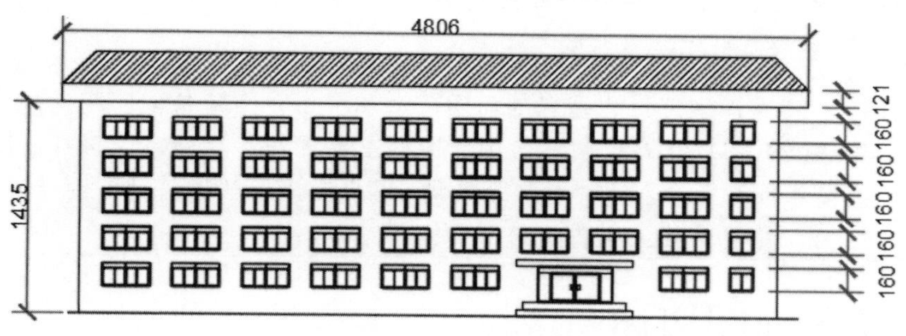

图 14-122　标注后的效果

42 使用【单行文字】工具，将【文字高度】设为 200，输入文字，并利用【多段线】工具，将【宽度】设为 2，在文字下方绘制多段线，如图 14-123 所示。

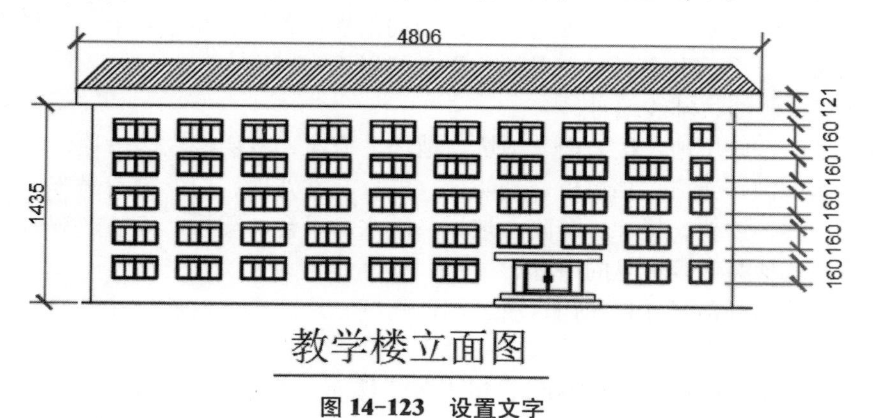

图 14-123　设置文字

15 Chapter

绘制建筑剖面图

本章导读：

基础知识
- ◈ 建筑剖面图概述
- ◈ 简单剖面图绘制

重点知识
- ◈ 绘制升旗台剖面图
- ◈ 绘制居民楼剖面图

提高知识
- ◈ 学习绘制楼梯的方法
- ◈ 通过实例进行学习

建筑剖面图一般是指建筑物的垂直剖面图。本章主要介绍建筑剖面图的基本知识，结合实例讲解利用 AutoCAD 2016 绘制建筑剖面图的主要方法和步骤。建筑剖面图也是建筑设计中的一个重要组成部分，通过对本章的学习，用户应该了解建筑剖面图与建筑平面图、建筑立面图的区别，并能够独立完成建筑剖面图的绘制。

15.1 建筑剖面图概述

表示建筑物垂直方向房屋各部分组成关系的图纸称为建筑剖面图。

剖面设计图主要应表示出建筑各部分的高度、层数、建筑空间的组合利用，以及建筑剖面中的结构、构造关系、层次、做法等。剖面图的剖视位置应选在层高不同、层数不同、内外部空间比较复杂、最有代表性的部分，主要包括以下内容：

- 墙、柱、轴线、轴线编号。
- 室外地面、底层地（楼）面、地坑、地沟、机座、各层楼板、吊顶、屋架、屋顶、出屋面烟囱、天窗、挡风板、消防梯、檐口、女儿墙、门、窗、吊车、吊车梁、走道板、梁、铁轨、楼梯、台阶、坡道、散水、平台、阳台、雨篷、洞口、墙裙、雨水管及其他装修等可见的内容。
- 高度尺寸。外部尺寸包括门、窗、洞口高度、总高度；内部尺寸包括地坑深度、隔断、洞口、平台、吊顶等。
- 标高。底层地面标高（±0.000），以上各层楼面、楼梯、平台标高、屋面板、屋面檐口、女儿墙顶、烟囱顶标高，高出屋面的水箱间、楼梯间、机房顶部标高，室外地面标高，底层以下的地下各层标高。

建筑剖面图是用来表达建筑物竖向构造的方法，主要表现建筑物内部垂直方向的高度、楼层的分层、垂直空间的利用，以及简要的结构形式和构造方式，如屋顶的形式、屋顶的坡度、檐口的形式、楼板的搁置方式和搁置位置、楼梯的形式等。

15.2 坐凳树池剖面图

下面讲解如何绘制坐凳树池剖面图，其具体操作步骤如下：

01 在命令行中输入【LAYER】命令，弹出【图层特性管理器】选项板，新建【辅助线】图层，将【颜色】设置为红色，单击【线型】下的【Continuous】，在打开的对话框中单击【加载】按钮，单击【加载或重载线型】对话框，在【可用线型】下方选择【CENTER】线型，单击【确定】按钮，如图 15-1 所示。

02 在弹出的【选择线型】对话框，选择【CENTER】线型，单击【确定】按钮，线宽设为默认，效果如图 15-2 所示。

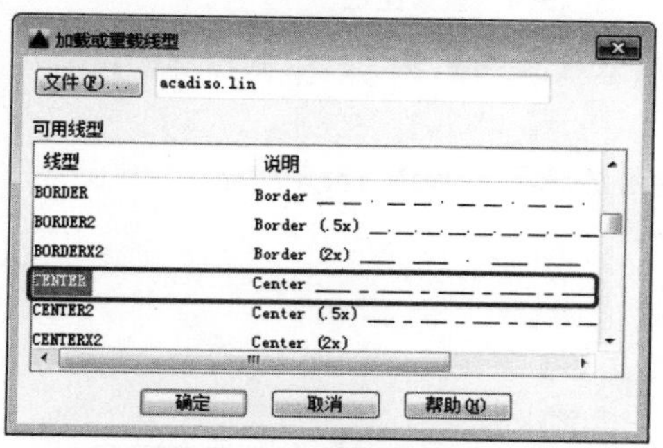

图 15-1 选择线型

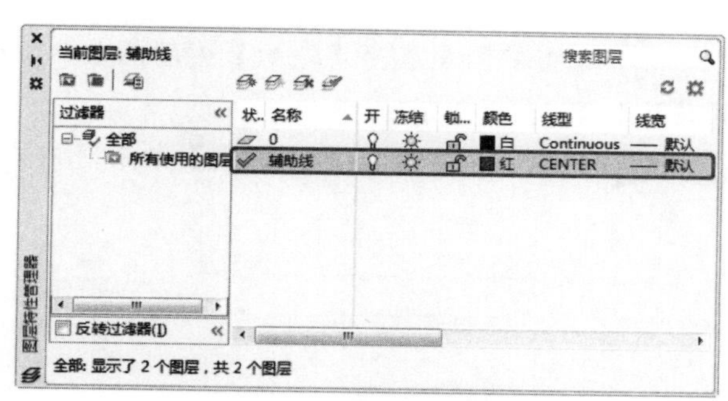

图 15-2 设置后的效果

03 在命令行中输入【LINE】命令，绘制两条长度为 1 000 的相互垂直的直线，如图 15-3 所示。

04 在命令行中输入【OFFSET】命令，选择垂直的直线，沿水平直线向左偏移 220、280、380，将垂直直线向右偏移 220、280、380，完成后的效果如图 15-4 所示。

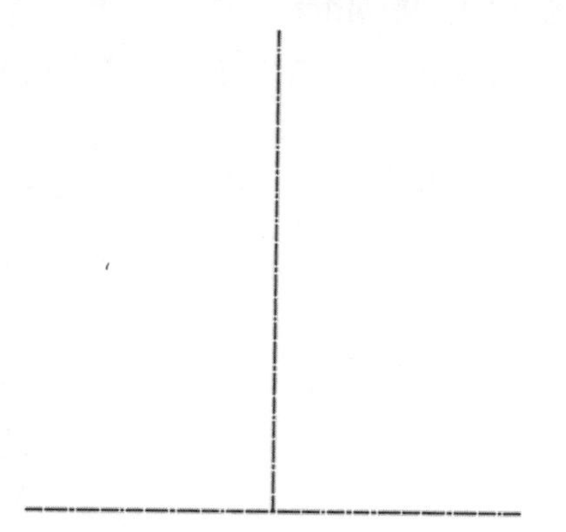
图 15-3 绘制直线

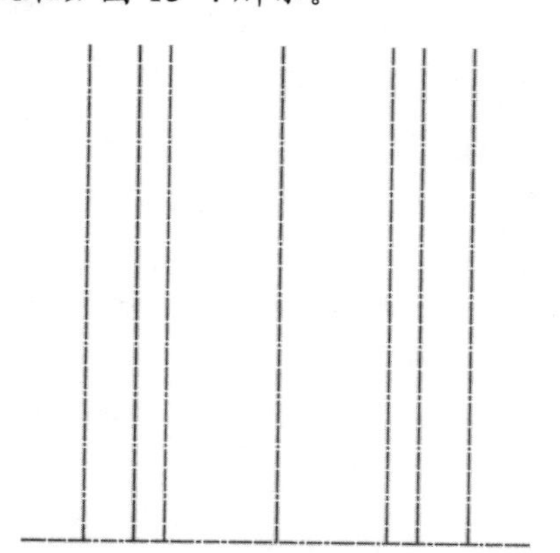
图 15-4 偏移直线

05 在命令行中输入【OFFSET】命令，选择水平直线，分别向上偏移 100、200、320、450、740、830、840，完成后的效果如图 15-5 所示。

06 新建【轮廓】图层，将颜色设置为【白】，将线型设置为【Continuous】，将线宽设置为【默认】，如图 15-6 所示。

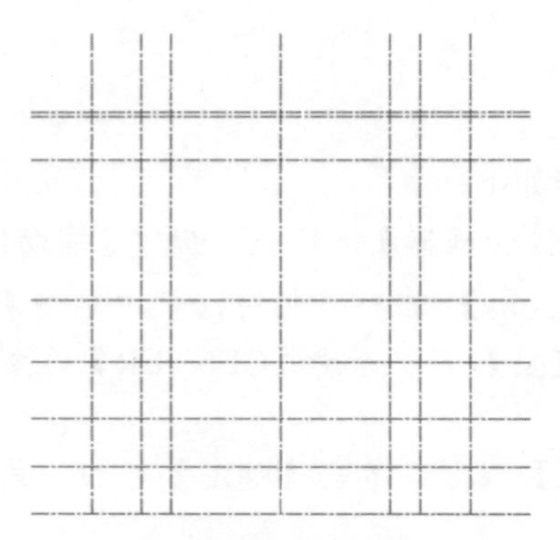

图 15-5　偏移直线

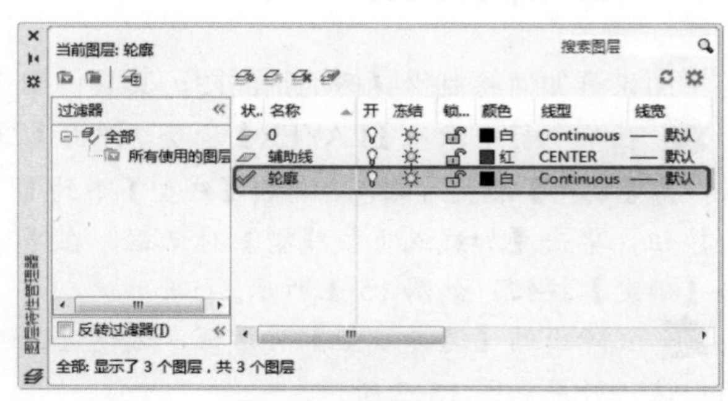

图 15-6　设置图层

07 将当前图层置为【轮廓】图层，在命令行中输入【直线】命令，绘制轮廓，完成后的效果如图 15-7 所示。

08 在命令行中输入【LAYER】命令，将辅助线图层隐藏，如图 15-8 所示。

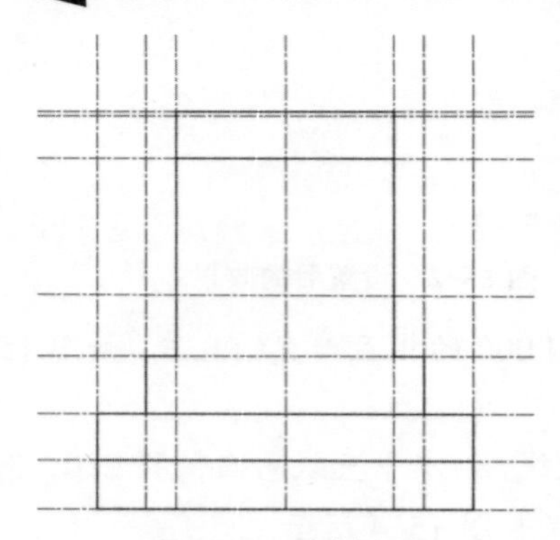

图 15-7　绘制直线

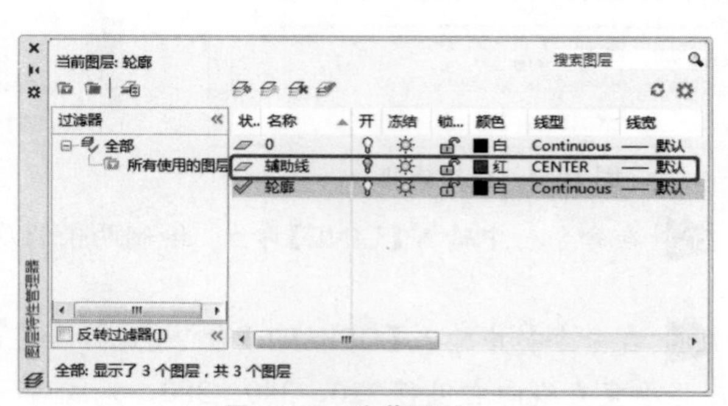

图 15-8　隐藏图层

09 将【图案填充图案】设置为【AR-HBONE】，将【角度】设置为 5，将【比例】设为 0.3，设置完成后对如图 15-9 所示的区域进行填充。

10 在命令行中输入【TRIM】命令，对上一步填充的外轮廓线进行修剪，完成后的效果如图 15-10 所示。

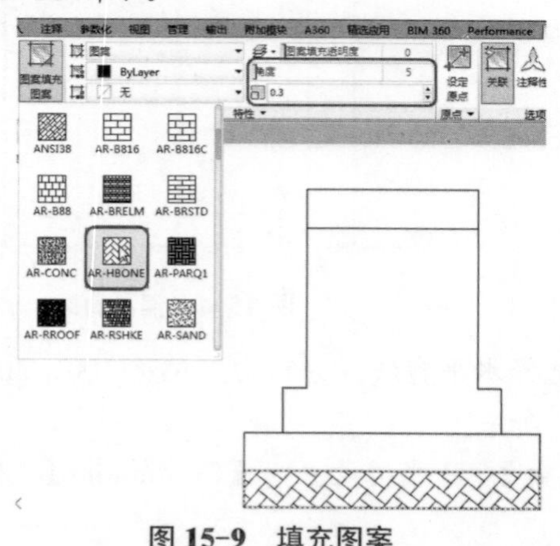

图 15-9　填充图案

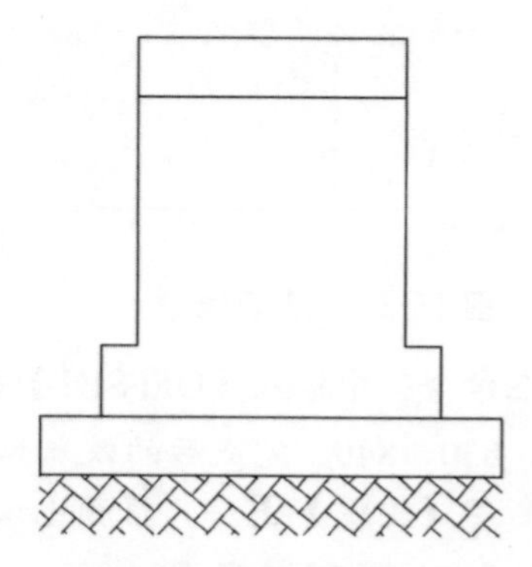

图 15-10　删除轮廓线

11 使用同样的方法对其他区域进行填充，完成后的效果如图 15-11 所示。

12 在命令行中输入【OFFSET】命令，将最上面的直线向内部偏移 10，并对其进行填充，完成后的效果如图 15-12 所示。

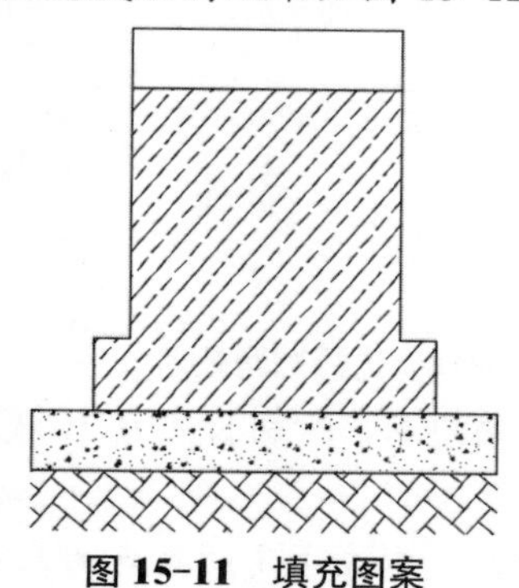

图 15-11　填充图案

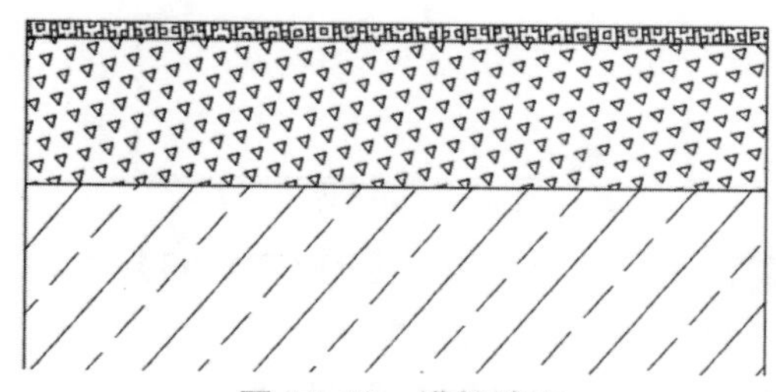

图 15-12　进行填充

13 显示【辅助线】图层，以轮廓线的左上角的点为起点沿着辅助线绘制直线，完成后的效果如图 15-13 所示。

14 隐藏【辅助线】图层，在命令行中输入【OFFSET】命令，将上一步绘制的直线垂直向右偏移 30，将最上侧的直线向下偏移 10、100、240，完成后的效果如图 15-14 所示。

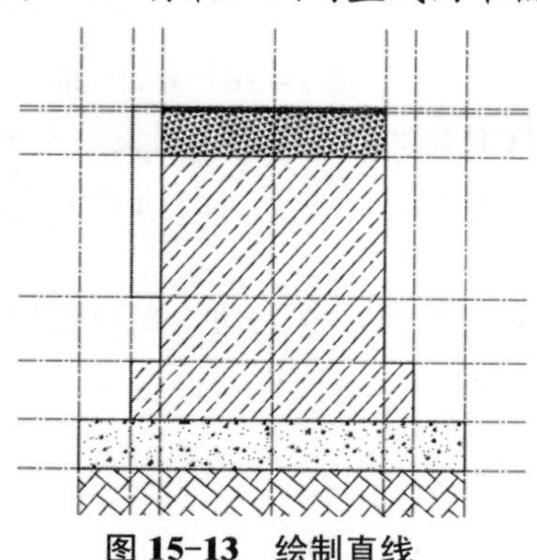

图 15-13　绘制直线

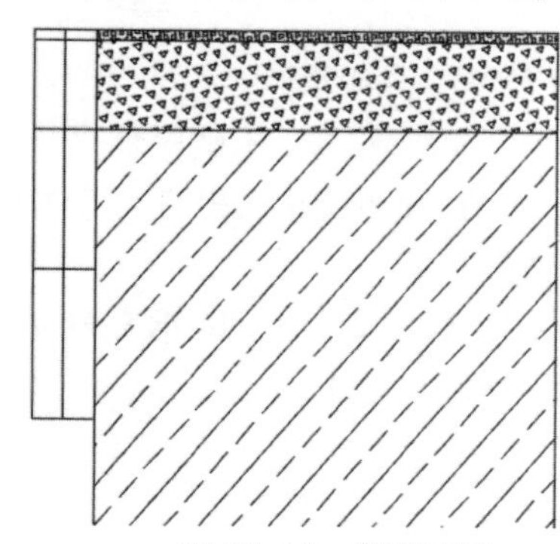

图 15-14　偏移直线

15 在命令行中输入【TRIM】命令，将多余的线条删除，完成后的效果如图 15-15 所示。

16 使用前面的方法对其他区域进行填充，完成后的效果如图 15-16 所示。

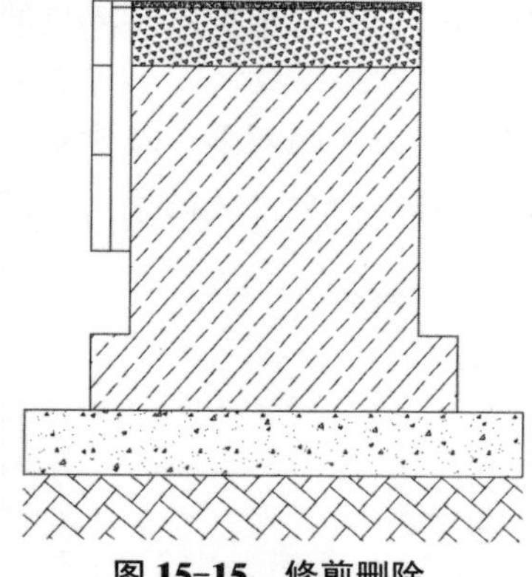

图 15-15　修剪删除

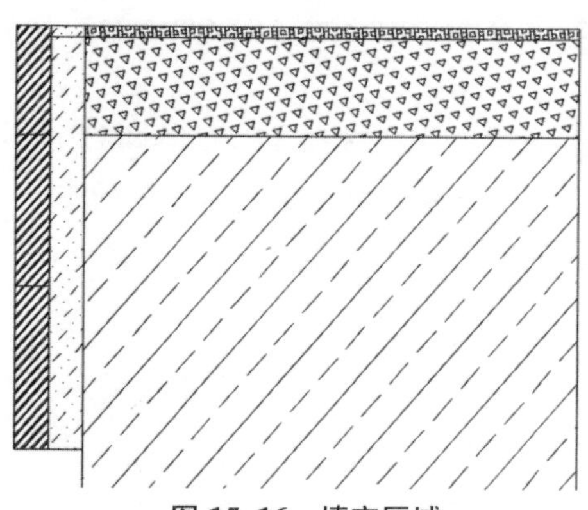

图 15-16　填充区域

17 在命令行中输入【RECTANG】命令，绘制长为 140、宽为 50 的矩形，完成后的效果如图 15-17 所示。

18 在命令行中输入【FILLET】命令，将圆角半径设为 10，对矩形上侧角点进行倒圆角处理，完成后的效果如图 15-18 所示。

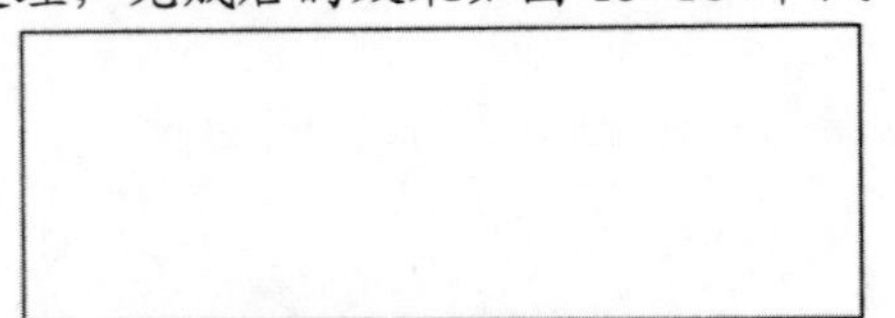
图 15-17 绘制矩形

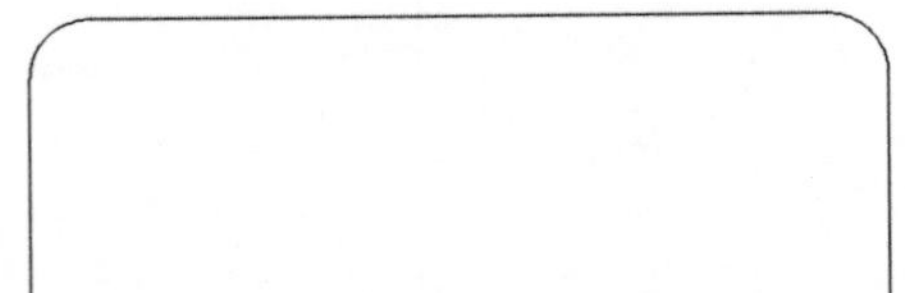
图 15-18 进行圆角处理

19 在命令行中输入【RECTANG】命令，捕捉矩形左下角的角点，绘制长度为 7，宽度为 10 的矩形，如图 15-19 所示。

20 在命令行中输入【COPY】命令，选择上一步绘制的矩形，以左上角的角点为基点，向右水平移动 30、43，完成后的效果如图 15-20 所示。

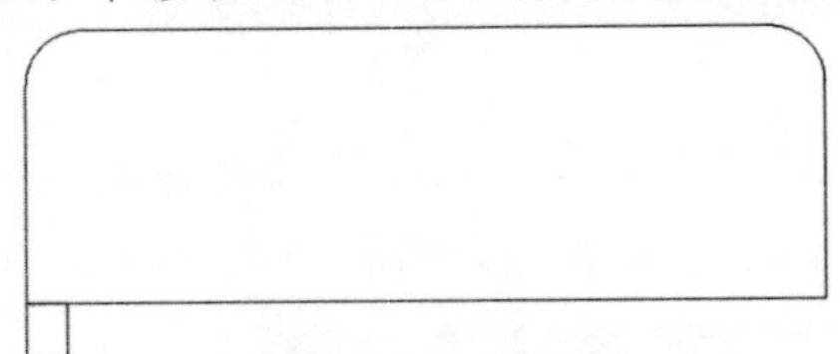
图 15-19 绘制矩形

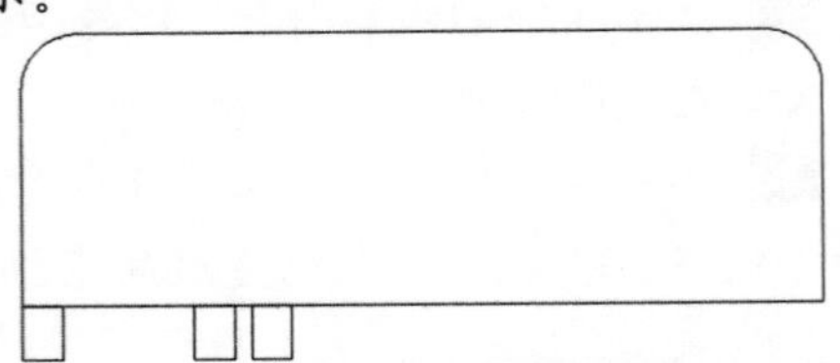
图 15-20 复制矩形

21 将第一个矩形删除，在命令行中输入【BHATCH】命令，弹出【图案填充和渐变色】对话框，将【图案】设为【STEEL】，将【比例】设为 0.75，对矩形进行填充，完成后的效果如图 15-21 所示。

22 在命令行中输入【MIRROR】命令，选择填充的矩形，以大的矩形边的中点线进行镜像，完成后的效果如图 15-22 所示。

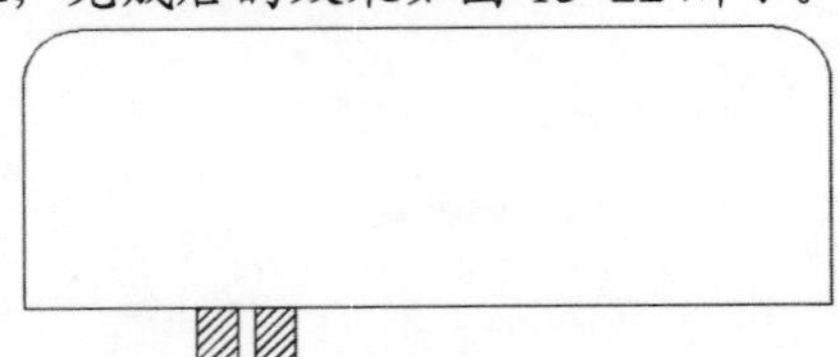
图 15-21 进行填充

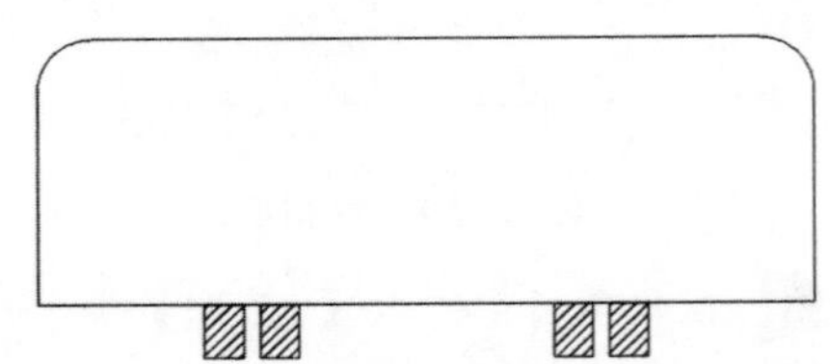
图 15-22 进行镜像

23 在命令行中输入【RECTANG】命令，绘制长为 6、宽为 46 的矩形，完成后的效果如图 15-23 所示。

24 在命令行中输入【RECTANG】命令，绘制长为 10、宽为 4 的矩形，在命令行中输入【MOVE】命令，捕捉小矩形下边的中点为基点，将其移动到大矩形上边的中点，完成后的效果如图 15-24 所示。

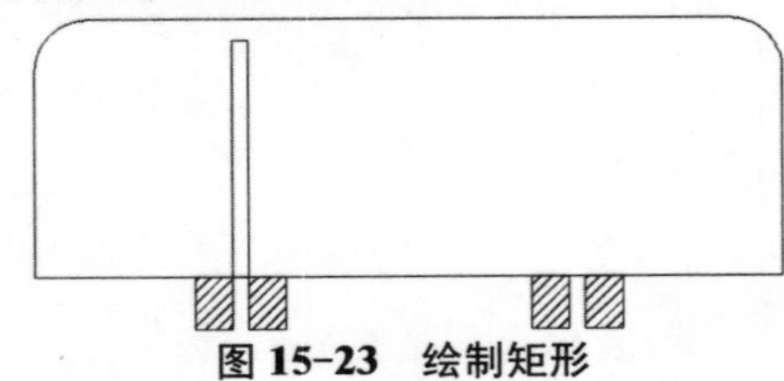
图 15-23 绘制矩形

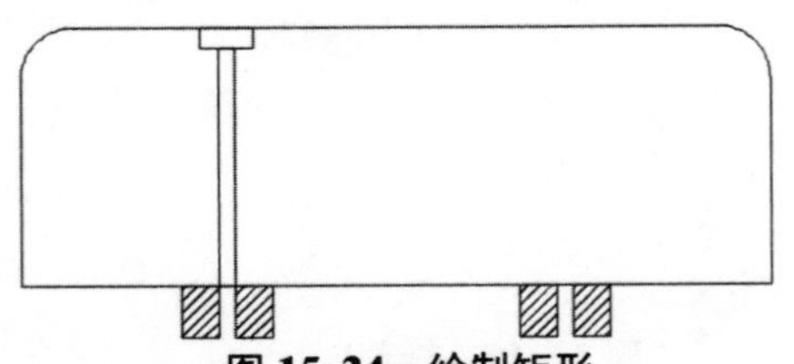
图 15-24 绘制矩形

25 在命令行中输入【MIRROR】命令，选择绘制的两个矩形，以圆角矩形的中点为基线进行镜像，完成后的效果如图 15-25 所示。

26 在命令行中输入【PLINE】命令，绘制坐凳填充，完成后的效果如图 15-26 所示。

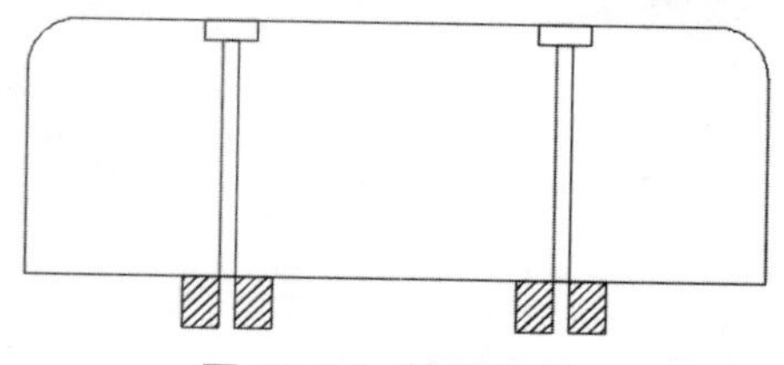
图 15-25　镜像矩形

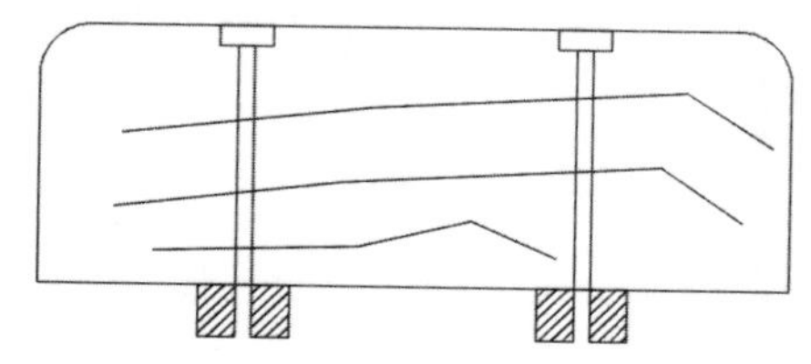
图 15-26　绘制多段线

27 在命令行中输入【MOVE】命令，以图形右下角为基点，进行移动，移动到如图 15-27 所示的位置。

28 在命令行中输入【MOVE】命令，选择绘制的木质坐凳将其水平向左移动 20，完成后的效果如图 15-28 所示。

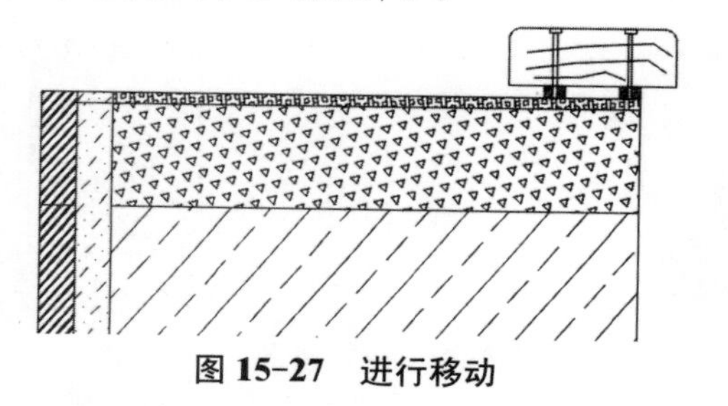
图 15-27　进行移动

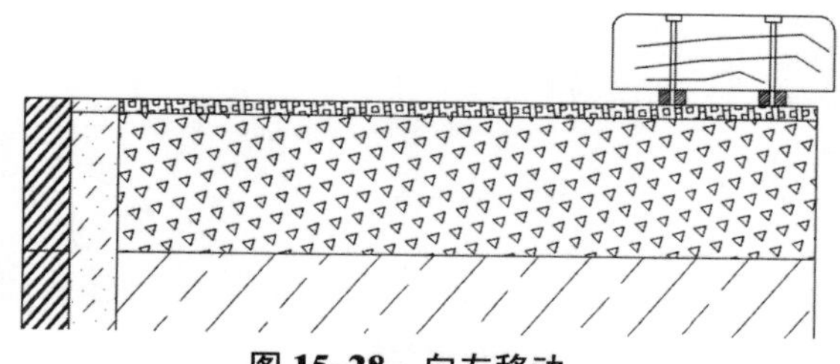
图 15-28　向左移动

29 在命令行中输入【COPY】命令，以图形左下角点为基点，水平向左复制 175、360，完成后的效果如图 15-29 所示。

30 在命令行中输入【LINE】命令，以埋板右上角为起点绘制长度为 10、520 的直线，完成后的效果如图 15-30 所示。

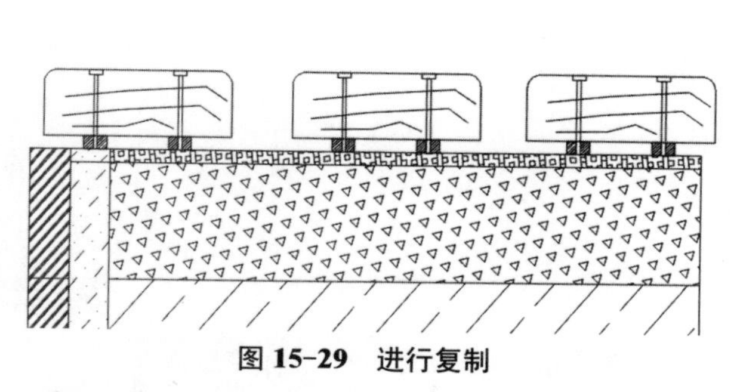
图 15-29　进行复制

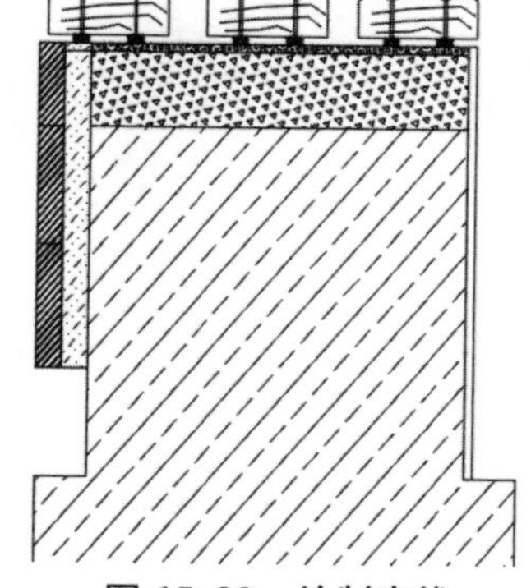
图 15-30　绘制直线

31 在命令行中输入【BHATCH】命令，弹出【图案填充和渐变色】对话框，将【图案】设置为【AR-SAND】，对如图 15-31 所示的区域进行填充。

32 切换到【绿地填充】图层，以上一步填充矩形的左上角为起点，向左绘制长度为 1 300 的水平直线，完成后的效果如图 15-32 所示。

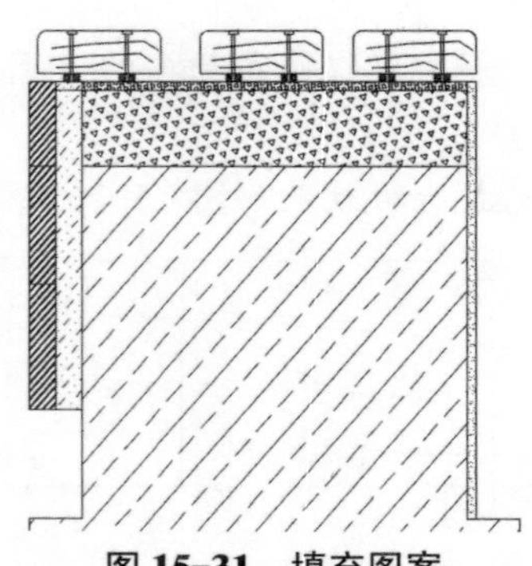

图 15-31 填充图案

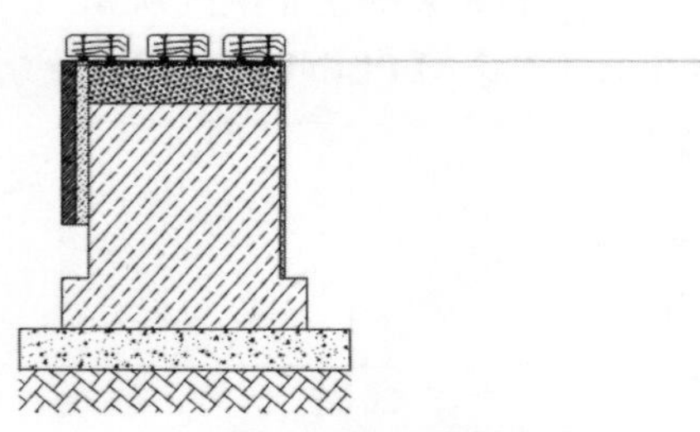

图 15-32 绘制直线

33 在命令行中输入【MOVE】命令，开启【正交模式】，水平向下移动 20，完成后的效果如图 15-33 所示。

34 在命令行中输入【MIRROR】命令，选择左侧绘制的形状，以上一步绘制直线的中点为镜像基线，进行镜像，完成后的效果如图 15-34 所示。

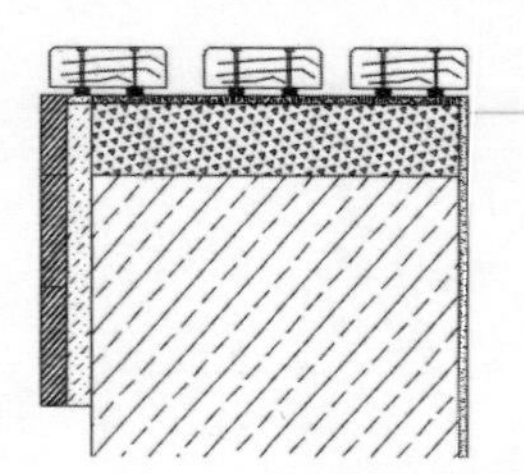

图 15-33 进行移动

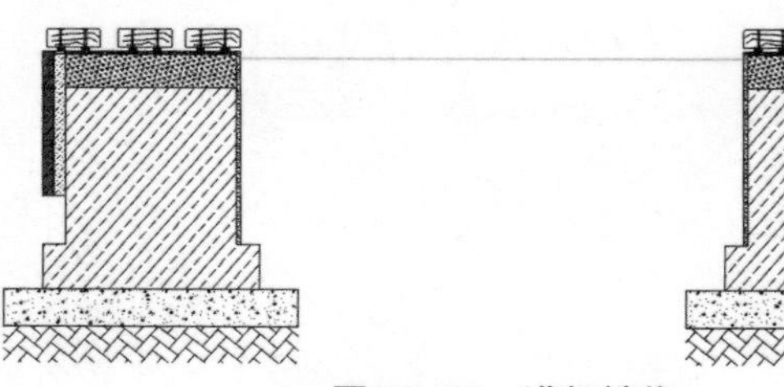

图 15-34 进行镜像

35 使用前面介绍的方法，绘制植土，打开随书附带光盘中的 CDROM\素材\第 15 章\坐凳树池.dwg 图形文件，如图 15-35 所示。

36 对其进行标注，完成后的效果如图 15-36 所示。

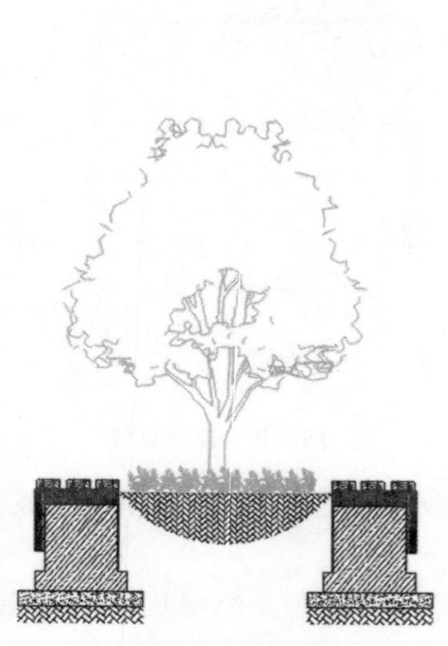

图 15-35 完成后的效果

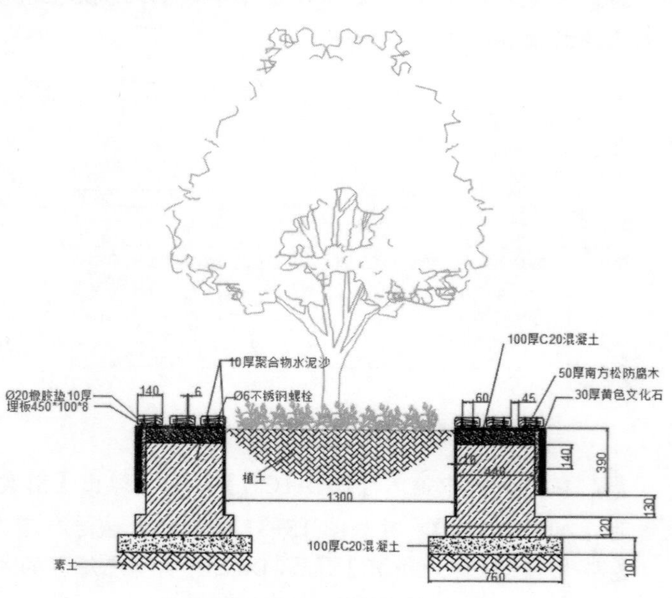

图 15-36 进行标注

15.3　绘制升旗台剖面图

下面介绍绘制升旗台的剖面图，其操作步骤如下：

01 在命令行中输入【LAYER】命令，在弹出的面板中新建【参考线】图层，将其置为当前图层，将颜色设置为红色，将【线型】设置为【ACAD-ISO03W100】，然后在命令行中输入【LINE】命令，绘制两条参考线，将长度设置为 1 663，宽度设置为 1 750，如图 15-37 所示。

02 在命令行中输入【LAYER】命令，新建一个图层，重命名为【剖面台阶】，并将其置为当前图层，将【线型】设置为默认线型，如图 15-38 所示。

图 15-37　绘制参考线

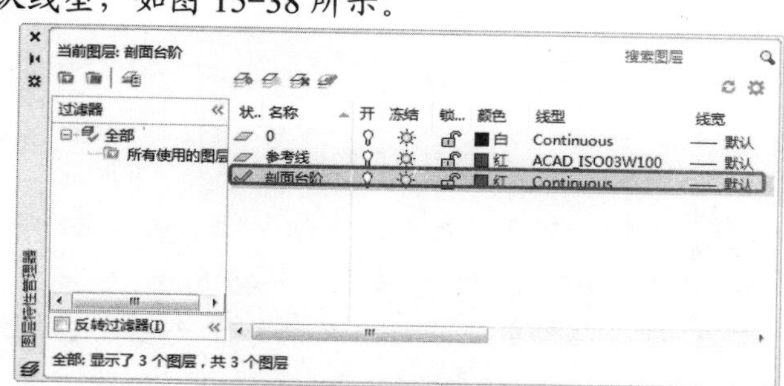

图 15-38　新建图层

03 关闭【图层特性选项板】，在命令行中输入【LINE】命令，捕捉辅助线的交点，以交点为第一点，绘制一条长为 470 的线段，如图 15-39 所示。

04 选择绘制的直线，在命令行中输入【MOVE】命令，选择直线的中心点作为基点，移动基点与辅助线的交点位置，按【Enter】键确认移动，如图 15-40 所示。

图 15-39　绘制直线

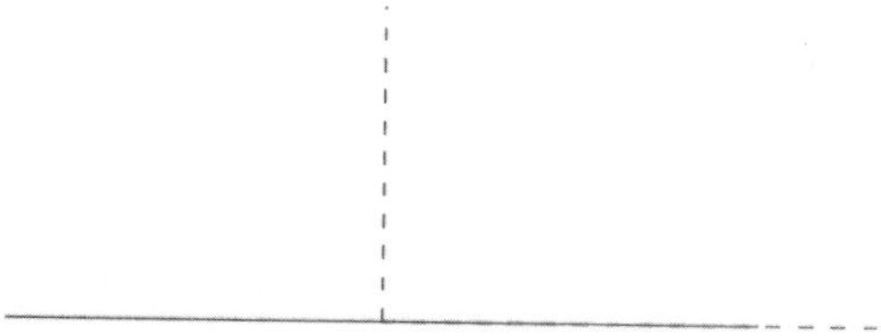

图 15-40　移动直线

05 选择移动后的直线，在命令行中输入【MOVE】命令，以直线的中心点作为基点，向上移动 310，如图 15-41 所示。

06 选择移动后的直线，在命令行中输入【OFFSET】命令，向上偏移 100，按【Enter】键确认偏移，如图 15-42 所示。

图 15-41　移动直线

图 15-42　偏移直线

07 继续使用【偏移】命令，偏移直线，完成后的效果如图 15-43 所示。

08 在命令行中输入【RECTANG】命令，捕捉辅助线的交点作为第一个角点，绘制一个长为 560、宽为 348 的矩形，如图 15-44 所示。

图 15-43 偏移完成后的效果　　图 15-44 绘制矩形

09 选择绘制完的矩形，在命令行中输入【MOVE】命令，捕捉矩形的左下角为基点，移动坐标为（@220, 280），如图 15-45 所示。

10 选择移动后的矩形，在命令行中输入【EXPLODE】命令，分解选择的矩形，然后选择矩形上方的线段，按【Delete】键将其删除，如图 15-46 所示。

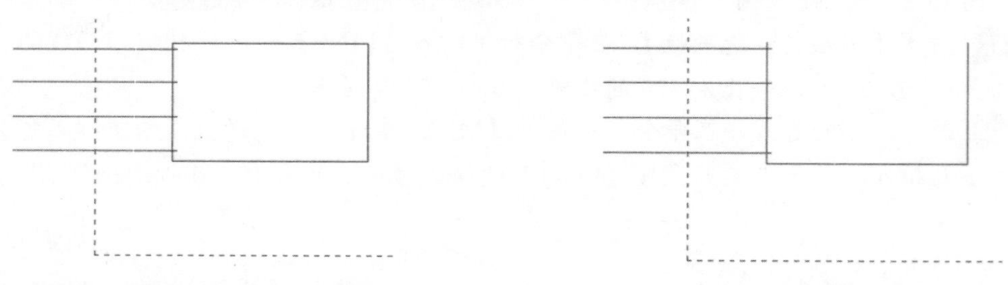

图 15-45 移动完成后的效果　　图 15-46 删除线段

11 选择矩形左侧的四条线段，在命令行中输入【MIRROR】命令，以矩形下边线的中点为第一点，向上垂直移动鼠标，然后单击鼠标，按 Enter 键确认镜像，如图 15-47 所示。

12 选择矩形右侧的直线，再次在命令行中输入【MIRROR】命令，以镜像后的直线中心为镜像轴，完成镜像后的效果如图 15-48 所示。

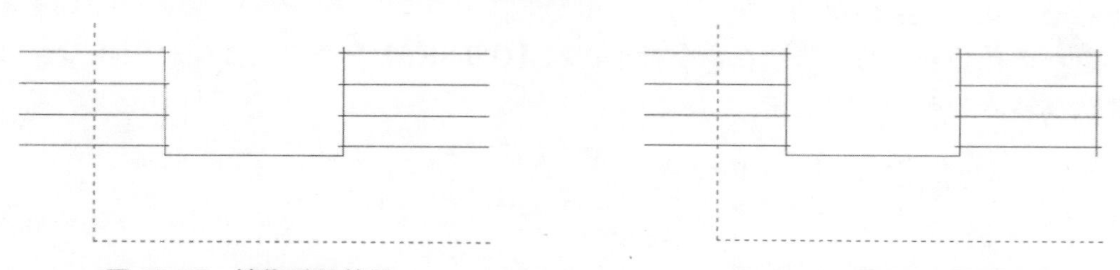

图 15-47 镜像后的效果　　图 15-48 镜像直线效果

13 在命令行中输入【LINE】命令，以镜像后的直线下方的点为基点，绘制一条长度为 500 的直线，如图 15-49 所示。

14 选择左侧最上端的线段，在命令行中输入【OFFSET】命令，向上偏移 200，如图

15-50 所示。

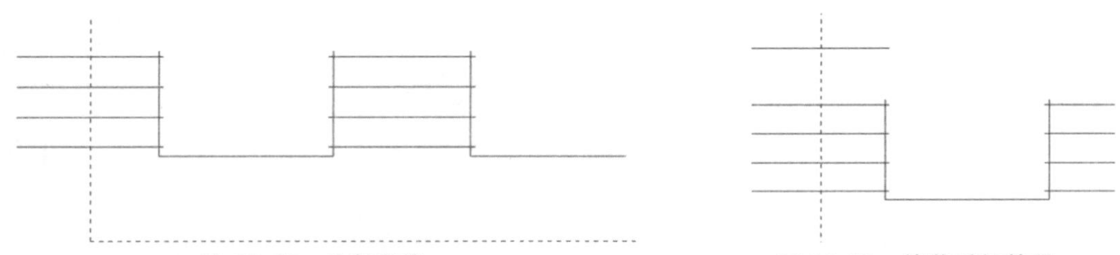

图 15-49 绘制直线　　　　图 15-50 偏移后的效果

15 在命令行中输入【LINE】命令，以偏移后的线段与参考线交点为基点，绘制一条长为 268 的直线，将该线段的中心点与交点重合，并将其向上移动 87，如图 15-51 所示。

16 选择移动后的对象，再次将其向上偏移 100，完成后的效果如图 15-52 所示。

图 15-51 移动后的效果　　　　图 15-52 偏移后的效果

17 在命令行中输入【CIRCLE】命令，以辅助线的交点为圆心，绘制一个半径为 4 的圆，如图 15-53 所示。

18 选择绘制的圆，在命令行中输入【MOVE】命令，捕捉圆的中心点，指定第二点为（@50, 268），并按【Enter】键确认移动，如图 15-54 所示。

19 在命令行中输入【HATCH】命令，将图案填充颜色设置为【SDLID】，在绘图区选择移动后的圆作为填充对象，如图 15-55 所示。

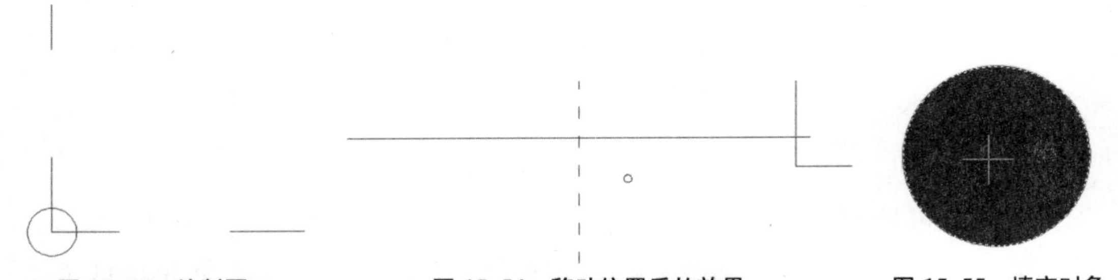

图 15-53 绘制圆　　　　图 15-54 移动位置后的效果　　　　图 15-55 填充对象

20 按【Enter】键进行确认，选择填充后的对象，在命令行中输入【ARRAYRECT】命令，将【行数】设置为 1，【列数】设置为 17，【间距】设置为 100，完成后的效果如图 15-56 所示。

21 在命令行中输入【LINE】命令，以辅助线交点为基点，绘制一条长为 1 720 的直线，如图 15-57 所示。

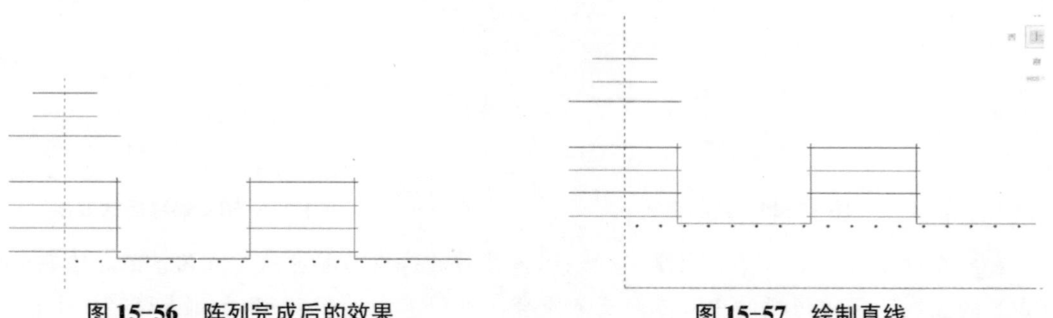

图 15-56　阵列完成后的效果　　图 15-57　绘制直线

22 选择绘制的直线，在命令行中输入【MOVE】命令，垂直向上移动 260，如图 15-58 所示。

23 在命令行中输入【LAYER】，打开【图层特性管理器】面板，选择【轮廓】图层，将颜色设置为【白】，将【线型】设置为默认，将其置为当前图层，如图 15-59 所示。

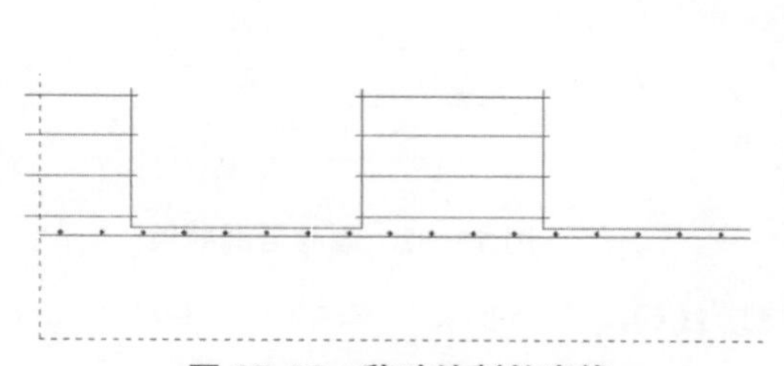

图 15-58　移动绘制的直线

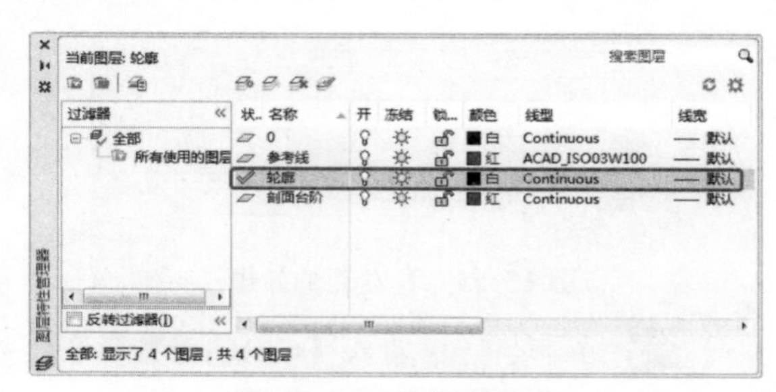

图 15-59　选择图层

24 关闭该面板，在命令行中输入【RECTANG】命令，捕捉辅助线的交点作为基点，绘制一个长度为 1 750、宽度为 150 的矩形，如图 15-60 所示。

25 以绘制的矩形的左上角作为基点，绘制一个长度为 1 750、宽度为 80 的矩形，如图 15-61 所示。

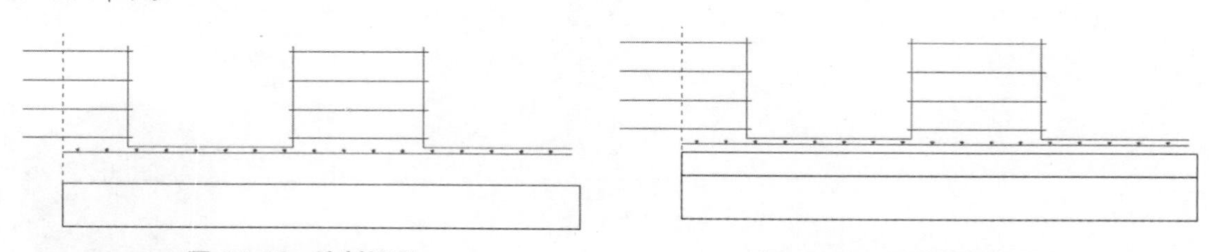

图 15-60　绘制矩形　　图 15-61　继续绘制矩形

26 以绘制的矩形的左上角作为基点，绘制一个长度为 1 500、宽度为 300 的矩形，如图 15-62 所示。

27 选择绘制的矩形，在命令行中输入【MOVE】命令，以该矩形的左下角作为基点，指定另一点坐标为（@250, 300），并按【Enter】键确认移动，如图 15-63 所示。

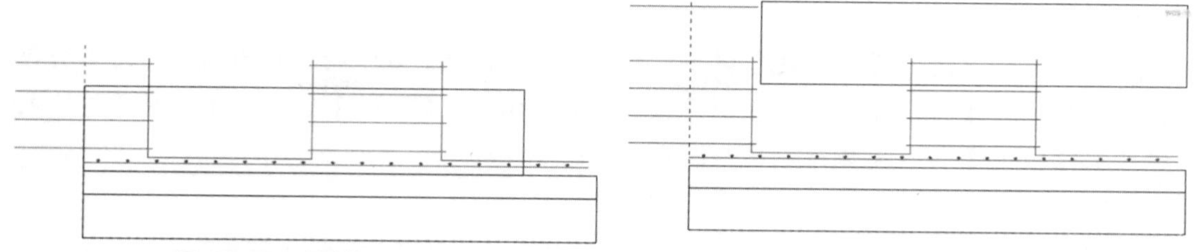

图 15-62 绘制矩形　　　　图 15-63 移动矩形

28 在命令行中输入【RECTANG】命令，以移动后的矩形的左上角作为基点，绘制一个长度为 1 635、宽度为 150 的矩形，如图 15-64 所示。

29 使用同样的方法，以绘制完成后的矩形的左上角为基点，绘制一个相同大小的矩形，如图 15-65 所示。

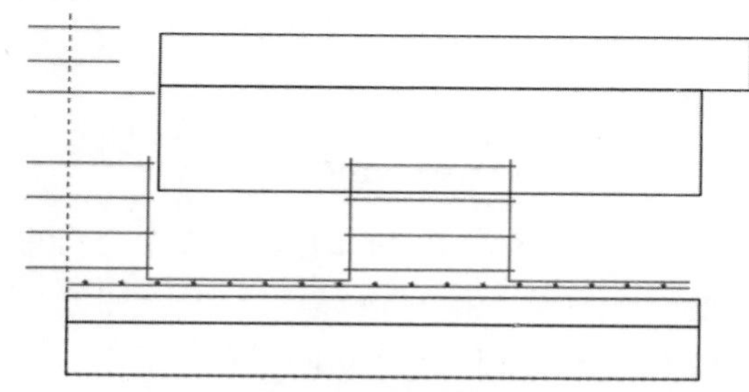

图 15-64 绘制矩形

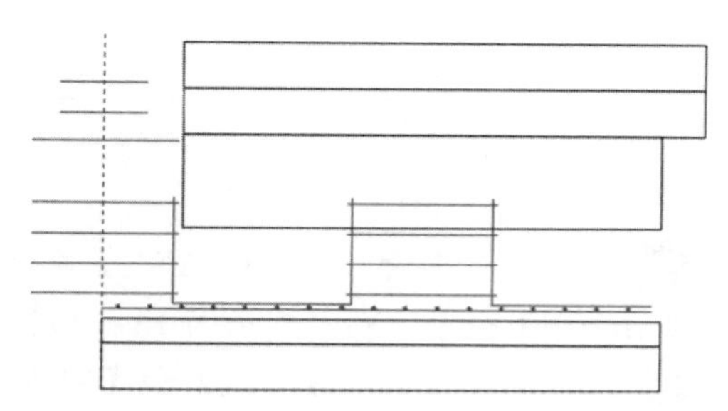

图 15-65 继续绘制矩形

30 在命令行中输入【MLSTYLE】命令，打开【多线样式】对话框，单击【新建】按钮，在弹出的【创建新的多线样式】对话框中对其重命名，如图 15-66 所示。

31 单击【继续】按钮，在弹出的对话框中勾选【封口】选项组中的【直线】右侧的【起点】和【端点】复选框，并将【偏移】设置为 0.38、-0.38，如图 15-67 所示。

图 15-66 新建样式

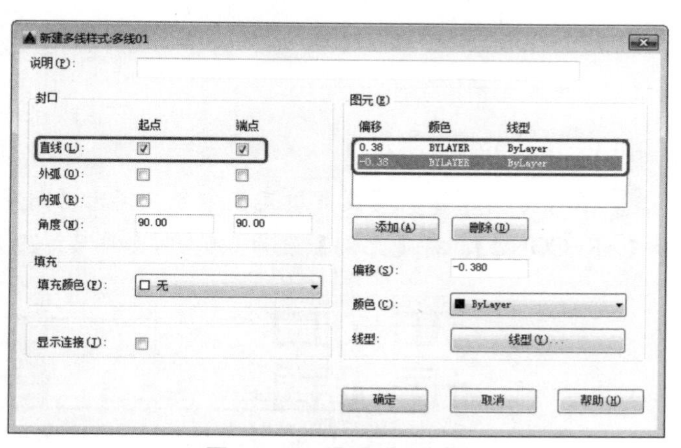

图 15-67 设置样式属性

32 设置完成后单击【确定】按钮，在【多线样式】对话框中单击【置为当前】按钮，单击【确定】按钮，在命令行中输入【MLINE】命令，以竖辅助线的顶点为起点，向下引导鼠标，输入 618，按【Enter】键，向右引导鼠标，输入 85，按两次【Enter】键，完成绘制，如图 15-68 所示。

33 在命令行中输入【MLINE】命令，以上一步长度 85 多线的中点为起点，向下引导鼠标输入 225，按【Enter】键，向左引导鼠标输入 50，按【Enter】键，向上引导鼠标输入 70，按两次【Enter】键，完成绘制，如图 15-69 所示。

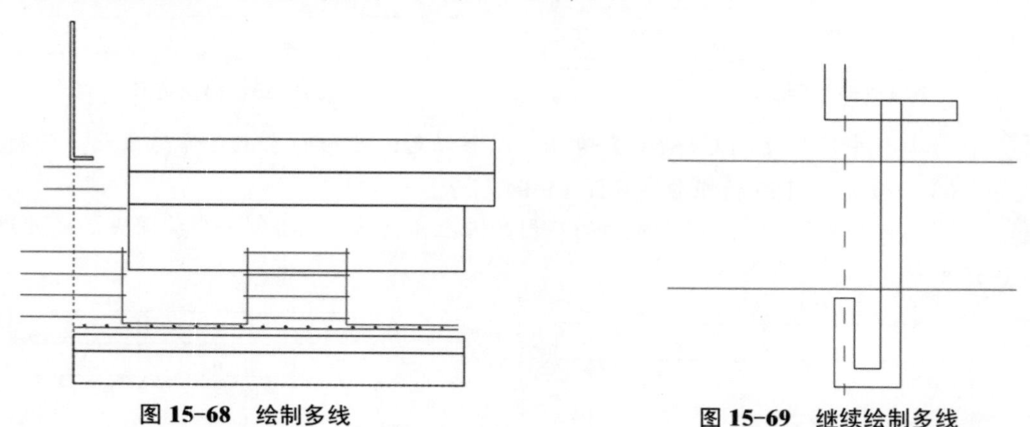

图 15-68　绘制多线　　图 15-69　继续绘制多线

34 在命令行中输入【RECTANG】命令，绘制长为 30、宽为 10 的矩形，并在命令行中输入【MOVE】命令，移动列如图 15-70 所示的位置。

35 在命令行中输入【直线】和【倒角】命令绘制出如图 15-71 所示的图形。

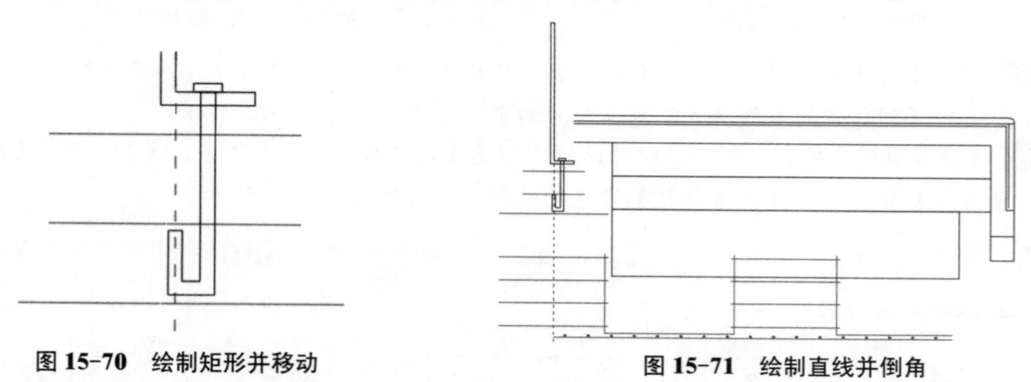

图 15-70　绘制矩形并移动　　图 15-71　绘制直线并倒角

36 在命令行中输入【图案填充】命令，弹出【图案填充和渐变色】对话框，将图案设置为【AR-CONC】，将【比例】设为 0.5，对如图 15-72 所示区域进行填充。

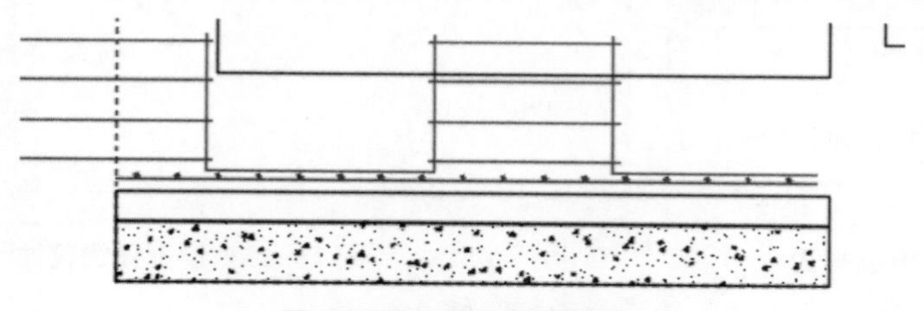

图 15-72　进行图案填充

37 在命令行中输入【BHATCH】命令，弹出【图案填充和渐变色】对话框，将图案设置为【STARS】，将【角度】设为 50，将【比例】设为 4，对如图 15-73 所示区域进行填充。

38 在命令行中输入【MOVE】命令，将旗杆底部钢管进行移动与实土相接，使用同样的方法对其他区域进行填充，如图 15-74 所示。

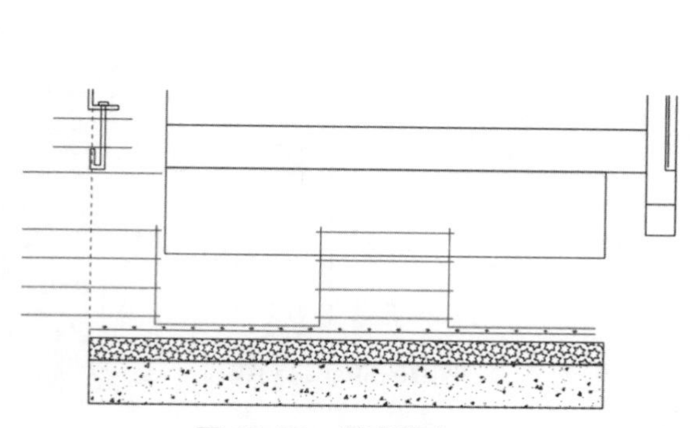

图 15-73　图案填充

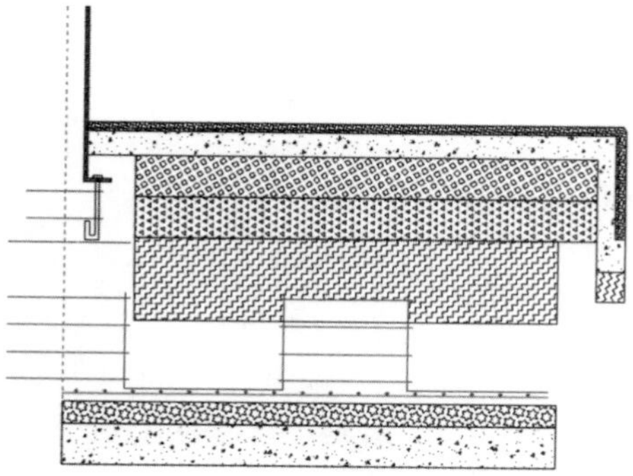

图 15-74　继续填充图案

39 在命令行中输入【MIRROR】命令，选择右侧所有图形，以中线辅助线为镜像轴进行镜像，完成后的效果如图 15-75 所示。

40 延伸竖线参考线的长度，在命令行中输入【LAYER】命令，新建【隔断】图层，将【颜色】设置为【白】，并将其置为当前图层，如图 15-76 所示。

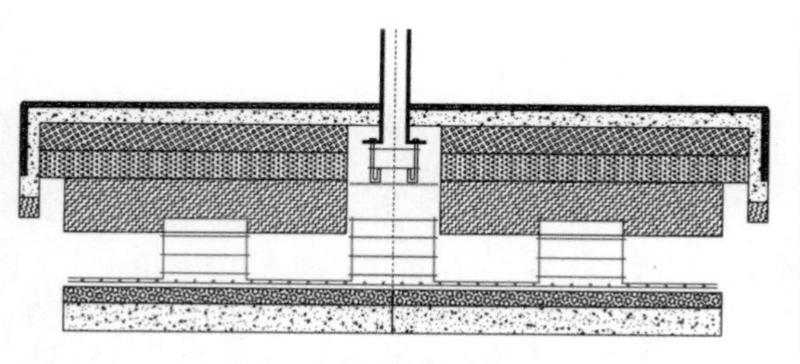

图 15-75　进行镜像

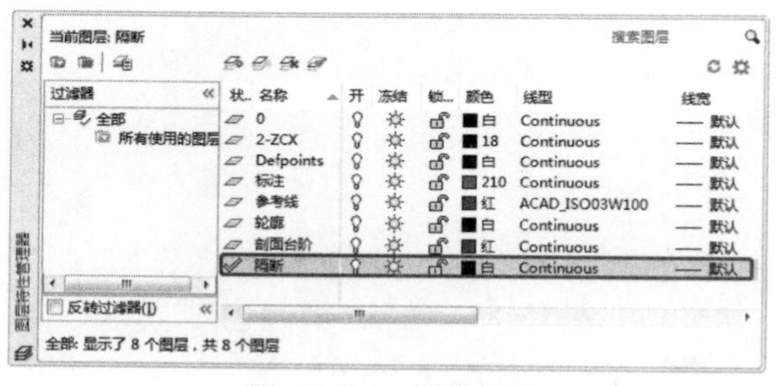

图 15-76　新建图层

41 在命令行中输入【PLINE】命令，绘制一个隔断，如图 15-77 所示。

42 将绘制好的隔断向上进行复制，复制完成后的效果如图 15-78 所示。

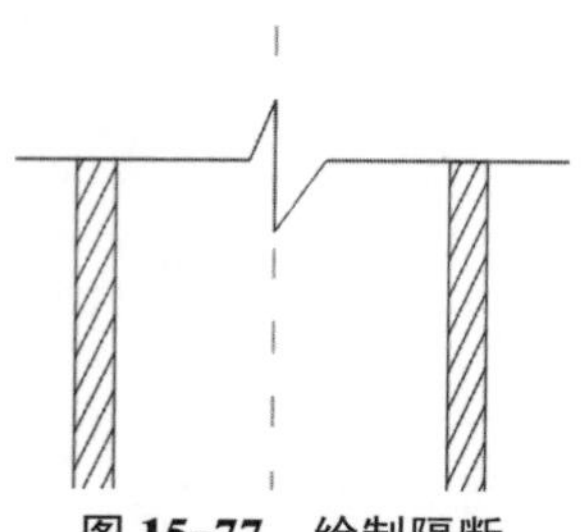

图 15-77　绘制隔断

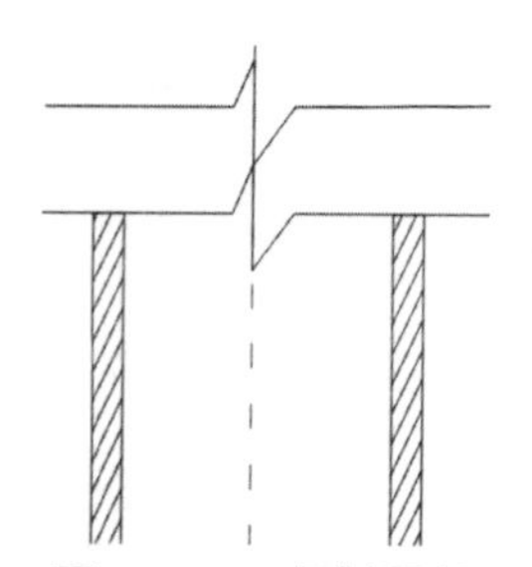

图 15-78　复制隔断

43 在命令行中输入【LAYER】命令，新建【旗杆】图层，在命令行中输入【LINE】命令，以辅助线右侧的对象为基点，绘制一条长度为 331 的直线，并向上垂直移动 118，如图 15-79 所示。

44 使用同样的方法，绘制另外两条线，如图 15-80 所示。

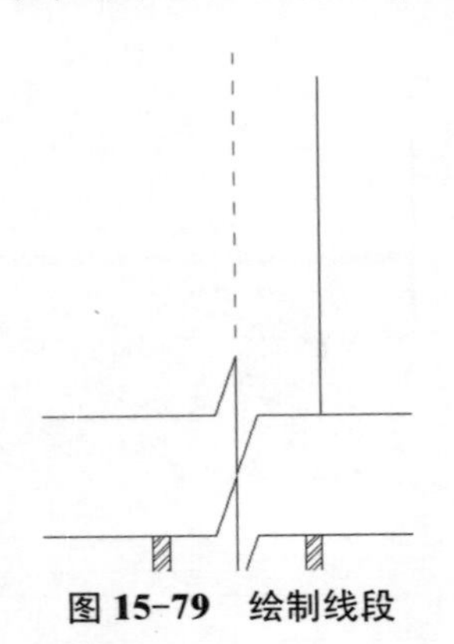
图 15-79　绘制线段

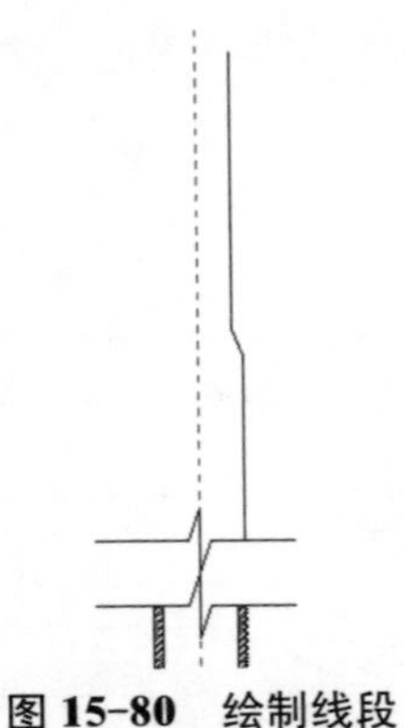
图 15-80　绘制线段

45 绘制隔断和直线，完成后的效果如图 15-81 所示。

46 对绘制完成的直线进行镜像，以参考线为镜像轴，完成后的效果如图 15-82 所示。

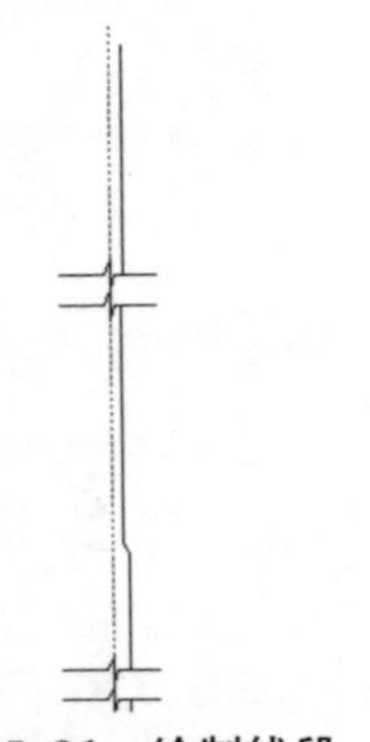
图 15-81　绘制线段

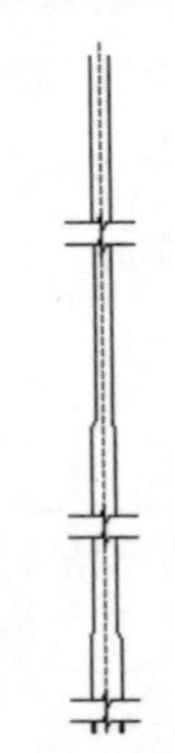
图 15-82　镜像后的效果

47 在命令行中【LINE】命令工具为旗杆上的交接处进行连接，完成后的效果如图 15-83 所示。

48 在命令行中输入【CIRCLE】命令，以辅助线的顶点为圆心，绘制一个半径为 100 的圆，并将其移动至合适的位置，如图 15-84 所示。

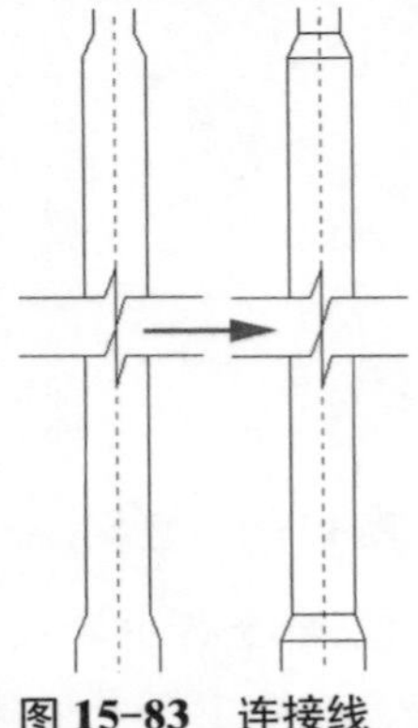
图 15-83　连接线

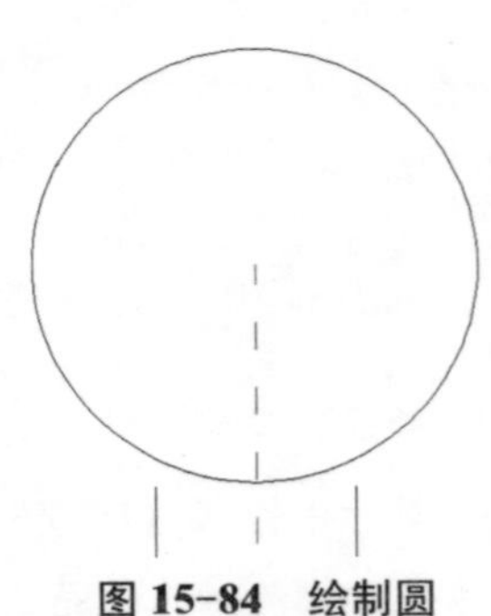
图 15-84　绘制圆

49 使用【线型标注】和【多行文字】命令，对图形进行标注，如图 15-85 所示。

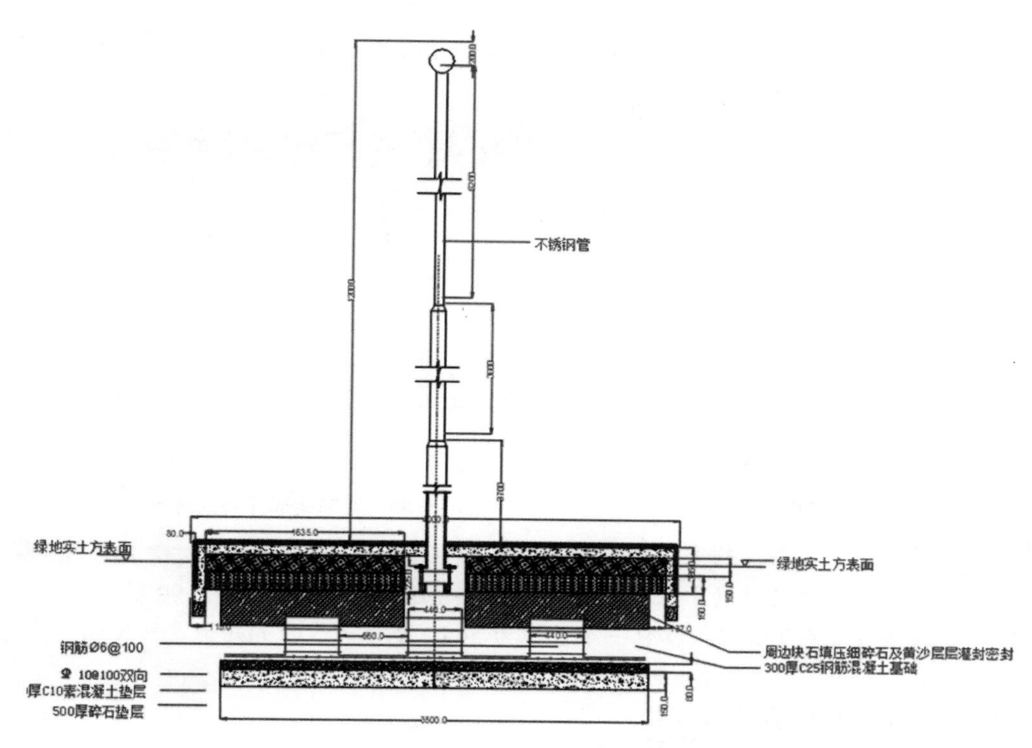

图 15-85　完成后的效果

15.4　绘制大厅干挂铝塑板吊顶剖面图

下面讲解如何绘制大厅干挂铝塑板吊顶剖面图，其具体操作步骤如下：

01 使用【矩形】工具，分别绘制 224×60、30×68、270×30、325×10、15×188、10×90 的矩形，如图 15-86 所示。

02 再次使用【矩形】工具，绘制一个长度为 30、宽度为 30 的矩形，使用【直线】工具，绘制直线，如图 15-87 所示。

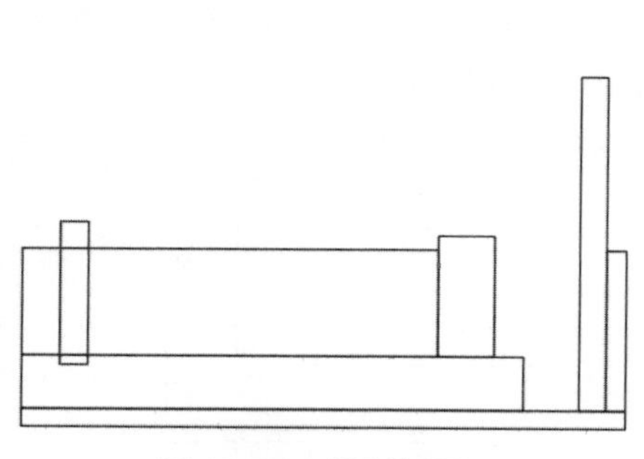

图 15-86　绘制矩形

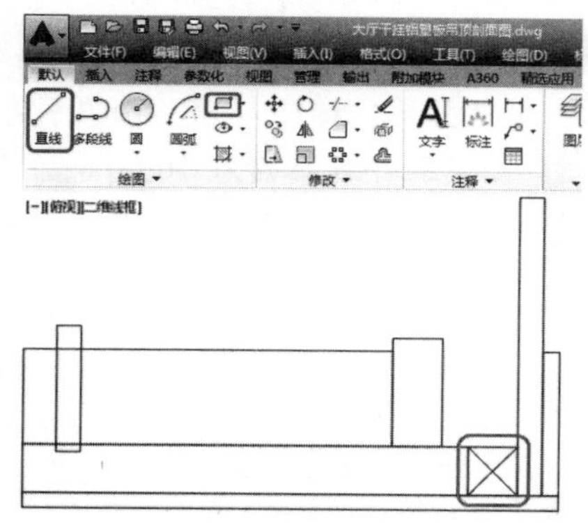

图 15-87　绘制完成后的效果

03 使用前面所学的知识，使用【矩形】、【倒角】以及【直线】工具，绘制如图 15-88 所示的对象。

04 使用【矩形】工具，绘制一个长度为 1 195、宽度为 626 的矩形，然后使用【移动】工具，将矩形调整至合适的位置，如图 15-89 所示。

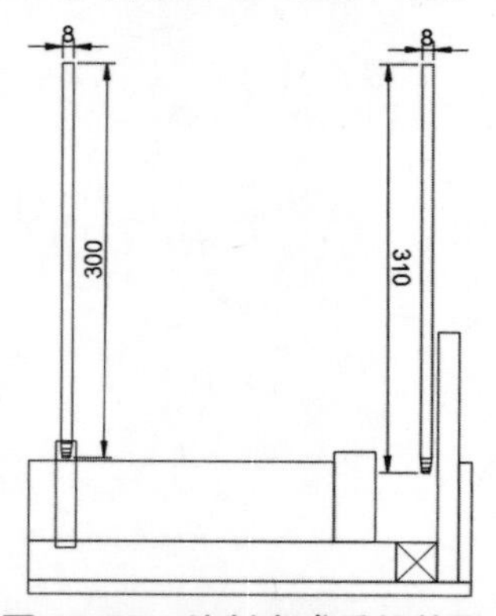

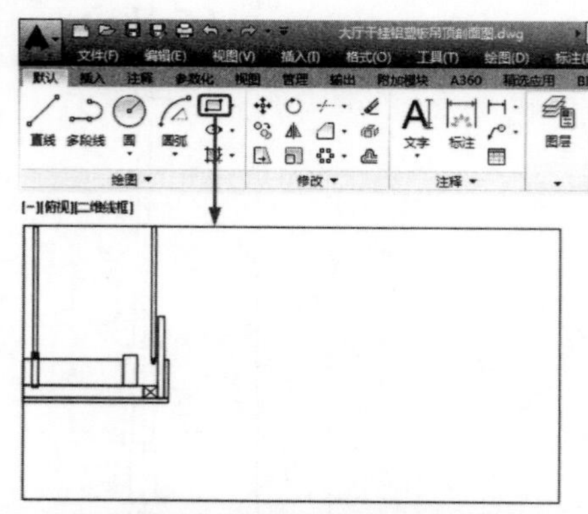

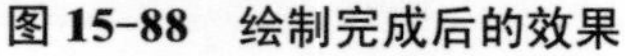

图 15-88　绘制完成后的效果

图 15-89　绘制矩形并调整对象

05 使用【矩形】工具，指定第一角点，在命令行中输入【D】，绘制一个长度为 592、宽度为 350 的矩形，使用【移动】工具，将其移动至合适的位置，如图 15-90 所示。

06 再次使用【矩形】工具，绘制一个长度为 544、宽度为 320 的矩形，然后调整位置，如图 15-91 所示。

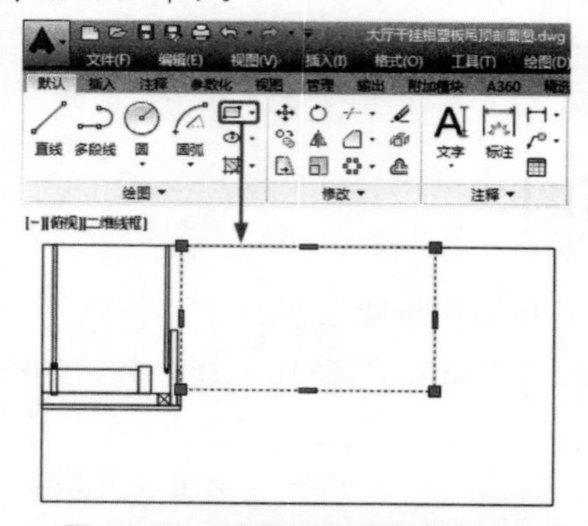

图 15-90　绘制矩形并调整位置

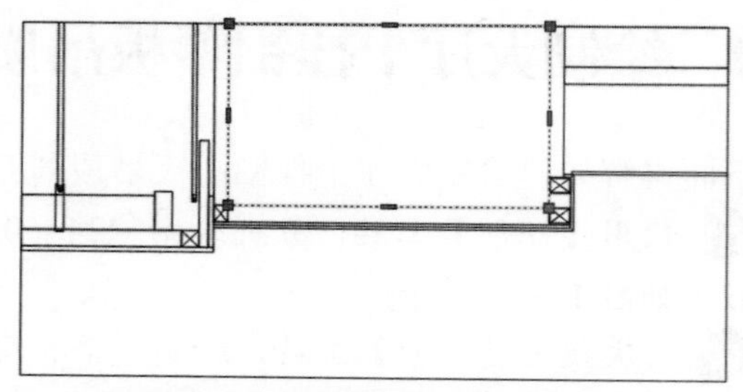

图 15-91　绘制矩形并调整位置

07 使用【多段线】工具，指定 A 点作为起点，向下引导鼠标输入 5，向右引导鼠标输入 604，向上引导鼠标输入 88，向左引导鼠标输入 12，向上引导鼠标输入 6，向右引导鼠标，输入 18，向下引导鼠标输入 100，向左引导鼠标输入 610，如图 15-92 所示。

08 使用【直线】工具，绘制直线，如图 15-93 所示。

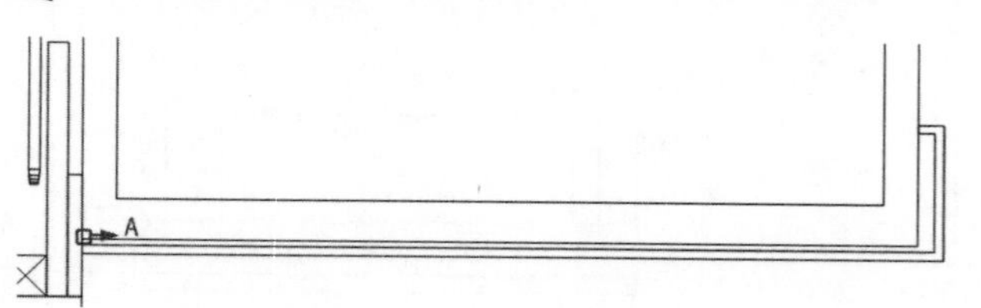

图 15-92　绘制多段线

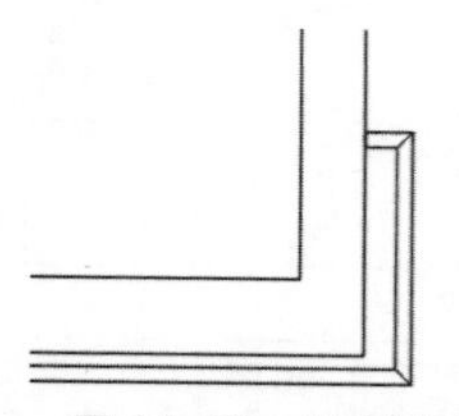

图 15-93　绘制直线

09 使用【矩形】工具，绘制一个长度为 24、宽度为 30 的矩形，然后使用【直线】工具，绘制直线，如图 15-94 所示。

10 再次使用【矩形】工具，绘制一个长度为 36、宽度为 27 的矩形，使用【偏移】工具，向内部进行偏移，将偏移距离设置为 1，使用【直线】工具，绘制直线，最后将绘制的对象进行复制并将其放置到合适的位置，如图 15-95 所示。

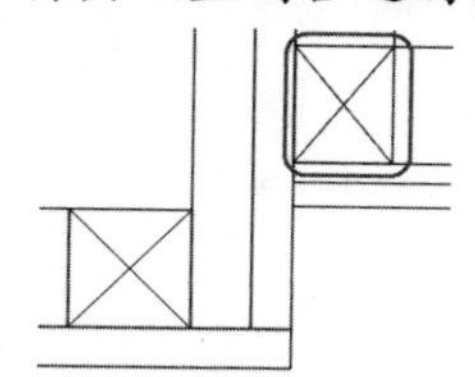

图 15-94　绘制矩形和直线

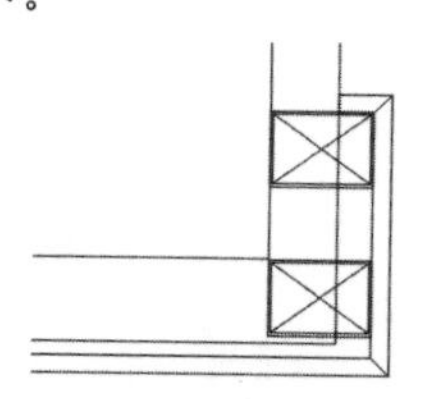

图 15-95　完成后的效果

11 使用【修剪】工具，对其进行修剪，然后使用【延伸】工具，将对象进行延伸，如图 15-96 所示。

12 再次使用【矩形】工具，分别绘制 278×70、278×30、265×5 的矩形，将绘制的矩形放置到合适的位置，如图 15-97 所示。

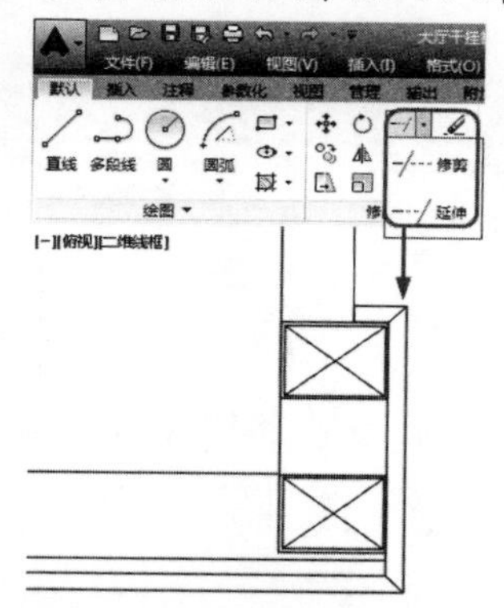

图 15-96　修剪并延伸对象

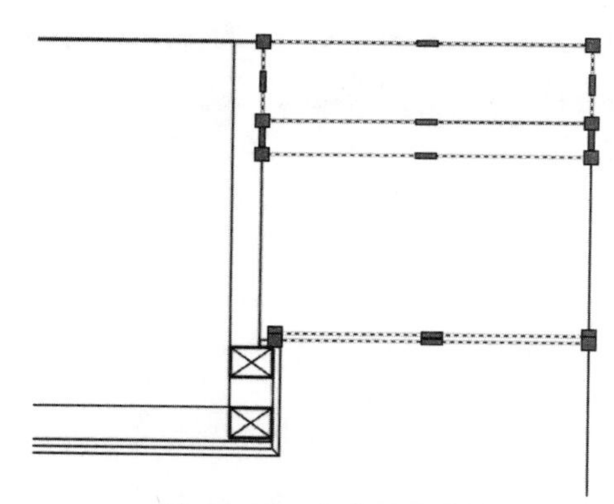

图 15-97　完成后的效果

13 打开随书附带光盘中的 CDROM\第 15 章\素材 1.dwg，将素材文件放置到合适的位置，如图 15-98 所示。

14 使用【修剪】工具，将如图 15-99 所示的位置进行修剪。

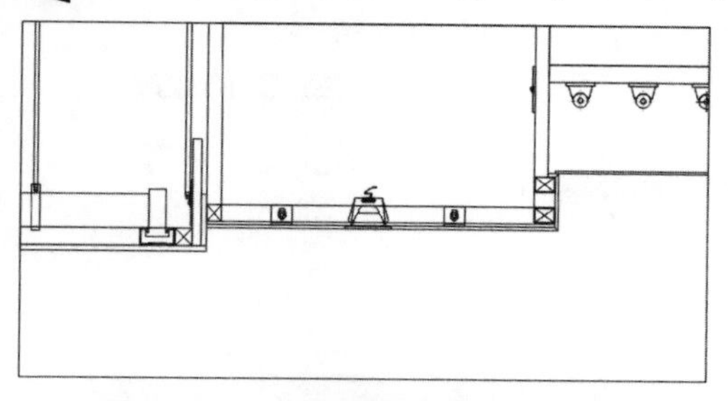

图 15-98　将素材放置到合适的位置

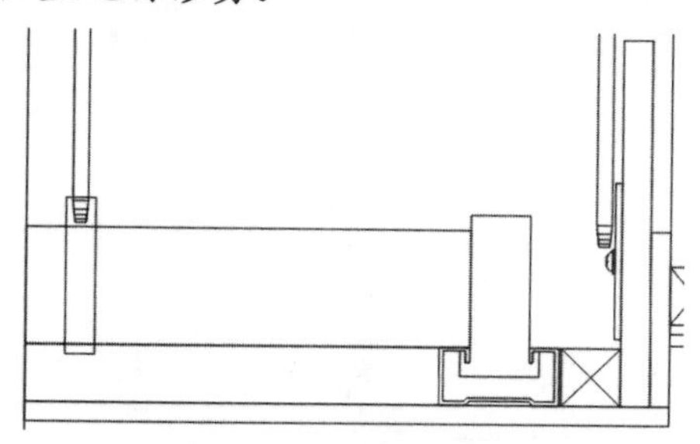

图 15-99　修剪对象

15 使用【图案填充】工具，将【图案填充图案】设置为【CORK】，将【角度】设置为 90，将【图案填充比例】设置为 1.5，填充效果如图 15-100 所示。

16 使用【图案填充】工具，将【图案填充图案】设置为【AR-SAND】，将【角度】设置为 0，将【图案填充比例】设置为 0.1，填充效果如图 15-101 所示。

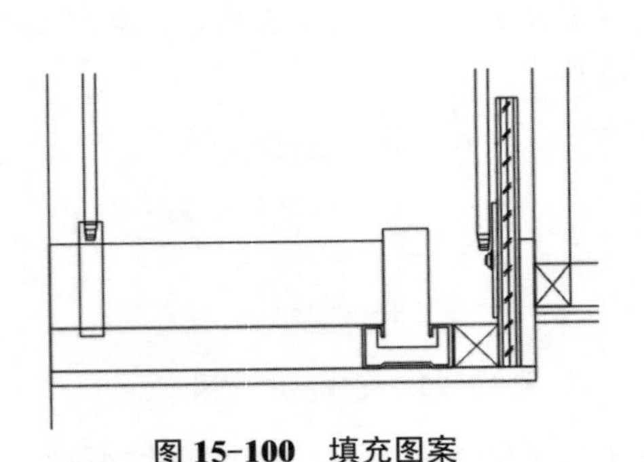

图 15-100　填充图案

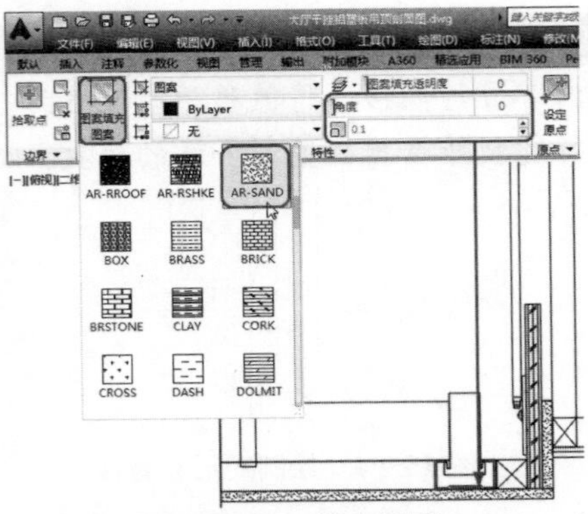

图 15-101　填充图案

17 使用【图案填充】工具，将【图案填充图案】设置为【JIS_LC_20】，将【角度】设置为 0，将【图案填充比例】设置为 0.1，效果如图 15-102 所示。

18 使用【图案填充】工具，将【图案填充图案】设置为【CORK】，将【角度】为 0，将【图案填充比例】设置为 1.5，效果如图 15-103 所示。

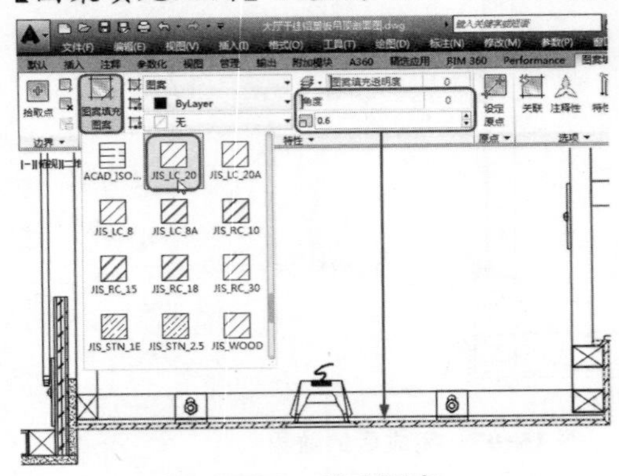

图 15-102　填充图案

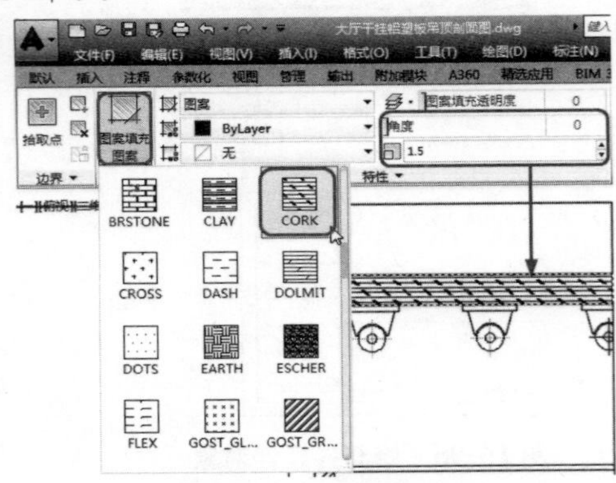

图 15-103　填充图案

19 单击【单行文字】按钮，将【文字高度】设置为 50，将【旋转角度】设置为 0，如图 15-104 所示。

20 在菜单栏中执行【格式】|【标注样式】命令，如图 15-105 所示。

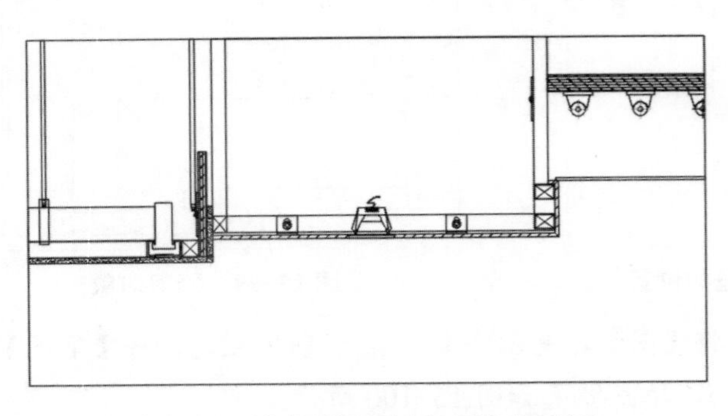

图 15-104　输入单行文字

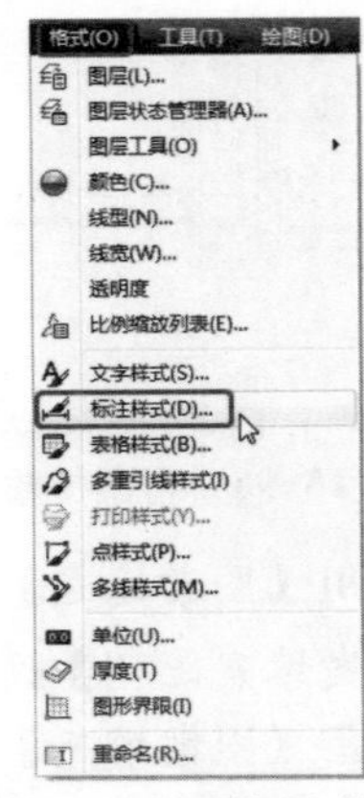

图 15-105　执行【标注样式】命令

21 弹出【标注样式管理器】对话框，单击【新建】按钮，弹出【创建新标注样式】对话框，将【新样式名】设置为【尺寸标注】，将【基础样式】设置为【ISO-25】，单击【继续】按钮，如图 15-106 所示。

22 切换至【线】选项卡，将【基线间距】设置为 7，将【超出尺寸线】和【起点偏移量】设置为 7，如图 15-107 所示。

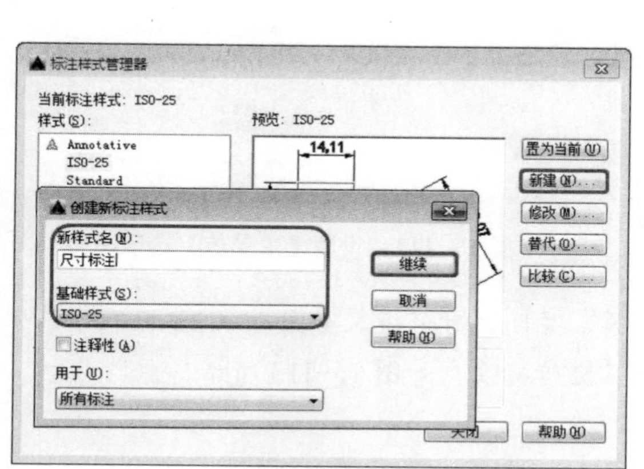

图 15-106 新建标注样式

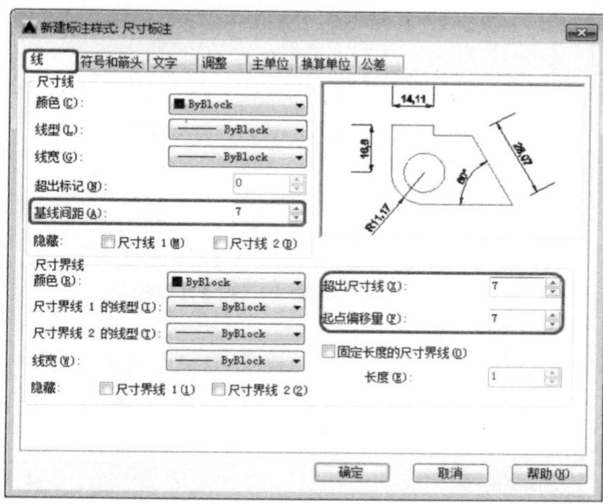

图 15-107 设置【线】选项卡

23 切换至【符号和箭头】选项卡，将【箭头】下的【第一个】和【第二个】设置为【点】，将【箭头大小】设置为 15，如图 15-108 所示。

24 切换【文字】选项卡，将【文字高度】设置为 30，如图 15-109 所示。

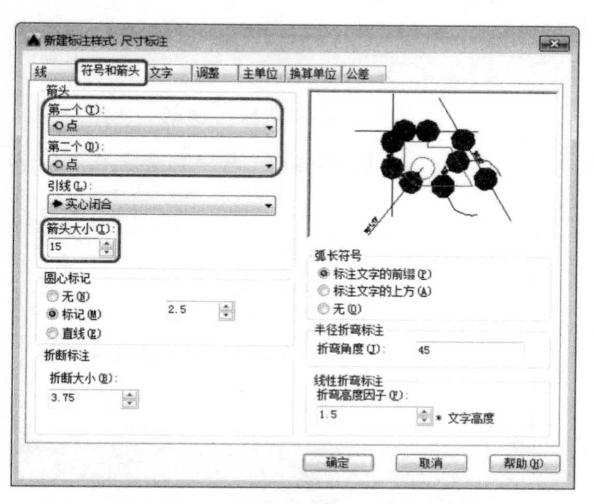

图 15-108 设置【符号和箭头】选项卡

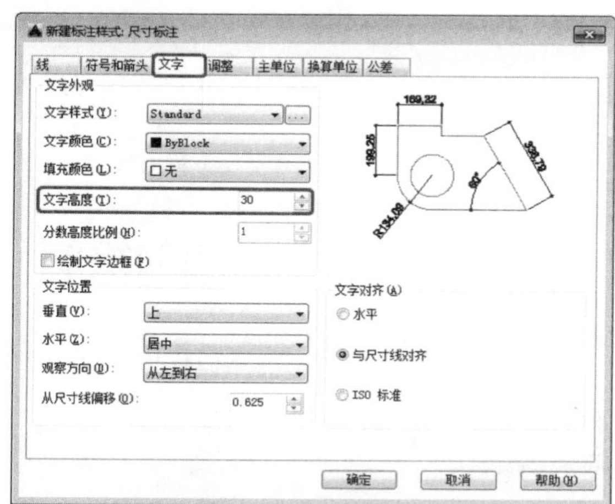

图 15-109 设置【文字】选项卡

25 切换至【调整】选项卡，选择【文字位置】下方的【尺寸线上方，不带引线】单选按钮，如图 15-110 所示。

26 切换至【主单位】选项卡，将【精度】设置为 0，如图 15-111 所示。

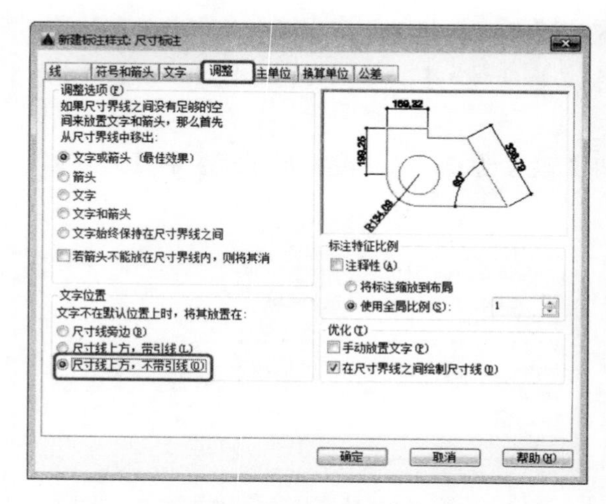

图 15-110 设置【调整】选项卡

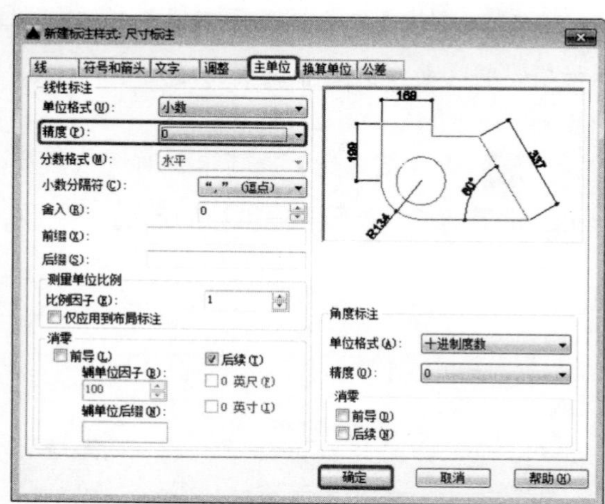

图 15-111 设置【主单位】选项卡

27 选择【尺寸标注】样式，将其置为当前，关闭该对话框，如图 15-112 所示。

28 使用【线性标注】和【连续标注】对其进行标注，如图 15-113 所示。

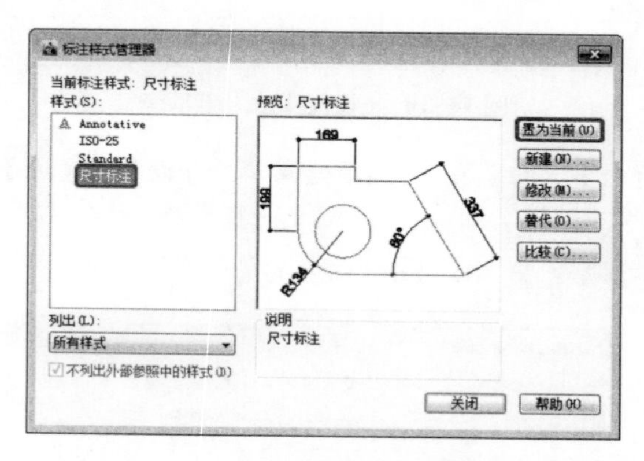

图 15-112 将【尺寸标注】置为当前

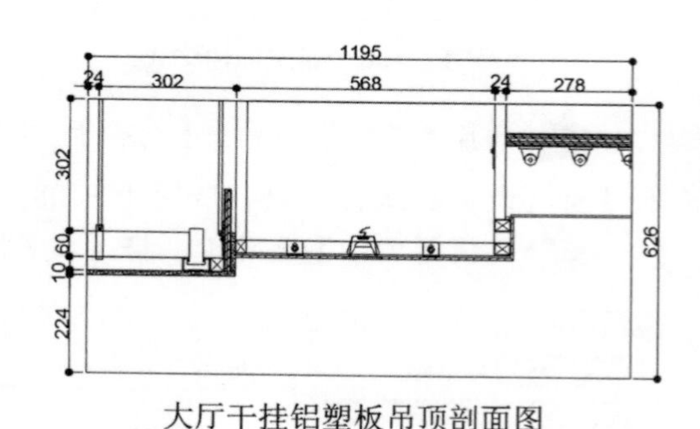

图 15-113 标注对象

15.5 居民楼剖面图的绘制

本例将讲解如何绘制居民楼剖面图的绘制。

15.5.1 绘制墙体、雨棚、楼板、支柱

下面讲解如何绘制墙体、雨棚、楼板、支柱。其具体操作步骤如下：

01 首先打开随书附带光盘中的 CDROM\素材\第 15 章\居民楼剖面图素材.dwg 图形文件，如图 15-114 所示。

02 在命令行中输入【LAYER】命令，打开【辅助线】图层，将【0】图层置为当前图层，如图 15-115 所示。

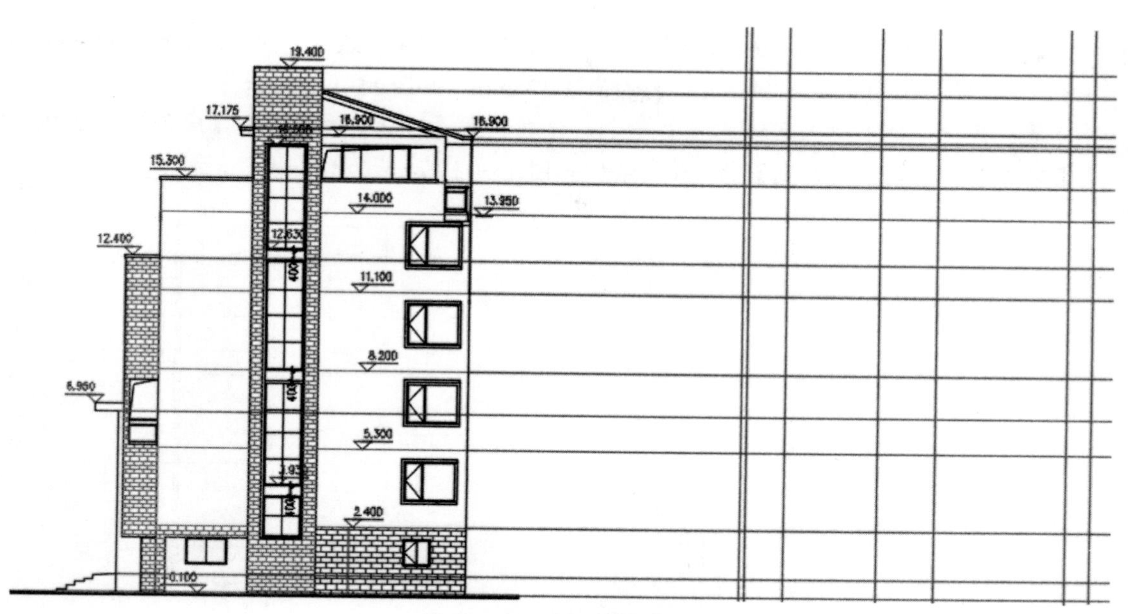

图 15-114　打开图形文件

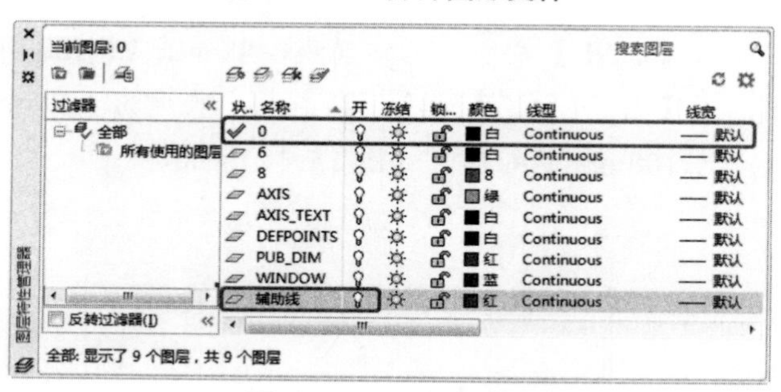

图 15-115　设置图层

03 在命令行中输入【MLINE】命令，设置【对正】为【无】，将【比例】设置为 370，绘制如图 15-116 所示的两条线段。

04 在命令行中输入【MLINE】命令，设置【对正】为【无】，将【比例】设置为 240，绘制如图 15-117 所示的线段。

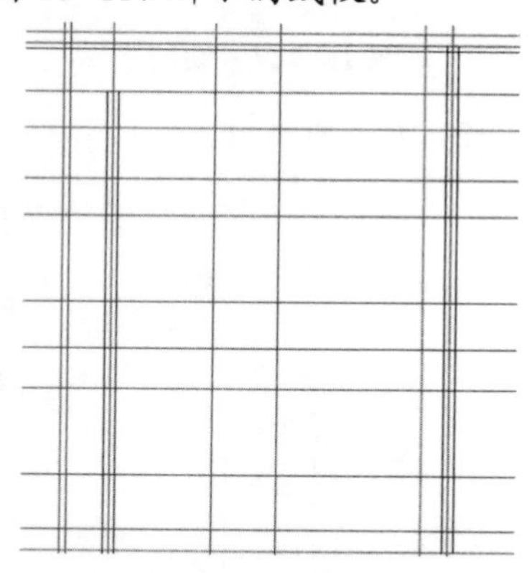

图 15-116　绘制多线

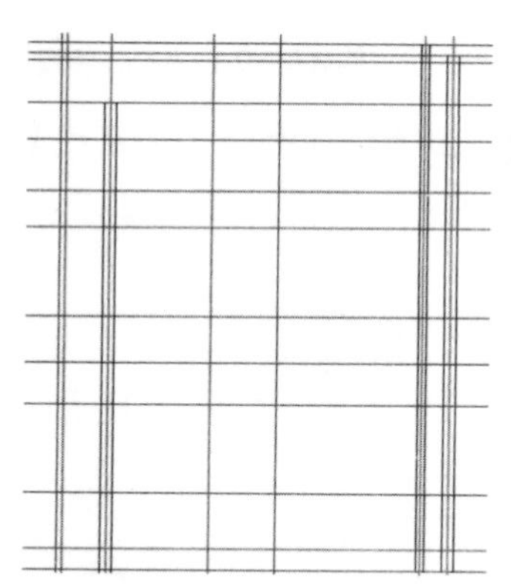

图 15-117　再次绘制多线

05 在命令行中输入【LINE】命令，沿 A 点绘制一条直线，然后在命令行中输入【OFFSET】命令，将直线分别向左偏移 445mm，向右偏移 175mm，如图 15-118 所示。

06 在命令行中输入【MLINE】命令，分别设置【对正】为【上】、【比例】为 240，以及【对正】为【无】、【比例】为 350，绘制如图 15-119 所示的两条线段。

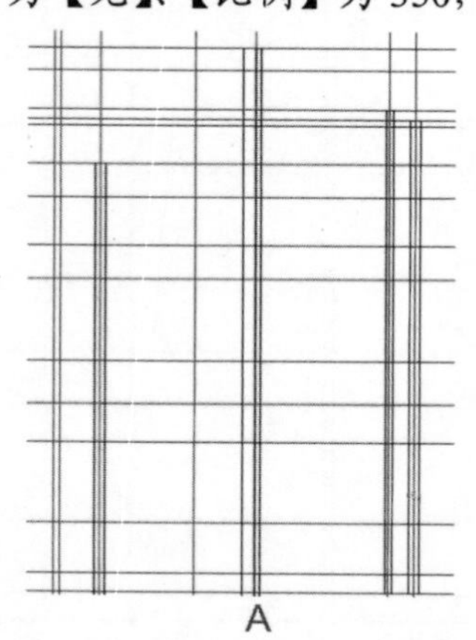

图 15-118 绘制直线并偏移直线

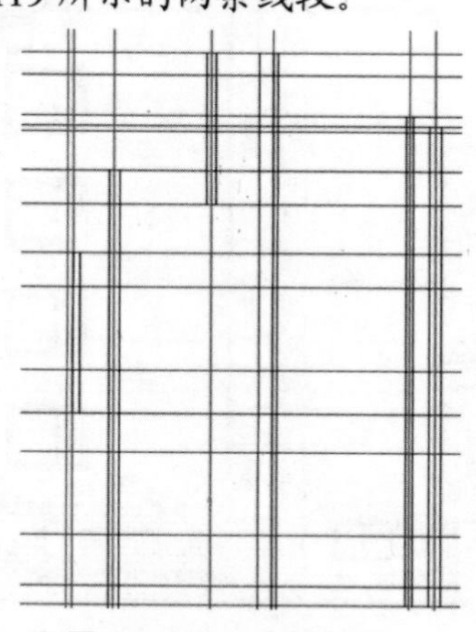

图 15-119 绘制多线

07 在命令行中输入【LINE】命令，沿辅助线绘制如图 15-120 所示的线段。

08 在命令行中输入【RECTANG】命令，绘制两个长度为 1 275mm、宽度为 100mm 和长度为 3 350mm、宽度为 100mm 的矩形，如图 15-121 所示。

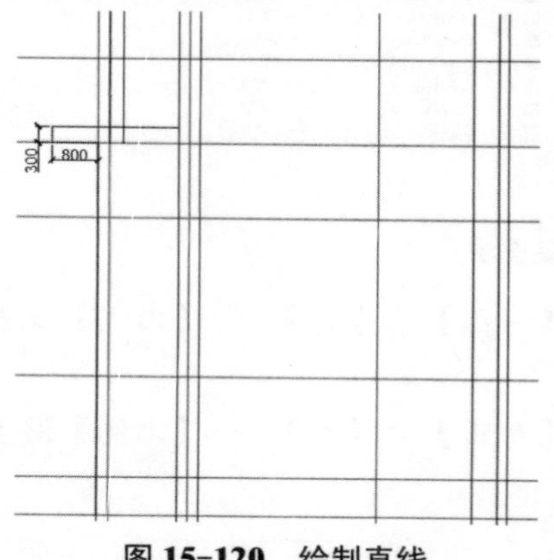

图 15-120 绘制直线

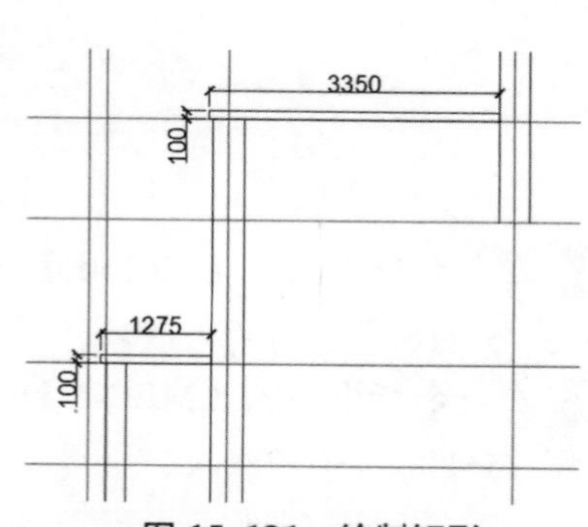

图 15-121 绘制矩形

09 在命令行中输入【直线】命令，绘制如图 15-122 所示的线段。

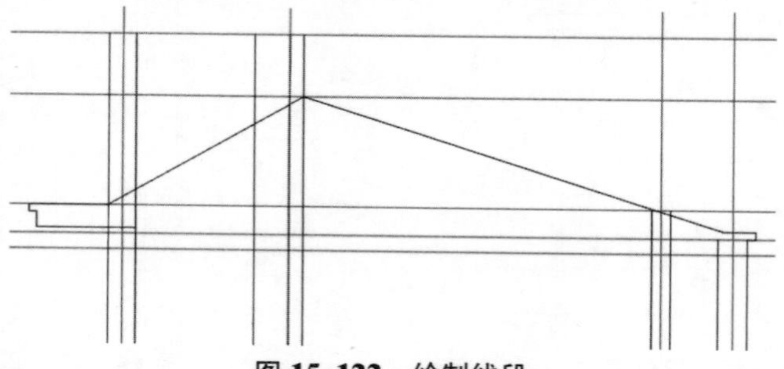

图 15-122 绘制线段

10 在命令行中输入【OFFSET】命令，将偏移距离设置为100mm，对两条斜线段向下进行偏移，如图15-123所示。

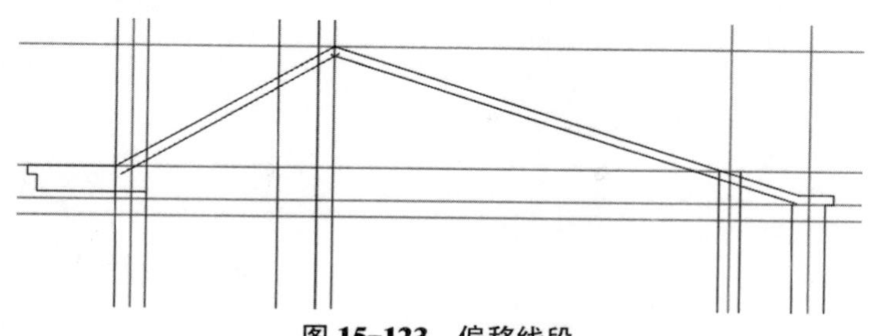

图 15-123　偏移线段

11 在命令行中输入【EXPLODE】命令将所有多线进行分解，然后在命令行中输入【EXTEND】命令和【TRIM】命令，修剪线段，如图15-124所示。

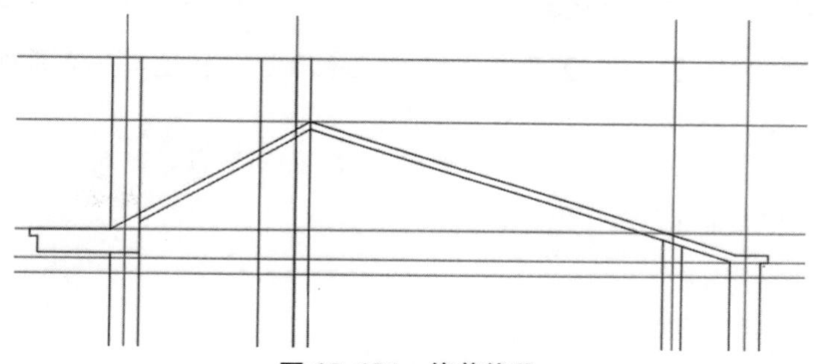

图 15-124　修剪线段

12 在命令行中输入【LINE】命令，在空白处指定任意一点，向右引导鼠标，输入数值为7 705，向下引导鼠标，输入数值为341，向左引导鼠标，输入数值为370，向上引导鼠标，输入数值为250，向左引导鼠标，输入数值为595，向下引导鼠标，输入数值为250，向左引导鼠标，输入数值为240，向上引导鼠标，输入数值为250，向左引导鼠标，输入数值为4 380，向左引导鼠标，输入数值为 250，向左引导鼠标，输入数值为 620，向上引导鼠标，输入数值为250，向左引导鼠标，输入数值为1 300，向下引导鼠标，输入数值为250，向左引导鼠标，输入数值为197，向上引导鼠标，输入数值为350，绘制如图15-125所示的楼板轮廓。

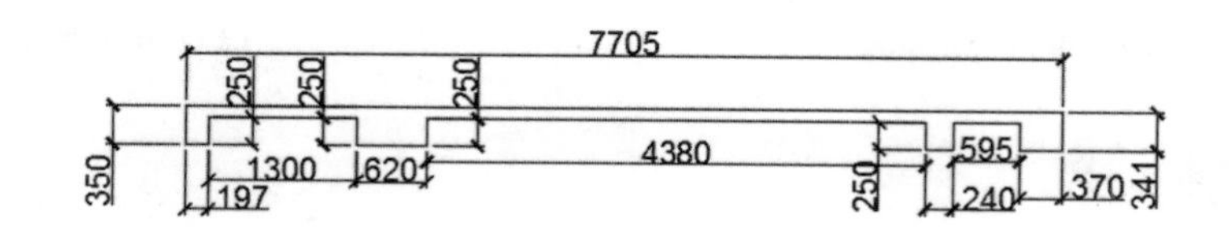

图 15-125　绘制楼板轮廓

13 在命令行中输入【COPY】命令，将楼板轮廓复制多个，并将其移至合适的位置，复制后的效果如图15-126所示。

14 在命令行中输入【LINE】命令，在空白处指定任意一点，向右引导鼠标，输入数值为1 480，向下引导鼠标，输入数值为350，向左引导鼠标，输入数值为200，向上引导鼠标，输入数值为250，向左引导鼠标，输入数值为1 080，向下引导鼠标，输入数值为300，向左引导鼠标，输入数值为 200，向上引导鼠标，输入数值为 400，绘制如图 15-127 所示的楼板轮廓。

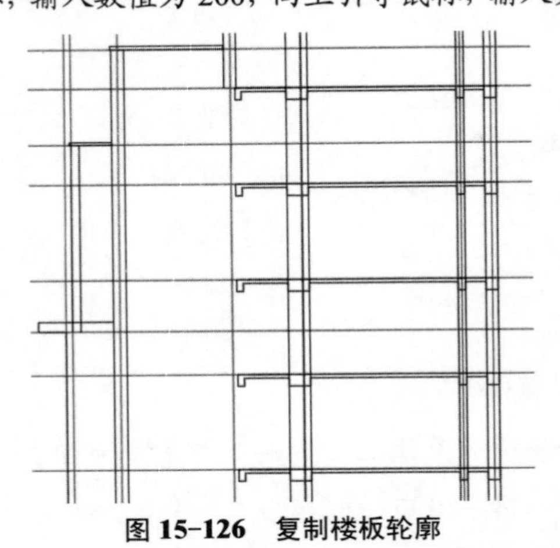

图 15-126　复制楼板轮廓

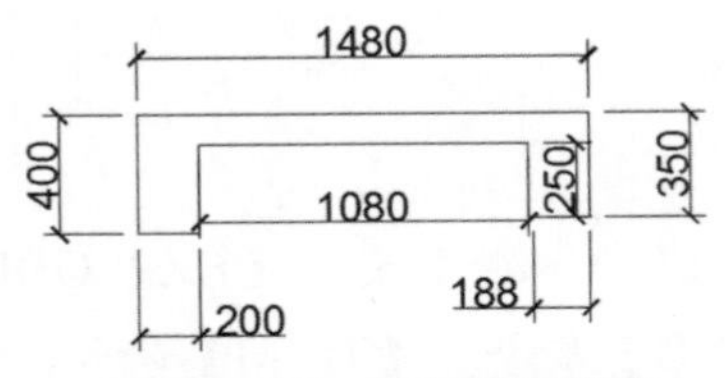

图 15-127　绘制楼板轮廓

15 在命令行中输入【COPY】命令，将楼板轮廓复制多个，并将其移至合适的位置，复制后的效果如图 15-128 所示。

16 将【辅助线】图层关闭，在命令行中输入【TRIM】命令，对多余的线段进行修剪，修建后的效果如图 15-129 所示。

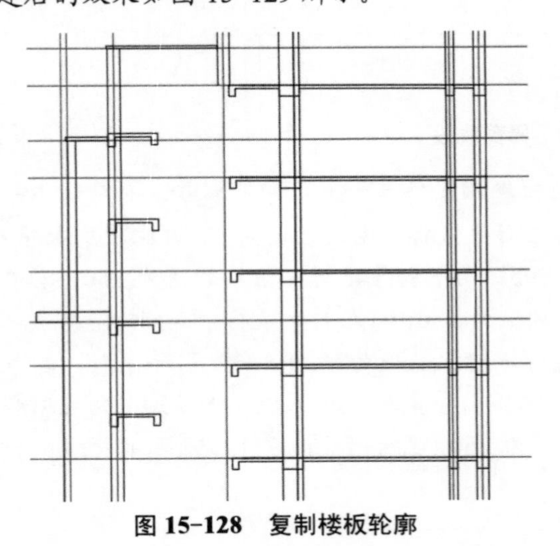

图 15-128　复制楼板轮廓

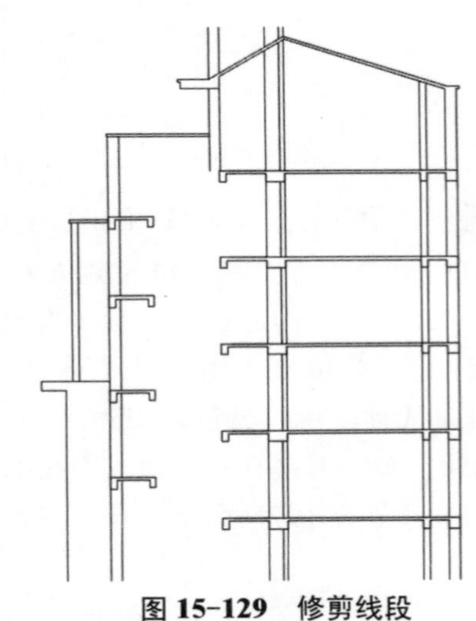

图 15-129　修剪线段

15.5.2 绘制楼梯

绘制楼梯时，主要使用【线】命令绘制楼梯台阶，然后将其移动至楼板位置，然后绘制楼梯扶手。其具体操作步骤如下：

01 在命令行中执行【COPY】命令，将立面图中的楼前阶梯复制到如图 15-130 所示位置。

02 在命令行中执行【LINE】命令，绘制楼梯。在空白位置，依次向下绘制长度为 161、向左绘制长度为 270 的线段，如图 15-131 所示。

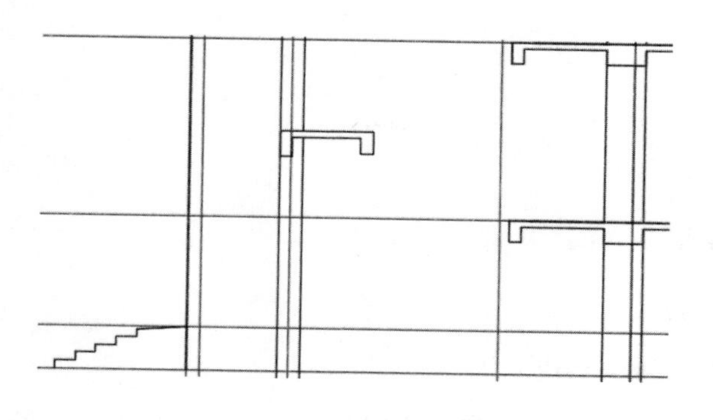

图 15-130　复制阶梯

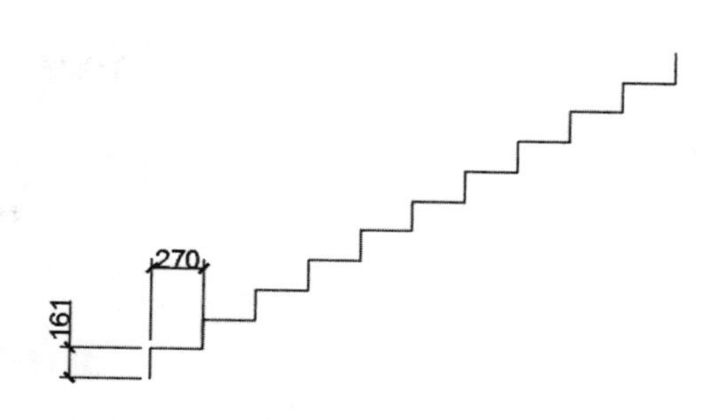

图 15-131　绘制楼梯

03 在命令行中输入【COPY】命令，将其复制到如图 15-132 所示的位置。

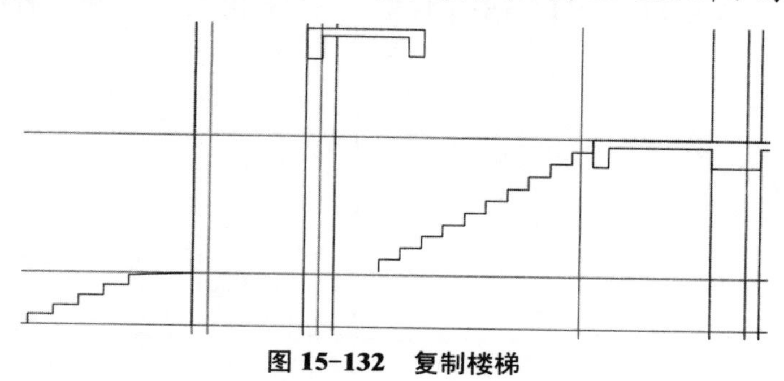

图 15-132　复制楼梯

04 在命令行中输入【LINE】命令，通过捕捉端点，绘制如图 15-133 所示的线段。

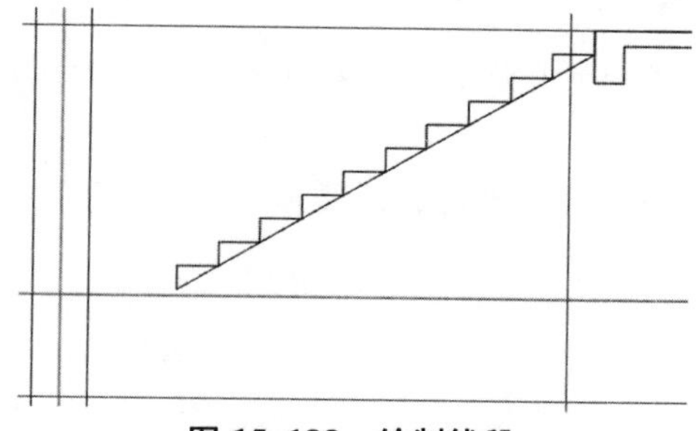

图 15-133　绘制线段

05 在命令行中输入【MOVE】命令，将绘制的线段向下移动 116，如图 15-134 所示。

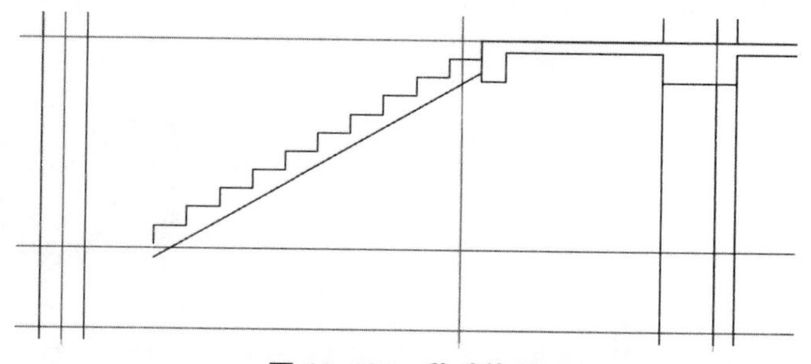

图 15-134　移动线段

06 在命令行中执行【LINE】命令，绘制 3 条如图 15-135 所示的线段。

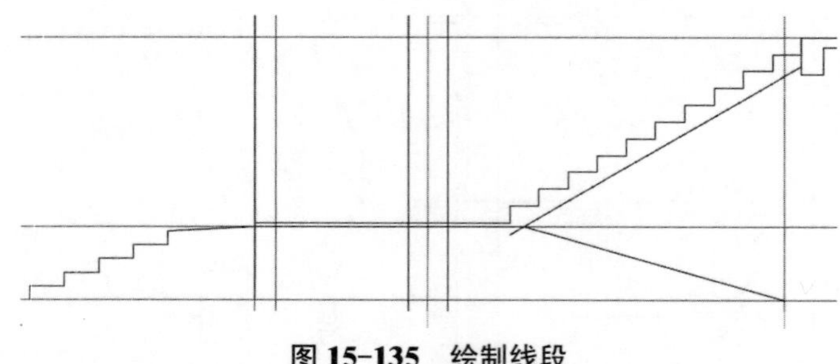

图 15-135　绘制线段

07 在命令行中执行【LINE】命令，在空白位置依次向上绘制长度为 161、向左绘制长度为 270 的线段，如图 15-136 所示。

08 在命令行中输入【COPY】命令，将其复制到如图 15-137 所示的位置。

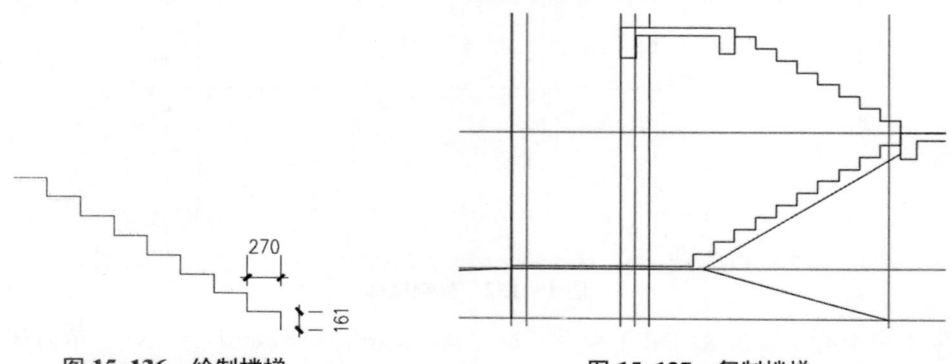

图 15-136　绘制楼梯

图 15-137　复制楼梯

09 参照前面的操作步骤绘制直线并向下移动直线，移动距离为 116，效果如图 15-138 所示。

10 使用相同的方法，绘制出其他楼层的楼梯，效果如图 15-139 所示。

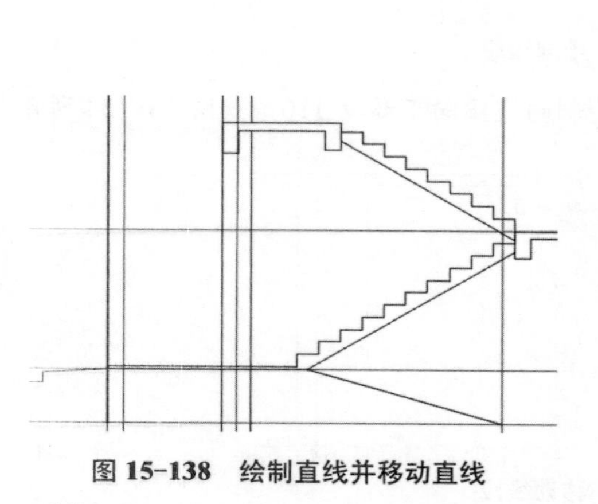

图 15-138　绘制直线并移动直线

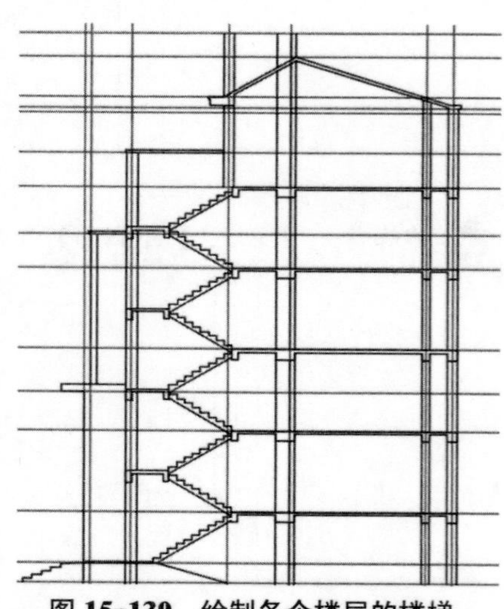

图 15-139　绘制各个楼层的楼梯

11 在命令行中执行【LINE】命令，在一层楼梯两端，距离台阶 134 处，各绘制长度为

980 的垂线，如图 15-140 所示。

12 继续在命令行中执行【LINE】命令，将两条垂线的端点进行链接，绘制出楼梯扶手，如图 15-141 所示。

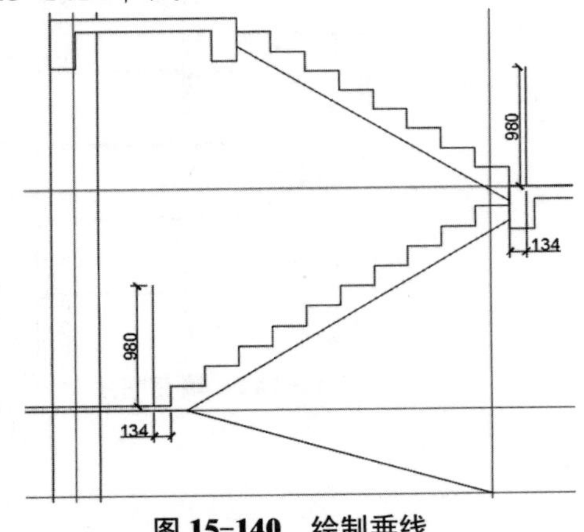

图 15-140　绘制垂线

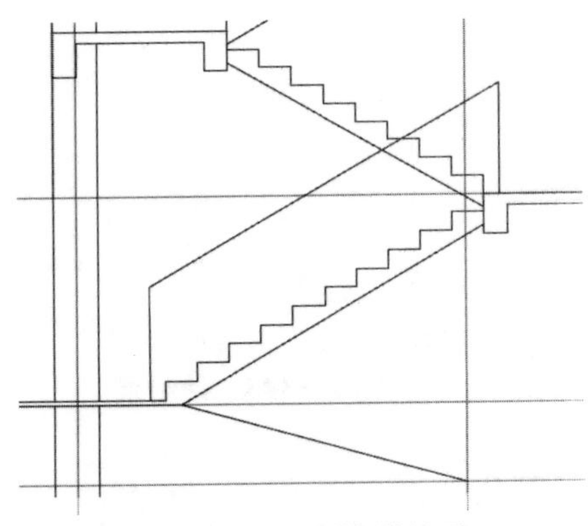

图 15-141　绘制楼梯扶手

13 使用相同的方法，绘制其他楼层的楼梯扶手，效果如图 15-142 所示。

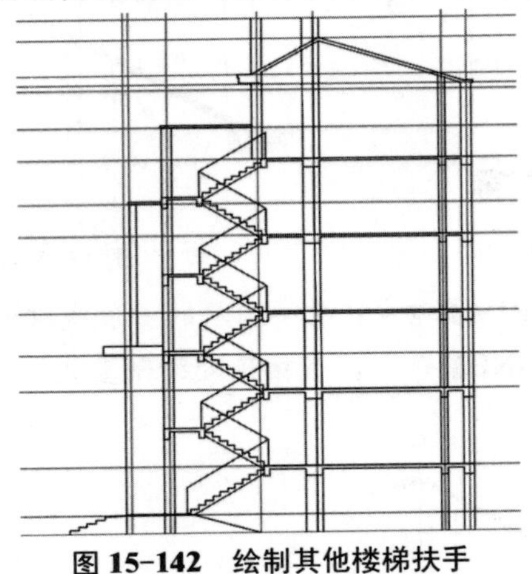

图 15-142　绘制其他楼梯扶手

15.5.3 绘制梁

下面使用【矩形】和【图案填充】命令完成主次梁的绘制。其具体操作步骤如下：

01 在命令行中输入【RECTANG】命令，绘制两个长度为 370、宽度为 400 的矩形，然后将其填充为【SOLID】。将【辅助线】图层隐藏显示，查看绘制梁的效果，如图 15-143 所示。

02 在命令行中输入【HATCH】命令，将填充设置为【SOLID】，将楼板和梁进行填充，如图 15-144 所示。

03 在命令行中输入【LINE】命令，将楼顶进行封闭处理，如图 15-145 所示。

04 在命令行中输入【HATCH】命令，将填充设置为【SOLID】，将楼顶和梁进行填充，如图 15-146 所示。

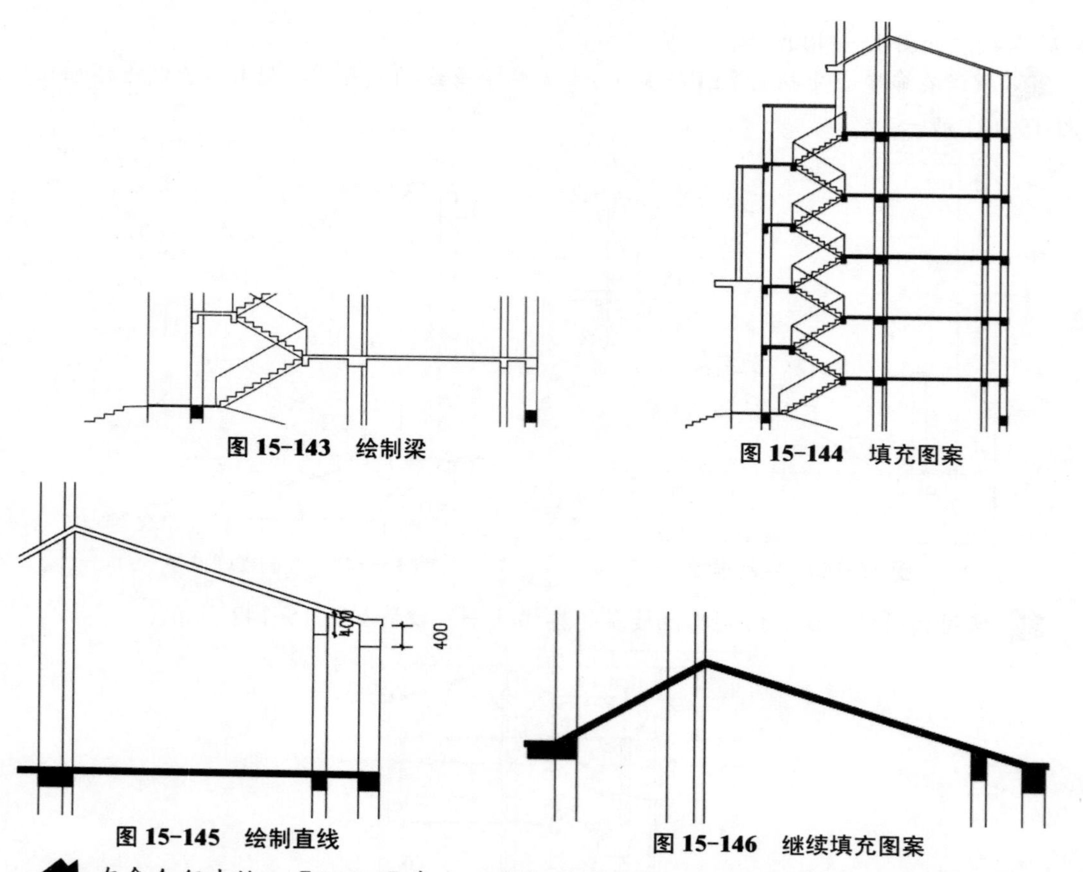

图 15-143 绘制梁

图 15-144 填充图案

图 15-145 绘制直线

图 15-146 继续填充图案

05 在命令行中输入【TRIM】命令，对楼顶层的多余线段进行修剪，如图 15-147 所示。

06 在命令行中输入【LINE】命令，在楼顶处绘制直线，如图 15-148 所示。

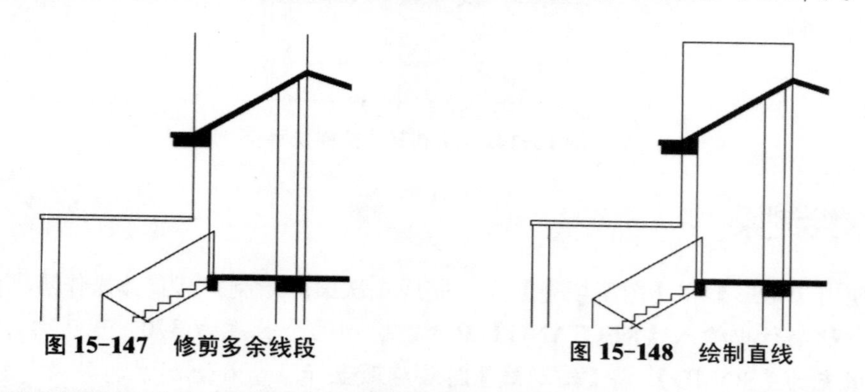

图 15-147 修剪多余线段

图 15-148 绘制直线

15.5.4 绘制门窗

下面讲解如何绘制门窗并对绘制的剖面图标注尺寸。具体操作步骤如下：

01 首先绘制门。在命令行中输入【RECTANG】命令，在空白位置绘制一个长度为 1 200、宽度为 2 150 的矩形，如图 15-149 所示。

02 在命令行中输入【EXPLODE】命令，将矩形分解。然后在命令行中输入【OFFSET】

命令，将左右两侧和顶部线段向内偏移 50，如图 15-150 所示。

03 在命令行中输入【TRIM】命令，将多余的线段进行修剪，修剪完成后的效果如图 15-151 所示。

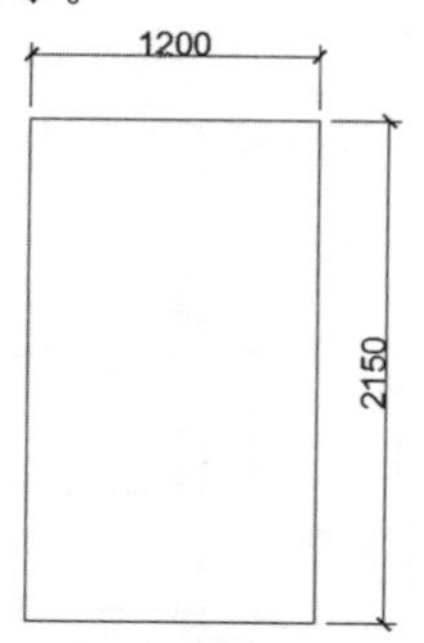

图 15-149　绘制矩形

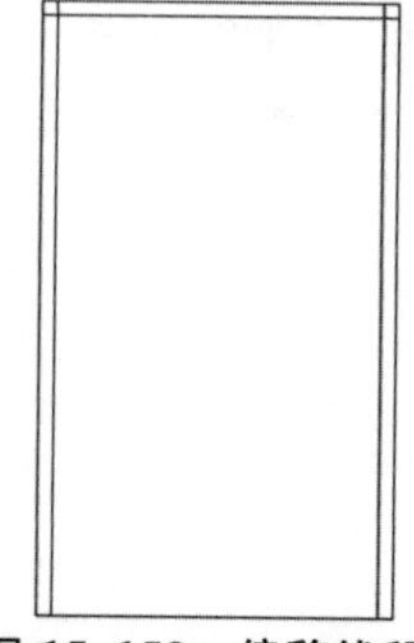
图 15-150　偏移线段

图 15-151　修剪线段

04 在命令行中输入【COPY】命令，将绘制完成的门复制多个，并移至合适的位置，如图 15-152 所示。

05 在命令行中输入【LINE】命令，在楼房的第一层墙体处，绘制两条距离地面 1 000 和 1 600 的线段，如图 15-153 所示。

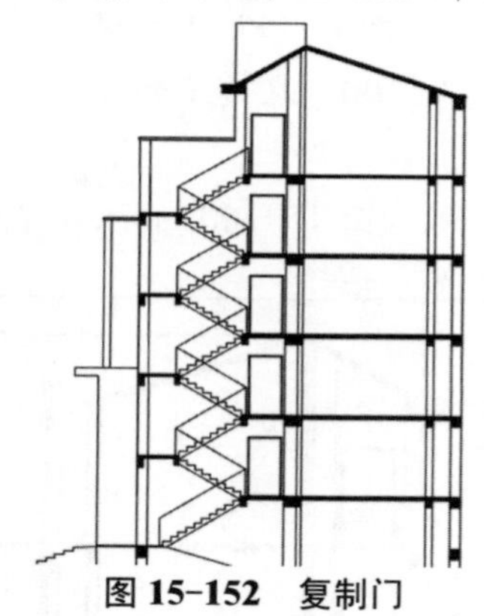
图 15-152　复制门

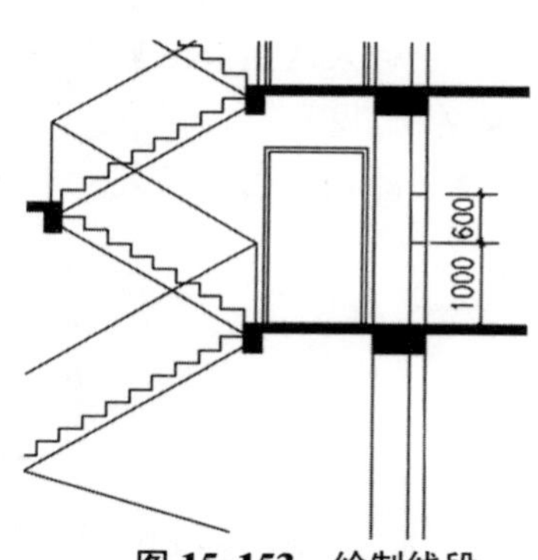

图 15-153　绘制线段

06 在命令行中输入【LINE】命令，连接线段左侧的端点，然后在命令行中输入【OFFSET】命令，将连接线段向右偏移 55，如图 15-154 所示。

07 使用相同的方法绘制其他楼层的窗户，如图 15-155 所示。

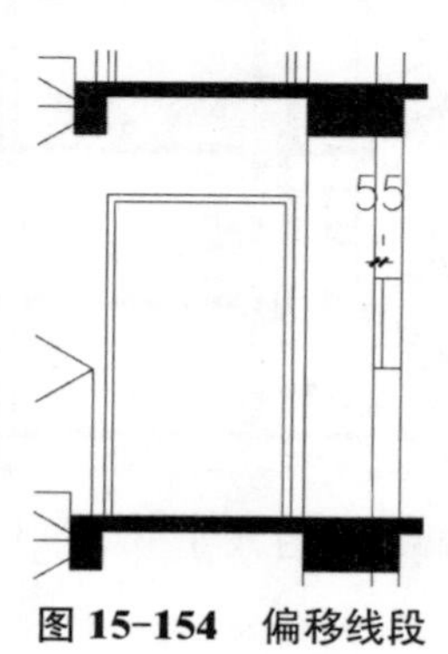

图 15-154　偏移线段

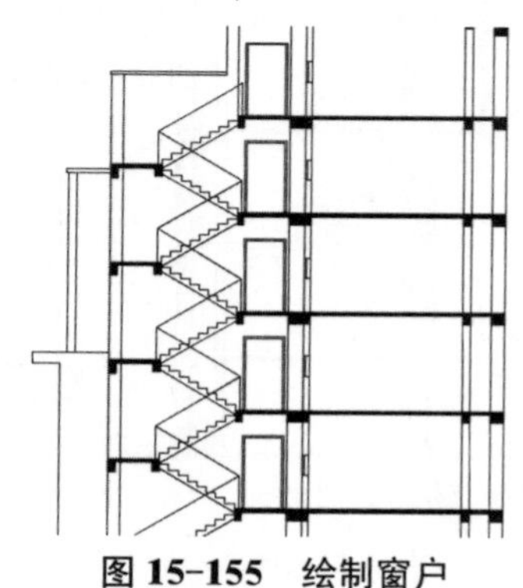
图 15-155　绘制窗户

08 在命令行中输入【RECTANG】命令，在空白位置绘制一个长度为 370、宽度为 1 550 的矩形，如图 15-156 所示。

09 在命令行中输入【EXPLODE】命令，将矩形分解，然后在命令行中输入【OFFSET】命令，将右侧线段向内偏移 100，如图 15-157 所示。

10 在命令行中输入【COPY】命令，将绘制完成的窗户复制到各个楼层中，如图 15-158 所示位置。

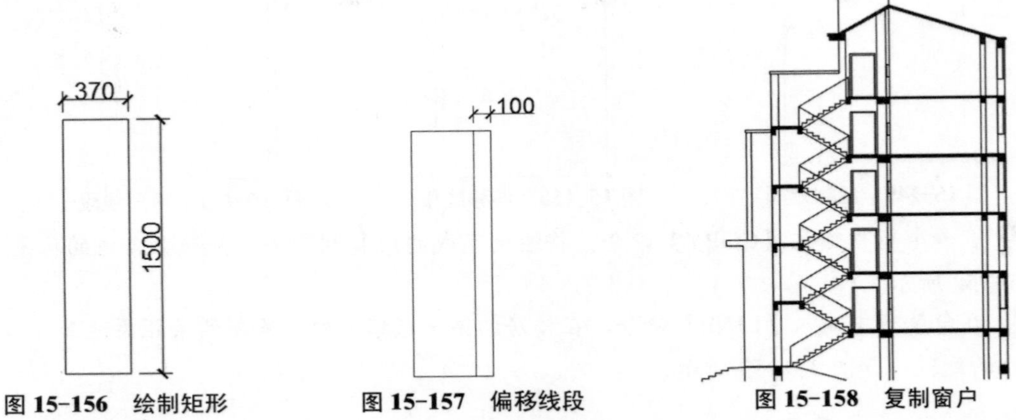

图 15-156 绘制矩形　　图 15-157 偏移线段　　图 15-158 复制窗户

11 在命令行中输入【PLINE】命令，将【线宽】设置为 100，在楼层的最底部绘制地坪，如图 15-159 所示。

12 最后为绘制的剖面图标注尺寸和标高，完成后的效果如图 15-160 所示。

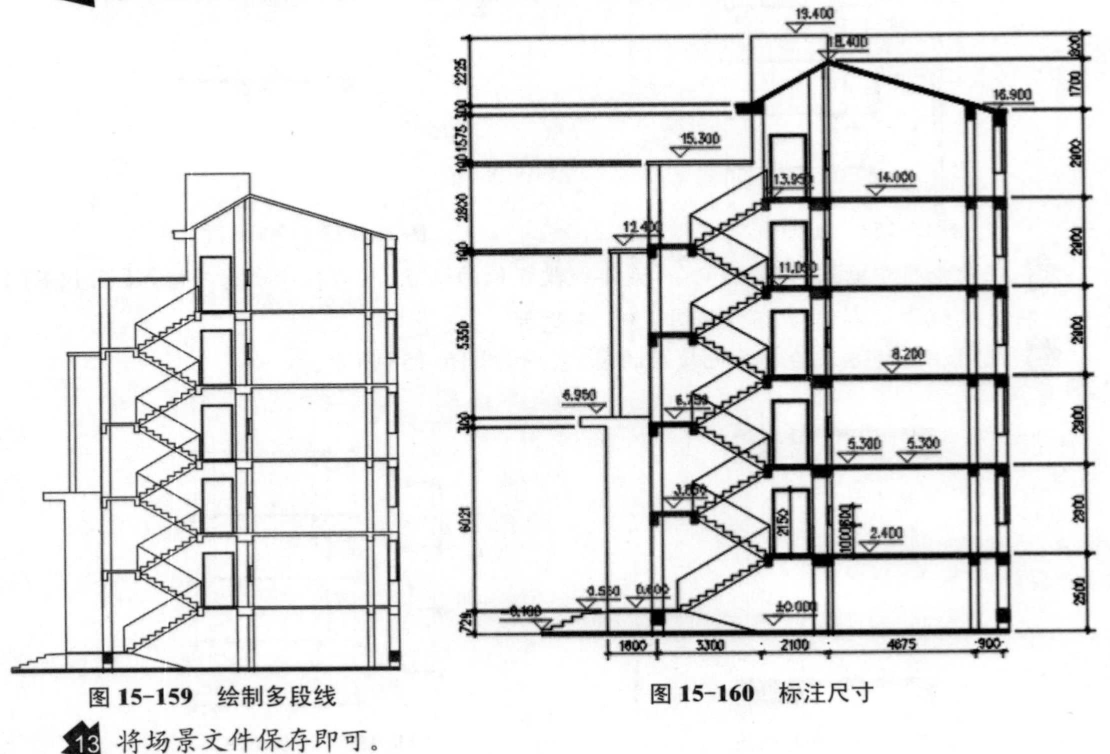

图 15-159 绘制多段线　　图 15-160 标注尺寸

13 将场景文件保存即可。

16 Chapter

绘制建筑详图

本章导读：

基础知识
- ◈ 建筑详图概述
- ◈ 详图的识读

重点知识
- ◈ 绘制墙身详图
- ◈ 绘制电视背景墙详图
- ◈ 绘制餐厅包间详图

提高知识
- ◈ 学习设置绘图的方法
- ◈ 通过实例进行学习

建筑详图是建筑细部的施工图。本章主要介绍建筑详图的基本知识，结合多个实例讲解利用 AutoCAD 分别绘制各种建筑详图的主要方法和步骤。建筑详图是建筑施工图中不可缺少的图样，通过对本章的学习，用户应能够独立绘制各类建筑详图。

16.1 建筑详图绘制概述

建筑详图又称建筑大详图或详图，建筑大详图将某些建筑构配件和某些剖视节点的具体内容表达清楚，体现出大比例尺的优势，是建筑施工、工程预算的重要依据。

16.1.1 建筑详图的概念

房屋建筑平面图、立面图、剖面图（简称平、立、剖面图）都是用较小的比例绘制的，主要表达建筑全局性的内容，但对于房屋细部或构、配件的形状、构造关系等无法表达清楚。因此，在实际工作中，为详细表达建筑节点及建筑构、配件的形状、材料、尺寸及做法，而用较大的比例画出的图形，称为建筑详图，或称大样图。

16.1.2 建筑详图的特点和标识

建筑详图的特点，一是比例大（常用 1:50、1:20、1:10、1:5、1:2、1:1 等）；二是图示详尽清楚，凡在建筑平、立、剖面图中没有表达清楚的细部构造，均需用详图补充表达；三是尺寸标注齐全，要标注主要部位的标高，用料及做法也要表达清楚。

为了便于看图，常采用详图标志和详图索引标志。详图标志又称详图符号，画在详图的下方；详图索引标志又称索引符号，则表示建筑平、立、剖面图中某个部位需另画详图表示，故详图索引符号是标注在需要画出详图的位置附近，并用引出线引出。

16.1.3 建筑详图的图示内容和图示方法

建筑详图所表现的内容相当广泛，可以不受任何限制，只要平、立、剖面图中没有表达清楚的地方都可用详图进行说明。因此，根据房屋复杂的程度、建筑标准的不同，详图的数量及内容也不尽相同。一般来讲，建筑详图包括外墙详图、楼梯详图、卫生间详图、门窗详图以及阳台、雨棚和其他固定设施的详图。

那么，建筑详图的图示内容和图示方法包括以下内容：

- 建筑详图一般表达构配件的详细构造，如材料、规格、相互连接的方法、相对位置、详细尺寸、标高、施工要求和做法的说明等。
- 建筑详图必须画出详图符号，应与被索引的图样上的索引符号相对应，在详图符号的右下侧注写比例。
- 在详图中如再需另画详图时，则在其相应部位画上索引符号。
- 对于套用标准图或通用详图的建筑构配件和建筑节点，只要注明所套用图集的名称、编号或页次，就不必再画详图。
- 详图的平面图、剖面图，一般都应画出抹灰层与楼面层的面层线，并画出材料图例。
- 详图中的标高应与平面图、立面图、剖面图中的位置一致。
- 详图中定位轴线的标号圆圈可为 10mm。

16.1.4 建筑详图的绘制方法与步骤

建筑详图可分为平面详图、立面详图和剖面详图。利用 AutoCAD 绘制建筑详图时，可以首先从已经绘制的平面图、立面图或者剖面图中提取相关的部分，然后再按照详图的要求进行其他的绘制工作。具体操作步骤如下：

01 从相应的图形中提取与所绘制详图的有关内容。

02 对所提取的相关内容进行修改，形成详图的草图。

03 根据详图绘制的具体要求，对草图进行修改。

04 调整详图的绘图比例，一般为 1:50 或 1:210。

05 若为平面详图，则需要进行室内设施的布置，比如卫生间详图中就必须绘制各种卫生用具详图。

06 填充材质和图案。各种详图中剖切的部分都应绘制填充材料符号。

07 标注文本和尺寸，要求标注得比较详细。以卫生间为例，卫生间洁具定位一般以某水管定位线为基准，其他设备边缘线定位，标注时需要标注出设备定位尺寸和房间的周边净尺寸，同时还应标出室内标高、排水方向及坡度等。文本标注用于详细说明各个部件的做法。

16.1.5 外墙墙身详图的识读

常见的建筑详图有外墙墙身详图、楼梯间详图、卫生间详图、厨房详图、门窗详图、阳台详图、雨篷详图等。下面以外墙墙身详图、楼梯间详图、门窗详图等的识读方法进行讲解。

外墙墙身详图即建筑物的外墙身剖面详图，是建筑细部的施工图，具根据施工要求，将建筑平面图、立面图和剖面图中的某些建筑构配件（如门、窗、楼梯、阳台、各种装饰等）或某些建筑剖面节点（如檐口、窗台、明沟或散水以及楼地面层、屋顶层等）的详细构造（包括样式、层次、做法、用料、详细尺寸等）用较大比例清楚地表达出来的图样。

在墙身节点详图中，主要用以表达外墙的墙脚、窗台、过梁、墙顶以及外墙与室内外地坪、外墙与楼面、屋面的连接关系，门窗洞口、底层窗下墙、窗间墙、檐口、女儿墙壁等的高度，室内外地坪、防潮层、门窗洞的上下口、檐口、墙顶及各层楼面、屋面的标高，屋面、楼面、地面的多层构造；立面装修和墙身防水、防潮要求及墙体各部位的脚线、窗台、窗楣檐口、勒脚、散水的尺寸、材料和做法等内容。

16.1.6 楼梯详图的识读

楼梯是楼层垂直交通的必要设施，是楼梯放样、施工的依据。由楼梯段（简称梯段）、休息平台、栏杆与扶手等组成。梯段是联系两个不同标高平面的倾斜构件，上面做有踏步。踏步的水平面称踏面，与踏步垂直的竖面称踢面。休息平台有休息和转换梯段的作用，栏杆扶手则保证楼梯交通的安全。

由于楼梯的构造比较复杂，因而需要单独画出楼梯详图来反映楼梯的布置类型、结构形式以及踏步、栏杆扶手防滑条等的详细构造、尺寸和装修做法。

楼梯详图一般由楼梯平面图、楼梯剖面图和楼梯踏步、栏杆、扶手接点详图组成。如有楼梯剖面详图，在楼梯底层平面图上要有相应的剖切符号，表示剖面的剖切位置和剖面方向。

楼梯平面图是用假想剖切平面在距地面 1m 以上的位置水平剖切，向下做的正投影，因此与建筑平面图的形成是完全相同的。建筑平面图选用的比例较小，不宜把楼梯的构配件和尺寸详细表达清楚，所以用较大的比例另行画出楼梯平面图。

在楼梯平面图中，主要表达：楼梯间的位置，用定位轴线表示；楼梯间的开间、进深、墙体厚度；梯段的长度、宽度以及梯段上踏步的宽度和数量，梯段长=（踏步级数−1）×踏面宽；休息平台的形式和位置、楼梯井的宽度、各层楼梯段的起始尺寸、各楼层和休息平台的标高。其中在楼梯底层平面图中，还要标注出楼梯剖面图的剖切符号，沿楼梯的上行梯段将楼梯间剖开，绘制相应的楼梯剖面图。

楼梯剖面图主要表示梯段的长度、踏步级数、楼梯的结构形式、材料、楼地面、休息平台、栏杆等的构造做法，以及各部分的标高及索引符号。一般采用 1:50、1:30 或是 1:40 的比例绘制。

楼梯节点详图主要表达楼梯栏杆、踏步、扶手的做法。如采用标准图集，则直接引注标准图集编号；如采用特殊形式，则用 1:10、1:5、1:2、1:1 比例详细画出。

16.1.7 门窗详图的识读

门窗详图一般由各地区建筑主管部门批准发行的各种不同规格的标准图（通用图、利用图）供设计选用。若采用标准详图，则在施工图中只需说明详图所在标准图集中的编号即可；如果未采用标准图集时，则必须画出门窗详图。

在进行建筑设计中，其门窗起到交通、分隔、防盗、通风、采光等作用，其木门、窗由门（窗）框、门（窗）扇及五金件等组成。

门窗详图由立面图、节点图、断面图和门窗扇立面图等组成。

1. 门窗立面图

门窗立面图常用 1:20 的比例绘制，主要表达门窗的外形、开启方式和分扇情况，同时还标出门窗的尺寸及需要画出节点图的详图索引符号。

一般以门窗向着室外的面作为正立面，门窗扇向室外开则称为外开，反之为内开。《图标》中规定：门窗立面图上开启方向外开用两条细斜实线表示，内开用细斜虚线表示。斜线开口端为门窗扇开启端，斜线相交端为安装铰链端。门扇为外开平开门，铰链装在左端，门上亮子为中悬窗，窗的上半部分转向室内，下半部分转向窗外。

门窗立面图尺寸一般在竖直和水平方向各标注三道：最外一道为洞口尺寸，中间一道为门窗框外包尺寸，最里边一道为门窗扇尺寸。

2. 门窗节点详图

门窗节点详图常用 1:10 的比例绘制，主要表达各门窗框、门窗扇的断面形状、构造关系以及门窗扇与门窗框的连接关系等内容。习惯上将水平（或竖直）方向上的门窗节点详图依次排列在一起，分别注明详图编号，并相应地布置在门窗立面图的附近。

门窗节点详图的尺寸主要为门窗料断面的总长、总宽尺寸，如 95×42、55×40、95×40 等为 X−0927 代号门的门框、亮子窗扇上下冒头、门扇上中冒头及边挺的断面尺寸。除此之外，还应标出门窗扇在门窗框内的位置尺寸。

3. 门窗料断面详图

门窗料断面详图常用 1:5 的比例绘制，主要用以详细说明各种不同门窗料的断面形状和尺寸。断面内所注尺寸为净料的总长、总宽尺寸（通常每边要留 2.5mm 厚的加工余量），断面图四周的虚线即为毛料的轮廓线，断面外标注的尺寸为决定其断面形状的细部尺寸。

4. 门窗扇立面图

门窗扇立面图常用 1:20 的比例绘制，主要表达门窗扇形状及边挺、冒头、芯板、纱芯或玻璃板的位置关系。

门窗扇立面图在水平和竖直方向各标注两道尺寸，外边一道为门窗扇的外包防雨，里边一道为扣除裁口的边挺或各冒头的尺寸，以及芯板、纱芯或玻璃板的尺寸。

16.2 绘制墙身详图

下面讲解如何绘制墙身详图。

16.2.1 设置绘图环境

1. 设置图层属性

01 打开 AutoCAD 2016，按【Ctrl+N】组合键，打开【选择样板】对话框，选择【acadiso.dwt】样板，单击【打开】按钮。

02 打开【图层特性管理器】选项板，新建如图 16-1 所示的图层。

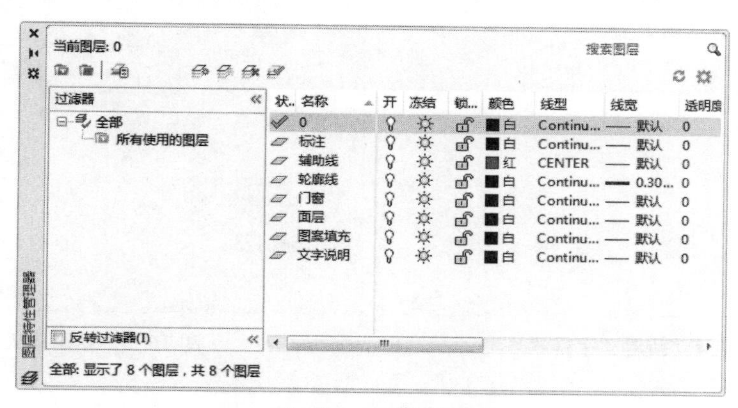

图 16-1 新建图层

2. 修改多重引线样式

01 打开【多重引线样式管理器】对话框，新建名为【样式 1】的多重引线样式，然后单击【继续】按钮，进入【修改多重引线样式：样式 1】对话框，选择【引线格式】选项卡，在【箭头】选项组中，在【符号】下拉列表中选择【无】选项，如图 16-2 所示。

02 选择【引线结构】选项卡，在【基线设置】选项组中，选择【自动包含基线】复选框和【设置基线距离】复选框，并在其下方的数值框中输入 80，如图 16-3 所示。

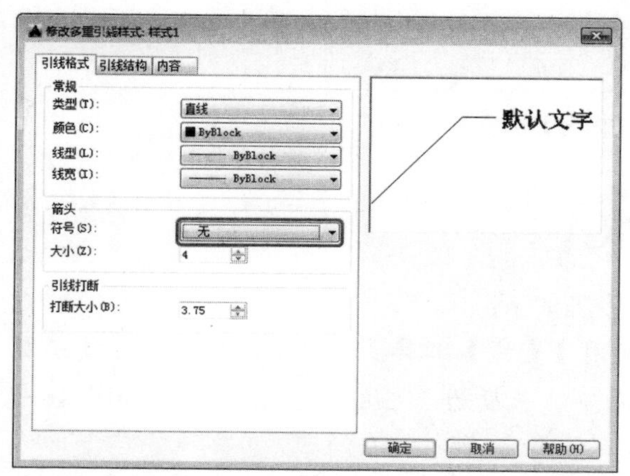

图 16-2 设置【引线格式】选项卡

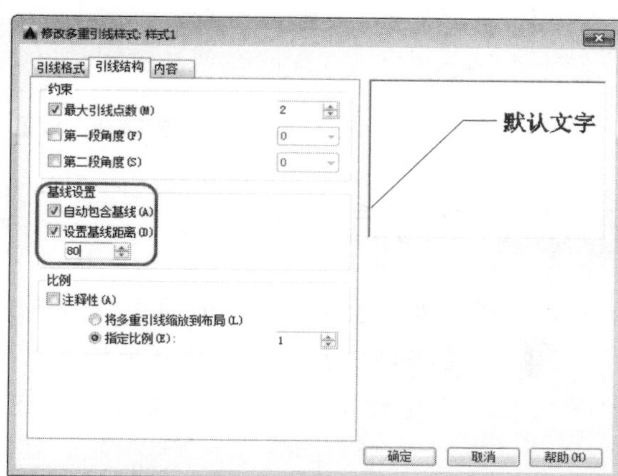

图 16-3 设置【引线结构】选项卡

03 选择【内容】选项卡，在【文字选项】选项组中，单击【文字样式】后的[...]按钮，弹出【文字样式】对话框，单击【新建】按钮，在弹出的【新建文字样式】对话框中保持默认设置，然后单击【确定】按钮，如图 16-4 所示。

04 将【字体名】设为【华文仿宋】，将【宽度因子】设为 0.7，然后新建【样式 2】，将【字体名】设为【黑体】，然后单击【应用】按钮，单击【关闭】按钮，如图 16-5 所示。

05 返回到【修改多重引线样式：样式 1】对话框，在【文字选项】选项组中，修改【文字样式】为【样式 2】，【文字高度】设为 50，如图 16-6 所示。

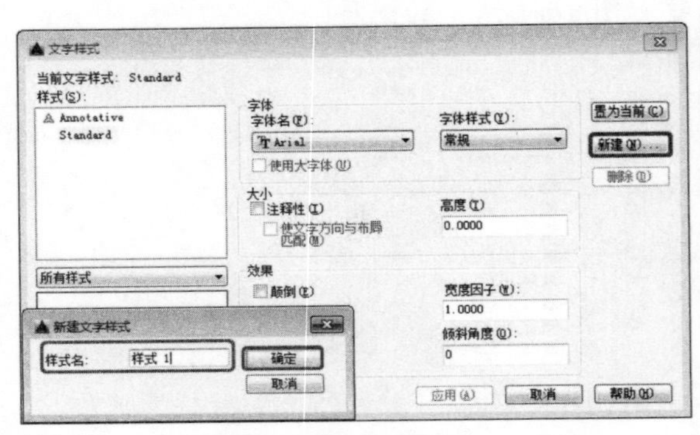

图 16-4　新建文字样式

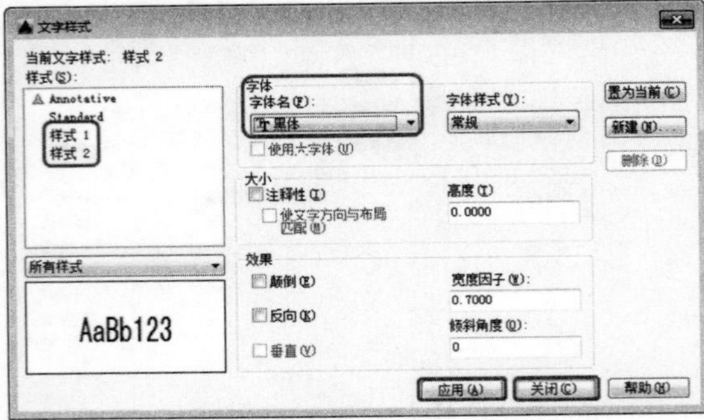

图 16-5　新建样式 2

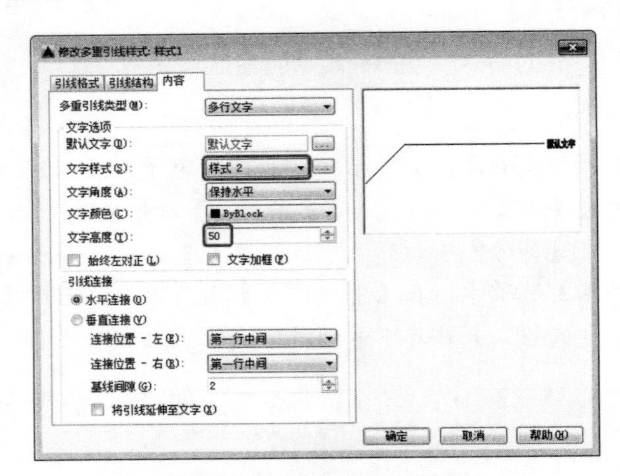

图 16-6　设置【内容】选项卡

16.2.2 绘制定位辅助线

下面讲解如何绘制定位辅助线，具体操作步骤如下：

01 将【辅助线】图层置为当前图层，使用【直线】工具，开启正交功能，连续绘制水平向左、长度为 1 000 的水平直线和垂直向下、长度为 3 500 的垂直直线，如图 16-7 所示。

02 使用【移动】工具，将上一步绘制的水平直线垂直向下移动 400，如图 16-8 所示。

03 连续执行【偏移】工具，将垂直直线向右依次偏移 240、120，将水平线向下偏移 2 800，如图 16-9 所示。

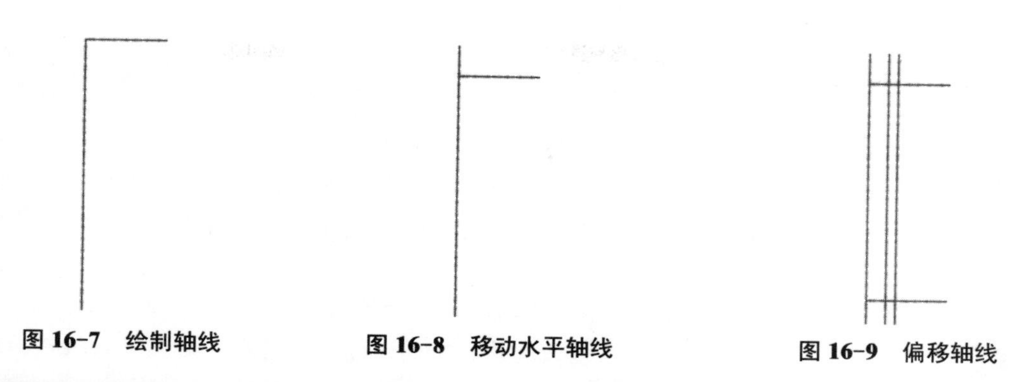

图 16-7　绘制轴线　　图 16-8　移动水平轴线　　图 16-9　偏移轴线

16.2.3 绘制窗上口部分轮廓

下面讲解如何绘制窗上口部分轮廓，具体操作步骤如下：

01 将【轮廓线】图层置为当前图层，使用【直线】工具，开启对象捕捉功能，以上面一条水平辅助线的左端点为第一点，右端点为第二点绘制一条水平线，作为楼板上边线，如图 16-10 所示。

02 连续使用【偏移】工具，将上一步绘制的水平线依次向下偏移 100（楼板厚）、100（边梁从楼板底下垂高度）、220（边梁与过梁间距离）和 180（过梁高），如图 16-11 所示。

03 使用【直线】工具，以上一步绘制的最下面一条水平线的左端点为第一点，以最左边一条垂直辅助线的上端点为第二点绘制一条垂直线，如图 16-12 所示。

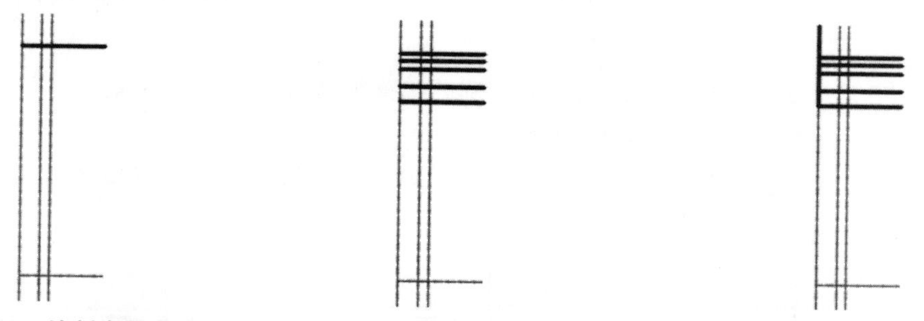

图 16-10　绘制水平直线　　图 16-11　向下偏移直线　　图 16-12　绘制垂直直线

04 连续使用【偏移】工具，将上一步绘制的垂直直线依次向右偏移 160（墙体外边线与边梁之间距离）、200（边梁宽度），如图 16-13 所示。

05 使用【修剪】工具，选择所有轮廓线对图形进行修剪，如图 16-14 所示。

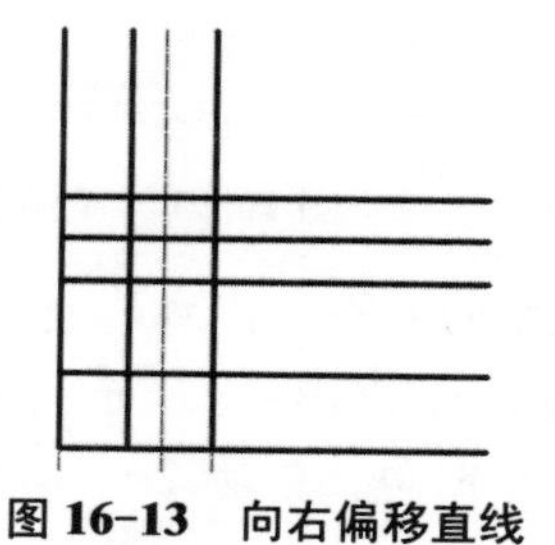

图 16-13　向右偏移直线

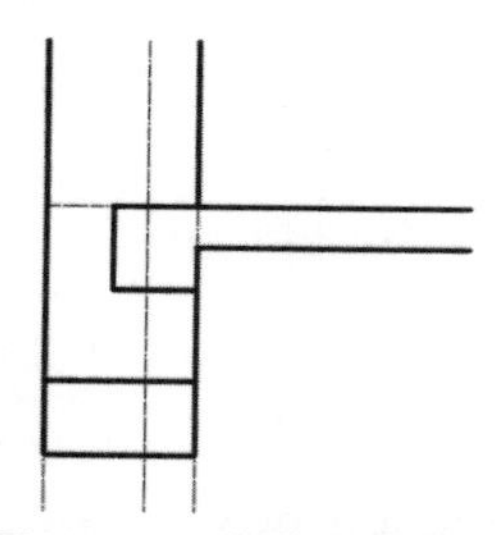

图 16-14　修剪后的效果

16.2.4 绘制窗台部分轮廓

下面讲解如何绘制窗台部分轮廓，具体操作步骤如下：

01 使用【复制】工具，选择所有窗上口轮廓线，以上面一条水平辅助线与中间一条垂直辅助线的交点为基点，复制轮廓线到下面一条水平辅助线与中间一条垂直辅助线的交点，如图 16-15 所示。

02 使用【删除】工具，删除上一步绘制的过梁部分的两条水平直线，如图 16-16 所示。

03 选择第一步复制完成的墙体左边线和楼板下面的墙体右边线，启用夹点编辑功能，分别将其下端点垂直向上移动 300，如图 16-17 所示。

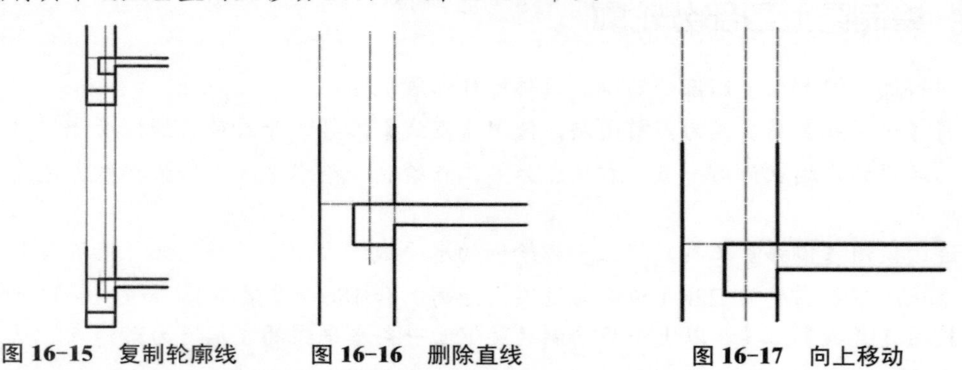

图 16-15 复制轮廓线　图 16-16 删除直线　图 16-17 向上移动

04 使用【偏移】工具，将下面一条水平辅助线向上偏移 840（窗台部分墙体高度），如图 16-18 所示。

05 使用【延伸】工具，将第一步中绘制的墙体左边线和上面一条墙体右边线延伸到上一步绘制的水平辅助线，如图 16-19 所示。

06 使用【直线】工具，捕捉墙体左边线上端点作为第一点，捕捉墙体右边线上端点为第二点，如图 16-20 所示。

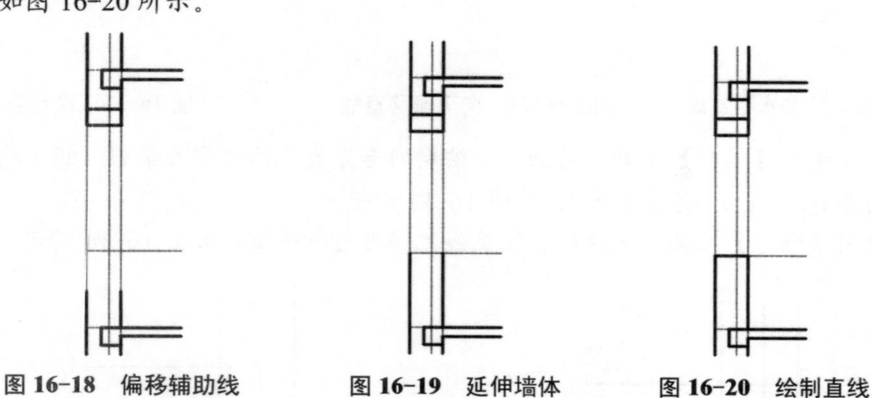

图 16-18 偏移辅助线　图 16-19 延伸墙体　图 16-20 绘制直线

07 使用【矩形】工具，捕捉上一步绘制的水平直线的右端点作为第一个角点，绘制长度为 200、宽度为 40 的矩形，将绘制的矩形作为窗台板，如图 16-21 所示。

08 连续使用【移动】工具，将上一步绘制的矩形分别向上移动 20，向右移动 60，如图 16-22 所示。

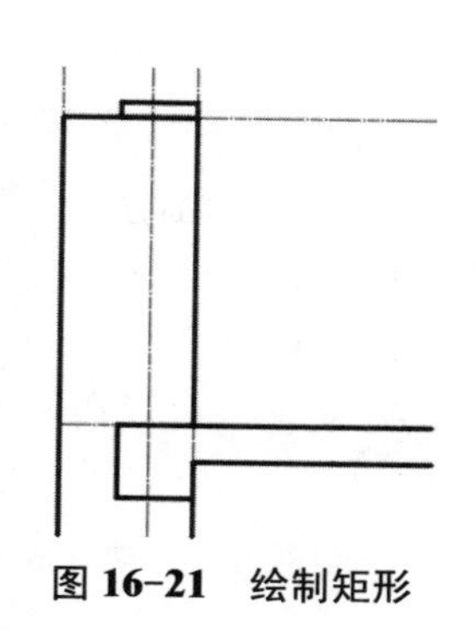

图 16-21　绘制矩形

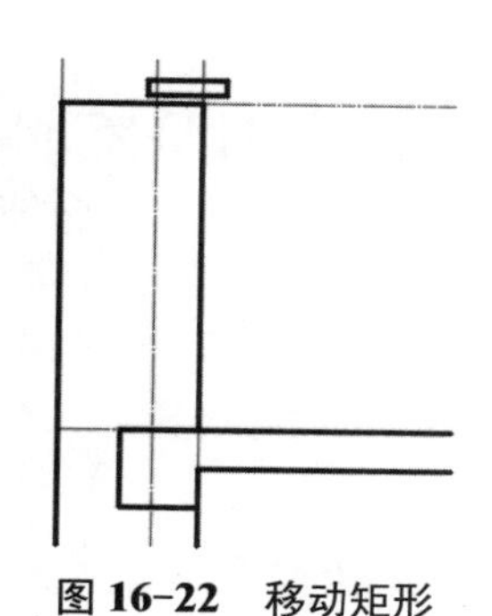

图 16-22　移动矩形

16.2.5 绘制窗轮廓

下面讲解如何绘制窗轮廓，具体操作步骤如下：

01 将【门窗】图层置为当前图层，使用【矩形】工具，捕捉窗台板的左端点作为第一个角点，绘制长度为 80、宽度为 40 的矩形，如图 16-23 所示。

02 使用【矩形】工具，把上一步绘制的矩形作为复制对象，以其左上角为基点，垂直向上复制到窗上口过梁底部，如图 16-24 所示。

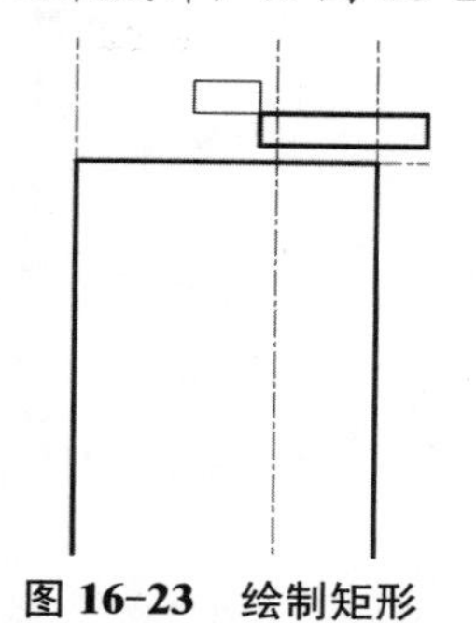

图 16-23　绘制矩形

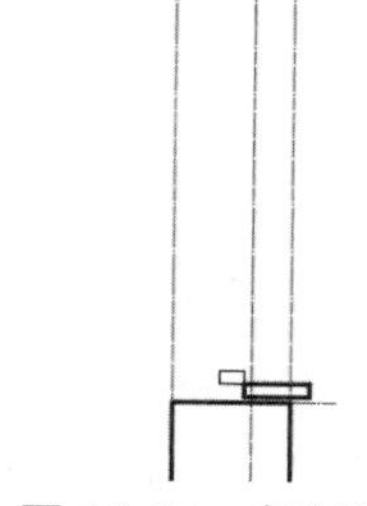

图 16-24　复制矩形

03 使用【直线】工具，捕捉上边矩形的左下角点和下边矩形的左上角点绘制一条垂直直线，将其作为窗框外边线，如图 16-25 所示。

04 使用【偏移】工具，将上一步绘制的垂直直线向右依次偏移 30、20、30，将其作为玻璃及窗框内边线，如图 16-26 所示。

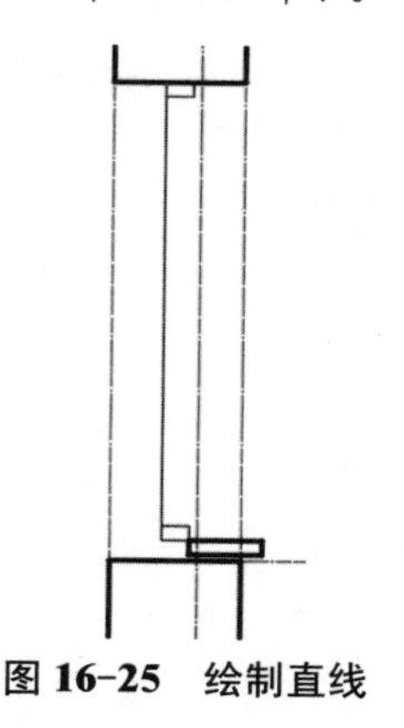

图 16-25　绘制直线

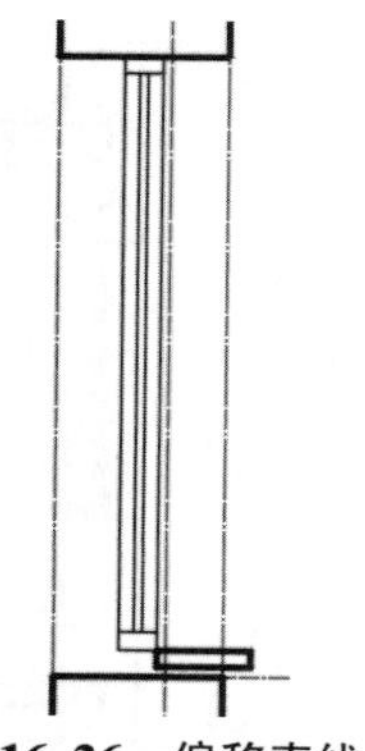

图 16-26　偏移直线

16.2.6 填充剖面材料及添加折断号

下面讲解如何填充剖面材料及添加折断号，具体操作步骤如下：

01 关闭【辅助线】图层，将【图案填充】图层置为当前图层。

02 使用【直线】工具，绘制4条辅助线将上下墙端及上下楼板右端封闭，如图16-27所示。

03 使用【多段线】工具，根据前面讲解的方法，绘制两个Z字形多段线，如图16-28所示。

04 使用【移动】和【复制】工具，将其放到合适的位置，如图16-29所示。

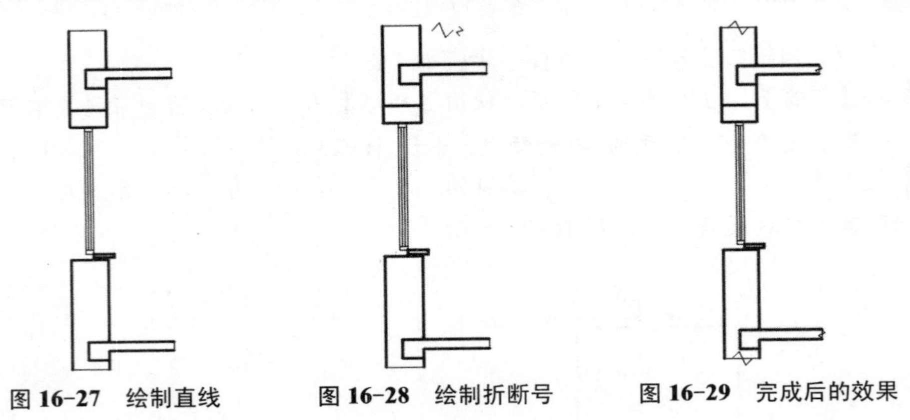

图16-27 绘制直线　图16-28 绘制折断号　图16-29 完成后的效果

05 使用【延伸】工具，将楼板上边线延伸到折断号，效果如图16-30所示。

06 使用【修剪】工具，以折断号为剪切边，将楼板下边线多余的线修剪掉，如图16-31所示。

07 使用【图案填充】工具，打开【图案填充创建】选项卡，在【图案】面板中选择【LINE】图案，将【比例】设为20，【旋转角度】设为45°，对墙体、过梁和楼板连同边梁进行填充，如图16-32所示。

08 继续使用【图案填充】工具，打开【图案填充创建】选项卡，在【图案】面板中选择【LINE】图案，将【比例】设为1，对过梁、楼板连同边梁进行填充，如图16-33所示。

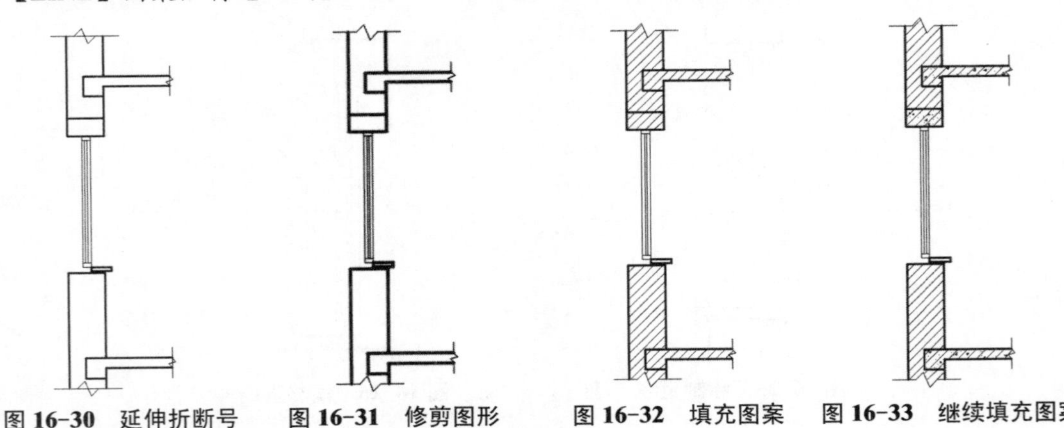

图16-30 延伸折断号　图16-31 修剪图形　图16-32 填充图案　图16-33 继续填充图案

16.2.7 尺寸标注

绘制完成后，对图形进行尺寸标注和表格标注。具体操作步骤如下：

01 将【标注】图层置为当前图层。

02 使用【线性标注】工具，以最左边一条垂直辅助线的下端点作为第一条延伸线原点，以中间一条垂直辅助线的下端点作为第二条延伸线原点，向下移动鼠标，并输入值 240（尺寸线位置），如图 16-34 所示。

03 使用【连续标注】工具，标注墙体内存宽（120），如图 16-35 所示。

04 参照上面的方法完成其他尺寸标注，并启用夹点编辑功能适当调整部分数字的位置，使标注数字排列整齐，完成后的效果如图 16-36 所示。

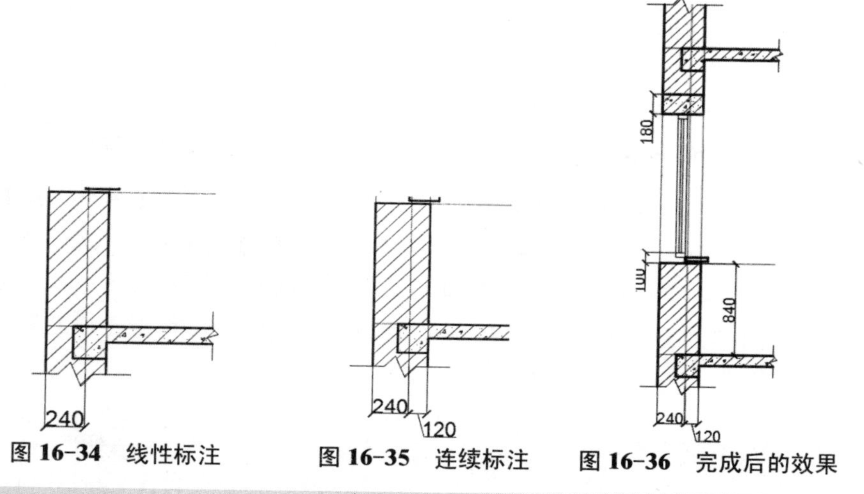

图 16-34　线性标注　　图 16-35　连续标注　　图 16-36　完成后的效果

16.2.8 文字注释

绘制完成后，对图形进行文字注释。具体操作步骤如下：

01 使用【多重引线】工具，在窗台板内任意指定一点作为引线箭头的位置，移动鼠标到合适位置，单击以确定引线基线的位置，然后输入【预置水磨石窗台板】，最后按【Ctrl+Enter】组合键结束命令，如图 16-37 所示。

02 使用【多段线】工具，在绘制的图形正下方绘制一条长 500 的水平直线，如图 16-38 所示。

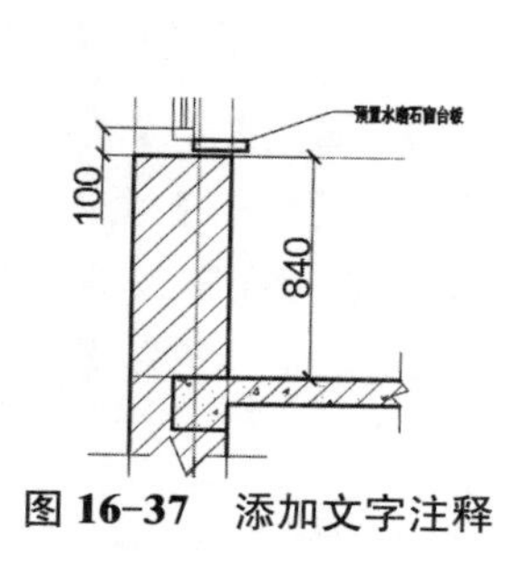

图 16-37　添加文字注释

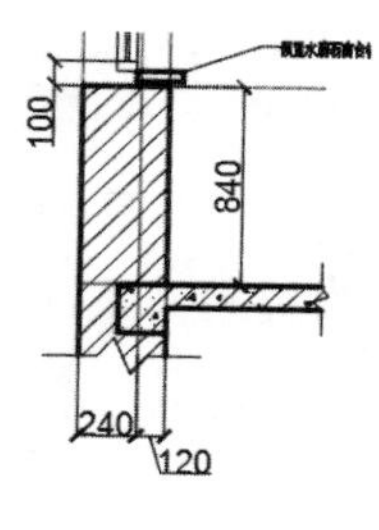

图 16-38　绘制多段线

03 使用【偏移】工具，将上一步绘制的水平直线向上偏移 30，如图 16-39 所示。

04 选择上一步绘制的直线，并在直线上双击鼠标，在弹出的下拉列表中选择宽度，并设置为 20，如图 16-40 所示。

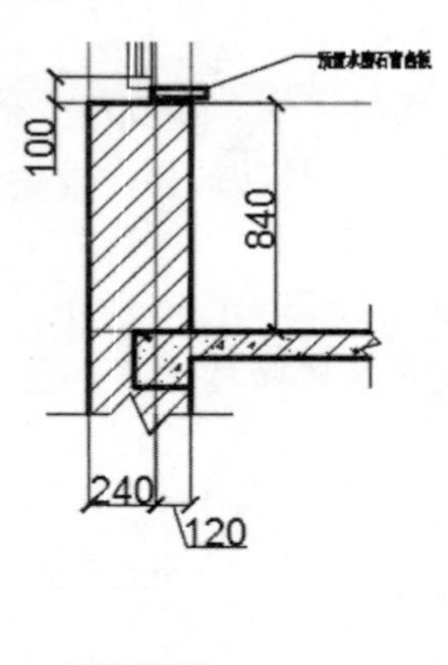

图 16-39　偏移多段线

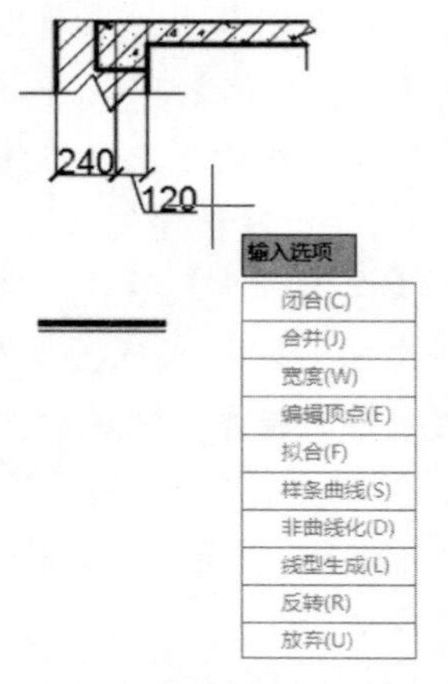

图 16-40　设置宽度

05 在命令行中输入【ATTDEF】命令，按【Enter】键，弹出【属性定义】对话框，在【属性】选项组中，在【标记】文本框中输入【2-3】，在【提示】文本框中输入【图名】，在【文字设置】选项组中，在【对正】下拉列表中选择【左对齐】选项，将【文字样式】设置为【样式 2】，将【文字高度】设置为 140，如图 16-41 所示，单击【确定】按钮，在直线上方左侧合适的位置指定一点，如图 16-42 所示。

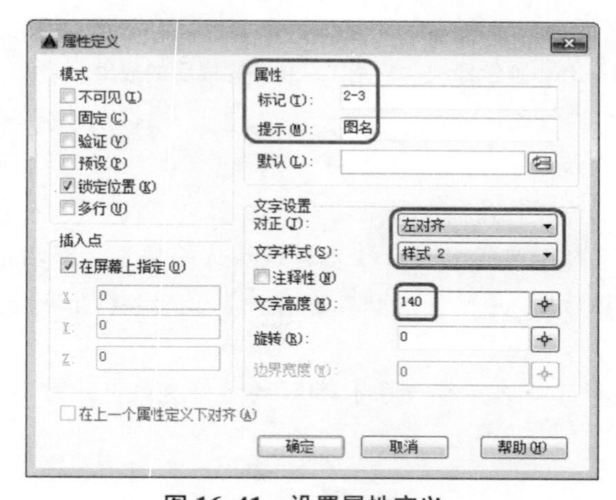

图 16-41　设置属性定义

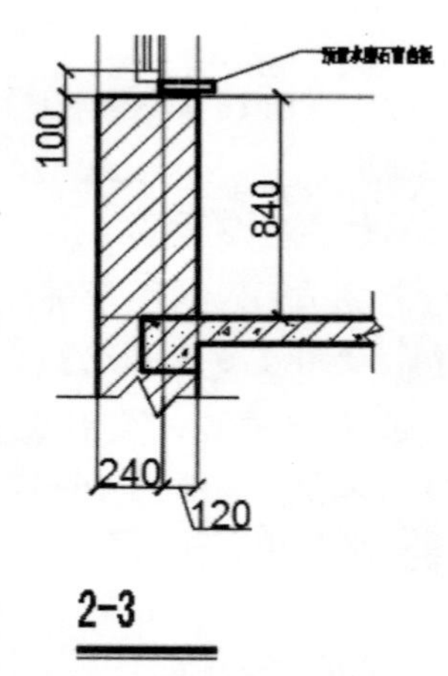

图 16-42　完成后的效果

06 在命令行中输入【ATTDEF】命令，按【Enter】键，弹出【属性定义】对话框，在【属性】选项组中，在【标记】文本框中输入【1:10】，在【提示】文本框中输入【比例】，在【文字设置】选项组中，在【对正】下拉列表中选择【右对齐】选项，将【文字样式】设置为【样式 1】，将【文字高度】设置为 70，如图 16-43 所示，单击【确定】按钮，在直线上方左侧合适的位置指定一点，如图 16-44 所示。

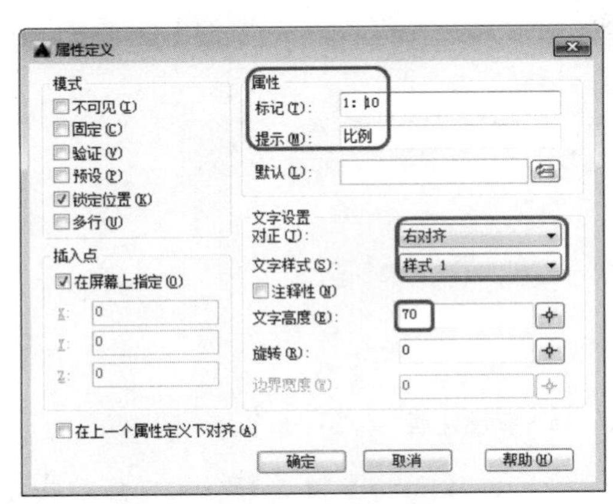

图 16-43　设置属性定义

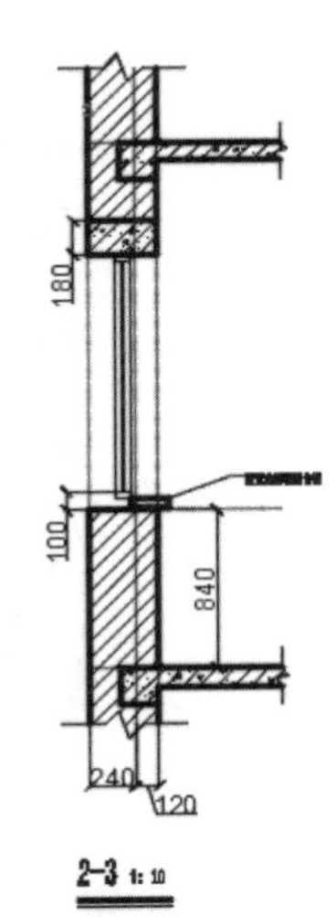

图 16-44　完成后的效果

16.3　绘制电视背景墙详图

背景墙其新颖的构思，先进的工艺，不但满足了消费者装饰装修的需要，更体现了艺术的气质，使产品成为商业与艺术的完美结合，其中以背景墙壁饰品系列为主打产品。具有吸音、隔音、吸波功能的三递板墙面装饰不仅可应用于家庭客厅电视背景墙、沙发背景墙、玄关、卧室墙等的家庭装修装饰，同样可以应用于包括办公室、酒店、大堂、餐饮娱乐、会所、健身房、美容美发、幼儿园、影剧院、银行、电视台演播厅、体育馆、车站、机场、展览、商场、歌厅、KTV、夜总会等会场所的装修装饰。

16.3.1　绘制电视背景墙详图 A

下面讲解如何绘制电视背景墙详图 A，其具体操作步骤如下：

01 按【Ctrl+N】组合键，弹出【选择样板】对话框，在对话框中选择【acadiso】样板，单击【打开】按钮，新建空白图纸，如图 16-45 所示。

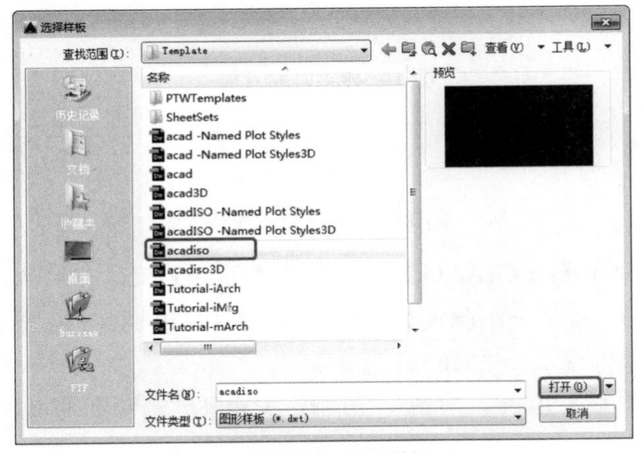

图 16-45　选择样板

02 在命令行中输入【LAYER】命令，单击【新建】按钮，新建一个名为【轮廓线】的图层，并将其置为当前图层，如图 16-46 所示。

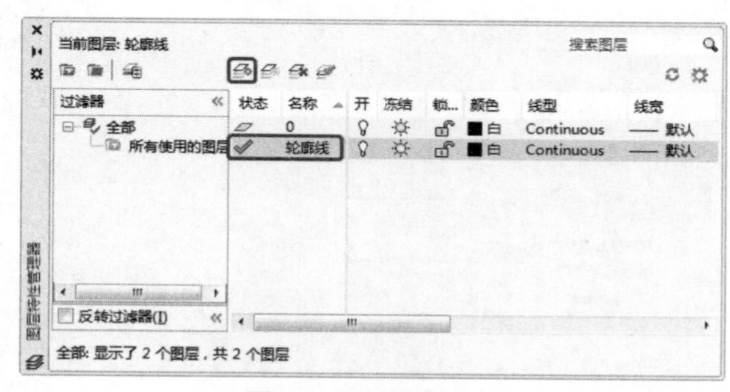

图 16-46 新建图层

03 在命令行中输入【RECTANG】命令，按【Enter】键进行确认，然后指定第一个角点，在命令行中输入 D，绘制一个长度为 60、宽度为 250 的矩形，如图 16-47 所示。

04 以 A 点作为起点，开启正交模式，向右引导鼠标，在命令行中输入 3 400，如图 16-48 所示。

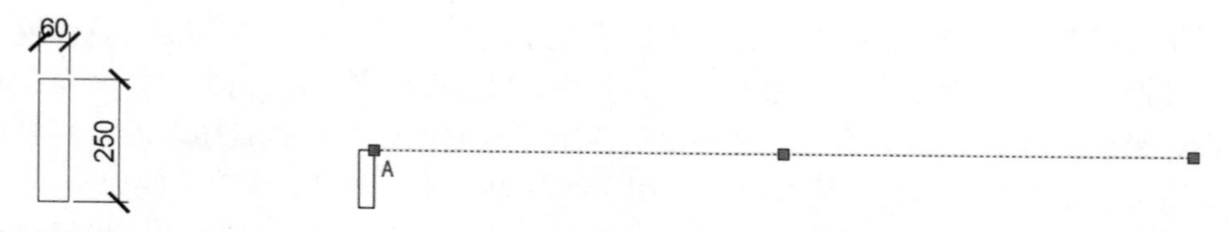

图 16-47 绘制矩形

图 16-48 绘制直线

05 在命令行中输入【OFFSET】命令，选择上一步绘制的直线，将其向下依次偏移 100、100，如图 16-49 所示。

06 在命令行中输入【PLINE】命令，指定 A 点作为起点，向右引导鼠标，输入 400，向下引导鼠标，输入 70，然后向右引导鼠标，输入 2 580，然后向上引导鼠标，输入 70，按两次【Enter】键进行确认，如图 16-50 所示。

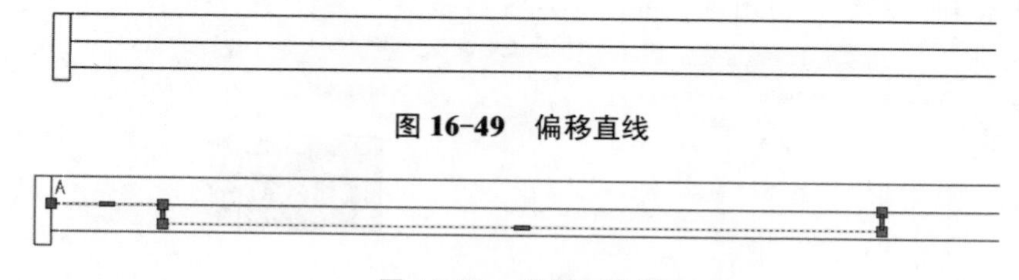

图 16-49 偏移直线

图 16-50 绘制多段线

07 在命令行中输入【RECTANG】命令，按【Enter】键进行确认，然后指定第一个角点，在命令行中输入 D，绘制一个长度为 2 580、宽度为 430 的矩形，然后使用【MOVE】命令，将其移动至合适的位置，如图 16-51 所示。

08 继续使用【矩形】工具，绘制一个长度为 400、宽度为 400 的矩形，如图 16-52 所示。

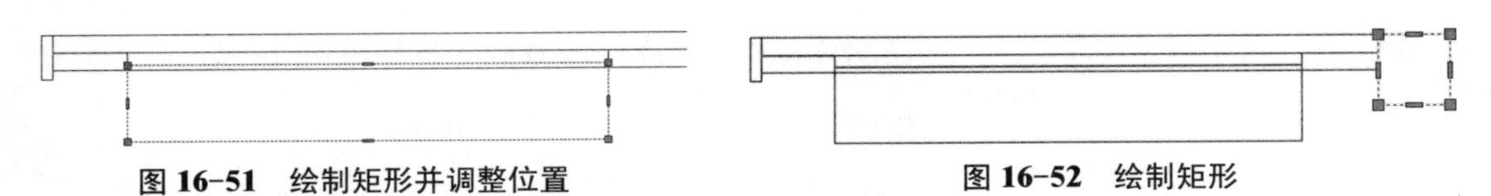

图 16-51　绘制矩形并调整位置　　图 16-52　绘制矩形

09 在命令行中输入【LINE】命令，指定矩形右上角作为起点，向右引导鼠标输入 2 600，按【Enter】键进行确认，如图 16-53 所示。

10 在命令行中输入【OFFSET】命令，选择上一步绘制的直线，将其向下偏移 150，如图 16-54 所示。

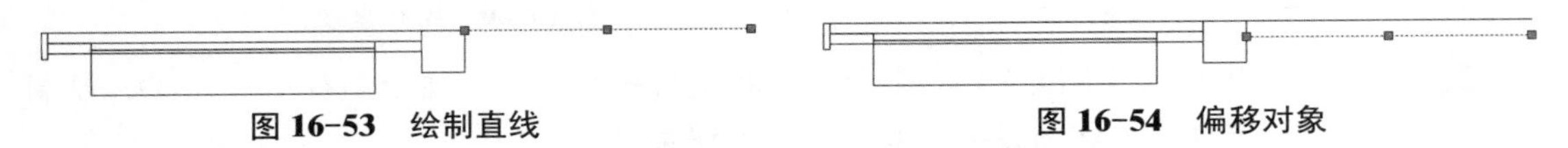

图 16-53　绘制直线　　图 16-54　偏移对象

11 选择刚绘制和偏移的两条直线，在命令行中输入【MOVE】命令，向下引导鼠标，输入 125，如图 16-55 所示。

12 在命令行中输入【MIRROR】命令，镜像矩形，如图 16-56 所示。

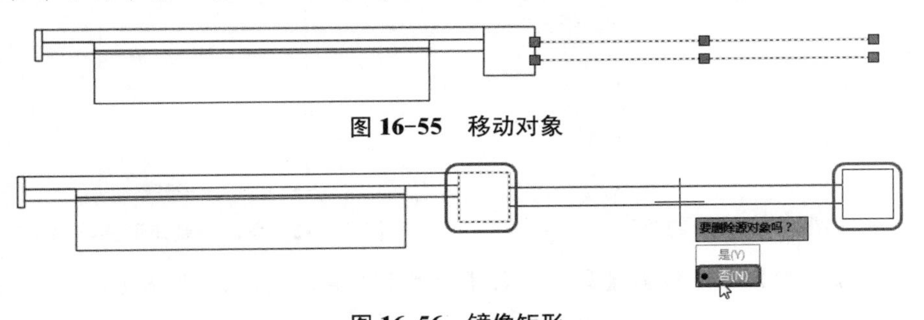

图 16-55　移动对象

图 16-56　镜像矩形

13 在命令行中输入【LINE】命令，指定 A 点，作为起点，向左引导鼠标，输入 20，然后向下引导鼠标，输入 217，向右引导鼠标，输入 3，向下引导鼠标输入 3，向右引导鼠标，输入 814，向上引导鼠标，输入 3，向右引导鼠标，输入 3，然后向上引导鼠标，输入 142，如图 16-57 所示。

14 在命令行中输入【OFFSET】命令，选择绘制的直线，向上偏移 20，选择右侧的直线，然后向左偏移 20，如图 16-58 所示。

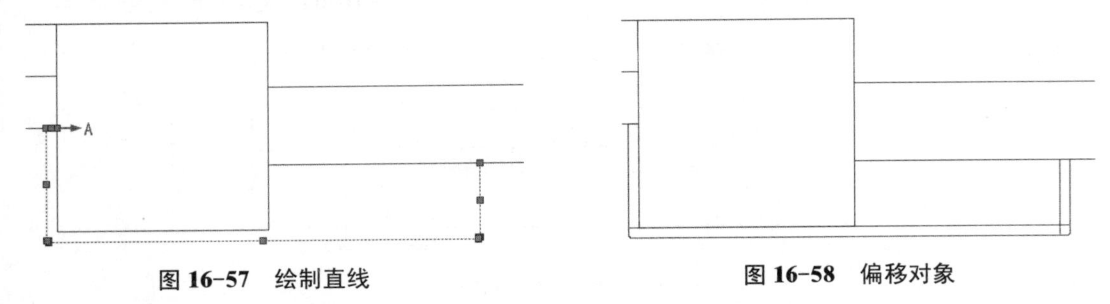

图 16-57　绘制直线　　图 16-58　偏移对象

15 在命令行中输入【TRIM】命令，对其进行修剪，并使用【直线】工具，绘制直线，如图 16-59 所示。

16 再次使用【直线】工具，指定 A 点作为起点，向右引导鼠标输入 1400，向上引导鼠标，输入 145，如图 16-60 所示。

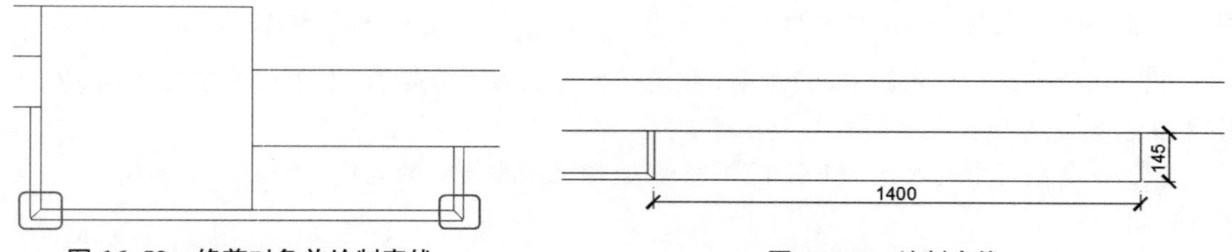

图 16-59 修剪对象并绘制直线　　图 16-60 绘制直线

17 在命令行中输入【RECTANG】命令，指定第一个角点，在命令行中输入 D，绘制一个长度为 440、宽度为 420 的矩形，如图 16-61 所示。

18 再次使用【矩形】工具，绘制一个长度为 500，宽度为 16 的矩形，并使用【移动】工具，将其移动至合适的位置，如图 16-62 所示。

图 16-61 绘制矩形　　图 16-62 再次绘制矩形并移动矩形

19 使用【矩形】、【直线】、【多段线】、【圆弧】工具，绘制如图 16-63 所示的图形，并使用【移动】工具，将其移动至合适的位置。

20 在命令行中输入【COPY】命令，选择左侧的两个矩形，向右复制 2 000，如图 16-64 所示。

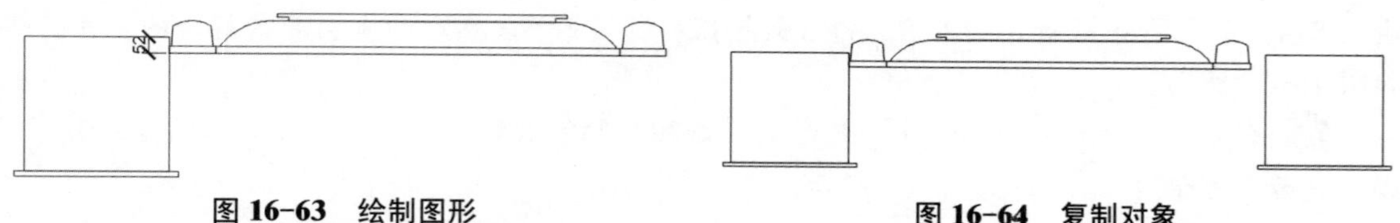

图 16-63 绘制图形　　图 16-64 复制对象

21 选择绘制的对象，将其移动至合适的位置，如图 16-65 所示。

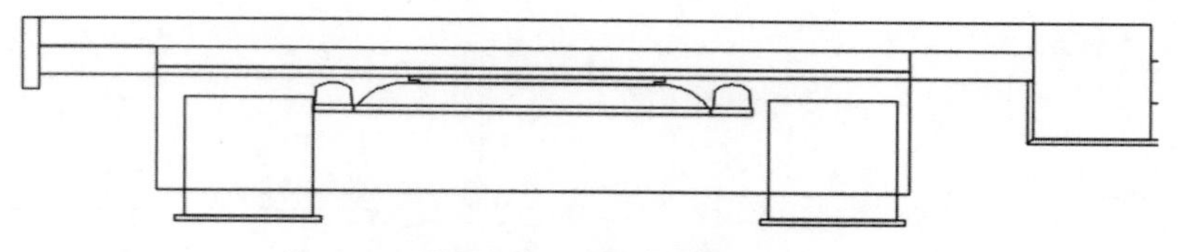

图 16-65 移动矩形

22 在命令行中输入【RECTANG】命令，指定第一个角点，在命令行中输入 D，绘制一个长度为 130、宽度为 227 的矩形，并使用【移动】工具，将其移动至合适的位置，如

图 16-66 所示。

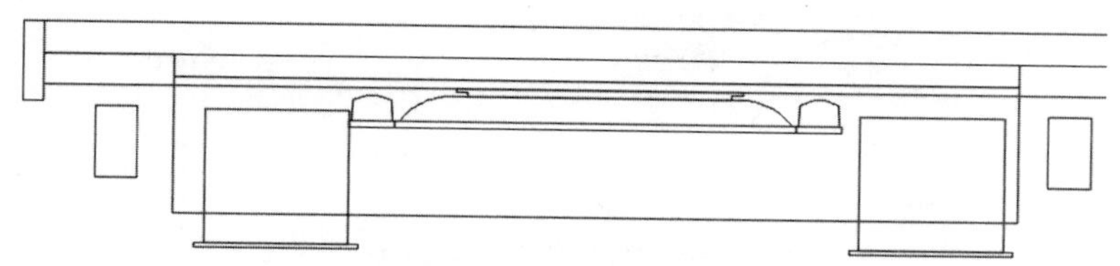

图 16-66　复制对象

23 在命令行中输入【LAYER】命令，打开【图层特性管理器】选项板，新建【虚线】图层，单击右侧的线型按钮，弹出【选择线型】对话框，单击【加载】按钮，在弹出的对话框中将【线型】设置为【DASHDOT】，单击【确定】按钮，如图 16-67 所示。

24 返回到【选择线型】对话框，选择【DASHDOT】线型，单击【确定】按钮，如图 16-68 所示。

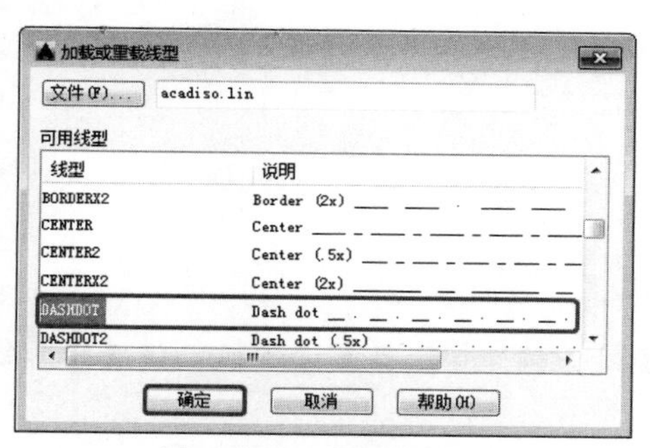

图 16-67　设置线型

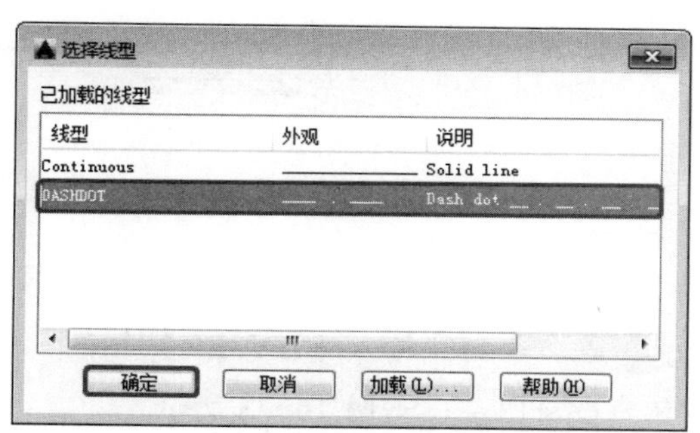

图 16-68　选择【DASHDOT】线型

25 设置完成后，将其置为当前图层，如图 16-69 所示。

26 在菜单栏中执行【格式】|【线型】命令，如图 16-70 所示。

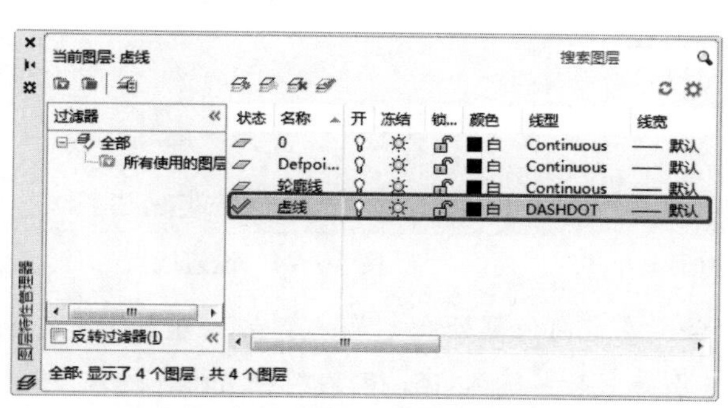

图 16-69　将【虚线】图层置为当前

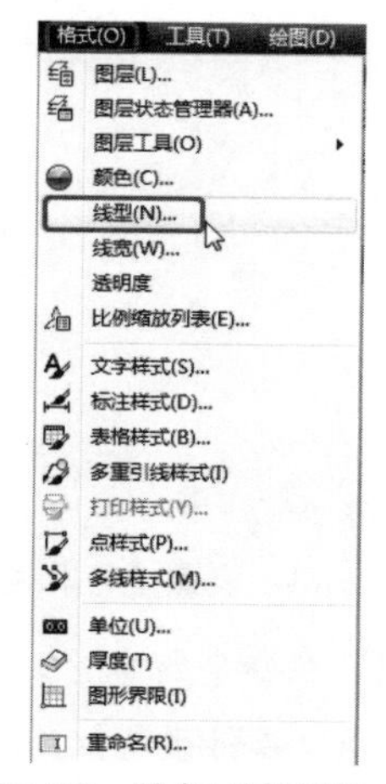

图 16-70　执行【线型】命令

27 弹出【线型管理器】对话框，选择【DASHDOT】线型，单击【当前】按钮，将【全局比例因子】设置为 5，单击【确定】按钮，如图 16-71 所示。

28 在命令行中输入【RECTANG】命令，指定第一个角点，在命令行中输入 D，绘制一个长度为 7 400、宽度为 2 000 的矩形，然后调整位置，如图 16-72 所示。

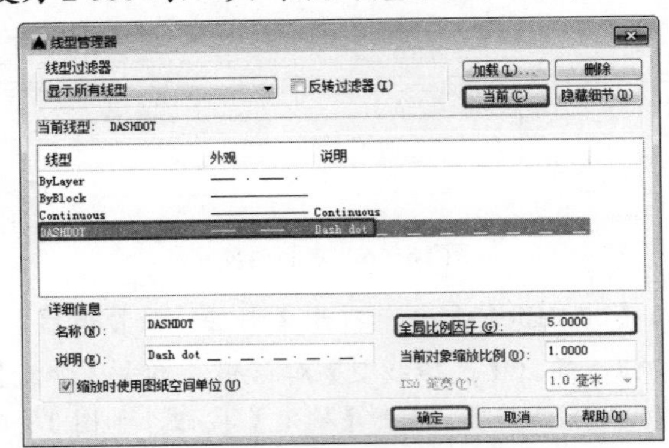

图 16-71　设置【全局比例因子】

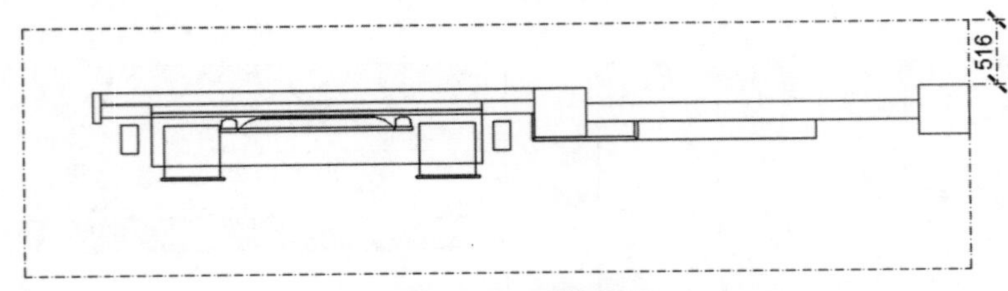

图 16-72　调整位置

29 在命令行中输入【LAYER】命令，打开【图层特性管理器】选项板，将【轮廓线】图层置为当前图层，如图 16-73 所示。

30 在菜单栏中执行【格式】|【线型】命令，将【ByLayer】线型置为当前，单击【确定】按钮，如图 16-74 所示。

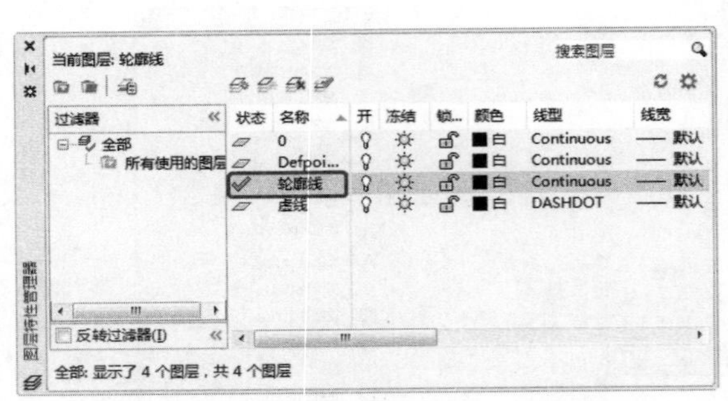

图 16-73　设置【轮廓线】图层为当前图层

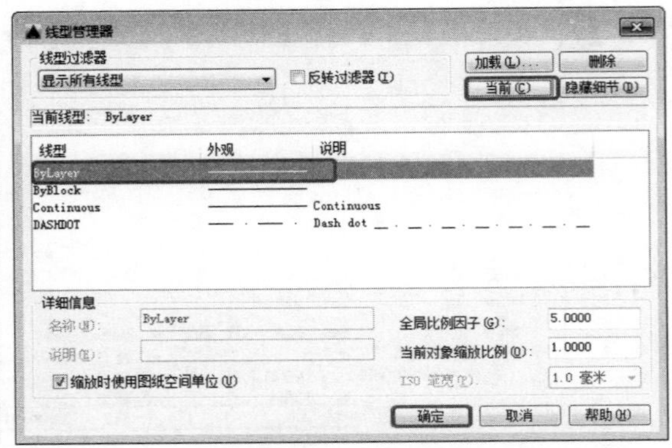

图 16-74　设置线型

31 在命令行中输入【PLINE】命令，在空白位置处指定第一个点，向上引导鼠标，输入 50，然后向右引导鼠标，输入 135，向下引导鼠标，输入 15，向右引导鼠标，输入 45，向下引导鼠标，输入 50，向左引导鼠标，输入 15，向上引导鼠标，输入 33，向左引导鼠标，输入 150，然后向下引导鼠标，输入 18，向左引导鼠标，输入 15，然后进行闭合，如图 16-75 所示。

32 在命令行中输入【RECTANG】命令，按【Enter】键进行确认，然后指定第一个角点，在命令行中输入 D，绘制一个长度为 800、宽度为-45 的矩形，如图 16-76 所示。

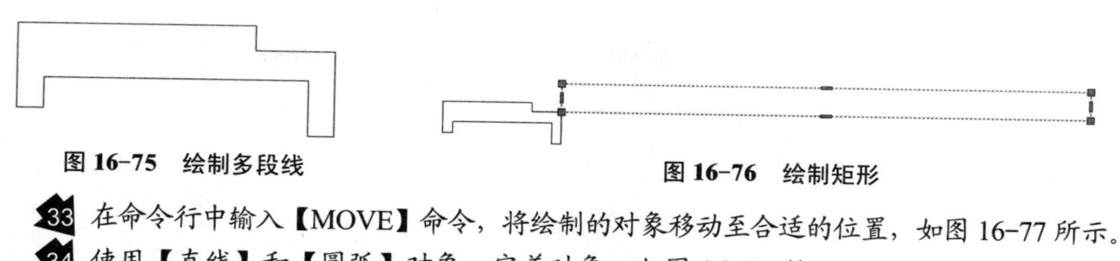

图 16-75　绘制多段线

图 16-76　绘制矩形

33 在命令行中输入【MOVE】命令，将绘制的对象移动至合适的位置，如图 16-77 所示。

34 使用【直线】和【圆弧】对象，完善对象，如图 16-78 所示。

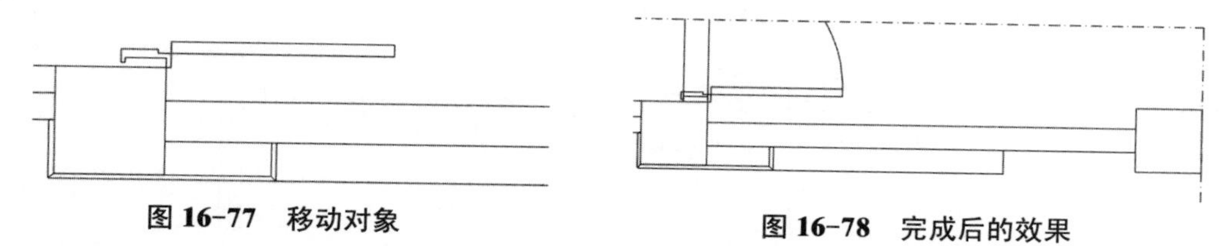

图 16-77　移动对象

图 16-78　完成后的效果

35 在命令行中输入【EXPLODE】命令，将外侧绘制的虚线矩形进行分解，如图 16-79 所示。

36 选择分解后右侧虚线，将其删除，然后使用【直线】工具，绘制直线，如图 16-80 所示。

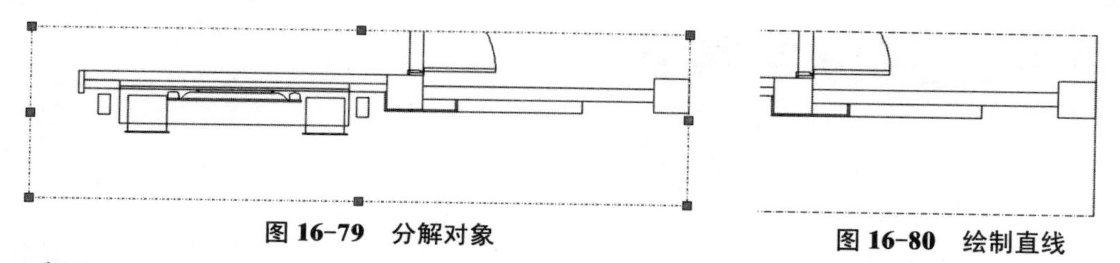

图 16-79　分解对象

图 16-80　绘制直线

37 在命令行中输入【RECTANG】命令，按【Enter】键进行确认，然后指定第一个角点，在命令行中输入 D，绘制一个长度为 200、宽度为 516 的矩形，如图 16-37 所示。再次使用【矩形】工具，绘制一个长度为 200、宽度为 800 的矩形，如图 16-81 所示。

38 在命令行中输入【BREAK】命令，打断直线，在命令行中输入【OFFSET】命令，选择打断的直线，向左偏移 50、50、50、50，如图 16-82 所示。

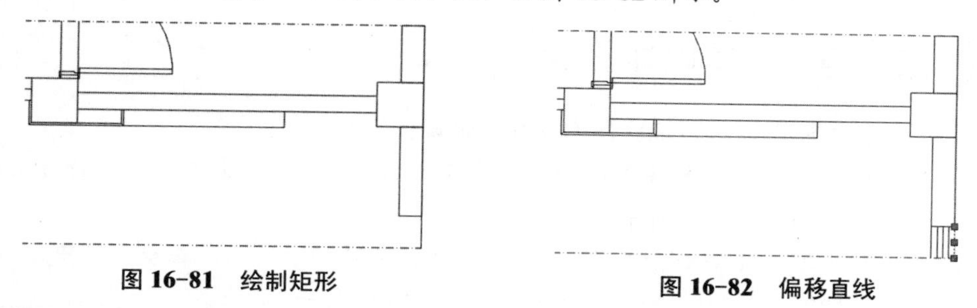

图 16-81　绘制矩形

图 16-82　偏移直线

39 将【虚线】图层置为当前图层，使用【多段线】工具绘制对象，然后使用【修剪】工具，进行修剪，绘制如图 16-83 的图形。

40 打开随书附带光盘中的 CDROM\素材\第 16 章\素材 1.dwg 图形文件，将素材调整至合适的位置，如图 16-84 所示。

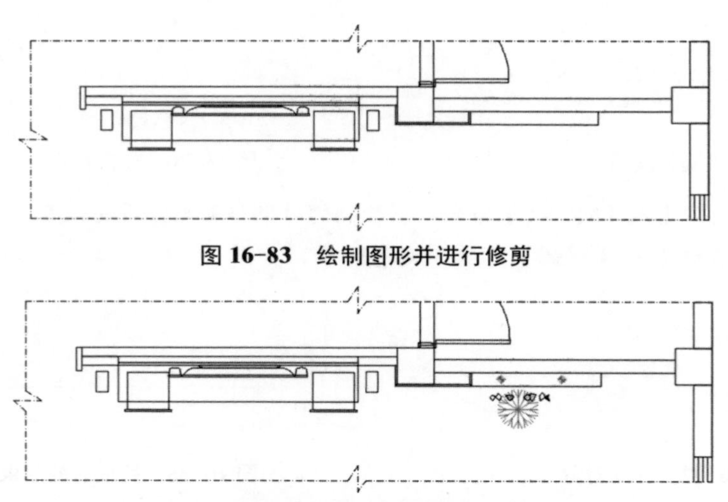

图 16-83　绘制图形并进行修剪

图 16-84　将素材调整至合适位置

41 在命令行中输入【HATCH】命令，将【图案填充图案】设置为【ANSI31】，将【填充图案比例】设置为 10，如图 16-85 所示。

42 对图形进行图案填充，完成后的效果如图 16-86 所示。

图 16-85　设置填充图案与比例

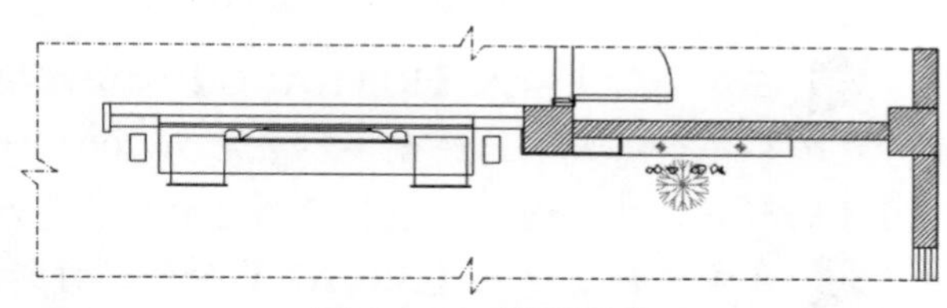

图 16-86　填充图案

16.3.2　绘制电视背景墙详图 B

下面讲解如何绘制电视背景墙详图 B，其具体操作步骤如下：

01 在命令行中输入【LAYER】命令，打开【图层特性管理器】选项板，将【轮廓线】图层置为当前图层，如图 16-87 所示。

02 在命令行中输入【RECTANG】命令，然后指定第一个角点，在命令行中输入 D，绘制一个长度为 1 422、宽度为 3 100 的矩形，如图 16-88 所示。

03 在命令行中输入【EXPLODE】命令，将矩形进行分解，在命令行中输入【OFFSET】命令，将左侧边向右依次偏移 474、10、195、245、100，如图 16-89 所示。

04 再次使用【偏移】工具，将上侧边向下依次偏移 100、390、10、2500，如图 16-90 所示。

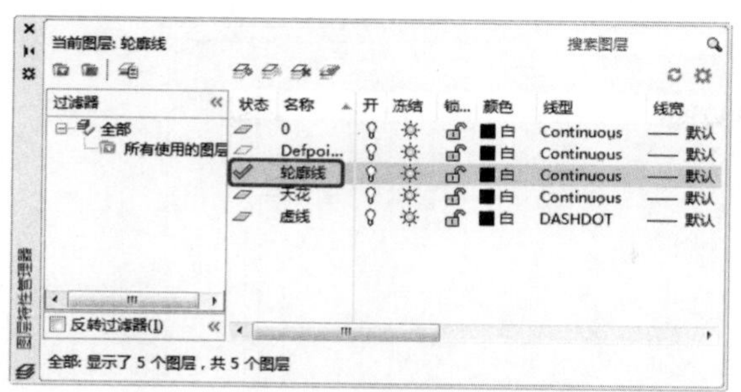

图 16-87　将【轮廓线】置为当前图层

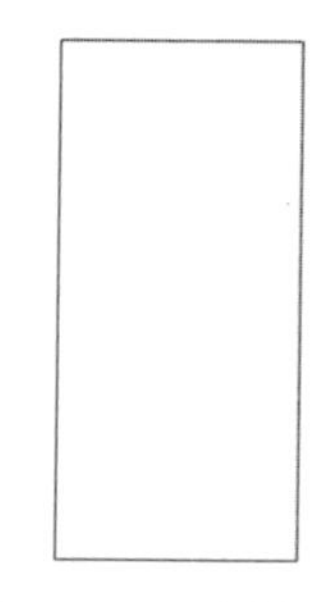

图 16-88　绘制矩形

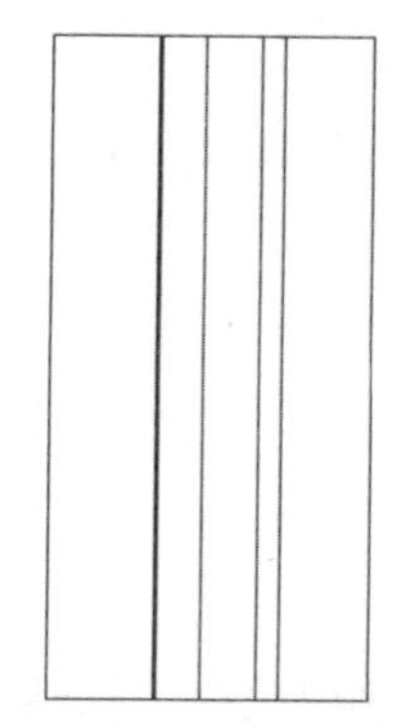

图 16-89　向右偏移对象

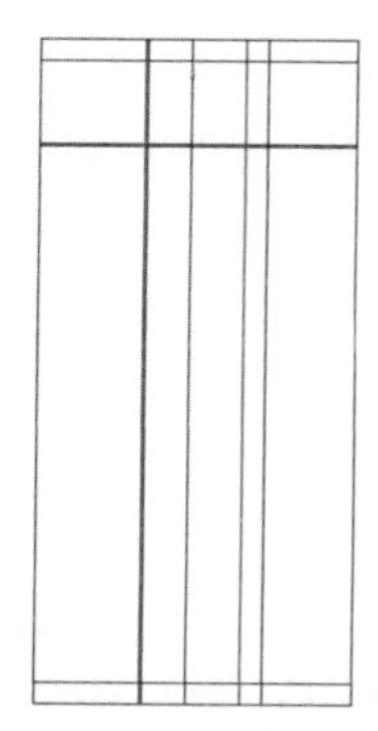

图 16-90　向下偏移直线

05 在命令行中输入【TRIM】命令，对其进行修剪，如图 16-91 所示。

06 在命令行中输入【RECTANG】命令，然后指定第一个角点，在命令行中输入 D，绘制一个长度为 95、宽度为 2 100 的矩形，如图 16-92 所示。

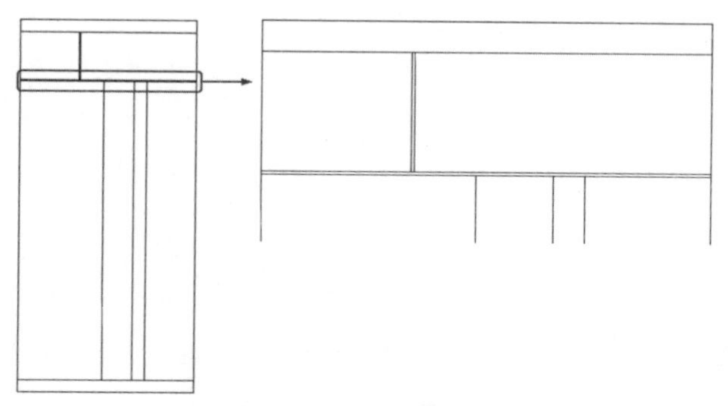

图 16-91　修剪对象

图 16-92　绘制矩形

07 再次使用【矩形】工具，绘制一个长度为 10、宽度为 405 的矩形，将其移动至合适的位置，然后使用【修剪】工具，对其进行修剪，如图 16-93 所示。

08 使用【移动】工具，将其移动至合适的位置，如图 16-94 所示。

09 在命令行中输入【RECTANG】命令，然后指定第一个角点，在命令行中输入 D，绘制一个长度为 60、宽度为-40 的矩形，如图 16-95 所示。

10 再次使用【矩形】工具，绘制一个长度为 50、宽度为 20 的矩形，并将其放置到合适的位置，如图 16-96 所示。

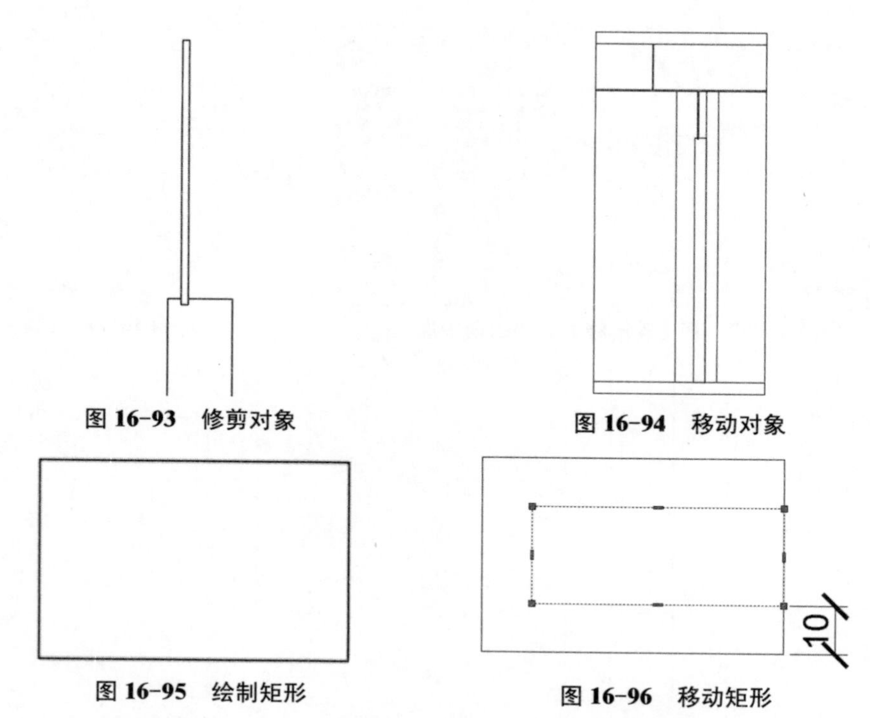

图 16-93　修剪对象　　图 16-94　移动对象

图 16-95　绘制矩形　　图 16-96　移动矩形

11 再次使用【矩形】工具，绘制一个长度为 10、宽度为 80 的矩形，并将其放置到合适的位置，使用【直线】工具，绘制直线，如图 16-97 所示。

12 将对象移动至合适的位置，如图 16-98 所示。

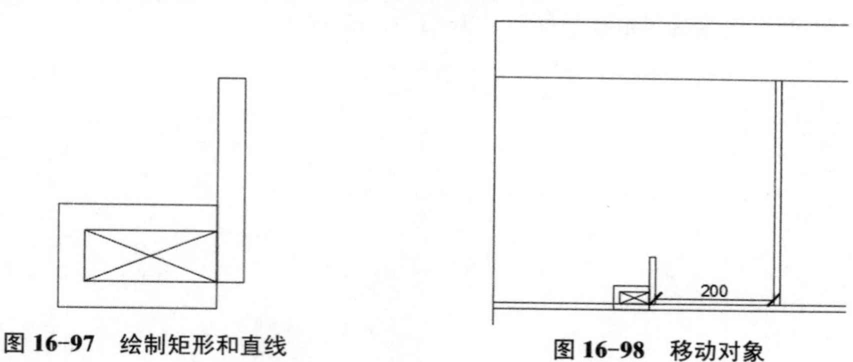

图 16-97　绘制矩形和直线　　图 16-98　移动对象

13 使用【修剪】工具，将其进行修剪，如图 16-99 所示。

14 使用【多段线】工具，指定 A 点作为起点，向右引导鼠标，输入 50，向上引导鼠标，输入 200，向右引导鼠标，输入 15，向上引导鼠标，输入 20，向左引导鼠标，输入 15，向上引导鼠标，输入 1 360，向右引导鼠标，输入 15，向上引导鼠标，输入 20，向左引导鼠标，输入 15，向上引导鼠标，输入 500，向右引导鼠标，输入 20，向下引导鼠标，输入 80，向右引导鼠标，输入 80，如图 16-100 所示。

15 在命令行中输入【RECTANG】命令，然后指定第一个角点，在命令行中输入 D，绘制一个长度为 300、宽度为 380 的矩形，如图 16-101 所示。

16 使用【打断于点】工具，将直线进行打断，并向下偏移 370，如图 16-102 所示。

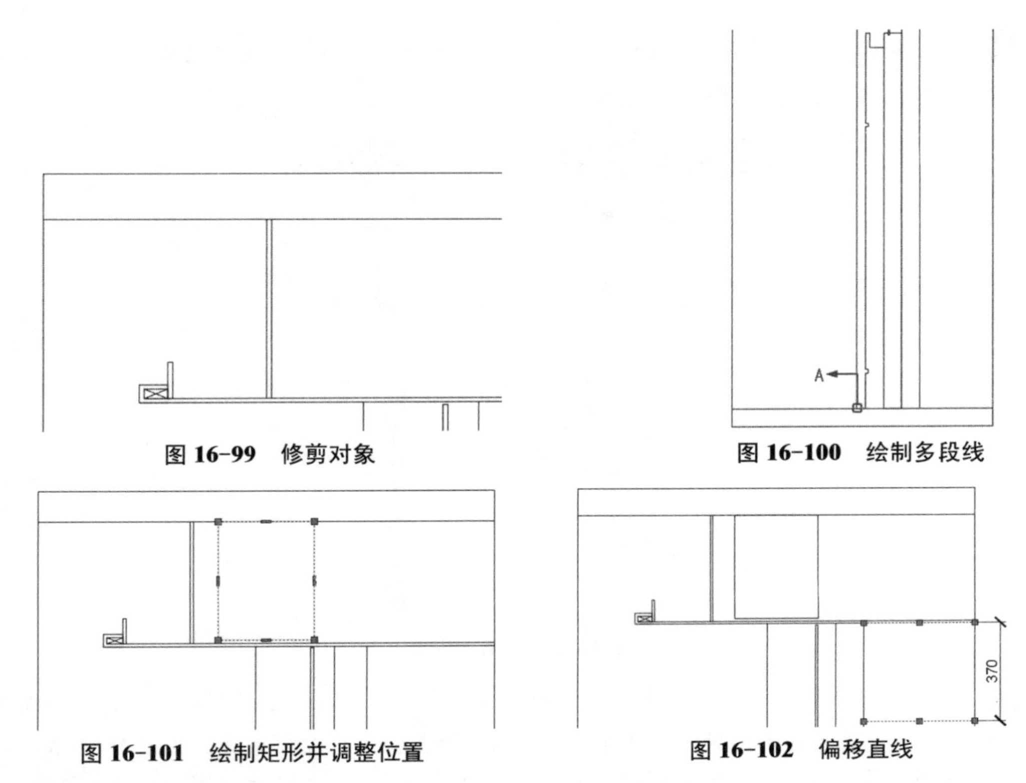

图 16-99　修剪对象

图 16-100　绘制多段线

图 16-101　绘制矩形并调整位置

图 16-102　偏移直线

17 在命令行中输入【HATCH】命令，将【图案填充图案】设置为【ANSI31】，将【图案填充比例】设置为 10，对其进行填充，如图 16-103 所示。

18 在命令行中输入【HATCH】命令，将【图案填充图案】设置为【ANSI38】，将【图案填充比例】设置为 10，对其进行填充，如图 16-104 所示。

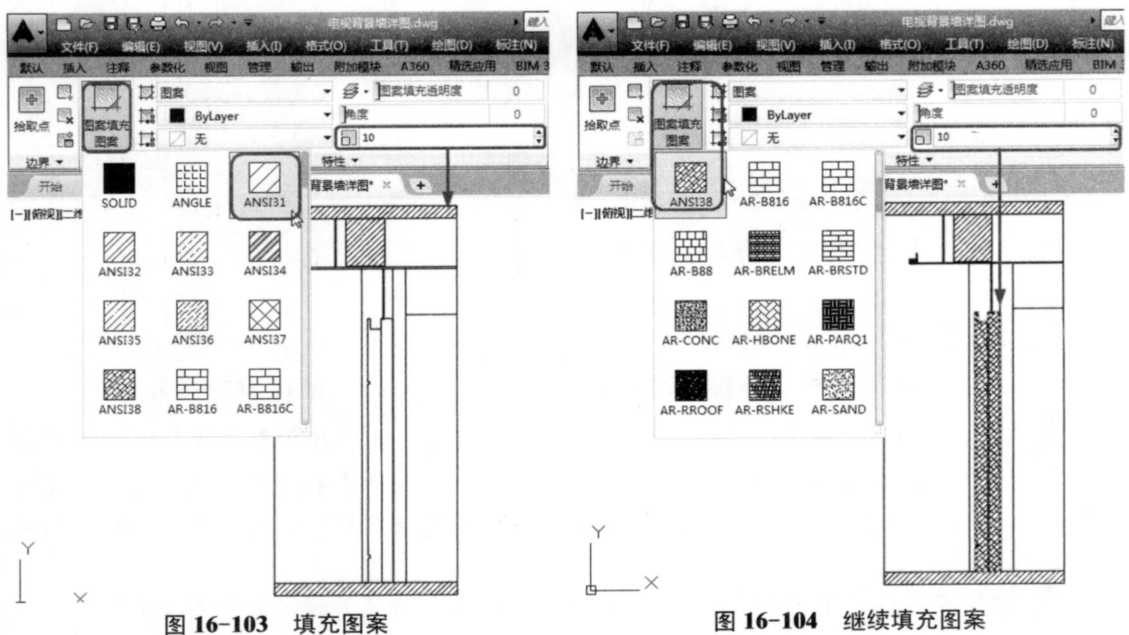

图 16-103　填充图案

图 16-104　继续填充图案

19 在命令行中输入【HATCH】命令，将【图案填充图案】设置为【ANSI32】，将【图案填充比例】设置为 10，对其进行填充，如图 16-105 所示。

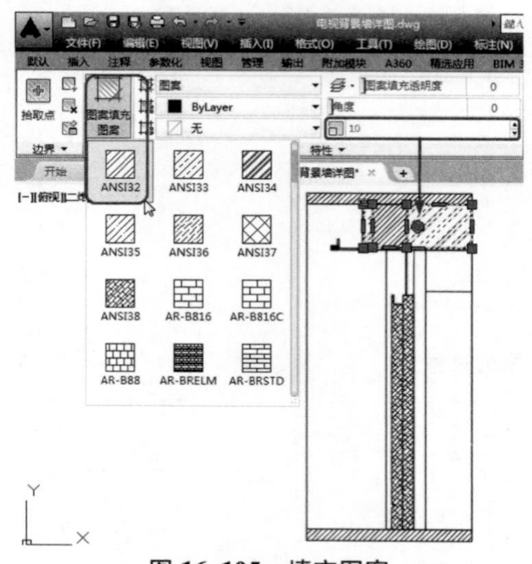

图 16-105 填充图案

20 在命令行中输入【LAYER】命令，打开【图层特性管理器】选项板，将当前图层设置为【虚线】图层，将左右两侧的直线删除，使用【直线】工具，绘制直线，如图 16-106 所示。

21 使用【多段线】工具绘制对象，然后使用【修剪】工具，进行修剪，绘制如图 16-107 所示的图形。

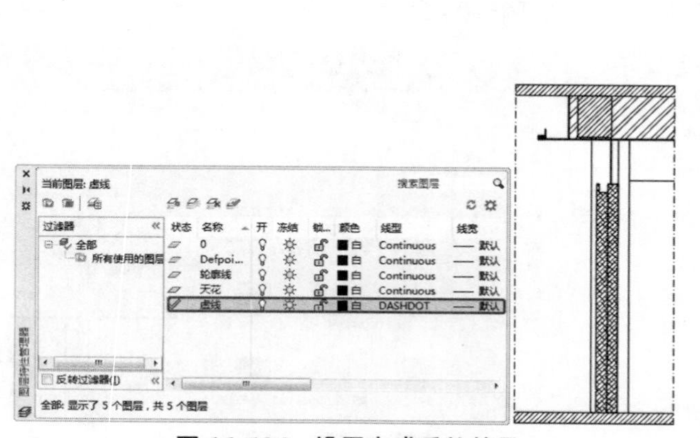

图 16-106 设置完成后的效果

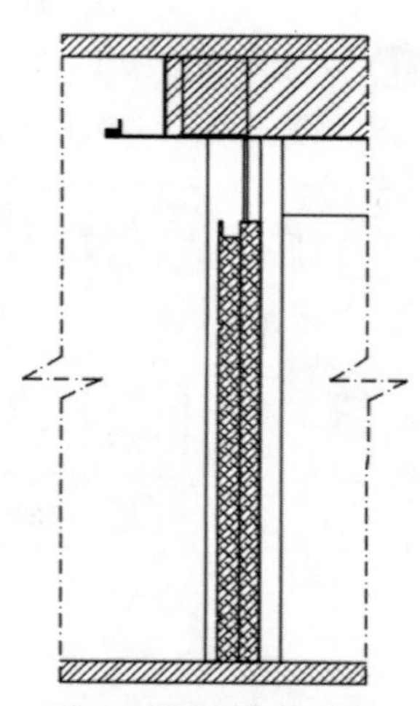

图 16-107 修剪对象

22 在命令行中输入【LAYER】命令，打开【图层特性管理器】选项板，将当前图层设置为【轮廓线】图层，绘制一个半径为 20 的圆，绘制两条相交的直线，并使用【矩形】工具，绘制一个长度为 50、宽度为-50 的矩形，将其放置到合适的位置，如图 16-108 所示。

23 使用同样的方法，绘制如图 16-109 所示的对象，并将其移动至合适的位置。

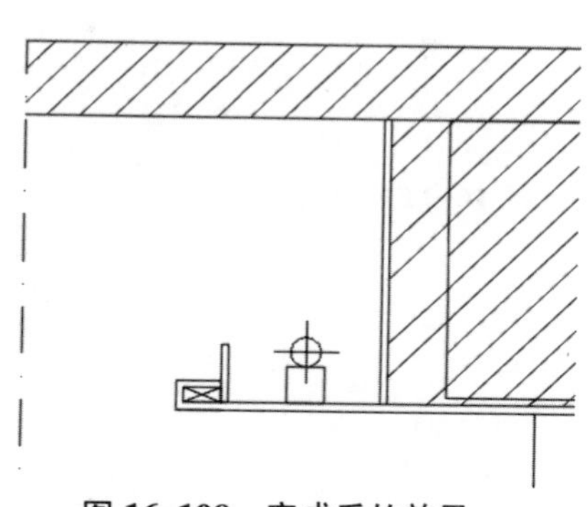

图 16-108　完成后的效果

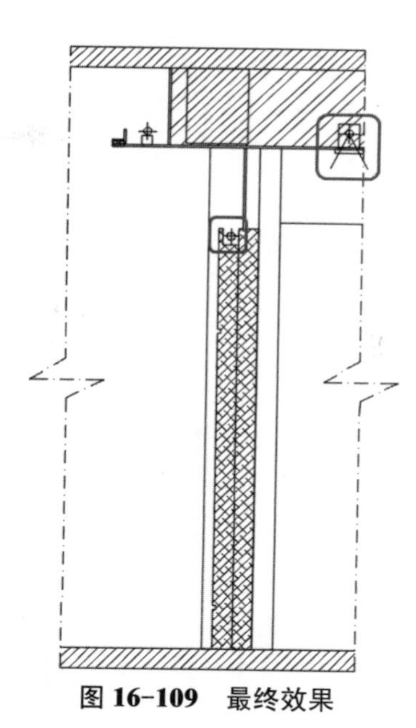

图 16-109　最终效果

16.3.3 绘制电视背景墙详图 C

下面讲解如何绘制电视背景墙详图 C，其具体操作步骤如下：

01 在命令行中输入【RECTANG】命令，指定第一点，在命令行中输入 D，绘制一个长度为 2 514、宽度为 3 100 的矩形，如图 16-110 的所示。

02 在命令行中输入【EXPLODE】命令，将绘制的矩形进行分解，在命令行中输入【OFFSET】命令，将上侧边向下偏移 100、390、10、2 500，如图 16-111 所示。

图 16-110　绘制矩形

图 16-111　偏移直线

03 再次使用【偏移】工具，将左侧边向右偏移 423、70、445、10，如图 16-112 所示。

04 在命令行中输入【TRIM】命令，将其进行修剪，如图 16-113 所示。

05 在命令行中输入【RECTANG】命令，指定第一点，在命令行中输入 D，绘制一个长度为 100、宽度为 2 100 的矩形，如图 16-114 的所示。

06 再次使用【矩形】工具，绘制一个长度为 10、宽度为 405 的矩形，将其移动至合适的位置，然后使用【修剪】工具，对其进行修剪，如图 16-115 的所示。

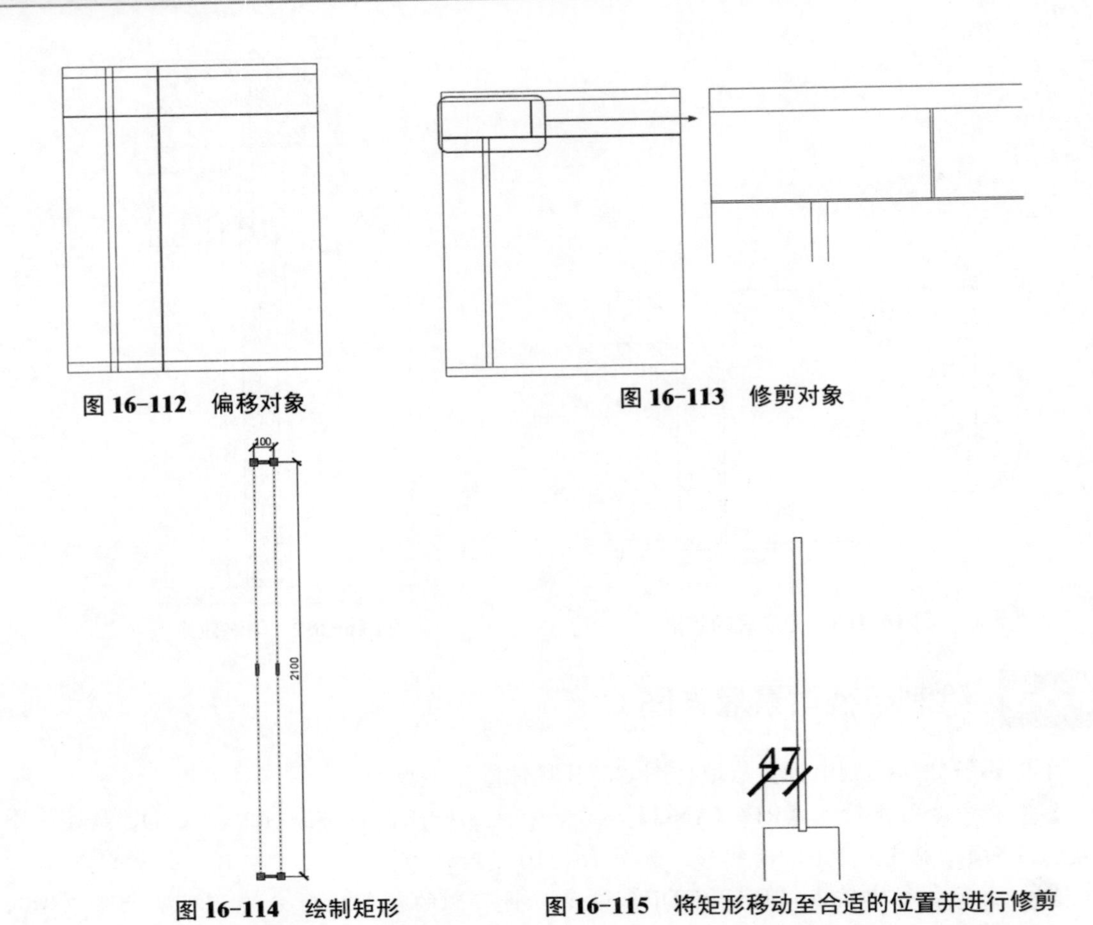

图 16-112 偏移对象

图 16-113 修剪对象

图 16-114 绘制矩形

图 16-115 将矩形移动至合适的位置并进行修剪

07 在命令行中输入【MOVE】命令，选择绘制的对象，将其移动至合适的位置，如图 16-116 所示。

08 在命令行中输入【PLINE】命令，指定 A 点作为起点，向下引导鼠标，输入 80，向右引导鼠标，输入 80，向上引导鼠标，输入 80，向右引导鼠标，输入 50，向下引导鼠标，输入 500，向左引导鼠标，输入 20，向上引导鼠标，输入 160，向左引导鼠标，输入 75，如图 16-117 所示。

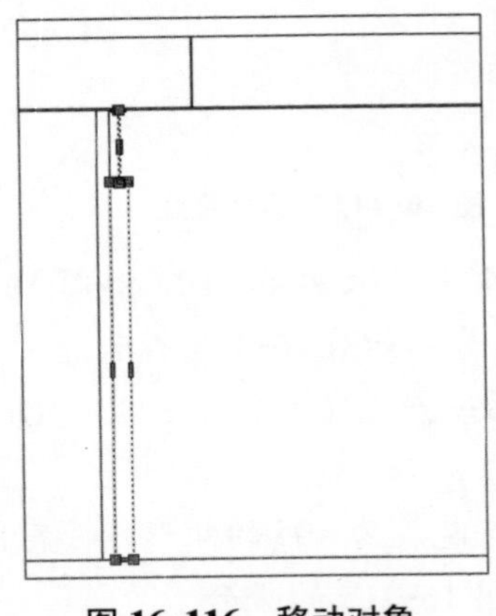

图 16-116 移动对象

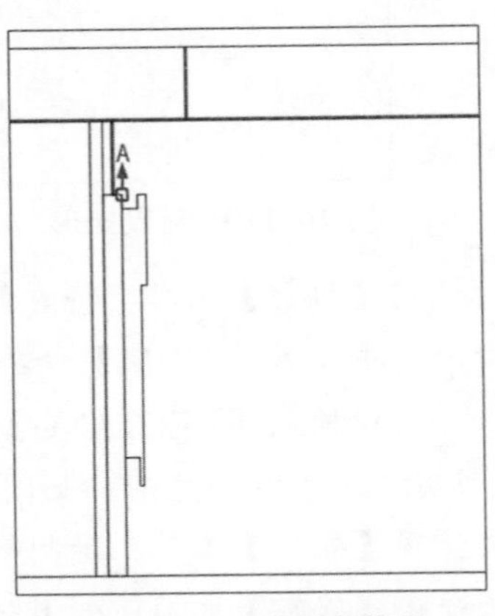

图 16-117 绘制多线段

09 使用【直线】工具，绘制一条直线，如图 16–118 所示。

10 指定 A 点作为起点，向上引导鼠标，输入 150，向右引导鼠标，输入 550，向上引导鼠标，输入 40，向左引导鼠标，输入 530，向上引导鼠标，输入 170，向右引导鼠标，输入 530，向上引导鼠标，输入 40，向左引导鼠标，输入 550，如图 16–119 所示。

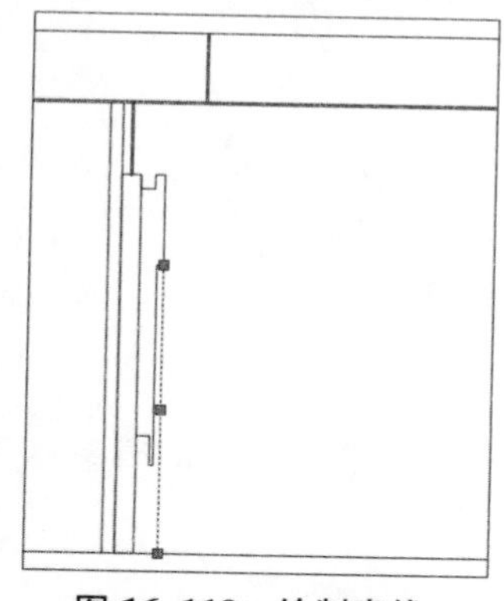

图 16–118　绘制直线

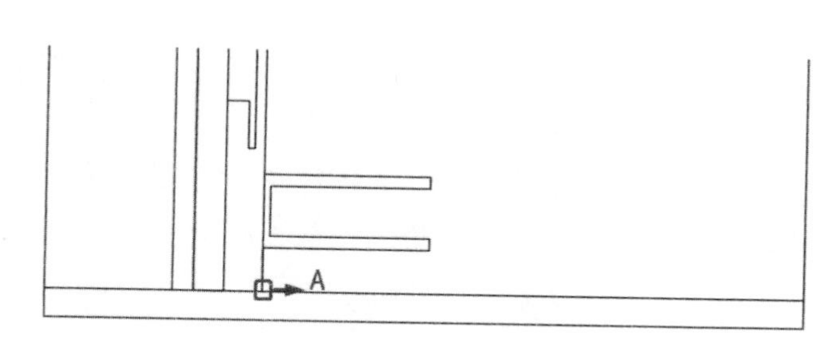

图 16–119　绘制多段线

11 在命令行中输入【RECTANG】命令，指定第一点，在命令行中输入 D，绘制一个长度为 496.5、宽度为 140 的矩形，如图 16–120 所示。

12 再次使用【矩形】工具，绘制一个长度为 20、宽度为 161 的矩形，使用【直线】工具，绘制直线，使用【移动】工具，将其调整至合适的位置，然后进行修剪，如图 16–121 所示。

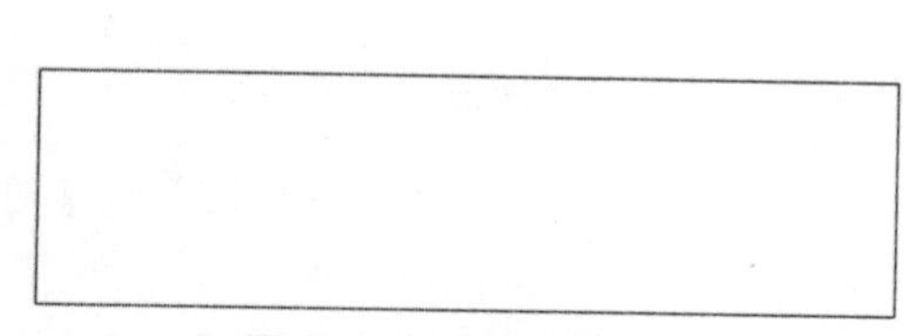

图 16–120　绘制矩形

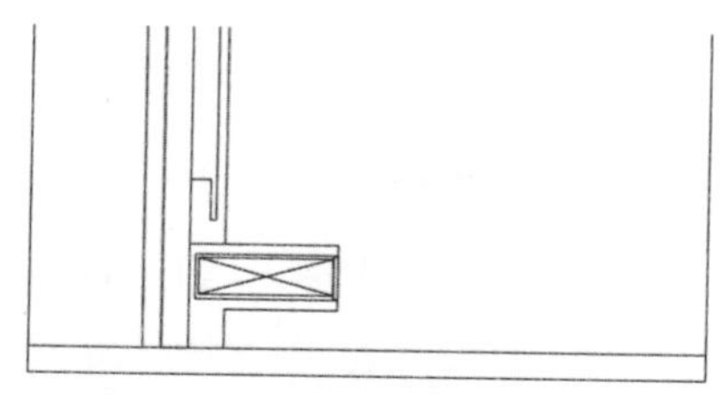

图 16–121　修剪完成后的效果

13 在命令行中输入【RECTANG】命令，然后指定第一个角点，在命令行中输入 D，绘制一个长度为 60、宽度为–40 的矩形，如图 16–122 所示。

14 再次使用【矩形】工具，绘制一个长度为 50、宽度为 20 的矩形，并将其放置到合适的位置，如图 16–123 所示。

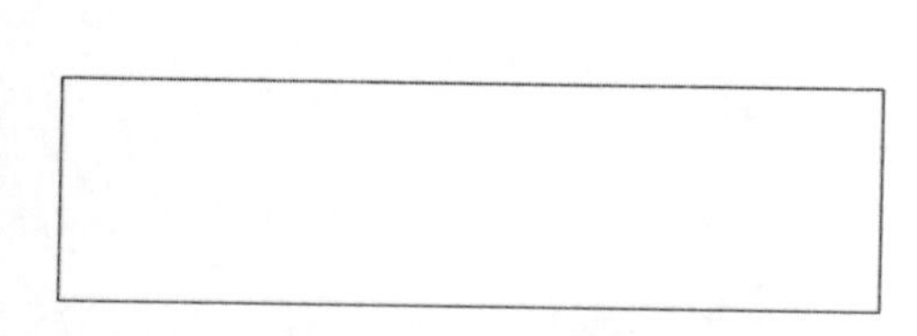

图 16–122　绘制矩形

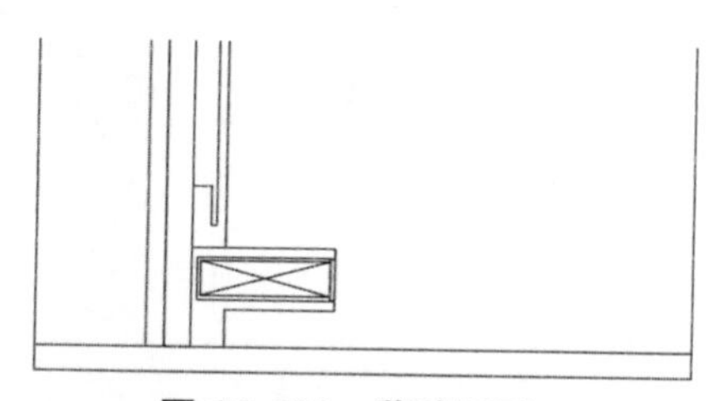

图 16–123　移动矩形

15 再次使用【矩形】工具，绘制一个长度为 10、宽度为 80 的矩形，并将其放置到合适的位置，使用【直线】工具，绘制直线，如图 16-124 所示。

16 将对象移动至合适的位置，如图 16-125 所示。

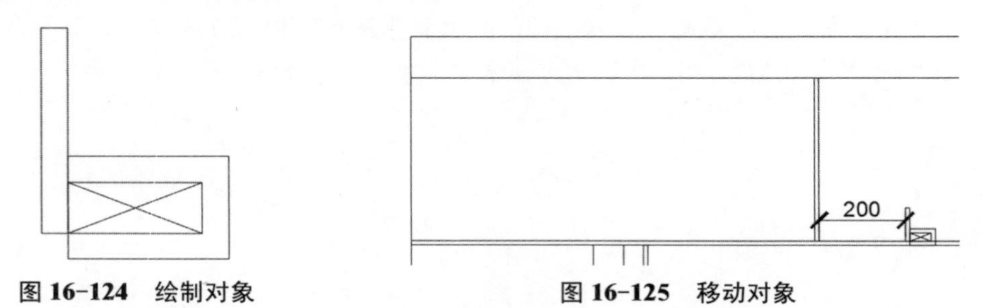

图 16-124 绘制对象　　图 16-125 移动对象

17 使用【修剪】工具，将其进行修剪，如图 16-126 所示。

18 使用【矩形】工具，绘制一个长度为 300、宽度设置为-380 的矩形，然后将其放置到合适的位置，如图 16-127 所示。

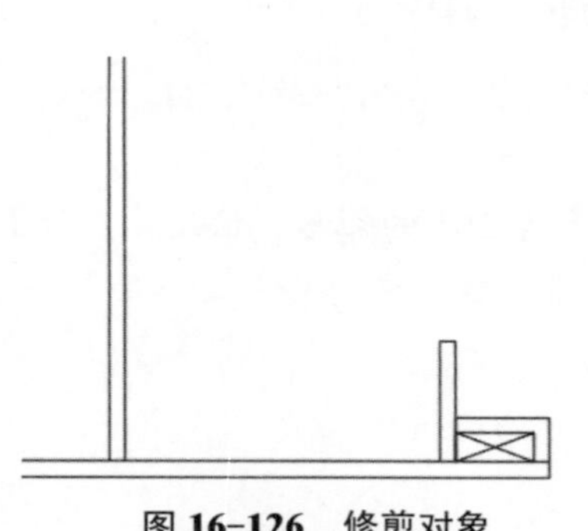

图 16-126 修剪对象

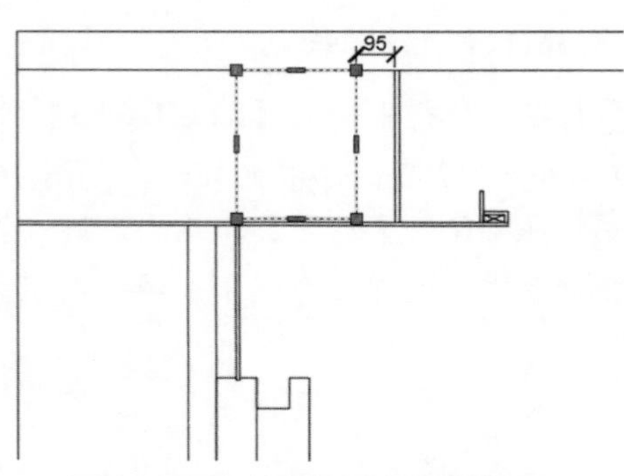

图 16-127 绘制矩形并调整位置

19 在命令行中输入【HATCH】命令，将【图案填充图案】设置为【ANSI31】，将【图案填充比例】设置为 10，将【角度】设置为 0，对其进行填充，如图 16-128 所示。

20 在命令行中输入【HATCH】命令，将【图案填充图案】设置为【ANSI32】，将【图案填充比例】设置为 10，将【角度】设置为 0，对其进行填充，如图 16-129 所示。

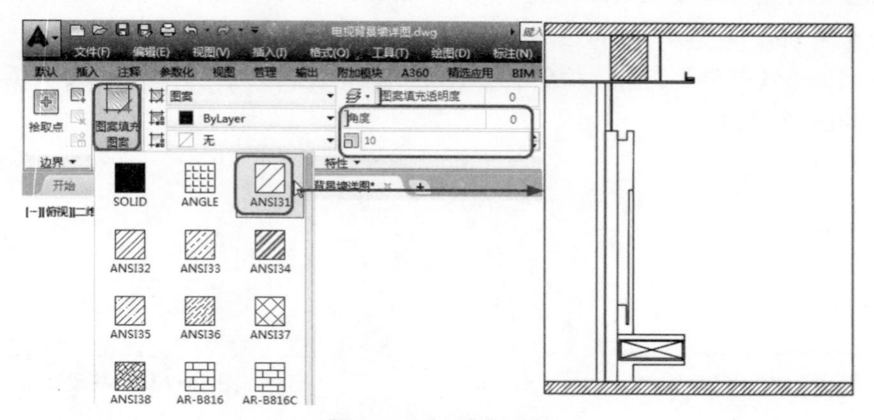

图 16-128 填充对象

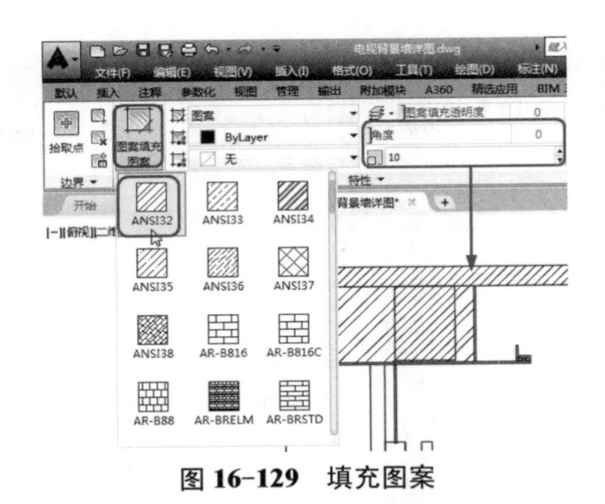

图 16-129　填充图案

21 在命令行中输入【HATCH】命令，将【图案填充图案】设置为【ANSI38】，将【图案填充比例】设置为 10，将【角度】设置为 0，对其进行填充，如图 16-130 所示。

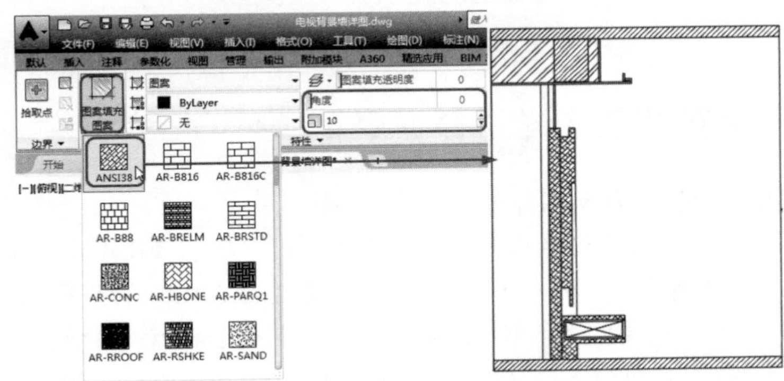

图 16-130　填充图案

22 使用上面介绍过的方法，绘制灯具并调整位置，如图 16-131 所示。

23 选择左右两侧的直线，切换至【默认】选项卡，将其更改为【虚线】图层，如图 16-132 所示。

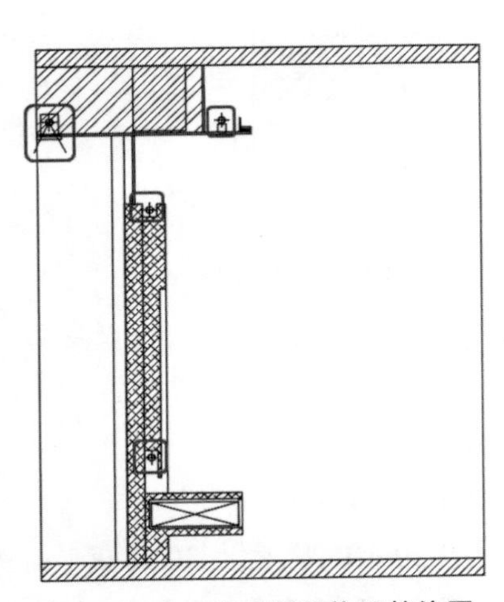

图 16-131　绘制灯具并调整位置

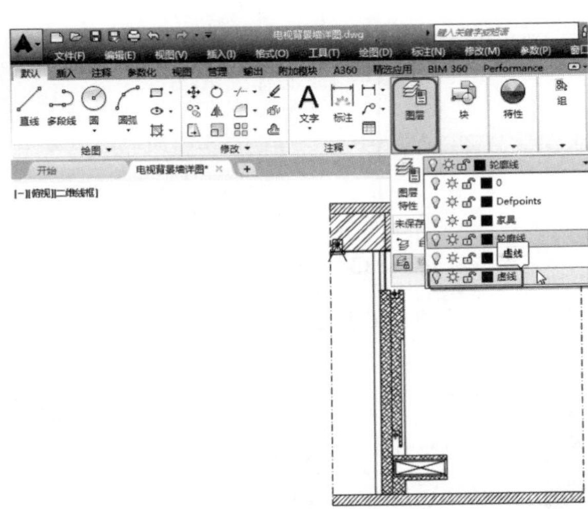

图 16-132　更改图层

24 将当前图层更改为【虚线】图层，使用【多段线】工具绘制对象，然后使用【修剪】工具进行修剪，绘制如图 16-133 所示的图形。

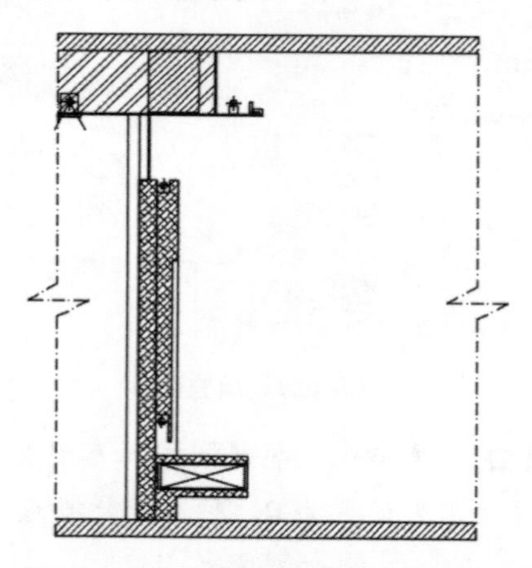

图 16-133　绘制图形

16.3.4 绘制电视背景墙详图 D

下面讲解如何绘制电视背景墙详图 D，其具体操作步骤如下：

01 将当前图层更改为【轮廓线】图层，在命令行中输入【RECTANG】命令，指定第一个点，在命令行中输入 D，绘制一个长度为 993、宽度为 3 100 的矩形，如图 16-134 所示。

02 在命令行中输入【EXPLODE】命令，将绘制的矩形进行分解，在命令行中输入【OFFSET】命令，将上侧边向下偏移 100、310、10、40、30、10、2 500，如图 16-135 所示。

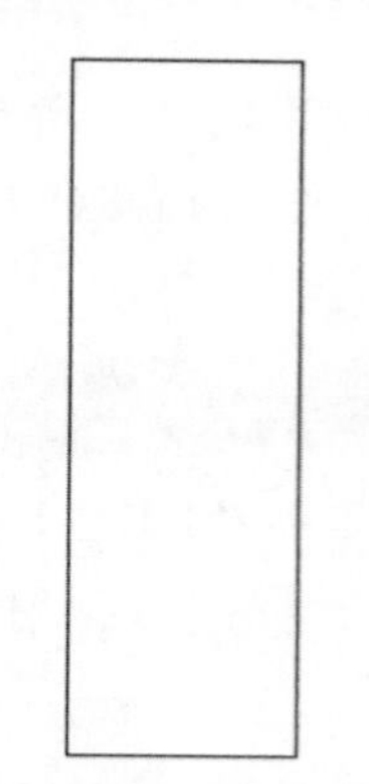

图 16-134　绘制矩形

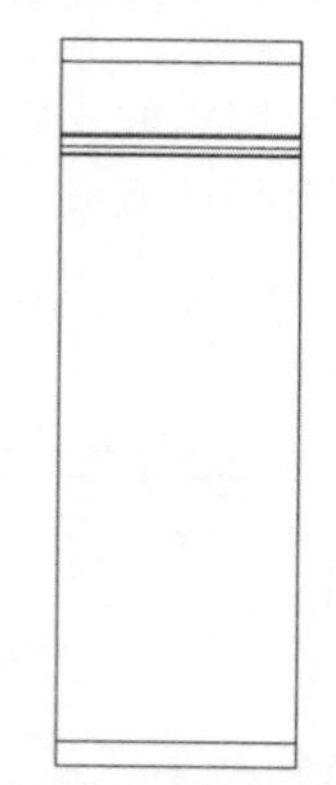

图 16-135　偏移对象

03 再次使用【偏移】工具，将左侧边向右偏移 150、145、185、10、50、10，如图 16-136 所示。

04 使用【修剪】工具，将其进行修剪，如图 16-137 所示。

05 在命令行中输入【LINE】命令，绘制直线，如图 16-138 所示。

06 在命令行中输入【RECTANG】命令，绘制一个长度为 10、宽度为 30 的矩形，使用【矩形阵列】工具，将对象进行矩形阵列，将【列数】设置为 10，将【介于】设置为 45，将【行数】设置为 1，将【介于】设置为 15，并将其移动至合适的位置，如图 16-139 所示。

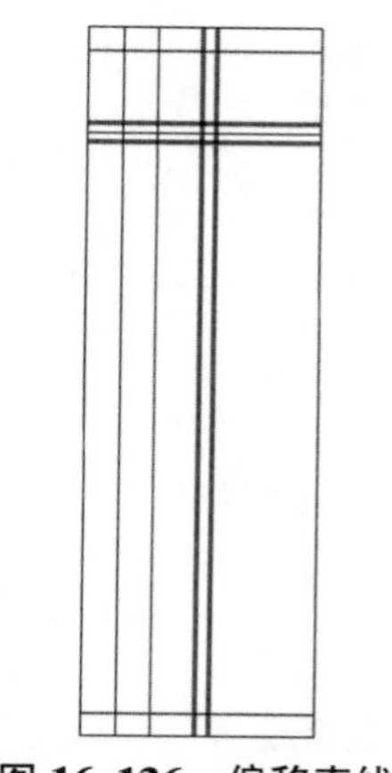

图 16-136　偏移直线

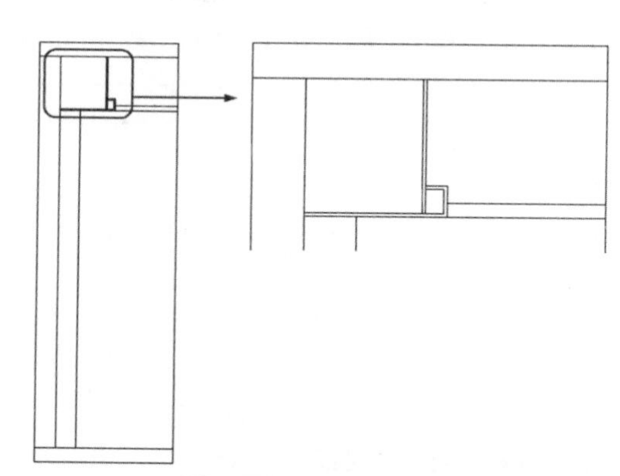

图 16-137　修剪对象

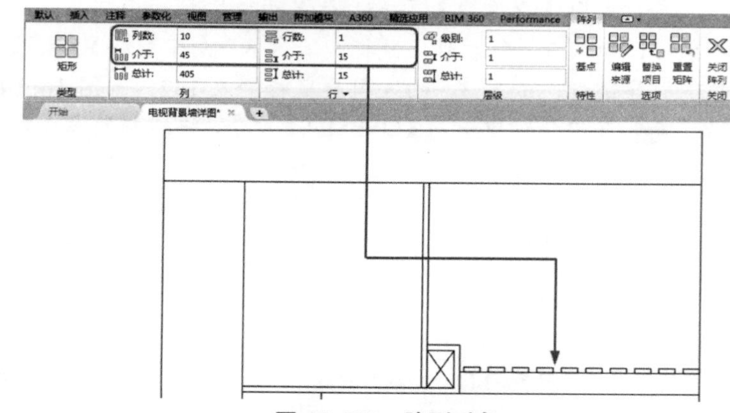

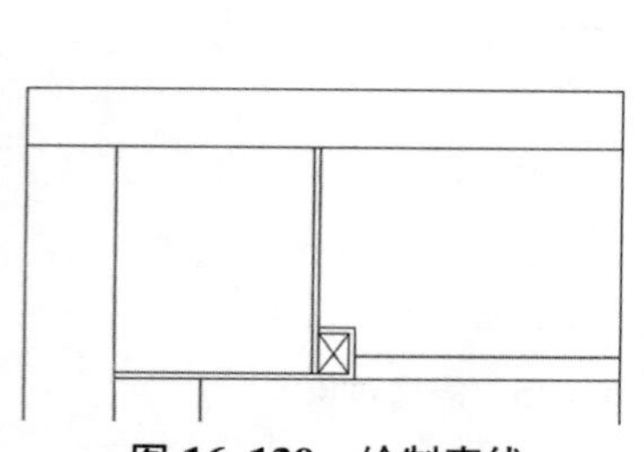

图 16-138　绘制直线

图 16-139　阵列对象

07 使用【矩形】工具，绘制一个长度为 485、宽度为 10 的矩形，并将其移动至合适的位置，如图 16-140 所示。

08 再次使用【矩形】工具，指定第一点，在命令行中输入 D，绘制一个长度为 72、宽度为-380 的矩形，如图 16-141 所示。

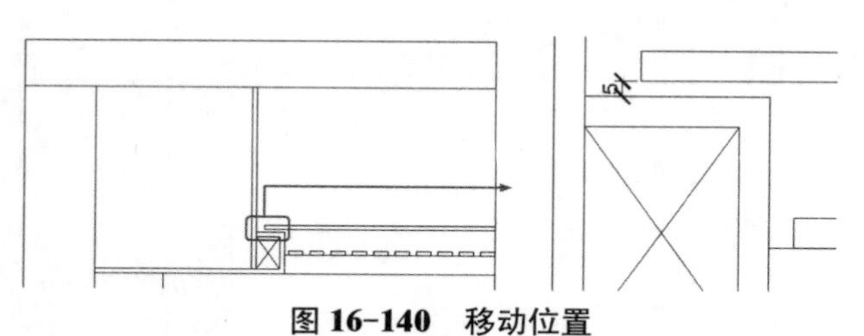

图 16-140　移动位置

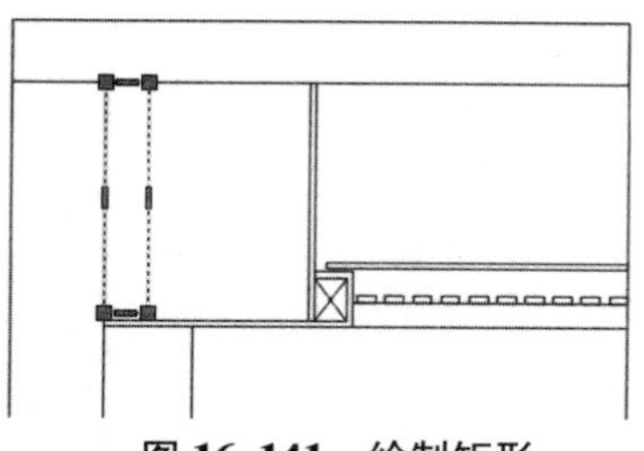

图 16-141　绘制矩形

09 在命令行中输入【PLINE】命令，指定 A 点作为起点，向下引导鼠标，输入 320，向右引导鼠标，输入 90，向下引导鼠标，60，向左引导鼠标，输入 40，向下引导鼠标，输入 20，向右引导鼠标，输入 92，向上引导鼠标，输入 3，向右引导鼠标，输入 3，向上引导鼠标，输入 397，向左引导鼠标，输入 20，向下引导鼠标，输入 380，向左引导鼠标，输入 35，如图 16-142 所示。

10 在命令行中输入【LINE】命令，绘制直线，如图 16-143 所示。

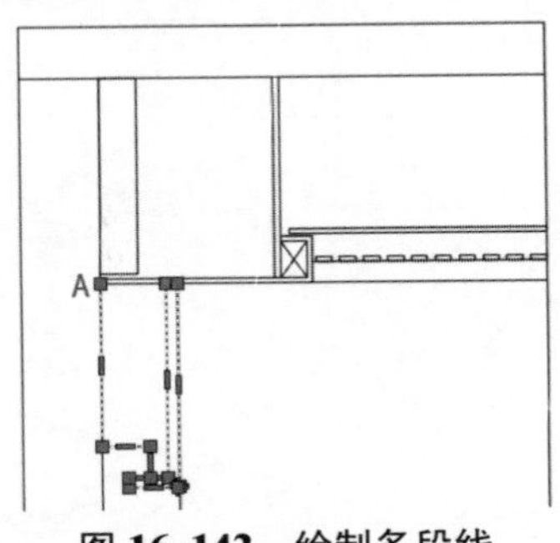

图 16-142 绘制多段线

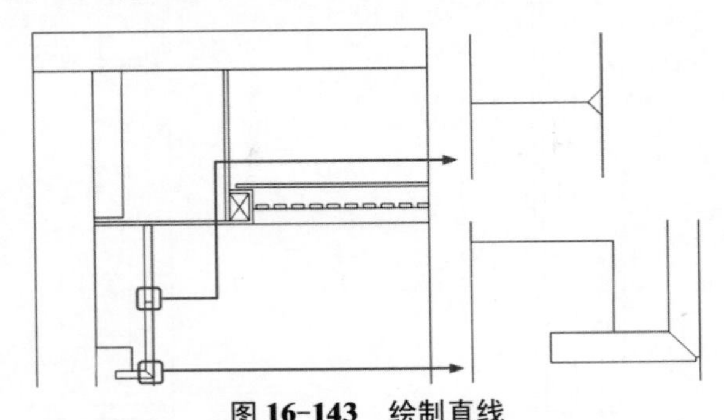

图 16-143 绘制直线

11 使用【多段线】工具，在空白区中指定第一点，向右引导鼠标，输入 142，向下引导鼠标，输入 3，向右引导鼠标，输入 3，向下引导鼠标，输入 94，向左引导鼠标，输入 3，向下引导鼠标，输入 3，向左引导鼠标输入 142，如图 16-144 所示。

12 在命令行中输入【OFFSET】命令，将绘制的多段线向内偏移 20，如图 16-145 所示。

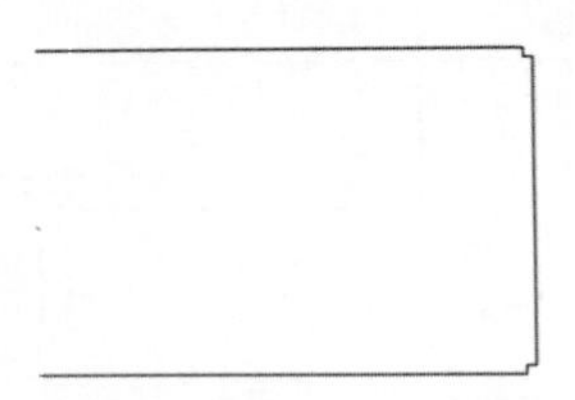

图 16-144 绘制多段线

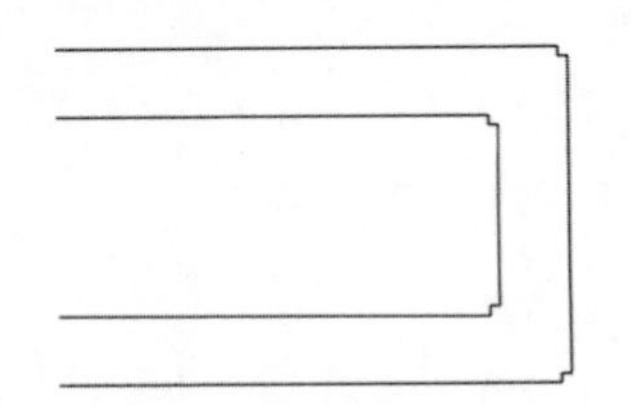

图 16-145 偏移对象

13 使用【移动】工具，将其移动至合适的位置，如图 16-146 所示。

14 在命令行中输入【HATCH】命令，将【图案填充图案】设置为【ANSI31】，将【图案填充比例】设置为 10，将【角度】设置为 0，对图形进行填充，如图 16-147 所示。

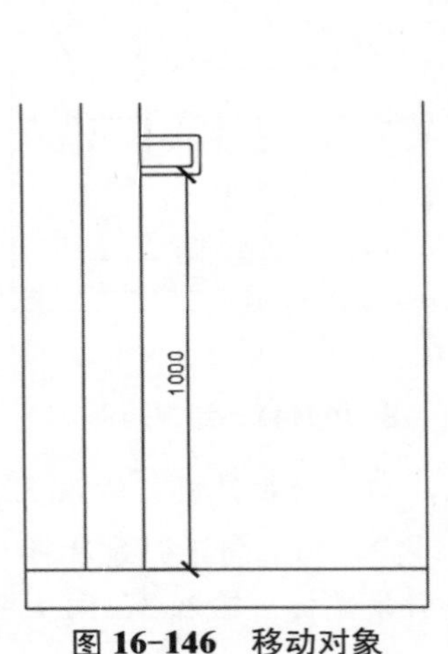

图 16-146 移动对象

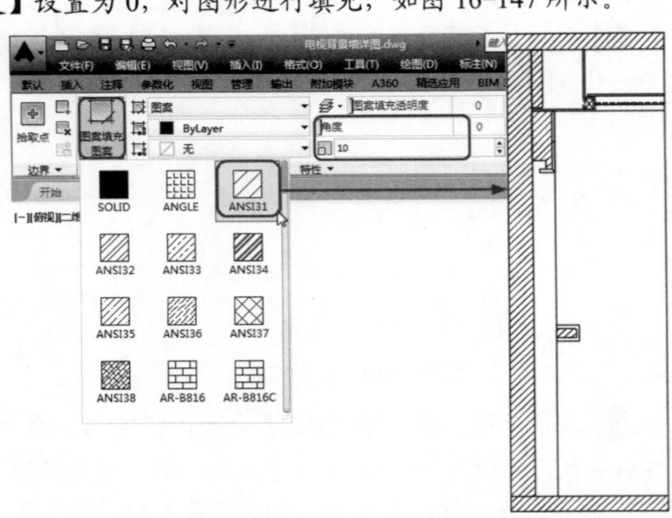

图 16-147 填充图案

15 在命令行中输入【HATCH】命令，将【图案填充图案】设置为【ANSI32】，将【图案填充比例】设置为10，将【角度】设置为0，对图形进行填充，如图16-148所示。

16 使用上面介绍过的方法，绘制灯具，并将其放置到合适的位置，如图16-149所示。

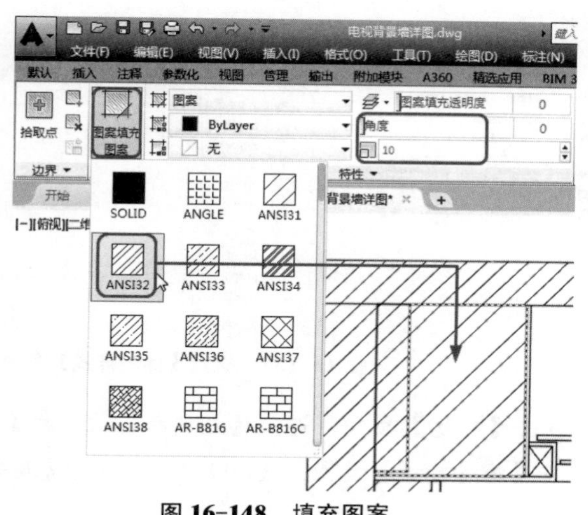

图 16-148　填充图案

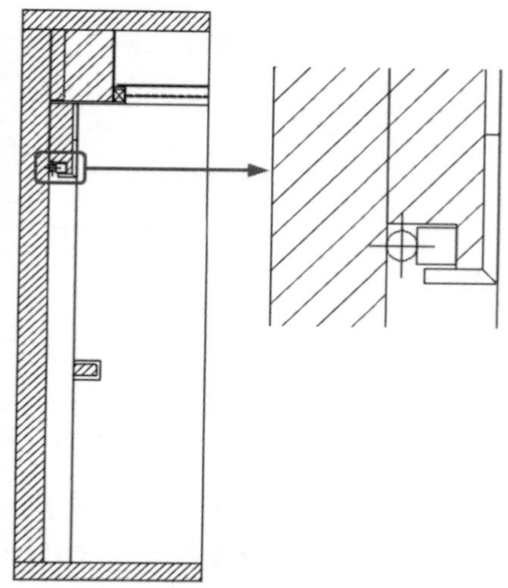

图 16-149　完成后的效果

17 选择右侧的直线，切换至【默认】选项卡，将其更改为【虚线】图层，如图16-150所示。

18 使用【多段线】工具绘制对象，然后使用【修剪】工具进行修剪，绘制如图16-151所示的图形。

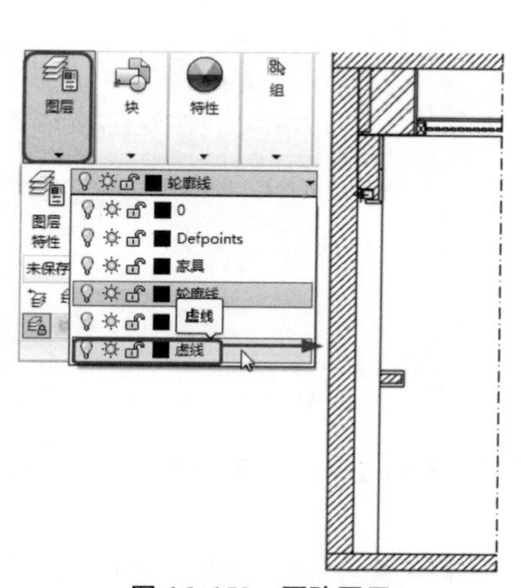

图 16-150　更改图层

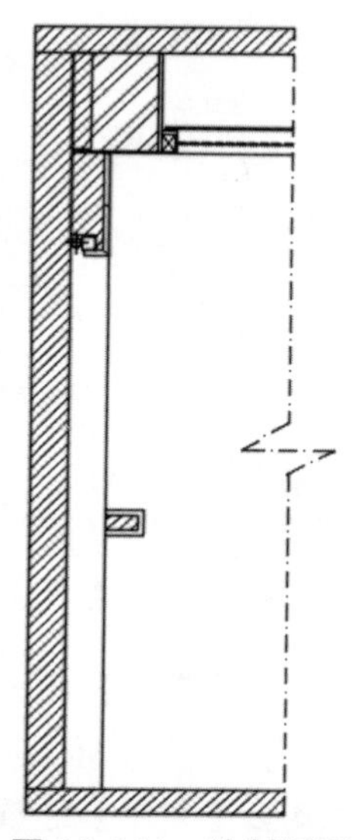

图 16-151　绘制图形

19 在命令行中输入【LAYER】命令，打开【图层特性管理器】选项板，新建【标注】图层，并将其置为当前图层，如图16-152所示。

20 在菜单栏中执行【格式】|【标注样式】命令，如图 16-153 所示。

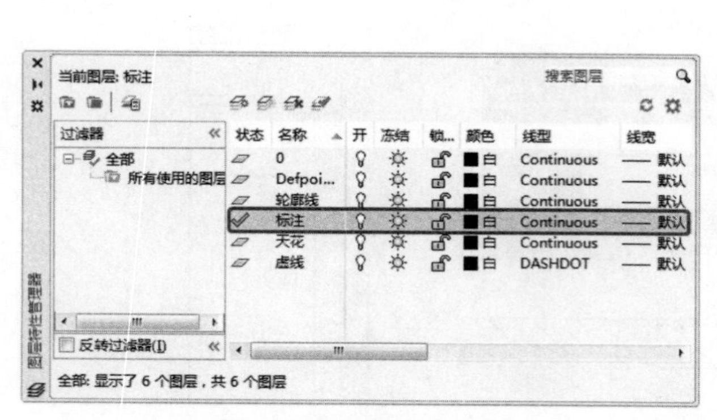

图 16-152　新建图层

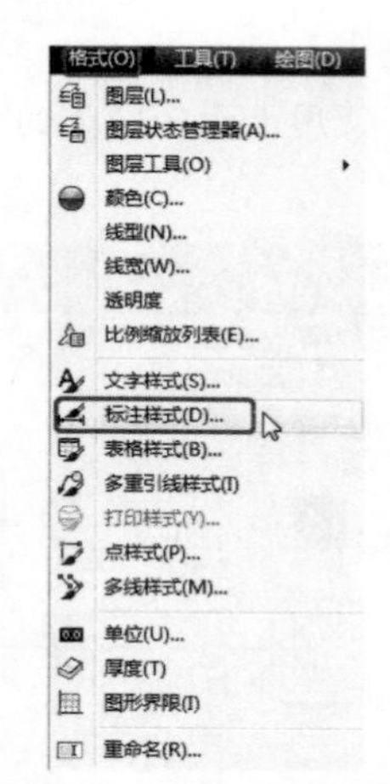

图 16-153　执行【标注样式】命令

21 弹出【标注样式管理器】对话框，单击【新建】按钮，弹出【创建新标注样式】对话框，将【新样式名】设置为【尺寸标注】，将【基础样式】设置为【ISO-25】，单击【继续】按钮，如图 16-154 所示。

22 弹出【新建标注样式：尺寸标注】对话框，切换至【线】选项卡，将【尺寸线】下方的【基线间距】设置为 50，将【超出尺寸线】设置为 100，如图 16-155 所示。

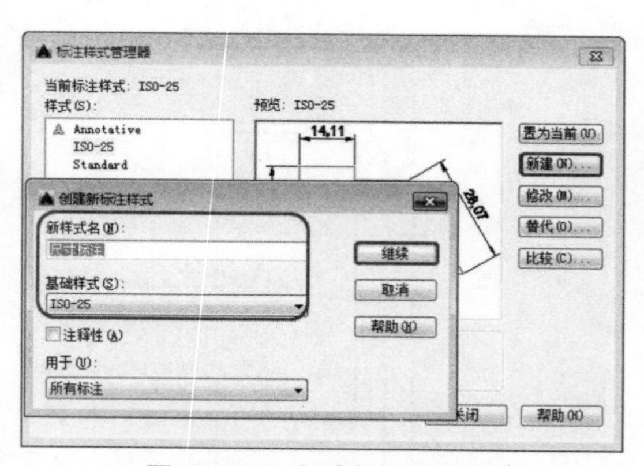

图 16-154　创建新标注样式

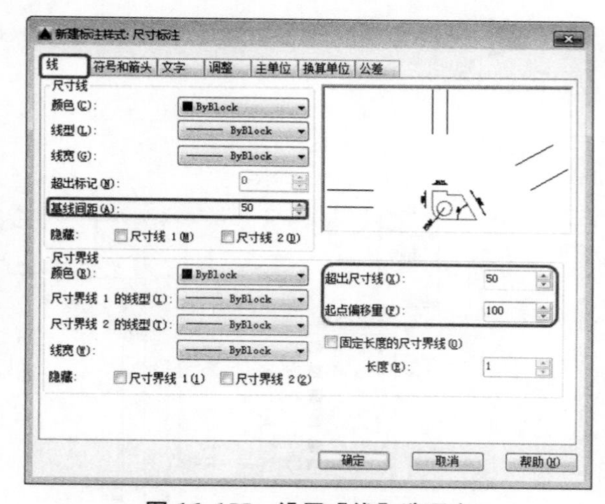

图 16-155　设置【线】选项卡

23 切换至【符号和箭头】选项卡，将【箭头】的【第一个】和【第二个】设置为【点】，将【箭头大小】设置为 50，如图 16-156 所示。

24 切换至【文字】选项卡，将【文字高度】设置为 100，如图 16-157 所示。

25 切换至【调整】选项卡，选择【文字位置】下的【尺寸线上方，不带引线】单选按钮，如图 16-158 所示。

26 切换至【主单位】选项卡，将【精度】设置为 0，如图 16-159 所示。

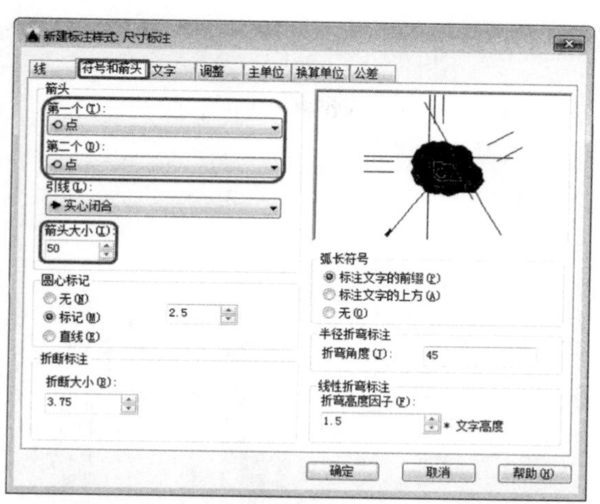

图 16-156　设置【符号和箭头】选项卡

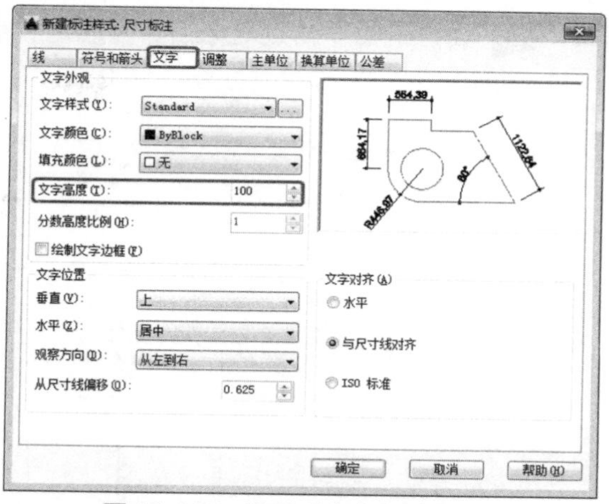

图 16-157　设置【文字】选项卡

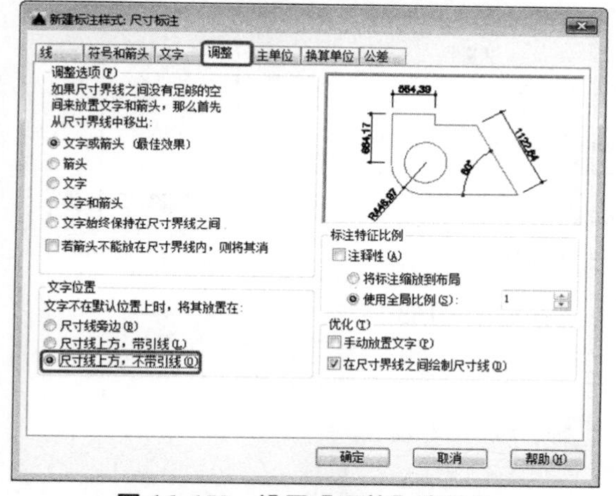

图 16-158　设置【调整】选项卡

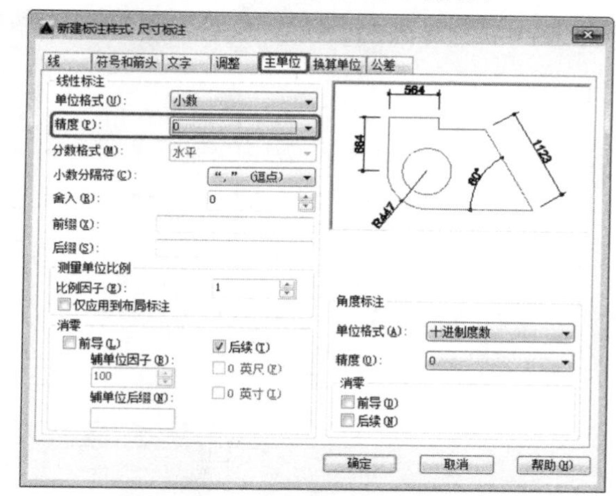

图 16-159　设置【主单位】选项卡

27 单击【确定】按钮，将【尺寸标注】置为当前样式，然后关闭该对话框，如图 16-160 所示。

28 对其进行标注，如图 16-161 所示。

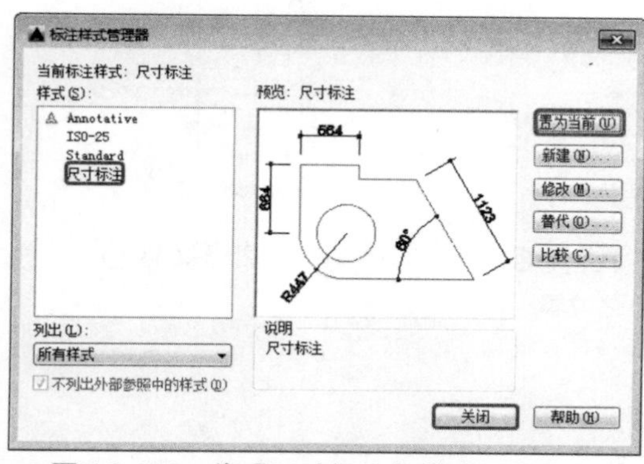

图 16-160　将【尺寸标注】样式置为当前

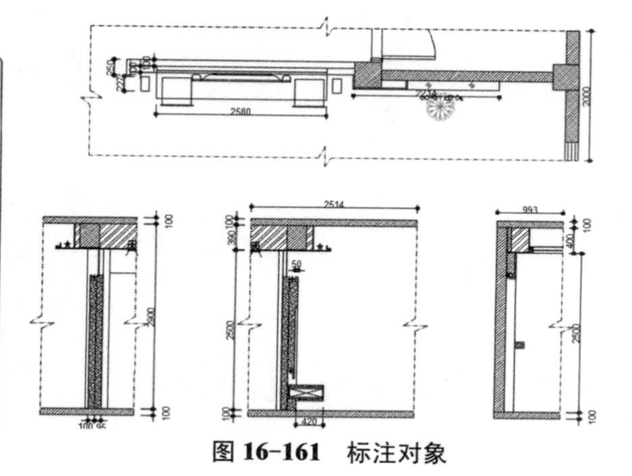

图 16-161　标注对象

29 使用前面介绍过的方法，对其进行文字说明，如图 16-162 所示。

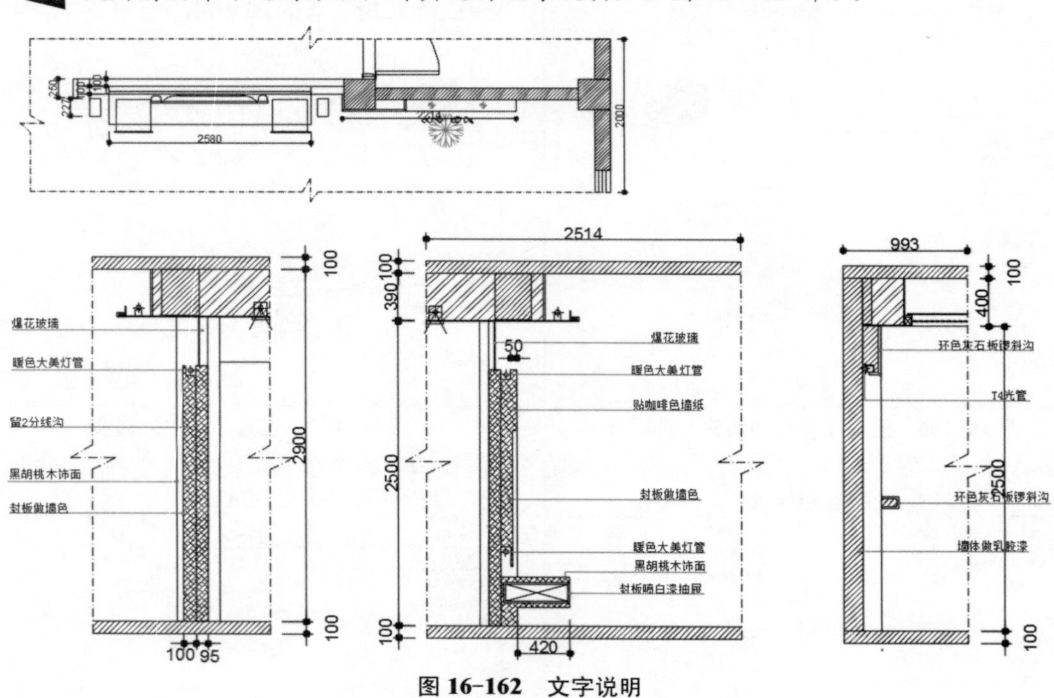

图 16-162　文字说明

30 使用【单行文字】工具，对其进行标注，如图 16-163 所示。

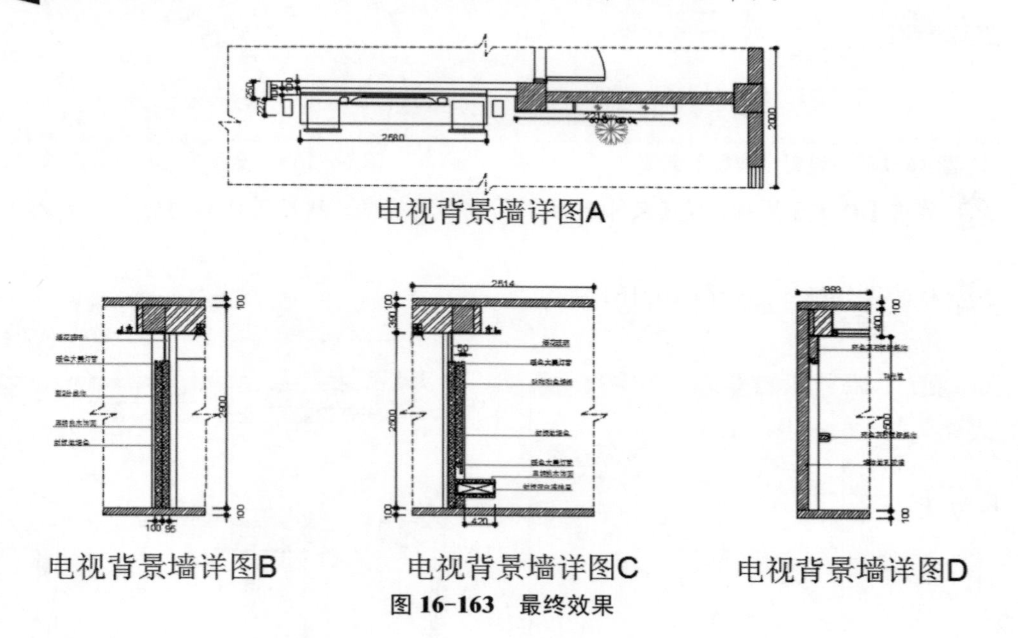

图 16-163　最终效果

16.4　绘制餐厅包间详图

餐厅就是指在一定场所，公开地对一般大众提供食品、饮料等餐饮的设施或公共餐饮屋。

餐厅可能意指下列事物：餐馆（Restaurant），一种提供餐饮服务的店铺；饭厅（Dining Room），一种住宅建筑中通常会看到的房间设施，有时会与厨房或客厅相连。

16.4.1 绘制餐厅包间详图 A

下面讲解如何绘制餐厅包间详图，其具体操作步骤如下：

01 新建一个空白图纸，在命令行中输入【LAYER】命令，打开【图层特性管理器】选项板，新建【轮廓线】图层，并置为当前图层，如图 16-164 所示。

02 在命令行中输入【PLINE】命令，指定第一点，向右引导鼠标，输入 910，向上引导鼠标，输入 150，向右引导鼠标，输入 483，向上引导鼠标，输入 100，向右引导鼠标，输入 2 420，向下引导鼠标，输入 100，向右引导鼠标，输入 485，向下引导鼠标，输入 150，向右引导鼠标，输入 953，如图 16-165 所示。

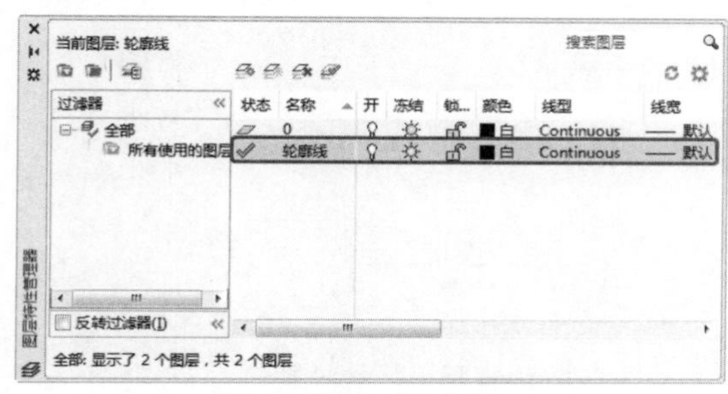

图 16-164 新建图层

图 16-165 绘制多段线

03 在命令行中输入【EXPLODE】命令，将绘制的多段线进行分解，将多余的线段进行删除，如图 16-166 所示。

04 在命令行中输入【RECTANG】命令，指定第一个点，在命令行中输入 D，绘制一个长度为 5 250、宽度为-916 的矩形，将其移动至合适的位置，如图 16-167 所示。

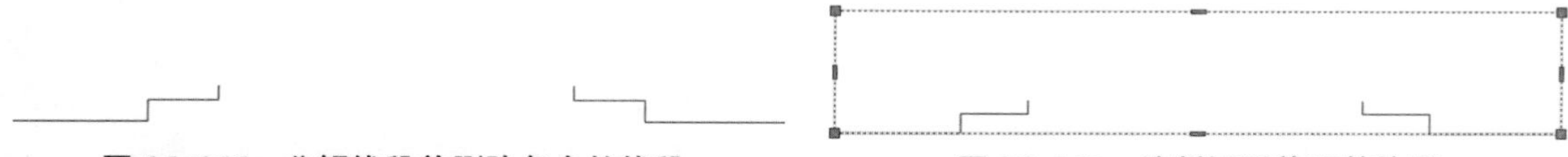

图 16-166 分解线段并删除多余的线段

图 16-167 绘制矩形并调整位置

05 使用【分解】工具，将其进行分解，将多余的线段删除，并将左右两侧的直线延长，如图 16-168 所示。

06 使用【多段线】工具，绘制折断线，并将其修剪，如图 16-169 所示。

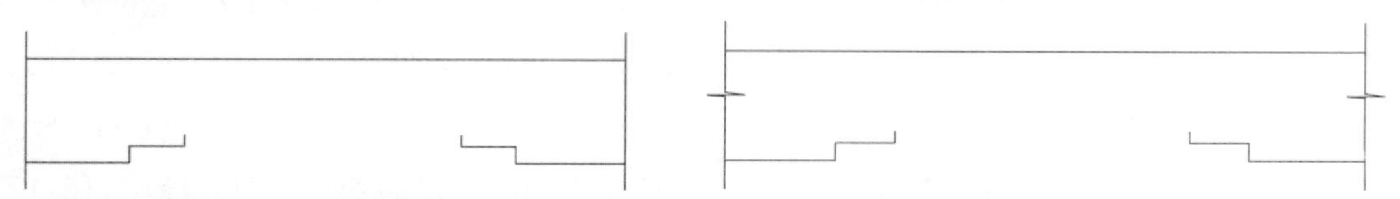

图 16-168 分解线段并删除多余的线段

图 16-169 修剪对象

07 在命令行中输入【RECTANG】命令，指定第一个点，绘制一个长度为 282、宽度为 115 的矩形，如图 16-170 所示。

08 再次使用【矩形】工具，绘制两个长度为 20、宽度为 15 的矩形，并将其移动至合适的位置，如图 16-171 所示。

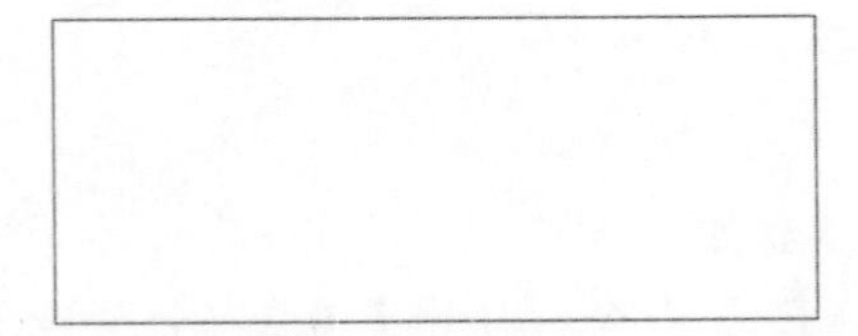

图 16-170 绘制矩形

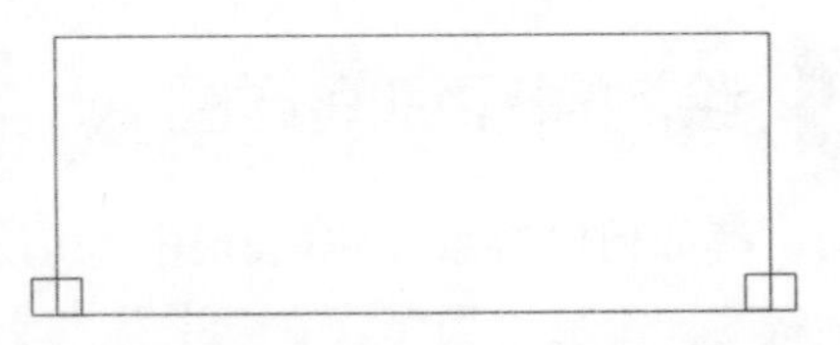

图 16-171 绘制并移动矩形

09 在命令行中输入【TRIM】命令，对其进行修剪，如图 16-172 所示。

10 选择绘制的对象，将其移动至合适的位置，如图 16-173 所示。

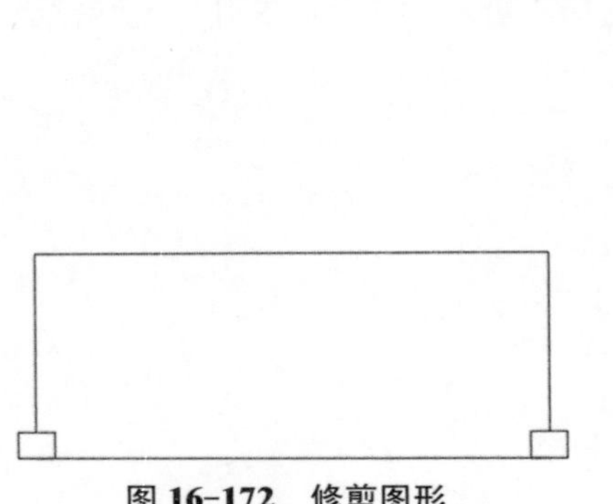

图 16-172 修剪图形

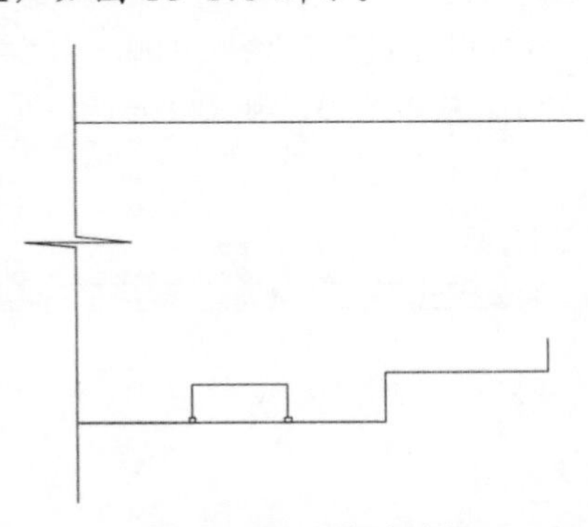

图 16-173 移动对象

11 在命令行中输入【COPY】命令，对该图形进行复制，如图 16-174 所示。

12 在命令行中输入【RECTANG】命令，指定第一个点，绘制一个长度为 145、宽度为 50 的矩形，使用【移动】工具，将其移动至合适的位置，如图 16-175 所示。

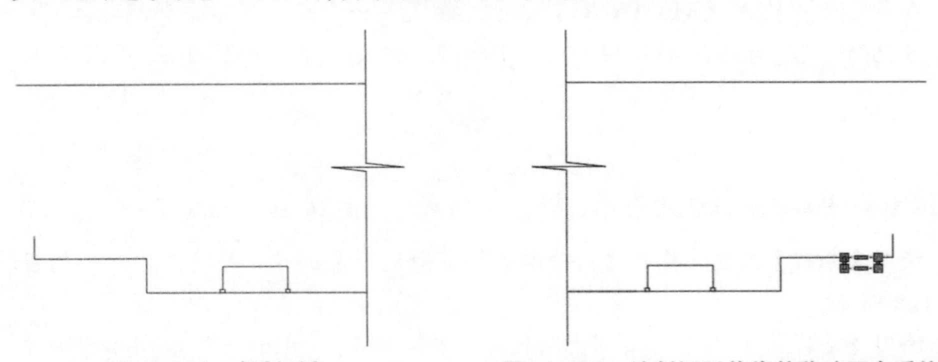

图 16-174 复制对象

图 16-175 绘制矩形并将其移动至合适位置

13 使用【复制】工具，将矩形进行复制，如图 16-176 所示。

14 在命令行中输入【RECTANG】命令，指定第一个点，绘制一个长度为 2 690、宽度为 250 的矩形，再次使用【矩形】工具，绘制一个长度为 50、宽度为 50 的矩形，如图 16-177 所示。

15 使用【矩形阵列】工具，选择绘制的小矩形，按空格键进行确认，将【列数】设置为 36，将【行数】设置为 1，按【Enter】键进行确认，如图 16-178 所示。

16 选择绘制的对象，将其移动至合适位置，如图 16-179 所示。

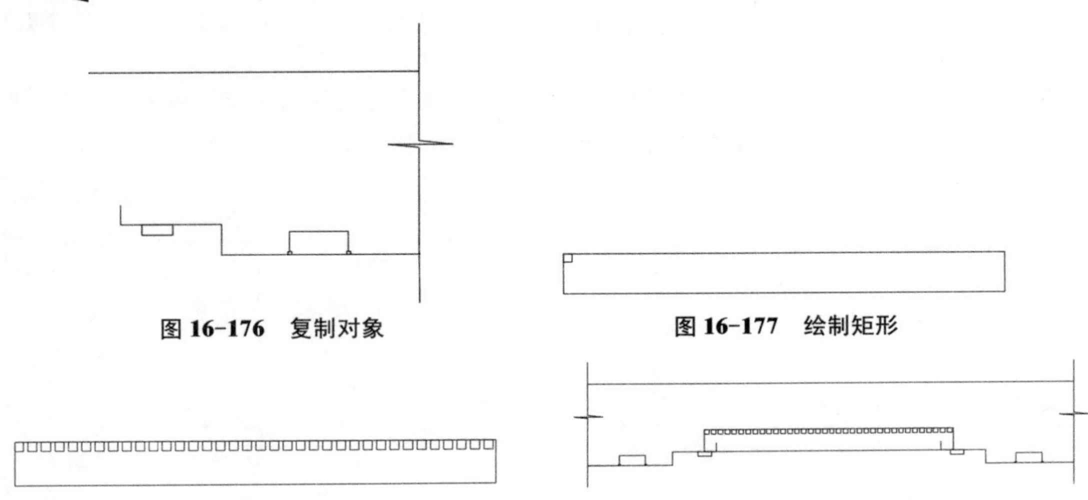

图 16-176　复制对象

图 16-177　绘制矩形

图 16-178　阵列对象

图 16-179　调整位置

17 使用【分解】工具，将矩形进行分解，并将多余的线段删除，如图 16-180 所示。

18 使用【圆】和【直线】工具，绘制如图 16-181 所示的对象。

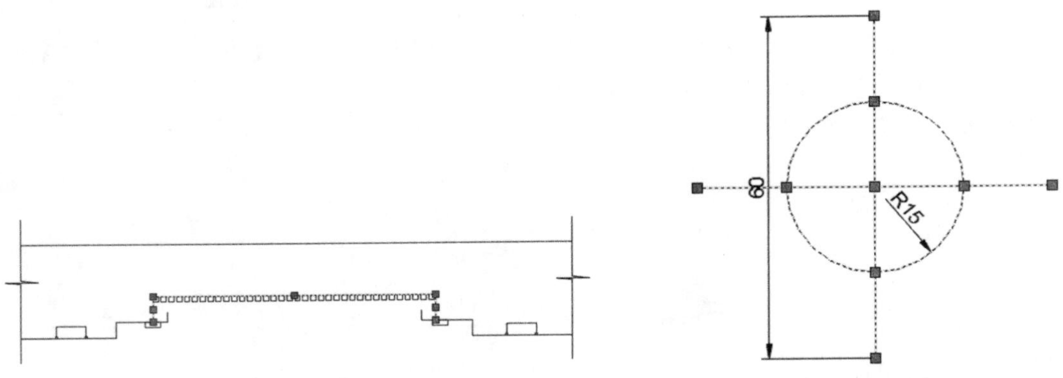

图 16-180　删除多余的线段

图 16-181　绘制完成后的效果

19 使用【移动】和【复制】工具，将其放置在合适的位置，如图 16-182 所示。

20 在命令行中输入【LAYER】命令，弹出【图层特性管理器】选项板，新建【标注】图层，并将其置为当前图层，如图 16-183 所示。

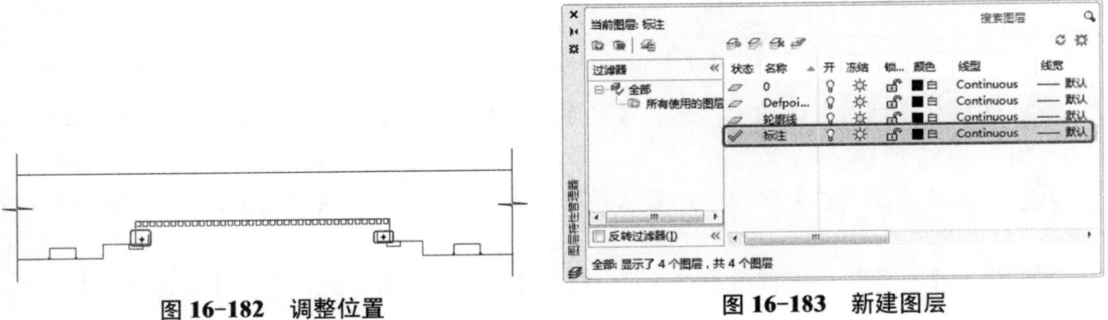

图 16-182　调整位置

图 16-183　新建图层

21 在菜单栏中执行【格式】|【标注样式】命令，弹出【标注样式管理器】对话框，单击【新建】按钮，弹出【创建新标注样式】对话框，将【新样式名】设置为【尺寸标注】，单击【继续】按钮，如图 16-184 所示。

22 弹出【新建标注样式：尺寸标注】对话框，切换至【线】选项卡，将【基线间距】、【超出尺寸线】和【起点偏移量】都设置为 20，如图 16-185 所示。

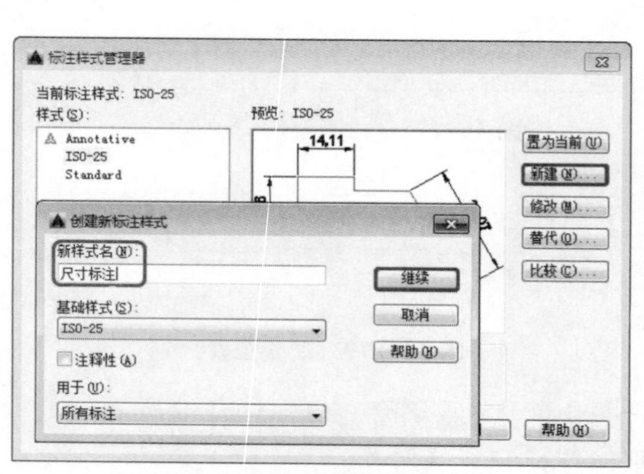

图 16-184　创建标注样式

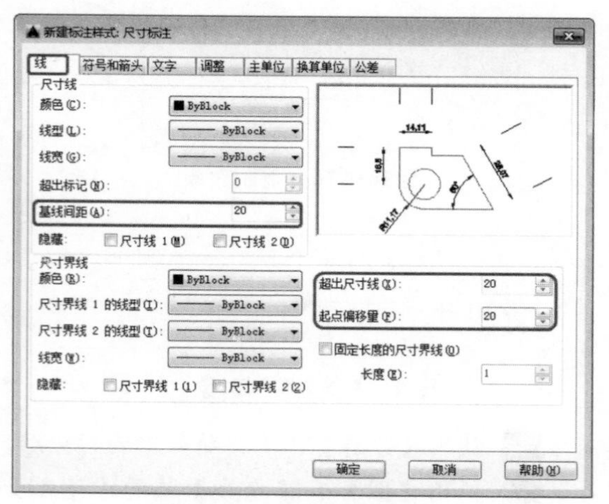

图 16-185　设置【线】

23 切换至【符号和箭头】选项卡，将【箭头】下的【第一个】和【第二个】设置为【点】，将【箭头大小】设置为 40，如图 16-186 所示。

24 切换至【文字】选项卡，将【文字高度】设置为 40，如图 16-187 所示。

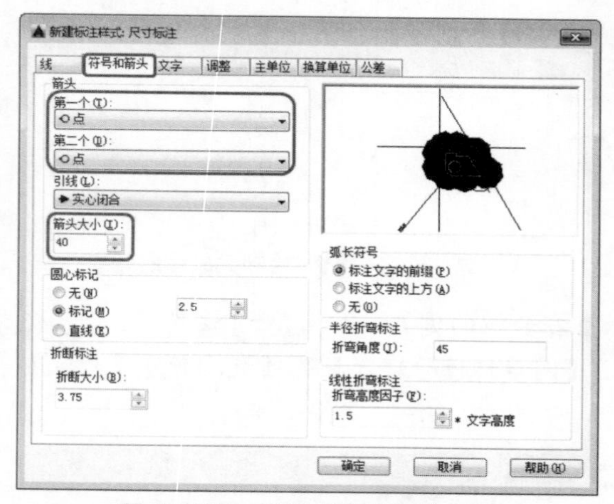

图 16-186　设置【符号和箭头】

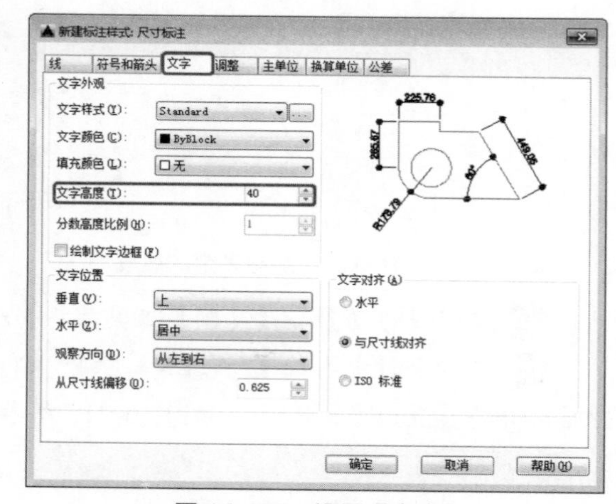

图 16-187　设置【文字】

25 切换至【调整】选项卡，选择【文字位置】下的【尺寸线上方，不带引线】单选按钮，如图 16-188 所示。

26 切换至【主单位】选项卡，将【精度】设置为 0，单击【确定】按钮，如图 16-189 所示。

27 返回【标注样式管理器】对话框，选择【尺寸标注】样式，单击【置为当前】按钮，然后关闭该对话框即可，如图 16-190 所示。

28 使用【线性标注】和【连续标注】对其进行标注，如图 16-191 所示。

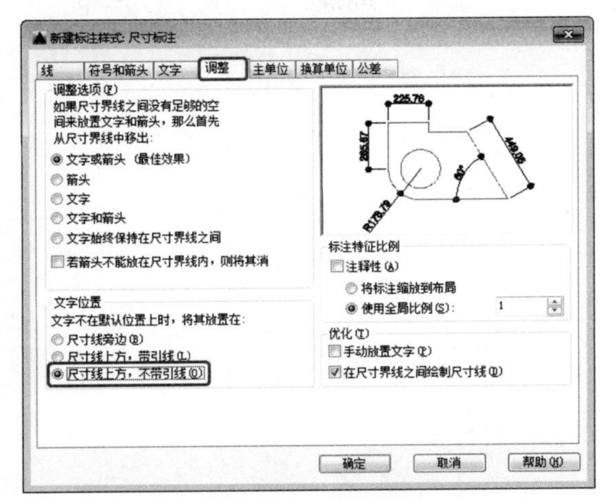

图 16-188　设置【调整】

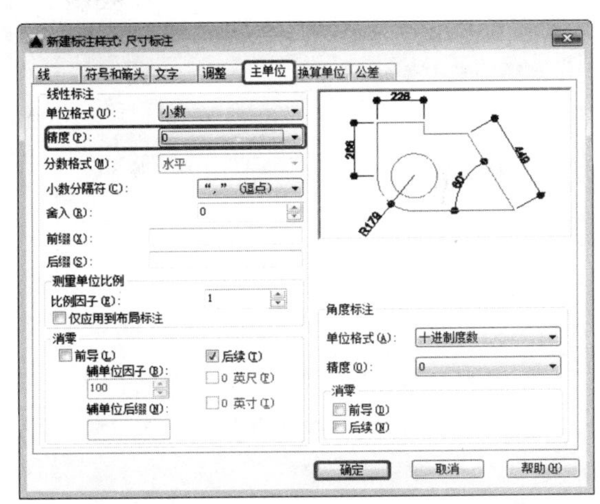

图 16-189　设置【主单位】

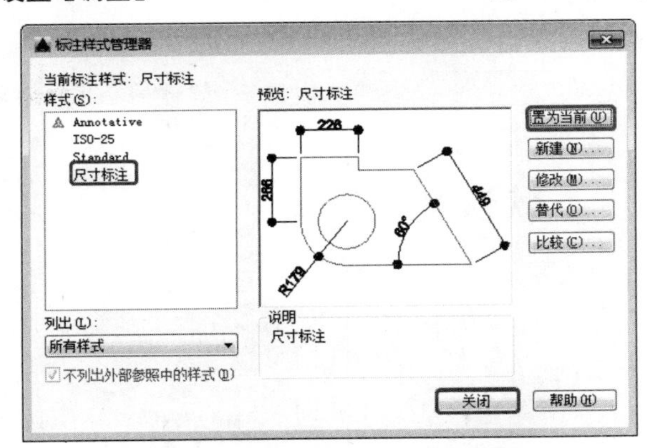

图 16-190　将【尺寸标注】置为当前

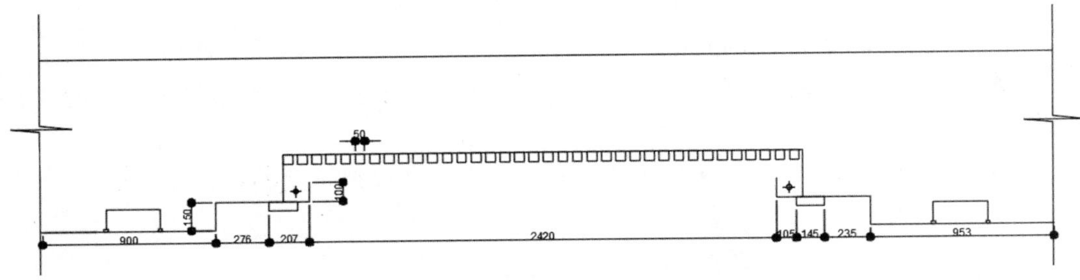

图 16-191　标注对象

29 在菜单栏中执行【格式】|【多重引线样式】命令，弹出【多重引线样式管理器】对话框，单击【新建】按钮，弹出【创建新多重引线样式】对话框，将【新样式名】设置为【多重引线】，单击【继续】按钮，如图 16-192 所示。

30 弹出【修改多重引线样式：多重引线】对话框，切换至【引线格式】选项卡，将【大小】设置为 100，如图 16-193 所示。

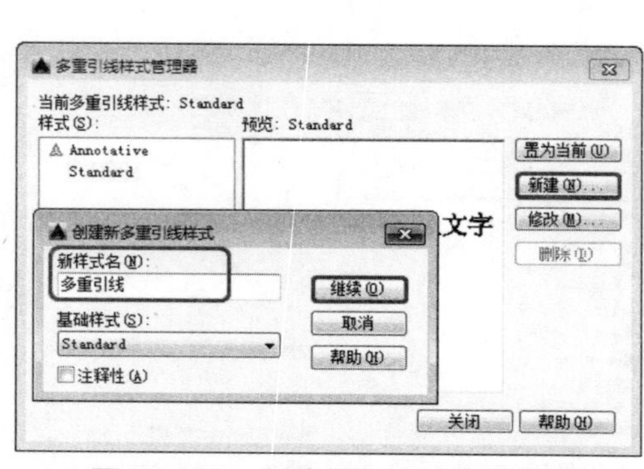

图 16-192　创建新多重引线样式

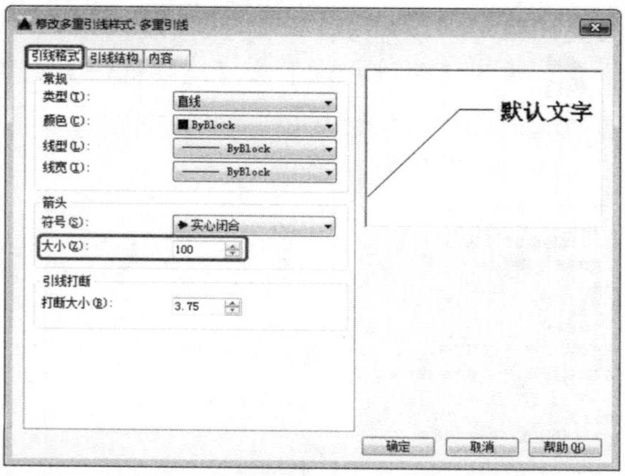

图 16-193　设置【引线格式】

31 切换至【引线结构】选项卡，选中【设置基线距离】复选框并设置为 120，如图 16-194 所示。

32 切换至【内容】选项卡，将【文字高度】设置为 100，单击【确定】按钮，如图 16-195 所示。

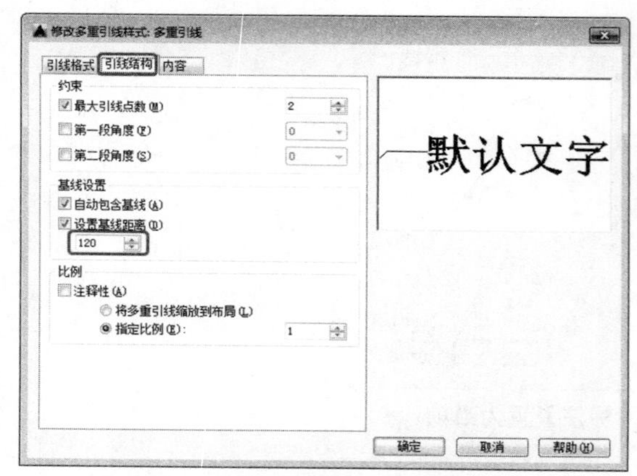

图 16-194　设置【引线结构】

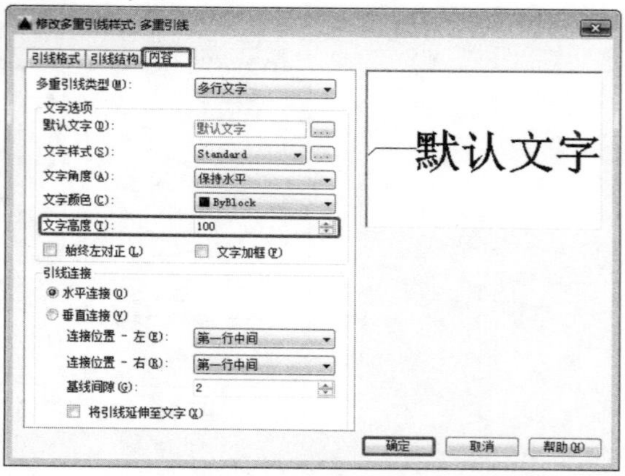

图 16-195　设置【内容】

33 选择【多重引线】样式，单击【置为当前】按钮，然后关闭该对话框即可，如图 16-196 所示。

34 使用【引线】工具，对其进行标注，如图 16-197 所示。

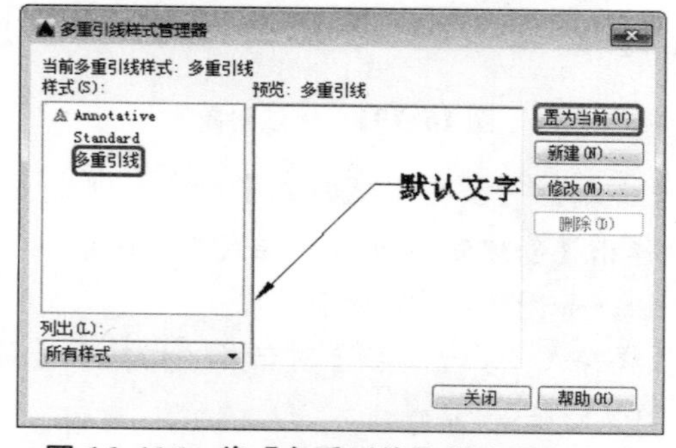

图 16-196　将【多重引线】样式置为当前

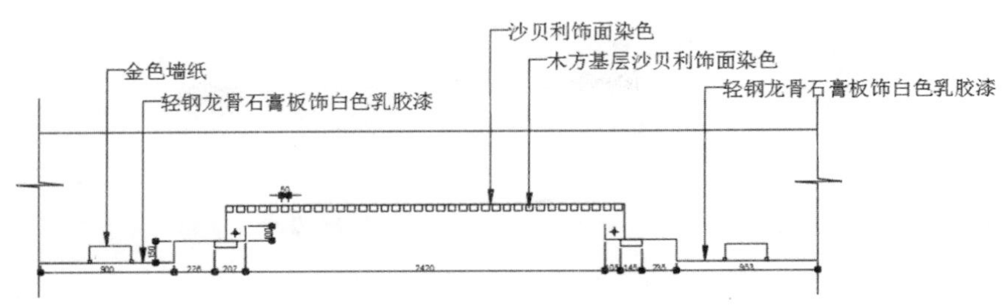

图 16-197　标注对象

16.4.2 绘制餐厅包间详图 B

下面讲解如何绘制餐厅包间详图 B，其具体操作步骤如下：

01 将当前图层设置为【轮廓线】图层，在命令行中输入【RECTANG】命令，指定第一点，在命令行中输入 D，将矩形的长度设置为 1 887、宽度设置为 120，如图 16-198 所示。

02 在命令行中输入【EXPLODE】命令，将绘制的矩形进行分解，将左右两侧的直线进行延长，并使用【多段线】工具，绘制线段，使用【修剪】工具，对其进行修剪，如图 16-199 所示。

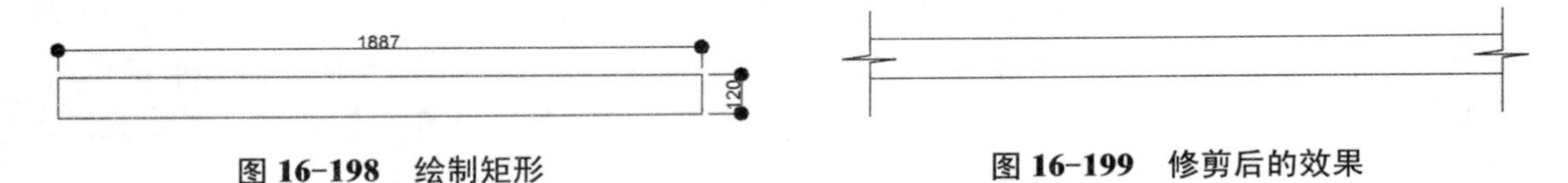

图 16-198　绘制矩形

图 16-199　修剪后的效果

03 在命令行中输入【RECTANG】命令，指定第一点，在命令行中输入 D，将矩形的长度设置为 1 560、宽度设置为 150，使用【移动】工具，将其放置到合适的位置，如图 16-200 所示。

04 在命令行中输入【OFFSET】命令，选择绘制的矩形将其向内部偏移 3，使用【分解】工具，对其进行分解，在命令行中输入【EXTEND】命令，将其进行延长，并将多余的线段进行删除，如图 16-201 所示。

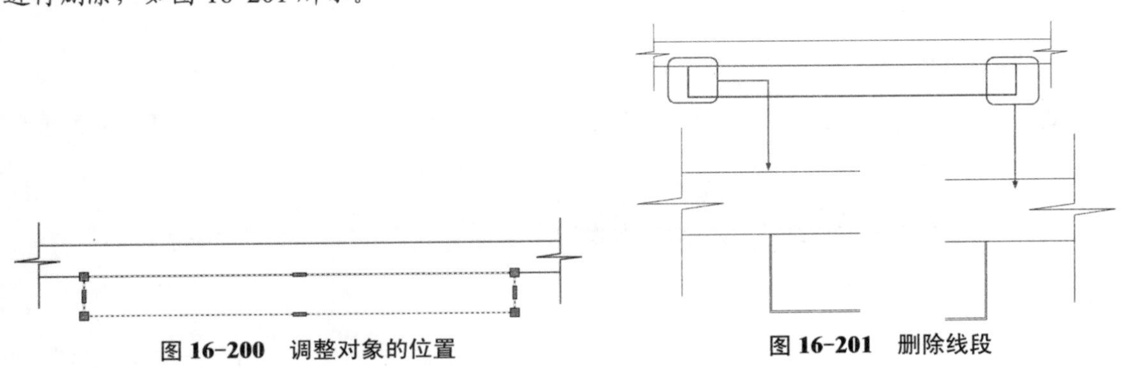

图 16-200　调整对象的位置

图 16-201　删除线段

05 使用【直线】工具，绘制直线，如图 16-202 所示。

06 使用【偏移】工具，将内部的左侧边、下侧边、右侧边，向内部偏移 18，如图 16-203 所示。

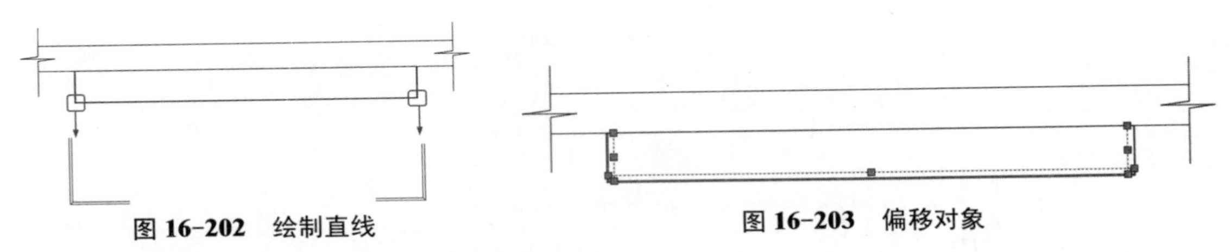

图 16-202　绘制直线　　图 16-203　偏移对象

07 使用【修剪】工具，对其进行修剪，如图 16-204 所示。

08 在命令行中输入【RECTANG】命令，指定第一点，在命令行中输入 D，将矩形的长度设置为 40、宽度设置为 129，如图 16-205 所示。

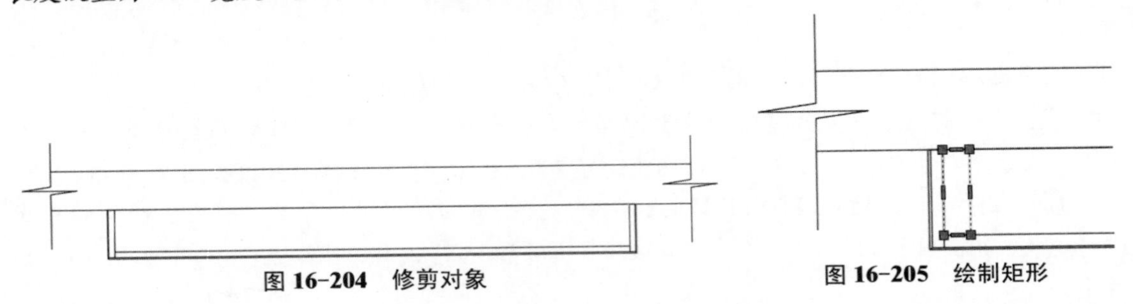

图 16-204　修剪对象　　图 16-205　绘制矩形

09 在命令行中输入【RECTANG】命令，指定第一点，在命令行中输入 D，将矩形的长度设置为 40、宽度设置为 30，使用【移动】工具，将其放置到合适的位置，如图 16-206 所示。

10 使用【复制】命令，复制上一步绘制的矩形，然后使用【直线】工具，绘制直线，如图 16-207 所示。

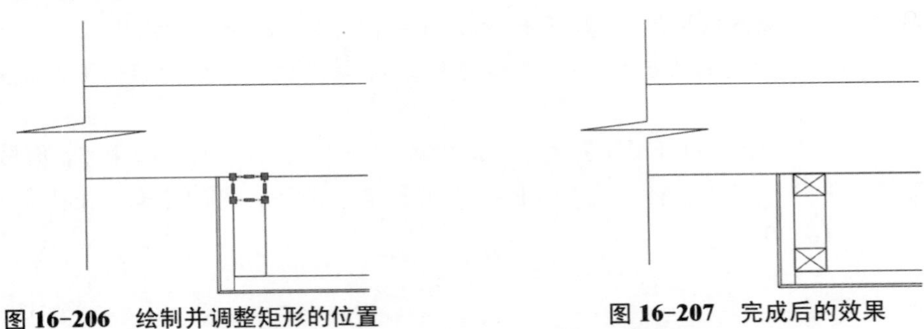

图 16-206　绘制并调整矩形的位置　　图 16-207　完成后的效果

11 选择绘制的对象，使用【矩形阵列】工具，将【列数】设置为 5，将【行数】设置为 1，将【介于】设置为 295.6，按【Enter】键进行确认，如图 16-208 所示。

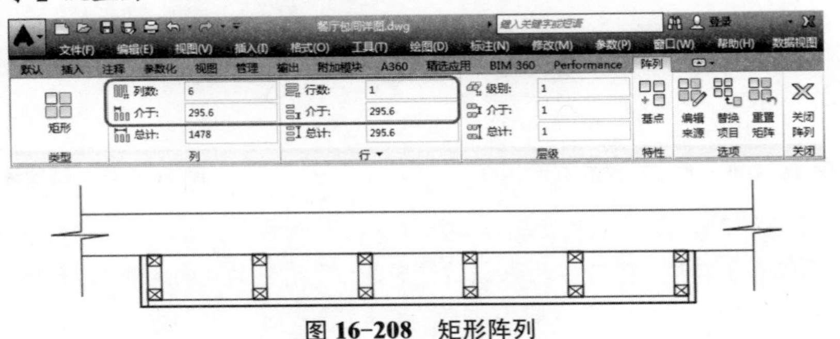

图 16-208　矩形阵列

12 在命令行中输入【RECTANG】命令，指定第一点，在命令行中输入D，将矩形的长度设置为1 478、宽度设置为69，使用【移动】工具，将其放置到合适的位置，如图16-209所示。

13 使用【修剪】工具，对其进行修剪，如图16-210所示。

14 使用【矩形】工具，绘制长度为1 518、宽度为18的矩形，如图16-211所示。

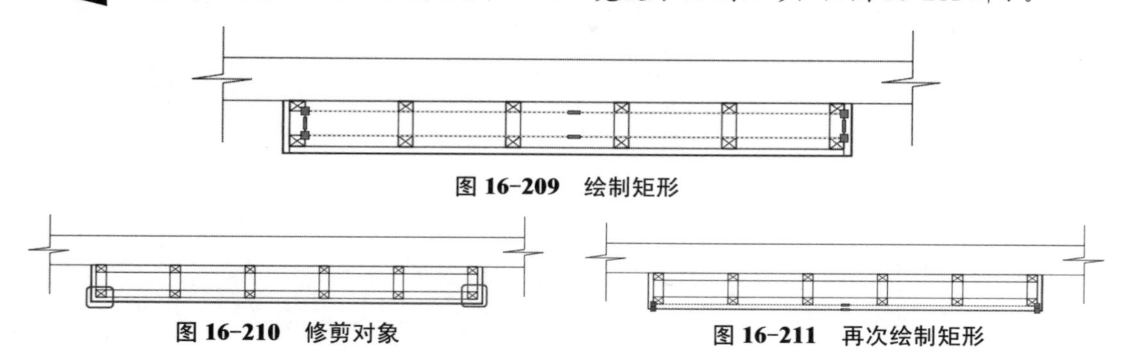

图16-209 绘制矩形

图16-210 修剪对象

图16-211 再次绘制矩形

15 在命令行中输入【HATCH】命令，将【图案填充图案】设置为【DOLMIT】，将【角度】设置为0，将【图案填充比例】设置为1，对其进行填充，如图16-212所示。

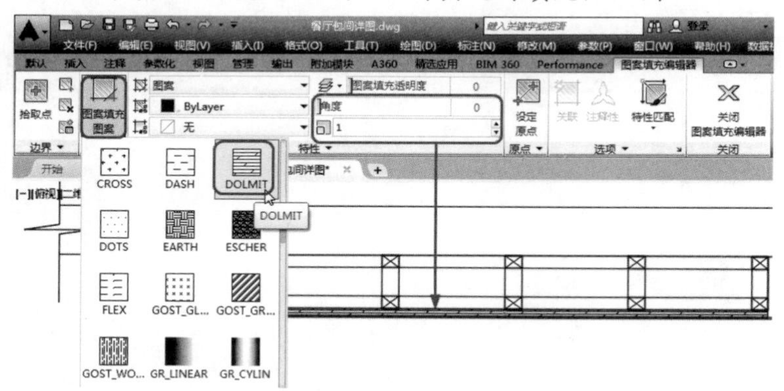

图16-212 填充图案

16 再次使用【图案填充】工具，将【图案填充图案】设置为【DOLMIT】，将【角度】设置为90，将【图案填充比例】设置为1，对其进行填充，如图16-213所示。

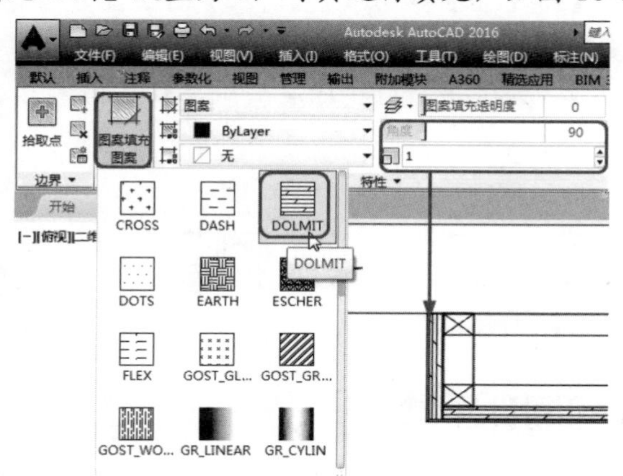

图16-213 继续填充图案

17 在命令行中输入【HATCH】命令，将【图案填充图案】设置为【STEEL】，将【角度】设置为 0，将【图案填充比例】设置为 30，对其进行填充，如图 16-214 所示。

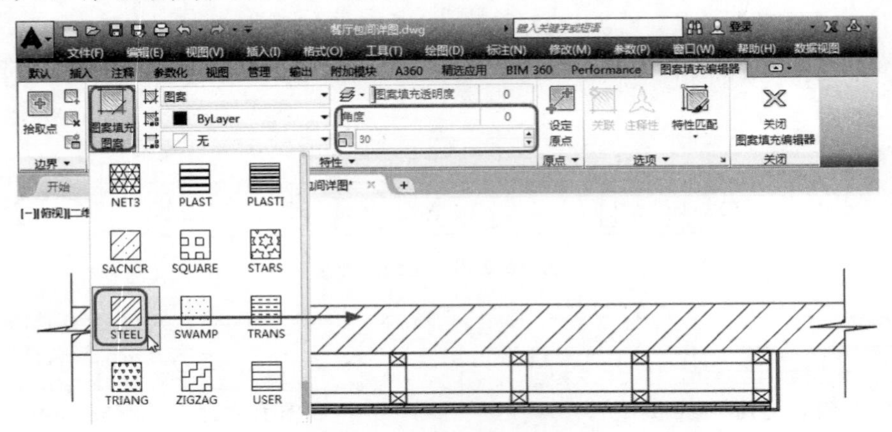

图 16-214 填充图案

18 再次使用【图案填充】工具，将【图案填充图案】设置为【AR-CONC】，将【角度】设置为 90，将【图案填充比例】设置为 1，对其进行填充，如图 16-215 所示。

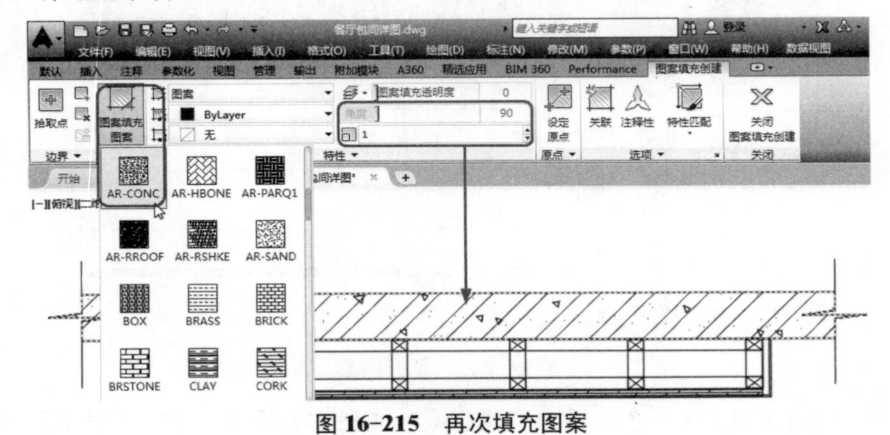

图 16-215 再次填充图案

19 在命令行中输入【LAYER】命令，将【标注】图层置为当前图层，使用【线性标注】工具，对其进行标注，如图 16-216 所示。

20 使用【引线】工具，对其进行引线标注，如图 16-217 所示。

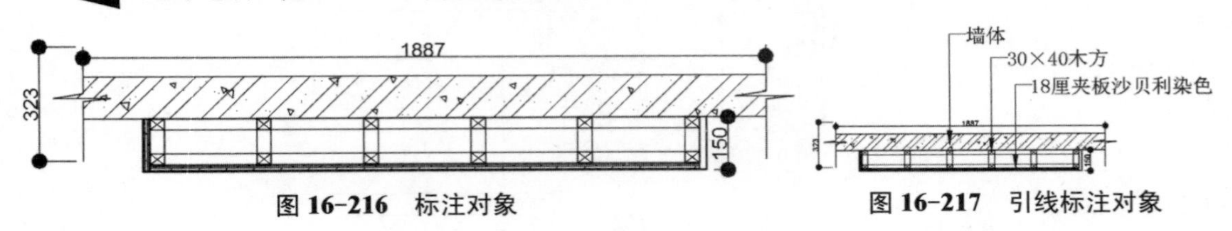

图 16-216 标注对象　　图 16-217 引线标注对象

16.4.3 绘制餐厅包间详图 C

下面讲解如何绘制餐厅包间详图 C，其具体操作步骤如下：

01 在命令行中输入【LAYER】命令，将【轮廓线】图层置为当前图层，使用【直线】工具，绘制一个长度为 8 000 的直线，输入【OFFSET】命令，偏移直线，如图 16-218 所示。

02 使用【直线】工具，绘制如图 16-219 所示的对象。

图 16-218 偏移直线

图 16-219 绘制对象

03 在命令行中输入【RECTANG】命令，指定第一个点，在命令行中输入 D，绘制一个长度为 1 020、宽度为 520 的矩形，如图 16-220 所示。

04 在命令行中输入【EXPLODE】命令，将其进行分解，将下侧边向下偏移 20，将右侧边向右偏移 20，在命令行中输入【FILLET】命令，然后对其进行圆角，如图 16-221 所示。

图 16-220 绘制矩形

图 16-221 圆角对象

05 在命令行中输入【RECTANG】命令，绘制一个长度为 100、宽度为 350 的矩形，如图 16-222 所示。

06 在命令行中输入【OFFSET】命令，将绘制的矩形向内部偏移 3，如图 16-223 所示。

07 使用【分解】工具，将绘制的对象进行分解，将多余的线段进行删除，然后在命令行中输入【EXTEND】命令，将其进行延长，如图 16-224 所示。

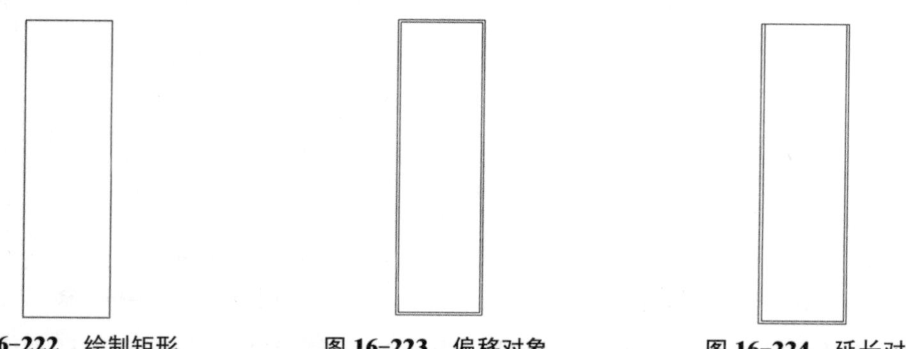

图 16-222 绘制矩形

图 16-223 偏移对象

图 16-224 延长对象

08 使用【偏移】工具，将 A 线段依次向右偏移 9、76，如图 16-225 所示。

09 在命令行中输入【RECTANG】命令，指定第一个点，在命令行中输入 D，绘制一个长度为 76、宽度为 52 的矩形，然后使用【直线】工具，绘制直线，如图 16-226 所示。

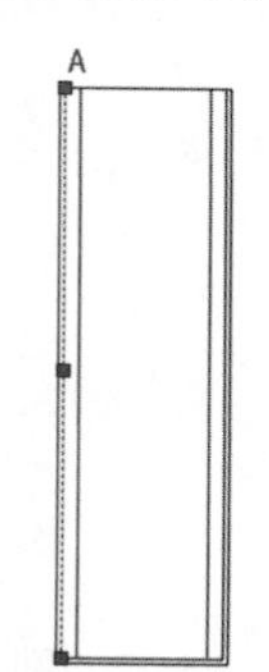

图 16-225　偏移对象

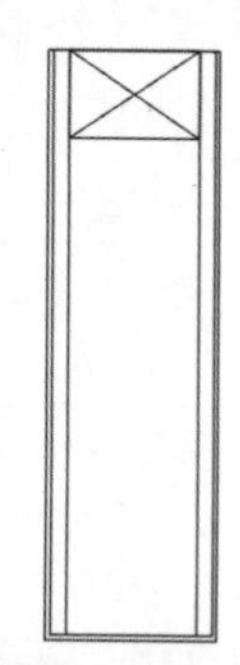

图 16-226　绘制矩形与直线

10 在命令行中输入【MIRROR】命令，选择上一步绘制的对象，对其进行镜像，如图 16-227 所示。

11 选择最外层矩形右侧边，在命令行中输入【OFFSET】命令，向右偏移 14、14、14，如图 16-228 所示。

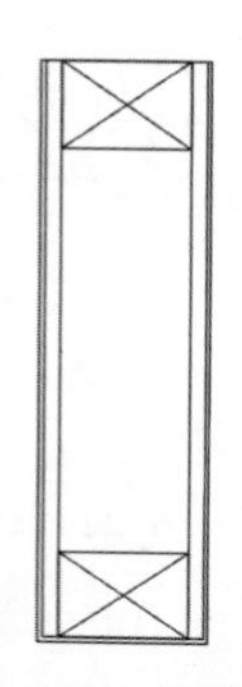

图 16-227　镜像对象

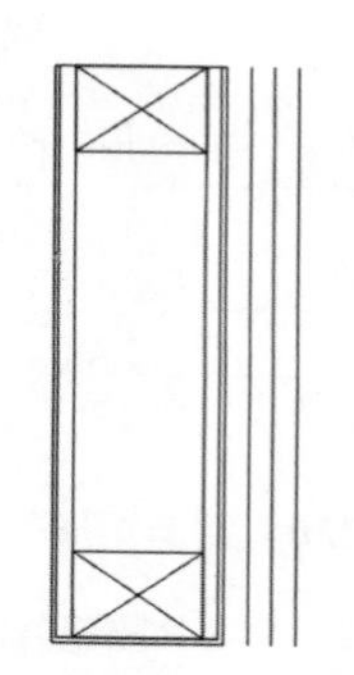

图 16-228　偏移对象

12 在命令行中输入【LINE】命令，绘制线段，如图 16-229 所示。

13 再次使用【偏移】工具，选择线段 A，将其向右侧偏移 250，得到镜像线，如图 16-230 所示。

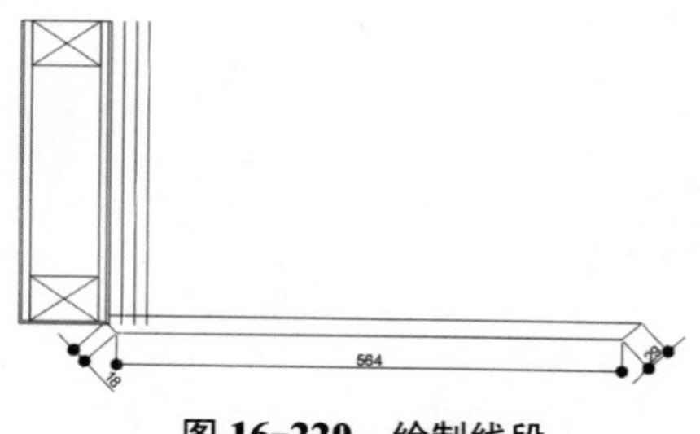

图 16-229　绘制线段

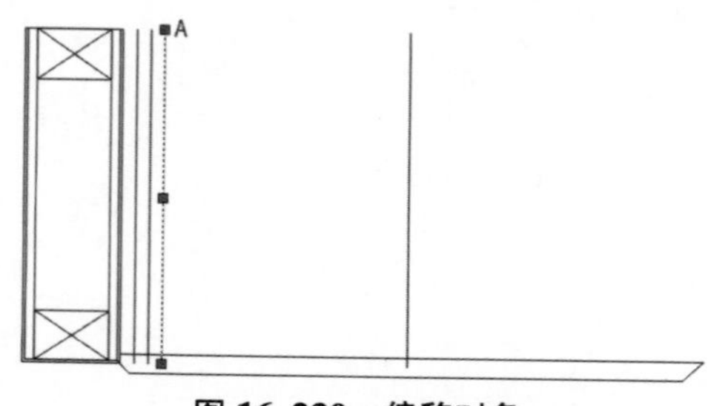

图 16-230　偏移对象

14 选择左侧的对象，使用【镜像】工具，对其进行镜像，如图 16-231 所示。

15 将镜像线删除，使用【修剪】工具，对其进行修剪，如图 16-232 所示。

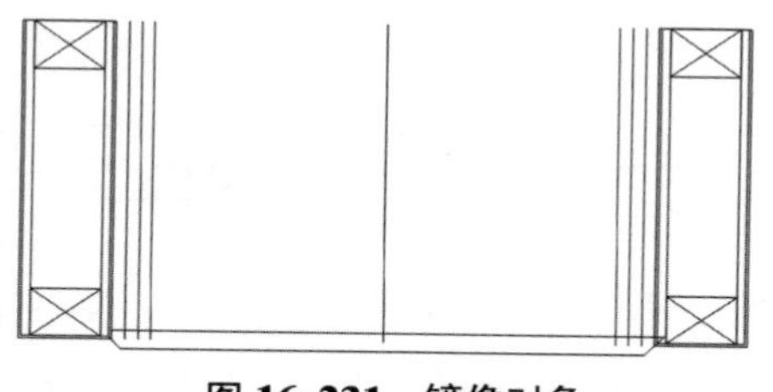

图 16-231　镜像对象

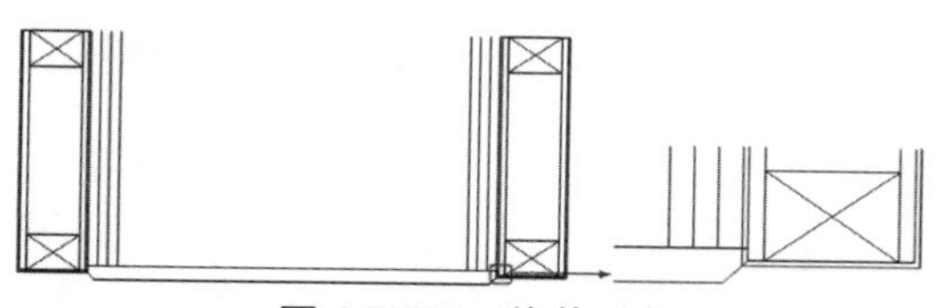

图 16-232　修剪对象

16 在命令行中输入【RECTANG】命令，绘制一个长度为 340、宽度为 160 的矩形，如图 16-233 所示。

17 在命令行中输入【EXPLODE】命令，对其进行分解，在命令行中输入【OFFSET】命令，将上侧边向下偏移 32、96，如图 16-234 所示。

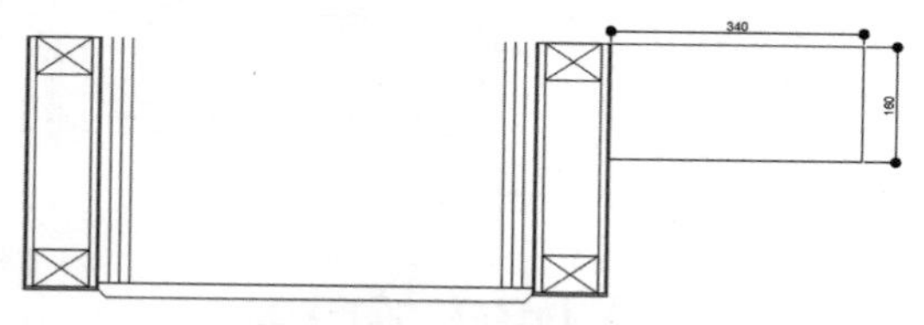

图 16-233　绘制矩形

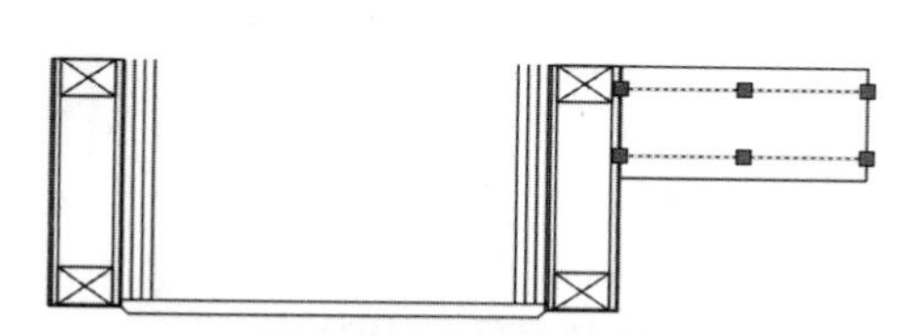

图 16-234　分解并偏移直线

18 再次使用【偏移】工具，将左侧边向右依次偏移 56、227，使用【直线】工具，绘制直线，如图 16-235 所示。

19 使用【偏移】工具，将下侧边向下方偏移 5，将右侧边向右偏移 5，如图 16-236 所示。

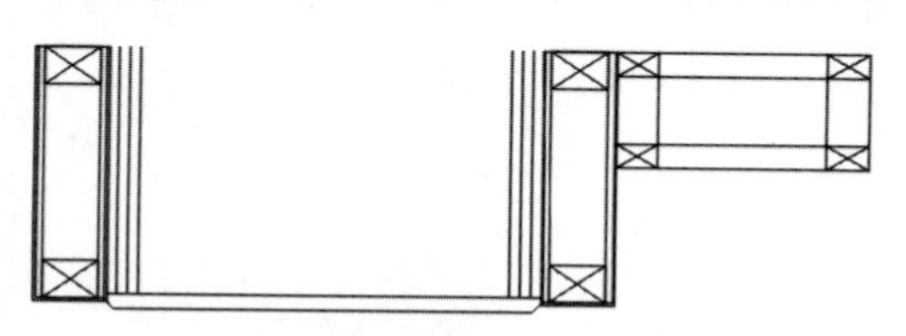

图 16-235　向右偏移对象

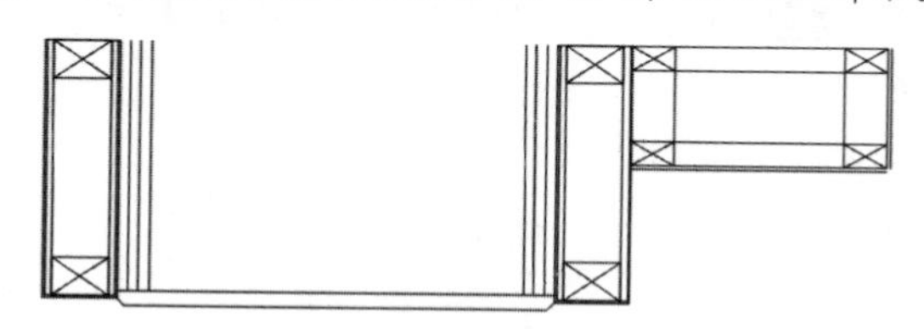

图 16-236　偏移直线

20 使用【圆角】工具，完善对象，如图 16-237 所示。

21 使用【直线】工具，绘制一条长度为 1 100 的直线，如图 16-238 所示。

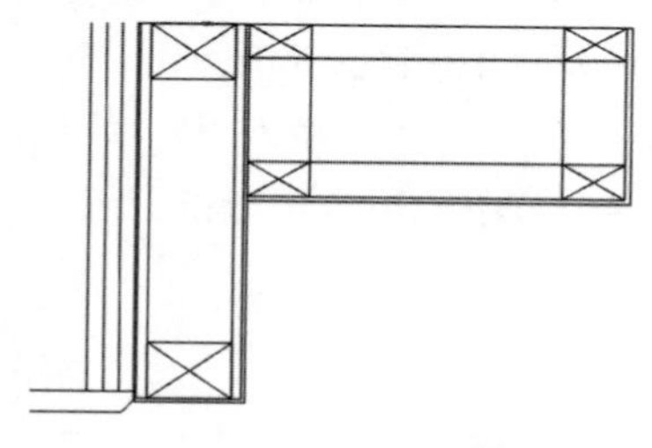

图 16-237　圆角对象

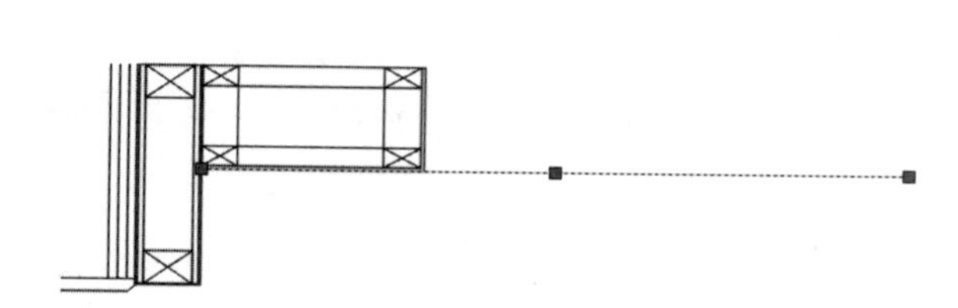

图 16-238　绘制直线

22 在命令行中输入【RECTANG】命令，指定第一个点，在命令行中输入 D，绘制一个长度为 50、宽度为 15 的矩形，使用【圆弧】工具，绘制圆弧，并使用【直线】工具，绘制直线，如图 16-239 所示。

23 绘制完成后将其移动至合适的位置，如图 16-240 所示。

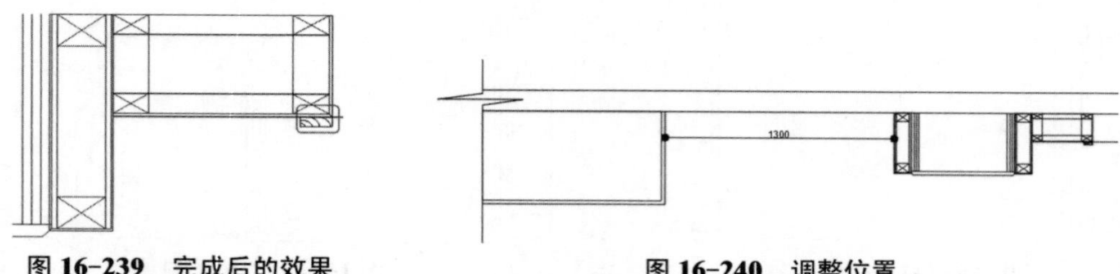

图 16-239 完成后的效果　　图 16-240 调整位置

24 使用【打断于点】工具，将对象进行打断，如图 16-241 所示。

25 在命令行中输入【OFFSET】命令，将打断的直线依次向下偏移 200、50、10、50，如图 16-242 所示。

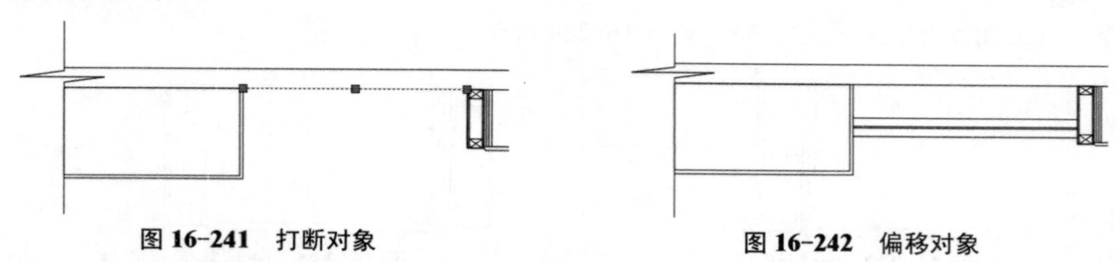
图 16-241 打断对象　　图 16-242 偏移对象

26 在命令行中输入【RECTANG】命令，指定第一个点，在命令行中输入 D，绘制一个长度为 110、宽度为 30 的矩形，在命令行中输入【CIRCLE】命令，绘制一个半径为 40 的圆，绘制长度为 120，且垂直相交的直线，如图 16-243 所示。

27 在命令行中输入【MIRROR】命令，选择要镜像的对象，对其进行镜像，如图 16-244 所示。

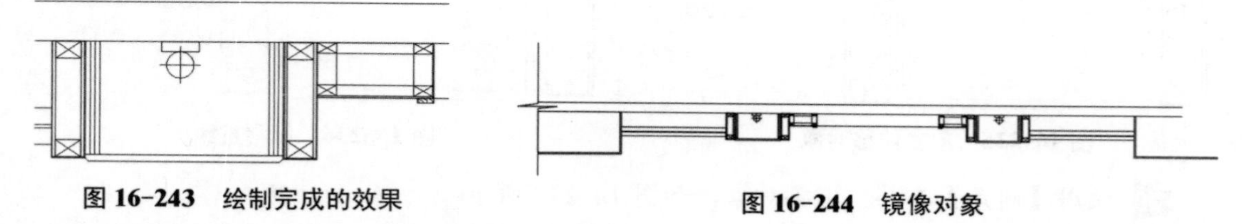
图 16-243 绘制完成的效果　　图 16-244 镜像对象

28 在命令行中输入【RECTANG】命令，指定第一个点，在命令行中输入 D，绘制一个长度为 800、宽度为 20 的矩形，并将其移动至合适的位置，如图 16-245 所示。

29 在命令行中输入【RECTANG】命令，指定第一个点，在命令行中输入 D，绘制一个长度为 800、宽度为 1 200 的矩形，并将其移动至合适的位置，如图 16-246 所示。

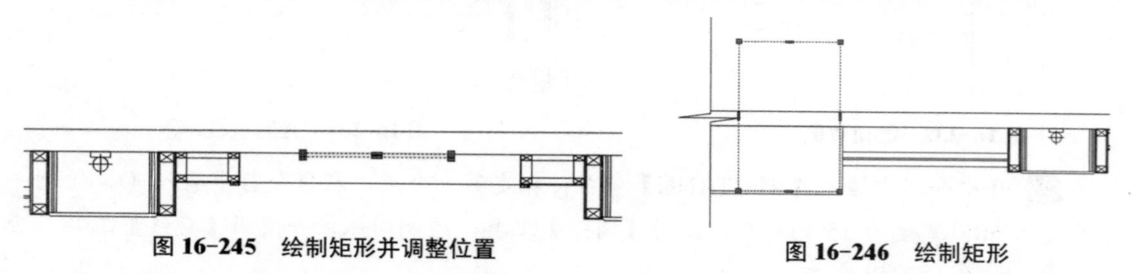
图 16-245 绘制矩形并调整位置　　图 16-246 绘制矩形

30 在命令行中输入【HATCH】命令，将【图案填充图案】设置为【SOLID】，对图形进行填充，如图 16-247 所示。

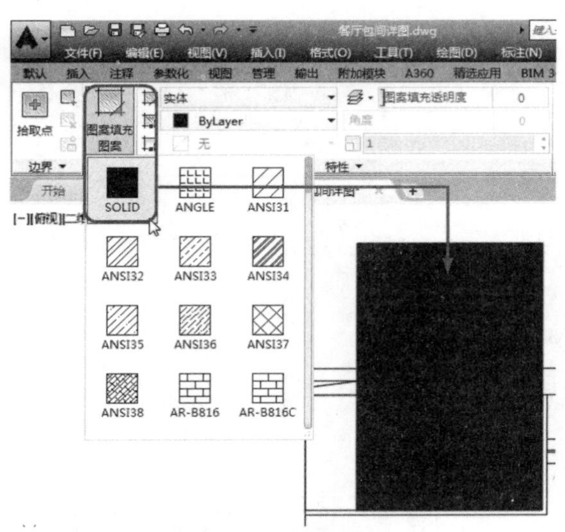

图 16-247 填充图案

31 在命令行中输入【COPY】命令，对其进行复制，如图 16-248 所示。

32 使用【直线】和【多段线】工具，绘制折线，然后使用【修剪】工具，进行修剪，如图 16-249 所示。

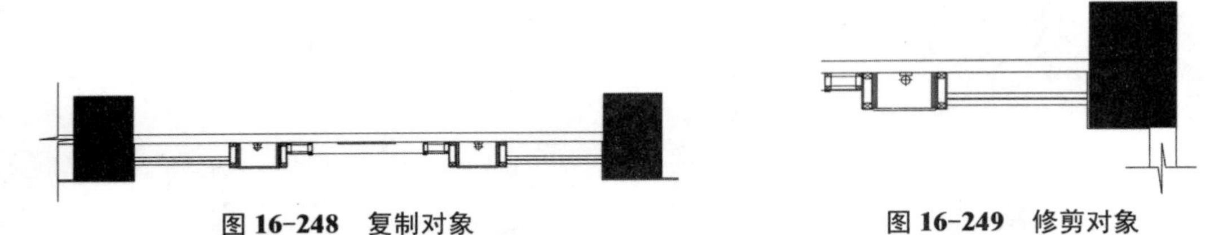

图 16-248 复制对象　　　　图 16-249 修剪对象

33 在命令行中输入【HATCH】命令，将【图案填充图案】设置为【NET3】，将【图案填充比例】设置为 5，对图形进行填充，如图 16-250 所示。

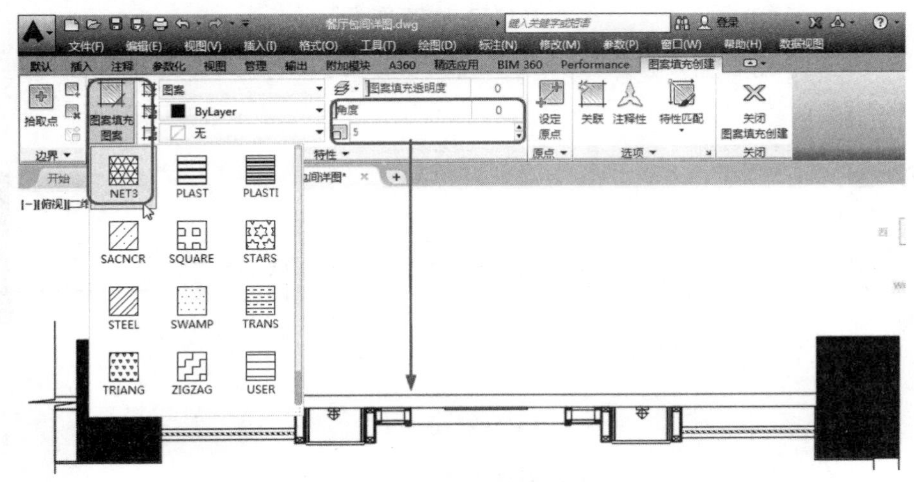

图 16-250 填充图案

34 在命令行中输入【HATCH】命令，将【图案填充图案】设置为【AR-SAND】，将【图案填充比例】设置为 1，对图形进行填充，如图 16-251 所示。

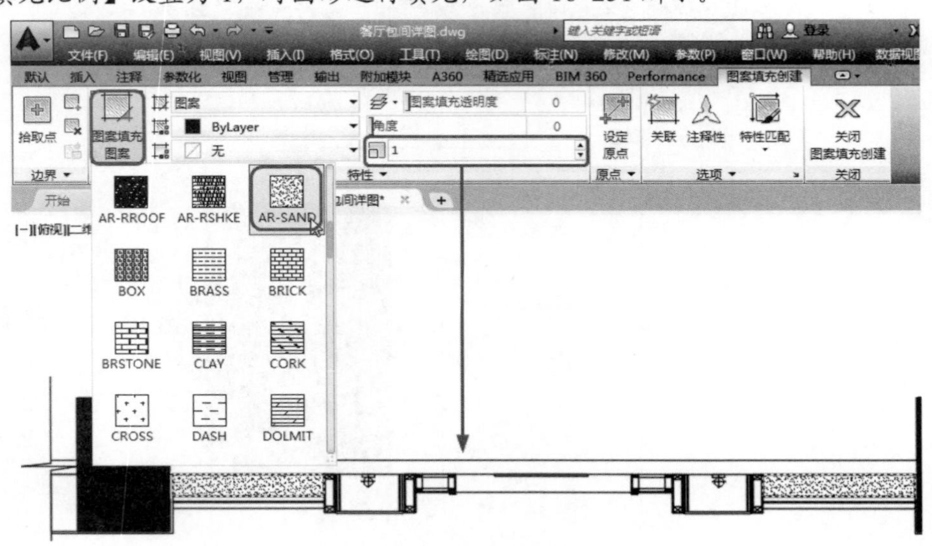

图 16-251　填充图案

35 使用同样的方法，为其他对象填充图案，如图 16-252 所示。

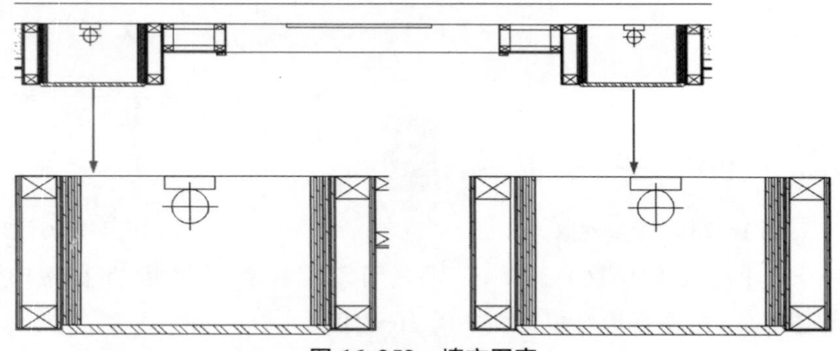

图 16-252　填充图案

36 将【标注】图层置为当前图层，使用【线性标注】工具，对其进行标注，如图 16-253 所示。

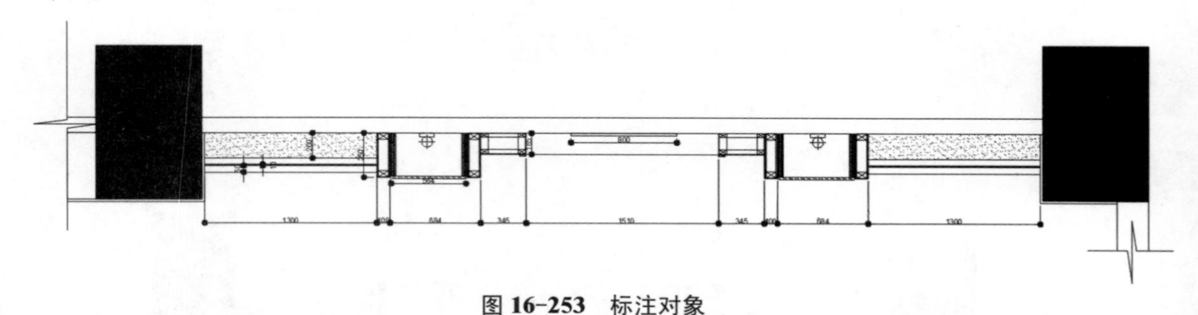

图 16-253　标注对象

37 使用【引线】工具，对其进行引线标注，如图 16-254 所示。

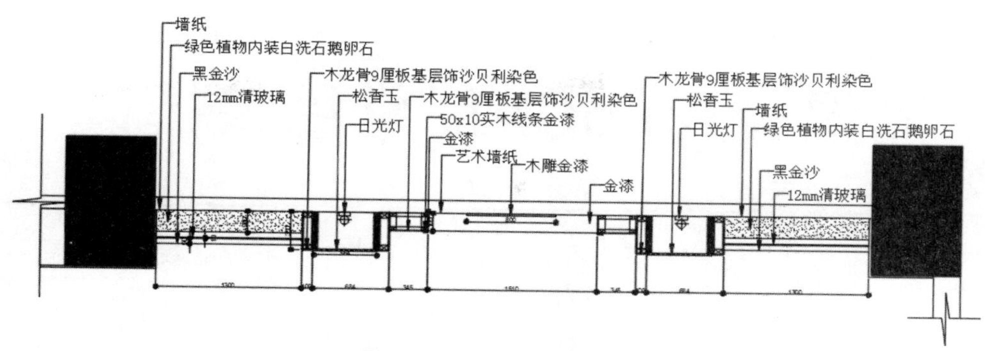

图 16-254　引线标注对象

38 使用【单行文字】工具，将【文字高度】设置为 300，将【旋转角度】设置为 0，对其进行标注，如图 16-255 所示。

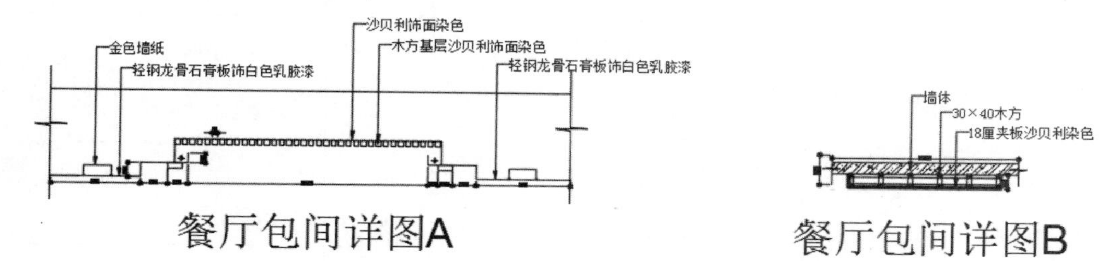

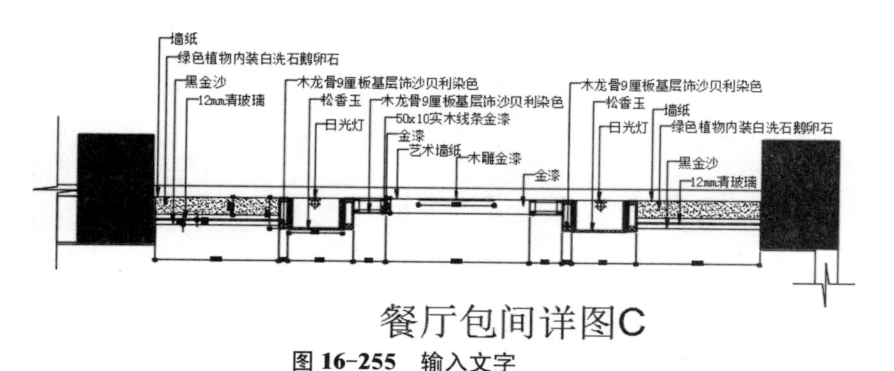

图 16-255　输入文字

附录 AutoCAD 常用快捷键

功 能 键					
F1	获取帮助	F5	等轴测平面切换	F9	栅格捕捉模式控制
F2	文本窗口	F6	控制状态行坐标的显示	F10	极轴模式控制
F3	对象捕捉	F7	栅格显示模式控制	F11	对象追踪式控制
F4	草图设置	F8	正交模式控制		
快捷组合键					
Ctrl+B	栅格捕捉模式控制（F9）	Ctrl+M	重复执行上一步命令	Ctrl+U	极轴模式控制（F10）
Ctrl+C	将选择对象复制到剪贴板	Ctrl+1	打开特性对话框	Ctrl+V	粘贴剪贴板上的内容
Ctrl+F	控制是否能自动捕捉对象	Ctrl+2	打开设计中心对话框	Ctrl+W	对象追踪式控制（F1）
Ctrl+G	栅格显示模式控制（F7）	Ctrl+6	打开数据库连接管理器对话框	Ctrl+X	剪切所选择的内容
Ctrl+J	重复执行上一步命令	Ctrl+O	打开图像文件	Ctrl+Y	重做
Ctrl+K	超链接	Ctrl+P	打开打印对话框	Ctrl+Z	取消前一步的操作
Ctrl+N	新建图形文件	Ctrl+S	保存文件		

标准工具栏					
1．新建文件	NEW	6．剪切	Ctrl+X	11．缩放	Z
2．打开文件	OPEN	7．复制	Ctrl+C	12．特性管理器	Ctrl+1
3．保存文件	SAVE	8．粘贴	Ctrl+V	13．设计中心	Ctrl+2
4．打印	Ctrl+P	9．放弃	U	14．工具选项板	Ctrl+3
5．打印预览	PRINT/PLOT	10．平移	P	15．帮助	F1

样式工具栏			
文字样式管理器	ST	标注样式管理器	D
图层工具栏			
图层特性管理器	LA	图层颜色	COL

标注工具栏					
1．线型标注	DLI	7．快速标注	QDIM	13．编辑标注	DED
2．对齐标注	DAL	8．基线标注	DBA	14．编辑标注文字	DIMTEDIT
3．坐标标注	DOR	9．连续标注	DCO	15．删除标注关联	DDA
4．半径标注	DRA	10．快速引线	LE		
5．直径标注	DDI	11．公差	TOL		
6．角度标注	DAN	12．重新关联标注	DRE		
查询工具栏					
1．距离	DI	4．列表	LI/LS	7．状态	STAYUS
2．面积	AREA	5．定位点	ID		
3．面域质量特性	MASSPROP	6．时间	TIME		

（续）

绘图工具栏					
1. 直线	L	8. 圆	C	15. 创建块（内）	B
2. 构造线	XL	9. 矩形修订云线	REVCLOUD	16. 创建块（外）	W
3. 多线	ML	10. 样条曲线	SPL	17. 点	PO
4. 多段线	PL	11. 编辑样条曲线	SPE	18. 图案填充	H
5. 多边形	POL	12. 椭圆	EL	19. 面域	REG
6. 矩形	REC	13. 椭圆弧	ELLIPSE	20. 多行文字	T
7. 圆弧	A	14. 插入块	I	21. 单行文字	DT
实体工具栏					
1. 长方体	BOX	5. 楔体	WE	9. 圆环	TOR
2. 球体	SPHERE	6. 拉伸	EXT	10. 干涉	INF
3. 圆柱体	CYLINDER	7. 旋转	REV	11. 设置轮廓	SOLPROF
4. 圆锥体	CONE	8. 剖切	SL		
实体编辑工具栏					
1. 并集	UNI	3. 差集	SU		
2. 实体编辑	SOLIDEDIT	4. 交集	IN		
修改工具栏					
1. 删除	E	7. 旋转	RO	13. 打断	BR
2. 复制	CO	8. 缩放	SC	14. 倒角	CHA
3. 镜像	MI	9. 拉伸	S	15. 圆角	F
4. 偏移	O	10. 修剪	TR	16. 分解	X
5. 阵列	AR	11. 延伸	EX		
6. 移动	M	12. 打断于点	BR		
下拉菜单部分命令					
1. 定数等分	DIV	15. 全部重生成	REA	29. 特性	MO
2. 定距等分	ME	16. 重命名	REN	30. 外部参照	IM
3. 线宽设置	LW	17. 加载/卸载应用程序	AP	31. 创建布局	LO
4. 全局比例因子	LTS	18. 属性定义	ATT	32.【选择自定义文件】对话框	MENU
5. 三维多段线	3P	19. 定义属性（块）	ATE	33. 拼写检查	SP
6. 隐藏	HI	20. 边界创建	BO	34. 图形单位	UN
7. 附着图像	IAT	21. 检查关联状态	CHK	35. 选项	OP
8. 三维阵列	3A	22. 数据库连接管理器	DBC	36. 视点预设	VP
9. 三维对齐	AL	23. 替代	DOV		
10. 三维观察器	3DO	24. 显示顺序	DR		
11. 渲染	RR	25. 草图设置	DS		
12. 清理	PU	26. 编辑多段线	PE		
13. 刷新	R	27. 编辑样条曲线	SPE		
14. 重画	RA	28. 编辑文字	ED		
15. 重生成	RE